Industriegütermarketing

von

Prof. Dr. Dr. h.c. Klaus Backhaus

Direktor des Betriebswirtschaftlichen Instituts für Anlagen und Systemtechnologien
der Westfälischen Wilhelms-Universität Münster
und Honorarprofessor an der Technischen Universität Berlin

und

Prof. Dr. Markus Voeth

o. Professor für Betriebswirtschaftslehre, insbesondere Marketing an der
Universität Hohenheim

9., überarbeitete Auflage

Verlag Franz Vahlen München

ISBN 978 3 8006 3695 2

© 2010 Verlag Franz Vahlen GmbH, Wilhelmstraße 9, 80801 München
Satz: Fotosatz Buck
Zweikirchener Straße 7, 84036 Kumhausen
Druck und Bindung: Westermann Druck Zwickau GmbH
Crimmitschauer Str. 43, 08058 Zwickau
Gedruckt auf säurefreiem, alterungsbeständigem Papier
(hergestellt aus chlorfrei gebleichtem Zellstoff)

Für

Mütze und Max

Theresa und Valentin

Vorwort zur 9. Auflage

Auch die 8. Auflage des Buchs „Industriegütermarketing" ist vom Markt sehr gut aufgenommen worden. Dies zeigt sich daran, dass wir bereits nach relativ kurzer Zeit die Möglichkeit erhalten haben, eine Neuauflage vorzulegen. Auch die Tatsache, dass inzwischen erste Lehrbücher vorliegen (z. B. *Werani/Gaubinger/Kindermann*, Praxisorientiertes Business-to-Business-Marketing, Wiesbaden 2006), die die Konzeption dieses Buches weitgehend übernommen haben, deutet darauf hin, dass sich unser IGM-Buch quasi zum Standard im Markt entwickelt hat.

Anders als beim Übergang von der 7. Auflage zur 8. Auflage sind die Veränderungen in der vorliegenden Neuauflage aber nicht struktureller Natur – gleichwohl aber zahlreich. So haben wir die Neuauflage zu einer Aktualisierung von Literatur und Beispielen genutzt. Darüber hinaus haben wir an diversen Stellen inhaltliche Überarbeitungen vorgenommen. In einigen Kapiteln erschien uns eine inhaltliche Straffung sinnvoll (z. B. „Teil 1: Industriegütermarketing als eigenständige Teildisziplin des Marketings"). In anderen Kapiteln haben wir die Gelegenheit der Neuauflage genutzt, inhaltliche Ergänzungen einzuarbeiten. Beispielsweise wurden im Produktgeschäft Ausführungen zum Messemanagement und zum Verhandlungsmanagement eingefügt bzw. deutlich ausgeweitet.

Weiterhin bieten wir zu diesem Buch Support im Internet. Auf der Homepage

http://www.igm-buch.de

stehen wie gewohnt alle Charts des Buchs im Powerpoint-Format, das Literatur- und Stichwortverzeichnis als Word-Dokument sowie beispielhafte Übungs- und Klausuraufgaben zur Verfügung. Es würde uns freuen, wenn dieses Angebot für Sie hilfreich wäre.

Auch wenn die 9. Auflage eher eine umfassende Überarbeitung der in großen Teilen neu verfassten 8. Auflage darstellt, hat auch diese Auflage große Anstrengungen gefordert. Unser Dank gilt an erster Stelle den beiden Koordinatoren der Neuauflage, unseren Mitarbeitern Herrn Dipl. oec. *Daniel Schwarz* (Hohenheim) und Herrn Dr. *Boris Blechschmidt* (Münster). Darüber hinaus danken wir Frau *Monika Fielk* (Hohenheim) für das Korrekturlesen des Buches. Alle Fehler, die sich trotz großer Sorgfalt in diese Neuauflage eingeschlichen haben, gehen aber natürlich zu unseren Lasten.

Münster und Hohenheim, im Herbst 2009   *Klaus Backhaus und Markus Voeth*

Vorwort zur 8. Auflage

Mit der 8. Auflage des mittlerweile weit verbreiteten Buches „Industriegütermarketing" schaffen wir eine Zäsur in der Reihenfolge der verschiedenen Auflagen. Das Buch hat nun einen Koautor und das signalisiert einschneidende Veränderungen. Das ist tatsächlich auch der Fall. Die 8. Auflage ist im Prinzip neu geschrieben worden und zeigt jetzt eine noch prägnantere Struktur als in den Vorauflagen.

Das Buch ist nun in drei große Teile untergliedert, wobei in **Teil 1** herausgearbeitet wird, dass wir das Konstrukt des **K**omparativen **K**onkurrenz**v**orteils (**KKV**) – das übrigens als Wortmarke inzwischen im Markenregister eingetragen ist –, in das Zentrum unserer Überlegungen stellen. Dieses Konstrukt wird gegenüber verwandten Konstrukten wie dem Netto-Nutzen, Kundenvorteil, Unique Selling Proposition (USP), Value Proposition und Wettbewerbsvorteil abgegrenzt.

Teil 2 ist dann konsequenterweise der Analyse der jeweiligen KKV-Position eines Industriegüterunternehmens gewidmet. Da sich der KKV aus der Relation von Nachfragerbedürfnissen, eigenem Angebot und Konkurrenzangeboten zusammensetzt, stehen diese drei Perspektiven im Vordergrund des zweiten Teils dieses Buches. Wie bei einem Marketing-Buch nicht anders zu erwarten, starten wir mit der Kundenperspektive, die im Industriegütermarketing ein komplexeres Phänomen darstellt, als das im Konsumgüterbereich der Fall ist. Hier wird sowohl individuelles Nachfrageverhalten in einzelnen Organisationen als auch dessen Aggregation zu Marktsegmenten beleuchtet. Ergänzt wird die Analyse des **organisationalen Beschaffungsverhaltens** durch eine relative Konkurrenzperspektive, bei der die eigene Position des Anbieters in Relation zur Konkurrenz analysiert wird. Teil 2 schließt mit der Frage, wie sich KKV-relevante Informationen gewinnen und verarbeiten lassen.

Den Schwerpunkt und auch den Kern seiner eigenständigen Konzeption bildet **Teil 3** des Buches, der einer **geschäftstypischen** Analyse der Marketing-Entscheidungen gewidmet ist. Die aus den Vorauflagen bekannten Geschäftstypen des Produkt-, Anlagen-, System- und Zuliefergeschäfts werden unter Marketing-Perspektive ausgeleuchtet und konkrete Handlungsvorschläge entwickelt. Dabei wurden die Kapitel zum Anlagen- und Zuliefergeschäft grundlegend überarbeitet, das Produktgeschäft konzeptionell neu gestaltet und das Systemgeschäft völlig neu gefasst. Der dritte Teil schließt darüber hinaus nun mit einem ebenfalls völlig neuen Kapitel, dem Geschäftstypenwechsel. Dabei geht es darum, dass die Wahl eines Geschäftstyps nicht exogen vorgegeben sein muss, sondern auch ein Entscheidungsproblem an sich darstellen kann.

Diese klare, dreigeteilte Struktur wird inhaltlich somit neben Bewährtem durch Innovatives ausgefüllt. Der Kenner der Vorauflagen wird insofern an vielen Stellen eine Reihe von neuen Erkenntnissen erfahren, die weit über den Stoff der Vorauflagen hinausgehen.

Zu diesem Buch bieten wir auch Support im Internet. Auf der Homepage

http://www.igm-buch.de

stehen u. a. alle Charts des Buches im Powerpoint-Format, das Literatur- und Stichwortverzeichnis als Word-Dokument sowie beispielhafte Übungs- und Klausuraufgaben zur Verfügung. Wir würden uns freuen, wenn dieses Angebot für Sie hilfreich wäre.

Die Zäsur, die mit der 8. Auflage begründet wird, ist nicht nur strukturell und inhaltlich gegeben, sondern wird auch am Layout deutlich. So symbolisiert das farbige Layout, das die Lesefreudlichkeit des Buches nun auch weiter unterstützt, einen Neubeginn. Wir hoffen damit, dass dieses sowohl inhaltlich wie auch von der Aufmachung her neue Buch an die Erfolge der Vorauflagen anknüpfen kann.

Die Neuentwicklung der 8. Auflage hat enorme Anstrengungen gefordert. Wir bedanken uns bei allen, die uns dabei unterstützt haben. Unser Dank geht an allererster Stelle an die beiden Koordinatoren des Projektes „8. Auflage", unsere Mitarbeiter Herrn Dipl. oec.

Christoph Sandstede (Hohenheim) und Herrn Dipl.-Kfm. *Matthias Weddeling* (Münster). Ohne ihr persönliches Engagement und die Bereitschaft, sich auch im Detail um einzelne Fragestellungen zu kümmern, läge dieses Buch sicherlich nicht bereits jetzt in der vorliegenden Form vor. Darüber hinaus gilt unser Dank unseren Mitarbeiterinnen Frau Dipl. rer. com. *Uta Herbst*, Frau Dipl. oec. *Isabel Tobies* (jeweils Hohenheim) und Frau Dipl. rer. com. *Susanne Stingel* (Münster), die in frühen Phasen an der Konzeption mitgearbeitet oder bei einzelnen inhaltlichen, organisatorischen und formalen Fragen behilflich waren. Dr. *Robert Wilken* hat Vorschläge für die Ergänzungen in Teil 3 Kap. C. II. 2.2.1. (Anfragenselektion) geliefert. Schließlich stellt eine solche weitgehende Neugestaltung auch eine enorme operative Herausforderung dar: Wir danken hier (neben anderen) insbesondere Frau *Monika Fielk* (Hohenheim) für das (mehrmalige) Korrekturlesen des Buches, Frau Dipl. oec. *Stefanie Balbach* (Hohenheim) für die Erstellung des Literaturverzeichnisses und Herrn cand. rer. pol. *Christoph Bensberg* sowie Herrn cand. rer. pol. *Christopher Vierhaus* (jeweils Münster) für die Überarbeitung der Abbildungen des Buches.

Dank gebührt auch dem Lektor des Vahlen Verlages, Herrn Dipl.-Volkswirt *Hermann Schenk*. Nachdem im Hause Vahlen die Grundsatzentscheidung für eine farbliche Gestaltung des Layouts gefallen war, hat er uns nachdrücklich unterstützt und alle Hilfestellungen geleistet, die notwendig waren, ein solches Produkt vorzulegen.

Wir haben uns bemüht, so sorgfältig zu sein, wie das eben möglich war. Dennoch werden sicherlich „Ungereimtheiten" auftreten, für die wir uns schon vorab entschuldigen. Sollten die Leser jedoch auf solche stoßen, wären wir dankbar, wenn sie uns dies mitteilen würden (E-Mail: backhaus@wiwi.uni-muenster.de oder voeth@uni-hohenheim.de). Trotz aller Hilfestellungen gehen natürlich alle Fehler zu Lasten der beiden Autoren.

Münster und Stuttgart im Herbst 2006 *Klaus Backhaus* und *Markus Voeth*

Vorwort zur ersten Auflage

Der Wandel von Verkäufer- zu Käufermärkten hat im Konsumgüter-Bereich eine weite Verbreitung und Anwendung des Marketings in Theorie und Praxis gebracht. Im Investitionsgüter-Bereich steckt das Marketing noch weitgehend in den Kinderschuhen. Das ist zum einen darin begründet, daß bisher keine umfassende theoretische Konzeption des Investitionsgüter-Marketings vorliegt und die Übertragbarkeit der Ideen des Konsumgüter-Marketings nicht ohne weiteres möglich ist. Daneben ist dies aber auch in einem Unbehagen begründet, das die seit jeher stark von der Technik geprägten Praktiker des Investitionsgüter-Geschäfts gegenüber Marketing-Ideen empfinden.

Die Entwicklung der jüngsten Vergangenheit – nicht zuletzt der Einbruch japanischer Anbieter in europäische Märkte mit umfassenden Marketing-Konzeptionen – hat gezeigt, daß die Vorbehalte gegenüber dem Investitionsgüter-Marketing wenig zweckmäßig sind. Das gilt umso mehr, als der Technologie-Vorsprung zwischen den verschiedenen internationalen Anbietern zunehmend schwindet und „Nebenleistungen" wie die Inkaufnahme von Kompensationsgeschäften oder die Entwicklung von Finanzierungsmodellen zu einem immer wichtigeren Absatzinstrument werden.

Aus diesem Grunde gilt es auch und vor allem, im Investitionsgüter-Bereich nicht nur wie bisher eine hervorragende Technik anzubieten, sondern ein darüber hinausgehendes, in sich geschlossenes Leistungskonzept zu entwickeln, das als umfassende **Problemlösung** definiert werden kann. Der Kunde hat eben neben technischen Problemen auch Finanzierungs- oder Absatzprobleme, deren Integration in den Problemlösungsansatz notwendig ist. Diese konsequente Ausrichtung der Unternehmenspolitik an den Bedürfnissen der Kunden entspricht der Idee des Marketings. Marketing bedeutet ja nichts anderes als eine marktorientierte Unternehmensführung.

Dieses Lehrbuch hat sich zum Ziel gesetzt, den bisher vernachlässigten Bereich des Investitionsgüter-Marketings aufzuarbeiten, in dem

- die Marktcharakteristika beschrieben,
- die relevanten Entscheidungsprobleme vorgestellt und
- Lösungsansätze diskutiert

werden. Um dies zu erreichen, wird die Literatur zum Investitionsgüter-Marketing systematisch ausgewertet und auf ihre Problemlösungsbeiträge hin analysiert. Das umfangreiche Literaturverzeichnis am Ende dieses Buches soll dem Leser weitere Quellen für die ihn interessierenden Teilfragen erschließen helfen. Darüber hinaus werden eigene Lösungsvorschläge vorgestellt, die zum großen Teil in enger Kooperation mit der Praxis entwickelt wurden.

In diesem Buch wird der Leser mitunter Formulierungen und Begriffe finden, die ihm fremd vorkommen mögen. Das Investitionsgüter-Marketing betrifft aber sehr heterogene Sachverhalte, die in einem Lehrbuch Verallgemeinerungen erzwingen. Daraus ergaben sich Sprachprobleme: Der Praktiker spricht zum Beispiel von Einkaufsentscheidungen der russischen Außenhandelsorganisation, einer bestimmten Behörde, des Unternehmens X. Allen diesen konkreten Beschaffungsträgern ist als gemeinsames Beschreibungsmerkmal zu eigen, daß hier **Organisationen** und nicht Konsumenten kaufen. Da Investitionsgüter aber gerade in ihren Vermarktungsprozessen dadurch gekennzeichnet sind, daß sie an Organisationen und nicht an Konsumenten abgesetzt werden, sprechen wir von organisationalem Beschaffungsverhalten als Sammelausdruck für die in der Praxis konkret vorhandenen Beschaffungsträger.

Mit dieser notwendigen verallgemeinernden Begriffsbildung wird keine „Verwissenschaftlichung" des Textes auf sprachlicher Ebene angestrebt. Deshalb werden konkrete praxisnahe Begriffe immer dann verwendet, wenn eine sprachliche Generalisierung nicht notwendig war. An manchen Stellen ließ sich dies aber nicht umgehen.

Dieses Lehrbuch wendet sich an folgende **Zielgruppen:**

- Praktiker, die im Investitionsgüter-Bereich tätig sind, insbesondere Techniker, die sich mit Fragen der Betriebswirtschaftslehre, speziell des Marketings, vertraut machen wollen; aber auch an Spezialisten im Investitionsgüter-Bereich, die eine umfassende Darstellung des komplexen Bereichs erfahren wollen;
- Studenten der Betriebswirtschaftslehre, die sich mit einem volkswirtschaftlich sehr bedeutsamen Güterbereich beschäftigen wollen;
- Marktforschungsinstitute, die sich mit Fragen des Investitionsgüter-Marketings beschäftigen.

Das Lehrbuch basiert auf der grundlegenden These, daß Investitionsgüter-Marketing die Handhabung von Transaktionsbeziehungen im Rahmen von Geschäftsbeziehungen ist. Demgemäß wird bei der Behandlung der Marketing-Entscheidungen unterschieden nach

- Investitionsgütern, die als Projekte nur einmal oder sehr selten mit einem Kunden abgewickelt werden. Das klassische Beispiel hierfür ist das industrielle Anlagengeschäft, bei dem Anbieter und Kunde jeweils einmalig oder nur sehr selten in Verhandlung miteinander treten. Wir bezeichnen diesen Sektor als **Individualtransaktionen.**
- Investitionsgütern, die häufiger wiederbeschafft werden (Produkte der Serien- bzw. der Massenfertigung), wobei sich durch die Wiederholung eine gewisse Routinisierung bei der Beschaffung einstellt. Wir bezeichnen diesen Sektor als **Routinetransaktionen.**

Ein Lehrbuch läßt sich nur schreiben, wenn man vielfältige Unterstützung erfährt. An diesem Buch haben die verschiedensten Funktionsträger mitgewirkt:

- Solche, die überhaupt erst Interesse für ein neues Fachgebiet erwecken und sich damit das Unverständnis aller Beteiligten zuziehen, die aber letztlich für alles folgende ursächlich sind;
- solche, die alles schlecht finden und an allem herummäkeln, von denen aber dann einiges letztlich doch ins Buch eingeht;
- solche, die ständig neue konstruktive Ideen haben, von denen sich nur ein kleiner Teil realisieren läßt;
- solche, die mit einem abgewogenen Urteil Positiva und Negativa mit Bedacht vortragen und damit erhebliche Überarbeitungen notwendig machen;
- solche, die erst beim Lesen der Druckfahnen feststellen, daß das Buch systematische Fehler enthält;
- solche, die das Manuskript hochloben, mit ihrer Detailkritik aber so treffen, daß das Buch in wesentlichen Teilen neu konzipiert werden muß;
- solche, deren Stellungnahme zuvor dringend erbeten worden war, die sich aber nicht äußerten und damit großes Unbehagen verursachten;
- solche, die nur Rechtschreibe- und Kommafehler finden, aber zentrale Mängel übersehen.

Alle sind notwendig für das Entstehen eines neuen Lehrbuches und ich hatte das Glück, daß aus jedem Bereich einer oder mehrere an diesem Buch mitgewirkt haben, wofür ich aufrichtig danke.

Neben dieser Vielzahl „ungenannter Helfer" möchte ich aber auch denjenigen danken, die wesentliche Teile dieses Buches beeinflußt haben, ohne in das obige Kategorienschema unmittelbar hineinzupassen.

An erster Stelle danke ich meinem akademischen Lehrer, Herrn Professor Dr. *Werner H. Engelhardt*, Bochum, der zu Beginn der 70er Jahre den Einstieg in den Bereich des Investitionsgüter-Marketings gewagt hat und mich erst nach anfänglichem Sträuben vom Reiz dieses Forschungsgebietes überzeugt hat. Ohne ihn gäbe es dieses Buch nicht. Nicht nur, weil er das Gebiet des Investitionsgüter-Marketings wesentlich erschlossen hat, sondern auch, weil eine Reihe von Gedanken, die in dieses Buch eingeflossen sind, von ihm entwickelt, geprägt oder durch kritische Stellungnahmen zu ihrer jetzigen Darstellung gebracht wurden. Ohne seine großzügige Unterstützung wäre dieses Lehrbuch nicht möglich gewesen.

Zu großem Dank bin ich auch meinen Freunden und ehemaligen Bochumer Kollegen Dr. *Bernd Günter* und Priv.-Dozent Dr. *Wulff Plinke* sowie den Herren Professor Dr. *Günter Specht*, Darmstadt, und Dr. *Hans-Georg Gemünden*, Kiel, verpflichtet. Sie haben verschiedene Fassungen des Manuskriptes gelesen und umfassende konstruktive Änderungsvorschläge unterbreitet, die zum großen Teil in dieses Buch eingeflossen sind.

Wertvolle Anregungen habe ich aus der Praxis des Investitionsgüter-Geschäftes erfahren. Herr *Volker Arlt*, Erlangen, hat mich mit vielen praktischen Detailproblemen des Anlagengeschäftes vertraut gemacht und durch sein Verständnis für Fragen von wissenschaftlichem Interesse meine Sicht der Investitionsgüter-Marketingprobleme geprägt. Herr *Andreas Wordell*, München, hat in vielen Diskussionen während meiner praktischen Tätigkeit bei der SIEMENS AG und durch eine Fülle von kritischen Anmerkungen zu diesem Manuskript Schwerpunkte in diesem Buch gesetzt und meine Einstellung zu betriebswirtschaftlichen Fragen des Großanlagengeschäftes beeinflußt.

Die meiste Arbeit haben natürlich meine früheren und jetzigen Mitarbeiter mit diesem Manuskript gehabt. Ihre Arbeit beschränkte sich nicht nur auf technische Dienstleistungen. Herr Diplom-Volkswirt *Karl Heil* und Herr Diplom-Handelslehrer *Franz-Karl Koch* haben eine Reihe von konzeptionellen Änderungsvorschlägen gemacht, die das Buch erheblich verbessert haben, und ihre Kritik im Detail hat manche Ungenauigkeiten beseitigt. Herr cand. rer. pol. *Rolf Weiber* hat verschiedene Beispiele gerechnet und Fehler aufgedeckt sowie maßgebliche Literaturarbeit geleistet. Frau Diplom-Handelslehrer *Christiane Lenz* und Herr Diplom-Volkswirt *Wolfgang Molter* haben noch in der letzten Phase Widersprüche aufgedeckt und beseitigen geholfen. Frau *Erika Müllverstedt* hat trotz der großen Belastung beim Neuaufbau des Lehrstuhls in Mainz immer wieder überarbeitete Versionen des Manuskripts mit großer Sorgfalt geschrieben. Ihnen allen gilt mein herzlicher Dank.

Mainz, im Januar 1982 *Klaus Backhaus*

Inhaltsübersicht

Teil 1: Industriegütermarketing als eigenständige Teildisziplin des Marketings

Kapitel A.	Bedeutung und Abgrenzung des Industriegütermarketings	3
Kapitel B.	Besonderheiten des Industriegütermarketings	7
Kapitel C.	Was heißt Industriegütermarketing?	11
Kapitel D.	Zum Aufbau dieses Buches	31

Teil 2: Analyse der KKV-Position

Kapitel A.	Die drei Perspektiven des KKVs	35
Kapitel B.	Gewinnung und Verarbeitung KKV-relevanter Informationen	157

Teil 3: Geschäftstypenspezifisches Marketing

Kapitel A.	Typologien im Industriegütermarketing	185
Kapitel B.	Marketing im Produktgeschäft	209
Kapitel C.	Marketing im Anlagengeschäft	325
Kapitel D.	Marketing im Systemgeschäft	419
Kapitel E.	Marketing im Zuliefergeschäft	493
Kapitel F.	Geschäftstypenwechsel	565

Inhaltsverzeichnis

Vorwort VII

Teil 1: Industriegütermarketing als eigenständige Teildisziplin des Marketings

Kapitel A. Bedeutung und Abgrenzung des Industriegütermarketings 3

Kapitel B. Besonderheiten des Industriegütermarketings 7

Kapitel C. Was heißt Industriegütermarketing? 11

I. Netto-Nutzen, Kundenvorteil, USP, Value Proposition, Wettbewerbsvorteil oder KKV? 12

II. Elemente des KKVs 22

III. Zusammenfassende Definition des Industriegütermarketings 27

Kapitel D. Zum Aufbau dieses Buches 31

Teil 2: Analyse der KKV-Position

Kapitel A. Die drei Perspektiven des KKVs 35

I. Der industrielle Kunde: Individuum und Gruppe 35

    1 Organisationales Beschaffungsverhalten 35
        1.1 Besonderheiten des organisationalen Beschaffungsverhaltens und neuere Entwicklungen 37
        1.2 Erklärungsansätze des organisationalen Beschaffungsverhaltens 41
            1.2.1 Partialansätze 41
                1.2.1.1 Phasenansätze zur Beschreibung des Beschaffungsprozesses 42
                1.2.1.2 Buying Center-Konzepte 44
                      1.2.1.2.1 Umfang und Struktur des Buying Centers 45
                      1.2.1.2.2 Personen, Rollen und Funktionsträger 47
                      1.2.1.2.3 Informations- und Entscheidungsverhalten 58
                1.2.1.3 Kauftypen 74
                1.2.1.4 Organisationsbezogene Einflussgrößen des Beschaffungsprozesses 82
                1.2.1.5 Umwelt als Einflussfaktor 86

1.2.2 Totalmodelle des Beschaffungsverhaltens 89
    1.2.2.1 Das Webster/Wind-Modell: Ein grundlegendes Strukturmodell 89
    1.2.2.2 Das Sheth-Modell: Ein Strukturmodell mit Prozessorientierung 92
    1.2.2.3 Das Modell von Choffray/Lilien: Ein Prozessmodell 94
    1.2.2.4 Das Modell von Johnston/Lewin: Eine Synopse unter Betonung des Einflusses des wahrgenommenen Risikos ... 99
1.3 Relationale Beschaffungs-/Absatzbetrachtung 102
    1.3.1 Interaktionsansätze 104
    1.3.2 Netzwerk- und Geschäftbeziehungsansätze 111
    1.3.3 Zusammenfassende Bewertung der Interaktionsforschung 115

2 Marktsegmentierung: Aggregation der Einzelkundenbetrachtung 118

II. Die Konkurrenz: eine relative Perspektive 125

1 Wer ist Konkurrent? 125
    1.1 Die Abgrenzung des relevanten Marktes 125
    1.2 Strategische Gruppen 130

2 Das erwartete Verhalten der Konkurrenz 135
    2.1 Bisher verfolgte Strategie 136
    2.2 Ziele der Konkurrenten 138
    2.3 Fähigkeiten (Ressourcen) der Konkurrenten 141
    2.4 Umwelt 144

3 Das zusammenfassende Konkurrenz-Reaktionsprofil 145

III. Der Anbieter: Ressourcenausstattung und strategische Orientierung 148

1 Die Verbindung zwischen strategischen Positionen und Ressourcenausstattung 148

2 Ressourcen, Fähigkeiten und Kompetenzen als Ursachen relativer Überlegenheit 149
    2.1 Potenzialunterschiede 150
    2.2 Prozessunterschiede 151
    2.3 Programmunterschiede 154
    2.4 Dynamische Fähigkeiten 154

Kapitel B. Gewinnung und Verarbeitung KKV-relevanter Informationen 157

I. Der Informationsgewinnungsprozess 157

1 Informationsbeschaffung als Voraussetzung zur Erzielung von KKVs ... 157

2 Der Marktforschungsprozess 158
    2.1 Informationsbedarf 158
    2.2 Informationsträger 159
    2.3 Die Datenerhebung 160
    2.4 Datenaufbereitung und Informationsdistribution 163

II. Abbildung der KKV-Position 165

1 Produktpositionierung 165

2 Symbolisierung der KKV-Position: Die Marke 171
   2.1 Mehrwert der Marke 171
   2.2 Die Grundsatzentscheidung: Aufbau einer Marke? 173
   2.3 Dimensionen der Markenführung 176

Teil 3: Geschäftstypenspezifisches Marketing

Kapitel A. Typologien im Industriegütermarketing 185

I. Systematik von Typologien 185

II. Angebotsorientierte Typologien 188

III. Nachfrageorientierte Typologien 191

IV. Marktseiten-integrierende Typologien 193

V. Der „Vier-Typenansatz" als Basis für die Entwicklung von Marketing-Programmen 199

Kapitel B. Marketing im Produktgeschäft 209

I. Merkmale und Vermarktungsbesonderheiten des Produktgeschäfts ... 209

   1 Charakteristika des Geschäftstyps 209

   2 Ableitung eines Vermarktungsansatzes für das Produktgeschäft . 211

II. Vermarktungsmaßnahmen im Produktgeschäft 215

   1 Produkt- und Preispolitik: eine marktspezifische Betrachtung . 215
      1.1 Specialty-Märkte 215
         1.1.1 Neuproduktkonzeption und -anpassung 215
            1.1.1.1 Bedeutung und Erfolgsfaktoren der Neuproduktplanung .. 215
            1.1.1.2 Ablaufschritte der Neuproduktplanung 216
               1.1.1.2.1 Festlegung der strategischen Stoßrichtung 216
               1.1.1.2.2 Ideenfindung und -bewertung 220
               1.1.1.2.3 Produktentwicklung 222
               1.1.1.2.4 Markterprobung 225
               1.1.1.2.5 Markteinführung 226
            1.1.1.3 Produktpolitische Anpassungen nach der Markteinführung 226
         1.1.2 Preispolitik: Zahlungsbereitschaftsmanagement 229
            1.1.2.1 Ermittlung von Zahlungsbereitschaften und produktbezogenen Kosten 230
            1.1.2.2 Preisermittlung 238
            1.1.2.3 Gestaltung von Preissystemen 240
            1.1.2.4 Preisdurchsetzung 243

1.2 Commodity-Märkte 255
   1.2.1 Preis- und Kostenmanagement 255
      1.2.1.1 Kostenmanagement auf Commodity-Märkten 255
         1.2.1.1.1 Statische Kostenvergleiche: Kosten-
                  Benchmarking 256
         1.2.1.1.2 Dynamische Kostenentwicklungen: Die
                  Erfahrungskurve 258
      1.2.1.2 Dynamische Preisfestsetzung auf Commodity-Märkten ... 262
         1.2.1.2.1 Pricing-Maßnahmen für Kostenführer und
                  Kosten-Follower 262
              1.2.1.2.1.1 Kostenführer 262
              1.2.1.2.1.2 Kosten-Follower 264
         1.2.1.2.2 Preisanpassungen 272
   1.2.2 Leistungsmanagement: Schaffung von „value added" 273
      1.2.2.1 Ingredient Branding 275
      1.2.2.2 Produktbegleitende Dienstleistungen 276

2 Distributions- und Kommunikationspolitik: eine geschäftstypbezogene Betrachtung 279
  2.1 Distributionspolitik 279
     2.1.1 Die akquisitorische Dimension 279
        2.1.1.1 Alternative Absatzkanäle 279
        2.1.1.2 Multichannel-Management 291
     2.1.2 Die logistische Dimension 293
  2.2 Kommunikationspolitik 295
     2.2.1 Zielgruppe der Kommunikationspolitik 296
     2.2.2 Kommunikationspolitische Instrumente 298
        2.2.2.1 Werbung 298
        2.2.2.2 Verkaufsförderung 306
        2.2.2.3 Öffentlichkeitsarbeit, Sponsoring, Events 307
        2.2.2.4 Messen und Ausstellungen 312
        2.2.2.5 Direkt Marketing 321

Kapitel C. Marketing im Anlagengeschäft 325

I. Charakteristika und Vermarktungsbesonderheiten des Anlagengeschäfts .. 325

II. Marketing im Anlagengeschäft: Ein phasenspezifischer Ansatz 329

  1 Der Phasenablauf 329

  2 Phasenspezifische Marketing-Entscheidungen 331
    2.1 Marketing-Entscheidungen in der Voranfragenphase 331
       2.1.1 Passives Akquisitionsverhalten 331
       2.1.2 Aktives Akquisitionsverhalten 332
    2.2 Marketing-Entscheidungen in der Angebotserstellungsphase 334
       2.2.1 Anfragenselektion 334
       2.2.2 Anbieterorganisation 350
         2.2.2.1 Organisationsformen der Anbietergemeinschaft 351
         2.2.2.2 Die Wahl der Koalitionspartner 355

2.2.3 Preispolitik 356
  2.2.3.1 Bestimmungsfaktoren der Preispolitik 356
  2.2.3.2 Verfahren zur Preisfindung 357
    2.2.3.2.1 Kalkulationsverfahren zur Ermittlung der
              Preisuntergrenze 357
    2.2.3.2.2 Verfahren zur Ermittlung der Preisobergrenze ... 364
      2.2.3.2.2.1 Nutzenorientierte Preispolitik: Value
                  Pricing 364
      2.2.3.2.2.2 Marktorientierte Preispolitik mit
                  Submissionsmodellen 366
  2.2.3.3 Preisdurchsetzung 370
    2.2.3.3.1 Mitanbieterbezogene Preispolitik 370
    2.2.3.3.2 Preissicherung 371
2.2.4 Finanzierung 375
  2.2.4.1 Begriff und Bedeutung der Auftragsfinanzierung und des
          Financial Engineerings 375
  2.2.4.2 Entstehung auftragsspezifischer Finanzierungsbedürfnisse . 376
  2.2.4.3 Deckung auftragsspezifischer Finanzierungserfordernisse . 378
    2.2.4.3.1 Multinationale Anbietergemeinschaften und
              Finanzierungskonsortien 378
    2.2.4.3.2 Finanzierungsinstrumente 379
    2.2.4.3.3 Finanzierungsinstitutionen 383
  2.2.4.4 Risiken der Exportfinanzierung und ihre Deckung 385
  2.2.4.5 Weitere Konzepte des Financial Engineerings 388
    2.2.4.5.1 Projektfinanzierung 388
    2.2.4.5.2 Misch- und Verbundfinanzierung 393
    2.2.4.5.3 Kofinanzierung 394
    2.2.4.5.4 Leasing 394
    2.2.4.5.5 Kompensation 394
2.3 Marketing-Entscheidungen in der Kundenverhandlungsphase 397
  2.3.1 Das Verhandlungsteam: Wer sollte verhandeln? 397
  2.3.2 Der Verhandlungsprozess: Wie wird verhandelt? 398
  2.3.3 Die Verhandlungsobjekte: Worüber wird verhandelt? 404
2.4 Marketing-Entscheidungen in der Projektabwicklungs- und Gewähr-
    leistungsphase 415

Kapitel D. Marketing im Systemgeschäft 419

I. Charakteristika und Vermarktungsbesonderheiten des Systemgeschäfts .. 419

1 Einordnung des Geschäftstyps 419

2 Vermarktungsbesonderheiten im Systemgeschäft 421
  2.1 Determinanten der Vermarktung 422
    2.1.1 Beschaffungsschrittfolge 422
    2.1.2 Systemarchitektur 423
      2.1.2.1 Begriff 423
      2.1.2.2 Konsequenzen der Systemarchitektur für den Kaufprozess:
              Systemnutzen und Systembindung 425
    2.1.3 Kundenübergreifende Angebotsgestaltung 431
  2.2 Das grundlegende Vermarktungsproblem: Nachfrageunsicherheit 431

II. Der Vermarktungsansatz im Systemgeschäft 438

  1 Strukturierung der Vermarktungsaktivitäten 438

  2 Die Grundsatzentscheidung 439
    2.1 Entscheidungsdeterminanten 439
      2.1.1 Anbieterbezogene Determinanten 439
        2.1.1.1 Anbietermotive 439
        2.1.1.2 Anbieterrisiken 442
      2.1.2 Nachfragerseitige Durchsetzbarkeit 443
      2.1.3 Konkurrenzumfeld 444
    2.2 Gesamtbeurteilung 446

  3 Management der Einstiegsinvestition 447
    3.1 Überblick über Vermarktungsaufgaben 447
    3.2 System-Gestaltung 449
      3.2.1 Konzeption des Systems 449
      3.2.2 System-Pricing 462
        3.2.2.1 Preisfestlegung 463
        3.2.2.2 Konditionen 474
    3.3 System-Kommunikation 476
      3.3.1 Signalling zum angebotenen System: Kommunikationspolitik 477
      3.3.2 Signalling zukünftigen Anbieterverhaltens: Garantien 480

  4 Management der Folgeinvestitionen 482
    4.1 Systematisierung der Vermarktungsaufgaben 482
    4.2 Intra-System-Maßnahmen 485
      4.2.1 Dynamisches Pricing 485
      4.2.2 Angebot zusätzlicher Systembestandteile 488
      4.2.3 Absicherung des Folgegeschäfts im Systemzyklus 488
    4.3 Inter-System-Maßnahmen 491

Kapitel E. Marketing im Zuliefergeschäft 493

I. Charakteristika des Zuliefergeschäfts 493

  1 Einzelkundenfokus 495

  2 Zeitlicher Kaufverbund 498

II. Phasenspezifisches Management von Geschäftsbeziehungen im Zuliefergeschäft 499

  1 Einstieg in die Geschäftsbeziehung 500
    1.1 Analyse der strategischen Ausgangssituation 500
    1.2 Maßnahmen zum Einstieg in die Geschäftsbeziehung 506
      1.2.1 Vorauswahl 506
        1.2.1.1 Anforderungen bei der Vorauswahl 506
          1.2.1.1.1 Die Beurteilung von produktbezogenen Leistungsmerkmalen 508
          1.2.1.1.2 Die Beurteilung von Leistungspotenzialen 511

		1.2.1.1.3 Abbildung der Beurteilungskriterien in Lieferantenbewertungsmodellen.............	514
	1.2.1.2	Marketing in der Vorauswahlphase..................	517
		1.2.1.2.1 Dokumentation von Leistungsmerkmalen......	517
		1.2.1.2.1.1 Anpassungskonzepte..............	517
		1.2.1.2.1.2 Emanzipationskonzepte...........	528
		1.2.1.2.2 Aufbau von Vertrauen in die Potenzialeigenschaften...............................	538
	1.2.2	Konzeptwettbewerb......................................	541

2 Absicherung und Ausbau der Geschäftsbeziehung.................. 543
  2.1 Absicherung der Geschäftsbeziehung............................ 543
    2.1.1 Absicherungsbedarf in Geschäftsbeziehungen................. 543
    2.1.2 Externe Absicherungsformen.............................. 546
  2.2 Ausbau der Geschäftsbeziehung................................ 551
    2.2.1 Definition des Koordinationsdesigns........................ 551
    2.2.2 Spezifische Investitionen................................. 554

3 Beendigung der Geschäftsbeziehung............................. 559
  3.1 Strategische Ausstiegsfenster.................................... 559
  3.2 Potenziale für zukünftige Geschäftsbeziehungen................... 562

Kapitel F. Geschäftstypenwechsel...................................... 565

I. Gründe für einen Geschäftstypenwechsel............................ 565

II. Ausgewählte praktische Beispiele für richtungsspezifische Geschäftstypenwechsel... 568

III. Marketing-Konzepte zur Realisierung von Geschäftstypenwechseln...... 572

  1 Horizontale Geschäftstypenwechsel............................. 572
    1.1 Individualisierung... 575
      1.1.1 Maßnahmen der Leistungsindividualisierung................. 577
        1.1.1.1 Das Management der Kundenintegration............. 577
        1.1.1.2 Management der Kaufverhaltensunsicherheit.......... 578
      1.1.2 Stufen des Individualisierungsprozesses..................... 580
    1.2 Vereinheitlichung... 588
      1.2.1 Auswirkungen der Produktvereinheitlichung auf die Komplexitätskosten.. 589
      1.2.2 Variantenmanagement.................................... 591

  2 Vertikale Geschäftstypenwechsel................................ 592
    2.1 Release-Strategie.. 593
      2.1.1 Bedeutung von Standards................................. 593
      2.1.2 Arten von Standards..................................... 595
        2.1.2.1 Normen.. 595
        2.1.2.2 De-facto-Standards............................... 595
      2.1.3 Standard-Follower oder Standard-Setter?.................... 597
        2.1.3.1 Das Standardisierungspotenzial..................... 597
        2.1.3.2 Die Etablierung eines Standards.................... 599

    2.2 Lock-In-Strategie 604
        2.2.1 Arten von Kundenbindungen 605
        2.2.2 Instrumente der Kundenbindung.......................... 607

Literaturverzeichnis 611

Sachverzeichnis 673

Teil 1

Industriegütermarketing als eigenständige Teildisziplin des Marketings

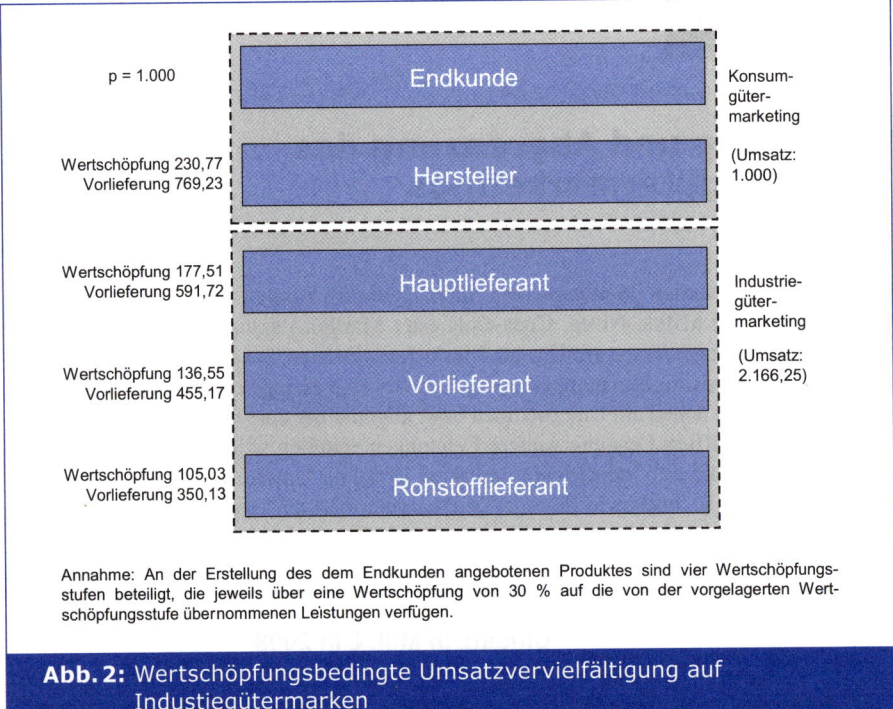

Abb. 2: Wertschöpfungsbedingte Umsatzvervielfältigung auf Industiegütermarken

Quelle: *Backhaus/Voeth*, 2004, S. 6.

In dem in *Abbildung 2* dargestellten Beispiel resultiert der um den Faktor 2,17 höhere Umsatz auf Industriegütermärkten allein aus der Tatsache, dass nur die zwischen Hersteller und Endkunde gehandelten Leistungen der Konsumgütervermarktung, hingegen die zwischen Hersteller und Hauptlieferant, zwischen Hauptlieferant und Vorlieferant sowie zwischen Vorlieferant und Rohstofflieferant gehandelten Umsätze gleichermaßen der Industriegütervermarktung zuzurechnen sind.

Das große Gewicht, das Industriegütermärkte in der Praxis einnehmen, einerseits und die lange Zeit stärker technologische und weniger marktbezogene Ausrichtung vieler Industriegüterunternehmen andererseits haben in jüngerer Zeit zu einem **Bedeutungszuwachs** von Marketing-Fragen in diesen Märkten und Branchen geführt (vgl. hierzu auch *Büschken et al.*, 2007; *LaPlaca/Katrichis*, 2009 oder *Meffert/Bongartz*, 2000). Dies spiegelt sich zum einen darin wider, dass in immer mehr Industriegüterunternehmen entweder bestehende Vertriebsabteilungen zunehmend mit Marketing-Aufgaben betraut werden oder eigene Marketing-Abteilungen geschaffen werden, die organisatorisch zudem nicht selten unmittelbar unterhalb der Unternehmensleitung aufgehängt werden.

Im Rahmen der vom Verein deutscher Ingenieure (VDI) e. V. ausgerichteten „Düsseldorfer Führungsgespräche" über die Bedeutung von Marketing in Industriegüterunternehmen zeigte sich bspw., dass ca. 80 % der in den Unternehmen bestehenden Marketing-Abteilungen direkt an die erste Führungsebene im Unternehmen berichten. Ergebnis der Gesprächsrunde war aber zugleich auch, dass das Marketing in Industriegüterunternehmen mitunter über Image-Probleme verfügt, da der „Wertschöpfungsbeitrag" dieser Unternehmensaufgabe nicht immer transparent ist (vgl. *Schulze*, 2005, S. 70). *Voeth/Herbst* (2008a) sehen dabei einen der zentralen Gründe für diese Image- und Akzeptanzprobleme darin, dass viele Marketing-Verantwortliche in Industriegüterunter-

A. Bedeutung und Abgrenzung des Industriegütermarketings

nehmen dazu neigen, Marketing-Ansätze, die zuvor für Konsumgütermärkte entwickelt worden sind, ohne Anpassung auf Industriegütermärkte zu übertragen. Da eine „Werkzeugmaschine jedoch kein Schokoriegel" sei, dürfe man sich nicht wundern, wenn das Industriegütermarketing in der Praxis bislang noch keine sehr große Wertschätzung erfahre.

Die zunehmende Bedeutung, die dem Industriegütermarketing zuzusprechen ist, wird auch in einer immer umfangreicheren **wissenschaftlichen Literatur** zum Industriegüter-, Investitionsgütermarketing bzw. Business-to-Business-, Business- oder industriellen Marketing deutlich. Die Auseinandersetzung mit Vermarktungsproblemen in industriellen Transaktionsbeziehungen hat sich mittlerweile zu einem viel beachteten Schwerpunkt in der Marketing-Forschung und -Lehre entwickelt. Internationale wie nationale Lehrbücher belegen dies (vgl. international z. B.: *Anderson et al.*, 2009; *Bingham*, 1998; *Brierty et al.*, 1998; *Eckles*, 1990; *Haas*, 1995; *Hutt/Speh*, 2004; *Webster*, 1995 und national z. B. grundlegend *Engelhardt/Günter*, 1981; *Kleinaltenkamp/Plinke*, 1997 und 2002; *Richter*, 2001; eher pragmatisch *de Zoeten et al.*, 1999; *Godefroid/Pförtsch*, 2009 und weniger als klassisches Lehrbuch, sondern vielmehr praktische Tipps gebend *Klein*, 2004; für eine umfassende Lehrbuchliste vgl. auch *Backhaus et al., 2007a*).

Auch wenn Vermarktungsprobleme auf Industriegütermärkten unter verschiedenartigen Bezeichnungen diskutiert werden (Industriegütermarketing, Business-to-Business-Marketing etc.), darf nicht übersehen werden, dass hier z. T. sehr ähnliche Aspekte behandelt werden. So werden die Bezeichnungen **Industriegütermarketing**, **Investitionsgütermarketing** und **industrielles Marketing** in der Literatur weitgehend synonym verwendet (vgl. *Backhaus/Voeth*, 2004, S. 6). Hingegen besteht zwischen Industriegüter-/Investitionsgütermarketing bzw. industrielles Marketing auf der einen Seite und **Business-to-Business-Marketing** auf der anderen Seite keine Deckungsgleichheit. Wie *Abbildung 3* verdeutlicht, bezieht das Business-to-Business-Marketing auch die Vermarktung an den konsumtiven Groß- und

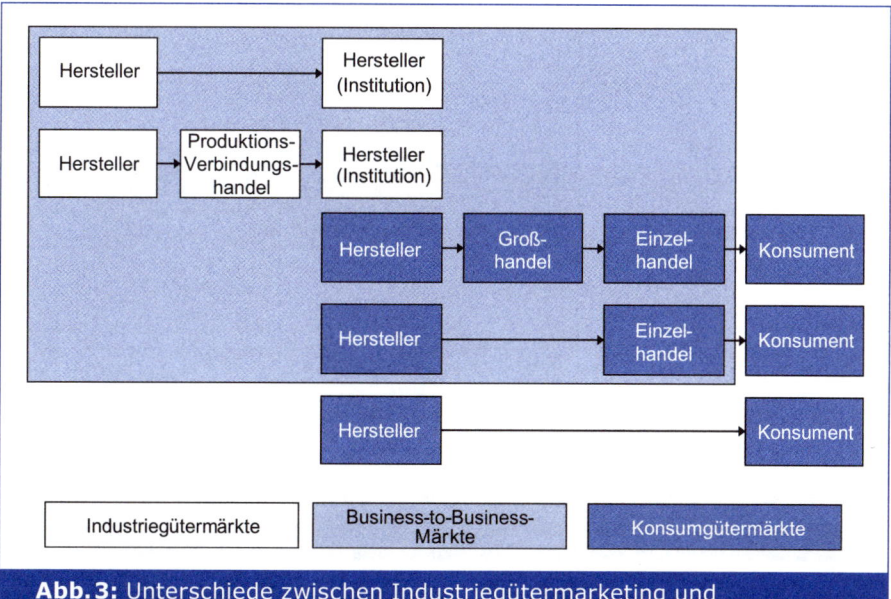

Abb. 3: Unterschiede zwischen Industriegütermarketing und Business-to-Business-Marketing

Quelle: *Plinke*, 1999.

Einzelhandel mit ein. Hingegen umfasst das Industriegütermarketing bzw. Investitionsgüter- oder industrielle Marketing ausschließlich die Vermarktung von Leistungen, die von Unternehmen/Organisationen beschafft werden, um weitere Leistungen zu erstellen, die nicht in der Distribution an Letztkonsumenten bestehen (vgl. *Engelhardt/ Günter*, 1981, S. 24). Diese Einschränkung wird im Industriegütermarketing bewusst vorgenommen, da die Herausforderungen des Absatzkanalmanagements traditionell einen zentralen Stellenwert im allgemeinen Marketing gefunden haben (vgl. *Ahlert et al.*, 2003) und deshalb nicht erneut aufbereitet werden müssen (vgl. *Backhaus/Voeth*, 2004, S. 7).

Schließlich ist das Industriegütermarketing nicht nur im Verhältnis zum Konsumgütermarketing oder anderen mehr oder weniger synonym bezeichneten Feldern des Marketings, sondern auch im Vergleich zum **Dienstleistungsmarketing** abzugrenzen, das sich ebenfalls im Laufe der Zeit vom allgemeinen Marketing gelöst hat. Diese Abgrenzung ist notwendig, da in der Literatur mitunter die Auffassung vertreten wird, dass sich das Industriegütermarketing ausschließlich auf die Vermarktung von Sachleistungen und das Dienstleistungsmarketing allein auf die Vermarktung an Letztkonsumenten (hierzu z. B. *Pförtsch/Schmid*, 2005, S. 11) bezieht.

Wird hingegen der in *Abbildung 4* dargestellten Charakterisierung des Industriegüter- und Dienstleistungsmarketings gefolgt, wonach das Hauptmerkmal des Industriegütermarketings in der Vermarktung von Leistungen an Unternehmen/Organisationen und das des Dienstleistungsmarketings in der Vermarktung immaterieller Leistungen zu sehen ist, dann lassen sich das Industriegüter- und Dienstleistungsmarketing nicht überschneidungsfrei voneinander abgrenzen. So wird die Vermarktung von Dienstleistungen an Unternehmen/Organisationen sowohl innerhalb des Industriegüter- als auch innerhalb des Dienstleistungsmarketings thematisiert (so z. B. letztlich auch *Pförtsch/Schmid*, 2005, S. 10 ff.).

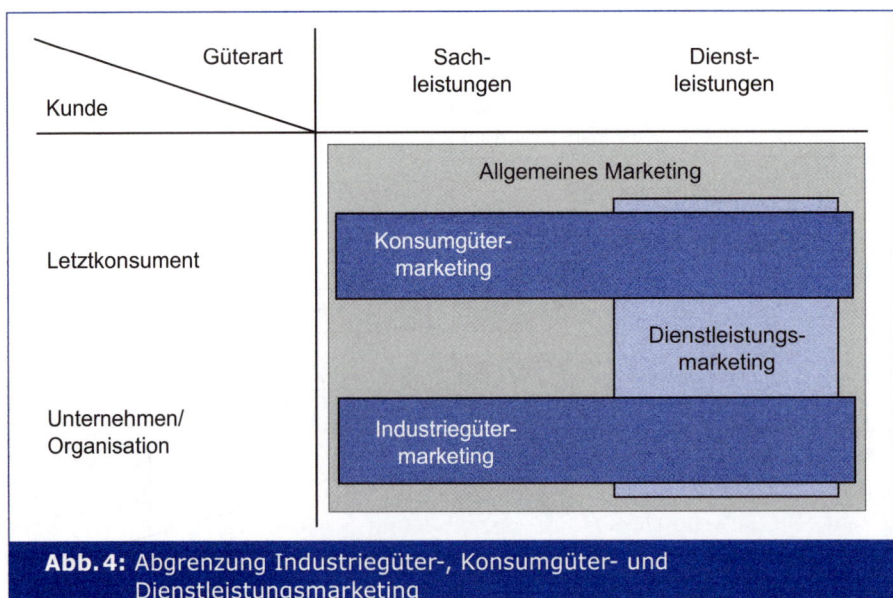

Abb. 4: Abgrenzung Industriegüter-, Konsumgüter- und Dienstleistungsmarketing

Kapitel B

Besonderheiten des Industriegütermarketings

Die **Abgrenzung des Industriegütermarketings** hat deutlich gemacht, dass Transaktionsprozesse auf Industriegütermärkten Besonderheiten im Vergleich zum Konsumgütermarketing aufweisen, die eigenständige Ansätze innerhalb der Vermarktung notwendig machen. Um diese Besonderheiten zu veranschaulichen, betrachten wir ein konkretes Marketing-Problem bei der Beschaffung eines Industriegutes. Dabei handelt es sich um ein Beispiel aus einem besonders typischen Industriegüterbereich: dem industriellen Anlagengeschäft. Aus dieser Perspektive gehen die Unterschiede zum Konsumgütermarketing besonders deutlich hervor.

Fallstudie LISTECO

Zwischen 1998 und 2008 ist der Rohölpreis praktisch kontinuierlich angestiegen. Lag er 1998 bei nur 13 US$ pro Barrel, so stieg er anschließend über 29 US$ im Jahr 2003 auf 133 US$ im Juli 2008. Ursache für diesen dramatischen Preisanstieg im ersten Jahrzehnt dieses Jahrhunderts war zum einen eine stark anwachsende weltweite Nachfrage nach dem Rohstoff „Rohöl". Vor allem die fortschreitende Industrialisierung in China und Indien ließ die weltweite Rohölnachfrage, aber auch die Rohölpreise explodieren. Zum anderen machte sich in den vergangenen Jahren bemerkbar, dass in den 1990er Jahren vergleichsweise wenig Investitionen für die Erschließung neuer Fördergebiete aufgewandt worden waren. Durch die ansteigenden Rohölpreise konnten viele erdölexportierende Länder hohe Zahlungsbilanzüberschüsse erzielen. Daher wurden in fast allen diesen Ländern Überlegungen darüber angestellt, wie diese liquiden Mittel am besten verwandt werden könnten. Die meisten Ölländer entschieden sich dafür, dieses Geld für Industrialisierungsmaßnahmen einzusetzen. Umso mehr traf die erdölexportierenden Länder im Jahr 2008 der Preisverfall im Zuge der weltweiten Finanz- und Wirtschaftskrise. Innerhalb weniger Monate (Juli bis Dezember 2008) sackte der Barrel-Preis von 133 US$ auf 40 US$. Da viele Länder die Situation im Vorfeld nicht richtig eingeschätzt hatten und daher von dem Preisverfall völlig überrascht wurden, kamen sie plötzlich in Liquiditätsengpässe.

In dieser Phase hatte die LISTECO (Libya Steel Corporation), die unter starkem staatlichen Einfluss steht, über die libysche Außenhandelsorganisation ein komplettes Kaltwalzwerk ausgeschrieben, das nicht weit von der Küste entfernt in Libyen entstehen sollte.

Wegen der engen Beziehungen französischer Anlagenbauer zu libyschen Kunden hatte sich auch die französische Maschinenbaufirma Jaubert um das Projekt beworben. Herr Démont, Cheftechniker von Jaubert, kannte sowohl den Leiter der entsprechenden Außenhandelsabteilung, Herrn Fawzi, wie auch die leitenden Direktoren der LISTECO, die Herren Ahmad, Khadat und Ben What, recht gut.

Die Auftragslage der Firma Jaubert war derzeit extrem schlecht, da man in der Vergangenheit wenig erfolgreich gewesen war. Wenn die Beschäftigungslage bei Jaubert in kurzer Zeit nicht entscheidend verbessert werden konnte, war man zu Kurzarbeit und sogar Entlassungen gezwungen, was mit Sicherheit Streiks zur Folge hätte. Aus all diesen Gründen war der Erhalt des Großauftrags aus Libyen fast zu einer Existenzfrage für Jaubert geworden; dies galt umso mehr, als sich andere Walzwerkprojekte derzeit nicht anboten.

Insbesondere auf dem Kaltwalzsektor hatte Jaubert in den letzten Jahren sehr eng mit der EGD (Elektrizitätsgesellschaft Deutschland) als Lieferant der elektrischen Ausrüstung von Walzwerken zusammengearbeitet. Die letzten Aufträge wurden nahezu alle mit der EGD konsortial abgewickelt. Dadurch hatte sich auch ein sehr gutes Verhältnis auf allen Ebenen zwischen den beiden Firmen entwickelt.

Die EGD befand sich in einer wesentlich besseren Beschäftigungslage als Jaubert, da sie im Hinblick auf Abnehmerbranchen stärker diversifiziert war und insbesondere auf dem Chemiesektor ein gutes Auftragspolster besaß. Darüber hinaus war es der EGD in jüngster Zeit gelungen, im Rahmen internationaler Konsortien auch an größeren Walzwerkaufträgen beteiligt zu werden. Von Streiks war die EGD weitgehend verschont geblieben.

In der Projektierungsabteilung für Kaltwalzwerke der EGD gab es derzeit insofern Probleme, als man gerade eine Pilotanlage (Anlage mit hohem Innovationsgrad) in Afrika mit großem Verlust abgeschlossen hatte. Angesichts dieses Verlustes sollten in nächster Zeit keine stark risikobehafteten Aufträge mehr angenommen werden.

Der inländische französische Markt wurde durch staatliche Maßnahmen im Rahmen eines gegen die Finanz- und Wirtschaftskrise gerichteten Konjunkturförderungsprogramms gegen ausländische Konkurrenz relativ stark abgeschirmt. Die französische Hütten- und Walzwerkindustrie befindet sich direkt oder indirekt fast vollständig unter staatlicher Kontrolle. Allerdings wurden im Inland zu dieser Zeit nur Rationalisierungs-, Modernisierungs- und Ersatzinvestitionen durchgeführt, durch die die Beschäftigungslage der Hersteller bei weitem nicht gesichert werden konnte.

Auch der französische Export wurde staatlich stark unterstützt. Dies geschah zum einen durch den Abschluss einer Reihe von bilateralen Handelsabkommen, insbesondere mit östlichen Staaten und Ölstaaten – so auch mit Libyen –, und zum anderen durch die Gewährung zinsgünstiger direkter und indirekter Kredite an Abnehmerländer. Angesichts der weltweit geringen Nachfrage nach Walzwerken und des harten internationalen Konkurrenzkampfes hatten jedoch alle diese Maßnahmen nicht zu einer befriedigenden Auslastung des gesamten französischen Walzwerkbaues geführt.

Als Jaubert die Ausschreibungsunterlagen erhalten hatte, wandte man sich sofort an die EGD, um sie zu bitten, ein Angebot für die elektrische Ausrüstung des Kaltwalzwerkes auszuarbeiten. Bei der EGD war man von der Anfrage nicht sehr begeistert, da man relativ gut ausgelastet war und es sich wiederum um ein Kaltwalzwerk handelte, bei dem mit einem schlechten Preis und hohem kommerziellen Risiko zu rechnen war.

Herr Toelle, Leiter der Abteilung „Elektroausrüstungen für Walzwerke" bei EGD, der mit Herrn Démont von Jaubert zu der ersten Prebid-Konferenz nach Tripolis gereist war, hatte bereits erfahren, dass sich neben dem französischen Konsortium auch eine chinesische Anbietergruppe um das Projekt bewarb. Auf dieser Prebid-Konferenz sickerten bereits erste Preisvorstellungen durch, wonach die Chinesen offenbar eine aggressive Preisstrategie betrieben. Schon jetzt lagen die angedeuteten Preise der Chinesen 30 % unter dem überschlägig ermittelten Preis der französisch/deutschen Anbietergemeinschaft, wobei die Chinesen vermutlich einen Festpreis fordern und nicht – wie die Franzosen – auf Abschluss eines Gleitpreises bestehen werden. Wegen der verschlechterten Finanzlage der Libyer war auch bekannt geworden, dass nicht nur eine langfristige Finanzierung für den Auftrag zu beschaffen war; darüber hinaus sollten auch die An- und Zwischenzahlungen durch Öllieferungen seitens der Libyer kompensiert werden.

Auf dem Heimflug von Tripolis nach Paris verabredeten Herr Démont und Herr Toelle ein Gespräch über den Stand des Projektes, in dem die Probleme und das gemeinsame Vorgehen bei den weiteren Verhandlungen mit den Repräsentanten von LISTECO und der staatlichen Außenhandelsorganisation besprochen werden sollten.

Welches sind die **Charakteristika** des geschilderten Vermarktungsproblems im Fall LISTECO und wodurch unterscheiden sich diese von Vermarktungsprozessen im Konsumgüterbereich?

B. Besonderheiten des Industriegütermarketings

Betrachten wir zunächst die **Nachfrageseite**. Es wird deutlich, dass die Nachfrage nach dem Walzwerk eine **abgeleitete** (derivative) Nachfrage ist: Da Walzstahl in Libyen benötigt wird, entsteht Nachfrage nach Hütten- und Walzwerken.

Im Gegensatz zum Konsumgüterbereich handelt es sich bei Nachfragern im Industriegüterbereich um **Organisationen**. LISTECO ist ein Industrieunternehmen, das ein neues Walzwerk kaufen möchte. Als Nachfrager von Industriegütern kommen aber nicht nur – wie im dargestellten Fall – Industrieunternehmen in Frage, sondern auch Behörden oder Verbände (vgl. *Hutt/Speh*, 2004, S. 18). Verallgemeinernd sprechen wir daher von **organisationalen Nachfragern**.

Da Organisationen durch Repräsentanten handeln (LISTECO wird z.B. durch die drei Direktoren Ahmad, Khadat und Ben What vertreten, die Außenhandelsorganisation durch Herrn Fawzi), sind Beschaffungsprozesse von Industriegütern häufig auch als **multipersonal** zu kennzeichnen.

Im Fall LISTECO ist zwar letztlich die Libya Steel Corporation die eigentlich beschaffende Einheit, aber offenbar ist sie gezwungen, in den Beschaffungsprozess eine weitere Organisation (mit durchaus eigenständigen Zielen) einzubeziehen: die staatliche Außenhandelsorganisation. Es zeigt sich somit, dass Industriegüter-Beschaffungsprozesse auch durch **Multiorganisationalität** gekennzeichnet sein können: Mehrere Organisationen sind in den Beschaffungsprozess eingeschaltet. Die Einschaltung weiterer Organisationen in den Beschaffungsprozess auf Seiten des Kunden muss dabei nicht wie im vorliegenden Beispiel unbedingt aus regulatorischen Gründen erfolgen. Ebenso können ökonomische Gründe dafür verantwortlich sein, wenn Unternehmen horizontale Beschaffungskooperationen aufbauen, um durch die Bündelung ihres Bedarfs mit anderen Unternehmen günstigere Einkaufskonditionen und damit Beschaffungskostenvorteile zu realisieren (vgl. *Voeth*, 2003, S. 39; *Arnold*, 2004, S. 289).

LISTECO kann den Beschaffungsentscheidungsprozess nicht alleine durchführen, sondern muss bei der Auftragsvergabe die staatliche Außenhandelsorganisation mit einschalten. Deshalb kann davon ausgegangen werden, dass der Beschaffungsprozess nach bestimmten formalisierten Richtlinien zu erfolgen hat. Dieser **formalisierte Prozess** der Auftragsvergabe dokumentiert sich i.d.R. auch darin, dass die Vergabe in Form einer Ausschreibung erfolgt.

Bei Industriegütern wie z.B. Kaltwalzwerken ist es darüber hinaus üblich, für die Beschaffung nicht nur nationale, sondern auch internationale Anbieter zu berücksichtigen. Dies ist schon allein deshalb häufig unumgänglich, wenn auf dem Weltmarkt nur eine begrenzte Anzahl von Anbietern vorhanden ist, die wegen der technischen Komplexität des Produkts über das Know-how verfügen, um ein entsprechendes Angebot abgeben zu können. Aus diesem Grunde wird in der Literatur davon ausgegangen, dass das Industriegütermarketing i.d.R. **internationale Marketing-Probleme** mit einschließt (vgl. *Backhaus/Voeth*, 1995a; *Adler/Klein*, 2004; *Voeth/Gawantka*, 2004).

Wegen der häufig relativ hohen Wertdimension von Industriegütern geht der Problemlösungsbedarf der beschaffenden Organisation oftmals weit über die enge technische Lösung hinaus. Der Wunsch nach Auftragsfinanzierung und Kompensationen, um Liquiditäts- und/oder Devisenengpässe zu überbrücken, ist die zwangsläufige Folge. Industriegütermarketing heißt daher häufig auch Befriedigung eines umfangreichen Problembedarfs, so dass **Dienstleistungen** im Industriegütermarketing eine wichtige Rolle spielen (vgl. *Kleinaltenkamp et al.*, 2004, S. 628).

Auch auf der **Anbieterseite** ergeben sich beim Industriegütermarketing Besonderheiten. Im Fall Listeco versucht Jaubert, das Projekt nicht alleine zu realisieren. Vielmehr wendet sich Herr Démont unmittelbar an seinen Kollegen bei der EGD, um ihn zu bitten, auf konsortialer Basis ein gemeinsames Vorgehen zur Auftragserlangung zu beschließen. Projektspezifische **Anbietergemeinschaften** zur Erlangung eines Auftrages, die häufig internationale Partner umfassen, sind kennzeichnend für diesen Industriegüterbereich. Damit wird auch der Vermarktungsprozess auf der Anbieterseite multiorganisational und multipersonal (Konsortium Jaubert mit EGD, Zusammenarbeit von Herrn Démont mit Herrn Toelle).

Daneben werden ökonomische Entscheidungen oft durch **staatliche Einflussnahme** verändert, sei es, dass der Staat die Lieferung von High Tech-Produkten in bestimmte Länder unterbindet oder – wie im Fall Listeco –, dass der Staat den Export durch Finanzierungsunterstützung bzw. Übernahme von Kreditrisiken fördert.

Ein weiteres Charakteristikum für die Anbieterseite ist die Tatsache, dass sich das Angebot von Jaubert und EGD an einen **identifizierten Markt** richtet: Die gesamten Marketing-Anstrengungen werden im Hinblick auf **einen Kunden** gebündelt. Das gilt zwar nicht für alle Industriegüter, ist aber bei Industriegütern häufiger als bei Konsumgütern zu beobachten, da die Anzahl von Anbietern und Nachfragern hier tendenziell geringer ist.

Industriegüter werden häufig **interaktiv** vermarktet: Leistung und Gegenleistung werden unter gegenseitiger Einflussnahme von Nachfrager- und Anbieterorganisationen ausgehandelt. Damit gewinnt z. B. das Personal Selling im Industriegütermarketing eine herausragende Bedeutung (vgl. auch *Albers*, 1989; *Frenzen/Krafft*, 2004, S. 865; *Heger*, 1984; *Johnston/Kim*, 1994, S. 68; *Weis*, 1983, S. 240 f.; *Weis*, 2009).

Häufig finden die einzelnen Transaktionsprozesse auch nicht isoliert voneinander statt. Vielmehr rückt die Betrachtung ganzer **Geschäftsbeziehungen** in den Vordergrund, deren Handhabung ein wichtiges Entscheidungsfeld darstellt (vgl. z. B. *Diller*, 1995, S. 442 ff.; *Diller/Kusterer*, 1988a; *Kaas*, 1992a, S. 884 ff.; *Plinke*, 1997a; *Plinke*, 1989, S. 305 ff.; *Diller*, 2003; *Kleinaltenkamp/Ehret*, 2006).

Anhand der Fallstudie LISTECO wird deutlich: Das Marketing von Industriegütern kann sich in seinen einzelnen Ausprägungen sehr deutlich von den Problemen im Konsumgüterbereich unterscheiden. Unterschiede ergeben sich zum einen in Bezug auf das Kaufverhalten von Kunden. Anders als auf Konsumgütermärkten, auf denen das individuelle Kaufverhalten überwiegt, sind industrielle Kaufentscheidungen durch **Multipersonalität** und **Multiorganisationalität** geprägt. Da dies zudem zu einer gruppenbedingten „Rationalisierung" von industriellen Kaufentscheidungsprozessen führt, lassen sich viele Überlegungen der für die Belange von Konsumgütermärkten entwickelten Kaufverhaltensforschung auf das Kaufverhalten von Unternehmen bzw. Organisationen nicht ohne weiteres übertragen. Zum anderen macht der interaktive Vermarktungsprozess die Verwendung eines neuen Analyseparadigmas notwendig. Die aus dem Konsumgütermarketing bekannten SR-(Stimulus-Response) bzw. SOR-(Stimulus-Organism-Response)Modelle, bei denen der Anbieter mit seinem Marketing-Mix einen Stimulus setzt, auf den der Nachfrager reagieren kann, ohne dass eine direkte, verkaufsaktspezifische Rückkopplung erfolgt, ist für den Industriegüterbereich häufig nicht zweckadäquat. Interaktiv verhandelte Leistungs- und Gegenleistungspakete unter Mitwirkung von Drittparteien (z. B. staatlichen Organen) erfordern einen neuen Analyseansatz: ein **Interaktionsparadigma**. Zusammengenommen können die Probleme des Industriegütermarketings nicht nur als Besonderheiten und Varianten des Konsumgütermarketings diskutiert werden. Es bedarf eines eigenständigen Ansatzes.

Kapitel C

Was heißt Industriegütermarketing?

Auch wenn das Industriegütermarketing eines eigenständigen Vermarktungsansatzes bedarf, stellt es zugleich eine **Teildisziplin des allgemeinen Marketings** dar und unterliegt daher auch (zumindest in weiten Teilen) den Strömungen, die diese Disziplin insgesamt prägen. Für ein umfassendes Verständnis des Industriegütermarketings ist es daher erforderlich, sich zunächst mit dem **Grundverständnis** des Marketings auseinanderzusetzen. Dies ist umso wichtiger, da dieses Grundverständnis noch immer keineswegs eindeutig oder gar unstrittig ist. „What the Hell is Market Oriented?" lautet so bspw. die Überschrift eines Artikels in der Harvard Business Review (vgl. *Shapiro*, 1988), der deutlich macht, dass das Selbstverständnis des Marketings immer hinterfragt worden ist. Elf Jahre später fragt *Day* in seinem Artikel über „Misconceptions about Market Orientation": „Given the benefits of a market orientation, why do so many organisations fail to become market- driven? One reason is confusion over what it means to be market-driven" (vgl. *Day*, 1999, S. 5). Das liegt nicht zuletzt daran, dass der **Begriff** des Marketings im Laufe der Zeit erheblichen Wandlungen unterlegen war (vgl. *Meffert et al.*, 2008, S. 10 ff.). Zunächst wurde Marketing sehr stark **funktional** interpretiert und stand neben anderen Unternehmensfunktionen wie Finanzen, F&E, Produktion und Vertrieb. Befragungen von Praktikern und Studenten belegen, dass in nicht wenigen Fällen Marketing immer noch als eine klassische Unternehmensfunktion begriffen wird, wobei Marketing häufig sogar mit Werbung, Vertrieb oder Verkaufsförderung gleichgesetzt wird (vgl. *Meffert*, 2002).

Aber auch in der Literatur besteht keine Einigkeit darüber, was den Kern des Marketings ausmacht. Dem Marketing werden die verschiedensten Tatbestände subsumiert. *Abbildung 5* gibt einen Überblick über gängige **Marketing-Definitionen**.

Meffert et al.: Marketing bedeutet ... die Planung, Koordination und Kontrolle aller auf die aktuellen und potentiellen Märkte ausgerichteten Unternehmensaktivitäten. Durch eine dauerhafte Befriedigung der Kundenbedürfnisse sollen die Unternehmensziele im gesamtwirtschaftlichen Güterversorgungsprozess verwirklicht werden (*Meffert et al., 2008, S. 9f.*).

American Marketing Association (AMA): Marketing is an organizational function and a set of processes for creating, communicating, and delivering value to customers and for managing customers relationships in ways that benefit the organization and its stakeholders (*American Marketing Association*, 2004).

Homburg/Krohmer: Marketing hat eine unternehmensexterne und eine unternehmensinterne Facette. In unternehmensexterner Hinsicht umfasst Marketing die Konzeption und Durchführung marktbezogener Aktivitäten eines Anbieters gegenüber Nachfragern [...] Marketing bedeutet in unternehmensinterner Hinsicht die Schaffung der Voraussetzungen im Unternehmen für die effektive und effiziente Durchführung dieser marktbezogenen Aktivitäten (*Homburg/Krohmer*, 2009, S. 10).

Kotler/Keller: Marketing is a societal and managerial process by which individuals and groups obtain what they need and want through creating, offering, and exchanging products and services of value with others (*Kotler/Keller*, 2008, S. 6.).

Abb. 5: Ausgewählte Definitionen des Begriffs „Marketing"

Die angeführten Definitionen betonen dabei z. T. unterschiedliche Tatbestände des Marketings: Während *Kotler/Keller* vor allem den Austauschgedanken in den Mittelpunkt rücken, betont die Definition der *American Marketing Association (AMA)*, die einen Kompromiss aus vielen Definitionsversuchen darstellt, neben dem instrumentalen Mix-Gedanken vor allem die Wertschaffungsaufgabe des Marketings im Verhältnis zu Shareholdern und Stakeholdern. Hingegen macht *Meffert* die Idee der umfassenden Befriedigung von Kundenbedürfnissen (Kundenorientierung) zum Kern seiner Definition. *Homburg/Krohmer* betonen schließlich, dass dem Marketing auch eine unternehmensinterne Aufgabe zukommt, da auch die Schaffung der internen Voraussetzungen für effektive und effiziente Aktivitäten am Markt zum Aufgabenspektrum des Marketings gehört. Insofern lässt sich konstatieren: Was den Kern des Marketings genau ausmacht, ist durchaus umstritten und damit klärungsbedürftig. Einigkeit besteht – wenn überhaupt – darin, dass Marketing nicht allein als Unternehmensfunktion (Absatz bzw. Vertrieb), sondern auch aus einer **funktionsübergreifenden Perspektive** zu sehen ist. In diesem Sinne hat Marketing die Aufgabe, die Funktionen eines Unternehmens produktspezifisch auf die (Absatz-)Markterfordernisse auszurichten, um auf diese Weise im Wahrnehmungsfeld der Nachfrager besser als die relevanten Konkurrenzangebote beurteilt zu werden. Marketing kommt im so verstandenen Sinne eine *Koordinierungsaufgabe* zu. Es geht um die produktspezifische Koordination von Unternehmensfunktionen (z. B. F&E, Beschaffung, Fertigung, Vertrieb, Finanzierung) im Hinblick auf die Erfordernisse des (Absatz-)Marktes.

Wir bezeichnen dies als **integratives Marketing-Konzept**, da in allen am Wertschöpfungsprozess beteiligten Funktionen eines Unternehmens Quellen für Differenzierungsdimensionen liegen können. Eine vom Kunden gewünschte schnelle Lieferzeit kann durch eine effiziente Beschaffungsmaßnahme, durch eine Umorganisation der Fertigung wie auch durch ein effizientes Distributionssystem erreicht werden. Insofern umfasst Marketing *mehr* als nur die klassische Absatzfunktion, bei der es lediglich um den Einsatz der absatzpolitischen Instrumente zur Leistungsverwertung geht.

Ein solches Verständnis von Marketing führt dann auch zu einer klaren Zielfokussierung: Die konkrete **Umsetzung** der Marketing-Konzeption erfolgt immer **geschäftsfeldbezogen**; denn nicht ein Unternehmen verfügt über einen Differenzierungsvorteil – es sei denn, es handelt sich um ein Einprodukt-Unternehmen –, sondern ein Differenzierungsvorteil kann nur bei einem konkreten Leistungsangebot bestehen. Um es an einem Beispiel zu demonstrieren: Nicht die Firma Siemens besitzt einen Differenzierungsvorteil, sondern z. B. der Geschäftsbereich Magnet-Resonanz-Tomographie – oder auch nicht. Auf Gesamtunternehmensebene spielt Marketing aber insofern eine Rolle, als die Unternehmensführung **Marktorientierung als Denkprinzip** verankern kann (muss), um das Potenzial der funktionsübergreifenden Ausrichtung aller Unternehmensaktivitäten auf den Markt ausschöpfen zu können.

I. Netto-Nutzen, Kundenvorteil, USP, Value Proposition, Wettbewerbsvorteil oder KKV?

Die **aktuellen Herausforderungen** auf Industriegütermärkten zeigen, dass sich die Wettbewerbsspiele immer differenzierter und variantenreicher darstellen: Sie werden schneller und finden unter neuen Kosten- und Qualitätsbedingungen statt. Obwohl sich allerdings die Spiele z. T. dramatisch verändert haben, sind viele grundlegende **Marktspielregeln** die gleichen geblieben. Der **Marktprozess** – gleichgültig, wie schnell und diskontinuierlich er verlaufen mag – bleibt ein Lernprozess für alle Marktpartner, bei welchem dem Unternehmer eine zentrale Rolle zufällt. Er ist es, der neue Möglichkeiten zur Gewinnrealisierung sucht (und evtl. findet) und damit den Marktprozess in Gang hält. Gäbe es den Unternehmer nicht, wäre der Wettbewerbsprozess längst zum Stillstand (Gleichgewicht) gekommen. Nach besseren Lösungen würde nicht mehr gesucht werden. *Von Mises* hat diese Grundidee schon 1940 treffend auf den Punkt gebracht: „Der Unternehmer kann seinen Konkurrenten im Wettbewerb nur dadurch zuvorkommen, dass er darauf bedacht ist, billiger und besser den Markt zu versorgen. Billiger, das bedeutet reichlichere Versorgung; besser, das bedeutet Versorgung mit bisher nicht auf den Markt gebrachten Waren" (*von Mises*, 1940, S. 277).

Wettbewerb ist somit ein Suchprozess, der darauf gerichtet ist, durch Generierung neuer Lösungen vorhandene oder latente Bedürfnisse umfassender (besser, preisgünstiger, schneller, nachhaltiger) zu befriedigen (Effektivitätsposition), um daraus einen eigenen ökonomischen Vorteil zu ziehen (Effizienzposition). Ein Unternehmen, das in der Lage ist, beide Positionen gleichzeitig in einem Geschäftsfeld zu verwirklichen, verfügt über einen **komparativen Konkurrenzvorteil (KKV)** in diesem Geschäftsfeld (vgl. zu Begriff und Abgrenzung des KKVs auch *Backhaus/Schneider*, 2009, S. 22ff.). Der Vorteil wird deshalb als *komparativ* bezeichnet, weil sich Konkurrenzangebote auf verschiedenen Nutzendimensionen unterscheiden können. Konkurrent A wird beim Nutzenmerkmal „Lieferzeit" als überlegen eingestuft, Konkurrent B dagegen bietet in den Augen der Nachfrager den besseren „After Sales Service" und einen günstigeren „Preis". Der Nachfrager muss nun abwägen: Wiegt die kürzere Lieferzeit bei A den Service- und Preisvorteil von B auf oder nicht oder überkompensiert er ihn sogar? Möglicherweise kommen verschiedene Kunden zu unterschiedlichen Vergleichsergebnissen. Kunde X sieht bei dem Vergleich einen Vorteil in dem Leistungsangebot von A, Kunde Y kommt zu dem Ergebnis, das Leistungsangebot von B sei vergleichsweise besser. Neben absoluten Konkurrenzvorteilen (A ist auf allen relevanten Nutzendimensionen besser als B) treten in der Realität (viel häufiger) relative Konkurrenzvorteile auf (A ist zwar nicht auf allen relevanten Nutzendimensionen besser, aber die Abwägung von Vor- und Nachteilen zwischen den Leistungsangeboten von A und B lässt A für einen Nachfrager *vergleichsweise* überlegen erscheinen). Wir sprechen deshalb von komparativen Konkurrenzvorteilen (KKVs), schließen aber ausdrücklich absolute Konkurrenzvorteile im o. g. Sinne als Grenzfälle mit ein (damit unterscheidet sich der Begriff KKV auch von dem Begriff des „komparativen Kostenvorteils", wie er von *Ricardo* (vgl. *Ricardo*, 2006, S. 115; übersetzte Fassung der englischen Standardausgabe aus dem Jahr 1819) geprägt wurde).

Die Effektivitätsposition beim KKV

Plinke (2000a, S. 78 ff.) operationalisiert die **Effektivitätsbedingung** des Konstrukts KKV über den **Netto-Nutzen-Vorteil** (NNV). Als Netto-Nutzen-Vorteil bezeichnet er die Differenz zwischen Nutzen und Preis eines Anbieters. Dieser ist notwendig für die Vermarktung einer Leistung. Der NNV reicht aber in Märkten mit Wettbewerb nicht aus: Der NNV muss größer sein als der des schärfsten Wettbewerbers. Wir sprechen von positiver Netto-Nutzen-Differenz (NND) oder relativem Kundenvorteil. Die Netto-Nutzen-Differenz zwischen einem Anbieter A und seinem Konkurrenten K lässt sich wie folgt darstellen (vgl. *Abbildung 6*):

Anbieter A hat zwar einen höheren Angebotspreis als Wettbewerber K. Bei gleichen Beschaffungs- und Implementierungskosten für die Produkte von A und K zeigen sich aber erhebliche Unterschiede in den Betriebs-, Wartungs- und Entsorgungskosten. Hier hat A erhebliche Vorteile. Während K mit seiner Gesamtbelastung beim Kunden exakt den empfundenen Nutzen „abschöpft" – die Life Cycle Costs als Summe aus Preis, Beschaffungs- und Implementierungskosten sowie Betriebs-, Wartungs- und Entsorgungskosten schöpfen genau den durch die blaue Nutzenlinie gekennzeichneten Nutzen in *Abbildung 6* ab –,

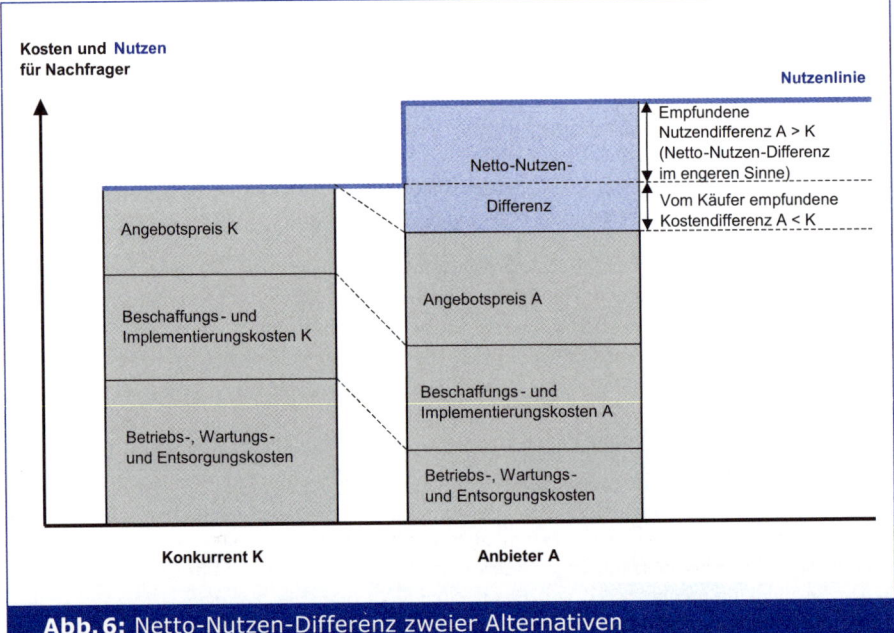

Abb. 6: Netto-Nutzen-Differenz zweier Alternativen

Quelle: in Anlehnung an *Plinke*, 2000a, S. 80.

erzeugt das Leistungsangebot von A einen erheblichen Mehr-Nutzen („Empfundene Nutzendifferenz A/K") und ist gleichzeitig um die „vom Käufer empfundene Kostendifferenz A/K" günstiger. Der Kundenvorteil von A gegenüber K entspricht somit der in *Abbildung 6* blau unterlegten „Netto-Nutzen-Differenz". Somit kann sich – wie im vorliegenden Beispiel – der Kundenvorteil sowohl aus einem vom Nachfrager empfundenen Nutzen – als auch aus einem Preisvorteil zusammensetzen. Selbst wenn A den Preis so weit anheben würde, dass die Preisdifferenz A/K negativ würde, bliebe (zumindest anfänglich) ein Netto-Nutzen-Vorteil erhalten. Würde dagegen zwischen beiden Angeboten von den Nachfragern keine Nutzendifferenz empfunden, so bestünde der Kundenvorteil aus einem *reinen Preisvorteil* (für den Nachfrager).

Die Überlegungen machen deutlich, dass es sich bei der Bestimmung der Effektivitätsposition eines Unternehmens/Geschäftsfelds im Rahmen der KKV-Definition immer um die **Analyse relativer Positionen** geht. Die **Bestimmungsfaktoren des KKVs** ergeben sich aus der gleichzeitigen Betrachtung der folgenden *Einflussgrößen* (vgl. *Abbildung 7*):

- Bedürfnisse (Probleme) der potenziellen Nachfrager,
- eigene Position in der Wahrnehmung der Nachfrager und
- Position der relevanten Konkurrenten in der Wahrnehmung der Nachfrager.

Die Effizienzbedingung beim KKV

Es ist insbesondere das Verdienst von *Plinke* (2000a, S. 82 ff.), darauf hingewiesen zu haben, dass für Zwecke der Unternehmensführung die Kundenperspektive um die Anbieterperspektive zu ergänzen ist. Anders als bei *Plinke*, der seinen Überlegungen auch eine relative Anbieterperspektive zugrunde legt, wird die **Effizienzbedingung** beim KKV vor allem durch eine **isolierte Anbieterperspektive** geprägt. Demnach ist zu fragen, ob

bereiche und -aktivitäten im Hinblick auf die Markterfolgsfaktoren auszurichten sind, d. h. die **gesamte Wertkette** ist hinsichtlich der anvisierten Marktposition so zu koordinieren, dass für den Kunden ein (Mehr-)Wert gegenüber vergleichbaren Konkurrenzangeboten besteht (vgl. dazu im einzelnen *Anderson et al.*, 2009).

Ziel ist es, die Kundenwünsche so im eigenen Unternehmen zu kommunizieren, dass für die an der Wertschöpfungskette Beteiligten konkrete (abgestimmte) Handlungsempfehlungen generiert werden können. *Abbildung 13* verdeutlicht die Problematik.

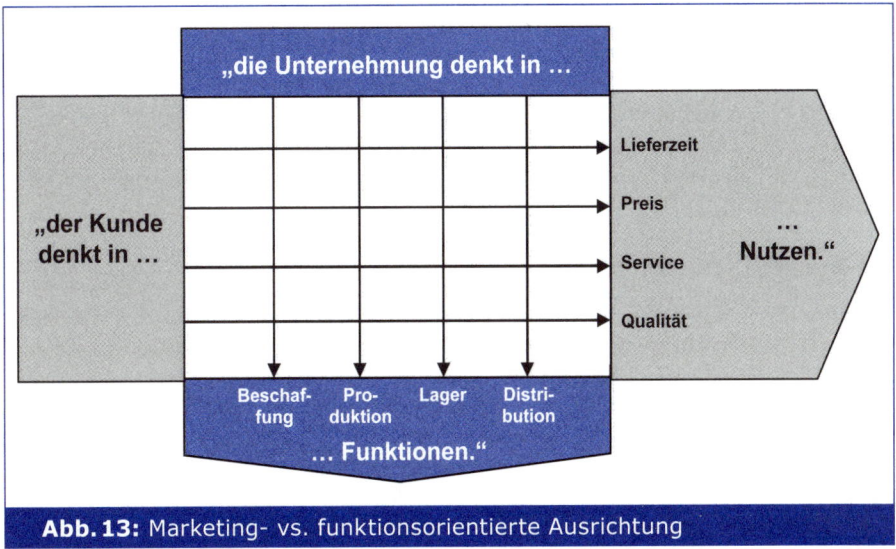

Abb. 13: Marketing- vs. funktionsorientierte Ausrichtung

Ein Kundenwunsch, z. B. nach schneller Lieferzeit, muss zumeist in allen Funktionsbereichen umgesetzt werden. Es ist deshalb erforderlich, Antworten auf die Frage zu finden, was das Ziel „schnelle Lieferzeit" für die Funktionsbereiche Beschaffung, Produktion etc. bedeutet. Das ist eine **Umsetzungsaufgabe**.

Marketing ist dabei ein **integrativer Ansatz**, der hilft, den organisationsbedingten Interessenpartikularismus zu überwinden. Eine der wesentlichen Erfolgsbedingungen einer KKV-Umsetzung ist somit das erfolgreiche Management interner Schnittstellen zwischen den funktionsspezifischen Fachabteilungen.

Damit wird deutlich: Marketing, verstanden als „vom Markt her zu denken" und „für den Markt zu handeln", ist nicht nur Aufgabe des Vertriebs. Alle Mitarbeiter stehen letztlich „an der Kundenfront", d. h. alle müssen marktorientiert denken und handeln (**Innenorientierung**). Dabei unterscheiden wir in der Praxis **„Full Time Marketer"** (FTM) von **„Part Time Marketer"** (PTM). FTM sind dadurch gekennzeichnet, dass die Ausübung der Marketing-Funktionen ihre Hauptaufgabe im Unternehmen ist, während PTM primär andere Funktionen und Aufgaben erfüllen, die aber immer wieder auf ihre Markt- und damit Erlösrelevanz überprüft werden müssen. PTM und FTM sind aufeinander angewiesen. So müssen bspw. die F&E-Abteilung, Produktion, Vertrieb und FTM kundenorientiert arbeiten, um einen KKV zu erzeugen:

"Dauerhaft" ist allerdings nicht mit „ewig" zu verwechseln. Nahezu jeder KKV ist auf Dauer einholbar. Das haben manche Firmen mit einem in der Vergangenheit besonders ausgeprägten KKV schmerzhaft erfahren müssen.

> Ein Beispiel hierfür stellt die amerikanische Firma Xerox dar. Die Erfindung des Kopierers machte diese Firma für lange Zeit zum scheinbar uneinholbaren Weltmarktführer im Kopiergerätemarkt. Ende der 1970er Jahre nutzte die japanische Firma Canon das unbesetzte Marktsegment der kleineren und einfacheren Kopiergeräte zum Markteintritt. Die hieraus erzielten Erlöse wurden erfolgreich in den Aufbau einer Technologieführerschaft im gesamten Kopierermarkt investiert, so dass Xerox Mitte der 1980er Jahre die Marktführerschaft verloren hatte.
>
> (Quelle: *Hamel/Prahalad*, 2000, S. 136)

Zum anderen ist unter dem Aspekt der Dauerhaftigkeit einer KKV-Position aber auch zu fragen, welcher **Anschlussvorteil** besteht, sobald der Leistungsvorteil bei einem bestimmten Parameter von der Konkurrenz eingeholt worden ist. Einen verteidigungsfähigen KKV zu haben, heißt somit auch, schneller zu lernen als die Konkurrenz oder den Wettbewerbsparameter zu ändern.

(2) Die Wirtschaftlichkeit

Wie oben bereits aufgezeigt, reicht es nicht aus, dass ein Unternehmen bzw. eine Geschäftseinheit vorhandene Bedürfnisse besser befriedigen kann als der Wettbewerb. Legt man allein die Bedingung eines Kundenvorteils zugrunde, resultiert daraus zwangsläufig eine irreführende Kundenorientierung, die alle Ressourcen auf den Kunden ausrichtet, ohne dafür einen angemessenen Gegenwert zu bekommen (Marketing als **„Wunschzettel-Erfüllung"**). Neben der Verteidigungsfähigkeit muss vor allem eine weitere Effizienzbedingung in Form eines ökonomischen Vorteils erfüllt sein. Ist ein Marketing-Verhaltensprogramm effizient, liegt neben einem Kunden- auch ein (isolierter) **Anbietervorteil** vor. Damit ist *Kotler/Keller* zuzustimmen, die treffend formulieren: „Ultimately, marketing is the art of attracting and keeping *profitable* customers" (*Kotler/Keller*, 2008, S. 170). Mit anderen Worten: ein relativer Kundenvorteil wird erst dann zu einem KKV, wenn er den Wirtschaftlichkeitsanforderungen gerecht wird. Die Bereitschaft eines Unternehmens, in die Generierung eines KKVs zu investieren, ist damit vom Erlös- bzw. Einzahlungsüberschusspotenzial abhängig, das mit dem Aufbau eines KKVs verbunden ist.

III. Zusammenfassende Definition des Industriegütermarketings

Fasst man den Inhalt der Kernaussagen und Beispiele zusammen, so lässt sich Folgendes konstatieren: Wir definieren **Marketing als das Management von KKVs**. Das erfordert eine geschäftsfeldspezifische Ausrichtung an den mit ausreichenden Zahlungsbereitschaften versehenen Kundenwünschen (**Außenorientierung**: „Wissen über Nachfragerbedürfnisse und Zahlungsbereitschaft") sowie ein entsprechendes Handlungsprogramm im Unternehmen, das die Ausrichtung aller am Wertschöpfungsprozess beteiligten Unternehmensfunktionen auf die Befriedigung definierter Kundenwünsche sicherstellt (**Innenorientierung**: „Handlungskomponente").

Ein erfolgreiches **KKV-Management** gelingt nur, wenn interne und externe Maßnahmen eine durchgängige Linie bilden. Marketing bedeutet somit, dass intern alle Unternehmens-

die Firma Pratt & Whitney mit einem Anteil von 90 % den Markt für Flugzeugantriebe. Nach einigen Fehlschlägen bei technischen Innovationen ist es dann Rolls-Royce aber gelungen, vor allem durch energieeffiziente Turbinen und durch skalierbare und damit schnell an neue Flugzeugtypen anpassbare Turbinen zunehmend Marktanteile zu gewinnen. Durch diese skalierbare Bauweise muss das Unternehmen nicht für jedes Flugzeug von Grunde auf neu planen, sondern kann schnell und günstig neue Flugzeugmodelle ausrüsten. So konnten zunächst Marktanteile gewonnen werden. Auf dem Markt für Turbinen wird der wesentliche Umsatz jedoch nicht über die Flugzeugturbine erzielt, sondern vor allem durch das Ersatzteil- und Wartungsgeschäft. Beides kann aber auch durch Dritte angeboten werden. Häufig verfügen diese Drittfirmen über eine ähnliche Qualität bei geringeren Kosten. Um in diesem Wettbewerbsumfeld eine langfristig verteidigungsfähige Position einzunehmen, verkauft Rolls-Royce deshalb nicht erst die Turbine und anschließend die Ersatzzeile und den Service, sondern nimmt eine Gebühr für jede geleistete Flugstunde. Damit bleibt das Ersatzteil- und Wartungsgeschäft in der Hand des Unternehmens. Der Ansatz ist zwar nicht neu, neu ist jedoch der Umfang des begleitenden Services. So betreibt Rolls-Royce ein in der Branche einmaliges Kontrollzentrum, in dem permanent die Daten aller sich in der Luft befindenden Flugzeuge mit einem Rolls-Royce-Antrieb überwacht werden, so dass kleinste wartungsrelevante Veränderungen am Aggregat entdeckt, analysiert und ggf. behoben werden können. Dies führt zu einem optimalen Servicemanagement, das sich in die Flugpläne der Airlines integrieren lässt. Längere außerplanmäßige Standzeiten der Flugzeuge können durch die permanente Information über den Zustand der Antriebsaggregate auf ein Minimum reduziert werden. Zudem steht Rolls-Royce durch diese Datensammlung eine umfangreiche Datenquelle zur Verfügung, durch die Schwachstellen an den Antrieben identifiziert und in weiterer Forschungs- und Entwicklungsarbeit behoben werden können (vgl. *o. V.*, 2009a).

Abb. 12: Rolls-Royce Flugzeugturbine Trent 900 wie sie im A380 verbaut wird

Quelle: *Rolls-Royce plc*, 2009.

- deutlich bruchsicherer als die Zementrohre,
- billiger und
- einfacher (und damit kostengünstiger) zu verlegen, da man wegen der Flexibilität kein Kiesbett mehr benötigte.

Mit einem Wort: Man glaubte, den idealen KKV gefunden zu haben: Das Produkt war besser und preiswerter.

Das einzige Problem war: Die Kunden orderten nicht. Was war der Grund?

Die Formaplast-Manager hatten übersehen, dass die örtlichen Bauunternehmer bei der Verlegung des Sandwichrohres weniger Umsatz machten, da das Kiesbett überflüssig war. Deshalb nutzten die lokalen Bauunternehmer alle Möglichkeiten, ihren Einfluss gegen die Verwendung von Sandwichrohren geltend zu machen.

Erst nach einer Weiterentwicklung des Sandwichrohres, bei der die Wandstärken deutlich reduziert wurden, so dass wieder ein Verlegebett notwendig wurde, stellte sich der Markterfolg ein. Aus dem Produktvorteil war ein KKV geworden!

(Quelle: *Backhaus/Weiber*, 1989, S. 2)

Effizienz

Auch die Effizienzdimension lässt sich in zwei Teilaspekte untergliedern:

(1) Verteidigungsfähigkeit

Um als strategischer Vorteil (KKV) gelten zu können, muss der Vorteil eine gewisse **zeitliche Konstanz** aufweisen, d. h. er darf nicht kurzfristig von der Konkurrenz imitierbar und somit einholbar sein. *Aaker* spricht in diesem Zusammenhang von einem **sustainable competitive advantage** (vgl. *Aaker*, 1988 und 2007). So ist eine Preissenkung, die nicht auf einer im Vergleich zum Wettbewerb wesentlich günstigeren Kostenstruktur beruht, kein dauerhafter Wettbewerbsvorteil, da Mitbewerber darauf i. d. R. sehr schnell und vehement zu reagieren in der Lage sind. Wettbewerbsvorteile lassen sich also nur bei solchen Maßnahmen erzielen, die nicht sofort kopierbar sind. Der Logistik-Dienstleister FIEGE aus Greven bei Münster liefert ein interessantes Beispiel.

> Die Firma FIEGE war nach dem zweiten Weltkrieg eine klassische LKW-Spedition mit in der Spitze über 100 LKWs. Da sich Speditionsleistungen zu einer Art commodity entwickelt hatten, bei denen der Wettbewerb vor allem über den Preis ausgetragen wurde, beschlossen die beiden Enkel des Firmengründers, sich von der LKW-Flotte zu trennen und sich als reiner Logistikdienstleister für individuelle Kontraktlogistik zu positionieren. Die Idee war, sich auf die firmenspezifische Lösung von Logistikentscheidungen zu konzentrieren und durch dieses neue Geschäftsmodell einen KKV zu erzielen. Man löste sich also von reinen „Truckern" und investierte stattdessen in Logistikzentren (weltweit), die es FIEGE ermöglichen, für den Kunden gleichzeitig Kosten- und Lieferservice-Vorteile zu realisieren. Die Bündelung der Leistungen und modernste Informations- und Kommunikationssysteme ermöglichen dabei verteidigungsfähige, dauerhafte KKVs, die das Unternehmen zu einem Umsatz-Milliardär haben werden lassen.

Auch der von Rolls-Royce plc gewählte Weg kann als weiteres Beispiel angeführt werden, wie eine verteidigungsfähige Wettbewerbssituation erzielt werden kann.

> Der Name Rolls-Royce steht vielerorts noch für britische Nobellimousinen, allerdings werden diese seit 1971 nicht mehr von der Rolls-Royce plc produziert. Das PKW-Geschäft ist aus dem Unternehmen ausgegliedert worden und wird von Lizenznehmern (zurzeit BMW) bearbeitet. Rolls-Royce plc hat sich seitdem insbesondere durch die Produktion von Flugzeugturbinen einen Namen gemacht (vgl. Abbildung 12). Das war nicht immer so. Bis in die späten 1960er Jahre dominierte

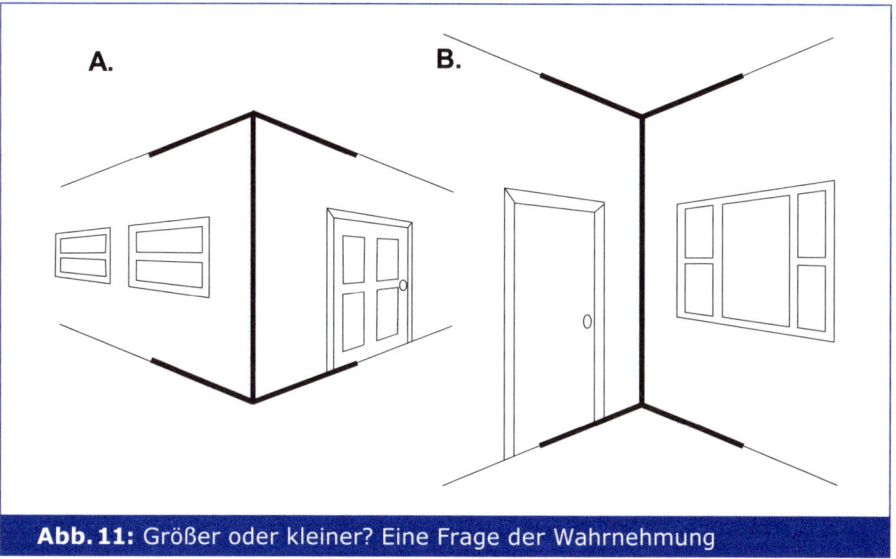

Abb. 11: Größer oder kleiner? Eine Frage der Wahrnehmung

Quelle: *Sekuler/Blake*, 1985, S. 246.

sondern über die als dominant Wahrgenommenen zu verfügen. Wie stark die subjektive Wahrnehmung differieren kann, verdeutlicht *Abbildung 11*.

Bei Betrachtung der Abbildung 11 würde man vielleicht vermuten, dass der rechte Raum (B) deutlich höher als der linke Raum (A) ausfällt. Tatsächlich weisen jedoch beide Räume exakt dieselbe Höhe auf. Die Unterschiede in der Wahrnehmung werden allein durch die jeweils verwendete Perspektive hervorgerufen. Diese Gesetzmäßigkeit lässt sich auch auf den Erfolg am Markt übertragen. Nicht die Anbietersicht bzw. die objektiv existierenden Unterschiede sind entscheidend, sondern die Kundensicht bzw. die Parameter, die auf die Kundensicht einwirken. Vor diesem Hintergrund gilt es daher immer wieder sorgfältig zu prüfen, ob wirklich ein **KKV** definiert wird oder lediglich ein **Produktvorteil**. Ein Produktvorteil kennzeichnet eine technische Überlegenheit eines Produkts gegenüber vergleichbaren Alternativen. Dieser Produktvorteil wird aber erst dann zu einem Kundenvorteil, wenn er auch **vom Kunden** als signifikant **nutzenstiftend wahrgenommen** wird. Das folgende Beispiel verdeutlicht dies.

Formaplast oder: Die Misserfolgsstory eines Produktvorteils

„Unter vielen Städten tickt eine Umweltbombe", berichtete „De Volkskrant", eine bekannte niederländische Tageszeitung. Gemeint war, dass Überprüfungen in vielen europäischen Städten ergeben hatten, dass deren Abwasserkanalsysteme hoffnungslos überaltert waren. Die verlegten Zementrohre wiesen z. T. erhebliche Bruchstellen auf, so dass Teile des Abwassers (und somit z. B. auch die durch die häusliche Toilette entsorgten Altölbestände) vor der Klärung ins Grundwasser gelangen konnten.

Formaplast – ein niederländischer Anbieter von Kunststoffrohren – hatte die Situation erkannt und deshalb in Kooperation mit einem Zementrohrhersteller und einem Maschinenbauer ein neues Rohr entwickelt, das „Sandwichrohr". Dieses Rohr bestand aus einem sehr viel dünneren Zementrohr, das beidseitig mit Kunststoff überzogen wurde. Diese Neuentwicklung – und das hatte man den städtischen Straßenbauämtern auch sehr schnell klarmachen können – wies erhebliche Vorteile gegenüber Konkurrenzprodukten auf. Das Sandwichrohr war

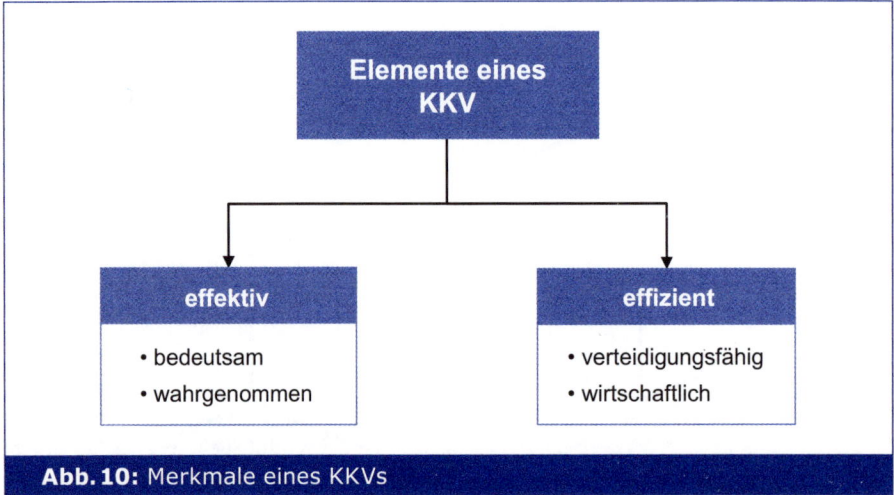

Abb. 10: Merkmale eines KKVs

Kundenorientierte Unternehmen verwenden als **Marktnavigator** den **KKV**. Der KKV muss dabei zugleich der Effektivitäts- und der Effizienzdimension genügen und damit die in *Abbildung 10* aufgeführten Einzelmerkmale aufweisen.

Effektivität

Die Effektivitätsdimension lässt sich nach *Aaker* (2007) und *Simon* (1988) in zwei Subdimensionen zerlegen:

(1) Bedeutsamkeit

Nur im Hinblick auf für den Kunden subjektiv **bedeutsame Kaufmerkmale** lässt sich ein KKV erzielen. Die im Vergleich zum Wettbewerb überlegene Leistung muss demnach bei für den Kunden besonders wichtigen Leistungsmerkmalen ansetzen. Für Anbieter lohnt es sich nur bei solchen Leistungsmerkmalen, die Vermarktungsbemühungen hierauf zu konzentrieren und in Bezug auf diese Merkmale KKVs mittel- oder langfristig aufzubauen. Im Gegensatz dazu scheiden kundenseitig weniger bedeutsame Merkmale für den KKV-Aufbau aus.

> In Anlagen bspw., bei denen die Geräuschentwicklung, d. h. der Lärm, unerheblich ist (z. B. Außenanlagen), spielt die Geräuscharmut eines Trafos eher eine untergeordnete Rolle. Daher ist nicht zu erwarten, dass Kunden bei Trafo-Käufen den Leistungen des Anbieters allein wegen der Geräuscharmut seiner Geräte den Zuschlag geben. Bei Kriterien, die für den Nachfrager eine weniger herausragende Bedeutung aufweisen, lässt sich nur schwer ein KKV erzielen, hier lohnen sich keine langfristig ausgerichteten Vermarktungsbemühungen.

(2) Wahrnehmung

Leistungsvorteile müssen vom Nachfrager als solche erkannt werden bzw. der Nachfrager muss subjektiv davon überzeugt sein, dass der Anbieter über einen Leistungsvorteil bei für ihn bedeutsamen Merkmalen verfügt. Hier ist es von ausschlaggebender Bedeutung, deutlich zwischen technisch-objektiven Gegebenheiten und der **subjektiven Kundenwahrnehmung** zu differenzieren. Es kommt nicht darauf an, die technisch besten Produkte herzustellen,

vorrechnen", was ihm die jeweiligen Teilleistungen quantitativ erbringen, so dass der relative Konkurrenzvorteil quantifizierbar wird.

Die Bedeutung des Value-Konzeptes steht und fällt damit mit der Möglichkeit, den gelieferten Value dem Kunden gegenüber quantifizieren und glaubhaft vermitteln zu können. *Anderson et al.* entwickeln zu diesem Zweck eine Toolbox, die zur **Value-Quantifizierung** eingesetzt werden kann (vgl. *Anderson et al.*, 1993).

Schließlich ist das Konstrukt des KKVs vom Konzept des Wettbewerbsvorteils abzugrenzen. Nach *Plinke* setzt sich ein **Wettbewerbsvorteil** aus dem Kunden- und dem Anbietervorteil zusammen. In Bezug auf den **Anbietervorteil** hat *Plinke* dabei gezeigt, dass es für ökonomische Überlegungen auch bei der Effizienzfrage auf relative Positionen ankommen kann. Für die Position im Wettbewerb ist entscheidend, ob Anbieter effizienter als ihre Konkurrenten in der Lage sind, Leistungen zu erbringen. „Der Anbietervorteil im Wettbewerb ist ein Vorsprung, der allein auf Unterschiede in den jeweiligen Fähigkeiten und Ressourcen sowie Abläufen zwischen den Anbietern zurückzuführen ist, d. h. er gilt auch, wenn aus der Sicht der Kunden identische Leistung und identischer Preis vorliegen" (*Plinke*, 2000a, S. 86).

Allerdings ist zu beachten, dass Kundenvorteil (USP) und Anbietervorteil in ihrer Markt- und Wettbewerbswirkung nicht auf einer Ebene stehen. Ein Kundenvorteil ist *unmittelbar* wettbewerbswirksam und deshalb Zielgröße für Marketing-Entscheidungen. Er verdrängt möglicherweise die Konkurrenzangebote vom Markt. Ein Anbietervorteil ermöglicht hingegen vor allem die Rentabilisierung: „Ein Anbieter, der einen Kostenvorteil hat, wird bei gleichen Preisen höhere Gewinne erzielen als seine Wettbewerber, er wird bei niedrigeren Preisen den Marktanteil vergrößern, was wiederum seinen Kostenvorteil festigt und die Voraussetzungen für höhere Gewinne schafft." (*Plinke*, 2000a, S. 81 f.). Damit wird auch klar: Anbietervorteile müssen die Wettbewerbsposition in Bezug auf die Kunden nicht unmittelbar beeinflussen, sie wirken hingegen *mittelbar*. Die Kundenvorteils-Position bleibt in den Augen der Nachfrager unverändert. Aber das Potenzial zur Verbesserung der KKV-Position in der Zukunft ist im Konkurrenzvergleich gestiegen. Ob die Verbesserung der KKV-Position tatsächlich gelingen wird, ist dabei noch offen. Der **Kundenvorteil** beschreibt somit *eine* Bedingung für eine **KKV-Position**, die aber aus ökonomischen Überlegungen nur dann angestrebt werden sollte, wenn sie ökonomisch ausgebeutet werden kann (Effizienzbedingung). Für die Abgrenzung von Marketing-Entscheidungen stellen wir nicht auf einen reinen Anbietervorteil nach *Plinke* ab, denn es fehlt die notwendige Vorbedingung: die Existenz eines Kundenvorteils. **Anbietervorteile** sind für uns nur insofern relevant, als sie **KKV-Potenziale** begründen.

II. Elemente des KKVs

KKV-Positionen und KKV-Potenziale sind die einzige dauerhafte Existenzgrundlage eines Unternehmens. Sie treiben die Unternehmens-Performance. Vor diesem Hintergrund sollte sich jedes Unternehmen immer wieder die Frage stellen: Warum sollte der Kunde ausgerechnet bei uns kaufen? Was können und was müssen wir tun, damit er es tut? Und was können wir tun, um die Erfüllung der Kundenwünsche wirtschaftlich möglichst günstig auszugestalten? Dauerhaft und profitabel überleben werden Unternehmen nur dann, wenn ihre Leistungsangebote einen KKV aufweisen und damit das Prinzip des **"Survival of the Fittest"** befolgen.

glaubhaft vermitteln kann. Das entscheidende Merkmal für das erfolgreiche Bestehen im Wettbewerb ist somit nicht der Kunden- oder Netto-Nutzen-Vorteil, sondern der *relative* **Kundenvorteil,** oder die **Netto-Nutzen-*Differenz*** (vgl. *Abbildung 9* und *Plinke,* 2000a, S. 79 ff.).

Die Idee, kundenbezogene Konstrukte zum zentralen Effektivitätskriterium für die Gestaltung von Marketing-Maßnahmen zu machen und ihnen damit eine Navigatorfunktion im Marketing zuzuweisen, ist im Prinzip nicht neu, sondern wurde schon 1960 von *Reeves* (1963, dt. Fassung) mit dem Begriff „USP" und später von *Ries* und *Trout* (2001) aufgegriffen. Das Akronym **USP**, das für das Konstrukt der **Unique Selling Proposition** steht, beschreibt die Suche nach den Alleinstellungsmerkmalen eines Leistungsangebotes. Da ein USP in der Wahrnehmungswelt der Nachfrager bestehen muss, beschreibt das Konstrukt der Unique Selling Proposition im Prinzip nichts anderes als eine Komponente des Netto-Nutzen-Differenz-Konzepts, nämlich die Nutzendifferenz. Der Vergleich zu dem dafür zu zahlenden Preis bzw. der entstehenden Folgekosten fehlt jedoch.

Wir halten deshalb fest: Kundenvorteil (im Sinne von *Große-Oetringhaus*) und Netto-Nutzen beschreiben identische Sachverhalte. Sie sind vom Konstrukt des USP insofern abzugrenzen, als sie nicht nur auf den Nutzen eines Leistungsangebotes abstellen, sondern zusätzlich den notwendigen Preisvergleich mit einbeziehen. In einer Welt mit Wettbewerb reicht jedoch ein Kundenvorteil bzw. positiver Netto-Nutzen nicht aus. Der Kundenvorteil bzw. Netto-Nutzen muss größer sein als der des besten Wettbewerbers. Die Netto-Nutzen-Differenz oder der relative Kundenvorteil sind also kaufentscheidend. Das Konstrukt des USP betont zwar diesen Wettbewerbsbezug, berücksichtigt aber nicht die vom Kunden dafür aufzubringenden entscheidungsrelevanten Kosten.

Seit einiger Zeit beschäftigt sich die Literatur mit einem neuen theoretischen Konstrukt, das als **Value Proposition** bezeichnet wird. *Anderson et al.* (2009, S. 6) definieren präzise, was eine Value Proposition ausdrückt: Value [...] ist der Wert von ökonomischen, technischen, dienstleistungsbezogenen und sozialen Nutzenelementen, die ein Nachfrager im Austausch für den gezahlten Preis bekommt – ausgedrückt in Geldeinheiten. Demnach definieren *drei Merkmale* das neue Value Konzept:

(1) Der Wert des Leistungsangebotes wird in **Geldeinheiten** gemessen: „Economists may care about utils, but we have never met a manager who did." (*Anderson et al.,* 2009, S. 6)
(2) „Value is what a customer gets in exchange for the price it pays" (*Anderson et al.* 2009, S. 6). Ein Marktangebot besteht somit aus zwei Elementen: Value und Preis. Die Differenz entspricht damit dem Kunden- bzw. **Netto-Nutzen-Vorteil**.
(3) Für eine Wettbewerbssituation ist diese Value Proposition noch zu relativieren. Im Wettbewerbsfall lautet die fundamentale **Value-Gleichung**: (Value$_{(A)}$ – Preis$_{(A)}$) > (Value$_{(K)}$ – Preis$_{(K)}$). Dies entspricht dem Konstrukt des relativen Konkurrenzvorteils bzw. der Netto-Nutzen-Differenz.

Versucht man, das Konstrukt der kaufrelevanten Value Proposition in unsere Überlegungen zu integrieren, dann wird deutlich, dass die Neuerung dieses Konstrukts nicht in der Grundüberlegung selbst begründet ist. Es geht auch hier um die konkurrenzbezogene, wahrgenommene (Mehr-)Nutzenstiftung eines Leistungsangebots im Vergleich zu den entstehenden Kosten für den Nachfrager. Die Neuartigkeit besteht vielmehr darin, dass der Anbieter aufgefordert wird, sich explizit Gedanken darüber zu machen, worin der zur Verfügung gestellte **Nutzen** besteht und was er **in metrischen Größen**, nämlich Geldeinheiten, für den Kunden wert ist. Gelingt dies, dann kann der Anbieter dem Nachfrager „argumentspezifisch

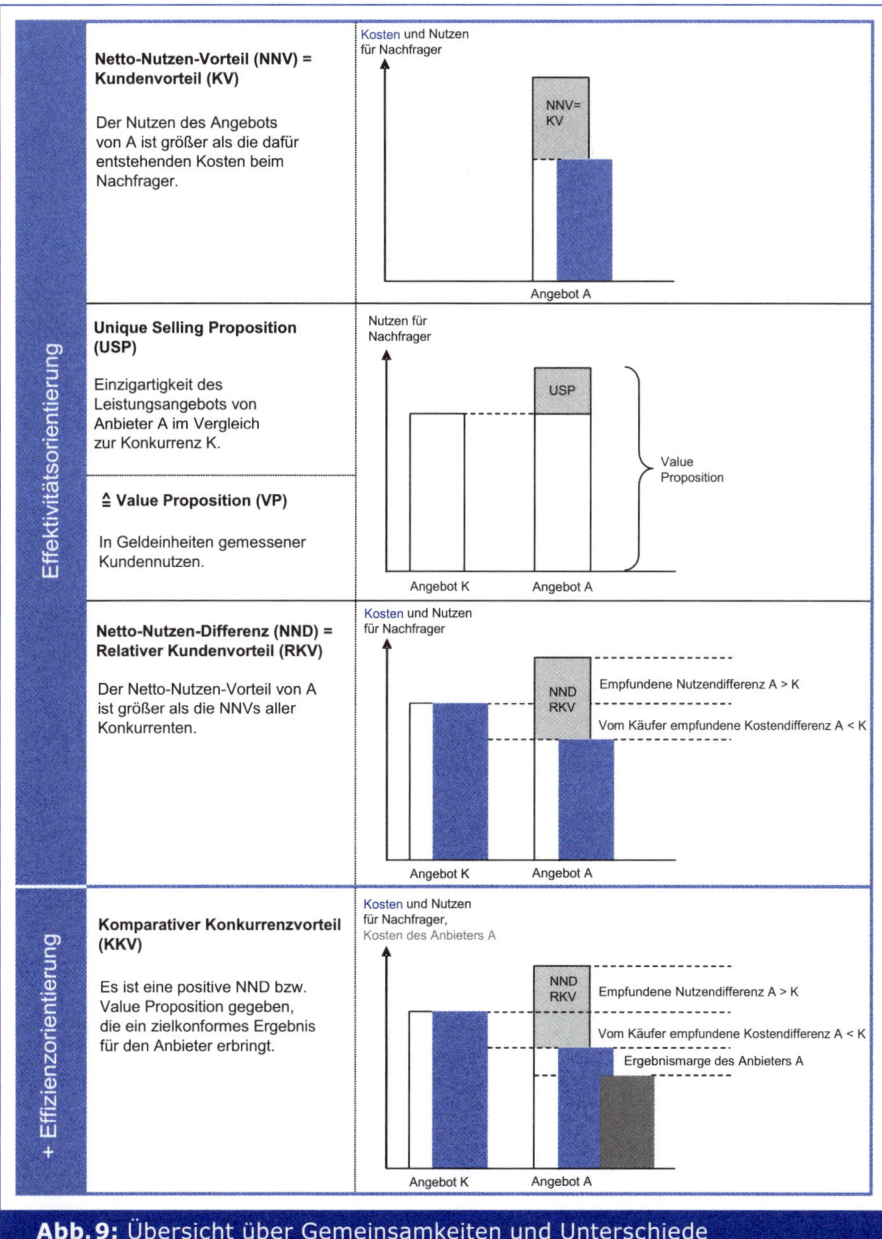

Abb. 9: Übersicht über Gemeinsamkeiten und Unterschiede der Konzepte

Quelle: *Backhaus,* 2006, S. 10.

Wettbewerbskomponente. Der positive Netto-Nutzen für den Nachfrager ist eine notwendige Bedingung, damit das Angebot des betrachteten Anbieters A überhaupt als kaufrelevant betrachtet wird. Ob der Netto-Nutzen-Vorteil hinreichend ist, wird durch einen Vergleich mit den Netto-Nutzen-Vorteilen der relevanten Konkurrenzangebote bestimmt. Ein Nachfrager wird sich nämlich für den Anbieter entscheiden, der den höchsten Netto-Nutzen-Vorteil

Kommt das Unternehmen dabei zu dem Ergebnis, dass der betrachtete Kunde auch dann noch das eigene Angebot dem Konkurrenz-Angebot vorziehen würde, wenn der Netto-Nutzen-Vorteil deutlich geringer ist, so könnte das Unternehmen solange die Effizienz seines Angebotes steigern, bis der Kunde die Angebote fast als austauschbar einstuft. Innerhalb der **Effektivitätsnebenbedingung** – dem Kunden muss ein ausreichend großer Netto-Nutzen-Vorteil verbleiben, damit dieser gerade noch ein Motiv hat, beim betrachteten Anbieter zu kaufen – muss es also das Ziel sein, die **Effizienz zu maximieren**. Dieses kann dem Unternehmen gelingen, indem es den Angebotspreis entsprechend anhebt, bis die maximale Zahlungsbereitschaft für das vergleichend beurteilte Angebot erreicht ist.

Die Maximierung von Effizienz unter der Nebenbedingung eines Mindestniveaus an notwendiger Effektivität (Netto-Nutzen) bringt für Unternehmen allerdings ebenfalls **Risiken** mit sich. Da Marketing-Aktivitäten nur dann effektiv sind, wenn diese Netto-Nutzen-*Vorteile* im Vergleich zum Wettbewerb mit sich bringen, hängt der notwendige Effektivitätsgrad vom Verhalten Dritter ab und ist vom Unternehmen im Vorfeld daher häufig nur schwer planbar. Im übertragenen Sinne sieht sich das Unternehmen hier einer Situation gegenüber, die mit einem Hochspringer in der Leichtathletik vergleichbar ist, der sich vorgenommen hat, allein mit *dem* Einsatz (und nicht etwa mit vollem Einsatz) zu springen, der erforderlich ist, um gerade über die Hochsprunglatte zu gelangen, deren exakte Höhe ihm allerdings nicht genau bekannt ist. Da Unternehmen i. d. R. davon ausgehen müssen, dass Konkurrenten ihr Verhalten dynamisch an die Marketing-Aktivitäten des Anbieters anpassen, ist der Kunden anzubietende Mindest-Netto-Nutzen nicht am bisherigen Konkurrenzangebot, sondern am vermutlich zukünftig zu erwartenden Konkurrenzangebot auszurichten. Häufig ist also eine „Sicherheitsreserve" beim Kunden zu offerierenden Netto-Nutzen einzuplanen.

Zusammenfassend können wir demnach festhalten: KKVs müssen zugleich effektiv (Netto-Nutzen-Vorteil) und effizient (ökonomisch vorteilhaft für den Anbieter) sein. Zielsetzung muss es sein, KKVs so zu bestimmen, dass hierdurch eine (bestmögliche) ökonomische Position für Anbieter erreicht wird (notwendige Bedingung, Zielfunktion), indem die kundenseitig unbedingt erforderliche Netto-Nutzen-Höhe angestrebt wird (hinreichende Bedingung, Nebenbedingung).

Abgrenzung des KKV-Verständnisses gegenüber verwandten Konstrukten

Da in der Literatur neben dem KKV-Konzept auch andere Konstrukte vorgeschlagen werden, erscheint es notwendig, den hier vorgestellten KKV-Ansatz von **alternativen Konzepten** wie Kundenvorteil, Unique Selling Proposition (USP) oder Value Proposition abzugrenzen (vgl. hierzu auch die Übersicht in *Abbildung 9* und *Backhaus*, 2006).

Die Literatur hat gezeigt, dass Kundenorientierung ein theoretisches Konstrukt ist, das in vielfältiger Weise interpretiert werden kann (vgl. z. B. *Albers/Eggert*, 1988). Die Forderung nach Kundenorientierung manifestiert sich meistens darin, dass alle marktrelevanten Maßnahmen unter dem Postulat der Verbesserung des Kundennutzens gesehen werden (vgl. z. B. *Hanan/Karp*, 1991). Ziel ist es, einen **Kundenvorteil** zu erlangen (vgl. *Große-Oetringhaus*, 1990). Der Kundenvorteil ist dann gegeben, wenn der Nutzen, den ein Nachfrager aus dem Leistungsangebot zieht, größer ist als der Preis, den er dafür zahlen muss. *Plinke* (2000a) bezeichnet dies als **Netto-Nutzen-Vorteil** (vgl. *Abbildung 9*).

In einer Welt mit Wettbewerb reicht ein so definierter Netto-Nutzen-Vorteil als Marketing-Steuerungsinstrument jedoch nicht aus, um im dynamischen Wettbewerb erfolgreich zu bestehen. Vielmehr erfordert das Konstrukt des Netto-Nutzens eine Erweiterung um die

vielmehr steht der Versuch im Mittelpunkt, die marktseitig für die Erreichung vorgegebener Marketing-Ziele notwendige Wirkung (Output) durch einen minimalen Aufwand (Input) zu generieren. Dieser Perspektivenwandel lässt sich auch unter Rückgriff auf *Abbildung 6* erläutern. Während es dem bislang vorherrschenden Marketing-Verständnis zufolge entscheidend war, den Netto-Nutzenvorteil, der in dem im oberen Teil von *Abbildung 8* nochmals aufgegriffenen Beispiel aus Nutzen- und Kostendifferenz besteht, zu maximieren, hat sich ein der Wertorientierung verpflichtetes Unternehmen zu fragen, ob tatsächlich eine derartig große Netto-Nutzen-Differenz gegenüber dem Wettbewerb erforderlich ist.

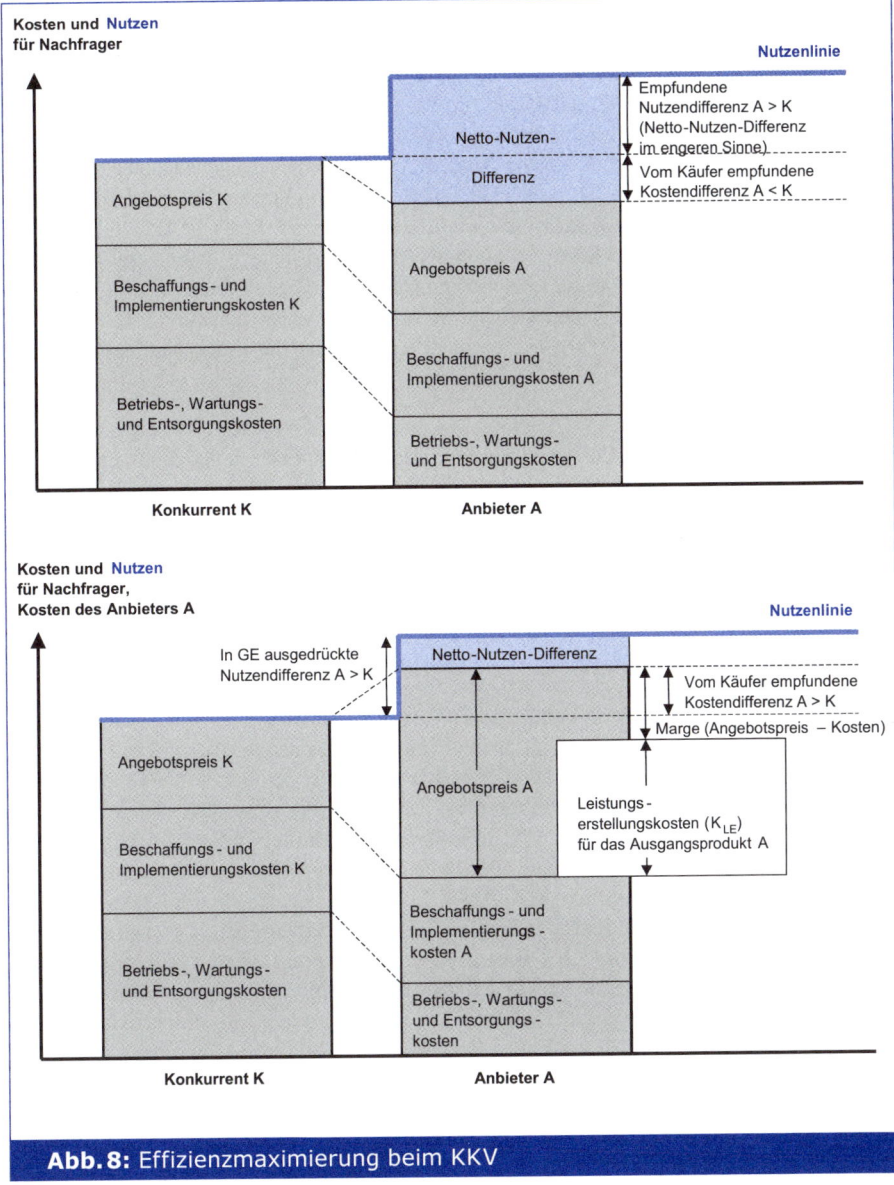

Abb. 8: Effizienzmaximierung beim KKV

Quelle: in Fortführung von *Plinke*, 2000a, S. 80.

durchzuführen, um mit diesen Ausgaben KKVs und auf dieser Basis in der Zukunft höhere Einnahmeüberschüsse bzw. Gewinne zu erzielen. Das gelingt nur, wenn mit der Entwicklung Ergebnisse erzielt werden, die Lösungen für Kundenprobleme darstellen. Wohin eine reine Technologieorientierung ohne Marktbezug führen kann, zeigt das Beispiel der von Philips entwickelten Bildplatte, die zu einem Marktflop wurde.

Kundenorientierung im so verstandenen Sinne bedeutet dabei aber nicht, dass z. B. Innovationen ausschließlich auf der Basis von produktbezogenen Marktforschungsergebnissen entwickelt werden (Market-Pull-Ansatz, vgl. z. B. *Bennett/Cooper*, 1981, S. 53; *Parasuraman*, 1981, S. 38). Vielmehr kann auch eine **Technology-Push-Strategie** eine ausgeprägte Kundenorientierung implizieren. Entscheidend ist so vielmehr, dass explizit alle Maßnahmen eines Unternehmens auf ihre Kundenorientierung hin überprüft werden. Häufig bedeutet das, sich von groben Entwicklungstrends leiten zu lassen, um daraus konkrete Entwicklungen zu initiieren. So kann die Entwicklung zur Freizeitgesellschaft für einen Automobilbauer zur Entwicklung eines Off-Road-Fahrzeugs führen. Dies wiederum kann eine spezifische Getriebeentwicklung bedingen. Welche Anforderungen an dieses Getriebe zu stellen sind, lässt sich natürlich nicht aus Marktforschungsergebnissen ableiten, da die (potenziellen) Kunden zu entsprechenden Urteilen gar nicht in der Lage sind. *Kiel* (1984) formuliert dies ähnlich wie *Hovell* (1986) wie folgt: „In summary, the way to achieve ‚technology-marketing magic' at the firm level is through integrating research and development activities as part of overall corporate planning, undertaking appropriate market feasibility studies at the earliest possible time, and developing rapport between the marketing and research and development functions."

Kundenorientierung ist jedoch kein Selbstzweck, sondern **Mittel zum Zweck**, da die Kundenorientierung eine Grundbedingung für die Erzielung von Erlösen und damit eine Vorbedingung für die Erzielung von Gewinnen ist (vgl. auch *Houston*, 1986, S. 82; *Sachs/ Benson*, 1978, S. 68). Vor diesem Hintergrund ist es nicht weiter überraschend, dass die **(Über-) Betonung der Effektivitätsbedingung** im Marketing, die sich etwa in einer intensiven Kundenorientierungsdiskussion manifestiert hat, dazu geführt hat, dass die Effizienzbedingung nicht selten nur am Rande beachtet wurde. Wenn überhaupt so fand sie Berücksichtigung, indem nur solche Marketing-Aktivitäten als in Frage kommend eingestuft wurden, die ein Mindestniveau an Effizienz erfüllten.

Nicht zuletzt die zunehmende Bedeutung der **Wertorientierung** in den Oberzielen von Unternehmen, die sich seit den 1990er Jahren in vielen Unternehmen ergeben hat, hat allerdings in der jüngeren Vergangenheit zu einem **Perspektivenwandel** geführt: So sieht sich auch das Marketing in vielen Unternehmen zunehmend der Forderung gegenüber, den Wertbeitrag der eigenen Aktivitäten zu belegen. Dies kommt auch in Marketing-Definitionen jüngeren Datums – vergleiche hierzu etwa den in *Abbildung 5* wiedergegebenen Definitionsansatz der *American Marketing Association* (AMA) – zum Ausdruck, in denen ein unmittelbarer Bezug zur Wertorientierung im Marketing hergestellt wird. Für das Verhältnis von Effektivitäts- und Effizienzbedingung bei der KKV-Bestimmung bedeutet dies allerdings, dass nicht mehr die Effektivitäts-, sondern statt dessen die **Effizienzdimension** die zu **maximierende Größe** darstellt. Konkret sollte es das Ziel im Marketing sein, statt einer Maximierung des Netto-Nutzen-Vorteils genau den Netto-Nutzen-Vorteil anzustreben, der unbedingt erforderlich ist, um Leistungen an Kunden zu vermarkten. Und dieser „minimale" Netto-Nutzen-Vorteil sollte mit einer größtmöglichen und damit zu maximierenden Effizienz vom Unternehmen erbracht werden. Mit anderen Worten bedeutet dies, dass es für Unternehmen im Marketing nicht darum geht, mit gegebenem Marketing-Input (-Budget) ein Maximum an Marketing-Output, z. B. in Form marktseitiger Wirkung im Vertrieb oder in der Werbung, zu erzielen;

denorientierung erhoben und die Erfüllung der Kundenwünsche zum generellen Leitprinzip erhoben (vgl. z. B. *Gündling*, 1997; *Nagel/Rasner*, 1998). Kundenorientierung manifestiert sich dabei darin, dass alle marktrelevanten Maßnahmen von Anbietern unter dem Aspekt der **Verbesserung des Kundennutzens** gesehen werden (vgl. auch *Hanan/ Karp*, 1991, S. 101), den ein Leistungsangebot gegenüber Konkurrenzangeboten in der Wahrnehmung der Nachfrager zusätzlich stiftet. Auf Industriegütermärkten, auf denen der Kundennutzen i. d. R. ein abgeleiteter Nutzen ist, der sich aus einer Positionsverbesserung gegenüber den Kunden der betrachteten Nachfrager ergibt, gilt hierbei in besonderem Maße die Feststellung *Levitt's* (1960, S. 55), dass Kunden Produkte i. d. R. nicht kaufen, um sie zu besitzen, sondern um damit *Probleme zu lösen* („Kunden wollen keinen Bohrer, sie wollen Löcher in der Wand."). Kundenorientierung heißt in diesem Sinne, die Probleme des Nachfragers wirklich zu kennen und (verbesserte) Lösungshilfen anzubieten.

Die Kundenorientierung eines Anbieters kann sich beim Nachfrager im Grad der Kundenzufriedenheit dokumentieren (zum Konstrukt der Kundenzufriedenheit vgl. z. B. *van Doorn*, 2004; *Homburg/Küster*, 2001; *Homburg/Stock-Homburg, 2008*; *Schütze*, 1994). **Kundenzufriedenheit** beschreibt, inwieweit der Kunde ein seinen Erwartungen entsprechendes Angebot gefunden hat (vgl. z. B. *Lingenfelder/Schneider*, 1991, S. 110) – oder m. a. W.: Die erwartete Qualität eines Angebots wird durch die erlebte Qualität zumindest erreicht. Insofern lässt sich Kundenzufriedenheit durch eine Qualitätspolitik beschreiben, die auf die Erfüllung der erwarteten (segmentspezifisch variierenden) Qualitätsanforderungen gerichtet ist (vgl. auch *Witcher*, 1990, S. 1).

Kundenorientierung hat zudem eine kurzfristige und eine langfristige Komponente. Kurzfristig geht es darum, den gegebenen **Kundenwünschen** (die „erforscht" werden müssen) gerecht zu werden (Kundenorientierung im passiven Sinne der Anpassung an Kundenwünsche, die eine entsprechende Marktforschung voraussetzt). Langfristig heißt Kundenorientierung aber auch, Vermutungen über Problemlösungserwartungen anzustellen, um zukünftigen **Problembedarf** erfüllen zu können. Diese müssen nicht zwangsläufig auf Kundeninformationen basieren. Manchmal sind die Kunden gar nicht in der Lage, ihre Wünsche zu spezifizieren (vgl. z. B. *Flint et al.*, 1997; *Houston*, 1986, S. 86; *Kaldor*, 1971, S. 19). Gerade bei langen Forschungs- und Entwicklungszeiten kann Kundenorientierung zu hohen Unsicherheiten beim Anbieter führen. Er muss i. d. R. aus relativ globalen Trends konkrete Produkterwartungen ableiten – ein schwieriges Unterfangen. Viele Unternehmen aus Technologiebranchen wie Siemens oder Philips versuchen, dieser Aufgabe gerecht zu werden, indem Soziologen, Zukunftsforscher und Designer Szenarien für die Zukunft entwerfen. Die technische Realisierbarkeit bleibt dann den F&E-Abteilungen überlassen. Die Geschäftsbereiche in solchen Unternehmen sind zudem häufig aufgefordert, nicht nur eine Mittelfrist-, sondern auch eine Langfrist-Planung, z. B. in Form von Zehn-Jahres-Plänen für neue Produkte, vorzulegen (vgl. *o. V.*, 1996, S. 282) oder Alternativ-Szenarien zu erstellen (zur Szenariotechnik vgl. z. B. *Gausemeier et al.*, 2001, S. 78 ff.).

Es gibt aber noch viele Unternehmen, die sich dabei nur am technisch Machbaren orientieren. *Day* kennzeichnet solche Anbieter als „oblivious to the Market" (*Day*, 1999, S. 6). Ohne eine gründliche Analyse des *möglichen* Kundennutzens, der aus der Entwicklung resultiert, bleibt es bei einer **reinen Technologieorientierung**. Der Kunde erhält nur mehr oder weniger zufällig einen überzeugenden „product value" (vgl. *Bennett/Cooper*, 1981, S. 58; für eine grundlegende Konzeptionalisierung des Konstrukts „product value" vgl. *Anderson et al.*, 2009). Diese Vorgehensweise kann natürlich auf Kundenwünsche treffen und damit erfolgreich sein. Aber das ist kein überzeugendes Verhaltensprogramm. Sie verkennt vielmehr die Grundlagen von Unternehmensexistenzen, etwa Investitionen (z. B. in F&E)

C. Was heißt Industriegütermarketing?

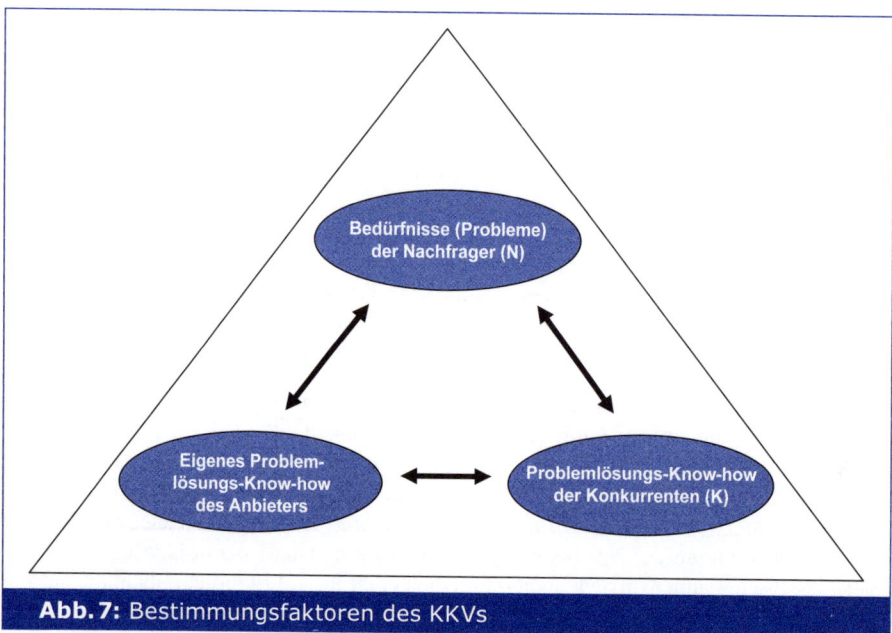

Abb. 7: Bestimmungsfaktoren des KKVs

Effektivitätsvorteile für einzelne Anbieter auch effizient gestaltet werden können. Im Mittelpunkt steht die Frage, ob die Zahlungsbereitschaften der Kunden ausreichen, um den Kundenvorteil unter Wirtschaftlichkeitsaspekten am Markt zu realisieren. Diese Form der Effizienzfrage stellt eine weitere Bedingung für einen KKV dar.

Das Verhältnis von Effektivitäts- und Effizienzbedingung beim KKV

Effektivitäts- und Effizienzüberlegungen stehen bei der Ableitung von KKV-Positionen nicht selten im offenen Widerspruch zueinander. Eine umfassendere Erfüllung der einen Bedingung führt ceteris paribus quasi automatisch zu einer weniger starken Erfüllung der anderen Bedingung. Wird bspw. der Produktpreis gesenkt, so steigert dies in aller Regel die kundenseitig wahrgenommene Effektivität der Anbieterleistung, kann aber zugleich zulasten der Effizienz gehen, wenn die Reduktion der Marge durch keine entsprechende Mengenausweitung kompensiert wird. Ebenso kann eine Preissteigerung zu größerer Effizienz führen, parallel allerdings die Effektivität verringern, wenn hierdurch der Netto-Nutzen-Vorteil reduziert oder sogar beseitigt wird.

Vor diesem Hintergrund stellt sich die Frage nach dem **Verhältnis der beiden KKV-Bedingungen** zueinander. Vor allem ist von Interesse, welcher Dimension bei der Bestimmung von KKV-Positionen ein priorisiertes Augenmerk durch den Anbieter geschenkt werden sollte **(Zielfunktion)** und welcher Dimension eher die Aufgabe zukommt, Grenzen für die Ableitung von Vermarktungsaktivitäten aufzuzeigen **(Nebenbedingung)**.

Lange Zeit wurde diese Frage zumeist in der Form beantwortet, dass in der **Effektivitätsbedingung** die **zu maximierende Dimension** im Marketing gesehen wurde. Die Aufgabe des Marketings wurde darin gesehen, die Bedürfnisse der Kunden möglichst umfassend zu erfüllen. Diese Diskussion wurde und wird bspw. unter dem Schlagwort „**Kundenorientierung**" geführt, in der vielfach ein Schlüsselelement des Marketings gesehen wird (vgl. *Kohli/Jaworski*, 1990, S. 1). Dabei werden Forderungen nach einer Maximierung der Kun-

> „Die Problematik konnte man fast täglich in der ‚Neuen Zürcher Zeitung' lesen: Die Schweizer Seilbahnbetriebe waren kaum noch in der Lage, den ständig anwachsenden Skifahreransturm zu bewältigen. Ein Wengener Seilbahnbetreiber beschrieb es so: „Eigentlich benötigen wir dringend mehr Kapazität, aber die Umweltschützer lassen es nicht zu."
>
> Zwei führende Schweizer Seilbahnbauer hatten jeweils über ihre Akquisiteure erfahren, dass ein hoher Zusatzbedarf an Leistung besteht. Beide Firmen untersuchten den Markt näher. Völlig unabhängig voneinander erkannten beide Unternehmen einen stark wachsenden Markt für Seilbahnen mit einer großen Beförderungskapazität. Beide Unternehmen beauftragten ihre Entwicklungsabteilungen, neue leistungsfähigere Seilbahnsysteme zu entwickeln. Beiden Firmen gelang es, jeweils **exzellente technische Lösungen** zu entwickeln.
>
> Marktführer wurde jedoch eine völlig andere Firma. Die Vertriebsakquisiteure dieses Unternehmens hatten aufgrund intensiver Kundengespräche das wahre Kundenproblem erkannt und diesen Kernvorteil als Entwicklungsrestriktion besonders beachtet. Man entwickelte zwar nicht die technisch anspruchsvollste Lösung mit maximaler Beförderungskapazität, aber das Lösungskonzept dieser Firma war in **bestehenden Gebäuden** realisierbar. Ein Kunde: ‚Wir haben gar nicht mehr über den Preis geredet. Für uns hat nur gezählt, dass wir keine neuen Baugenehmigungen brauchten, für uns eine wesentliche Zeitersparnis und kein Ärger.'"
>
> (Quelle: *Backhaus/Weiber*, 1989, S. 1)

Ausgangspunkt einer jeden **Entwicklung** muss ein **definiertes Kundenproblem** sein, das nicht vom Kunden selbst formuliert sein muss („market driven" oder „market driving"). Aber es muss allen am Leistungserstellungsprozess Beteiligten deutlich sein. Auch die Mitarbeiter in der F&E-Abteilung benötigen z.B. marktrelevante Problemdefinitionen inklusive Informationen über Konkurrenzaktivitäten. Dies ist nur dann gewährleistet, wenn entsprechende Kommunikationskanäle zum Markt und im Unternehmen bestehen. Marktforschungsinformationen dürfen nicht nur für die Verkaufsabteilung zur Verfügung stehen, sondern sie müssen in jeden Funktionsbereich des Unternehmens gelangen. Eine solche marktorientierte Ausrichtung aller Funktionen stellt besonders hohe Anforderungen an ein Marktinformationssystem.

Es bedarf spezifischer Verfahren, um die Bedürfnisse der Kunden zu erfassen und die KKV-Position zu bestimmen. Ein funktionierender Außendienst kann hierbei eine wichtige Funktion übernehmen. Doch der Außendienst allein ist nicht in der Lage oder Willens (vgl. *Brinkmann*, 2006), all diese Informationen bereitzustellen. Hier ist oftmals der Einsatz moderner **Datengewinnungs- und Analysemethoden** erforderlich (für eine Übersicht vgl. z.B. *Herrmann/Homburg*, 2000).

Auch während des Entwicklungsprozesses ist eine ständige **Rückkopplung zum Markt** erforderlich, um neue Entwicklungstendenzen zu erfassen. Dennoch kommt es nicht selten vor, dass F&E-Abteilungen losgelöst vom Markt Produkte entwickeln und der Vertrieb „Leistungsverwertung" betreiben muss.

> Einem großen deutschen Elektrokonzern war es in der Vergangenheit gelungen, einen Computer zu entwickeln, bei dem es durch ein neues technisches Verfahren möglich war, die Festplatte und die damals üblichen Disketten mit mehr Informationen zu beschreiben als bei konventionellen Verfahren. Die Freude der Techniker über ihre Glanzleistung war kaum noch zu bremsen. Was zwar unter technischen Aspekten als herausragend anzusehen war, stellte sich unter Marktaspekten als weniger erfolgreich dar. Denn man hatte nicht bedacht, dass so beschriebene Disketten nicht von anderen Computersystemen gelesen werden konnten. In der nächsten Produktgeneration kehrte man daher reumütig wieder zum Marktstandard zurück.

Gerade Entwicklungsabteilungen fällt es oft nicht leicht, zu akzeptieren, dass der Nachfrager nicht die in technischer Hinsicht hochwertigste Lösung wünscht, sondern gelegentlich lieber eine billigere und/oder einfacher handhabbare. Menschlich ist es durchaus verständlich, dass Entwicklungsingenieure ihrem Produkt letzte Perfektion und technische Raffinesse mitgeben wollen. Technische Güter dürfen aber nie zum Selbstzweck werden. Wir sprechen in letzterem Fall von **„Happy Engineering"** (vgl. *Backhaus*, 1999, S. 130).

Bekannte Entwicklungspioniere der Automobilindustrie wie Karl Benz, Adam Opel oder Henry Ford entwickelten deshalb ihre Autos nicht nur selbst, sondern beeinflussten auch gleichzeitig den Produktionsprozess und planten und bauten die Fabrikhallen. Heute ist mit zunehmender Unternehmensgröße und steigender Komplexität der Produkte die gleichzeitige Planung von Produkt- und Produktionsmittelgestaltung weitgehend aufgegeben worden. Aus diesen Gründen ist es bedeutsam, dass die einzelnen Funktionen nicht zu Inseln im Unternehmen werden, sondern gemeinsames Handeln sichergestellt ist.

Die Ausrichtung auf den KKV erfordert **„im Außenverhältnis"** neben einer ausgeprägten **Kundenorientierung** eine ausgeprägte **Konkurrenzorientierung** im Sinne eines Vergleichs von Stärken und Schwächen der Konkurrenz vor dem Hintergrund der eigenen Ressourcenpotenziale. Die Sicherung einer konsequenten Kunden- und Konkurrenzorientierung **„im Innenverhältnis"** bezeichnen wir als **„internes Marketing"** (vgl. *Bruhn*, 1999a; *Stauss*, 2000). Ein Unternehmen, das nach außen und innen unter Berücksichtigung von Effizienzgesichtspunkten auf Geschäftsfeldebene kunden- und konkurrenzorientiert agiert, bezeichnen wir als marktorientiertes Unternehmen. Vermarkten diese Unternehmen dabei ihre Leistungen an Unternehmen/Organisationen, so sprechen wir von **marktorientierten Industriegüterunternehmen**. Diese versuchen, Verhaltensprogramme abzuleiten, die darauf gerichtet sind, KKVs zu identifizieren und im Wettbewerbsspiel aufzubauen bzw. zu verteidigen. Solche Unternehmen betreiben Industriegütermarketing. Aus diesem Grunde ist das ganze Buch darauf ausgerichtet, deutlich zu machen, welche konkreten Schlussfolgerungen sich aus dem KKV-Konstrukt als Navigationshilfe für die Gestaltung von Marketing-Verhaltensprogrammen für Industriegüterunternehmen ergeben.

Kapitel D

Zum Aufbau dieses Buches

Aus dem dargelegten Grundverständnis, Industriegütermarketing als das Management von KKVs in Transaktions- und Geschäftsbeziehungen zu verstehen, bei denen der Kunde als Unternehmen bzw. Organisation Leistungen bezieht, um hiermit weitere Leistungen zu erstellen, die nicht in der Distribution an Letztkonsumenten bestehen, lassen sich zwei **übergeordnete Aufgaben** im Industriegütermarketing identifizieren:

- Bestimmung von KKV-Position bzw. -Potenzialen sowie
- Umsetzung der KKV-Position.

Zunächst haben Unternehmen aus den Bestimmungsfaktoren des KKV (Kunde, Konkurrenz, Anbieter) zu ermitteln, welche KKV-Position eingenommen wird bzw. welche KKV-Potenziale möglich sind. Im Mittelpunkt steht also zunächst die KKV-Identifikation. Anschließend muss die angestrebte KKV-Position durch geeignete Marketing-Aktivitäten erreicht werden. Nach der KKV-Identifikation steht demnach die KKV-Umsetzung im Mittelpunkt.

Entsprechend dieser Aufgabenteilung wurde das vorliegende Buch aufgebaut. Im Mittelpunkt des **zweiten Teils** steht – nach diesem einleitenden Kapitel, in welchem unser Grundverständnis von Industriegütermarketing dargelegt wurde – die Aufgabe der **„KKV-Identifikation"**. Hier wird anhand der o. g. Bestimmungsfaktoren des KKV systematisch aufgezeigt, welche Analysebereiche bei der Festlegung von KKV-Positionen oder der Ermittlung von KKV-Potenzialen zu berücksichtigen sind.

Im anschließenden **dritten Teil** des Buches geht es dann um die Aufgabe **„KKV-Umsetzung"**. Da diese sehr stark von der vorhandenen Ausgangssituation eines Unternehmens abhängt und die Ausgangsbedingungen auf verschiedenen Industriegütermärkten sehr stark voneinander abweichen können, werden in diesem Teil des Buches zunächst Vermarktungstypologien für Industriegütervermarktungsprozesse vorgestellt. Anschließend wird für jeden Typ im Detail gezeigt, wie sich KKVs in den jeweiligen typisierten Situationen statisch und dynamisch umsetzen lassen.

Teil 2

Analyse der KKV-Position

Kapitel A

Die drei Perspektiven des KKVs

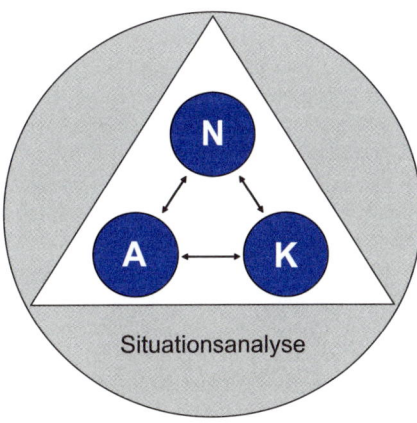

Wenn Marketing darauf gerichtet ist, komparative Konkurrenzvorteilspositionen zu schaffen, ist es in einem ersten Schritt notwendig, die **geschäftsfeldbezogene relative Ausgangsposition** eines Anbieters aus Sicht der Nachfrager in Relation zur relevanten Konkurrenz zu bestimmen. Die Analyse der Ausgangssituation muss sich dabei auf alle drei Komponenten des Marketing-Dreiecks und damit die Bestimmungsfaktoren für KKVs beziehen:

- die Analyse der Nachfragesituation (N),
- die Analyse der Konkurrenzsituation (K),
- die Analyse der eigenen Ausgangssituation (A).

Da die Kundensicht die KKV-Position grundlegend bestimmt, beginnen wir mit der Nachfrageanalyse.

I. Der industrielle Kunde: Individuum und Gruppe

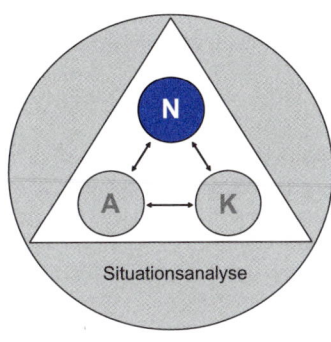

1 Organisationales Beschaffungsverhalten

Organisationales Beschaffungsverhalten unterscheidet sich durch eine Reihe von Merkmalen vom Verhalten der Endkunden (Konsumentenverhalten). Um die praktische Bedeutung dieser Unterschiede zu verdeutlichen, betrachten wir zunächst einen konkreten, für die Beschaffung von Industriegütern typischen Fall: die Beschaffung eines CAD-Systems durch die Firma Ziegler GmbH.

Der Fall Ziegler GmbH

Die Firma Ziegler GmbH ist eine Maschinenfabrik mit angegliedertem Stahlbau. Gegenwärtig beschäftigt die Firma 120 Mitarbeiter. Etwa 30 Beschäftigte sind als Angestellte in der Konstruktion mit den Fachsparten für allgemeinen Maschinenbau, Hydraulik, Elektrik, Elektronik und Stahlbau mit Stahlbaustatik tätig. In diesem Bereich arbeiten vor allem Diplom-Ingenieure, Ingenieure, Konstrukteure und technische Zeichner. Circa 20 Mitarbeiter sind in Verwaltung,

Einkauf und Vertrieb beschäftigt. Der Rest der Mitarbeiter ist entweder auf Außenmontage oder im Werk Duisburg tätig.

In den vergangenen Jahren hatte sich die Firma Ziegler GmbH immer stärker zu einem Ingenieurbüro entwickelt, ohne allerdings die Fertigung zu vernachlässigen. Um die Ingenieurarbeiten stärker rationalisieren zu können, hatte die Ziegler GmbH bereits Ende der 1980er Jahre CAD-Systeme eingeführt. CAD ist eine Abkürzung für Computer Aided Design, einer rechnerunterstützten Konstruktion im Mensch-Maschine-Dialog. Dabei ist es möglich, einmal erstellte Konstruktionszeichnungen digital abzuspeichern, um bei verwandten Konstruktionen auf die hinterlegten Konstruktionszeichnungen zurückgreifen zu können. Gleichzeitig ermöglicht die digitalisierte Datei auch die Verfügbarkeit von Daten für andere Zwecke, z. B. die Fertigungssteuerung.

Nachdem das Unternehmen in den vergangenen Jahren sehr gute Erfahrung mit CAD gemacht hatte, berichtete einer der beiden Brüder in der Geschäftsleitung nach einem Besuch auf der EMO-Messe in Hannover, dass inzwischen sehr viel leistungsfähigere Systeme im Markt erhältlich seien. Daher schlug er vor, ein neues CAD-System einzuführen, das das Bisherige ablösen sollte.

Auf einer der folgenden Geschäftsleitungssitzungen hatten die Brüder Rainer und Rudolf Ziegler den Leiter der Konstruktion, Herrn Dipl.-Ing. Bachmann, gebeten, seine Meinung zur Einführung eines neuen CAD-Systems zu äußern. Mit einigem Erstaunen hatten die Brüder Ziegler erhebliche Vorbehalte bei Herrn Bachmann bemerkt. Bachmann hatte zwar die grundsätzliche Notwendigkeit zur Beschaffung eines neuen CAD-Systems gesehen, war jedoch der Meinung, dass die am Markt angebotenen Systeme – aus seiner Sicht kamen eigentlich nur die beiden Systeme der Marktführer Autodesk und Dassault Systèmes/IBM in Frage – in der vorliegenden Version noch nicht voll ausgereift seien. Vor allem betonte Herr Bachmann, dass die Einführung eines neuen CAD-Systems nicht losgelöst von einer Vernetzung zu weiteren Informationstechniken der Unternehmung zu sehen sei. Letztlich müsse man an die gesamte Fabrikautomation, also Kopplung zur Fertigungssteuerung, evtl. zum Robotereinsatz usw. denken. Ob Autodesk oder Dassault Systèmes/IBM hierfür effizienteste Systeme anbieten würden, könne zum jetzigen Zeitpunkt noch nicht beurteilt werden. Dennoch beschloss man auf dieser Sitzung, Präsentationen der Firmen Autodesk und Dassault Systèmes/IBM beizuwohnen.

Diese Präsentationen fanden vier Wochen später im Hause der beiden Firmen statt. Auf der Rückfahrt zeigten sich Rudolf und Rainer Ziegler recht beeindruckt, während Herr Bachmann nach wie vor die Probleme der vorgestellten CAD-Systeme verdeutlichte. Er brachte immer wieder folgende Argumente vor:

- Die augenblicklichen Systeme sind noch nicht ausgereift; deshalb solle man noch mit dem Kauf warten.
- Es ist nicht sicher, dass die neuen Systeme so flexibel sind, dass man sie nicht nach zwei Jahren abschreiben muss.
- Die angebotenen Systeme veraltern zu schnell und sind nicht genügend ausbaufähig.

Aufgrund dieser massiven Bedenken entschloss man sich, die Einführung eines neuen CAD-Systems nicht zu überstürzen. Stattdessen wollte man sich auf der demnächst stattfindenden Messe „Systems" in München noch einmal über das komplette Angebot informieren. Bis dahin wollte Herr Bachmann auch noch einmal seine kritischen Punkte in einer Liste zusammenstellen und eine erste überschlägige Wirtschaftlichkeitsrechnung anstellen.

Auf der „discuss & discover"-Messe in München, einem der wichtigsten IT-Events der Branche, die 2009 die vorherige „Systems"-Messe abgelöst hatte und die Rudolf Ziegler und Herr Bachmann im Oktober 2009 besucht hatten, war man völlig überrascht worden. Die Systeme, die man bei den Präsentationen von Autodesk und Dassault Systèmes/IBM gesehen und für die man ein Angebot erhalten hatte, waren in der kurzen Zeit um ca. 20 % billiger geworden. Außerdem verfügten sie jetzt über einige zusätzliche Leistungsmerkmale.

Der Vergleich mit anderen Wettbewerbern hatte die beiden Herren zudem erheblich verunsichert. Man konnte offenbar auch preislich interessante leistungsfähige 3D-Systeme bekommen, die die ansonsten noch immer notwendigen Zeichnungen überflüssig machten. Viele Experten gingen davon aus, dass hier die Zukunft von CAD liegen würde.

A. Die drei Perspektiven des KKVs

Die Herren Ziegler und Bachmann waren sich auf der Rückfahrt von München einig: Der Markt war unüberschaubar, es wurde viel versprochen, aber offenbar war wenig realisiert. Man beschloss daher einmütig, die Ersatzbeschaffung erst einmal hinauszuschieben.

1.1 Besonderheiten des organisationalen Beschaffungsverhaltens und neuere Entwicklungen

Die Analyse der geplanten Ersatzbeschaffung eines CAD-Systems durch die Firma Ziegler GmbH macht deutlich: Bevor es zur Auftragsvergabe kommt, durchläuft der Nachfrager einen relativ langen **Problemlösungs- und Entscheidungsprozess** (vgl. *Webster/Wind*, 1972a, S. 2), in dem es zu z. T. intensiven persönlichen **Interaktionen** mit den Anbietern kommt. Die Brüder Ziegler und Herr Bachmann fahren zu Präsentationen zweier Anbieter, die aber nicht zu einer Vergabeentscheidung führen, sondern weiteren Informationsbedarf auslösen. Man will sich noch einmal auf einer Messe umsehen.

Darüber hinaus sind an dem Problemlösungs- und Entscheidungsprozess **mehrere Personen** beteiligt: Bei der Ziegler GmbH sind dies die beiden Brüder Ziegler und der Konstruktionsleiter, Herr Bachmann. Diese Multipersonalität ist typisch für die Industriegüterbeschaffung (vgl. *Dawes et al.*, 1992; *McWilliams et al.*, 1992), wenn auch Einzelpersonenentscheidungen in manchen Fällen eine Bedeutung haben (vgl. *Heinisch/Günter*, 1987, S. 100 f.; *Patton*, 1997, S. 116 ff.).

Es lässt sich deshalb konstatieren: **Organisationales Beschaffungsverhalten** vollzieht sich in einem **multipersonalen Problemlösungs- und Entscheidungsprozess**, der durch aktives **Informationsverhalten** und durch häufige **Interaktionen** gekennzeichnet ist (vgl. hierzu auch *Johnston/Lewin*, 1996).

Allerdings wird dieser Prozess in verschiedenen Situationen unterschiedlich ablaufen. Für die unterschiedlichen Ausprägungen des organisationalen Beschaffungsverhaltens ist eine Reihe von **situativen Einflussfaktoren** verantwortlich (vgl. z. B. *Büschken*, 1994, S. 11 ff.; *Kauffmann*, 1996, S. 94), die überblicksartig in *Abbildung 14* zusammengestellt sind.

Einen wichtigen Komplex von Einflussfaktoren des Nachfrageverhaltens beschreibt der sog. **Kauftyp.** Je nach Investition und Art des Anlasses – z. B. Erstkauf oder Wiederkauf – wird das Kaufverhalten variieren.

Neben dem Kauftyp sind auch Einflussgrößen, die in der **Organisation** selbst liegen, für Ablauf und Struktur der Beschaffungsentscheidung von Bedeutung. So ist z. B. bekannt, dass dezentral organisierte Unternehmen mehr Beschaffungsentscheidungskompetenz delegieren und damit hierarchisch verlagern als stärker zentralisierte Unternehmen.

Auch die Zusammensetzung des einkaufentscheidenden Gremiums – das **Buying Center** – beeinflusst das Beschaffungsverhalten. Mit größer werdendem Buying Center verlängert sich z. B. häufig der Beschaffungsprozess. Darüber hinaus beeinflussen auch die Beziehungen zwischen den am Kaufprozess beteiligten Personen deren Verhalten und damit das Ergebnis des Kaufentscheidungsprozesses, so dass das Beziehungsnetzwerk der involvierten Personen – das sog. **Buying Network** (vgl. insb. *Bristor*, 1987, 1988, 1993; *Bristor/Ryan*, 1987) – einen zentralen beeinflussenden Faktor darstellt.

Wie das Buying Center beeinflusst auch das **Selling Center** (vgl. zum Begriff z. B. *Engelhardt/Günter*, 1981; *Fitz Roy/Mandry*, 1975, S. 41; *Heger*, 1984, S. 237; *Kratz*, 1975, S. 142; *Puri/Korgaonkar*, 1991), das Verkaufsteam des Anbieters, und die Beziehungen zwi-

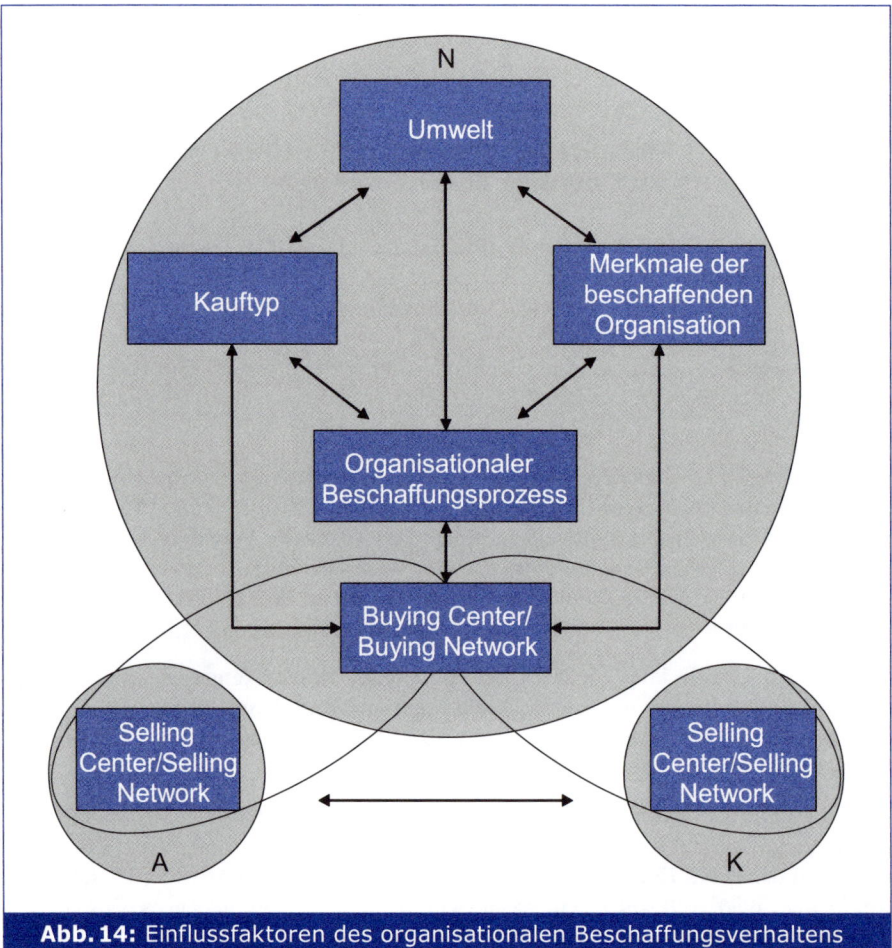

Abb. 14: Einflussfaktoren des organisationalen Beschaffungsverhaltens

schen den Beteiligten, das **Selling Network**, den Beschaffungsprozess. Bestehen zwischen bestimmten Akquisiteuren und Mitgliedern des Buying Centers langjährig gewachsene, gute persönliche Kontakte, so verläuft der Beschaffungsprozess anders als im Fall, wenn beide Parteien zum ersten Mal aufeinander treffen.

Schließlich führen Entwicklungen in der **Umwelt** zu Veränderungen im Kaufverhalten. Werden z. B. neue Umweltschutzvorschriften erlassen, so kann dies erheblichen Einfluss auf das Kaufverhalten haben, indem z. B. bestimmte Kaufalternativen nicht mehr relevant sind.

Diese Einflussfaktoren stehen allerdings nicht isoliert nebeneinander, sondern bedingen sich z.T. gegenseitig. Handelt es sich z. B. um den Kauftyp eines identischen Wiederkaufs, bei dem eine Leistung zum wiederholten Mal unverändert gekauft wird, dann wird i. d. R. das Buying Center kleiner sein. Weiterhin können z. B. neue Umweltentwicklungen den Kauftyp ändern: Aufgrund neuer technologischer und gesetzlicher Entwicklungen wird ein Wiederkauf zum Neukauf.

Organisationales Beschaffungsverhalten ist in diesem Sinne immer auch ein Produkt der **Rahmenbedingungen**. So werden gerade die Entwicklungen der letzten Jahre als Ursache für z.T. dramatische Veränderungen der Art und Weise gesehen, „wie industrielle Unternehmen einkaufen". Diese liegen nach *Sheth/Sharma* vor allem in folgenden Bereichen (vgl. *Sheth/Sharma* 1997, S. 92; vgl. auch *Fassnacht/Möller*, 2004, S. 377 f.):

- Die Zunahme des globalen Wettbewerbs vor allem im produzierenden Gewerbe hat die Bedeutung der Erlangung komparativer Wettbewerbsvorteile durch die Schaffung und Steuerung von langfristigen Beziehungen zu (bestimmten) Zulieferern – z.T. sogar über mehrere Wertschöpfungsstufen – anstelle einzelner und (scheinbar) beziehungsloser Beschaffungstransaktionen zunehmen lassen. Das Beschaffungsproblem wird damit zunehmend langfristiger und strategischer Natur („Der Zulieferer als **Wertschöpfungspartner**"). Die Auswahl derjenigen Zulieferer, mit denen eine solche Partnerschaft aus ökonomischen Gründen sinnvoll ist, wird zu einem eigenständigen Entscheidungsproblem.
- Konzentrationsprozesse – nicht zuletzt aufgrund zunehmenden Kostendrucks – führen dazu, dass die **Beschaffung** als Funktion zunehmend **zentralisiert** wird. Auch dies verstärkt ihre Bedeutung für das Unternehmen im strategischen Sinne. Dies geht z.T. mit einer erheblichen **Erweiterung der Aufgabenbereiche** der Beschaffung (z.B. Einflussnahme auf die Wertschöpfungsprozesse des Zulieferers) einher.
- Die Adaption der TQM-Philosophie **(Total Quality Management)** hat die Idee des „reverse marketing" entstehen lassen, die Zulieferer inner- und außerhalb des Unternehmens als Lieferanten unternehmensinterner Kunden betrachtet (vgl. z.B. *Blenkhorn/Banting*, 1991, S. 187 ff.).
- Die Etablierung neuer **Informations- und Kommunikationstechnologien** – wie bspw. das Internet oder Electronic Data Interchange (EDI) – hat zu einer Änderung der industriellen Kaufprozesse geführt, etwa durch eine stärkere Automatisierung mancher Beschaffungsvorgänge im Rahmen des **E-Procurements** (vgl. *Wirtz*, 2007, S. 316 f.).
- Die Konzentration auf Kernkompetenzen hat zu einer verstärkten Welle des **Outsourcings** geführt. *Abbildung 15* verdeutlicht in diesem Zusammenhang, dass der Anteil

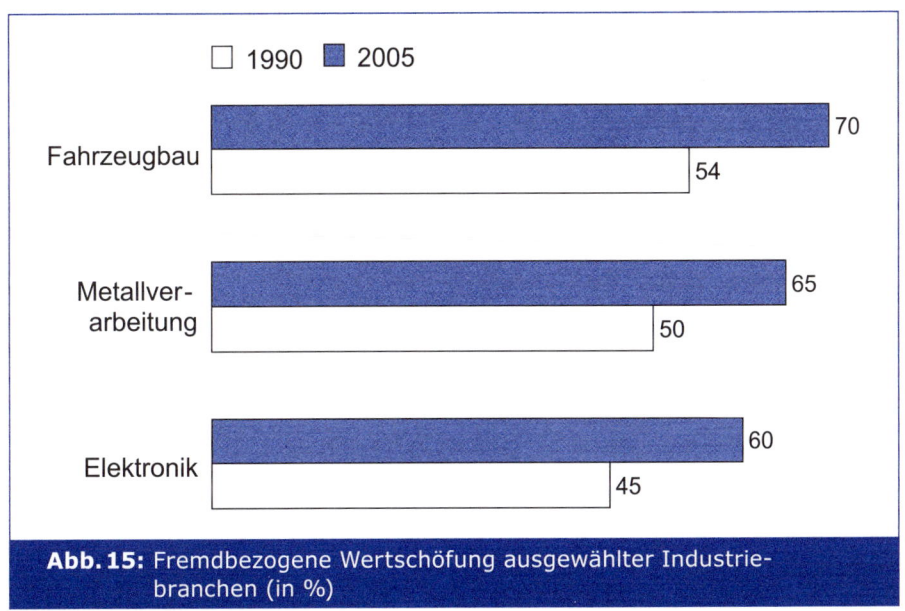

Abb. 15: Fremdbezogene Wertschöfung ausgewählter Industriebranchen (in %)

Quelle: *VDMA*, zitiert nach *Müller*, 2004, S. 56.

fremdbezogener Wertschöpfung in vielen Industrien in den vergangenen Jahren stark angewachsen ist und inzwischen vielfach bei 60 bis 70 % liegt.

Dadurch ist das Beschaffungsvolumen gestiegen und der Beschaffungsvorgang im Unternehmen wichtiger geworden. Im Zuge dieser Outsourcing-Aktionen wurde die Beschaffungsfunktion auch zunehmend als Rationalisierungsquelle entdeckt, die zur Schaffung von KKVs auf den nachgelagerten Absatzmärkten eingesetzt werden kann (vgl. *Arnold*, 1997, S. 13 f.).

Die genannten neueren Entwicklungen im Bereich der Beschaffung haben dazu geführt, dass sich die Beschaffungsfunktion aus der passiven, auf kurzfristige Effizienz gerichteten Rolle in eine aktive, auch auf Effektivität gerichtete Rolle entwickelt hat. Das schließt auch kooperative Bemühungen auf der vertikalen Ebene zwischen Abnehmer und Lieferant ebenso ein wie horizontale Kooperationen (**Einkaufskooperationen** zwischen verschiedenen beschaffenden Unternehmen). *Abbildung 16* zeigt die verschiedenen Formen der Kooperation in graphischer Form.

Diese Kooperationsformen werden auch technisch unterstützt, indem z. B. webbasierte Einkaufsplattformen installiert werden, die das kooperative Beschaffungsverhalten unter-

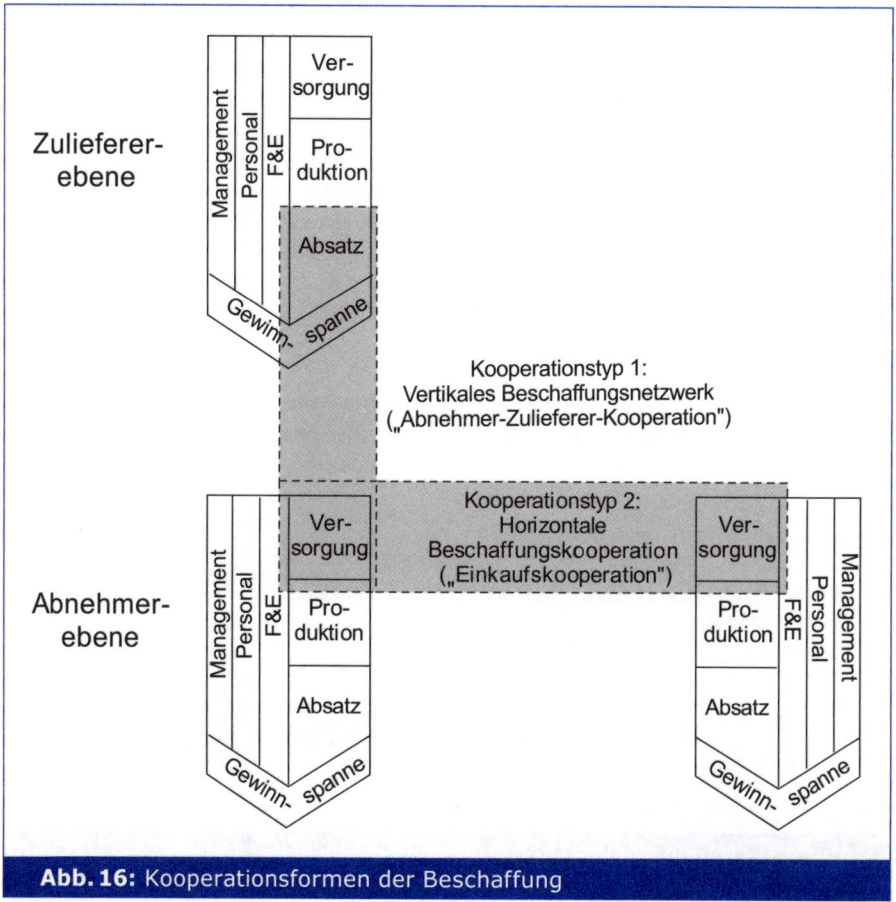

Abb. 16: Kooperationsformen der Beschaffung

Quelle: *Arnold*, 2004, S. 290.

stützen und zum verstärkten Einsatz kooperativer Beschaffungsformen wie etwa **Nachfragerbündelung** (vgl. hierzu z. B. *Voeth*, 2002b; *Voeth/Weißbacher*, 2006b) genutzt werden können.

Die neueren Entwicklungen im organisationalen Beschaffungsverhalten haben dazu geführt, dass neben die isolierte Erklärung des organisationalen Kundenverhaltens, die in der Literatur zum Industriegütermarketing eine zentrale Rolle spielt, bedingt durch kooperative Verhaltensweisen **relationale Beschaffungs- und Absatzbetrachtungen** stärker in den Vordergrund der Überlegungen getreten sind (vgl. auch *Fassnacht/Möller*, 2004, S. 382 f.).

Wir werden im Folgenden den Stand zur isolierten Betrachtung des organisationalen Beschaffungsverhaltens ebenso betrachten wie das relationale Beschaffungs-/Absatzverhältnis der beteiligten Marktparteien.

1.2 Erklärungsansätze des organisationalen Beschaffungsverhaltens

Die Einflussfaktoren organisationaler Beschaffungsentscheidungen sind in den Ansätzen zur modellhaften Beschreibung und Erklärung des Beschaffungsverhaltens, die in der Literatur entwickelt worden sind, in unterschiedlichem Ausmaß berücksichtigt worden. Sofern die Ansätze nur **Partialerklärungsversuche** darstellen, werden jeweils nur einzelne Komponenten in ihrer Wirkung auf das Kaufverhalten analysiert. Daneben wurden jedoch auch **Totalmodelle** entworfen, die umfassend die Einflussfaktoren des Beschaffungsverhaltens in ihrem Zusammenwirken beschreiben. Partialmodelle untersuchen damit jeweils nur isoliert Beziehungen der in *Abbildung 14* aufgeführten Komponenten untereinander, während Totalmodelle jeweils das gesamte Beziehungsgeflecht betrachten. Bei den Totalmodellen lassen sich solche unterscheiden, die stärker den Kaufprozess in den Vordergrund stellen **(Prozessmodelle)**, und solche, bei denen der Prozess zugunsten einer stärkeren Betrachtung der einzelnen Einflussfaktoren zurücktritt **(Strukturmodelle)**. Im Folgenden werden sowohl Partial- als auch Totalmodelle analysiert.

1.2.1 Partialansätze

Im Bereich der Partialansätze zur Abbildung und Erklärung organisationalen Beschaffungsverhaltens lässt sich eine Vielzahl von Modellen und Einzelansätzen nachweisen (vgl. die Aufzählungen bei *Dwyer/Tanner*, 2009, S. 94 ff.; *Kern*, 1990, S. 17 ff.; *Scheuch*, 1975, S. 47 ff.; *Webster/Wind*, 1972b, S. 12 ff.). Trotz der kaum noch zu überblickenden Anzahl verschiedener Partialmodelle lassen sich die dort behandelten Fragestellungen im Wesentlichen auf folgende Fragen zurückführen:

(1) Inwieweit wird die Kaufentscheidung als ein zeitlicher **Prozess** verstanden, der teilphasenspezifisch strukturiert untersucht werden muss (vgl. z. B. *Robinson/Stidsen*, 1967)?

(2) Welche **Personen** bzw. **Personengruppen** sind mit welchem Gewicht an der Kaufentscheidung beteiligt und wodurch unterscheidet sich ihr Entscheidungs- und Informationsverhalten (vgl. z. B. *Brand*, 1972; *Büschken*, 1994; *Kapitza*, 1987; *Spiegel-Verlag*, 1982)?

(3) Welche **Faktoren** (Kauftyp, Merkmale der Organisation, Umwelt) nehmen Einfluss auf den Ablauf des Kaufprozesses (vgl. z. B. *Gemünden*, 1981; *Homburg/Werner*, 1998)?

1.2.1.1 Phasenansätze zur Beschreibung des Beschaffungsprozesses

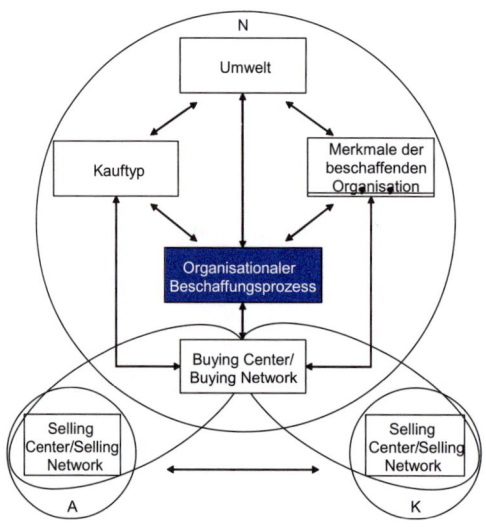

Deutlicher als in der Mehrzahl konsumtiver Kaufprozesse lassen sich bei organisationalen Beschaffungsentscheidungen verschiedene Phasen unterscheiden, in denen unterschiedliche Nachfragerprobleme auftreten. Der Prozess beginnt mit der ersten Feststellung eines bestimmten Bedarfs beim Nachfrager und erstreckt sich über die Angebotserstellungsphase mit ihren verschiedenen technischen und ökonomischen Konkretisierungen des Projekts bis zum Kaufabschluss.

Durch die Analyse des Beschaffungsprozesses mit seinen vielfältigen, oft über lange Zeit reichenden Aktivitäten wird versucht, die verschiedenen Aktivitäten in einem **Phasenkonzept** zu systematisieren. In der Regel werden dabei ausgehend von dem aus der allgemeinen Entscheidungstheorie bekannten Phasenschema für den Bereich des organisationalen Beschaffungsverhaltens konkretisierbare Phasen des Absatzverlaufs entwickelt, in denen sich jeweils unterschiedliche Verhaltensweisen der Marktpartner nachweisen lassen (vgl. auch *Möller*, 1981, S. 4). *Abbildung 17* gibt eine Übersicht über ausgewählte, in der Literatur entwickelte Phasenablaufkonzepte.

Aus dieser Übersicht wird klar, dass es trotz einiger Unterschiede zwischen den einzelnen Phasenkonzepten auch deutliche **Gemeinsamkeiten** gibt. Zum Beispiel spielt die Phase der Problemerkennung in allen Konzepten eine Rolle – auch wenn diese Phase unterschiedlich benannt wird (vgl. z. B. „Anregungsprozess" bei *Tafel*, 1967; „Voranfragephase/Problemerkennung" bei *Backhaus/Günter*, 1976; „Initialphase" bei *Richter*, 2001).

Die **Unterschiede** zwischen den Konzepten liegen vor allem im Detaillierungsgrad der Phasen. Manche Konzepte legen nur grobe Schnitte (vgl. z. B. das Konzept vom *Spiegel-Verlag*, 1982), während andere Konzepte wesentlich differenzierter sind (vgl. z. B. das Konzept von *Richter*, 2001).

Im Folgenden wird beispielhaft das **Konzept von *Backhaus/Günter*** näher analysiert (vgl. *Backhaus/Günter*, 1976). Die Auswahl erfolgt deshalb, weil das Konzept von *Backhaus/Günter* Phasenabgrenzungskriterien verwendet, die auch für den Marketing-Manager in einer konkreten Situation eindeutig identifizierbar sind.

Backhaus/Günter stellen mit ihrer Unterteilung in

- Voranfragenphase,
- Angebotserstellungsphase,
- Kundenverhandlungsphase,
- Abwicklungsphase und
- Gewährleistungsphase

auf Abgrenzungskriterien ab, die dem Anbieter evident sind.

	1	2	3	4	5	6	7	8	9
Webster 1965	Problem recognition	Organizational assignment of buying responsibility and authority	Search procedures for identifying product, offering and for establishing selection criteria	Choice procedures for evaluation and selecting any alternative					
Tafel 1967	Anregungs-prozess	Informations-prozess	Prozess des Aufstellens und Bewertens von Alternativen	Prozess der endgültigen Auswahl einer Alternative					
Webster/Wind 1972	Identification of need	Establishing objectives and specifications	Identifying buying alternatives	Evaluating alternative buying actions	Selecting the supplier				
Kelly 1974	Recognize need	Information search	Evaluate alternatives	Approval of funds	Decisions				
Backhaus/Günter 1976	Voranfragen-phase/Problem-erkennung	Angebotsstel-lungsphase	Kundenver-handlungs-phase	Abwicklungs-phase	Gewährleis-tungsphase				
Bradley 1977	Purchase initiation	Survey of alternatives	Supplier short listing	Award contract					
Spiegel-Verlag 1982	Initiierung	Vorüberlegung/Vorentschei-dung	letzte Entscheidung						
Fitzgerald 1989	Initierungs-phase	Vorüber-legungsphase	Suchphase	Bewertungs- und Voraus-wahlphase	Verhandlungs-phase	Entscheidungs-phase	Realisierungs- und Kontroll-phase		
Richter 2000	Initialphase	Konzeptions-phase	Informations-phase	Anfragen-phase	Angebotsphase	Bewertungs-phase	Entscheidungs-phase	Realisierungs-phase	Gewährleis-tungsphase

Abb. 17: Überblick über Phasenablaufkonzepte

Die **Voranfragenphase**, die alle Aktivitäten vor einer formellen Anfrage enthält (Problemerkennung, ggf. Prüfung einer Vorstudie, Prüfung der grundsätzlichen Realisierungsmöglichkeit, Erstellung von Anfragen und Ausschreibungsunterlagen), wird von einer Phase abgelöst, in der die Aktivitäten mehr auf der Anbieterseite liegen (**Angebotserstellungsphase**): Sofern der Anbieter bereit ist, ein Angebot zu erstellen, wird der Nachfrager lediglich zur Klärung von Rückfragen eingeschaltet. Nach formeller Angebotsabgabe erfolgt dann die Beurteilung der Angebote und ggf. (Nach-)Verhandlung hierüber. Diese **Kundenverhandlungsphase** endet mit der Auftragsvergabe – ein für alle beteiligten Parteien evidentes Ereignis. Die sich daran anschließende **Projektabwicklungsphase** sowie die abschließende **Gewährleistungsphase** sind durch die Realisation des Projekts gekennzeichnet. Die Projektabwicklungsphase endet i. d. R. mit dem Probelauf und der Inbetriebnahme. Hierbei wird dem Kunden die Funktionsfähigkeit des Industrieguts demonstriert. Formell endet diese Phase z. B. im Anlagengeschäft mit der Erteilung des Provisional Acceptance Certificates (PAC), in dem die vorläufige Abnahme des Industrieguts durch den Kunden testiert wird. Mit dieser Abnahme geht i. d. R. die Gefahr auf den Kunden über und die Gewährleistungsfrist beginnt. Je nach Grad der Zufriedenheit des Kunden mit der Projektabwicklung und Gewährleistung wird diese Phase später erneut ablaufende Prozesse beeinflussen. Wegen der Bedeutung, die in Betrieb gesetzten Industriegütern als Referenzgüter bei der Entscheidung über die Vergabe eines Auftrags zukommt, beeinflusst die Abwicklung von Projekten nicht nur zukünftige Entscheidungen des betreffenden Nachfragers, sondern häufig auch das Verhalten anderer potenzieller Kunden.

Auch wenn die angeführten Phasen – und dies nicht nur in Bezug auf die Phasen des Ansatzes von *Backhaus/Günter* – in der Praxis in der postulierten Reihenfolge auftreten und ebenso nicht immer zu klar abgrenzbaren Marketing-Verhaltensprogrammen führen, haben Phasenkonzepte eine **heuristische Funktion**, indem sie den ausgeprägten Prozesscharakter von organisationalen Beschaffungen betonen und deutlich machen, dass die Marketing-Probleme zumindest teilweise phasenspezifisch variieren.

1.2.1.2 Buying Center-Konzepte

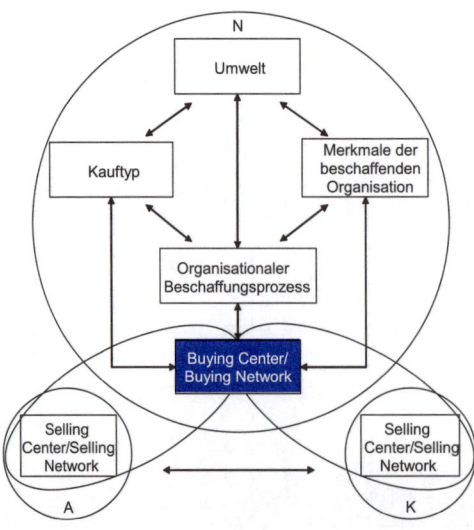

Die gedankliche Zusammenfassung aller am Kaufprozess beteiligten Personen bezeichnet man als **Buying Center, Decision Making Unit (DMU)** oder **Gruppe einkaufsentscheidender Fachleute** (vgl. *Hutt/Speh*, 2004; *Strothmann*, 1979; *Webster/Wind*, 1972a). Der Grundgedanke des Buying Centers ist später um den Aspekt des zwischen den Mitgliedern bestehenden interpersonalen Netzwerks von Beziehungen und dem darauf basierenden Begriff des „**Buying Networks**" erweitert worden (vgl. *Bristor*, 1987, 1993; *Klöter/Stuckstette*, 1994). Grundidee des Buying Center-Konzepts ist es, dass zum Kauf von Industriegütern bestimmte Mitglieder einer Organisation (aber auch Dritte) problembezogene Gruppen bilden, deren Mitglieder interagieren, um zu einer Lösung zu gelangen.

Diese Gruppen können **informell** entstehen und sind i. d. R. auch nicht institutionell verankert (vgl. *Mattsson*, 1988; *Spekman*, 1978). Dies bereitet z. T. erhebliche **Probleme bei der Bestimmung** der Buying Center-Mitglieder. So weisen etwa *Borders et al.* darauf hin, dass insbesondere in Zeiten von Internet und E-Commerce „[…] boundaries between organizations blur" (*Borders et al.*, 2001, S. 199).

Es ist aber auch denkbar, dass Mitglieder verschiedener Unternehmensbereiche zu einem formellen Komitee zusammengefasst werden, um über eine bestimmte Investition zu entscheiden (vgl. *Thompson et al.*, 1998, S. 700). Diese z. B. als **„Investitionsausschuss"** gekennzeichneten formalen Institutionen beeinflussen in überragender Weise den Investitionsentscheidungsprozess.

Unabhängig davon, ob ein Buying Center institutionalisiert ist oder nicht, ist es für den Industriegüteranbieter von entscheidender Bedeutung herauszufinden, welche Personen an der Buying Center-Entscheidung beteiligt sind. Die Beantwortung dieser Frage legt **Umfang und Struktur** des Buying Centers fest.

Zudem ist für das Buying Center zu ermitteln, wie sich die beteiligten Personen charakterisieren lassen. Erst durch die **Personifizierung** der Buying Center-Mitglieder und durch die Identifikation der von diesen wahrgenommenen **Rollen** und **Funktionen** erhält der Anbieter die für die anschließende Bearbeitung des Buying Centers notwendigen qualitativen Informationen.

Neben der Charakterisierung der Mitglieder des Buying Centers muss auch analysiert werden, wie sich die Mitglieder des Buying Centers innerhalb des Beschaffungsprozesses verhalten. Im Einzelnen geht es dabei um die Beantwortung folgender Fragen:

- Welches **Informationsverhalten** zeigen die Personen? Suchen sie nach technischen und/oder kaufmännischen Informationen? In welchem Umfang werden Informationen benötigt?
- Welches **Entscheidungsverhalten** ist kennzeichnend für die einzelnen Mitglieder des Buying Centers? Entscheiden sie eher rational oder emotional? Welche Kriterien bestimmen ihr Entscheidungsverhalten?
- Wie kommt das Buying Center im Fall von Präferenzkonflikten seiner Mitglieder zu einer Auswahlentscheidung? Welche Form der Entscheidungsfindung tritt auf?
- Wie stark ist der **Einfluss** des einzelnen Mitglieds auf den Beschaffungsprozess? Ist das betrachtete Mitglied eine „Randfigur", die seine Meinung beitragen darf, ohne dass diese entscheidungswirksam ist, oder gehört es zur Gruppe derjenigen, die letztlich die Entscheidung treffen? Wie sind die Beziehungen zwischen den Buying Center-Mitgliedern in formeller und informeller Hinsicht?

1.2.1.2.1 Umfang und Struktur des Buying Centers

Umfang und Struktur des Buying Centers lassen sich im Falle fest institutionalisierter Buying Center am leichtesten identifizieren. Bei nicht institutionalisierten Buying Centern ist dagegen die Erfassung häufig mit großen Problemen verbunden.

Zur Festlegung von Umfang und Struktur des Buying Centers bedarf es zunächst eines Kriteriums zur Bestimmung der **Buying Center-Mitgliedschaft**. Hierzu wird zumeist das Kriterium der Kommunikation der Beteiligten **(Informationsaustausch)** untereinander verwendet (vgl. *Bristor/Ryan*, 1987; *Huth*, 1988; *LaForge/Stone*, 1989; *McQuiston/Dickson*, 1991; *McQuiston*, 1991; *Ronchetto et al.*, 1989). Die sich daraus ergebenden Kommunikationsmuster lassen sich nach **Struktur**, **Funktionen** und **Systemebenen** analysieren (vgl.

Schenk, 1995). Die Struktur der Kommunikationsbeziehungen bezieht sich auf die wiederholt auftretenden stabilen Sets von Kommunikationsbeziehungen zwischen den Mitgliedern des Buying Centers. Die Funktionen nehmen Bezug auf die Auswirkungen oder Konsequenzen dieser Kommunikation. Die Systemebene bezeichnet schließlich die jeweils betrachtete Gruppe von Akteuren und deren Abgrenzung innerhalb einer Organisation.

Das Verständnis des Buying Centers als personen- oder funktionsbezogene Abgrenzung der Entscheidungsbeteiligten wäre in diesem Sinne die Definition einer bestimmten Systemebene. Kommunikationsansätze („Struktur") begreifen darauf aufbauend eine Beschaffungsentscheidung als **Abfolge kommunikativer Prozesse** innerhalb sowie außerhalb des Unternehmens und Buying Center-Mitglieder als solche Personen, die an diesen Kommunikationsprozessen teilnehmen. *McQuiston/Dickson* (1991) grenzen diesen Sachverhalt noch weiter ein, indem sie nur den Personen eine Buying Center-Mitgliedschaft zubilligen, deren Input auch Berücksichtigung findet. Sie stellen daher auf eine gewisse **Wirksamkeit** der kaufproblembezogen angebotenen Kommunikation ab.

In der *Spiegel-Untersuchung* von 1982 wurde festgestellt, dass im Durchschnitt vier Personen über alle Stadien des Prozesses hinweg an der Entscheidung mitwirken. In fast der Hälfte der untersuchten Betriebe aus verschiedenen Branchen waren es nur zwei oder drei Personen, die mitentscheiden. Nur in jedem zehnten Unternehmen umfasste das Buying Center mehr als 10 Personen. Auch wenn die Untersuchungsergebnisse weiter nach Größenklassen differenziert wurden, können diese Ergebnisse nur erste Anhaltspunkte bieten, um eine Vorstellung über die **Größendimension des Buying Centers** zu bekommen (vgl. zu ähnlichen Ergebnissen auch *Kapitza*, 1987, S. 166 ff.; *McWilliams et al.*, 1992, S. 45 ff.). Im konkreten Fall ist jeweils eine situationsspezifische Definition des Buying Centers erforderlich. In der Regel ist das eine Aufgabe des Außendienstes, da dieser über die meisten Informationen formeller und informeller Art verfügt, die er aus Kontakten mit seinen Ansprechpartnern im Buying Center bekommt (vgl. auch *Anderson et al.*, 1987, S. 75). Häufig erweist es sich als sinnvoll, zur Bestimmung von Buying Centern sog. Funktionsanalysen durchzuführen (vgl. *Corey*, 1991, S. 48 ff.).

Das **Funktionsanalysekonzept** basiert auf der Idee, dass das zu beschaffende Investitionsobjekt für die beschaffende Organisation bestimmte Funktionen erfüllen soll. Durch eine entsprechende Untersuchung lässt sich ermitteln, welche Funktionsbereiche einer Unternehmung von dem beschaffenden Investitionsobjekt betroffen sind. Wenn – wie im Fall Ziegler GmbH – die Beschaffungsentscheidung eines neuen CAD-Systems die organisatorischen Abläufe in der Konstruktionsabteilung verändern wird, so ist es sehr wahrscheinlich, dass die Konstruktionsabteilung – wie bei Ziegler durch Herrn Bachmann – im Buying Center vertreten sein wird. Erfolgt die Investition zum Zwecke einer Qualitätsverbesserung der Produkte, so werden wohl Vertreter der Qualitätssicherungsabteilung dem Buying Center angehören. Im Zusammenhang mit den groben Anhaltspunkten über das ungefähre Ausmaß der Buying Center-Größe lassen sich damit Informationen zur Bestimmung der Buying Center-Zusammensetzung gewinnen.

> Neben diesem eher pragmatisch orientierten Konzept wurden in der Literatur auch mathematische **Prognose-Ansätze** entwickelt, die die Wahrscheinlichkeit bestimmen, dass eine Abteilung bzw. eine Person Mitglied des Buying Centers ist (vgl. z. B. *Lilien/Wong*, 1984).

Trotz der Einwände, die vor allem gegen die Undifferenziertheit von solchen Modellen erhoben werden (vgl. z. B. *Huth*, 1988, S. 72), zeigen empirische Untersuchungen generell, dass die Bestimmung der Buying Center-Größe in vielen Fällen relativ gut möglich ist (vgl. z. B. *Grønhaug*, 1977; *Johnston/Bonoma*, 1981a; *Kelly*, 1974; *Patchen*, 1974).

1.2.1.2.2 Personen, Rollen und Funktionsträger

Die Identifikation und Charakterisierung der Mitglieder von Buying Centern kann nach unterschiedlichen Kriterien erfolgen. Im Wesentlichen erweisen sich häufig folgende Einteilungen als sinnvoll:

- **Personen** (Die Brüder Ziegler und Herr Bachmann sind Mitglieder des Buying Centers im Fall Ziegler GmbH.),
- **Funktionen** (im Organigramm einer Organisation festgelegter Aufgabenbereich: im Fall Ziegler übt Herr Bachmann die Funktion des Konstruktionsleiters aus) und
- **Rollen** (Verhaltenserwartungen, die von anderen Beteiligten unabhängig von der Person formuliert werden; im Fall Ziegler spielt Herr Bachmann die Rolle des „Verwenders" im Entscheidungsprozess, während die Rolle des „Entscheidungsträgers" von den Herren Ziegler wahrgenommen wird).

Personen

Die Vorteile einer **persönlichen Identifikation** der einzelnen Buying Center-Mitglieder liegen zunächst darin, dass für den Außendienst konkret benennbare Ansprechpartner ermittelt werden. Darüber hinaus lassen sich aus der Kenntnis der individuellen Charakteristika der Buying Center-Mitglieder Informationen über deren Bedeutung innerhalb des Gremiums sowie im Hinblick auf sinnvolle Vorgehensweisen bei der persönlichen Ansprache ableiten. Besondere Beachtung in der Literatur haben dabei die Merkmale

- Betroffenheit,
- Erfahrung und
- kultureller Hintergrund

gefunden.

In verschiedenen (empirischen) Studien (vgl. z. B. *Patchen*, 1974; *Anderson/Chambers*, 1985; *Ghingold/Wilson*, 1988; *McQuiston/Dickson*, 1991) wurde so gezeigt, dass **persönliche Betroffenheit** vom Ergebnis der Buying Center-Entscheidung zum einen für ein höheres Involvement innerhalb des Beschaffungsprozesses und damit zusammenhängend auch für einen größeren Einfluss des Buying Center-Mitglieds innerhalb des Einkaufsgremium verantwortlich ist. Zum anderen sind Buying Center-Mitglieder, die in hohem Maße vom Ergebnis der Buying Center-Entscheidung – etwa in ihrem Arbeitsalltag – beeinflusst werden, anders anzusprechen, da sie bspw. verstärkt Informationen über die Nutzung und Auswirkungen des Investitionsobjektes benötigen.

Ebenso wurde in der Literatur hervorgehoben, dass die **persönliche Erfahrung** einen signifikanten Einfluss auf das Gewicht von Buying Center-Mitgliedern hat. *Crittenden et al.* (1987), *Ghingold/Wilson* (1988) oder *Dawes et al.* (1992) konnten auch empirisch zeigen, dass den Buying Center-Mitgliedern, die über eine größere persönliche Erfahrung verfügen, ein größeres Gewicht im Buying Center zufällt. Diese sind zudem speziell zu bearbeiten, da sie angesichts der bereits bestehenden Erfahrung weniger oder speziellere Informationen erwarten.

Schließlich ist für die Prognose der Bedeutung von Buying Center-Mitgliedern sowie die spätere Ansprache auch entscheidend , über welchen **kulturellen Hintergrund** die Buying Center-Mitglieder verfügen. In zahlreichen empirischen Untersuchungen ist so gezeigt worden, dass Buying Center aus verschiedenen Kulturkreisen sehr unterschiedlich agieren (vgl. zu einer Literaturübersicht *Herbst et al.*, 2008). Unterschiede bestehen dabei zum einen im Hinblick auf die strukturelle Besetzung. Je nach kulturellem Hintergrund kann so die hierarchische Besetzung, die funktionsbezogene Breite und die Größe des Buying Centers variieren. Zum anderen lassen sich aber auch Unterschiede hinsichtlich der beachteten ökonomischen und nicht-ökonomischen Präferenzen sowie in Bezug auf den Entscheidungsprozess feststellen. *Abbildung 18*, in der *Herbst et al.* (2008) den Analyseschwerpunkt der in der Literatur vorliegenden Studien zu kulturellen Unterschieden von Buying Centern eingeordnet haben, verdeutlicht aber auch, dass in den Studien zumeist allein eine geringe Anzahl von Ländermärkten miteinander verglichen worden ist. Allein in der Studie von

Autoren	Untersuchte Länder	strukturelle Besetzung			Präferenzen		Entscheidungsprozess	
		Hierarchie	Funktionen	Größe	ökonomische	nicht-ökonomische	intern	extern
Buckner (1967)	GB	x	x					
Lehmann and O'Shaughnessy (1974)	US, UK						x	
Azumi and McMillan (1975)	J, GB	x						
Hakansson/Wootz (1975)	S				x			
Nagashima (1977)	J, D, US, F, GB				x			
Pascale (1978)	US, J				x		x	
White and Cundiff (1978)	US, D, J, BR				x	x		
Doyle, Woodside and Michell (1979)	GB			x				
White (1979)	US, GB, F, I, D				x		x	
Grönroos (1980)	S, Europe	x						
Catlin et al. (1982)	US, F, GB, D, J				x			
Ghymn (1983)	US				x			x
Graham (1984)	J, US						x	
Lillien and Wong (1984)	US		x					
Vyas and Woodside (1984)	US		x				x	x
Banting et al. (1985)	GB, US, AUS		x					x
Campbell (1985b)	J, D							
Graham (1985)	J, US				x		x	
Murray and Blenkhorn (1985)	J, US							x
Turnbull (1985); Turnbull and Cunningham (1981)	F, D, I, UK				x	x		
Johnston (1987)	US, J	x						
Adler and Graham (1989)	J, US						x	
Axelsson et al. (1991)	S, GB				x			
Dawes, Dowling and Patterson (1992)	US			x			x	
Marsh (1992a)	J	x						
Marsh (1992b)	J	x						
Ghymn and Jacobs (1993)	J, US				x			
Graham et al. (1994)	US, D, GB, F						x	
MacColl (1995)	J							x
Thorelli and Glowacka (1995)	US, D, J, S, MEX, BR, RC, PL, CN				x		x	
Moosmüller (1997)	J, US, Europe					x		
Saghafi and Puig (1997)	US, J, D, BR, MEX, RA				x		x	
Brett and Okumura (1998)	J, US						x	x
Karnins et al. (1998)	J, US							x
Mann et al. (1998)	J, US						x	
Homburg et al. (2002)	US, D				x		x	
Garrido-Samaniego and Gutierrez-Cillan (2004)	ES		x					
Theile (2004)	US, F, D	x				x		
Griffith et al. (2006)	J, US							x

Abb. 18: Empirische Vergleichsstudien zu kulturellen Besonderheiten von Buying Centern

Quelle: *Herbst et al.*, 2008, S. 131.

Thorelli/Glowacka (1995) wurden mehr als fünf Länder im Vergleich untersucht. Nicht zuletzt vor diesem Hintergrund ist im Bereich der Analyse kultureller Besonderheiten von Buying Centern noch ein erheblicher Forschungsbedarf feststellbar.

Funktionen

Die Vorteile der Funktionskenntnis sind ebenfalls vielschichtig. Zum einen sind sie darin zu sehen, dass – unabhängig von der Person – aus der Funktionskenntnis abgeleitet werden kann, welche organisatorischen Aufgaben vom einzelnen Buying Center-Mitglied innerhalb der Beschaffungssituation zu erfüllen sind. Beispielsweise ist zu erwarten, dass ein Mitglied aus der Einkaufsabteilung für die organisatorische Betreuung des Beschaffungsprozesses und ein Mitarbeiter aus der Fachabteilung für die Klärung technischer Details verantwortlich ist. Darüber hinaus zeigen empirische Untersuchungen aber auch, dass die **Funktionszugehörigkeit** eines Buying Center-Mitglieds den **Einfluss** in den verschiedenen Phasen eines Beschaffungsprozesses prägt. Bereits *Johnston/Bonoma* (1981a) kommen so etwa zu dem Ergebnis, dass die Bedeutung der F&E- und der Fertigungsabteilung in den ersten Phasen des Beschaffungsprozesses größer ist als in späteren Phasen (vgl. zu ähnlichen Ergebnissen *Lilien/Wong*, 1984; *Naumann et al.*, 1984; *Dadzie et al.*, 1999). Dieses Ergebnis findet sich auch in einer aktuelleren Studie von *Garrido-Samaniego/Gutiérrez-Cillán* (2004) bestätigt, die bei 106 spanischen Unternehmen für die Beschaffung von „capital equipment" untersucht haben, welchen Einfluss verschiedene Funktionsbereiche innerhalb unterschiedlicher Phasen des Beschaffungsprozesses aufweisen. Wie *Abbildung 19* zeigt, variieren die Einflusswerte auch hier phasenspezifisch.

Buying center	Decision making stages				
	Need recognition	Establishment of specifications	Supplier search	Vendor evaluation	Supplier selection
Engineering	28,12	44,06	26,68	30,72	25,21
Manufacturing	36,91	33,16	12,59	21,77	18,35
Purchasing	10,12	11,2	51,34	30,2	30,51
Marketing	5,52	1,15	0,33	0,96	0,91
Management	19,3	10,41	9,03	16,33	24,95
Total	100	100	100	100	100

Abb. 19: Phasenspezifischer Einfluss verschiedener Funktionsbereiche einer beispielhaften Beschaffungssituation

Quelle: *Garrido-Samaniego/Gutiérrez-Cillán*, 2004, S. 328.

Auf der anderen Seite ist es auch denkbar, dass ausgehend von den KKVs, über die ein Anbieter zu verfügen glaubt, typische Mitglieder im Buying Center identifiziert werden können, die an einer Realisation der entsprechenden KKV-Elemente Interesse haben (vgl. dazu den Ansatz von *Narayandas*, 2005, S. 139, *Abbildung 20*).

Der Ansatz von *Narayandas* (2005) basiert auf der Überlegung, dass die verschiedenen Mitglieder im Buying Center unterschiedliche Interessen und zumeist eine verschiedenartige Bedeutung für die Kaufentscheidung aufweisen. Indem er einerseits die Buying Center-Mitglieder entsprechend ihrem Einfluss ordnet (rechte Seite in *Abbildung 20*) und andererseits die durch den Verkäufer ggf. zu betonenden Vorteile der Anbieter-Leistung (linke Seite in *Abbildung 20*) zuordnet (Pfeile in *Abbildung 20*), visualisiert *Narayandas* (2005) auch die funktionsbezogenen Interessen der Buying Center-Mitglieder und liefert zudem eine Hilfestellung für eine entsprechende Ansprache der einzelnen Buying Center-Mitglieder durch den Vertrieb.

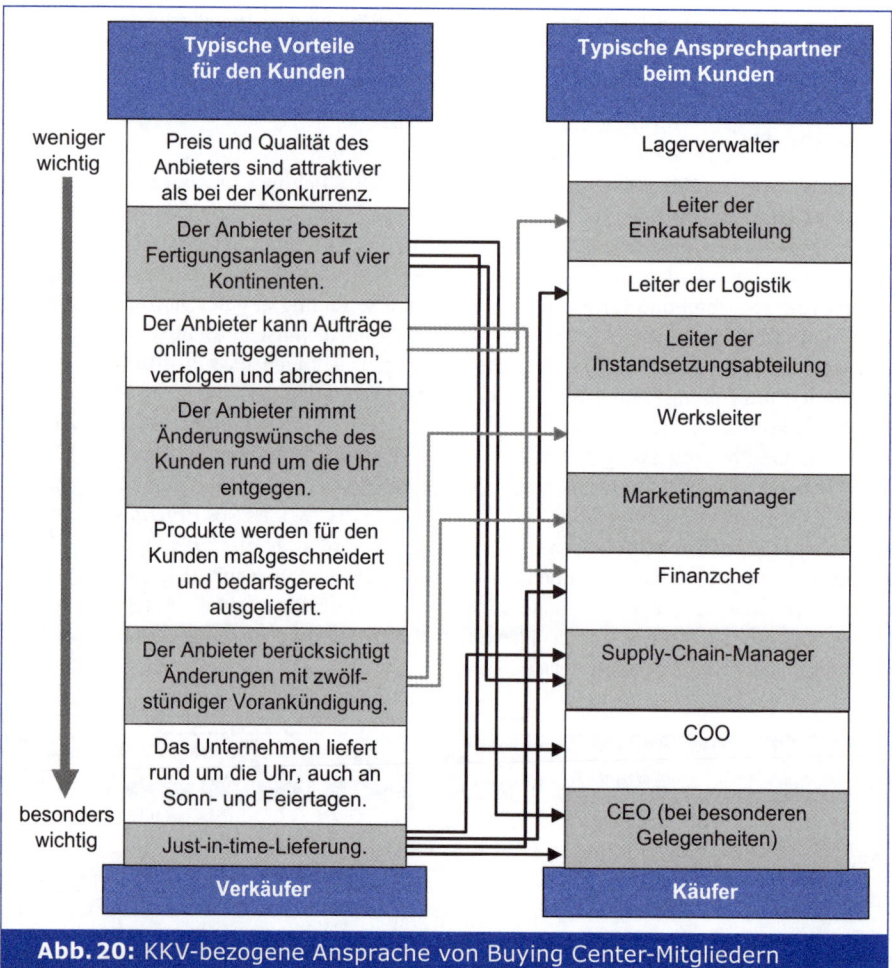

Abb. 20: KKV-bezogene Ansprache von Buying Center-Mitgliedern
Quelle: *Narayndas*, 2005, S. 134.

Rollen

Gerade Rollenkonzepte haben in der Literatur zum Industriegütermarketing breite Aufmerksamkeit gefunden. Dies ist hierauf zurückzuführen, dass aus den Rollen der Buying Center-Mitglieder häufig auf das zu erwartende Verhalten innerhalb des Beschaffungsprozesses geschlossen werden kann.

Grundlagen von Rollenkonzepten

In der Literatur zum organisationalen Beschaffungsverhalten wird betont, dass die Entscheidungsbeteiligten bei multipersonalen Kaufentscheidungen als **Rollenträger** im Kaufprozess zu verstehen sind (vgl. *Meffert/Dahlhoff*, 1980). Bei der Rolle handelt es sich um die an den Inhaber einer bestimmten Position in der Organisation kommunizierten personenunabhängigen **Verhaltenserwartungen** (role sending), die je nach Wahrnehmung (perceived role) und Umsetzung dieser Erwartungen in mehr oder weniger stark rollengeprägte Verhaltensmuster (role behavior) münden. Das Rollenkonzept wird daher als ein sinnvolles Instrument zur Erweiterung des Verständnisses multipersonaler Kaufentscheidungen angesehen.

Allgemein wird die **Entstehung von Rollen** als ein wichtiges Bestimmungselement von **Gruppen** angesehen (vgl. *Jackson/Sciglimpaglia*, 1974; *Kernan/Sommers*, 1966; *Rosenstiel*, 2007): Zu einer Gruppe zusammengeschlossene Individuen organisieren sich zumeist arbeitsteilig, wobei die Erwartungen der Gruppenmitglieder an die anderen Gruppenmitglieder unterschiedlich sind. Jedes Mitglied strebt nach einem bestimmten vorteilhaften Status in der Gruppe, aus dem sich ein entsprechendes Rollenverhalten ableitet (vgl. *Rosenstiel*, 2007). Rollenkonzepte werden damit zu einem zentralen Konstrukt zur Beschreibung und Erklärung der Beziehungen der Buying Center-Mitglieder untereinander. Sie erweitern die Betrachtungsebene über das unmittelbare Buying Center hinaus auf die Gesamtunternehmung bzw. auf alle Unternehmensmitglieder, die mit den Buying Center-Mitgliedern in Interaktion stehen und Verhaltenserwartungen an diese kommunizieren.

Rollenkonzepte in der Literatur

In der Literatur sind verschiedene **Rollenkonzepte** vorgeschlagen worden, die sich durch unterschiedliche Schwerpunktsetzungen auszeichnen. Besondere Beachtung haben das

- *Webster/Wind*-Rollenkonzept (1),
- Promotoren-/Opponenten-Modell (2) sowie
- Gatekeeper-Konzept (3)

gefunden.

(1) Das Webster/Wind-Rollenkonzept

Webster/Wind (1972a, S. 78 ff.) unterscheiden **fünf verschiedene Rollen** im Rahmen eines Buying Centers (vgl. *Abbildung 21*):

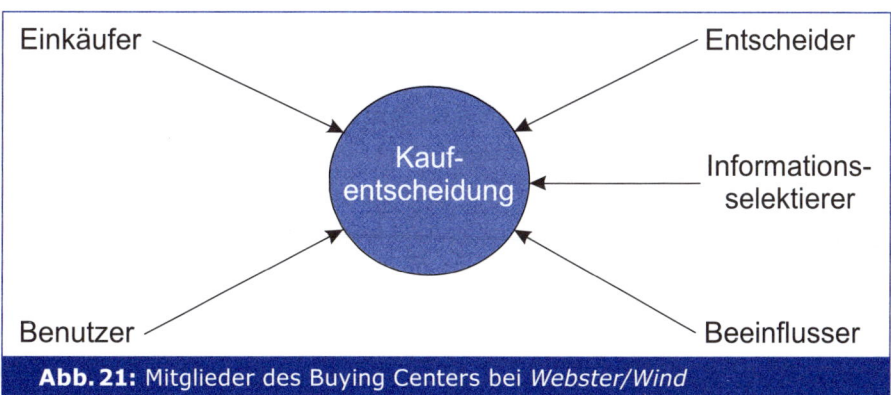

Abb. 21: Mitglieder des Buying Centers bei *Webster/Wind*

Als **Einkäufer** (Buyer) werden solche Organisationsmitglieder bezeichnet, die aufgrund ihrer formalen Autorität und Aufgabenzuordnung Lieferanten auswählen und Kaufabschlüsse tätigen. Sie gehören i. d. R. der Einkaufsabteilung eines Unternehmens an und haben insbesondere Einfluss auf die Lieferantenauswahl. Im Fall Ziegler sind die Einkäufer noch gar nicht in Erscheinung getreten, da der Kaufprozess noch keine Lieferantenauswahl erfordert und ein Kaufabschluss noch nicht ansteht. In Bezug auf die in vielen Unternehmen übliche Einteilung in operativen und strategischen Einkauf findet sich die Rolle des Einkäufers häufiger im operativen Einkauf. Im Gegensatz dazu ist der strategische Einkauf in der Organisation hierarchisch zumeist höher aufgehängt. Vertreter des strategischen Einkaufs nehmen daher eher Entscheider-Rollen ein.

Benutzer (User) sind die Personen, die später mit dem zu kaufenden Gut arbeiten müssen (vgl. zu alternativen Begriffsdefinitionen *Rolfes*, 2007, S. 67 ff.). Sie haben häufig eine Schlüsselstellung im Beschaffungsprozess, da sie Erfahrungsträger im Hinblick auf die Qualität des Produkts darstellen. Ihr Verhalten bei der Nutzung zu kaufender Produkte bestimmt wesentlich, ob das gekaufte Gut zweckadäquat eingesetzt wird oder nicht. Somit entscheiden die Benutzer häufig über den Erfolg einer Beschaffungsaktion („Wir werden dem Chef schon zeigen, dass die gegen unseren Willen beschaffte Lösung eine Fehlentscheidung ist."). Diese Rolle hat bei der CAD-Entscheidung Herr Bachmann inne. Aufgrund seiner Vorbehalte kommt es zu einer Entscheidungsverzögerung.

Beeinflusser (Influencer) sind Personen, die formal nicht am Kaufprozess beteiligt sind, aber über ein Beschaffungsobjekt durch (informelle) Einflussnahme mit entscheiden. Diese Einflussnahme kann z. B. durch Festlegung von bestimmten Normen, technischen Mindestanforderungen etc. oder durch eine Informationspolitik erfolgen, die die Wahlentscheidung zwischen verschiedenen Alternativen beeinflusst („Lassen Sie die Finger von diesem Produkt, wir haben damit nur schlechte Erfahrungen gemacht!"). Das nachfolgende Beispiel verdeutlicht, dass eine zu geringe Beachtung von Beeinflussern im Vermarktungsprozess zu einer erheblichen Gefährdung des gesamten Vermarktungserfolgs führen kann.

> Ein Verbund deutscher Unternehmen hatte vor einigen Jahren gemeinsam eine neuartige „trassengeführte Kabinenbahn" entwickelt, die ähnlich dem Schwebebahn-Ansatz Trassen mit schienenförmigen Aufbauten benötigte und mit einem elektrischen Antrieb ausgestattet, führerlos als verkehrssicheres, komfortables, umweltfreundliches und absolut geräuschloses Fahrzeug in Ballungsräumen einsetzbar war. Vor allem bot das System für innerstädtische Verbindungen (z. B. Flughafen-Bahnhof), im Taximodus für innerbetrieblichen Verkehr (bspw. in großen Kliniken) oder als Lift für Gütertransporte vielfältige Einsatzvorteile gegenüber herkömmlichen Verkehrssystemen. Nachdem das technische Konzept bis zur Marktreife weiterentwickelt worden war, wurde die Markteinführung von dem Konsortium zügig in Angriff genommen. Tatsächlich konnte zunächst eine Vielzahl von Unternehmen und Interessenten gewonnen werden. Die Vorgespräche und -verhandlungen erfolgten in Form persönlicher Verkaufsgespräche mit hochrangigen Unternehmensrepräsentanten und führten häufig zu sehr großem Interesse bei den Gesprächspartnern. Allerdings kam es im Verlauf der eigentlichen Verkaufsverhandlungen regelmäßig zu Komplikationen, die jedoch nicht aus technischen oder funktionalen Aspekten der Kabinenbahn herrührten. Auch beim Preis bestanden zumeist keine unüberbrückbaren Meinungsverschiedenheiten zwischen den Verhandlungsparteien. Trotzdem wurde kaum eine Vertragsverhandlung erfolgreich zum Abschluss gebracht. Stattdessen kam es häufig zu lang andauernden Verzögerungen oder nicht selten sogar zum Abbruch der Verhandlungen kurz vor der eigentlich geplanten Vertragsunterzeichnung. Da nach einiger Zeit der Misserfolg der Markteinführung absehbar war, gaben die Anbieter schließlich auf und verkauften die Technologie ins Ausland.
>
> Was war geschehen? Warum war es nicht gelungen, ein nutzenstiftendes überlegenes Produkt erfolgreich in den Markt einzuführen? Einer der Hauptgründe für das Scheitern bestand darin, dass die Anbieter zu sehr auf den Produkt-/Preisvorteil ihrer Kabinenbahn gesetzt hatten und dabei übersehen hatten, dass sich im Verlauf der Beschaffungsprozesse einflussreiche Interessengruppen in die Investitionsentscheidungen eingeschaltet hatten und die potenziellen Betreiber von der Investition in diese zukunftsweisende Technik abgebracht hatten. So traten massive Akzeptanzprobleme bei den Mitarbeitern der Kundenunternehmen sowie im näheren sozialen Umfeld der Unternehmen auf. Während die Mitarbeiter angesichts des führerlosen Betriebs den Arbeitsplatzabbau fürchteten, resultierten die Widerstände in Teilen der Öffentlichkeit nicht allein

aus den negativen Beschäftigungswirkungen, sondern vor allem aus einer vermuteten Disharmonie zwischen Kabinenbahn und Natur. Daher bildeten sich Bürgerinitiativen, die in Hearings, Podiumsdiskussionen und sonstigen Protestveranstaltungen die öffentliche Meinung zunehmend gegen die Kabinenbahn-Idee aufbrachten.

(Quelle: *Bekmeier-Feuerhahn/Weinberg*, 2004)

Informationsselektierer (Gatekeeper) steuern den Informationsfluss im und in das Buying Center. Assistenten von Entscheidungsträgern üben durch ihre Entscheidungsvorbereitung z. B. einen indirekten Einfluss auf die Entscheidung aus („Das braucht der Chef nicht zu wissen.") (vgl. auch *Platzek*, 1998, S. 61 ff.).

Als **Entscheider** (Decider) werden die Organisationsmitglieder bezeichnet, die aufgrund ihrer Machtposition letztlich die Auftragsvergabe bestimmen. Sie sind i. d. R. hierarchisch höher angesiedelt – bei Großinvestitionen nimmt diese Funktion häufig ein Mitglied der Unternehmensleitung wahr – und verfügen über die Budgets, die für die Beschaffung erforderlich sind. Aufgrund der hohen hierarchischen Position ist aber nicht immer davon auszugehen, dass die Entscheider in die Details der Entscheidungsvorbereitung eingebunden sind, sondern diese Aufgabe an nachrangige Hierarchieebenen delegiert haben. Da sie damit zwar einerseits die Verantwortung tragen, andererseits jedoch in die Entscheidungsvorbereitung nur am Rande involviert sind, empfinden Entscheider bei wichtigen Entscheidungen häufig Unsicherheit. Aufgabe des Vertriebs muss es daher sein, Entscheider durch unsicherheitsreduzierende Maßnahmen zu bearbeiten. Bei der Ziegler GmbH sind dies die beiden Brüder Ziegler.

Bonoma (1982, S. 113 ff.) ergänzt das Rollenkonzept von *Webster/Wind* durch eine sechste Rolle: den **Initiator**, der den Kaufprozess in Gang bringt. Bei Ziegler ist das Rainer Ziegler, der – angeregt durch einen Messebesuch – zum Initiator wird.

Das Rollenträgermodell von *Webster/Wind* hat in der Literatur wegen seiner Anschaulichkeit breite Beachtung gefunden. Allerdings ist anzumerken, dass eine empirische Überprüfung des Erklärungswertes für diese Typologie auch heute noch aussteht. Darüber hinaus sind die von *Webster/Wind* definierten Rollen nicht überschneidungsfrei. So kann eine Person mehrere Rollen innehaben. Dies erschwert die Zuordnung von Rollen, erhöht aber gleichzeitig die praktische Relevanz, da eine multidimensionale Rollenerfüllung der Realität entspricht (vgl. *Kieser/Walgenbach*, 2007).

Zudem ist zu beachten, dass die Rollenidentifikation und -zuordnung im Rollenkonzept von *Webster/Wind* – wie auch in den übrigen in der Literatur vorgeschlagenen Rollenkonzepten – keinen Selbstzweck darstellt. Stattdessen wird die Rollenidentifikation und -zuordnung für sinnvoll erachtet, da sich aus der Rollenzuordnung bestimmte **rollenkonforme Verhaltensweisen** innerhalb des Beschaffungsprozesses ergeben, die etwa eine bestimmte rollenspezifische Bearbeitung durch den Außendienst bzw. Vertrieb erforderlich machen. Beispielsweise ist davon auszugehen, dass Einkäufer in einer Organisation bestimmten aufgabenspezifischen Incentivierungen unterliegen, die sie innerhalb von Beschaffungsprozessen steuern. Die Identifikation der Einkäufer-Rolle verschafft dem Vertrieb die Möglichkeit, ein an den vermuteten Incentivierungen des Einkaufs ausgerichtetes Angebot zu formulieren.

(2) Das Promotoren-/Opponenten-Modell

Während die Gliederung des Buying Centers in fünf verschiedene Rollenträger keine breite empirische Prüfung erfahren hat, führten die empirischen Untersuchungen von *Witte* in einem ersten Schritt zu einer zweidimensionalen Aufgliederung des Buying Centers in

Fachpromotoren und **Machtpromotoren** bzw. **Fach-** und **Machtopponenten** (vgl. *Witte*, 1976, S. 324 f.). Diese wurden z. T. fast zeitgleich (vgl. *Havelock*, 1982: „process helper"), zum großen Teil aber zeitlich später (vgl. *Hauschildt/Chakrabarti*, 1988) durch den **Prozesspromotor** ergänzt. Damit hat *Witte* bereits sehr früh – *Ram* (1987) hat erst deutlich später das Konzept der „Innovationsresistenz" in die US-amerikanische Literatur eingeführt – die Bedeutung des Widerstandes gegen die Beschaffung innovativer Güter erkannt. Bezüglich der Promotionsfunktion erweitert *Witte* insofern die bereits bekannten unipersonalen **Champion-Modelle** (vgl. *Chakrabarti*, 1974; *Markham*, 1998; *Schon*, 1963), die davon ausgehen, dass *eine* Person existiert, die den Innovationsprozess entscheidend vorantreibt.

Obwohl zunächst für innovative Beschaffungsentscheidungen konzipiert, erscheint es sinnvoll, die Ergebnisse von *Witte* zu generalisieren und damit auch für andere Typen von Beschaffungsentscheidungen zu verwenden (vgl. auch *Strothmann*, 1979, S. 103).

Als **Promotoren** bezeichnet *Witte* solche Mitglieder des Buying Centers, die den Beschaffungsprozess (bei *Witte* Innovationsprozess) aktiv fördern und von der Initiierung bis zum Kauf beeinflussen (vgl. *Witte*, 1973, S. 16). **Opponenten** behindern und verzögern dagegen den Entscheidungsprozess (vgl. auch die Typen „Treiber" und „Bremser" bei *Sandig*, 1966, S. 86 ff.).

Zu den **Fachpromotoren** gehören alle Mitglieder eines Buying Centers, die in Bezug auf die konkrete Entscheidung als Fachleute gelten und sich unabhängig von hierarchischer Position, Linien- oder Stabsfunktion durch objektbezogenes Fachwissen auszeichnen. Dieses Fachwissen kann eingesetzt werden, um das „Sperrverhalten" von Fachopponenten im Kaufprozess zu überwinden (vgl. *Kaluza*, 1982, S. 409).

Die **Machtpromotoren** dagegen sind hierarchisch relativ hoch angesiedelte Organisationsmitglieder, die über Entscheidungsmacht verfügen und aufgrund ihres hierarchischen Potenzials Maßnahmen durchsetzen können. Sie fördern eine Beschaffungsentscheidung weniger aufgrund ihrer fachlichen Detailkenntnis als vielmehr durch eine stärker aggregierte Gesamtbeurteilung eines Beschaffungsobjekts und seiner Auswirkungen auf das Gesamtunternehmen. Ihre Aktionen richten sich auf die Überwindung von Willensbarrieren im Unternehmen, die insbesondere von Machtopponenten aufgebaut werden.

Prozesspromotoren verfügen über innerbetriebliches Organisationswissen sowie über Kommunikationsbeziehungen zu Schlüsselakteuren der eigenen Organisation, die sie nutzen, um Beschaffungsprozesse im Unternehmen voranzutreiben. Ihr Organisations-Know-how bezieht sich dabei sowohl auf formelle als auch auf informelle Beziehungs- und Ablaufstrukturen. Die Prozesspromotoren stellen Verknüpfungen zwischen Fach- und Machtpromotoren her und fungieren als Übersetzer zwischen technischer und ökonomischer Sprachwelt. Der Beitrag des Prozesspromotors zum Beschaffungsprozess äußert sich insbesondere in seiner Fähigkeit, administrative und organisatorische Barrieren zu überwinden, die dem Kaufprozess entgegenstehen (vgl. *Hauschildt/Schewe*, 1999, S. 166; *Hauschildt/Chakrabarti*, 1988; *Hauschildt/Schewe*, 1997, S. 509).

Abbildung 22 fasst die wesentlichen Elemente der Fach-, Macht- und Prozesspromotoren hinsichtlich ihrer „Machtquellen", „Leistungsbeiträge" und „Barrieren", zu deren Überwindung sie beitragen, zusammen.

Widerstand von **Opponenten** gegen ein (innovatives) Beschaffungsprojekt entzündet sich häufig an Unsicherheiten über die – von den Opponenten als negativ wahrgenommenen – Folgen von Beschaffungsmaßnahmen bzw. den daraus resultierenden Veränderungen im Unternehmen (vgl. zu den Ursachen personaler Widerstände ausführlich *Klöter*, 1997,

A. Die drei Perspektiven des KKVs

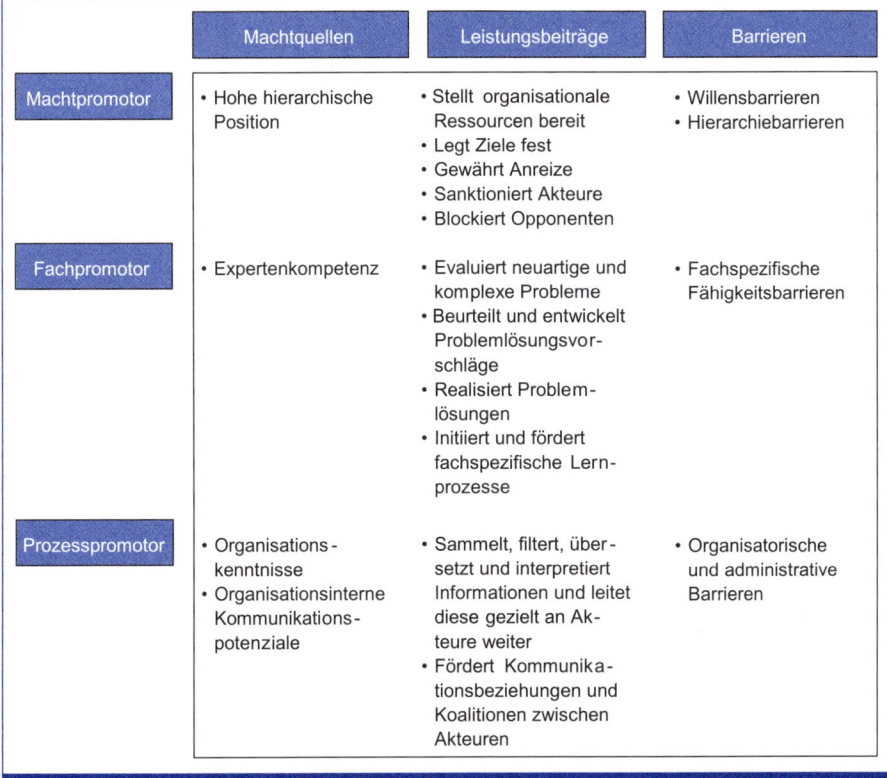

Abb. 22: Rollenmodelle des Macht-, Fach- und Prozesspromotors zur Förderung eines interorganisationalen Austauschs

Quelle: in Anlehnung an *Walter*, 1998, S. 106 ff.

S. 59 ff.; vgl. auch *Hauschildt*, 1998, S. 3). Diese potenziellen Folgen werden zum Anlass genommen, um gezielt gegen die Innovationen vorzugehen: „We do know that champions of the older technology product-forms do not go quietly into the good night; they fight" (*Woodside*, 1996, S. 29). Der Widerstand von Opponenten zielt allgemein darauf ab, Entscheidungen zu verhindern, zu verzögern oder zu verändern (vgl. *Hauschildt*, 1997, S. 146) und kann von **Macht- und Fachopponenten**, aber auch von **Prozessopponenten** ausgeübt werden (vgl. *Kleinaltenkamp*, 1996). Um Beschaffungsmaßnahmen zu verhindern, werden z. B. folgende Argumente (vgl. *Fließ*, 2000, S. 318 f.; *Hauschildt*, 1998, S. 251 ff.; *Woodside*, 1996, S. 38) herangezogen:

– technologische Unsicherheit

- **Infragestellung der Funktionsfähigkeit** des Beschaffungsobjekts („Nur Versprechen – das müssen wir erst in der Praxis sehen."),
- **Widerstand gegen den Beschaffungszeitpunkt** („Abwarten schadet doch nichts! Warum spielen wir das Versuchskaninchen für den Markt?"),
- **Herausstellung der Einmaligkeit der Situation**, in der sich das beschaffende Unternehmen befindet („Die Erfahrungen anderer haben für uns keine Bedeutung! Das gilt bei uns nicht und deshalb können wir nicht wissen, was passiert!"),

- **Hinweis auf das Problem der Spätfolgen** für die Organisation („Wir müssen uns erst besser darüber klar werden, was das für unser Unternehmen bedeutet.").
- Unsicherheit des ökonomischen Vorteils
- **Unsicherheit des zukünftigen zusätzlichen Nutzens** („Was soll das zusätzlich bringen? Und wer garantiert uns das?"),
- **Herausstellung des heutigen Vorteils** („Warum etwas reparieren, was nicht schadhaft ist?"),
- **Herausstellung des Risikos** („Wollen wir das wirklich riskieren?"),
- **Unsicherheit über die Kosten der Unsicherheitsverringerung** („Wir müssen das erst testen und wissen gar nicht, was uns das bringt!").
- ökologische Argumente (Technikfolgenabschätzung).

Die Unterscheidung zwischen Promotoren und Opponenten von Beschaffungsentscheidungen hat sich über die Untersuchungen von *Witte* hinaus als wichtiger Erklärungsbeitrag vor allem für innovative Beschaffungsmaßnahmen erwiesen (vgl. zu einer Übersicht *Klöter*, 1995).

Opponenten sind allerdings häufig nur **schwer identifizierbar**, da sie i. d. R. nicht offen gegen eine Innovation (allgemein: das Beschaffungsobjekt) als solche argumentieren, sondern Widerstand gegen bestimmte, eine Beschaffungsentscheidung erst ermöglichende Teilentscheidungen (z. B. Bestellung eines Beraters, Einberufung einer Konferenz) ausüben (vgl. *Gemünden/Walter*, 1995; vgl. zu Erscheinungsformen des Widerstandes *Klöter*, 1997, S. 150 ff.). Insofern ist ihr Widerstand hinter sachlogischen, aber nur vorgeschobenen Argumenten versteckt. Vor allem für **Anbieter innovativer Leistungen** ist es von großer Bedeutung, Opponenten gegen ein Beschaffungsvorhaben beim Nachfrager frühzeitig zu erkennen und die Gründe für ihren Widerstand zu analysieren.

Widerstand kann auch aus (inhaltlicher) Überzeugung und Loyalität gegenüber dem Unternehmen geleistet werden. Die **Überwindung** des **loyalen Widerstandes** von Opponenten setzt Überzeugungsarbeit, Partizipation und Motivation voraus. Im Falle opportunistischen Widerstandes sind Maßnahmen zur Beschränkung des Einflusses der Opponenten erforderlich (vgl. *Klöter*, 1995).

Ähnlich wie bei der Rollenverteilung im Buying Center nach *Webster/Wind* stellt auch *Witte* fest, dass Macht- und Fachpromotoren- auf der einen bzw. -opponentenfunktion auf der anderen Seite in bestimmten Fällen durch jeweils eine Person wahrgenommen werden kann. Häufig wird es jedoch so sein, dass Fach- und Machtpromotoren durch verschiedene Personen gekennzeichnet sind, die in einem Beschaffungsprozess zusammenwirken. Nur im letzteren Fall werden nach *Witte* fachlich hochrangige Entscheidungen zu erwarten sein. Die optimale Promotorenstruktur im Hinblick auf eine effiziente Beschaffungsorganisation ist also das **„Promotoren-Gespann"**, bei dem die Fachpromotoren ihre fachlichen Detailkenntnisse in den Entscheidungsprozess einfließen lassen, während die Machtpromotoren für die globale Abstimmung im Rahmen des Unternehmensgeschehens sorgen (vgl. *Gemünden*, 1998, S. 63 f.; *Witte*, 1998, S. 40 f.; zur Beurteilung des Promotorenmodells vgl. auch *Kaluza*, 1982 und *Klümper*, 1969). Mit der Ergänzung des Promotorenkonzepts um den Prozesspromotor weiten *Hauschildt/Kirchmann* (1997) die optimale Promotorenstruktur auf eine **„Promotoren-Troika"** aus, bei der die Effizienz des Beschaffungsprozesses noch gesteigert werden kann, da durch den Prozesspromotor auch den organisatorischen und administrativen Widerständen Rechnung getragen wird (vgl. auch *Hauschildt*, 1998, S. 4 f.).

Das Promotoren-/Opponentenkonzept zeigt, dass beide Rollen für den Vermarktungserfolg eines Anbieters – vor allem innovativer Leistungen – von großer Bedeutung sind. Es bedarf daher eines strukturierten Vorgehens aus Anbietersicht, um die **„Treiber"** und **„Bremser"** im Rahmen von Beschaffungsentscheidungen zu **identifizieren**. Hierzu sind z. B. folgende Fragen geeignet (vgl. hierzu auch *Fließ*, 2000, S. 325), die situationsspezifisch anzupassen sind:

- Sind **Personen** im Buying Center – auch außerhalb der unmittelbar mit dem Anbieter interagierenden Gruppe – erkennbar, die Widerstand gegen die Beschaffungsmaßnahme als solche oder den Anbieter ausüben?
- Welche **Positionen** werden von der (erfolgreichen) Durchführung der Beschaffungsmaßnahme in der beschaffenden Unternehmung negativ betroffen sein?
- Wessen **Autorität** bzw. Bedeutung für das Unternehmen wird geschmälert, wessen Bedeutung vergrößert?
- Für wen ergeben sich die stärksten **positiven** und **negativen Veränderungen**?
- Für wen in der beschaffenden Unternehmung sind diese Veränderungen aufgrund von **Fähigkeits- oder Willensdefiziten** evtl. nicht beherrschbar?
- In welchen Personen konkretisiert sich der aus 2. bis 5. hervorgehende **Widerstand gegen die Beschaffungsmaßnahme**? Wer wird aufgrund positiver Folgen als **Promotor** auftreten?
- Bei wem ist zur Beeinflussung des Beschaffungsprozesses vor diesem Hintergrund von der Ausübung von **Expertenmacht** auszugehen?
- Bei wem ist zur Beeinflussung des Beschaffungsprozesses vor diesem Hintergrund von der Ausübung von **hierarchischer Macht** auszugehen?

In der Fallstudie Ziegler sind die Brüder Ziegler die Machtpromotoren, die aber auf den Fachopponenten Bachmann stoßen. Dieser kann zwar überzeugt, aber nicht überstimmt werden, weil er die CAD-Systeme verwenden muss und somit in der Lage ist, den Machtpromotoren Ziegler nachzuweisen, dass sie eine Fehlentscheidung getroffen haben. Das führt zu einem gewissen **Machtgleichgewicht** und belegt, dass – in der Terminologie des Rollenkonzepts von *Webster/Wind* – der User (Bachmann) eine entscheidende Figur im Buying Center ist. Ein Prozesspromotor ist in der Fallstudie nicht zu identifizieren.

Hauschildt/Schewe (1997) haben insbesondere durch eine **Dynamisierung des Promotorenkonzepts** gezeigt, dass andere in der Literatur diskutierte Schlüsselpersonenkonzepte miteinander kombinierbar sind. Insbesondere der Gatekeeper-Ansatz (vgl. *Allen*, 1967; *Domsch et al.*, 1989; *Katz/Tushman*, 1981) sowie das Konzept des Beziehungspromotors (vgl. *Gemünden/Walter*, 1994, 1995 und 1996) lassen sich in eine dynamische, eine Folge von Projekten betrachtende Perspektive integrieren (vgl. *Abbildung 23*).

(3) Das Gatekeeper-Konzept

Im Gegensatz zum Promotorenkonzept handelt es sich bei den *Allen*'schen Gatekeepern (anders definiert als bei *Webster/Wind*!) sowie bei dem Beziehungspromotor um **projektunabhängige Schlüsselpersonenkonzepte**. Als **Gatekeeper** werden Personen bezeichnet, die „als soziometrische Stars aus internen und externen Quellen Informationen aufnehmen, verarbeiten und weiterleiten" (*Hauschildt/Schewe*, 1997, S. 509) und als kompetente Ratgeber geschätzt werden (vgl. *Gemünden/Walter*, 1995, S. 972 f.). Sie tragen dadurch zum Abbau informationsbedingter Defizite in der Unternehmung bei. Ohne sie würden innovative Beschaffungsprozesse grundsätzlich nicht vorangetrieben. Die Verfügungsgewalt über ein exklusives Informations- und Kommunikationsnetz, das über die Organisationsgrenzen

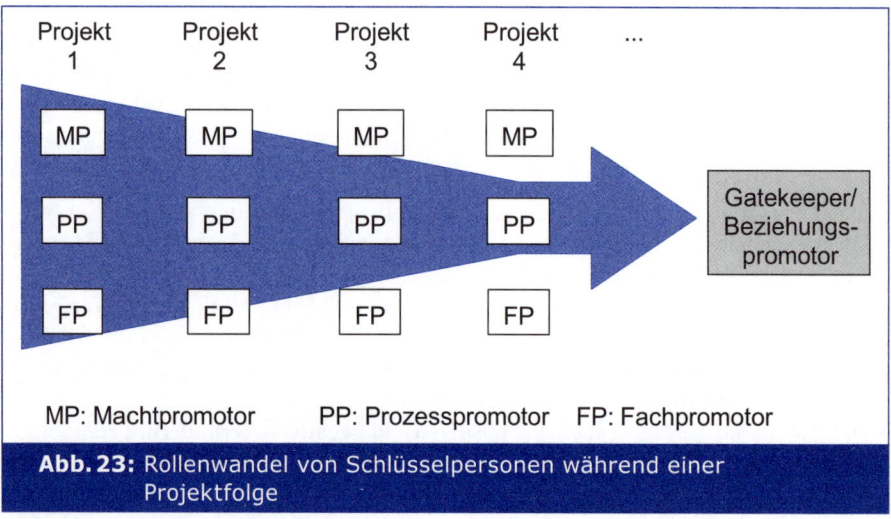

Abb. 23: Rollenwandel von Schlüsselpersonen während einer Projektfolge

Quelle: *Hausschildt/Schewe*, 1997, S. 513.

hinausreicht, bildet die zentrale Grundlage für den Beitrag des Gatekeepers zum Innovationserfolg (vgl. z. B. *Domsch et al.*, 1989).

In Ergänzung zum Gatekeeper-Konzept betrachten *Gemünden/Walter* (1995) **Beziehungspromotoren**, deren zentrale Rolle darin besteht, Beziehungsbarrieren zu überwinden, indem sie die „relevanten Spieler" in einem konstruktiven Sinne zusammenbringen – auch über organisationale Grenzen hinweg (vgl. *Gemünden/Walter*, 1995; *Walter/Mörmann*, 1999). Zentrale Eigenschaft des Beziehungspromotors ist damit das spezifische Wissen über organisationsinterne und -externe Schlüsselpersonen des Beschaffungsprozesses. Die Sammlung, Verarbeitung und Weitergabe von Informationen ist allenfalls eine Leistung, die zusätzlich erbracht wird (vgl. *Hauschildt/Schewe*, 1997, S. 510).

Während die Leistungsbeiträge der Fach-, Macht- und Prozesspromotoren vor allem darin bestehen, **Barrieren innerhalb der eigenen Organisation** zu überwinden, umfassen die Leistungsbeiträge der Gatekeeper und Beziehungspromotoren zusätzlich das Überwinden von Barrieren, deren Ursachen in erster Linie in der **Interaktion zwischen verschiedenen Organisationen** liegen (vgl. *Gemünden/Walter*, 1996, S. 237). *Abbildung 24* verdeutlicht die „Machtquellen", „Leistungsbeiträge" und die zu überwindenden „Barrieren" von Beziehungspromotoren.

In einer projektübergreifenden Sicht stellen sich die **Zusammenhänge zwischen den Schlüsselpersonenkonzepten** wie folgt dar: Durch Wahrnehmung einer projektbezogenen Promotorenfunktion entsteht zwangsläufig ein persönliches Netzwerk, das im nächsten innovativen Beschaffungsprozess genutzt werden kann – im Sinne eines Informations- und Kommunikationsnetzwerks als Gatekeeper, im Sinne eines Beziehungsnetzwerks als Beziehungspromotor. Der Promotor erwirbt im Laufe der Zeit neue Fähigkeiten, die ihn für die Übernahme neuer Schlüsselrollen qualifizieren.

1.2.1.2.3 Informations- und Entscheidungsverhalten

Unabhängig von der Frage, ob im Buying Center Einzelpersonen oder das gesamte Buying Center als Gruppe die Beschaffungsentscheidung treffen, kann die **Buying Center-Analyse**

Beziehungs-promotor	Machtquellen	Leistungsbeiträge	Barrieren
	• Sozialkompetenz • Netzwerkwissen • Beziehungsportfolio	• Tauscht Informationen mit Interaktionspartnern aus • Sucht geeignete Interaktionspartner • Bringt Interaktionspartner zusammen • Koordiniert Tätigkeiten von Interaktionspartnern • Erzielt Verhandlungsergebnisse mit und zwischen Interaktionspartnern	• Fachübergreifende Fähigkeitsbarrieren • Abhängigkeitsbarrieren • Interorganisationale Barrieren

Abb. 24: Rollenmodell des Beziehungspromotors

Quelle: in Anlehnung an *Walter*, 1998, S. 129.

auf **zwei Ebenen** erfolgen: eine Betrachtung der Wahlentscheidung des Buying Centers als **Ergebnis** oder eine Betrachtung des **Prozesses** der Entscheidungsfindung selbst. Das Ergebnis der Buying Center-Entscheidung ist immer die Folge individuellen Informations- und Entscheidungsverhaltens und von dessen Aggregation zu einer Gruppenentscheidung unter Beachtung der Einflussstruktur im Buying Center (vgl. *Büschken*, 1994; *Corfman/ Lehmann*, 1987; *Wind*, 1978).

Das Informationsverhalten

Der **Ablauf des Beschaffungsentscheidungsprozesses** wird im Wesentlichen durch das **Informationsverhalten** der Mitglieder des Buying Centers, insbesondere der Schlüsselpersonen, bestimmt. Da der Problemlösungsbedarf der Nachfrager und das Problemlösungspotenzial der Anbieter im Industriegüterbereich häufig erst während des Beschaffungsprozesses konkretisiert werden, ist der Informationsbedarf entsprechend hoch. Daher werden zumeist verschiedene Informationsquellen genutzt. *Abbildung 25* zeigt, welche Informationsquellen von Buying Center-Mitgliedern bevorzugt genutzt werden, differenziert nach „Top-Entscheidern" (treffen die definitive Entscheidung), „Professionelle Entscheider" (funktional leitende Entscheidungsbeteiligte) und „Entscheidungsbeteiligte".

Auffällig ist die häufige Nutzung des **Internets**, das – bezogen auf die Nutzungsintensität von Informationsquellen – in dieser Studie bereits den ersten Rang belegt (vgl. *Abbildung 25*; vgl. hierzu auch *Reinelt*, 2002; *Weinhardt et al.*, 2002).

Empirische Studien belegen ferner, dass bei komplexen, risikobehafteten Investitionsentscheidungen **persönliche Informationsquellen** eine zentrale Rolle spielen (vgl. *Willrodt*, 2005; *Brossard*, 1998; *Bunn*, 1993b; *Dawes et al.*, 1993). Auch konnte gezeigt werden, dass während der Beschaffungsphase eher Informationen über technische Leistungsdaten als über betriebswirtschaftliche Kennzahlen benötigt werden (vgl. *VDMA*, 1996, S. 19). Da die verschiedenen Mitglieder des Buying Centers jedoch unterschiedlichen Informationsbedarf haben werden – ein Ingenieur interessiert sich eher für technische Informationen, der Leiter der Einkaufsabteilung tendenziell eher für Kosteninformationen – und damit die Informationen wahrscheinlich auch über verschiedene Medien beschafft werden, ist es für den Anbieter

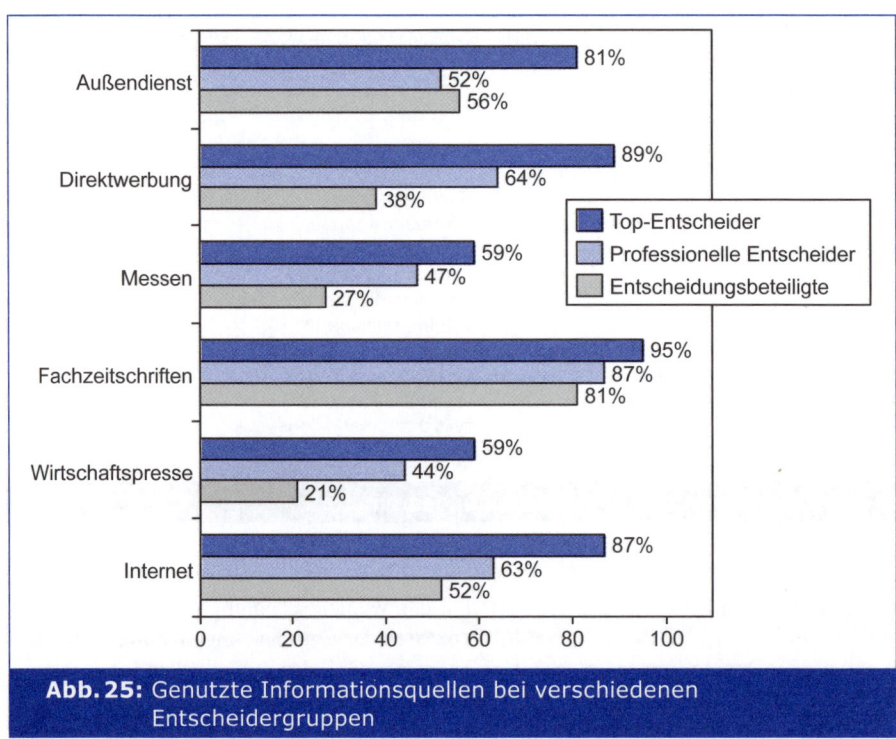

Abb. 25: Genutzte Informationsquellen bei verschiedenen Entscheidergruppen

Quelle: *Verband Deutsche Fachpresse,* 2001, S. 11.

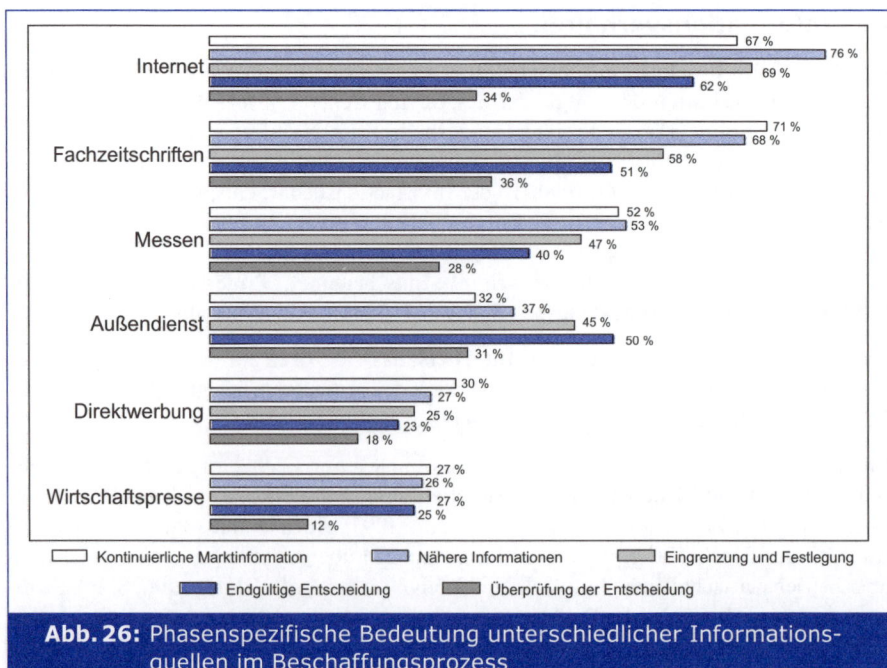

Abb. 26: Phasenspezifische Bedeutung unterschiedlicher Informationsquellen im Beschaffungsprozess

Quelle: in Anlehnung an *Verband Deutsche Fachpresse,* 2006.

von entscheidender Bedeutung, das **individuelle Informationsverhalten** der Mitglieder des Buying Centers zu kennen und in der Gestaltung der Marketing-Strategie zu berücksichtigen. Eine Reihe von empirischen Untersuchungen hat gezeigt, dass das Informationsverhalten auch *phasenspezifisch* variiert. In der allgemeinen Problemdefinitionsphase werden andere Informationen benötigt als kurz vor Auftragsvergabe (vgl. *Abbildung 26*).

In Bezug auf das Informationsverhalten lässt sich somit konstatieren: Die Mitglieder des Buying Centers unterscheiden sich in ihrem Informationsverhalten im Hinblick auf

- die **Art der gewünschten Information** (Interessiert sich das entsprechende Buying Center-Mitglied eher für technische oder eher für wirtschaftliche Informationen?) (vgl. *Wilson/Woodside*, 1995);
- die **genutzten Informationsmedien** (Werden die Informationen primär aus Fachzeitschriften, aus dem Internet, auf Messen, durch Verkäuferbesuche o. ä. gewonnen?); *Abbildung 25* zeigt die unterschiedliche Nutzungshäufigkeit verschiedener relevanter Medien;
- die verschiedenen **Phasen des Beschaffungsprozesses** (Zur ersten Orientierung über Problemlösungsbedarf und -potenzial besuchen Vertreter eines beschaffenden Unternehmens evtl. eine Messe oder Ausstellung, während in der letzten Phase vor allem die Angebote von Herstellerfirmen als Informationsquelle genutzt werden.) (vgl. auch *Moriarty/Spekman*, 1984); *Abbildung 26* verdeutlicht dies auf Basis von Befragungsergebnissen von Entscheidern aus Wirtschaftsunternehmen zu ihrem Informationsverhalten im Rahmen von Entscheidungsprozessen. Es wird deutlich, dass Messen, Fachzeitschriften oder bspw. Direktwerbung in den ersten Phasen und der Außendienst in späteren Phasen des Beschaffungsprozesses von Bedeutung sind;
- eine einzeltransaktionsübergreifende Betrachtung. Bei einer Projektfolge verändert sich das Informationsverhalten, da sich über die Projekte hinweg ein **Beziehungsnetzwerk-Pfad** entwickelt.

Um die vielfältigen Möglichkeiten des Informationsverhaltens auf einige wesentliche Verhaltenstypen reduzieren zu können, auf die eine Kommunikationspolitik ausgerichtet werden kann, hat *Strothmann* (1979, S. 90 ff.) eine **Informationsverhaltenstypologie** für die Mitglieder des Buying Centers entwickelt. Dabei unterscheidet er jeweils **drei Informationsverhaltenstypen** im Hinblick auf das

- Suchverhalten (1) und
- Verarbeitungsverhalten (2).

(1) Informationsverhaltenstypen: Suche

Der **literarisch-wissenschaftliche Typ** ist bei der Informationssuche durch das Ziel gekennzeichnet, möglichst umfassend und detailliert über die verschiedenen beschaffungsrelevanten Aspekte eines zu kaufenden Investitionsobjekts unterrichtet zu sein. Er bevorzugt schriftliche Informationen und ist in seinem Media-Verhalten sehr stark auf Fachzeitschriften und Fachbücher konzentriert. Erst nach gründlicher Vorinformation in diesen Medien wendet er sich persönlichen Informationsquellen zu. Auf Messen und beim Außendienst von potenziellen Anbietern tritt er also mit einem erheblichen Vorwissen auf. Von allen relevanten Informationstypen hat er in der Praxis die geringste Bedeutung und ist in vorwiegend wissenschaftlich orientierten Abteilungen eines Unternehmens (F&E-Abteilung, Konstruktionsbüro) anzutreffen.

Der **objektiv-wertende Typ** ist in seinem Informationsverhalten unmittelbar projektorientiert. Er beginnt mit der Informationssuche dann, wenn ein Beschaffungsprozess ansteht. Sein Verhalten ist stark phasenorientiert. Am Anfang des Beschaffungsprozesses greift er häufig auf allgemeine Informationen in Anzeigen zurück. In späteren Phasen werden dann detailliertere Informationen aus Fachzeitschriften, Artikeln und Prospekten gesammelt und ausgewertet. Informationen von Akquisiteuren und auf Messen werden ebenfalls berücksichtigt, sofern sie unmittelbar beschaffungsprojektorientiert sind. Der objektiv-wertende Typ spielt bei realen Einkaufsentscheidungen eine relativ große Rolle und ist vor allem in technikorientierten Abteilungen angesiedelt (vgl. *Strothmann*, 1979, S. 94).

Der **spontane, passive Typ** sucht nicht aktiv nach Informationen, sondern verwendet primär die Informationen, die ihm gerade zugänglich sind. Sein Eigeninteresse an Informationssuche und -auswertung ist sehr begrenzt. Es ergibt sich primär aus organisatorischen Zwängen. Er nimmt relativ früh Kontakt mit Vertriebsakquisiteuren auf, da dies für ihn der einfachste Weg zur Informationserlangung ist. Auch Messen spielen wegen der persönlichen Kontakte eine große Rolle. Seine Funktionen übt er primär in kaufmännischen Abteilungen eines Unternehmens aus (vgl. *Strothmann*, 1979, S. 95).

(2) Informationsverhaltenstypen: Verarbeitung

Auf Basis der unterschiedlichen Informationsverhaltensweisen bei der Informationssuche generiert *Strothmann* bestimmte Informationsverarbeitungstypen.

Die **Fakten-Reagierer** sind solche Mitglieder im Buying Center, die umfassende Detailinformationen zur Beurteilung eines Beschaffungsobjekts verwenden. Sie sind risikobewusst und versuchen das Beschaffungsrisiko durch extensive und intensive Informationssuche zu senken. Die Einzelinformationen werden in ihrer gegenseitigen Stimmigkeit und im Hinblick auf die unternehmensspezifischen Bedürfnisse beurteilt. In der Terminologie der Risikotheorie von *Cox* entspricht dieser Typ dem „clarifier" (vgl. *Cox*, 1967, S. 67 ff.).

Die **Image-Reagierer** versuchen dagegen, die Einzelinformationen ohne den konkreten Anwendungsbezug zum unternehmensspezifischen Beschaffungsproblem zu komplexeren Imagefaktoren zu verdichten, wobei auf Vollständigkeit nur wenig Wert gelegt wird. Emotionale Komponenten spielen bei der Bewertung ebenfalls eine große Rolle. Risikotheoretisch handelt es sich bei diesem Typ offenbar um einen „simplifier" (vgl. *Cox*, 1967, S. 67 ff.).

Reaktionsneutralität entsteht dann, wenn Fakten- und Image-Reaktionskomponenten in einer Person vereinigt sind. Das ist bei Image-Reagierern der Fall, die aufgrund organisationaler Beschaffungsvorschriften gezwungen werden, Detailinformationen abzufragen, bzw. bei Fakten-Reagierern, die aufgrund von Zeitdruck in ihrer Informationssuche beschränkt werden.

Das Entscheidungsverhalten

Individuelles Entscheidungsverhalten

Die Typologie von *Strothmann* zu unterschiedlichen Informationsverhaltensweisen macht deutlich, dass offenbar das **Risikoverhalten das individuelle Entscheidungsverhalten steuert**, wobei das **empfundene Risiko** aus **zwei Komponenten** besteht (vgl. *Gemünden*, 1985a, S. 27 ff.):

- Ungewissheit über das **Entscheidungsergebnis** und
- **Ausmaß der Konsequenzen** einer (Fehl-)Entscheidung für die Mitglieder des Buying Centers und für das Unternehmen.

Sweeney et al. (1973) haben gezeigt, dass Mitglieder eines Buying Centers **vier Risikoreduktionsstrategien** in der Realität verfolgen (vgl. hierzu auch *Dwyer/Tanner*, 2009, S. 105 ff.):

(1) **Externe Ungewissheitsreduktion** (z. B. Besichtigung einer Referenzanlage);
(2) **Interne Ungewissheitsreduktion** (z. B. Gespräche mit anderen Käufern);
(3) **Externe Konsequenzenbegrenzung** (z. B. Order Splitting);
(4) **Interne Konsequenzenbegrenzung** (z. B. Entscheidungsdelegation „nach oben": Der Vorgesetzte trägt die Verantwortung).

Je nach Entscheidungstyp wird die gewählte Risikoreduktionsstrategie anders konkretisiert. Am **Beispiel** der **externen Ungewissheitsreduktion** könnte das wie folgt aussehen:

> Der Image-Reagierer wird bei erhöhter Unsicherheit auf einen renommierten Anbieter zurückgreifen (vgl. *Levitt*, 1965). Markenpolitik wird damit zur zentralen Komponente des Marketing-Verhaltensprogramms. Viele Nachfrager kaufen z. B. Drucker von Hewlett-Packard, weil es Hewlett-Packard-Drucker sind und keine no-names. Sie reagieren mit Lieferantentreue und wenden sich während des Beschaffungsprozesses lediglich an ihre früheren Lieferanten (vgl. *VDMA*, 1996, S. 10), da sie aus eigener Erfahrung wissen, dass die Funktionsfähigkeit der Produkte von diesen **„In-Suppliern"** gegeben ist (vgl. *Koch*, 1987). Selbst wenn ein **„Out-Supplier"** ein technologisch besseres Leistungsangebot offeriert, wird er es in diesem Fall schwer haben, den In-Supplier aus dessen Position zu verdrängen. Eine Aussage wie: „Wir kaufen gerne bei Intel, weil wir mit der Firma eine gute Geschäftsbeziehung haben." (*MacKenna*, 1986, S. 54) belegt dies. Fakten-Reagierer wägen dagegen stets die verschiedensten Argumente gegeneinander ab. Ein Leistungsangebot mit technisch dominanten Leistungsmerkmalen kann hier das Angebot eines In-Suppliers verdrängen.

Von Individual- zu Gruppenentscheidungen

Ausgehend vom individuellen (Informations- und) Entscheidungsverhalten stellt sich die Frage, wie das Buying Center **als Gruppe zu einer Entscheidung** findet. Diese Frage hat gerade im Bereich von **Kaufentscheidungen bei Haushalten** eine Reihe von Modellierungsversuchen erfahren. So ist z. B. der Einfluss von Kindern auf Familienkaufentscheidungen genauso untersucht worden (vgl. für einen eigenen Ansatz und eine Literaturübersicht *Kim/Lee*, 1997) wie die Einflussbeziehungen bei Ehemann/-frau-Kaufentscheidungen (vgl. z. B. *Burns/Hopper*, 1986). Im Industriegüterbereich liegt keine so breite Untersuchungsbasis vor (vgl. z. B. *Büschken*, 1994; *Voeth/Brinkmann*, 2004). Hier dominieren häufig „qualitativ-argumentative" Ansätze.

Eine zentrale Bedeutung kommt dabei der Ermittlung der **Einflussstärke der Beteiligten** zu. So muss es das Ziel der Buying Center-Analyse sein, nicht nur herauszufinden, wer an der Kaufentscheidung beteiligt ist, sondern vor allem auch zu ermitteln, wie stark der Einfluss der Beteiligten ist. Hierzu ist zu klären, was unter Einfluss zu verstehen ist (1) und wie sich dieses Konstrukt abbilden und messen lässt (2).

Im Hinblick auf den **Einfluss-Begriff** (1) hat sich noch kein einheitliches Verständnis dafür herausgebildet – und dies obwohl die Bedeutung des Einfluss-Konstruktes in der Literatur unbestritten ist. In Teilen der Literatur wird unter Einfluss die Fähigkeit zur Verhaltensänderung verstanden (vgl. etwa *Corfman/Lehmann*, 1987, oder *Plinke/Fließ*, 1986; *Bellizzi*, 1979; *Spekman*, 1979; *Pettigrew*, 1975). Häufig wird das Konstrukt **„Einfluss"** dabei auch mit dem Konstrukt **„Macht"** gleichgesetzt (vgl. z. B. *Corfman/Lehmann*, 1987; *Plinke/Fließ*, 1986). Zur Beurteilung der Machtpositionen einzelner Mitglieder im Buying Center ist es von Bedeutung zu wissen, auf welchen Grundlagen Macht basieren kann (vgl.

hierzu auch *Heinen*, 1992a, S. 168 ff.; *Staehle,* 1999, S. 398 ff.). *Bonoma* (1982, S. 114 ff.) hat gezeigt, dass das Konzept der Machtgrundlagen von *French/Raven* (1978) in der Lage ist, Machtverhältnisse zu beschreiben. *Bonoma* differenziert die verschiedenen Machtbasen im Hinblick auf ihre Ausprägung als **Promotorenmacht** (Champion-Power) und **Opponentenmacht** (Veto-Power) (vgl. *Abbildung 27*). Insofern lässt sich dieses Konzept direkt auf das Rollenkonzept von *Witte* anwenden.

Art der Macht	Promotorenmacht	Opponentenmacht
Belohnungsmacht	X	
Bestrafungsmacht	X	
Vorbildmacht	X	X
Expertenmacht		X
Legitimierte Macht		X

Abb. 27: Grundlagen der Macht

Quelle: in Anlehnung an *Bonoma,* 1982, S. 115.

Zur Identifikation von mächtigen Buying Center-Mitgliedern gibt *Bonoma* folgende Hinweise:

1. Obwohl Macht und formale Autorität oft zusammenfallen, ist die Korrelation zwischen beiden nicht perfekt. Der Anbieter muss Hinweise darauf beachten, wo die eigentliche Kaufmacht liegt.
2. Ein Weg zur Identifizierung von Machthabern in Buying Centern besteht darin, die Kommunikation im Käuferunternehmen zu beobachten. Selbstverständlich werden die Mächtigen nicht von anderen bedroht, und man verspricht ihnen auch nur selten Belohnungen. Dennoch dürften auch die mächtigsten Manager von anderen beeinflusst werden, und zwar insbesondere von denjenigen, deren Macht sich auf Zuneigung oder Fachwissen gründet. Diejenigen mit weniger Macht benutzen Überredung und rationale Argumente, um zu versuchen, die Mächtigeren zu beeinflussen. Manager, denen andere viel Aufmerksamkeit entgegenbringen, ohne dass ihnen Belohnungen oder Sanktionen angedroht werden, besitzen im Allgemeinen eine umfangreiche Entscheidungsgewalt.
3. Die Entscheidungsträger in Buying Centern sind möglicherweise bei denjenigen, die wenig Macht ausüben, nicht beliebt. Wenn sich andere besorgt über die Ansichten eines Mitglieds des Kaufzentrums äußern und zugleich Gefühle der Abneigung oder Zurückhaltung zum Ausdruck bringen, haben Anbieter starke Hinweise darauf, wer der wirklich mächtige Käufer ist.
4. Käufer mit viel Macht tendieren dazu, zum Brennpunkt für Informationen anderer zu werden. Der Vice-President, der nicht zu Konferenzen kommt, aber Kopien der gesamten Beschaffungskorrespondenz erhält, ist wahrscheinlich ein zentraler Einflussnehmer oder Entscheider.
5. Die mächtigsten Mitglieder des Buying Centers sind wahrscheinlich nicht die am leichtesten zu identifizierenden oder die mitteilsamsten Gruppenmitglieder. So schicken im Gegenteil die wirklich mächtigen Mitglieder der Käufergruppe oft Andere in entscheidende Verhandlungen, weil sie darauf vertrauen, dass ohne ihre Zustimmung nichts Wichtiges endgültig verabschiedet wird.
6. Zwischen dem Funktionsgebiet eines Managers und seiner Macht im Unternehmen besteht keine Korrelation. Die Entscheidungsträger für ein neues Computersystem sitzen nicht unbedingt in der EDV-Abteilung. Man kann sich auch nicht einfach an den Geschäftsführer wenden, um den Entscheider für den Kauf eines Firmenjets zu finden. Es gibt keinen Ersatz für die Entwicklung eines Macht-Puzzles.

(Quelle: in Anlehnung an *Bonoma*, 1982, S. 116)

Die relativ vagen „Hinweise" von *Bonoma* zeigen, dass die Interpretation von „Einfluss" im Sinne von „Macht" erhebliche theoretische wie praktische Probleme aufwirft. Deshalb wird in neueren Literaturquellen stärker auf die **tatsächliche Verhaltensbeeinflussung** abgestellt: „Als Einfluss eines Individuums in einem Buying Center werden Veränderungen von kaufentscheidungsbezogenen Meinungen und Verhaltensweisen bezeichnet, die als Konsequenz aus der Mitgliedschaft eines Individuums im Buying Center resultieren." (*Kohli/Zaltman*, 1988, S. 198; vgl. auch *Katrichis/Ryan*, 1998, S. 472; *Voeth*, 2004). Diese Definition impliziert praktisch eine Grenzbetrachtung: Es geht um Veränderungen von Präferenzen oder des Verhaltens, die dadurch entstehen, dass ein Individuum in die Entscheidung involviert wird oder nicht.

Die Unterscheidung zwischen einer Änderung von Präferenzen und des Verhaltens als Resultat einer Einflussnahme kann auf *Kelman* zurückgeführt werden (vgl. *Kelman*, 1961; *Staehle*, 1999). Die einer erfolgreichen Einflussnahme ausgesetzten Buying Center-Mitglieder – eine erfolgreiche Einflussnahme unterstellt, dass Widerstand nicht möglich ist – können danach entweder nur ihr Verhalten **(Präferenzeinwilligung)** oder aber zusätzlich auch ihre Präferenzen den Vorstellungen Dritter anpassen **(Präferenzanpassung)**. Eine Präferenzanpassung hat dabei immer die entsprechende Anpassung des Verhaltens zur Folge. Bedeutsam ist daher die Frage, ob Präferenzanpassungen stattfinden oder nicht. Die Einflussoperationalisierung hat diesen Möglichkeiten durch eine entsprechend differenzierte Vorgehensweise Rechnung zu tragen (vgl. *Büschken*, 1994). So könnte man annehmen, dass Präferenzanpassungen dann wahrscheinlicher sind, wenn Buying Center-Mitglieder nur über einen *geringen Informationsstand* verfügen und zur Herausbildung eines funktionalen Bewertungsurteils über die alternativen Beschaffungsoptionen der informativen Unterstützung Dritter – auch außerhalb des jeweiligen Unternehmens – bedürfen. Verhaltensanpassungen können z. B. das Ergebnis von freundschaftlichen Beziehungen oder von gegenseitig zugesicherter Unterstützung sein, ohne dass durch die Bereitstellung fundierter Sachinformationen eine Präferenzanpassung erzielt werden muss.

Im Hinblick auf die **Messung der Einflussstärke von** Buying Center-Mitgliedern (2) liegt in der Literatur inzwischen eine Vielzahl unterschiedlicher Vorschläge vor (vgl. hierzu *Brinkmann/Voeth*, 2007; *Voeth/Brinkmann*, 2004). Entsprechend *Abbildung 28* ist dabei zwischen Ansätzen zu unterscheiden, die für das Einfluss-Konstrukt eine **isolierte Messung** vornehmen, und anderen Ansätzen, die den Einfluss über eine **integrierte Messung** ermitteln, indem sie neben dem Einfluss zugleich auch die Präferenzen der Buying Center-Mitglieder abbilden.

Innerhalb der Ansätze der isolierten Einfluss-Messung wird der Einfluss von Buying Center-Mitgliedern entweder direkt – z. B. auf einer Ratingskala (vgl. beispielhaft *McQuiston*, 1989; *McQuiston/Dickson*, 1991) –, in ergebnisbezogenen Ansätzen etwa durch Vergleich individueller Präferenzordnungen mit der kollektiven Präferenzordnung des Buying Centers (vgl. z. B. *Dellaert et al.*, 1998), in prozessbezogenen Ansätzen durch Analyse der Interaktionen innerhalb des Buying Centers (vgl. *Lee/Marshall*, 1998), bei Indikator-Ansätzen durch Betrachtung von Ersatzuntersuchungsgegenständen (z. B. Intensität der Zusammenarbeit mit Mitgliedern höherer Hierarchiestufen) (vgl. *LaForge/Stone*, 1989) oder bei multidimensionalen Ansätzen durch eine Kombination der o. g. Ansätze gemessen (vgl. *Bristor*, 1993; *Kohli/Zaltman*, 1988). Hingegen bauen die integrierten Ansätze zumeist auf der multivariaten Analysemethode Conjoint-Analyse (vgl. hierzu *Backhaus et al.*, 2008b, S. 451 ff.) auf. Einen solchen integrierten Messansatz, der von Brinkmann (2006) empirisch überprüft worden ist, hat in jüngerer Zeit Voeth vorgelegt, indem er die Ergebnisse einer conjointanalytischen Präferenz- und Einflussmessung miteinander kombiniert (vgl. *Voeth*, 2004, sowie für ein konkretes Beispiel *Abbildung 29*).

Ansätze		Vertreter (ausgewählte Beispiele)
Isolierte Einflussmessung	Direkte Ansätze	■ Corfman/Lehmann (1987) ■ Crow/Lindquist (1985) ■ Filiatrault/Ritchie (1980) ■ Fombrun (1983) ■ McQuiston (1989) ■ McQuiston/Dickson (1991) ■ Naumann/Lincoln/McWilliams (1984)
	Ergebnisbezogene Ansätze	■ Dellaert/Prodigalidad/Louviere (1998) ■ Krishnamurthi (1988) ■ Thomas (1982) ■ Thomas (1983) ■ Wind (1976)
	Prozessbezogene Ansätze	■ Lee/Marshall (1998)
	Indikator-Ansätze	■ LaForge/Stone (1989) ■ Lilien/Wong (1984) ■ Lynn (1987) ■ Steckel (1985)
	Multidimensionale Ansätze	■ Bristor (1993) ■ Kohli/Zaltmann (1988)
Integrierte Präferenz-Einfluss-Messung	Merkmalserweiterte Conjoint-Analyse	■ Wind (1976)
	aufeinander aufbauende Conjoint- und Kausalanalyse	■ Büschken (1994)
	Hierarchische Information-Integrations Conjoint-Analyse (HII-CA)	■ Louviere/Larsen (1987) ■ Oppewal et al. (1994) ■ Timmermanns et al. (1992)
	Mehrstufige Limit Conjoint-Analyse (MeLimCA)	■ Voeth (2004)

Abb. 28: Ansätze der isolierten und integrierten Präferenzmessung

Quelle: *Brinkmann/Voeth*, 2007, S. 1001.

Gruppenpräferenzmessung mittels Mehrstufiger Limit Conjoint-Analyse (MeLimCA)

Mit der Mehrstufigen Limit Conjoint-Analyse bildet Voeth (2004) den in vielen Erklärungsmodellen zweistufigen Prozess der Entscheidungsfindung (Bildung individueller Präferenzen und Gruppenentscheidung durch Aggregation der Individualentscheidungen) durch eine zweistufige verknüpfte Limit Conjoint-Messung ab. Auf einer ersten Stufe werden die Präferenzen mittels Conjoint-Analyse und auf einer zweiten Stufe die Einflusswerte mit Hilfe der Conjoint-Analyse ermittelt.

Präferenzmessung (Stufe 1):
Die individuellen Präferenzen der Buying Center-Mitglieder werden bei diesem Ansatz mithilfe der Limit Conjoint-Analyse (LCA) gemessen. Die Grundidee der LCA zur Präferenzmessung geht

auf *Voeth/Hahn* (1998) zurück und zeigt sich darin, dass die Probanden nicht nur – wie bei traditionellen conjointanalytischen Untersuchungen üblich – um Abgabe ihrer Präferenzurteile für die zur Beurteilung vorgelegten Objekte gebeten werden, sondern darüber hinaus aufgefordert werden, diejenigen Stimuli zu benennen, für die tatsächliche Auswahlbereitschaft besteht. Dies erfolgt konkret durch die Positionierung einer imaginären „Limit-Card", die die Menge der simulierten Alternativen in auswahlfähige und nicht-auswahlfähige Objekte teilt. Durch eine entsprechende individuelle Skalenverschiebung bei der Berechnung der Teilnutzenwerte um eben diesen Limit-Wert gelingt es, neben den Präferenzurteilen auch die Wahlbereitschaft der Probanden für einzelne simulierte Produktalternativen zu ermitteln (vgl. *Voeth/Hahn*, 1998, S. 120ff.). Aufbauend auf einer für die Zwecke der LCA adaptierten First-Choice-Regel, lassen sich die mit der LCA ermittelten objektbezogenen Nutzenwerte in konkreten Produktsimulationen in individuelle Votenkonstellationen überführen. Hierbei

- wird der Kauf eines Produktes vom Buying Center-Mitglied abgelehnt („gegen Kauf"), wenn der errechnete Gesamtnutzenwert negativ ist,
- wird der Kauf eines Produktes gewünscht („für Kauf"), wenn der ermittelte Gesamtnutzenwert positiv ist und zugleich von keinem anderen Nutzenwert übertroffen wird und
- kommt der Kauf eines Produktes für das Buying Center-Mitglied grundsätzlich in Frage („kann sich Kauf vorstellen"), wenn der Gesamtnutzen des Produktes zwar positiv aber nicht maximal ist (vgl. *Voeth*, 2004, S. 728).

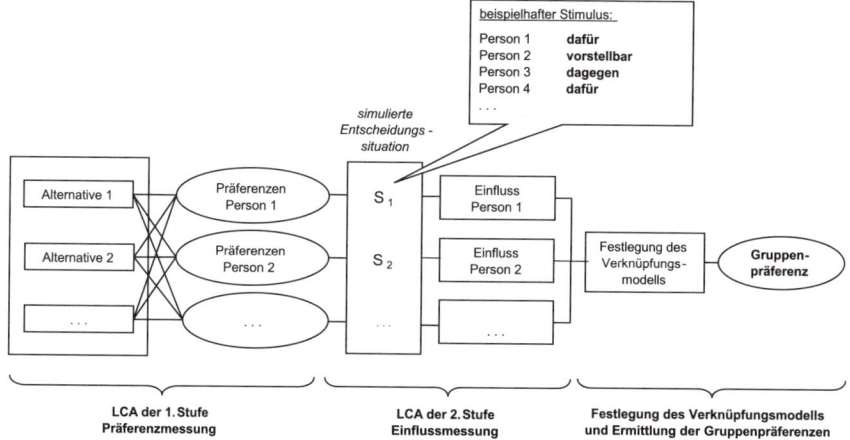

Skizze der Gruppenpräferenzmessung mittels MeLimCA

Quelle: *Voeth/Brinkmann*, 2004, S. 366.

Einflussmessung (Stufe 2):
Vor dem Hintergrund dieser für jedes Gruppenmitglied aus den Gesamtnutzenwerten ableitbaren individuellen Produktvoten lässt sich die LCA auch zur Einflussmessung einsetzen. Hierzu sind allerdings von den Probanden keine durch die unterschiedlichen Merkmalsausprägungen gekennzeichneten Produktalternativen, sondern verschiedene, innerhalb der Gruppe denkbare Entscheidungskonfliktsituationen (Votenkonstellationen, bei denen die Vorstellungen der an der Entscheidung Beteiligten mehr oder weniger voneinander abweichen) im Hinblick darauf zu beurteilen, wie wahrscheinlich die Auswahl des in den verschiedenen Entscheidungskonfliktsituationen jeweils (indirekt) betrachteten Kaufobjektes ist. Analog zur ersten Stufe wird dabei auch hier zusätzlich ermittelt, bis zu welcher Entscheidungssituation der Kauf vermutlich noch zustande kommen würde.

Festlegung des Verknüpfungsmodells und Ermittlung der Gruppenpräferenzen
Die mithilfe von LCAs erhobenen Präferenz- und Einflussinformationen sind zum Zwecke der Simulation der Gruppenentscheidung in einem anschließenden Schritt miteinander zu verknüpfen. Hier können unterschiedliche Integrationsmodelle zugrunde gelegt werden, wobei *Voeth* (2004) insbesondere zwei Methoden explizit aufgreift:

- Modell der „Aufwärtsintegration"
Bei dieser Art der Verknüpfung werden die auf der 1. Stufe mithilfe der LCA erhobenen Präferenzinformationen in das Abbildungsmodell der 2. Stufe (Einflussmessung) überführt, indem für jedes Buying Center-Mitglied die zu einem jeweiligen Angebot gehörenden Voten gemäß oben genannter Transformationsvorschrift ermittelt werden. Dadurch, dass diese Votenkonstellationen den Stimuli der 2. Stufe entsprechen, lassen sich entsprechende Nutzenwerte für die einzelnen Entscheidungskonfliktsituationen berechnen (vgl. *Voeth*, 2004, S. 729).

- Modell der „Abwärtsintegration"
Bei diesem Modell werden die auf der 2. Stufe mittels LCA erzielten Einflusswerte in das Abbildungsmodell der 1. Stufe (Präferenzmessung) integriert. Dies wird erreicht, indem die objektbezogenen Gesamtnutzenwerte jedes einzelnen Buying Center-Mitglieds mit dem für jedes Mitglied berechneten relativen Einfluss gewichtet und zur Gruppenpräferenz summiert werden (vgl. *Voeth*, 2004, S. 729).

Der Vorteil der MeLimCA gegenüber anderen Ansätzen wie der Messung von Gruppenpräferenzen mittels aufeinander aufbauender Conjoint- und Kausalanalyse (vgl. *Büschken*, 1994) ist darin zu sehen, dass Präferenzen und Einfluss – und damit die Kollektiventscheidung – gruppenindividuell abgebildet werden können. Im Vergleich zur hierarchischen Gruppenpräferenzmessung erweist sich zudem die Berücksichtigung tatsächlicher Auswahlabsichten der Probanden als zusätzlicher und vor allem realitätsnaher Informationsgewinn. Auch der Kritik, dass mit steigender Zahl der Personen im Buying Center und der damit verbundenen stark zunehmenden Zahl von Faktoren im Verknüpfungsdesign zunehmend Bewertungsschwierigkeiten auftreten, kann durch den Einsatz der MeLimCA begegnet werden. Allerdings darf nicht übersehen werden, dass bislang noch keine abschließende empirische Überprüfung für industrielle Kaufprozesse vorliegt, die die generelle Leistungsfähigkeit des Verfahrens in praktischen Untersuchungssituationen dokumentiert. Erste Studien zur Leistungsfähigkeit der MeLimCA zeigen so etwa, dass das Verfahren einfacheren Methoden zur Messung von Gruppenpräferenzen und Einflussstrukturen in Buying Centern nicht immer überlegen ist. *Brinkmann* (2006) hat bspw. eine Untersuchung vorgelegt, bei der er die MeLimCA mit der direkten Abfrage von Präferenzen und Gruppeneinflussstrukturen verglichen hat, indem er überprüft hat, mit welchen Messmethoden kundenseitige Kaufentscheidungen bei Baustoffen valider geschätzt werden können. Hierbei kommt er zu dem Ergebnis, dass das conjointanalytische Vorgehen zur Ermittlung der Präferenzen der Buying Center-Mitglieder der direkten Präferenzabfrage überlegen ist. Im Gegensatz dazu kommt er bei der Einflussmessung zu ähnlichen Ergebnissen bei der in der MeLimCA typischen conjointanalytischen Vorgehensweise und einer einfacheren direkten Einflussabfrage. Da allerdings die conjointanalytische Ermittlung von Einflussstrukturen mit sehr viel mehr Aufwand verbunden ist, empfiehlt *Brinkmann* (2006) eine Kombination aus conjointanalytischer Präferenzmessung bei den Buying Center-Mitgliedern und einer direkten Einflussmessung, z. B. mithilfe einer Konstantsummen-Skala. Zurecht weist er allerdings bei der Bewertung seiner eigenen Untersuchungsergebnisse darauf hin, dass die von ihm exemplarisch betrachtete Branche einige Besonderheiten aufweist, die die „Stärken" einer conjointanalytischen Messung von Einflussstrukturen nicht unbedingt notwendig erscheinen lassen: So bestanden zum einen die von ihm untersuchten Buying Center zumeist nur aus zwei Personen. Darüber hinaus war die Einflussverteilung innerhalb der Buying Center häufig sehr hierarchisch geprägt. In den meisten Buying Centern war das Gewicht einzelner Mitglieder sehr groß, so dass diese Personen die Entscheidung des Buying Centers stark dominierten. Eine abschließende Prüfung der Validität der MeLimCA steht also weiterhin noch aus.

Abb. 29: Ablauf der Mehrstufigen Limit Conjoint-Analyse

Von Gruppenentscheidungen zum Gruppenverhalten: Buying Networks

Die meisten bislang vorgestellten Ansätze zur Analyse von Buying Center-Entscheidungen lassen die innerhalb des Buying Center bestehenden oder im Rahmen von Beschaffungsprozessen initiierten **Interaktionsprozesse** weitgehend unbeachtet. Durch die Erweiterung der Betrachtung auf die zwischen den Beteiligten des Buying Centers existierenden Beziehungsstrukturen hat sich daher eine neue Perspektive zur Erklärung von organisationalen Kaufentscheidungen entwickelt. Diese liegt dem **Buying Network-Ansatz** zugrunde. Die Verhaltensweisen der Beteiligten und ihr Einfluss auf den multipersonalen Entscheidungsprozess werden letztlich als das Ergebnis der direkten und indirekten Relationen im Buying Network verstanden (vgl. *Bristor*, 1993, S. 64; *Bristor/Ryan*, 1987, S. 156; *Klöter/Stuckstette*, 1994, S. 134; *Schenk*, 1984, S. 31). Das Buying Network umfasst dabei alle am Beschaffungsprozess beteiligten Personen sowie ihre Beziehungen zueinander (vgl. *Bristor*, 1987, S. 79; *Bristor/Ryan*, 1987, S. 256). Dies ermöglicht nicht nur die Analyse direkter Kontakte, sondern auch die indirekter Kontakte über Dritte.

Ein erster Versuch, Buying Center als Netzwerke abzubilden, bestand darin, die **Kommunikationsstrukturen im Buying Center** als Grundlage von Versuchen zur Einflussnahme aufzudecken. *Johnston/Bonoma* (1977 und 1981a) beschreiben die Kommunikationsstrukturen im Buying Center (vgl. *Abbildung 30*) anhand von fünf Dimensionen:

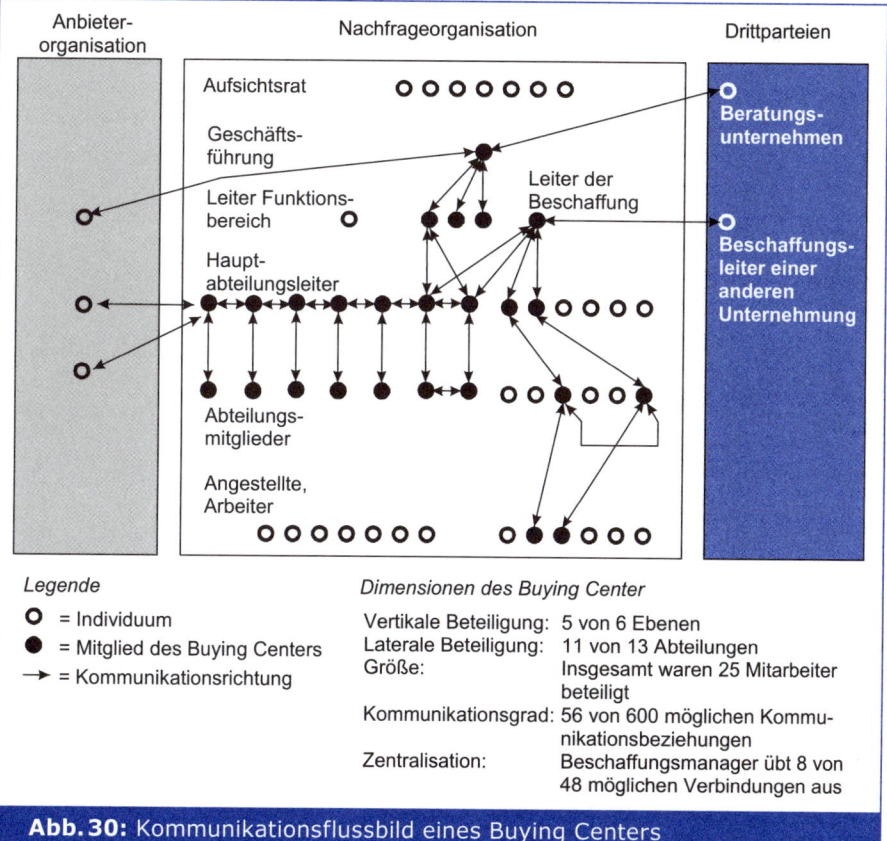

Abb. 30: Kommunikationsflussbild eines Buying Centers

Quelle: *Johnston/Bonoma*, 1981a, S. 147.

- **Vertikales Involvement** zeigt auf, wie viele Hierarchieebenen im Buying Center vertreten sind (in *Abbildung 30*: 5 von 6 Ebenen).
- **Laterales Involvement** beschreibt, wie viele Bereiche (Abteilungen) in den Beschaffungsprozess integriert sind (in *Abbildung 30*: 11 von 13 Abteilungen).
- **Umfang des Buying Centers**, gemessen an der Zahl der beteiligten Personen (in *Abbildung 30*: 25 Mitglieder).
- **Verbundenheit** beschreibt, in welchem Ausmaß Buying Center-Mitglieder aufgabenbezogen miteinander in Kontakt stehen. *Johnston* bestimmt die Verbundenheit als Prozentsatz aller möglichen Kommunikationsbeziehungen im Buying Center (in *Abbildung 30*: 56 von 600 möglichen Kommunikationsbeziehungen).
- **Zentralität** des formellen Einkäufers im Buying Center-Netzwerk (in *Abbildung 30*: 8 von 48 möglichen Verbindungen).

Mit einem solchen **Kommunikationsflussbild** lassen sich Beziehungsstrukturen im Buying Center beschreiben und für eine zielgruppenspezifische Ansprache nutzen. Die Erstellung eines Kommunikationsflussbildes zur Bestimmung eines konkreten Buying Centers ist dabei Aufgabe der Außendienstmitarbeiter, die durch Befragung und Beobachtung sukzessive das Kommunikationsflussbild zu vervollständigen haben.

Zudem ermöglicht die Abbildung der Kommunikationsstrukturen im Buying Center auch, das **Einflusspotenzial** eines Akteurs nicht nur an den aufgezeigten Machtbasen (Belohnungsmacht, Bestrafungsmacht etc.) festzumachen, sondern insbesondere an dessen Zugang zu relevanten Informationen sowie an dem Umfang und der Qualität von persönlichen Beziehungen, die dieser zur Präferenz- oder Verhaltensbeeinflussung nutzen kann. Der Inhalt der Beziehungen wird im Buying Network-Ansatz deshalb nicht wie bei *Johnston/Bonoma* (1981a) nur auf eine bestimmte Art, die Kommunikation, beschränkt, sondern sie kann sich auch auf den Austausch von Informationen, sozialen Kontakten, Freundschaft, Ratschlägen, Autorität oder Einfluss beziehen (vgl. *Knoke/Kuklinski*, 1999, S. 15 ff.; *Schenk*, 1984, S. 89). Ist eine Beziehung durch den Austausch mehrerer Inhalte geprägt (wie z. B. Informationsaustausch und Freundschaft), spricht man von einer **multiplexen**, bei Austausch nur eines Inhaltes von einer **uniplexen Beziehungsstruktur** (vgl. *Bristor*, 1987, S. 70; *Schenk*, 1984, S. 67 ff.).

Der Buying Network-Ansatz geht davon aus, dass die Möglichkeit der beteiligten Individuen zur Beeinflussung des Beschaffungsprozesses in ihrer Art und Stärke von deren Rolle bzw. Position im Netzwerk abhängt (vgl. *Bristor*, 1987, S. 97 und 1993, S. 68). Die **Netzwerkrollen** ergeben sich dabei aufgrund der von den Akteuren im Netzwerk unterhaltenen Beziehungen (vgl. *Klöter*, 1997, S. 47). Ihre Bestimmung wird durch die graphische Darstellung von Netzwerken erleichtert. Dabei werden die im Netzwerk interagierenden Akteure bzw. Rollen in Form von Knoten visualisiert, die sie verbindenden Linien symbolisieren die Beziehungen. *Abbildung 31* stellt mögliche strukturelle Eigenschaften von verschiedenen Netzwerken mit den damit verbundenen Netzwerkrollen graphisch dar.

Die Netzwerkrollen können wie folgt abgegrenzt werden (vgl. *Fließ*, 2000, S. 342 ff.; *Klöter/Stuckstette*, 1994, S. 140 ff.; *Tichy et al.*, 1979, S. 508 ff.):

- **Isolierte** sind Personen, die höchstens mit einer weiteren Person verbunden sind (vgl. *Fließ*, 2000, S. 343).
- Die Rolle der **Liaisons** nehmen Personen wahr, die zwei oder mehr dichte Netzwerkregionen – sog. Cliquen – verbinden, ohne diesen selbst anzugehören.
- **Brücken** übernehmen die gleiche Funktion wie Liaisons, sind dabei aber Mitglied von mindestens einer Clique (vgl. *Tichy et al.*, 1979, S. 508).

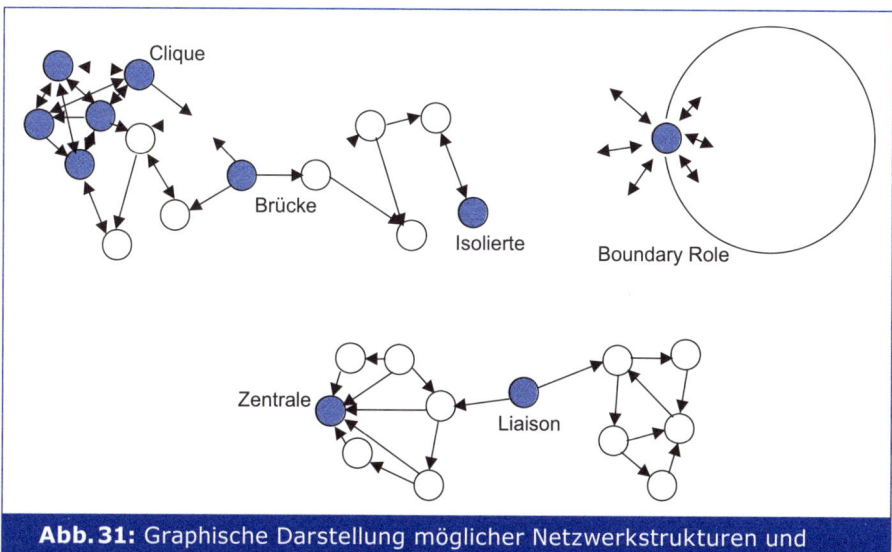

Abb. 31: Graphische Darstellung möglicher Netzwerkstrukturen und -rollen

- „**Boundary Roles**" nehmen Personen ein, die das Buying Network mit externen Einheiten verbinden. Sie können dabei z. B. durch die Anzahl an Kontakten oder die Nähe zur Unternehmensgrenze bzw. zu potenziellen Anbietern näher gekennzeichnet werden.
- Die Rolle der **Zentrale** übernehmen schließlich Akteure, die vergleichsweise viele Netzwerkangehörige auf relativ direkte Weise erreichen können.

Netzwerkanalytisch können sie identifiziert werden

- auf Basis der Aktivität, die sie im Buying Network entwickeln. Als Maß dient dabei die **maximale Adjazenz**. Sie entspricht der Anzahl der Akteure, mit denen ein bestimmter Akteur *direkt* verbunden ist, in Relation zu der maximal möglichen Anzahl direkter Verbindungen in dem Gesamtnetzwerk.
- anhand der Häufigkeit, mit der ein Akteur Paare von Akteuren auf dem kürzesten Wege verbindet. Diese wird auch als **maximum betweenness** bezeichnet.
- anhand der minimalen Distanz zu allen anderen Punkten, der sog. **closeness**. Diese Maßzahl wird ermittelt, indem in einem ersten Schritt die Summe der kürzesten Pfade zu den anderen Knoten bestimmt wird. Die sich für alle Knoten ergebenden Werte werden dann in einem zweiten Schritt addiert. Der Quotient des Einzelwertes zum Gesamtwert ergibt dann die minimale Distanz.

Darüber hinaus geben die strukturellen SNL-Netzwerkeigenschaften Aufschluss über den **Grad der Verbundenheit** zwischen Akteuren im Netzwerk. Dies erlaubt die Identifikation von Gruppen, deren Akteure direkten Kontakt zu allen anderen Gruppenmitgliedern aufweisen und als **Cliquen** bezeichnet werden (vgl. *Iacobucci/Hopkins*, 1992, S. 9; *Klöter*, 1997, S. 49).

Das **Einflusspotenzial** eines Akteurs hängt nun insbesondere von der Art der Ressourcen ab, auf die dieser zugreifen und die er innerhalb des Netzwerks kontrollieren kann. Die Ressourcen entsprechen dabei einerseits den Machtbasen (Belohnungsmacht, Bestrafungsmacht etc.), wobei im Buying Network-Ansatz **Besitz** oder **Zugang zu relevanten Informationen** als zentrale Machtgrundlage angesehen werden (vgl. *Bristor*, 1993, S. 69; *Dawes et al.*, 1998,

S. 64). Gleichzeitig stellt **das persönliche Beziehungsnetzwerk** eines Akteurs an sich eine weitere zentrale Machtgrundlage dar (vgl. *Bristor*, 1993; *Håkansson*, 1989; *Markham*, 1998, S. 492), da bestehende Beziehungen (wie z. B. Freundschaft, persönlicher oder beruflicher Respekt oder eine aufgrund eines früheren Gefallens bestehende Schuld) einerseits dazu genutzt werden können, Unterstützung zu gewinnen, und andererseits wiederum indirekt Zugang zu relevanten Ressourcen eröffnen können (vgl. zur direkten und indirekten Kontrolle von Ressourcen *Boissevain*, 1978, S. 147 ff.; *Fließ*, 2000, S. 331 f.). In **Austauschnetzwerken** können Personen deshalb insbesondere dann **Macht** und Einfluss geltend machen, wenn

- sie eine **zentrale Position** (vgl. *Fombrun*, 1983, S. 503 ff.; *Ronchetto* et al., 1989, S. 57) und/oder
- sie eine **„Boundary Role"** im Austauschnetzwerk innehaben und
- ihr persönliches Netzwerk groß und durch einen hohen Grad an **Multiplexität** gekennzeichnet ist. Multiplexe Beziehungen werden im Vergleich zu uniplexen als stärker erachtet, da durch sie leichter Unterstützung zu gewinnen ist und sie einen besseren Zugang zu relevanten Ressourcen gewährleisten (vgl. *Bristor*, 1993, S. 75).

Vor diesem Hintergrund können Akteure des Buying Networks in unterschiedlichem Ausmaß und auf unterschiedliche Weise den Kaufentscheidungsprozess beeinflussen (vgl. *Fließ*, 2000, S. 347). Zentrale Taktiken der Einflussnahme stellen dabei die Aufnahme von „Gatekeeping"- (1) oder „Advocacy"-Aktivitäten (2) oder die Bildung von Koalitionen (3) dar.

(1) Gatekeeping

Gatekeeper sind – wie bereits im Zusammenhang mit dem *Webster/Wind*-Rollenkonzept angeführt – Entscheidungsbeteiligte, die den Informationsfluss in das und im Buying Center kontrollieren, indem sie die für den Kaufentscheidungsprozess relevanten Informationen filtern, kanalisieren, umformen oder unterschlagen (vgl. *Bristor*, 1993, S. 72). Der Zugang zu und die Kontrolle über beschaffungsrelevante Informationen stellt die Machtquelle des Gatekeepers dar und setzt eine Netzwerkposition an der Unternehmensgrenze – die Boundary-Position – voraus. So kann ein Gatekeeper z. B. den Kaufentscheidungsprozess beeinflussen, indem er die Problemlösungen alternativer Anbieter vorselektiert und den anderen Mitgliedern des Buying Networks nur ein reduziertes Set von Angeboten vorlegt. Dies ermöglicht es dem Gatekeeper, seine eigenen Ziele bzw. Präferenzen zu verfolgen. Gatekeeping-Aktivitäten können aber auch von Liaisons und/oder Brücken entwickelt werden, da sie den einzigen Kontakt zwischen zwei Gruppen darstellen (vgl. *Fließ*, 2000, S. 347; *Klöter/Stuckstette*, 1994, S. 141).

(2) Advocacy Behavior

Eine weitere Taktik zur Beeinflussung des Kaufentscheidungsprozesses besteht in dem Ergreifen sog. **„advocacy activities"** (vgl. *Bristor*, 1987, S. 115 ff.; *Krapfel*, 1982, 1985). Während sich die Aktivitäten eines Gatekeepers mit der Kontrolle des Informationsflusses eher im Verborgenen vollziehen, spricht sich ein **„Advocate"** öffentlich für oder gegen eine Problemlösung aus und sucht für seine Position Unterstützung bei anderen Mitgliedern des Buying Networks. Dazu versucht er entweder, durch gezielte Bereitstellung von Informationen sowie rationale und fundierte Argumente Dritte davon zu überzeugen, die von ihm präferierte Lösung ebenfalls zu präferieren und zu unterstützen, oder aber er versucht, andere Akteure – unabhängig von deren persönlichen Präferenzen – auf seine Seite zu ziehen (vgl. *Krapfel*, 1985, S. 52). Letzteres kann z. B. Ergebnis eines Deals sein, bei dem sich die betreffenden Akteure gegenseitige Unterstützung in Bezug auf für sie jeweils wichtige Projekte versprechen. Es kann aber auch das Ergebnis von Freundschaft, persönlichem Respekt oder formaler hierarchischer Über- und Unterordnung darstellen (vgl. *Fließ*, 2000, S. 348).

Voraussetzungen für ein erfolgreiches Handeln als Advokat können damit einerseits bestimmte **persönliche Charakteristika** wie z. B. Glaubwürdigkeit oder anerkanntes Fachwissen sein. Auch der Zugriff auf und die Verteilung von **relevanten Informationen**, wie dies z. B. durch eine Boundary-Position gewährleistet ist, stellen eine mögliche Machtgrundlage des Advokats dar. Andererseits kann auch ein starkes **persönliches Netzwerk** die Handlungsgrundlage eines Advokats bilden, das sich strukturell in einer zentralen Position im Netzwerk widerspiegelt (vgl. *Bristor*, 1987, S. 102).

(3) Bildung von Koalitionen

Schließlich stellt die Bildung von Koalitionen eine Möglichkeit – insbesondere für schwächere Akteure – dar, um ihren eigenen Einfluss auf eine Kaufentscheidung zu steigern, überhaupt einen gewissen Grad an Einfluss zu gewinnen oder die Macht anderer Beteiligter zu reduzieren (vgl. *Anderson/Chambers*, 1985). Darüber hinaus wird die Bildung von Koalitionen auch als effiziente Maßnahme zur Lösung von Konflikten gesehen (vgl. *Morris et al.*, 1999, S. 265; *Morris/Freedman*, 1984). **Koalitionen** stellen dabei informelle Gruppen in Organisationen dar (vgl. *Bristor*, 1988, S. 563) und werden als **temporäre Allianzen zwischen Personen** definiert, die sich – obwohl sie ansonsten unterschiedliche Ziele verfolgen – projektspezifisch zusammenschließen, um ihre Ressourcen zu bündeln und zweckorientiert einzusetzen (vgl. *Morris/Freedman*, 1984, S. 123). Netzwerkanalytisch dient die Existenz von Teilgruppen von Gesamtnetzwerken in Form von Cliquen mit vielen direkten multiplexen Beziehungen als Hinweis auf bestehende Koalitionen, da diese eher gebildet werden, wenn zwischen den Personen im Buying Network vielfältige Beziehungen bestehen. Die Stärke einer Koalition gibt dabei Auskunft über deren Fähigkeit, verfolgte Ziele erreichen zu können (vgl. *Bristor*, 1988, S. 564). Strukturell spiegelt sich die Stärke in den Netzwerkeigenschaften Größe der Koalition, Ausmaß der lateralen und vertikalen Spannweite der Koalition, Grad der Multiplexität der Beziehungsstruktur sowie Grad der Verbundenheit der Koalitionsmitglieder wider, da diese Eigenschaften Aufschluss über den Zugang zu Ressourcen geben, die wiederum die Macht- und Einflusspotenziale der jeweiligen Koalition bestimmen (vgl. insb. *Bristor*, 1988, S. 565 f.; *Klöter/Stuckstette*, 1994, S. 145 f.). Um ihren Einfluss auf eine Beschaffungsentscheidung geltend zu machen, handeln Koalitionen als Einheit (vgl. *Bacharach/Lawler*, 1980, S. 45) und können sich wie Individuen als Advocat oder Gatekeeper betätigen (vgl. *Bristor*, 1988, S. 566).

Der **Vorteil** des Netzwerk-Konzepts liegt insbesondere darin, dass ein geschlossenes Modell zur Untersuchung von Einflussbeziehungen in organisationalen Beschaffungsprozessen geboten wird. Das Modell bietet das methodische Arsenal, um über spezifische Netzwerkrollen bzw. strukturelle Netzwerkeigenschaften Machtpositionen sowohl von Individuen als auch von Gruppen identifizieren und deren Stärke über den Zugriff auf relevante Ressourcen bestimmen zu können. Darüber hinaus werden im Vergleich zu den Buying Center-Konzepten auch indirekte Beziehungen erfasst, über die ebenfalls ein maßgeblicher Einfluss auf einen Kaufentscheidungsprozess ausgeübt werden kann (vgl. *Kleinaltenkamp*, 1994a, S. 169; *Klöter/Stuckstette*, 1994, S. 146 f. sowie S. 152 f.).

Der Buying Network-Ansatz weist allerdings auch **Schwächen** auf. Die Bestimmung der Netzwerkakteure und -strukturen bezieht sich immer auf einen bestimmten Zeitpunkt, obwohl das Netzwerk in Größe und Struktur ständigen Schwankungen unterliegt (vgl. *Kleinaltenkamp/Weigt*, 1997, S. 334; *Klöter/Stuckstette*, 1994, S. 147). Darüber hinaus sind im Gegensatz zum strukturorientierten Buying Center-Konzept nicht nur die am Kaufentscheidungsprozess beteiligten Personen zu identifizieren, sondern auch die Beziehungen zwischen diesen. Dies erschwert die Analyse des Buying Networks und stellt hohe Anforderungen an das erhobene Datenmaterial. Ist die Vollständigkeit der erhobenen Daten nicht gewährleistet, kann sich die Struktur des Netzwerks erheblich verändern und zu Ergebnisverzerrungen bei der Bestimmung der strukturellen Netzwerkeigenschaften wie z. B. Verbundenheit oder Zentralität führen (vgl. *Hopkins et al.*, 1995, S. 26; *Klöter/Stuckstette*, 1994, S. 148 f.). Schließlich ist auch die Festlegung der Netzwerkgrenzen problembehaftet. Die Integration von indirekten und multiplexen Beziehungen in das Netzwerk steigert zwar die Aussagekraft, kann das betrachtete Netzwerk aber weit über die Grenzen der Organisation ausdehnen und zu äußerst komplexen Strukturen führen (vgl. *Bristor*, 1987, S. 182; *Knoke/Kuklinski*, 1999, S. 22 f.).

1.2.1.3 Kauftypen

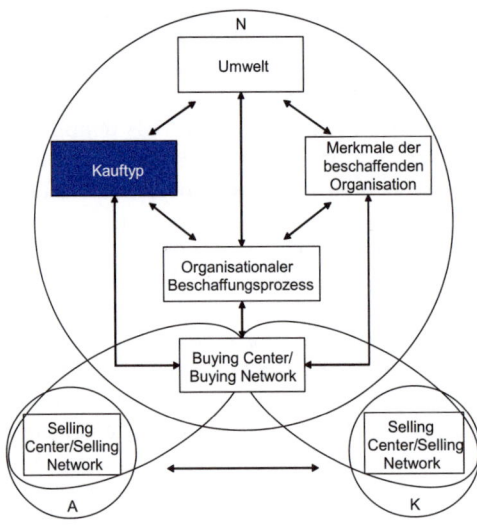

Wir haben gesehen, dass Umfang und Zusammensetzung des Buying Centers sowie das Verhalten seiner Mitglieder den Ablauf des Kaufprozesses bestimmen. Daneben gibt es aber offenbar weitere Kriterien, die den Ablauf des Beschaffungsprozesses und Umfang und Zusammensetzung des Buying Centers beeinflussen. Eine Gruppe von Einflussfaktoren, die einen entscheidenden Einfluss auf diese Phänomene haben, sind kauftypspezifische Faktoren.

Die Bildung von Kauftypen kann dabei anhand unterschiedlicher Merkmale erfolgen, wobei die Merkmalsausprägungen innerhalb eines Typs relativ homogen und zwischen den Typen möglichst heterogen verlaufen.

Für die **Bildung von Kauftypen** wird in der Literatur eine Vielzahl unterschiedlicher Merkmale vorgeschlagen. Von besonders großer Bedeutung sind vor allem folgende Kriterien, da sie einen besonders großen Einfluss auf Ergebnis und Ablauf von Beschaffungsentscheidungen in der Praxis haben:

- Wert des Investitionsobjekts,
- Kaufanlass,
- Innovationsgrad (Wiederholungsgrad),
- Produkttechnologie.

Diese Kriterien werden in der Literatur entweder separat (z. B. Kauftypen anhand des Wertes des Investitionsobjektes) oder in Kombination (z. B. Kauftypen anhand des Wertes des Investitionsobjektes, des Innovationsgrades etc.) zur Bildung von Kauftypen herangezogen.

Eindimensionale Kauftypologien

Wert des Investitionsobjekts

Der Wert des Investitionsobjekts oder die Investitionshöhe ist nach der *Spiegel*-Untersuchung 1982 der maßgebliche, den **Entscheidungsprozess am stärksten bestimmende Faktor**. Dies ist auch plausibel erklärbar, da eine zu beschaffende Anlage im Wert von mehreren Mio. € andere Risiken für das beschaffende Unternehmen beinhaltet als eine leicht revidierbare Entscheidung zum Kauf eines Normmotors im Wert von wenigen Hundert €. Dabei ist die Wertdimension allerdings in zweifacher Weise zu relativieren:

- Die gleiche Wertdimension eines Investitionsobjekts kann für einen kleinen Betrieb eine andere Bedeutung als für einen Großbetrieb haben (**„relative Investitionswertigkeit"**), da sie hier bedeutsamer für den Unternehmenserfolg sein kann.
- Für den Verlauf des Entscheidungsprozesses ist der Wert des einzelnen Auftrags dann nicht entscheidend, wenn das Objekt im Rahmen eines **langfristigen Liefervertrags (Rahmenabkommen)** beschafft wird. Ausschlaggebend ist hier die Wertdimension des Rahmenauftrags, die das Verhalten determiniert (vgl. z. B. *Mathews et al.*, 1977).

Dass die Investitionshöhe die Zusammensetzung des Buying Centers beeinflusst, wurde ebenfalls aus der *Spiegel*-Untersuchung deutlich. So steigt bei **Großprojekten** der Einfluss vor allem der technischen und in etwas geringerem Maße der kaufmännischen Leitung. Als Grund hierfür wird angesehen, dass bei der Beschaffung komplexer Anlagen oder Systeme eine breitere Verteilung der Entscheidungskompetenz durch Hinzuziehen von Experten aus verschiedenen Abteilungen angestrebt wird. **Kleinere Projekte** hingegen werden weitgehend durch die Unternehmens-/Betriebsleitung determiniert. Teure Investitionen verlängern auch den Entscheidungsprozess, der bei Großprojekten durchaus 20 Wochen und mehr andauern kann (vgl. *Spiegel-Verlag*, 1982, S. 17 f.).

Der Wert des zu beschaffenden Objekts hat allerdings nicht nur einen Einfluss auf die Zusammensetzung des Buying Centers und die Länge des Entscheidungsprozesses, sondern auch auf die Anzahl der in Betracht gezogenen Lieferanten: Bei höherwertigen Gütern wird laut einer Studie von *Homburg/Küster* tendenziell eine größere Anzahl von Lieferanten hinzugezogen (vgl. *Homburg/Küster*, 2001, S. 19 ff.).

Kaufanlass

Im Hinblick auf den Kaufanlass unterscheiden wir zwischen **Erst-, Ersatz-** und **Erweiterungsinvestitionen**. Die drei Ausprägungen des Kaufanlasses haben insofern eine Bedeutung für den Ablauf eines Kaufprozesses und die Zusammensetzung des Buying Centers, da die beschaffende Organisation bei der Erstinvestition selbst noch keine Erfahrungen mit dem Objekt hat, während bei Ersatz- und Erweiterungsinvestitionen bereits konkrete Objekterfahrungen vorliegen. Entsprechend höher ist zumeist das im Fall von Erstinvestitionen im Vergleich zu Ersatz- oder Erweiterungsinvestitionen wahrgenommene Risiko des Nachfragers. Ersatz- und Erweiterungsinvestitionen unterscheiden sich dahingehend, dass bei der Ersatzinvestition grundsätzlich alternative Lösungsangebote berücksichtigt werden können, weil das zu ersetzende Objekt ex definitione aus dem Betrieb ausscheidet, während bei Erweiterungsinvestitionen ein Schnittstellenproblem entsteht, da das neu zu beschaffende Investitionsobjekt zu dem im Unternehmen vorhandenen und weiter zu nutzenden Objekt kompatibel sein muss.

Erstinvestitionen sind aufgrund des Bemühens um eine Reduktion des höheren Risikos durch ein **besonders intensives Informationsverhalten** gekennzeichnet, da noch keine

Erfahrungen mit dem Objekt vorliegen, während das Informationsverhalten bei Ersatz- und Erweiterungsinvestitionen durch das bereits vorhandene Erfahrungspotenzial gesteuert wird. Ersatz- und Erweiterungsinvestitionen schaffen auch eine andere Ausgangsposition für potenzielle Lieferanten als Erstinvestitionen. Dies ist durch die bereits vorhandene Erfahrung der Entscheidungsträger bedingt. Sind die bisherigen Erfahrungen mit dem Projekt positiv, so wird der Vorlieferant (**In-Supplier**) i. d. R. einen Akquisitionsvorteil haben. Sind die Erfahrungen negativ, so wird der In-Supplier einen Akquisitionsnachteil und der **Out-Supplier** eine bessere Ausgangssituation haben. Anders dagegen bei der Erstinvestition: Da die Unterscheidung zwischen In-Supplier und Out-Supplier irrelevant ist, lassen sich aus diesem Aspekt auch keine unterschiedlichen Akquisitionspositionen ableiten.

Wiederholungsgrad des Kaufprozesses: Der Kaufklassenansatz

Eine gewisse Verbindung zum Kriterium „Kaufanlass" hat der Einflussfaktor „**Wiederholungsgrad**". Nach diesem Kriterium unterscheiden *Robinson et al.* (1967) **drei Kaufklassen**:

- Neukauf (New Task),
- modifizierter Wiederkauf (Modified Rebuy) und
- identischer Wiederkauf (Straight Rebuy),

die sie anhand der drei Dimensionen **Neuheit des Problems**, **Informationsbedarf** und **Betrachtung neuer Alternativen** gegeneinander abgrenzen (vgl. *Robinson et al.*, 1967, S. 23 ff.).

Der **Neukauf** ist dadurch gekennzeichnet, dass das entsprechende Kaufproblem zum ersten Mal im Unternehmen auftritt. Da keine Erfahrung vorliegt, wird dies – wie bei der Erstinvestition – zu einem sehr umfangreichen Informationsbedarf führen, da Problemlösungen generiert und anschließend bewertet werden müssen. Zu beachten ist zudem, dass die Neukaufsituation nicht identisch mit der Erstinvestition ist. Es gilt zwar, dass Erstinvestitionen stets Neukäufe sind, aber auch Ersatzinvestitionen können eine Neukaufsituation bedingen, wenn die bisher verwendete Alternative aufgrund von technischen Entwicklungen durch völlig neue Alternativen ersetzt werden soll.

Beim **modifizierten Wiederkauf** handelt es sich um eine Kaufsituation, bei der die beschaffende Organisation bereits auf ähnliche Erfahrungen zurückgreifen kann. Allerdings treten in Teilbereichen neue Aspekte auf. Zum Beispiel soll eine bisher manuell geregelte Maschine jetzt durch eine elektronisch geregelte ersetzt werden. Es entsteht neuer Informationsbedarf, allerdings nicht in dem Umfang wie beim Neukauf, da das Unternehmen über Erfahrungen aus ähnlichen Kaufsituationen verfügt. Zumeist werden beim modifizierten Wiederkauf auch neue Alternativen betrachtet, jedoch bleibt die Zahl der untersuchten Kaufalternativen dabei i. d. R. geringer als beim Neukauf.

Der **identische Wiederkauf** entspricht schließlich einer Routinebeschaffungssituation, bei der die beschaffende Organisation auf ein umfangreiches Erfahrungspotenzial zurückgreifen kann. Die Nachfragerorganisation erwirbt ein Industriegut, welches im Hinblick auf Funktionalität, technische Ausstattung und Bedienungsweise einem bereits im Einsatz befindlichen oder zu ersetzenden Gut vollständig entspricht. Die in der Vergangenheit gemachten Erfahrungen verwendet das Buying Center, um einen Anbieter auszuwählen. Empirische Studien haben bestätigt, dass sich bei so definierten Routinetransaktionen eine deutliche Tendenz zur Lieferantentreue nachweisen lässt (vgl. z. B. *Righetti*, 1997, S. 10; *Sundhoff/Pietsch*, 1964, S. 80 f.; *Webster/Wind*, 1972a, S. 115). Die im Vergleich zum Neu- bzw. modifizierten

Wiederkauf geringere Komplexität und der verringerte Informationsbedarf beim Beschaffungsprozess führen des Weiteren regelmäßig zum Einsatz automatisierter Bestellsysteme, die in das Informationssystem des Nachfragers (z. B. „Desktop-Purchasing-Systeme") eingebunden werden (vgl. *o. V.*, 1997a, S. 18). Durch die Einbindung von computergestützten Beschaffungssystemen entsteht dabei zwangsläufig eine Veränderung des Buying Centers. So beteiligen sich i. d. R. weniger Personen nachfragerseitig am Beschaffungsprozess, da der Entscheidungsprozess eines computergestützten identischen Wiederkaufs vergleichsweise problemlos verläuft und weniger Manpower als bspw. Neukäufe erfordert.

In Fallstudien haben *Robinson et al.* (1967) die Auswirkungen ihres Kaufklassenansatzes auf die Buying Center-Struktur und den Beschaffungsprozess untersucht. *Abbildung 32* zeigt das Ergebnis einer Fallstudie für den Fall „Kauf eines Bohrwerkzeugs". Es wird deutlich, dass das gleiche Produkt auf verschiedene Art und Weise beschafft werden kann. Zusätzlich haben *Robinson et al.* die Zusammenhänge zwischen Kaufklassen- und Kaufphasenkonzept im sog. **Buygrid-Modell** aufgezeigt (vgl. zur Kritik *Johnston/Bonoma*, 1981b, S. 261 ff.).

Der Kaufklassenansatz zur Erklärung industriellen Beschaffungsverhaltens hat **in der Literatur breite Beachtung** erfahren und ist für manche Autoren „eines der brauchbarsten analytischen Werkzeuge für Wissenschaftler und Praktiker, die sich mit organisationalem Beschaffungsverhalten befassen" (*Moriarty*, 1980, S. 23). Der Grund für diese Bewertung liegt vor allem darin, dass der Kaufklassenansatz eine relativ einfache Struktur aufweist, aber gleichzeitig eine Reihe von detaillierten testbaren Hypothesen hervorgebracht hat. Die herausragende Bedeutung dieses Merkmals für die Erklärung von Beschaffungsprozessen wird auch in Untersuchungen von *Kapitza* (1987) belegt.

Zugleich hat der Ansatz in der Literatur aber auch **Kritik** hervorgerufen. So wird vor allem der von *Robinson et al.* erhobene Anspruch, dass die Kaufklasse *der* generalisierbare Einflussfaktor für die Erklärung jeglicher Art von organisationalem Beschaffungsverhalten sei, kritisiert. Beispielsweise wird angeführt, dass das Modell

- für verschiedene Produktklassen (vgl. z. B. Anlagegüter, Teile, *Choffray/Lilien*, 1978),
- nach Wertklassen („der Neukauf einer Glühbirne und der Neukauf eines kompletten Fuhrparks führen zu unterschiedlichen Beschaffungsprozessen", *Johnston/Bonoma, 1981b*) und
- persönlichen wie organisationalen Faktoren (vgl. z. B. *Peters/Venkatesan, 1973; Wilson, 1971*)

zu differenzieren sei.

Andere Kritiker setzen an den Charakterisierungsdimensionen an. Forschungsergebnisse belegen z. B., dass das beim Neukauf empfundene Risiko nicht, wie von *Robinson et al.* behauptet, durch weitere Informations- und Alternativensuche, sondern durch Beschränkung auf wenige bekannte Anbieter gesenkt wird (vgl. *Anderson et al.*, 1987, S. 73).

Nicht zuletzt weil der Kaufklassenansatz in der Literatur verschiedenartige Beurteilungen erfahren hat, ist er verschiedenen **empirischen Überprüfungen** unterzogen worden. Die Ergebnisse dieser Überprüfungen liefern dabei ein uneinheitliches Bild, wobei Differenzen z. T. auf unterschiedliche Operationalisierungsansätze zurückzuführen sind. Die Studien von *Bellizzi/McVey* (1983) und *Jackson et al.* (1984) zeigen, dass die Aussagen des Kaufklassenansatzes empirischen Überprüfungen nicht standhalten. Die Studien von *Anderson et al.* (1987), *Doyle et al.* (1979), *Matthyssens/Faes* (1985) sowie *Moon/Tikoo* (2002) bestätigen dagegen die Kerntypen von *Robinson et al.* zumindest in zentralen Teilen. Allerdings wird die Dreiteilung der Kaufklassen zugunsten einer Zweiteilung (Neukauf/modifizierter Wie-

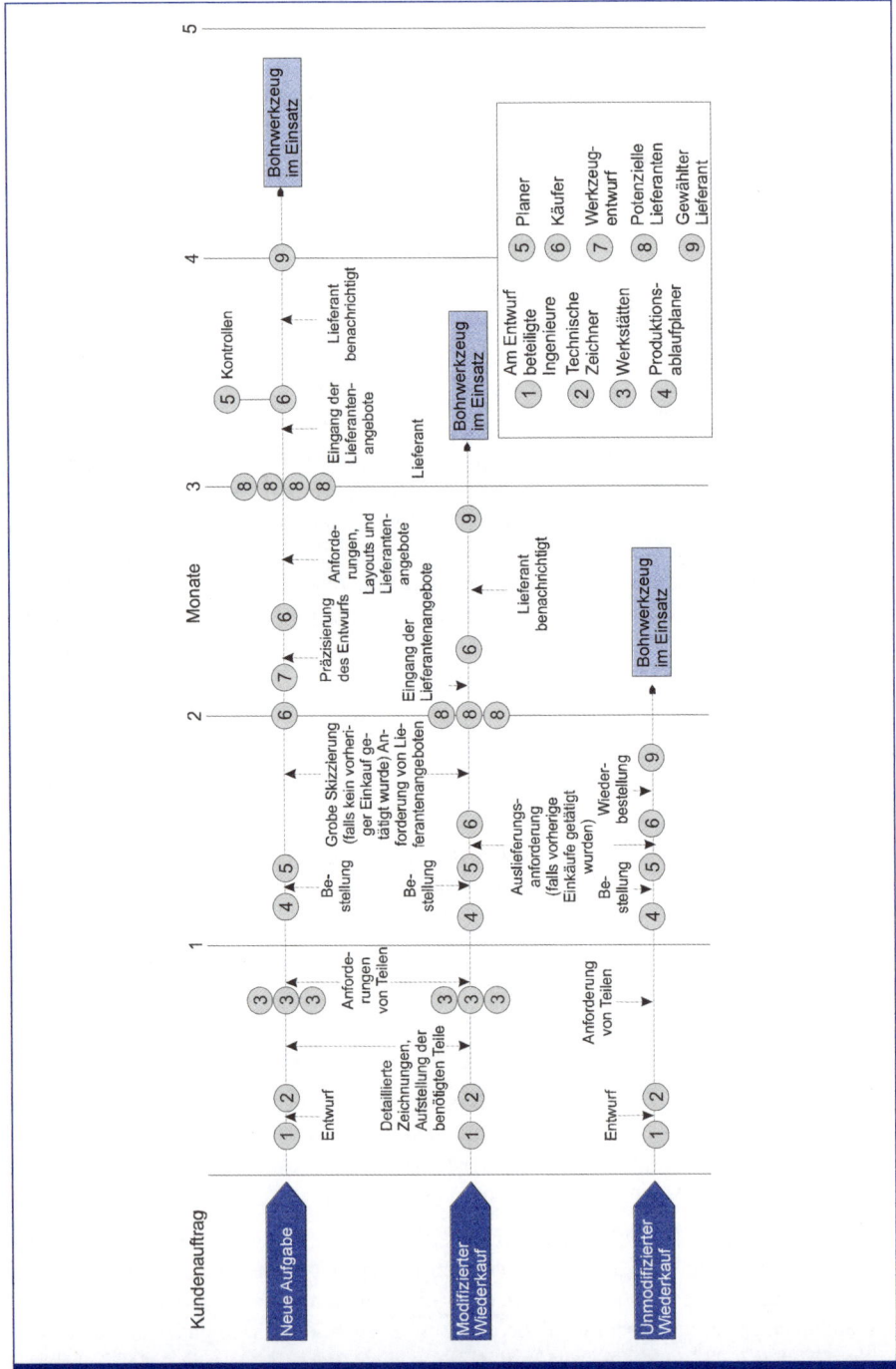

Abb. 32: Ablauf des Kaufprozesses beim Neukauf, modifizierten und reinen Wiederkauf am Beispiel der Beschaffung eines Bohrwerkzeuges

Quelle: *Robinson et al.*, 1967, S. 33.

Prozessvariable	Neukauf/modifizierter Wiederholungskauf	unmodifizierter Wiederholungskauf
Zeitliche Erstreckung	7 Monate – 5 Jahre	1 Woche – 7 Monate
Größe des Buying Centers	3 – 6 Mitglieder	2 – 3 Mitglieder
Anstoß zu Lieferantenkontakten kommt vom	Einkäufer, Planungs- oder Produktmanager, Ingenieur	Einkäufer
Initiator der Kaufabsicht	Manager, andere Lieferanten, Ingenieure	Einkäufer, Betreiber
Bevorzugte Verhandlungsparameter	Preis, Produktausführung, Lieferung, Garantie	Lieferung, Preis, Zahlungsbedingungen
Zusammensetzung des Buying Centers	unterschiedlich	Einkäufer, unterschiedlich
Gründe des Käufers für den Lieferantenkontakt	gewünschte Modifikationen, Unzufriedenheit, unfähige Lieferanten	Lagerauffüllung, Unzufriedenheit
Nachkaufberichterstattung	immer oder manchmal formlos	formlos

Abb. 33: Prozessmerkmale in ihren Ausprägungen auf Neukauf/modifizierten Wiederholungskauf und unmodifizierten Wiederholungskauf

Quelle: *Doyle et al.,* 1979, S. 11; Übersetzung aus *Engelhardt/Günter,* 1981, S. 55.

derkauf auf der einen und unmodifizierter Wiederkauf auf der anderen Seite) aufgegeben. Diese Zweiteilung untersuchen schließlich auch *Doyle et al.* (1979) und stellen ebenfalls empirische Unterschiede fest (vgl. *Abbildung 33*).

In der Studie von *Anderson et al.* (1987, S. 82) wird darüber hinaus eine weitere Modifikation vorgeschlagen: Die Kaufklasseneinteilung erfolgt nur noch anhand der Dimensionen „Neuheit des Problems" und „Informationsbedarf". Das Kriterium „Betrachtung neuer Alternativen" hat sich als nicht trennstark erwiesen.

Zusammenfassend lässt sich feststellen, dass gerade die Kaufklassenbetrachtung als kauftypologisierendes Merkmal besondere Beachtung in der Industriegütermarketing-Literatur gefunden hat. Allerdings lassen die empirischen Ergebnisse nicht den Schluss zu, dass der Kaufklassenansatz *alleine* in der Lage ist, organisationales Beschaffungsverhalten umfassend zu erklären. Es bedarf der Betrachtung weiterer Einflussfaktoren.

Produkttechnologie

Beschaffungsentscheidungen werden auch durch die **Art der zu beschaffenden Technologie** beeinflusst. Je nach Technologiestand (vgl. z. B. den Technologielebenszyklus bei *Ford/Ryan,* 1981, S. 117 ff.) verändert sich das Kaufverhalten. Aufgrund der schnellen Entwicklung und der damit verbundenen kurzen Lebenszyklen sind die Nachfrager in frühen Phasen des Technologielebenszyklusses oftmals verunsichert, ob sie in eine bestimmte Technologie investieren oder schon auf die nächste mit verbesserten Leistungsmerkmalen warten sollen. Angesichts dieses Problems tritt z. B. die Bedeutung der Einkaufsabteilung völlig in den Hintergrund. Sie degeneriert zu einer nur für administrative Tätigkeiten zuständigen Abteilung (vgl. *Abratt,* 1986, S. 295).

In manchen Fällen ist der Kunde wegen der **schnellen technischen Entwicklung** nicht mehr in der Lage, den Kundennutzen direkt zu erkennen (vgl. *Zimmermann,* 1987, S. 18).

Er intensiviert seine Informationssuche. Wegen der permanenten Neuerungen veraltern die gesammelten Informationen jedoch schnell, so dass neuer Informationsbedarf entsteht. Dadurch werden Kaufentscheidungen immer wieder verzögert.

Ein typisches Beispiel zeigt der Fall Ziegler. Keiner der Kaufbeteiligten ist in der Lage, den Nutzen des neuen Systems zu bestimmen, geschweige denn die alternativen Lösungskonzepte der Anbieter miteinander zu vergleichen. Es ist gerade die Vielzahl der angebotenen Lösungskonzepte, die die Entscheidungsbeteiligten zusätzlich verunsichert, so dass es zunächst nicht zum Kauf kommt. Diese Wirkungen bestätigen auch die Untersuchungen von *Backhaus/Weiber* (1986) auf einer breiteren empirischen Basis.

In neueren Untersuchungsansätzen wird den aus der immer schnelleren technologischen Entwicklung resultierenden Einflüssen auf das organisationale Beschaffungsverhalten verstärkt Aufmerksamkeit geschenkt. Besondere Bedeutung hat hier vor allem das Phänomen des **„technological leapfrogging"** erhalten (vgl. *Weiber/Pohl*, 1996a, *Pohl*; 1996). Technologisches Leapfrogging wird von *Weiber/Pohl* definiert als „das **bewusste** und **freiwillige Überspringen** des gegenwärtig am Markt verfügbaren Produkts und die **Verschiebung der Kaufentscheidung** auf eine in der Zukunft erwartete Produktgeneration, die in der subjektiven Wahrnehmung des Nachfragers durch eine verbesserte Leistungsfähigkeit gekennzeichnet ist" (vgl. *Weiber/Pohl*, 1996b, S. 1205). Die Verschiebung kennzeichnet keine endgültige Ablehnung einer Neutechnologie, sondern aufgrund der nur gegenwärtigen Ablehnung eine spätere Wiederaufnahme des Entscheidungsprozesses, der dann auch in eine entsprechende Kaufentscheidung mündet. *Weiber/Pohl* (1996b) stellen damit vor allem auf das **Prognoseproblem** des Nachfragers ab, da in ihrem Verständnis des „technological leapfrogging" die Verzögerung der Kaufentscheidung stets vor dem Hintergrund einer erwarteten und zum Zeitpunkt der (bewussten) Verzögerungsentscheidung noch nicht erhältlichen Technologie getroffen wird. Es ist allerdings auch denkbar, dass mehrere Technologiegenerationen gleichzeitig am Markt vertreten sind, wie das folgende Beispiel zeigt:

> Die Entscheidung gegen eine nicht mehr auf dem neuesten Stand der Technik stehende Prozessorgeneration (AMD-Athlon) bei der Anschaffung eines neuen PCs und die Entscheidung für einen AMD-Athlon 64 FX-Prozessor als Ausstattungsmerkmal kann ebenfalls als Leapfrogging aufgefasst werden, wenn ein Nachfrager zum Zeitpunkt der Entscheidung einen PC mit einem AMD-Duron-Prozessor besitzt. Ebenso würde es sich – nun wieder im Gleichklang mit *Weiber/ Pohl* – um Leapfrogging handeln, wenn ein solcher Nachfrager vor der Neuanschaffung auf die Weiterentwicklung des Athlon-Prozessors wartet.

Erwartungen bzgl. *zukünftiger* Technologien sind also nur dann relevant, wenn Kaufentscheidungen verschoben werden, weil eine noch nicht am Markt erhältliche Nachfolgetechnologie Gegenstand der Überlegungen eines Nachfragers ist. Da diese aber noch aufgrund der fehlenden unmittelbaren Informationen zur Technologie nicht beurteilt werden kann, sind die Nachfrager auf Ersatzinformationen angewiesen, die zur Vorteilhaftigkeitsbeurteilung einer Verschiebungsentscheidung herangezogen werden können. Diese Ersatzinformationen beziehen sich zwar auch auf die zukünftige Technologiegeneration, stammen aber häufig vom Anbieter selbst, der sich im Sinne von Vorankündigungen **(Preannouncing)** zu seiner zukünftigen Angebotspolitik – Leistungsfähigkeit der zukünftigen Technologie und deren voraussichtlicher Einführungszeitpunkt – äußert (vgl. *Preukschat*, 1993; *Lilly/ Walters*, 1997; *Schirm/Sattler*, 1999; *Büschken*, 2003a). Diese Vorankündigungen eines Anbieters beeinflussen in Abhängigkeit von ihrer Glaubwürdigkeit die durch den potenziellen Nachfrager wahrgenommenen technologischen Vorteile des Abwartens gegenüber einer unmittelbaren Beschaffungsentscheidung. Die wahrgenommenen Vorteile sind dabei umso größer, je eher die Einführung erwartet wird und je größer die vermuteten Vorteile der Neutechnologie sind (vgl. *Rosenberg*, 1981). Die Auswirkungen einer erfolgreichen Preannouncement-Politik zeigt folgendes Beispiel:

> Zwischen Januar und März 1987 startete IBM eine umfangreiche Kampagne zur Ankündigung ihrer neuen PC-Generation. Dabei wurde in verschiedenen Phasen auf die Inkompatibilität der neuen System-Anwendungsarchitektur von IBM zum existierenden Industriestandard hingewiesen sowie die neue PC-Produktlinie PS/2 der Öffentlichkeit vorgestellt. Es kam daraufhin zu einer deutlichen Kaufzurückhaltung der Abnehmer bei den bisher am Markt vertretenen PCs. Trotz kräftiger Preissenkungen sank deren Absatz innerhalb eines Monats um mehr als 7 %.
> (Quelle: *Heß*, 1993, S. 122 ff.)

Eine Verzögerung von Kaufentscheidungen in technologisch schnelllebigen Märkten kann für die davon betroffenen Anbieter erhebliche **Konsequenzen** haben. Diese hängen davon ab, ob Leapfrogging für den Anbieter positive oder negative Wirkungen entfaltet. Ein technologisch zurückliegender Anbieter, der in naher Zukunft eine klar überlegene Neutechnologie auf den Markt bringen will, wird Leapfrogging begrüßen, da es die Zahl der potenziellen Nachfrager erhöht. Ein Anbieter mit durchaus konkurrenzfähiger aktueller Technologie und zeitlichen Entwicklungsrückständen wird hingegen nachteilig beeinflusst. Entsprechend unterschiedlich sind die Konsequenzen für das Marketing (vgl. hierzu und im Folgenden *Weiber/Pohl*, 1996a).

Stellt Leapfrogging **erwünschtes Verhalten** dar, sind den Nachfragern Informationen über die Vorteilhaftigkeit der Verschiebung von Beschaffungsentscheidungen zu übermitteln. Deren Wirkung hängt vor allem von der Glaubwürdigkeit der darin enthaltenen Informationen ab. Diese wiederum ist stark von der **Reputation** des Anbieters bzw. der Informationsquelle abhängig. Glaubwürdige diesbezügliche Informationen sind z. B. leistungsfähige und testbare **Prototypen** (vgl. *Weiber*, 1994). Deren Verfügbarkeit setzt allerdings ein spätes Entwicklungsstadium der Neutechnologie voraus. Als anbieterunabhängige und somit vielleicht weniger einseitige und eher neutrale Informationsquellen können die Verwender dieser Prototypen angesehen werden (sog. Lead User). **Lead User** sind Nachfrager, deren Bedürfnisse repräsentativ für den betrachteten Markt sind und die neue Technologien bereitwillig akzeptieren (vgl. *Herstatt/von Hippel*, 1992; *von Hippel*, 1986; *Urban/von Hippel*, 1988).

Da eine Beurteilung der Leistungsangebote – auch aufgrund der Probleme bei der Vorteilhaftigkeitsbewertung zukünftiger Technologien – immer schwieriger wird, wenden sich die Nachfrager auch immer stärker **(externen) Beratern** zu. Das vergrößert das Buying Center, macht es multiorganisational und verzögert zusätzlich die Kaufentscheidung (vgl. *Günter*, 1993). Zusätzlich entstehen für den Anbieter hierdurch neue und eigenständige Zielgruppen im Buying Center, die bei der Zielgruppenbestimmung und -bearbeitung im Marketing zu beachten sind.

Mehrdimensionale Kauftypologien

Die in der Literatur zur Bildung von Kauftypen vorgeschlagenen Merkmale werden primär isoliert in ihren Auswirkungen auf die Beschaffungsentscheidung betrachtet. Konkrete Kauftypologien, die verschiedene Merkmalsausprägungen alternativer Merkmale miteinander kombinieren, sind hingegen relativ selten. Ein bekannter Ansatz wurde von *Kirsch/Kutschker* entwickelt.

Die Typologie von *Kirsch/Kutschker* (1978) **basiert auf drei Faktoren**, die auf Basis einer Faktorenanalyse gewonnen wurden:

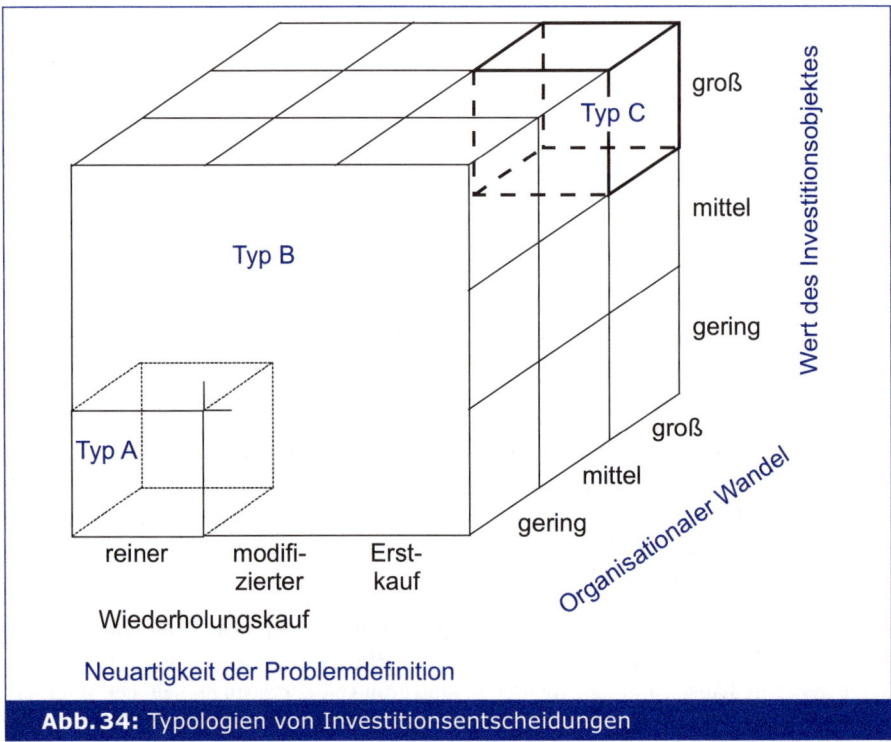

Abb. 34: Typologien von Investitionsentscheidungen

Quelle: *Kutschker,* 1972, S. 47.

- Wert des Investitionsobjekts,
- Neuartigkeit des Problems,
- Grad des organisatorischen Wandels.

Aus der Kombination der drei Faktoren entwickeln *Kirsch/Kutschker* drei Typen von Investitionsentscheidungen (vgl. *Abbildung 34*).

Investitionsentscheidungen vom **Typ A** sind durch geringe Ausprägungen bei allen drei Merkmalen gekennzeichnet. Es handelt sich um einen reinen Wiederholungskauf, der einen geringen organisatorischen Wandel hervorruft, wobei der Wert des Investitionsobjekts ebenfalls gering ist. Insgesamt handelt es sich um ein wenig komplexes Beschaffungsvorhaben.

Investitionsentscheidungen vom **Typ C** bilden dagegen das andere Extrem. Es handelt sich um ein neues Problem von großer Wertdimension, das einen erheblichen organisatorischen Wandel bedingen wird.

Investitionsentscheidungen vom **Typ B** bilden alle Zwischenformen zwischen den beiden extremen Typen. Dieser Fall wird von *Kirsch/Kutschker* nicht weiter analysiert, obwohl er sicherlich mit zu den häufigsten Fällen in der Realität zählt.

1.2.1.4 Organisationsbezogene Einflussgrößen des Beschaffungsprozesses

Kaufentscheidungen werden immer von Personen durchgeführt. Bei organisationalen Beschaffungsentscheidungen sind sie jedoch in einen Rahmen organisatorischer Regelungen eingebettet. Insofern nimmt die **Organisation** durch bestimmte Gestaltungsmaßnahmen Einfluss auf den Beschaffungsprozess. Diese Maßnahmen können schriftlich kodifiziert sein, es kann sich aber auch um „ungeschriebene Gesetze" oder eingeübte Verhaltensmuster handeln. Inwieweit solche Einflüsse tatsächlich relevant werden, hängt daher im Wesentlichen von bestimmten Organisationsmerkmalen ab.

Art der Nachfrager-Organisation

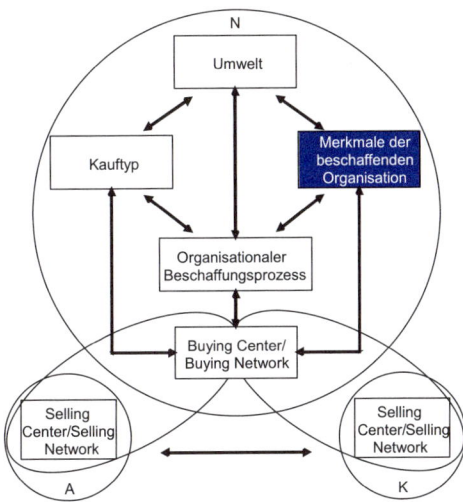

Zunächst einmal ist für den Ablauf des Beschaffungsprozesses entscheidend, ob es sich bei der beschaffenden Organisation um eine **Behörde** oder ein **Industrieunternehmen** handelt.

Eine besonders deutliche Erscheinungsform der **Formalisierung des Kaufprozesses** findet sich bei umfangreichen Investitionsvorhaben vor allem, wenn die öffentliche Hand als Nachfrager auftritt. Hier erfolgt die Auftragsvergabe häufig aufgrund einer öffentlichen Ausschreibung. Dabei wird versucht, mit Hilfe bestimmter Regeln eine Vereinheitlichung und größere Transparenz des Angebots herbeizuführen.

Der hohe Formalisierungsgrad bei **Beschaffungen der öffentlichen Hand** (Bund, Länder, Gemeinden, Rundfunkanstalten, Universitäten etc.) ergibt sich vor allem aus den Bestimmungen des § 55 Abs. 2 der Bundeshaushaltsordnung (BHO) (vgl. auch *Berndt*, 1988; *Diederich*, 1974; *Zuber*, 1977). Die darin enthaltenen Richtlinien sind im Einzelnen in den Verdingungsordnungen für Leistungen (VOL) – ausgenommen Bauleistungen – und der Verdingungsordnung für Bauleistungen (VOB) fixiert. In diesen Bestimmungen ist z.B. im Detail festgelegt (vgl. *Busse von Colbe et al.*, 1992, S. 50 ff.),

- unter welchen **Bedingungen die Auftragsvergabe** im Wege der öffentlichen Ausschreibung, beschränkten Ausschreibung oder freihändigen Vergabe erfolgen muss oder kann,
- nach welchen **Kriterien** die Angebote zu beurteilen sind,
- welche **Preisarten** (Kostenfestpreise, Selbstkostenerstattungspreise, Preisgleitklauseln) zu vereinbaren sind,
- welche **Kontrollmöglichkeiten** der Anbieter dem Nachfrager der öffentlichen Hand einräumen muss.

Neben den nationalen Vergaberichtlinien bestimmen zunehmend **EU-weite Vorgaben** die Beschaffung von öffentlichen Auftraggebern. So ist seit 1994 die Vergabeverordnung (VgV) wirksam, die die öffentliche Hand kraft Gesetz zur europaweiten Vergabe von öffentlichen Bauaufträgen verpflichtet, die einen Schwellenwert von fünf Mio. € übersteigen (vgl. auch *Bornheim/Stockmann*, 1995).

Diese engen Bestimmungen führen einerseits zu einer relativ **hohen Transparenz** des Kaufprozesses beim Anbieter, engen andererseits den Handlungsspielraum für Marketing-Aktivitäten häufig erheblich ein, so dass dem Anbieter nur ein „ständiges Kontakthalten" bleibt.

Extreme Formalisierungsbestrebungen bei der organisationalen Beschaffung zeigen sich häufig auch bei Beschaffungsentscheidungen im Ausland. Vor allem in einigen Entwicklungs- und Schwellenländern erfolgt die Auftragsvergabe z. T. nach sehr genau vorgeschriebenen Beschaffungsrichtlinien. Diese Richtlinien basieren in aller Regel auf der durch politische Vorgaben beeinflussten Industriepolitik. Häufig sollen allerdings durch eine starke Formalisierung Korruptionsgefahren eingeschränkt werden.

Größe der Organisation

Neben der Art der Nachfrager hat die **Größe der Organisation** einen Einfluss auf die Kaufentscheidung. Die Unternehmensgröße hat, wie die *Spiegel*-Untersuchung von 1982 (vgl. *Spiegel-Verlag*, 1982, S. 28 und S. 32 f.) gezeigt hat, deutlichen Einfluss auf Größe und Zusammensetzung des Buying Centers. Buying Center sind bei Großunternehmen tendenziell größer, was sicherlich darin seine Begründung hat, dass i. d. R. mehr Spezialisten vorhanden sind, die in den Beschaffungsprozess integriert werden.

Um gerade bei großen Unternehmen die Einheitlichkeit des Beschaffungsprozesses sicherzustellen, existieren häufig übergeordnete **Leitlinien der Beschaffung** sowie zu deren Umsetzung konkrete **Beschaffungs- oder Einkaufsrichtlinien**. *Abbildung 35* zeigt die Leitlinien der Beschaffung der Robert Bosch GmbH. Diese verdeutlichen, welche übergeordneten Aspekte bei der Auftragsvergabe innerhalb der Robert Bosch GmbH Beachtung finden und stellen daher für potenzielle Lieferanten einen Anhaltspunkt für die Vermarktung dar.

Sehr viel detaillierter werden die Beschaffungs- und Einkaufsprozesse in den darauf aufbauenden Beschaffungs- und Einkaufsrichtlinien geregelt. In diesen **Beschaffungsrichtlinien** wird u. a. festgelegt,

- welche Abteilungen bei welchen Investitionsprozessen einzuschalten sind,
- ggf. wem die letzte Entscheidung vorbehalten ist,
- welche Methoden zur Beurteilung von Investitionsobjekten heranzuziehen sind,
- welches Anreizsystem die einkaufsentscheidenden Fachleute motivieren soll.

Für einen Anbieter von Industriegütern ist es zur Steuerung seines Marketing-Prozesses von großer Bedeutung, Informationen darüber zu besitzen, welche Bestimmungen und Regelungen für Beschaffungsprozesse innerhalb des Kundenunternehmens bestehen. Beispielsweise kann die Kenntnis des **einkaufssteuernden Anreizsystems** (vgl. *Anderson/Chambers*, 1985, S. 7 ff.), nach dem die einkaufsentscheidenden Fachleute für zieladäquates Verhalten belohnt werden sollen, von ausschlaggebender Bedeutung für die Gestaltung der gewählten Marketing-Strategie sein. Dies belegt folgendes Beispiel:

> Ein Anbieter hochauflösender Graphikcomputer war wenig erfolgreich bei potenziellen Großkunden. Im Gegensatz zur üblichen Branchenpraxis, bei der hohe Listenpreisforderungen durch erhebliche Mengenrabatte korrigiert wurden, versuchte die betrachtete Firma den Markteinstieg über eine Unterbietung der Listenpreise um 10 bis 15 % bei gleichzeitiger rigider Rabattgewährung. Trotz des geringsten Einstiegspreises und exzellenter Qualität konnte die Firma in diesem Marktsegment nicht Fuß fassen. Die Erklärung für den Misserfolg lag im fehl-interpretierten organisationalen Beschaffungsverhalten: Die Einkäufer der Großkunden erhielten Prämien in Abhängigkeit von den erreichten Rabattsätzen. Die Politik des Graphikcomputer-Anbieters hatte dieses Anreizsystem nicht richtig erkannt und daher seine Preispolitik falsch ausgerichtet.
>
> (Quelle: *Bonoma*, 1982, S. 111)

> **Einkaufs- und Logistikleitlinien der Bosch-Gruppe**
>
> **Präambel**
> Die Einkaufs- und Logistikleitlinien bilden den Rahmen für alle einkäuferischen und logistischen Aktivitäten. Maßstab für Anwendung der Leitlinien ist die ausgewogene Erfüllung der Qualitäts-, Kosten- und Lieferziele (QKL). In der zunehmenden Globalisierung der Märkte und unseres Unternehmens übernehmen wir bewusst soziale Verantwortung. Unser Handeln in Einkauf und Logistik basiert auf den UN-Grundprinzipien des Global Compact zur Beachtung der Menschenrechte, Arbeitsbedingungen, Umwelt und striktem Vorgehen gegen Korruption.
>
> **1. Kundenzufriedenheit**
> Die Ziele in Einkauf und Logistik orientieren sich an den Anforderungen und der Zufriedenheit unserer Kunden. Bei deren Umsetzung arbeiten wir mit den Beteiligten bereichsübergreifend und partnerschaftlich zusammen, um die beste Kombination aus Funktion, Lieferung und Kosten zu gewährleisten. Das Erreichen der Qualitätsziele ist dabei unabdingbare Voraussetzung.
>
> **2. Qualitätsverantwortung**
> Wir sind für die Qualität beim Bezug von Teilen, Sach- und Dienstleistungen verantwortlich und verfolgen die Null-Fehler-Zielsetzung. Die Qualität unserer logistischen Leistung erfüllt internationale Normen und leitet sich aus den Anforderungen unserer Kunden ab. Wir setzen transparente und standardisierte Messgrößen ein.
>
> **3. Lieferantenentwicklung**
> Für Waren und Dienstleistungen benötigen wir leistungsfähige und innovative Lieferanten, mit denen wir offen, fair und langfristig zusammenarbeiten. Wir unterstützen unsere Lieferanten aktiv bei der weiteren Entwicklung ihrer Kompetenz und achten sie als selbstständige Unternehmer.
>
> **4. Fairness und Transparenz**
> Einkaufsentscheidungen treffen wir ausschließlich unter sachlichen und nachvollziehbaren Kriterien. Ziel ist der von allen Beteiligten getragene Bosch-Gesamtnutzen (Total cost). Bei der Auswahl von Lieferanten und Dienstleistern, bei der Umsetzung von Zielen und der Bewertung von Lieferantenleistungen berücksichtigen wir preisliche, logistische und qualitative Gesichtspunkte. Hierbei gehen wir nach einheitlichen Verfahren vor.
>
> **5. Umweltbewusstsein**
> Umweltfragen sind uns wichtig. Wir berücksichtigen diese bei der Stoffauswahl unter anderem hinsichtlich Recycling, Entsorgung, Verpackung, Transport und der Lieferantenauswahl. Wir achten auf umweltverträgliche Lösungen.
>
> **6. Internationalität**
> Wir sichern unsere Wettbewerbsfähigkeit durch eine international ausgerichtete, systematische Einkaufsmarktbearbeitung und globale Lieferantenstrategie. Unser internationales Entwicklungs- und Fertigungsnetzwerk unterstützen wir durch einen internationalen Einkaufs- und Logistikverbund. Damit erfüllen wir die Anforderungen unserer Kunden und Lieferanten in ihrer Globalisierung.
>
> **7. Informationsverbund**
> Wir stützen unsere Tätigkeit auf einen weltweiten Informationsverbund.
>
> **8. Markt- und Erzeugnisorientierung**
> Die Bearbeitung des Einkaufsmarktes und die Mitarbeit an Erzeugnis- bzw. Kundenprojekten sind gleich gewichtet. Wir nehmen deshalb aktiv an der gemeinsamen Neuentwicklung und Kostenoptimierung von Erzeugnissen und Dienstleistungen teil. Die frühzeitige und systematische Einbindung innovativer, technisch kompetenter Anbieter von Entwicklungsleistungen und Serienerzeugnissen in unsere Erzeugnisentwicklung ist eine wesentliche Aufgabe.
>
> **9. Prozessorientierung und ständige Verbesserung**
> Kernprozesse und Strukturen in der Supply Chain sind ausgerichtet auf die Prinzipien des BOSCH Business Systems. Wir arbeiten an deren ständigen Verbesserung. Hierdurch sichern wir kurze Durchlaufzeiten und hohe Wirtschaftlichkeit. Die Leistungsfähigkeit unserer Einkaufs- und Logistikprozesse werden durch ein standardisiertes Controlling transparent gemacht.
>
> **10. Mitarbeiterentwicklung**
> Zur Erreichung unserer Ziele in Einkauf und Logistik entwickeln wir gezielt Mitarbeiterinnen und Mitarbeiter in den Feldern unternehmerisches Denken, Führungs-, Sozial- und methodische Kompetenz sowie in ihren interkulturellen Fähigkeiten.

Abb. 35: Beispiel zu Beschaffungsleitlinien

Quelle: *Robert Bosch GmbH*, 2005.

Struktur der beschaffenden Organisation

Ein wichtiger Einflussfaktor auf das Beschaffungsverhalten liegt auch in der jeweiligen **Struktur der beschaffenden Organisationen** begründet (vgl. *Johnston/Bonoma*, 1981a; *Kutschker/Roth*, 1975). Stärker dezentralisierte Unternehmen überlassen zwangsläufig Investitionsentscheidungen bis zu einer bestimmten Höhe den dezentralisierten Einheiten. Erst wenn die Höhe des Investitionsobjekts Bedeutung für das Gesamtunternehmen bekommt, wird der Entscheidungsprozess stärker zentralisiert. Insofern lassen sich in der Praxis häufig in Abhängigkeit von der Höhe des Investitionsobjekts und der Organisationsstruktur sehr unterschiedliche Buying Center und damit auch Beschaffungsprozesse nachweisen (vgl. auch *Hutt/Speh*, 2004, S. 91; *Johnston/Bonoma*, 1981a, S. 153).

Organisationskultur

Im Lebenszyklus einer Organisation kristallisieren sich bestimmte Verhaltensstrategien bzw. Verhaltensmuster heraus, die – obwohl sie ungeschriebene Gesetze sind – durchschlagenden Einfluss auf das Beschaffungsverhalten haben. Wir bezeichnen diese als **Organisationskultur** bzw. Unternehmenskultur, womit zum Ausdruck gebracht werden soll, „dass Betriebswirtschaften in ihrem Agieren eine gewisse wert- und normbezogene Eigenständigkeit entwickeln können, durch welche sie sich voneinander und u. U. auch bis zu einem gewissen Grade vom Wert- und Normgefüge der Gesamtgesellschaft abheben können. Unternehmenskultur äußert sich – insbesondere, wenn sie stark ausgeprägt ist – in einer gemeinsamen Geisteshaltung und Denkweise der Organisationsmitglieder. Sie beeinflusst Entscheidungen und Handlungen auf allen Hierarchieebenen und in jeder Abteilung" (vgl. *Heinen*, 1997, S. 2; vgl. auch *Schein*, 1995). Ausfluss einer bestimmten Unternehmenskultur sind Verhaltensweisen wie „wir kaufen immer nur das Beste" oder „wir machen uns nie von einem Lieferanten abhängig" (*Plinke/Fließ*, 1986).

Beschaffungsstrategie

Organisationale Einflussfaktoren auf das Beschaffungsverhalten ergeben sich auch aus der verfolgten **Beschaffungsstrategie** (vgl. *Arnold*, 1982, 1997 und 2002; *Hammann/Lohrberg*, 1986; *Sheth*, 1996; *Hahn/Kaufmann*, 2002). Da der Beschaffungsbereich trotz der hier anfallenden hohen Kosten ein in der Praxis häufig vernachlässigter Bereich ist, der aktuell als neues Rationalisierungsreservoir entdeckt wird (vgl. *Müller*, 2004), sind hier erhebliche Veränderungen zu beobachten und auch weiter zu erwarten. Insbesondere die Etablierung des **elektronischen Beschaffungsmanagements** bzw. **E-Procurements** wird zu einer Wandlung klassischer Beschaffungsstrategien führen. So ermöglichen die modernen IuK-Technologien etwa eine umfassendere Umsetzung von Global-Sourcing-Strategien als bisher oder eine häufigere Bildung von Einkaufskooperationen. Solche Neudefinitionen des strategischen Beschaffungsverständnisses können das Beschaffungsverhalten von Grund auf ändern (vgl. *Kersten*, 2001, S. 27; *Krampf*, 2000, S. 6 ff.; *Nowak/Buhmann*, 2001, S. 7 ff.; *Wirtz*, 2007, S. 314).

Die Beispiele organisationsbezogener Einflussfaktoren haben gezeigt, wie wichtig die genaue Kenntnis dieser Faktoren für eine adäquate Interpretation des Beschaffungsprozesses ist. Insofern spielen sie für die Gestaltung der Marketing-Strategien des Anbieters eine entscheidende Rolle.

1.2.1.5 Umwelt als Einflussfaktor

Die Einflussfaktoren auf das organisationale Beschaffungsverhalten, die nicht von den am Marktprozess unmittelbar Beteiligten gesteuert werden können, bezeichnen wir als Einflussfaktoren der **Umwelt**. Dazu zählen insbesondere folgende Einflussgrößen:

- rechtliche Rahmenbedingungen,
- technologische Entwicklung,
- gesamtwirtschaftliche Entwicklung,
- gesellschaftliche Normen,
- materielle Ressourcenpotenziale,
- personelle Ressourcenpotenziale

(vgl. hierzu auch *Graevenitz/Würgler*, 1983, S. 107 ff.; *Hutt/Speh*, 2004, S. 68 f.).

A. Die drei Perspektiven des KKVs

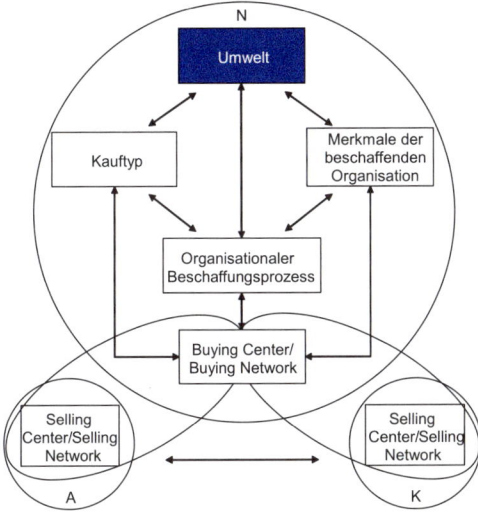

Wie für den Anbieter von Gütern und Dienstleistungen gibt es auch für den Nachfrager **Rechtsnormen**, die seinen Entscheidungsspielraum beim Einkauf begrenzen. Diese Normen richten sich z. B. darauf, den unkontrollierten Erwerb und Gebrauch „gefährlicher Güter" wie Atomkraftwerke oder bestimmte Chemikalien zu begrenzen. „Gefährliche Güter" unterliegen generell rechtlichen Bestimmungen, um Umwelt und Gesellschaft vor nachteiligen Folgen zu schützen.

Der Rechtsschutz setzt bei verschiedenen **Adressaten** an: Sofern es sich um weitgehend standardisierte Güter handelt, die in Serien-, Sorten- oder Massenfertigung hergestellt werden, greifen die Rechtsmaßnahmen beim Lieferanten. Die Produkte kommen also gar nicht auf den Markt, bevor sie als unbedenklich eingestuft sind, so dass es sich für die Beschaffung gar nicht mehr um „gefährliche Güter" handelt. Anders dagegen bei auftragsgefertigten Produkten (z. B. Industrieanlagen), deren endgültige Auslegung nach Kundenwunsch erfolgt. In diesem Fall können durch Kombination von einzelnen („ungefährlichen") Komponenten beschaffungsspezifisch „gefährliche Güter" beim Kunden entstehen. Daher setzen die rechtlichen Einflussmaßnahmen hier auch bei der Beschaffungsentscheidung an, indem für die Errichtung bzw. den Betrieb bestimmte Anlagengenehmigungen einzuholen sind (vgl. dazu *Backhaus/ Plinke*, 1986, S. 164 ff.).

Gerade für das Industriegütermarketing hat auch die **Technologieentwicklung** eine besondere Bedeutung, da sie das Beschaffungsverhalten in besonderem Maße beeinflusst. So ist etwa seit einiger Zeit eine stärkere Automatisierung der Beschaffungsprozesse vieler Nachfrager im Rahmen des E-Procurement zu beobachten (vgl. *Puschmann et al.*, 2001, S. 22 ff.; *Wirtz*, 2007, S. 311 ff.). Weiterhin wird die Beschaffungsentscheidung bei technologischen Innovationen auch durch Überlegungen bzgl. der Schnittstellenproblematik und der Kompatibilität zu bereits bestehenden, aber auch zu zukünftigen Technologien beeinflusst. Die Angst, den Einstieg in eine neue Technologie über den falschen Weg zu wählen, hindert viele Nachfrager, Beschaffungsentscheidungsprozesse zügig voranzutreiben. Vielmehr lässt sich konstatieren, dass das hohe empfundene Risiko beim Kauf aufgrund der Technologieentwicklung im Umweltbereich Akzeptanzbarrieren bewirkt, die zu einer Verlängerung des Kaufprozesses führen (vgl. *Backhaus/Weiber*, 1987, S. 70 ff.).

Die von einem einzelnen Anbieter häufig nur wenig beeinflussbare Technologieentwicklung eines Marktes wird mit zunehmender Geschwindigkeit zu einem eigenständigen Einflussfaktor auf das organisationale Beschaffungsverhalten, wie die Überlegungen zur Veränderung des Nachfrageverhaltens durch das Überspringen von Technologiegenerationen („Leapfrogging") gezeigt haben. Daneben werden durch eine rasche Technologieentwicklung weitere beschaffungsrelevante, empirisch beobachtbare Phänomene induziert. Je komplexer und innovativer neue Technologien sind und je größer das wahrgenommene Risiko als Folge einer Beschaffungsentscheidung ist, desto höher ist z. B. die Interaktionsintensität zwischen dem Nachfrager und den Anbietern, wie verschiedene empirische Untersuchungen gezeigt haben (vgl. *Campbell*, 1985a; *Kirsch/Kutschker*, 1978; *Koch*, 1987; *Spekman/Strauss*,

1986). Gleichzeitig verändern sich mit zunehmendem Risiko und erhöhter Komplexität der Beschaffungsaufgabe die Bewertungs- und Selektionskriterien der Nachfrager: Es treten dann technische Kriterien zu Lasten ökonomischer Kriterien in den Vordergrund, preisliche Argumente treten demgegenüber in den Hintergrund (vgl. *Dempsey*, 1978; *Håkansson/ Wootz*, 1979; *Kratz*, 1975). Als Folge werden für die Nachfrager Ansätze zur Reduktion des wahrgenommenen Risikos bedeutsam. Empirisch kann hier vor allem die Auswahl bereits bekannter und „bewährter" Lieferanten beobachtet werden, was zu einer Intensivierung bereits bestehender Geschäftsbeziehungen führt (vgl. *Campbell*, 1985a; *Koch*, 1987; *Spekman/Strauss*, 1986).

Ebenso variiert das Beschaffungsverhalten mit der **gesamtwirtschaftlichen Entwicklungssituation** (vgl. z. B. *Hutt/Speh*, 2004, S. 68). *Guillet de Monthoux* (1975) hat z. B. gezeigt, dass in Rezessionszeiten die Kontrolle von Beschaffungsprozessen zunimmt und der Formalisierungsgrad steigt. In Aufschwungphasen dagegen werden Beschaffungsentscheidungen in einer „mehr informellen Atmosphäre" getroffen.

Weitere Einflussfaktoren können sich z. B. aus der **Inflations-**, **Umwelt-** und **Entwicklungspolitik** der jeweiligen Regierung ergeben. Bei Inflationsdämpfungsmaßnahmen wird die öffentliche Nachfrage häufig reduziert, so dass ein erhöhter Preisdruck in den Märkten entsteht (vgl. auch *McTavish/Maitland*, 1980, S. 39), in denen die öffentliche Hand als (Haupt-)Nachfrager auftritt. Im Umweltbereich kann die Förderung von energiesparenden Technologien die Nachfrage nach diesen Technologien anheizen. Durch entwicklungspolitische Maßnahmen können Industrieprojekte besonders gefördert werden.

Gesellschaftliche Werte und Normen beeinflussen nicht nur die Konsumgewohnheiten, sondern auch das Investitionsverhalten. Das Beispiel „Kernkraft" verdeutlicht dies. Seit der Tschernobyl-Katastrophe lässt sich in vielen Ländern eine sehr distanzierte gesellschaftliche Haltung gegenüber der Kernenergie beobachten. Die öffentliche Diskussion um die (mangelnde) Sicherheit von Kernkraftwerken schränkt weitere Investitionen in diesen Bereich ein und hat in einigen Ländern – wie z. B. Deutschland – zum Ausstieg aus der Kernenergie geführt.

Materielle und personelle Ressourcenpotenziale stellen in vielen Bereichen entscheidende Restriktionen für das Beschaffungsverhalten dar. Insbesondere die Studien des Club of Rome haben die Begrenztheit des weltweiten Ressourcenpotenzials deutlich gemacht (vgl. *Meadows*, 2000; *King*, 1992) und in manchen Bereichen z. B. zum Abschluss langfristiger Lieferverträge und Aufbau von „Sicherheitslagern" geführt.

Gerade die Einführung von High-Tech-Systemen hat schließlich immer wieder gezeigt, dass die **Qualifikationsanforderungen** an die davon betroffenen Mitarbeiter steigen. Unter dem Stichwort „Qualifizierungsoffensive" wurden daher Konzepte entwickelt, die diesen Engpass beseitigen sollen (vgl. z. B. *Baaken/Simon*, 1987; *Staehle*, 1999). Der Erfolg dieser Konzepte wird das Beschaffungsverhalten bei neuen Technologien entscheidend mitprägen.

Die Liste der Einflussfaktoren ließe sich problemlos erweitern. Sie zeigt aber auch so bereits auf, dass sich organisationales Beschaffungsverhalten in einem sehr komplexen Geflecht von umweltbezogenen Einflussfaktoren vollzieht, die es zu antizipieren und zu berücksichtigen gilt. In der Regel wird man dazu Szenarien für alternative Umweltentwicklungen verwenden (vgl. z. B. *Graevenitz/Würgler*, 1983, S. 107 ff.).

1.2.2 Totalmodelle des Beschaffungsverhaltens

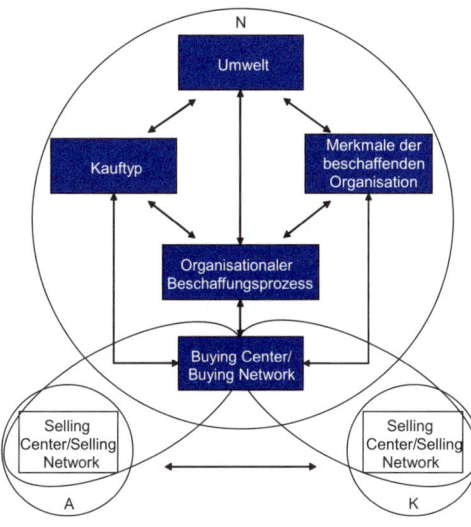

Die Analyse des organisationalen Beschaffungsverhaltens hat deutlich gemacht, dass eine Vielzahl von Faktoren auf das Beschaffungsverhalten einwirkt.

Neben der bisherigen Partial-Untersuchung dieser Einflussfaktoren lassen sich die Faktoren auch simultan analysieren. Werden alle Einflussfaktoren zugleich betrachtet, so liegt ein **Totalmodell** vor. Bei den Totalmodellen unterscheiden wir solche Modelle, bei denen lediglich die oben einzeln vorgestellten Einflussfaktoren zusammengestellt werden. Diesen Modelltyp bezeichnen wir als **Strukturmodell**. Wird dagegen primär der Ablauf des Beschaffungsprozesses in den Vordergrund gestellt, so sprechen wir von **Prozessmodellen**.

1.2.2.1 Das Webster/Wind-Modell: Ein grundlegendes Strukturmodell

Eines der ersten und gleichzeitig umfassendsten Strukturmodelle für den Bereich des organisationalen Beschaffungsverhaltens wurde von *Webster/Wind* entwickelt (vgl. *Webster/Wind*, 1972a). Die Struktur des Modells wird in *Abbildung 36* dargestellt.

Webster/Wind unterscheiden **vier Gruppen** von Einflussfaktoren:

- umweltbedingte Determinanten,
- organisationsbedingte Determinanten,
- interpersonale Determinanten und
- intrapersonale Determinanten.

Diese Einflussfaktor-Gruppen beinhalten alle o. g. Besonderheiten organisationalen Beschaffungsverhaltens.

Umweltbedingte Determinanten

Die umweltbedingten Determinanten umfassen alle **Einflussfaktoren**, die „von außen" das unternehmensbezogene Einkaufsverhalten beeinflussen. Dazu zählen z. B.

- politische,
- gesetzliche,
- technologische,
- physikalische,
- ökonomische und
- kulturelle Restriktionen.

Diese Faktoren sind dann entscheidend, wenn sie eine gänzliche Neuorientierung der Unternehmenspolitik erforderlich machen. Ein Beispiel dafür ist das nach dem Golfkrieg in

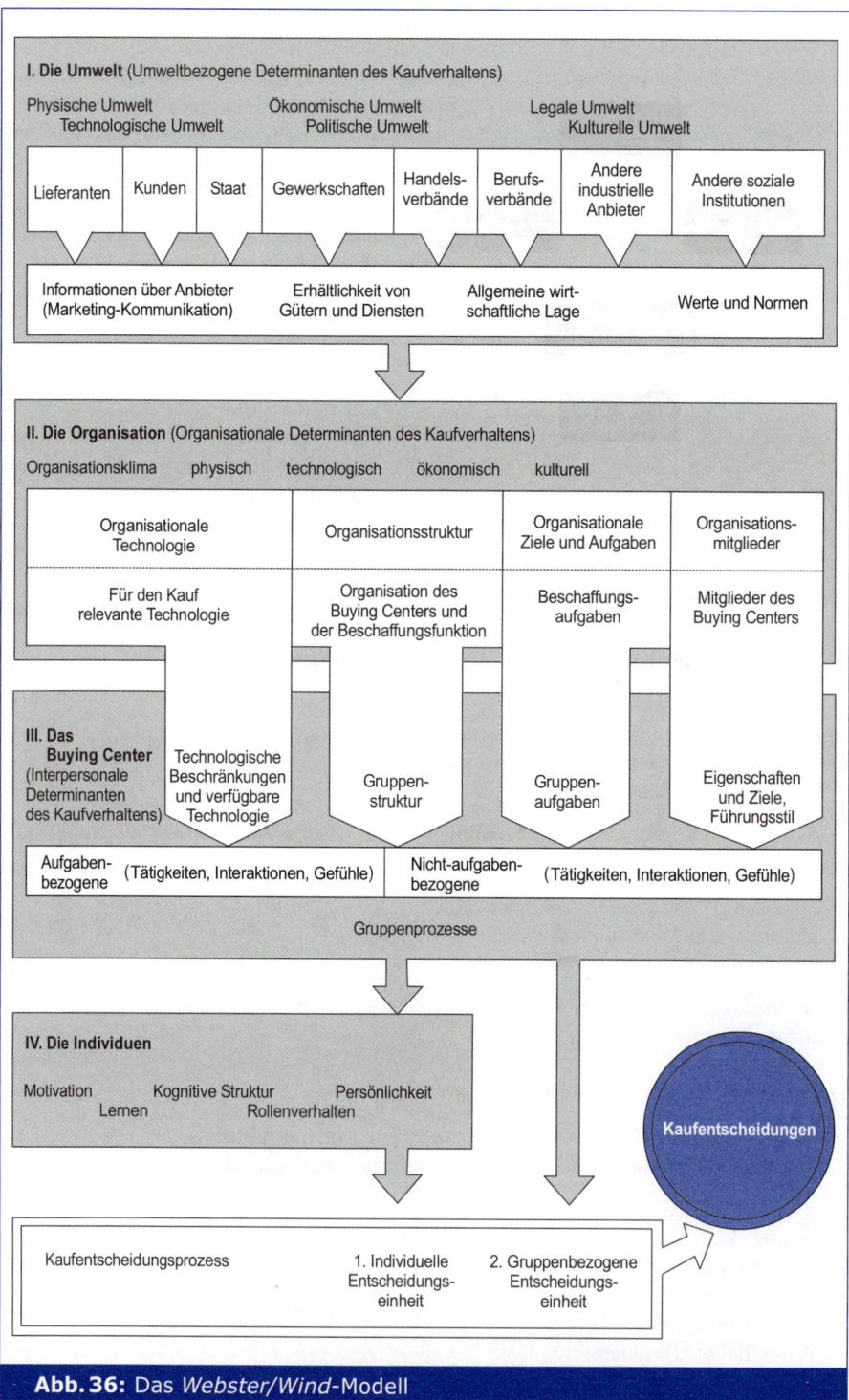

Abb. 36: Das *Webster/Wind*-Modell

Quelle: Übersetzung von *Webster/Wind*, 1972a, S. 15.

den 1990er Jahren verhängte Ölembargo gegenüber dem Irak, das im Beschaffungsbereich Substitutionsprozesse ausgelöst hat. Gesetzliche Restriktionen ergeben sich z. B. durch die nationalen und europäischen Bestimmungen der Verdingungsverordnungen für die Nachfrager der öffentlichen Hand. Technologisch bedingte Nachfrageveränderungen ergeben sich auch bei der Einführung technischer Neuerungen, die zu Nachfrageumstrukturierungen führen können.

Diese Beschaffungseinflüsse wirken über die verschiedensten Arten von Organisationen auf den Nachfrager ein. Nicht nur der Beschaffungsträger direkt, sondern Gewerkschaften, Verbände, Konkurrenten usw. sind betroffen und wirken auf die einzelne nachfragende Organisation ein und beeinflussen deren Beschaffungsverhalten.

Organisationale Determinanten

Die organisationsbedingten Einflussfaktoren verdeutlichen, dass die Individuen in einem bestimmten Gefüge agieren, das ihr Handeln beeinflusst. *Webster/Wind* unterscheiden vier Faktorengruppen:

- organisationale Technologie,
- Organisationsstruktur,
- Ziele und Aufgaben sowie die
- Mitglieder der Organisation.

Diese Einflussfaktoren, die sich gegenseitig bedingen, bestimmen das Funktionieren der Organisation und bilden den strukturellen Rahmen, den die formale Organisation dem Beschaffungsverhalten setzt. Hierzu gehört auch das Sanktionssystem, das das Einkaufsverhalten in entscheidender Weise lenkt (vgl. auch *Webster*, 1995, S. 43 ff.).

Interpersonale Determinanten im Buying Center

Die interpersonalen Determinanten ergeben sich aus dem Zusammenwirken mehrerer Personen im Buying Center, die unterschiedliche Rollen innehaben, wie die o. g.

- Verwender des Beschaffungsobjekts,
- Einkäufer,
- Beeinflusser,
- Letztentscheider,
- Informationsselektierer (gatekeeper).

Diese Personen haben jeweils aufgabenbezogene und nicht-aufgabenbezogene Zielvorstellungen, die sie bei der Beschaffungsentscheidung zu realisieren versuchen.

Intrapersonale Determinanten

Da letztlich immer Individuen Träger von Entscheidungen sind, ist auch das Kaufverhalten des Individuums von Bedeutung. Hierbei kann z. T. auf die Erkenntnisse der Käuferverhaltensuntersuchungen zum Individualverhalten aus dem Bereich des Konsumgütermarketings zurückgegriffen werden. Aus diesen Untersuchungen ist bekannt, dass eine Vielzahl von psychologischen Faktoren wie

- Motivation,
- kognitive Struktur,
- Kaufpersönlichkeit,
- Lernverhalten und
- Rollenverständnis

das Verhalten im Sinne von

- Aufmerksamkeitswirkungen,
- Einstellungsveränderungen und
- Präferenzwirkungen

bis letztlich zur Kaufentscheidung steuert.

Das Modell von *Webster/Wind* leistet insofern einen Beitrag zur Analyse organisationaler Beschaffungsentscheidungen, als es die Vielzahl potenzieller Einflussfaktoren systematisiert und in einen Beziehungszusammenhang stellt. Die Relevanz dieser Einflussfaktoren für den Beschaffungsprozess wird etwa in der Studie von *Lichtenthal/Shani* bestätigt (vgl. *Lichtenthal/Shani*, 2000, S. 224 ff.; vgl. auch *Johnston/Lewin*, 1996, S. 6 ff.). Das Ergebnis des *Webster/Wind*-Modells ist indes eher eine Rahmenkonzeption, die die Einflussgrößen in ihrem Zusammenwirken verdeutlicht und somit **deskriptiven Charakter** trägt.

Als Erklärungs- oder präskriptiver Ansatz ist das Modell aber weniger geeignet. Dies liegt vor allem daran, dass einige **Variablen** nur **schwer erfassbar** sind und das **Zusammenwirken** der Variablen zudem **nicht eindeutig** ist. Empirische Überprüfungsversuche anderer komplexer Systemmodelle haben gezeigt, dass dies kaum zu leisten ist.

1.2.2.2 Das Sheth-Modell: Ein Strukturmodell mit Prozessorientierung

Ein konkurrierendes Modell des organisationalen Beschaffungsverhaltens, das ebenfalls als ein generelles Rahmenkonzept für die Analyse organisationaler Beschaffungsentscheidungen zu verstehen ist, wurde von *Sheth/Sharma* (1973) entwickelt. Das *Sheth*-Modell versucht, die verschiedenen partialanalytischen Erklärungsversuche zu einem Systemansatz zu verbinden.

Basis des Modells sind **drei Kernelemente**:

- die psychologischen Entscheidungsdeterminanten der jeweiligen Entscheidungsbeteiligten (1),
- die Bedingungen, die zu einer kollektiven Entscheidungsfindung führen (2), und
- die Konfliktlösungsmechanismen (3).

Die Struktur des Modells ist in *Abbildung 37* dargelegt.

Zentrales Element des Modells von *Sheth* sind die **Erwartungen** (1b) der Einkäufer, Techniker und Verwender. Diese Erwartungen werden beeinflusst durch den **Erfahrungshorizont** (1a) der jeweiligen Individuen, ihre Informationen, die durch **aktive Informationssuche** (1c) oder durch **selektive Wahrnehmung** (1d) aufgenommen werden, sowie durch die **Zufriedenheit mit bereits abgewickelten Käufen** (1e). Der Erfahrungshorizont der Individuen wiederum wird beeinflusst durch die jeweilige **Erziehung**, ihre **organisationale Rolle** und ihren **Lebensstil**. Dadurch erklärt sich auch das unterschiedliche Entscheidungsverhalten der verschiedenen Mitglieder des Buying Centers.

Die Erwartungen der Mitglieder des Buying Centers bestimmen den **industriellen Kaufentscheidungsprozess** (2), der entweder ein autonomer Entscheidungsprozess eines einzelnen Individuums oder eine Kollektiventscheidung ist.

Welche der beiden Alternativen jeweils für den industriellen Kaufentscheidungsprozess relevant wird, wird nach *Sheth* durch **produkt-** (2a) und **unternehmensspezifische Faktoren** (2b) bestimmt.

A. Die drei Perspektiven des KKVs

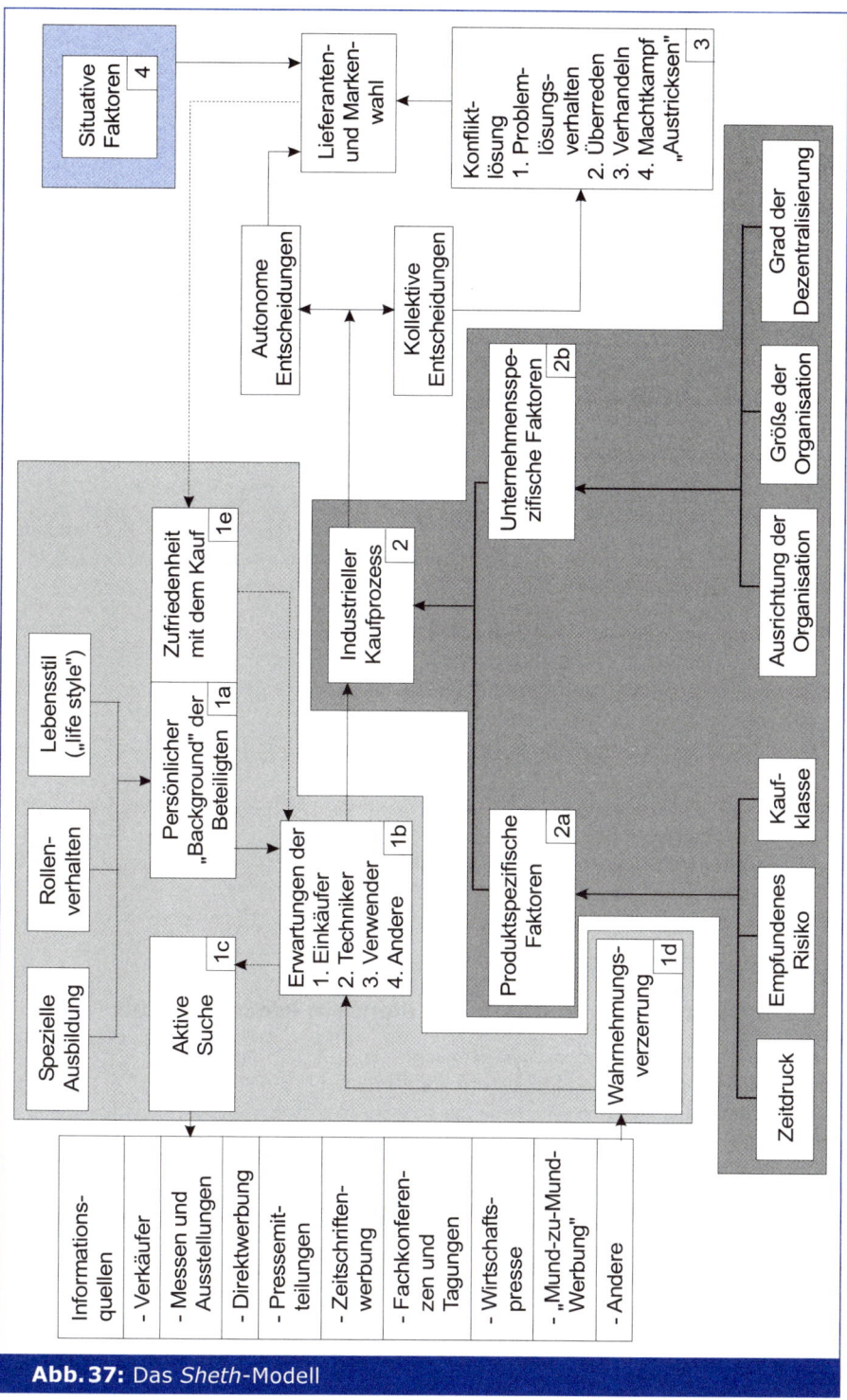

Abb. 37: Das *Sheth*-Modell

Quelle: in Anlehnung an *Sheth/Sharma*, 1973, S. 51.

Die produktspezifischen Faktoren ergeben sich aus dem jeweiligen **Zeitdruck** bei der Entscheidung, dem **subjektiv empfundenen Risiko** und der **Kaufklasse**, während die organisationsspezifischen Faktoren durch die **Ziele der Organisation**, ihre **Größe** und den **Zentralisationsgrad** bestimmt werden. *Sheth* gelangt so zu dem Ergebnis, dass Entscheidungen mit gering empfundenem Risiko, hohem Zeitdruck und unmodifizierte Wiederkäufe eher zu Individual- als zu Kollektiventscheidungen führen.

Für die **Kollektiventscheidungen** und die dadurch bedingten Konflikte sieht *Sheth* **vier Alternativen der Konfliktlösung** (3):

- Problemlösungsverhalten durch Informationssammlung und -verarbeitung,
- Überredung bei der Kriteriengewichtung,
- Verhandeln und
- „Austricksen".

In einem vierten komplexen Einflussfaktor fasst *Sheth* schließlich die **situativen Faktoren** (4) zusammen. Zu den situativen Faktoren zählen vor allem ökonomische Konditionen, Streiks u. ä. Im Prinzip handelt es sich dabei um eine breite Palette von Einflussfaktoren, die die aus den drei übrigen Faktoren erklärten Ergebnisse verändern können.

Genau wie das *Webster/Wind*-Modell wirft auch das *Sheth*-Modell zur Beschreibung, Erklärung und Prognose des organisationalen Beschaffungsverhaltens eine Reihe von **Problemen** auf:

- Das Modell weist keinen expliziten Phasenbezug auf.
- *Sheth* stellt nur mögliche Einflussgrößen auf das organisationale Beschaffungsverhalten dar, ohne deren jeweilige Bedeutung für die Erklärung des Beschaffungsverhaltens zu erläutern.
- Operationalisierungsvorschläge für die einzelnen Elemente des Ansatzes und deren Verknüpfung fehlen weitgehend.
- Über die relativen Machtpositionen der einzelnen Mitglieder im Buying Center wird nichts ausgesagt.
- Die situationsspezifischen Einflussfaktoren sind zu konkretisieren, anderenfalls stellen sie lediglich Leerformeln dar.

Die Einwände zeigen, dass das Modell – ähnlich wie der Vorschlag von *Webster/Wind* – eher **heuristischen Wert** als realen Erklärungsgehalt besitzt.

1.2.2.3 Das Modell von Choffray/Lilien: Ein Prozessmodell

Ein Versuch, die Beziehungszusammenhänge der kollektiven Beschaffungsprozesse in operationalisierter Form aufzudecken, ist von *Choffray/Lilien* (1976 und 1978) unternommen worden. Beide Autoren gehen von einem prozessorientierten Kaufmodell aus, in dem verschiedene Phasen unterschieden werden.

Der organisationale Beschaffungsprozess wird bei *Choffray/Lilien* in **drei Phasen** zerlegt:

- Alternativenauswahl,
- Präferenzbildung bei den Mitgliedern des Buying Centers und
- Präferenzbildung bei der Gesamtorganisation.

Die individuellen und kollektiven Verhaltenswirkungen werden dann den einzelnen Phasen zugeordnet, so dass die Vielfalt möglicher Einflussfaktoren auf das organisationale Beschaffungsverhalten auf die in *Abbildung 38* dargestellten **Grundbeziehungsstrukturen** zurückgeführt werden kann.

A. Die drei Perspektiven des KKVs

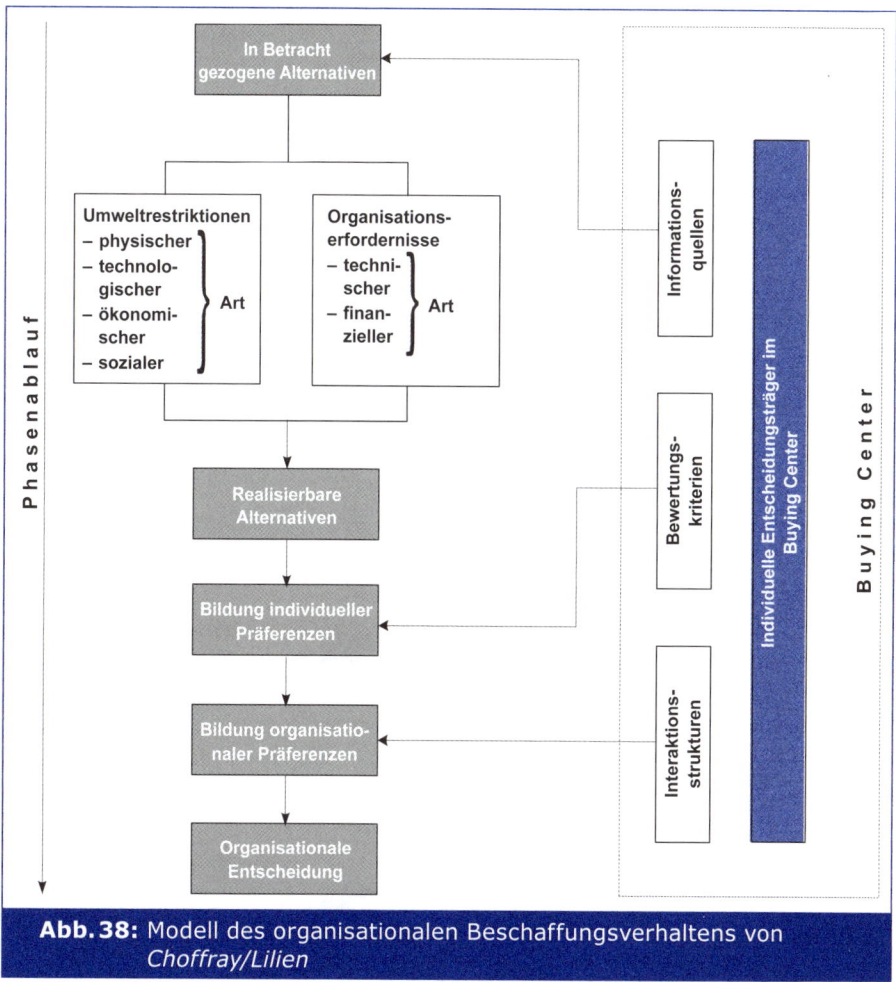

Abb. 38: Modell des organisationalen Beschaffungsverhaltens von Choffray/Lilien

Quelle: Übersetzung von *Choffray/Lilien*, 1978, S. 22.

Ausgehend von einer bestimmten **Anzahl in Betracht kommender Kaufalternativen** – deren Art und Zahl durch die den Mitgliedern des Buying Centers zur Verfügung stehenden **Informationsquellen** bestimmt wird – werden quasi in einer **Vorauswahl** die betrachteten Entscheidungsalternativen auf die **realisierbaren Alternativen** reduziert. Diese Selektion erfolgt unter Berücksichtigung von **Umweltrestriktionen,** z. B. gesetzlicher Mindestanforderungen an ein Produkt im Hinblick auf seine Umweltfreundlichkeit, und bestimmten **Anforderungen der betrachteten Organisationen**, z. B. das Verfügen über ein begrenztes Investitionsbudget.

Jedes Mitglied des Buying Centers entwickelt aufgrund seiner individuellen Bewertungskriterien bestimmte Präferenzen gegenüber den vorselektierten Entscheidungsalternativen.

Da die Beschaffungsentscheidung aber letztlich eine Kollegialentscheidung ist, bestimmen die Macht-(Interaktions-)Strukturen im Buying Center, welche Individuen sich wie stark bei der Gremiumsentscheidung durchsetzen können, also die organisationsbedingten Präferenzen beeinflussen, die dann die endgültige Kaufentscheidung bestimmen.

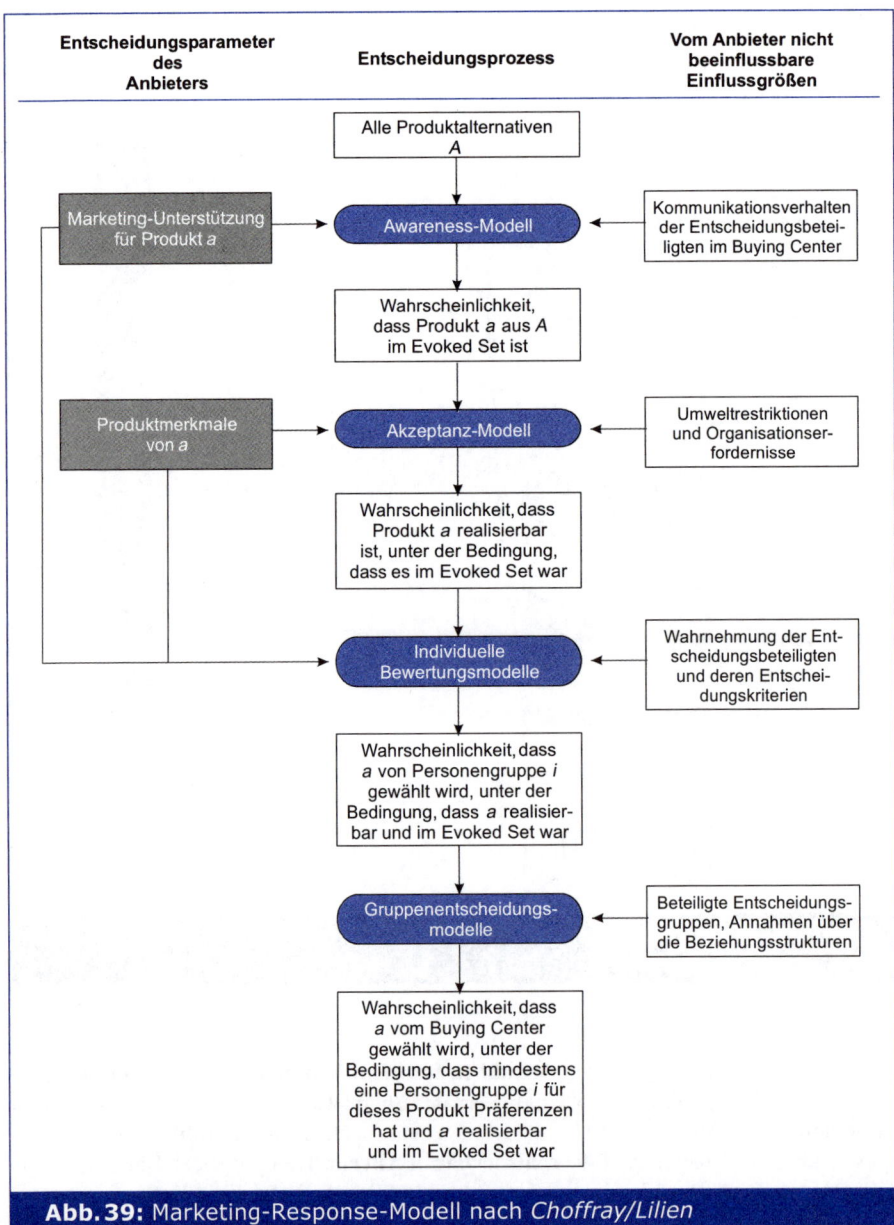

Abb. 39: Marketing-Response-Modell nach *Choffray/Lilien*

Quelle: Übersetzung von *Choffray/Lilien*, 1978, S. 23.

Um den so beschriebenen organisationalen Kaufprozess zu operationalisieren, werden verschiedene Entscheidungsmodelle miteinander kombiniert (vgl. *Abbildung 39*).

Um von allen möglichen Produktalternativen A (oberster Kasten in *Abbildung 39*) zu den in Betracht gezogenen Alternativen zu gelangen, wird ein **(Awareness-)Bewusstseins-Modell** konstruiert, das unter Berücksichtigung der Marketing-Aktivitäten der Anbieter und des Kommunikationsverhaltens der Entscheidungsbeteiligten im Buying Center die

Wahrscheinlichkeit bestimmt, dass ein Produkt a aus der Menge aller Alternativen A im **Evoked Set** ist, also den Mitgliedern des Buying Centers bewusst ist.

Aus den umwelt- und organisationsbedingten Einflussfaktoren im Zusammenhang mit den jeweiligen Produktattributen werden über ein **Akzeptanz-Modell** aus den Alternativen im Evoked Set die Wahrscheinlichkeiten dafür berechnet, dass das Produkt a auch realisierbar ist.

Erst dann werden die Präferenzen der einzelnen Mitglieder des Buying Centers gegenüber den verbliebenen Produkten über ein **individuelles Bewertungsmodell** ermittelt, dessen Ergebnis einen Wahrscheinlichkeitswert dafür liefert, dass Produkt a von einer Person i präferiert wird. Gibt es Personen im Buying Center, die weitgehend ähnliche Informationsquellen und Entscheidungskriterien verwenden, dann werden diese zur präferenzhomogenen Personengruppe i zusammengefasst und wie ein Individuum behandelt.

Im letzten Schritt zeigt ein **Gruppenentscheidungsmodell**, das die (Macht-)Strukturen zwischen den einzelnen Gruppen im Buying Center abbildet, in welcher Weise die individuellen Präferenzen zu einer organisationalen Gruppenentscheidung verdichtet werden. Das Ergebnis ist eine Aussage über die Wahrscheinlichkeit des Ausgangs einer organisationalen Beschaffungsentscheidung in Bezug auf ein konkretes Produkt.

Inwieweit das Modell tatsächlich empirische Aussagekraft hat, hängt im Wesentlichen davon ab, wie die einzelnen Teilmodelle die Realität abzubilden vermögen. *Choffray/Lilien* schlagen für die vier Submodelle sehr **differenzierte Messmethoden** vor, die sie auch am Beispiel der Neueinführung eines solarenergietechnischen Klimasystems demonstrieren (vgl. *Choffray/Lilien*, 1976). *Abbildung 40* zeigt einen entsprechenden Überblick über die verschiedenen Vorschläge.

Trotz aller Komplexität des Modells lässt sich feststellen, dass der Ansatz von *Choffray/ Lilien* einen erheblichen Fortschritt in der Analyse des organisationalen Beschaffungsverhaltens im Hinblick auf die Marketing-Bemühungen im Industriegüterbereich gebracht hat. So zeigen Überprüfungsversuche z. B., dass innerhalb des Buying Centers tatsächlich erhebliche Wahrnehmungsunterschiede nachweisbar sind. Personengruppen mit mehr Entscheidungsverantwortung verwenden mehr und andere Entscheidungskriterien als solche mit geringerer Verantwortung (vgl. auch *Webster*, 1992, S. 10 ff.).

Dennoch dürfen gerade die **Operationalisierungsprobleme** nicht unterschätzt werden. Vor allem die Tatsache, dass

- die Auswahl unter den vier Gruppenentscheidungsmodellen dem Modellanwender überlassen bleibt,
- bestimmte Informationen aus Erfahrungswerten der Manager resultieren und
- das verwendete Konstrukt des „Kaufeinflusses" nicht mehrdimensional operationalisiert wird (vgl. *Huth*, 1988, S. 57 f.),

lässt i. d. R. hohe Streubreiten in den Ergebniswerten erwarten. Schließlich wird auch der hohe methodische Anspruch einer breiteren Verwendung als Entscheidungsmodell hinderlich sein.

Submodell	Messverfahren	
1. Awareness-Modell	• Regressionsanalysen mit Daten aus Felduntersuchungen. Abhängige Variable ist die Wahrscheinlichkeit, dass mindestens ein Mitglied *i* des Buying Centers das Produkt *a* im Evoked Set hat. Unabhängige Variablen sind die Aufwendungen für Werbung, Personal Selling und technischen Service. • Decision Calculus, bei dem die jeweiligen Marketing-Manager aufgrund ihrer Erfahrungen die funktionale Beziehung zwischen Aufmerksamkeitswirkung und Marketing-Bemühungen quantifizieren (schätzen).	
2. Akzeptanz-Modell	Um festzulegen, welche Produktcharakteristika notwendig sind, um nicht grundsätzlich die Akzeptanz zu verhindern, werden vorgeschlagen: • Bestimmung der multivariaten Verteilung der organisationalen Erfordernisse aus Stichprobenwerten (Wahrscheinlichkeitsansätze) oder • Simulation und Logit-Regressionen.	
3. Individuelle Bewertungsmodelle	Verschiedene Methoden, insbesondere • Präferenz-Regressionsmodelle.	
4. Gruppenentscheidungsmodell	Vorgeschlagen werden 4 Modelltypen, deren Auswahl dem Manager aufgrund seiner speziellen Erkenntnisse überlassen bleibt:	
	• gewichtetes Wahrscheinlichkeitsmodell	Gewichtszahlen repräsentieren die relative Machtposition der Individuen im Buying Center.
	• Proportionalitätenmodell	Gleiche Gewichtszahlen für alle Beteiligten im Buying Center.
	• Einstimmigkeitsmodell	Iterationsansatz, bis Einstimmigkeit hergestellt ist.
	• Akzeptierbarkeitsmodell	Wahl der Alternative, die die geringste Präferenzeinschränkung bei den Mitgliedern des Buying Centers bewirkt.

Abb. 40: Submodelle zum Marketing-Response-Modell

Quelle: in Anlehnung an *Choffray/Lilien*, 1978, S. 23 ff.

1.2.2.4 Das Modell von Johnston/Lewin: Eine Synopse unter Betonung des Einflusses des wahrgenommenen Risikos

Die für das organisationale Beschaffungsverhalten entwickelten Totalmodelle richten sich auf unterschiedliche Erkenntnisziele. Dies gilt auch für die große Zahl von theoretischen und empirischen (Einzel-)Studien zum organisationalen Beschaffungsverhalten. Vor dem Hintergrund der erheblichen Diversität der jahrzehntelangen Forschungsbemühungen in diesem Bereich haben *Johnston/Lewin* (1996) versucht diese zusammenzufassen. Ihr Ziel ist es, die Modelle von *Robinson et al.* (1967), *Sheth/Sharma* (1973) und *Webster/Wind* (1972a) sowie die Aussagen von 165 weiteren Untersuchungen, die sich mit diesen drei grundlegenden Modellen konzeptionell und/oder empirisch befasst haben, in einen umfassenden Ansatz zu integrieren.

Zunächst ergänzen *Johnston/Lewin* die drei Basis-Modelle um die Faktoren **„decision rules"** (Entscheidungsregeln) und **„role stress"** (Rollenkonflikte). Die Beziehungen zwischen den situativen Einflussfaktoren bilden sie in einem integrierten Modell ab, das in *Abbildung 41* dargestellt ist. Unter **Entscheidungsregeln** verstehen *Johnston/Lewin* dabei formale oder informale Prozeduren bei der Entscheidungsfindung im Konfliktfall. Formale Prozeduren sind z. B. vorbestimmte und schriftlich fixierte Bewertungsregeln bei der Auswahl zwischen alternativen Lieferanten, die einen hohen Verbindlichkeitsgrad aufweisen. Informale Prozeduren sind Entscheidungsregeln, die sich aus der Erfahrung einzelner Unternehmensangehöriger heraus entwickelt haben („Nach meiner Erfahrung hat es sich bewährt ...") und daher auch nur einen geringen Verbindlichkeitsgrad für die gesamte Organisation besitzen. Informale Prozeduren können allerdings im Laufe der Zeit an Verbindlichkeit für alle Organisationsmitglieder gewinnen und sogar schriftlich fixiert werden.

Rollenkonflikte entstehen nach *Johnston/Lewin*, wenn Unklarheiten oder Informationsmängel im Buying Center auftreten. Diese können sich beziehen auf:

(1) Erwartungen an die Beschaffungsentscheidung,
(2) Methoden zur Erfüllung bekannter Erwartungen an die Beschaffungsentscheidung und
(3) Konsequenzen des Rollenverhaltens („role performance").

Es wird deutlich, dass eine Betrachtung organisationaler und damit multipersonaler Beschaffungsentscheidungen erst dann notwendig wird, wenn im Buying Center bzw. in der beschaffenden Organisation Konflikte in Bezug auf das Beschaffungsvorhaben auftreten, die die Existenz formaler oder informaler Entscheidungsregeln bedeutsam werden lassen (vgl. *Büschken*, 1994).

Das in *Abbildung 41* dargestellte Modell bildet nach *Johnston/Lewin* insbesondere diejenigen Aktivitäten ab, die sich **innerhalb** einer beschaffenden Organisation entfalten. Das organisationale Beschaffungsverhalten wird jedoch häufig auch als dyadischer Prozess gesehen, der in erheblichem Ausmaß **interorganisationale Interaktionen** erfordert, so dass sie das Modell um Einflussfaktoren ergänzen, die auf die Existenz und Intensität von Beziehungen zwischen Lieferant und Kunde sowie die Existenz und Stärke inner- und interorganisationaler Kommunikationsnetzwerke zurückzuführen sind.

Schließlich entwickeln *Johnston/Lewin* ein **„Risk continuum"**-Modell, das aus einer Makro-Perspektive den Einfluss der identifizierten Faktoren auf das Organisationale Beschaffungsverhalten – unter Betonung des wahrgenommenen Risikos – analysiert. Ausgangspunkt bildet der Kaufklassenansatz von *Robinson et al.* (1967), der davon ausgeht, dass ein Großteil der Unterschiede im organisationalen Beschaffungsverhalten durch das mit einem Kauf wahrgenommene Risiko erklärt werden kann. Nach *Johnston/Lewin* bestimmt einerseits ein Teil der identifizierten situativen Einflussfaktoren (wie z.B. Organisationsmerkmale

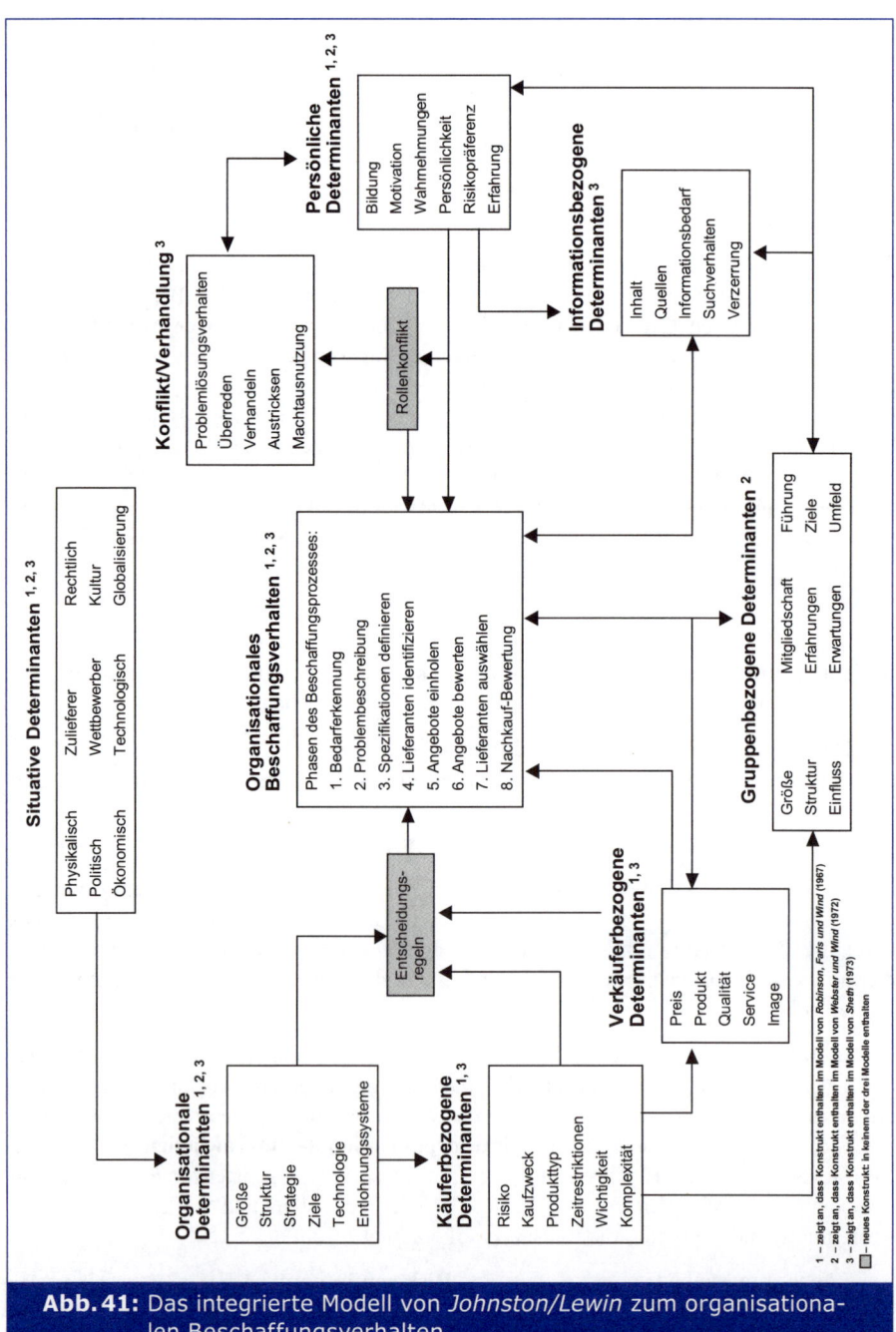

Abb. 41: Das integrierte Modell von *Johnston/Lewin* zum organisationalen Beschaffungsverhalten

Quelle: *Johnston/Lewin,* 1996, S. 3.

oder Merkmale des Beschaffungsobjekts) das mit der Kaufentscheidung assoziierte Risiko. Dieses schlägt sich in der Bedeutung des Beschaffungsvorhabens sowie der Komplexität des Problems für das jeweilige Unternehmen, der Ungewissheit über die erfolgreiche Lösung des Beschaffungsproblems und dem empfundenen Zeitdruck nieder. Die wahrgenommene Höhe dieses Risikos beeinflusst andererseits wiederum die Determinanten des organisationalen Beschaffungsverhaltens. *Abbildung 42* verdeutlicht diese Wirkungszusammenhänge.

Abb. 42: Dynamik des organisationalen Beschaffungsverhaltens

Quelle: *Johnston/Lewin*, 1996, S. 9.

Johnston/Lewin gehen deshalb davon aus, dass das organisationale Kaufverhalten mit dem **wahrgenommenen Risiko** variiert. Dabei bewegt sich das Ausmaß des Risikos auf einem Kontinuum (vgl. die folgende *Abbildung 43*).

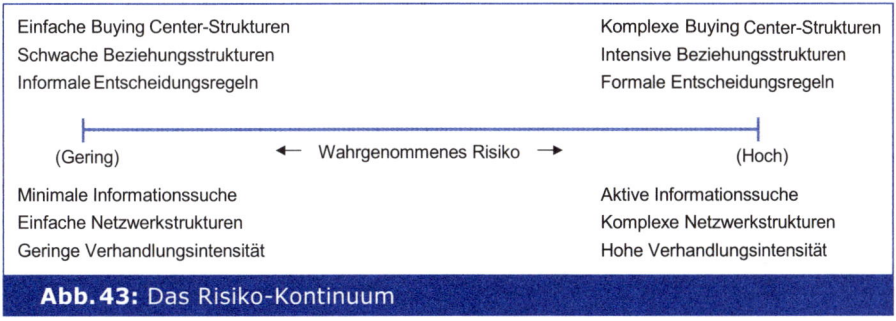

Abb. 43: Das Risiko-Kontinuum

Quelle: *Johnston/Lewin*, 1996, S. 9.

Johnston/Lewin kommen auf Basis ihrer umfassenden Literaturauswertung schließlich zu der Schlussfolgerung, dass mit **Zunahme des wahrgenommenen Risikos**

1. das Buying Center größer und komplexer wird und die Mitglieder eine größere Zahl von Abteilungen und/oder Interessen repräsentieren,
2. die Beteiligten in Bezug auf ihr jeweiliges Fachgebiet höher qualifiziert sind,
3. verstärkt Unternehmen bevorzugt werden, die bereits bewährte Produkte und Problemlösungen anbieten und der Preis erst dann zu einem dominierenden Entscheidungskriterium wird, wenn zwei oder mehr Anbieter hinsichtlich produkt- und servicebezogener Kriterien als gleichwertig eingeschätzt werden,
4. ein aktives und extensives Informationssuchverhalten zur Anwendung kommt und die Buying Center-Mitglieder in den frühen Phasen des Beschaffungsprozesses verstärkt auf

unpersönliche sowie kommerzielle und erst in späteren Phasen auf persönliche Informationsquellen zurückgreifen,
5. das Konfliktpotenzial innerhalb des beschaffenden Unternehmens zunimmt,
6. in Neukaufsituationen ein „Decide as you go"-Ansatz verfolgt wird,
7. Rollenkonflikte zunehmen und
8. die Existenz von Beziehungs- und Kommunikationsnetzwerken zwischen Lieferant und Kunde an Bedeutung gewinnt.

Der **Beitrag des Modells** von *Johnston/Lewin* ist darin zu sehen, dass die bereits vielfach in der Literatur diskutierten Einflussfaktoren des organisationalen Beschaffungsverhaltens im Hinblick auf das Problem der Konfliktlösung strukturiert und vor allem der Einfluss des Risikos und seiner Determinanten auf das organisationale Beschaffungsverhalten herausgestellt werden. Bedeutsam ist auch die Tatsache, dass viele der im Modell unterstellten Beziehungszusammenhänge empirischen Prüfungen unterzogen worden sind und als (vorläufig) bestätigte Zusammenhänge betrachtet werden können.

Thompson et al. (1998) gehen allerdings davon aus, dass ein neuer **prozessorientierter Managementstil** das organisationale Beschaffungsverhalten verändert hat, was aber ihrer Meinung nach in den Modellen zum organisationalen Beschaffungsverhalten bislang nicht entsprechend erfasst wird. Sie unterziehen deshalb das Modell des „risk continuum" von *Johnston/Lewin* einer kritischen Analyse, da dieses die Ergebnisse vergangener Forschungsbemühungen zusammenfasst. Grundlage der kritischen Würdigung bildet eine explorative Untersuchung, bei der acht Unternehmen befragt wurden. Ihre Ergebnisse bestätigen die Aussagen von *Johnston/Lewin* in weiten Teilen (auch wenn die Autoren selbst der Meinung sind, signifikante Unterschiede entdeckt zu haben). Insbesondere weisen auch sie auf die Bedeutung von interorganisationalen Beziehungs- und Kommunikationsnetzwerken für das organisationale Beschaffungsverhalten bei risikobehafteten Investitionsvorhaben hin.

1.3 Relationale Beschaffungs-/Absatzbetrachtung

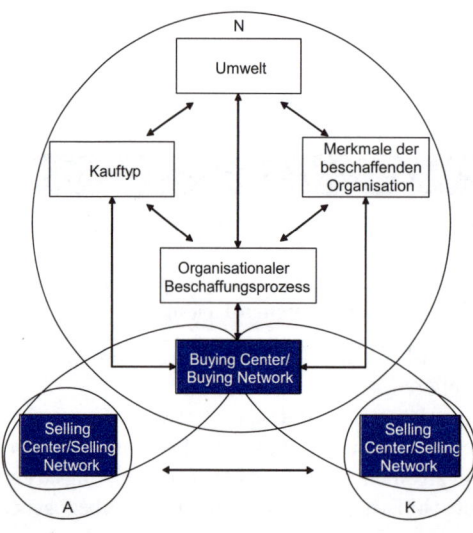

Bisher haben wir bei der Beschreibung und Analyse des organisationalen Beschaffungsverhaltens die gegenseitigen Einwirkungsmöglichkeiten von Anbieter und Nachfrager im Beschaffungsprozess vollkommen vernachlässigt. Historisch gesehen liegt das daran, dass das organisationale Beschaffungsverhalten zunächst am **S**timulus **O**rganism **R**esponse **(SOR-) Modell** des Konsumentenverhaltens ausgerichtet war (vgl. *Backhaus/Voeth*, 2005). Dies ist jedoch – im Gegensatz zum Konsumgüterbereich – im Industriegüterbereich in vielen Fällen nicht zweckmäßig (vgl. *Johnston/Bonoma*, 1977, S. 247 ff., *Johnston/McQuiston*, 1984, S. 141 ff.). Hier spielen häufig Transaktionsprozesse eine Rolle, bei denen Nachfrager und Anbieter gemeinsam Lieferungen und Leistungen sowie die entsprechenden Gegenleistungen interaktiv aushandeln. Für diesen Typ von Transaktionsprozess ist der Rückgriff auf die Gruppe der SOR-Modelle wenig zweckmäßig. Stattdessen ist eine relative Betrachtung von Beschaffungs- und Absatzseite notwendig, wie die Fallstudie Becker & Co. mit Bezug auf einen **Interaktionsansatz** belegt.

Fallstudie BECKER & Co.

„Dipl.-Ing. Ebel, Vertriebsleiter beim Werkzeugmaschinen-Hersteller Meyer & Co., bereitet sich auf ein Verhandlungsgespräch mit Vertretern des Getriebeherstellers MMW vor. Diese Tochter eines Automobilkonzerns zählt zu den wichtigsten Kunden der Fa. Becker. Bei den Verhandlungen geht es um den Verkauf von fünf Werkzeugmaschinen mit einem Auftragswert von ca. fünf Mio. €. Hierzu geht Herr Ebel noch einmal die Aufzeichnungen über den bisherigen Verlauf des Akquisitionsfalls durch, die ihm vom zuständigen Vertriebsingenieur, Herrn Alt, vorgelegt worden sind.

Zunächst trat am 3. Juli Herr Schwarz von der Einkaufsabteilung der MMW an die Fa. Becker & Co. heran und forderte diese schriftlich zur Abgabe eines Angebots auf. Das Angebot über fünf NC-gesteuerte Werkzeugmaschinen musste einem Anforderungskatalog entsprechen, der gemäß den Einkaufsrichtlinien des Getriebeherstellers zuvor von dessen technischer Abteilung erstellt worden war. Da man schon früher Maschinen an die MMW geliefert hatte, war Herrn Alt der zuständige Ansprechpartner in der technischen Abteilung, Herr Günther, bekannt, und so konnten einige verbleibende Fragen zur technischen Spezifikation in einem Telefonat am 8. Juli geklärt werden.

Da die Angebotsbewertung positiv ausfiel, erarbeitete Herr Alt ein Angebot, das der MMW eine Woche später mit der Post zugesandt wurde.

Am 12. September wurde der Werkzeugmaschinen-Hersteller von der MMW zu einer ersten Verhandlung für den 23. September eingeladen, da das Angebot den Anforderungen der MMW grundsätzlich entspreche. Bei dieser ersten Verhandlung, bei der Herr Alt die Fa. Becker & Co. alleine vertrat, waren auf Seiten des Getriebeherstellers folgende Personen anwesend: Herr Lückel, der zuständige Einkaufsleiter; Dr. Riegel, der für den Maschinenpark zuständige Chefingenieur der Muttergesellschaft; Frau Lückel, die Assistentin von Dr. Riegel; Herr Walter, der zuständige Werksleiter. Während der Verhandlung ging es vorwiegend um technische Fragen. Insbesondere Dr. Riegel sprach immer wieder die Integrationsfähigkeit der Werkzeugmaschinen in eine CIM (Computer Integrated Manufacturing)-Lösung an, die bisher von der Fa. Becker nicht nachgewiesen werden könne. Herr Lückel machte deutlich, dass es zumindest zwei ernstzunehmende Konkurrenzangebote gäbe. Nach zweistündigen Verhandlungen wurde vereinbart, sich in drei Wochen wiederzutreffen, um weitere Einzelheiten zu besprechen.

Aufgrund des Gesprächsverlaufs gewann Herr Alt den Eindruck, dass es sich bei diesem Beschaffungsvorgang der MMW nicht nur um eine Ersatzinvestition handelte. Vielmehr schien man bei dem Getriebehersteller intensiv über den Einstieg in CIM nachzudenken, was auch die Anwesenheit des Chefingenieurs der Muttergesellschaft erklären konnte. Der Vertriebsingenieur erstellte deshalb eine Dokumentation, die die Möglichkeiten der Integration von Werkzeugmaschinen der Fa. Becker & Co. in CIM-Lösungen aufzeigt. Darüber hinaus machte er den Vorschlag, dass auch sein Vorgesetzter, Herr Ebel, wegen der möglicherweise strategischen Bedeutung des Auftrags an der nächsten Verhandlungsrunde teilnehmen solle."

(Quelle: in Anlehnung an *Kern*, 1987, S. 1 f.)

Die Fallstudie Fa. Becker & Co. macht deutlich, dass Leistungen und Gegenleistungen bei Industriegütern häufig in direkten Verhandlungen zwischen den Repräsentanten der beteiligten Organisationen festgelegt werden. In diesem **Prozess wechselseitiger Beeinflussung** ist es – anders als bei Konsumgütern – i. d. R. möglich, auf spezielle Problemstellungen des Kunden einzugehen und das Leistungsangebot auf die besonderen Bedürfnisse abzustimmen.

Industriegüter-Transaktionen lassen sich deshalb nicht ausschließlich mit dem im Konsumgüterbereich vorherrschenden SR- oder SOR-Paradigma erklären, das lediglich die Reaktionen der Nachfrager auf die Aktivitäten der Anbieter betrachtet (vgl. *Meffert et al.*, 2008, S. 101 ff.). Auch eine isolierte Betrachtung des Anbieters oder des Nachfragers ist nicht sinnvoll, da das Ergebnis der Verkaufsanstrengungen des Anbieters nicht allein vom Verkäufer, sondern vom Zusammenspiel von Käufer und Verkäufer abhängig ist (vgl. *Backhaus*, 1986, S. 8). Um die Interdependenz zwischen den Organisationen und ihren Repräsentanten erfassen und erklären zu können, müssen daher Absatz- und Beschaffungsentscheidungen simultan in einem Ansatz erfasst werden (vgl. *Webster*, 1992, S. 14). Dazu ist es notwendig, das Selling Center mit in die Betrachtung einzubeziehen. Das **Selling Center** kann analog zur Definition des Buying Centers als gedankliche Zusammenfassung aller am Akquisitions- und Verhandlungsprozess des Anbieters beteiligten Personen verstanden werden (vgl. *Puri/Kargaonkar*, 1991). Wie beim Buying Center spielt im Selling Center die Frage, wie das Verhalten der einzelnen Teammitglieder zu kollektivem Entscheidungsverhalten „verdichtet" wird, eine zentrale Rolle für das Verständnis des Selling Center-Verhaltens. Dabei gelten im Wesentlichen die gleichen Überlegungen, wie wir sie für das Buying Center angestellt haben (eine differenzierte Analyse findet sich bei *Heger*, 1988, S. 64 ff.).

1.3.1 Interaktionsansätze

Für die realitätsadäquate Erfassung vieler Industriegüter-Transaktionen kommt es also nicht auf eine isolierte Betrachtung von Buying und Selling Center an, sondern vielmehr auf ihre Interaktion. Dies zeigen auch die Ergebnisse einer Vielzahl empirischer Interaktionsstudien (vgl. *Backhaus/Büschken*, 1997a und 1997b; *Butler et al.*, 1997, S. 7 ff.). Aus diesem Grund ist auch ein **Interaktionsansatz**, der die Beteiligten in ihrem sozialen Gruppengefüge analysiert, besonders gut in der Lage, die Abhängigkeitsbeziehungen zwischen den Marktparteien durch relationale Faktoren zu berücksichtigen (vgl. *Johnston/Bonoma*, 1977, S. 247 ff.). Insbesondere die Interdependenz der Kauf- und Verkaufsanstrengungen von Anbieter und Nachfrager, wie sie besonders deutlich in Verhandlungen zum Ausdruck kommt, lässt sich so adäquat beschreiben. Ein solcher **transaktionsbezogener Ansatz** stellt einzelne Austauschbeziehungen in den Mittelpunkt der Betrachtung.

Interaktionsprozesse sind dabei durch folgende Merkmale gekennzeichnet:

- Zwei oder mehr Partner („Linking Pins", vgl. *Wind/Robertson*, 1982) orientieren
- ihre verbalen und nicht-verbalen Aktionen aneinander,
- wobei Aktion und Reaktion interdependent sind (vgl. *Kern*, 1987, S. 7; *Schoch*, 1969).

Es entsteht zwischen den Beteiligten ein zeitlich begrenztes, aufgabenorientiertes Zwischensystem aus Mitgliedern des Buying und Selling Centers, das wir mit *Koch* (1987, S. 92 f.) als **Transaction Center** bezeichnen.

Der Interaktionsprozess bei der Vermarktung von Leistungen ist in einer Vielzahl von Untersuchungen analysiert worden, die sich in der Mehrzahl der Fälle auf Industriegütermärkte beziehen. Als **Interaktionsstudien** werden hier solche Untersuchungen bezeichnet, die den Verlauf oder das Ergebnis des Transaktionsprozesses durch die Beziehungen zwischen den beteiligten Parteien erklären (vgl. *Gemünden*, 1981, S. 11). Dabei spielen Verhandlungen eine herausragende Rolle.

Eine Reihe von Verhandlungsstudien ist als **„Momentaufnahme"** zu bezeichnen. Diese Strukturansätze erfassen und analysieren die Beziehungsmerkmale der Interaktionspartner zu einem Zeitpunkt. So werden z. B. die Auswirkung des Machtgefälles zwischen den Parteien (vgl. bspw. *Marwell et al.*, 1969) oder der Einfluss der Anzahl der beteiligten Personen (vgl. *Marwell/Schmitt*, 1972) im Hinblick auf das Interaktionsergebnis im Rahmen einer solchen **Querschnittsanalyse** untersucht.

Prozessansätze untersuchen dagegen die Veränderungen der Variablen im Zeitablauf. Durch **Längsschnittanalysen**, bei denen die Merkmale während eines Zeitraums oder an mehreren Zeitpunkten erfasst werden, ist es möglich, den gesamten Prozess der gemeinsamen Entscheidungsfindung der Interaktionspartner zu erfassen und – wie die nachfolgenden Studienbeispiele zeigen – phasenspezifisch zu strukturieren:

So haben sich *Lim/Murnighan* (1994) mit der *quantitativen* Strukturierung des Verhandlungsprozesses anhand von Verhandlungsaktivitäten beschäftigt. Für einfache Verhandlungssituationen („binary lottery game") haben sie gezeigt, dass bei **Verhandlungen** unter Zeitdruck die gegenseitigen Aktivitäten der Verhandlungspartner (gegenseitige Statements, Preisangebote, Preiszugeständnisse etc.) im Zeitablauf entweder zahlenmäßig kontinuierlich zunehmen oder einem sog. Deadline-Modell – hier entwickeln die Beteiligten ihre Aktivitäten erst gegen Ende des Verhandlungszeitraums – erfolgen. *Voeth/Weißbacher* (2006a) konnten diesen Effekt für eine realistischere Industriegüter-Verhandlungssituation im Wesentlichen bestätigen, wenngleich in ihrer Studie dem Deadline-Modell eine noch größere Bedeutung für die quantitative Entwicklung von Aktivitäten in den untersuchten Verhandlungen zukam.

Mit der *qualitativen* Strukturierung von Verhandlungsaktivitäten hat sich hingegen vor allem die **kommunikationswissenschaftlich geprägte Verhandlungsforschung** beschäftigt. Diese sieht in Verhandlungen einen **zielgerichteten Austauschprozess von Informationen** und hat sich bereits früh mit einer Inhalte-bezogenen Aufteilung des Verhandlungsprozesses in Phasen beschäftigt. Besondere Beachtung hat dabei das Modell von *Douglas* (1962) gefunden, die den Verhandlungsprozess in drei Phasen aufteilt. Während es in der ersten Phase um die Initiierung der Verhandlung und die Klarstellung von Positionen geht, steht der Austausch von Argumenten im Hinblick auf das Verhandlungsobjekt im Mittelpunkt der zweiten Phase. Schließlich geht es in der letzten Phase darum, der anderen Seite Entgegenkommen abzuverlangen, selber Zugeständnisse zu machen, folglich also eine Einigung herbeizuführen. Auch wenn *Voeth/Herbst* (2006a) zeigen konnten, dass sich die von *Douglas* (1962) identifizierten Phasen auch in industriegüternahen **E-Negotiations** voneinander abgrenzen lassen, darf nicht übersehen werden, dass die Einteilung von Verhandlungsaktivitäten in eine bestimmte Anzahl von Kommunikationsphasen letztlich willkürlich ist. Wichtig ist an diesen Studien vielmehr die Erkenntnis, dass sich die Kommunikationsinhalte innerhalb von Verhandlungen im Zeitablauf in einer ganz bestimmten Weise verändern. So nimmt im Zeitablauf der verhandlungsobjektbezogene Detaillierungsgrad der ausgetauschten Informationen zu, Sachargumente werden zunehmend durch Offerten substituiert und der Verhandlungsstil zwischen den Beteiligten wird rauer.

Versucht man, gerade für Zwecke der Gestaltung von Marketing-Maßnahmen im Industriegüterbereich, die vorliegenden Ansätze und Ergebnisse übergreifend zu ordnen, dann bietet es sich an, die (dyadische) Interaktionsforschung auf Organisationsdyaden (eine Anbieter- und eine Nachfrager-Organisation verhandeln miteinander), zu erweitern. Bei den organisationsbezogenen Dyaden kann es sich sowohl um personenbezogene Dyaden als auch um Mehrpersonengruppen (innerhalb der Organisationsdyaden) handeln, die miteinander verhandeln.

Dyadisch-personale Interaktionsansätze

Die Interaktionsansätze, die sich auf Zwei-Personen-Gruppen beziehen, sind vor allem für das „Personal Selling" im Verhandlungsprozess von Bedeutung. Die meisten dyadisch-personalen Strukturansätze sind den **„Matching-Studien"** zuzuordnen, bei denen Analysen über die Ähnlichkeiten zwischen Käufern und Verkäufern im Vordergrund stehen. So kommt eine Reihe von empirischen Studien zu dem Schluss, dass das Resultat eines Interaktionsprozesses zwischen Käufer und Verkäufer – Kauf oder Nichtkauf – vor allem davon abhängt, wie ähnlich (matching) sich die beiden Partner in Bezug auf ihre demographischen und kognitiven Merkmale sowie ihre Persönlichkeitsmerkmale sind (vgl. *Campbell*, 1985a; *Dion et al.*, 1995; *Evans*, 1963; *Mathews et al.*, 1972; *Riordan et al.*, 1977; *Schoch*, 1969; *Woodside/Davenport*, 1974). Für den Verkaufserfolg kommt es also nicht so sehr darauf an, dass der Verkäufer bestimmte erfolgversprechende Eigenschaften besitzt, sondern wie bestimmte Eigenschaften des Verkäufers vom Käufer empfunden werden und umgekehrt (vgl. *Dion et al*, 1995; *Koch*, 1987; *Mathews et al.*, 1972, S. 103 ff.). Das folgende Beispiel verdeutlicht dies: Der „junge, dynamische, sprachgewandte Verkäufertyp" kann in Bezug auf einen bestimmten Käufer, z. B. einen ähnlich strukturierten Einkäufer eines mittelständischen Unternehmens, sehr erfolgreich sein, bei einem Repräsentanten einer öffentlichen Behörde dagegen u. U. auf erhebliche (Distanz-)Probleme stoßen.

Diese Studien zeigen somit, dass es *„den"* guten Verkäufer nicht gibt (vgl. auch *Hartmann*, 1982, S. 254 ff.). Die am Verkaufsprozess beteiligten Personen dürfen daher nicht isoliert, sondern müssen in ihrer gegenseitigen Abhängigkeit analysiert werden (vgl. *Schoch*, 1969, S. 94 ff.). Hieraus leitet sich für den Anbieter die Empfehlung ab, bei der Außendienstorganisation darauf zu achten, dass zu den Kunden *„passende"* Außendienstmitarbeiter eingesetzt werden.

Schoch, der die Interaktionspartner als Zwei-Personen-Gruppe analysiert, arbeitet heraus, dass vor allem ein **kongruentes Rollenverhalten** der Beteiligten den Transaktionsverlauf positiv beeinflusst (vgl. *Schoch*, 1969, S. 309 ff.). Hiermit ist eine Übereinstimmung gegenseitiger Verhaltenserwartung und Verhaltenserfüllung gemeint. In diesem Zusammenhang kommt der Kommunikation eine besondere Bedeutung zu, da die Übermittlung von Informationen ein zentraler Bestandteil der Interaktion ist. Nur wenn eine weitgehende Übereinstimmung bei der Interpretation der Botschaften bei den beiden Beteiligten vorliegt, kann es zu einer Verständigung kommen (vgl. *Sheth*, 1975, S. 382 ff.).

Studien, die die Käufer-Verkäufer-Dyade durch **Machtbeziehungen** charakterisieren, definieren Macht als die Möglichkeit, die Überlegungen/Kenntnisse des anderen zu beeinflussen (vgl. *Thibout/Kelley*, 1959, S. 113 ff.). Der Ausgang der Interaktion ist dann insbesondere davon abhängig, inwieweit es dem Verkäufer gelingt, den Kunden durch Expertenwissen, Sympathie und Ehrlichkeit zu überzeugen (vgl. *Busch/Wilson*, 1976, S. 3 ff.; *Taylor/Woodside*, 1982, S. 25 ff.).

Einige **prozessorientierte Interaktionsansätze** untersuchen den Zusammenhang zwischen dem Engagement der Interaktionsparteien und dem Ausgang des Interaktionsprozesses. Dabei zeigt sich, dass ein Kaufabschluss umso wahrscheinlicher ist, je engagierter und intensiver von Käufer und Verkäufer verhandelt wird (vgl. *Pennington*, 1968, S. 255 ff.; *Taylor/Woodside*, 1982, S. 23 ff.).

Multipersonale Interaktionsansätze

Die multipersonalen Interaktionsansätze tragen der Tatsache Rechnung, dass i.d.R. nicht nur zwei, sondern **mehrere Personen** am Transaktionsprozess beteiligt und daher in der Analyse zu berücksichtigen sind. Hieraus ergeben sich z.T. erhebliche Unterschiede im Vergleich zur dyadischen Betrachtungsweise:

Mit zunehmender Zahl der Interaktionsbeteiligten können verstärkt **Statusprobleme** entstehen. Ein Einkaufssachbearbeiter im Buying Center kann sich durch die Anwesenheit eines Prokuristen im Selling Center statusmäßig „aufgewertet" sehen, ein Vorstandsmitglied im Buying Center fühlt sich gleichzeitig statusmäßig „abgewertet" (vgl. *Backhaus*, 1974, S. 93 f.). Hierdurch kann der Interaktionsverlauf negativ beeinflusst werden.

In **Mehr-Personen-Gruppen** können sich die Machtverhältnisse im Kauf-/Verkaufsprozess verschieben, wenn es zu Absprachen zwischen einigen Beteiligten oder der Bildung von **Koalitionen** kommt (vgl. z.B. *Brass/Burkhardt*, 1993; *Bristor*, 1988; *Crane*, 1965). Insbesondere in Triaden kommt es durch die Bildung von Koalitionen zwangsläufig zu Machtverschiebungen. Hierdurch wird der Interaktionsverlauf nachhaltig beeinflusst, wie *Tucker* sehr eindrucksvoll beschreibt (vgl. *Tucker*, 1964, S. 77; zitiert nach *Schoch*, 1969, S. 57 f.):

> „Etwas Ähnliches spielt sich offenbar vielfach in dem komplexen Ritual des Autoverkaufs ab. In diesem ‚Drama' – wohlversehen mit ‚good guys', ‚bad guys' und ‚Nebenfiguren' wie in einem Fernsehstück, wie *Tucker* ebenso amüsant wie scharfsinnig bemerkt – verbündet sich der Käufer, dem die Hauptrolle überlassen wird, mit seinem Verkäufer gegen den Verkaufsleiter oder einen Mechaniker, um günstigere Eintauschbedingungen für den alten Wagen oder zusätzliche Leistungen beim Neuen zu erwirken:
>
> Käufer und Verkäufer schmieden ein ‚Komplott' z.B. gegen den hartherzigen Schätzer, der dem alten Wagen nur noch einen Teil seines wirklichen Wertes zubilligen will, und üben gemeinsam Druck auf ihn aus, dem Käufer entgegenzukommen. Der Verkäufer selbst setzt sich großzügig dafür ein, dass dem Käufer zweihundert Franken mehr für den Eintauschwagen vergütet werden, indem er auf dessen noch wirklich sehr guten Zustand hinweist. Sodann berät das ‚Team' darüber, wie es den Verkaufsleiter dazu bewegen kann, für den neuen Wagen auch noch ein Radio oder automatisches Getriebe zum Listenpreis dazuzugeben. Selten findet dieses Drama am gleichen Tag sein Ende. Der Verkäufer ruft den Käufer periodisch an, um ihm von seinen neuesten Fortschritten mit dem Verkaufsleiter zu berichten. Kein Wunder, wenn der Käufer im Laufe dieses Prozesses echte Sympathie für den Verkäufer zu entwickeln beginnt. Wenn schließlich die genauen, allseits akzeptierten Vertragsbedingungen festgelegt sind, dann kann sogar der Händler selbst auf der Szene erscheinen und die große Geste des Nachgebens machen.
>
> Für den Verkäufer besteht der große Vorteil der Bildung einer solchen ‚in-group' (Käufer und Verkäufer) und einer ‚out-group' (Verkaufsleiter und Schätzer) darin, dass der Käufer ihm wahrscheinlich eher vertraut (schließlich fechten sie die Sache Seite an Seite aus!) und sich ihm zu Dank verpflichtet fühlen wird, stellt *Tucker* fest.
>
> Dieses Rollenspiel des Verkäufers als ‚Freund' oder ‚Treuhänder' des Käufers ist keineswegs auf die Situation des Autoverkaufs beschränkt; auch kann daraus unter gewissen Umständen sogar Wirklichkeit werden: Es kann vorkommen, dass der Verkäufer dem Käufer schließlich besser dient und ihm sozial näher steht als der Unternehmung, die ihn anstellt und bezahlt. Seine beiden Rollen als Angestellter seiner Firma und als Wahrer der Käuferinteressen können miteinander in Konflikt geraten."

Indirekte Beziehungen werden relevant (vgl. *Easton*, 1988; *Easton/Håkansson*, 1996, S. 408). Sie führen zu verdeckten Einflussbeziehungen im Beziehungsnetz, die sich oftmals einer Entdeckung entziehen und deshalb übersehen werden, obwohl sie für die Erklärung von Interaktionsprozessen bedeutsam sind.

Die **empirische Interaktionsforschung** hat gezeigt, dass bei zunehmender Zahl der beschaffungsproblembezogen interagierenden Organisationsmitglieder der Rollenstruktur im Buying und Selling Center eine große Bedeutung zukommt (vgl. *Backhaus/Büschken*, 1997a). Promotoren und Opponenten erhalten dann auf der Basis von Experten- oder sozialer Macht einen signifikanten Einfluss auf die Interaktionsprozesse und das Verhandlungsergebnis. Dies unterstreicht die praktische Bedeutung von Rollenkonzepten (vgl. Teil 2, Kap. A. I. 1.2.1.2.2).

Die personalen Interaktionsansätze berücksichtigen jedoch nur einzelne Aspekte des komplexen Transaktionsprozesses. Bei der Beschaffung von Industriegütern sind oft unterschiedliche Abteilungen und hierarchische Ebenen in den Entscheidungsprozess involviert. Für eine realitätsadäquate Analyse des Interaktionsprozesses bei der Beschaffung von Industriegütern müssen daher auch organisationale Einflussfaktoren berücksichtigt werden.

Der organisationale Interaktionskontext

Die organisationalen Interaktionkontexte binden die interagierenden Personen und ihre Handlungen in ein organisationales Beziehungsgeflecht der Unternehmung ein und berücksichtigen so die Abhängigkeit des Einzelnen von der Organisation. Für die Analyse des Transaktionsverhaltens sind neben den **intraorganisationalen Beziehungen**, die der Untersuchung der internen Entscheidungsfindung dienen, vor allem die **interorganisationalen Beziehungen** zwischen anbietender und nachfragender Organisation bedeutsam, da zwischen diesen beiden Parteien der Austausch von Leistungen beschlossen werden muss (vgl. *Blois*, 1977, S. 273 ff.).

Interaktionsansätze, die Zwei-Organisationen-Gruppen analysieren, basieren zunächst auf einer Erweiterung der personalen Ansätze durch Einbeziehung organisationaler Faktoren (vgl. *Johnston/Bonoma*, 1977; *Parkinson*, 1985). Unter Verwendung kausalanalytischer Verfahren (vgl. zur Methode *Backhaus et al.*, 2008b, S. 519 ff.), die das simultane Zusammenwirken aller relevanten Einflussfaktoren auf den Ausgang einer Verhandlung zwischen zwei Organisationen ermöglichen, lassen sich interessante Erkenntnisse gewinnen. So belegt z. B. die empirische Untersuchung von *Kern* (1990), die auf n = 16.454 Interaktionsprozessen basiert, dass die strukturellen Merkmale der Nachfragerorganisation – wie Unternehmens- und Buying Center-Größe – sowie die Intensität der Geschäftsbeziehung zwischen Anbieter- und Nachfragerorganisation wichtige Einflussgrößen des Interaktionsprozesses darstellen. Darüber hinaus hängt der Verhandlungsverlauf auch von situativen Variablen wie konjunkturelle Lage, Produktwert oder Konkurrenzintensität ab. Eine weitgehende Bestätigung dieser Ergebnisse findet sich bei *Theile* (2004), der zu folgenden Ergebnissen kommt:

> Der Verlauf der Verhandlungen selbst bestimmt, wie hoch die Chancen auf einen Kaufabschluss sind. In diesem Zusammenhang zeigt sich die große Bedeutung von Selling Centern, um adäquat auf die Bedürfnisse des Buying Centers reagieren zu können. Die Beteiligung von mehreren Repräsentanten des Anbieters am Interaktionsprozess steigert die Chancen einer Verhandlungseinigung direkt. Darüber hinaus intensivieren Transaction Center-Verhandlungen den Interaktionsprozess und verkürzen die Transaktionsepisode. Eine kurze Verhandlungsdauer steigert aber nach dieser Untersuchung die Chancen eines Vertragsabschlusses.

Auch die Untersuchungen von *Backhaus et al.* (2005a) zeigen für das Beispiel von Preisverhandlungen im Lieferanten/Zulieferer-Verhältnis, dass das Verhandlungsverhalten und die Gruppenmerkmale von Buying und Selling Center einen erheblichen Einfluss auf die wahrgenommene **Gruppenzufriedenheit** mit dem Verhandlungsergebnis haben. Gemessen an den harten Kriterien des in der Verhandlung erzielten Preises und damit der Deckungsspanne sind die Erklärungszusammenhänge allerdings eher unbefriedigend (vgl. *Abbildung 44*).

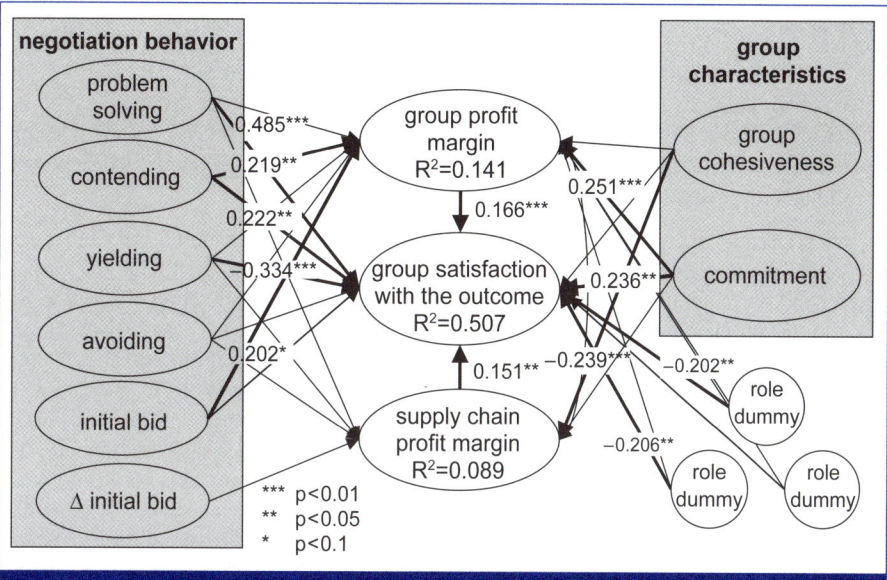

Abb. 44: Ergebnisse eines Kausalmodells zum Einfluss von Verhandlungsverhalten und Gruppenmerkmalen auf den Verhandlungserfolg

Quelle: *Backhaus et al.*, 2005a.

Welche **konkreten Ergebnisse** die Berücksichtigung des interorganisationalen Interaktionskontextes innerhalb der Analyse erwarten lassen, lässt sich am Beispiel der Studien von *Koch* und *Gemünden* zeigen.

Die Studie von Koch

Koch (1987) bestätigt im Rahmen seiner Untersuchung zum Interaktionsverhalten bei der Vermarktung elektrotechnischer Anlagen vor allem die **Korrespondenzhypothese** von *Evans* und *Schoch*. Danach sind die Erfolgsbedingungen für den Verhandlungsverlauf dann besonders gut, wenn sich Buying und Selling Center im Hinblick auf

- Verhandlungsrahmen (organisatorische Stellung des Verhandlungsteams) und
- Verhandlungsinhalt

entsprechen. Die an der Besetzung des Buying Centers ausgerichtete, spiegelbildliche Besetzung des Selling Centers wird in der Literatur zum Verhandlungsmanagement auch als „Manndeckung" bezeichnet (vgl. *Voeth/Herbst*, 2009a, S. 69 f.).

Bezogen auf den **Verhandlungsrahmen** ergibt sich daraus die Notwendigkeit korrespondierender Funktions-, Hierarchie- und Entscheidungsstrukturen. Denn zum einen funktioniert die Kommunikation immer dann besonders gut, wenn gleiche Funktionsträger in beiden Teams vorhanden sind. Zum anderen ist – um nicht in Verhandlungen stecken zu bleiben – ein Gefälle in der Entscheidungsbefugnis und dem hierarchischen Rang zu vermeiden.

Um sich auch auf den Verhandlungspartner in Bezug auf die Inhalte einstellen zu können, ist es notwendig, die **Erwartungen** bzw. **Einstellungen** des jeweiligen Partners zu kennen. Erst dann ist eine erfolgreiche Verhandlungsstrategie zu erwarten.

Erste empirische Untersuchungen haben die Bedeutung von korrespondierenden Verhandlungsrahmen auf Buying und Selling Center-Seite nachgewiesen; bei der Einschätzung der **Verhandlungsinhalte** treten jedoch erhebliche Divergenzen auf. Die sich für die untersuchten Fälle als typisch herauskristallisierenden Zweier-Teams – sowohl im Buying Center als auch im Selling Center – sind überwiegend korrespondierend besetzt: Den auf Kundenseite dominierenden Technikern aus Planungsabteilungen stehen im Selling Center die Anlagenprojekteure gegenüber.

Zu relativieren ist dagegen die Korrespondenz-Hypothese bzgl. des hierarchischen Ranges der Verhandlungsteilnehmer. Die untersuchten Projekte, die überwiegend auf Abteilungsleiterebene verhandelt wurden, zeigen in vielen Fällen ein **Hierarchiegefälle** von der Nachfrager- zur Herstellerdelegation. Dies ist aber dadurch zu erklären, dass die Nachfragerunternehmen in dem von *Koch* (1987) untersuchten Fall im Durchschnitt erheblich kleiner waren als die der Anbieter, so dass die Bedeutung der verhandelten Projekte, gemessen am relativen Auftragswert, für die Nachfrager deutlich größer war als für die Anbieter. Für die Anbieter handelte es sich eher um Routinegeschäfte. Die Tatsache, dass also eine korrespondierende Besetzung von Verhandlungsteams offenbar nicht immer angemessen ist, wird auch von *Voeth/Barisch* (2008) betont, die untersucht haben, wovon das Hierarchiegefälle in Verhandlungen zwischen Vertrieb und Einkauf abhängt. Die Studie kommt dabei zu dem Ergebnis, dass das Hierarchiegefälle von situativen Faktoren (z. B. Unternehmensgröße, Neuigkeitsgrad des Verhandlungsobjektes, Komplexität der Verhandlung), kulturellen Aspekten (z. B. Persönlichkeit des Vorgesetzten, Unsicherheit des Vorgesetzten bzgl. des Mitarbeiterverhaltens) und Kompetenz-Faktoren (z. B. Fachkompetenz der Mitarbeiter, soziales Netzwerk der Verhandelnden) abhängt. Dennoch bleibt festzuhalten, dass das Hierarchiegefälle bestimmte Rangunterschiede nicht überschreiten darf. Die Kundendelegation aus den kleineren Organisationen hat durchaus eine Vorstellung von einer größenbedingten relativen Äquivalenzposition, die die betreffenden Verhandlungspartner besitzen sollten.

Die Studie von Gemünden

Gemünden (1980) beschränkt sich bei der Entwicklung seines **dyadischen Interaktionsansatzes** ebenfalls auf eine spezifische Kaufsituation: die Vermarktung innovativer EDV-Anlagen.

Die Anbieter-Nachfrager-Interaktion erfüllt nach *Gemünden* **zwei Teilaufgaben**:

- die Entwicklung, Auswahl und Implementierung einer technisch-organisatorischen Problemlösung (Problemlösungsinteraktion) sowie
- die Erzielung eines Konsenses über die von beiden Seiten zu erbringenden Leistungen bzw. Gegenleistungen (Konflikthandhabungsinteraktion).

Aufgrund der Einzelergebnisse seiner Studie stellt *Gemünden* die These auf, dass sich die Interaktionsparteien auf ein bestimmtes Anspruchsniveau und ein dazu **korrespondierendes Interaktionsmuster** einigen müssen, um zu einer für Hersteller- und Verwender-Organisation effizienten Lösung zu gelangen (vgl. *Gemünden*, 1981, S. 441 ff.). Hiernach gibt es **zwei erfolgreiche Interaktionsmodelle**, die diese Bedingung erfüllen (vgl. zu einer solchen situationsspezifischen Differenzierung, die auf den Kaufklassenansatz zurückgreift, auch *Hutt et al.*, 1985, S. 33 ff.):

(1) Das Delegationsmodell

Werden relativ anspruchslose Lösungskonzeptionen angestrebt, dann ist für Hersteller und Verwender ein **herstellerdominanter Entscheidungsprozess** ohne wesentliche Verhandlungsaktivitäten bei frühzeitiger Bindung an einen Lieferanten effizient. Dieses Vorgehen bietet für beide Seiten Vorteile:

„Der Hersteller kann mit geringem Aufwand eine Anlage verkaufen. Er braucht sich nur wenig um die kundenspezifischen Anwendungsprobleme zu kümmern und kann sich auf die Erläuterung der neuen Technologie beschränken. Außerdem kommt es im Allgemeinen relativ schnell zu einem Verkaufsabschluss, weil die Organisationsstrukturen des Verwenders kaum berührt werden. Der Verwender kann ebenfalls mit geringem Aufwand, überschaubaren Implementierungsproblemen und recht geringen Widerständen mit dem neuen technischen Medium praktische Erfahrungen sammeln. Er kann vor allem in Ruhe und mit geringem Risiko studieren, was man bei einer solchen Innovation alles wollen kann, bevor er sich dann langfristig entscheidet" (*Gemünden*, 1985b, S. 0303).

(2) Das Zusammenarbeitsmodell

Werden anspruchsvolle Lösungskonzeptionen angestrebt, dann ist es für beide Parteien vorteilhaft, wenn die **Problemlösungsaktivitäten ausgewogen aufgeteilt** und im Verhandlungswege unter Einschaltung von Konkurrenten behandelt werden.

„Die Bewältigung eines solchen Pionierprozesses stellt allerdings erhebliche Anforderungen an beide Interaktionsparteien, Kunde und Hersteller:

1. Es muss ein gemeinsamer, beiderseitiger **Lernprozess** zur Erarbeitung einer technisch-organisatorischen Lösung vollzogen werden.
   - Der Kunde muss lernen, welche Nutzungsziele er mit der neuen Technologie verfolgen kann und welche Alternativen es gibt, um diese Ziele zu verwirklichen.
   - Der Hersteller muss lernen, welche Anwendungsbedürfnisse der Kunde hat und welche Barrieren sich deren Befriedigung entgegenstellen.
2. Es muss ein intensiver **Konfliktaustragungsprozess** zur Bestimmung der Konditionen des Austausches durchlaufen werden.
   - Man darf über bestehende Konflikte nicht einfach hinweggehen, weil sie dann später zum Ausbruch kommen können und erhebliche Durchsetzungsprobleme aufwerfen.
   - Man darf den Prozess der Konfliktaustragung nicht eskalieren lassen. Man muss die Konflikte vielmehr frühzeitig offen austragen, dann aber auch bewusst begrenzen.
3. Es müssen **geeignete Arbeitspartner** gefunden werden, die fähig und willens sind, sich in einem solchen Innovationsprozess intensiv zu engagieren. Diese Arbeitspartner bezeichnen wir mit *Witte* als Promotoren (vgl. auch Teil 2 Kap. A. I. 1.2.1.2.2).

Für dieses Modell braucht man die richtigen Arbeitspartner: Macht- und Fachpromotoren, die den Innovationsprozess durch persönliches Engagement, hierarchischen Einfluss und objektspezifisches Expertenwissen aktiv und intensiv fördern" (*Gemünden*, 1985b; vgl. auch die Nachfolgeuntersuchungen von *Kraus*, 1975; *Stiegenroth*, 2000).

1.3.2 Netzwerk- und Geschäftbeziehungsansätze

Die Erweiterung von dyadisch-organisationalen Interaktionsansätzen zu multi-organisationalen Netzwerk-Ansätzen ergab sich aus der Erkenntnis, dass viele Kauf-/Verkaufsprozesse beim Industriegütermarketing dadurch gekennzeichnet sind, dass **mehr als zwei Organisationen** direkt oder indirekt beteiligt sind. Daraus folgt, dass – in Analogie zur Analyse des personenbezogenen Interaktionsverhaltens – **multiorganisationale** bzw. **Netzwerk-Ansätze** zur Beschreibung und Erklärung dieser Phänomene notwendig sind (vgl. z. B. *Mattsson*, 2004, S. 177).

Mit der Erweiterung der Perspektive auf **Multi-Aktoren-Gruppen** erfolgte gleichzeitig die Einbindung der Einzeltransaktionsbetrachtung in einen zeitlichen Verbund. Die Entwicklung der Einzeltransaktion war nur erklärbar, wenn sie in einen inneren Zusammenhang mit anderen Transaktionen gestellt wurde. Es entstand das Konstrukt der **Geschäftsbeziehungen** als eine Folge zeitlich systematisch gekoppelter Transaktionen (vgl. *Plinke*, 1989).

Der Ansatz von Kirsch/Kutschker

Einer der umfassendsten multiorganisationalen Ansätze wurde in den Arbeiten von *Kirsch/Kutschker* entwickelt, deren Ziel es ist, alle an einer bestimmten Industriegüter-Transaktion beteiligten Organisationen im Rahmen eines gemeinsamen Entscheidungs-(„joint decision"-)Prozesses zu analysieren (vgl. *Kirsch/Kutschker*, 1978, S. 25; *Kirsch et al.*, 1980).

Zentrale Konstrukte im multiorganisationalen Interaktionsansatz von *Kirsch/Kutschker* sind das **Episoden- und Potenzialkonzept**.

Die **Episode** umfasst die kollektiven Planungs-, Entscheidungs- und Verhandlungsprozesse zwischen und innerhalb von Organisationen in Bezug auf die Anbahnung, den Abschluss und die Realisation einer Industriegüter-Transaktion (vgl. *Kirsch/Kutschker*, 1978, S. 3 f.). Die Episode entspricht also dem Lebenslauf eines Projekts von der ersten Anfrage bis zur endgültigen Abwicklung.

Besondere Schwierigkeiten ergeben sich bei der **Episodenabgrenzung**, da sich zwischen den beteiligten Parteien stets eine Vielzahl von Interdependenzen ergibt, aus denen ein bestimmter Kauf-/Verkaufsprozess zu isolieren ist. *Diehl* (1977, S. 177) hat die Interdependenz zwischen verschiedenen Auftragsakquisitionen anhand einer geschlossenen Beziehung dargestellt, aus der deutlich wird, dass in der Art der Auftragsabwicklung bereits wieder eine Akquisitionsmaßnahme für weitere Transaktionen liegt. Eine besonders kulante Auftragsabwicklung schafft positive Einstellungen bei Kunden für Folgeprojekte, so dass letztlich kein sauberer Schnitt zwischen ursprünglichem Projekt und Folgeprojekt gelegt werden kann.

Innerhalb der Transaktionsepisoden werden die Konditionen zwischen Anbieter und Kunde ausgehandelt. Dabei ist die einzelne Episode in das Beziehungsgeflecht struktureller Gegebenheiten eingebunden, die auf früheren Entscheidungen der Marktpartner beruhen (vgl. auch *Plinke*, 1989, S. 309 ff.). So ist bspw. das Vertrauen, das der Nachfrager dem Anbieter entgegenbringt, von früheren Erfahrungen und dem Image des Anbieters abhängig. Die früher geschaffenen Voraussetzungen, die die Möglichkeit bieten, den Transaktionsprozess zu beeinflussen, bezeichnen die Autoren als **Potenziale** (vgl. *Kirsch/Kutschker*, 1978, S. 5).

Eine Reihe von weitergehenden empirischen Studien belegt den Einfluss der Potenziale auf einzelne Transaktionen. Die von *Kutschker* als „Potenziale" bezeichneten Einflussfaktoren werden dabei auch dem Begriff der **Geschäftsbeziehung** subsumiert, deren einzelne Transaktionen vor dem Hintergrund der Geschäftsbeziehung zwischen den Partnern untersucht werden können (vgl. z. B. *Ford*, 1984; *Kapitza*, 1987). Als Ergebnis dieser Studien kann festgehalten werden, dass Potenziale (oder die Geschäftsbeziehung) einen Einfluss auf Transaktionen haben (können), deren Ursprung und Ausmaß aber noch nicht klar ist:

- *Kapitza* (1987) zeigt, dass häufige, regelmäßige und über den eigentlichen Verhandlungsgegenstand hinausgehende persönliche Kontakte zwischen den Verhandlungspartnern in der Maschinenbauindustrie die Wahrscheinlichkeit einer Einigung positiv beeinflussen können.

- *Kern* (1990) zeigt hingegen, dass im gleichen Bereich enge Geschäftsbeziehungen die Wahrscheinlichkeit eines Abschlusses nur wenig erhöhen. Sie verlängern jedoch die Transaktionsepisode, da sie häufigere Verhandlungen und Kontakte erzeugen.
- *Theile* (2004) dagegen bestätigt tendenziell die Ergebnisse von *Kapitza*: „Die Ergebnisse machen deutlich, dass für einen erfolgreichen Abschluss von Interaktionsprozessen insbesondere die Intensität der bisherigen Geschäftsbeziehung, die Dauer des Interaktionsprozesses sowie der Anteil persönlicher und begleiteter Kontakte verantwortlich sind. Von der Anzahl der Verhandlungsrunden scheint hingegen kein nennenswerter Einfluss auszugehen." (*Theile*, 2004, S. 209).

Es ist daher nicht erkennbar, welche Grundsatzwirkung Geschäftsbeziehungen im Zusammenhang mit Interaktionsprozessen entfalten. In Abhängigkeit von den situativen Umständen können Geschäftsbeziehungen einem Abschluss förderlich, aber auch hinderlich sein. Es wird für die zukünftige Forschung darauf ankommen, die Bedingungskonstellationen für beide Möglichkeiten zu identifizieren.

Beide Konstrukte, Potenzial und Episode, ermöglichen nach *Kirsch/Kutschker* eine sinnvolle Interpretation der Kauf-/Verkaufsprozesse auf Industriegütermärkten, wobei das Potenzialkonzept das Bindeglied zwischen strukturellen Merkmalen und Prozessabläufen herstellt (vgl. *Kirsch/Kutschker*, 1978, S. 48).

Zusammenfassend lässt sich die **Grundstruktur des Interaktionsansatzes** von *Kirsch/Kutschker* wie in *Abbildung 45* dargestellt veranschaulichen (vgl. *Kirsch/Kutschker*, 1978, S. 8).

Hersteller, Verwender und Drittparteien legen in Verhandlungen (parallelen oder zeitlich sukzessiven Verhandlungsrunden) die Entscheidungsgrößen wie Preis, Leistung etc. für

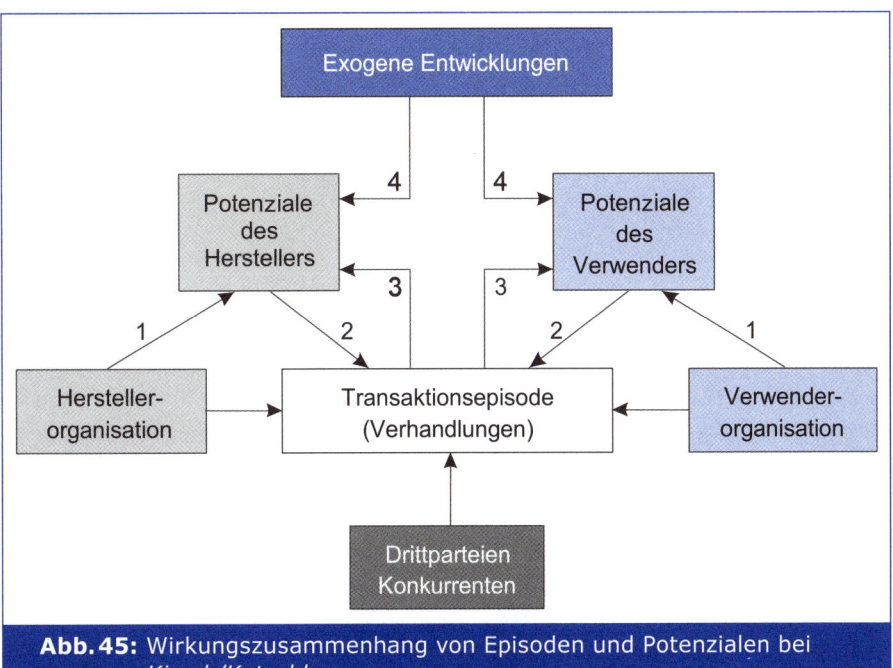

Abb. 45: Wirkungszusammenhang von Episoden und Potenzialen bei *Kirsch/Kutschker*

das betrachtete Objekt fest (Maßnahmen in der Transaktions-Episode). Unabhängig von der jeweiligen Transaktion setzen Hersteller und Verwender Marketing-Maßnahmen zur Pflege von Potenzialen ein (Pfeile 1) oder die Verhandlungen selbst (Pfeile 3) beeinflussen die Potenziale der Verhandlungspartner. Gleichzeitig beeinflussen die Potenziale der Beteiligten die Verhandlungen (Pfeile 2), indem sich z. B. durch F&E gewonnene Technologievorsprünge auf die Verhandlungen auswirken. Schließlich wirken nicht beeinflussbare (exogene) Umweltentwicklungen – z. B. bestimmte Umweltschutzauflagen – auf die Potenziale (Pfeile 4).

Der Ansatz der IMP-Group

Das Interaktionsmodell der *IMP*-Group (Industrial Marketing and Purchasing Group) integriert Ideen des Ansatzes von *Kirsch/Kutschker* in ein Netzwerk-Konzept, das insbesondere auf die dauerhaften Geschäftsbeziehungen zwischen Anbieter und Nachfrager abstellt (vgl. *Håkansson*, 1982; *Thorelli*, 1986; *Turnbull/Valla*, 1989) (vgl. *Abbildung 46*).

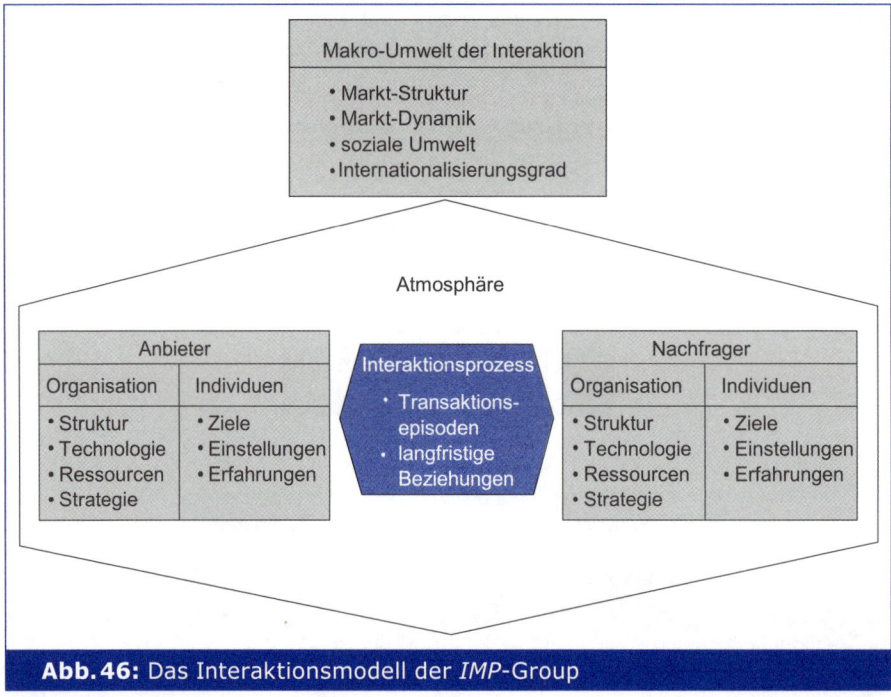

Abb. 46: Das Interaktionsmodell der *IMP*-Group

Quelle: in Anlehnung an *Turnbull/Valla*, 1989, S. 5.

Die **Organisationen** werden als **soziale Systeme** durch ihre Elemente, die Beziehungen zwischen den Elementen und durch die Beziehungen zur Umwelt charakterisiert (vgl. dazu auch den Ansatz von *Fitzgerald*, 1989, der sich nur unwesentlich von dem früher entwickelten Modell der *IMP*-Group unterscheidet, und Weiterentwicklungen bei *Campbell*, 1985a; *Ford et al.*, 1986; *Håkansson/Snehota*, 1997; *Wilson/Mummalaneni*, 1986). Die Zugehörigkeit der Organisationen zum Netzwerk richtet sich nach dem jeweiligen Untersuchungsgegenstand: Es werden die Organisationen berücksichtigt, die einen nicht unwesentlichen Einfluss auf die Transaktion haben. Ziel dieser komplexen Interaktionsansätze ist es, die Kommunikationsbeziehungen und Güter-Transaktionen auf Industriegütermärkten in einem System sozialer Beziehungen zu erfassen und zu erklären. Das Interaktionsmodell der Forschergruppe besteht aus **vier Hauptelementen**:

- dem Interaktionsprozess selbst,
- den beteiligten Parteien,
- der Umwelt und
- der „Atmosphäre", in der die Interaktion stattfindet (vgl. *Håkansson*, 1982, S. 10 ff.).

Im **Zentrum der Analyse steht der Interaktionsprozess**. Hierbei wird zwischen einzelnen Episoden und langfristigen Beziehungen unterschieden. In den **Episoden** werden Produkte, Informationen und/oder Geld ausgetauscht sowie soziale Beziehungen gepflegt. Aus den einzelnen Episoden entwickelt sich ein Beziehungsgeflecht zwischen anbietender und nachfragender Organisation, welches die *IMP*-Group als „Atmosphäre" bezeichnet (vgl. *Håkansson*, 1982, S. 21 ff.). Das Verhältnis zwischen den Interaktionsparteien wird durch Macht- und Abhängigkeitsbeziehungen charakterisiert und kann kooperativ, aber auch konfliktär sein. Für den Aufbau **langfristiger Geschäftsbeziehungen** gibt es zum einen ökonomische Gründe, wie z. B. die Einsparung von (Transaktions-)Kosten durch eine engere Zusammenarbeit. Zum anderen ist eine bessere Kontrolle des Geschäftspartners möglich. Die **Atmosphäre**, die nicht direkt gemessen werden kann, stellt den Zusammenhang zwischen den anderen Elementen des Interaktionsmodells her (vgl. *Parkinson/Baker*, 1986, S. 285 ff.).

Das Interaktionsmodell der *IMP*-Group stellt einen **allgemeinen Bezugsrahmen** zur Verfügung, in dem sowohl einzelne Transaktionsepisoden als auch langfristige Geschäftsbeziehungen untersucht werden können. Die verschiedenen Variablen werden dabei bisher in keinen formalen Erklärungszusammenhang gestellt. Allerdings liegen schon einige explikative Ansätze von Mitgliedern der Forschergruppe vor, die auf diesem Interaktionsmodell aufbauen und jeweils ausgewählte Teilaspekte untersuchen.

1.3.3 Zusammenfassende Bewertung der Interaktionsforschung

Die Vielzahl der in der Literatur mittlerweile vorliegenden Interaktionsansätze unterstreicht die **Bedeutung**, die dem **Interaktionsparadigma** zur Analyse von Transaktionsprozessen in der Literatur beigemessen wird. Nur durch relationale Faktoren können die Vermarktungsprozesse im Industriegütermarketing realitätsadäquat beschrieben und erklärt werden. Allerdings zeigt sich auch, dass es bisher **keine allgemein anerkannte Interaktionstheorie** gibt. Dies liegt auch darin begründet, dass eine empirische Überprüfung bestehender Ansätze z. T. erhebliche Schwierigkeiten aufwirft, die vor allem auf zwei Faktoren zurückgehen:

- Verhandlungsprozesse in der betrieblichen Praxis sind für den Forscher nur schwer zugänglich.
- Es liegen keine in allen Punkten überzeugenden Datengewinnungsmethoden vor.

Die **personalen Interaktionsansätze** (vgl. z. B. *Albaum/Richardson*, 1967; *Crane*, 1965; *Evans*, 1963; *Lombard*, 1955; *Pennington*, 1968; *Rehder*, 1965; *Tucker*, 1964) verlieren zudem mit zunehmender Komplexität des Interaktionsprozesses an Erklärungsgehalt. Bei den **dyadisch-personalen Ansätzen** wird der Einfluss interagierender Personen auf der Beschaffungs- und Absatzseite durch den Einsatz von kollektiven Einkaufsgremien bzw. Verkaufsteams nicht beachtet, und die **multipersonalen Ansätze** berücksichtigen nicht die organisationalen Einflussgrößen, die durch bestimmte organisationale Sanktionsmechanismen gegenüber dem Verkäuferteam relevant oder durch Machtpotenziale einer Organisation am Markt wirksam werden. Obwohl letztlich immer Personen, heute zunehmend auch intelligente Software-Agenten, interagieren, sind diese Einflüsse dennoch von ausschlaggebender Bedeutung.

Insgesamt sind im Industriegütermarketing häufig eine Reihe von Organisationen in die Kauf-/Verkaufsprozesse eingeschaltet, insbesondere auch bedingt durch die Kommunikationserleichterungen mittels moderner IuK-Technologien. Vor diesem Hintergrund können **dyadisch-organisationale Interaktionsansätze**, wie z. B. der Ansatz von *Gemünden* (1980), nur einen Grenzfall eines größeren Problemkomplexes erfassen (vgl. *Borders et al.*, 2001, S. 200 ff.).

Interaktionsprozesse auf Industriegütermärkten finden statt (bei komplexen Lösungsprozessen) in Netzwerken formaler und informaler Kommunikationsprozesse zwischen

- beteiligten Personen, Gruppen und Organisationen auf der Nachfragerseite (z. B. Verwender, beratende Consultants, beeinflussende Bürgerinitiativen) sowie
- beteiligten Personen, Gruppen und Organisationen auf der Anbieterseite (z. B. Arbeitsgemeinschaften zwischen verschiedenen Lieferfirmen zur Errichtung eines Flughafens).

Daher bieten vor allem die **multiorganisationalen Ansätze** von *Kirsch/Kutschker* und der *IMP*-Group ein breites Fundament für die Analyse von Interaktionsprozessen. Die neueren Netzwerkansätze sind darüber hinaus geeignet, die einzelne Transaktionsepisode als Teil eines **„ongoing process"** zu betrachten. So können die Geschäftsbeziehungen, denen eine große Bedeutung im Industriegütermarketing zukommt, in den Interaktionsansätzen berücksichtigt werden.

Damit steht die Interaktionsforschung jedoch vor einem **grundlegenden Problem**: Einerseits führt eine immer ausgedehntere Betrachtung von Netzwerken interagierender Partner zu immer höheren Erklärungsbeiträgen, andererseits werden die Netzwerkstrukturen immer weniger fassbar. Letztlich gilt: „It is difficult to refuse the argument that there is just one global network" (*Easton/Håkansson*, 1996, S. 408). Es ist daher notwendig, Kriterien zu entwickeln, die zu sinnvollen Netzwerkabgrenzungen führen. Zwar liegen manchmal Grenzkriterien aufgrund vorgegebener institutioneller Rahmenbedingungen vor, in der Mehrzahl forschungsrelevanter Netzstrukturen ist das jedoch nicht der Fall. Angesichts dieser Problematik ist es nicht erstaunlich, dass entweder

- „a number of exchange network studies have been undertaken particularly within the industrial networks tradition where the relationship between the research issues and the boundaries are apparent" (*Easton/Håkansson*, 1996, S. 408; vgl. auch *Axelsson/Easton*, 1992; *Easton*, 1992; *Håkansson/Snehota*, 1995)

oder

- fokale Netze analysiert werden (Netze, die durch die Existenz eines zentralen Unternehmens dominiert werden; vgl. hierzu auch *Hippe*, 1996). Dabei werden primär direkte Interaktionen mit dem fokalen Partner betrachtet, der als Zentrum einer Interaktionsgruppe identifizierbar ist. Die Gründe für diese Vorgehensweise sind häufig methodisch bedingt, z. B. wenn die Netzwerkstruktur über „Schneeballsysteme" identifiziert wird (vgl. *Easton/Håkansson*, 1996, S. 408).

Die bisherige empirische Forschung zum industriellen Interaktionsverhalten auf der Basis des *IMP*-Ansatzes oder damit verwandter Ansätze scheint allerdings seit Mitte der 1990er an einem Scheideweg zu stehen (vgl. hierzu und im Folgenden *Backhaus/Büschken*, 1997b). Obwohl diese sehr umfangreiche Forschung eine Vielzahl wertvoller Erkenntnisse erbracht hat, kommen viele Studien trotz unterschiedlicher Betrachtungsgegenstände zu bereits bekannten Ergebnissen (vgl. *Calamius*, 1994, S. 124). Es spielt keine Rolle, ob im Rahmen empirischer Interaktionsstudien diskrete Transaktionsepisoden oder aufeinander folgende und mögliche miteinander in Beziehung stehende Transaktionen betrachtet werden. Ausgehend vom verhaltensbezogenen Ansatz der *IMP*-Group werden immer wieder **die gleichen Konstrukte als Einflussfaktoren** auf Interaktionsprozesse identifiziert. Dazu zählen z. B.

- Sympathie und Ähnlichkeit der interagierenden Personen,
- Know-how und Macht,
- wahrgenommenes Risiko,
- Vertrauen und Nähe,
- Anpassung,
- evolutionärer Zustand einer Geschäftsbeziehung.

Das **Problem der empirischen Forschung** zum industriellen Interaktionsverhalten ist auf zwei Ursachen zurückzuführen. Zum einen beziehen sich die Ergebnisse unabhängig vom Betrachtungsgegenstand der Studien stets auf die gleichen o. ä. Konstrukte. Dies deutet darauf hin, dass die Potenziale des verhaltensbezogenen Ansatzes in diesem Zusammenhang erschöpft sein könnten. Die Erweiterung des *IMP*-Ansatzes um weitere theoretisch begründete Zusammenhänge scheint daher geboten. Hierzu wird in der neueren empirischen Forschung vor allem die Transaktionskostentheorie eingesetzt (vgl. *Heide*, 1994; *Heide/Stump*, 1995; *Norris/McNeilly*, 1995; *Pilling et al.*, 1994; *Stump/Heide*, 1996). Zum anderen erschöpfen sich viele empirische Untersuchungen in einer Beschreibung von Interaktionsphänomenen auf industriellen Märkten. Beispielhaft sei dazu die Studie von *Torvatn et al.* (1995) herausgegriffen, bei der die Autoren auf der Basis einer Untersuchung von 426 industriellen Geschäftsbeziehungen zwischen 44 Unternehmen in Norwegen und Schweden folgende zentrale Erkenntnisse ableiten:

- Die durchschnittliche Länge der Geschäftsbeziehung beträgt 17 Jahre.
- 60 % aller Geschäftsbeziehungen begründen sich auf wöchentliche Lieferbeziehungen.
- 70 % aller Geschäftsbeziehungen begründen sich auf wöchentliche Kontakte zwischen den Unternehmen.
- 32 % der Beziehungen zu Kunden werden durch die Beziehungen zu Lieferanten nachhaltig beeinflusst.

Diese und auch viele andere aus dem *IMP*-Ansatz hervorgegangenen empirischen Studien kennzeichnen die überwiegend **deskriptive Behandlung** von Phänomenen (vgl. *Möller/Wilson*, 1995, S. 604; vgl. auch die Studien von *Hadjikhani/Håkansson*, 1996; *Iacobucci*, 1996). Obwohl dies das Verständnis der Funktionsweise industrieller Märkte zweifellos fördert, sind bislang nur **wenige Erklärungsansätze** empirisch geprüft worden. Eine Reihe wichtiger Fragen bleibt daher auch trotz der umfangreichen Bemühungen der *IMP*-Group offen (vgl. *Turnbull et al.*, 1996 und *Backhaus/Büschken*, 1997b, S. 29 f.):

- Wie sind Geschäftsbeziehungen zu gestalten? Welche Instrumente stehen zur Koordination und Kontrolle zur Verfügung?
- Was ist die ökonomisch optimale Größe eines industriellen Netzwerks? Welche Einflussfaktoren bestimmen diese optimale Größe?
- Unter welchen Bedingungen hat ein Netzwerk-Promotor einen signifikanten Einfluss auf die Interaktionen?
- Ist das Management von Ereignissen, die für eine Geschäftsbeziehung – im positiven wie im negativen Sinne – kritisch sind, möglich? Unter welchen Bedingungen sollten Geschäftsbeziehungen beendet werden?

Diese nur beispielhaft aufgeführten Fragen zeigen, dass die **Defizite der Interaktionsforschung** vor allem im **Gestaltungszusammenhang** liegen (vgl. *Calamius*, 1994, S. 124). Das Wissen um das zielgerichtete Steuern von Interaktionsprozessen und Geschäftsbeziehungen muss als bestenfalls rudimentär bezeichnet werden. Hier liegen die auch aus Sicht der Praxis relevanten Forschungspotenziale der Zukunft. Wir werden die Frage der Steuerung von Geschäftsbeziehungen im Teil 3 des Buches (Geschäftstypen) unter normativer Perspektive wieder aufgreifen.

2 Marktsegmentierung: Aggregation der Einzelkundenbetrachtung

Für manche Märkte ist die Betrachtung einer einzelkundenbezogenen Beschaffungsanalyse nicht hinreichend. Ein Anbieter von Schrauben, kaufmännischer Bürosoftware oder Werkzeugmaschinen wird so vor allem auch daran interessiert sein, wie er seine Vermarktungsaktivitäten (z. B. die Produktentwicklung) auf ganze Marktsegmente und Märkte ausrichten kann. In einem solchen Fall stellt sich für den Anbieter allerdings die Frage, ob er seine Vermarktungsbemühungen tatsächlich völlig undifferenziert auf ganze Märkte richten kann oder ob er stattdessen zwar nicht jeden Kunden separat, sehr wohl aber **Gruppen von Kunden spezifisch** bearbeiten muss. Mit anderen Worten ist in diesem Fall eine Marktsegmentierung notwendig.

Aufgrund der ständigen Marktstrukturveränderungen und der sich im Zeitablauf verändernden Verhaltensweisen der Nachfrager muss die Marktsegmentierung aus statischer und aus dynamischer Sicht betrachtet werden. Kern der **statischen Marktsegmentierung** ist es, zu einem festen Zeitpunkt Gruppen von Nachfragern zu finden, die sich dadurch auszeichnen, dass das Kaufverhalten innerhalb der Gruppe relativ homogen, zwischen den Gruppen dagegen relativ heterogen ist (vgl. z. B. *Freter*, 2001a, S. 1069; *Griffith/Pol*, 1994, S. 39). Das Management der Segmentierung, d. h. die ständige Überprüfung und Anpassung der Gültigkeit bestehender Segmente, dagegen ist die Aufgabe der **dynamischen Marktsegmentierung** (vgl. *Bell*, 1979, S. 137; *Belz*, 1995, S. 42 ff.).

Statische Marktsegmentierung

Die Aufgabe der statischen Marktsegmentierung besteht darin, aus der Vielzahl möglicher Einflussfaktoren auf das organisationale Beschaffungsverhalten die **Kriterien** herauszufiltern, die Gemeinsamkeiten im organisationalen Beschaffungsverhalten bewirken, bzw. solche zu identifizieren, die zu Unterschieden führen. *Abbildung 47* gibt eine strukturierte Übersicht über mögliche Marktsegmentierungskriterien im Industriegüterbereich.

Die möglichen Segmentierungskriterien müssen ferner bestimmte grundsätzliche **Anforderungen** erfüllen (vgl. *Berekoven et al.*, 2006, S. 243 f.; *Dibb/Simkin*, 1996, S. 15; *Freter*, 2001a, 1074 ff.; *Meffert et al.*, 2008, S. 189 ff.):

- Das Segmentierungskriterium muss eine feststellbare Beziehung zum Beschaffungsverhalten (**Verhaltensrelevanz**) aufweisen. Je stärker der Einfluss eines Merkmals auf die Kaufentscheidung ist, desto höher ist seine Bedeutung als Segmentierungskriterium.
- Der Verhaltensbezug muss messbar sein, d. h. es muss sich feststellen lassen, wem eine bestimmte Ausprägung des Merkmals zuzuordnen ist (**Messbarkeitsaspekt**).

Erfassung der Merkmale	Merkmale der Nachfragerorganisation	
	Allgemeine Merkmale	**Kaufspezifische Merkmale**
direkt beobachtbar	• *Organisationsbezogene Merkmale* Unternehmensgröße, Organisationsstruktur, Standort, Betriebsform, Finanzrestriktionen und andere	• *Organisationsbezogene Merkmale* Abnahmemenge bzw. -häufigkeit, Anwendungsbereich der nachgefragten Leistung, Neu-/Wiederholungskauf, Marken-/Lieferantentreue, Verwenderbranche/Letztverwendersektor
	• *Buying Center-bezogene Merkmale* demographische und sozio-ökonomische Merkmale der Buying Center-Mitglieder (z. B. Ausbildung, Beruf, Alter, Stellung im Unternehmen)	• *Buying Center-bezogene Merkmale* Größe und Struktur des Buying Centers
indirekt beobachtbar/ abgeleitet	• *Organisationsbezogene Merkmale* Unternehmensphilosophie, Zielsystem des Unternehmens	• *Organisationsbezogene Merkmale* organisatorische Beschaffungsregeln
	• *Buying Center-bezogene Merkmale* Persönlichkeitsmerkmale der Buying Center-Mitglieder (z. B. Know-how, Risikoneigung, Entscheidungsfreudigkeit, Selbstvertrauen, Life-Style der Buying Center-Mitglieder)	• *Buying Center-bezogene Merkmale* Kaufmotive, individuelle Zielsysteme, Anforderungsprofile, Entscheidungsregeln der Kaufbeteiligten, Kaufbedeutung in der Einschätzung der Kaufbeteiligten, Einstellungen/Erwartungen gegenüber Produkt/Lieferanten, Präferenzen

Abb. 47: Marktsegmentierungskriterien für Industriegütermärkte

Quelle: *Kleinaltenkamp*, 1995a, S. 667; in Anlehnung an *Engelhardt*, 1997, S. 1063 f. und *Frank et al.*, 1972, S. 27.

- Der Verhaltensbezug muss über eine gewisse Zeit hinweg konstant sein. Ohne **Zeitstabilität** ist eine verhaltensorientierte Marktsegmentierung nicht sinnvoll, weil sich die notwendigen Maßnahmen für die Segmentierung nicht rentieren.
- Um eine gezielte Ansprache der Zielgruppen zu erreichen, müssen Kriterien gefunden werden, die auch zu marketingpolitisch **erreichbaren Marktsegmenten** führen. Es müssen bspw. Medien vorhanden sein, die zielgruppenspezifisch eingesetzt werden können.
- Die **Wirtschaftlichkeit** muss gesichert sein. Marktsegmente, bei denen der Nutzen aus der Segmentierung kleiner ist als die dafür notwendigen Kosten, sind wirtschaftlich uninteressant.

Versucht man, die vorgeschlagenen Segmentierungsansätze für Industriegüter zu systematisieren, so lassen sich folgende **Typen von strukturellen Ansätzen** unterscheiden:

- einstufige Ansätze,
- mehrstufige Ansätze,
- mehrdimensionale Ansätze,
- Netzwerkansatz

Einstufige Ansätze

Als **einstufige Segmentierungsansätze** bezeichnen wir solche Segmentierungsansätze, die häufig ohne konzeptionelle Begründung Segmentierungsentscheidungen anhand **einzelner Kriterien** treffen. Dabei kommen im Prinzip alle Kriterien aus *Abbildung 47* in Betracht. Wegen der situationsspezifisch unterschiedlichen Beurteilung der Güte von Segmentierungsentscheidungen auf Basis einzelner Kriterien ist eine generelle Beurteilung kaum möglich. Im Prinzip ist daher der Aussage von *Kleinaltenkamp* (1995a, S. 672) zuzustimmen: „Auch wenn sich bei der Anwendung einstufiger Ansätze durchaus sinnvolle Segmentabgrenzungen ergeben, so können sie doch die Komplexität von Kaufentscheidungsprozessen im Business-to-Business-Bereich in aller Regel nicht erfassen. Das kann dann dazu führen, dass ein solcher Segmentierungsansatz möglicherweise wichtige kaufverhaltensbestimmende Faktoren unberücksichtigt lässt und somit zu tiefgreifenden Fehleinschätzungen der Nachfrager und ihrer Verhaltensweisen führt. Das kann wiederum eine weitreichende ‚Fehlgestaltung' einer Marketing-Strategie mit entsprechend negativen Erfolgswirkungen zur Folge haben."

Mehrstufige und mehrdimensionale Segmentierungsansätze

Mehrstufige Segmentierungsansätze versuchen in einem stufenweisen **Filterungsprozess,** Einflussfaktoren auf das organisationale Beschaffungsverhalten für Segmentierungsüberlegungen zu prüfen. Eines der ersten mehrstufigen Konzepte stellt der zweistufige Ansatz von *Wind/Cardozo* (1974) dar, die das in *Abbildung 48* wiedergegebene Vorgehen vorschlagen:

- Auf der ersten Stufe erfolgt eine sog. **Makro-Segmentierung**, die u. a. auf Charakteristika der beschaffenden Organisation basiert. Als **Makro-Einflussgrößen** zur Erklärung unterschiedlichen Nachfragerverhaltens von Organisationen kommen z. B. in Betracht:
  - **Unternehmensgröße**,
    da mit zunehmender Größe einer Organisation der Formalisierungsgrad der Auftragsvergabe wachsen wird;
  - **Organisationsstruktur**,
    da z. B. bei vorhandener Projektorganisation auf der Nachfragerseite die Interaktionspartner klar definiert sind;
  - **Nachfragerstandort** und deren Zugehörigkeit zu einem bestimmten Entwicklungsstand der Wirtschaft des Nachfragerlandes, da dadurch z. B. der Umfang der für die Auftragsvergabe notwendigen Devisen bestimmt wird (vgl. z. B. *Backhaus*, 1977);
  - **Kaufsituation**,
    da das Nachfragerverhalten je nachdem, ob es sich um einen Neukauf, veränderten oder identischen Wiederkauf handelt, variiert (vgl. *Robinson et al.*, 1967).

  Führen die Makro-Kriterien bereits zu klar trennbaren Marktsegmenten, dann empfehlen *Wind/Cardozo* einen Abbruch des Segmentierungsverfahrens und die Verwendung der Makro-Segmente als Zielsegmente.
- Trifft dies nicht zu, ist eine weitere Disaggregation notwendig, die an verhaltensrelevanten Kriterien des Buying Centers ansetzt **(Mikro-Segmentierung)**.

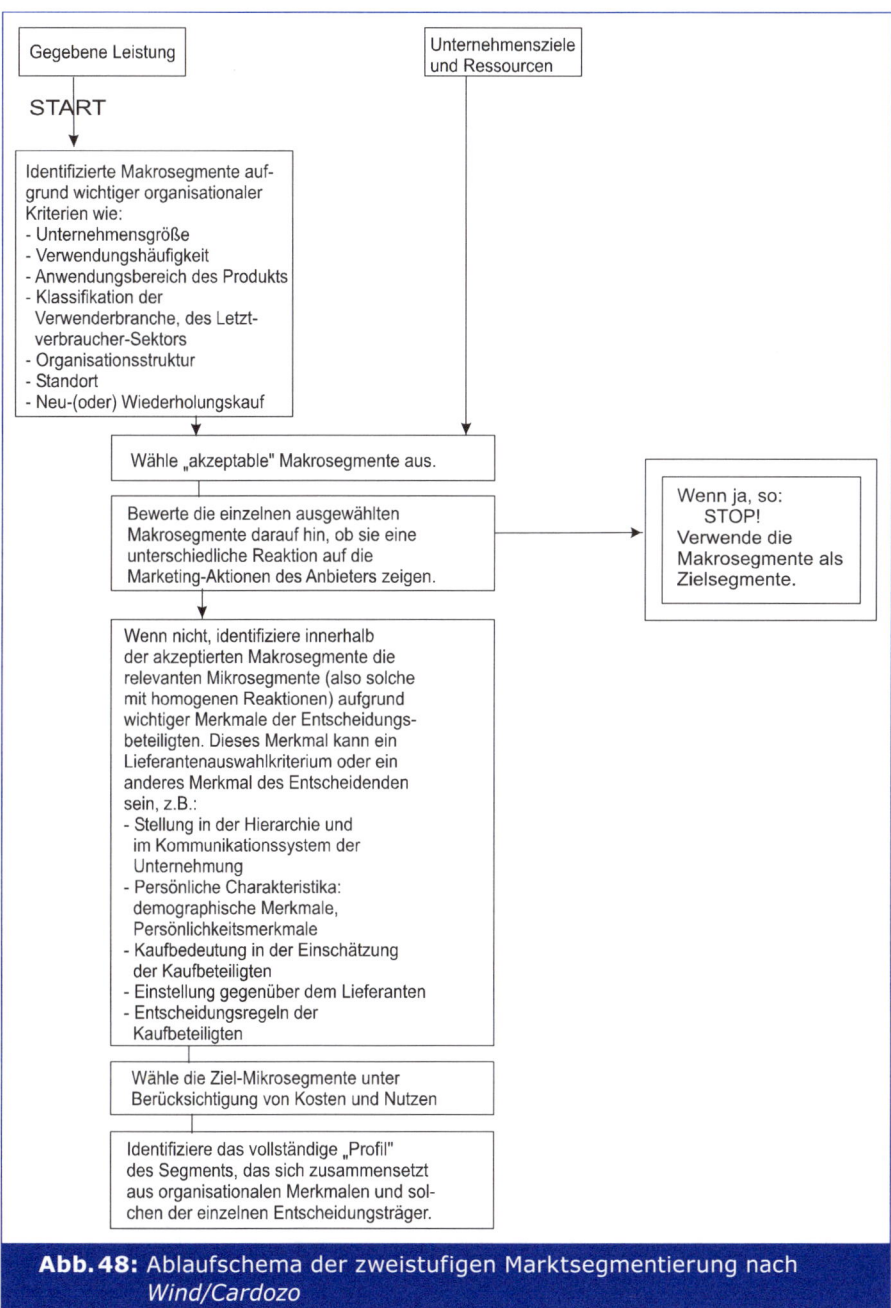

Abb. 48: Ablaufschema der zweistufigen Marktsegmentierung nach Wind/Cardozo

Quelle: *Wind/Cardozo*, 1974, S. 156; Übersetzung von *Engelhardt/Günter*, 1981, S. 91.

Einen ähnlichen Ansatz wählen auch *Choffray/Lilien* (1980), *Lilien/Kotler* (1983) und *Strothmann/Kliche* (1989b). Im Gegensatz dazu schlagen *Scheuch* (1975) und *Gröne* (1977) die Verwendung dreistufiger Ansätze vor, ohne dass jedoch grundlegende konzeptionelle Unterschiede zu den zweistufigen Ansätzen deutlich werden (vgl. *Abbildung 49*).

SCHEUCH (1975)	GRÖNE (1977)
1. Ebene: **Umweltbezogene Merkmale** • Organisationsdemographische Merkmale – Standort – Betriebsform etc. • Kauf- und Verwendungsverhalten – Auftragsgrößen – Zahlungsverhalten etc. • Position der Organisation in der Umwelt – politische Bedingungen – technische Bedingungen	**1. Ebene:** **O-Segmentierung** **(organisations-bezogene Kriterien)** • Organisationsdemographische Merkmale – Standort – Betriebsform etc. • Institutionalisierung der Einkaufsfunktion – Zentralisation/Dezentralisation – Aufgabenbereich etc. • Organisatorische Beschaffungsregeln – Angebotsbewertung – EDV als Einkaufshilfsmittel etc.
2. Ebene: **Innerorganisatorische Merkmale** • Zielsystem der Organisation • Restriktionensystem – Know-how-Begrenzungen – Finanzrestriktionen etc. • Hierarchische Struktur etc.	**2. Ebene:** **K-Segmentierung (Merkmale des Entscheidungskollektivs)** • Größe des Buying Centers etc. • Zusammensetzung des Buying Centers etc.
3. Ebene: **Merkmale der Mitglieder des Buying Centers** • Alter • Beruf • Soziale Schicht etc.	**3. Ebene:** **I-Segmentierung (Merkmale des entscheidungsbeteiligten Individuums)** • Informationsverhalten • Einstellungen etc.

Abb. 49: Die dreistufigen Segmentierungsansätze von *Schleuch* und *Gröne*

Die Gegenüberstellung der Segmentierungskriterien nach *Scheuch* und *Gröne* zeigt, dass die konzeptionellen Unterschiede zwischen den jeweiligen Kriterien minimal sind. Die beiden Ansätze unterscheiden sich von dem *Wind/Cardozo*-Modell dadurch, dass sie die Kriterien der Mikro-Segmentierung lediglich weiter differenzieren.

Einen fünfstufigen Ansatz schlagen *Bonoma/Shapiro* (1992) vor. Ihr sog. **Schalenansatz („Nested Approach")** ist dabei wie der Ansatz von *Wind/Cardozo* als selektives Konzept zu kennzeichnen. Ausgehend von der äußeren „Schale" in *Abbildung 50* wird geprüft, ob der Detaillierungsgrad der Ergebnisse für die geplante Segmentierungsentscheidung ausreichend ist oder nicht. Können z. B. in Bezug auf das Kaufverhalten ausreichend homogene Teilgruppen bei Verwendung von demographischen Kriterien (z. B. Branche, Unternehmensgröße, Standort) gefunden werden, wird der Entscheidungsprozess abgebrochen.

A. Die drei Perspektiven des KKVs

Abb. 50: Der „Nested Approach" zur Marktsegmentierung im Industriegütersektor

Quelle: *Bonoma/Shapiro,* 1992, S. 156 ff.

Ist dies nicht der Fall, werden nacheinander die Kriterien

- **Leistungsbezogene** (operative) Merkmale (z. B. Technologien; Käufer-/Nicht-Käufer des Produktes oder der Marke; technische Ausstattung; technische Fähigkeiten; finanzielle Möglichkeiten),
- **Beschaffungsmerkmale** (z. B. formale Organisation des Beschaffungsprozesses; Beschaffungsrichtlinien bzw. Kaufkriterien; Machtstrukturen beim Kaufprozess; Bestehende Geschäftsbeziehungen),
- **Situative Faktoren** (z. B. Dringlichkeit des Kaufes; Spezialwünsche; Auftragsvolumen) und
- **Individuelle Charakteristika** der Buying Center-Mitglieder (z. B. Risikoverhalten; Toleranz; Image- oder Faktenreagierer; Ähnlichkeit zwischen Käufer und Verkäufer; Lieferantentreue)

geprüft, um herauszufinden, ob diese immer differenzierter und präziser werdenden Kriterien zu brauchbaren Ergebnissen führen.

Das Modell von *Bonoma/Shapiro* bildet letztlich einen Übergang zu den mehr-dimensionalen Ansätzen, da die verschiedenen Merkmalsgruppen auch simultan zur Segmentbildung herangezogen werden können (vgl. zu einer Übersicht, *Horst,* 1988).

Mehrdimensionale Ansätze verwenden im Prinzip die gleichen Kriterien wie mehrstufige Ansätze. Sie vermeiden jedoch den Hauptnachteil der mehrstufigen Ansätze, der in der Existenz sog. Baumstrukturen liegt. Sollte in einem Segmentierungsschritt ein Unternehmen einem bestimmten Segment zugeordnet werden, kann diese Zuordnung in den folgenden Schritten nicht wieder aufgehoben werden. In der Regel besitzen aber die auf den ersten Stufen verwendeten Segmentierungskriterien (hier z. B. demographische Merkmale) gerade im Industriegüterbereich nur eine geringe Kaufverhaltensrelevanz.

Ziel der mehrstufigen sowie mehrdimensionalen Segmentierungsansätze ist die Vermeidung der einseitigen Ausrichtung an sog. „firmographics", also Kriterien, die sich im Wesentlichen aus organisationsdemographischen Merkmalen ableiten lassen.

Fasst man die Ergebnisse für unsere Zwecke zusammen, so lässt sich feststellen, dass es sich im Prinzip um **Checklisten** zur Findung möglicher Segmentierungskriterien handelt, die als zusammenfassende Indikatoren für ähnliche Kaufverhaltensweisen dienen können.

Netzwerkansatz zur Marktsegmentierung

Der Netzwerkansatz zur Marktsegmentierung legt ein weitergefasstes Marktverständnis zugrunde und geht über die originäre Kundensegemntierung hinaus. Konkret werden nicht nur direkte Kunden berücksichtigt, sondern diese werden als Elemente eines komplexen Geschäftsnetzwerks gesehen, so dass deren vor- und nachgelagerte Produzenten und Kunden Beachtung finden (vgl. *Henneberg* et al., 2009). Die Zielsetzung ist also, ein umfassenderes Verständnis des Netzwerkgefüges zu erhalten, in dem folgende Aspekte im Segmentierungsansatz berücksichtigt werden:

- Berücksichtigung der Präferenzstrukur von direkten Kunden, aber auch die Verbindung zu Präferenzen nachgelagerter (indirekter) Kunden.
- Berücksichtigung des Zusammenhangs zwischen Fähigkeiten der in der Supply Chain vorgelagerten Produzenten und den nachgelagerten Kunden.

Der Ansatz ist vor allem für Segmentierungen im Industriegütermarketing geeignet, da durch die Berücksichtigung des Netzwerks die Besonderheiten der organisationalen Beschaffung im besonderen Maße berücksichtigt werden.

Dynamische Marktsegmentierung

Die Notwendigkeit einer Dynamisierung der Marktsegmentierung resultiert aus Instabilitäten einmalig durchgeführter Marktsegmentierungen. Treiber von Instabilitäten sind insbesondere Veränderungen von Kundenbedürfnissen und -präferenzen im Zeitablauf (vgl. z. B. *Achrol/Etzel*, 2003; *Blocker/Flint*, 2007; *Joshi/Campbell*, 2003). Industriegütermärkte unterliegen dabei einer stärkeren Dynamik als Konsumgütermärkte, wie bspw. *Mitchell/Wilson* (1998) konstatieren. Sie begründen dies durch eine höhere Sensitivität des Marktes gegenüber Veränderungen. Hat ein Unternehmen z. B. einen Geschäftsbereich wie die IT-Infrastruktur ausgelagert, können sich aufgrund der Marktdynamik die Kundenanforderungen schnell verändern und Verschiebungen in den Marktsegmenten ergeben (vgl. *Blocker/Flint*, 2007).

Aufgabe des Marketings ist es, solche Dynamisierungen von Marktsegmentierungen nachzuvollziehen, diese ggf. sogar zu antizipieren (vgl. *Breuer*, 1994, S. 132) und auf die Veränderungen strategisch zu reagieren. Die Reaktion kann dabei entweder darin bestehen, die identifizierten Segmentveränderungen zu akzeptieren und sich durch eine entsprechende Mix-Anpassung darauf einzustellen, oder aber entsprechende Marketing-Maßnahmen zu ergreifen, die darauf gerichtet sind, die alten Segmentzusammensetzungen wieder herzustellen (vgl. *Günter*, 1990, S. 126 f.).

II. Die Konkurrenz: eine relative Perspektive

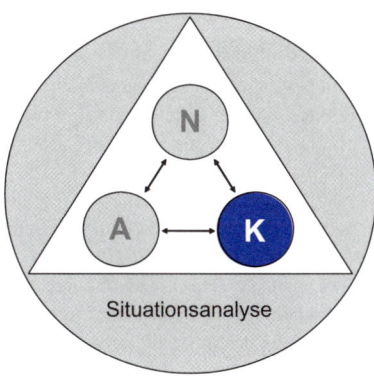

Neben der Analyse der Nachfragerseite ist zur Bestimmung der Ist-Situation zu fragen: Wie und in welchem Ausmaß befriedigen die relevanten Anbieter am Markt den Problemlösungsbedarf der Kunden? Dabei ist zunächst zu bestimmen, wer die relevanten Konkurrenten sind. Das ist zum einen eine Frage nach der Abgrenzung des relevanten Marktes. Zum anderen ist hierbei aber auch zu untersuchen, ob sich im identifizierten relevanten Markt Konkurrenzcluster, sog. „strategische Gruppen", feststellen lassen, zu denen aus Sicht des betrachteten Anbieters nicht bei allen eine gleiche Wettbewerbsintensität besteht, da er bspw. mit den Mitgliedern bestimmter Cluster stärker und mit denen anderer Cluster weniger stark konkurriert.

Für den Marketing-Erfolg in einem definierten relevanten Markt ist es entscheidend, den Problemlösungsbedarf der Kunden besser als die Konkurrenz zu befriedigen. Eine Konkurrenzanalyse hat daher immer im Hinblick auf einen Vergleich der eigenen Position zu der der relevanten Konkurrenten zu erfolgen **(Relative Konkurrenzanalyse)**. Die Erkenntnis, dass der Erfolg nur dann gewährleistet ist, wenn der Wettbewerber nicht in gleicher Weise die Kundenbedürfnisse erfüllt („Be different, or die!"), muss zu einer verstärkten Implementierung der Konkurrenzanalyse in die Marketing-Konzeption führen (vgl. *Nieschlag et al.*, 2002, S. 105 f.). Hierzu ist es erforderlich, dass nach der Abgrenzung des relevanten Marktes und der Analyse strategischer Gruppen – etwa auf Basis der bei den relevanten Konkurrenten vorhandenen Fähigkeiten und Ressourcen – untersucht wird, mit welchem zukünftigen Verhalten bei diesen Wettbewerbern zu rechnen sein wird (Analyse des Konkurrenzverhaltens).

1 Wer ist Konkurrent?

1.1 Die Abgrenzung des relevanten Marktes

Grundproblem und damit erster Schritt der Konkurrenzanalyse ist die **Identifikation relevanter Konkurrenten** (vgl. *Wagner*, 2001). Vielfach werden in der Praxis sehr einfache Verfahren benutzt, um die relevanten Konkurrenten zu bestimmen. Manchmal werden lediglich die drei größten Wettbewerber, z. B. gemessen am relativen Marktanteil, als relevante Konkurrenten betrachtet und näher beobachtet. Diese Art der Vorgehensweise kann jedoch nicht überzeugen, da die Anzahl der Hauptwettbewerber von Branche zu Branche unterschiedlich hoch ausfällt und keine Kriterien definiert werden können, wer überhaupt als Konkurrent anzusehen ist und wie groß demnach die Zahl der zu berücksichtigenden Konkurrenten ist.

„Wettbewerb ist die Rivalität zwischen Individuen (oder Gruppen oder Nationen), und er tritt immer dann auf, wenn zwei oder mehr Subjekte nach etwas streben, das nicht alle bekommen können" (*Stigler*, 1998, S. 531). Als Konkurrenten werden demnach die Unternehmen bezeichnet, welche auf einem Markt um die Gunst derselben Käufergruppe rivalisieren (vgl.

Lange, 1994, S. 32). Die Bestimmung der relevanten Konkurrenten ist folglich nur über den Umweg einer klaren Definition des relevanten Markts zu bewerkstelligen.

Wie wichtig eine konsequente **Abgrenzung des relevanten Marktes** für die Bestimmung der Konkurrenten ist, lässt sich an einem Beispiel aus dem Sport demonstrieren:

> Bryan Clay hieß der Olympia-Sieger 2008 im Zehnkampf in Peking. Wäre er in einer der Spezialdisziplinen des Zehnkampfes gegen die Spezialisten angetreten, hätte er in keiner Disziplin eine Medaillenchance gehabt, in manchen Disziplinen wäre er nicht einmal in den Endkampf gekommen. Um im Zehnkampf erfolgreich zu sein, muss man vielseitig sein, darf seine „Muskelpakete" nicht zu speziell ausbilden. Denn was für die eine Spezialdisziplin sehr förderlich ist, ist für andere Disziplinen eher hinderlich. Obwohl Bryan Clay und auch Usain Bolt, der jamaikanische Sprintstrecke-Olympia-Sieger in Peking auf der 100 m-Strecke, beide bei Olympia 100 m laufen, trainieren sie beide auf völlig andere Art und Weise. Sie sind eben keine direkten Konkurrenten. Trotz der gleichen Disziplin kämpfen beide in unterschiedlichen Wettbewerbsarenen, d. h. auf unterschiedlichen relevanten Märkten, und die Wahl des Marktes bestimmt die erforderlichen Fähigkeiten, die benötigt werden, um zu siegen!

Levitt beschreibt in seinem berühmt gewordenen Aufsatz „Marketing Myopia" (vgl. *Levitt*, 1960, S. 45 ff.) am Beispiel der Eisenbahn, wie eine Fehldefinition des Geschäftsfeldes – und damit ein falsches Konkurrenzverständnis – zur Fehleinschätzung der Konkurrenzsituation damit zu erheblichen Wachstumseinbußen führte:

> „Es war nicht die Nachfrage nach Passagier- und Frachttransport, die zurückging und so das Wachstum der Eisenbahn begrenzte. Das Passagier- und Frachtaufkommen wuchs vielmehr. Die Eisenbahnen sind heute in Schwierigkeiten, nicht weil diese Nachfrage durch andere befriedigt wurde (Autos, Lastwagen, Flugzeuge, sogar Telefone), sondern weil die Eisenbahnen die veränderten Bedürfnisse selbst nicht erfüllten. Sie ließen sich die Nachfrage wegnehmen, weil sie ihren relevanten Markt als den Markt für Eisenbahnen definiert hatten, anstatt sich als Transportunternehmen zu verstehen. Der Grund für die Fehldefinition des relevanten Marktes lag darin, dass sie schienenorientiert, anstatt transportorientiert waren. Sie waren produktorientiert, anstatt kundenorientiert zu sein."

Diese Beispiele belegen, dass die Frage der Marktabgrenzung und die dadurch beantwortete Frage nach den relevanten Konkurrenten ganz besonders in dynamischen Märkten, wie sie für viele technologiegetriebene Industriegüter typisch sind, von entscheidender Bedeutung ist (vgl. auch *Fennell/Allenby*, 2003 und 2004).

Der **relevante Markt** umfasst dabei alle für die Kauf- und Verkaufsentscheidungen bedeutsamen Austauschbeziehungen zwischen Produkten in sachlicher, räumlicher und zeitlicher Hinsicht.

Für die sachliche, räumliche und zeitliche Abgrenzung können folgende Beispiele genannt werden:

- **sachliche Abgrenzung**: Konkurriert der Stahlrohr-Anbieter mit Konkurrenten im Bereich
    - Stahlrohre?
    - kunststoffummantelte Rohre?
    - Kunststoffrohre?
- **räumliche Abgrenzung**: Werden die Produkte eines Herstellers von Stahlrohren auf
    - dem Inlandsmarkt
    - dem EU-Markt
    - dem Weltmarkt

    nachgefragt (und tritt er daher nur gegen Konkurrenten aus dem Inlandsmarkt oder auch gegen die auf dem EU- oder Weltmarkt an)?

- **zeitliche Abgrenzung**: Wie lange bleiben die Konkurrenzbeziehungen (und Nachfragebeziehungen) eines Stahlrohr-Produzenten bestehen, wenn
  - in naher Zukunft Embargomaßnahmen zu erwarten sind und daher einige aktuelle Wettbewerber zukünftig nicht mehr alle Kunden bedienen können?
  - Nachfrager angesichts augenblicklich hoher Stahlpreise Beschaffungsentscheidungen zeitlich zurückstellen und für den späteren Beschaffungszeitpunkt davon auszugehen ist, dass weitere Konkurrenten in den Markt eingetreten sind?

Definiert eine Unternehmung ihren relevanten Markt *zu eng* (vgl. das Beispiel von *Levitt*), so kann es passieren, dass sie Konkurrenten übersieht, deren Wirkung den Erfolg eines Unternehmens nachhaltig beeinflussen können, während bei *zu breiter* Marktdefinition Konkurrenten beachtet werden, die in Wirklichkeit gar keine sind.

Sachliche Abgrenzung

Die Marktdiskussion, der seit jeher ein zentraler Stellenwert im wirtschaftswissenschaftlichen Denkgebäude zukommt, hat vor allem die **sachliche Marktabgrenzung** in den Vordergrund gestellt. Die Beantwortung der Frage, was als der relevante Markt anzusehen ist bzw. mit welchen Leistungen/Leistungsbündeln ein bestimmter Anbieter in einer bestimmten Region zu einem bestimmten Zeitpunkt konkurriert, ist allerdings umstritten und bis heute noch nicht endgültig gelöst.

In der Literatur konkurriert eine Reihe von Operationalisierungsansätzen zur Beurteilung von Substitutionsintensitäten miteinander, die z. T. aus Anbieter-, z. T. aus Nachfragerperspektive entwickelt wurden. Zu ersteren zählt z. B. das **Konzept der physisch-technischen Äquivalenz**, bei dem die Intensität der Konkurrenzbeziehung an ähnlichen Produkteigenschaften (z. B. Motorgröße) festgemacht wird. Da solche Ansätze allerdings nur dann Sinn machen, wenn interne Ressourcen knapp sind und ihre alternative Verwendungen anbieterseitig zu vergleichen sind („Sollen wir den Motor in den LKW oder in den Bus einbauen?"), spielten diese Ansätze vor allem in den früher bestehenden Verkäufermärkten („Angebot ist kleiner als die Nachfrage") eine Rolle. Der Wandel zu Käufermärkten hat so auch zur Erkenntnis geführt, dass Märkte aus Nachfragersicht abzugrenzen sind, da diese nun die Knappheitsdimension darstellen. Zu den Ansätzen aus Nachfragersicht zählt das **Konzept der Kreuzpreiselastizitäten**, bei der die Substitutionsintensität zwischen zwei Produkten daran festgemacht wird, ob und in welchem Umfang sich die Nachfragemenge nach Gut A relativ verändert, wenn sich der Preis für Gut B um einen bestimmten Prozentsatz verändert. Eine dritte Gruppe von Ansätzen setzt ebenfalls am Nachfragerverhalten an, berücksichtigt aber auch die Konkurrenzbeziehung. Hierzu gehört der **„Hypothetische Monopolisten-Test"** (HMT), der vom U.S. Department of Justice erstmals 1982 in den sog. „Horizontal Merger Guidelines" festgelegt wurde. Es handelt sich dabei um einen (hypothetischen) Preistest zur Bestimmung des relevanten Marktes, der wie folgt abläuft (vgl. *Hildebrand*, 2009): Zunächst werden zwei Produkte analysiert, wobei das U.S. Department bei *Mergers* jeweils ein Produkt der beiden mergenden Unternehmen betrachtet. Es wird gefragt, was passieren würde, falls ein hypothetischer Monopolist, der das jeweilige Produkt anbietet, einen „kleinen, aber signifikanten und nicht nur vorübergehenden" („**s**mall **s**ignificant and **n**on-transitory **i**ncrease in **p**rice", kurz auch „SSNIP-Test") Preisaufschlag fordern würde. Für den Fall, dass die Preiserhöhung viele Käufer veranlasst, auf andere Produkte umzusteigen, so dass der hypothetische Monopolist es nicht als profitabel ansehen würde, eine solche Preiserhöhung zu realisieren, geht das Department of Justice davon aus, dass das Produkt, zu dem die meisten Käufer abwandern würden, noch zum relevanten Markt gehörig betrachtet wird. Für die so gebildete neue Produktgruppe wird dann das gleiche Prozedere wiederholt, so lange, bis eine Gruppe von Produkten definiert ist, für den der hypothetische Monopolist profitabel die Preiserhöhung (small but significant and non-transitory) durchführen könnte, ohne dass zu viele Nachfrager abwandern. Der relevante Markt bestimmt sich somit als die kleinste Gruppe von Produkten, die den HMT besteht (vgl. auch *Dobbs*, 2002a und 2002b).

Das Konzept hat in der Regulierungsdiskussion große Bedeutung erlangt – seit 1997 wird das Konzept bspw. auch von der Europäischen Kommission zur Abgrenzung des relevanten Marktes eingesetzt –, auch wenn einige Schwachpunkte nicht zu übersehen sind:

- Was ist ein *kleiner* Preisaufschlag (i. d. R. wird von einem 5 % Aufschlag ausgegangen, ohne dass sich dies aber näher begründen ließe)?
- Was heißt „nicht vorübergehend" (häufig wird ein Zeitraum von mindestens einem Jahr genannt)?

Für unsere Zwecke lässt sich festhalten, dass im Ergebnis der sachlich relevante Markt letztlich durch das **Nachfragerverhalten** bestimmt wird. Der Nachfrager entscheidet darüber, ob ein bestimmtes Produkt X im Hinblick auf das Produkt Y austauschbar ist oder nicht. Und hierdurch sollte der Nachfrager auch indirekt darüber entscheiden, welche Konkurrenzprodukte Anbieter bei ihren Marketing-Aktivitäten berücksichtigen. Ansonsten droht die oben beschriebene Gefahr, dass der relevante Markt sachlich unzutreffend abgegrenzt wird. So kann ein Hersteller von Röntgenanlagen bspw. Konkurrenzprodukte in seinen Plänen berücksichtigen – dem kaufenden Krankenhaus sind diese Produkte aber gar nicht bekannt und werden somit auch nicht als substitutionsfähig betrachtet. Der sachlich relevante Markt würde somit vom Hersteller in diesem Fall weiter definiert, als er tatsächlich ist. Auf der anderen Seite können dem Krankenhaus-Management aber auch mehr substitutionsfähige Röntgenanlagen bekannt sein als dem Hersteller, der damit seinen relevanten Markt zu eng definieren würde.

Wir halten fest:

(1) Wer als relevanter Konkurrent zu beachten ist, bestimmt allein der Nachfrager. Er definiert durch sein Kaufverhalten, welche Leistungen er als substitutionsfähig ansieht.
(2) Der Anbieter bestimmt allein, bei welcher Substitutionsintensität er die Konkurrenzbetrachtung abschneidet.
(3) Deshalb können zwei Anbieter mit Produkten gleicher Substitutionsintensität zu verschiedenen Bestimmungen der relevanten Konkurrenten kommen.

Räumliche Abgrenzung

Neben der sachlichen Marktabgrenzung erfordert die Bestimmung der relevanten Konkurrenten auch die Festlegung der räumlichen Dimension des relevanten Marktes und der dadurch bestimmten Konkurrenzbeziehung. Die strategische **Entscheidung über das Absatzgebiet** ist zunehmend eine Frage der **internationalen Arealstrategie** (vgl. auch *Backhaus/Voeth*, 1995a, S. 389 ff., *Backhaus/Voeth*, 2004; *Schneider/Müller*, 1989, S. 1). Dies gilt gerade für Industriegüter, weil diese z. T. weltweit, z. T. aber auch nur regional begrenzt vermarktet werden. Dabei werden regionale Teilmärkte bzw. verschiedene nationale Märkte umso eher zu einem gemeinsamen relevanten Markt gezählt, je intensiver die Rückkopplungen zwischen den einzelnen Teilmärkten sind (vgl. *Backhaus et al.*, 2003).

Rückkopplungen spielen eine umso geringere Rolle, je größer die (institutionellen) **Marktbarrieren** zwischen einzelnen regionalen Teilmärkten sind. Marktbarrieren können dabei aus einer Vielzahl von Gründen relevant werden (vgl. z. B. *Simon*, 1989a, Sp. 1441). Marktbarrieren können rein **ökonomische Gründe** haben, wenn z. B. wegen zu großer Entfernungen die Transportkosten so hoch werden, dass sich der Export nicht mehr lohnt. Die relevanten Konkurrenten kommen daher nur aus dem Inlandsmarkt. Marktbarrieren können auch aus **protektionistischen Handelshemmnissen** tarifärer und nicht-tarifärer Art (vgl. *Glismann/Horn*, 1984, S. 73 ff.) resultieren, die häufig im Kundenland bestehen und bis zu Einfuhrverboten gehen können, die Exporte in diese Länder unmöglich machen. Eine besondere Rolle spielen gerade im Industriegüterbereich auch unterschiedliche länderspezifische **technische Normen**, die einen hohen Anpassungsaufwand im Bereich der Hard- und Software erfordern und damit die Konkurrenzbeziehungen determinieren. Aber auch Handelshemmnisse der Exportländer wie Exportverbote von High-Tech-Produkten in bestimmte Länder (vgl. *Backhaus*, 1988, S. 17) stellen Marktbarrieren dar. Schließlich können Barrieren **verhaltensbedingt** sein (vgl. *Simon*, 1989a, Sp. 1445 ff.). Sie können aus dem Kundenverhalten resultieren, wenn z. B. inländische Leistungsangebote bevorzugt werden („buy British"), womit ausländische Konkurrenten weniger relevant werden.

Zeitliche Abgrenzung

Schließlich ist der relevante Markt auch zeitlich abzugrenzen. Hier steht die Frage im Vordergrund, ob die von Wettbewerbern **zu unterschiedlichen Zeitpunkten offerierten Leistungen** von Nachfragern als substituierbar angesehen werden. Auch die Abgrenzung des relevanten Marktes in zeitlicher Hinsicht kann zu einer Ausweitung oder Einengung des relevanten Marktes führen.

Zu einer **Ausweitung** des relevanten Marktes kommt es immer dann, wenn Anbieter feststellen, dass Nachfrager auch Leistungen von Anbietern als substituierbar einstufen, die zum jetzigen Zeitpunkt noch gar nicht im Markt vertreten sind. Solche Effekte lassen sich dabei vor allem in technologisch dynamischen Märkten beobachten. Bereits die Überlegungen zum Leapfrogging im Zusammenhang mit der Bildung von Kauftypen im organisationalen Beschaffungsverhalten haben gezeigt, dass Nachfrager in technologisch dynamischen Märkten mitunter dazu neigen, ihre Beschaffungsentscheidungen zu verzögern, um bei Ersatzinvestitionen nicht mehr auf in die augenblicklich im Markt angebotene Produkttechnologie, sondern direkt auf die erst zu einem späteren Zeitpunkt verfügbare Technologie überzugehen. Aus diesem Grunde darf die Konkurrenzanalyse sich nicht ausschließlich auf die Identifikation der **aktuellen** Wettbewerber beziehen, sondern muss darüber hinaus auch das **potenzielle** Wettbewerbsfeld fokussieren. Gerade auf Märkten, die durch eine hohe Dynamik gekennzeichnet sind, verändern sich auch die Konkurrenzstrukturen sehr schnell. Oft zeichnen sich in solchen wachsenden Märkten gerade relativ kleine Unternehmen durch eine hohe Wachstumsdynamik aus. *Hoffmann* (1986, S. 191) hat systematisch aufgezeigt, wie aus potenziellen Konkurrenten reale Konkurrenten werden können (vgl. *Abbildung 51*).

Ebenso kann die zeitliche Abgrenzung aber auch zu einer **Einengung** des relevanten Marktes führen, wenn die zu späteren Zeitpunkten offerierten Wettbewerbsangebote für Nachfrager nicht akzeptabel sind.

> Eine große Bedeutung hat die Frage der zeitlichen Substitution bspw. im Flugverkehrsmarkt. Hier konkurrieren verschiedene Airlines auf den gleichen Relationen um die Fluggäste. Beispielsweise wird die Strecke Frankfurt-Berlin (Tegel) parallel von den Airlines „Lufthansa und „Air Berlin" geflogen (Stand: August 2009). Während allerdings die Lufthansa – verteilt über den gesamten Tag – 11 (Hin- und Rück-)Flüge zwischen den Städten anbietet, sind es bei Air Berlin nur 3. In einzelnen Bereichen des Geschäftskundensegments besteht nun zwischen diesen Airlines kein Wettbewerb, obwohl sie die gleiche Flug-Relation anbieten. Beispielsweise kommt für viele Ge-

Heutige Gruppe	wird morgen Konkurrent durch
Lieferant	→ Vorwärtsintegration
Absatzmittler und Kunde	→ Rückwärtsintegration
Unternehmen mit neuen Technologien	→ Substitution
Bestehender Konkurrent in anderen Ländern	→ Regionale Expansion
Unternehmen mit ähnlicher Technologie	→ Diversifikation
Unternehmen, das gleiche Kunden beliefert	→ Produkt-Expansion
Unternehmen, das gleiche Produkte an andere Zielgruppen verkauft	→ Zielgruppen-Expansion

Abb. 51: Entwicklung von Unternehmen zu Konkurrenten

schäftskunden, für die zeitliche Flexibilität sehr wichtig ist, nur die Lufthansa als Airline in Frage, da nur dieser Anbieter dem Fluggast über den gesamten Tag verteilte Flüge anbietet. Hingegen wird für andere Geschäftskunden (und Privatkunden), die weniger zeitliche Flexibilität benötigen, nur Air Berlin als Airline in Frage kommen: denn während der Preis für einen Economy-Hin- und -Rück-Flug bei Air Berlin im LowCost-Tarif ca. 200 € kostet, muss der Kunde bei der Lufthansa für den gleichen, allerdings flexibel gebuchten Flug mehr als 400 € entrichten.

Trotz vieler ungeklärter methodischer Probleme zur **Bestimmung des relevanten Marktes** ist es notwendig, die vorhandenen Erkenntnisse in der Praxis zu berücksichtigen. Denn *Clark/Montgomery* (1999, S. 67 ff.) haben gezeigt, dass bei der praktischen Bestimmung des relevanten Marktes noch große **Mängel** festzustellen sind:

- Das Set der relevanten Konkurrenzprodukte wird von den Verantwortlichen häufig zu eng identifiziert.
- Die Identifikation von Wettbewerbern basiert tendenziell eher auf Angebots- denn auf Nachfragedimensionen.
- Als relevante Konkurrenten werden z. T. nur größere oder erfolgreichere Firmen identifiziert.
- Die Kriterien zur Identifikation relevanter Konkurrenten werden nur selten den veränderten Markt- und Geschäftsbedingungen angepasst.
- Manager neigen dazu, potenzielle (neue) Wettbewerber nicht in die Konkurrenzanalyse zu integrieren bzw. diese nicht einmal wahrzunehmen.

Neben der grundsätzlichen Identifikation von Konkurrenten ist zu fragen, ob die als relevant definierten Konkurrenten in einer nächsten Stufe noch danach segmentiert werden können, ob **gleiches** oder **heterogenes Konkurrenzverhalten** zu erwarten ist. Hier kann das Konzept der strategischen Gruppen wertvolle Hinweise liefern.

1.2 Strategische Gruppen

Der Begriff der **strategischen Gruppen** wurde 1972 von *Hunt* eingeführt. Eine Untersuchung der „U.S.-Home-Appliance-Industry" ergab, dass sich die Anbieter in ihrem strategischen Verhalten signifikant unterscheiden und einzelne Gruppen von Anbietern mit identischem Verhalten zu identifizieren waren (vgl. *Hunt*, 1972). Das Konzept verfolgt das Anliegen, auf empirischer Basis unterschiedliches Wettbewerbsgeschehen zwischen und innerhalb einzelner Märkte zu analysieren (vgl. *Hannig*, 1993, S. 73 f.). Es stellt einen Ansatz dar, um langfristig auch Rentabilitätsunterschiede zwischen Unternehmen einer Branche zu erklären (vgl. *Bongartz*, 1998, S. 383).

Grundlagen des Konzepts

In der Literatur existiert keine klare Definition für das Konzept der strategischen Gruppe. Generell lässt sich die **Definitionsvielfalt** zu drei Ansätzen zusammenfassen, die sich primär durch die Art der Abgrenzung der einzelnen Gruppen unterscheiden (vgl. hierzu und im Folgenden *Rese*, 1999, S. 12 ff.):

- Gruppenbildung auf Basis von Ressourcen- und Strukturgleichheit,
- Gruppenbildung aufgrund gleicher strategischer Verhaltensweisen sowie
- Gruppenbildung durch Kombination von Ressourcen-/Strukturgleichheit und identischen strategischen Verhaltensweisen.

Ob diese Varianten zu unterschiedlichen strategischen Gruppen führen, wird von dem Zusammenhang zwischen Struktur/Ressourcen und Verhalten determiniert. Je enger diese Verbindung ist, desto identischer wird für alle drei Fälle die Gruppenstruktur und -zuordnung.

Bei der Analyse der Beziehung zwischen der Branche und der strategischen Gruppe lassen sich drei Fälle unterscheiden. Zum einen kann im Extremfall die relevante Konkurrenz aus einer einzigen strategischen Gruppe bestehen, wenn alle Unternehmen die gleiche Strategie anwenden. In diesem Fall wäre eine **Analyse des relevanten Marktes** ausreichend – was allerdings erst nach Durchführung der strategischen Gruppenanalyse bekannt ist. Zum anderen kann ein relevanter Markt aus so vielen strategischen Gruppen bestehen, wie es Anbieter gibt. Das setzt allerdings voraus, dass jedes Unternehmen eine eigene Strategie verfolgt. In diesem Fall wäre eine klassische **Konkurrenzanalyse** vorzunehmen. Die i. d. R. wohl realitätsnaheste Konstellation beschreibt schließlich die Existenz mehrerer strategischer Gruppen in einem relevanten Markt, denen jeweils die Unternehmen angehören, die eine ähnliche Strategie verfolgen.

Ziel des Konzepts der strategischen Gruppen ist es, einen Markt nach möglichst ähnlichen Anbieterverhaltensmustern zu strukturieren. Insofern bilden strategische Gruppen das Pendant zur nachfrageseitigen Marktsegmentierung. Gesucht wird nach Variablen, die als Anbieterverhaltensindikatoren verwendbar sind. Die Variablen müssen für die Beschreibung der strategischen Positionierung eines Unternehmens innerhalb eines Marktes von derartig hoher Bedeutung sein, dass sie – bezogen auf die Gruppenzugehörigkeit – Mobilitätsbarrieren darstellen (vgl. *Homburg/Sütterlin*, 1992, S. 638 f.). Unter **Mobilitätsbarrieren** sind Gruppeneintritts- und Gruppenaustrittsschranken zu verstehen, d. h. also strukturelle Faktoren (z. B. Größen-, Kosten- und Differenzierungsvorteile), welche die Veränderung strategischer Positionen von Unternehmen hemmen (vgl. *Cunningham/Culligan*, 1988, S. 154; *Mascarenhas/Aaker*, 1989, S. 1098 ff.). Der Neueintritt in eine strategische Gruppe erfordert damit die Überwindung der Mobilitätsbarrieren, die aber nicht identisch mit denen des gesamten Marktes sein müssen. Faktoren, die generelle strukturelle Barrieren eines speziellen Marktes erklären, werden als **Markteintrittsbarrieren** bezeichnet und dienen zur Erklärung von Rentabilitätsunterschieden zwischen einzelnen Märkten. Mobilitätsbarrieren stellen somit eine Teilmenge der Markteintrittsbarrieren dar. Der Wechsel eines Unternehmens in eine andere strategische Gruppe ist aufgrund der spezifischen Investition in den Abbau der Barrieren i. d. R. mit hohen Kosten verbunden. Die Existenz von strategischen Gruppen und der relativen stabilen Marktstruktur lässt sich also durch das Konzept der

Mobilitätsbarrieren erklären, welches somit ein konstituierendes Element einer strategischen Gruppe darstellt (vgl. *Hannig*, 1993, S. 87).

Empirische Untersuchungen haben gezeigt, dass sich in den einzelnen Wirtschaftssektoren der Konsumgüterindustrie, Industriegüterindustrie und Dienstleistungsbranche spezifische Quellen von Mobilitätsbarrieren feststellen lassen.

Wie *Abbildung 52* zeigt, lassen sich Mobilitätsbarrieren allgemein – also für die Konsumgüter- bzw. Industriegüterindustrie und die Dienstleistungsbranche – in drei Kategorien einteilen. *Homburg* und *Sütterlin* konnten in einer vergleichenden Analyse von 34 empirischen Untersuchungen über das Konzept der strategischen Gruppen zeigen, dass im **Industriegüterbereich** die **Rahmenbedingungen der Wertschöpfung** sowie die **Strukturmerkmale des einzelnen Unternehmens** in erster Linie für die Entstehung von Mobilitätsbarrieren verantwortlich sind. Im Einzelnen handelt es sich bei der Wertschöpfung um die Bereiche F&E und Produktion sowie um die die Struktur des Unternehmens beschreibenden Kriterien „Grad der vertikalen Integration" und „Firmengröße" als Indikatoren für Kapitalverfügbarkeit (vgl. *Homburg/Sütterlin*, 1992, S. 641 ff.).

	Quellen von Mobilitätsbarrieren		
	marktbezogene Aspekte	Rahmenbedingungen der Wertschöpfung in der Branche	Strukturmerkmale des einzelnen Unternehmens

Beispiele für Mobilitätsbarrieren	• Breite/Struktur der Produktpalette
	• Anwendertechnologien
	• Marktsegmentierung
	• Vertriebskanäle
	• Markennamen
		• Kostendegressionsmöglichkeiten (economies of scale) in den Bereichen
		  – Fertigung
		  – Marketing/Vertrieb
		  – Verwaltung
		• Fertigungsverfahren
		• F&E-Know-how
		• Marketing- und Vertriebssysteme
			• Eigentumsverhältnisse
			• Organisationsstruktur
			• Management-Know-how
			• Grad der Diversifikation
			• Grad der vertikalen Integration
			• Unternehmensgröße
			• Beziehung zu Interessenverbänden

Abb. 52: Beispiele für Mobilitätsbarrieren

Quelle: *Homburg/Sütterlin*, 1992, S. 639.

Der **Aufbau von Mobilitätsbarrieren** und damit die Entstehung von strategischen Gruppen ist eine Folge von bewussten strategischen Entscheidungen der einzelnen Unternehmen. Dabei kann die Höhe der Barrieren als Maß für das Gewinn-Potenzial einer Gruppe aufgefasst werden, da sie die Mitglieder u. a. vor der Nachahmung erfolgreicher Unternehmensstrategien schützt. Sie determiniert somit gleichzeitig, wie erfolgreiche Unternehmen einer Branche ihre Erfolgsposition verteidigen können, da die Höhe der Mobilitätsbarrieren dem Ausmaß des Vorsprungs entspricht, den ein Wettbewerber in einer bestimmten Zielgruppe gegenüber seinen Herausforderern aufweist. Durch Investitionen in Mobilitätsbarrieren kann dieser Vorsprung so weit ausgebaut werden, dass ein Gruppenwechsel durch die damit verbundenen Kosten verhindert wird (vgl. *Fritz*, 1992, S. 394). Hierbei ist zu beachten, dass Maßnahmen, die den Eintritt eines neuen Konkurrenten in die strategische Gruppe verhindern sollen, auch Reaktionen der etablierten Gruppenmitglieder verursachen können. Damit steigt die Wettbewerbsintensität innerhalb der Gruppe, was einen höheren Schaden verursachen kann als der Eintritt eines Neulings.

Die Kosten eines Gruppenwechsels stellen jedoch nicht für alle Unternehmen ein gleich großes Hindernis dar. Großen und kapitalkräftigen Unternehmen fällt es leichter, die Mobilitätsbarrieren einer strategischen Gruppe zu überwinden als kleineren Wettbewerbern mit geringen Ressourcen. Der Auf- und Ausbau der Mobilitätsbarrieren einer Gruppe impliziert gleichzeitig, dass die Kosten des Austritts aus einer Gruppe die Kosten des Eintritts deutlich übersteigen können, da bspw. hochspezialisierte Anlagen, Kosten für Sozialpläne und eingeschränkte Liquidationsmöglichkeiten den Austritt aus einer strategischen Gruppe erschweren. Hohe Mobilitätsbarrieren können sich somit auch zu Risiken für die Mitglieder einer strategischen Gruppe entwickeln, wodurch ihre Vorteilhaftigkeit relativiert wird (vgl. *Hatten/Hatten*, 1987, S. 335).

Ermittlung strategischer Gruppen

Die größten Probleme bei der Ermittlung strategischer Gruppen ergeben sich bei der praktischen **Identifikation strategischer Gruppen**. Die zu lösenden Probleme zeigt *Abbildung 53*.

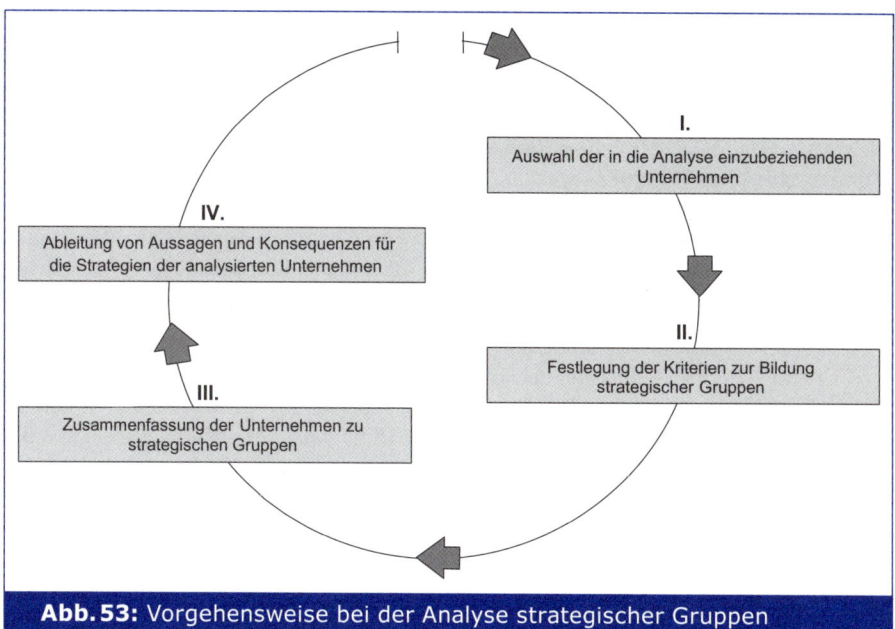

Abb. 53: Vorgehensweise bei der Analyse strategischer Gruppen

Schwierigkeiten bei der Festlegung der in die Analyse aufzunehmenden Unternehmen (Schritt I. in *Abbildung 53*) ergeben sich bspw. schon allein deshalb, weil in der Literatur bis heute keine einheitliche Meinung darüber besteht, welche Unternehmen überhaupt bei der Bildung strategischer Gruppen zu beachten sind. Ursächlich hierfür sind vor allem Unklarheiten über den zugrunde zu legenden Gruppenbegriff. Grundsätzlich konkurrieren mit der **„competing unit"** (Strategische Gruppe als in einem Markt real existierende Teilstruktur) und der **„analytical unit"** (Strategische Gruppe als analytisches Konstrukt) zwei Ansätze zur Bestimmung des Gruppenbegriffs. Während der erstgenannte Ansatz die Unternehmen einer Branche zur strategischen Gruppe zählt, die miteinander im intensiven Wettbewerb stehen, vertritt der analytische Ansatz die Auffassung, dass das tatsächliche Aufeinandertreffen der Anbieter am Markt ohne Bedeutung im Hinblick auf die Gruppenbildung ist, stattdessen sollten alle Unternehmen verschiedener Märkte mit ähnlichen Strategieausrichtungen zusammengefasst werden. Die Bildung strategischer Gruppen geschieht daher quasi auf einer Meta-Ebene (vgl. *Bauer*, 1991, S. 400). Der „competing unit"-Ansatz ermöglicht im Gegensatz zum „analytical unit"-Ansatz eine differenzierte Darstellung der realen Begebenheiten in einem Markt. Demgegenüber erfolgt die Bildung strategischer Gruppen in der weiter gefassten Definition primär in der Absicht, erfolgversprechende Ideen anderer Anbieter zu adaptieren, zu denen man nicht im unmittelbaren Wettbewerb stehen muss, sondern im Verhältnis zu denen lediglich eine ähnliche Situation besteht (vgl. *Hannig*, 1993, S. 83f.).

Bei der Lösung des Problems der Festlegung der zu erfassenden Unternehmen muss also eine Grundsatzentscheidung zwischen diesen beiden Untersuchungsansätzen getroffen werden.

Ein weiteres Problem der Bildung strategischer Gruppen besteht in den einzelnen **Ablaufschritten zur Bildung homogener Gruppen** innerhalb eines Marktes (Schritte II. und III. in *Abbildung 53*). Hier bietet sich ebenfalls die Möglichkeit der hermeneutischen, a priori vorzunehmenden Gruppeneinteilung an oder die der empirisch-induktiven Vorgehensweise, z. B. mittels multivariater Verfahren (vgl. *Bauer*, 1991, S. 404 ff.; *Gaitanides/Westphal*, 1991, S. 252).

Bei der **hermeneutischen Klassenbildung** werden die strategischen Gruppen anhand weniger (aus Darstellungsgründen meist zwei) ausgewählter Strategiedimensionen identifiziert. Diese Variablen bilden dann die Achsen einer Fläche, auf der die Geschäftseinheiten nach den unterschiedlichen Ausprägungen hinsichtlich dieser Variablen positioniert und zu Gruppen zusammengefasst werden können. Es ergibt sich somit eine sog. **strategische Karte** eines Marktes, wobei eine Beschränkung auf zwei Strategiedimensionen dadurch umgangen werden kann, indem die Marktstruktur durch wechselnde Kombinationen strategischer Dimensionen abgebildet wird (vgl. *Hayes et al.*, 2004, S. 126 f.; *Müller*, 1995, S. 46).

Diese Art der Strukturierung gibt jedoch Anlass zur **Kritik**. So ist als Nachteil insbesondere die Trennung der Reduktion der Merkmale auf wenige Dimensionen einerseits und der Gruppenbildung anhand dieser Dimensionen anderseits zu nennen. Dadurch kommt die Absicht, in sich homogene und untereinander heterogene Gruppen zu bilden, erst bei der Positionierung der Anbieter im Merkmalsraum zum Tragen und nicht schon bei der Bestimmung der relevanten Strategiedimensionen. Da darüber hinaus weder die Auswahl der relevanten Merkmale noch die Strukturierung der Strategic Business Units (SBUs) theoretisch abgeleitet wird, bezeichnet man dieses Verfahren auch als „poor-man"-Strukturierung (vgl. *Bauer*, 1989, S. 254).

Die **empirisch-induktive Gruppenbildung** mittels multivariater Verfahren ermöglicht aufgrund der Möglichkeit zur Berücksichtigung vielfältiger Strategiedimensionen eine umfassendere Beschreibung der real existierenden Wettbewerbsverhältnisse (vgl. *Hannig*, 1993, S. 154). Darüber hinaus gewährleisten sie die geforderte simultane Lösung von Variablenauswahl und Gruppenbildung. In der Praxis hat sich die **Clusteranalyse** dabei als das am häufigsten eingesetzte Strukturierungsverfahren herausgestellt. Bei 34 ausgewählten empirischen Untersuchungen wurde dieses Verfahren zur Identifikation der Gruppen in 14 Fällen herangezogen (vgl. *Homburg/Sütterlin*, 1992, S. 644 ff.). Die Zielsetzung der Clusteranalyse liegt in der Bildung in sich homogener und untereinander heterogener Objektgruppen, also in der Zusammenfassung einzelner Geschäftseinheiten zu (strategischen) Gruppen, wobei innerhalb der Gruppe eine weitgehend ähnliche Struktur bzgl. der Strategiedimensionen und zwischen den Gruppen eine möglichst heterogene Struktur vorliegen sollte (vgl. *Backhaus et al.*, 2008b, S. 389 ff.).

Mit Hilfe der Clusteranalyse kann allerdings auch nicht das Problem gelöst werden, dass in die Untersuchung nur solche Strategiedimensionen einbezogen werden sollten, die für die angestrebte Gruppierung sachlich relevant sind und die zudem keine Korrelationen aufweisen. Durch Vorschaltung einer explorativen Faktorenanalyse (vgl. *Backhaus et al.*, 2008b, S. 323 ff.), die eine Reduktion hochkorrelierter Variablen auf unabhängige Strategiedimensionen vornimmt, lässt sich dieser Missstand jedoch beseitigen. Auf Basis der Faktorwerte, welche die Ausprägungen der einzelnen SBUs bzgl. der Strategiedimensionen darstellen, kann dann anschließend eine Clusteranalyse durchgeführt werden.

Kritik am Konzept der strategischen Gruppen

Die Identifikation strategischer Gruppen kann für die Ableitung einer Wettbewerbsstrategie ungewollte Konsequenzen beinhalten. *Albach* (1992, S. 667) postuliert, dass im Wesentlichen zwei Gründe gegen das Konzept der strategischen Gruppen sprechen: Auf der einen Seite werden die Unternehmen dazu verleitet, sowohl mögliche Wanderungsbewegungen von Käufern bei anderen strategischen Gruppen als auch die potenzielle Konkurrenz aus anderen strategischen Gruppen außer Acht zu lassen. Auf der anderen Seite kann der Begriff „strategische Gruppe" wettbewerbsverzerrend wirken, da die Kartellbehörden möglicherweise dazu veranlasst werden, den Begriff des relevanten Markts auf die strategische Gruppe einzuengen.

Anstelle einer Betrachtung lediglich einer strategischen Gruppe muss der gesamte Markt berücksichtigt werden, da letztlich jede Wettbewerbsposition bestreitbar ist. Die Mobilitätsbarrieren unterliegen einer Dynamik und können ggf. jederzeit überwunden werden. Auch *Homburg/Sütterlin* (1992, S. 657) weisen in diesem Zusammenhang darauf hin, dass der Ansatz der strategischen Gruppen in erster Linie als statisches Konzept anzusehen ist. Die lediglich temporäre Stabilität der identifizierten Gruppenstrukturen und Mobilitätsbarrieren bleibt in diesem Konzept weitgehend unberücksichtigt.

2 Das erwartete Verhalten der Konkurrenz

Sind die relevanten tatsächlichen und potenziellen Konkurrenten als strategische Gruppen identifiziert, stellt sich die Frage, welches **Konkurrenzverhalten** der Anbieter *in der Zukunft* erwarten kann.

Abbildung 54 zeigt in einem Überblick die **Einflussfaktoren** auf das erwartete Konkurrenzverhalten (vgl. zu anderen Faktoreinteilungen z. B. *Jain*, 1985, S. 10 ff.).

Es wird deutlich, dass das **Verhalten eines Anbieters** in direkter Relation zum Verhalten seiner Konkurrenten zu sehen ist. Das eigene Verhalten wird das Konkurrenzverhalten beeinflussen und umgekehrt.

Neben diesen direkten Wirkungen übt eine Reihe anderer Faktoren Einfluss auf das relative Konkurrenzverhalten aus. Zunächst einmal ist davon auszugehen, dass alle betrachteten Anbieter eine bestimmte **Strategie** verfolgen, die in Zukunft in ihrer Grundausrichtung beibehalten, aber auch verändert werden kann. Ob und inwieweit es wirklich das Ziel sein wird, hängt von der Höhe der Mobilitätsbarrieren, den **Fähigkeiten** der Konkurrenten (z. B.

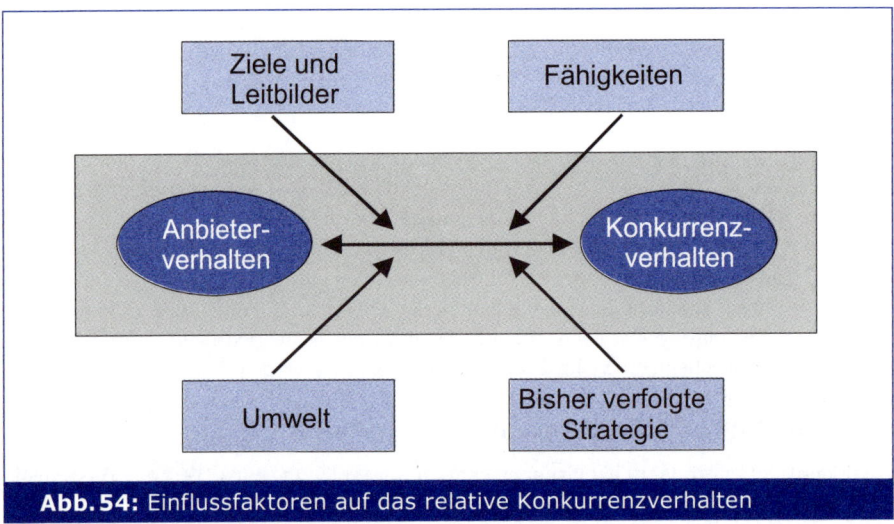

Abb. 54: Einflussfaktoren auf das relative Konkurrenzverhalten

Quelle: in Anlehnung an *Porter*, 2008, S. 114.

den finanziellen Möglichkeiten zur Veränderung von Technologiestandards) und den jeweils verfolgten **Vorstellungen** ab. Betrachtet sich der Anbieter bspw. als Technologieführer und will er dieses Ziel auch in der Zukunft beibehalten, so wird er andere Fähigkeiten aufweisen müssen als derjenige, der Nachahmerziele verfolgt.

Schließlich werden die erwarteten **Umweltentwicklungen** einen Einfluss auf das Verhalten haben, wie dies schon im Bereich des organisationalen Beschaffungsverhaltens deutlich wurde. Die Einflussfaktoren der Umwelt wirken somit gleichermaßen direkt auf das Nachfrage- wie auf das relative Konkurrenzverhalten.

2.1 Bisher verfolgte Strategie

Ausgangspunkt einer jeden Konkurrenzanalyse ist die Beobachtung der bisherigen sowie aktuell verfolgten Strategien der Konkurrenten im Vergleich zur eigenen strategischen Ausrichtung. Das Konzept der strategischen Gruppe hat gezeigt, dass sich häufig Gruppen finden lassen, die weitgehend ähnliche Strategien verfolgen.

Die Erfolge der **aktuell verfolgten Strategien** haben i. d. R. Auswirkungen auf die Ziele der Wettbewerber für die Zukunft. Ist die gegenwärtige Strategie z. B. nicht erfolgreich, so muss damit gerechnet werden, dass das Unternehmen zukünftig eine andere, erfolgreichere Strategie verfolgt und damit den Wechsel in eine andere, gewinnträchtigere strategische Gruppe anstrebt.

> Zu Beginn der 1980er Jahre verloren die führenden deutschen Werkzeugmaschinenanbieter, die eine Qualitätsführerstrategie verfolgten, erheblich an Marktanteilen gegenüber den Japanern. Diese Entwicklung war eine Auswirkung der japanischen Konkurrenzstrategie, welche verstärkt die Kostenführerposition zum Ziel hatte (vgl. Backhaus, 1985, S. 14; Backhaus/Hilker, 1994, S. 186 ff.).

Im Rahmen der Konkurrenzanalyse wurde in den letzten Jahren auch verstärkt das Konzept des **Benchmarkings** angewandt. Benchmarking ist ein kontinuierlicher Prozess, bei dem Strategien, Produkte, Prozesse und Methoden betrieblicher Funktionen über mehrere Unternehmen hinweg verglichen werden. Es geht also nicht darum, lediglich die Strategien zu vergleichen, sondern auf einer detaillierteren Ebene Unterschiede und Verbesserungspotenziale im Vergleich zur Konkurrenz herauszufinden. Ziel für ein Unternehmen ist es dabei, seine Leistungen durch Orientierung an den jeweiligen Bestleistungen innerhalb oder auch außerhalb der Branche zu verbessern (vgl. *Camp*, 1994; *Sabisch*, 1994, S. 58 ff.; *Sabisch/Tintelnot*, 1997, S. 12 ff.; *Watson*, 1993).

Im Gegensatz zur klassischen Konkurrenzanalyse lassen sich beim Benchmarking **drei wesentliche Besonderheiten** feststellen (vgl. *Töpfer/Mann*, 1997, S. 35 f.):

- *Branchenübergreifender Fokus*
  Benchmarking beschränkt sich nicht auf einen Vergleich der direkten Konkurrenten, sondern sucht branchenübergreifend nach neuen Lösungen.
- *Kein reiner Kennzahlenvergleich*
  Bei Benchmarking handelt es sich nicht um einen reinen Kennzahlenvergleich. Stattdessen wird versucht, die Gründe des Abweichens gegenüber anderen Unternehmen genauer zu hinterfragen und die dahinterliegende Philosophie bzw. die Details der Abläufe zu ergründen.
- *Dynamischer Prozess*
  Idealtypisches Benchmarking versteht sich als wiederkehrender Prozess, so dass dauerhaftes Lernen von der Konkurrenz gefördert wird.

Damit ist Benchmarking in der Lage, durch den „Blick über den Tellerrand" innovative Ideen zu erzeugen:

> Der amerikanische Elektrokonzern General Electric hat bspw. für die Verbesserung seiner Servicequalität das in diesem Bereich mit Business Excellence führende amerikanische Handelsunternehmen Wal-Mart ausgemacht und analysiert, um Anregungen für Verbesserungen zu erhalten.
>
> Die Xerox Corporation, ein Pionierunternehmen im Benchmarking, vergleicht sich z. B. bei der Fakturierung mit American Express und im Bereich der Logistik mit dem amerikanischen Versandhandelsunternehmen L.L. Bean.

Eine zentrale Frage im Rahmen einer Benchmarking-Untersuchung ist die Wahl des geeigneten Vergleichsobjekts, wobei verschiedene Bezugsebenen herangezogen werden können (vgl. *Abbildung 55*).

Neben der Frage eines internen oder externen Vergleichs – beim externen Vergleich kann noch zwischen einer branchenbezogenen und einer -übergreifenden Perspektive unterschieden werden – besteht die Möglichkeit, nur direkt vergleichbare oder prinzipiell alle Organisationseinheiten („Eingangslogistik lernt von Eingangslogistik oder auch von Ausgangslogistik") heranzuziehen. Grundsätzlich unterschieden wird zwischen folgenden Klassen:

- *internes Benchmarking*
  Vor allem bei großen Unternehmen lässt sich oft feststellen, dass **unterschiedliche Unternehmenseinheiten** erheblich voneinander lernen können.
- *externes-branchenbezogenes Benchmarking*
  Eine Analyse **innerhalb der Branche** stellt die am häufigsten gewählte Form des Benchmarkings dar. Anders als bei der herkömmlichen Konkurrenzanalyse wird hierbei allerdings zumeist keine Einschränkung auf nur direkt vergleichbare Unternehmenseinheiten vorgenommen. Bei dieser Form bestehen oftmals erhebliche Datenbeschaffungsprobleme, weil direkte Konkurrenten weniger bereit sind, Informationen weiterzugeben.

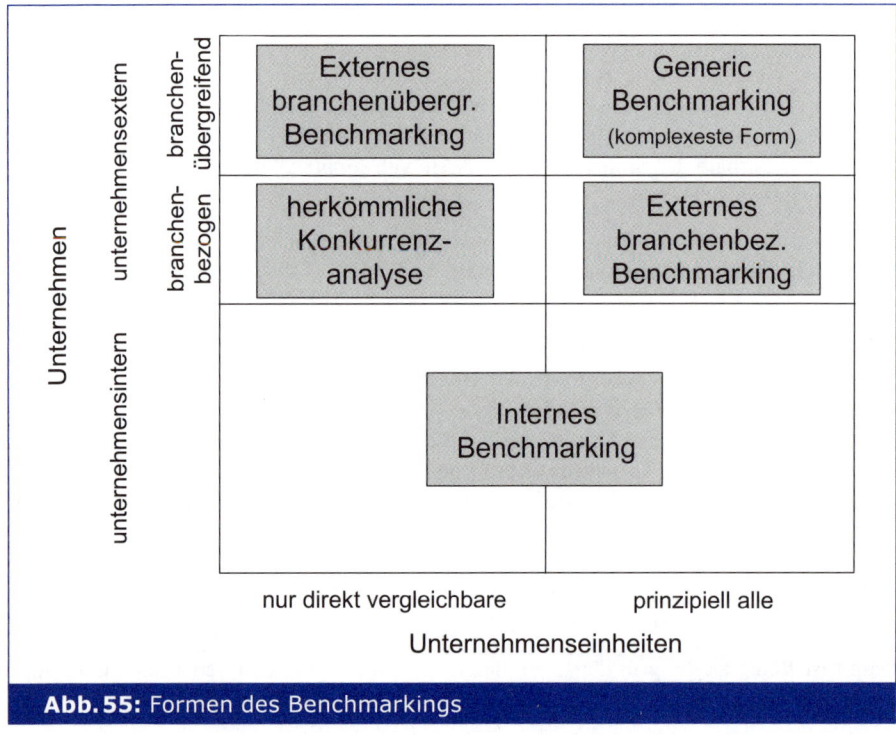

Abb. 55: Formen des Benchmarkings

- *externes-branchenübergreifendes Benchmarking*
  Bei dieser Form des Benchmarking wird für eine bestimmte Unternehmensaufgabe (z. B. Verpackung) branchenübergreifend nach der **bestmöglichen Problemlösung** gesucht. Beispielsweise lernt ein Kopiererhersteller von einem Versandhaus die Abläufe bei der Kommissionierung und Verpackung von Waren. Häufig ist die Bereitschaft zur Informationsweitergabe hier wesentlich höher als gegenüber direkten Konkurrenten. Gleichzeitig ist aber auch eine höhere Abstraktions- und Adaptionsfähigkeit notwendig.

Abbildung 56 fasst noch einmal die unterschiedlichen Referenzklassen des Benchmarkings zusammen.

Das Instrument des Benchmarkings liefert handlungs- und umsetzungsorientierte Ansätze zur Verbesserung der KKV-Position. Die Ergebnisse sind umso erfolgversprechender, je klarer umrissen der Untersuchungsbereich ist (vgl. *Rau*, 1996, S. 22 f.). Bei richtigem Einsatz werden dauerhafte Lernprozesse gefördert. Es geht nicht darum, den jeweils Klassenbesten einfach zu kopieren, sondern die Anstöße aus den anderen Unternehmen als Ausgangspunkt für eine unternehmensspezifische kreative Weiterentwicklung zu nutzen.

2.2 Ziele der Konkurrenten

Die Formulierung von strategischen Zielen, aus denen operationale Teilziele abzuleiten sind, ist eine der zentralen Aufgaben der Unternehmensleitung. Welche Ziele letztlich zum Tragen kommen, ist dabei Gegenstand eines Aushandlungsprozesses in der Geschäftsführung eines Unternehmens.

Referenzklasse	Referenzobjekte	Zielsetzung	Bemerkungen
Internes Benchmarking	– Filialen, Geschäftsbereiche des eigenen Unternehmens	– Leistungsverbesserung im Unternehmen	– relativ günstige Bedingungen des Vergleichs – begrenztes Verbesserungspotenzial
Externes-branchenbezogenes Benchmarking	– Wettbewerber – andere Unternehmen der Branche (Zulieferer, anderes Leistungsprogramm) (best in class)	– Erringung von KKVs – Führerschaft in der Branche	– enge Verbindung zur Wettbewerbsanalyse – ständige Analyse der Branchenentwicklung
Externes-branchenübergreifendes Benchmarking	– Unternehmen mit Bestlösungen für eine bestimmte Funktion (best in world)	– Erringung von KKVs – Erzielung von Bestlösungen	– Ermittlung von Analogien, spezifische Anpassung für Unternehmen – umfangreichstes Verbesserungspotenzial

Abb. 56: Referenzklassen des Benchmarkings

Quelle: in enger Anlehnung an *Sabisch/Tintelnot*, 1997.

Zum Teil sind die grundsätzlichen Ergebnisse solcher Zielentscheidungen der Konkurrenten z. B. in der einschlägigen Fachpresse oder in von Konkurrenten herausgegebenen Publikationen (vgl. das Beispiel in *Abbildung 57*) zugänglich.

Diese Informationen sind aber grundsätzlich mit Vorsicht zu behandeln, da einerseits der Öffentlichkeit zur Verfügung gestellte Informationen nicht immer zutreffend sein müssen und andererseits Zielmodifikationen ständig möglich sind. Somit lassen sich Konkurrenzverhaltensweisen auch durch eine gründliche systematische **Zielanalyse** häufig nur begrenzt erklären bzw. prognostizieren.

Nicht immer werden Ziele jedoch öffentlich erklärt. Dann ist es notwendig, nach (indirekten) Zielindikatoren zu suchen. So kann z. B. das **Konzept der strategischen Gruppen** einen Ansatzpunkt für die Prognose zukünftigen Wettbewerbsverhaltens geben. In einem deskriptiven Beispiel von *Homburg* (1992, S. 85 ff.) werden zehn der wichtigsten Wettbewerber einer Branche der deutschen Maschinenbauindustrie bzgl. der Wettbewerbsdimensionen „Breite der Produktpalette" sowie „Fertigungstiefe" zu vier strategischen Gruppen zusammengefasst. Nach der Fertigungstiefe lassen sich Monteurunternehmen, die über keine eigenen Fertigungseinrichtungen, aber über Kapazitäten zur Montage zugekaufter Produkte verfügen, und Hersteller mit oder ohne eigene Basistechnologie unterscheiden. Für jedes aufgeführte Unternehmen ist das Umsatzvolumen der letzten drei Jahre sowie die Rentabilität (+, 0, -) angegeben (vgl. *Abbildung 58*).

Anhand der Rentabilitätspositionen der einzelnen strategischen Gruppen wird deutlich, dass vor allem zwei Strategien erfolgversprechend sind. Entweder bearbeitet man den Markt als

ABB verkauft Structured Finance für 2,3 Mrd. US-Dollar an GE Commercial Finance

Verkauf wird Nettoverschuldung um 2,3 Milliarden US-Dollar reduzieren

Zürich, Schweiz, 4. September 2002 - ABB hat die Unterzeichnung einer Vereinbarung über den Verkauf des grössten Teils des Unternehmensbereichs Structured Finance an GE Commercial Finance für rund 2,3 Milliarden US-Dollar, einschliesslich Eigenkapital und Finanzschulden bekannt gegeben.

«Der Verkauf von Structured Finance ist ein wichtiger Schritt in unserem Programm zur Stärkung der Bilanz. Damit kann die Nettoverschuldung um 2,3 Milliarden US-Dollar gesenkt werden», sagte Jörgen Centerman, Vorsitzender der Konzernleitung. «Die Veräusserung dieses Unternehmensbereichs erfolgt im Rahmen unserer Strategie, das Unternehmen auf die Energie- und Automationstechnik für Industrie- und Versorgungsunternehmen auszurichten.»
Centermann bestätigte erneut die Ziele von ABB, für das Jahr 2002 eine EBIT-Marge von 4 bis 5 Prozent zu erreichen und den Umsatz auf einem stabilen Niveau zu halten. Die Veräusserung des Unternehmensbereichs Structured Finance unterliegt der Erteilung der üblichen behördlichen Genehmigungen.

«Wir sind zuversichtlich, mit dem Verkauf von Structured Finance die

Abb. 57: Beispiel für Zielbenennung in der Öffentlichkeit

Quelle: *ABB*, 2005.

Montageunternehmen mit einer sehr breiten Produktpalette (Gruppe 1) oder man agiert als Hersteller mit einem recht eingegrenzten Produktsortiment (Gruppe 4). Die Mitglieder dieser strategischen Gruppen müssen davon ausgehen, dass in Zukunft z. B. Unternehmen E seine Produktpalette erweitern wird, um den Einstieg in die profitablere Gruppe 1 zu erreichen. Die Unternehmen J und C hingegen könnten tendenziell über eine Spezialisierung den Gruppenwechsel in Gruppe 4 anstreben.

Allerdings steht den Unternehmen zur Verbesserung der eigenen strategischen Position nicht nur diese Variante des Wechsels in eine günstigere strategische Gruppe zur Verfügung, sondern darüber hinaus noch folgende **Optionen**:

- Schaffung einer neuen strategischen Gruppe,
- Festigung der strukturellen Position der bestehenden Gruppe sowie
- Stärkung der eigenen Position in der bestehenden Gruppe.

A. Die drei Perspektiven des KKVs

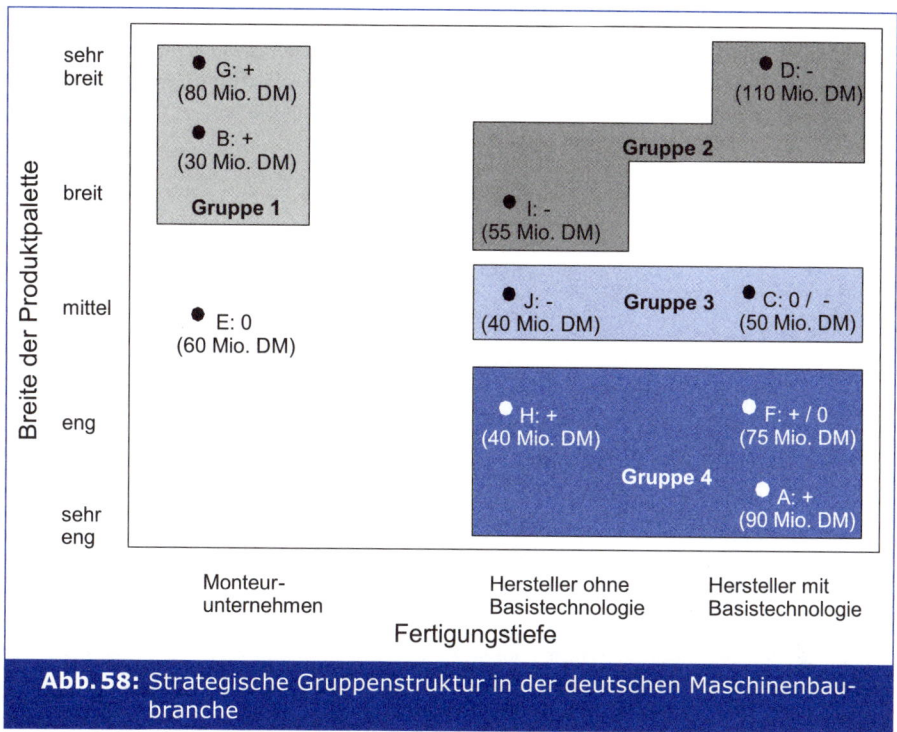

Abb. 58: Strategische Gruppenstruktur in der deutschen Maschinenbaubranche

Quelle: *Homburg*, 1992, S. 85.

Welche Strategie im Einzelnen verfolgt werden kann, ist dabei in Abhängigkeit von den Fähigkeiten der Wettbewerber zu sehen.

2.3 Fähigkeiten (Ressourcen) der Konkurrenten

Wichtige Restriktionen für die Konkurrenzreaktionen stellen die Fähigkeiten der Wettbewerber dar. Die Fähigkeiten eines Unternehmens können sich auf alle Funktions- und Geschäftsbereiche eines Unternehmens beziehen.

Ein zentrales Instrument zur Analyse der Fähigkeiten bzw. Kernkompetenzen eines Unternehmens ist die von *Porter* entwickelte **Wertkette** (vgl. *Porter*, 2000, S. 63 ff.). Der Grundgedanke dieses Modells besteht darin, die Kosten und das Ausmaß der Wert-Generierung eines Unternehmens seinen Unternehmensbereichen bzw. -aktivitäten zuzuordnen. Hierfür wird ein Unternehmen in verschiedene Prozessbereiche unterteilt. Generelles Ziel ist die Ermittlung des Werts, der durch ein Unternehmen beim Kunden geschaffen wird. Grundsätzlich kann in jedem Bereich der Wertkette ein Ansatzpunkt für einen KKV liegen.

Abbildung 59 zeigt ein klassisches Modell einer Wertkette. Danach lassen sich die Wertaktivitäten eines Unternehmens in zwei verschiedene Bereiche unterteilen. **Primäre Aktivitäten** beschreiben die Reihenfolge des direkten Wertschöpfungsprozesses vom Rohstoff- bzw. Wareneingang bis zum Verkauf und dem entsprechenden Kundendienst. Daneben sorgen **unterstützende Aktivitäten** für eine Aufrechterhaltung der primären Aktivitäten durch Bereitstellung von Inputs von Material, Human Ressources, Technologie und sonstiger Infrastruktur. Diese systematische Untergliederung kann ein Unternehmen als Analyserahmen nutzen, um dem Kunden überlegene Wertangebote anzubieten. Dabei kann die Wertkette sowohl als Kostenanalyseinstrument als auch zur Abnehmernutzenanalyse eingesetzt werden. Durch die ganzheitliche Betrachtung des Unternehmens wird somit eine verbindende Perspektive zwischen Marketing- und Controllingaspekten möglich.

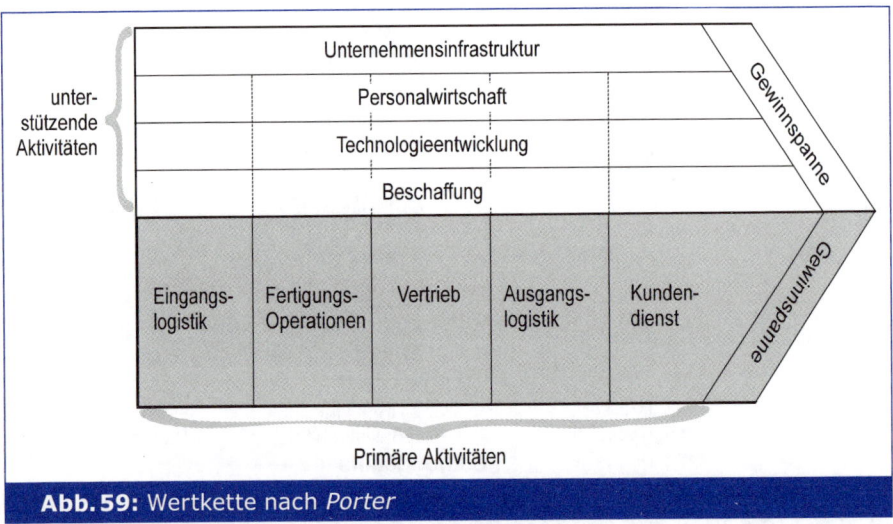

Abb. 59: Wertkette nach *Porter*

Quelle: *Porter*, 2000, S. 66.

Das Wertkettenkonzept liefert jedoch nur ein grobes Gerüst zur Strukturierungshilfe. **Anwendungsprobleme** werden in der Operationalisierbarkeit, dem hohen Aggregationsniveau und der Zerlegbarkeit der einzelnen Aktivitäten gesehen. Zudem ist zu berücksichtigen, dass sich auf vielen Industriegütermärkten Wettbewerbsvorteile nicht mehr auf einer Wertschöpfungsstufe durch ein Unternehmen alleine erzielen lassen. Vielmehr ist eine unternehmensübergreifende Wertkettenoptimierung im gesamten Wertsystem notwendig. Außerdem gewinnt der Faktor Information für viele Unternehmen immer mehr an Bedeutung, so dass bereits die Entwicklung einer virtuellen Wertkette vorgeschlagen wurde, um den Wert dieses Faktors adäquat zu berücksichtigen (vgl. *Rayport/Sviokla*, 1996, S. 104 ff.).

Die Fähigkeiten eines Unternehmens sind oft sehr unterschiedlich ausgeprägt. Was bei einem Konkurrenten das finanzielle Potenzial darstellt, mit dem auch defizitäre Bereiche jahrelang weiterbetrieben werden können, sind bei einem anderen Konkurrenten das effiziente F&E-Management. *Porter* (2008, S. 107 ff.) hat die Fähigkeiten in **fünf Gruppen** aufgeteilt. Die Fähigkeitsanalyse soll sich dabei auf folgende Bereiche beziehen:

Kernfähigkeiten

- Welche Fähigkeiten besitzt der Wettbewerber in jedem der Funktionsbereiche? Worin ist er am besten, worin am schlechtesten?
- Wie schneidet der Konkurrent bei einem Konsistenztest seiner Strategie ab?
- Zeichnen sich mit wachsender Erfahrung des Wettbewerbs irgendwelche Änderungen dieser Fähigkeiten ab? Werden sie mit der Zeit zu- oder abnehmen?

Wachstumsfähigkeiten

- Werden die Fähigkeiten des Wettbewerbers im Zuge seiner Expansion zu- oder abnehmen? Auf welchen Gebieten?
- Wie hoch ist die Wachstumsfähigkeit des Konkurrenten in Bezug auf Personal, Fertigkeiten und Betriebskapazität?
- Welches dauerhafte Wachstum kann der Wettbewerber in finanzieller Hinsicht erreichen? Kann er mit dem Wachstum der Branche Schritt halten? Kann er seinen Marktanteil steigern? Wie stark wirkt sich die Hereinnahme von Fremdkapital auf das dauerhaft mögliche Wachstum, auf die Möglichkeit guter kurzfristiger Ergebnisse aus?

Fähigkeit zur schnellen Reaktion

- Inwieweit ist der Wettbewerber in der Lage, auf Maßnahmen anderer Anbieter schnell zu reagieren oder eine plötzliche Offensive zu starten? Diese Fähigkeit hängt z. B. von folgenden Faktoren ab:
  - freie Liquiditätsreserven,
  - offene Kreditlinien,
  - überschüssige Produktionskapazitäten sowie
  - noch nicht eingeführte, aber sofort anbietbare neue Produkte.

Anpassungsfähigkeit

- Wie sieht das Verhältnis von fixen zu variablen Kosten aus? Wie hoch sind die Kosten ungenutzter Kapazitäten? Die wahrscheinliche Reaktion des Wettbewerbers auf Veränderungen wird dadurch beeinflusst werden.
- Wie gut kann sich der Konkurrent an veränderte Bedingungen in jedem einzelnen Funktionsbereich anpassen bzw. darauf reagieren? Kann sich der Wettbewerber z. B. einstellen auf
  - Kostenwettbewerb?
  - Bewältigung komplexer Produktlinien?
  - Einführung neuer Produkte?
  - Servicewettbewerb?
  - Eskalation der Marketing-Anstrengungen?
- Kann der Konkurrent auf mögliche exogene Ereignisse reagieren wie z. B. auf
  - eine anhaltend hohe Inflationsrate?
  - technologische Veränderungen, die eine bestehende Produktionsstätte veralten lassen?
  - eine Rezession?
  - Lohnerhöhungen?
  - die Formen behördlicher Vorschriften, die für die Branche zu erwarten sind?
- Ist der Wettbewerber durch Austrittsbarrieren daran gehindert, Kapazitäten abzubauen oder sich ganz aus dem Geschäftszweig zurückzuziehen?
- Werden bestimmte Anlagen (z. B. in der Produktion) oder Personalteile (z. B. der Vertreterstab) gemeinsam mit anderen Teilen des Gesamtunternehmens betrieben bzw. genutzt? Dadurch kann die Anpassungsfähigkeit eingeschränkt und die Kostenkontrolle behindert werden.

Durchhaltevermögen

- Inwieweit ist der Wettbewerber in der Lage, eine längere „Schlacht" zu führen, in deren Verlauf Erträge oder Cash Flow unter Druck geraten können? Diese Fähigkeit wird abhängen von Faktoren wie
  - Liquiditätsreserven,
  - Einstimmigkeit im Management,
  - Langzeit-Perspektive bei den finanziellen Zielen und
  - Börsendruck.

Wenn es mit Hilfe der Wertkette gelungen ist, die Fähigkeiten (Ressourcen) eines relevanten Konkurrenten zu identifizieren, stellt sich die Frage nach deren **strategischer Relevanz** und ihrem **Reifegrad**. Dazu wird in jüngerer Zeit häufig auf die sog. **„Skill Cluster-Analyse"** zurückgegriffen. In dieser Analyse werden bestimmte Fähigkeiten (Skills) eines Konkurrenten einander gegenübergestellt, um herauszufinden, in welchem Umfang dieses für die Entwicklung, Erstellung und Vermarktung der Produkte des Konkurrenzunternehmens von Bedeutung sein können (vgl. zur Skill Cluster-Analyse *Freiling*, 1998, S. 72).

Neben der Identifikation von Kernkompetenzen der Konkurrenz können mit Hilfe des **„Skill Mappings"** Aussagen über den Entwicklungsstand und die strategische Relevanz von Kompetenzen gemacht werden (vgl. *Klein/Hiscocks*, 2000, S. 193 ff.). Das Skill Mapping greift auf die identifizierten Fähigkeiten zurück und gruppiert diese im gesamten Wettbewerbsvergleich. Das Ziel dieser Analyse ist der Vergleich von Kernkompetenzen im Wettbewerbsumfeld, d. h. mit aktuellen und potenziellen Konkurrenten.

2.4 Umwelt

Ebenso wie das Nachfrageverhalten von der Umweltentwicklung abhängt, beeinflusst die Umweltentwicklung auch das Konkurrenz- und Anbieterverhalten.

> Am Beispiel der in den 1980er und 1990er Jahren vorgenommenen Deregulierungsmaßnahmen im Telekommunikationsmarkt wird der Umwelteinfluss auf die relative Konkurrenzposition besonders deutlich. Da nach dem Wegfall der Monopolstellung der Deutschen Telekom AG neue inländische und ausländische Anbieter ihre Dienstleistungen anbieten können, ist das Kapazitätsangebot im Markt gestiegen. Dieses hat in der Folge zu immensen Preissenkungen geführt, so dass sich die Wettbewerbsposition der Deutschen Telekom AG in einigen Bereichen deutlich verschlechtert hat.

Abbildung 60 stellt die relevanten Indikatoren für eine umfassende Umweltanalyse übersichtsartig zusammen. Im Prinzip wirken alle Umwelteinflüsse, die beim Nachfragerverhalten betrachtet wurden, auch auf die relative Konkurrenzsituation.

Zusammenfassend können die voran stehenden Ausführungen allerdings nicht darüber hinwegtäuschen, dass die Prognose von Konkurrenzaktionen und -reaktionen allgemein mit einer Reihe von Problemen behaftet ist (vgl. *Brezski*, 1993, S. 142 f.):

- **Konkurrenten sind nicht kooperativ:** Befragungen oder Experimente kommen damit häufig als Verfahren der Informationsgewinnung nicht in Betracht.
- **Konkurrenten sind Akteure:** Konkurrenten werden bei ihren Entscheidungen ebenfalls die vermuteten Aktionen und Reaktionen anderer Unternehmen berücksichtigen und darüber hinaus versuchen, ihre Reaktionen durch selektive Informationsabgabe geheim zu halten.

Rechtlich/politische Normen	– Wirtschafts- und Wettbewerbsordnung – Währungsordnung – Sozialordnung – Außenpolitik – Strukturordnung – Umweltschutzpolitik – Parteien-/Interessengruppengefüge
Ökonomische Entwicklung	– Marktform und -größe – Inflations- und Wachstumsrate – Beschäftigungslage – Geld- und Fiskalpolitik – Lohnpolitik
Sozio-kulturelle Bedingungen	– Soziodemographische Struktur – Gesellschaftliche Werterhaltung und Normen
Technologieentwicklung	– Produktinnovationsrate – Verfahrensinnovationen – Entwicklung der Informations- und Kommunikationstechnologie – Entwicklung von Integrationstechnologien
Ressourcenpotenziale	– materielle Ressourcen – personelle Ressourcen (Ausbildungssystem und Berufsstruktur)
Ökologische Bedingungen	– geographische Bedingungen – klimatische Bedingungen – Umweltzustand der Natur

Abb. 60: Indikatoren der Umweltanalyse

Quelle: in Anlehnung an *Berchtold*, 1990, S. 43.

- **Konkurrenzreaktionen sind das Ergebnis einer Vielzahl von interdependenten Einzelaspekten:** Wie oben bereits erläutert, existiert ein komplexes Wirkungs- und Beziehungsgefüge zwischen den einzelnen Elementen der Konkurrenzforschung.
- **Prognose von Konkurrenzreaktionen ist einzelfallspezifisch:** Im Gegensatz zur Nachfrageprognose kann nicht bzw. nur begrenzt auf statistische Wahrscheinlichkeiten zurückgegriffen werden.

Es existiert eine Reihe von Prognoseansätzen zur Bestimmung potenzieller Konkurrenzreaktionen. Alle sind jedoch dadurch gekennzeichnet, dass sie für die angesprochenen Prognoseprobleme anfällig sind (vgl. *Brezski*, 1993, S. 145 ff.).

3 Das zusammenfassende Konkurrenz-Reaktionsprofil

Welche Arten von Analyseansätzen auch verwandt werden, Ziel und Ergebnis einer jeden Konkurrenzanalyse ist die Bestimmung eines **umfassenden Reaktionsprofils**, das Auskunft darüber gibt, welche

- **aktiven** Konkurrenzmaßnahmen zu erwarten sind und
- wie die Konkurrenz wahrscheinlich auf eigene Maßnahmen des Anbieters **reagieren** wird.

Aktive Konkurrenzmaßnahmen

Vor dem Hintergrund der erwarteten Umweltentwicklung, der Zufriedenheit mit der aktuellen Strategieposition und den Fähigkeiten eines Unternehmens, die sich in den Zielen für die Zukunft niederschlagen und das Konkurrenzverhalten in der Zukunft bestimmen werden, ist zu fragen, welche **Konkurrenzaktionen in der Zukunft** zu erwarten sein werden. Die Zufriedenheit mit der gegenwärtigen Position wird dabei die Wahrscheinlichkeit bestimmen, ob und ggf. mit welcher Intensität und Ernsthaftigkeit Maßnahmen ergriffen werden (vgl. *Porter*, 2008, S. 114).

Die Zusammenfassung der Anbieter zu strategischen Gruppen und die Identifizierung der Mobilitätsbarrieren sind Voraussetzung für die Abschätzung des **Bedrohungspotenzials** der einzelnen Wettbewerber. Die höchste Gefährdung geht dabei von den unmittelbaren Wettbewerbern aus der eigenen Gruppe aus. Zwar ist während Boomzeiten mit einem eher wirtschaftsfriedlichen Verhalten zu rechnen, was sich aber in konjunkturell schlechten Zeiten in einem um so stärkeren Wettbewerb äußert, vor allem dann, wenn der relevante Wettbewerber ausschließlich auf dem von der Rezession betroffenen Markt tätig ist. Aktive Konkurrenzmaßnahmen sind aber auch von den Wettbewerbern benachbarter Gruppen zu erwarten, wenn sich das Verhalten strategisch dem eigenen annähert und darüber hinaus dieselben Zielmärkte bearbeitet werden. Grundsätzlich ist auch mit einer Strategieänderung der Anbieter aus kleinen unrentablen strategischen Gruppen zu rechnen, da diese Unternehmen ansonsten ihre Wettbewerbsfähigkeit verlieren. Der Wechsel in eine andere Gruppe scheidet i. d. R. aber für den Großteil der Unternehmen aus, da die meisten Unternehmen finanziell nicht in der Lage sind, den Aufwand für die Beseitigung der eigenen Austrittsbarrieren als auch für die Überwindung der Mobilitätsbarrieren der neuen strategischen Gruppe zu tragen. Der angestrebte Zusatzerlös kompensiert also nicht die entsprechenden Kosten des Gruppenwechsels.

Kern der eigenen Überlegungen muss also sein, zum einen die aktiven Konkurrenzmaßnahmen mit Hilfe des Konzepts der strategischen Gruppen zu identifizieren und zum anderen die eigene Position zu stärken.

Abschätzung der Konkurrenzreaktionen auf eigene Maßnahmen

Die **Reaktionen der Konkurrenz** auf eigene Maßnahmen werden dagegen davon abhängen, ob die geplanten Maßnahmen des betrachteten Anbieters die Wettbewerbsposition der Konkurrenten entscheidend angreifen. Der Anbieter muss bei der Konkurrenzanalyse also prüfen, ob von ihm zu ergreifende Maßnahmen den Konkurrenten in seinem Selbstverständnis treffen oder nur relativ unbedeutende Auswirkungen haben. Davon wird der Grad der empfundenen Provokation und damit auch das **Ausmaß der Vergeltung** abhängen. So ist z. B. bei hohen Marktaustrittsbarrieren damit zu rechnen, dass die Wettbewerber auf eigene Maßnahmen zur Steigerung der Marktanteile mit aggressiven Aktionen reagieren werden (vgl. *Hannig*, 1993, S. 165). Ein theoretisches Konzept zur Analyse von eigenen Verhaltensweisen unter Berücksichtigung von Konkurrenzreaktionen liefert die Spieltheorie.

Bei der **Spieltheorie** handelt es sich um eine mathematische Theorie von Konfliktsituationen, also Situationen, bei denen sich die Handlungsweisen unterschiedlicher Akteure in ihren Ergebnissen wechselseitig beeinflussen (vgl. *Brezski*, 1993, S. 145 ff.). Im Rahmen der Konkurrenzanalyse werden dabei die realen Wettbewerbssituationen in einem Modell abgebildet und mit Hilfe strategischer Lösungsansätze analysiert. Konkret heißt das für ein Unternehmen, dass es mit Hilfe der Spieltheorie alternative Aktionen und Reaktionen der Konkurrenten durchspielen kann, um damit eine der Wettbewerbssituation optimal angepasste Unternehmensstrategie zu entwickeln. Anhand eines Beispiels sollen Einsatz und Problematik der Spieltheorie als Instrument zur Berücksichtigung von Konkurrenzreaktionen erläutert werden (vgl. hierzu *Moorthy*, 1985, S. 262 ff.):

> Zwei Fluggesellschaften fliegen beide auf der gleichen Route. Beide Airlines haben als Tarifoptionen für die Tickets 200 US$ und 300 US$. Der Erfolg der Fluggesellschaften ist jeweils abhängig von der Tarifwahl der anderen Airline. Folgende Matrix gibt die Ergebnisse dieser Aktions-/Reaktionsinterdependenzen wieder:
>
> | | | Preisstrategie Unternehmen B | |
> | --- | --- | --- | --- |
> | | | 200 US$ | 300 US$ |
> | **Preisstrategie Unternehmen A** | 200 US$ | 8.000; 8.000* | 13.000; 4.000 |
> | | 300 US$ | 4.000; 13.000 | 10.000; 10.000 |
>
> * Die erste Zahl in jeder Zelle gibt den Gewinn pro Flug (in US$) von Unternehmen A wieder, die zweite Zahl den von Unternehmen B.
>
> **Abb. 61:** Aktions-/Reaktionsinterdependenz des Spielergebnisses
>
> Die Anordnung der Gewinne in *Abbildung 61* macht deutlich, dass es für beide Firmen vorteilhafter wäre, jeweils 300 US$ pro Ticket zu verlangen, da für beide der Gewinn höher wäre. Dieser Fall stellt aber kein Gleichgewicht dar, da isoliert voneinander jede der Airlines den Preis auf 200 US$ senken würde, um damit den eigenen Gewinn auf 13.000 US$ zu steigern und den der anderen Airline auf 4.000 US$ zu senken. Damit ist als stabile Preiskombination ein Preis von je 200 US$ pro Ticket zu erwarten.

Die dargestellte Problematik wird in der Spieltheorie als **Gefangenendilemma** bezeichnet: Aufgrund der wechselseitigen Abhängigkeit der Entscheidungen kommt die gemeinsam bevorzugte Variante nicht zustande. Selbst wenn sich die beiden Parteien des Spiels vorher darauf verständigt hätten, die optimale Strategie zu wählen (hier im Beispiel 300 US$ für ein Ticket), wäre der Anreiz für jede Partei groß, die andere zu hintergehen, um sich selbst besser zu stellen.

Allerdings werden die **Vergeltungsmaßnahmen** auch davon abhängen, ob die Konkurrenz „zurückschlagen" kann oder nicht. Es lassen sich dabei folgende Situationen unterscheiden:

(1) Konkurrenten können keine Vergeltungsmaßnahmen ergreifen

Diese Situation ist immer dann gegeben, wenn es dem Anbieter einer lukrativen strategischen Gruppe gelingt, den Eintritt neuer Konkurrenten über den Ausbau der Mobilitätsbarrieren generell zu verhindern, um auf diesem Wege einen echten KKV zu erlangen (vgl. *Engelhardt/Kleinaltenkamp*, 1995, S. 216). Dies lässt sich bspw. über Patentrechte realisieren (vgl. z. B. *Aaker*, 1988, S. 44). Allerdings muss sichergestellt sein, dass diese Vergeltungsbarrieren nicht abgebaut oder umgangen werden können.

(2) Konkurrenten wollen keine Vergeltungsmaßnahmen ergreifen

Häufig ist es für Unternehmen, die eine ähnliche Strategie verfolgen, sinnvoller, wettbewerbsfriedliches Verhalten zu zeigen als einen Verdrängungswettbewerb zu initiieren, der womöglich allen Anbietern schaden könnte. Das ist vor allem dann der Fall, wenn z. B. der Markt zu unattraktiv ist oder Repressalien auf anderen Märkten befürchtet werden.

(3) Konkurrenten werden an Vergeltungsmaßnahmen gehindert

Wenn man aufgrund einer konkurrenzorientierten Stärken- und Schwächenanalyse Hinweise für potenzielle Ansatzpunkte der Vergeltungsmaßnahmen identifizieren kann, lassen sich diese Vergeltungsmaßnahmen gezielt verhindern. Die Deutsche Telekom AG etwa sah sich im Zuge des angeführten Deregulierungsprozesses einem verstärkten Wettbewerb mit privaten Telekommunikationsanbietern ausgesetzt, die vor allem das Segment der Großkunden im Auge hatten. An möglichen Vergeltungsmaßnahmen in Form von Großkundenrabatten wurde die Deutsche Telekom AG jedoch durch Vorgaben der Regulierungsbehörde gehindert.

III. Der Anbieter: Ressourcenausstattung und strategische Orientierung

1 Die Verbindung zwischen strategischen Positionen und Ressourcenausstattung

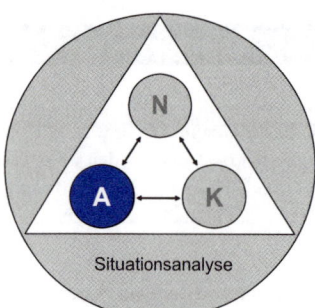

Zur Erzielung eines KKVs muss sich der Anbieter fragen, auf welche besonderen Ressourcen bzw. Fähigkeiten und Kompetenzen er selbst im Vergleich zur Konkurrenz zurückgreifen kann, um KKV-Positionen besetzen zu können. *Plinke* hat mit Bezug auf *Day* (1994) und *Day/Wensley* (1988) die Zusammenhänge in folgender *Abbildung 62* verdeutlicht (wobei hier einige Anpassungen vorgenommen wurden; vgl. dazu das Original bei *Plinke*, 1995, S. 68).

Dadurch, dass sich Anbieter in der Ausstattung mit (historisch gewachsenen) **Potenzialfaktoren** unterscheiden, ergeben sich unterschiedliche Auswirkungen auf die Effizienz- und/oder die Effektivitätsdimension des KKVs. Verfügt z. B. ein Anbieter über patentrechtlich geschütztes Wissen bzgl. spezifischer Verfahren der

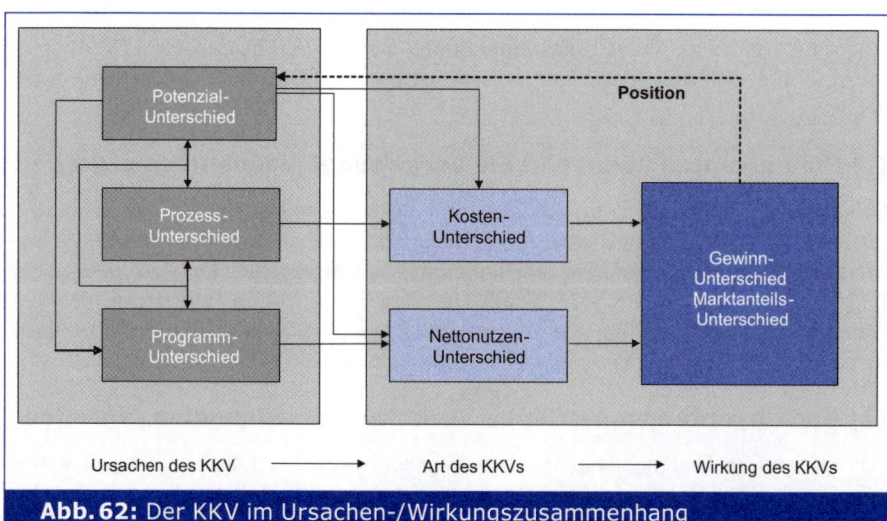

Abb. 62: Der KKV im Ursachen-/Wirkungszusammenhang

Quelle: in Anlehnung an *Plinke*, 1995, S. 68.

Lasertechnologie, das den relevanten Konkurrenten nicht zugänglich ist, lässt sich dieser Potenzialunterschied (Wissens- und Fähigkeitsunterschied) möglicherweise sowohl zur Verbesserung des Leistungsnutzens (z. B. präziseres Schneiden) als auch zur Verbesserung der Wirtschaftlichkeit für den Anbieter einsetzen (z. B. wenn Laserschneiden kostengünstiger als mechanisches Schneiden angeboten werden kann).

Prozesse beschreiben die Art und Weise, wie die Potenzialfaktoren miteinander kombiniert werden, um Leistungen zu erstellen und abzusetzen. Unterschiede zur Konkurrenz können eben auch in anderen **Leistungserstellungs- und -vertriebsprozessen** bestehen, die insbesondere die Effizienzseite des KKVs beeinflussen können. Die Erzeugung von Energie kann z. B. prozessural durch solarthermische Kraftwerke als auch durch Gas- und Dampfkraftwerke (GUD) erfolgen. Beide Verfahren führen zu unterschiedlichen Effizienzeffekten. Möglicherweise haben sie auch divergierende Effektivitätseffekte, da GUD-Kraftwerke z. B. unabhängig von der Sonneneinstrahlung Energie erzeugen können.

Programmunterschiede von Anbietern, die zwar im gleichen relevanten Markt tätig sind, wobei der Konkurrent z. B. standardisierte Massenprodukte anbietet, während der betrachtete Anbieter sich auf kundenindividualisierte Angebote konzentriert, beeinflussen die KKV-Position eines Anbieters. Denn in den Programmunterschieden der relevanten Wettbewerber dokumentiert sich der vom Kunden wahrgenommene Marktauftritt eines Anbieters (vgl. *Plinke*, 1995, S. 68).

Schließlich kann die Ressourcenheterogenität zwischen Konkurrenten und damit ihre (Re-) Aktionsfähigkeit zum Aufbau einer KKV-Position auch durch **Kombinationen der drei Dimensionen** von Heterogenität gekennzeichnet sein. Weil ein Anbieter im Vergleich zu seinen relevanten Konkurrenten über eine deutlich überlegene Ausstattung mit Finanzpotenzialen verfügt, ist das Unternehmen möglicherweise als Einziges in der Lage, eine rigorose Prozessumgestaltung zu finanzieren, die es wegen der Neugestaltung der Prozesse ausschließlich diesem Anbieter ermöglicht, Leistungsangebote in einem weitaus höheren Maße effizient zu realisieren. Die Ursachen des KKVs bedingen sich somit partiell gegenseitig und ermöglichen so die Realisierung einer strategischen Kosten- und Leistungsposition, die mit einer anderen Potenzialausstattung nicht erreicht werden könnte.

2 Ressourcen, Fähigkeiten und Kompetenzen als Ursachen relativer Überlegenheit

Der Bezug auf firmenbezogene Ressourcen und Fähigkeiten/Kompetenzen als Quelle für die Schaffung und Verteidigung von KKVs wird in der Literatur als **„Resource-based View"** bezeichnet (vgl. z. B. *Freiling*, 2001, S. 7 f.). Diese „Inside-Out"-Betrachtung (vgl. *Rasche/Wolfrum*, 1994, S. 502) wurde eine Zeitlang der durch die Industrieökonomik geprägten **„Market Based View"**- oder „Outside-In"-Betrachtung gegenübergestellt. Es ist aber *Freiling* zuzustimmen, wenn er dies als verfehlt bezeichnet, „da nur eine integrierte Betrachtung von Innen- und Außenverhältnissen überhaupt die Möglichkeit bietet, den Erklärungszielen des Ansatzes gerecht zu werden" (*Freiling*, 2001, S. 8 f.). Vielmehr kommt es darauf an, dass die Ressourcen, Fähigkeiten und Kompetenzen bestimmte Eigenschaften aufweisen, um für den Aufbau von KKVs geeignet zu sein. Zu diesen **Eigenschaften** zählen (vgl. *Burmann*, 2005, S. 978):

- Werthaftigkeit,
- Knappheit,
- Imitier- und Substituierbarkeitseinschränkungen.

Aus diesen Anforderungen wird auch deutlich, dass die gleiche Ressourcenausstattung kontextabhängig erfolgsrelevant ist: Die Knappheit einer Ressource kann in einer bestimmten Situation (wenn die Ressource besonders nachgefragt wird) KKV-erzeugend wirken, in einer nachfrageschwachen Situation nicht, obwohl sie weiterhin knapp sein kann.

2.1 Potenzialunterschiede

Potenziale beschreiben ganz allgemein im Laufe der Zeit erworbene firmenspezifische Handlungsmöglichkeiten im Wettbewerb, die auf unterschiedliche Wurzeln zurückgehen können. **Quellen für Potenziale** können z. B. basieren auf (vgl. Plinke 1995, S. 70)

- einer außergewöhnlich guten Sachkapitalausstattung,
- einem Zugang zu dominanten Technologien,
- besonders fähigen Mitarbeitern,
- einem sehr erfolgreichen F&E-Team,
- einem effektiven und effizienten Wissensmanagement,
- einer wertvollen Marke,
- einem exklusiven Vertriebssystem,
- einem gebundenen Lieferantennetzwerk,
- einem exklusiven Zugang zu Rohstoffen,
- einer ausgeprägten Unternehmenskultur.

Die beispielhafte Aufzählung macht deutlich, dass sich Potenzialunterschiede sowohl auf materielle wie auf immaterielle Potenziale beziehen können. Während die **materiellen Potenzialunterschiede** noch einigermaßen problemlos messbar sind (z. B. die Messung der jeweiligen Kapitalausstattung), wirft die Operationalisierung und Messung **immaterieller Potenziale** größere Schwierigkeiten auf. Wie misst man etwa den Wert eines exklusiven Vertriebssystems oder die Ausprägungen einer Unternehmenskultur?

Plinke (1995, S. 72 f.) schlägt ein gewichtetes Scoring-Modell für die Bewertung der Stärken und Schwächen vor. *Meffert* (1988, S. 65 f.) schlägt hingegen vor, das ressourcenbezogene relative Stärken- und Schwächenprofil zur Generalisierung in eine **SWOT-Analyse** (**S**trengths, **W**eaknesses, **O**pportunities, **T**hreats) zu überführen.

Im Prinzip handelt es sich bei diesen Messvorschlägen nach wie vor um qualitative Ansätze, auch wenn die Ausprägungen mit Zahlen belegt werden. Sowohl die Ausprägungen als auch die Gewichtungen haben so bestenfalls ordinales Skalenniveau. Selbst wenn man unterstellt, dass Scoring-Modelle metrisches Skalenniveau besitzen, bleibt ein solcher Ansatz letztlich fragwürdig. „Große" Vorteile beim Markenwert im Vergleich zur Konkurrenz und ein „großer" Vorteil bei der Bindung eines Lieferantennetzwerkes können völlig unterschiedliche Auswirkungen haben. Ein exklusives Lieferantennetzwerk kann im Extremfall dazu führen, dass relevante Konkurrenten aus dem Markt ausscheiden (müssen), während starke Marken „lediglich" dominante KKV-Positionen erzeugen können, ohne dass Konkurrenten den Markt verlassen müssen. Darüber hinaus kann eine „starke" Marke ganz andere ökonomische Dimensionen (Markenmehrwert) annehmen als z. B. ein „starkes" F&E-Team. Für jede Potenzialdimension müssten daher kontextspezifisch zwei aufeinander aufbauende Fragen beantwortet werden:

(1) In welchem Kontext ist welche Potenzialdimension relevant?
    Bei der Beantwortung dieser Frage wird man i. d. R. feststellen, dass sich die umfangreichen Checklisten auf relativ wenige Potenziale reduzieren. Es geht ja um die heraus-

ragenden Potenziale, bei denen sich das betrachtete Unternehmen von seinen relevanten Konkurrenten unterscheidet.

(2) Welchen ökonomischen Wert hat die relevante Dimension?

Hier geht es um eine grobe Abschätzung, was eine Überlegenheitsposition bei einer relevanten Potenzialdimension an ökonomischem Wert besitzt. Handelt es sich um eine ökonomisch bedeutsame Ressource oder lediglich um einen vielleicht technologisch bedeutsamen Unterschied, der aber ökonomisch wenig ausbeutbar ist?

2.2 Prozessunterschiede

Wettbewerbsrelevante Unterschiede zwischen Unternehmen können auch in den unternehmerischen Prozessen liegen. Die **prozessorientierte Sicht** auf ein Unternehmen geht der Frage nach, wie das Leistungsergebnis im Unternehmen erreicht wird. Mit anderen Worten: Es geht um die Frage, wie die einzelnen Potenziale miteinander kombiniert werden, um den Output des Unternehmens zu erzeugen. Unterschiedliche Prozessgestaltungen können erhebliche KKV-Potenziale beinhalten. Dabei geht es nicht nur um die Gestaltung der **innerbetrieblichen Prozesse**, sondern darüber hinaus auch im Sinne einer vorwärts gerichteten Strategie um die Gestaltung der Vertriebsprozesse sowie rückwärts betrachtet um die Einbindung in die komplette **Supply Chain**. Unternehmen unterscheiden sich somit z. B. danach, welche Prozesse sie für ihre Wettbewerbsposition als entscheidungsrelevant betrachten. Geht es um die Prozesse eines einzelnen Unternehmens, eines kooperativen Netzwerkes oder um die komplette Supply Chain? Je nachdem, welche Entscheidung eine Unternehmung getroffen hat, ergeben sich unterschiedliche Wettbewerbspotenziale.

Aber auch bei Begrenzung auf die Betrachtung des einzelnen Unternehmens zeigen sich zwischen Wettbewerbern erhebliche Prozessunterschiede. Manche Unternehmen haben ihre Prozesse nach weitgehend starren Ablaufregeln festgelegt, andere dagegen sind so aufgestellt, dass sie flexibel auf sich verändernde Nachfragebedürfnisse reagieren können. Ob Letzteres einen Wettbewerbsvorteil erzeugen kann, hängt davon ab, in welchem Markt man tätig ist: Handelt es sich um einen sich schnell verändernden Markt, liefert dies die Basis für ein hohes KKV-Potenzial. Bei weitgehend stabilen und sich wenig verändernden Märkten kann auch das starre System z. B. Effizienzvorteile erzeugen. Wir können also feststellen, dass Prozesse, definiert als „Abfolge von Aktivitäten, die in einem logischen inneren Zusammenhang dadurch stehen, dass sie im Ergebnis zu einer Leistung führen, die durch einen Kunden(-prozess) nachgefragt wird" (*Kern*, 1996, Sp. 1683) in unterschiedlichem Ausmaße die Basis für KKVs legen können.

Um KKV-relevante **Prozessunterschiede** feststellen zu können, sind zwei Schritte notwendig:

(1) Die Prozesse müssen **identifiziert**, **strukturiert** und **abgebildet** werden. *Abbildung 63* zeigt ein Beispiel für zwei Teilprozesse aus dem „Leitfaden für das Modellieren von Geschäftsprozessen mit dem Programm OMEGA" (*Gausemeier*, 2004).

(2) Die Prozesse müssen im Hinblick auf ihre **Effektivität** und **Effizienz** beurteilt werden. Als Instrumente zur Beurteilung des Problemkomplex 1 haben sich insbesondere das **Blue Printing** und die **Prozesswertanalyse** bewährt (vgl. *Reckenfelderbäumer*, 2004, S. 663 ff.). Sowohl Blueprinting wie Prozesswertanalyse haben zum Ziel, den Leistungserstellungsprozess in Ablaufdiagrammen abzubilden (vgl. dazu das Beispiel in *Abbildung 64*). Ein solcher Service-Blueprint für das Beispiel einer Maschinenreparatur ermöglicht eine Zurechnung von Zeiten und Kosten zu den einzelnen Teilprozessen

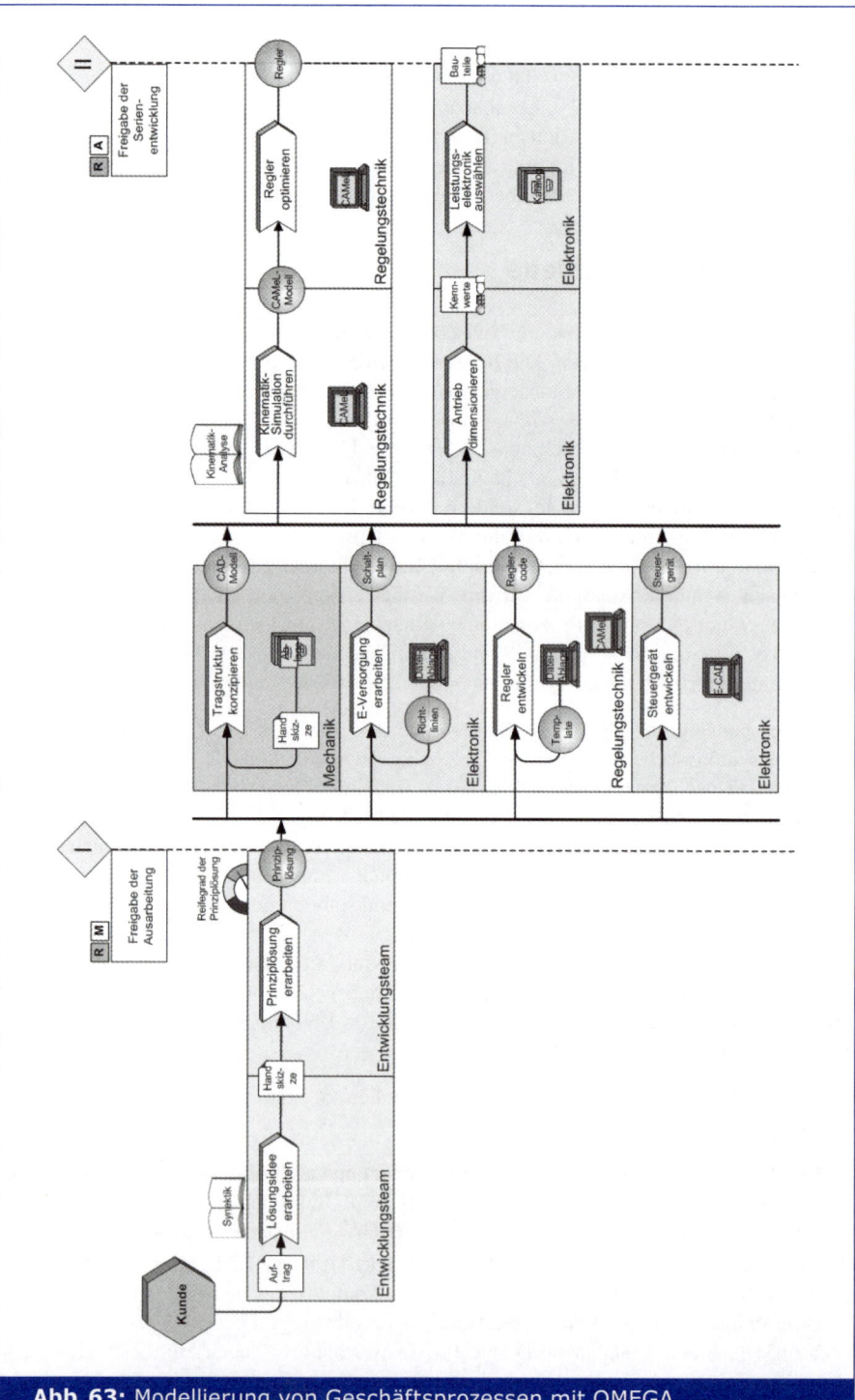

Abb. 63: Modellierung von Geschäftsprozessen mit OMEGA

Quelle: *Gausemeier*, 2004, S. 27.

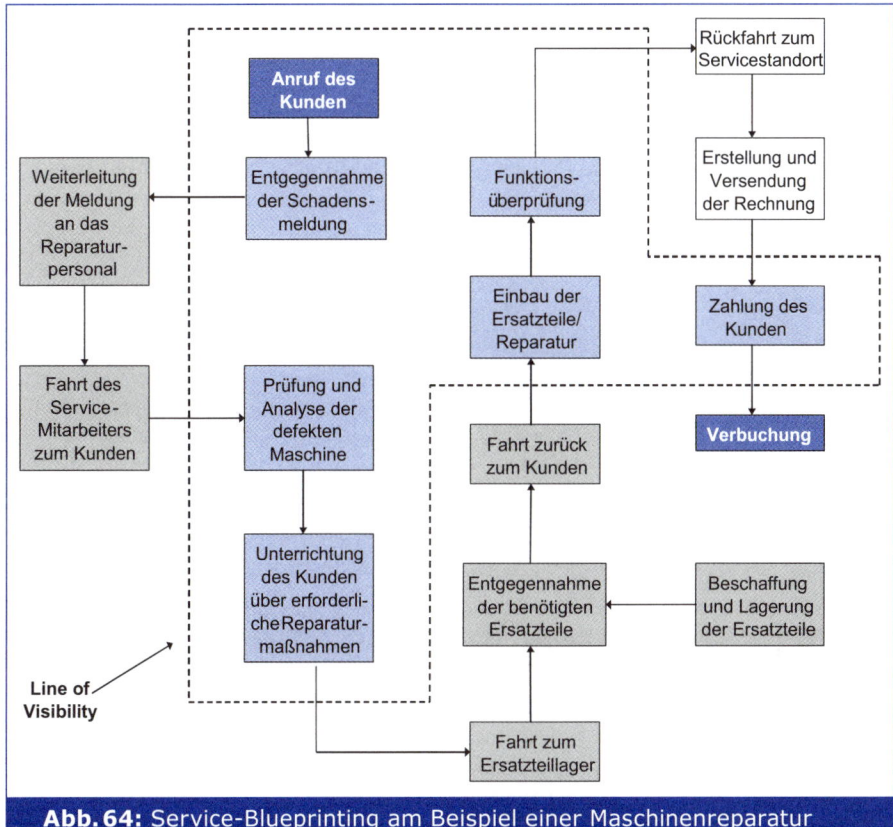

Abb. 64: Service-Blueprinting am Beispiel einer Maschinenreparatur

Quelle: *Engelhardt/Reckenfelderbäumer*, 1999, S. 255.

(bspw. im Wege einer Prozesskostenrechnung), integriert den Kunden dabei in die Prozessplanung und liefert damit auch Informationen für eine Prozessverbesserung (vgl. auch *Becker*, 1998, S. 90).

Durch einen Vergleich mit Prozessen von Wettbewerbern können KKVs generiert werden, wenn die Prozessunterschiede

- einen wahrnehmbaren Kundenmehrnutzen erzeugen,
- die unternehmensspezifische Nutzung von Ressourcen
  - singulär,
  - nicht imitierbar,
  - nicht substituierbar

  ist (vgl. *Osterloh/Frost,* 2006, S. 36 f.).

In diesem Falle können sie entweder Preisvorteile oder Leistungsdifferenzierungsvorteile erzeugen, die in KKV-Positionen münden.

2.3 Programmunterschiede

Das Ergebnis der Kombination von Potenzialen und Prozessen ist das **Leistungsprogramm**, das dem Kunden offeriert wird. Aufgrund der unterschiedlichen Ressourcen bei den Potenzialen und Prozessen können sich unterschiedliche Leistungsprogramme ergeben. Besonders deutlich wird das am Beispiel des Geschäfts mit industriellen **Systemtechnologien** wie z. B. dem Angebot eines Telekommunikationsvermittlungssystems. Eine solche Systemtechnologie setzt sich aus verschiedenen Komponenten zusammen, die in *Abbildung 65* dargelegt sind.

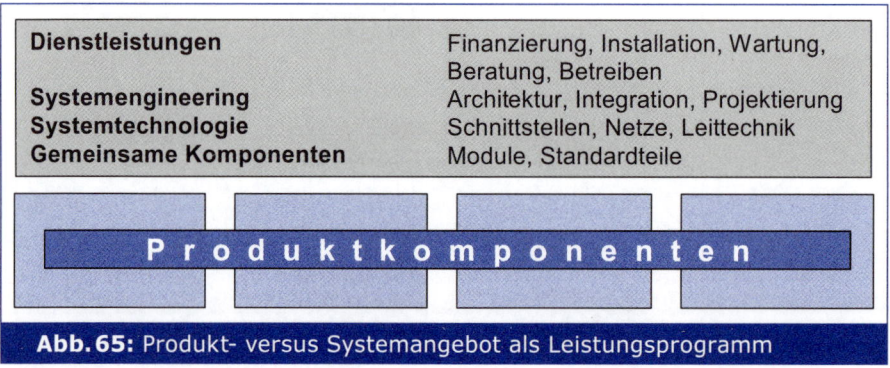

Abb. 65: Produkt- versus Systemangebot als Leistungsprogramm

Quelle: *Große-Oetringhaus*, 1996, S. 249.

Liegen die Ressourcenvorteile eines Unternehmens z. B. im Bereich des System-Engineering sowie in der Beratung und dem Betreiben solcher Systemtechnologien, dann stellt sich das Leistungsprogramm vielleicht eher als eine integrierte Systemlösung dar als im Falle, dass man eine Produktkomponente anbietet, bei der aufgrund besonders günstiger Prozessbedingungen ein Kostenvorteil vorhanden ist. In diesem Falle wird man eher ein Leistungsangebot bieten, das sich auf die Vermarktung des einzelnen Produktes konzentriert.

Welches konkrete Leistungsangebot und – dadurch bedingt – welche **Programmunterschiede** gegenüber den Mitwettbewerbern positioniert werden, ist in vielen Fällen nicht eindeutig durch die Existenz bestimmter Ressourcenvorteile vorgezeichnet. Vielmehr unterliegt die Gestaltung des Programms noch einmal einer gesonderten Entscheidung. So kann bspw. auf der Basis von opto-elektronischem Know-how, über das ein Anbieter verfügt, ein enges Leistungsangebot (z. B. nur Kameras), aber auch ein relativ breites Leistungsprogramm angeboten werden (z. B. neben Kameras auch Kopierer). Diese Entscheidung wird ihrerseits wiederum durch die Existenz anderer potenzieller Prozessunterschiede (z. B.: Verfügt der Anbieter über ein entsprechendes Vertriebssystem für ein breites Leistungsprogramm oder nicht?) sowie die strategischen Ziele mit beeinflusst, die der Anbieter verfolgt.

2.4 Dynamische Fähigkeiten

„Ein wichtiger Schwachpunkt des klassischen Ressourcenansatzes ist seine statische Ausrichtung. Wie Unternehmensfähigkeiten aufgebaut oder wie sie den Marktveränderungen angepasst werden können, bleibt offen" (*Burmann*, 2005, S. 978). Dieser Aufgabe widmet sich der **Dynamic-Capability-Ansatz**, der in seinen Grundzügen von *Teece et al.* entwickelt worden ist. Sie definieren dynamische Fähigkeiten (dynamic capabilities) als „the firm's

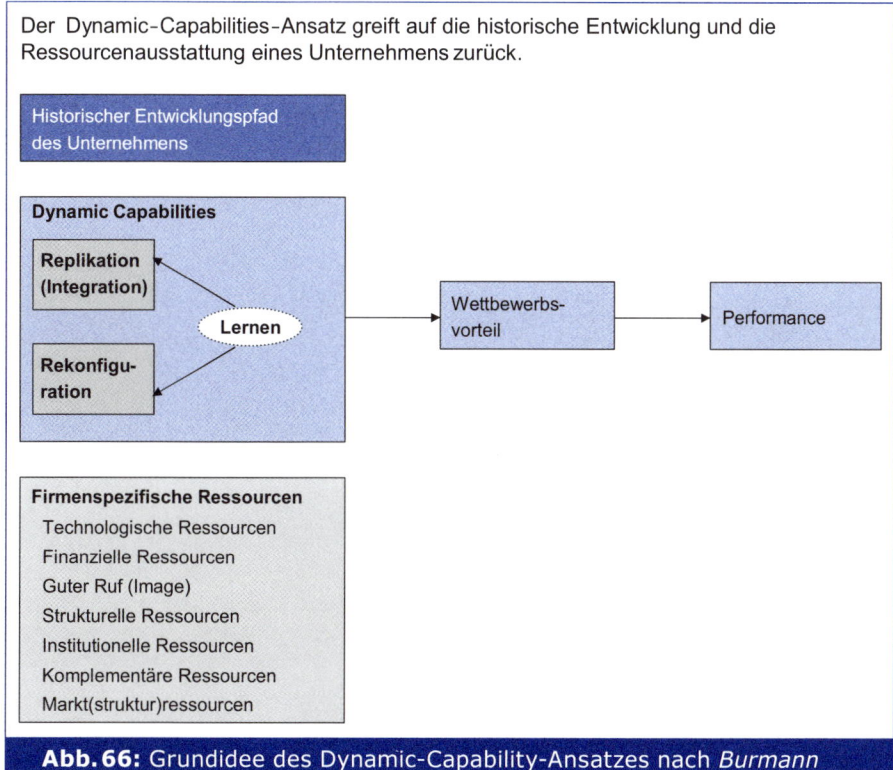

Abb. 66: Grundidee des Dynamic-Capability-Ansatzes nach *Burmann*

Quelle: *Burmann*, 2005, S. 979.

ability to integrate, build, and reconfigure internal and external competencies to address repeatly changing environments" (*Teece et al.*, 1997, S. 516). Die Grundidee des Capability-Ansatzes ist in *Abbildung 66* dargestellt.

Nach *Teece et al.* sind es vor allen Dingen zwei **Faktoren**, die die dynamischen Fähigkeiten eines Unternehmens beeinflussen:

(1) Die **historische Entwicklung** eines Unternehmens begrenzt die dynamischen Fähigkeiten insofern, als gelernte Handlungsroutinen in der Organisation Art und Ausmaß des Lernprozesses der Unternehmung bestimmen.
(2) Darüber hinaus wird die Dynamik vorhandener Fähigkeiten im Unternehmen durch die Verfügbarkeit **firmenspezifischer Ressourcen** beeinflusst. Hier zeigt sich die enge Verbindung zum klassischen Resource-based View.

Beide Faktoren beeinflussen die dynamischen Fähigkeiten, die sich auf die Beherrschung von drei abgeleiteten Fähigkeiten beziehen: die Integration, die Rekonfiguration und das Lernen einer Organisation. *Burmann* (2005, S. 979 f.) arbeitet heraus, dass sich die **Integration** „auf die wiederholte Bearbeitung bereits bekannter Aufgaben (bezieht). Insoweit soll die der Beherrschung von Integrationstätigkeiten zugrunde liegende organisationale Fähigkeit hier als Replikationsfähigkeit bezeichnet werden. Eine hohe Replikationsfähigkeit besagt, dass ein Unternehmen in der Lage ist, seine vorhandenen operativen Prozessfähigkeiten des laufenden Geschäftsbetriebs effektiv und effizient zu multiplizieren."

Die Beherrschung der **Rekonfiguration** beschreibt die Fähigkeit, durch (permanente) Veränderungen der Kombination von Ressourcen, Anpassungsprozesse effizient und effektiv zu managen.

Beide Fähigkeiten (Replikation und Rekonfiguration) werden durch die effiziente und effektive **Organisation organisationaler Lernprozesse** beeinflusst. Hohe Lernfähigkeit einer Organisation erhöht die Replikations- und Rekonfigurationsfähigkeiten. Unterschiede in den Dynamical Capabilities eines Unternehmens ermöglichen es, KKVs im dynamischen Wettbewerb zu begründen.

Kapitel B

Gewinnung und Verarbeitung KKV-relevanter Informationen

I. Der Informationsgewinnungsprozess

1 Informationsbeschaffung als Voraussetzung zur Erzielung von KKVs

Die Beantwortung der Fragen, die sich bei der Analyse des organisationalen Nachfrageverhaltens, der Anbieter- und Konkurrenzanalyse zur Bestimmung der KKV-Position stellen, erfordert vielfältige Informationen. Dabei unterscheiden wir die kontinuierliche Informationsgewinnung von Ad hoc-Studien (vgl. *Langner,* 2004, S. 332). Bei der **kontinuierlichen Informationsgewinnung** handelt es sich um Längsschnittstudien, die Entwicklungen aufzeigen sollen (z. B. Panelstudien). Im Rahmen von Längsschnittstudien wird gewährleistet, dass ein Unternehmen zu jeder Zeit über die aktuellen Informationen zu relevanten Entwicklungen verfügt. Trotz dieser unmittelbar einleuchtenden Notwendigkeit vernachlässigt ein Großteil der Unternehmen nach wie vor eine systematische Informationsgewinnung. So zeigen empirische Untersuchungen, dass im Durchschnitt kontinuierliche Marktinformationen gerade im Industriegüterbereich als relativ unbedeutend eingeschätzt sowie erhebliche Kosteneinsparungen vor allem durch den Verzicht auf leistungsstarke Datenanalyseverfahren erzielt werden (vgl. *Droege et al.*, 1993, S. 93 und *Reinecke/Tomczak*, 1994, S. 42 f., *Langner*, 2004, S. 325). Ziel muss jedoch sein, gerade in einer wettbewerbsschwachen Ausgangsposition verstärkt in den kontinuierlichen Informationsgewinnungsprozess zu investieren, um die benötigten Informationen für eine Positionsverbesserung zu generieren.

Größere praktische Bedeutung haben **Ad hoc-Studien** (vgl. *Langner,* 2004, S. 333). Bei diesen Studien geht es darum, zu einem bestehenden Zeitpunkt Informationen zu aktuell relevanten Fragestellungen zu generieren (z. B. Markenbekanntheit, Preis/Absatzfunktionen). Eng verbunden mit der Einteilung in kontinuierliche und Ad hoc-Informationsgewinnung ist die Einteilung der Informationsgewinnung in auftragsspezifische und allgemeine Marktdatengewinnung. Letztere Informationen stellen **Potenzialinformationen** dar, die Angaben bzgl. der Position *aller* Marktparteien und des Marktes selbst erzeugen. Wird hingegen ein einzelner Auftrag betrachtet, so steht die Gewinnung von **externen Prozessinformationen** mit dem primären Ziel der Erreichung eines verbesserten Informationsstands in einer konkreten Einzeltransaktion im Vordergrund. Während bei Potenzialinformationen folglich die Zweckorientierung auf die Erzielung eines marktbezogenen KKVs gerichtet ist, ist bei externen Prozessinformationen die Erzielung eines KKVs im konkreten Einzelauftrag von Bedeutung. *Abbildung 67* verdeutlicht die Unterschiede und Zusammenhänge beider Informationsarten.

Kern aller Überlegungen bzgl. der Gewinnung von Informationen über den Markt ist zunächst die Entscheidung darüber, welche von beiden Informationsarten erhoben werden soll. Grundsätzlich macht es vor dem Hintergrund, möglichst detaillierte Marktkenntnisse zu erlangen, natürlich Sinn, sowohl externe Prozess- als auch Potenzialinformationen zu erheben.

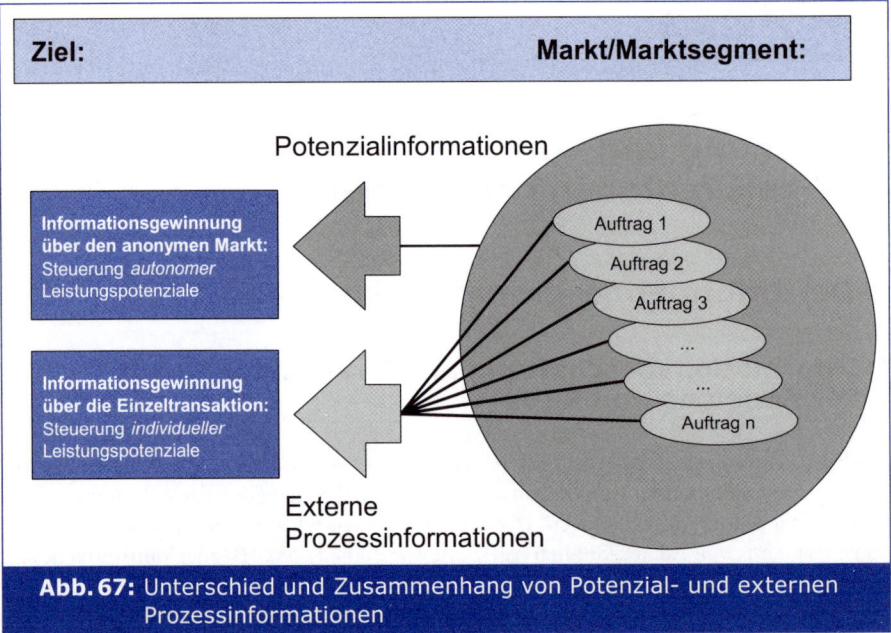

Abb. 67: Unterschied und Zusammenhang von Potenzial- und externen Prozessinformationen

Quelle: in Anlehnung an *Weiber/Jacob,* 2000, S. 530.

2 Der Marktforschungsprozess

Ausgangspunkt des **Informationsgewinnungsprozesses** ist die Festlegung, **welche Informationen** überhaupt benötigt werden. Anschließend muss der Besitzer dieser gewünschten Informationen, der **Informationsträger**, ermittelt werden. Allein das Wissen über den Informationsträger ist jedoch nicht ausreichend, um an die Informationen tatsächlich zu gelangen. Dazu bedarf es detaillierter Überlegungen, wie die Informationen **systematisch beschafft** bzw. erhoben werden können. Schließlich müssen die erhobenen Informationen **verdichtet und aufbereitet** sowie an die entsprechenden Entscheidungsträger im Unternehmen weitergeleitet werden. In *Abbildung 68* ist der Prozess der Informationsbereitstellung, der sowohl für Potenzial- als auch externe Prozessinformationen gleichartig abläuft, graphisch veranschaulicht.

Während die ersten drei Schritte primär der Informationsgewinnung dienen, betreffen die letzten beiden Fragestellungen die Informationsverwertung.

2.1 Informationsbedarf

Grundvoraussetzung für die Bestimmung des Informationsbedarfs ist eine ausführliche Darstellung des Problems sowie der Entscheidungssituation. **Der Informationsumfang** bestimmt sich also aus der Gesamtheit der Informationen, die für die Lösung eines Problems erforderlich sind. Dazu zählen regelmäßig quantitative Aussagen über Größe, Struktur und Entwicklung eines Marktes, um die Attraktivität eines Marktes abzuschätzen. Für die attraktiven Märkte sind dann die KKV-Positionen zu bestimmen.

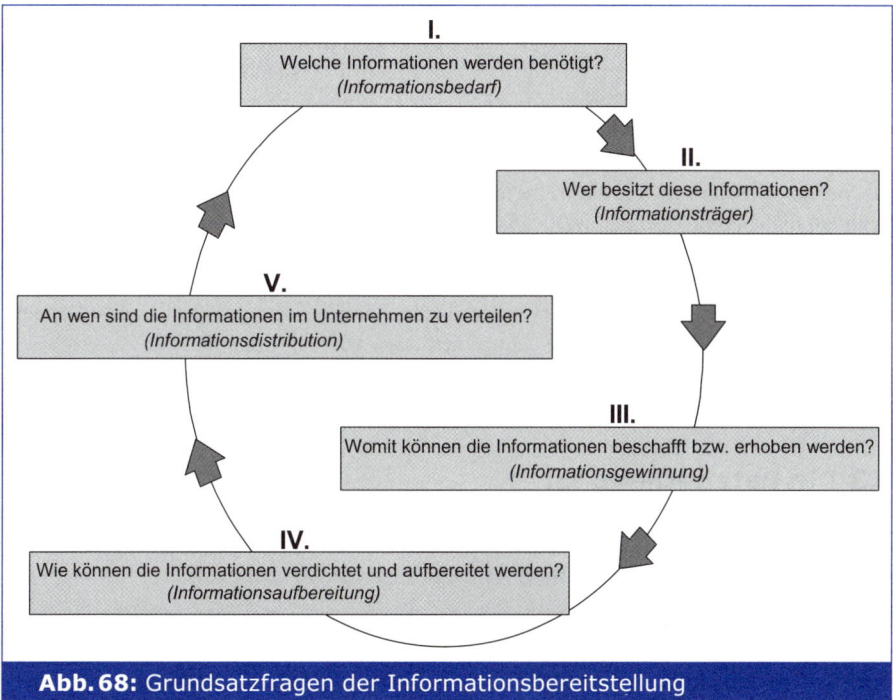

Abb. 68: Grundsatzfragen der Informationsbereitstellung

2.2 Informationsträger

Der zweite Schritt des Informationsbereitstellungsprozesses ist die Identifikation des Informationsträgers.

Zur **Informationsgewinnung** können zum einen *unternehmensinterne* und zum anderen *unternehmensexterne* **Quellen** herangezogen werden. Zu den internen Datenquellen zählen z. B. Statistiken über Auftrags-, Absatz- und Umsatzentwicklungen, das innerbetriebliche Berichtswesen, Informationen der Außendienstmitarbeiter oder auch vorhandene Marktstudien. Die wichtigsten Quellen für Sekundärdaten außerhalb der Unternehmung sind Online-Datenbanken von Informationsdiensten, Unternehmenswebsites, amtliche Statistiken des statistischen Bundesamtes sowie Nachfrageanalysen bedeutender Marktforschungsinstitute.

Des Weiteren lassen sich die Quellen nach der **Erhebungsmethode** unterscheiden. Werden Daten herangezogen, die dem Unternehmen schon zu einem früheren Zeitpunkt und für andere ähnliche Zwecke zur Verfügung standen, spricht man von *Sekundärforschung*. Diese Informationen werden im Hinblick auf das neue Entscheidungsproblem lediglich aufgearbeitet. Unter *Primärforschung* versteht man hingegen, dass die relevanten Informationen durch Erhebung eigens auf das Untersuchungsziel abgestimmter Datenquellen gewonnen werden (vgl. *Berekoven et al.*, 2006, S. 49 ff.).

Durch Kombination der Kriterien „Informationsquellen" (intern/extern) und „Erhebungsmethoden" (sekundär/primär) lassen sich vier alternative **Formen von Informationsträgern** unterscheiden. Neben den Kombinationen „intern/sekundär" (z. B. innerbetriebliches Rechnungswesen), „extern/sekundär" (z. B. Marktstudien von Marktforschungsinstituten) sowie „extern/primär" (z. B. Kundenbefragungen) haben *Brinkmann/Voeth* (2007) darauf hingewiesen, dass sich auch der **Vertrieb als Marktforschungsinstrument** eignet („intern/primär"). Sie konnten zeigen, dass in der von ihnen untersuchten Baustoffindustrie die Vertriebsmitarbeiter eines Baustoffzulieferers die Präferenzen und Einflussstrukturen ihrer Kunden valider einschätzen konnten als dies den Kunden im Rahmen einer parallel durchgeführten Kundenuntersuchung möglich war. Zwar konstatieren *Brinkmann/Voeth* (2007), dass bei der Einschaltung des Vertriebs innerhalb der Marktforschung ein **Principal-Agent-Problem** nicht ausgeschlossen werden kann (der Vertrieb hat kein Interesse, Informationen über die von ihm betreuten Kunden an außerhalb des Vertriebs liegende Organisationseinheiten weiterzuleiten, da die Monopolisierung dieser Informationen nicht selten die eigene innerbetriebliche Position begründet); zugleich aber können sie zeigen, dass es dem Vertrieb durch Einsatz komplexer Marktforschungsmethoden wie der Conjoint-Analyse erschwert oder sogar unmöglich gemacht wird, „strategisch" zu antworten und damit Art und Umfang der weitergeleiteten Informationen zu steuern.

2.3 Die Datenerhebung

Die Art und Weise, wie Informationen gewonnen werden können, ist Ausgangspunkt der Überlegungen im dritten Schritt des Informationsbereitstellungsprozesses.

Um Informationen über den Markt bzw. eine Transaktionssituation zu erhalten, muss zunächst im Rahmen der Primärforschung festgelegt werden (vgl. *Weiber/Jacob*, 2000, S. 542),

- wie viele Informationen (Erhebungsumfang)
- mit welchen Instrumenten,
- welcher Technik und
- welchen Variablen (Erhebungsinhalt) zu erheben sind.

Im Rahmen der **Bestimmung des Erhebungsumfangs** liegt das zentrale Entscheidungsproblem darin, ob alle Informationsträger (Vollerhebung) oder nur eine ausgewählte Menge der Informationsträger (Teilerhebung) berücksichtigt werden. Die **Vollerhebung** ist jedoch aufgrund des hohen Befragungsaufwands und der in manchen Bereichen des Industriegütermarktes kaum quantifizierbaren Anzahl an Informationsträgern praktisch nicht durchsetzbar. Von daher wird die Informationsgewinnung überwiegend auf Basis von Teilerhebungen erfolgen.

Aus den Informationen über die Teilerhebung werden dabei Aussagen über die Grundgesamtheit getroffen. Das setzt jedoch voraus, dass die Teilmenge ein repräsentatives Abbild der Wirklichkeit darstellt. Dennoch ist jede Aussage, die aufgrund von Teilerhebungen getroffen wird, grundsätzlich mit Fehlern behaftet. Zum einen entsteht ein Stichprobenfehler dadurch, dass die Erhebungsergebnisse der Teilgesamtheit zufällig von den wahren Werten der Grundgesamtheit abweichen. Er ist unvermeidbar, lässt sich aber durch Vergrößerung der gezogenen Stichprobe verkleinern und ist statistisch in Form von Wahrscheinlichkeitsaussagen in seiner Größe abschätzbar. Zum anderen kann eine fehlerhafte Planung, Durchführung, Aufbereitung und Auswertung der Untersuchung zu systematischen Fehlern führen (vgl. *Böhler*, 2004, S. 112 f.). Die Höhe dieses Fehlers ist somit allein abhängig von der Sorgfalt der Untersuchung und damit statistisch nicht abschätzbar.

Nach **Art der Auswahl** lassen sich zwei Verfahren zur Konstruktion der Stichprobe unterscheiden. Allgemein beruht das Stichprobenverfahren entweder auf einer zufälligen Auswahl der Informationsträger oder auf einer bewusst vorgenommenen Selektion. Während bei den auf dem **Zufallsprinzip** beruhenden Auswahlverfahren die Informationsträger nach einem Zufallsmechanismus bestimmt werden, jede Erhebungseinheit also mit einer berechenbaren und von Null verschiedenen Wahrscheinlichkeit in die Stichprobe gelangt, ist die Auswahl der Informationsträger bei der **bewussten Auswahl** hauptsächlich vom subjektiven Ermessen des Anwenders abhängig. Dadurch kann jedoch nicht mehr die Genauigkeit der Ergebnisse abgeschätzt werden, da die Wahrscheinlichkeit, mit der ein Objekt der Grundgesamtheit in die Stichprobe gelangt, nicht berechenbar ist (vgl. *Meffert*, 1992, S. 189).

Der Anbieter muss vor dem Hintergrund seines konkreten Untersuchungsziels die Entscheidung treffen, welches Verfahren zur Stichprobenbildung heranzuziehen ist. Da nur bei der Zufallsauswahl der Zufallsfehler bestimmt werden kann, sollte grundsätzlich dieses Stichprobenverfahren Anwendung finden. Aus forschungsökonomischen Überlegungen ist dies jedoch manchmal schwer realisierbar. In diesen Fällen kann nur eine bewusste Auswahl vorgenommen werden.

In der Praxis hat sich vor allem das **Quotenverfahren** bewährt (vgl. *Böhler*, 2004, S. 137). Dieses Verfahren ist dadurch gekennzeichnet, dass die Struktur der Grundgesamtheit auf die Stichprobe übertragen wird, indem für jedes Quotierungsmerkmal der entsprechende Anteil in der Stichprobe berechnet wird. Dabei bedeutet „entsprechend", dass die relativen Häufigkeiten der Quotierungsmerkmale in Stichprobe und Grundgesamtheit übereinstimmen müssen. Es sollten allerdings nur solche Merkmale in die Untersuchung einbezogen werden, deren Verteilung in der Grundgesamtheit bekannt ist. In der Regel sind dies demographische Merkmale wie Unternehmensrechtsform, Branchenzugehörigkeit, Mitarbeiterzahl, Umsatzgröße etc. Ist bspw. die Grundgesamtheit als „Gewerbeanmeldungen in Deutschland" definiert, so kann der amtlichen Statistik entnommen werden, dass im Jahr 2004 davon 85 % Neuerrichtungen, 6 % Zuzüge und 8 % Übernahmen waren (vgl. Statistisches Bundesamt, 2005). Eine Stichprobe von z. B. 500 neu angemeldeten Gewerben muss daher 430 neu errichtete, 30 zugezogene und 40 übernommene Gewerbeanmeldungen enthalten.

Durch eine Quotenanweisung wird dem Interviewer für jedes Merkmal eine Aufteilung sowie die Anzahl der durchzuführenden Befragungen vorgegeben. Innerhalb der Anweisung bleibt es jedoch jedem Interviewer selbst überlassen, welche konkreten Aktiengesellschaften er untersucht. Zweckmäßig ist jedoch, die Befragten so auszusuchen, dass es nicht zu Verzerrungen innerhalb der Stichprobe kommt.

Nach der **Art, wie die Informationen erhoben werden**, lassen sich die Instrumente der Beobachtung und Befragung unterscheiden. Unter **Beobachtung** ist eine planmäßige und aufmerksame Wahrnehmung oder Anschauung per Augenschein (Beobachtung durch einen Außendienstmitarbeiter) oder mittels technischer Einrichtungen (z. B. Blickaufzeichnungsgeräte) mit dem Ziel einer möglichst exakten und umfassenden Kenntnisgewinnung über den Untersuchungsgegenstand zu verstehen. Da jedoch über das Beobachten i. d. R. keine verhaltensrelevanten Merkmale des Nachfragers wie Einstellungen zu einem Leistungsangebot gewonnen werden können, ist häufig eine **Befragung** ergänzend hinzuzuziehen. Kern aller Überlegungen bei dieser Erhebungstechnik, bei der die Probanden zum Erhebungsgegenstand befragt werden, ist zum einen die Festlegung des Adressatenkreises und zum anderen die Methodik der Befragung. Um einen möglichst genauen Eindruck von den Nachfragerwünschen zu erhalten, ist es zweckmäßig, die persönliche Befragungsform anhand eines standardisierten Fragebogens der telefonischen Befragung vorzuziehen, auch wenn diese Form i. d. R. höhere Kosten verursacht (vgl. hierzu auch *Strothmann*, 1993a, S. 43). Um eine zentrale Dateneingabe zu vermeiden, können die Interviewer die Daten direkt beim

Probanden vor Ort am PC erfassen (**CAPI, Computer Assisted Personal Interviewing**) (vgl. *Berekoven et al.*, 2006, S. 107). Neben dem Vorteil der Zeitersparnis ist ein weiterer Vorteil darin zu sehen, dass sich der Befragte ganz auf die Befragung konzentrieren kann und nicht unnötig Zeit mit dem Verstehen und Ausfüllen des Fragebogens verschenkt. Eine weitere Möglichkeit, schnell und kostengünstig Befragungen durchzuführen, bietet das **Internet**. Eine Online-Befragung kann in schriftlicher Form über elektronische Fragebögen durchgeführt werden. Die Verwendung von Online-Fragebögen für die Datenerhebung ist inzwischen weit verbreitet, da diese Erhebungsart zahlreiche Vorteile gegenüber der traditionellen schriftlichen Befragungsform aufweist (**CAWI, Computer Assisted Web Interviewing**). Angesichts der Tatsache, dass das Internet im Vergleich zu den Druckmedien über Dialogfähigkeit und multimediale Darstellungsmöglichkeiten verfügt, kann diese interaktive Befragungsform viele Mängel einer schriftlichen Befragung beheben (zu den Mängeln der schriftlichen Befragung vgl. auch *Berekoven et al.*, 2006, S. 118).

Der Einsatz des Internets als Befragungsform bringt jedoch auch einige generelle Nachteile mit sich. Insbesondere ist darauf hinzuweisen, dass der Anteil der Internet-Nutzer in bestimmten Bevölkerungsgruppen (z. B. ältere Menschen) noch zu niedrig ist, um eine repräsentative Stichprobe der Gesamtbevölkerung darzustellen. Da sich diese Nachteile jedoch vor allem auf die B-to-C-Marktforschung beziehen, ist für den Industriegüter-Bereich zu erwarten, dass WWW-Befragungen (ggf. mit paralleler telefonsicherer Interview-Unterstützung) zukünftig eine zunehmende Bedeutung zukommen wird.

Neben der Befragung und Beobachtung kommen generell im Industriegütermarkt auch andere Informationsgewinnungstechniken zur Anwendung, die häufig qualitativ und nicht quantitativ angelegt sind. „Bei **qualitativen Erhebungen** geht es nicht um zahlenmäßig exakte Antworten, sondern eher darum, mit kleineren Fallzahlen Zusammenhänge, Motivstrukturen und Wirkungen problemrelevanter Aspekte in der Tiefe zu eruieren. Solche qualitativen Forschungsansätze werden in der Industriegütermarktforschung oft in der Vorstufe zu einer breiter angelegten quantitativen Erhebung eingesetzt und dienen dann u. a. der Vorbereitung und Entwicklung eines strukturierten Fragebogens. Die wichtigsten Methoden qualitativer Studien sind **Tiefeninterviews**, **Gruppendiskussionen** und – gerade im B-to-B-Bereich – **Expertengespräche** sowie die **Szenariotechnik**." (*Langner*, 2004).

Die Güte der Erhebungsergebnisse lässt sich über die Objektivität, Validität und Reliabilität der Messinstrumente bestimmen. Die Befragung ist dann **objektiv**, wenn unabhängig vom Befrager die gleichen Ergebnisse erzielt werden, also eine hohe Korrelation zwischen den Ergebnissen von zwei gleichen Messvorgängen durch unterschiedliche Befrager vorliegt. Die **Validität** bzw. Gültigkeit einer Messung ist dann gegeben, wenn mit der Befragung genau das gemessen wird, was gemessen werden sollte. Ist bspw. ein höherer Marktanteil eines betrachteten Produkts aufgrund eines höheren Leistungsumfangs gegeben oder nur durch einen systematischen Fehler bedingt, weil andere wichtige Einflussfaktoren wie veränderte Umweltbedingungen (z. B. Marktaustritt eines Konkurrenten) nicht berücksichtigt wurden? Schließlich erlaubt die **Reliabilität** eines Messvorgangs eine Aussage darüber, ob die Befragung bei aufeinander folgenden Anwendungen unter gleichen Bedingungen die gleichen Resultate liefert. Nur wenn dies der Fall ist, können die ermittelten Informationen als zuverlässig gelten.

Jedes Verfahren, das valide ist, kann somit auch als reliabel bezeichnet werden. Jedes Verfahren, das reliabel ist, bedeutet demgegenüber jedoch nicht zwangsläufig, dass auch tatsächlich das gemessen wurde, was gemessen werden sollte – es also auch valide ist.

2.4 Datenaufbereitung und Informationsdistribution

Die gewonnenen Daten müssen schließlich (statistisch) ausgewertet, interpretiert und den Entscheidungsträgern präsentiert werden. Das hat eine organisatorische und eine methodische Dimension. Die **organisatorische Dimension** fragt nach der Art und Weise, wie gewonnene Dateninformationen strukturell gehandhabt werden. Am Beispiel der Konkurrenzanalyse lässt sich die organisatorische Dimension anschaulich verdeutlichen.

Um die aus diesen Quellen gewonnenen Informationen wirklich systematisch im Sinne eines **Competitive Intelligence Systems** nutzbar zu machen, ist es notwendig, sie systematisch zu verdichten. Die Probleme liegen „weniger in der grundsätzlichen Nichtverfügbarkeit relevanter Informationen als vielmehr im Fehlen einer systematischen Sammlung und Verdichtung." (*Simon*, 1988, S. 6; vgl. auch *Babbar/Rai*, 1993, S. 103 ff.). IBM hat hierzu bspw. Ende der 1990er Jahre mehrere Competitive Intelligence Gruppen eingerichtet, die jeweils auf einen Wettbewerber spezialisiert sind: Es gibt ein Team für Compaq, eins für Hewlett Packard usw. Die Beobachtungen beziehen sich auf Beratungsfirmen, die von den Wettbewerbern engagiert werden, Lieferanten, Kunden und Mitarbeiter der Konkurrenz. Erst aus den einzelnen Teilen des Informationspuzzles ergibt sich insgesamt „ein schlüssiges Bild über die Aktivitäten der Wettbewerber, noch bevor sie am Markt sichtbar sind" (*Gloger*, 1999, S. 24).

Als organisatorische Maßnahmen zur Verbesserung der Competitive Intelligence kommen z. B. folgende Alternativen in Frage, die sich auch schon in der Praxis bewährt haben (vgl. *Brezski*, 1993, S. 195 ff.; *Goshal/Westney*, 2005; *Joas*, 1990, S. 198 ff.):

(1) Stabsstelle Konkurrenzaufklärung

Dabei handelt es sich häufig um eine geschäftsgebietsnah angesiedelte Stabsstelle, die sich ausschließlich mit der Sammlung und Aufbereitung konkurrenzbezogener Informationen befasst. Der Vorteil dieser organisatorischen Einbindung ist die zentrale Durchführung der Konkurrenzforschung nach einheitlichen Richtlinien und Grundsätzen sowie die Verdichtung der Einzelinformationen zu einem aussagefähigen Gesamtbild über die Konkurrenzaktionen und -reaktionen im Markt. Ein Nachteil ist in der möglichen Distanz einer Stabsstelle zu den einzelnen Funktionsbereichen zu sehen, da so ein optimaler Datenaustausch behindert werden kann. Daher können bei komplexeren Strukturen mit häufig mehrdimensionalen Organisationskonzepten dezentrale Ansätze von Vorteil sein.

(2) Spiegelorganisation

In den Unternehmensfunktionen (F&E, Vertrieb etc.) gibt es einen Mitarbeiter, der sich quasi nebenamtlich mit funktionsspezifischen Analysen der Konkurrenz befasst. So erstellt z. B. der F&E-Leiter Dossiers über die F&E-Tätigkeiten der Konkurrenten. Damit ergibt sich quasi automatisch die optimale Nutzung der dezentral gesammelten Konkurrenzinformationen der einzelnen Funktionsbereiche des Unternehmens. Dieser Vorteil impliziert aber gleichzeitig auch das Problem dieses Ansatzes, da ein immenser Aufwand nötig ist, um den Austausch und die konzentrierte Zusammenführung der Konkurrenzinformationen zu gewährleisten.

(3) „Schatten"

Jeder relevante Wettbewerber wird durch einen Linienverantwortlichen der eigenen Unternehmung systematisch beobachtet. Diese organisatorische Verankerung ist als eine Art Kombination aus Stabsstelle und Spiegelorganisation anzusehen. Das Hauptproblem ist hierbei, dass der jeweilige „Schatten" zwar einen guten Informationsstand über seinen speziellen Konkurrenten hat, der „Blick über den Tellerrand" jedoch fehlt. Zudem existiert auch hier die Problematik des effizienten und effektiven Informationsaustausches.

(4) Task Force Panels

Für jeden relevanten Wettbewerber bzw. jede relevante strategische Gruppe von Wettbewerbern wird eine Projektgruppe gebildet, die regelmäßig in möglichst gleich bleibender Zusammensetzung Konkurrenzpositionen und Positionsveränderungen analysiert und diskutiert. Aufgrund des Panelcharakters entsteht im Zeitablauf ein recht anschauliches Bild des Konkurrenzverhaltens.

(5) EDV-gestützte Konkurrenzinformationssysteme

Jeder Außendienstmitarbeiter wird angehalten, alle zugänglichen Informationen über Konkurrenten DV-mäßig zu erfassen, so dass im Zeitablauf eine Datenbank entsteht, die zentralisiert alle dezentral erfassten Konkurrenzinformationen enthält.

Durch eine entsprechende Organisationsform, in der die Zuständigkeiten für die systematische Erfassung von Konkurrenzinformationen geklärt sind, dokumentiert die Unternehmensleitung die Wichtigkeit dieses Informationspotenzials.

Beim Aufbau eines Konkurrenzinformationssystems dürfen jedoch folgende häufig gemachte Fehler nicht begangen werden:

Es werden zu viele Daten gesammelt. Die Konzentration auf relativ wenige, aber wichtige Schlüsselfaktoren ist sehr viel effizienter, weil relevante Veränderungen schneller erkannt werden.

Es wird eine Bibliothek mit umfangreichen historischen Branchendaten gesammelt. Für eine wirksame Konkurrenzanalyse sind jedoch hauptsächlich Daten interessant, die aktuelle Entwicklungen betreffen und die zukünftige Entwicklungen antizipieren helfen.

Es werden nicht alle Konkurrenten und alle wichtigen Wettbewerbsfaktoren berücksichtigt.

Die Informationen dürfen nicht „zahlenlastig" sein. Häufig sind qualitative Informationen, die z. B. auf Gerüchten basieren, sehr viel aufschlussreicher.

Zur **Datenauswertung** existiert eine Vielzahl von **uni- und multivariaten Analyseverfahren**. Diese lassen sich grundsätzlich in strukturenprüfende und strukturenentdeckende Verfahren unterscheiden (vgl. *Backhaus et al.*, 2008b, S. 12 ff.).

Bei **strukturenprüfenden** Fragestellungen liegen dem Unternehmen schon vor der Befragung Vorstellungen über sachlogische oder theoretische Zusammenhänge bzgl. des Untersuchungsziels vor, welche mit Hilfe von multivariaten Analyseverfahren überprüft werden sollen. Beispielsweise kann mit der Conjoint-Analyse der Beitrag einzelner Leistungsmerkmale, wie unterschiedliche Preisstufen, alternative Serviceleistungen etc. eines Produktangebots zum Gesamtnutzen aus Sicht der Nachfrager bestimmt werden. Der Anbieter ist mit Hilfe dieser Informationen in der Lage, sein Produkt so zu konzipieren, dass es für den Nachfrager den höchsten Nutzen verspricht. Voraussetzung ist jedoch, dass der Anwender zu Beginn der Analyse schon Vorstellungen darüber hat, welche Produktmerkmale im Wahrnehmungsraum des Nachfragers von Relevanz sind. Gerade bei Neuproduktkonzeptionen können jedoch solche Aussagen nicht getroffen werden, da i. d. R. nur vermutet werden kann, ob ein neues Leistungsmerkmal auch in den Augen der Nachfrager von Bedeutung ist.

Liegen keine begründeten Hypothesen vor, bedient man sich **strukturenentdeckender Verfahren**, deren Ziel in der Entdeckung von Zusammenhängen liegt. Von Bedeutung ist z. B. die Frage, ob sich möglicherweise zahlreiche erhobene Produktmerkmale auf wenige zentrale Produktmerkmale zurückführen lassen. Hierfür kann die Faktorenanalyse eingesetzt werden. Ein einfaches Beispiel bildet die Verdichtung technischer Eigenschaften von Kraftfahrzeugen auf wenige Faktoren wie Größe, Leistung und Sicherheit. Aus diesen entdeckten Zusammenhängen lassen sich dann die relevanten Merkmale für jeden einzelnen Nachfrager ableiten.

Beide o. g. Verfahren zeichnen sich dadurch aus, dass sie hohe Ansprüche an die Qualifikation der für die Datenauswertung verantwortlichen Mitarbeiter stellen. Allerdings wird vor dem Hintergrund ständig wachsender Datenmengen – man schätzt, dass sich die Menge weltweit vorhandener Informationen alle 20 Monate verdoppelt – evident, dass trotz sorgfältiger Datenauswertung die Gefahr besteht, dass wichtige Informationen verborgen bleiben.

Abhilfe für dieses Dilemma kann eine unter dem Schlagwort **Data Mining** diskutierte Vorgehensweise geben, die aus großen Datenbeständen weitgehend automatisch bemerkenswerte Auffälligkeiten filtern kann (vgl. *Mertens et al.*, 1997, S. 179 ff.). Die Grundidee des Data Minings fußt dabei auf dem Gedanken, aus großen, unstrukturierten Mengen numerischer, ordinal- oder nominalskalierter Informationen automatisch mit entsprechenden Software-Algorithmen Datenmuster zu erkennen, in denen interessante, aber schwer aufzuspürende Zusammenhänge vermutet werden. Die generierten Datenmuster geben dabei eine Aussage über eine Untermenge von Daten an. Zur Identifizierung dieser Muster, welche Informationen über die charakteristischen Attribute dieser Datenmengen und Unterschiede zwischen den Datensätzen aufzeigen, werden folglich Filtervariablen benötigt. So können bspw. die in einem Unternehmen vorhandenen Daten, welche Verkaufszahlen in bestimmten Quartalen abdecken, nach den Dimensionen Kundengruppen, Ländern, Regionen sowie der Produktartikelhierarchie gemustert werden. Als Ergebnis erhält man dann Aussagen wie: „Artikelgruppe X wurde in einer ganz bestimmten Kundengruppe Y im zweiten Quartal mit einem wesentlich besseren Deckungsbeitrag verkauft als noch im ersten Quartal."

Gegenüber den klassischen Verfahren der multivariaten Datenauswertung zielt das Data Mining folglich darauf ab, die Routinearbeiten eines qualifizierten Analysten durch Automatisierung zu rationalisieren und ihm entsprechend mehr Freiraum für anspruchsvollere Tätigkeiten wie die Interpretation des ausgewerteten Datenmaterials zu verschaffen. Darüber hinaus ist die Software in der Lage, den Datensatz vollständig zu durchsuchen und dadurch Zusammenhänge zu erkennen, die sonst möglicherweise nicht entdeckt worden wären. Dies bestätigen auch Erkenntnisse aus der Praxis (vgl. *Mertens et al.*, 1997, S. 180 ff.).

II. Abbildung der KKV-Position

1 Produktpositionierung

Die Daten der Informationsgewinnung können herangezogen werden, um Leistungsangebote im Wahrnehmungs- und Präferenzraum der Nachfrager graphisch abzubilden bzw. „zu positionieren" (vgl. *Brockhoff*, 2001, S. 1275 ff.).

Für eine solche Produktpositionierung ist eine Reihe von Modellen entwickelt worden, die man unter dem Begriff der „Wahrnehmungs- und Präferenz-Landkarten" zusammenfassen kann (vgl. z. B. *Green et al.*, 1988, S. 678 ff.).

Wahrnehmungs- und Präferenz-Landkarten sind nichts anderes als **Marktmodelle**, die – i. d. R. unter Einsatz multivariater Analysetechniken (vgl. *Backhaus et al.*, 2008b) – graphisch veranschaulicht werden (vgl. auch *Dichtl*, 1994, S. 229). **Ziel** der Positionierung eines Produkts ist es, die Stärken eines Produkts bzw. allgemeiner eines Leistungsangebots mit den vorhandenen und zukünftigen Anspruchsstrukturen der Zielgruppen in Übereinstimmung zu bringen. Die Produktpositionierung schafft die konzeptionelle Voraussetzung, einem Leistungsangebot mit dem entsprechenden Einsatz der verschiedenen Marketing-Mix-Instrumente eine KKV-Position zu verschaffen (vgl. *Green et al.*, 1988, S. 613; *Mayer*, 1984, S. 33).

Die Produktpositionierung stellt eine kondensierte Zusammenfassung der Ergebnisse der Analyse des Marketing-Dreiecks und bietet folgende **Vorteile**:

- bessere Einschätzung der Marktchancen aufgrund der Kenntnis der Marktstruktur;
- Marktlücken können erkannt werden;
- bessere Anpassung des Leistungsangebots an die vom Nachfrager erwarteten Leistungsmerkmale.

Abbildung 69 zeigt ein Beispiel für eine zweidimensionale Wahrnehmungs-Landkarte für Landmaschinen.

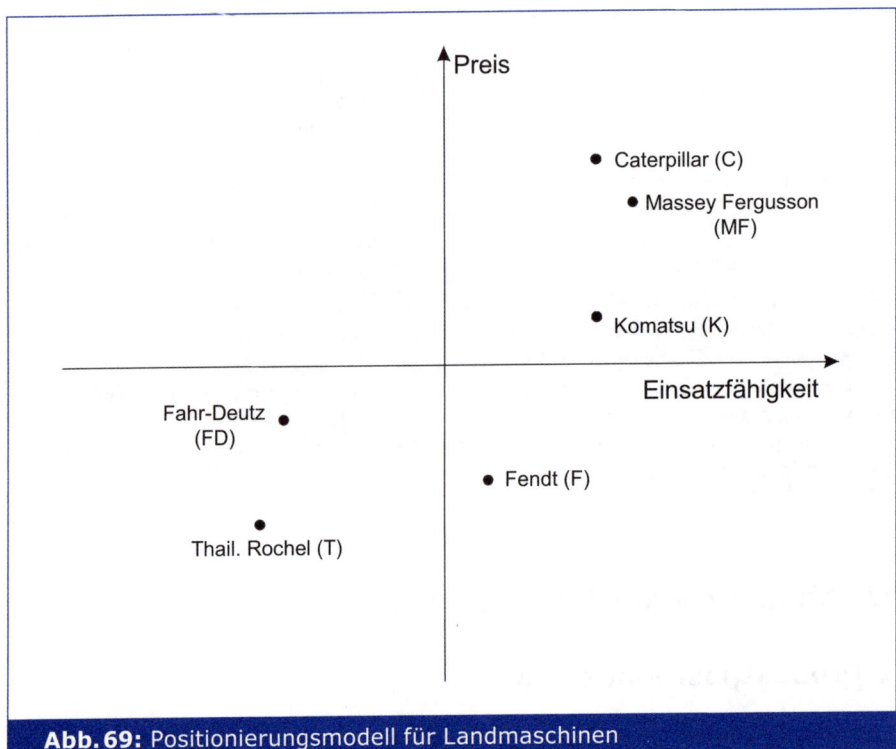

Abb. 69: Positionierungsmodell für Landmaschinen

Diese Wahrnehmungslandkarte strukturiert den **Wahrnehmungsraum der Nachfrager** nach zwei für diese Produktgruppe von den Nachfragern als relevant definierten Wahrnehmungsdimensionen:

- Einsatzfähigkeit und
- Preis.

Die sechs Produktlösungen der verschiedenen Anbieter werden auf diesen beiden Dimensionen von den Nachfragern unterschiedlich wahrgenommen. Lediglich die subjektiv wahrgenommenen Leistungsausprägungen besitzen dabei Bedeutung. Nur objektiv gegebene Vorteilspositionen sind dagegen ohne Belang (vgl. *Kroeber-Riel et al.*, 2009, S. 273). Caterpillar wird in *Abbildung 69* als besonders teuer eingeschätzt und hat zusammen mit Komatsu die zweitbeste Position in Bezug auf die Einsatzfähigkeit, bei der Massey Fergusson die beste Position innehat.

Um Wahrnehmungs-Landkarten erstellen zu können, kann eine Reihe von **Verfahren** herangezogen werden (vgl. zu den verschiedenen Verfahren *Mayer*, 1984, S. 38 ff.). Die Wahl der

Analyseverfahren ist dabei nicht willkürlich zu treffen, sondern wesentlich durch das jeweilige Nachfrageverhalten beeinflusst. Je nach dem, um welchen Leistungsgegenstand es sich handelt, unterscheidet sich das Nachfrageverhalten. Der Kauf eines Kraftwerks folgt eher einem rational geprägten extensiven Kaufprozess, wobei das einzelne Leistungs- und Gegenleistungsmerkmal gegeneinander bewusst abgewogen werden. Im Gegensatz dazu erfolgt der Einkauf von Standardschaltern eher habituell, nach eingefahrenen Kaufmustern. Dieses unterschiedliche Einkaufsverhalten hat insofern Bedeutung für die Auswahl des Positionierungsverfahrens, als es im ersten Fall darum geht, die relevanten Kaufkriterien zu ermitteln und auf möglichst wenige handhabbare, statistisch unabhängige Kaufverhaltensfaktoren zu reduzieren. Im Falle des Kaufs von Standardschaltern sind die Nachfrager aufgrund ihres routinisierten Einkaufsverhaltens oftmals gar nicht in der Lage, im Einzelnen zu begründen, welches die Einflussfaktoren sind, die die Kaufentscheidung bestimmen. In diesem Falle greift man eher auf sog. dekompositionelle Verfahren zurück, bei denen nicht Einzelmerkmale, sondern z. B. globale Ähnlichkeiten erfragt werden. Im Falle des Kraftwerkkaufs wird man die kaufrelevanten Wahrnehmungsdimensionen, die den Produktpositionierungsraum aufspannen eher an einer Multiitem-Batterie abfragen und sie dann – z. B. unter Einsatz der **Faktorenanalyse** – auf wenige statistisch unabhängige Faktoren reduzieren, während in dem anderen Fall auf die Abfrage von expliziten Kaufverhaltenseinflussfaktoren verzichtet wird und stattdessen z. B. eine **multidimensionale Skalierung** auf der Basis von globalen Ähnlichkeits- oder Präferenzurteilen erfolgt. Nachfolgend wird das methodische Vorgehen bei der Produktpositionierung mit Hilfe der Faktoranalyse exemplarisch vorgestellt.

Produktpositionierung über Multiitem-Befragung bei extensiven Kaufprozessen

Betrachten wir zur methodischen Vorgehensweise bei der Ableitung von Marktmodellen für extensive Kaufentscheidung zunächst den Kauf einer Werkzeugmaschine. Dabei handelt es sich um eine Maschine, wie sie in der *Abbildung 70* dargestellt ist. Eine Voruntersuchung hat ergeben, dass es vier kaufentscheidende Kriterien bei der Mehrzahl der Kunden gibt: Preis der Maschine, Zuverlässigkeit, Serviceniveau und Einsatzflexibilität. *Abbildung 71* zeigt einen Ausschnitt aus einer Datenmatrix von 6 der 100 befragten Kunden in Bezug auf die betrachtete Maschine sowie vier Konkurrenzprodukte. Wir erkennen in der Kopfzeile die Zahl der abgefragten Variablen, nämlich vier (Preis, Zuverlässigkeit, Serviceniveau und Einsatzflexibilität). Wir erkennen in der Kopfspalte, dass 100 Nachfrager befragt wurden, wobei jeder Nachfrager (vgl. z. B. Nachfrager 1) den betrachteten Anbieter Borman sowie vier Konkurrenten anhand der vier Kriterien auf einer 7-er Likertskala beurteilt hat.

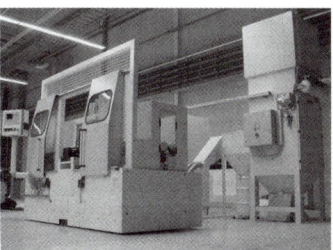

Abb. 70: Das Produkt „Werkzeugmaschine"

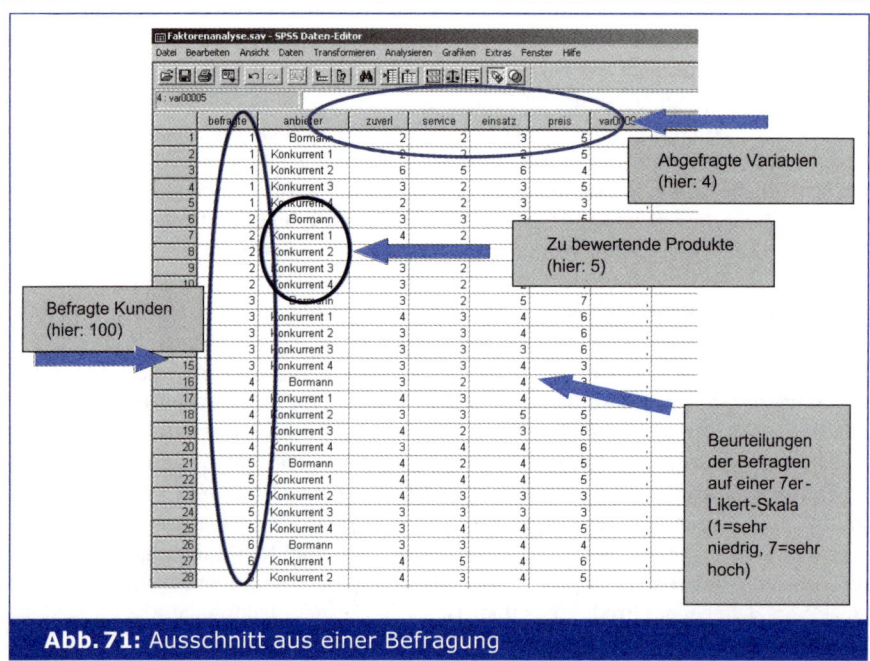

Abb. 71: Ausschnitt aus einer Befragung

Um nun zu prüfen, ob die 100 Befragten bzgl. der fünf Konkurrenzangebote alle vier Kriterien unabhängig zur Beurteilung der Maschinen herangezogen haben, ermitteln wir die Korrelationen zwischen den vier Merkmalen (zur Korrelationsanalyse vgl. *Backhaus et al.*, 2008b, S. 323 ff.). *Abbildung 72* zeigt die entsprechende Korrelationsmatrix, aus der erkennbar wird, dass zwischen den Merkmalen Serviceniveau, Einsatzflexibilität und Zuverlässigkeit jeweils hohe Korrelationen bestehen, zu dem Merkmal Preis allerdings relativ niedrige Korrelationen.

Korrelationsmatrix

		Zuverläs-sigkeit	Serviceniveau	Einsatzfle-xibilität	Preis
Korrelation	Zuverlässigkeit	1,000	,754	,604	,064
	Serviceniveau	,754	1,000	,667	,166
	Einsatzflexibilität	,604	,667	1,000	,394
	Preis	,064	,166	,394	1,000

Hohe Korrelationen   **Niedrige Korrelationen**

Abb. 72: Korrelationsmatrix

Tatsächlich zeigt eine Faktorenanalyse, dass hinter den vier Merkmalen, zwei statistisch unabhängige Faktoren stehen, die wir interpretieren müssen. Wie *Abbildung 73* zeigt, gehen wir davon aus, dass die drei ursprünglichen Einzelmerkmale sich zu dem Faktor Einsatzfähigkeit verdichten lassen, während der sonstige Faktor den Preis darstellt.

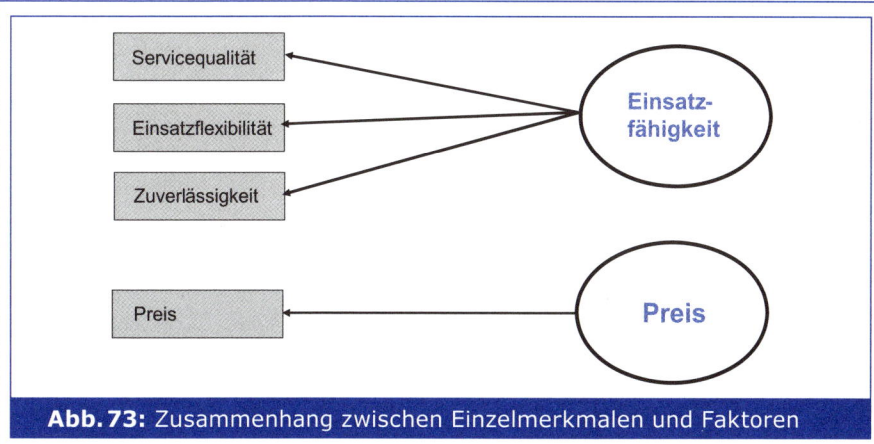

Abb. 73: Zusammenhang zwischen Einzelmerkmalen und Faktoren

Für viele Fragestellungen, insbesondere auch für die Produktpositionierung ist es nicht nur von Interesse, die hinter den Variablen stehenden Faktoren zu identifizieren, sondern darüber hinaus zu bestimmen, welche *Ausprägung die Objekte* im Hinblick auf die extrahierten Faktoren annehmen. Wir bezeichnen diese Ausprägung der Objekte als *Faktorwerte*. Abbildung 74 zeigt einen Ausschnitt aus den Faktorwerten für die 100 befragten Personen.

befragte	anbieter	zuverl	service	einsatz	preis	fac1_1	fac2_1	var00007
1	Bormann	2	2	3	5	-2,10124	,54626	
1	Konkurrent 1	2	2	2	3	-2,37773	,27893	
1	Konkurrent 2	6	5	6	4	1,30706	-,16643	
1	Konkurrent 3	3	2	3	5	-1,72663	,36845	
1	Konkurrent 4	2	2	3	3	-1,89695	-,68622	
2	Bormann	3	3	3	5	-1,40055	,30605	
2	Konkurrent 1	4	2	4	5	-1,07553	,45797	
2	Konkurrent 2	2	2	4	6	-1,92688	1,42984	
2	Konkurrent 3	3	2	3	4	-1,63252	-,24398	
2	Konkurrent 4	3	2	2	1	-1,59457	-2,36384	
3	Bormann	3	2	5	7	-1,37792	2,13559	
3	Konkurrent 1	4	3	4	6	-,85159	1,01181	
3	Konkurrent 2	3	3	4	6	-1,22620	1,18962	
3	Konkurrent 3	3	3	3	6	-1,50269	,92229	
3	Konkurrent 4	3	3	4	3	-,91977	-,65910	
4	Bormann	3	2	4	3	-1,27406	-,42654	
4	Konkurrent 1	4	3	4	4	-,64731	-,22067	
4	Konkurrent 2	3	3	5	5	-,84756	,84071	
4	Konkurrent 3	4	2	4	5	-1,35203	,19063	
4	Konkurrent 4	3	4	4	6	-,90011	1,12722	
5	Bormann	4	2	4	5	-1,07553	,45797	
5	Konkurrent 1	4	4	4	5	-,56805	,36085	
5	Konkurrent 2	4	3	3	3	-,82167	-1,10424	
5	Konkurrent 3	3	3	3	3	-1,19627	-,92643	
5	Konkurrent 4	3	4	4	5	-,79797	,51098	
6	Bormann	3	3	4	4	-1,02191	-,04286	
6	Konkurrent 1	4	5	4	6	-,19943	,88701	
6	Konkurrent 2	4	3	4	5	-,74945	,39657	
6	Konkurrent 3	3	4	3	3	-,87054	-,93668	

Abb. 74: Matrix der Faktorwerte

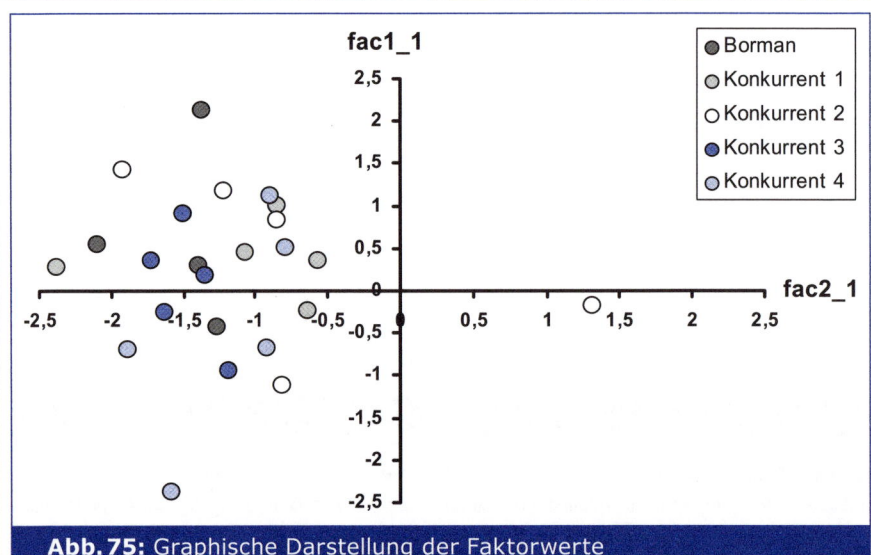

Abb. 75: Graphische Darstellung der Faktorwerte

Verwenden wir die Faktorwerte für die 6 der 100 befragten Personen, so entsteht eine Positionierungsgraphik wie sie in der *Abbildung 75* dargestellt ist.

Abbildung 75 zeigt, wie jeder der sechs Befragten, die jeweiligen Konkurrenzprodukte wahrnimmt. Diese Abbildung für die wenigen Befragten macht deutlich, dass bei größeren Befragungen die Varianz der individuell Befragten schnell zu einer sehr unübersichtlichen Darstellung führt. Deshalb werden in Positionierungsmodellen auf verschiedene Art und Weisen *Vereinfachungen* vorgenommen. Häufigste Vereinfachung ist die Entwicklung eines Positionierungsmodells auf der Basis von Mittelwerten über die Befragten. Das Ergebnis zeigt *Abbildung 76*.

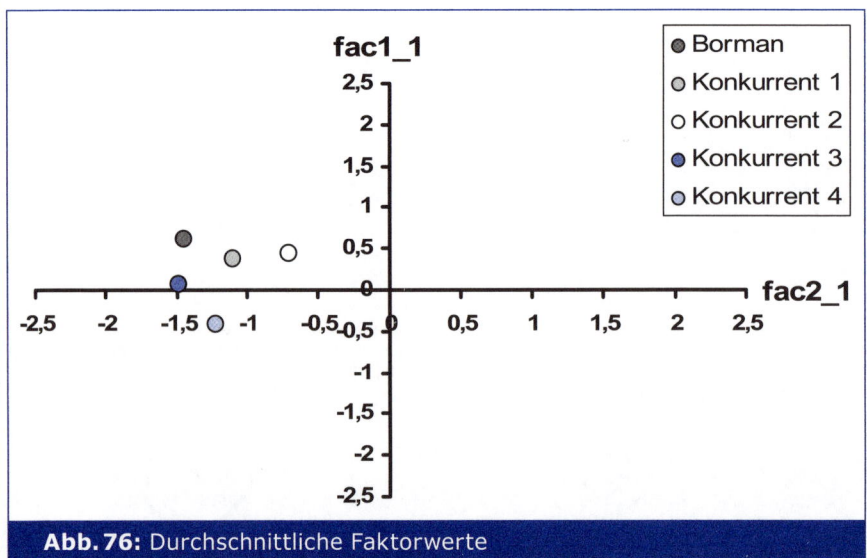

Abb. 76: Durchschnittliche Faktorwerte

> Schon ein erster Blick zeigt, dass die Positionierungsgraphik in *Abbildung 76* deutliche, aber eben vereinfachte Strukturen gegenüber *Abbildung 75* erkennen lässt. Aber wir müssen bedenken, dass wir die Informationen über die Varianz der Urteile verschenkt haben. Das ist weitgehend unproblematisch, wenn die Varianz nicht sehr groß ist, die 100 Befragten die Produkte also weitgehend ähnlich beurteilt haben.

2 Symbolisierung der KKV-Position: Die Marke

Marken, verstanden als „name, term, sign, symbol, or design, or a combination of them, intended to identify the goods or services of one seller or group of sellers and to differentiate them from those of competitors" (*Kotler/Keller*, 2008, S. 276), dienen dazu, den „Extrakt einer KKV-Position" effektiv und effizient quasi symbolisch zu kommunizieren. Hierzu werden zwei Komponenten bei einer Marke benötigt: der Markenkern und die Markierung. Der **Markenkern** symbolisiert den **Mehrwert eines Leistungsangebots**, den das Produkt sowohl für den (Marken-)Anbieter als auch für den (Marken-)Nachfrager generiert. Mit anderen Worten handelt es sich hierbei um das in der Vorstellung von Anbieter und Nachfragern verankerte Vorstellungsbild vom Nutzen und der Leistungsfähigkeit einer Leistung oder eines Unternehmens. Da sich ein solches Vorstellungsbild nicht ad hoc aufbauen, sondern nur schrittweise entwickeln lässt, definieren wir die **Marke** folglich als **Mehrwert von KKV-Aktivitäten im Zeitablauf**, und zwar über die reine Preis-Leistungs-Performance der zugrunde liegenden Leistung hinaus. Die **Markierung** stellt dagegen lediglich die **Kennzeichnung eines Erzeugnisses oder einer Leistung** mit einem Namen, Zeichen, Symbol, Design oder einer Kombination dieser Elemente dar und ist als ein Teilaspekt der Markenpolitik zu verstehen.

2.1 Mehrwert der Marke

Für den **Nachfrager** kann sich der Mehrwert der Marke auf dreierlei Weise darstellen:

- Reduktion der Qualitätsunsicherheit,
- Orientierungserleichterung und
- emotionales Erleben.

Betrachtet man die **Reduktion der Qualitätsunsicherheit** als Komponente des nachfragerseitigen Markenmehrwerts, so stellen sich zwei Fragen:

(1) Woraus resultiert Qualitätsunsicherheit bei Industriegütern?
(2) Warum sollten die Nachfrager dem Qualitätsversprechen einer Marke mehr trauen als den gleichen Aussagen anderer „Nicht-Marken"-Anbieter?

Industriegüter erzeugen häufig **Qualitätsunsicherheit** auf Seiten der Nachfrager, da sie oftmals große Anteile sog. Erfahrungs- und Vertrauensqualitäten haben. Das sind Eigenschaften, die man erst nach dem Kauf, wenn man Erfahrung mit dem Betrieb des Industrieguts hat (Erfahrungsqualität), oder manchmal auch gar nicht direkt beobachten kann. Man muss einem Anbieter vertrauen, dass er immer sein Versprechen hält, dem Nachfrager bei technischen Folgeinvestitionen immer dem Marktstandard angepasste Lösungen zu offerieren (vgl. auch *Merbold*, 1995, S. 414; *Voeth/Rabe*, 2004, S. 78 f.). Das erzeugt Unsicherheit, die durch eine Marke reduziert werden kann.

Das **Vertrauen in die Marke** entsteht dadurch, dass der Anbieter mit deren Schaffung dem Nachfrager ein **Pfand** in die Hand gibt: Der Aufbau einer Marke ist nämlich nicht kostenlos, sondern erfordert den spezifischen Einsatz von Investitionsmitteln. Wodurch sind solche **spezifischen Investitionen** gekennzeichnet? „Spezifisches Kapital verliert einen Teil seines Wertes oder seinen ganzen Wert, wenn das Unternehmen den Markt (der Marke, Anm. d. V.) verlässt, da dieses Kapital in anderen Betätigungsfeldern nicht zu verwenden ist und daher ein Markt für solche Anlagen, auf dem man sie liquidieren könnte, nicht existiert. In der Literatur spricht man in diesem Zusammenhang auch von versunkenen oder irreversiblen Kosten. Ein Beispiel für spezifisches Kapital bilden alle die Investitionen, die ein spezifisches Markenimage erzeugen. Hierunter fallen Ausgaben für das Design, die Verkaufspräsentation, die Werbung in verschiedenen Medien u. a. m." (*Schmidt/Eßler,* 1992, S. 55).

Wäre die Schaffung von Marken also kostenlos, wäre die Marke nicht geeignet, die Qualitätsunsicherheit glaubhaft zu verringern. Gerade die Tatsache, dass es eines erheblichen (finanziellen) Inputs bedarf, um eine Marke aufzubauen, schafft die gewünschte Signalfunktion für den Nachfrager. Dieser weiß für den Fall, dass der Anbieter das mit der Marke verbundene Qualitätsversprechen nicht einhält, dass seine anderweitig nicht rentierlichen Investitionen in den Aufbau der Marke unwiderruflich verloren sind (vgl. *Klein/Leffler,* 1981, S. 625).

Im Rahmen eines Beschaffungsprozesses kommen häufig mehrere Produkte von oft unterschiedlichen Herstellern für die Bedürfnisbefriedigung in Frage. Marken übernehmen in diesem Zusammenhang eine **Orientierungsfunktion**, da sie eine Identifikation bzw. Wiedererkennung bereits bekannter Produkte ermöglichen. Sofern mit der Marke zugleich bestimmte Eigenschaften verbunden werden, findet durch die Marke eine informatorische Entlastung des Nachfragers statt, die zu einer Vereinfachung des Beschaffungsprozesses führt (vgl. *Kroeber-Riel et al.,* 2009, S. 425). Das erleichtert oftmals die Kommunikation im Buying Center (vgl. *Backhaus/Sabel,* 2004, S. 790).

Emotionales Erleben als dritte Komponente des nachfragerseitigen Markenmehrwerts spiegelt sich in positiven Werten, Erfahrungen, Einstellungen und Gefühlen wider, die der Nachfrager vor, während und/oder nach dem Kauf mit der Marke verbindet. Die Marke steigert das Eigenimage ihres Käufers, sie „stärkt das Gefühl der Zugehörigkeit zu einer Gruppe Gleichgesinnter, ob als Tatsache oder als Wunschdenken" (*Jary et al.,* 1999, S. 30). Es ist eben etwas Besonderes, einen Maybach als Firmenwagen zu fahren. Es hebt den persönlichen Status.

Aus der Perspektive des **Anbieters** ergeben sich zwei Dimensionen des Markenmehrwerts, der sich entweder als

- Preisprämie oder als
- Mengenvorteil bei Preisgleichheit

oder als Kombination der beiden Dimensionen darstellen kann (vgl. *Abbildung 77*).

Preisprämie bedeutet hierbei, dass aufgrund der Existenz der Marke ein höherer Preis im Vergleich zu einer technisch-physikalisch gleichen Leistung, die jedoch keine Marke verkörpert, am Markt erzielt werden kann.

Da mit einer Marke nicht zwingend ein höherer Preis verbunden sein bzw. der gesamte Mehrwert der Marke über einen Preisaufschlag abgeschöpft werden muss, kann sich der Mehrwert der Marke für den Anbieter auch als **Mengenvorteil** in Gestalt eines größeren Marktanteils gegenüber einer „Nicht-Marke" darstellen.

Unabhängig davon, ob eine Preisprämie und/oder ein Mengenvorteil angestrebt wird, stellt sich aus Unternehmenssicht die Grundsatzfrage, ob überhaupt eine Markenstrategie verfolgt werden soll.

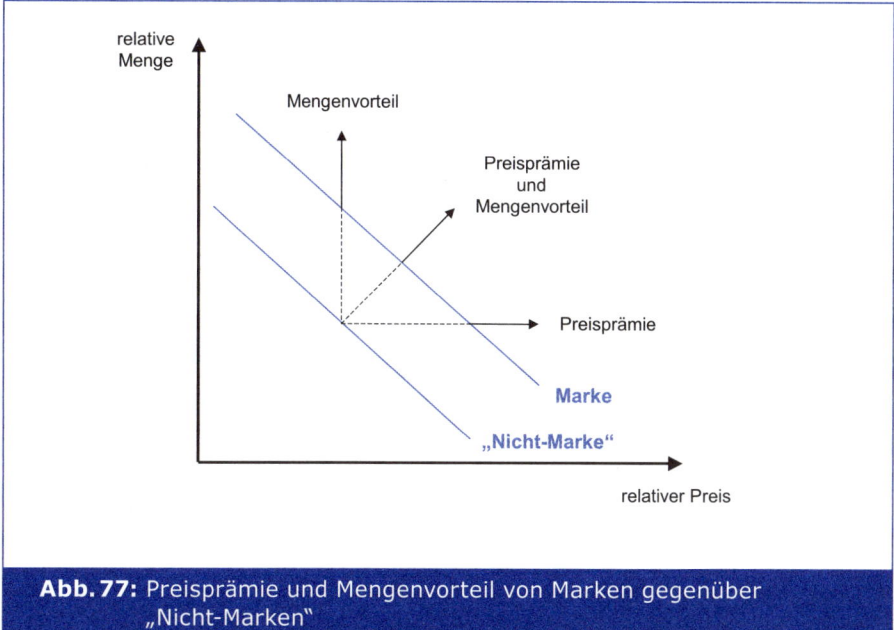

Abb. 77: Preisprämie und Mengenvorteil von Marken gegenüber „Nicht-Marken"

Quelle: in Anlehnung an *Jary et al.,* 1999, S. 30.

2.2 Die Grundsatzentscheidung: Aufbau einer Marke?

Nicht zuletzt aufgrund der Kosten, die mit dem Aufbau und der Entwicklung von Marken verbunden sind, stellt die Entscheidung für oder gegen die Verfolgung einer Markenpolitik eine bedeutende **strategische Entscheidung** dar. Vor dem Hintergrund der Heterogenität industrieller Vermarktungsprozesse ist davon auszugehen, dass Marken nicht für alle Industriegüter gleichermaßen von Bedeutung sind (vgl. *Merbold,* 1991, S. 109). Die Vermutung liegt nahe, dass Marken bspw. bei der Beschaffung von Werkzeugmaschinen eine andere Rolle spielen als bei der Auswahl von Büromaterialien. Somit stellt sich die Frage, von welchen Faktoren die Vorteilhaftigkeit einer Markenstrategie für Industriegüter beeinflusst wird bzw. welche Voraussetzungen erfüllt sein müssen, damit durch die Verfolgung einer Markenstrategie (zusätzliche) KKVs in der Währungswelt der Nachfrager verankert werden können.

Nachdem sich die Marken-Forschung lange Zeit überwiegend auf Aspekte des Konsumgütermarketings beschränkt hat, finden sich in der Literatur inzwischen auch zunehmend Ansätze, die die Bedeutung der Marke auf Industriegütermärkten zum Gegenstand haben (eine Übersicht von Forschungsansätzen, die sich mit Aspekten der Markenpolitik für Industriegüterunternehmen auseinandersetzen, findet sich bei *Kemper,* 2000; S. 83 ff., und *Baumgarth,* 2004, S. 799 ff.). Während ein Teil der Studien die grundsätzliche Bedeutung von Marken für Industriegüter bzw. für ausgesuchte Industriegüterbranchen untersucht (vgl. *McDowell et al.,* 1997; *Sattler/PriceWaterhouseCoopers,* 2001; *Sinclair/Seward,* 1988), widmet sich ein anderer Teil der Studien der Fragestellung, unter welchen Voraussetzungen eine Markenstrategie auf Industriegütermärkten zu verfolgen ist. So entwickelt *Kemper* eine zweistufige **Heuristik**, mit deren Hilfe eine Entscheidung für oder gegen eine strategische Industriegüter-Markenpolitik gefällt werden soll (vgl. *Abbildung 78*).

Abb. 78: Entscheidungsheuristik für die Anwendung einer strategischen Industriegüter-Markenpolitik

Quelle: *Kemper,* 2000, S. 140.

Demnach ist in einem ersten Schritt das **Vorhandensein von Markenbildungspotenzial** zu prüfen. Das Markenbildungspotenzial wiederum hängt zum einen von leistungsspezifischen Faktoren, wie bspw. der Differenzierbarkeit der Leistung, wie sie sich z. B. aus Produktpositionierungsmodellen ergeben, zum anderen von marktteilnehmerbezogenen Faktoren, wie z. B. Größe der Zielgruppe und des Abnehmerpotenzials ab. Sofern Markenbildungspotenzial vorliegt (notwendige Bedingung), wird in einem zweiten Schritt die **Markenwirkung** analysiert. Dabei werden sowohl unternehmensexterne (markenpolitisches Beeinflussungspotenzial organisationaler Kaufentscheidungen) als auch unternehmensinterne Aspekte wie bspw. die Kosten des Markenaufbaus sowie der Markenführung berücksichtigt. Sofern mit einer positiven Markenwirkungsdifferenz zu rechnen ist, wird die Verfolgung einer Markenstrategie empfohlen (eine andere Heuristik findet sich bei *Baumgarth,* 2001b, S. 20 f.).

Dass die Relevanz einer Markenstrategie für alternative Produktmärkte durchaus unterschiedlich ausfallen kann, zeigt eine Gemeinschaftsstudie des Marketing Centrums Münster (MCM) mit McKinsey (vgl. *Caspar et al.,* 2002). Die **Markenrelevanz**, verstanden als Grad der Wichtigkeit der Marke bei der Auswahl- und Kaufentscheidung der Nachfrager, wird dabei erklärt durch die Funktionen, die die Marke im Rahmen des Beschaffungsprozesses erfüllen soll. Auf Basis einer Befragung von 560 Unternehmen aus unterschiedlichen Branchen zeigt sich, dass bei der Beschaffung von Industriegütern insbesondere die (Qualitäts-)Risikoreduktionsfunktion (vgl. dazu auch *Büschken,* 1997a, S. 193 sowie *Mudambi,* 2002, S. 527) und die Erhöhung der Informationseffizienz für die Markenrelevanz von Bedeutung sind. Der mit einer Marke verbundene ideelle Nutzen spielt hingegen im Rahmen des Kaufprozesses industrieller Güter im Gegensatz zum Kauf von Konsumgütern eine vergleichsweise geringe Rolle (vgl. *Backhaus/Sabel,* 2004, S. 792). Diese Ergebnisse bestätigen die These, dass organisationales Beschaffungsverhalten stärker rational geprägt ist als die Kaufentscheidung auf klassischen Konsumgütermärkten, auf denen Aspekte wie die soziale Bedeutung des Konsums häufig von zentraler Bedeutung sind (vgl. *Fischer et al.*, 2002, S. 22). Eine Markenstrategie ist somit für solche Produktmärkte von hoher Relevanz, in denen eine Reduktion des mit einer Beschaffung verbundenen Risikos sowie hohe Informationseffizienz im Rahmen des Beschaffungsprozesses von entscheidender Bedeutung sind.

So ist nach der MCM/McKinsey-Studie die Markenrelevanz für Schaltanlagen und Werkzeugmaschinen höher als für Industriechemikalien, die eine nur sehr geringe Markenrelevanz aufweisen (vgl. *Caspar et al.*, 2002, S. 45).

Auch wenn diese und vergleichbare Studien wichtige Anhaltspunkte liefern, auf welchen Industriegütermärkten der Marke tendenziell eine höhere Bedeutung beizumessen ist und somit Aussagen über die Vorteilhaftigkeit einer Markenstrategie ermöglicht werden, stellt sich für das einzelne Unternehmen die konkrete Frage, ob sich die spezifischen Investitionen, die mit dem Aufbau und der Pflege einer Marke verbunden sind, lohnen oder nicht. Theoretisch ist diese Frage relativ einfach zu beantworten: Sie lohnen sich dann, wenn die aus der Markenstrategie zusätzlich entstehenden diskontierten Einnahmen größer sind als die notwendigen spezifischen Investitionen. In diesem Fall ist der **Marken-Kapitalwert** positiv. Mit anderen Worten: Die Investition in den immateriellen Vermögensgegenstand „Marke" verzinst sich besser als alternative Anlagen auf dem Kapitalmarkt zum Kalkulationszinsfuß. In der Praxis besteht das Problem jedoch darin, die (Zusatz-)Ausgaben und (Zusatz-)Einnahmen – also den Markenwert – zu bestimmen. Eine effiziente Entscheidung über den Aufbau einer Marke erfordert letztlich eine Schätzung der aus dem Markenaufbau erwarteten finanzwirtschaftlichen Überschüsse. Mit anderen Worten: Es geht um die **Bestimmung des zu erwartenden Markenwerts** („Brand-Equity"). Zentrales Kriterium für die Schaffung eines positiven Markenwertes ist die kontinuierliche Einhaltung der Leistungsversprechen, die die Marke explizit (z. B. durch technische Leistungsbeschreibungen des Produkts) oder auch implizit (z. B. durch die bewusste Steuerung der Nachfragererwartungen durch Werbung) transportiert (vgl. *Abbildung 79*).

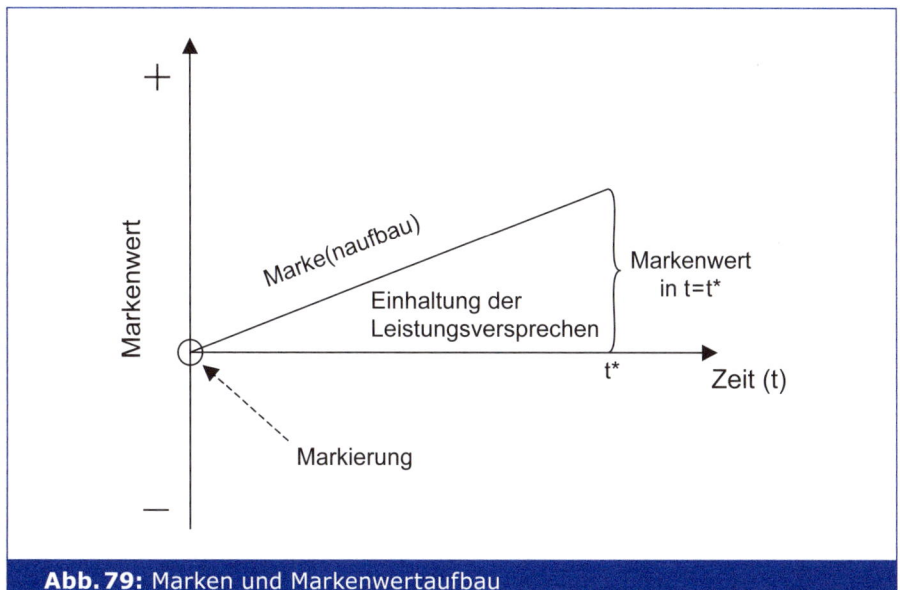

Abb. 79: Marken und Markenwertaufbau

Der in *Abbildung 79* dargestellte lineare Verlauf der **Markenwertkurve** stellt keineswegs eine allgemeingültige Entwicklung des Markenwerts über die Zeit dar. Neben der Einhaltung der Leistungsversprechen seitens des (Marken)Anbieters spielen u. a. der Ausgangspunkt der Markenwertentwicklung (positive/neutrale/negative Aufladung der Marke in $t=t_0$), die Kommunikation der Leistungsvorteile und auch externe Effekte eine entscheidende Rolle. In Abhängigkeit von diesen Einflussfaktoren kann es zu diversen Szenarien der Markenwertentwicklung kommen, von denen einige in *Abbildung 80* exemplarisch dargestellt sind. So kann sich der Markenwert von unterschiedlichen Ausgangspunkten her positiv (Szenarien 1–3) als auch negativ (Szenarien 4 und 5) entwickeln, um in $t=t^*$ unterschiedliche Niveaus zu erreichen, wobei die hier unterstellte Stetigkeit der Verläufe nur als idealtypisch zu verstehen ist.

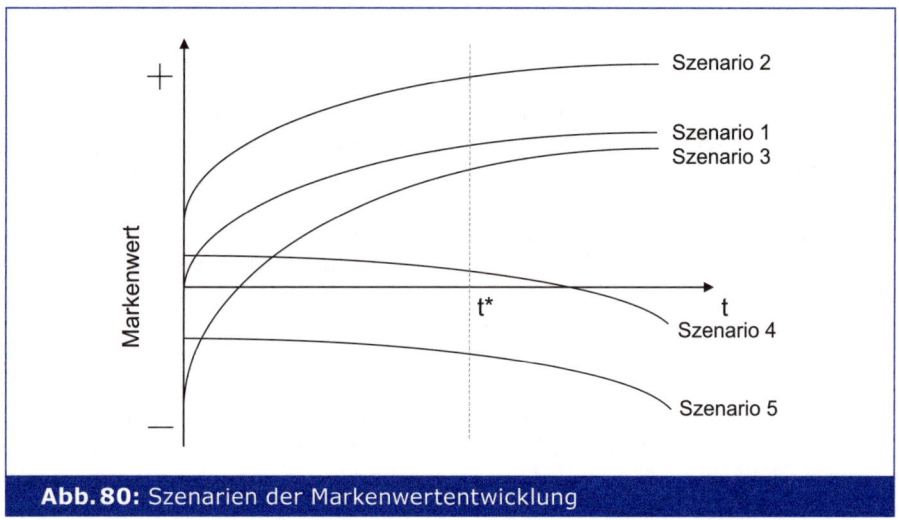

Abb. 80: Szenarien der Markenwertentwicklung

2.3 Dimensionen der Markenführung

Hat sich ein Anbieter grundsätzlich entschieden, seine angestrebte KKV-Position durch den Aufbau einer Marke zu realisieren, sieht er sich im Rahmen der Markenführung folgenden Aufgabenstellungen gegenüber:

- strukturelle Markenführung,
- Buying Center-bezogene Markenführung und
- zeitliche Markenführung.

Strukturelle Markenführung

Eine erste Dimension der Markenführung umfasst Entscheidungen über das **Verhältnis zwischen Marke und Leistungsangebot**. So können Unternehmen auf Industriegütermärkten bspw. entweder eine Firmenmarke oder eine Leistungsmarke aufbauen (vgl. *Baumgarth*, 2004, S. 812). Auf Industriegütermärkten dominiert dabei immer noch die Firmenmarke (vgl. *Voeth/Rabe*, 2004, S. 89 f.), da die Leistungen häufig individuell sind und sich daher für ein kontinuierliches Leistungsversprechen nicht eignen. Wenn Leistungsmarken realisiert werden, haben Dachmarken praktisch die größte Verbreitung (vgl. *Baumgarth*, 2004, S. 803). Das heißt, es werden **breite Marken** bevorzugt.

Voeth/Rabe (2004, S. 89 f.) begründen dies für die Firmenmarke wie folgt: „Der besondere Vorteil einer Firmenmarke liegt dabei in der effizienten Nutzung der in die Marke getätigten Investitionen über alle angebotenen Leistungen hinweg. Im Rahmen der Firmenmarke stehen nicht mehr leistungsbezogene Eigenschaften im Vordergrund, sondern vielmehr leistungsübergreifende, die sich auf die gesamte Unternehmung und deren Leistungsangebot beziehen. Als besonders effizientes Instrument wirkt sich eine starke Firmenmarke daher bei denjenigen Industriegüterherstellern aus, die ihre Leistungen auf Märkten mit hoher Innovationsrate und kurzen Produktlebenszyklen anbieten und deren Markenkapital bis nach Ende der Lebensdauer eines Produktes erhalten bleibt. Somit ist das in den Markenaufbau investierte Kapital nicht unwiederbringlich verloren."

> Beispielhaft kann hier das Unternehmen Siemens AG angeführt werden, das unter seiner Firmenmarke ein sehr heterogenes Leistungsprogramm anbietet, das von der Industrie-Automatisierung über das Transportwesen bis hin zur IT-Beratung reicht. Trotz der Heterogenität des Leistungsprogramms werden die Kompetenz und Vertrauenswürdigkeit, die mit der Marke Siemens im Zeitablauf aufgebaut werden konnte, auf das gesamte Leistungsprogramm übertragen und bürgen für eine hochwertige Qualität der Leistungen. Für Siemens ist ein starker Firmenmarkenname von großer Bedeutung, da das Unternehmen mehr als 70% seines Umsatzes mit Produkten erwirtschaftet, die weniger als fünf Jahre auf dem Markt angeboten werden (vgl. *Siemens AG*, 2003). Der Markenname Siemens erleichtert hierbei die Akzeptanz für neu eingeführte Produkte und verringert auf diese Weise die Gefahr eines Misserfolges für das Unternehmen, da die positiven Attribute der Marke Siemens auf das neue Produkt übertragen werden; trotz der hohen Innovationsrate geht somit das mit der Marke Siemens aufgebaute Markenkapital nicht verloren, sondern bleibt erhalten.

Nicht immer wirkt sich eine Firmenmarke jedoch so positiv auf den Erfolg eines Unternehmens aus wie bei Siemens. Insgesamt kann die Firmenmarke auch zu einer erhöhten Gefahr der **Markenerosion** und eines Badwill-Transfers auf das gesamte Leistungsprogramm führen, wenn z. B. einige Leistungen des Angebots den Ansprüchen der Positionierung nicht entsprechen. Die Markenführung einer Firmenmarke erfordert daher äußerste Sorgfalt und Pflege, da Fehler sich unmittelbar auf die gesamte Leistungspalette auswirken (vgl. *Burmann/Meffert*, 2005, S. 178 f., *Erevelles et al.*, 2008).

Besondere Anforderungen stellt die Firmenmarkenstrategie auch an die Positionierung der Marke, denn die Positionierungseigenschaften müssen so allgemein vermittelt werden, dass sie das gesamte Leistungsspektrum umfassen. Zugleich sollten sie aber so konkret wie möglich kommuniziert werden, damit sich bei Nachfragern ein klares charakteristisches Vorstellungsbild der Firmenmarke verankern kann. Infolgedessen konzentriert sich die Positionierung auf abstraktere, die Unternehmensmerkmale und -werte betreffende Eigenschaften (vgl. *Ind*, 1997, S. 4 ff.; *Kemper*, 2000, S. 254; *Esch*, 2005, S. 196).

Die **Vor- und Nachteile** breiter Leistungsmarken (Dach- bzw. Programmmarken, Familienmarken bzw. Produktgruppenmarken) fasst *Abbildung 81* zusammen.

Zur strukturellen Markenführung gehört auch die Frage der **Reichweite des Markenkonzepts**. So sind Industriegütermärkte i. d. R. mehrstufige Märkte. Deshalb ist es notwendig, die Reichweite des Markenkonzepts festzulegen. In Anlehnung an *Baumgarth* (1998b) unterscheiden wir „begleitende Marken", die über alle Marktstufen bis zum Endabnehmer erhalten bleiben (z. B. GORE-TEX), und „Verarbeitungsmarken", die nicht alle Wertschöpfungsstufen begleiten. Die Wertschöpfungsstufen-übergreifende Markenpolitik wird auch als **Ingredient Branding** bezeichnet und z. B. in der Automobil-Zulieferindustrie (vgl. *Chur/Riesner*, 2004) und der chemischen Industrie (vgl. *Leker/Herzog*, 2004, S. 1184) intensiv diskutiert. Die **Vorteile** der unterschiedlichen Ausprägungen eines Ingredient Branding zeigt *Abbildung 82*. (vgl. auch Teil 3 Kap. B II. 1.2.2.1 sowie Teil 3 Kap. E III. 1.2.1.2.1.2).

CLAAS ABB

Dachmarke	Familienmarke
Alle Leistungen tragen den notwendigen Markenaufwand gemeinsam	Klare („spitze") Positionierung einer Leistung ist möglich
Vorhandene Marke erleichtert die Einführung neuer Leistungen	Konzentration auf eine definierte Zielgruppe
Neue Leistungen partizipieren am Goodwill der Dachmarke	Gute Darstellungsmöglichkeit des Innovationscharakters einer neuen Leistung
Engagement in kleineren Teilmärkten möglich	Positionierungsfreiheiten im Lebenszyklus
Kurze Lebenszyklen der Leistungen gefährden nicht den Markenwert	Vermeidung von Badwill-Effekten (z. B. Flop) auf die anderen Leistungen
Verzicht auf die Suche nach schutzfähigen Markenelementen	

Abb. 81: Vorteile von Dach- und Familienmarken

Quelle: *Baumgarth*, 2004, S. 813.

  **SHIMANO**

Verarbeitungsmarke	Begleitende Marke
Qualitätssicherung leicht realisierbar	Pull-Effekt
Keine negativen Badwill-Effekte durch nachgelagerte Marken	Geringere Substitutionsgefahr
	Geringere Abhängigkeit von industriellen Abnehmern
Geringe Kosten für Koordination und Kommunikation (speziell: Konsumentenkommunikation)	Aufbau eines hohen Markenwertes
Keine Konflikte mit nachgelagerten Stufen	Synergiewirkungen durch Markenkumulation auf der Endabnehmerstufe
Vermeidung von Markeninflation auf der Endabnehmerstufe	

Abb. 82: Vorteile von Verarbeitungsmarken und begleitenden Marken

Quelle: *Baumgarth*, 2004, S. 814.

Buying Center-bezogene Markenführung

Eine andere Dimension der Markenführung bezieht sich auf die inhaltliche Gestaltung des Markenkerns. Da Anbietern auf Industriegütermärkten Buying Center auf der Kundenseite entgegen treten, deren Mitglieder sehr unterschiedliche fachliche Hintergründe aufweisen und verschiedene Anforderungen an eine zu beschaffende Leistung stellen können, ist innerhalb der Markenführung auf Industriegütermärkten die Frage zu klären, wie mit dieser **Heterogenität** umgegangen werden soll. Im Hinblick auf die Gestaltung des Markenkerns kommen dabei vor allem die in *Abbildung 83* skizzierten vier Vorgehensweisen in Frage. Zunächst einmal können Unternehmen ihren Markenkern **rollenfokussiert** gestalten. Hierbei wird der Markenkern auf das oder die wichtigsten Mitglied(er) des Buying Centers ausgerichtet. Ist aus der Buying Center-Analyse (vgl. Teil 2 Kap. A I. 1.2.1.2) bspw. bekannt, dass den Mitgliedern aus dem Einkauf das größte Gewicht im Buying Center zufällt, so kann es sich anbieten, den Markenkern langfristig gezielt an deren Anforderungen (z.B. günstig, zuverlässig) auszurichten. Ebenso können Unternehmen versuchen, die eigene

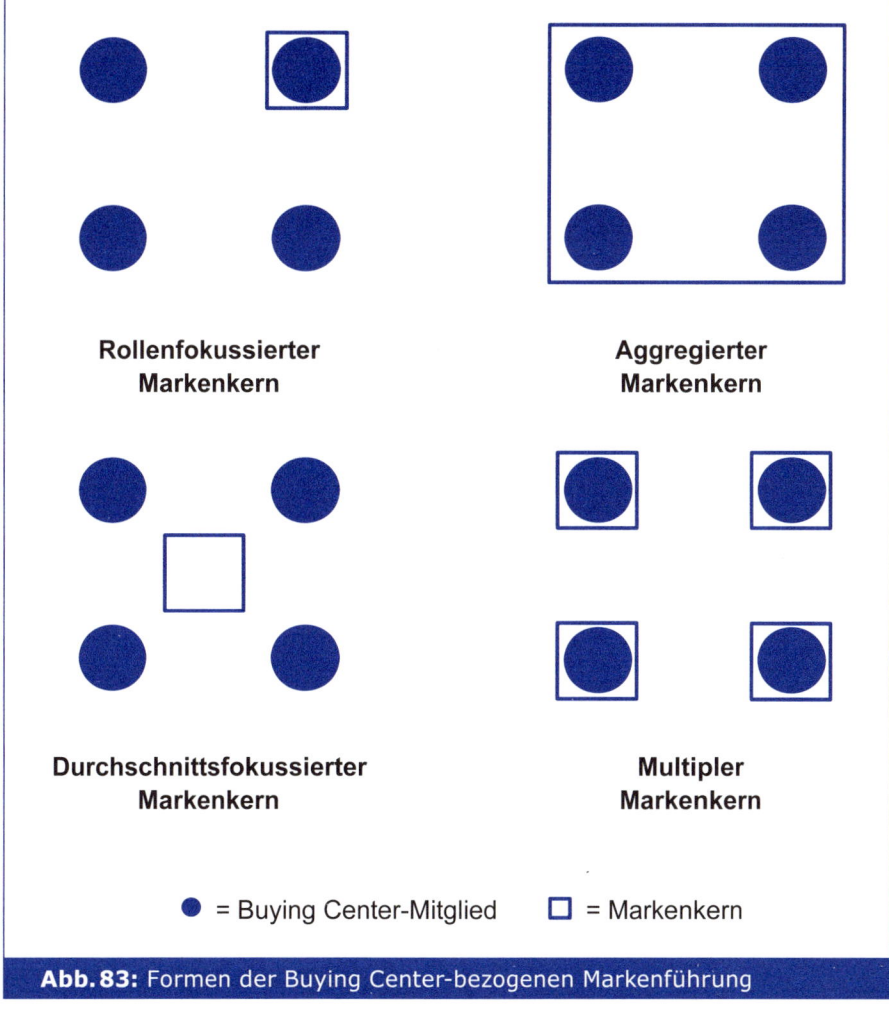

Abb. 83: Formen der Buying Center-bezogenen Markenführung

Marke mit einem **multiplen** Kern auszustatten, indem sie die Marke bei jeder relevanten Buying Center-Gruppe anders positionieren. Dieses Vorgehen birgt jedoch die Gefahr von Kundenirritationen in sich, wenn die den verschiedenen Gruppen kommunizierten Inhalte (zumindest teilweise) zueinander im Widerspruch stehen („günstig" vs. „Qualitätsanbieter") und einzelne Buying Center-Gruppen Kenntnis von den Botschaften erhalten, die anderen Gruppen kommuniziert werden. Soll diese Gefahr umgangen werden und kein Fokus auf einzelne Mitglieder im Buying Center gelegt werden, kommt entweder ein aggregierter oder durchschnittsfokussierter Markenkern in Frage. Beim **aggregierten** Markenkern werden Inhalte in den Mittelpunkt der Marke gestellt, die alle Buying Center-Mitglieder in gleicher Weise ansprechen. Da dies jedoch häufig nur dann möglich ist, wenn die in den Mittelpunkt der Marken gerückten Inhalte entsprechend allgemein gehalten werden, droht beim aggregierten Markenkern die Gefahr von wenig aussagekräftigen Markenbotschaften. Schließlich stellt der **durchschnittsfokussierte Markenkern** eine weitere Möglichkeit dar. Hierbei wird die Marke mit konkreten Botschaften aufgeladen, die allerdings nicht genau auf die Anforderungen einer Gruppe gerichtet sind, sondern sich eher am Durchschnitt der Anforderungen der Gruppenmitglieder orientieren. Aus naheliegenden Gründen bietet sich ein solches Vorgehen allerdings nur dann an, wenn die Anforderungen der Buying Center-Mitglieder nicht allzu weit auseinander liegen.

Zeitliche Markenführung

Die dritte Aufgabe der Markenführung ist darin zu sehen, die zuvor definierte und in den Markt eingeführte Marke anschließend dynamisch zu steuern und weiterzuentwickeln. Hierzu ist es erforderlich, die **Markenwahrnehmung** relevanter Kunden und -gruppen permanent zu überprüfen und durch gezielte Maßnahmen im Sinne der vorgegebenen Ziele der Markenführung zu beeinflussen. Ein Instrument, das in der Literatur für die zeitliche Markenführung vorgeschlagen wird, stellt die Markenpersönlichkeit dar. Aufbauend auf die von *Gilmore* (1919) postulierte „Theory of Animism", wonach Menschen dazu neigen, unbeseelte Gegenstände durch die Zuweisung menschlicher Persönlichkeitsattribute zu personifizieren, wird hierbei eine Marke wie eine Person eingestuft und anhand menschlicher Persönlichkeitsmerkmale zu beschreiben versucht. Da hierbei insbesondere dem „Inventar" zur möglichst vollständigen Beschreibung der **Markenpersönlichkeit** eine zentrale Bedeutung zukommt, hat sich die Marketing-Forschung vor allem mit der Ableitung umfassender und konsistenter Markenpersönlichkeitsskalen beschäftigt. Ein zentrales Ergebnis dieser Forschung ist dabei die Erkenntnis, dass es *die* Markenpersönlichkeitsskala nicht geben kann. Zu sehr hängt die vollständige und konsistente Abbildung von Markenpersönlichkeiten von branchenbezogenen und kulturellen Faktoren ab (vgl. *Mäder*, 2005). Daher wurden in der Folge zahlreiche Itembatterien zur Beschreibung von Markenpersönlichkeiten für spezifische Länder oder Branchen entwickelt. Zumeist wird dabei in Analogie zum Vorgehen von *Aaker* (1997) vorgegangen, die in den 1990er Jahren eine Skala für amerikanische Konsumgütermärkte entwickelt hat. Nachdem bereits Skalen für Länder wie Frankreich (vgl. *Koebel/Ladwein*, 1999), Niederlande (vgl. *Smit et al.*, 2002) oder Deutschland (vgl. *Hieronimus*, 2003) und für Branchensektoren wie Non-Profit (vgl. *Venable et al.*, 2005) entwickelt worden sind, haben *Herbst/Voeth* (2009) auch eine Markenpersönlichkeitsskala für Industriegütermarken vorgelegt. *Abbildung 84* zeigt das in aufeinander aufbauenden empirischen Studien ermittelte Inventar der Markenpersönlichkeitsskala für Industriegütermarken.

Indem nun regelmäßig einerseits anhand solcher Skalen abgebildet wird, wie relevante Kunden und -gruppen die Persönlichkeit der implementierten Marke wahrnehmen, und

Leistungsfähigkeit	Erregung & Spannung	Aufrichtigkeit
leistungsorientiert	**aufregend**	**aufrichtig**
hart arbeitend	jung	ehrlich
analytisch	gut aussehend	echt
intelligent	glamourös	bodenständig
denkt mit	cool	familienorientiert
professionell	modisch	freundlich
gebildet	gewagt	ursprünglich
kompetent	abenteuerlich	
ordentlich	phantasievoll	
sorgfältig	**charmant**	
erfahren	heiter	
problemlösend	weiblich	
pflichtbewusst	temperamentvoll	
rational		
innovativ		
international		
führend		
wissenschaftlich		
erfinderisch		

Abb. 84: Markenpersönlichkeitsskala für Industriegütermarken

Quelle: *Herbst/Voeth*, 2009.

indem andererseits diese Real-Wahrnehmung mit dem seitens des Marken-Anbieters angestrebten Soll-Bildes verglichen wird, können Ansatzpunkte für Maßnahmen im Rahmen des Markenmanagements abgeleitet werden. Auf diese Weise besteht die Möglichkeit, die Marke im Zeitablauf zu steuern und zu optimieren.

Teil 3

Geschäftstypenspezifisches Marketing

Kapitel A

Typologien im Industriegütermarketing

Vermarktungsprozesse von Industriegütern sind sehr **heterogen**. Es ist unmittelbar einsichtig, dass die Vermarktung von standardisierten Schrauben in einem sehr viel einfacheren Transaktionsprozess als die Vermarktung eines komplexen GUD-Kraftwerks erfolgt (vgl. *Backhaus/Mühlfeld*, 2005).

Im ersten Fall wird das Transaktionsgeschehen vielleicht durch EDV-Unterstützung dominiert, bei dem ein Rechner auf der Nachfragerseite auf Basis eines eingespeisten Lagermodells Kaufimpulse an einen Anbieterrechner übermittelt, der dann intern den Bestellvorgang auslöst. Ein solcher Transaktionsprozess erfordert natürlich ein ganz anderes Marketing-Programm als dies bei der Vermarktung eines Kraftwerks der Fall ist. Hier werden zunächst Ausschreibungsunterlagen herausgelegt, aufgrund derer verschiedene Anbieter spezifische Angebote erstellen, die vom Nachfrager verglichen werden, woraufhin in Verhandlungen Leistung und Gegenleistung festgelegt werden. Dann erfolgt die Auftragsvergabe an den einen oder anderen Bieter.

Vor diesem Hintergrund ist es wenig zweckmäßig, ein allgemeines Marketing-Verhaltensprogramm für alle Typen von Industrietransaktionen zu entwickeln. Auf der anderen Seite gerät man leicht in Gefahr, von den Spezifikationen der verschiedenen Transaktionsprozesse in Einzelfallbetrachtungen zu verfallen.

Benötigt wird daher eine **Typologie**, die die Vielfalt situationsspezifischer Transaktionen so zu (relativ) homogenen Gruppen zusammenfasst, so dass einerseits gewisse Generalisierungen möglich sind, und andererseits der Generalisierungsgrad der Aussagen nicht so hoch ist, dass er für praktische Zwecke unbrauchbar wird.

In der Literatur liegt mittlerweile eine Reihe von industriegütertransaktionsspezifischen Typologien vor, die im Folgenden dargestellt und kritisch miteinander verglichen werden. Auf Basis unserer eigenen Typologie werden dann konkrete typenspezifische Marketing-Programme vorgestellt.

I. Systematik von Typologien

Die Gestaltung konkreter Marketing-Programme im Industriegüterbereich wird nur erfolgreich sein, wenn es gelingt, die Heterogenität der Kauf- und Verkaufsprozesse von Industriegütern offen zu legen und Typologien zu entwickeln, die dadurch gekennzeichnet sind, dass die Kauf- und Verkaufsprozesse (Transaktionsprozesse) innerhalb eines Typs relativ homogen und zwischen den Typen möglichst heterogen verlaufen. Hierzu wurde in der Literatur eine Reihe von Vorschlägen entwickelt, die sich systematisch in drei Gruppen unterteilen lassen:

(1) **Morphologische Ansätze**, bei denen in formal deduktiver Weise Güterkategorien gebildet werden, indem ausgehend von dem gesamten Güteruniversum nach bestimmten

Untergliederungskriterien eine Güterhierarchie entwickelt wird. *Abbildung 85* zeigt eine entsprechende Gütertypologie von *Pfeiffer/Bischof* (1974). Morphologische Ansätze liefern Klassifikationsschemata, die aber nicht zwangsläufig einen Erklärungsbeitrag für die Generierung von Transaktionstypen liefern. Daher sind sie für unsere Zwecke wenig brauchbar.

(2) **Empirisch-induktive Ansätze**, bei denen Kataloge von Beschreibungsmerkmalen für Kauf- und Verkaufsprozesse auf Industriegütermärkten gebildet werden. Einzelne Güter werden dann anhand ihrer jeweiligen Ausprägung bzgl. dieser Merkmale beschrieben. Graphisch gesehen bildet die Verbindungslinie der Ausprägungswerte dann ein Profil. Ähnliche Profile werden jeweils zu einer Gütergruppe zusammengefasst. Zum Beispiel können in *Abbildung 86* zwei Güterkategorien gebildet werden: Kategorie A (I, II) und Kategorie B (III). Beide Gütergruppen unterscheiden sich signifikant in Bezug auf die Kaufhäufigkeit, die Erklärungsbedürftigkeit und den relativen Wert.

(3) **Theoretisch-deduktive Ansätze**, bei denen aus einem geschlossenen theoretischen Konzept (z.B. der Neuen Institutionenökonomik) aufgrund theoretischer Vorüberlegungen unterschiedliche Transaktionstypen abgeleitet werden. Die theoretisch entwickelten Typen lassen sich mit beobachtbaren Transaktionstypen in der Praxis des Industriegütergeschäfts verbinden. Allerdings sind angesichts der vielfältigen Interdependenzen und des hohen Komplexitätsgrads von Beschaffungs- und Absatzprozessen heuristische Vereinfachungen unvermeidlich. Insbesondere sind dabei Problemfelder, die in der Realität in einem Kontinuum auftreten, zu Gruppen zusammenzufassen und an den

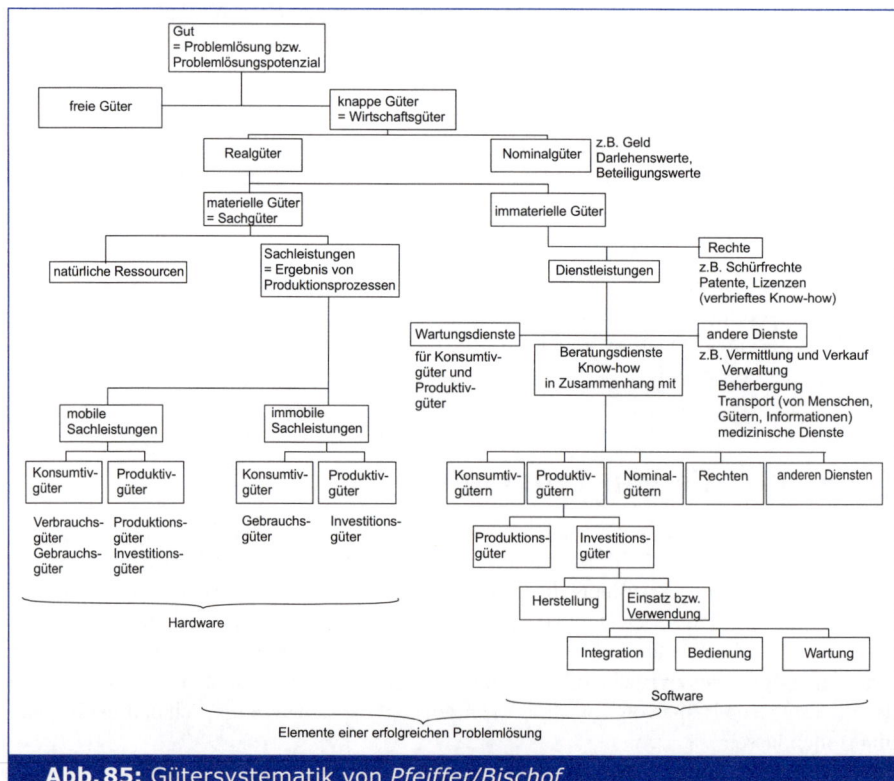

Abb. 85: Gütersystematik von *Pfeiffer/Bischof*

Quelle: *Pfeiffer/Bischof*, 1974, S. 99f.

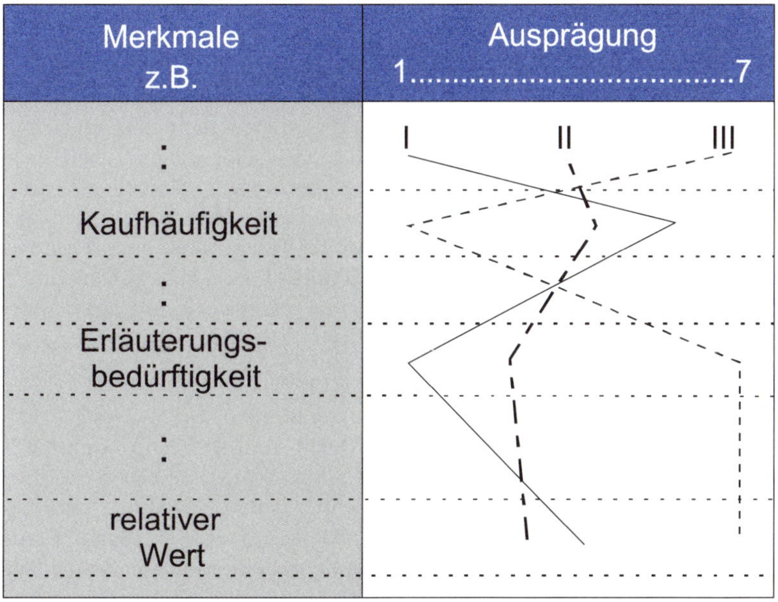

A. Typologien im Industriegütermarketing

Abb. 86: Bewertungsprofil nach interaktionsrelevanten Merkmalen

„Randbereichen" dieser Gruppen Unschärfen und/oder Überschneidungen zuzulassen. Erst durch ein solches Verfahren gelingt es, die zugrunde liegenden Probleme zu strukturieren und Vermarktungsfelder nunmehr systematisch zu minimieren und nicht nur *ad hoc*, d.h. in einem (in der Praxis sehr aufwendigen) Zufallsverfahren, durch ungezieltes Ausprobieren zu ermitteln.

Die meisten der in internationalen Lehrbüchern zugrunde gelegten Gütertypologien (vgl. dazu *Backhaus et al.*, 2004) gehören zur Kategorie der empirisch-induktiven Ansätze. Auf Basis von (ad hoc-)Vermutungen, die z.T. an Einzelfallbeispielen plausibilisiert werden, entstehen unterschiedlichste Gütertypologien, von denen behauptet wird, dass sie eigenständige Gruppen von Marketing-Entscheidungsproblemen erzeugen, z.B. der Ansatz von *Pepels* (1999, S. 159 ff.), der einleitend bemerkt: „Warum gerade diese sechs Geschäftstypen betrachtet werden und z.B. das Zuliefergeschäft nicht, bleibt völlig offen." Hingegen lässt sich für die deutschsprachige Industriegütermarketingforschung eine Tendenz zu theoretisch-deduktiven Ansätzen feststellen (vgl. *Voeth*, 2007a, S. 339). Da eine Reihe von Typologien im Laufe der Zeit weiterentwickelt wurde, ist in manchen Fällen eine eindeutige Zuordnung zur Gruppe der empirisch-induktiven bzw. theoretisch-deduktiven Ansätze nicht mehr möglich.

Deswegen erscheint es zweckmäßiger, die unterschiedlichen **Typologien nach den berücksichtigten Marktparteien** zu gliedern. Im Folgenden unterscheiden wir daher – in Anlehnung an *Kleinaltenkamp* (1994b) – zwischen angebotsorientierten und primär nachfrageorientierten bzw. marktseiten-integrierenden Typologien.

II. Angebotsorientierte Typologien

Abbildung 87 zeigt eine **Übersicht** über primär angebotsorientierte Typologien bei Industriegütertransaktionen. Hieraus wird deutlich, dass in der amerikanischen Literatur zum Industrial Marketing gütertypologische Ansätze dominieren, die zusätzlich zu angebotsorientierten Merkmalen vom Verwendungszweck geprägt sind. Anders als bei den deutschsprachigen Aufsätzen werden keine „Commodity-spezifischen" Marketing-Konzeptionen entwickelt. Die amerikanischen Lehrbücher verweisen lediglich auf unterschiedliche Commodities, ohne sie zum Gliederungskriterium der Textbuchstruktur zu machen (vgl. z. B. *Hutt/Speh*, 2004, S. 19ff.; *Reeder et al.*, 1991). Darüber hinaus lässt sich zeigen, dass die deutsche Industriegütermarketing-Forschung auf ein sehr viel reichhaltigeres Repertoire von Typologisierungsansätzen zurückgreifen kann (vgl. zu einer Übersicht *Kleinaltenkamp*, 1994b).

(1) *Riebel* (1965) entwickelt – allerdings nicht unter Marketing-Zielsetzung – die beiden produktionstechnisch geprägten Typen der **Markt- und Kundenproduktion**, die unmittelbaren Einfluss auf den Ablauf der Transaktionsprozesse haben. Im ersten Fall erfolgt die Produktion für einen *anonymen Markt* (vgl. *Riebel*, 1965, S. 666), so dass die Fertigung auf (statistischen) Markt- oder Marktsegment-Modellen (Erwartungen) basiert, während beim Typ der *Kundenproduktion* die Leistungserstellung auf Basis konkret definierter Spezifikationen erfolgt, die während des Transaktionsprozesses – i. d. R. in einem Verhandlungsprozess – festgelegt werden.

(2) Ohne Bezugnahme auf die frühen produktionsorientierten Typologien entwickelt der Arbeitskreis „Marketing in der Investitionsgüter-Industrie" der Schmalenbach-Gesellschaft unter Leitung von *W. H. Engelhardt* 1975 eine Typologie, die als Typologisierungsmerkmal die **„Komplexität des Leistungsangebots"** und **„Art und Umfang der Dienstleistungsintegration"** in das Leistungsangebot verwendet. „Besonders unter den Aspekten des Marketings ist die genannte Abgrenzung (Komplexität, Anm. der Verfasser) jedoch dahingehend zu ergänzen, dass die Dienstleistungen, die sich mit den jeweiligen Güterkategorien verbinden, genannt werden müssen. Dadurch kommt man zu einer Erweiterung der Einteilung in:

- Produktgeschäft = „Zusammenwirken von Know-how der Entwicklung, der Konstruktion und Produktionstechnik,
- klassisches Anlagengeschäft = Funktionseinheiten aus Komponenten und dem Engineering für Kombinationstechnik,
- Systemgeschäft = Zusammenfassung von Funktionseinheiten zu komplexen Systemen mit Hilfe des Engineerings für Kombinationstechnik sowie des Projekt-Managements" (*Arbeitskreis*, 1975, S. 758).

(3) Im Prinzip entwickelt *Engelhardt* diesen komplexitäts- und dienstleistungsorientierten Ansatz mit einigen seiner Schüler später unter Verwendung neuer Ideen weiter. Als Ergebnis entsteht eine umfassende Leistungstypologie, die auf den Unterscheidungsdimensionen **„Leistungserstellungsprozesse"** und **„Leistungsergebnis"** basiert (vgl. *Abbildung 88*).

Da der Leistungserstellungsprozess unter Einbeziehung des Kunden („Integration des externen Faktors") oder auch autonom erfolgen und das *Leistungsergebnis* entweder materiell oder immateriell sein kann, entstehen Leistungstypen, für die *Engelhardt et al.* konkrete Beispiele angegeben haben.

Autoren	Einteilungskriterien	Güter/Transaktionstypen
RIEBEL (1965)	Produktionsart	Zu Markt-/Kundenproduktion erstellte Leistungen
MIRACLE (1965)	9 Produktcharakteristika – Wert pro Einheit – Bedeutung jedes einzelnen Kaufs für den Abnehmer – Für den Kauf aufgewandte Zeit – Technologische Änderungsrate – Technische Komplexität – Servicebedürftigkeit – Kaufhäufigkeit – Verbrauchsgeschwindigkeit – Verwendungsmöglichkeit	Gruppe 1: (z. B. Normschrauben) Gruppe 2: (z. B. Betriebsstoffe) Gruppe 3: (z. B. Reifen) Gruppe 4: (z. B. schwere Landmaschinen) Gruppe 5: (z. B. Spezial-Werkzeugmaschinen)
MARRIAN (1968)	„Degree of Essentiality" (Grad grundsätzlicher Bedeutung)	– Industrielle Ausrüstungen – Einsatzgüter – Hilfgüter – investive Dienstleistungen (mit jeweiligen weiteren Unterteilungen)
ROWE/ ALEXANDER (1968)	– Standardisierungsgrad – Verwendungszweck	– Standardisierte Produkte für traditionellen Verwendungszweck: Standardisierte Teile – Standardisierte Produkte für neuen Verwendungszweck: Plastik-Rohmaterialien – Individualisierte Produkte für traditionellen Verwendungszweck: Chemiewerke – Individualisierte Produkte für neuen Verwendungszweck: Militärelektronik
Arbeitskreis „MARKETING IN DER INVESTITIONS- GÜTER- INDUSTRIE" (1975)	– Komplexität – Dienstleistungsumfang	– Produktgeschäft – Klassisches Anlagengeschäft – Systemgeschäft
ENGELHARDT/ GÜNTER (1981)	– Verarbeitungsstufen	– Rohstoffe – Einsatzstoffe – Energie – Teile – Einzelaggregate – Anlagen
PLINKE (1991, 1992b)	Anbieterfoci: – Einzelkunde, Markt – Einzeltransaktion, Wiederkauf	
BAUMGARTH (2001a)	– Stufigkeit der Märkte – Individualisierungsgrad	– Einstufig standardisiert: Landmaschinen – Einstufig kundenindividuell: Anlagebau – Mehrstufig standardisiert: chemische Einsatzstoffe – Mehrstufig kundenindividuell: PKW-Sitze

Abb. 87: Angebotsorientierte Typologien

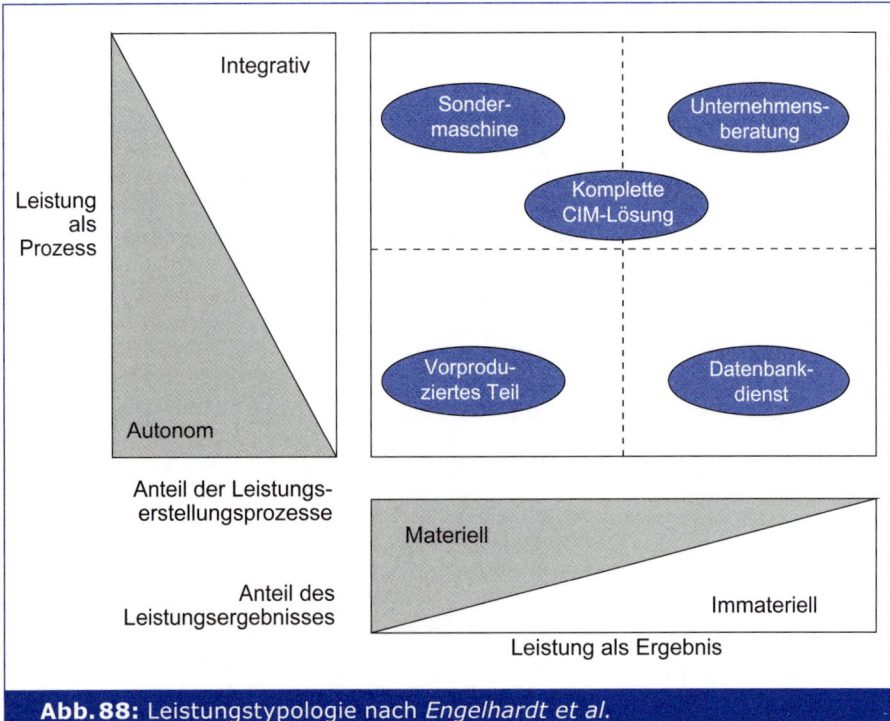

Abb. 88: Leistungstypologie nach *Engelhardt et al.*

Quelle: *Engelhardt et al.,* 1993, S. 416.

(4) Eine angebotsorientierte Transaktionstypologie entwickelt auch *Plinke* in den 1990er Jahren, die auf verschiedenen Vorüberlegungen (vgl. *Plinke,* 1991 und 1992b) aufbaut und letztlich – basierend auf zwei Typologisierungskriterien – zu vier Transaktionstypen führt. Wie schon *Riebel* (1965) unterscheidet *Plinke* (1992b, S. 841) einerseits danach, ob sich das Angebot eher an einzelne Kunden oder an einen breiten (anonymen) Markt oder ein Marktsegment richtet. Dieses Kriterium bestimmt den **Individualisierungsgrad des Leistungsangebots**.

Die zweite Dimension unterscheidet Anbieterverhalten, bei dem die Betrachtung der jeweiligen **Einzeltransaktion** im Vordergrund steht, von solchen Verhaltensprogrammen, bei denen die **Wiederkaufsituation** im Zentrum der Überlegungen steht.

Auf Basis der Extremausprägungen der beiden Dimensionen kommt *Plinke* (1992b) zu vier Transaktionstypen (vgl. *Abbildung 89*):

- **Transaction Marketing**, bei dem das Anbieterverhalten auf die optimale Gestaltung der Einzeltransaktion gegenüber einem (anonymen) Markt/Marktsegment ausgerichtet ist.
- **Relationship Marketing** als Ausrichtung auf Marktsegmente, wobei einzeltransaktionsübergreifende Verhaltensprogramme relevant werden.
- **Projekt-Management**, das dadurch gekennzeichnet ist, dass der Fokus auf der Einzeltransaktion liegt, die auf einzelne, definierte Kunden gerichtet ist.
- **Key Account Marketing**, bei dem einzelne (bedeutsame) Kunden, über die Einzeltransaktion hinausgehend – also in einer Geschäftsbeziehung stehend (vgl. dazu auch *Diller/Kusterer,* 1988a) –, das Verhaltensprogramm des Anbieters prägen.

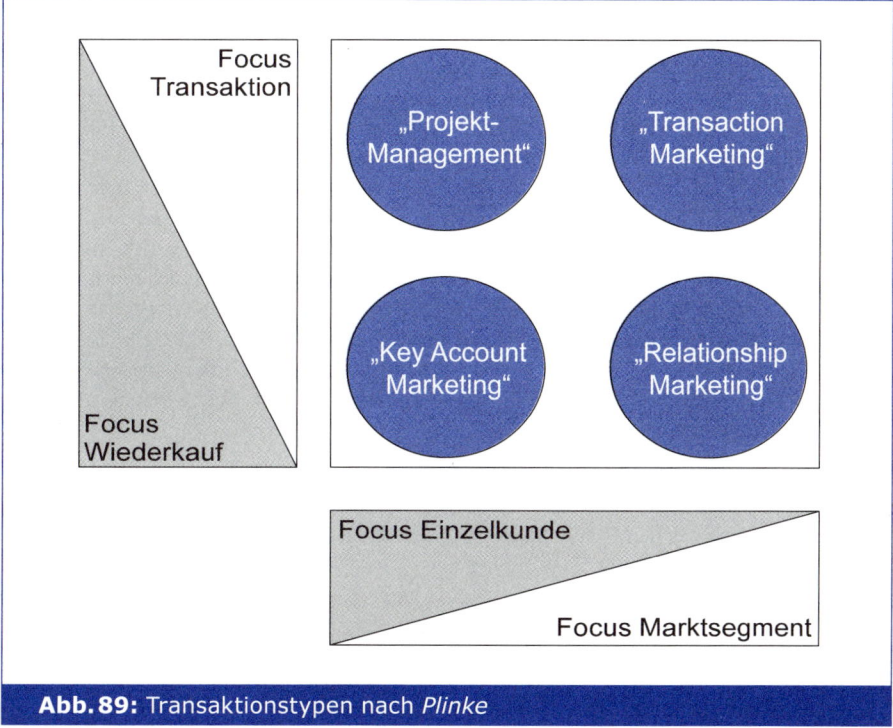

Abb. 89: Transaktionstypen nach *Plinke*

Quelle: *Plinke,* 1992b, S. 841.

Für diese vier Typen lassen sich, wie *Plinke* später zeigt (vgl. *Plinke*, 2000b und *Plinke*, 1997a), eigenständige, typspezifische Anbieterverhaltensprogramme entwickeln.

III. Nachfrageorientierte Typologien

Bei der (verhaltenswissenschaftlichen) Analyse des organisationalen Beschaffungsverhaltens haben die Kauftypologien schon immer eine Rolle gespielt, ohne dass daraus jedoch Konsequenzen für die Gestaltung von (unterschiedlichen) Marketingkonzeptionen gezogen wurden. So hat der Kaufklassenansatz von *Robinson* et al. (1967) (vgl. Teil 2 Kap. A. I. 1.2.1.3) kaum Bedeutung für die Gestaltung von kaufklassenspezifischen Marketing-Programmen erhalten, obwohl er mehrfach empirisch überprüft wurde. Auch die Typologie von Investitionsentscheidungen bei *Kirsch/Kutschker* ist in ihrer Wirkung auf Anbieterverhaltensprogramme praktisch nicht diskutiert worden.

(1) Einen der ersten Versuche, eine nachfrageorientierte Typologie auch in Marketing-Programme umzusetzen, liefert *Backhaus* (1982). Er unterscheidet zwischen **Individual- und Routinetransaktionen**. Während erstere einzelkundenbezogene Transaktionsprozesse kennzeichnen, die sich durch geringe Wiederholungshäufigkeiten und individuell kontrahierte Leistungen auszeichnen (typisches Beispiel: Anlagengeschäft), sind Routinetransaktionen durch hohe Wiederholungshäufigkeit von Leistungs- und Transaktionsprozessen charakterisiert, die für Güter typisch sind, die in Serien- und Massenfertigung erstellt werden (vgl. *Backhaus*, 1982, S. 93).

Später baut *Backhaus* die beiden Extremtypen „Individual-" und „Routinetransaktion" zu einem Geschäftstypenansatz aus, der die drei Geschäftstypen „Produktgeschäft" (im Wesentlichen deckungsgleich mit dem Transaktionstyp „Routinetransaktion"), „Anlagengeschäft" (im Wesentlichen deckungsgleich mit dem Transaktionstyp „Individualtransaktion") und „Systemgeschäft" bildet. Dieser Ansatz wird 1992 in einer Veröffentlichung auch theoretisch durch Rückgriff auf die Informationsökonomik untermauert (vgl. *Backhaus*, 1992a). Das Systemgeschäft unterscheidet sich von den beiden anderen Geschäftstypen dadurch, dass Leistungen sukzessiv gekauft werden, „die auf Basis einer Systemarchitektur miteinander vernetzt werden sollen. Es besteht also ein enger Verbund zwischen einer langfristig wirkenden Architekturentscheidung (Systemphilosophie) und einer durch z. T. extrem kurzfristige Lebenszyklen gekennzeichneten Systemkomponenten-Beschaffung" (*Backhaus*, 1990, S. 205 f.). Damit wird der einzeltransaktionsübergreifende Aspekt einer technologisch bedingten Geschäftsbeziehung deutlich gemacht, der den Transaktionsprozess erheblich verändert (vgl. die Ausführungen in Teil 3 Kap. D. I.).

(2) *Weiber* und *Adler* entwickeln eine Typologie von Kaufprozessen, die auf dem theoretischen Fundament der **Informationsökonomik** basiert. Die Typen ergeben sich durch ihren unterschiedlichen Gehalt an Such-, Erfahrungs- und Vertrauenseigenschaften:

- **Sucheigenschaften**
  „[…] sind dadurch gekennzeichnet, dass sie von dem Nachfrager durch Inspektion des Leistungsangebots oder durch eine entsprechende Informationssuche bereits *vor* dem Kauf vollständig beurteilt werden können. Die Informationssuche wird erst dann abgebrochen, wenn der Nachfrager ein subjektiv als ausreichend wahrgenommenes Informationsniveau erreicht hat oder eine weitere Informationssuche als zu kostspielig empfindet." (*Weiber/Adler*, 1995a, S. 54).
- **Erfahrungseigenschaften**
  „[…] sind dadurch gekennzeichnet, dass eine Beurteilung durch den Nachfrager erst nach dem Kauf erfolgt, wobei die Beurteilung entweder erst nach dem Kauf möglich ist oder aber die Beurteilung aufgrund der subjektiven Wahrnehmung eines Nachfragers bewusst auf Erfahrung bei Ge- bzw. Verbrauch eines Produkts verlagert wird." (*Weiber/Adler*, 1995a, S. 54).
- **Vertrauenseigenschaften**
  „[…] sind dadurch gekennzeichnet, dass sie durch den Nachfrager weder vor noch nach dem Kauf vollständig beurteilt werden können. Das Unvermögen des Nachfragers, eine Beurteilung von Vertrauenseigenschaften vorzunehmen, ist darauf zurückzuführen, dass er nicht über ein entsprechendes Beurteilungs-Know-how verfügt und dieses auch nicht in einer vertretbaren Zeit aufbauen kann bzw. will oder die Kosten der Beurteilung subjektiv als zu hoch einstuft" (*Weiber/Adler*, 1995a, S. 54).

Je nachdem, welche Eigenschaftsdimension in einem konkreten Kaufprozess dominiert, liegt einer der in *Abbildung 90* dargestellten Typen von Kaufprozessen vor (vgl. *Weiber/Adler*, 1995a, S. 61). Die Typologie wird von *Weiber/Adler* in einem Folgebeitrag (vgl. *Weiber/Adler*, 1995b) empirisch getestet. Der Test macht deutlich, dass die Typologie recht gut für konkrete Produktpositionierungen geeignet ist.

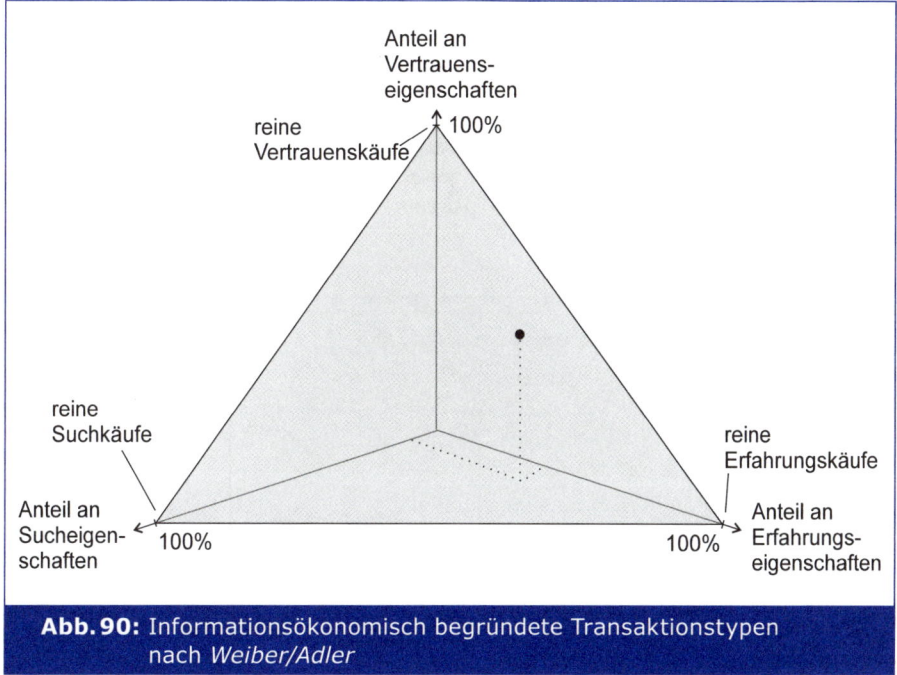

Abb. 90: Informationsökonomisch begründete Transaktionstypen nach *Weiber/Adler*

Quelle: *Weiber/Adler*, 1995a, S. 63.

IV. Marktseiten-integrierende Typologien

Plinke hat gezeigt, dass nur eine die Nachfrager- *und* Anbieterbetrachtung zusammenführende Perspektive für Gestaltungszwecke letztlich sinnvolle Transaktionstypologien erzeugt. Denn der „Anbieter unterliegt im Wettbewerb dem doppelten Zwang zu Effektivität und Effizienz" (*Plinke*, 1997a, S. 11). Indem sich ein Anbieter in seinem Marktverhalten nur auf Kaufprozessmerkmale bezieht, orientiert er sich an der Effektivität („He does the right things."), denn er wird dem Kunden einen Nutzenvorteil (USP) bieten können. Er wird sich aber auch fragen müssen, ob das, was er tut, auch wirtschaftlich, also effizient ist („Does he do things right?"). So erweiterte sich die Nutzenvorteils- zu einer KKV-Perspektive.

Das Repertoire an marktseiten-integrierenden Typologien war lange Zeit klein, ist aber inzwischen größer geworden. Neben dem Ansatz von *Wagner* (1978), der das nachfrageorientierte Konzept von *Kutschker* mit dem angebotsorientierten Ansatz von *Riebel* koppelt, haben *Backhaus* (1993), *Backhaus et al.* (1994a), *Kaas* (1992a, 1992b und 1995a), *Kleinaltenkamp* (1994b und 1997), *Richter* (2001), *Plinke* (2000b und 1997a) sowie neuerdings – speziell für die Markenpolitik auf Industriegütermärkten – auch *Baumgarth* (2001a und b) marktseiten-integrierende Typologien zur Diskussion gestellt. Da es sich bei dem Ansatz von *Baumgarth* allerdings um einen spezifischen Anwendungsfall handelt, wird dieser hier nicht näher betrachtet.

(1) Kleinaltenkamp (1994b, S. 83 ff.) geht davon aus, dass die in den verschiedenen Typologien verwendeten Typologisierungskriterien auf drei Dimensionen zurückgeführt werden können:

- Individualisierungsgrad der Leistungen,
- Intensität der Anbieter-Nachfrager-Beziehung und
- Materialitätsgrad der Leistungsergebnisse.

Er versucht nachzuweisen, dass alle drei Dimensionen **informationsökonomisch** begründbare Kriterien für den Ablauf unterschiedlicher Transaktionsprozesse liefern. Da die Ausprägungen der Dimensionen jeweils anbieter- und nachfragerspezifisch zu analysieren sind, entsteht eine Typologisierung von Industriegüter-Transaktionen, wie sie in *Abbildung 91* dargestellt ist.

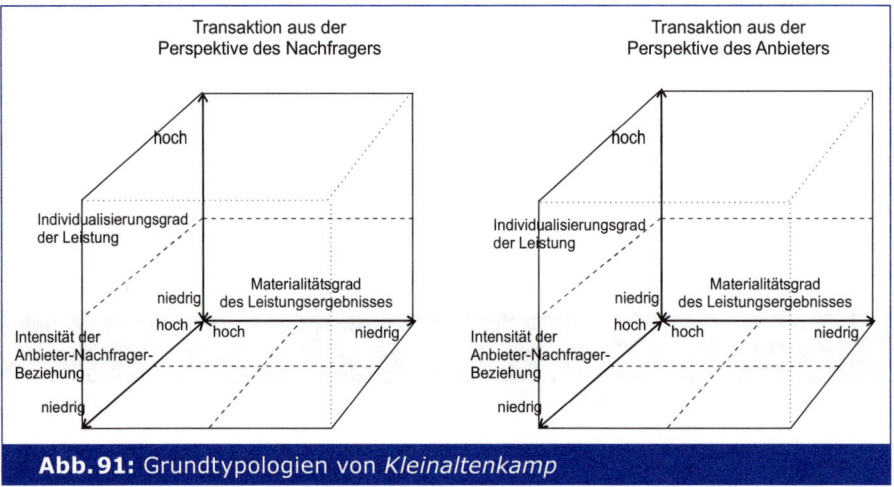

Abb. 91: Grundtypologien von *Kleinaltenkamp*

Quelle: *Kleinaltenkamp,* 1994b, S. 86.

In neueren Veröffentlichungen gibt *Kleinaltenkamp* die dritte Dimension „Materialitätsgrad der Leistungsergebnisse" auf und reduziert die Typologie auf die zwei Typologisierungsdimensionen **„Intensität der Geschäftsbeziehung"** und **„Integrativität"** (vgl. *Kleinaltenkamp,* 2001, S. 755 ff.). Aus den Extremausprägungen der beiden Dimensionen entsteht dann ein vier Typen umfassendes Konzept, das in *Abbildung 92* dargestellt ist.

Spotgeschäfte beschreiben Transaktionsprozesse, die dadurch gekennzeichnet sind, dass die getauschten Güter „äußerst homogen sind und diese Homogenität dazu führt, dass sich zwischen den Anbietern und den Nachfragern der Leistungen keine Geschäftsbeziehungen etablieren" (*Kleinaltenkamp,* 2001, S. 757). Das **Anlagengeschäft** unterscheidet sich vom Spotgeschäft dadurch, dass der Integrativitätsgrad, also die Mitwirkungsintensität des Kunden, erheblich ist, ohne dass transaktionsübergreifende Geschäftsbeziehungen eine entscheidende Rolle spielen. Spot- und Anlagengeschäft bilden also zusammen Ausprägungen des auf eine Einzeltransaktion gerichteten Marketing-Verhaltensprogramms.

Im **Commodity-Geschäft** werden relativ homogene Leistungen vermarktet, deren Erstellung nicht auf die intensive Mitwirkung der Leistungsempfänger angewiesen ist. Gleichzeitig spielen aber auch Geschäftsbeziehungen eine entscheidende Rolle für den Ablauf der Transaktionsprozesse. **Customer Integration-Geschäfte** sind schließlich dadurch gekennzeichnet, dass die Integrativität hoch ist, wobei gleichzeitig transaktions-

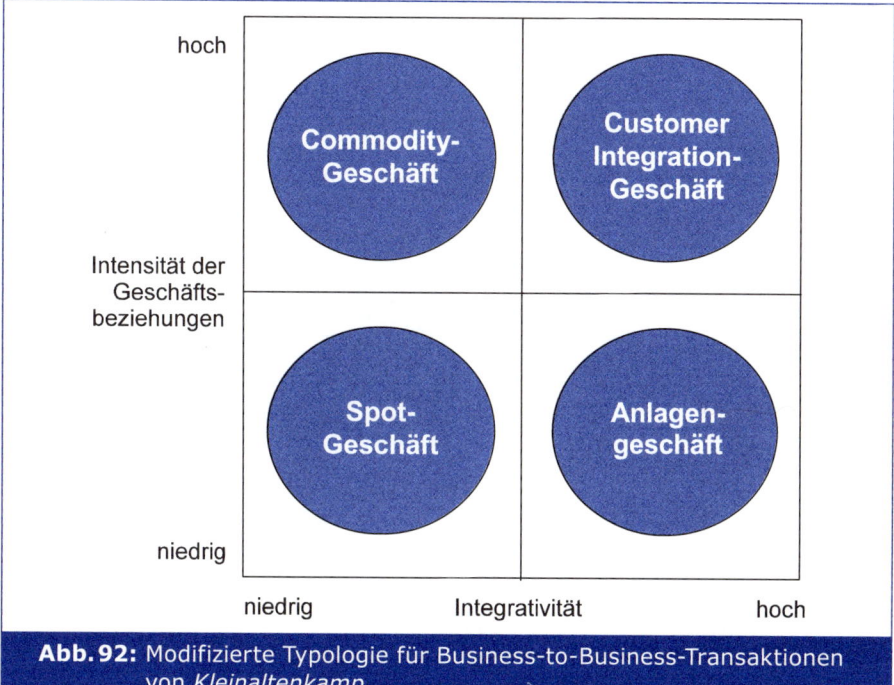

Abb. 92: Modifizierte Typologie für Business-to-Business-Transaktionen von *Kleinaltenkamp*

Quelle: *Kleinaltenkamp,* 2001, S. 757.

übergreifende Geschäftsbeziehungen eine Rolle spielen. Damit wird deutlich, dass das Commodity- und das Customer Integration-Geschäft Ausprägungen eines Relationship Marketings sind, bei dem einzeltransaktionsübergreifende Überlegungen den Kauf- und Verkaufsprozess beeinflussen.

Während der Ausgangsansatz von *Kleinaltenkamp* noch eine theoretische Begründung durch die Informationsökonomie erfahren hat, ist die Vierer-Typologie eher pragmatisch begründet (vgl. *Kleinaltenkamp,* 2001, S. 757 ff.). Gleichzeitig zeigt sie eine Annäherung an den Transaktionstypenansatz von *Plinke*, der ebenfalls zwischen Transaction Marketing und Relationship Marketing unterscheidet.

(2) Einen vergleichbaren Ansatz entwickelt auch *Richter* (2001, S. 154 ff.). Ausgehend von einem **neo-institutionellen Erklärungsansatz** leitet er zwei Dimensionen ab, die er zur Typenbildung für die Gestaltung von Marketing-Programmen heranzieht: **Spezifität** und **Relationalität**. Aus den verschiedenen Ausprägungen der beiden Dimensionen leitet er vier Grundtypen ab:

1. niedrige Spezifität – niedrige Relationaliät = Geschäftstyp **„Mengengeschäfte"**
2. niedrige Spezifität – hohe Relationaliät = Geschäftstyp **„Kundengeschäfte"**
3. hohe Spezifität – niedrige Relationaliät = Geschäftstyp **„Kooperationsgeschäfte"**
4. hohe Spezifität – hohe Relationaliät = Geschäftstyp **„Komplexgeschäfte"**
5. An der Schnittstelle der vier Quadranten kann ein fünfter Geschäftstyp positioniert werden, in welchem Elemente der vier Geschäftstypen zur Systemtechnik kombiniert sind: mittlere Spezifität – mittlere Relationalität = Geschäftstyp **„Kombinationsgeschäfte"**.

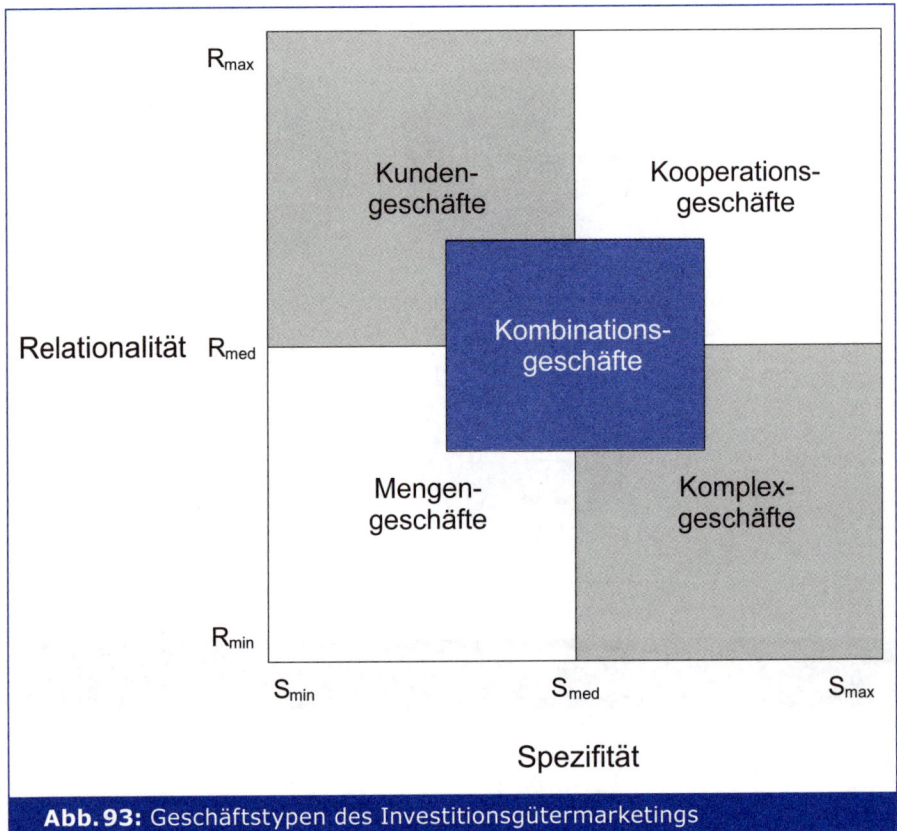

Abb. 93: Geschäftstypen des Investitionsgütermarketings

Quelle: *Richter,* 2001, S. 154.

Diesen Typen ordnet *Richter* dann Marketing-Verhaltensprogramme zu, die er im Einzelnen beschreibt und die er mit Etiketten belegt (vgl. *Abbildung 93*) sowie Instrumentebündel entwickelt (vgl. *Richter,* 2001, S. 155 ff.).

(3) Einen weiteren marktseiten-integrierten Ansatz hat *Plinke* vorgelegt, durch den der Ansatz aus dem Jahre 1991 eine stärkere theoretische Begründung ergibt, die für die Unterscheidung zwischen Transaction und Relationship Marketing insbesondere auf die **Transaktionskostenökonomik** zurückgeht (vgl. *Plinke,* 1997a, S. 10). Unter Rückgriff auf das Gedankengut von *Williamson* (1985) zeigt *Plinke,* dass es Gründe auf der Käuferseite gibt, in bestimmten situativen Kontexten ihr Kaufverhalten ausschließlich von den Bedingungen der Einzeltransaktion (Transaction Buying) abhängig zu machen und in anderen Fällen das Verhalten dahingehend zu ändern, dass Folgetransaktionen nicht unabhängig voneinander betrachtet werden, sondern dass die Käufer einen inneren Verbund zwischen Folgetransaktionen sehen (vgl. *Plinke,* 1989). So wie für die Käuferseite Transaction Buying von Relationship Buying unterschieden wird, so lässt sich diese Unterscheidung auch für die Anbieterseite treffen. „Wenn Transaction Buying und Transaction Selling zusammenkommen, sei von ‚**Transaction Marketing**', wenn Relationship Buying und Relationship Selling zusammenkommen, von ‚**Relationship Marketing**' gesprochen. Die Unterscheidung von ‚Selling' und ‚Marketing' an dieser Stelle soll deutlich machen, dass ein Relationship Selling nicht erfolgreich sein wird,

wenn es nicht auf der Käuferseite seine Entsprechung findet, ein Transaction Selling höchst problematisch sein kann, wenn der Kunde Relationship Buying praktiziert" (*Plinke*, 1997a, S. 11).

Plinke zeigt, dass, je größer die Häufigkeit einer Kaufentscheidung ist, je mehr sie unsicherheitsbehaftet ist und je größer die spezifischen Investitionen sind, die ein Kunde in einer Lieferbeziehung tätigt, desto vorteilhafter der Wiederkauf bei diesem Lieferanten (Lieferantentreue) für ihn ist. Es entsteht ein Verbund zwischen den Kaufentscheidungen. Genau das Umgekehrte gilt für den Fall geringer **Häufigkeit**, geringer **Unsicherheit** und geringer **Spezifität**. In diesem Fall ist Transaction Marketing für beide Parteien vorteilhaft. Auf Basis dieser Überlegungen kommt *Plinke* somit zunächst zu zwei grundlegenden Transaktionstypen: Transaction Marketing und Relationship Marketing. Allerdings macht er deutlich, dass innerhalb der beiden Marketing-Verhaltensprogramme danach zu unterscheiden ist, ob der Kunde, mit dem eine Transaktion angebahnt wird, für das einzelne Unternehmen bedeutsam oder weniger bedeutsam ist. *Plinke* misst dies in Abhängigkeit von dem Volumen, das je Transaktion realisiert wird (vgl. *Plinke*, 1997a, S. 15). Auf Basis dieser Überlegungen kommt *Plinke* zu dem in *Abbildung 94* dargelegten Schema von theoretisch entwickelten Transaktionstypen im Business-to-Business-Marketing.

		Volumen	
		niedrig	hoch
Häufigkeit Unsicherheit Spezifität	niedrig	Transaction Marketing	
	hoch	Relationship Marketing	
		Typ 1	Typ 2

Abb. 94: Typen des Business-to-Business Marketings nach *Plinke*
Quelle: *Plinke*, 1997a, S. 15.

Mit Hilfe dieser theoretischen Typologisierung lassen sich dann auch praktische Erscheinungsformen von Industriegüter-Transaktionen typologisieren (vgl. *Abbildung 95*). Transaction Marketing tritt, je nachdem, ob der Anbieterfokus auf einen Markt oder ein Marktsegment bzw. einen Einzelkunden gerichtet ist, als Markt(segment)-Management oder als Projekt-Management (Relationship Marketing in Form des Kundenbindungsmanagements bzw. gegenüber einzelnen Großkunden als Key-Account-Management) auf.

Vergleicht man diesen Typologisierungsansatz mit dem Konzept von *Kleinaltenkamp*, dann zeigen sich nicht übersehbare Übereinstimmungen trotz der Verwendung unterschiedlicher Begriffe. Die (vertikale) Unterscheidung zwischen Relationship- und Transaktions-Marketing wird bei *Kleinaltenkamp* aus unterschiedlichen Intensitäten der Geschäftsbeziehungen abgeleitet. Damit wird nicht hinterfragt, *woraus* die unterschiedlichen Intensitäten resultieren.

Plinke liefert dazu ein theoretisches Erklärungsmuster unter Rückgriff auf die Transaktionskostenökonomik. Insofern *begründet Plinke*, unter welchen Bedingungen es zu

		Anbieterfokus	
		Markt(segment)	**Einzelkunde**
Verhaltens-programm des Anbieters	Transaction Marketing	Markt(segment)-Management	Projekt-Management
	Relationship Marketing	Kundenbindungs-Management	Key Account Management

Abb. 95: Praktische Erscheinungsformen von Industriegüter-Transaktionen nach *Plinke*

Quelle: *Plinke*, 1997a, S. 19.

unterschiedlichen transaktionsübergreifenden Verbindungsintensitäten kommt. *Kleinaltenkamp* setzt diese als gegeben voraus. Auch bei der horizontalen Trennachse, die bei *Kleinaltenkamp* als Integrativität bezeichnet ist und bei *Plinke* die Bedeutung des Einzelkunden für den Anbieter darstellt, ergeben sich gewisse Gemeinsamkeiten. Ist ein Kunde bedeutsam für einen Anbieter, so verfügt er über ein relativ hohes Machtpotenzial, d. h. er kann seine Wünsche gegenüber dem Anbieter stärker durchsetzen als der unbedeutende Kunde. Damit ist die Möglichkeit, stärker in den Leistungserstellungsprozess des Anbieters einzugreifen, sehr viel höher als im Falle der unbedeutenderen Kunden. Obwohl Integrativität und Kundenbedeutung keine identischen Begriffe sind, zeigen sich offenbar gewisse Überschneidungen.

(4) Eine Dreier-Typologie von Transaktionsprozessen entwickelt *Kaas* (vgl. z.B. *Kaas*, 1995b) auf der Basis der Erkenntnisse der **Neuen Institutionenökonomik**. Er unterscheidet Austauschgüter, Kontraktgüter und Geschäftsbeziehungen. Diese drei Transaktionstypen, die nicht spezifisch für Industriegütermärkte entwickelt wurden und unterschiedliche Marketing-Verhaltensprogramme erfordern, unterscheiden sich im Kern durch Art und Ausmaß der Qualitätsunsicherheit und durch verschiedene Möglichkeiten für opportunistisches Verhalten (vgl. *Kaas*, 1995b, S. 7).

Austauschgüter werden wegen ihres hohen Standardisierungsgrads für den anonymen Markt auf Vorrat hergestellt. Bei ihnen kann die Qualitätsunsicherheit **vor** Kauf durch Suchaktivitäten vollkommen abgebaut werden, so dass „alle mit einer Transaktion verbundenen Folgen vorweggenommen und abschließend geregelt werden" (*Kaas*, 1995b, S. 23): „Sharp in by clear agreement, sharp out by clear performance" (*McNeil*, 1974, S. 738).

Kontraktgüter sind dadurch gekennzeichnet, dass mindestens einer der beiden Transaktionspartner – Käufer oder Verkäufer – einen Handlungsspielraum besitzt, den er nach Vertragsabschluss opportunistisch ausnutzen kann. Um die (gegenseitigen) Leistungsversprechen abzusichern, wird empfohlen, bedingte Verträge (contingent contracts) abzuschließen, die Regelungen für die wesentlichen Eventualfälle enthalten („Wenn die Lieferungen und Leistungen die vereinbarten Output-Werte nicht erreichen, wird eine Strafzahlung fällig.").

Geschäftsbeziehungen betrachten eine (nicht zufällige) Folge von Transaktionen, die eine innere Verbindung zueinander aufweisen (vgl. *Plinke*, 1989). Für die Handhabung dieser Transaktionsfolgen werden „relationale Verträge" als Kern eines Relationship Marketings empfohlen (vgl. auch *Diller/Kusterer*, 1988a, b).

Diese Typologie zeigt große Verwandtschaft mit dem Ansatz von *Backhaus* (1992b), bei dem nach Produkt-, Anlagen- und Systemgeschäft unterschieden wird, wobei eine theoretische Begründung in der Informationsökonomie gesucht wird (so auch *Kaas*, 1995b, S. 25).

(5) *Backhaus et al.* (1994a) entwickeln diesen Geschäftstypenansatz allerdings unter Rückgriff auf die **Transaktionskostentheorie** weiter. Dabei analysieren sie das Problem jedoch mit anderer Schwerpunktlegung als *Williamson*. Während *Williamson* (1985, S. 52 ff.) von den drei, die Governancewahl bestimmenden Faktoren Spezifität, Häufigkeit und Unsicherheit, die letztere quasi konstant hält und die Wirkungen unterschiedlicher Spezifitätsgrade und Häufigkeiten untersucht (vgl. *Williamson*, 1985, S. 72 ff.), rücken *Backhaus et al.* das Konstrukt der **Unsicherheit** neben der Spezifität in den Vordergrund.

Die Strukturierung der Geschäftstypen basiert dabei auf der Identifizierung von Art und Ausmaß vorhandener Unsicherheitsprobleme bzgl. des Handlungsrahmens, in dem sich die Betroffenen bewegen. Kernidee ist dabei die Unterscheidung von Ex-ante- und Ex-post-Unsicherheit. **Ex-ante-Unsicherheit** beschreibt dabei denjenigen Teil der Kaufunsicherheit, der durch (z. T. sehr kostenaufwendige) Suchprozesse **vor** Kauf beseitigbar ist. **Ex-post-Unsicherheit** beschreibt dagegen solche Unsicherheiten, die erst **nach** dem Kauf relevant werden, allerdings vor Kauf im Entscheidungskalkül berücksichtigt werden. Der Grundgedanke ist folgender: Investive Kaufentscheidungen führen in bestimmten Fällen zu anhaltenden Bindungen zwischen Nachfrager und Anbieter nach Vertragsabschluss. Diese Bindungen sind einerseits produktiv, weil für die Vertragsparteien daraus Vorteile entstehen können, implizieren aber andererseits auch Abhängigkeiten. Diese Abhängigkeiten sind dadurch bedingt, dass die Vertragspartner z. T. spezifisch ineinander investieren, z. B. durch speziell angepasstes Equipment, das die Verhandlungsposition nach Vertragsabschluss verschlechtert. Diese nach Kaufabschluss bestehende Unsicherheit wird der investierende Geschäftspartner vor Vertragsschluss antizipieren.

V. Der „Vier-Typenansatz" als Basis für die Entwicklung von Marketing-Programmen

Basierend auf der Weiterentwicklung und theoretischen Begründung des Geschäftstypenansatzes durch *Backhaus et al.* (1994a) kann grundsätzlich zwischen Geschäften *ohne* erhebliche Ex-post-Unsicherheit und Geschäften *mit* Ex-post-Unsicherheit unterschieden werden.

Geschäfte ohne erhebliche Ex-post-Unsicherheit

Sofern nach Vertragsabschluss keine Abhängigkeiten entstehen, kann die Verminderung von Unsicherheit durch Beschaffung und/oder Übermittlung von zusätzlichem Wissen vor der Beschaffungsentscheidung bewerkstelligt werden.

Sofern der Prozess der Informationsbeschaffung nicht kostenlos abläuft – wovon i. a. R. ausgegangen werden kann – und er somit auch dem ökonomischen Knappheitskalkül unterworfen ist, ergibt sich hier die aus ökonomischer Sicht traditionelle Aufgabe des Marketings schlechthin in der kostengünstigen Beschaffung und Bereitstellung von Informationen über die jeweilige Preis-Leistungs-Performance des Anbieters. Wenn es ausschließlich auf die konkrete Preis-Leistungs-Performance eines Anbieters in der Einzeltransaktion ankommt, ohne dass Anbieter und/oder Nachfrager nach der Kaufentscheidung noch Spielräume (opportunistisch) ausnutzen können, liegt ein Geschäftstyp vor, den wir als **Produktgeschäft** bezeichnen. Nach Vertragsabschluss besteht nur noch allgemeine Qualitätsunsicherheit.

Geschäfte mit Ex-post-Unsicherheit

In der Realität existieren aber auch Transaktionsprozesse, bei denen die Marktpartner nach Vertragsabschluss über Möglichkeiten verfügen, eine Situation für sich auszunutzen, weil der jeweilige Transaktionspartner Bindungen eingegangen ist oder eingehen musste, aus denen er nicht mehr ohne weiteres herauskommt. Solche Bindungen entstehen durch spezifische Investitionen in den Vertragspartner. Spezifität meint dabei, dass die Leistungsabgabe der entsprechenden Aktiva bzw. Faktoren auf bestimmte Verwendungsbereiche beschränkt ist (vgl. *Alchian*, 1984, S. 36; *Schumann et al.*, 1999, S. 477). Die spezifischen Investitionen können z. B. Sachkapitalinvestitionen oder auch Humankapitalinvestitionen bzw. Idiosynkrasien durch die Einübung spezieller Arbeitsabläufe (*„learning by doing"*) sein. Ein Beispiel möge diese Situation verdeutlichen: Ein Nachfrager, der die Installation eines Computer Integrated Manufacturing-Systems (CIM-Systems) plant, kauft zunächst ein Computer Aided Design-System (CAD-System). Er schult seine Mitarbeiter für das gewählte CAD-System. Dieses Wissen lässt sich besonders produktiv einsetzen, wenn der Nachfrager in der Folge ein PPS-System des gleichen Anbieters kauft. Er stellt damit sicher, dass z. B. die Bildschirmmasken in gleicher Form aufgebaut sind, die Belegung der Tastatur gleich und vor allem eine Kommunikation zwischen den Teilprogrammen problemlos möglich ist.

Weil *vor* Vertragsabschluss Wettbewerb herrscht, *nach* Vertragsabschluss jedoch aus einem Wettbewerber aus Sicht des spezifisch investierenden Vertragspartners ein Quasi-Monopolist (auch in Bezug auf künftige, mit der Anfangsinvestition in Verbindung stehende Transaktionsentscheidungen) wird, findet bei Vertragsabschluss eine **fundamentale Transformation** der Marktform von einem Wettbewerbs- zu einem Monopolmarkt statt (vgl. *Williamson*, 1985 S. 55, S. 61 ff.). Hierbei kann es sich theoretisch sowohl um ein anbieterseitiges als auch um ein nachfragerseitiges oder ein bilaterales Monopol handeln. Da spezifische Investitionen einerseits eine Produktivitätserhöhung mit sich bringen (aus Anbietersicht z. B. weil der Anbieter eine vollkommen kundenspezifische Lösung entwickelt hat, die Bedürfnisse des betrachteten Kunden umfassender erfüllt und daher bei diesem eine höhere Zahlungsbereitschaft erzeugt), andererseits dadurch aber die Zahl alternativer Verwendungsmöglichkeiten für die Aktiva (im Beispiel die kundenspezifische Lösung) mehr oder weniger stark eingeschränkt wird, sinken die Erträge in der nächstbesten Verwendung, der Opportunität; die entstehende Differenz wird als **Quasirente** bezeichnet (vgl. *Marshall*, 1961). Sie wird allgemein definiert als Einkommensüberschuss eines spezifischen Faktors über die Entlohnung, die in der nächstbesten Verwendung erzielt werden könnte, also über die Opportunitätskosten hinaus (vgl. insbes. *Marshall*, 1961, S. 74, S. 412, S. 626; vgl. auch *Alchian*, 1984, S. 36 ff.; *Klein et al.*, 1978; *Schumann et al.*, 1999, S. 396 ff.). Je höher die Spezifität ist, desto größer ist der potenzielle Ertrag, aber auch der Abstand zum Ertrag in der nächstbesten Verwendung. Die Quasirente ist somit der Ertrag auf den Teil des Kapitals, der spezifisch gebunden ist. Nachdem die spezifische Anfangsinvestition getätigt ist, sind die Kosten hierfür also „versunken" (sunk costs), weil sie bei späteren Verhandlungen nicht „wieder hereinzuholen" sind, z. B. durch Androhung eines Austritts aus der Vertragsbeziehung und Ausweichens auf die alternative Verwendung. Der zwischen den Vertragspartnern auszuhandelnde Preis für künftige, mit der spezifischen Anfangsinvestition in Zusammenhang stehenden Transaktionen ist losgelöst von diesen „sunk costs". Er beinhaltet damit die Gefahr einer Abschöpfung der Quasirente des spezifisch gebundenen Vertragspartners durch den weniger gebundenen Transaktionspartner (vgl. auch *Schumann et al.*, 1999, S. 476). Unspezifische Faktoren erzielen demgegenüber definitionsgemäß keine Quasirente; ihre Austauschbarkeit sichert ihnen exakt ein Wettbewerbseinkommen in Höhe der besten Opportunität.

Die Quasirente signalisiert daher das mit steigender Spezifität wachsende **Gefährdungspotenzial spezifischer Investitionen**, den *amount at stake,* aus Sicht des spezifisch investierenden Unternehmens. Dies impliziert den bereits angesprochenen Monopolisierungseffekt. Bei unvorhergesehenen und/oder vertraglich vorab nicht vereinbarten Anpassungsmaßnahmen erweist sich die erwirtschaftete Quasirente z. B. als hochgradig verletzlich: Hat ein Nachfrager spezifisch in ein Industriegut (z. B. ein proprietäres CAD-System) investiert, so könnte der Anbieter die aus der Bindung des Nachfragers resultierenden Freiräume durch überzogene Forderungen für Ergänzungen oder Anpassungen, durch erhöhte Reparatur- und Ersatzteilrechnungen, durch einen schleppenden Service usw. ausnutzen, um z. B. bei Vertragsabschluss gewährte Preisnachlässe und Zugeständnisse wieder hereinzuholen. Bezüglich der beschriebenen ausbeuterischen Praktiken (*expropriation*) spricht *Williamson* plastisch von der Verhaltensannahme des **Opportunismus** als Verfolgen von Eigeninteresse – auch mit List und Tücke –, das sich hier im Ausnutzen der entstandenen Abhängigkeit des Vertragspartners zeigt. Bei standardisierten Produkten, wie sie im Produktgeschäft vermarktet werden, würden Ausbeutungsversuche nach Vertragsabschluss, sofern sie überhaupt auftreten können, zu einem Anbieterwechsel und/oder einer Anwendung der gesetzlichen Gewährleistungspflicht führen; hier dagegen wäre ggf. eine versunkene Investition von erheblichem Ausmaß zu beklagen. Erst bei vollständiger Abschöpfung der Quasirente lohnt sich ex post die Beendigung des Vertragsverhältnisses für den „ausgebeuteten" Vertragspartner. Wenn also Bindungen aufgrund spezifischer Investitionen bei einem oder beiden der Vertragspartner bestehen, steht *ex post* dem gebundenen Vertragspartner das Sanktionsmittel „Austritt aus der Beziehung" (Exit-Option), anders als im Produktgeschäft, nur begrenzt zur Verfügung, da der partielle oder vollständige Verlust der Quasirente droht (vgl. *Milgrom/Roberts*, 1992, S. 270).

Bei Uneinigkeiten über (vermeintlich) erwartete Verhaltensweisen müssen Anbieter und Nachfrager sich daher unmittelbar miteinander auseinandersetzen. Um den Grad vermeintlicher Ausnutzung durch den Transaktionspartner bestimmen zu können, sind gerichtsfeste Belege vorzulegen. Damit erwächst ein Zwang zum Nachweis und zur **Messung** (*measurement*) von Leistungsmängeln. Entscheidend für das Beweislastproblem ist die Frage, ob die (gegebene) Quasirente zum größten Teil auf Nachfrager- oder Anbieterseite angesiedelt ist. Die theoretische Begründung für die Entstehung einer Quasirente weist nämlich eine asymmetrische Struktur auf: Der konstituierende Sachverhalt für den Bindungseffekt auf Anbieterseite ist ein anderer als auf Nachfragerseite.

Auf **Nachfragerseite** wirkt die Quasirente als Bindung über die einzelne Transaktion hinaus. Nach der fundamentalen Transformation befindet sich der Käufer – bedingt durch die spezifische Investition – in einer Abhängigkeit für eine zu diesem Zeitpunkt noch unbestimmte Zahl von Folgetransaktionen bzw. für eine noch offene Transaktionsserie. Bei solchen Transaktionsserien mit offenem Planungshorizont bzw. noch unbestimmter, nicht eindeutig fixierbarer Liefermenge (Verbundgeschäft) können nicht alle möglichen (Ausbeutungs-)Fälle vorab vertraglich durch Dritte überprüfbar geregelt werden. Das Measurement kann in diesem Fall (nur) durch informelle Beobachtung erfolgen; die der (Erst-) Investition zugrunde liegenden Verträge sind deshalb notwendigerweise *ex ante* unvollständig, weil Leistungsmängel vorab gar nicht abschließend definiert werden können. Nur dieser zeitliche Bindungseffekt ist zur Abgrenzung von Transaktionstypen relevant, da der Kunde *innerhalb* einer einzelnen Transaktion immer von der vertragsgemäßen Leistungserbringung des Anbieters abhängig ist. Bei Transaktionen mit genau definierter Liefermenge und geschlossenem Planungshorizont (z. B. klassische Einmaltransaktionen im Anlagen- bzw. Projektgeschäft), kann die Unsicherheitsposition bzgl. einer Quasirente idealtypisch durch eine Situation unter Risiko oder Unsicherheit abgebildet werden. In diesem Fall können zumindest die wesentlichen möglichen Leistungsmängel vorab identifiziert und *ex post* **verifiziert** werden, d. h. ein objektiver Dritter ist wegen des per definitionem geschlossenen Planungshorizonts und der fixierten Transaktionsmenge (von 1) in der Lage, über die (mangelnde) Leistungserfüllung zu urteilen. In diesem Fall sind vollständige Konditionalverträge (*contingent contracts*) möglich, in denen Leistungsmängel weitgehend durch „Wenn-dann-Klauseln" erfasst, ggf. pönalisiert und damit geregelt werden.

Auf **Nachfragerseite** folgt hieraus eine **zeitlich vertikale** Interpretation der Quasirente (vgl. *Abbildung 96*): Der über die Quasirente operationalisierte Bindungseffekt setzt eine über die einmalige Transaktion hinausgehende Häufigkeit voraus, da es sonst am Bezugspunkt für die Bindung mangelt (vgl. auch *Williamson*, 1985, S. 61). Die Problematik der spezifischen Investition gewinnt damit erst in Kombination mit offenem Planungshorizont bzw. unbestimmter Transaktionsmenge eine aus Nachfragersicht zur Abgrenzung unterschiedlicher Geschäftstypen relevante Bindungsdimension (vgl. auch *Schumann et al.*, 1999, S. 476). Durch diese Interpretation der Quasirente entfällt zugleich die Notwendigkeit einer gesonderten Berücksichtigung der Dimension „Transaktionshäufigkeit" zur Typologisierung verschiedener Geschäftstypen, wie sie von einigen Autoren gefordert wird (vgl. *Meyer et al.*, 1998, S. 139 ff.).

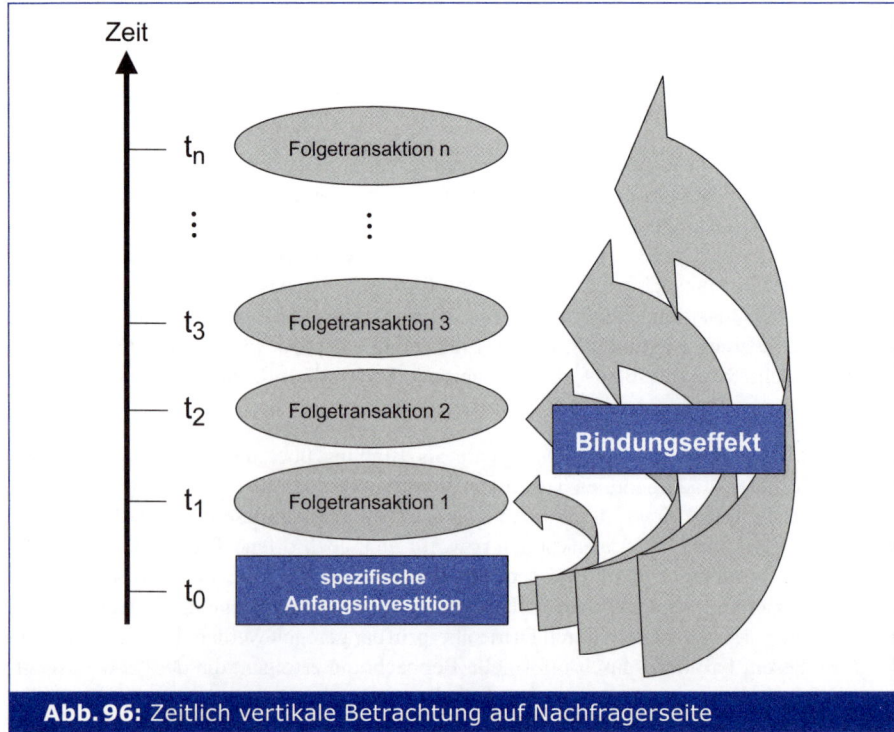

Abb. 96: Zeitlich vertikale Betrachtung auf Nachfragerseite

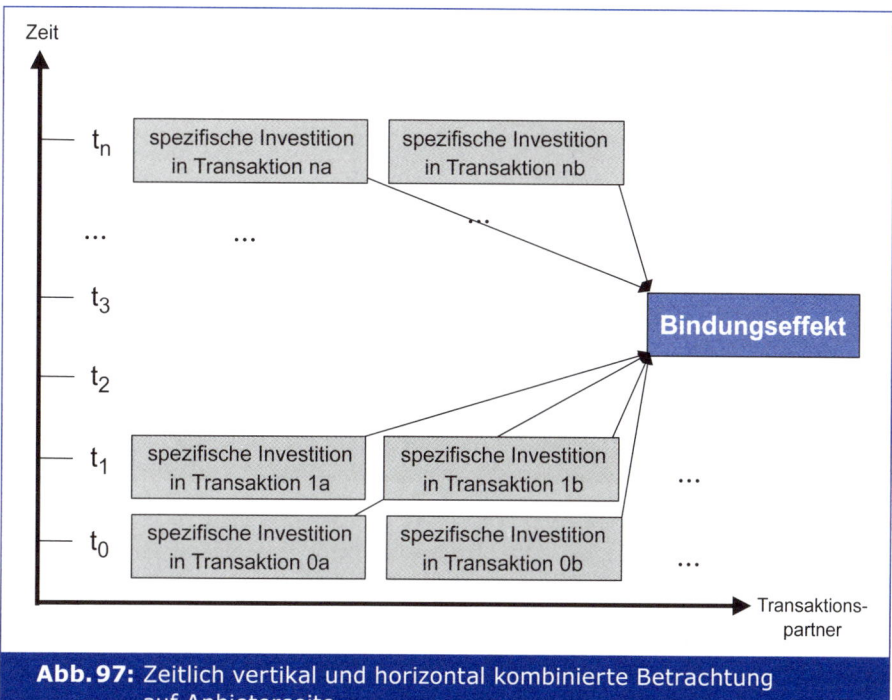

Abb. 97: Zeitlich vertikal und horizontal kombinierte Betrachtung auf Anbieterseite

Anbieterseitig kann die Transaktionshäufigkeit spiegelbildlich als ein „Wie oft verkauft der Anbieter das gleiche Leistungskonzept?" interpretiert werden. Diese Fragestellung beinhaltet – wie *Abbildung 97* zeigt – sowohl eine **zeitlich vertikale** Komponente („Ist ein mehrfacher Verkauf des Leistungskonzepts im Zeitablauf möglich?") als auch eine **zeitlich horizontale** Dimension („Ist eine mehrfache Kontrahierung des Leistungskonzepts zum Betrachtungszeitpunkt mit mehreren Nachfragern möglich?"). Daraus folgt, dass die Quasirente auf Anbieterseite aus der idiosynkratischen Investition in eine Transaktionsbeziehung resultiert, die *weder horizontal* (in Bezug auf andere potenzielle Nachfrager zum Betrachtungszeitpunkt) *noch vertikal* (in Bezug auf potenzielle Nachfrager zu einem späteren Zeitpunkt) weiterverwendbar ist. Nur wenn dem Anbieter also weder zum Betrachtungszeitpunkt ein Verkauf des Leistungskonzepts an andere Nachfrager noch eine spätere Weiterverwendung möglich ist, handelt es sich um eine spezifische Investition.

Bei **Existenz** einer **Quasirente** – unabhängig davon, bei welchem Vertragspartner sie entsteht – resultieren aus der beschriebenen Measurement-Problematik „Verhandlungsspielräume" bzgl. des *amount at stake*. Daher sind obige Überlegungen zur *Entstehung einer Quasirente* zu trennen von der Frage, wem letztendlich diese *Quasirente zufällt (faktische Verteilung der Quasirente)* (vgl. Schumann et al., 1999, S. 479). Letzteres ist ein Resultat aus Marktform bzw. Machtverhältnissen, die den Rahmen für eine bestimmte Transaktionsbeziehung bilden. Von diesen Rahmenbedingungen ist weitgehend abhängig, inwieweit ein *konkreter* **Absicherungsbedarf** der entstehenden Quasirente existiert. Diesen Absicherungsbedarf muss der Anbieter bei der Gestaltung seines Marketing-Programms berücksichtigen, wobei eine fallweise Entwicklung von grundsätzlichen Anforderungen an sein Marketing-Programm in Abhängigkeit vom *abstrakten* Absicherungsbedarf nachvollzogen werden kann (vgl. *Abbildung 98*).

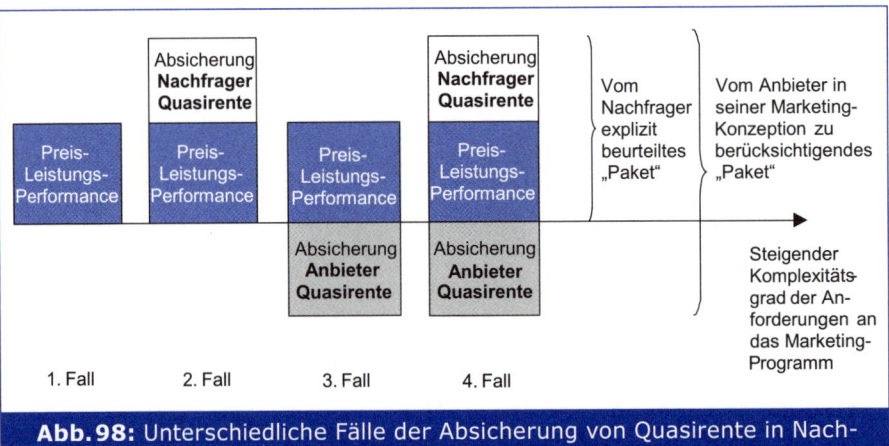

Abb. 98: Unterschiedliche Fälle der Absicherung von Quasirente in Nachfragerbeurteilung und anbieterseitigem Marketing-Programm

Im ersten Fall entsteht weder beim Nachfrager noch beim Anbieter eine Quasirente. Der Nachfrager bindet sich nicht über den konkreten Kaufakt hinaus an den Anbieter. Dieser wiederum richtet sein Angebot nicht spezifisch auf diesen einen Kunden aus. Dieser Fall weist aus Anbietersicht die geringste Komplexität des Marketing-Programms auf, da das Angebot von potenziellen Nachfragern allein auf Basis der reinen Preis-Leistungs-Performance beurteilt wird. Im zweiten Fall entsteht (zusätzlich) eine Nachfrager-Quasirente. Für den Anbieter erwächst die Notwendigkeit, dem Nachfrager dessen Quasirente glaubwürdig abzusichern und somit einen KKV in Bezug auf das Gesamtpaket aus Preis-Leistungs-Performance und Quasirentenabsicherung zu erzielen. Daraus folgt eine erhöhte Komplexität des Marketing-Programms, die jedoch als solche vom Nachfrager auch wahrgenommen und explizit in seine Beurteilung einbezogen wird. Der dritte Fall ist durch den alleinigen Anfall einer Anbieter-Quasirente gekennzeichnet. Neben dem Erfordernis eines KKVs hinsichtlich eines entsprechenden Preis-Leistungs-Verhältnisses erwächst für den Anbieter die Notwendigkeit zur Absicherung seiner eigenen Quasirente, u. U. ohne dass die Qualität der Erfüllung dieses Absicherungsbedarfs in das vom Nachfrager *explizit* beurteilte Paket einfließt. Hieraus resultieren für den Anbieter gestiegene Anforderungen an die effektive *und* effiziente Gestaltung seines Marketing-Programms. Im vierten Fall entsteht bei beiden Transaktionspartnern eine (etwa gleich hohe) Quasirente. Es handelt sich damit um eine aus Fall zwei und drei quasi „zusammengesetzte" Absicherungsproblematik, die entsprechend den höchsten Komplexitätsgrad beinhaltet.

Die aufgezeigten vier Fälle bzgl. der Anforderungen an das anbieterseitige Marketing-Programm können – je nachdem bei welchem Transaktionspartner ggf. eine Quasirente entsteht – in vier Geschäftstypen übersetzt werden, die in *Abbildung 99* dargestellt sind: Liegt keine potenzielle Ex-Post-Abhängigkeit vor, wird im **Produktgeschäft** kontrahiert (1. Fall). Entsteht nur beim Nachfrager eine durch die Quasirente operationalisierte Bindung, so handelt es sich um ein **Systemgeschäft** (2. Fall). Ist dagegen nur eine potenzielle Abhängigkeit über eine anbieterseitige Quasirente gegeben, so bezeichnen wir das als **Anlagengeschäft** (3. Fall). Sind beide Vertragspartner in etwa gleichem Maße aneinander gebunden, liegt der Geschäftstyp des **Zuliefergeschäfts** vor (4. Fall).

Die Gemeinsamkeiten und Unterschiede zwischen den vier Geschäftstypen in der Theorie lassen sich auch in praktischer Hinsicht feststellen: Die Gemeinsamkeit von Anlagen- und

A. Typologien im Industriegütermarketing

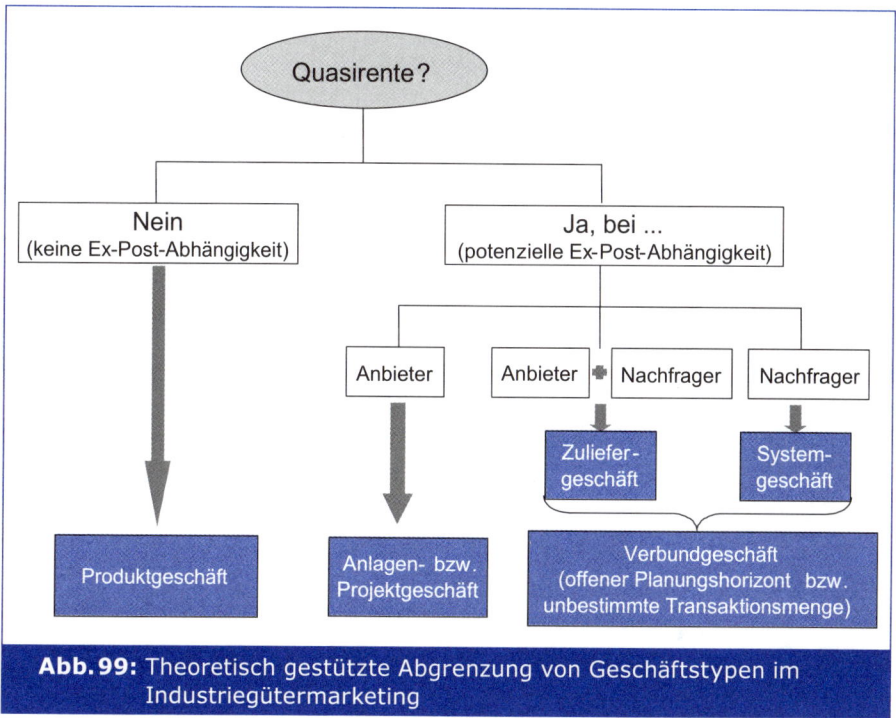

Abb. 99: Theoretisch gestützte Abgrenzung von Geschäftstypen im Industriegütermarketing

Zuliefergeschäft liegt darin, dass *beim Anbieter* eine Quasirente anfällt. Diese entsteht dadurch, dass ein Anbieter in eine einzelne Geschäftsbeziehung investiert, die ihn in die Abhängigkeit von einzelnen Kunden bringt: So investiert ein Anbieter von Kraftwerken in der Angebotsphase spezifisch, wenn er einen Lösungsvorschlag unterbreitet, der auf spezifische Ausschreibungsunterlagen eines Kunden gerichtet ist. Der Kunde dagegen erstellt die Ausschreibungsunterlagen nicht anbieterspezifisch, sondern macht sie allen potenziellen Lieferanten in gleicher Form zugänglich. Das Gleiche gilt für einen Automobilproduzenten, der die Beschaffung eines kompletten Armaturenbrettes für einen neuen Modelltyp ausschreibt. Gemeinsames praktisches Merkmal ist somit für das Anlagen- und das Zuliefergeschäft der **Einzelkundenbezug**, denn gegenüber dem anonymen Markt entsteht keine Quasirente. Beim System- und beim Produktgeschäft fällt dagegen anbieterseitig keine Quasirente an, da der Anbieter nicht in eine einzelne Geschäftsbeziehung, sondern in einen anonymen Markt investiert. Gemeinsamkeiten des Zuliefer- und Systemgeschäfts sind darin begründet, dass bei beiden Typen eine *nachfragerseitige* Quasirente anfällt. Diese kommt dadurch zustande, dass der Nachfrager spezifische Investitionen tätigt und sich damit in ein Abhängigkeitsverhältnis in Bezug auf folgende, zeitlich nachgelagerte Kaufentscheidungen begibt. Gemeinsames praktisches Merkmal ist somit jeweils der **zeitliche Kaufverbund**, welcher dazu führt, dass durch den Erstkauf Folgekäufe determiniert bzw. limitiert sind. Beim Anlagengeschäft entsteht dagegen keine nachfragerseitige Quasirente, weil genauso wie beim Produktgeschäft Einzeltransaktionen ohne zeitliche Verbundbeziehungen vorliegen. Verwendet man die beiden pragmatischen Kriterien Einzelkundenbezug (zur Konzeptualisierung dieses Konstrukts vgl. *Dahlke*, 2001) und zeitlicher Kaufverbund zur Systematisierung der genannten Geschäftstypen, so entsteht das in *Abbildung 100* dargestellte Geschäftstypenportfolio.

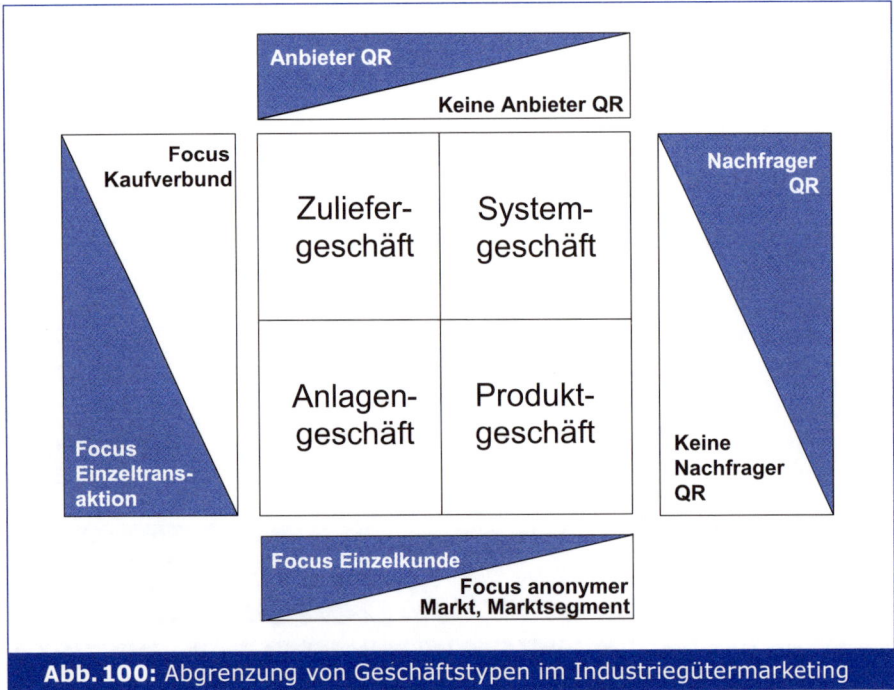

Abb. 100: Abgrenzung von Geschäftstypen im Industriegütermarketing

Auf der **vertikalen Achse** wird danach unterschieden, ob es sich um einen auf die Einzeltransaktion beschränkten Transaktionsprozess ohne **Kaufverbund** handelt, oder ob Transaktionsprozesse vorliegen, die eine innere Verbindung aufweisen. Hierbei sind Folgekaufaktionen wegen bestehender Quasirenten von Kaufentscheidungen der Vorphasen abhängig. Das Typologisierungskriterium auf der **horizontalen Achse** bezieht sich darauf, ob das Verhaltensprogramm **einzel-kundenbezogen** und entsprechend (auch) mit einer Anbieterquasirente verbunden ist oder ob es sich auf einen mehr oder weniger stark ausgeprägten **anonymen Markt** richtet. Dieses Typologisierungskriterium ist im Wesentlichen mit der entsprechenden Dimension bei *Plinke* identisch. Die daraus entstehenden vier Geschäftstypen lassen sich pragmatisch wie folgt charakterisieren (vgl. auch *Backhaus*, 1993):

Im **Produktgeschäft** werden Leistungen vermarktet, die sich auf einen anonymen Markt richten, ohne dass Abhängigkeiten erzeugende Kaufverbunde bestehen. Mit anderen Worten: Es handelt sich i.d.R. um vorgefertigte und in Mehrfachfertigung erstellte Leistungen, die auf einem anonymen Markt vermarktet werden und die der Nachfrager zum isolierten Einsatz nachfragt. Das Produktgeschäft weist damit einen geringen Spezifitätsgrad auf.

Wie das Produktgeschäft ist auch das **Anlagengeschäft** durch einen in sich abgeschlossenen Kaufprozess gekennzeichnet. Im Gegensatz zum Produktgeschäft werden hier jedoch komplexe Projekte vermarktet, bei denen der Absatz- dem Fertigungsprozess vorläuft. Die Kaufentscheidung wird projektspezifisch zu einem bestimmten Zeitpunkt gefällt, so dass der Verkauf für eine konkrete Anlage abgeschlossen ist, wobei i.d.R. die kundenindividuell erstellten Leistungen beim Nachfrager zu einem funktionsfähigen Angebotsbündel zusammengefügt werden. Leistungsangebote, die im Anlagengeschäft vermarktet werden, sind damit im Vergleich zum Produktgeschäft durch einen vergleichsweise hohen Spezifitätsgrad gekennzeichnet, d.h. eine konkret erstellte Anlage findet i.d.R. in identischer Weise quasi keinen weiteren Abnehmer am Markt. Die Auftragsfertigung führt zum Abschluss kontingenter Verträge, in denen bei Auftreten bestimmter Bedingungslagen konkrete Konsequenzen vereinbart sind („Bei Inbetriebnahme wird eine Zahlungsrate fällig.").

Gegenüber dem Produkt- und Anlagengeschäft bestehen beim System- und Zuliefergeschäft Kaufverbunde zwischen verschiedenen, sukzessiven aufeinander-folgenden Kaufprozessen. Im **Systemgeschäft** werden Produkte vermarktet, die für einen anonymen Markt bzw. ein bestimmtes Marktsegment konzipiert sind, wobei aber eine sukzessive Abfolge hintereinander geschalteter Kaufprozesse besteht, die eine innere Verbindung aufweisen. Gegenstand der Vermarktung können z. B. Systemtechnologien wie z. B. CIM-, Bürokommunikations- oder Telekommunikationssysteme sein, die jedoch nicht – wie im Anlagengeschäft – als Komplettpakete vermarktet werden, sondern als einzelne Technologien in einer sukzessiven Beschaffungsschrittfolge gekauft werden.

Das **Zuliefergeschäft** ist dadurch gekennzeichnet, dass Vermarktungsprogramme für einzelne Kunden entwickelt werden, wobei eine längerfristige Geschäftsbeziehung mit dem Kunden aufgebaut wird. In der Regel handelt es sich dabei um Leistungen, die für einzelne Kunden spezifisch entwickelt werden, wobei der Kunde in seinen Kaufprozessen dann längerfristig an diese einmal entwickelte Lösung gebunden ist. Typisches Beispiel sind die individualisierten Leistungsangebote von Zulieferern im Automobilgeschäft. So hat die Firma Hella KG in Lippstadt mit Audi gemeinsam den Heckscheinwerfer für das Modell „Audi 80" entwickelt. Dabei handelt es sich um eine kundenspezifische Leistung. Für die Dauer des Produktlebenszyklusses des Audi 80 war die Firma Audi aufgrund der technologischen Beschaffenheiten an den Bezug des Heckscheinwerfers der Firma Hella KG gebunden. Beide Partner sind jeweils gegenseitig während eines Lebenszyklusses schwer substituierbar (vgl. *Jackson*, 1988). Je geringer die Substituierbarkeit des Kunden für den Anbieter ist, umso bedeutsamer wird der einzelne Kunde. *Plinke* spricht in diesem Zusammenhang von „heavy weight" Key-Account-Management (vgl. *Plinke*, 1992a).

Die Typologie dieser Geschäftsarten hat enorme **Konsequenzen für die Gestaltung von Marketing-Programmen** und macht deutlich, dass *technisch identische* Leistungsangebote in *verschiedenen* Geschäftstypen vermarktet werden können:

- Ein PC kann im Produktgeschäft und im Systemgeschäft vermarktet werden. Wird er als Einzelplatzrechner ohne Verbindung zu anderen Rechnern verwendet, erfolgt die Transaktion im Rahmen eines Produktgeschäfts. Soll er mit anderen PCs in einem „local area network" vernetzt werden, wird er dann im Systemgeschäft gekauft, wenn die Beschaffung der Netzrechner sukzessive erfolgt.
- Eine private Telefonnebenstellenanlage wird im Systemgeschäft erworben, wenn sich der Anbieter für eine bestimmte Lösungskonzeption entscheidet, die einzelnen Anschlüsse aber sukzessive erwirbt. Ein Anlagengeschäft liegt vor, wenn das Gesamtprojekt auf einen Schlag realisiert wird.
- Wird ein Leistungsangebot, das dann in großer Stückzahl identisch produziert wird, speziell für einen Kunden entwickelt und im Prinzip auch nur durch ihn nutzbar, dann handelt es sich trotz der identischen Mehrfachfertigung um ein Zuliefer- und nicht um ein Produktgeschäft (vgl. *Backhaus*, 1993, S. 100 f.).

Ein Vergleich der Ansätze von *Kleinaltenkamp*, *Richter*, *Plinke*, *Kaas* und *Backhaus* zeigt, dass zwischen allen Ansätzen – in ihrer theoretischen wie praktischen Ausprägung – z. T. enge Beziehungen bestehen. Obwohl sie vor unterschiedlichen praktischen wie theoretischen Hintergründen entstanden sind, zeigen sie in ihren praxisorientierten Weiterentwicklungen ein hohes Maß an Konvergenz. Ihre Kernunterschiede liegen vor allen Dingen in den Begrifflichkeiten. Allerdings haben *Mühlfeld* (2007) und *Voeth* (2007a) zurecht darauf hingewiesen, dass im Hinblick auf Geschäftstypen noch immer ein großer Forschungsbedarf besteht. Nach *Mühlfeld* (2007) ist dieser vor allem im Bereich der **Geschäftstypendynamik** zu sehen. So liegen bislang kaum Erkenntnisse über gezielt initiierte, aber auch extern angestoßene Veränderungsprozesse bei Geschäftstypen vor. Ebenso wurde zu Geschäftstypen bislang eher konzeptionell, weniger jedoch empirisch geforscht (vgl. *Voeth*, 2007a, S. 340ff.).

Kapitel B

Marketing im Produktgeschäft

I. Merkmale und Vermarktungsbesonderheiten des Produktgeschäfts

1 Charakteristika des Geschäftstyps

Leistungen, die im Produktgeschäft vermarktet werden, sind dadurch gekennzeichnet, dass sie nicht einzelkundenspezifisch, sondern **für eine Gruppe von Nachfragern** – ein Marktsegment oder einen Gesamtmarkt – entwickelt worden sind („anonymer Markt"). Darüber hinaus bindet sich ein Käufer bei Folgekaufentscheidungen nicht an vormals getroffene Entscheidungen. Der Käufer ist vielmehr bei allen Folgeentscheidungen völlig frei und kann demnach unabhängig von vormaligen Entscheidungen zwischen den Leistungen verschiedener Wettbewerber wählen. Im theoretischen Idealfall handelt es sich quasi um „Spotmärkte", bei denen die einzelnen Markttransaktionen **ohne Verbundwirkungen** auf andere Transaktionen sind („Einzeltransaktion").

Das Merkmal **„anonymer Markt"** kennzeichnet hierbei den Fokus der Anbieterbemühungen: Das Leistungsangebot richtet sich auf eine breite Zielgruppe und nicht auf Einzelkunden. Bei Leistungen im Produktgeschäft handelt es sich i. d. R. um vorgefertigte und in Mehrfachfertigung erstellte Produkte, die der Kunde zum isolierten Einsatz nachfragt. Der Spezifitätsgrad der Angebote im Produktgeschäft ist daher tendenziell gering. Die Produktentwicklung erfolgt auf Basis von Gesamt- oder Teilmarktmodellen, die auf aggregierten Präferenzen der Nachfrager beruhen. Mit anderen Worten ermitteln Anbieter im Vorfeld der Produktentwicklung die Anforderungen der Nachfrager eines für die Marktbearbeitung potenziell in Frage kommenden Marktsegments und orientieren sich innerhalb der Produktentwicklung an den „Durchschnittspräferenzen" oder den Präferenzen der Mehrheit der entsprechenden Nachfrager, indem sie eine auf diese Anforderungen zugeschnittene Leistung definieren, produzieren und innerhalb des Marktsegments abzusetzen versuchen. In der Regel erfolgt der Leistungserstellungsprozess demnach zeitlich *vor* dem Vermarktungsprozess.

Das zweite Charakteristikum von Kaufprozessen im Produktgeschäft, das Vorhandensein einer **„Einzeltransaktion"**, besteht darin, dass Leistungen von Nachfragern gekauft werden, ohne dass dadurch weitere Kaufentscheidungen präjudiziert werden. Es liegt somit ein in sich abgeschlossener Kaufprozess vor. Da somit die nun zu beschaffende Leistung im Vordergrund steht, muss im Produktgeschäft eine effiziente und effektive Informationspolitik vor dem Kauf erfolgen.

Die Besonderheiten des Geschäftstyps „Produktgeschäft" lassen sich auch an folgendem Beispiel verdeutlichen:

> Die Putzmeister AG ist einer der weltweit führenden Hersteller von Spezial-Baumaschinen. Schwerpunkte der Herstellung sind Maschinen zur Förderung und Verteilung von Beton, Mörtel und Dickstoffen bis hin zu deren Aufbereitung, Zwischenlagerung und Verarbeitung sowie Ma-

schinen und Systeme für die Hochdruckreinigung-Dynajet. Ein typisches Produkt von Putzmeister ist die Autobetonpumpe M61 (vgl. *Abbildung 101*), mit deren Hilfe Beton an praktisch allen Stellen einer Baustelle zugänglich gemacht wird.

Diese Maschinen sind für die Firma Putzmeister Standarderzeugnisse, die in großen Stückzahlen gefertigt werden, ohne dass weitergehende Kundenanpassungen erfolgen. Zwar kann der Kunde Spezialausstattungen bei den Autobetonpumpen wählen; hierbei handelt es sich aber um vorgegebene Varianten des Grundmodells, so dass keine kundenspezifische Fertigung erfolgt. Auf der Kundenseite hingegen werden die Autobetonpumpen zumeist stand-alone und demnach ohne unmittelbare Vernetzung zu anderen Pumpen eingesetzt. Da sich Kunden folglich durch den Kauf

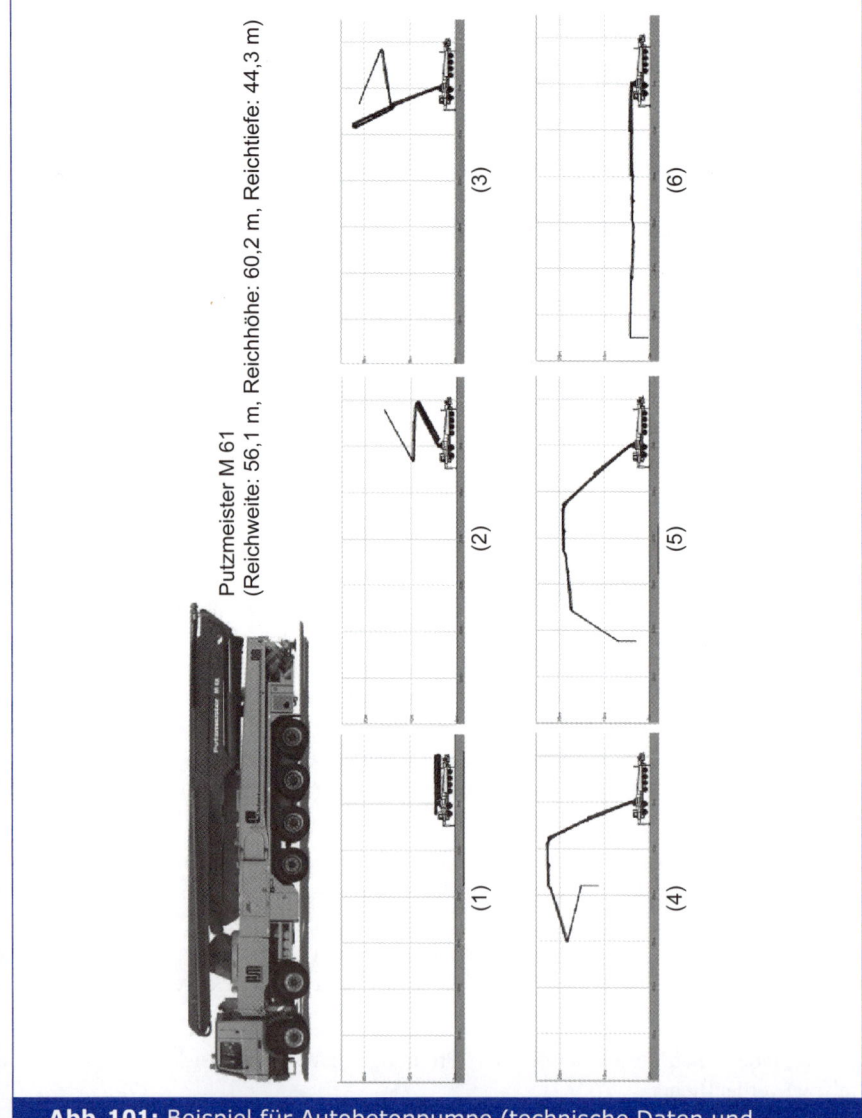

Abb. 101: Beispiel für Autobetonpumpe (technische Daten und Funktionsweise)

Quelle: *Putzmeister AG*, 2006.

einer Autobetonpumpe M61 nicht im Hinblick auf spätere Erweiterungs- oder Ersatzinvestitionen an Erzeugnisse des Unternehmens Putzmeister binden, entsteht beim Kauf für den Kunden kein Kaufverbund. Zusammengenommen zeigt sich also, dass der Anbieter für den Gesamtmarkt fertigt und Kunden beim Kauf keinen Kaufverbund eingehen. Die Autobetonpumpen werden demnach im Produktgeschäft vermarktet.

2 Ableitung eines Vermarktungsansatzes für das Produktgeschäft

Da Leistungen, die im Produktgeschäft vermarktet werden, keine oder vernachlässigbare Folgewirkungen auf Wiederkaufentscheidungen haben und die Fertigung des Anbieters hier zudem zumeist vor dem Kauf des Kunden stattfindet, kann dem Vermarktungsproblem im Produktgeschäft mit dem klassischen Marketing-Ansatz entsprochen werden. Der **„klassische Marketing-Ansatz"** hat seine Wurzeln dabei auf Konsumgütermärkten, da sich der Wandel von Verkäufer- zu Käufermärkten zunächst dort in den 1960er bzw. 1970er Jahren vollzog. Daher trat auf diesen Märkten bereits sehr früh das Erfordernis auf, Unternehmen markt- und kundenorientiert auszurichten, so dass sich das Marketing-Denken zunächst in Unternehmen dieser Branchen etablierte. Kennzeichen dieser Konsumgütermärkte, die im Marketing anfänglich vornehmlich im Fokus standen, war jedoch einerseits, dass Anbieter standardisierte Leistungen anboten („anonymer Markt") und – zumindest in der Vergangenheit – vornehmlich auf „Einzeltransaktionen" abzielten. Folglich waren die ursprünglichen Referenzmärkte, für die das Marketing Lösungsansätze suchte, durch eine ähnliche grundsätzliche Vermarktungssituation wie das industrielle Produktgeschäft gekennzeichnet.

Der klassische Marketing-Ansatz baut dabei vor allem auf dem sog. **S-O-R-(Stimulus-Organism-Response-)Paradigma** auf. Dieses geht davon aus, dass Anbieter ihre Vermarktungsmaßnahmen (Stimuli) an anonyme Märkte herantragen. Hierbei gestalten sie ihre Vermarktungsmaßnahmen so, dass das Verhalten der Nachfrager (mehr oder weniger erfolgreich) im Sinne des Anbieters beeinflusst (stimuliert) wird. Ziel ist es dabei, dass die Stimuli im Organismus der Kunden so verarbeitet werden, dass ein bestimmter Response auf Seiten der Nachfrager (z. B. Kauf oder Nicht-Kauf, Kaufmenge, Kaufzeitpunkt etc.) ausgelöst wird. Als Strukturierung für die anbieterseitigen Vermarktungsmaßnahmen etablierte sich dabei die Unterteilung in die sog. **4 Ps** (product, place, promotion, price). Diese gliedern die anbieterseitigen Vermarktungsmaßnahmen, die für den Kunden sichtbar zutage treten, in Aktivitäten, die

- die anbieterseitige Leistung betreffen (Produktpolitik),
- die nachfragerseitige Gegenleistung umfassen (Preispolitik),
- den organisatorischen und physischen Übergang der Leistung vom Anbieter zum Kunden berühren (Distributionspolitik) und
- die systematische Gestaltung von Informationen über anbieterseitige Leistung, nachfragerseitige Gegenleistung sowie den Leistungsübergang betreffen (Kommunikationspolitik).

Angesichts der Tatsache, dass die Vermarktungssituation im Produktgeschäft der Vermarktungssituation auf klassischen Konsumgütermärkten sehr ähnlich ist, eignet sich der ursprünglich für das Konsumgütermarketing entwickelte klassische Marketing-Ansatz auch für das industrielle Produktgeschäft. Demnach wird im Produktgeschäft vor allem eine effiziente und effektive **Informationspolitik vor dem Kauf benötigt**. Der Käufer benötigt

Informationen (Kommunikationspolitik) darüber, welche Qualitäten das Leistungsangebot kennzeichnen (Produktpolitik), welche Preise für diese Leistungen zu bezahlen sind (Preispolitik) und wo dieses Leistungsangebot verfügbar ist (Distributionspolitik).

Auch wenn der klassische Marketing-Ansatz für das Produktgeschäft zur Strukturierung der anbieterseitigen Marketing-Verhaltensprogramme insgesamt geeignet erscheint, kann die konkrete Ausgestaltung der vier Vermarktungsinstrumente von Produktgeschäft zu Produktgeschäft verschieden sein. Vor allem variiert dabei die Ausgestaltung der **Produkt- und Preispolitik.** Diese hängt so wesentlich von der jeweiligen Markt- und Wettbewerbssituation ab. In Abhängigkeit davon, in welcher Markt- und Wettbewerbssituation sich Unternehmen im Produktgeschäft befinden, müssen entweder spezifische produkt- und preispolitische Instrumente eingesetzt oder bestehende Instrumente anders ausgestaltet werden. Im Hinblick auf in der Praxis besonders häufig anzutreffende Markt- und Wettbewerbssituationen im Produktgeschäft kann zwischen folgenden **Markttypen** differenziert werden, durch die viele Produktgeschäfte alternativ gekennzeichnet sind und die vor allem zur Differenzierung produkt- und preispolitischer Maßnahmen herangezogen werden können:

- Zum einen können Produktgeschäfte in Märkten auftreten, die durch einen eher **geringen Innovationsgrad** gekennzeichnet sind. Hier werden von den Anbietern wenig innovative Leistungen angeboten, so dass sich die Leistungen der verschiedenen Wettbewerber sachlich kaum voneinander unterscheiden lassen. Auf diesen **Commodity-Märkten** verfügen Anbieter zunächst einmal über nur geringe Möglichkeiten, sich durch produktpolitische Maßnahmen vom Wettbewerb zu differenzieren. Angesichts von im Wettbewerbsvergleich nahezu identischen Leistungen achtet der Kunde in erster Linie auf den Preis und erwartet von den Anbietern preispolitisches Entgegenkommen. Daher kommt der Preispolitik auf diesen Märkten naturgemäß ein großes Gewicht zu. Allerdings muss es auch das Ziel der Anbieter sein, sich dem damit auf diesen Märkten drohenden **scharfen Preis-Wettbewerb** durch Leistungsdifferenzierung gegenüber den Wettbewerbern zu entziehen. Da dies allerdings bei den technologisch zumeist ausgereiften Kernleistungen schwierig ist, versuchen Anbieter in solchen Märkten, sich durch das Angebot **produktbegleitender Dienstleistungen** produktpolitisch zu differenzieren und der unmittelbaren Vergleichbarkeit mit dem Wettbewerb zu entziehen.

- Zum anderen kann das Produktgeschäft auch auf **Specialty-Märkten** auftreten. Specialty-Märkte zeichnen sich dadurch aus, dass hier ein **geringerer Standardisierungsgrad** zwischen den Leistungen der Wettbewerber besteht. Zwar bieten die einzelnen Anbieter den verschiedenen Kunden eine identische Leistung zum Kauf an, zugleich jedoch sind die Leistungen der verschiedenen Anbieter untereinander nicht oder nur begrenzt vergleichbar. In Abgrenzung zu Commodity-Märkten können Anbieter auf diesen Märkten ein größeres Gewicht auf die produktpolitische Gestaltung ihrer Leistungen legen, da sie sich nicht an einem gegebenen Leistungsstandard im Markt orientieren müssen. Sie sind stattdessen in der Lage, mit **innovativen Leistungsangeboten** den Markt selbstständig zu gestalten. Neben dem größeren Stellenwert, der der Produktpolitik auf Specialty-Märkten zukommt, weist auch die Preispolitik eine im Vergleich zu Commodity-Märkten größere Komplexität auf. Da die Leistungen der Wettbewerber aufgrund des größeren Innovationsgrades für Kunden weniger vergleichbar sind, besteht für Anbieter ein **größerer Preissetzungsspielraum.** Vor diesem Hintergrund kommt der Ermittlung der Zahlungsbereitschaften der Kunden sowie der Entwicklung eines an diesen Zahlungsbereitschaften ausgerichteten Pricings ein besonderer Stellenwert auf Specialty-Märkten zu.

Ob sich Märkte den Specialty- oder den Commodity-Märkten zuordnen lassen, hängt häufig vom Stadium im **Marktlebenszyklus** ab. Das Marktlebenszyklus-Konzept bildet den

Entwicklungsstand/Reifegrad eines Produktes auf Gesamtmarktebene ab und stellt eine auf der Marktebene vorgenommene Aggregation des Produktlebenszyklus-Modells dar, bei dem einzelbetriebliche Überlegungen im Vordergrund stehen. Das **Produktlebenszyklus**-Modell beruht auf der Hypothese, dass jedes Produkt am Markt bestimmte Lebenszyklusphasen durchläuft, die unterschiedliche Absatz- und Gewinnpotenziale aufweisen (vgl. *Homburg/ Krohmer*, 2009, S. 434). Differenziert wird dabei üblicherweise zwischen der **Einführungs-**, der **Wachstums-**, der **Reife-** bzw. **Sättigungs-** sowie der **Degenerations-** oder **Schrumpfungsphase**. Je weiter fortgeschritten ein Produkt dabei im Markt-/Produktlebenszyklus ist, desto größer ist zunächst die Zahl der im Markt vorhandenen Konkurrenten, da im Zeitablauf immer mehr Wettbewerber mit Imitationen in den Markt drängen; erst später kann die Anzahl der Wettbewerber wieder rückläufig sein, wenn erste Konkurrenten – z. B. aufgrund von nicht-wettbewerbsfähigen Kostenstrukturen – bereits wieder aus dem Markt ausscheiden. Da die „best practices" im Zeitablauf von allen Wettbewerbern eingesetzt werden, kommt es quasi zwangsläufig zu Annäherungen bei den eingesetzten Technologien und zu Angleichungen der angebotenen Leistungen. Daher wird es für Kunden immer schwieriger, Unterschiede zwischen den Leistungen der Wettbewerber zu identifizieren. Im Produkt- oder Marktlebenszyklus wandeln sich daher Specialty-Märkte – zumeist in der Reife- oder Sättigungsphase – schrittweise zu Commodity-Märkten.

Auf **Commodity-Märkten** ist es dabei allerdings keineswegs so, dass die im Wettbewerb angebotenen **Leistungen** tatsächlich **identisch** sind. Vielmehr sind die Leistungsunterschiede zwischen den Wettbewerbern so stark geschrumpft, dass diese von Nachfragern nicht mehr als bedeutsam eingestuft werden. *Abbildung 102* verdeutlicht diese Überlegung. Wird so davon ausgegangen, dass Nachfrager Qualitätsunterschiede nur dann zu honorieren bereit sind, wenn diese eine bestimmte Mindestgröße (Abstand zwischen schwarzer und

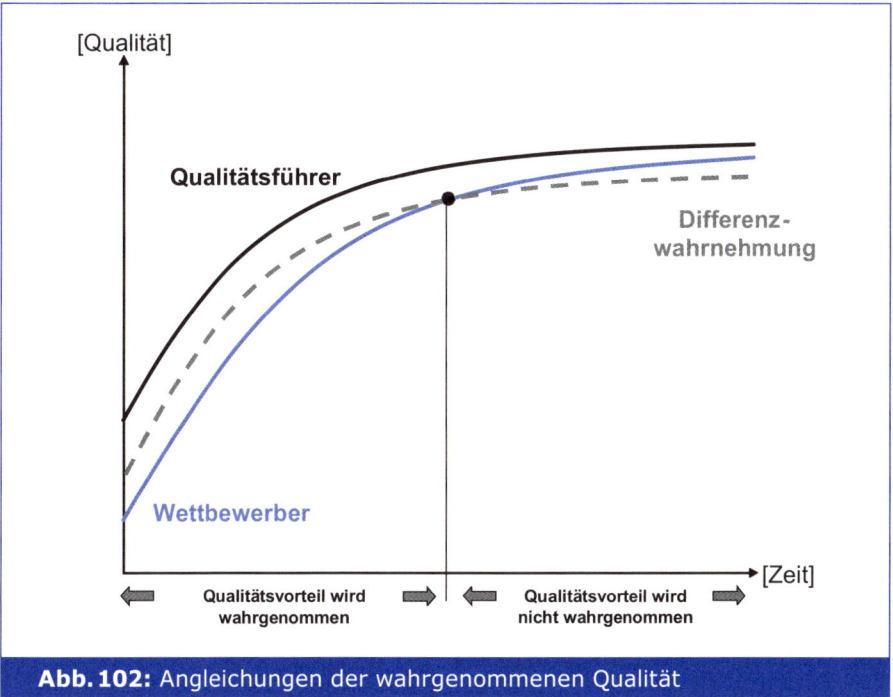

Abb. 102: Angleichungen der wahrgenommenen Qualität

gestrichelter Linie) übersteigt, dann wird deutlich, dass bei einer Annäherung des Qualitätsniveaus des Wettbewerbs an den Qualitätsführer nach einer gewissen Zeit der Punkt erreicht wird, ab welchem Qualitätsunterschiede im Markt seitens der Nachfrager nicht mehr wahrgenommen werden.

Empirische Untersuchungen zeigen in diesem Zusammenhang, dass sich in der deutschen Industrie immer mehr Produkte in fortgeschrittenen Phasen des Markt-/Produktlebenszyklus befinden. *Abbildung 103* verdeutlicht so zum einen, dass im Jahr 2002 rund zwei Drittel der Industrieprodukte in stagnierenden oder sogar schrumpfenden Märkten angeboten wurden. Zum anderen zeigt *Abbildung 103* auch auf, dass sich der Anteil von Produkten, die gerade in Märkte eingeführt worden sind, oder von Produkten in wachsenden Märkten in der ersten Hälfte dieses Jahrzehnts sogar noch verringert hat. Da Specialty-Märkte somit in immer weniger Branchen vorzufinden sind, kann angesichts dieser Entwicklung auch von einer schleichenden **„Commoditisierung"** vieler Industriegütermärkte gesprochen werden (vgl. *Enke et al.*, 2005).

Anders als die produkt- und preispolitischen Gestaltungsoptionen, die im Produktgeschäft in hohem Maße von der jeweiligen Markt- und Wettbewerbssituation abhängen, können innerhalb der **Distributions- und Kommunikationspolitik,** zumeist Markt- und Wettbewerbssituation unabhängig, ähnliche Instrumente zum Einsatz kommen. Daher werden die Produkt- und die Preispolitik im Folgenden marktspezifisch, die Distributions- und die Kommunikationspolitik hingegen marktübergreifend behandelt.

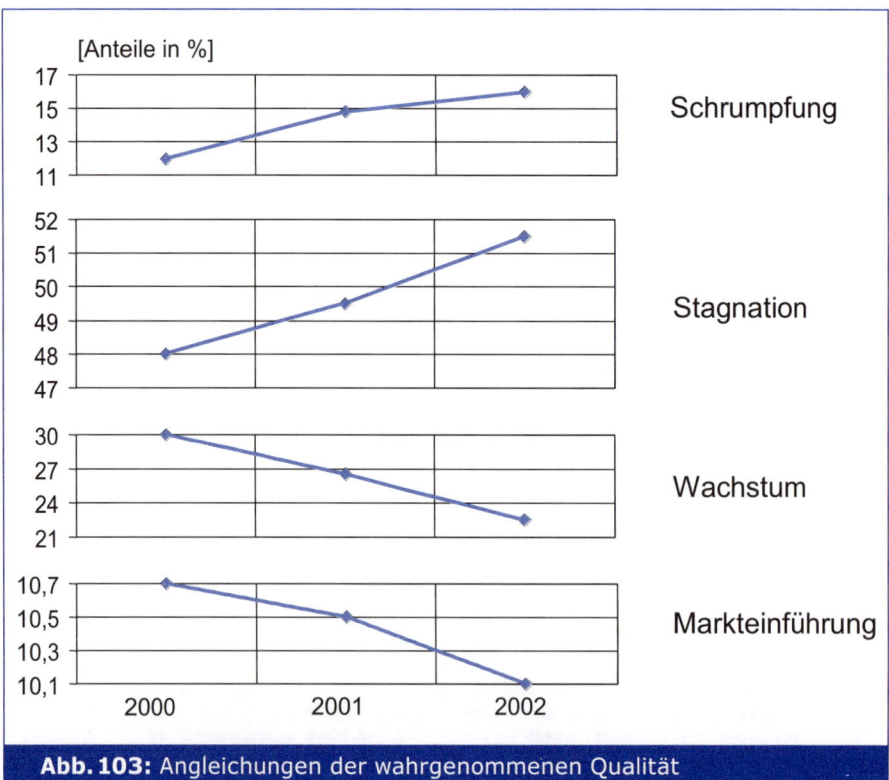

Abb. 103: Angleichungen der wahrgenommenen Qualität

Quelle: *ifo,* 2003.

II. Vermarktungsmaßnahmen im Produktgeschäft

1 Produkt- und Preispolitik: eine marktspezifische Betrachtung

1.1 Specialty-Märkte

Specialty-Märkte sind per definitionem dadurch gekennzeichnet, dass hier ein hoher Innovationsgrad und zugleich eine geringe Vergleichbarkeit der von verschiedenen Anbietern angebotenen Lösungen im Markt bestehen. Anbieter auf Specialty-Märkten setzen demnach zumeist auf den KKV „Qualität", indem sie sich eng an den Bedürfnissen potenzieller Kunden orientieren und Leistungsangebote entwickeln, die genau auf diese Bedürfnisse ausgerichtet sind. Aus diesen Merkmalen von Specialty-Märkten ergeben sich unmittelbar die zentralen Herausforderungen für die Produkt- und Preispolitik:

- In der Produktpolitik steht die Produktgestaltung und hierbei speziell die **Neuproduktkonzeption** im Vordergrund. Da Specialty-Märkte davon „leben", dass es den Anbietern immer wieder gelingt, den Markt mit neuartigen, verbesserten Problemlösungen voranzutreiben, kommt der Entwicklung und Einführung marktfähiger Innovationen ein besonderer Stellenwert zu. Der Druck, kontinuierlich Neuprodukte in die Märkte einführen zu müssen, verschärft sich dabei auf Specialty-Märkten noch dadurch, dass diese Märkte parallel durch eine **Verkürzung von Produktlebenszyklen** gekennzeichnet sind (vgl. *Specht et al.*, 2002, S. 3 ff.). Der schnelle technologische Wandel, der für Specialty-Märkte typisch ist, führt zu immer geringeren „Halbwertzeiten" von Produkten. Unternehmen sind daher gezwungen, in immer kürzeren Abständen technologische Weiterentwicklungen aufzugreifen und in Form von Neuprodukten ihren Kunden anzubieten (vgl. *Niedbal*, 2005, S. 1). Im weiteren Verlauf des Produktlebenszyklus sind die zuvor eingeführten Produkte dann ggf. an die veränderten Bedürfnisse des Marktes anzupassen.
- Die geringe Vergleichbarkeit der im Markt angebotenen alternativen Problemlösungen führt dazu, dass **kein Marktpreis** vorhanden ist. Daher verfügen Anbieter auf Specialty-Märkten tendenziell über einen ausgeprägten Preissetzungsspielraum. Innerhalb der Preispolitik muss daher die Zielsetzung verfolgt werden, die auf Seiten der Nachfrager vorhandenen Zahlungsbereitschaften umfassend „abzugreifen". Zu einem systematischen **Zahlungsbereitschaftsmanagement** sind hierbei die Ermittlung von Zahlungsbereitschaften, die marktbezogene Preisfestlegung sowie der teilmarktbezogene Einsatz von Preisinstrumenten zu rechnen.

1.1.1 Neuproduktkonzeption und -anpassung

1.1.1.1 Bedeutung und Erfolgsfaktoren der Neuproduktplanung

Gerade in Märkten, die durch kurze Produktlebenszyklen gekennzeichnet sind, kommt der **Produktentwicklung** und rechtzeitigen Produkteinführung eine **zentrale Bedeutung** für den Erfolg der Unternehmung zu. Allerdings ist mit der Produktentwicklung und -einführung noch **keine Erfolgsgarantie** verbunden. Im Gegenteil: Die hohen Raten erfolgloser Neuprodukte, die sich in vielen Märkten beobachten lassen, belegen vielmehr, dass mit der Neuproduktplanung z. T. erhebliche Risiken verbunden sind (vgl. *Stadie*, 1998, S. 2).

Auch wenn demnach verschiedene Faktoren und Faktorenklassen für den Innovationserfolg generell von Bedeutung sein können, zeigen Gegenüberstellungen von Neuproduktmisserfolgen und -erfolgen, dass ein wesentlicher Unterschied zwischen erfolgreichen und weniger erfolgreichen Neuprodukteinführungen in der **marktorientierten Produktentwicklung** zu sehen ist. Die Forderung nach einer marktorientierten Produktentwicklung bei Neuprodukten ist dabei jedoch keineswegs neu und wird stattdessen bereits seit geraumer Zeit erhoben. Bereits *Picot et al.* (1988, S. 118) vertreten diese Auffassung, indem sie feststellen: „Grundsätzlich kann die unternehmerische Aufgabe der Entwicklung darin gesehen werden, den Wettbewerbserfolg der Unternehmung durch die Erarbeitung und Bereitstellung markt-, zeit- und kostengerechter neuer Lösungen sicherzustellen. Über die Erreichung dieser Ziele befinden i. d. R. der Markt bzw. die Kunden." Umso verwunderlicher ist es, dass noch immer viele Neuproduktideen in Märkten daran scheitern, dass bei ihrer Entwicklung in zu geringem Ausmaß Markterfordernisse berücksichtigt wurden und daher Produkte am Markt vorbei entwickelt worden sind. Die Gefahr eines solchen „am Markt vorbei Entwickelns" besteht dabei vor allem in Technologie-dominierten Unternehmen, da hier häufig aus einer „Inside-Out-Perspektive" gedacht und agiert wird.

1.1.1.2 Ablaufschritte der Neuproduktplanung

Da der Erfolg bzw. Misserfolg von Neuprodukten durch eine Vielzahl von zudem untereinander mehr oder weniger abhängigen Einflussgrößen determiniert wird, ist die Neuproduktplanung in Unternehmen durch ein hohes Maß an Komplexität und Unsicherheit gekennzeichnet. Gerade deshalb sollten Unternehmen eine **systematische Neuproduktplanung** durchführen. Zur Entwicklung und Einführung neuer Produkte wird so in der Literatur ein stufen- oder **phasenweises Vorgehen** vorgeschlagen (vgl. *Ernst*, 2005, S. 251; vgl. für einen Überblick über unterschiedliche Phasenansätze in der Literatur *Weiber et al.*, 2006, S. 102). Den typischen Ablauf eines solchen Planungsansatzes, bei dem zunächst Innovationsideen systematisch generiert werden und anschließend immer mehr Alternativen in einem (stufenweisen) **Filterprozess** (Screening) ausgeschlossen werden, zeigt *Abbildung 104*.

1.1.1.2.1 Festlegung der strategischen Stoßrichtung

Da die Neuproduktplanung für Unternehmen auf Specialty-Märkten von zentraler Bedeutung für den Unternehmenserfolg ist, sollte diese in übergeordnete strategische Überlegungen eingebunden werden. Insbesondere bedarf es **strategischer Vorgaben** im Hinblick auf folgende Fragen:

- Wo soll nach Neuproduktideen gesucht werden?
- Wie soll nach Neuproduktideen gesucht werden?

Zunächst stellt sich hierbei die Frage nach dem Suchfeld. Im Rahmen einer systematischen **Suchfeldanalyse** ist ein Suchprofil festzulegen, das als übergeordneter Filter die Aufgabe übernimmt, der anschließenden Ideenfindung und -bewertung eine grundsätzliche Richtung zu geben. Gerade bei Unternehmen, die über ein breites Leistungsspektrum verfügen, die in verschiedenen Märkten aktiv sind und die unterschiedliche Technologien einsetzen, kommt der Suchfeldanalyse besondere Bedeutung zu, um den Neuproduktplanungsprozess nicht ausufern zu lassen. Zielsetzung ist die Festlegung, in welchen Bereichen anschließend nach Neuprodukten gesucht werden soll.

Darüber hinaus sind strategische Vorgaben auch für den **Neuproduktfindungsprozess** erforderlich. In Bezug auf den Prozess der Neuproduktplanung sollten u. a. folgende Fragen geklärt werden:

- Welche **Marktsegmente** sollen von der Innovation angesprochen werden?
- Welche **strategische Rolle** sollen die neuen Produkte erfüllen?

Abb. 104: Phasen im Innovationsprozess

Quelle: in Anlehnung an *Weiber et al.*, 2006, S. 108.

- Welche **Technologien** sollen zum Einsatz kommen?
- Sollen **Kunden** in den Neuproduktplanungsprozess **eingebunden** werden?

Für die effiziente Gestaltung des Neuproduktplanungsprozesses ist es so einerseits wichtig, dass im Vorfeld festgelegt wird, ob sich das geplante Neuprodukt an **spezielle Marktsegmente** richten soll. Nur wenn die mit der geplanten Innovation anzusprechende Kundengruppe bekannt ist, lässt sich die Neuproduktsuche anschließend zielgerichtet durchführen. In engem Zusammenhang hierzu steht die Frage, welche **strategische Rolle** den neu zu entwickelnden Produkten zukommen soll. Zu unterscheiden ist hierbei etwa dahingehend, ob mit den Neuprodukten eine **Marktdurchdringung** (die Neuprodukte richten sich an bestehende, vom Unternehmen bereits bearbeitete Märkte) oder eine **Markterschließung** (die Neuprodukte richten sich an für das Unternehmen neue Märkte) geplant ist. Ebenso sollte geklärt werden, ob sich die einzusetzenden Technologien näher spezifizieren lassen. Verfügen Unternehmen über **innovative Technologien**, die sich auch für Neuprodukte in anderen als den bisherigen Feldern nutzen lassen, dann kann es sich als sinnvoll erweisen, die einzusetzende Technologie am Beginn der eigentlichen Ideenfindung festzuschreiben.

Das nachfolgende Beispiel verdeutlicht, dass je nach strategischer Rolle, die einem Neuproduktfindungsprozess im Vorfeld zugeordnet wird, völlig unterschiedliche Neuproduktideen die Folge sein können.

> In Untertage-Goldminen entstehen beim Abbau des Edelmetalls typischerweise hohe Temperaturen von 60° C und mehr. Daher ist ergänzende Kühltechnik erforderlich, mit deren Hilfe die Temperaturen auf für Menschen und Maschinen erträgliche Temperaturen reduziert werden.

Ein weitverbreitetes Vorgehen stellt die Kühlung durch Kunstschnee dar. Hierzu wird Schnee in großen, außerhalb der Minen gelegenen Silos erzeugt und über Rohre an den Bedarfsort unter Tage gepumpt, wo der Schnee zur Temparaturreduktion führt.

Ein in diesem Bereich seit Anfang der 1990er Jahre tätiges israelisches Unternehmen bot seinen Kunden Problemlösungen an, bei denen der Schnee durch Vakuumverdampfung produziert wurde. Vorteilhaft an dieser Technologie war die Tatsache, dass die Schneeproduktion ohne technische Zusätze auskam und die Schneekristalle sehr klein waren, so dass der Schnee leicht durch Rohre transportiert werden konnte. Dies war auch deshalb möglich, da die Schneekristalle bis zu einer Außentemparatur von 30 °C stabil waren.

Da der Markt Ende der 1990er Jahre zunehmend stagnierte, gab das Unternehmen einem Entwicklungsteam Anfang der 2000er Jahre den Auftrag, nach Produktinnovationen im Bereich der Kühltechnik zu suchen. Obwohl allerdings das Entwicklungsteam in der Folgezeit verschiedene interessante Entwicklungsideen generierte, wurde keine dieser Ideen weiterverfolgt. So wurde den Beteiligten im Laufe des Ideenfindungsprozesses immer deutlicher, dass sich selbst mit innovativen Kühltechnik-Ideen keine ausreichende zusätzliche Nachfrage generieren lassen würde, da die meisten Goldminen bereits über Kühltechnik-Systeme verfügten und die Marktstagnation daher – trotz innovativer Produkte – fortbestehen würde.

Vor diesem Hintergrund wurde nun ein zweites Entwicklungsteam beauftragt, nach Neuprodukten Ausschau zu halten, mit deren Hilfe sich neue Märkte erschließen lassen. Das Team erkannte, dass sich die bislang ausschließlich zur Kühlung in Goldminen eingesetzte Technik in modifizierter Form auch für die Schneeproduktion in tiefergelegenen Skigebieten – z. B. in den Alpen – einsetzen lässt. Erste Vorgespräche mit potenziellen Kunden zeigten, dass der mittels Vakuumverdampfung produzierte Schnee hinsichtlich der Kristallgröße ungefähr dem Frühjahrsschnee in den Alpen entspricht. Allerdings ermöglichen die bis zu einer Temparatur von 30 °C stabilen Kristalle weite Einsatzfelder: Neben der Unterstützung des Sommerskifahrens auf Gletschern, werden damit ganzjährige Fun-Parks ermöglicht oder tiefergelegene Skigebiete überhaupt erst wieder betreibbar. Durch die Veränderung des Suchfeldes wurde damit ein für das Unternehmen ganz neuer Markt ins Auge gefasst, dessen Erschließung mit einer völlig veränderten Abgrenzung des relevanten Marktes verbunden sein würde.

Darüber hinaus ist hierbei die Frage der **Kundenintegration** („Inwieweit sollen kooperative Entwicklungsgemeinschaften zwischen Anbieter und Nachfragern eingegangen werden?") festzulegen. Im Industriegüterbereich sind so im Gegensatz zum Konsumgüterbereich neben der Form der anbieterorientierten Neuproduktentwicklung zusätzlich kooperative Maßnahmen zwischen Anbietern und Nachfragern im Sinne einer **Kundeneinbindung in den Produktentwicklungsprozess** relevant und in bestimmten Branchen sogar relativ stark verbreitet (vgl. *Gruner*, 1997; *von Hippel*, 1988; *von Hippel*, 1982; *Uhlmann*, 1977). Der Sinn der gemeinsamen Ideenentwicklung ist darin zu sehen, bereits in frühen Phasen der Produktentwicklung eine Auseinandersetzung mit ausgewählten innovationswilligen Kunden aufzubauen, in der sowohl die innovativen Produktkonzeptionen dem tatsächlichen Bedarfsprofil der Kunden angepasst werden können, als auch Überzeugungsarbeit für kommende Technologieinnovationen beim Nachfrager geleistet werden kann. Letzteres ist immer dann ein interessantes „Nebenprodukt" der Kundenintegration in den Produktentwicklungsprozess, wenn es sich bei den integrierten Kunden um sog. „Lead User" handelt. Als **Lead User** (vgl. im Einzelnen *von Hippel*, 1986 und 1988; *Urban/von Hippel 1988*; *Herstatt/von Hippel*, 1992) werden Nachfrager bezeichnet, wenn diese

- über **Bedürfnisse** verfügen, die **repräsentativ** für den Gesamtmarkt oder ein adressiertes Marktsegment sind,

- **früher** als andere Kunden **neuartige Bedürfnisse** oder Bedürfnisveränderungen empfinden,

- **bereit** sind, die veränderten Bedürfnisse durch **neuartige Produkte** oder **Technologien** zu befriedigen.

Die Einbindung von Kunden kann methodisch auf unterschiedliche Weise und darüber hinaus an verschiedenen Stellen im Innovationsprozess erfolgen. Als **Integrationsmethoden** nennen *Balderjahn/Schnurrenberger* (2005, S. 418) folgende Alternativen (vgl. auch *Botschen/Botschen*, 2006):

- **Kundenbefragungen**,
- **Kundenbeobachtungen**,
- **Kundengruppenarbeitsformen** (z. B. Fokusgruppen, Workshops, Planungszellen),
- **Beratung** durch Kunden (z. B. Launching Customer) und
- Kunden als Mitglieder von **Entwicklungsteams** (z. B. Lead User als Mitglieder eines interfunktionalen Teams).

Im Hinblick auf den **Integrationszeitpunkt** verdeutlicht *Abbildung 105*, dass sich Kunden in alle Phasen des Innovationsprozesses integrieren lassen. Angefangen von der Generierung von Neuproduktideen, über die Neuproduktbewertung und -entwicklung bis zum Produkttest und zur Markteinführung können Kunden Aufgaben im Prozess übernehmen.

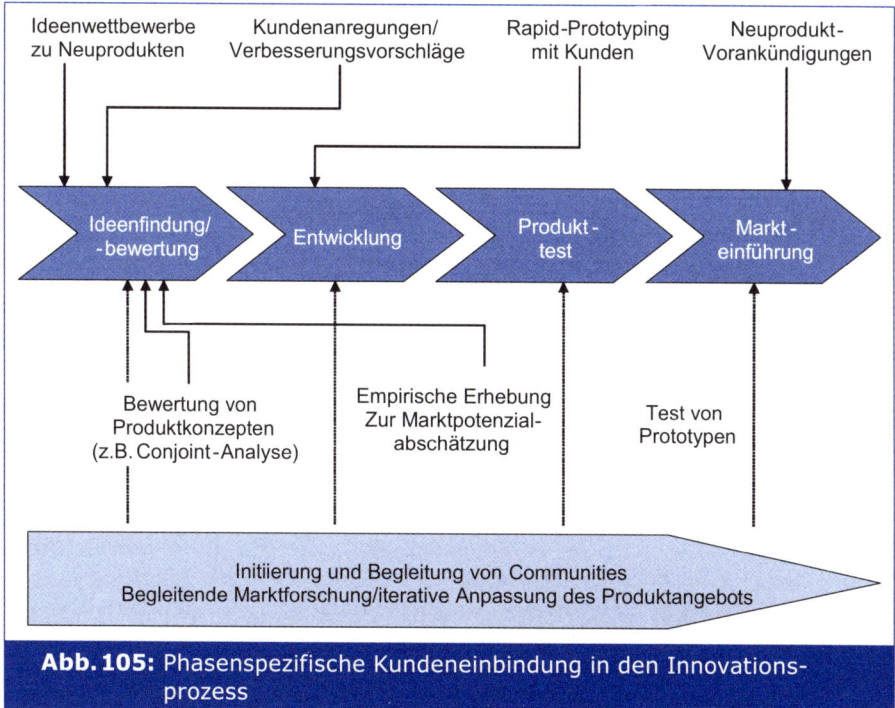

Abb. 105: Phasenspezifische Kundeneinbindung in den Innovationsprozess

Quelle: in Anlehnung an *Balderjahn/Schnurrenberger,* 2005, S. 421.

Mit der Entscheidung für die Kundeneinbindung in den Produktinnovationsprozess sind jedoch nicht nur **Chancen**, sondern auch **Risiken** verbunden. Die Chancen und Risiken einer vertikalen Kooperation bei der Neuproduktentwicklung zeigt *Abbildung 106* (vgl. hierzu auch *Wecht*, 2006; *Gruner*, 1997, S. 68 ff.).

Chancen	Risiken
• Zeitersparnisse durch frühzeitige Marktkorrektur	• Potenzieller Know-how-Abfluss an Nachfrager
• Kostenersparnisse bei Kostenteilung	• Verzögerung duch Nachfrager
• Qualitätsverbesserung durch Kundenorientierung	• Opportunismus des Nachfragers (z. B. Informationsweitergabe an Wettbewerber)
• Gewinnung von Lead Usern	• Fehlerhafte Lead User-Identifizierung
• Frühzeitige Reduktion von Marktrisiken	• Ausgleich divergenter Interessen bei Einbeziehung mehrerer Kunden
• Imagevorteile durch Referenzkunden	
• Gewinnung neuer Abnehmer	
• Erleichterung des Eintritts in neue Märkte	
• Gewinnung von Informationen über Wettbewerber	

Abb. 106: Chancen und Risiken der kooperativen Neuproduktentwicklung

Zudem ist zu beachten, dass Kunden nicht immer ohne weiteres bereit sind, sich in die Entwicklungsaktivitäten von Anbietern einbinden zu lassen. *Brockhoff* (2005) geht bspw. davon aus, dass sich **Konflikte** bei der Einbindung von Kunden in die Produktentwicklung häufig nur dadurch vermeiden lassen, dass Kunden für ihre Einbindung entlohnt werden. Daher ist die Einbindung von Kunden in die Produktentwicklung weder risiko- noch kostenlos möglich.

1.1.1.2.2 Ideenfindung und -bewertung

Innerhalb der Suchfelder wird in der Phase der **Gewinnung von Produktideen** methodengestützt nach neuen Produktideen geforscht. Die Komplexität dieser Phase hängt dabei im Wesentlichen davon ab, ob lediglich nach existierenden Lösungen/Produkten, Modifikationen bzw. Weiterentwicklungen oder nach „echten" Neuprodukten gesucht wird. Methodisch stehen zur Gewinnung von Produktideen verschiedene Alternativen zur Verfügung (vgl. für einen Überblick auch *Herstatt/Lüthje*, 2005). Entsprechend *Abbildung 107* ist dabei zwischen heuristischen, hermeneutischen und empirischen Methoden zu unterscheiden. **Heuristische Methoden** stellen bestimmte Suchregeln dar, durch die ein Problem systematisch eingegrenzt und konkretisiert werden kann. **Hermeneutische Methoden**, die sowohl kreative als auch systematische Methoden umfassen, basieren auf einer rein gedanklichen Problemdurchdringung, wobei kreative Methoden auf gedanklich-schöpferischen und systematische Methoden auf analytischen Denkprozessen basieren. Dem Prinzip der Induktion folgend, versuchen **empirische Methoden** bestimmte Zusammenhänge durch in der Realität beobachtete Sachverhalte zu erklären (vgl. *Balderjahn et al.*, 1996, S. 306 f.).

Empirische Methoden	Heuristische Methoden	Hermeneutische Methoden
Qualitative Methoden • Korrespondenzanalyse • Lead User-Ansatz • Kundenworkshop und -befragung • Kundenbeobachtung • Auto-Driving • Analyse kognitiver Strukturen *Quantitative Methoden* • MDS • Konzeptevaluation durch Konsumenten • Conjoint-Analyse • Simulierter Markttest • Empirische Erfolgs-produktanalyse	• Diversifikationsmatrizen • Suchfeldmatrizen	*Kreative Methoden* • Imaginäres Brainstorming • Methode 6-3-5 • Synektik *Systematische Methoden* • SIL-Methode • Sequentielle Morphologische Matrix

Abb. 107: Ausgewählte Methoden zur Ideengewinnung

Quelle: *Balderjahn et al.*, 1996, S. 308.

Eine Kombination von Kundenbefragungen und -beobachtungen zur Integration von Kunden in den Ideenfindungsprozess ermöglichen **neue Medien** wie das **Internet**. Indem die durch neue Medien möglichen Interaktionsformen gezielt für den Innovationsprozess genutzt werden, kann die Effektivität und Effizienz der Kundenintegration verbessert werden. Besondere Beachtung haben dabei sog. **Toolkits** gefunden (vgl. *Dockenfuß*, 2003; *Franke*, 2003; *Franke/vonHippel*, 2003; *Franke/Piller*, 2003; *Füller et al.*, 2009; *Thomke/von Hippel*, 2002; *von Hippel*, 2001; *von Hippel/Katz*, 2002). Ähnlich zur Funktionsweise von Produktkonfiguratoren können Kunden bei Toolkits neue Produkte in einem vordefinierten Merkmalsraum selbstständig zusammenstellen. Hierdurch geben sie der Neuproduktentwicklung des Anbieters wichtige Hinweise auf nachfragerseitig benötigte Kombinationen möglicher Merkmalsausprägungen. Anders als bei klassischen Produktkonfiguratoren sind die Gestaltungsbereiche, die Freiheitsgrade sowie die Gestaltungsregeln bei Toolkits allerdings sehr umfassend (vgl. *Geschka*, 2005, S. 399). Die Anbieter beschränken so häufig allein den technologischen Rahmen und lassen den Nachfragern innerhalb dieses Rahmens völlige Gestaltungsfreiheit, so dass auch technisch zunächst einmal nicht machbar oder nicht vorteilhaft erscheinende Lösungen kundenseitig kombiniert werden können.

Nach der erfolgreichen Generierung von Produktideen erfolgt in einem sich anschließenden Schritt eine Bewertung und Auswahl der zugrunde liegenden Alternativen. Der **Ideenbewertungsprozess** kann dabei in aufeinander aufbauenden Phasen ablaufen:

- Grobauswahl,
- Feinauswahl,
- Wirtschaftlichkeitsanalyse.

Ziel der **Grobauswahl** ist der einfache und schnelle Ausschluss nicht machbarer, anbieterseitig nicht gewollter oder nachfragerseitig nicht akzeptierter Neuproduktideen. Daher bedient man sich auf dieser Stufe zumeist einfacher Techniken, wie etwa der Orientierung an eindeutigen K.O.-Fragestellungen (z. B.: „Lässt sich die benötigte Technologie in vertretbarer Zeit einsetzen oder beschaffen?").

Die im Anschluss an die Grobauswahl noch vorhandenen Produktideen werden auf der zweiten Stufe einer detaillierten Beurteilung unterzogen. Allerdings geht es auch auf dieser Stufe der **Feinauswahl** noch nicht darum, vollständige Business Cases für die verbliebenen Neuproduktideen aufzustellen. Stattdessen sollen die als grundsätzlich machbar, gewollt oder akzeptiert eingestuften Ideen nun einer merkmalsbezogen detaillierteren Untersuchung unterzogen werden. Hierzu werden die Produktideen bei der Feinauswahl anhand unterschiedlicher kompensatorischer Fragestellungen (z. B.: „Passt die Neuproduktidee zum Unternehmensimage?") beurteilt. Von kompensatorischen Merkmalen von Objekten wird dabei immer dann gesprochen, wenn eine weniger gute Ausprägung bei einem dieser Merkmale durch eine oder mehrere besonders gute Ausprägungen bei anderen Merkmalen kompensiert werden kann. Um die bei vielen verschiedenen Merkmale gewonnenen Einschätzungen für einzelne Produktideen zu einer Gesamtbewertung zu verdichten, werden im Rahmen der Feinauswahl häufig einfache Aggregationen, etwa in Form von Scoring-Modellen eingesetzt (vgl. *Weiber et al.*, 2006, S. 131).

Allein für die Neuproduktideen, die sich auch im Rahmen der Feinauswahl als vorteilhaft dargestellt haben, wird anschließend eine separate **Wirtschaftlichkeitsanalyse** durchgeführt. Der späte Einsatz des investitionsrechnerischen Instrumentariums innerhalb der Ideenbewertung ist damit zu begründen, dass dieses detaillierte Informationen über die mit Neuproduktideen verbundenen Ein- und Auszahlungen voraussetzt, deren Beschaffung mit viel Aufwand und Schwierigkeiten verbunden ist. Daher sollten detaillierte Wirtschaftlichkeitsberechnungen allein für die nach Abschluss der Feinauswahl verbliebenen Produktideen vorgenommen werden. Für diese ist zu bestimmen, ob deren Weiterverfolgung auch bei Zugrundelegung detaillierterer Informationen ökonomisch vorteilhaft erscheint. Hierzu können die klassischen statischen Verfahren (z. B. Break-Even-Analyse) oder dynamischen Verfahren der Wirtschaftlichkeitsrechnung (z. B. Kapitalwertmethode) herangezogen werden.

1.1.1.2.3 Produktentwicklung

Neuproduktideen, die sich im Rahmen der Wirtschaftlichkeitsanalyse als vorteilhaft erwiesen haben und die daher vom Unternehmen weiterverfolgt werden sollen, sind anschließend zu **Prototypen** und ggf. Neuprodukten zu entwickeln. Dies ist klassischerweise Aufgabe der Forschungs- und Entwicklungsabteilung von Unternehmen. Allerdings ist seitens des Marketings – zumeist in Zusammenarbeit mit dem F&E-Controlling (vgl. hierzu *Specht et al.*, 2002, S. 445 ff.) – sicherzustellen, dass die Entwicklung von Prototypen und Neuprodukten effektiv, aber auch effizient abläuft.

Einerseits ist so darauf Einfluss zu nehmen, dass das entwickelte Produkt tatsächlich der zuvor generierten und ökonomisch vorteilhaft eingestuften Neuproduktidee entspricht (**F&E-Effektivität**). Häufig stellt sich so innerhalb der technischen Umsetzung heraus, dass sich einzelne Bestandteile des zuvor nur als Idee vorhandenen Produktes technisch nicht wie geplant realisieren lassen. In diesem Fall muss die F&E nach technischen Alternativen suchen, die mehr oder weniger stark von der ursprünglich angedachten Lösung abweichen können. Hierbei muss allerdings durch das Marketing sichergestellt werden, dass der kundenseitige Nutzen, der mit der ursprünglichen Lösung erzielt werden sollte, auch durch die aus technischen Gründen notwendige Alternativlösung erreicht wird.

Andererseits hat in vielen Märkten das Zeitmanagement im F&E-Bereich großen Einfluss auf den Markterfolg (**F&E-Effizienz**). Empirische Untersuchungen zeigen so, dass insbesondere **Verzögerungen bei der Markteinführung** mit **negativen Ergebnisauswirkungen** verbunden sein können (vgl. *Schmelzer/Buttermilch*, 1988). In der *Abbildung 108* zugrunde liegenden Untersuchung zeigte sich so bspw., dass sich der kumulierte Gewinn von Neuprodukten bei Überschreiten der Entwicklungskosten allein um wenige Prozentpunkte reduzierte, wohingegen sich deutlich größere Gewinneinbußen einstellten, wenn entweder F&E-bedingte Qualitätsmängel zu Preissenkungen führten oder sich eine verzögerte Produkteinführung um sechs Monate ergab.

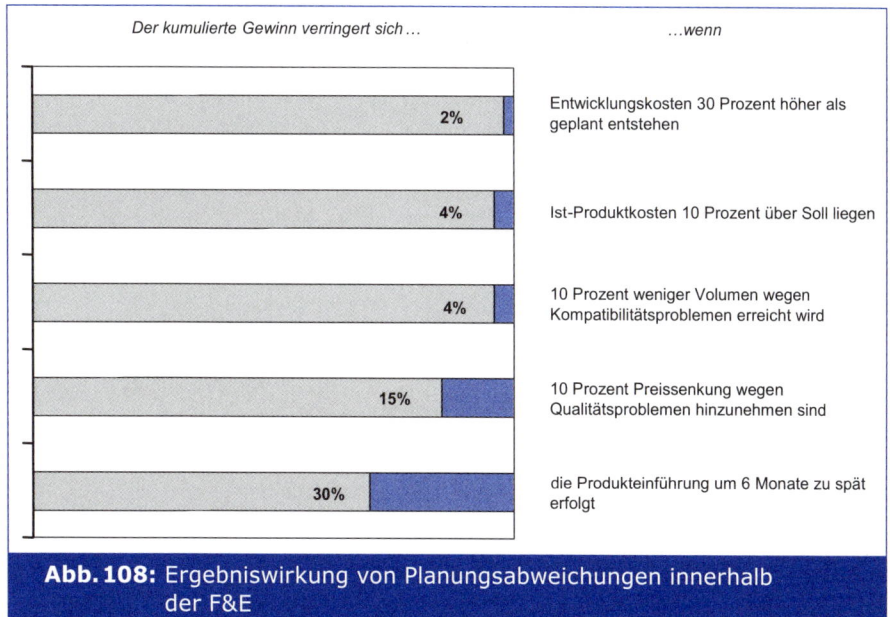

Abb. 108: Ergebniswirkung von Planungsabweichungen innerhalb der F&E

Quelle: in Anlehnung an *Seifert/Steiner*, 1995, S. 22.

Um geplante Markteintrittstermine erreichen zu können, ist die **Einhaltung von Entwicklungsfristen** und somit die Verhinderung von Zeitüberschreitungen zu gewährleisten. Hierzu bedarf es einerseits einer entsprechenden F&E-Organisation und andererseits eines auf Beschleunigung ausgerichteten Managements der F&E-Prozesse.

Im Hinblick auf die **F&E-Organisation** unterscheiden *Specht et al.* (2002) zwischen der Primärorganisation und der Sekundärorganisation des F&E-Bereichs. Die **Primärorganisation** bezieht sich dabei zum einen auf die Einbindung des F&E-Bereichs in die Organisationsstruktur des Gesamtunternehmens. Grundsätzlich kann die F&E dabei entweder

- zentral,
- dezentral oder
- kombiniert

eingebunden werden. Bei einer **zentralen** Einbindung werden alle F&E-Aufgaben von einer zentralen Abteilung wahrgenommen. Vorteilhaft hieran ist die Konzentration von fachspezifischem Know-how, Kostenvorteile durch eine hohe Auslastung von Mitarbeitern und Sachmitteln sowie die relativ einfache Koordination bereichsübergreifender F&E-Aktivitäten. Nachteilig ist hingegen u. a. die relativ große Distanz zum Markt, Inflexibilität im Zusammenhang mit projektbezogenen Entwicklungsaufgaben sowie die Gefahr der Verselbstständigung des gesamten F&E-Bereichs.

Die **dezentrale** Lösung ist hingegen dadurch gekennzeichnet, dass F&E-Aufgaben – z. B. bei einer objektorientierten Gesamtorganisation – in jeder Unternehmensdivision oder Sparte separat erfüllt werden, ohne dass der Austausch zwischen den verschiedenen F&E-Abteilungen strukturell vorgesehen ist. Für diese Form der Einbindung sprechen hingegen die größere Marktnähe sowie eine größere projektbezogene Flexibilität. Problematisch kann an dieser Form der F&E-Organisation dagegen eine mangelhafte Auslastung vorhandener Mitarbeiter- und Sachmittelressourcen sowie Schwierigkeiten bereichsübergreifender Koordination sein.

Angesichts der Vor- und Nachteile der zentralen und dezentralen Lösung verwundert es nicht, dass in der Praxis vor allem die **Kombination** aus zentraler und dezentraler F&E-Organisation typisch ist (vgl. *Specht et al.,* 2002, S. 345). Die Kombination kann dadurch vorgenommen werden, dass einerseits F&E-Aufgaben von den Divisionen oder Sparten in einer objektorientierten Organisation übernommen wird, andererseits jedoch eine zusätzliche F&E-Zentralabteilung existiert, die etwa für übergeordnete Grundlagenforschung zuständig ist und zudem Synergien zwischen den dezentralen F&E-Einheiten (z. B. durch Know-how-Transfer) herbeiführen soll. Durch eine solche Kombination wird das Ziel verfolgt, die jeweiligen Stärken von zentraler und dezentraler F&E-Organisation zu bündeln.

Die **Sekundärorganisation** der F&E tritt in Ergänzung zur Primärorganisation und ist auf die Organisation einmalig oder selten auftretender und/oder zeitlich befristeter Entwicklungsaufgaben gerichtet. Aus den beiden Merkmalen „Dauer der Zusammenarbeit" sowie „Kontinuität der Zusammenarbeit" ergeben sich drei unterschiedliche Organe der Sekundärorganisation (vgl. *Specht et al.,* 2002, S. 355):

- **Projektgruppen** (befristete und kontinuierliche Zusammenarbeit),
- **Komitee** (befristete und diskontinuierliche Zusammenarbeit),
- **Ausschuss** (unbefristete und diskontinuierliche Zusammenarbeit).

Auch bei der Gestaltung der Sekundärorganisation (z. B. Auswahl des Organs der Sekundärorganisation, Auswahl der Mitglieder, Festlegung der Arbeitsweise etc.) muss es dabei das Ziel sein, Einfluss auf die Effektivität, Effizienz und den Zeitbedarf der F&E zu nehmen. Gerade vor dem Hintergrund des in vielen Märkten bestehenden Zeitdrucks sind in der Sekundärorganisation der F&E auch Regeln für die Abwicklung von Entwicklungsprojekten festzulegen. Eine Möglichkeit stellt in diesem Zusammenhang der Einsatz von **Simultaneous Engineering** dar, mit dem sich Kosten und Zeitbedarf im Entwicklungsprozess einsparen lassen (vgl. *Kieser/Walgenbach,* 2007, S. 376 f.). Beim Simultaneous Engineering werden die Arbeiten an verschiedenen **Aufgaben** im Entwicklungsprozess **parallel** vorgenommen. Dies setzt allerdings voraus, dass eine stetige Kommunikation im Entwicklungsprozess zwischen allen Beteiligten sichergestellt wird, da sich nur so eine Parallelisierung von Entwicklungsarbeiten ohne negative Wirkungen auf das Entwicklungsergebnis vornehmen lässt.

Ein anderes Konzept, durch Eingriff in den Entwicklungsprozess dessen Durchlaufzeit zu verkürzen, wird in der Praxis unter dem Schlagwort **„Rapid Prototyping"** diskutiert (vgl. auch *Halfmann/Holzmann,* 2003, S. 13 ff.; *Weiber et al.,* 2006, S. 146 f.). Im Kern geht es dabei darum, bereits frühzeitig im Entwicklungsprozess **einfache Vorläufer von Prototypen** zu erarbeiten, an denen dann weitere Entwicklungsarbeit vorgenommen wird, die wiederum zu verbesserten Prototypen führen, an denen dann erneut Weiterentwicklungen vorgenommen werden können. Durch die permanente Prototypengenerierung soll eine Beschleunigung des Entwicklungsprozesses herbeigeführt werden, da Weiterentwicklungen im Prozess durch die frühzeitige Visualisierung bzw. technische Umsetzung der ansonsten allein in Konzeptform vorliegenden Entwicklungsidee einfacher oder frühzeitiger machbar sind. Zudem ist es früher möglich, Nachfrager angesichts bereits vorliegender Prototypen in den Entwicklungsprozess zu integrieren, da diese auch ohne spezifische technische Sachkenntnis die Funktionsfähigkeit des vorliegenden Prototyps beurteilen können. Problematisch ist am Rapid Prototyping hingegen mitunter, dass sich die Entwicklung nicht auf wesentliche Funktionsbestandteile konzentriert, da der allein in einem Vorstadium vorliegende Prototyp die Aufmerksamkeit zu stark auf nebensächliche, manchmal sogar selbstverständliche Produktmerkmale (z. B. Design) lenkt.

1.1.1.2.4 Markterprobung

Die Produktentwicklung endet i. d. R. mit der Existenz eines Prototyps, der vor der endgültigen Markteinführung getestet werden sollte (vgl. *Koppelmann*, 2001, S. 472 ff.). Die Testphase vollzieht sich im Bereich der Industriegüter gewöhnlich anders als im Konsumgüterbereich. In der Testphase wird der in der Entwicklungsphase erstellte Prototyp einer Reihe von **technisch-funktionalen Tests** unterworfen, die dazu dienen, „funktionale und formale Mängel, Probleme mit den verwendeten Werkstoffen oder voraussehbare fertigungstechnische Schwierigkeiten sichtbar zu machen, um diese rechtzeitig, d. h. noch vor Aufnahme der Nullserie-Produktion konstruktiv korrigieren zu können" (*Siegwart*, 1974, S. 143). Solche Tests können innerbetrieblich durchgeführt, aber auch an dritte Unternehmen fremdvergeben werden.

Nach den technisch-funktionalen Tests werden die Prototypen „am Markt" getestet, indem Schlüsselkunden und/oder neutrale Sachverständige das Produkt testen (vgl. *Kotler et al., 2003,* S. 691) **(Produkttest)**. Da zu diesem Zeitpunkt i. d. R. noch kein Gebrauchsmuster- oder Patentschutz vorliegt, kommen als Test-Organisationen nur vertrauenswürdige Institutionen und Abnehmer in Frage, die auch bereit sind, offen mit dem Anbieter über evtl. vorhandene „Kinderkrankheiten" zu diskutieren, ohne dies bereits gegen den Hersteller zu verwenden (vgl. *Siegwart*, 1974, S. 144). Darüber hinaus sollten die Produkte auch von Lead Usern oder den sog. Schrittmacherkunden getestet werden, die gegenüber dem „Durchschnittsanwender" eine gewisse Vorreiterrolle einnehmen und somit wesentlich den Erfolg eines Produkts am Markt mit beeinflussen (vgl. *Gruner*, 1997). Dabei kommt es vor allem auch darauf an, die adäquaten Rollenträger im Buying Center zu identifizieren, um die Eigenschaften des neuen Produktes rollenträgerspezifisch zu testen. Der Anbieter einer neuen Werkzeugmaschine, die zwar eine im Vergleich zum bisher angebotenen Produkt geringere Qualität produziert, insgesamt gesehen aber wegen des erheblich niedrigeren Einkaufspreises Kosteneinsparungen realisieren kann, wird den Ingenieur der Qualitätsprüfung nur sehr schwer von der Vorteilhaftigkeit seines Produkts überzeugen können. Erst durch Einschalten der betriebswirtschaftlichen Abteilung wird das – wenn überhaupt – möglich sein.

Sofern der Produkttest erfolgreich verlaufen ist bzw. evtl. aufgetretene Schwächen des Produkts beseitigt worden sind, erfolgt im nächsten Schritt ein breiter angelegter **Markttest** (vgl. *Kotler et al., 2003,* S. 691 ff.). Als Markttest bezeichnet man den Probeverkauf von Produkten unter kontrollierten Bedingungen in einem abgegrenzten Teilmarkt unter Einsatz ausgewählter Marketing-Instrumente oder des gesamten Marketing-Mix (vgl. *Höfner*, 1966, S. 11). Ein solcher Markttest vermittelt Hinweise darauf,

- welche **anwendungstechnischen Probleme** noch zu lösen sind,
- welche **Folgekosten beim Nachfrager** bei der Übernahme des neuen Produkts z. B. dadurch entstehen, dass bestimmte Formen oder Anlagen auf das neue Produkt umzustellen sind,
- wie das gesamte **Marketing-Mix** sinnvoll zu gestalten und
- auf welcher **Marktstufe** bei der Einführung des Produkts am zweckmäßigsten anzusetzen ist, um den Einführungserfolg sicherzustellen.

1.1.1.2.5 Markteinführung

Am Ende des Neuproduktplanungsprozesses steht die Markteinführung. Hier kommt zum einen dem **Einführungszeitpunkt** des neuen Produkts besondere Bedeutung zu. Zu unterscheiden ist hierbei zwischen der Festlegung des faktischen Einführungszeitpunktes (ab diesem Zeitpunkt ist das Produkt tatsächlich im Markt erhältlich) und der Kommunikation des beabsichtigten Einführungszeitpunktes für das Neuprodukt (ab diesem Zeitpunkt ist bekannt, wann das Produkt im Markt erhältlich sein soll).

Im Hinblick auf den **faktischen Einführungszeitpunkt** lässt sich feststellen, dass nicht selten technologisch unausgereifte Produkte auf den Markt gebracht werden, was dazu führt, dass mögliche Erfolge durch die Wahl des Einführungszeitpunkts zunichte gemacht werden. Da sich Unternehmen angesichts kürzer werdender Produktlebenszyklen gezwungen sehen, ihre Neuprodukte so früh wie möglich in den Markt einzuführen oder aber zur Besetzung der Innovator-Position eine sehr frühe Markteinführung anstreben, wird der Zeitraum für die technische Entwicklung oder eine systematische Markterprobung häufig stark beschnitten. Aus diesem Grunde weisen die in den Markt eingeführten Produkte dann noch keinen ausreichenden Reifegrad auf und stecken vielmehr z. T. noch voller Kinderkrankheiten. Gerade im kommunikationstechnischen Bereich lassen sich hier verschiedene Beispiele als Beleg finden. Neben dem in den 1980er Jahren unausgereift in den Markt eingeführten Btx(Bildschirmtext)-System haben sich auch Videokonferenzsysteme seit den 1990er Jahren und UMTS-Dienste in den vergangenen Jahren noch nicht abschließend durchsetzen können, da bei diesen der Nutzen entweder nicht ausreichend vorhanden oder Kunden nicht ausreichend kommunizierbar war.

Insbesondere dann, wenn Unternehmen Kunden frühzeitig auf zukünftige Neuprodukte hinweisen wollen – sei es bspw., um auf bereits eingeführte Neuprodukte von Konkurrenten zu reagieren, oder sei es, um Kunden von Investitionen in zukünftig veraltete Technologien abzuhalten –, kommt auch der Kommunikation des **beabsichtigten Einführungszeitpunktes** Bedeutung zu. **Produktvorankündigungen (Preannouncement)** (vgl. *Preukschat*, 1993; *Möhrle*, 1995; *Büschken*, 2003a; *Niedbal*, 2005) stellen dabei allerdings kein risikoloses Vermarktungsinstrument dar. So zählt *Niedbal* (2005, S. 11 ff.) folgende Nachteile auf:

- **Leapfrogging-Gefahr**: Kunden stellen ihre Kaufentscheidungen zurück und schmälern hierdurch den Absatz der zurzeit verfügbaren Produktalternativen,
- **Imitationsgefahr**: durch die frühzeitige Ankündigung werden Wettbewerber über Neuprodukt-Features informiert und können eigene Entwicklungsinitiativen hierauf richten,
- **Nicht-Erfüllungsgefahr**: ist die Entwicklung des Neuproduktes noch nicht abgeschlossen, so kann bei einer Neuproduktankündigung die Gefahr auftreten, dass der angekündigte Einführungszeitraum aufgrund von Verzögerungen bei der Produktentwicklung nicht erreicht wird und hieraus Kundenverärgerung entsteht.

Daneben spielt im Rahmen der Markteinführung natürlich auch die **Preissetzung** eine wichtige Rolle (vgl. *Kossmann*, 2008, S. 188). Diese wird für Specialty-Märkte allerdings an anderer Stelle separat diskutiert (vgl. Teil 3 Kap. B. II. 1.1.2).

1.1.1.3 Produktpolitische Anpassungen nach der Markteinführung

Im Anschluss an die Markteinführung neuer Produkte sind diese anschließend ggf. an die veränderten Bedürfnisse des Marktes anzupassen. Zu unterscheiden ist hierbei zwischen folgenden produktpolitischen Maßnahmen:

- Produktvariation zur Anpassung an veränderte Markterfordernisse,
- Produktdifferenzierung zur Erschließung bislang nicht bearbeiteter Marktsegmente,
- Produktelimination zur Vermeidung von wirtschaftlichen Risiken.

Produktvariation

Eine Untersuchung von *Köhler et al.* hat gezeigt, dass in der Praxis viele Themen, die unter dem Stichwort „Innovation" diskutiert werden, eigentlich Fragen der Produktveränderungsentscheidung sind. Revolutionäre technische Neuerungen sind eher selten (vgl. *Köhler et al.*, 1990, S. 47). Vielmehr dominieren „Veränderungsentscheidungen", die **Modifikationen vorhandener Leistungen** darstellen, um eine angestrebte Sollposition im Wahrnehmungsfeld der Nachfrager zu erreichen.

Bei der **Produktvariation (Relaunch)** handelt es sich um eine Re- bzw. Neupositionierung eines schon bislang vom Hersteller erzeugten Produkts. Bei der Produktvariation werden folglich also keine zusätzlichen Varianten auf den Markt gebracht, sondern das vorhandene Produkt wird stofflich, technisch und/oder informatorisch/distributiv so verändert, dass es eine andere Position im Wahrnehmungsraum der Nachfrager einnimmt (vgl. *Röttgen*, 1980, S. 30). Nach der Variation verschwindet die alte Version vom Markt. Produktvariation beschreibt somit eine Produktveränderung in der Zeit (dynamische Komponente) (vgl. *Priemer*, 1970, S. 23). Das neue Produkt wird dabei im Marktsegment des Vorgängerprodukts angeboten. Die Zielgruppe, für die das alte Produkt konzipiert war, wird übernommen (vgl. *Birkigt*, 1971, S. 287).

Produktvariationen werden immer dann notwendig, wenn (vgl. auch *Röttgen*, 1980, S. 69 ff.)

- sich die Position **(Bedürfnisse)** der Nachfrager im Produkt-Marktfeld **verändert** hat (z. B. stärkere Präferenzen für LKWs mit Automatikgetriebe im Vergleich zu Schaltgetrieben),
- sich die Produktposition nicht mit der angestrebten Position deckt. In diesem Fall liegt keine Änderung der Bedürfnisstruktur der Nachfrager vor. Der Anbieter versucht vielmehr, einen Zielgruppenfehler **(Fehlpositionierung)** zu **korrigieren** oder Gestaltungsfehler („Kinderkrankheiten des Produkts") auszumerzen,
- sich das **Produktimage verändert** hat. So werden Dieselmotoren oder Bremsbeläge aus Asbest durch wissenschaftliche Untersuchungen als umwelt- und/oder gesundheitsschädigend eingestuft und entsprechend nur noch gekauft, wenn die Schadstoffbelastung reduziert oder eingestellt werden kann,
- der **technische Fortschritt** Veränderungen am Produkt erfordert,
- sich die **rechtlichen Rahmenbedingungen** verändert haben (wenn z. B. bestimmte Inhaltsstoffe verboten werden oder auf einen niedrigeren Grenzwert reduziert werden müssen bzw. Sicherheitsvorschriften verschärft werden),
- die **Konkurrenten** verbesserte Produkte auf den Markt bringen.

Produktdifferenzierung

„**Produktdifferenzierung** ist die (planmäßige) Veränderung von Komponenten (der Qualität, der Form, der Farbe und/oder der Verpackung) eines Wirtschaftsgutes mit dem Zweck, das aus diesem Prozess entstehende (neue) Produkt vom (eigenen oder fremden) Ursprungsprodukt abzuheben, ohne dies sofort zu verdrängen oder dadurch eine grundsätzliche Änderung des originären Verwendungszwecks herbeizuführen. Vielmehr gehört zur Produktdifferenzierung, dass das Originärprodukt weiterhin angeboten wird und dass sich nur solche Eigenschaften eines Gutes wandeln dürfen, die ‚das Wesen' eines Produkts nicht entscheidend verändern" (*Wilhelm*, 1992, Sp. 1706; vgl. auch *Brockhoff*, 1999, S. 303; *Hüttel*, 1998, S. 338; *Nieschlag et al.*, 2002, S. 710). Als **Produktvereinheitlichung** bezeichnen wir entsprechend die Rücknahme der Zahl veränderter Komponenten.

Mit der Produktdifferenzierung verfolgen Unternehmen insbesondere das **Ziel**, den vom restlichen Markt abweichenden Bedürfnissen ausgewählter Marktsegmente durch ein spezielles, auf die Anforderungen dieser Segmente ausgerichtetes Angebot Rechnung zu tragen.

Ein Beispiel für eine ausgeprägte Produktdifferenzierung liefert der Traktorenmarkt (vgl. *Ogilvie*, 1987, S. 122 ff.):

> Der Weltmarkt für Traktoren ist durch folgende Anwendungssegmente gekennzeichnet:
> - Landwirtschaft:
>   - Ackerbau – trocken,
>   - Ackerbau – nass (Reisanbau),
> - Rinderhaltung,
> - Gartenbau/Obstanbau,
> - Forstwirtschaft,
> - Straßenbau,
> - Verteidigung.
>
> Jede dieser Abnehmergruppen stellt andere Anforderungen an den Traktor, z. B. im Hinblick auf: Anzahl PS, Anzahl Gänge, Höchstgeschwindigkeit, Schutz, Komfort, Lebensdauer und Servicegrad.
>
> Jedes Segment hat auch sein eigenes Beschaffungskonzept. Im militärischen Bereich ist der Käufer der Staat, beim Straßenbau oder der Forstwirtschaft können es sowohl Privatleute als auch der Staat sein. In der Landwirtschaft hat man es meist mit einzelnen Landwirten zu tun, die Traktoren über selbstständige Händler oder über ihre Kooperationspartner beschaffen.
>
> Vor diesem Hintergrund dieser sehr heterogen Kundenanforderungen und Beschaffungskonzepte sind die Vermarktungsprogramme der Traktorenhersteller durch ein hohes Maß an Differenzierung gekennzeichnet. Für jede Kundengruppe wird ein spezielles Leistungsangebot bereit gehalten.

Produktelimination

Eine der schwierigsten produkt- bzw. sortimentspolitischen Entscheidungen ist die **Elimination** eines Produkts. Häufig wird diesem Problem – im Gegensatz zur Neuprodukt-Planung – **wenig Bedeutung** beigemessen (vgl. *Wemhoff*, 1998, S. 1). Gerade Industriegüteranbieter, die im Produktgeschäft tätig sind, setzen sich bei wachsender Technologiedynamik der Gefahr aus, dass sie in immer kürzeren Zeiträumen neue oder veränderte Produkte auf den Markt bringen, die alten Produkte jedoch im Programm halten, so dass es zu einer Verzettelung in eine nicht mehr überschaubare Produktvariantenvielfalt kommt (vgl. *Brauckschulze*, 1983, S. 2).

Es gibt zahlreiche **Gründe**, warum eine gezielte Suche nach eliminationsverdächtigen Produkten unterbleibt (vgl. *Schaumann*, 1987, S. 12 f.; *Wemhoff*, 1998, S. 15 ff.):

- **Emotionale Elemente** spielen oft eine große Rolle. Umsatzträger der Vergangenheit oder Produkte, die das Unternehmen groß gemacht haben, bleiben aus „Dankbarkeit" im Programm.
- Einige wenige **„alte Kunden"** kaufen dieses Produkt noch; man will diesen Kunden nicht vor den Kopf stoßen.
- **Verbundwirkungen**, die häufig real nicht vorhanden sind, werden vermutet. Man hat Angst, dass Kunden aus sortiments- und programmpolitischen Gründen abspringen.
- Die Anzahl der angebotenen Produktarten wird als **Nachweis der Leistungsfähigkeit** verstanden.
- Produktelimination ist **negativ besetzt**.

Während beim Fehlen von neuen Produkten i.d.R. unmittelbar der dadurch potenziell entstehende Schaden wahrgenommen wird, werden die **Kosten** eines zu umfangreichen Produktprogramms häufig nicht registriert. Diese Kosten entstehen, weil potenziell zu eliminierende Produkte

- tendenziell einen unverhältnismäßig großen Teil der **Zeit** beanspruchen, die der Unternehmensführung zur Verfügung steht,
- häufige **Preis-** und **Lagerbestandsveränderungen** erfordern,
- häufig in **kleinen Produktionseinheiten** hergestellt werden.

Nicht nur die gegenwärtigen, **verborgenen Kosten** sind zu beachten; der größte finanzielle Nachteil macht sich evtl. erst in der Zukunft bemerkbar. Werden eliminationsverdächtige Produkte zu spät aus dem Programm gestrichen, wird häufig mit der Suche nach Ersatzprodukten zu lange gewartet. Das führt zu einem flachen Programm, das sich negativ auf den gegenwärtigen Gewinn auswirkt und die Zukunftsaussichten der Unternehmung schwächt (vgl. *Kotler/Keller*, 2008).

Die **rechtzeitige Eliminierung** strukturell schwacher Produkte kann dagegen wesentlich den Markterfolg einer ganzen Unternehmung stärken, weil Verlustträger frühzeitig aufgegeben werden, so dass sich das Unternehmen auf die erfolgsträchtigen Produkte konzentrieren kann. Insbesondere *Kotler* (2003) hat betont, dass es für die Sicherung des Markterfolgs notwendig ist, Eliminationsentscheidungen nicht bis zu Krisensituationen aufzuschieben, weil entsprechende Korrekturen dann immer schwieriger und häufig auch teuer werden. Um Eliminationsentscheidungen frühzeitig und systematisch angehen zu können, bietet es sich dabei an, die verschiedenen Organisationseinheiten im Unternehmen, die von Eliminationsentscheidungen betroffen sind oder hierfür relevante Informationen beisteuern können, in einem entsprechenden **Gremium** zusammenzubringen. Eine etwa aus den Bereichen Marketing, Controlling und z.B. Fertigung zusammengesetzte Gruppe könnte so die Aufgabe zufallen, das bestehende Produktprogramm regelmäßig systematisch nach möglichen Eliminationskandidaten zu durchforsten (vgl. *Wemhoff*, 1998, S. 71 ff.). Aufbauend auf einem ursprünglich für den Service-Bereich entwickelten Ablaufschema für Produkteliminationen (vgl. *Argouslidis*, 2004) schlägt *Prigge* (2008) ein aus vier Phasen bestehendes Vorgehen zur Produktelimination auf B-to-B-Märkten vor: Demnach sollte das Produktprogramm in einer 1. Phase nach eliminationsverdächtigen Produkten durchsucht werden. Diese Produkte sind anschließend ökonomisch zu bewerten, um hierdurch die Produkte zu eliminieren, die tatsächlich für eine Eliminationsentscheidung in Frage kommen (2. Phase). In einer 3. Phase hat das (wenn möglich funktionsübergreifend besetzte) Gremium alle vorliegenden Informationen zu bewerten und eine endgültige Eliminationsentscheidung zu treffen. Diese ist abschließend in einer 4. Phase umzusetzen und nach Vollzug dem Gremium anzuzeigen.

1.1.2 Preispolitik: Zahlungsbereitschaftsmanagement

Auf Specialty-Märkten sind die im Markt angebotenen **Leistungen** durch eine **geringe Vergleichbarkeit** gekennzeichnet. Das hohe Innovationspotenzial der Anbieter führt dazu, dass diese nicht allein durch Imitationen den Wettbewerb kopieren, sondern durch innovative Leistungen eigenständige Problemlösungen für die Kunden anbieten. Die geringe Vergleichbarkeit der im Markt angebotenen alternativen Problemlösungen führt zugleich dazu, dass **kein direkt vergleichbarer Marktpreis** vorhanden ist. Schon allein aus diesem Grunde verfügen Anbieter auf Specialty-Märkten über vergleichsweise große Preissetzungsspielräume.

Da Nachfrager die Anbieter-Leistungen nur begrenzt mit denen des Wettbewerbs vergleichen können, wird der anbieterseitig mögliche Preis nicht nur durch den Wettbewerbspreis, sondern vor allem durch die Zahlungsbereitschaft der Nachfrager limitiert. Diesen Betrag kundenspezifisch zu ermitteln und durch eine entsprechende Preissetzung „abzugreifen", stellt die zentrale Aufgabenstellung im Rahmen der Preispolitik auf Specialty-Märkten dar. Im Rahmen eines **systematischen Zahlungsbereitschaftsmanagements** sind dabei

- die **Zahlungsbereitschaften** der Kunden sowie die produktbezogenen Kosten zu **quantifizieren**,
- an den Zahlungsbereitschaften der Kunden ausgerichtete **Marktpreise festzulegen**,
- **Preissysteme aufzubauen**, um Unterschiede bei den kundenseitigen Zahlungsbereitschaften abschöpfen zu können und
- Maßnahmen der **Preisdurchsetzung** zu ergreifen, indem etwa **Preiskonditionen** mit dem Kunden ausgehandelt werden.

1.1.2.1 Ermittlung von Zahlungsbereitschaften und produktbezogenen Kosten

Preisrelevante Informationen sind auf Specialty-Märkten die Zahlungsbereitschaften der Nachfrager sowie die mit dem Produkt verbundenen Kosten. Wettbewerbspreise für alternative Technologien oder im weitesten Sinne ähnliche Produkte sind hingegen nicht eigenständig zu analysieren, da diese bereits im hier zugrunde gelegten Verständnis von Zahlungsbereitschaft abgebildet werden. Während die Zahlungsbereitschaft die kundenindividuelle **Preisobergrenze** für ein Specialty-Produkt darstellt (vgl. *Plinke/Söllner*, 2006, S. 730), beschreiben die Kosten in diesem Fall die kurz- oder langfristige **Preisuntergrenze**.

Zahlungsbereitschaftsermittlung

Unter **Zahlungsbereitschaft** wird hier der Entgelt-Betrag verstanden, den ein Nachfrager für eine bestimmte Leistung maximal zu zahlen bereit ist (vgl. *Diller*, 2008, S. 75). Da sich bei Nachfragern Zahlungsbereitschaften vor dem Hintergrund wahrgenommener Wettbewerbsszenarien bilden, basiert die Zahlungsbereitschaft diesem Verständnis nach nicht nur auf **nachfragerbezogenen Informationen**, sondern zugleich auch auf **Wettbewerbsinformationen**. Nachfrager beurteilen hiernach die vom Anbieter offerierte Leistung, indem sie diese mit den im Markt vorhandenen und wahrgenommenen Angeboten der Konkurrenten vergleichen, und bilden sich hierbei eine Vorstellung über den Betrag, den sie angesichts dieser Informationen für die Anbieter-Leistung maximal zu zahlen bereit sind. Auf Industriegütermärkten ist hierbei zu beachten, dass die Kaufentscheidung durch Buying Center getroffen wird, in denen die verschiedenen Mitglieder über unterschiedliche Präferenzen verfügen. Aus diesem Grunde stellt die Zahlungsbereitschaft eines Kunden auf Industriegütermärkten i. d. R. eine **Aggregation** der **individuellen Zahlungsbereitschaften** verschiedener Buying Center-Mitglieder dar.

Der validen **Ermittlung von Zahlungsbereitschaften** kommt im Marketing im Allgemeinen (vgl. *Balderjahn*, 2003, S. 389) und angesichts der beschriebenen zusätzlichen Schwierigkeiten durch das Vorhandensein von Buying Centern auf Industriegütermärkten im Besonderen eine große Bedeutung für den Markterfolg eines Unternehmens zu. Angesichts der Zentralität dieses Themas für das Marketing ist es nicht verwunderlich, dass in Wissenschaft und Praxis **verschiedene Instrumente** zur Ermittlung von Zahlungsbereitschaften vorgeschlagen worden sind (vgl. überblickartig *Sattler/Nitschke*, 2003). Die vorliegenden Methoden können dabei grob dahingehend differenziert werden, ob sie auf der Analyse von Kaufdaten, Kaufangeboten oder Präferenzdaten beruhen.

Kaufdaten-bezogene Verfahren

Bei Kaufdaten-bezogenen Verfahren wird versucht, die Zahlungsbereitschaft von Kunden aus deren **Kauf- oder Nicht-Kaufverhalten der Vergangenheit** abzuleiten. Indem überprüft wird, wie sich die Kunden bei Preiserhöhungen oder Preisreduktionen in der Vergangenheit verhalten haben, werden Rückschlüsse auf die Zahlungsbereitschaft der Kunden gezogen. Für viele **praktische Zwecke** sind Kaufdaten-bezogene Verfahren allerdings **nicht einsetzbar**. Gerade beim Pricing für innovative Leistungen liegen so i. d. R. keine oder keine unmittelbar übertragbaren Vergangenheitsdaten vor. Zudem stellt sich darüber hinausgehend das Problem, ob sich die Daten der Vergangenheit ohne weiteres für ein zukunftsgerichtetes Pricing verwenden lassen. Veränderte Markt- und Wettbewerbsbedingungen lassen so fraglich erscheinen, ob die hierüber ermittelten Zahlungsbereitschaften ein ausreichendes Maß an Validität aufweisen. Schließlich darf ebenso nicht übersehen werden, dass Kaufdaten zumeist nur von Kunden, nicht aber von Nicht-Kunden vorliegen. Soll allerdings mit einem Neuprodukt oder einer Produktvariante ein bislang nicht bearbeitetes Marktsegment adressiert werden, so fehlen bei Verwendung von Kaufdaten Zahlungsbereitschaftsinformationen von Kunden, die bislang Nicht-Kunden des betrachteten Anbieters gewesen sind.

Kaufangebot-basierte Verfahren

Daneben können Zahlungsbereitschaften auch über empirisch erhobene **Kaufangebote** ermittelt werden. Hierbei werden potenziellen Kunden bzw. Probanden in Form von Auktionen oder Lotterien Kaufangebote unterbreitet, für die diese Zahlungsangebote machen (können).

- Bei einer **Höchstpreisauktion** wird etwa ein Produkt innerhalb einer vorgegebenen Kundengruppe versteigert, indem der Kunde den Zuschlag erhält, der für das Produkt das **höchste Gebot** abgegeben hat. Eine entsprechende Attraktivität des versteigerten Produktes vorausgesetzt, ist davon auszugehen, dass sich Kunden bei der Bestimmung der Höhe ihres Kaufgebotes an ihrer Zahlungsbereitschaft orientieren. Da das zu versteigernde Produkt allerdings „knapp" ist, erscheint es ebenso vorstellbar, dass sich Kunden bei der Festlegung ihres Gebotes an der vermuteten Zahlungsbereitschaft anderer Kunden orientieren. So wird etwa der Kunde mit der höchsten Zahlungsbereitschaft aller Kunden bei seinem Gebot allein die Zahlungsbereitschaft des Kunden mit der zweithöchsten Zahlungsbereitschaft zugrunde legen. Denn ein hieran ausgerichtetes Gebot reicht aus, um den Zuschlag für das Produkt zu erhalten. Aus diesem Grunde wird die Höchstpreisauktion auch als nicht-anreizkompatibel in Bezug auf die Ermittlung von Zahlungsbereitschaften bezeichnet (vgl. *Sattler/Nitschke*, 2003, S. 365).
- Als Anreiz-kompatibel wird in der Literatur hingegen die **Vickrey-Auktion** angesehen (vgl. *Skiera/Revenstorff*, 1999; vgl. kritisch hierzu *Kaas/Ruprecht*, 2006). Auch bei dieser Auktionsform geben Kunden ein verdecktes Gebot für ein Produkt ab. Allerdings muss der Kunde, der das höchste Gebot abgegeben hat, nicht den von ihm angegebenen Preis, sondern einen Preis in Höhe des **zweithöchsten Gebotes** entrichten. Da die Kunden also sichergehen können, dass sie nur diesen geringeren Betrag zu zahlen gezwungen sind, besteht hier kein Motiv, die „wahre" Zahlungsbereitschaftshöhe zu verschleiern.
- Schließlich wird in der Literatur auch der Einsatz spezifischer **Lotterien** zur Ermittlung von Zahlungsbereitschaften vorgeschlagen. Entsprechend einem Vorschlag von *Becker et al.* (1964) geben die Kunden dabei im Rahmen einer direkten Preisabfrage ein Gebot ab und damit ihre Zahlungsbereitschaft an. Anschließend wird im Rahmen einer Lotterie zufällig ein Preis aus den vorliegenden Geboten gezogen. Zu diesem Preis haben dann alle Probanden das Produkt zu erwerben, deren Gebot oberhalb dieses Preises

gelegen hat. Auch wenn *Wertenbroch/Skiera* (2002) im Rahmen einer vergleichenden empirischen Untersuchung die Leistungsfähigkeit solcher Lotterien aufgezeigt haben, ist es innerhalb der Marktforschungspraxis als Methode zur Messung von Zahlungsbereitschaften bislang noch nicht sehr verbreitet.

Kaufangebot-bezogene Verfahren wie Auktionen wird in der Literatur z. T. eine gewisse **theoretische Überlegenheit** zur validen Messung von Zahlungsbereitschaften zugesprochen (vgl. *Sattler/Nitschke*, 2003, S. 367). Diese Einschätzung ist allerdings insofern zu relativieren, da Auktionen auf eine sehr **spezielle Kaufentscheidungssituation** abstellen und daher nicht immer als geeignetes Instrument zur Messung von Zahlungsbereitschaften einzustufen sind (vgl. *Backhaus et al.*, 2005a und 2005b). Auktionen **setzen so Knappheit voraus**. Nur wenn der teilnehmende Nachfrager davon ausgehen kann, dass mehr Interessenten vorhanden sind, als Gütereinheiten zur Verfügung stehen, hat der Nachfrager ein Motiv, seine Zahlungsbereitschaft im Wettbewerb mit anderen Nachfragern aufzudecken. Liegt hingegen keine Knappheit vor bzw. kann diese nicht glaubhaft den teilnehmenden Nachfragern vermittelt werden, so hat der Nachfrager kein Motiv, seine tatsächliche Zahlungsbereitschaft offen zu legen. Stattdessen wird er sein Gebot nun stärker von der Frage abhängig machen, bis zu welchem Preis der Anbieter vermutlich bereit sein wird, ihm das Gut zu überlassen. In diesem Fall dürfte das Gebot des Nachfragers stärker von den vom Nachfrager auf Seiten des Anbieters vermuteten Kosten als von der eigenen Zahlungsbereitschaft abhängen.

Wird die Zahlungsbereitschaft mittels Kaufangebot-basierten Verfahren im Vorfeld der Markteinführung auf Specialty-Märkten ermittelt – z. B. indem erste Prototypen versteigert oder per Lotterie potenziellen Kunden angeboten werden –, so ist in dieser Marktforschungssituation zwar die Voraussetzung von Knappheit gegeben; allerdings interessiert den Anbieter letztlich weniger die Frage, wie groß die Zahlungsbereitschaft für zahlenmäßig beschränkt zur Verfügung stehende Prototypen ist, als vielmehr für die später im Markt in ausreichender Zahl zur Verfügung stehenden Produkte. Daher ist diese Art der Ermittlung von Zahlungsbereitschaften nicht unproblematisch, da die bei diesen Verfahren unterstellte **„Knappheitsprämisse"** bei der tatsächlichen Bildung von Zahlungsbereitschaften **nicht anzutreffen** ist.

Präferenzdatenbezogene Verfahren

Andere Verfahren versuchen die Zahlungsbereitschaft von Nachfragern über Präferenzen zu ermitteln. Zu unterscheiden ist dabei zwischen Methoden der direkten und der indirekten Messung.

Bei der **direkten Messung** werden Kunden um unmittelbare Angabe ihrer Zahlungsbereitschaft für Produkte oder Produktbestandteile gebeten. Neben der direkten Preisabfrage („Wie viel wären Sie für folgendes Produkt zu zahlen bereit?"), bei der i. d. R. eine Preisabfrage für ein Gesamtprodukt vorgenommen wird, gehört zu den direkten Messverfahren auch die **Kosten-Nutzen-Analyse**. Diese ist darauf gerichtet, Zahlungsbereitschaften über die vorgelagerte Ermittlung von Leistungsindices zu bestimmen. Die Aufgabe der Kosten-Nutzen-Analyse besteht darin, aus dem Preis und einem Leistungsindex eine Verhältniszahl zu bilden, die über den Preis pro Leistungseinheit informiert. Der Schwerpunkt der Analyse liegt dabei in der Ermittlung eines geeigneten Leistungsindices. Im einfachsten Fall wird nur ein Leistungsmerkmal in die Beurteilung einbezogen. Derartig einfache Preis-Leistungs-Verhältnisse zeigen sich in der Praxis z. B. bei Elektromotoren (€/kw) oder bei Mieträumen (€/m^2). Oftmals ist aber aufgrund der Leistungsvielfalt der Produkte die einfache Darstellung nicht ausreichend, so dass die Nachfrager mehrere Merkmale in die Leistungsbewertung einbeziehen. Hierzu werden häufig **Nutzwertanalysen** eingesetzt (vgl. *Kawlath*, 1969, S. 70 ff.;

zur Vorgehensweise vgl. *Adam*, 1997, S. 82 ff.). Die Merkmale werden dabei entsprechend ihrer Bedeutung für die Leistungsbewertung gewichtet. Der Bewertungsprozess selbst lässt sich formal durch mehrdimensionale Einstellungs- und Präferenzmodelle wie Vektor-, Idealpunkt- und Teilwertmodell (vgl. *Backhaus et al.*, 2006a, S. 654 ff.) darstellen.

Beispielsweise ergibt sich der Leistungsindex für ein Produkt i bei Anwendung eines linearkompensatorischen- oder Vektormodells aus

$$L_i = \sum_{j=1}^{k} a_j x_{ij},$$

mit:

a_j = Gewicht des Merkmals j

x_{ij} = Ausprägung des Merkmals j bei Produkt i.

Ein schlechteres Abschneiden bei einem Leistungsmerkmal lässt sich also durch ein besseres Abschneiden bei einem anderen Merkmal kompensieren.

Abbildung 109 veranschaulicht beispielhaft die Bewertung verschiedener Laptops anhand mehrerer Leistungsmerkmale mit Hilfe der Nutzwertanalyse.

Kriterium	RAM-Speicher	Bildschirm	Gewicht	Batterielaufzeit	Festplatte	> 3 USB-Zugänge	Prozessorleistung	Herstellerimage	Ã der Punkte	Angebotspreis	Preis/Leistung
Gewicht	15	20	10	10	15	5	10	15	100		
Produkt A	512 MB 5 75	14 Zoll 3 60	2 kg 5 50	5 h 4 40	80 GB 5 75	Ja 5 25	hohe Taktfrequenz 5 50	5 5 75	450	1.976 €	4,39
Produkt B	512 MB 5 75	17 Zoll 5 100	3 kg 3 30	3 h 2 20	60 GB 4 60	Ja 5 25	hohe Taktfrequenz 5 50	3 3 45	405	1.888 €	4,66
Produkt C	512 MB 5 75	15 Zoll 4 80	3 kg 3 30	5 h 4 40	40 GB 3 45	Ja 5 25	mittlere Taktfrequenz 4 40	4 4 60	395	1.662 €	4,21
Produkt D	256 MB 3 45	15 Zoll 4 80	3 kg 3 30	5 h 4 40	60 GB 4 60	Nein 1 5	mittlere Taktfrequenz 4 40	3 3 45	345	1.547 €	4,48
Produkt E	256 MB 3 45	14 Zoll 3 60	3 kg 3 30	3 h 2 20	40 GB 3 45	Nein 1 5	mittlere Taktfrequenz 4 40	3 3 45	290	1.351 €	4,66

Abb. 109: Berechnung von Preis-Leistungs-Verhältnissen für Personal Computer

Quelle: in Anlehnung an *Simon*, 1992a, S. 545.

Die Kopfzeile enthält die zur Beurteilung herangezogenen Leistungsmerkmale. Darunter sind die durch das bewertende Unternehmen festgelegten Gewichtungsfaktoren aufgeführt, die in der Summe 100 ergeben. Das Gewichtungsschema spiegelt die individuellen Bedürfnisse des Unternehmens wider und kann somit von Unternehmen zu Unternehmen unterschiedlich ausfallen. In den einzelnen Feldern sind oben die Merkmalsausprägungen, links unten die erzielte Punktezahl (auf einer Skala von 1 (gering) bis 5 (hoch)) und rechts unten die Summe aus Gewichtungsfaktor und erzielter Punktezahl angegeben. Die Summe der rechten unteren Zahlen ergibt den in der drittletzten Spalte aufgeführten Leistungsindex.

Setzt man den Leistungsindex in Relation zu den jeweiligen Preisen der Produkte, erhält man das Preis-Leistungs-Verhältnis. In diesem Beispiel erhält das Produkt C mit 4,21 den Zuschlag, da es das beste Preis-Leistungs-Verhältnis aufweist. Das Produkt E hingegen wird trotz des optisch niedrigsten Preises nicht gekauft. Der Anbieter E kann diese Informationen, sofern sie vorliegen, dazu nutzen, das wahrgenommene Preis-Leistungs-Verhältnis zu seinen Gunsten zu ändern, indem er:

(1) seinen Preis auf mindestens 1.220,20 € senkt, um wenigstens das gleiche Preis-Leistungs-Verhältnis wie C zu erzielen,

(2) seinen Leistungsindex über Leistungssteigerung um mindestens 32 Punkte erhöht (z. B. durch 512 MB-Speicher sowie eine 60 GB Festplatte),

(3) sowohl den Preis senkt als auch die Leistung steigert (z. B. Preissenkung auf 1.284,05 €, und Einbau einer 60 GB Festplatte),

(4) den Nachfrager überzeugt, sein Bewertungsschema zu ändern (z. B. geringeres Gewicht beim Bildschirm).

Das Beispiel zeigt, dass eine erfolgreiche Preissetzung die Kenntnis der Gewichtung der einzelnen Leistungsmerkmale und der Stellung des eigenen Produkts in der Wahrnehmung des Kunden erfordert. **Nachteilig** wirkt sich jedoch aus, dass die Nachfrager bei dieser Form der Bestimmung des Preis-Leistungs-Verhältnisses die einzelnen Leistungskomponenten isoliert voneinander bewerten. Dies entspricht jedoch zumeist nicht dem tatsächlichen Kauf- bzw. Bewertungsverhalten. Daher scheinen grundsätzlich solche Verfahren geeigneter, die es ermöglichen, aus der Gesamtbewertung eines Produkts indirekt (dekompositionell) auf die Leistungsbewertung der einzelnen Produktkomponenten rückschließen zu können.

Als Verfahren der **indirekten Messung** zur Ermittlung von Zahlungsbereitschaften im Rahmen der Neuproduktplanung kommt vor allem die **Limit Conjoint-Analyse** in Frage (vgl. allgemein zur Conjoint-Analyse *Backhaus et al.*, 2008b, S. 451 ff. und zur Limit Conjoint-Analyse *Voeth/Hahn*, 1998). Hierbei handelt es sich um ein **dekompositionelles Verfahren** der Nutzenmessung, bei dem der Nutzen von Produkten (oder allgemeiner „Objekten"), die durch Ausprägungen verschiedener Beschreibungsmerkmale gekennzeichnet sind, zunächst ganzheitlich empirisch erhoben wird. Anschließend wird dann mittels eines i. d. R. linear-additiven Nutzenmodells auf den Bedeutungsbeitrag der zur Beschreibung der Objekte herangezogenen Merkmalsausprägungen und Merkmale geschlossen.

Beispiel zur Ermittlung von Zahlungsbereitschaften mit der Limit Conjoint-Analyse

Abbildung 110 zeigt das Ergebnis einer exemplarischen Limit Conjoint-Analyse. Als relevante Beschreibungsmerkmale für die in diesem Beispiel zu untersuchende technische Komponente aus dem Automotive-Bereich wurden im Vorfeld der Durchführung der Limit Conjoint-Analyse „Qualität", „Ventiltechnik", „Garantie", „Preis" und „Kompatibilität" mit jeweils drei möglichen Ausprägungen festgelegt. Anschließend wurden aus den Merkmalsausprägungen fiktive Produkte „konstruiert", indem jeweils eine Ausprägung jedes Merkmal miteinander kombiniert wurde (Profilmethode). Diese fiktiven Produkte wurden den Probanden anschließend zur ganzheitlichen Bewertung (z. B. Rating-Bewertung der verschiedenen fiktiven Produkte auf einer Skala von „1 = sehr schlecht" bis „10 = sehr gut") vorgelegt. Zusätzlich werden die Probanden speziell bei der

Limit Conjoint-Analyse gebeten, die Grenze zwischen ihnen kaufenswert und nicht-kaufenswert erscheinenden Beurteilungsobjekten anzugeben (z. B. Rating-Wert der mindestens von einem insgesamt kaufenswert erachteten Angebot erreicht werden muss). Diese Kaufensgrenze wird in der Limit Conjoint-Analyse als „Limit" oder „Limit-Card-Position" bezeichnet und als „Nutzen-Nullpunkt" innerhalb der Auswertung interpretiert. Mit anderen Worten, werden die zuvor abgegebenen Beurteilungen der Probanden so auf dem Beurteilungsstrahl verschoben, dass der Nullpunkt des Zahlenstrahls genau an der Stelle der Limit-Angabe positioniert wird, ohne dass darüber hinausgehende Veränderungen an den Einschätzungen der Probanden vorgenommen werden müssen. Auf Basis dieser Beurteilungen lassen sich die Teilnutzenwerte der Merkmalsausprägungen bestimmen. Sie werden dabei neben dem sog. Basisnutzen (BN) i. d. R. so geschätzt, dass sich auf Basis der Schätzergebnisse die empirisch vorgegebenen Gesamtbeurteilungen möglichst gut durch Addition der geschätzten Teilnutzenwerte zum geschätzten Basisnutzen reproduzieren lassen. Die Teilnutzenwerte geben dabei an, wie sich die Beurteilung von Produkten durch das Vorhandensein der Ausprägungen im Vergleich zu allen anderen Beurteilungen verändert. Darüber hinaus lässt sich die relative Wichtigkeit von Merkmalen ermitteln, wenn die Teilnutzen-Spanne eines Merkmals zur Summe der Teilnutzen-Spannen aller Merkmale ins Verhältnis gesetzt wird. Schließlich eröffnet die mit Hilfe der Limit-Position aufgenommene Kaufsgrenze die Möglichkeit, Prognosen über die Kaufbereitschaft beliebiger Ausprägungskombinationen vorzunehmen. Durch Addition der Teilnutzenwerte der Ausprägungen des simulierten Produktes zum Basisnutzen erhält man einen Schätzwert für den Gesamtnutzen des simulierten Produktes. Da die Grenze kaufenswerter und nicht-kaufenswerter Produkte in der Limit Conjoint-Analyse bei Null angesetzt wurde, sind nun geschätzte Gesamtnutzenwerte von „größer Null" als Kaufbereitschaft und solche Gesamtnutzenwerte, die „kleiner Null" sind, als fehlende Kaufbereitschaft interpretieren. Ein Produkt, das bspw. durch die Ausprägungen „Qualität: 0 km = 50 ppm", „Ventiltechnik: Piezotechnik (110kw)", „Preis: 7,5 €" sowie „Kompatibilität: voll gegeben" würde einen Gesamtnutzenwert von 1 (2 + 0 + 0 + 1,5–2,5 (BN)) erreichen und daher als kaufenswert eingestuft.

Soll nun die Zahlungsbereitschaft für das neu in den Markt einzuführende Produkt ermittelt werden, so ist zum einen zu fragen, durch welche Ausprägungen bei den Leistungsmerkmalen dieses Produkt gekennzeichnet ist. Wird beispielhaft unterstellt, dass das vorgegebene Produkt

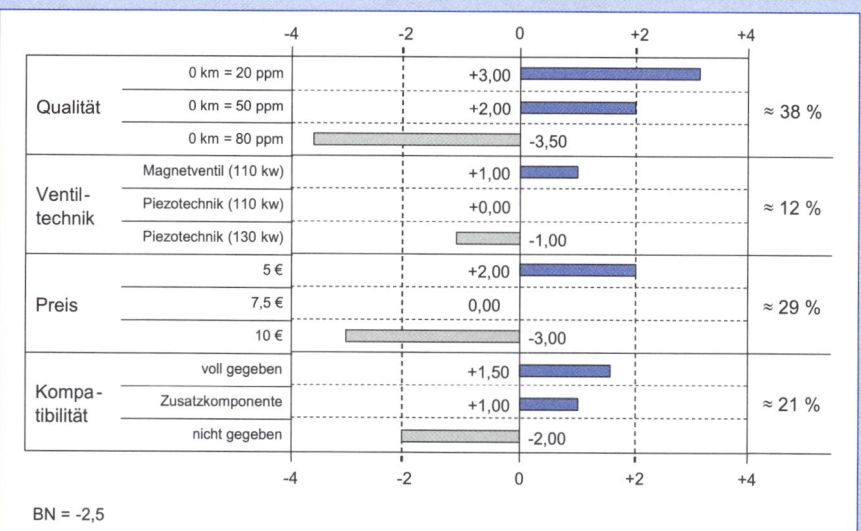

Abb. 110: Beispieldaten zur Ermittlung von Zahlungsbereitschaften mit Hilfe der Limit Conjoint-Analyse

> über die Ausprägungen „Qualität: 0 km = 50 ppm", „Ventiltechnik: Magnetventil (110 kw)" und „Kompatibilität: voll gegeben" verfügt, so weist das Produkt einen Nutzen ohne das hinsichtlich seiner Ausprägung noch festzulegende Merkmal „Preis" (inklusive Basisnutzen) von 2 (= 2 + 1 + 1,5 – 2,5) auf.
>
> Zum anderen ist hinsichtlich der Wettbewerbssituation, auf die das neu in den Markt einzuführende Produkt stößt, zwischen zwei unterschiedlichen Ausgangssituationen zu differenzieren:
>
> (1) Das Produkt verfügt über eine Alleinstellung im Markt.
> (2) Das Produkt muss sich im Wettbewerb gegen eine andere alternative technische Lösung durchsetzen.
>
> Im Fall einer *Alleinstellung* tritt das Produkt nur gegen die grundsätzliche Kaufensgrenze von „Null" (Position der Limit-Card) an. In diesem Fall darf der durch das Merkmal Preis erzeugte Nutzen nicht unter -2 sinken, da das Gesamtprodukt dann in den Bereich der nicht-kaufenswerten Produkte geraten würde. Wird in diesem Zusammenhang von einer stetigen und linearen Nutzenveränderung zwischen den geschätzten Nutzenpunkten ausgegangen, so würde sich der Grenzpreis für das Produkt auf 9,17 € belaufen (7,5 € + 2/3 (10 € – 7,5 €)).
>
> Liegt hingegen eine *Konkurrenztechnologie*, z.B. die Kombination „Qualität: 0 km = 20 ppm", „Ventiltechnik: Magnetventil (110 kw)", „Preis: 7,5 €" und „Kompatibilität: voll gegeben" – vor, so wird sich der Proband nur dann für das zu bepreisende Produkt entscheiden, wenn dieses einen mindestens so großen Nutzen wie die Konkurrenztechnologie aufweist. Da der Nutzen der Konkurrenztechnologie hier 3 beträgt (= 3 + 1 + 0 + 1,5 – 2,5), bedeutet dies, dass das Merkmal „Preis" nun eine solche Ausprägung annehmen muss, dass der Gesamtnutzenwert des Produktes einen Wert von ebenfalls 3 erreicht. Unter den gleichen Annahmen wie oben wäre dies bei einem Preis von 6,25 € gegeben.

Über die **Leistungsfähigkeit** der **Limit Conjoint-Analyse** zur Messung von Zahlungsbereitschaften liegen inzwischen verschiedene empirische Studien vor. Diese kommen allerdings – etwa im **Vergleich zur direkten Preisabfrage** – zu widersprüchlichen Ergebnissen. Dies ist nach Auffassung von *Backhaus et al.* (2005b) auch nicht verwunderlich, da die Vorteilhaftigkeit von Instrumenten zur Messung von Zahlungsbereitschaften vor allem vom Untersuchungsobjekt abhängt. In der Literatur ist so bspw. zurecht darauf verwiesen worden, dass die Eignung von Conjoint-Analysen im Allgemeinen zur Untersuchung von Präferenzen und Kaufentscheidungsverhalten generell davon abhängt, ob die der Conjoint- und damit auch Limit Conjoint-Analyse zugrunde liegenden Modellprämissen in der jeweiligen Untersuchungssituation erfüllt sind (vgl. *Voeth*, 2000). Nur wenn die dem Verfahren zugrunde liegenden Annahmen in der untersuchten Kaufentscheidungssituation erfüllt zu sein scheinen, kommt das Analyse-Instrument „Conjoint-Analyse" überhaupt in Frage. Als eine erste wichtige Prämisse ist dabei vor allem die **multiattributive deterministische Nutzenentstehung** – hiernach setzt der Einsatz der Limit Conjoint-Analyse eine „gewisse **Rationalität**" des Kaufentscheidungsprozesses voraus – zu prüfen. Demnach sollte die Limit Conjoint-Analyse vor allem dann zur Messung von Zahlungsbereitschaften eingesetzt werden, wenn ein intensiver kognitiver Abwägungsprozess auf Seiten der Kunden vermutet werden kann. Hiervon ist immer dann auszugehen, wenn Beschaffungsobjekte eine gewisse Wertdimension aufweisen, eine für den Kunden neuartige Technologie einsetzen, organisatorische Veränderungen zur Folge haben oder von verschiedenen Abteilungen/ Organisationseinheiten beim Kunden genutzt werden.

Darüber hinaus ist die Limit Conjoint-Analyse nur einsetzbar, wenn sich die **Zahl der zu integrierenden Merkmale** stark einschränken lässt und vier oder fünf Merkmale nicht übersteigt. Ansonsten wird die Anzahl der von Probanden zu beurteilenden Angebote schnell zu groß, so dass eine Überforderung der Auskunftsfähigkeit und -bereitschaft der Probanden auftreten kann. Da aber Leistungen gerade im technologisch-industriellen Umfeld häufig durch eine große Zahl von Leistungsmerkmalen gekennzeichnet sind, hat *Voeth* (2000) eine Erweiterung des Grundansatzes der Limit Conjoint-Analyse entwickelt, mit dem sich auch eine deutlich größere Merkmalszahl integrieren lässt. Im Rahmen der **Hierarchischen Individualisierten Limit Conjoint-Analyse (HILCA),** deren Ablaufschritte in *Abbildung 111* dargestellt worden sind und zu der vom Marktforschungsinstitut GfK inzwischen eine spezielle Computer-Software vorliegt, kann der einzelne Proband individuell festlegen, welche der in beliebiger Zahl vorliegenden Produktmerkmale er bei einer Kaufentscheidung tatsächlich berücksichtigen will (Schritt 1). Aus diesen **individuell als bedeutsam eingestuften Merkmalen** werden anschließend durch eine individuelle **kompositionelle Vorbeurteilung** die 5 für den betrachteten Probanden wichtigsten Merkmale identifiziert (Schritt 2), die dann die Basis für eine sich anschließende **Limit Conjoint-Analyse** darstellt (Schritt 3). Um allerdings auch Teilnutzenwerte für die Merkmalsausprägungen der allein bedeutsamen, nicht aber (5) wichtigen Merkmale zu erhalten, werden bei der HILCA abschließend die Einschätzungen zu den Ausprägungen dieser Merkmale aus der Vorbeurteilung mit den Conjoint-Ergebnissen (Schritt 4) vergleichbar gemacht (Schritt 5).

Erste Studien zur **Validität** der HILCA zeigen dabei, dass dieses Verfahren eine recht hohe Validität aufweist (vgl. z. B. *Herbst*, 2007; *Bornstedt*, 2007; *Tobies*, 2009; *Niederauer*, 2009). Auch wenn für das Verfahren darüber hinaus gezeigt werden konnte, dass dieses im Vergleich zu anderen Conjoint-Varianten **(Adaptive Conjoint-Analyse)** zu besseren Validitätsergebnissen gelangt (vgl. *Voeth/Bornstedt*, 2006), steht der abschließende Beleg der Leistungsfähigkeit dieses noch relativ neuen Conjoint-Verfahrens allerdings noch aus, da

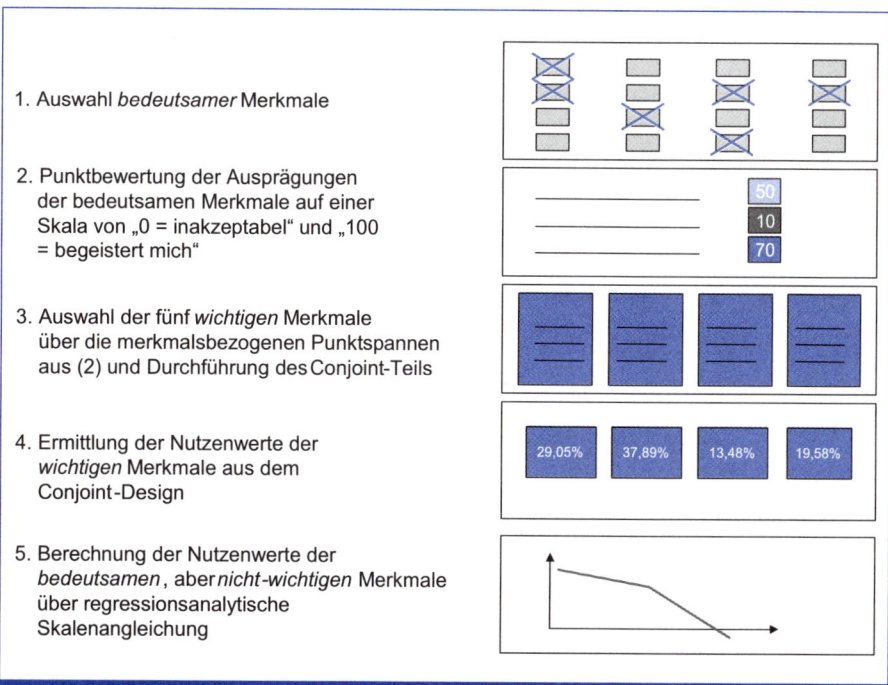

Abb. 111: Ablaufschritte der Hierarchischen Individualisierten Limit Conjoint-Analyse (HILCA)

es bislang noch nicht mit anderen innovativen Conjoint-Verfahren, vor allem den aktuellen Weiterentwicklungen der Choice-Based Conjoint-Analyse (CBC), also z. B. der Adaptiven CBC (ACBC) (vgl. *Johnson/Orme*, 2007) oder der Hybrid individualized two-level choice-based conjoint (HIT-CBC) (vgl. *Eggers/Sattler*, 2009) verglichen worden ist.

Kostenermittlung

Zur Bestimmung der Preisuntergrenze werden Informationen über die mit dem Produkt verbundenen Kosten benötigt. Zu unterscheiden ist hierbei zwischen **Kosten**, die

- dem Produkt **unmittelbar zurechenbar** sind bzw. mit der Produktionsmenge variieren (**Einzelkosten, variable Kosten**),
- dem Produkt **nicht unmittelbar zurechenbar** sind bzw. nicht mit der Produktionsmenge variieren (**Gemeinkosten, fixe Kosten**).

Die unmittelbar dem Produkt zurechenbaren Kosten müssen dabei durch das kundenseitig zu fordernde Entgelt unbedingt abgedeckt werden. Diese Teilkosten bilden die **kurzfristige Preisuntergrenze** eines Produktes. Hingegen hängen die Gemeinkosten oder fixen Kosten eines Produktes nicht an der einzelnen Produkteinheit und müssen daher auch durch die einzelne Produkteinheit nicht unbedingt abgedeckt werden. Stattdessen werden diese Kosten (z. B. Gehalt des Produktmanagers oder Anschaffungskosten für die zur Produktion des Produktes eingesetzte Maschine) durch die generelle Entscheidung, das entsprechende Produkt anzubieten, bedingt und fallen also durch alle Produkteinheiten des Produktes gemeinsam an. Diese Kosten können dabei kurzfristig bei Entgeltforderungen zurückgestellt werden, müssen aber langfristig durch das Produkt „eingespielt" werden. Sie bilden daher gemeinsam mit den variablen Kosten bzw. Einzelkosten die **langfristige Preisuntergrenze** eines Produktes.

1.1.2.2 Preisermittlung

Auf Basis der zuvor ermittelten Preisinformationen (Zahlungsbereitschaft und Kosten) ist anschließend eine zielkonforme Preisforderung abzuleiten. Hierbei ist zu berücksichtigen, dass für die standardisierte Leistung, die dem gesamten Marktsegment in identischer Form angeboten wird, i. d. R. ein **einheitlicher Marktpreis** zu ermitteln ist. Dies ist insofern nicht trivial, da zwar die Kosten pro Mengeneinheit (weitgehend) identisch sind, zugleich aber zumeist Heterogenität in Bezug auf die Zahlungsbereitschaften im Marktsegment besteht. So ist nicht davon auszugehen, dass alle Kunden eines Marktes oder eines Marktsegmentes für das zu bepreisende Produkt exakt die gleiche Zahlungsbereitschaft aufweisen. Dies dürfte schon allein deshalb meistens nicht der Fall sein, da die Eigenschaften des einzuführenden Produktes den Bedüfnissen einiger Kunden in höherem Maße und denen anderer Kunden weniger stark entsprechen.

Um trotzdem einen (gewinn-, umsatz-, marktanteils-)optimalen Marktpreis bestimmen zu können, ist eine **Preis-Absatz-Funktion** für das betrachtete Marktsegment zu bestimmen. Hiermit wird der funktionale Zusammenhang zwischen den Preisforderungen des Anbieters und den im Markt oder Marktsegment erreichbaren Absatzmengen umschrieben (vgl. *Simon/Fassnacht*, 2009, S. 91). Letztlich stellt die Preis-Absatz-Funktion eines Marktes oder Marktsegments dabei nicht anderes als eine Zusammenfassung der individuellen Preis-Absatz-Funktionen bzw. Zahlungsbereitschaften der Kunden des Marktsegments dar. Das nachfolgende Beispiel verdeutlicht diesen Zusammenhang.

In *Abbildung 112* werden die Zahlungsbereitschaften von drei exemplarischen Kunden bei LKWs eines bestimmten Typs betrachtet. Wie dem oberen Teil der Abbildung zu entnehmen ist, beträgt die maximale Zahlungsbereitschaft bei Kunde 1 260.000 €. Mit anderen Worten wird dieser Kunde bis zu einem Preis von 260.000 € bereit sein, einen LKW dem Anbieter abzunehmen. Erst wenn der Preis oberhalb dieses Betrags liegt, nimmt dieser Kunde keine Mengeneinheit ab.

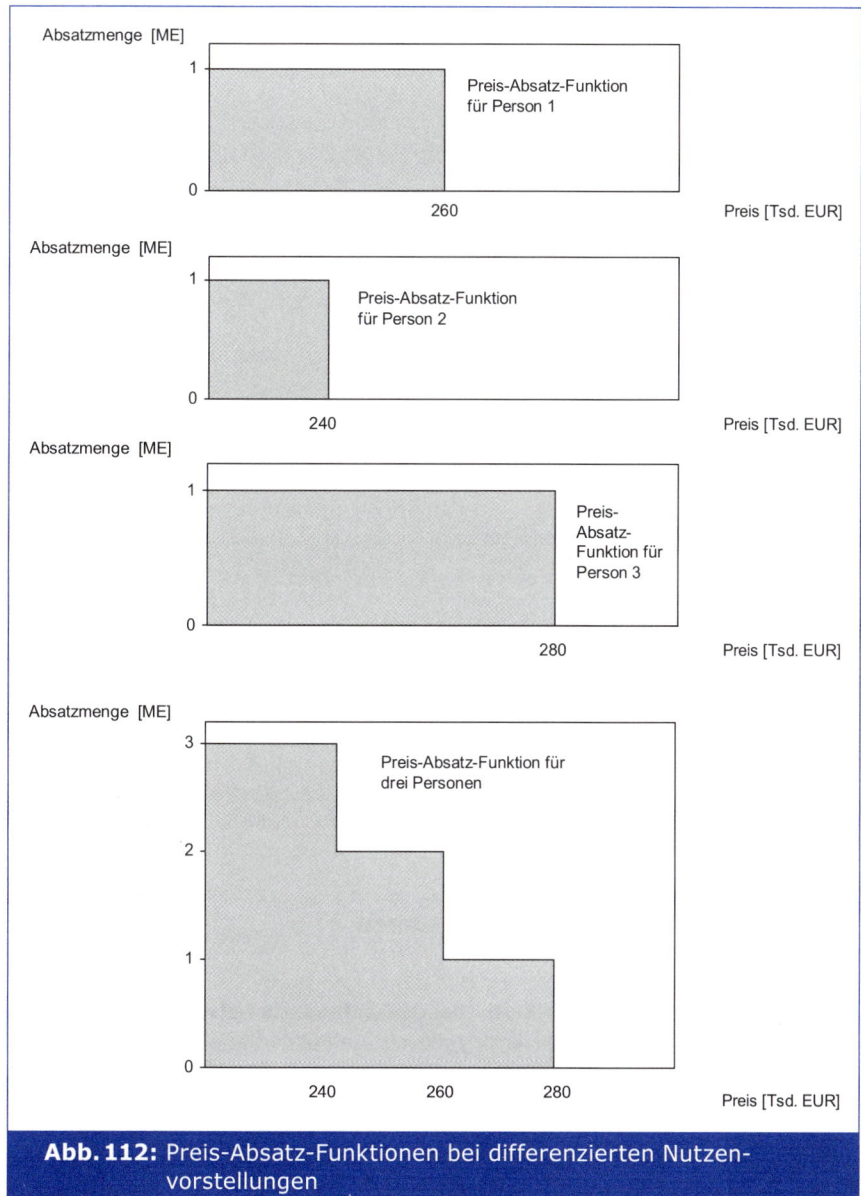

Abb. 112: Preis-Absatz-Funktionen bei differenzierten Nutzenvorstellungen

Wird diese Information mit den entsprechenden Informationen von Kunde 2 und 3 kombiniert, so erhält man die im unteren Teil dargestellte „Preis-Absatz-Funktion" für die drei Kunden. Wird dieses Vorgehen auf alle Kunden eines Segments angewandt, so führt dies zur segmentspezifischen Preis-Absatz-Funktion.

Unter Berücksichtigung der zurechenbaren Kosten lässt sich eine zur segmentspezifischen Preis-Absatz-Funktion gehörige Gewinnfunktion ermitteln (vgl. *Abbildung 113*). Diese zeigt im Beispiel an, dass bei einem Preis von 255.000 € die gewinnmaximale Preisforderung bei gegebenem Leistungsangebot-Bündel liegt.

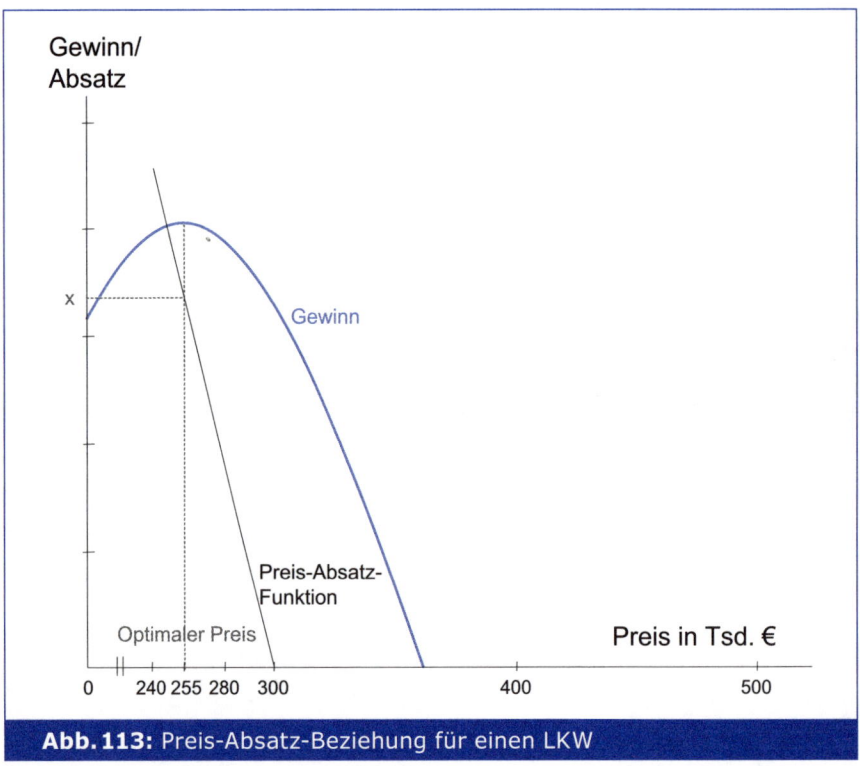

Abb. 113: Preis-Absatz-Beziehung für einen LKW

Die Abbildung macht deutlich, dass bspw. bei einem Preis von 240.000 € zwar ein höherer Absatz erzielt werden kann, der Gewinn aber um ca. 11 % niedriger als beim optimalen Preis von 255.000 € ist. Der optimale Preis ist zwar mit einer Absatzeinbuße verbunden, bringt aber ein deutliches Gewinnplus.

1.1.2.3 Gestaltung von Preissystemen

Die Festlegung eines einheitlichen Preises (im obigen Beispiel von 255.000 €) ist immer dann suboptimal, wenn **Heterogenität bei den Zahlungsbereitschaften** der Nachfrager besteht – und dies stellt wie oben dargelegt den Regelfall dar. In diesem Fall führt die Setzung eines „Einheitspreises" dazu, dass die bestehenden Zahlungsbereitschaften auf Seiten der Nachfrager nicht umfassend „abgeschöpft" werden.

Abbildung 114 verdeutlicht diesen Sachverhalt. Im linken Teil der Abbildung ist die Situation einer Einheitspreissetzung dargestellt. Wird ein Preis von p* verlangt, so bedeutet dies, dass bei Kunden, die bereit gewesen wären, mehr als p* für das Produkt zu zahlen, vorhandene Zahlungsbereitschaft nicht abgeschöpft worden ist. Mit anderen Worten bleibt in diesem Fall Nachfragerrente bestehen. Zudem existieren andere Kunden, deren Zahlungsbereitschaft zwar geringer als der Preis p* , zugleich jedoch höher als die Grenzkosten des Anbieters ist. Auch hier schöpft der Anbieter die vorhandene Zahlungsbereitschaft nicht optimal ab.

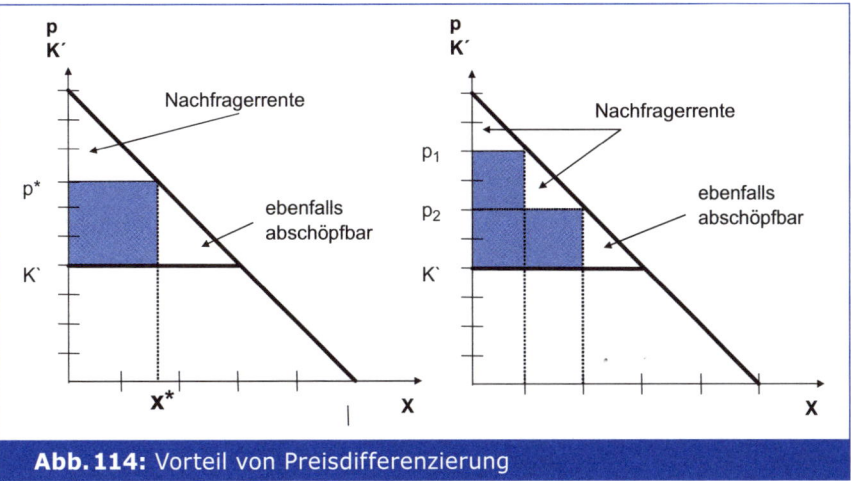

Abb. 114: Vorteil von Preisdifferenzierung

Anders verhält es sich hingegen, wenn der Anbieter – wie im rechten Teil von *Abbildung 114* dargestellt – Preisdifferenzierung betreibt. In diesem Fall wird für ein identisches Produkt von einem Teil der Nachfrager der Preis p_1 und von einem anderen Teil p_2 verlangt. Es wird deutlich, dass die nicht abgeschöpfte Zahlungsbereitschaft kleiner wird. Im Extremfall kann der Anbieter diese auf Null reduzieren, wenn es ihm gelingt, von jedem Nachfrager, der eine Zahlungsbereitschaft aufweist, die oberhalb seiner eigenen Grenzkosten liegt, genau den Preis zu verlangen, der dessen individueller Zahlungsbereitschaft entspricht.

Vor diesem Hintergrund muss es das Ziel sein, durch geeignete **Instrumente der Preispolitik** die in verschiedenen Nachfragergruppen bestehende unterschiedliche Zahlungsbereitschaft abzuschöpfen. Dies können Unternehmen realisieren, wenn es ihnen gelingt, für eine identische Leistung von verschiedenen Kundengruppen unterschiedliche Preise zu fordern. Diese Form der Gestaltung von Preissystemen wird als Preisdifferenzierung bezeichnet (vgl. hierzu *Diller*, 2008, S. 227 ff.). Entsprechend dem dabei gewählten Differenzierungskriterium, anhand dessen die einzelnen Kundengruppen gebildet werden, ist zwischen folgenden **Implementationsformen der Preisdifferenzierung** zu unterscheiden (vgl. *Homburg/Krohmer*, 2009, S. 701 ff.):

- **räumliche** Preisdifferenzierung (Unternehmen verlangen von Kunden verschiedener Regionen oder Ländermärkten unterschiedliche Preise.),
- **zeitliche** Preisdifferenzierung (Die Preise werden in Abhängigkeit vom Kaufzeitpunkt variiert (z. B. Telefontarife).),
- **mengenbezogene** Preisdifferenzierung (In Abhängigkeit von der kundenseitig abgenommenen Menge wird ein anderer Stückpreis gefordert. Zumeist sinkt der Stückpreis mit größer werdender Abnahmemenge.),
- **personenbezogene** Preisdifferenzierung (Hier werden die dem Kunden angebotenen Preise von der Erfüllung bestimmter personenbezogener Merkmale abhängig gemacht. Beispielsweise kann die Unternehmensgröße herangezogen werden, um größeren Unternehmen andere Preise als kleineren Unternehmen bieten zu können.).

Der Computerhersteller Dell bietet seinen Kunden segmentspezifische Angebote. Neben der Unterscheidung in Privat- und Geschäftskunden werden die Geschäftskunden darüber hinaus in kleine Kunden, Mittelstand und Großkunden (sowie öffentliche Auftraggeber) unterteilt (vgl. *Abbildung 115*). Für jedes Segment hält das Unternehmen z. T. spezifische Angebote, in jedem Fall aber auch spezielle Preise vor.

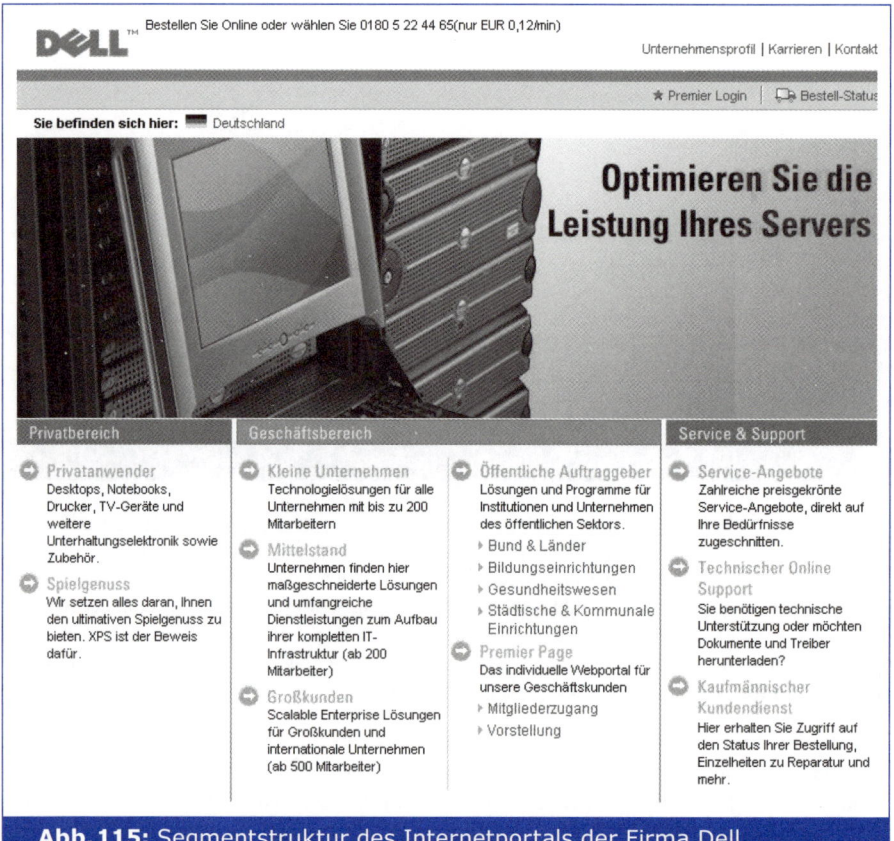

Abb. 115: Segmentstruktur des Internetportals der Firma Dell

- **leistungsbezogene** Preisdifferenzierung (Unternehmen variieren die eigentlich identische Leistung, ohne dass die Vergleichbarkeit der Leistung verloren geht, um Preisunterschiede für verschiedene Leistungsvarianten damit legitimieren zu können (z. B. Economy- und Business Class-Flüge bei Fluggesellschaften).

Ob es Unternehmen gelingt, Preisdifferenzierungen in Märkten durchzusetzen, hängt wesentlich von der **Segmenttrennbarkeit** ab. Nur wenn sich die gebildeten Segmente weitgehend voneinander abschotten lassen, können die in *Abbildung 114* angeführten Vorteile der Preisdifferenzierung realisiert werden.

> Gelingt dem Anbieter etwa in dem in *Abbildung 114* beschriebenen Fall keine Abschottung der beiden Marktsegmente, dann werden alle Kunden das Produkt anstatt zum höheren Preis p_1 zum geringeren Preis p_2 erwerben. Da dieser aber unterhalb des optimalen Einheitspreises p^* (vgl. linker Teil der *Abbildung 114*) liegt, würde sich das Unternehmen in diesem Fall schlechter als in der Einheitspreissituation stellen.

Segmenttrennung kann dabei auf unterschiedliche Weise gelingen. Zum einen kann diese auf **mangelnde Informationstransparenz** im Markt zurückzuführen sein. Hier nehmen die Kunden im hochpreisigen Segment keine Kenntnis davon, dass das gleiche Produkt einem anderen Segment zu einem geringeren Preis angeboten wird. Zum anderen kann Segmenttrennung aber auch durch **mangelnde Segmentdurchlässigkeit** erreicht werden. In diesem

Fall ist den Kunden zwar bekannt, dass das gleiche Produkt einem anderen Marktsegment zu einem günstigeren Preis angeboten wird; allerdings besteht für sie keine Möglichkeit, das Produkt zum günstigeren Preis zu erwerben.

> Mangelnde Segmentdurchlässigkeit war in der Vergangenheit einer der Hauptgründe dafür, dass im internationalen Raum erhebliche Preisdifferenzen bestanden. Die bestehenden Ländergrenzen erschwerten es Kunden oder machten es sogar unmöglich, die günstigeren Preise im Ausland zu nutzen (vgl. zur internationalen Preisdifferenzierung *Backhaus et al.,* 2003).

1.1.2.4 Preisdurchsetzung

Im Anschluss an die (vorläufige) Festlegung des Preises sowie ggf. an die Ausgestaltung des Preisdifferenzierungssystems ist auch die Preisdurchsetzung zu planen. Hierbei geht es um Maßnahmen und Entscheidungen, die aktiv dafür Sorge tragen sollen, dass der zuvor geplante Preis im Markt umgesetzt werden kann und akzeptiert wird (vgl. *Diller,* 2008, S. 401). Während auf Konsumgütermärkten in diesem Zusammenhang vor allem kommunikative Fragen der Preisdeklaration (z. B. Unit-Pricing) und der Preisoptik (z. B. „durchgestrichene Preise") oder handelsbezogene Aspekte wie Preisempfehlungen/-bindung und Preispflege von Bedeutung sind, geht es auf Industriegütermärkten eher um Fragen der Preisvereinbarung. Insbesondere ist dabei der Frage nachzugehen, ob und in welchem Umfang Kunden Preisnachlässe auf die Listenpreise eingeräumt werden sollen. Neben Art und Umfang der Preisnachlässe (Rabatte) spielt dabei vor allem auch die Gestaltung des Prozesses der Einigung über den Preisnachlass (Preisverhandlungen) eine Rolle (vgl. *Kossmann,* 2008, S. 216).

Rabattpolitik

Letztlich steht in der Rabattpolitik nicht allein die Festlegung der Rabatthöhe, sondern die Gestaltung von Listenpreisen und Rabatten im Verhältnis zueinander im Vordergrund. Durch eine geschickte Gestaltung des Verhältnisses kann eine individuelle Preissetzung und damit eine extreme Art der Preisdifferenzierung implementiert werden. Indem der Anbieter einen relativ hohen Listenpreis fordert und anschließend jedem Nachfrager einen Rabatt gewährt, der sich an dessen Zahlungsbereitschaft ausrichtet, wird dem Nachfrager das positive Gefühl der aktiven Preisgestaltung suggeriert. Listenpreise haben dabei in der Realität häufig wenig mit dem tatsächlich zustande gekommenen Preis zu tun. In der Praxis sind Rabattsätze von 60, 70 oder 80 % so keine Seltenheit (vgl. *Laker,* 1996, S. 48). Dabei sind dem Erfindungsreichtum von Rabattformen kaum Grenzen gesetzt. *Abbildung 116* zeigt eine entsprechende Preistreppe, die zu einem effektiven Preisnachlass von 43 % auf den Listenpreis führt. In solchen Fällen liegt die primäre **Funktion des Listenpreises** darin, Ausgangspunkt für Preisverhandlungen zu sein, in deren Verlauf Art und Umfang von Rabatten ausgehandelt werden (vgl. *Simon/Fassnacht,* 2009, S. 458).

Dass Anbieter in großem Umfang zur Rabattgewährung bereit sind, ist vor allem darauf zurückzuführen, dass es ihnen hierdurch möglich wird, nachfragerübergreifend unterschiedliche Zahlungsbereitschaften abzuschöpfen. Wird jedem Kunden, dessen Zahlungsbereitschaft oberhalb der variablen Kosten des Anbieters liegt, dabei ein Rabatt gewährt, der genau dazu führt, dass die bestehende Zahlungsbereitschaft abgegriffen wird, so betreibt der Anbieter eine **Preisindividualisierung**. In Fortführung von *Abbildung 114* wird die gesamte Nachfragerrente durch diese Form der Preissetzung abgeschöpft (vgl. *Abbildung 117*). Daher ist dieses Vorgehen auch als „perfekte Preisdifferenzierung" zu bezeichnen.

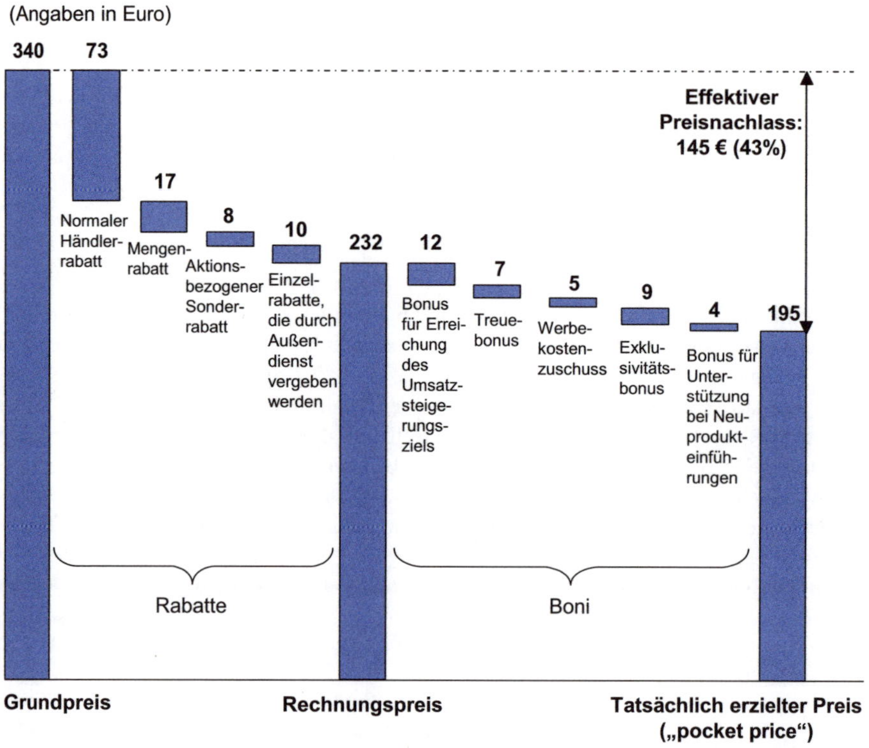

Abb. 116: Beispiel einer Preistreppe eines technischen Gebrauchsgutes

Quelle: *Homburg/Daum,* 1997, S. 186.

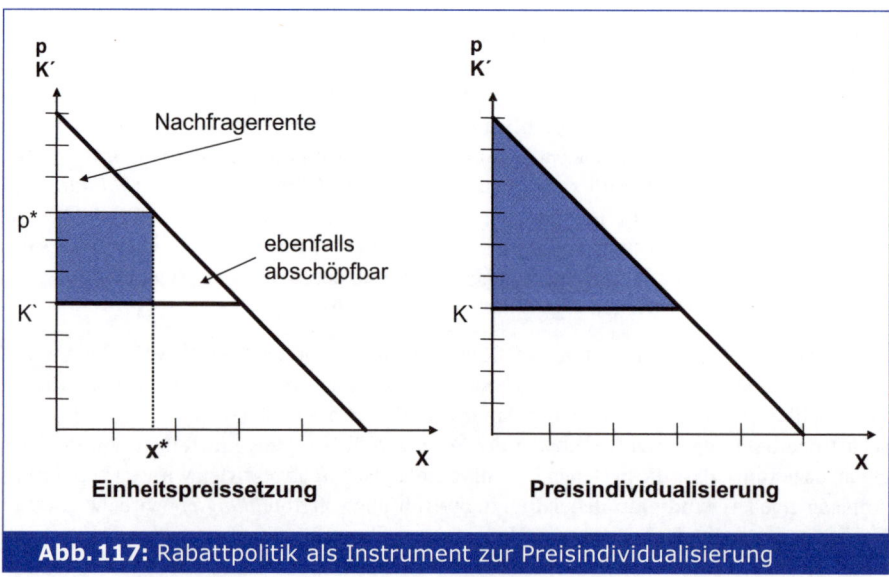

Abb. 117: Rabattpolitik als Instrument zur Preisindividualisierung

Darüber hinaus können durch die Gestaltung des Verhältnisses von Listenpreis und Rabatt auch zusätzliche **akquisitorische Effekte** auf der Nachfragerseite erreicht werden. Besonders deutlich wird dies am Beispiel von Regelungen in der Einkaufsabteilung von Unternehmungen, wonach die Einkäufer Provisionen in Abhängigkeit von den erzielten Rabatten erhalten. In diesem Fall wäre es sinnvoll, hohe Listenpreise zu formulieren, die dann mit hohen Rabatten gekoppelt werden (vgl. auch Teil 2 Kap. A. I. 1.2.1.4).

Durch Rabattgewährung können Unternehmen im Produktgeschäft schließlich auch versuchen, Nachfrager in ihrem Verhalten zu beeinflussen. Entsprechend der Art der Verhaltensbeeinflussung können verschiedene **Rabattsysteme** unterschieden werden. Zu differenzieren ist zwischen

- Mengenrabatten,
- Funktionsrabatten und
- Zeitrabatten

(vgl. *Batelle-Institut*, 1967, S. 6 ff.), von denen Mengenrabatte immer dann interessieren, wenn Absatzmengensteigerungen und damit akquisitorische Effekte beabsichtigt werden. Daher findet gerade diese Rabattform im Produktgeschäft besonders häufig Verwendung (vgl. zu den beiden anderen Rabattformen *Meffert et al.*, 2008, S. 544 ff.; *Nieschlag et al.*, 2002).

Mengenrabatte im Produktgeschäft haben als Bezugsbasis die Absatzmenge bei einem bestimmten Auftrag (vgl. *Männel*, 1974, S. 14 f.). Das Ziel der **auftragsbezogenen Rabatte** besteht in einer Feinsteuerung der Bestellmenge bei gegebener Jahresmenge. Durch die Gewährung eines Rabattes auf einen einzelnen Auftrag möchte der Anbieter die Nachfrager dazu veranlassen, ihre Bestellungen innerhalb einer Periode auf möglichst wenig große Bestellungen zu konzentrieren, so dass die Zahl der Zeitpunkte sinkt, zu denen ein Lieferantenwechsel möglich ist. Die größere Bestellmenge pro Auftrag führt beim Anbieter zu Kostendegressionseffekten, von denen er einen Teil in Form der Rabatte an seine Kunden weitergeben kann.

Bei gegebenen Bruttopreisen kommt es für den Anbieter darauf an, dass er das Rabattsystem so gestaltet, dass

- der Nachfrager durch eine geeignete Wahl der **Rabattschwelle** bereit ist, vom bisherigen Preis auf den Rabattpreis zu wechseln (Erzeugen eines Entscheidungskonfliktes durch den Rabatt);
- der Anbieter die durch die Rabattgewährung entstehende Erlösschmälerung durch die **Kostendegressionseffekte** überkompensieren kann.

Für den Nachfrager ergibt sich nur dann ein Entscheidungskonflikt, wenn die Rabattschwelle höher liegt als die bisher bestellte Menge. Liegt die Rabattschwelle unterhalb der bisherigen Menge, so wird der Kunde i. d. R. keine Erhöhung der Bestellmenge vornehmen, da er auch so in den Genuss des Rabattes gelangt. Die Entscheidung des Kunden wird von der Höhe der Ersparnisse bei den Einstandskosten, der Verringerung der bestellfixen Kosten und der Veränderung der Lager- und ggf. der Transportkosten abhängen.

Für die Anbieter ist eine auftragsbezogene Rabattgewährung nur dann von Vorteil, wenn die hierdurch entstehende Erlösschmälerung geringer ausfällt als die durch die größere Bestellmenge möglichen Kosteneinsparungen. Der **Grund für Kostensenkungen** für den Produzenten liegt in der Möglichkeit, die Lieferkosten wie

- Kosten der Auftragsbearbeitung (Rechnungsstellung, Mahnungen etc.),
- feste Abschlussprämien sowie
- Transportkosten

und/oder die Produktions- und Lagerkosten (vgl. *Adam*, 2001, S. 479 ff.) wie

- Rüstkosten aufgrund optimaler Losgrößen und
- Zwischenlagerkosten

durch die Rabattgewährung zu beeinflussen.

Zur genauen Beurteilung der Vorteilhaftigkeit einer auftragsbezogenen Rabattgewährung ist sowohl auf Kunden- als auch auf Anbieterseite ein **Kosten-/Ertragsvergleich** durchzuführen. Nur wenn sich für beide Parteien ein Vorteil ergibt und der Kunde zu einer größeren Bestellmenge neigt, ist die auftragsbezogene Rabattpolitik sinnvoll.

Die Vielzahl von Rabatten in der Praxis führt allerdings häufig auch dazu, dass es zu Intransparenzen kommt, die zu einer unsystematischen Rabatt- und Bonusvergabe führen (vgl. *Abbildung 118*). „Kleine, wenig attraktive Kunden werden u. U. überversorgt, während Großkunden zu geringe Preisnachlässe erhalten." (*Homburg et al.*, 2006, S. 77). Aus diesem Grunde ist eine systematische Rabattpolitik erforderlich.

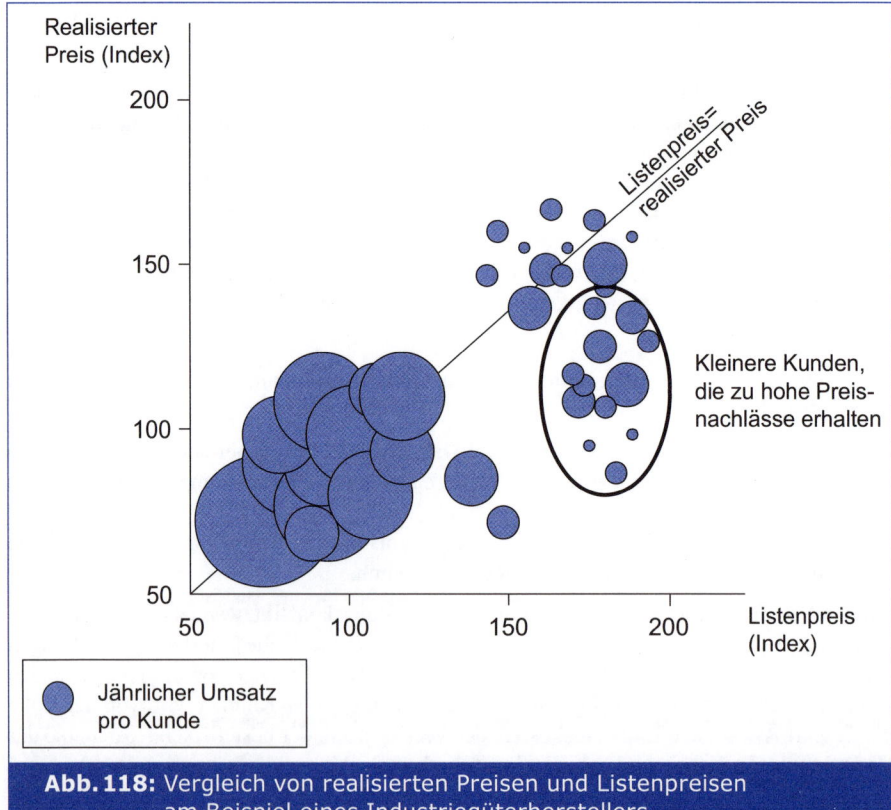

Abb. 118: Vergleich von realisierten Preisen und Listenpreisen am Beispiel eines Industriegüterherstellers

Quelle: *Homburg et al.*, 2006, S. 77.

Preisverhandlungen

Während im Mittelpunkt der Rabattpolitik übergeordnete Grundsätze der Rabattgewährung stehen, ist im Rahmen anschließender Preisverhandlungen zu klären, welche Rabatte in welchem Umfang dem einzelnen Kunden gewährt werden sollen. Obwohl Verhandlungen über den Preis – nicht nur im Produktgeschäft, sondern praktisch auf allen Industriegütermärkten – den Regelfall darstellen und zukünftig aufgrund von noch weiter zunehmendem Einkaufskostendruck sowie fortschreitender Internationalisierung vermutlich einen noch größeren Stellenwert einnehmen werden (vgl. *Backhaus et. al.*, 2005a), spielen sie in der Industriegütermarketing-Forschung bislang eine – wenn überhaupt – untergeordnete Rolle (vgl. *Voeth/Rabe*, 2004, S. 1018; *Simon/Fassnacht*, 2009, S. 458). Wissenschaftliche Erkenntnisse zu Preisverhandlungen lagen daher lange Zeit eher außerhalb des Marketing-Bereichs in der allgemeinen **Verhandlungsforschung** vor (vgl. *Herbst*, 2007). Die dort vorliegenden theoretischen und managementbezogenen Ansätze zeigen jedoch, dass es sich beim Gebiet der Verhandlungsforschung um ein stark parzelliertes Forschungsgebiet handelt. So existiert zwar eine Vielzahl einzelner Forschungsergebnisse und -ansätze, diese beziehen sich jedoch zumeist entweder auf sehr spezifische Fragestellungen oder sind so allgemein ausgerichtet, dass sie der Praxis allein grundsätzliche, aber keine situationsbezogene Hilfestellung für konkrete Verhandlungssituationen bieten. Daher hat *Diller* (2008, S. 410) noch kürzlich im Hinblick auf die Preisverhandlungsforschung zurecht festgestellt, dass ein schlüssiges Gesamtbild noch nicht erarbeitet worden sei.

Einen ersten Ansatz für ein solches „Gesamtbild" haben inzwischen *Voeth/Herbst* (2009a) vorgelegt. Bei diesem umfassenden Ansatz für das Management von Verhandlungen, der zwar für betriebliche Verhandlungen im Allgemeinen entwickelt wurde, sich jedoch ohne weiteres auch auf Preisverhandlungen als Spezialfall betrieblicher Verhandlungen anwenden lässt (vgl. hierzu *Voeth/Herbst*, 2009b), handelt es sich im Kern um einen differenzierten Strukturierungsansatz für das Management von Verhandlungen. Angefangen von der vorgeschalteten Analyse der Verhandlungsausgangssituation (Verhandlungsanalyse) über die Organisation von Verhandlung und Verhandlungsteam (Verhandlungsorganisation) sowie die detaillierte Verhandlungsvorbereitung (Verhandlungsvorbereitung) bis zur eigentlichen Verhandlungsführung und dem abschließenden Verhandlungscontrolling wird ein Regelprozess für das Management von Verhandlungen vorgeschlagen (vgl. *Abbildung 119*), mit dessen Hilfe Unternehmen eine Systematisierung ihrer Aktivitäten im Bereich von Preisverhandlungen erreichen können. Die Besonderheit des Ansatzes ist dabei vor allem in der eingenommenen Führungsperspektive zu sehen. So wird bei dem Ansatz weniger die Sichtweise des Verhandelnden, sondern vielmehr die des ihn entsendenden Unternehmens eingenommen. Daher werden in dem Ansatz auch solche Steuerungs- und Planungsaspekte im Zusammenhang mit Verhandlungen aufgegriffen, die stärker an den übergeordneten Interessen des Unternehmens (Organisation des Verhandlungsteams, Controlling der Verhandlungsergebnisse) ansetzen und nicht allein die Interessen der Verhandelnden berühren.

Ausgangspunkt für Preisverhandlungen sollte demnach immer eine detaillierte **Verhandlungsanalyse** sein. Auf dieser Stufe sind zunächst die Verhandlungen zu identifizieren, die für das Unternehmen besonders wichtig sind und/oder hinsichtlich des Verlaufs einen besonders großen Schwierigkeitsgrad erwarten lassen (verhandlungsübergreifende Analyse). Für diese Preisverhandlungen, auf die das Management aus naheliegenden Gründen eine besondere Aufmerksamkeit richten sollte, ist anschließend im Detail die Ausgangssituation zu untersuchen (verhandlungsbezogene Analyse). Von Interesse sind hierbei vor allem Informationen über

- das Nachfragerunternehmen (z. B. allgemeine wirtschaftliche Situation, Mengenpotenzial, Verhandlungsmacht),
- das eigentliche Verhandlungsobjekt (z. B. technologische Besonderheiten, bisherige Technologie-Alternativen),

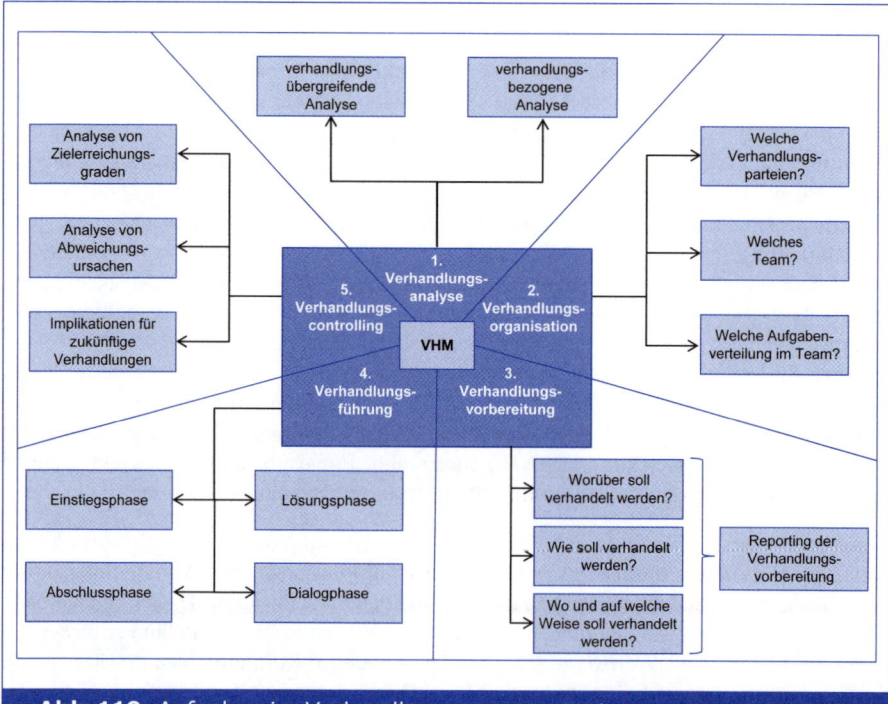

Abb. 119: Aufgaben im Verhandlungsmanagement

Quelle: in Anlehnung an *Voeth/Herbst*, 2009a, S. 207.

- die einzelnen Verhandlungsgegenstände (z. B. direkter Preisnachlass, Treuerabatt, Währung, Zahlungszeitpunkt),
- die Verhandlungsführer auf der Nachfragerseite (z. B. Techniker/Kaufmann, sonstiger persönlicher Hintergrund) und
- die Verhandlungshistorie (z. B. in der Vergangenheit gewährte Preisnachlässe, bisherige Liefermengen).

Auf Basis der innerhalb der Verhandlungsanalyse ermittelten bzw. untersuchten Informationen ist auf einer zweiten Stufe die **Verhandlungsorganisation** festzulegen. Im Kern geht es hierbei vor allem um die Größe und Zusammensetzung des Verhandlungsteams. Ganz abgesehen davon, dass das eigene Team dabei hinsichtlich Größe und Zusammensetzung am (vermuteten) Team der Gegenseite ausgerichtet werden sollte („Manndeckung"), ist auf dieser Stufe auch die Frage der Zusammenarbeit innerhalb des eigenen Teams zu klären. Vor allem ist festzulegen, welches Teammitglied welche Aufgabe innerhalb der anstehenden Preisverhandlungen übernehmen soll. Aus der Verhandlungspraxis wurden zu dieser Frage verschiedene, eingängige Profilkonzepte vorgeschlagen. Das „**FBI-Konzept**" (vgl. *Schranner*, 2007a), das ursprünglich für Verhandlungen zwischen Geiselnehmern und Polizei entwickelt wurde, sich aber einfach auf geschäftliche Verhandlungen wie Preisverhandlungen übertragen lässt, unterscheidet etwa zwischen den Aufgabenprofilen des Negotiators, Commanders und Decision Makers (vgl. *Abbildung 120*). Dieser Aufgabenverteilung zufolge treten allein der Negotiator und der Commander dem Kunden in Preisverhandlungen gegenüber. Aufgabe des **Negotiators** ist dabei die eigentliche Verhandlungsführung mit dem Kunden. Hingegen sollte sich der **Commander** in den Preisverhandlungen im Hintergrund halten

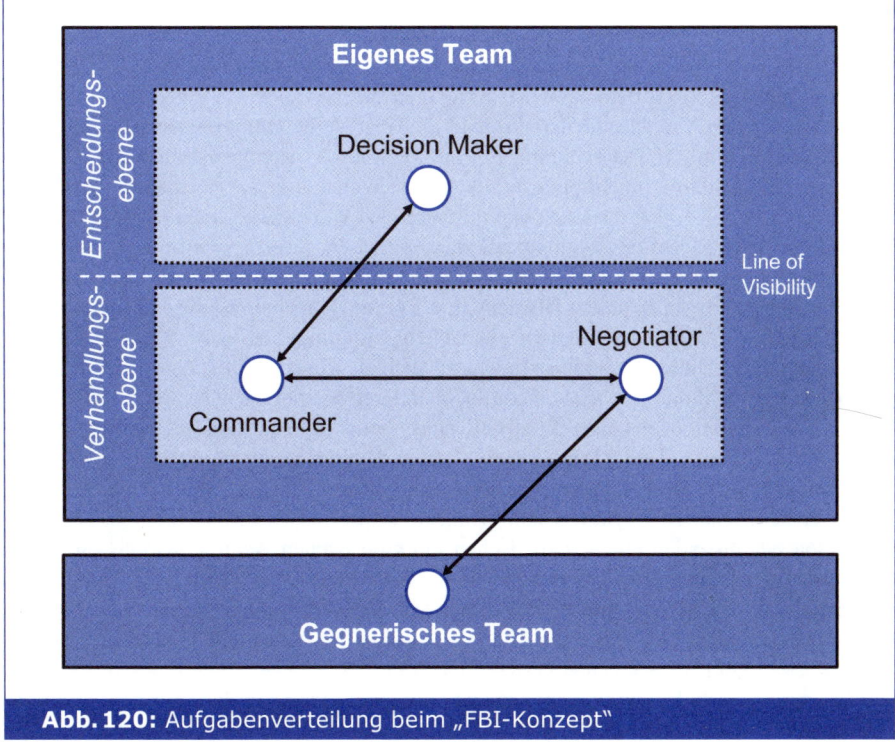

Abb. 120: Aufgabenverteilung beim „FBI-Konzept"

Quelle: *Schranner*, 2007a.

und eher als Coach für den Negotiator fungieren, indem er diesem in Verhandlungspausen, ggf. aber auch während der Verhandlung Feedback und Empfehlungen für das weitere Vorgehen gibt. Da beide Rolleninhaber jedoch Teilnehmer an der Verhandlungssituation sind und daher möglicherweise das erreichte Verhandlungsergebnis nicht mehr mit der notwendigen Distanz analysieren können, obliegt die letzte Entscheidung über die Annahme oder Ablehnung von Kundenangeboten dem **Decision Maker**, der selber nicht an den Verhandlungen teilnimmt und i. d. R. eine übergeordnete hierarchische Position einnimmt.

Ebenso ist im Anschluss an die Verhandlungsorganisation der Prozess der **Verhandlungsvorbereitung** intensiv zu vollziehen. Obwohl die Verhandlungsforschung vielfach gezeigt hat, dass gerade der Verhandlungsvorbereitung eine besondere Bedeutung für das Verhandlungsergebnis zufällt, wird der Vorbereitung von Verhandlungen in der Praxis häufig keine entsprechende Aufmerksamkeit gewidmet. *Kossmann* (2008, S. 217) belegt dies mit folgender Aussage eines Vertriebsmitarbeiters in Bezug auf Verhandlungen mit dem Einkauf: „Vorbereiten muss man sich da nicht groß. Der Kunde ruft bei mir an, ich kenne den Kunden, der Kunde kennt mich. Ich und er weiß, was beim letzten Mal bezahlt wurde und dann diskutieren und feilschen wir halt ein wenig. Ich argumentiere […], warum ich so und so viel mehr Preis brauche, er erzählt mir, dass es bei ihm schlecht läuft oder dass er das aus dem und dem Grund nicht voll bezahlen kann und dann trifft man sich halt in der Mitte." Soll eine Verhandlung nicht derartig unvorbereitet angegangen werden, dann sollten insbesondere Verhandlungsziele, Verhandlungsstrategien und -taktiken (auch der Gegenseite) benannt werden. **Verhandlungsziele**, die durch grundlegende persönliche und organisationale Verhandlungsmotive und -interessen der Verhandelnden gesteuert werden (vgl. *Schranner*, 2007b), sind dabei „gewünschte Ausprägungen bei zu verhandelnden Verhandlungsgegenständen einer bestimmten Verhandlung" (*Voeth/Herbst*, 2009a, S. 97). Auf deren Benennung wird in der Verhandlungspraxis allerdings häufig verzichtet, so dass eher ziellos nach dem Motto verhandelt wird: „Wir versuchen so viel wie möglich ‚rauszuholen'." Ursächlich für den Verzicht der Konkretisierung von Verhandlungszielen ist dabei nicht selten die Befürchtung von Verhandlungsführern, ansonsten später an diesem Verhandlungsziel gemessen und damit im Hinblick auf die eigene Verhandlungsperformance beurteilt zu werden. Da genau dies aber das Ziel eines umfassenden Verhandlungsmanagement-Systems sein sollte, sind Verhandlungsteams dazu zu veranlassen, ihre Preisziele im Rahmen der Verhandlungsvorbereitung konkret zu benennen. Eine solche Benennung hat dabei (aus Sicht des Verkäufers) in zweierlei Hinsicht zu erfolgen: Zum einen ist die Preisuntergrenze zu ermitteln, deren Unterschreiten zu einer Nicht-Einigung, also zum Abbruch der Verhandlungen führt. Diese Preisuntergrenze wird auch als **Reservationspreis** des Verkäufers bezeichnet (vgl. *Walton/McKersie*, 1965). Zum anderen ist aber auch der **Aspirationspreis** näher zu spezifizieren, der der „Wunschlösung" beim Verhandlungsgegenstand „Preis" entspricht (vgl. *Pruitt*, 1981). Beim „Preis" ist die Aspirationslösung dabei in aller Regel vektoriell (aus Sicht des Verkäufers: „je höher desto besser"). Jedoch sollte ein Negotiation Team versuchen, durch Rückgriff auf Erfahrungen aus der Vergangenheit, bei anderen Produkten oder Kunden einen realistischen punktbezogenen Aspirationspreis zu ermitteln. Dieser wird dabei natürlich auch von den Reservations- und Aspirationslösungen des Verhandlungspartners bestimmt. Daher sollten sich Verhandelnde im Vorfeld von Preisverhandlungen vor allem auch über die Zielvorstellungen der Gegenseite Gedanken machen, da diese Vorstellungen die eigenen Verhandlungsziele beeinflussen. Eine Beschäftigung mit den Reservations- und Aspirationspreisen des Einkaufs ist auch deshalb für den Verkäufer erforderlich, da sich beim Vergleich mit den eigenen Preisvorstellungen zeigen kann, dass keine „**Zone of Possible Agreement**" (**ZOPA**) (*Lewicki et al.*, 2006, S. 35) zwischen den Verhandlungsparteien besteht. In den in *Abbildung 121* differenzierten Fällen besteht so nur in den ersten beiden Situationen eine Einigungschance, da der Reservationspreis (RP) des Verkäufers (V) unterhalb des Reservationspreises des Käufers (K) liegt. Den eigenen Aspirationspreis (AP) wird der Verkäufer dabei nur im ersten Fall erreichen können, da dieser nur hier unterhalb des Reservationspreises des Käufers liegt.

Naturgemäß ist die Ermittlung der Reservations- und Aspirationspreise des Einkaufs mit Schwierigkeiten verbunden, da diese Informationen dem Verkäufer i. d. R. nicht verfügbar sind. Erste Ansatzpunkte für die Bestimmung dieser Preise kann allerdings die Analyse des BATNAs der Verhandlungsgegenseite liefern. Unter einem **BATNA** (**Best Alternative To Negotiated Agreement**) ist die beste Alternative zu verstehen, die dem Verhandlungsgegner zur Verfügung steht. Liegt der Gegenseite etwa im Beispiel von *Abbildung 121* das Angebot eines Konkurrenten zum Preis von 53 € vor, so liegt es nahe, dass der Reservationspreis des Käufers genau diesen 53 € entspricht, da der Käufer bei Preisen, die oberhalb von 53 € liegen, auf das günstigere Konkurrenzangebot übergehen würde. Auf Specialty-Märkten verfügen Kunden allerdings nicht immer über vollständig vergleichbare BATNAs, da die vom Anbieter offerierte Leistung in identischer Form im Markt nicht erhältlich ist. Trotzdem kann die Analyse der Konditionen alternativer technologischer Lösungen bzw. Produkte helfen, eine ungefähre Vorstellung von den kundenseitigen Vorstellungen zu erhalten.

Im Hinblick auf das zuvor durch Reservations- und Aspirationslösungen eingegrenzte Verhandlungsziel ist anschließend die **Verhandlungsstrategie** festzulegen. Diese stellt eine übergeordnete Leitlinie für das Verhandlungsverhalten dar, an die sich die Verhandelnden in der späteren Preisverhandlung halten sollen. In der Literatur werden (ergebnisbezogene) Verhandlungsstrategien dahingehend differenziert, inwieweit innerhalb der Verhandlung

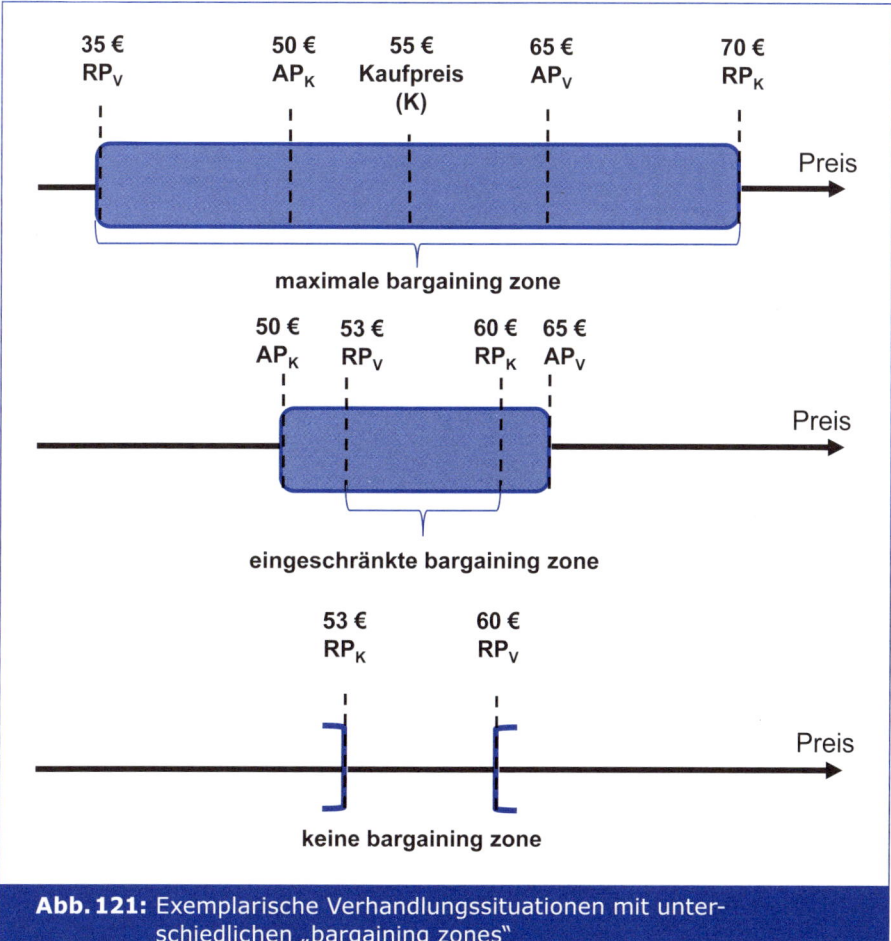

Abb. 121: Exemplarische Verhandlungssituationen mit unterschiedlichen „bargaining zones"

Quelle: in Anlehnung an *Voeth/Herbst*, 2009a, S. 105 f.

eigene und gegnerische Interessen Beachtung finden sollen (z. B. *Lewicki et al.*, 1998). Wie in *Abbildung 122* dargestellt, können dabei fünf verschiedene Verhandlungsstrategien unterschieden werden.

Bei Preisverhandlungen scheint dabei auf den ersten Blick eine **Konkurrenzstrategie** nahe zu liegen. Da es sich bei Preisverhandlungen um distributive Verhandlungssituationen handelt, wird jede Seite versuchen, ihren Anteil am Win-Set zu maximieren, und dabei in Kauf nehmen, dass diese Strategie den Anteil der Gegenseite am Win-Set automatisch verkleinert. Allerdings muss bei der Wahl einer solchen Strategie beachtet werden, dass auch die Gegenseite – ggf. sogar erst als Folge der eigenen Konkurrenzstrategie – diese Strategie verfolgt und der Erfolg dieser Strategie damit letztlich allein von der eigenen Verhandlungsmacht abhängt. Ist diese nicht einseitig auf der eigenen Seite angesiedelt, so wird man auch bei anfänglichem Verfolgen einer Konkurrenzstrategie später gezwungen sein, auf eine **Kompromissstrategie** überzugehen. Bei dieser ist es Bestandteil der Strategie, dem Verhandlungspartner dann entgegenzukommen, wenn auch dieser zu Zugeständnissen bereit ist. Da Konzessionen Wesensmerkmal der Kompromissstrategie sind, ist bei dieser

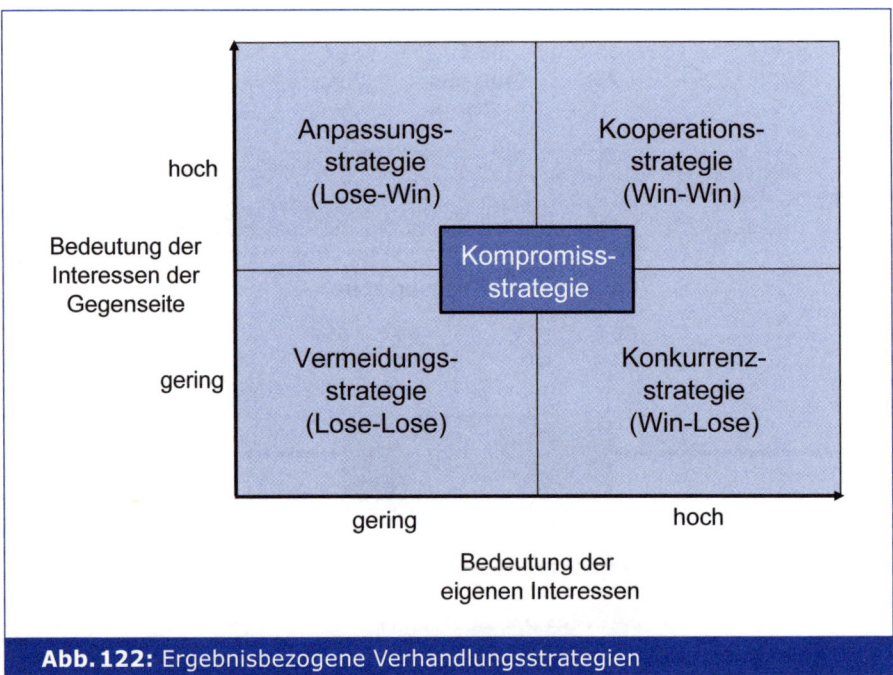

Abb. 122: Ergebnisbezogene Verhandlungsstrategien

Quelle: in Anlehnung an *Lewicki et al.*, 1998, S. 64.

Strategie im Vorfeld auch festzulegen, in welcher Abfolge Konzessionen gemacht werden sollen (zu Modellen für Konzessionsabfolgen vgl. *Pruitt/Drews*, 1969). In bestimmten Fällen kommen schließlich auch die übrigen, in *Abbildung 122* aufgeführten Strategien in Frage: während die **Anpassungsstrategie** („weitgehendes Entgegenkommen") vor allem dann sinnvoll ist, wenn es einem Verhandlungspartner tatsächlich um Folgeverhandlungen geht und er sich eine gute Ausgangsposition für Folgeverhandlungen verschaffen will, bietet sich die **Kooperationsstrategie** („Versuch der Vergrößerung der Verhandlungsmasse durch geschicktes Ausloten über verschiedene Verhandlungsgegenstände") an, wenn neben dem Preis noch über weitere Verhandlungsgegenstände Einigung erzielt werden muss. Schließlich wird eine **Vermeidungsstrategie** dann gewählt, wenn Anbieter eigentlich keinen Abschluss anstreben – etwa da sie schon völlig ausgelastete Kapazitäten aufweisen.

Um die gewählte Verhandlungsstrategie erfolgreich umsetzen zu können, bedarf es schließlich konkreter **Verhandlungstaktiken**, die der Planung des zielgerichteten Einsatzes von Verhandlungsargumenten, -angeboten und sonstigen Verhaltensweisen in Bezug auf Verhandlungsablauf und Verhandlungsgegner dienen sollen. Im Bereich der Verhandlungstaktiken werden in Verhandlungsforschung und -praxis sehr viele verschiedene Vorgehensweisen diskutiert. Zum einen sind dies prozessbezogene Taktiken. Hier ist zwischen interaktionsbezogenen Taktiken wie etwa Zeitspielen (z. B. Ausüben von Zeitdruck) oder Rollenspielen („good guy/bad guy"), kommunikativen Taktiken (z. B. Berufung auf höhere Instanzen („Ihr Fachverband empfiehlt sogar ...", „Wenn ich Ihren Geschäftsführer richtig verstanden habe ..."), asymmetrische Kommunikation (gezieltes Fragenstellen, um sich Informationsvorsprünge zu verschaffen) und partnerbezogenen Taktiken (z. B. Gesichtswahrung, Schmeicheln) zu unterscheiden. Zum anderen existieren viele ergebnisbezogene Taktiken, die sich z. T. explizit auf Preisverhandlungen beziehen. An erster Stelle ist hier die **Taktik des „ersten Angebotes"** anzuführen. Hiernach ist es in Preisverhandlungen eine erfolgversprechende Taktik, als erster ein Angebot zu machen. Eröffnet bspw. der Verkäufer in dem im oberen Teil von *Abbildung 121* dargestellten Fall die Verhandlung mit einer Preisforderung von 70 €, dann ist der Käufer gezwungen, sich argumentativ mit diesem **kognitiven Anker** auseinanderzusetzen und eigene darunter liegende Gebote hinsichtlich ihrer Abweichung im Vergleich zu 70 € zu begründen. Wichtig ist darüber hinaus, eine angemessene Höhe für die **Einstiegsforderung** zu wählen. Einerseits hat die Verhandlungsforschung nachgewiesen, dass es eine Tendenz in Verhandlungen gibt, wonach sich die Verhandlungsparteien zumeist in der Mitte ihrer Ausgangsangebote einigen. Hieraus darf allerdings nicht geschlussfolgert werden, dass es besonders günstig ist, mit einem extrem hohen Einstiegspreis in eine Verhandlung zu gehen. Zu beachten ist so nämlich auch, dass „Mondpreise" die Gefahr beinhalten, dass die Gegenseite als Folge falsche Vorstellungen in Bezug auf den Reservationspreis des Mondpreis-Gebers entwickelt und daher ggf. davon ausgeht, dass keine "bargaining zone" vorhanden ist. In diesem Fall droht die Gefahr, dass die Gegenseite die Verhandlung abbricht. Würde bspw. in dem im oberen Teil von *Abbildung 121* aufgeführten Beispiel der Verkäufer die Verhandlung mit einer Einstiegsforderung von 400 € eröffnen, dann müsste der Käufer vermuten, dass der Reservationspreis des Verkäufers oberhalb seines eigenen Reservationspreises (70 €) liegt. Er würde die Verhandlung wegen drohender Erfolgslosigkeit abbrechen.

Für diesen Fall, dass es in Verhandlungen nicht gelingt, das erste Angebot zu platzieren, hat die Verhandlungsforschung schließlich zeigen können, dass sich die Wirkung eines ersten Angebotes der Gegenseite deutlich abschwächen lässt, wenn die Taktik eines **unmittelbaren Gegenangebots** gemacht wird. Eröffnet also im obigen Fall der Einkauf die Verhandlung mit einem Eröffnungsgebot von 40 €, so kann verhindert werden, ausschließlich über diese 40 € verhandeln zu müssen, wenn der Verkäufer unmittelbar mit einem Gegenangebot von 70 € reagiert („Ihr Angebot überrascht mich nun aber doch! Wir waren von einem ganz anderen Betrag ausgegangen. Unsere Vorstellung lag bei 70 €.").

Schließlich ist für Preisverhandlungen auch die Taktik der **Reziprozität** wichtig. Diese Taktik besagt, dass Verhandlungen immer aus einem wechselseitigen Geben und Nehmen bestehen sollten (vgl. *Putnam/Jones*, 1982). Folglich sollten Verhandlungsparteien nie den Fehler machen, mehrmals nacheinander Zugeständnisse zu machen, ohne dass die Gegenseite zwischenzeitlich nicht auch Zugeständnisse gemacht hat.

Den Abschluss der Phase der Verhandlungsvorbereitung sollte schließlich ein umfassendes **Reporting** bilden. Das Verhandlungsteam sollte so veranlasst werden, die eigenen Verhandlungsziele, -strategien und -taktiken (aber auch die für die Gegenseite ermittelten) zu protokollieren. Dies ermöglicht es im Anschluss an Verhandlungen, die in den Verhandlungen erzielten Ergebnisse zu bewerten, über Verbesserungsmaßnahmen nachzudenken und auf diese Weise die Verhandlungsperformance des Unternehmens systematisch zu steigern (vgl. *Voeth/Herbst*, 2009a).

Auch in der Phase der eigentlichen **Verhandlungsführung** sollte ein systematisches Vorgehen erfolgen. Einigkeit besteht in der Literatur, dass innerhalb der eigentlichen Verhandlung im Zeitablauf wechselnde Aufgaben erfüllt werden müssen, so dass die Verhandlungsführung phasenspezifisch unterschiedlich gestaltet werden sollte. Aufbauend auf den Erkenntnissen der verhaltenswissenschaftlichen Verhandlungsforschung differenzieren *Voeth/Herbst* (2009a, S. 170) zwischen der

- Einstiegsphase,
- Dialogphase,

- Lösungsphase und
- Abschlussphase.

Die **Einstiegsphase** sollte dabei mit einer Vorstellung der Verhandlungspartner beginnen und anschließend der Vorstellung der verschiedenen Verhandlungspositionen dienen. Für Preisverhandlungen bedeutet dies, dass bereits in dieser Phase erste Angebote durch die beiden Marktseiten abgegeben werden sollten. Da diese Angebote – insbesondere wenn neben dem Preis über weitere Verhandlungsgegenstände Einigung erzielt werden muss – möglicherweise nicht selbsterklärend sind, sollte am Beginn der **Dialogphase** zunächst überprüft werden, ob beide Verhandlungsseiten die Angebote und Positionen der Gegenseite richtig aufgefasst haben. Für den Fall komplexerer Verhandlungen (Verhandlungen über mehr als einen Verhandlungsgegenstand) ist es in dieser Phase zusätzlich zweckmäßig, dem Verhandlungspartner deutlich zu machen, welche Verhandlungsgegenstände eine besondere Wichtigkeit aufweisen. Den letzten Schritt dieser Phase stellt dann die gegenseitige Annäherung dar. Hier sollten beide Marktseiten ggf. Konzessionen machen, um die Einigungschance zu bewahren. Werden nämlich in dieser Phase keine Annäherungen vollzogen, entsteht der Eindruck, dass sich die Verhandlungsparteien bereits in der Nähe ihrer Reservationspreise befinden, so dass beide Seiten einen Verhandlungsabbruch in Erwägung ziehen.

Zumeist kommt es am Ende der Dialogphase dabei zwar zu einer Annäherung, nicht immer jedoch bereits zu einer Einigung. Stattdessen sind die Parteien häufig zu weiteren Zugeständnissen nicht mehr bereit, weil sie sich nun erhoffen, durch Vermeidung weiterer Zugeständnisse bei der Gegenseite den Eindruck zu erzeugen, dass die eigene Reservationsgrenze erreicht sei und der Verhandlungspartner daher den „letzten" Schritt gehen müsse. Da jedoch auch die Gegenseite ähnlich taktiert, droht die Gefahr der Verschleppung der Verhandlung, da sich die Parteien blockieren. An dieser Stelle besteht häufig die einzige Chance, die Verhandlung noch zu einem erfolgreichen Abschluss zu bringen, darin, die Verhandlungssituation an entscheidender Stelle zu verändern. Dies kann bspw. in der **Lösungsphase** durch den Austausch der Verhandlungsführer (neue Verhandlungsführer müssen beim Abweichen von bisherigen Positionen keinen Gesichtsverlust befürchten), den Vorschlag von **Side Deals** (neue Verhandlungsgegenstände) oder die Entwicklung neuer Ausprägungen („ja wenn wir die Ware direkt in ihrem tschechischen Auslieferungslager erhalten") erfolgen.

Auf diese Weise kann es gelingen, die Positionen der Parteien einander noch weiter anzunähern. Ab einem bestimmten Annäherungsgrad besteht dann auf beiden Seiten ein Einigungswunsch. Die Verhandlung ist in die **Abschlussphase** gelangt. Die erste Aufgabe in dieser Phase besteht nun darin, den Zeitpunkt des beidseitigen Einigungswunsches richtig einzuschätzen. Wird der Zeitpunkt falsch eingeschätzt und liegt ein Einigungswunsch nur auf der eigenen Seite vor, so würde ein finales eigenes Angebot nur dazu führen, dass man einseitig der anderen Seite entgegengekommen ist. Daher sollte vor der letzten Offerte (die dann auch wirklich ein **„letztes Angebot"** darstellen sollte) der gegnerische Einigungswunsch sehr genau geprüft werden. Ist der Einigungswunsch allerdings richtig eingeschätzt worden, so führt die Abgabe eines „letzten Angebotes" i.d.R. dazu, dass dieses – sofern es sich in der Mitte zwischen den inzwischen erreichten unterschiedlichen Positionen befindet – gute Chancen hat, von der Gegenseite angenommen zu werden. Nach dem sich anschließenden Vertragsabschluss kann sich allerdings noch die Notwendigkeit zu Nachverhandlungen ergeben, sofern sich nachträgliche Änderungen der Verhandlungsprämissen ergeben oder sich die Machtkonstellation zwischen den Parteien noch verschiebt (vgl. *Schoop et al.*, 2008).

Den Abschluss des Management-Prozesses bei Preisverhandlungen sollte das **Verhandlungscontrolling** bilden. Wird unter Controlling dabei im Allgemeinen die „Beschaffung, Aufbereitung und Analyse von Daten zur Vorbereitung zielsetzungsgerechter Entscheidungen" (*Berens et al.*, 1996, S. V) verstanden, so geht es bei diesem Führungssubsystem vor allem darum, aus den in einem Unternehmen vorhandenen oder beschaffbaren Informationen über vergangene Geschäftstätigkeiten Entscheidungsunterstützung für zukünftige Geschäftsaktivitäten zu generieren. Wird dieser Grundgedanke des Controllings auf den Bereich von Preisverhandlungen übertragen, so wird mit dem Controlling hier das Ziel verfolgt, aus Informationen über vergangene Preisverhandlungen Hilfestellung für die Gestaltung zukünftiger Verhandlungen abzuleiten.

Um dieser Aufgabenstellung gerecht zu werden,

- ist der Erreichungsgrad der im Vorfeld gesteckten Verhandlungsziele zu ermitteln (Soll/Ist-Abweichungen), indem die erreichten Verhandlungsziele mit den im Verhandlungsreport ausgewiesenen Verhandlungszielen verglichen werden,
- sind Ursachen möglicherweise auftretender Soll/Ist-Abweichungen zu analysieren und
- sind Implikationen für zukünftige Preisverhandlungen abzuleiten.

1.2 Commodity-Märkte

Commodity-Märkte sind durch einen **geringen Innovationsgrad** gekennzeichnet. Auf diesen Märkten, die häufig im Produktlebenszyklus bereits weit vorangeschritten sind, bieten praktisch alle Anbieter gleiche oder ähnliche Leistungen an, die sich für Nachfrager sachlich kaum voneinander unterscheiden lassen. Daher achtet der Kunde auf Commodity-Märkten in erster Linie auf den Preis für die im Wettbewerbsvergleich nahezu identischen Leistungen und entscheidet sich i. d. R. für die Leistung, die preislich am attraktivsten ist (vgl. zum Begriff der Commodity auch *Enke et al.*, 2005, S. 16 ff.). Insbesondere für Anbieter, die ihren Kunden nicht die günstigsten Preise im Markt zu bieten in der Lage sind, kommt es allerdings darauf an, sich dem drohenden **Preis-Wettbewerb** durch Leistungsdifferenzierung gegenüber den Wettbewerbern zu entziehen. Beispielsweise können Anbieter in solchen Märkten versuchen, die unmittelbare Vergleichbarkeit durch das Angebot produktbegleitender Dienstleistungen zu reduzieren.

1.2.1 Preis- und Kostenmanagement

Angesichts der großen Vergleichbarkeit, die die Leistungen auf Commodity-Märkten aufweisen, steht für Kunden der Preis als kaufentscheidungsrelevantes Merkmal im Vordergrund. Die auf Commodity-Märkten feststellbare **Dominanz der Preispolitik** ist für das Marketing mit der

- internen Aufgabe des Kostenmanagements und
- externen Aufgabe der Preisdurchsetzung

verbunden.

1.2.1.1 Kostenmanagement auf Commodity-Märkten

Die Standardisierung der im Markt angebotenen Leistungen führt dazu, dass letztlich ein **KKV** in Form eines **Preisvorteils** benötigt wird, um sich im Wettbewerb durchzusetzen. Ob und ggf. in welchem Ausmaß Preisvorteile vorliegen, hängt dabei von der **Kostenposition** ab, die ein Anbieter im Vergleich zum Wettbewerb einnimmt. Nur derjenige Anbieter, der über eine im Vergleich überlegene Kostenposition verfügt, wird sich dauerhaft im Markt halten können, wenn der Wettbewerb über den Marktpreis ausgetragen wird. Aus diesem Grunde ist eine systematische Kostenanalyse und ein detailliertes darauf aufbauendes Kostenmanagement erforderlich, um die Basis für Preis-KKVs zu untersuchen. Kostenanalyse und Kostenmanagement sollten sich dabei gleichermaßen auf die relative

- Kostenposition (statische Analyse) und
- Kostenentwicklung (dynamische Analyse)

beziehen.

Eine umfassende Kostenanalyse und ein systematisches Kostenmanagement sind dabei auch deshalb erforderlich, da auf Commodity-Märkten häufig auch der Kunde umfassende **Kostenstrukturanalysen** vornimmt (vgl. z. B. *Melzer-Ridinger*, 2007, S. 80 ff.; *Hartmann*, 2005, S. 59 ff.). Hierzu analysiert der Kunde systematisch die Kostenstrukturen der Anbieter im Markt, um diesen die Ergebnisse der Analysen im Rahmen anschließender Preisverhandlungen zur Begründung eigener Aspirationspreise vorzulegen. Da der Kunde innerhalb seiner Kostenstrukturanalysen jedoch dazu neigen wird, jeweils von der günstigsten Kostenposition im Markt bei den einzelnen angesetzten Kostenarten auszugehen, ist es für Anbieter von großer Bedeutung, die eigene Kostenposition im Detail im Vergleich zum Wettbewerb zu kennen.

1.2.1.1.1 Statische Kostenvergleiche: Kosten-Benchmarking

Bei **statischen Kostenvergleichen** geht es darum, die gegebene relative (Ausgangs-)Kostensituation zu eruieren. Damit soll deutlich gemacht werden, ob eine auf Kostenvorteilen basierende Preisführerstrategie überhaupt zielführend sein kann. Dazu ist es notwendig, ein **Kosten-Benchmarking** durchzuführen, um die eigene *relative Kostenposition* im Vergleich zu den Besten eines relevanten Marktes zu bestimmen.

Kreuz (1997, S. 284) schlägt vor, beim Kosten-Benchmarking stets mit der Analyse der eigenen Kostenkette zu beginnen. Erst dann erfolgt der Wettbewerbsvergleich. Die Begründung für diese Schrittfolge ist darin zu sehen, dass der Informationsgewinnungsprozess auf Basis der Eigenanalyse zielgerichteter erfolgen kann („Man weiß, wonach man fragen muss!"). Denn die Gewinnung von Wettbewerbsinformationen über die Kostensituation ist nicht einfach, wenn auch nicht vollkommen unmöglich, wie Erfahrungsberichte von Unternehmensberatern zeigen:

> „Erfahrungsgemäß sind die Mitarbeiter/Führungskräfte aus dem eigenen Unternehmen die besten Quellen für eine erste Informationssammlung. Es hat sich immer wieder gezeigt, dass die Unternehmen, die eine Benchmarking-Studie durchgeführt haben, erstaunt waren, wie viele Informationen in den Aufzeichnungen der Mitarbeiter im Vertrieb, der Researcher, Finanz- und Marketing-Experten und Produktionsmanager versteckt waren. Aber erst durch eine systematische Informations- und Datensammlung innerhalb und außerhalb des Unternehmens konnte ein genaues Bild der Kosten der Wettbewerber gewonnen werden. Informationen stehen zwar häufig zur Verfügung, die eigentliche Herausforderung besteht jedoch darin, diese gezielt zu sammeln und zu interpretieren.
>
> Bei unserem Unternehmen aus der Elektronikindustrie waren die Kunden- und Lieferantenbefragungen – wie zumeist – unsere ergiebigsten Datenquellen. Ja, es gelang uns sogar, gemeinsam mit einem potenziellen Lieferanten die Produktionsstätte des Hauptkonkurrenten zu besichtigen, weil der Lieferant unbedingt die dort stehende Referenzanlage vorführen wollte. Dadurch erhielten wir genügend technische Informationen über den Wettbewerber, um die Kosten seines Produktionsprozesses mit einer Genauigkeit von über 95 % abschätzen zu können" (*Kreuz*, 1997, S. 287).

B. Marketing im Produktgeschäft

Auf diese Weise ist dann ein **konkurrenzbezogener Kostenkettenvergleich** zwischen den relevanten Wettbewerbern möglich (vgl. *Abbildung 123*). Die in *Abbildung 123* dargestellte beispielhafte Situation aus der Elektronikindustrie zeigt, dass der betrachtete Anbieter („Klient") keine Chancen für eine erfolgversprechende Preisführerstrategie besitzt:

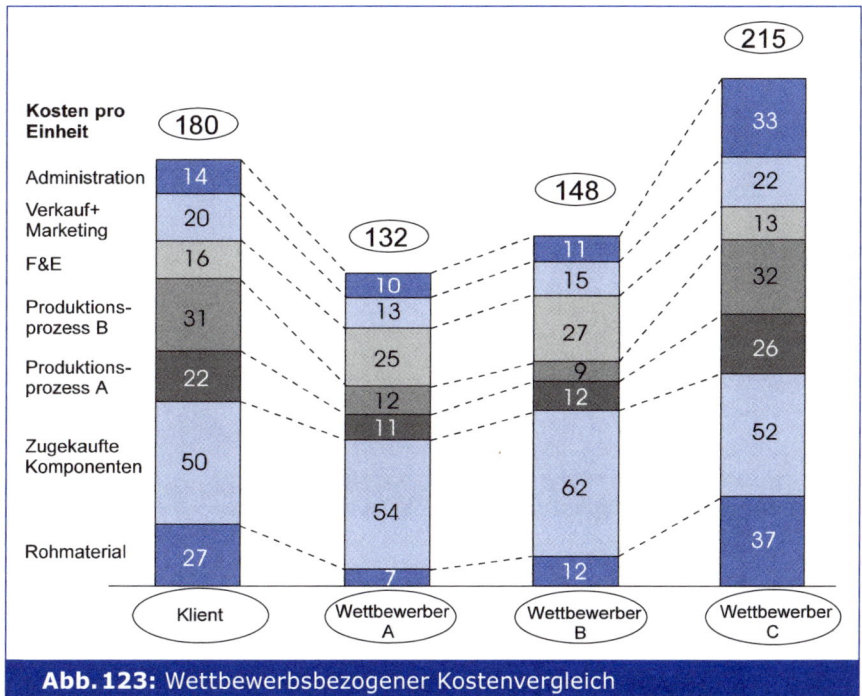

Abb. 123: Wettbewerbsbezogener Kostenvergleich

Quelle: *Kreuz*, 1997, S. 289.

„Unter strategischen Gesichtspunkten war für unseren Klienten erschreckend, dass die beiden Hauptkonkurrenten selbst bei einem weiteren Verfall des Marktpreises, der damals bei ca. 160 bis 170 Geldeinheiten pro Gerät lag, noch profitabel agieren konnten, während unser Elektronikunternehmen schon eine negative Umsatzrendite von ca. 10 % ausweisen musste. Ja, die Wettbewerber konnten sogar ganz gezielt einen Preiskampf initiieren und ihren Verkaufspreis auf 150 Geldeinheiten absenken. Dies hätte sicherlich zu einem schnellen Ausstieg unseres Klienten (und des Wettbewerbers C) geführt, so dass lediglich zwei Marktteilnehmer übrig geblieben wären" (*Kreuz*, 1997, S. 288).

Zur **Identifikation von Kostensenkungspotenzialen** kann die **Wertkette** von *Porter* herangezogen werden (vgl. *Abbildung 124*), indem nach Ermittlung der Wertkette die Betriebskosten und Anlagegüter den einzelnen Wertaktivitäten zugeordnet werden. Auf Basis dieser Visualisierung der unternehmensbezogenen Kostenverteilung lassen sich Maßnahmen zur Kostensenkung ableiten (vgl. *Porter*, 2000, S. 99 ff.). Zu prüfen ist bspw., ob sich die Kostenposition durch Beschaffungskooperationen, Outsourcing oder ähnliche Maßnahmen maßgeblich verbessern lässt.

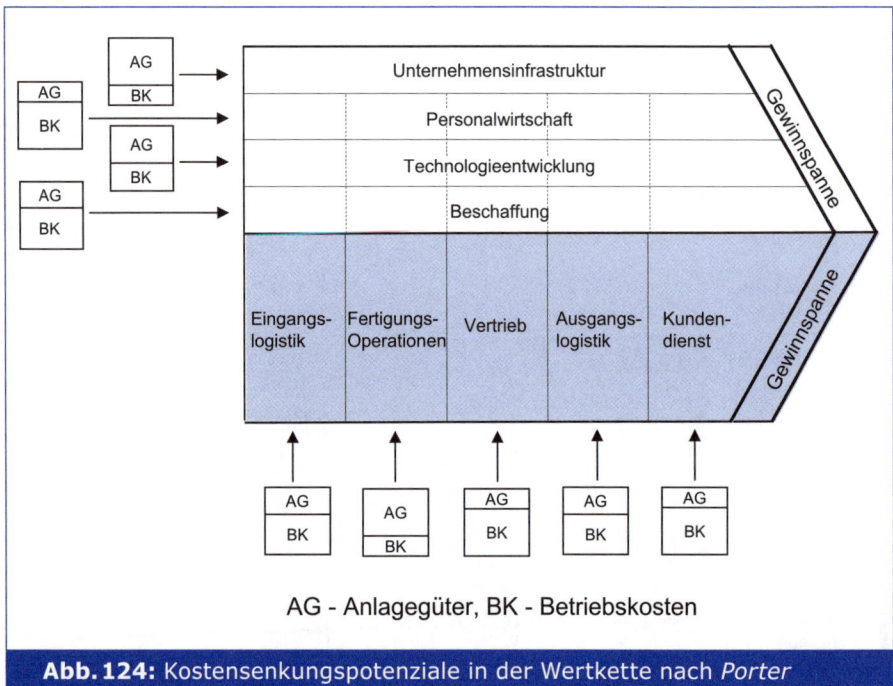

Abb. 124: Kostensenkungspotenziale in der Wertkette nach *Porter*

Quelle: *Porter*, 1980.

1.2.1.1.2 Dynamische Kostenentwicklungen: Die Erfahrungskurve

Für die Entwicklung eines Preis-KKV ist der statische Kostenvorteil allerdings lediglich eine *notwendige*, aber noch *keine hinreichende* Bedingung. Vielmehr ist es notwendig, im Zeitablauf einen vorhandenen Kostenvorteil zu verteidigen. Dafür liefert die Betrachtung der Erfahrungskurve wichtige Hinweise.

In vielen empirischen Untersuchungen hat sich herausgestellt, dass offenbar eine bestimmte **Regelmäßigkeit** zwischen **stückbezogenen zahlungswirksamen Kosten** und der **Absatzmengenentwicklung** einer Leistungsart im Zeitablauf besteht. Dieser Zusammenhang wird in der Erfahrungskurve abgebildet (vgl. *Bauer*, 1986, S. 1 ff.; *Coenenberg et al.*, 2007, S. 398 ff.; *Hedley*, 1997, S. 327 ff.; *Henderson*, 1984, S. 19; *Kreilkamp*, 1987, S. 334 ff.).

Die **Erfahrungskurve** beschreibt den Effekt, dass mit jeder Verdoppelung der im Zeitablauf kumulierten Absatzmengen eines Produkts die auf den Wertschöpfungsanteil einer Leistungseinheit bezogenen zahlungswirksamen inflationsbereinigten Stückkosten potenziell zwischen 20 % und 30 % sinken (vgl. *Abbildung 125*).

Der Erfahrungskurveneffekt, der an die aus der Fertigungswirtschaft bekannten **Lernkurven** erinnert, umfasst jedoch mehr als nur die bekannten Lerneffekte, die durch Übung bei bestimmten Arbeitsprozessen entstehen. Diese Effekte sind zwar Bestandteile des Erfahrungskurveneffekts, die Erfahrungskurve beschreibt jedoch die zahlungswirksamen Kostensenkungen in Bezug auf alle relevanten Kostenarten, also auch der Vertriebskosten, der F&E-Kosten etc. Der Kostensenkungseffekt wird dabei von *Henderson* im Wesentlichen auf **drei Einflussfaktoren** zurückgeführt (vgl. *Henderson*, 1984, S. 26):

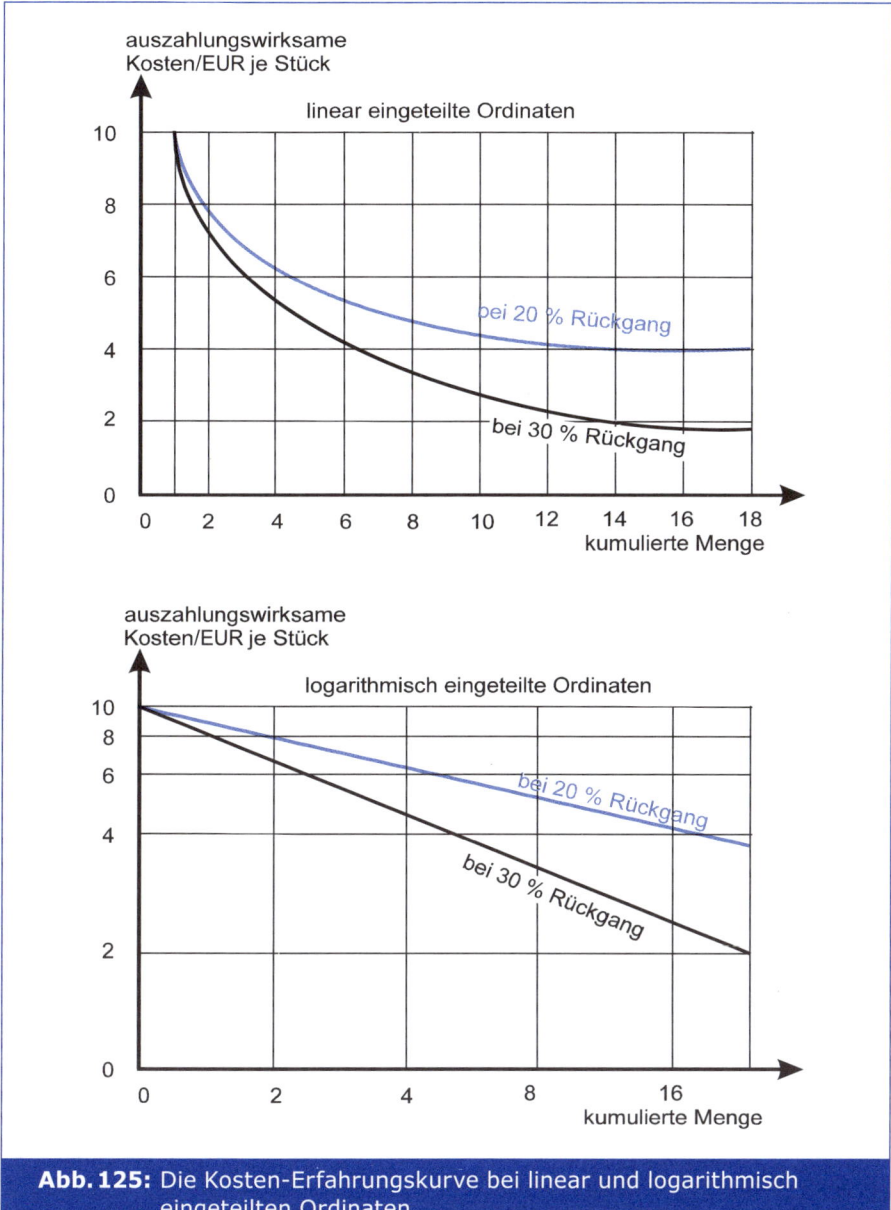

Abb. 125: Die Kosten-Erfahrungskurve bei linear und logarithmisch eingeteilten Ordinaten

Quelle: in Anlehnung *Coenenberg et al.*, 2007. S. 403 f.

(1) Bei wachsenden Kapazitäten können günstigere Anlagen, bessere Werkzeuge etc. benutzt und bestimmte Vertriebsmethoden effizienter angewandt werden. Die **Rationalisierungspotenziale** werden also größer.
(2) Je mehr Produkte abgesetzt werden, umso günstiger werden bestimmte notwendige Maßnahmen zur **Arbeitsvorbereitung**. Eventuell werden konstruktive Veränderungen möglich, die auszahlungssenkend wirken.

(3) Der technische Fortschritt als Ausfluss erhöhter Anstrengungen im F&E-Bereich kann zu **Prozessinnovationen** führen und damit auszahlungssenkend wirken.

Diese Effekte begründen aber lediglich **Senkungspotenziale**, die erst ausgeschöpft werden müssen, um wirksam zu werden. Die empirischen Befunde zeigen aber offenbar, dass sich immer wieder Anbieter finden, die diese Senkungspotenziale erkennen und entsprechend nutzen (vgl. *Engelhardt/Kleinaltenkamp*, 1995, S. 259 ff.). *Abbildung 126* zeigt einige Beispiele für empirisch nachgewiesene Erfahrungskurven.

In Verbindung mit der Erfahrungskurve ist der **Marktanteil** zu einem grundlegenden Parameter einer effizienten Wettbewerbsstrategie geworden (vgl. auch die Ergebnisse der PIMS-Untersuchungen, *Buzzell/Gale*, 1989, S. 66 ff.). Wenn es einem Anbieter nämlich gelingt, einen erheblich größeren Marktanteil als die anderen Konkurrenten im gleichen Zeitraum zu erreichen, verfügt er über eine komparative Vorteilsposition, die ihn bei richtiger Handhabung, basierend auf den Erkenntnissen des Erfahrungskurvenkonzepts, preispolitisch in eine Vorteilsposition bringt.

Die Kenntnis dieser Zusammenhänge führt in der Realität dazu, dass auf Märkten, auf denen sich **noch kein Marktführer** herauskristallisiert hat, d. h. ein Anbieter nicht über einen deutlich größeren Marktanteil im Vergleich zum nächst größeren Anbieter verfügt, **instabile Konkurrenzbeziehungen** entstehen. Diese Instabilität ist vor allem dadurch bedingt, dass ein Kampf um die Marktführerposition einsetzen wird, der nach Meinung der Vertreter des Erfahrungskurvenkonzepts vor allem über den Preis ausgetragen wird. Der Weg zu stabilen Konkurrenzverhältnissen über eine entsprechende Preispolitik führt gleichzeitig dazu, dass bestimmte submarginale Anbieter diesen Markt verlassen, da ihre kumulierte Erfahrung nicht ausreicht, um eine positive Ergebnisspanne zu sichern.

Die weit verbreitete Anerkennung, die das Erfahrungskurvenkonzept in der Praxis gefunden hat, hat dazu geführt, dass bei manchen Vertretern das Konzept nahezu als „Allheilmittel" deklariert wird. Praktiker sprechen von einem der wenigen „laws of business". Eine Reihe von Untersuchungen hat jedoch belegt, dass das Erfahrungskurvenkonzept durchaus mit Problemen behaftet ist (vgl. zu den Kritikpunkten auch *Coenenberg et al.*, 2007, S. 417 f.; *Engelhardt/Kleinaltenkamp*, 1995, S. 262 ff.; *Grimm*, 1983, S. 132 f.; *Kreikebaum*, 1997, S. 107 ff.; *Kreilkamp*, 1987, S. 349 ff.; *Lange*, 1984, S. 244; *Wacker*, 1980, S. 39 f.).

Probleme ergeben sich z. B. daraus, dass aus den vorhandenen Studien nicht klar wird, **welche Kosten** wirklich in die Berechnung des Erfahrungskurveneffekts eingehen. Darüber hinaus ist das Konzept zu **„mechanistisch"** ausgelegt. Die Darstellung der Konkurrenzentwicklung, wonach der submarginale Anbieter, bei dem die auszahlungswirksamen Kosten höher als der Marktpreis sind, quasi „automatisch" aus dem Markt ausscheidet, ist naiv. Hat dieser nämlich zuvor spezifisch in den Markt investiert und etwa fixkostenintensive Sachanlagen oder spezielles Know-how aufgebaut, so kann es für ihn vorteilhaft sein, im Markt trotz zunehmend schlechterer Kostenposition zu verbleiben, solange der Marktpreis noch oberhalb seiner auszahlungswirksamen Stückkosten liegt. Denn in dieser Situation kann der Anbieter durch Verweilen im Markt eine zusätzliche Deckung von Teilen der zuvor investierten spezifischen Investitionen herbeiführen. Schließlich lässt sich der Erfahrungskurveneffekt auch nur auf **schnell wachsenden Märkten** nachweisen, weil in sehr langsam wachsenden Märkten zwar auch eine Verdoppelung der kumulierten Absatzmenge erreicht wird, aber die periodenfixen Kosten mit abnehmenden Wachstumsraten häufiger anfallen. Dann bricht auch der vermutete Zusammenhang zwischen Marktanteil und relativer Kostenposition („je höher der relative Marktanteil, desto günstiger die Kostenposition") in sich zusammen (vgl. *Backhaus et al.*, 2009).

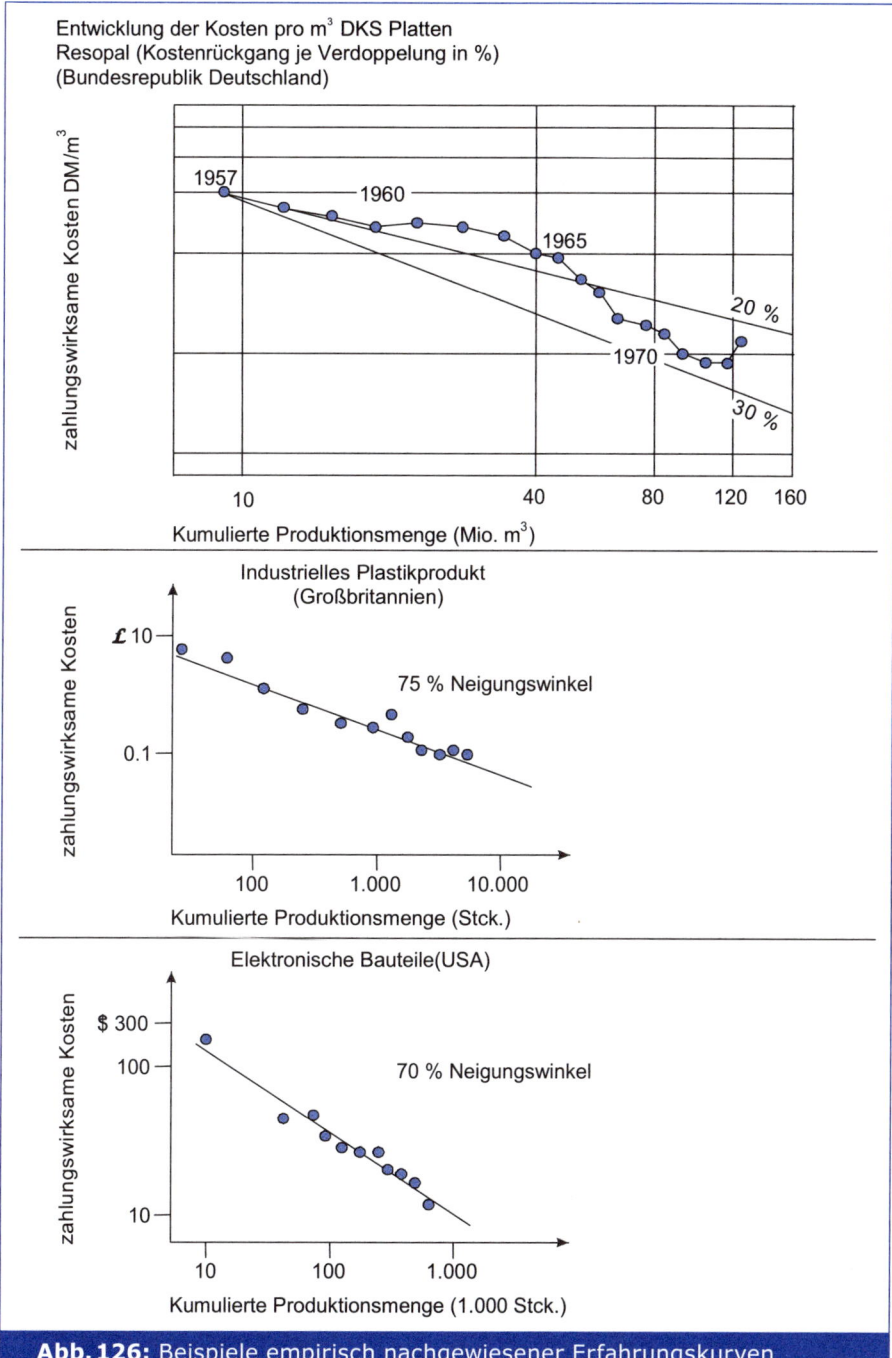

Abb. 126: Beispiele empirisch nachgewiesener Erfahrungskurven

Quelle: *Hedley*, 1997, S. 329; *Trechsler*, 1978, S. 385.

1.2.1.2 Dynamische Preisfestsetzung auf Commodity-Märkten

Nach der Analyse der Kosten-Ausgangssituation (statisch/dynamisch) hat eine darauf aufbauende Preisfestlegung im Markt zu erfolgen. Die konkreten Maßnahmen, die Anbieter auf Commodity-Märkten hierbei ergreifen, hängen maßgeblich vom Ergebnis der Kostenanalyse und damit von der **Kostenposition im Vergleich zum Wettbewerb** ab. Zu unterscheiden ist hierbei zwischen den Positionen des

- Kostenführers und
- Kosten-Followers.

In Abhängigkeit von der von Anbietern in Märkten eingenommenen Kostenposition sind unterschiedliche Maßnahmen im Hinblick auf die Preissetzung zu ergreifen. Da der Preis allerdings auf Commodity-Märkten ein wichtiges Wettbewerbsinstrument darstellt – z. B. weil der Wettbewerb dieses Marketing-Instrument zur Wettbewerbsdifferenzierung einsetzt –, ist auch sicherzustellen, dass Preisanpassungen flexibel realisiert werden. Nur wenn es gelingt, auf Marktveränderungen zeitnah zu reagieren, umgehen Unternehmen die Gefahr drohender Volumensverluste als Folge nicht-marktkonformer Preise.

1.2.1.2.1 Pricing-Maßnahmen für Kostenführer und Kosten-Follower

1.2.1.2.1.1 Kostenführer

Charakteristikum des Kostenführers ist die Tatsache, dass er über eine im Vergleich zum Wettbewerb **überlegene Kostenposition** im Markt verfügt. Vor diesem Hintergrund muss er den auf Commodity-Märkten bestehenden oder drohenden Preiswettbewerb nur insofern scheuen, da dieser die ansonsten möglichen Margen unter Druck setzt. Allerdings besteht für den Kostenführer **kein Verlustrisiko**, da er bei sinkenden Preisen am ehesten in der Lage ist, den im Markt initiierten Preiskampf durchzustehen.

Angesichts dieser komfortablen Ausgangssituation muss es das **Ziel** des Kostenführers sein, den vorhandenen **Vorteil** zu **verdeutlichen**, systematisch **auszunutzen** und gleichzeitig auch **auszubauen** bzw. **abzusichern**. Hierzu kommen verschiedene typische preispolitische Strategien und Maßnahmen in Frage:

- Durch eine **Entbündelung** von Leistungspaketen muss der Kosten- und damit Preisvorteil deutlich gemacht werden.
- Der Kostenvorteil kann durch **Skimming Pricing** abgeschöpft und ausgenutzt werden.
- Im Mittelpunkt des **Target Pricings** steht der Versuch, die bestehende Kostenposition noch weiter auszubauen.
- Schließlich stellen **Rahmenverträge** eine Möglichkeit dar, die augenblickliche Marktposition gezielt abzusichern.

Entbündelung

Eine erste Aufgabe für den Kostenführer besteht darin, seinen Vorteil Nachfragern deutlich zu machen. Hierzu muss es ihm gelingen, Leistungs- und **Preistransparanz** herbeizuführen. Immer dann, wenn Leistungen in Märkten in unterschiedlichen Zusammenstellungen, Bemessungen oder Einheiten angeboten werden, sollte der Kostenführer die Vergleichbarkeit der Wettbewerbsangebote steigern, indem er entweder die **Bepreisung auf kleinstmögliche Einheiten** bezieht und damit Nachfragern die Vergleichbarkeit erleichtert oder aber **Leistungszusammenstellungen** des Wettbewerbs **nachahmt**. Auch hierdurch wird die Preistransparenz vergrößert, so dass der Preisvorteil des Kostenführers deutlicher zutage tritt.

Skimming Pricing

Beim Skimming Pricing wird der **Preis zunächst höchstmöglich** angesetzt und dann im **Zeitablauf sukzessiv gesenkt** (vgl. *Schneider*, 2003, S. 100). Verfügt der Anbieter über eine überlegene Kostenposition, so kann er davon ausgehen, dass sich der Marktpreis in der Nähe der Kostenposition der schlechter gestellten Konkurrenten einstellen wird. Indem der Kostenführer nun diesen Preis nur geringfügig unterbietet, stellt er sicher, dass er eine maximale Marge erzielt. Erst dann, wenn sich die Kostenposition der Konkurrenten – z. B. durch technologische Weiterentwicklung oder verbesserte Fertigungstechniken – verbessert und diese ihre inzwischen realisierten Kostenreduktionen an die Kunden weitergeben, ist der Anbieter bereit, ebenfalls im Preis nachzugeben.

Da der Kostenführer beim Skimming Pricing Gefahr läuft, seine Überlegenheitsposition im Zeitablauf zumindest in Teilen zu verlieren, ist dieses preispolitische Vorgehen nur unter ganz bestimmten **Prämissen** empfehlenswert. Nur wenn der Kostenführer eine **weit überlegene Kostenposition** aufweist, der Markt im **Produktlebenszyklus** deutlich vorangeschritten ist, so dass nicht mehr mit dem Eintritt neuer Wettbewerber zu rechnen ist, oder der Anbieter in naher Zukunft auf **andere Technologien** übergehen wird, kommt eine solche Strategie in Frage.

Target Pricing

Das Target Pricing, das eine aus der japanischen Managementpraxis stammende Methode der Preisfindung ist, ermittelt aufbauend auf vorhergehenden Kostenschätzungen einen **Zielpreis**, an dem dann im Zeitablauf festgehalten wird (vgl. *Plinke/Söllner*, 2006, S. 742). Dieses preispolitische Vorgehen ist vor allem dann eine geeignete Möglichkeit, bestehende Kostenvorteile weiter auszubauen, wenn **Erfahrungskurveneffekte** vorhanden sind und der Target Price so gesetzt wird, dass erst in Zukunft anfallende Erfahrungskurveneffekte bereits zum Zeitpunkt der Preisfestsetzung vorweg genommen werden.

In *Abbildung 127* ist dieses Vorgehen skizziert worden. Wird hier ein starkes Absinken der auszahlungswirksamen Stückkosten erwartet, so könnte sich der Anbieter **risikoscheu** verhalten und den Preis so setzen, dass bereits nach Erreichen einer geringen kumulierten Produktions- und Absatzmenge die anfänglichen Stückverluste kompensiert werden. In diesem Fall würde er allerdings darauf verzichten, das Instrument des Target-Pricings gezielt als Möglichkeit zum Ausbau der eigenen Kostenvorteilsposition einzusetzen. Ein solcher Ausbau würde vielmehr nur dann erreicht, wenn der Target-Preis risikoreicher von Beginn an sehr viel niedriger angesetzt würde. In diesem Fall würde der Anbieter eine sehr viel größere kumulierte Produktions- und Absatzmenge benötigen, um die Anfangsverluste auszugleichen. Verluste würden hierbei dann auftreten, wenn die erwartete Menge letztlich nicht erreicht wird – z. B. weil Nachfolgetechnologien früher als ursprünglich erwartet im Markt verfügbar sind. Allerdings eröffnet sich der Marktführer bei einer solchen **risikoreicheren** Form des Target Pricings die Möglichkeit, die eigene Kostenposition noch weiter auszubauen: Durch den von Beginn an niedriger gesetzten Target-Preis kann der Anbieter größere Marktanteile auf sich vereinigen, so dass er noch stärkere Erfahrungskurveneffekte realisieren kann, die wiederum die eigenen auszahlungswirksamen Stückkosten noch weiter reduzieren. Ist davon auszugehen, dass andere Anbieter nicht in der Lage sind, ebenfalls einen derartig stark abgesenkten Preis anzubieten, so ist mit dem Ausstieg dieser Wettbewerber als Folge des risikoreichen Target Pricings zu rechnen. Aus diesem Grunde stellt der Einsatz von Target Pricing durch den Kostenführer eine **preisaggressive Strategie** im Markt dar.

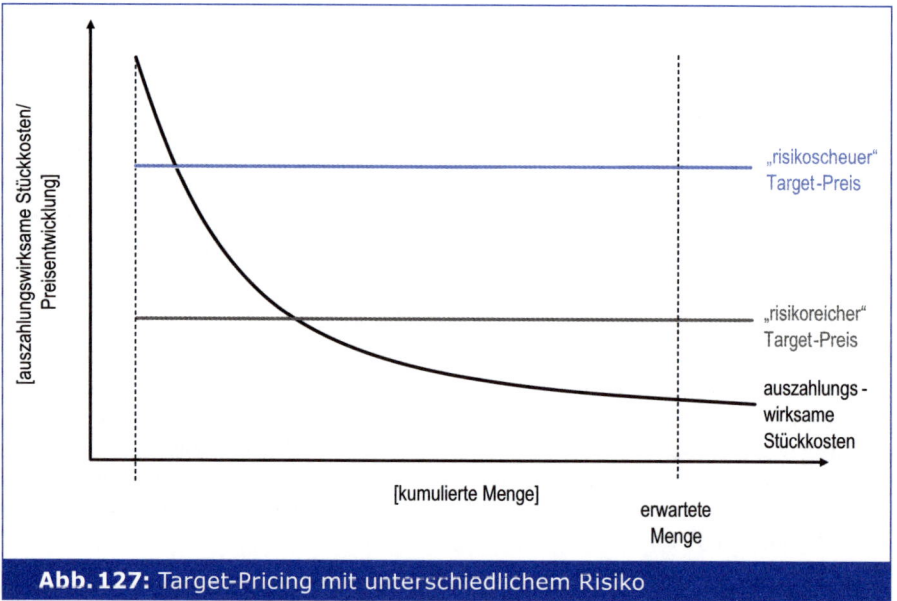

Abb. 127: Target-Pricing mit unterschiedlichem Risiko

Wie bereits beim Skimming Pricing hängt auch die Vorteilhaftigkeit des Target Pricings stark vom marktlichen Umfeld ab. Da bei diesem Instrument auf eine anfängliche „Gewinnmitnahme" verzichtet und stattdessen in den Markt investiert wird, kommt dieses Instrument vor allem dann in Frage, wenn **Marktbereinigungen** beabsichtigt (Ziel: Ausstieg von Wettbewerbern) oder **Marktbarrieren** (Ziel: Verhinderung des Markteinstiegs von Wettbewerbern) aufgebaut werden sollen.

Rahmenverträge

Schließlich kann der Kostenführer auch das **Ziel** verfolgen, den augenblicklichen **Kostenvorteil abzusichern**, indem er diesen als Basis für sein zukünftiges Geschäft verwendet. Insbesondere kann er versuchen, **langfristige Verträge** mit Kunden abzuschließen, um Kunden an sich zu binden. Dies ist für den Anbieter immer dann empfehlenswert, wenn er befürchten muss, dass sich seine Marktstellung in Zukunft verschlechtern wird. Zu prüfen ist hierbei allerdings, ob tatsächlich verhindert werden kann, dass Nachfrager bei Absinken des Marktpreises unter das Niveau des im Rahmenvertrag festgelegten Preises aus dem Vertrag aussteigen und ihren Bedarf bei günstigeren Anbietern decken.

Interessant sind Rahmenverträge deshalb vor allem in Verbindung mit dem oben angeführten Instrument des Target Pricings. Sie können so eine Möglichkeit darstellen, das **Risiko beim Target Pricing zu reduzieren**, indem sie dem Anbieter größere Sicherheit verschaffen, die angesichts des stark reduzierten Target-Preises unbedingt benötigte Produktions- und Absatzmenge zu erreichen.

1.2.1.2.1.2 Kosten-Follower

In einer völlig anderen strategischen Ausgangssituation als der Kostenführer befinden sich die **Kosten-Follower**. Diese Unternehmen verfügen über keine überlegene Kostenposition und müssen daher Preiskämpfe im Markt fürchten, da diese eine extreme ökonomische Bedrohung bedeuten und im Extremfall zum Marktausstieg zwingen können. Vor diesem

Hintergrund kommen für Kosten-Follower zwei grundsätzliche **Vorgehensweisen im Rahmen der Preispolitik** in Frage:

- Wertschöpfungsstufenübergreifendes Pricing zur Kompensation bestehender Kostennachteile gegenüber dem Kostenführer.
- Komplexes Pricing zur Verschleierung bestehender Kostennachteile gegenüber dem Kostenführer.

Wertschöpfungsstufenübergreifendes Pricing

Beim **wertschöpfungsstufenübergreifenden Pricing** geht es darum, den Nachteilen auf der Kostenseite durch den Einsatz innovativer Preisinstrumente zu begegnen, indem vor- und/oder nachgelagerte Wertschöpfungsstufen in den Pricing-Prozess integriert werden. Auch wenn diese Instrumente dabei generell auch vom Kostenführer oder anderen Kosten-Followern eingesetzt werden können, kann der Anbieter darauf hoffen, sich zumindest für einen gewissen Zeitraum durch ihren Einsatz einen Vorteil gegenüber dem Wettbewerb zu verschaffen oder bestehende Nachteile auszugleichen.

In Abhängigkeit davon, ob die vorgelagerten Marktstufen oder die nachgelagerte Marktstufe in den Pricing-Prozess eingebunden wird, ist zwischen

- Supply Chain Pricing (Integration vorgelagerter Wertschöpfungsstufen) und
- Nachfragerbündelung (Integration der nachgelagerten Wertschöpfungsstufe)

zu unterscheiden.

Supply Chain Pricing

Unter **Supply Chain Pricing** wird der gemeinsame Versuch von Anbietern und ihren Zulieferern verstanden, durch Offenlegung der individuell bestehenden Kosten (**„Open Book"**) und einer hierauf aufbauenden optimalen Preissetzung gegenüber der gemeinsamen Marktseite sowie einer anschließenden Verteilung des durch gemeinsames Pricing erzielten Profits, die ökonomische Situation für Anbieter und seine Zulieferer zu verbessern. Anders als beim traditionellen Pricing-Ansatz, bei dem jede Wertschöpfungsstufe über den der nachgelagerten Stufe in Rechnung gesetzten Preis die eigene Position optimiert, vollziehen die Wertschöpfungspartner beim Supply Chain Pricing zunächst eine **gemeinsame Optimierung**. Da allerdings kein Preis zwischen den Wertschöpfungsstufen ausgehandelt wird, fällt der **Preis als Verteilungsinstrument** für wertschöpfungsstufenübergreifende Gewinne aus. Daher müssen sich die beteiligten Parteien beim Supply Chain Pricing separat über die Verteilung der gemeinsam erwirtschafteten Gewinne einigen.

Voeth/Herbst (2006b) haben anhand eines einfachen ökonomischen Modells gezeigt, dass Supply Chain Pricing die Möglichkeit bietet, die ökonomische Situation für Hersteller und Lieferant zu verbessern. Daher eignet sich dieses Instrument auch dazu, Nachteile gegenüber im Wettbewerb stehenden Wertschöpfungsketten zu kompensieren. Ganz unabhängig davon, dass dies allerdings nur dann möglich ist, wenn der Kostenführer mit anderen Lieferanten zusammenarbeitet – ansonsten hat der Lieferant kein Interesse, sich auf das Supply Chain Pricing-Angebot einzulassen, da hierdurch erzielte Erfolge zulasten des Kostenführers und damit auch seiner Lieferanten gehen – weisen *Voeth/Herbst* (2006b) auf einige zentrale Implementierungsprobleme bzw. **Erfolgsvoraussetzungen** hin:

- **beobachtbare Schlüsselkosten** (je größer der Anteil nicht-beobachtbarer Kosten ist, desto größer ist die Gefahr opportunistischen Verhaltens),

- transparenter (und kontrollierbarer) **Verteilungsschlüssel** (je weniger eindeutig der Verteilungsschlüssel ist, desto größer wird das Misstrauen, dass der auf der letzten Wertschöpfungsstufe angesiedelte Partner die Verteilung zu seinen Gunsten beeinflusst),
- **gegenseitige Kontrollmöglichkeit** (je unterschiedlicher die Kontrollmöglichkeiten der Beteiligten sind, desto instabiler ist die Supply Chain),
- **gegenseitiges Vertrauen** (je größer das Vertrauen ist, desto eher sind die Beteiligten bereit, eine Open Book-Politik zu betreiben),
- **geringe Anzahl an beteiligten Parteien** (je mehr Parteien beteiligt sind, desto weniger ausgeprägt ist das gegenseitige Vertrauen).

Nachfragerbündelung

Anbieter können ihren Kunden auch dann günstigere Preise bieten, wenn sie Nachfragern die Möglichkeit bieten, ihren Beschaffungsbedarf zusammenzulegen, um dadurch günstigere Beschaffungskonditionen zu erhalten (vgl. zur Bedeutung von Nachfragerbündelungen bei Commodities *Klein*, 2005, S. 221 ff.). Mit solchen Angeboten wird in vielen Märkten eine dort bereits bestehende Tendenz zu **Beschaffungskooperationen** aufgegriffen. Zunehmende Rationalisierungstendenzen auf den Beschaffungsmärkten haben in den vergangenen Jahren so verstärkt zur Bildung von Einkaufskooperationen geführt. So berichtet bspw. *Arnold* (1996, S. 51) von dem Beispiel, dass 13 mittelständische Unternehmen aus der Automobilzuliefer- und der metallverarbeitenden Industrie durch Bündelung eines Teils ihres gemeinsamen Beschaffungsvolumens Preissenkungen von bis zu 15 % erzielen konnten (vgl. auch *o. V.*, 1995, S. 4). Weitere Beispiele stellen branchenbezogene und internetbasierte **Einkaufskooperationen** wie Elemica (Chemieindustrie) oder Automotive-Buyer (Automobilzulieferindustrie) dar. Solche Einkaufskooperationen können als Zusammenfassung bzw. Bündelung der Nachfrage verschiedener Kunden eines Unternehmens auch anbieterseitig initiiert bzw. unterstützt werden. Unter **Nachfragerbündelung** versteht *Voeth* „die Bildung von Gruppen wirtschaftlich selbstständiger Nachfrager [...], die ihre Nachfrage (zeitlich und inhaltlich) vereinheitlichen und gegenüber Anbietern wie ein Nachfrager auftreten" (*Voeth*, 2002b, S. 115). Während also im Rahmen der Preisbündelung eine anbieterinduzierte Zusammenfassung und Vermarktung von Leistungen erfolgt, findet bei der Nachfragerbündelung eine **Zusammenfassung von Nachfragern** statt.

Aus **Nachfragersicht** liegt der Vorteil einer Nachfragerbündelung dabei in erster Linie in dem im Vergleich zum Individualkauf **günstigeren Preis** begründet (vgl. hierzu und im Folgenden *Voeth*, 2002b, S. 116 ff. sowie *Voeth*, 2003, S. 143 ff.). Dieser stellt zugleich den aus Nachfragersicht primären Grund dar, sich an einer Nachfragerbündelung zu beteiligen. Ein bekanntes Beispiel aus dem Konsumgüterbereich stellt der zwischenzeitlich nicht erfolgreiche Internetanbieter letsbuyit.com dar. Als Intermediär zwischen Anbieter und Nachfrager bietet das Unternehmen Produkte verschiedener Branchen an, wobei der für das Produkt zu zahlende Preis von der Anzahl der Nachfrager abhängt, die sich auch für den Kauf dieses Produktes entscheiden. Mit zunehmender Anzahl von Käufern sinkt der Preis. Weiterhin kann mit der Teilnahme an einer Nachfragerbündelung eine **Unsicherheitsreduktion** angestrebt werden. Sowohl bei der Beschaffung als auch bei der späteren Nutzung des Produktes können das Know-how und die Erfahrungen anderer Käufer genutzt werden.

In diesem Zusammenhang ist jedoch zu berücksichtigen, dass den Nachfragern durch die Bündelung ihrer Beschaffungsaktivitäten auch **Kosten** entstehen. Dies sind in erster Linie Such-, Abstimmungs- und Kompromisskosten. Unter **Suchkosten** werden dabei Kosten verstanden, die dadurch entstehen, dass sich zunächst Nachfrager finden müssen, die sich an einer gemeinsamen Beschaffung einer Leistung beteiligen. **Abstimmungskosten** hingegen entstehen durch eine inhaltliche und zeitliche Abstimmung des Beschaffungsbedarfs. **Kompromisskosten** schließlich bezeichnen den Nutzenentgang, der dem Bündelungsteilnehmer dadurch entsteht, dass die Leistung auf die sich die Gruppe einigt, nicht der ersten Wahl des betrachteten Nachfragers entsprechen muss. Sofern der Nutzen, der sich aus dem reduzierten Preis sowie evtl. Zusatzleistungen ergibt, die durch die Nachfragerbündelung entstehenden Kosten übersteigt, ist die Teilnahme an einer gemeinsamen Beschaffung aus Nachfragersicht vorteilhaft.

Darüber hinaus konnte *Sandulescu* (2007) in Bezug auf die Nachfragerperspektive bei Nachfragerbündelungen zeigen, dass über die o.g. ökonomischen Vor- und Nachteile hinaus auch Wahrnehmungseffekte eine Rolle spielen. So hängt die Teilnahmebereitschaft etwa vor allem auch von der Realisationsaussicht der geplanten Bündelinitiative ab. Je stärker Nachfrager davon ausgehen, dass die Bündelung später auch zustande kommt, desto größer ist die Teilnahmebereitschaft. Auch wenn *Sandulescu* seine Überlegungen empirisch auf B-to-C-Märkten überprüft und bestätigt gefunden hat, liegt die Vermutung nahe, dass die Teilnahmebereitschaft auch auf B-to-B-Märkten von der wahrgenommenen Realisationschance abhängt.

Aus **Anbietersicht** ist mit einer Nachfragerbündelung zunächst der **Nachteil** verbunden, dass ein **geringerer Preis** pro abgesetzter Mengeneinheit erzielt wird. Vor diesem Hintergrund wird teilweise empfohlen, von der Gewährung reduzierter Gruppenpreise Abstand zu nehmen, da aufgrund des geringeren Durchschnittspreises negative Gewinnkonsequenzen zu erwarten sind (vgl. *Simon/Tacke*, 1992, S. 61). Weiterhin besteht die Gefahr, dass sich der Anbieter aufgrund der Bündelung einer steigenden **Nachfragemacht** gegenüber sieht und sich somit in eine **Abhängigkeit** begibt. Schließlich ist zu erwarten, dass durch die Bündelgeschäfte **Zusatzkosten**, bspw. für die Initiierung der Bündelung, entstehen. Neben den genannten Nachteilen können für einen Anbieter mit einer Nachfragerbündelung jedoch neben dem angesprochenen „Preisintransparenz-Effekt" weitere **Vorteile** verbunden sein (vgl. *Baumeister*, 2000, S. 94 ff. sowie *Voeth*, 2002b, S. 116):

- Sofern sich solche Kunden an der Nachfragerbündelung beteiligen, die bei Nicht-Zustandekommen der Nachfragerbündelung ihren Bedarf bei einem Konkurrenzunternehmen gedeckt hätten, erzielt der Anbieter durch das Bündelangebot einen positiven Absatzmengeneffekt und erhöht somit seinen Marktanteil (**Verdrängungseffekt**).
- Sein positiver Mengeneffekt lässt sich zudem durch eine Ausdehnung des Marktvolumens erreichen. Dies ist dann der Fall, wenn sich Nachfrager an dem gemeinsamen Kauf beteiligen, die ohne die Nachfragerbündelung weder beim betrachteten Unternehmen noch bei einem der Konkurrenten gekauft hätten (**Marktvolumenseffekt**).
- Bei Auftreten positiver Mengeneffekte können u. U. Skaleneffekte, bspw. durch Erfahrungskurveneffekte in der Produktion, realisiert werden.
- Da im Falle einer Nachfragerbündelung anstatt einer Vielzahl von Einzelaufträgen nur ein einzelner, gemeinsamer Auftrag vorliegt, können sich weiterhin Kosteneinsparungspotenziale in der Auftragsbearbeitung (**Bestellkostenvorteile**) sowie im Versand (**Logistikvorteile**) ergeben.
- Entscheiden sich Kunden, die ihren Bedarf auch ohne Nachfragerbündelung bei einem bestimmten Anbieter gedeckt hätten, aufgrund des Bündelangebots zu einer zeitlichen Vorverlagerung ihrer Beschaffung, tritt zudem ein **Finanzierungsvorteil** auf. Dieser liegt darin begründet, dass der aus dem Verkauf resultierende Liquiditätszufluss zu einem früheren Zeitpunkt als bei Nicht-Zustandekommen des Bündelgeschäfts stattfindet.

Da sich durch den **Einsatz neuer Medien**, wie bspw. des Internets, die Such- und Abstimmungskosten erheblich senken lassen, hat der Zusammenschluss von Nachfragern – gerade im Industriegüterbereich – in der jüngsten Vergangenheit deutlich an Relevanz gewonnen. Vor diesem Hintergrund müssen sich Unternehmen hinsichtlich ihrer Preisstrategie verstärkt mit der Fragestellung auseinandersetzen, ob sie die Gewährung von Sonderkonditionen für organisierte Nachfragergruppen nicht nur in Kauf nehmen, sondern vielmehr die Bündelung von Nachfragern unter Einsatz einer entsprechenden Konditionen- und Kommunikationspolitik gezielt fördern. Allerdings hat *Weißbacher* (2006) zeigen können, dass Nachfragerbündelungen für Anbieter nur dann ein vorteilhaftes Marketing-Instrument innerhalb der Preispolitik sind, wenn es gelingt, die Mehrzahl der Individualkunden eines Anbieters davon abzuhalten, sich der Bündelung anzuschießen. Denn mit diesen Kunden kann der Anbieter höhere Margen realisieren, so dass er verhindern muss, dass diese Kunden überwiegend zu Bündel-Kunden werden (vgl. auch *Voeth/Weißbacher*, 2006b).

Intransparenz-Pricing

Sofern es dem Kosten-Follower nicht gelingt, die bestehenden Kostennachteile durch wertschöpfungsstufenübergreifendes Pricing zu kompensieren, muss es das preispolitische Ziel des Kosten-Followers sein, **Preisintransparenz** zu schaffen. Gezielt muss er nach Maßnahmen suchen, um die direkte Preisvergleichbarkeit mit dem Wettbewerb zu erschweren.

Zur instrumentellen Umsetzung kommen hierfür wiederum im Kern Preisdifferenzierungsinstrumente in Frage. Anders als auf Premium-Märkten wird **Preisdifferenzierung** nun aber nicht eingesetzt, um nachfragerübergreifend unterschiedliche Zahlungsbereitschaften abzuschöpfen; stattdessen wird dieser Ansatz nun auch verfolgt, um sich durch ein komplexeres Preissystem gegenüber dem Wettbewerb zu differenzieren und die Preisvergleichbarkeit zu verringern.

Als **Instrumente der Preisdifferenzierung** im weiteren Sinne, die sich zur Steigerung der Preiskomplexität und damit Preisintransparenz eignen, sind insbesondere

- Preisbündelung und
- Nicht-lineare Preise

zu nennen. Im Kern wird die zusätzliche Komplexität und daher reduzierte Transparenz dabei jeweils durch die Zusammenfassung von Preisobjekten erwirkt. Während bei der Preisbündelung verschiedene Güter gemeinschaftlich bepreist werden, zielt die Zusammenfassung bei nicht-linearen Preisen auf verschiedene Beschaffungszeitpunkte ab.

Preisbündelung

Der Verkauf mehrerer Produkte als Bündel oder Paket zu einem einheitlichen Preis wird generell als vielversprechendes Verfahren zur Gewinnsteigerung angesehen (vgl. *Priemer*, 2003, S. 505). **Güterbündelung** bezeichnet die Zusammenfassung mehrerer substitutiver oder komplementärer Produkte und Dienstleistungen (vgl. *Diller*, 2008, S. 240 ff.; *Friege*, 1995, S. 52; im Gegensatz dazu *Engelhardt et al.*, 1993, S. 415) zu einem Bündel und den Verkauf dieses Bündels als neues Produkt. Man unterscheidet zwei Arten (vgl. *Simon/Fassnacht*, 2009, S. 300; eine differenzierte Darstellung alternativer Bundling-Strategien findet sich bei *Tillmann/Simon*, 2004, S. 992 ff.; *Priemer*, 2000, S. 47 ff.):

- die **reine Bündelung**, bei der ausschließlich das Bündel verkauft wird, und
- die **gemischte Bündelung**, bei der sowohl das gebündelte Produkt als auch die einzelnen Teilleistungen angeboten werden.

Klassische Beispiele für die Anwendung von (gemischter) Bündelung finden sich im Computermarkt. Viele Unternehmen bieten ihren Kunden die Möglichkeit, neben vorgegebenen Paketen auch individuelle Computer zusammenzustellen. Allerdings sind die vorgegebenen Pakete zumeist preisgünstiger als die Zusammenstellung einzelner Module, die zu Einzelpreisen abgerechnet werden.

Wenn allerdings die Bündel bei verschiedenen Anbietern nicht identisch sind, sondern aus unterschiedlichen Komponenten zusammengesetzt sind, lassen sich **Bündelangebote** verschiedener Wettbewerber für Nachfrager nicht ohne weiteres vergleichen, so dass eigentlich bestehende **Preisnachteile nicht unmittelbar offensichtlich** werden.

Ein **Beispiel** aus dem Maschinenbau soll die Wirkungsweise der Bündelung veranschaulichen (in Anlehnung an *Simon*, 1992b, S. 1225 ff.):

Ein Anbieter von Baumaschinen hat in den vergangenen Jahren zusätzlich zu seinem Kerngeschäft „Baumaschinen" – diese werden von vielen Kunden bei ihm geleast – als weiteres Geschäftsfeld die Maschinen-Wartung aufgebaut. Durch die professionelle Wartung von Maschinen, die Kunden bei ihm nachgefragt haben, ist es dem Anbieter gelungen, auch für Kunden, die sich für andere Maschinenhersteller entscheiden, als Wartungsanbieter generell in Frage zu kommen. Um die Preise in den Geschäftsfeldern „Leasing" und „Wartung" besser aufeinander abzustimmen, stellt sich die Frage, ob Preisbündelung eingeführt werden soll. Konkret geht es darum, die monatliche Leasingrate für eine Maschine sowie den Wartungspreis so festzulegen, dass der Gesamtgewinn maximal wird. In der Bündelung von Produkt und Wartung wird eine Möglichkeit gesehen, sich dem bei Maschinen drohenden Preiswettbewerb zu entziehen. Vor allem aufgrund des attraktiven Wartungsmarktes erwägt man auch die Möglichkeit, Wartungsverträge für Konkurrenzprodukte anzubieten.

Zur Ermittlung der maximalen Zahlungsbereitschaft wurde eine Stichprobe von 100 aktuellen und potenziellen Kunden befragt. Die Abfrage der Maximalpreise erfolgte direkt. Die Kunden wurden darüber hinaus mit Hilfe der Clusteranalyse in vier Segmente eingeteilt. Die Mittelwerte der Maximalpreise (auf volle Zehner gerundet) sowie die Größe der Segmente und die Grenzkosten der Angebotsvarianten sind in *Abbildung 128* dargestellt. Darüber hinaus wird unterstellt, dass keine fixen Kosten anfallen.

Segment Nr.	Segment-Größe	Maximalpreise: € pro Monat		
	Kundenzahl	Leasingrate	Wartung	Leasing + Wartung
1	12	1.250	990	2.310
2	23	1.450	540	1.750
3	22	1.080	1.030	2.090
4	43	1.390	870	2.350
Grenzkosten		550	470	1.020

Abb. 128: Anwendung im Maschinenbau

Der Maximalpreis für das Bündel liegt z.T. niedriger (Segment 2; der Nutzen für beide Leistungen zusammen wird nicht so hoch eingeschätzt wie die Addition der isolierten Nutzenwerte der einzelnen Leistungen), z.T. höher als die Summe beider Maximalpreise (Segmente 1 und 4; die kombinierte Inanspruchnahme der Leistung stiftet einen höheren Nutzen als die Addition der separaten Nutzenerwartung für die einzelne Leistung). In Segment 3 sind beide etwa gleich.

Es stellt sich nunmehr die Frage, wie hoch der Gewinn bei **Einzelpreisstellung** ist. Im Rahmen der Bestimmung der optimalen Preise für die Leasingrate und die Wartung werden dazu die Zahlungsbereitschaften der Nachfrager in den einzelnen Segmenten (wie in *Abbildung 129* geschehen) absteigend sortiert. Durch die Multiplikation der jeweils erzielbaren Deckungsspanne mit der Anzahl der potenziellen Nachfrager ergibt sich der Deckungsbeitrag des jeweiligen Einzelpreises. Dabei ist zu berücksichtigen, dass z. B. bei einem Preis von 1.390 € nicht nur die Nachfrager in Segment 4, sondern auch die Nachfrager in Segment 2 kaufen, da ihre Zahlungsbereitschaft mit 1.450 € oberhalb des Preises liegt. Der höchste ermittelte Deckungsbeitrag spiegelt folglich den optimalen Einzelpreis wider, in diesem Fall für die Leasingrate 1.390 €, für die monatliche Wartung 870 €.

Leasing					Optimaler Preis
Preis	DS	x	DB	ΔDB	
1.450	900	23	20.700	20.700	
1.390	**840**	**66**	**55.440**	**34.740**	1.390 €
1.250	700	78	54.600	–840	
1.080	530	100	53.000	–1.600	

Wartung					
Preis	DS	x	DB	ΔDB	
1.030	560	22	12.320	12.320	
990	520	34	17.680	5.360	
870	**400**	**77**	**30.800**	**13.120**	870 €
540	70	100	7.000	–23.800	

Abb. 129: Bestimmung optimaler Einzelpreise

In *Abbildung 130* sind dementsprechend zunächst die Segmente farblich dargestellt, die bei optimaler Einzelpreisstellung Baumaschinen leasen (Segmente 2 und 4). Darüber hinaus schließt Segment 4 zusätzlich zum Leasingvertrag einen Wartungsvertrag ab. Die Segmente 1 und 3 schließen ausschließlich einen Wartungsvertrag ab, da sie nicht bereit sind, den festgelegten Preis für die Leasingraten zu zahlen, sondern lediglich 1.250 € bzw. 1.080 €. Für den Anbieter ergibt sich bei der Einzelpreisstellung somit ein Gesamtgewinn von 86.240 €, der sich wie folgt zusammensetzt (vgl. *Abbildung 130*):

Segment Nr.	Segment-Größe	Maximalpreise: € pro Monat			DB?
	Kundenzahl	Leasingrate	Wartung	Leasing + Wartung	
1	12	1.250	990	2.310	4.800 €
2	23	1.450	540	1.750	19.320 €
3	22	1.080	1.030	2.090	8.800 €
4	43	1.390	870	2.350	36.120 €/17.200 €
Grenzkosten		550	470	1.020	**Σ = 86.240 €**

Abb. 130: Gewinn bei Einzelpreisstellung

Welcher Gewinn ergibt sich hingegen, wenn der Anbieter eine **reine Preisbündelung** anbietet? Der optimale Bündelungspreis liegt nach dem bereits in *Abbildung 129* verwendeten Schema bei 2.090 €, wie *Abbildung 131* zeigt.

	Leasing + Wartung				Optimaler Preis
Preis	DS	x	DB	ΔDB	
2.350	1.330	43	57.190	57.190	
2.310	1.290	55	70.950	13.760	
2.090	**1.070**	**77**	**82.390**	**11.440**	→ 2.090 €
1.750	730	100	73.000	−9.390	

Abb. 131: Bestimmung des optimalen Bündelpreises

Jetzt kaufen die Segmente 1, 3 und 4 das Bündel, während Segment 2 nichts kauft. Der Gewinn beträgt nunmehr 82.390 € (vgl. *Abbildung 132*). Die Form der reinen Preisbündelung ist somit für den Anbieter ungünstiger als eine Einzelpreisstellung.

Segment Nr.	Segment-Größe	Maximalpreise: € pro Monat			DB?
	Kundenzahl	Leasingrate	Wartung	Leasing + Wartung	
1	12	1.250	990	2.310	12.840 €
2	23	1.450	540	1.750	0 €
3	22	1.080	1.030	2.090	23.540 €
4	43	1.390	870	2.350	46.010 €
Grenzkosten		550	470	1.020	Σ = 82.390 €

Abb. 132: Gewinn bei reiner Preisbündelung

Hingegen führt die **gemischte Bündelung** (vgl. *Abbildung 133*) zu einer erheblichen Gewinnsteigerung. Bei Rückgriff auf die ermittelten optimalen Einzel- bzw. Bündelpreise kaufen bei einem Bündelpreis von 2.090 € die Segmente 1, 3 und 4 das Bündel, so dass diese Segmente in Konsequenz für den Kauf entbündelter Angebote ausscheiden. Die Nachfrager in Segment 2, die das Bündel nicht kaufen, besitzen für die Wartung keine ausreichende, für das Leasing der Maschine hingegen eine ausreichende Zahlungsbereitschaft. Der Einzelpreis für das Leasing kann in diesem Fall gegenüber dem bisherigen Optimalpreis sogar auf 1.450 € erhöht werden. Folglich wird neben dem Bündel zu einem Preis von 2.090 € das Leasing der Maschine einzeln zu 1.450 € verkauft. Der Wartungsvertrag wird dagegen nicht separat angeboten. Der Gesamtgewinn steigt im Vergleich zur Einzelpreisstellung von 86.240 € um 16.850 € oder 19,5 % auf 103.090 €. Dies ist in diesem Fall das beste zu erzielende Resultat.

Segment Nr.	Segment-Größe	Maximalpreise: € pro Monat			DB?
	Kundenzahl	Leasingrate	Wartung	Leasing + Wartung	
1	12	1.250	~~990~~	2.310	12.840 €
2	23	1.450	~~540~~	1.750	20.700 €
3	22	1.080	~~1.030~~	2.090	23.540 €
4	43	1.390	~~870~~	2.350	46.010 €
Grenzkosten		550	~~470~~	1.020	Σ = 103.090 €
Optimaler Einzel-/Bündelpreis		1.390	~~870~~	2.090	

Abb. 133: Gewinn bei gemischter Preisbündelung

Wie sich gezeigt hat, ist die gemischte Preisbündelung in diesem Beispiel der Einzelpreisfestsetzung überlegen. Das darf aber nicht zum Trugschluss führen, dass diese Form grundsätzlich überlegen sei. Welche Vorgehensweise – reine, gemischte oder gar keine Bündelung – allerdings zum höchsten Gewinn führt, lässt sich allgemeingültig nicht feststellen (vgl. *Adams/Yellen*, 1976; *Priemer*, 2000; *Schmalensee*, 1984).

Nicht-lineare Preise

Eine weitere Form der Preisdifferenzierung im weiteren Sinne, die ebenfalls der Schaffung von Preisintransparenz dienen kann, stellen **nicht-lineare Preise** dar (vgl. hierzu auch die Ausführungen zum Systemgeschäft). Diese sind dadurch gekennzeichnet, dass hier der **Zusammenhang** zwischen der **Absatzmenge des Kunden** und dem **Erlös des Anbieters** nicht proportional ist (vgl. *Büschken*, 1997b, S. 2). Indem der Anbieter bspw. einen **zweiteiligen Preis** implementiert, der aus einem Grundpreis und einem nutzungsabhängigen Entgelt besteht, macht er den kundenseitig zu zahlenden Preis pro Mengeneinheit von der Gesamtnachfragemenge des Kunden abhängig. Kunden, die insgesamt größere Mengen nachfragen, entrichten einen geringeren Durchschnittspreis pro Mengeneinheit, da sich der Grundpreis in diesem Fall auf eine größere Nachfragemenge verteilt. Aus diesem Grunde stellen nicht-lineare Preise eine Form der quantitativen Preisdifferenzierung dar.

Für **Kosten-Follower** sind nicht-lineare Preise insofern ein **geeignetes Instrument**, da der Kunde nun angesichts von im Wettbewerb unterschiedlichen Kombinationen aus Grundpreis und mengenabhängigem Stückpreis die für ihn anfallenden Gesamtkosten zwischen verschiedenen Wettbewerbsangeboten nur noch dann miteinander vergleichen kann, wenn er seine eigene Gesamtnachfragemenge im Vorfeld exakt bestimmen kann. Immer dann, wenn ihm dies nicht möglich ist, ist Preisvorteilhaftigkeit nicht mit Sicherheit vorherzusagen.

1.2.1.2.2 Preisanpassungen

Sind die Preise bzw. Preissysteme entsprechend der eigenen Kostensituation ermittelt und festgelegt worden, so kann sich allerdings im Zeitablauf – durchaus regelmäßig – die Notwendigkeit zu Preisanpassungen ergeben. **Gründe** für Preisanpassungen können bspw. in Veränderungen bei

- Konkurrenzpreisen,
- Rohstoff- oder Vorproduktpreisen,
- Anzahl der Wettbewerber (z. B. Ausscheiden von Wettbewerbern und daher Reduktion der Kapazität im Markt),
- eigener Kapazitätsauslastung oder
- technologischen Alternativen (z. B. Etablierung günstiger Alternativtechnologien)

bestehen.

Da diese Anpassungsgründe in vielen Commodity-Märkten regelmäßig und zudem kombiniert auftreten, stellt die **Flexibilität** der Pricing-Prozesse oftmals eine zentrale Erfolgsgröße dar. Nur diejenigen Anbieter, die notwendige Preisanpassungen mit hoher Geschwindigkeit vornehmen und in ihren Märkten implementieren, haben eine Chance, Volumensverluste oder Margenreduktionen zu verhindern.

> Die Folgen einer zu langsamen Preisreaktion schildert *Kossmann* (2008) an dem in *Abbildung 134* dargestellten Beispiel. Das betroffene Unternehmen, auf das sich *Kossmann* (2008) in seinem Beispiel bezieht, ist in einem Commodity-Markt tätig, dessen Leistungen in besonderer Weise von volatilen Rohstoffmärkten abhängen. Wenn das Unternehmen die durch Veränderungen der Rohstoffpreise notwendigen Preisanpassungen jeweils erst mit mehrmonatiger Verspätung innerhalb

der Preispolitik für die eigenen Leistungen aufgreift, dann führt dies einerseits bei sinkenden Rohstoffpreisen zu Volumensverlusten. Reagiert der Wettbewerb auf die auch für diesen relevanten Rohstoffpreis-Reduktionen schneller, so weist der betrachtete Anbieter bereits nach kurzer Zeit zu hohe Preise auf. Andererseits entsteht bei steigenden Rohstoffpreisen Margendruck, da es das Unternehmen verpasst, die Kostensteigerungen zeitnah an die Kunden weiterzugeben. Dieser Fall ist *Abbildung 134* dargestellt.

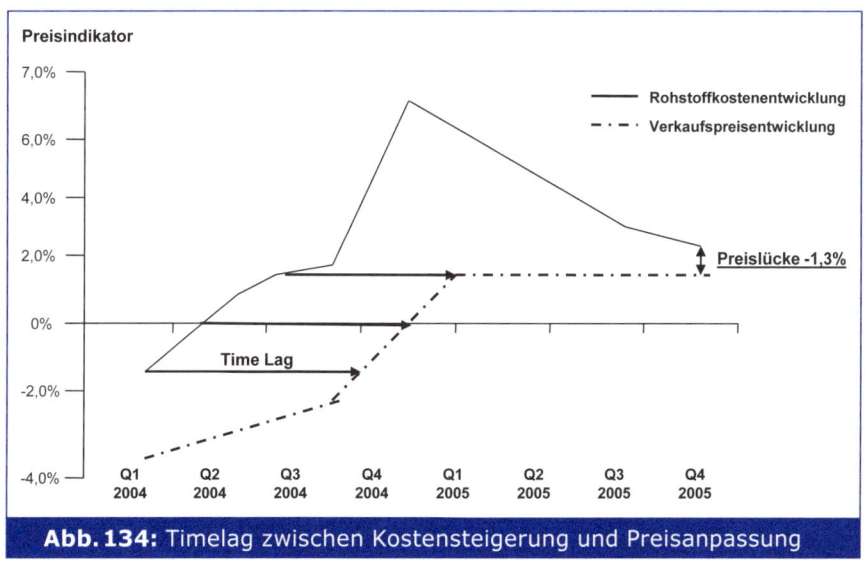

Abb. 134: Timelag zwischen Kostensteigerung und Preisanpassung

Quelle: *Kossmann*, 2008, S. 251.

Um die Geschwindigkeit notwendiger Preisanpassungen im Unternehmen zu steigern, sind die vorhandenen **Pricing-Prozesse** zu überprüfen und zu optimieren. Häufig macht dabei bereits die Aufnahme der bestehenden Pricing-Prozesse unmittelbar sichtbar, wo unnötige Prozessverzögerungen auftreten bzw. wo auf einfache Art und Weise Beschleunigungen der Pricing-Prozesse erreicht werden können. Mitunter allerdings muss zur Verbesserung der Anpassungsgeschwindigkeit aber auch eine grundlegende **Neustrukturierung** der Pricing-Prozesse vorgenommen werden. Insbesondere ist dabei zu prüfen, ob die angestrebte Vergrößerung der Prozessgeschwindigkeit nicht eine Verringerung der Prozessschritte und/oder der Entscheidungsbeteiligten erforderlich macht. In diesem Zusammenhang ist dann auch zu überlegen, inwieweit eine Automatisierung der Pricing-Prozesse – etwa durch Verwendung von Preismanagementsoftware (PMS) sinnvoll ist. Das nachfolgende Beispiel (vgl. *Abbildung 135*) zeigt, dass sich häufig durchaus Teile des Pricing-Prozesses durch Einsatz von PMS abwickeln lassen, was i. a. R. zu einer erheblichen Beschleunigung der Pricing-Prozesse führt.

1.2.2 Leistungsmanagement: Schaffung von „value added"

Ganz unabhängig davon, ob Unternehmen auf Commodity-Märkten über eine Kostenführerposition verfügen oder sich in der Rolle des Kosten-Followers befinden, sind die Märkte durch starken **Margendruck** gekennzeichnet. Da die von Wettbewerbern angebotenen Leistungen austauschbar sind, entscheiden sich Nachfrager fast ausschließlich anhand des Preises. Dies führt zu einem scharfen Wettbewerb, so dass alle Anbieter Schwierigkeiten haben, entsprechende Margen zu realisieren.

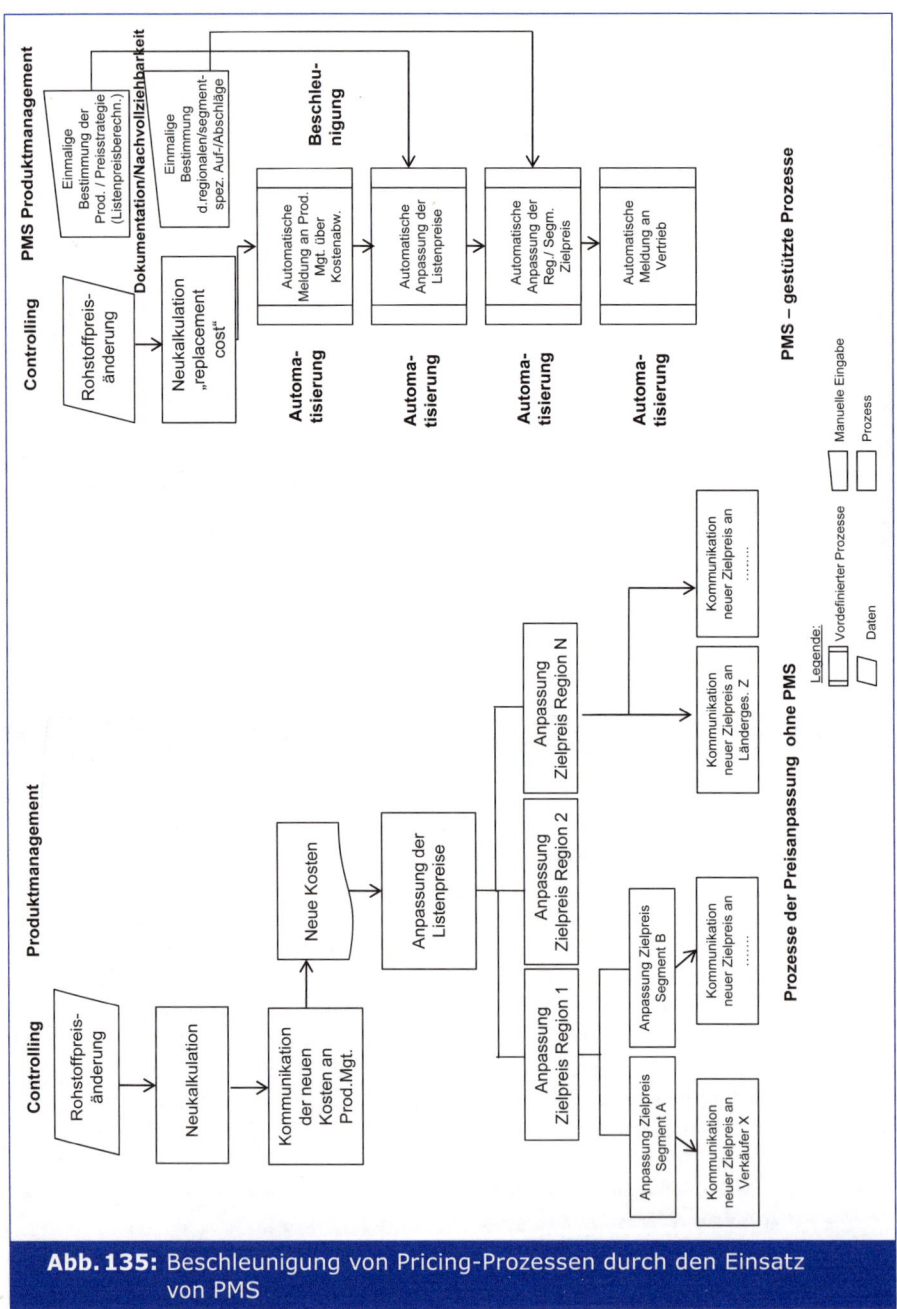

Abb. 135: Beschleunigung von Pricing-Prozessen durch den Einsatz von PMS

Quelle: *Kossmann*, 2008, S. 260.

Aus diesem Grunde versuchen Anbieter auf Commodity-Märkten neben dem beschriebenen Preis- und Kostenmanagement, **Leistungsdifferenzierungen** gegenüber dem Wettbewerb zu betreiben und die Commoditisierung ihrer Leistungen zu reduzieren. Dieser Versuch erscheint dabei lohnenswert, da sich die Anbieter durch eine positive leistungsbezogene

Aufwertung ihrer Produkte in den Augen der Nachfrager der unmittelbaren Vergleichbarkeit mit dem Wettbewerb entziehen und daher ein Preis- und/oder Mengenpremium verschaffen. *Adler* (2005, S. 123) bezeichnet den Versuch, eine leistungsmäßige Veränderung gegenüber der sonst üblicherweise im Markt angebotenen Standardleistung herbeizuführen, als die Schaffung einer **„value added Commodity"**.

Probleme entstehen beim Aufbau von value added Commodity-Angeboten allerdings dadurch, dass sich in Commodity-Märkten nachfragerseitiger Mehrwert zumeist kaum durch Veränderungen der Kernleistung schaffen lässt. Ganz abgesehen davon, dass Weiterentwicklungen der Kernleistung – z. B. wegen des Reifegrades der eingesetzten Technologien – nicht immer möglich sind, entspricht dies häufig auch nicht den Vorstellungen der Nachfrager. Diese wünschen sich so nicht selten die Einhaltung technischer Marktstandards, um die im Wettbewerb angebotenen Leistungen besser vergleichen zu können.

Aus diesem Grund kommt für die Schaffung nachfragerseitig akzeptierten Mehrwerts bei Commodities in erster Linie eine

- **informatorische Differenzierung** durch Marken (Ingredient Branding) oder
- problemlösungsorientierte **Differenzierung durch Services** (produktbegleitende Dienstleistungen)

in Frage.

1.2.2.1 Ingredient Branding

Das Ingredient Branding spielt nicht nur im Zuliefergeschäft (vgl. Teil 3 Kap. E.) eine zentrale Rolle, sondern kann auch bei Commodities zur Schaffung von Mehrwert eingesetzt werden. Ingredient Branding ist dabei nicht mit dem klassischen Branding gleichzusetzen, bei dem der Anbieter versucht, seine Leistungen zu markieren, damit wieder erkennbar zu machen und in den Augen von Kunden mit einem spezifischen Markenkern aufzuladen. Vielmehr geht das Ingredient Branding hierüber hinaus. So ist unter **Ingredient Branding** der Versuch eines Rohstoff-, Einsatzstoff- oder Teile-Lieferanten zu verstehen, die eigenen Leistungen, die die unmittelbaren Kunden in ihren Produkten verbauen bzw. für ihre Produktion nutzen, so zu markieren und mit einem spezifischen Markenkern aufzuladen (vgl. *Freter*, 2004, S. 215; *Freter/Baumgarth*, 2005, S. 462; *Pförtsch/Schmid*, 2005, S. 121 ff.), dass sie für nachgelagerte Wertschöpfungsstufen einen Mehrwert darstellen. Liegt ein solcher Mehrwert für die Kunden der eigenen direkten Kunden vor und verfügt der direkte Kunde daher bei Auswahl des entsprechenden Anbieters über ein Preis- und/oder Mengenpremium in seinem Markt, so ist die vom Anbieter offerierte Commodity nicht mehr unmittelbar mit anderen Leistungen vergleichbar und stellt eine value added Commodity dar.

Damit allerdings eine Commodity von den Kunden der eigenen Zielgruppe wahrgenommen wird, von diesen präferiert wird und damit für die unmittelbaren Kunden (bei entsprechender Verbauung oder Nutzung) einen Preis- und/oder Mengenvorteil entwickelt, sind umfangreiche Maßnahmen im Rahmen eines mehrstufigen Marketing-Ansatzes erforderlich. Unter **mehrstufigem Marketing** werden dabei alle Marketing-Maßnahmen zusammengefasst, die auf die Bearbeitung von Wertschöpfungsstufen gerichtet sind, die der eigenen Kunden-Stufe nachgelagert sind. Solche Maßnahmen sind allerdings nur dann möglich und sinnvoll, wenn die Commodity oder deren Hersteller auf nachgelagerten Wertschöpfungsstufen bekannt ist, die Commodity als wichtiger Produktbestandteil aufgefasst wird und es gelingt, für Produkt oder Hersteller einen Mehrwert in der Wahrnehmung der nachgelagerten Wertschöpfungsstufen zu erzeugen.

1.2.2.2 Produktbegleitende Dienstleistungen

Eine andere Form, Mehrwert bei Commodities zu generieren, ist im Angebot produktbegleitender Dienstleistungen zu sehen (vgl. *Voeth/Gawantka*, 2005a), die auch unter Bezeichnungen wie komplementäre, funktionelle oder Sekundär-Dienstleistungen diskutiert werden. Unter dem **Begriff** „produktbegleitende Dienstleistungen" können dabei immaterielle Leistungen verstanden werden, die Anbieter von Sach- oder Dienstleistungen ihren industriellen Nachfragern zusätzlich zur originären Leistung mit dem Ziel anbieten, den Absatz der Kernleistung zu fördern. Sie hängen dabei inhaltlich mit der Kernleistung zusammen, können jedoch auch bei Bedarf separat von der Kernleistung vermarktet werden (vgl. *Voeth*, 2007b).

Entscheidend für die Frage, ob eine Dienstleistung als produktbegleitende Dienstleistung einzustufen ist oder ob sie „nur" einen Bestandteil der originären Kernleistung darstellt (z. B. Gebrauchsanweisung), ist dabei allerdings nicht die unternehmerische Entscheidung, eine Dienstleistung separat zu vermarkten oder im Bündel mit der Kernleistung anzubieten. Stattdessen ist für die Abgrenzung von produktbegleitenden Dienstleistungen (vgl. *Abbildung 136*) wesentlich, ob überhaupt die Möglichkeit besteht, Kernleistung (KL) und Dienstleistung (DL) getrennt anzubieten. Bestimmte Dienstleistungen können so vom Anbieter gar nicht eigenständig vermarktet werden, da diese untrennbar mit der Kernleistung verbunden sind. Mit anderen Worten kann die **Trennbarkeit der Leistungen** zur Abgrenzung von produktbegleitenden Dienstleistungen von solchen Dienstleistungen herangezogen werden, die als untrennbarer Bestandteil der Gesamtleistung zu gelten haben. *Abbildung 136* veranschaulicht diese Abgrenzung.

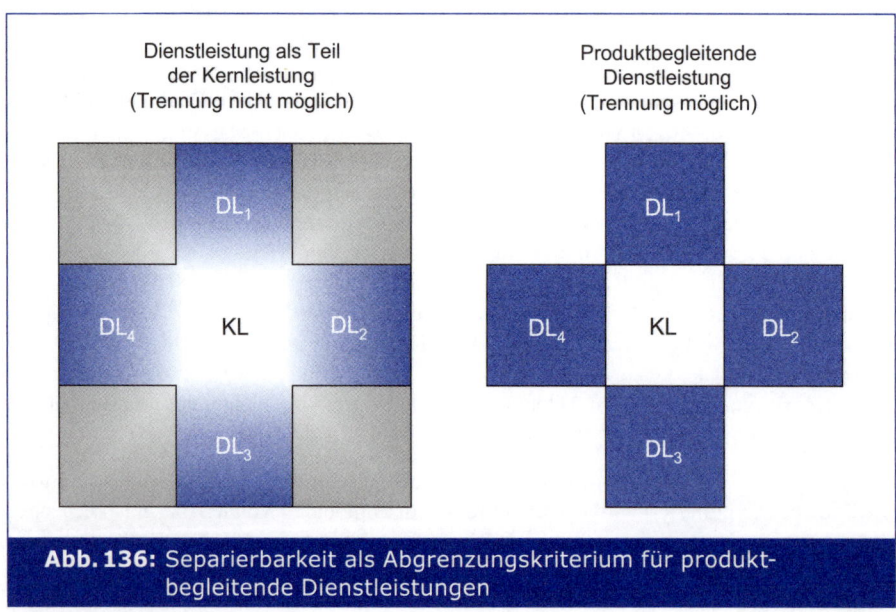

Abb. 136: Separierbarkeit als Abgrenzungskriterium für produktbegleitende Dienstleistungen

Quelle: *Voeth et al.*, 2004, S. 775.

Die so abgegrenzten produktbegleitenden Dienstleistungen treten in der Unternehmenspraxis in sehr unterschiedlichen **Erscheinungsformen** auf. Arten produktbegleitender Dienstleistungen lassen sich insbesondere hinsichtlich folgender Kriterien bilden (vgl. *Kleinaltenkamp et al.*, 2004, S. 632 ff.):

- Erbringungszeitpunkt,
- Freiheitsgrad der Erbringung,
- Marktstufenbezug.

Im Hinblick auf den Erbringungszeitpunkt können produktbegleitende Dienstleistungen vor, mit oder nach dem Kauf der Hauptleistung angeboten werden. Während bei Dienstleistungen, die sich auf Zeitpunkte vor **(Pre-Sales-Service)** oder während des Kaufentscheidungsprozesses **(At-Sales-Service)** beziehen, die Vertrauensbildung des Nachfragers gegenüber dem Anbieter im Vordergrund steht, geht es bei produktbegleitenden Dienstleistungen in der Nachkaufphase **(After-Sales-Service)** um die Vertrauenssicherung und den damit zusammenhängenden Aufbau von Kundenbindung.

Ebenso lassen sich produktbegleitende Dienstleistungen dahingehend unterscheiden, ob ihre Erbringung für den Anbieter **obligatorisch** oder **fakultativ** ist. Über die Erbringung vieler Dienstleistungen können Anbieter so nicht frei entscheiden, da diese entweder gesetzlich gefordert oder aber kundenseitig unbedingt erwartet werden. Ihre Erbringung ist demnach für den Anbieter obligatorisch. Da diese Dienstleistungen allerdings i. d. R. von allen Anbietern im Markt erbracht werden (müssen), kommt ihnen kein besonderes Potenzial zur Wettbewerbsdifferenzierung und damit zumeist auch kein großes Erfolgspotenzial zu. Dieses ist eher den fakultativen Services zuzusprechen. Diese sind dadurch gekennzeichnet, dass ihr Angebot vom Markt nicht zwangsläufig erwartet wird, so dass sich Anbieter durch ihre Erbringung vom Wettbewerb abgrenzen können.

Schließlich können produktbegleitende Dienstleistungen auch in **einstufige** und **mehrstufige** Angebote unterteilt werden. Einstufigkeit liegt dabei dann vor, wenn sich die Dienstleistungen an die unmittelbar nachfolgende Marktstufe richten. Ebenso treten produktbegleitende Dienstleistungen aber auch in der Form auf, dass Unternehmen damit die Kunden ihrer eigenen Kunden ansprechen (z. B. technischer Kundendienst). Dies kann erforderlich sein, weil die unmittelbaren Kunden nicht bereit oder in der Lage sind, die entsprechenden Dienstleistungen den eigenen Kunden anzubieten oder weil hiermit Ziele im Rahmen eines mehrstufigen Marketing-Ansatzes (Pull-Effekt) erreicht werden sollen. Damit können produktbegleitende Dienstleistungen auch dazu dienen, das Serviceniveau und die Dienstleistungsqualität der gesamten Supply Chain zu verbessern.

Anbieter, die über produktbegleitende Dienstleistungen versuchen, aus einer Commodity eine „value added Commodity" zu entwickeln, verändern dabei im Zeitablauf nicht selten ihr gesamtes Geschäftsmodell. Indem sie nicht mehr nur produktbegleitende Dienstleistungen offerieren, sondern in das sog. Performance Contracting einsteigen, entwickeln sich diese Unternehmen von „dienstleistenden Herstellern" zu einem „herstellenden Dienstleister". Mit *Buse et al.* (2001) verstehen wir dabei unter **Performance Contracting** „ein einzeln oder kooperativ erbrachtes Angebot eines individualisierten Sach- und Dienstleistungsbündels auf Basis einer (hier bewusst weit zu fassenden) technischen Infrastrukturlösung, die anbieterseitig bereitgestellt sowie auf Wunsch auch betrieben wird und auf Basis eines langfristigen Rahmenvertrages die Nutzung durch einen oder mehrere an die Infrastrukturlösung angeschlossene Nachfrager vorsieht, die ein Entgelt lediglich für erbrachte Leistungen durch Nutzung der Infrastruktur entrichten (Pay-for-Performance-Prinzip)." Indem Anbieter Planungs- und Engineering-Leistungen, Installationsleistungen, Kapazitätsreservierungen, Ersatzteilbevorratungen, Personalschulungen, Betriebsleistungen, Wartung und Instandhaltung, Finanzierung, Versicherung und/oder bspw. Revamping/Upgrading anbieten, bieten sie ihren Kunden komplexe Leistungsbündel an (vgl. *Freiling*, 2004, S. 682), die nicht länger darauf gerichtet sind, einzelne Produkte zu verkaufen, sondern mit denen das Ziel verfolgt wird, Kunden komplette Problemlösungen zu offerieren.

Als **Grundformen** des Performance Contracting unterscheidet *Kleikamp* (2002) zwischen

- dem Leistungsverkauf bzw. der Leistungsgarantie sowie
- dem garantierten Leistungsergebnis.

Beim **Leistungsverkauf** bzw. der **Leistungsgarantie** („Contracting Typ I") übernimmt der Anbieter das Risiko der Funktionsfähigkeit der gelieferten Leistung. Auch wenn er dabei dem Nachfrager garantiert, dass mit Hilfe des angebotenen Produktes eine bestimmte Leistung erzielt werden kann, obliegt hier die Nutzung der technischen Infrastruktur dem Nachfrager. Bei einer Maschine würde der Anbieter also bspw. garantieren, dass diese einen bestimmten Leistungsumfang produzieren kann. Damit das Personal des Kunden diesen Leistungsumfang auch tatsächlich erzielen kann, müsste der Anbieter aber sicherstellen, dass das Personal entsprechend geschult ist, die Maschine keine nennenswerten Ausfallzeiten aufweist etc.

Im Gegensatz dazu übernimmt der Anbieter bei einem **garantierten Leistungsergebnis** („Contracting Typ II") auch den Betrieb des Produktes. Hier wird also bspw. nicht mehr eine Maschine geliefert (und bepreist), sondern eine Vereinbarung über das Leistungsergebnis der Maschine geschlossen. Der bisherige Maschinen-Hersteller ist nun plötzlich auch Betreiber der Maschine.

Freiling (2002) hat gezeigt, dass der **Einstieg** in das Performance Contracting zumeist langwierig ist und in vielen Fällen schrittweise erfolgt. *Abbildung 137* zeigt verschiedene Stufen, um vom Angebot produktbegleitender Dienstleistungen zu einem Performance Contracting-Angebot zu kommen.

Ganz unabhängig vom Umfang des Angebots produktbegleitender Dienstleistungen dürfen die Probleme, die bei der Einführung und Implementierung produktbegleitender Dienstleistungen zu lösen sind, nicht unterschätzt werden. So hat sich im Zusammenhang mit produktbegleitenden Dienstleistungen in vielen Märkten inzwischen eine gewisse „Deillusionierung" eingestellt. Diese ist vor allem darauf zurückzuführen, dass es vielen Unternehmen, die auf das Angebot produktbegleitender Dienstleistungen gesetzt haben, bislang nicht

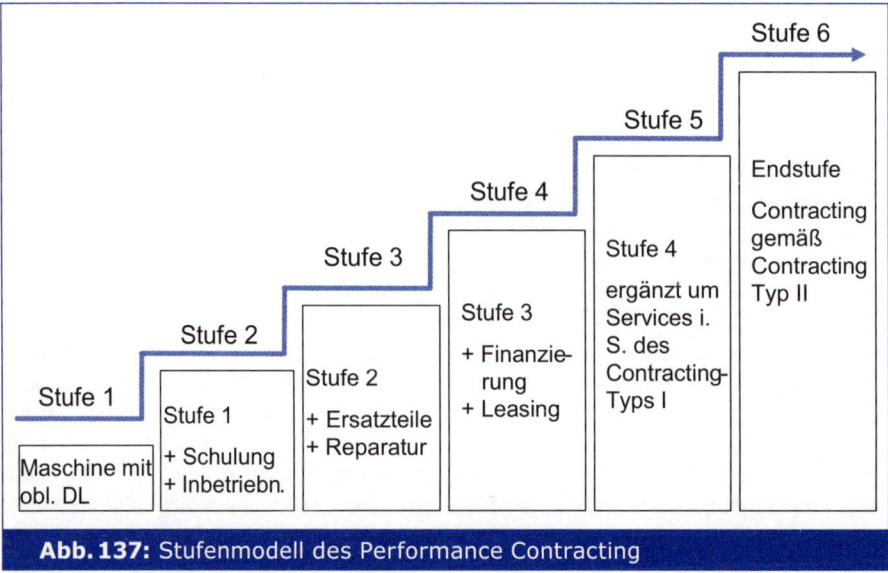

Abb. 137: Stufenmodell des Performance Contracting

Quelle: *Freiling*, 2002.

gelungen ist, durch diese Dienstleistungen entsprechende Umsätze zu realisieren (vgl. z. B. *Backhaus et al.*, 2007b; *Voeth et al.*, 2007). Als ursächlich für den oftmals beobachtbaren fehlenden Markterfolg lassen sich dabei interne und marktbezogene Erfolgshemmnisse anführen (vgl. *Voeth et al.*, 2008a). Interne Hemmnisse können dabei in fehlenden strukturellen Voraussetzungen für eine effiziente Dienstleistungserbringung, fehlendem organisatorischen Know-how oder einer zu geringen Mitarbeiterakzeptanz gesehen werden. Als marktbezogene Hemmnisse erweisen sich häufig insbesondere die geringe Akzeptanz der Zusatzangebote bei Nachfragern (zu geringe Zahlungsbereitschaft) und/oder eine nicht angemessene Angebotsform (modulare oder integrale Vermarktung). Vor diesem Hintergrund ist in produktbegleitenden Dienstleistungen kein „Allheilmittel" für Commodity-Märkte zu sehen. Stattdessen ist sehr genau im Vorfeld des Aufbaus eines Dienstleistungsprotfolios zu prüfen, ob und wie diese zu einem „added value" werden können.

2 Distributions- und Kommunikationspolitik: eine geschäftstypbezogene Betrachtung

2.1 Distributionspolitik

Für alle Produkte, die ein Anbieter in seinen Produktlinien führt, ist eine Entscheidung darüber zu treffen, wie das Leistungsangebot dem Kunden zugänglich gemacht werden soll. Diese Entscheidung hängt dabei nicht von der Frage ab, ob Anbieter auf Premium- oder Commodity-Märkten aktiv sind, und wird i. d. R. dem Bereich des Distributionsmanagements bzw. der Distributionspolitik subsumiert. Üblicherweise ist es **Aufgabe der Distributionspolitik**, alle Maßnahmen zu definieren und umzusetzen, die den Leistungsübertragungsweg zum Kunden sicherstellen. Dazu gehören z. B. Entscheidungen (vgl. zu den Funktionen im Einzelnen *Specht/Fritz*, 2005, S. 39 ff.; *Hutt/Speh*, 2004) über die

- Absatzkanalwahl,
- adäquate Lagerhaltung,
- Sicherstellung der Lieferzeit,
- Übernahme von Manipulationsfunktionen (Zuschneiden, Verpacken),
- Rechnungslegung und
- technische Assistenz.

Allgemein lassen sich diese Funktionen auf zwei Dimensionen reduzieren, die akquisitorische Dimension und die logistische bzw. physische Dimension. Unter der **akquisitorischen Dimension** wird das Management der Distributionswege, einschließlich des persönlichen Verkaufs verstanden. Es geht hier um die Gestaltung der rechtlichen, ökonomischen, informatorischen und sozialen Beziehungen zwischen den Mitgliedern des Güterübertragungssystems. Die **logistische Dimension** umfasst alle Funktionen, die darauf ausgerichtet sind, Raum und Zeit durch Transport und Lagerung zu überbrücken. Auch die Auftragsabwicklung und die Auslieferung sind Elemente dieser Dimension (vgl. *Ahlert*, 1996, S. 22 ff.; *Hutt/Speh*, 2004, S. 261).

2.1.1 Die akquisitorische Dimension

2.1.1.1 Alternative Absatzkanäle

Bei der Absatzkanal-Entscheidung steht dem Anbieter eine Reihe von Alternativen zur Verfügung, die er allein oder in Kombination einsetzen kann (vgl. *Abbildung 138*).

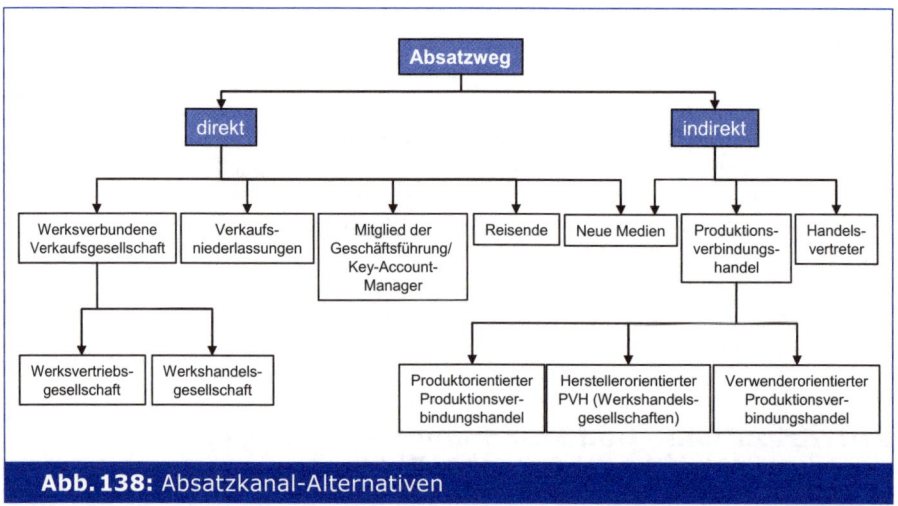

Abb. 138: Absatzkanal-Alternativen

Wir sprechen von **Direktvertrieb** oder Direktabsatz, wenn der Vertrieb der Produkte ohne Einschaltung von rechtlich selbstständigen Absatzmittlern erfolgt. Entsprechend liegt **indirekter Vertrieb** vor, wenn der Absatzprozess über rechtlich selbständige Absatzmittler erfolgt. In der Praxis haben sich sowohl beim direkten als auch beim indirekten Vertrieb verschiedene Formen herausgebildet, die im Folgenden kurz betrachtet werden sollen.

Direktvertrieb

Beim Direktvertrieb unterscheiden wir den Vertrieb über werksverbundene Verkaufsgesellschaften, Verkaufsniederlassungen, Mitglieder der Geschäftsleitung, Reisende und auch über Neue Medien.

Unter einer **werksverbundenen Verkaufsgesellschaft** wird eine Gesellschaft verstanden, die rechtlich selbständig, jedoch kapitalmäßig so eng an eine oder mehrere Produktionsunternehmungen – deren Erzeugnisse sie vertreibt – gebunden ist, dass sie als wirtschaftlich unselbständiges Subsystem zu betrachten ist. Vertreibt sie ausschließlich die Produkte der Muttergesellschaft, dann bezeichnet man diese Verkaufsgesellschaft als Werksvertriebsgesellschaft; führt die Verkaufsgesellschaft neben den Produkten der Obergesellschaft auch Produkte anderer Hersteller, dann spricht man von einer Werkshandelsgesellschaft (vgl. *Backhaus*, 1974, S. 22).

Verkaufsniederlassungen oder **Verkaufsfilialen** sind wirtschaftlich und rechtlich unselbstständige Teile des Unternehmens. Sie sind personell, finanziell und organisatorisch Teil des Unternehmens. Verkaufsniederlassungen gelten im Rahmen der Gesamtorganisation allerdings als organisatorisch selbständige Teileinheiten, denen weitreichende Entscheidungskompetenzen übertragen sein können. Verkaufsniederlassungen können je nach Art der belieferten Kunden funktionell vergleichbar sein mit den entsprechenden selbständigen Unternehmungen. So können sie teilweise Großhandelsaufgaben übernehmen oder aber in ihrer Funktion den Einzelhandelsgeschäften vergleichbar sein (Fabrikläden). Bei Delegation gleicher Entscheidungskompetenzen unterscheiden sich Verkaufsniederlassungen von Werksverkaufsgesellschaften nur durch ihre rechtliche Unselbständigkeit (vgl. *Backhaus*, 1974, S. 28).

B. Marketing im Produktgeschäft

Insbesondere bei Großabnehmern erfolgt der Verkauf häufig direkt durch Mitglieder der **Geschäftsleitung**. Oft unterstützt die Geschäftsleitung aber auch jene Unternehmensorgane (z. B. Reisende), die permanent mit der Akquisition von Aufträgen und anderen einschlägigen Aufgaben befasst sind. Anknüpfungspunkte sind dabei üblicherweise die überragende Bedeutung eines Kunden oder die ungewöhnliche Größe eines in Aussicht stehenden Auftrages (vgl. *Nieschlag et al.*, 2002, S. 888).

Unternehmen, die zwar mit wenigen Großkunden zusammenarbeiten, bei denen jedoch die Einzelprojekte zugleich keine überragende Größenordnung einnehmen, bauen im Direktvertrieb häufig eine Organisation des **Key Account Managements** auf. Aufgabe des Key Account Managers ist es dabei, alle auf einen Kunden oder eine Kundengruppe gerichteten Marketing-Aktivitäten zu planen, zu koordinieren und zu kontrollieren (vgl. *Specht/Fritz*, 2005, S. 343). *Abbildung 139* zeigt die aus dieser grundsätzlichen Aufgabe resultierenden Tätigkeiten eines Key Account Managers (vgl. zu den Aufgaben und Funktionen auch *Diller et al.*, 2005, S. 330 ff.).

Verantwortungen / Unterstellungen	Hauptaufgaben
• Pflege und Weiterentwicklung der Schlüsselkunden • Suche nach neuen Schlüsselkunden • Erreichen der Umsatzziele und Ergebnisziele für die Kundengruppe • Herausarbeiten und Absichern von Wettbewerbsvorteilen gegenüber der Konkurrenz	⇨ Schlüsselkundenbetreuung und Sicherung ⇨ Erreichung von Listungen, Sicherung von Listungen ⇨ Kontraktmanagement, Jahres-, Modellgenerationsverträge ⇨ Konditionenverhandlungen, Jahresgespräche ⇨ Kundenorientierte Produktentwicklung (mit Technik und Produkt-Man.) ⇨ Prozessoptimierung zusammen mit dem Kunden ⇨ Marktforschung zusammen mit dem Kunden
• berichtet an den Verkaufsleiter bzw. den Leiter Marketing und Vertrieb; seltener an die Geschäftsleitung • Trend: auch verantwortlich für den Flächenvertrieb zwecks besserer Koordination und Ausschöpfen von Synergien	⇨ Evtl. Verkaufsförderungsaktionen zusammen mit dem Kunden ⇨ Abwicklung von Beanstandungen und Reklamationen ⇨ Abstimmung mit Flächenvertrieb ⇨ Mitarbeit an strategischer und operativer Planung ⇨ Mitarbeit an Messen, Ausstellungen und Promotions ⇨ Durchführung von Kundenforen mit Großkunden

Abb. 139: Stelleninhalte von Key Account Managern

Quelle: *Winkelmann*, 2008, S. 53.

Das Key Account Management grenzt sich damit gegenüber dem Produktmanagement in der Form ab, dass das **Produktmanagement** weiterhin eine produktbezogene Ausrichtung aufweist, wohingegen das Key Account Management eine hierzu diametrale Perspektive einnimmt und versucht, alle mit einzelnen Kunden bestehenden Geschäftsvorgänge aufeinander abzustimmen (vgl. *Zupancic/Belz*, 2004). Aus der Matrix-Beziehung zum Produktmanagement können aber auch Implementierungsschwierigkeiten und Erfolgsrisiken für das Key Account Management resultieren. Als **Hauptprobleme** des Key Account Managements benennt bspw. *Niederdrenk* (1996, S. 9), dass dieses nicht selten Informationsdefizite und Kompetenzprobleme aufweise, weil es etwa auch vom Produktmanagement nicht ausreichend informiert werde und zudem hierarchisch gegenüber dem Produktmanagement benachteiligt sei.

Reisende sind im rechtlichen Sinne Handlungsgehilfen, die als Angestellte des absetzenden Unternehmens tätig werden, um für den betreffenden Unternehmer Geschäfte zu vermitteln bzw. in seinem Namen abzuschließen. Reisende begegnen uns in mancherlei Erscheinungsform und unter vielfältigen Bezeichnungen (z. B. Gebietsleiter, Verkaufsförderer und Verkaufsinspektoren). Üblicherweise ist ihnen ein bestimmter Bezirk zugeordnet, in dessen Grenzen sie alle oder nur bestimmte Kunden (z. B. Großhandel, Einzelhandel, Großabnehmer) betreuen. Über ihnen steht i. d. R. ein Gebietsverkaufsleiter, der sie steuert, kontrolliert und gelegentlich unterstützt (vgl. *Nieschlag et al.*, 2002, S. 888).

Im Zusammenhang mit dem Einsatz von Reisenden im Direktvertrieb ist dann auch der **persönliche Verkauf** zu planen, zu organisieren und zu steuern. In *Abbildung 140* sind typische **Entscheidungstatbestände** aufgeführt, die sich im Rahmen des Managements des persönlichen Verkaufs stellen.

Abb. 140: Entscheidungstatbestände des persönlichen Verkaufs

(1) Bei der **Verkaufsbudgetierung** existieren überwiegend Praxisregeln wie

- Orientierung an Wettbewerbsbudgets oder
- Prozent vom Umsatz-Regel.

> Die Rontgo AG erzielte im abgelaufenen Geschäftsjahr einen Umsatz in Höhe von 80 Mio. €. Darauf entfielen für den Bereich CT-Scanner (computer-gesteuerte Handultraschallgeräte) 50 Mio. € Die Vertriebsgesellschaft Nord für CT-Scanner trug als eine von insgesamt vier Vertriebsniederlassungen insgesamt 30% zum Bereichsumsatz bei. Als Verkaufsbudget für den persönlichen Verkauf erhalten die Vertriebsgesellschaften jeweils 20% ihres Bereichsumsatzes zugewiesen. Damit steht der Vertriebsgesellschaft Nord ein Budget von 3 Mio. € zur Verfügung.

Allein sinnvoll ist aber nur die Ziel-Aktivitäten-Methode, bei der aus den explizit formulierten Verkaufszielen die benötigten Etats abgeleitet werden, wobei auch analytische Planungsmodelle einsetzbar sind (vgl. *Maffai,* 1960, S. 94 ff.).

(2) Bei der **Verkaufsbezirksaufteilung** geht es darum, bestimmte regionale Nachfragergebiete einzelnen oder mehreren AD-Mitarbeitern zuzuordnen (vgl. *Albers,* 1989, S. 412 ff.), wobei auch regionale Überschneidungen auftreten und sinnvoll sein können (z. B. wenn Randgebiete mit vielen kleinen bzw. weniger großen Nachfragerorganisationen besetzt sind, so dass ein Mitarbeiter die kleinen, ein anderer die großen Nachfrager in diesem Gebiet bearbeitet). Zunehmend an Bedeutung gewinnen dabei Geographische Informationssysteme (GIS) (vgl. *Fritsch,* 1996, S. 1 ff.), die eine raum- und gebietsbezogene Datenanalyse ermöglichen. So können innerhalb von Sekunden Informationen zu bestimmten Verkaufsbezirken über Einwohnerzahl, Wohnraumdichte, Kaufkraft etc. abgerufen werden.

Vorrangige Zielsetzung der Verkaufsbezirksaufteilung ist es, die Gewinnsituation des Unternehmens, bspw. gemessen am Deckungsbeitrag nach Abzug aller Außendienstkosten, zu verbessern (vgl. *Skiera,* 1997, S. 62).

(3) Die Bestimmung von Verkaufsbezirken ist eng gekoppelt mit der **Zahl der zur Verfügung stehenden AD-Mitarbeiter**. Diese ist jedoch ebenfalls zu planen. Auch für diese Zwecke steht eine Reihe von Planungsverfahren zur Verfügung (vgl. *Albers,* 1989, S. 506 ff.). Ein einfaches, in der Praxis häufig verwendetes Verfahren ist das Potenzialverfahren (vgl. *Goehrmann,* 1984, S. 60 f.). Ausgehend von der Prämisse, dass die Produktivität jedes AD-Mitarbeiters gleich ist, lässt sich die Zahl der AD-Mitarbeiter ermitteln, indem das prognostizierbare Umsatzvolumen durch den erreichbaren Umsatz eines AD-Mitarbeiters dividiert wird (vgl. *Janetzko,* 1977, S. 38 ff.). Die Probleme des Potenzialverfahrens sind evident (vgl. *Goehrmann,* 1984, S. 61):

- Der Umsatz wird als unabhängig vom Einsatz der AD-Mitarbeiter angesehen.
- AD-Mitarbeiter haben i. d. R. nicht die gleiche Produktivität.
- Die Kosten der AD-Mitarbeiter zur Erzielung einer Umsatzeinheit werden unterschiedlich sein, so dass die Deckungsbeiträge variieren.

(4) Auf Basis der Einteilung eines Absatzgebietes in Verkaufsbezirke lassen sich Verkaufsrouten planen (der umgekehrte Weg ist auch denkbar). Für die **Routenplanung** existiert eine Reihe von **mathematischen Modellen**, die unter bestimmten Annahmen Optimalrouten ermitteln (vgl. z. B. *Böcker,* 1981, S. 98 ff., und zur Besuchszeiten-Allokation auch *Albers,* 1989, S. 88 ff.). Neben den in der Literatur diskutierten Optimalmodellen werden in der Praxis allerdings fast ausschließlich **Heuristiken** angewendet (vgl. auch *Albers,* 1989, S. 69 ff.).

(5) Im Rahmen der **Quotenplanung** wird festgelegt, welche Verkaufsquoten die einzelnen Mitarbeiter erreichen müssen. Quotenvorgaben dienen der Verkäufermotivation (vgl. *Albers*, 1989, S. 284) und sind z. B. für Wettbewerbe zwischen Verkäufern und z. T. für die Entlohnung von grundlegender Bedeutung. Da Verkäufer häufig auf die Erreichung (kurzfristiger) Umsatzziele ausgerichtet sind, ist es im Rahmen der Quotenplanung entscheidend, neben **Volumensquoten** auch **aktivitätenbezogene Quoten** vorzugeben. Dies sind z. B. (vgl. *Goehrmann*, 1984, S. 65):

- Anzahl der Besuche bei potenziellen Kunden,
- Anzahl der Bestellungen von Neukunden,
- Anzahl der verschickten Angebote,
- Anzahl der Verkaufsdemonstrationen,
- Anzahl der Kundenkontakte,
- Anzahl der Händler-Meetings,
- Anzahl der Verkaufsförderungsaktivitäten,
- Anzahl der Nachbestellungen von Stammkunden.

Diese Quoten dienen der langfristigen Sicherung der Verkaufsposition im Markt.

(6) Der Verkaufserfolg variiert i. d. R. auch mit der Zahl und Häufigkeit von Besuchen. In der **Besuchsplanung** ist dieses Allokationsproblem Gegenstand der Betrachtung. Die Problematik aller Besuchsplanungskonzepte besteht in der Schätzung des Besuchsreaktionserfolgs. *Abbildung 141* zeigt einige denkbare und diskutierte Reaktionskurven: Kurve 1 ist dadurch gekennzeichnet, dass der Umsatzerfolg linear mit der Besuchshäufigkeit verbunden ist, während im Fall 2 die ersten Besuche besonders umsatzwirksam sind und mit zunehmender Besuchsfrequenz der Umsatzzuwachs gegen einen Grenzwert strebt. Fall 3 dagegen beschreibt eine Reaktionsfunktion, bei der erst eine gewisse Min-

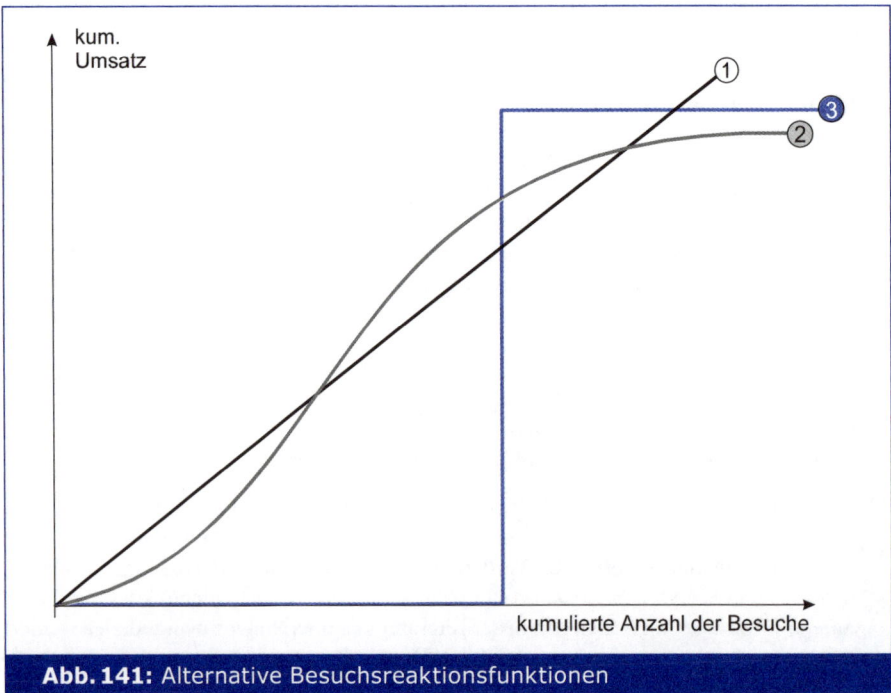

Abb. 141: Alternative Besuchsreaktionsfunktionen

destanzahl von Besuchen notwendig ist, um Umsätze zu erzielen. Alle weiteren Besuche erhöhen den Umsatz aber nicht mehr.

(7) Die **Entlohnung** der AD-Mitarbeiter wird in der Praxis als Instrument zur Steuerung und Motivation angesehen (vgl. *Albers*, 1989, S. 248 ff.). Zentrales Problem ist die Bestimmung des Anteils von fixer **(Grundgehalt)** und variabler Entlohnung (**Prämie** und **Provision**). Dabei sind unterschiedliche Formen von leistungsorientierten Vergütungssystemen denkbar, die sich in der Auszahlungssumme für den AD-Mitarbeiter je nach Grad der Zielerreichung unterscheiden (vgl. im Folgenden *Homburg et al.*, 2006, S. 152 f.). In *Abbildung 142* sind vier dieser Modelle beispielhaft dargestellt, die sich durch unterschiedliche Vor- und Nachteile auszeichnen. Das Modell 1 sorgt bspw. innerhalb der linearen Anstiegszone oberhalb des Grundgehalts für eine exakt leistungsgerechte Vergütung. Andererseits ist dieses Modell aufgrund seiner Rechenintensität aus administrativer Sicht eines Unternehmens wenig praktikabel, wobei diese mangelnde Praktikabilität in Modell 3 durch eine Kombination mit den Stufen des Modells 2 leicht abgeschwächt wird. Der weniger rechenintensiven Administration steht in Modell 2 eine geringere Gerechtigkeit bei der Entlohnung entgegen. Einem hier möglicherweise auftretenden Motivationsmangel kann wie in Modell 4 aufgezeigt durch eine Erhöhung der Stufenanzahl zumindest in Teilen begegnet werden, so dass dieses Modell einen guten Kompromiss darstellt.

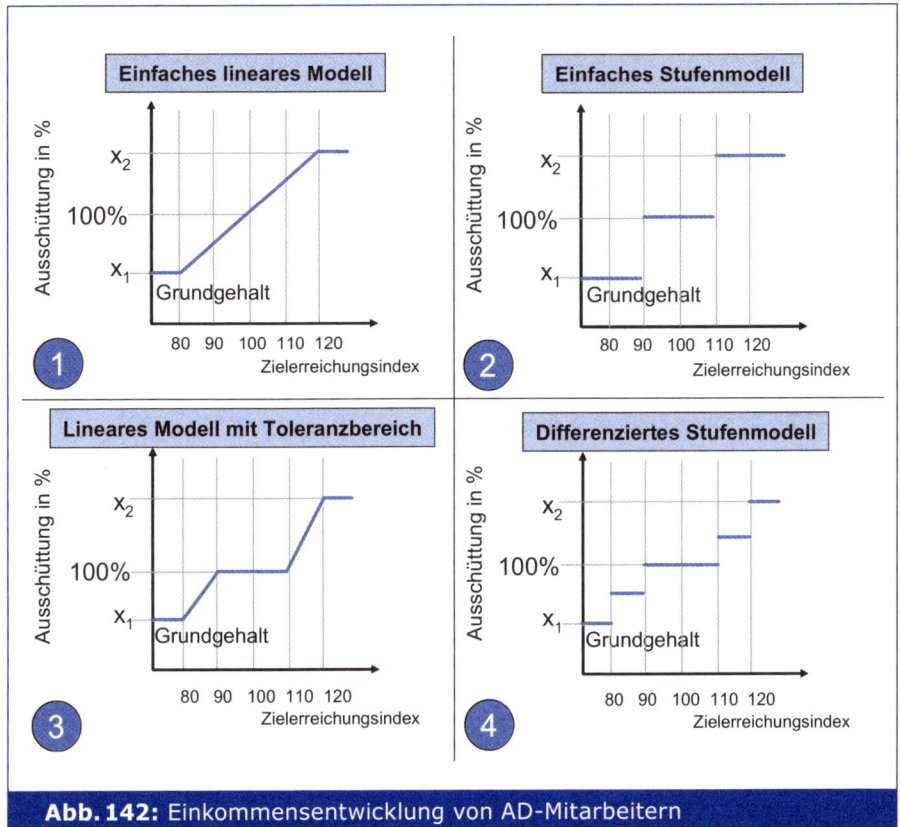

Abb. 142: Einkommensentwicklung von AD-Mitarbeitern

Quelle: *Homburg et al.*, 2006, S. 153.

Für die Bestimmung **optimaler Vergütungspläne** ist in der Literatur eine Reihe von Vorschlägen entwickelt worden (vgl. *Albers*, 1995; *Basu et al.*, 1985; *Coughlan/Sen*, 1989; *Krafft*, 1995). Grundlage dieser Modelle sind „Prinzipal-Agenten"-Überlegungen, die insofern eine Hilfestellung zur Optimierung des Verhältnisses zwischen Festgehalt und Provisionssatz geben, als das Ergebnis der Tätigkeit des AD-Mitarbeiters („Agent") nicht nur direkt von seinem Einsatz wie z. B. Arbeitszeit, sondern darüber hinaus von zusätzlichen, zufällig wirkenden Störgrößen abhängig ist. Von daher kann das Unternehmen („Prinzipal") das Ergebnis nicht direkt vom Einsatz des AD-Mitarbeiters ableiten, sondern muss mit erheblichem Mehraufwand klären, ob der AD-Mitarbeiter überhaupt genügend Einsatz zeigt. Deshalb ist es notwendig, einen Entlohnungsplan zu entwickeln, der u. a. auch vom Ergebnis der Außendiensttätigkeit (z. B. Umsatz) abhängig ist (vgl. *Albers*, 1995; *Fließ*, 2006a, S. 432).

(8) Eine für den persönlichen Verkauf grundlegende Entscheidung liegt in der **Selektion und Schulung** von AD-Mitarbeitern. Während früher gute AD-Mitarbeiter durch generell gültige Persönlichkeitsmerkmale wie Überzeugungskraft, Flexibilität, Durchsetzungsvermögen etc. gekennzeichnet waren, hat sich aufgrund der Interaktionsstudien gezeigt, dass es „den guten Verkäufer" an sich nicht gibt. Erst dann, wenn die vom AD-Mitarbeiter zu bearbeitende Zielgruppe festgelegt ist, lässt sich das entsprechende Anforderungsprofil erstellen. Da der Verkaufsvorgang ein sozialer Interaktionsprozess ist, dessen Ausgang durch alle am Interaktionsprozess Beteiligten festgelegt wird, kommt es darauf an, Verkäufer zu finden, die zu den Partnern auf der Nachfragerseite passen (vgl. die Ausführungen in Teil 2 Kap. A. I.). Diese Persönlichkeitsmerkmale werden auch durch Verkaufstraining nur begrenzt veränderbar sein. Dennoch haben Verkaufstrainings grundsätzlich eine wichtige Bedeutung für die Effizienzverbesserung beim Personal Selling (zu konkreten Beispielen des Verkaufstrainings vgl. *Belz*, 1999, S. 337 ff.).

Neue Perspektiven ergeben sich für den Direktvertrieb über neue Medien wie z. B. das **Internet** (vgl. *Link/Gerth*, 2002, S. 735). Unter dem Schlagwort des **„Electronic Selling"** werden moderne Informations- und Kommunikationstechnologien in praktisch allen verkaufsaktiven und -unterstützenden Bereichen eingesetzt. Zu unterscheiden ist dabei zwischen drei **grundsätzlichen Optionen**, Internet und neue Medien innerhalb des Vertriebs nutzbar zu machen (vgl. *Fritz*, 2004, S. 240 ff.):

- Unterstützung bestehender Vertriebsaktivitäten,
- Entwicklung neuer Vertriebskanäle und
- Erschließung neuer Geschäftsmodelle.

Zur **Unterstützung bestehender Vertriebsaktivitäten** können vor allem **E-Portale** eingesetzt werden. Diese stellen internetbasierte Kommunikationsplattformen dar, die Nutzer interaktiv verwenden können und die ihn daher individuell informieren. Der Schwerpunkt von Portalen liegt im Bereich des Contents bzw. von Informationen, die der Kunde für seine Beschaffungsentscheidung benötigt. Häufig werden E-Portale in Form von Unternehmens- oder Produktwebseiten gestaltet (vgl. *Specht/Fritz*, 2005, S. 197). *Abbildung 143* zeigt ein Beispiel aus dem Nutzfahrzeug-Bereich. Für den Vertrieb stellen E-Portale insofern eine Vertriebsunterstützung dar, da der Kunde in Ergänzung zur persönlichen Informationen auf die Portal-Angebote aufmerksam gemacht werden kann, so dass sich die Effizienz des Vertriebsprozesses für Anbieter und Nachfrager hierdurch vergrößern lässt.

Andere Internet-Lösungen zielen eher auf die **Entwicklung neuer Vertriebskanäle** ab. Über **E-Shops** können sich Kunden nicht nur über Produkte informieren, sondern sie kön-

B. Marketing im Produktgeschäft

Abb. 143: Beispiel für ein produktbezogenes E-Portal für Nutzfahrzeuge

Quelle: *Volkswagen*, 2009.

nen diese Produkte zugleich auch bestellen. *Specht/Fritz* (2005) weisen darauf hin, dass E-Shops z. B. im Ersatzteilgeschäft üblich sind. *Abbildung 144* zeigt hierzu ein Beispiel aus dem Maschinenbau-Sektor. Gerade das **Ersatzteilgeschäft** ist hierfür geeignet, da hier zum ersten bereits eine Kundenbeziehung besteht, zum zweiten ein routinisierter Beschaffungsprozess vorliegt und schließlich zum dritten kein besonders hoher Beschaffungswert vorhanden ist.

Abb. 144: E-Shop-Beispiel im Ersatzteilgeschäft

Quelle: *Gildemeister*, 2009.

Vor dem Hintergrund der Heterogenität der im Produktgeschäft vermarktbaren Leistungen ist jedoch festzuhalten, dass nicht alle Leistungen in gleichem Maße für einen internetbasierten Direktvertrieb geeignet sind. Während sich bspw. Büromaterialien, die sich durch einen relativ **niedrigen Beschaffungswert**, eine **geringe Komplexität** sowie eine **hohe Transaktionshäufigkeit** auszeichnen, vergleichsweise gut über das Internet vertreiben lassen, weisen Leistungen mit hohem Beschaffungswert, hoher strategischer Bedeutung, ausgeprägtem Erklärungsbedarf und nur geringer Transaktionshäufigkeit eine tendenziell schlechtere Eignung für einen Direktvertrieb über das Internet auf (vgl. *Forzi et al.*, 2002, S. 32 f.; *Hinderer/Kirchhof*, 2002, S. 16).

Beim **Aufbau von E-Shops** ist zudem darauf zu achten, dass diese in die bestehenden Vertriebskonzeption eingebunden werden. Vor allem ist zu vermeiden, dass die E-Shops in direkter Konkurrenz zu bereits vorhandenen Vertriebskanälen aufgebaut werden (vgl. *Winkelmann*, 2008, S. 519). Denn hierdurch werden Implementierungswiderstände in der vorhandenen Vertriebsorganisation erzeugt.

Schließlich können neue Medien wie das Internet auch zur **Erschließung neuer Geschäftsmodelle** genutzt werden. Insbesondere das Betreiben **virtueller Marktplätze** (vgl. das Beispiel aus der Automobil- und Fertigungsindustrie in *Abbildung 145*) können Anbieter ihr Geschäftsmodell verändern, da sie nun auch am Verkaufserfolg anderer Anbieter partizipieren. Von einem virtuellen Marktplatz wird dann gesprochen, wenn sich Anbieter und Nachfrager auf einer Internet-Plattform zusammenfinden, um Transaktionen untereinander abzuwickeln. Die Vermarktung von Leistungen über sog. **elektronische Marktplätze**, auf denen Produkte bzw. Dienstleistungen unterschiedlicher Hersteller angeboten werden, spielen im Business-to-Business-Bereich mittlerweile eine wichtige Rolle und werden zukünftig noch an Bedeutung gewinnen (vgl. *Wirtz*, 2007).

Die Notwendigkeit der Nutzung neuer Medien und insbesondere elektronischer Marktplätze zum Vertrieb der eigenen Leistungen ergibt sich häufig aus dem **veränderten Beschaffungsverhalten der Kunden**. Die zunehmende Etablierung und Nutzung von Einkaufsplattformen ist Ausdruck einer Verlagerung der Beschaffungsaktivitäten auf das Internet (E-Procurement). Insbesondere Unternehmen mit ausgeprägter Marktmacht sind dabei in der Lage, Lieferanten die Nutzung bestimmter Absatzkanäle geradezu aufzuzwingen (vgl. *Picot et al.*, 2001, S. 19 f.). Anbieter, die sich den Beschaffungsbedürfnissen der Kunden nicht anpassen, laufen somit Gefahr Absatzpotenziale nicht optimal auszuschöpfen.

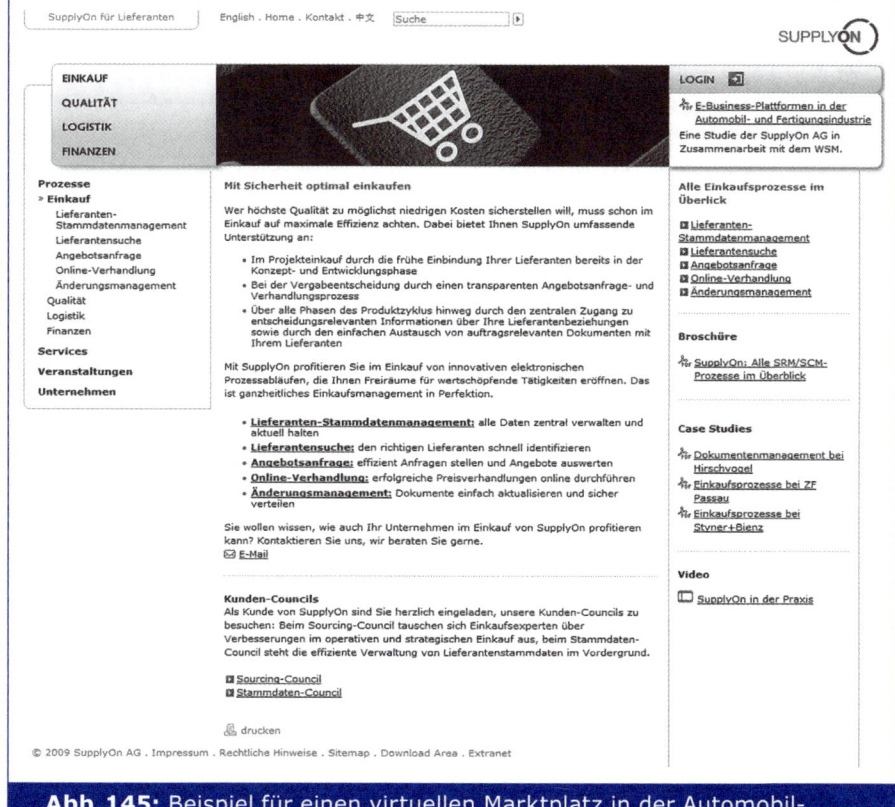

Abb. 145: Beispiel für einen virtuellen Marktplatz in der Automobil- und Fertigungsindustrie

Quelle: *Supplyon*, 2009.

Indirekter Vertrieb

Von der Aufgabenstellung her eng verwandt mit den Reisenden sind die Aufgaben des **Handelsvertreters**. Er ist ein rechtlich selbstständiger Gewerbetreibender, der permanent für mindestens ein anderes Unternehmen Geschäfte vermittelt oder abschließt. Der Mehrfirmen-Vertreter unterscheidet sich neben der rechtlichen Selbstständigkeit vom Reisenden dadurch, dass er gleichzeitig Absatzorgan für mehrere Anbieter ist. Gerade dann, wenn die von einem Vertreter repräsentierten Firmen komplementäre Produkte anbieten, kann der Mehrfirmen-Vertreter erhebliche Synergiepotenziale bieten (z. B. „alles für den Baubedarf": Baumaschinen, Betriebsstoffe, Baumaterialien etc.).

Häufig übernehmen Handelsvertreter auch Lagerhaltungsfunktionen, die die Lieferzeit verbessern können. Wie dem Reisenden kann auch dem Handelsvertreter ein bestimmtes Gebiet zugeteilt werden. Seine Vergütung besteht i. d. R. aus einer Provision, die von verschiedenen Faktoren abhängig sein kann (Umsatz, verkaufte Menge, erzielter Deckungsbeitrag), und evtl. aus einem Fixum.

Entgegen der vielfach in der Literatur geäußerten Meinung verstehen sich viele Handelsvertreter heute nicht mehr „als bloße Auftragssammler", sondern als Berater und damit als gleichwertige und ebenbürtige Partner sowohl ihrer Kunden als auch der von ihnen vertretenen Unternehmungen. Ihre spezifische Funktion besteht mehr denn je darin, dass sie die Probleme beider Seiten verstehen und lösen helfen, um das notwendige Vertrauensverhältnis zwischen Lieferanten und Abnehmern herauszustellen und zu pflegen (vgl. *Hildenbrand*, 1983).

Neben dem Vertrieb über Handelsvertreter spielt der **Handel** eine zentrale Rolle bei der Vermarktung von Leistungen im Produktgeschäft (vgl. z. B. *Keller*, 1975). Im Gegensatz zum Konsumgüter-Handel werden die Institutionen des Industriegüter-Handels auch als **Produktionsverbindungshandel** (PVH) bezeichnet (vgl. *Kleinaltenkamp*, 2006, S. 335 ff.). „Alle Unternehmen, die schwerpunktmäßig Güter beschaffen, um sie unverändert bzw. nach sog. handelsüblichen Manipulationen an Organisationen weiterzuveräußern, die damit ihrerseits Güter für die Fremdbedarfsdeckung erstellen oder die sie selbst wiederum unverändert bzw. nach „handelsüblichen Manipulationen" an solche Organisationen verkaufen, werden als Produktionsverbindungshändler bezeichnet. Dies gilt unabhängig davon, ob die genannten Aufgaben im Rahmen eines direkten oder indirekten Distributionssystems wahrgenommen werden" (vgl. *Kleinaltenkamp*, 1988, S. 38).

Auch im Industriegüterbereich haben sich besondere **Typen des Handels** herausgebildet. Nach der Art der verkauften Leistungen unterscheidet *Erdmann* zwischen Elektrogroßhandel, Flachglasgroßhandel, Holzhandel, Stahlhandel, Schraubengroßhandel, Werkzeugmaschinengroßhandel, Werkzeuggroßhandel und Technischem Handel (vgl. *Erdmann*, 1993, S. 161 ff.). *Kleinaltenkamp/Schmäh* haben in einer empirischen Studie am Beispiel des **Technischen Handels** eine Besonderheit des Produktionsverbindungshandels im Vergleich zu Handelsbetrieben im Konsumgüterbereich herausgearbeitet. Der Technische Handel ist bei weitem nicht mehr ausschließlich auf die Mittlerrolle zwischen Hersteller und Kunde limitiert (vgl. dazu auch *Schmäh*, 1999 sowie *o. V.*, 1991a, S. 20). 51 % der in der Studie befragten Handelsunternehmen besitzen zusätzlich zum Handelsbetrieb einen eigenen Herstellungsbetrieb (vgl. *Kleinaltenkamp/Schmäh*, 1995, S. 7). Ein Grund für diese Entwicklung ist darin zu sehen, dass die Preis- und Gewinnsituation bei durch den Händler bearbeiteten Waren signifikant höher liegt als bei unbearbeiteten Waren (*Kleinaltenkamp/ Schmäh*, 1995, S. 212). Im Hinblick auf das Betätigungsspektrum von Produktionsverbindungshändlern lassen sich für unsere Zwecke **vier Typen** unterscheiden (vgl. zum folgenden *Kleinaltenkamp*, 1988, S. 39 ff.):

Vom **produktorientierten Produktionsverbindungshandel** sprechen wir, wenn sich eine Handelsinstitution speziell auf die Vermarktung eines abgegrenzten Kreises von Produkten beschränkt. Typisches Beispiel sind Baumaschinenhändler, die sich ausschließlich auf den Handel mit neuen oder gebrauchten Baumaschinen beschränken. Ein solches Beispiel ist die Firma Robert Aebi AG in der Schweiz.

Beim **herstellerorientierten Produktionsverbindungshandel** handelt es sich häufig um rechtlich ausgegliederte Absatzorgane von Herstellern, also Werksverkaufsgesellschaften, an denen der Hersteller seine ehemals bestehende Beteiligung jedoch zum überwiegenden Teil oder ganz aufgegeben hat (z. B. die ThyssenKrupp Schulte GmbH). In manchen Fällen handelt es sich allerdings auch um ursprünglich selbstständig gegründete Handelshäuser, die sich dann eng an eine Herstellerorganisation angelehnt haben, ohne dass jedoch eine mehrheitliche Beteiligung durch den Hersteller erfolgt ist. Beim herstellerorientierten Produktionsverbindungshandel bestehen häufig vertragliche Bindungen zwischen Herstellern und Händlern, die im Zeitablauf in ein Vertragshandelssystem münden können.

Vertragshandelssysteme sind dadurch gekennzeichnet, dass die Vertragshändler ihre Absatzpolitik und -risiken den Interessen des Herstellers unterwerfen und ihre Handelsgeschäfte auf den Vertrieb der Vertragswaren ausrichten. Der Vertragshändler bekundet durch sein Auftreten am Markt seine Zugehörigkeit zum Vertriebssystem des Herstellers. Ein typisches Beispiel für ein solches herstellerorientiertes Produktionsverbindungshandels-Vertragssystem findet sich beim Absatz von LKWs und schweren Land- und Baumaschinen. Zum Beispiel hat lange Zeit der Bau- und Landmaschinenhersteller Massey Fergusson seine Produkte in der Bundesrepublik ausschließlich über solche herstellerorientierte Vertragshändler vertrieben.

Der **verwendungsorientierte Produktionsverbindungshandel** richtet sein Sortiment auf die Befriedigung von Bedürfnissen bestimmter Verwendergruppen (häufig Branchen) aus (z. B. Baustoff- oder Landmaschinenhandel), zu denen er eine intensive problembezogene Geschäftsbeziehung aufbaut. In dieser Bindung liegt aber gleichzeitig auch die Problematik: Verwenderorientierte PVHs sind eng an den Absatzerfolg ihrer Kunden gekoppelt. Unterliegt dieser – wie im Baumaschinensektor – starken saisonalen oder konjunkturellen Schwankungen, so wirkt sich dies akzelerativ auf den Absatz des Produktionsverbindungshandels aus (vgl. *Kleinaltenkamp*, 1988, S. 41).

2.1.1.2 Multichannel-Management

Aufgrund unterschiedlicher Anforderungen der Kunden erscheint es aus Anbietersicht häufig sinnvoll, sich bei der Distribution nicht auf einen Absatzkanal zu beschränken, sondern mehrere Kanäle parallel für den Absatz der Produkte zu nutzen. Auch die fortschreitende Entwicklung der Informations- und Kommunikationstechnologien sowie die damit einhergehende zunehmende Bedeutung des Internets als Distributionskanal haben dazu geführt, dass immer mehr Unternehmen eine sog. **Multikanal-Strategie** verfolgen und somit mehrere Absatzkanäle zeitgleich zur Distribution ihrer Produkte nutzen (vgl. *Ahlert/Hesse*, 2003, S. 25 f.). Mit der Verfolgung einer solchen Strategie sind u. a. folgende **Chancen** verbunden (vgl. *Schögel*, 2001, S. 13 f.):

- Erhöhung der **Marktabdeckung**:
  Bei Nutzung nur eines Absatzkanals lassen sich bestimmte Marktsegmente u. U. nicht erreichen. Eine Ausweitung der Distributionswege ermöglicht somit eine bessere Ausschöpfung des Marktpotenzials.

- Kundengerechtere **Gestaltung der Absatzkanäle**:
  Durch die Nutzung mehrerer Absatzkanäle kann den unterschiedlichen Bedürfnissen der Kunden besser entsprochen und der Kundennutzen gesteigert werden.
- Absatzkanalübergreifende Erhebung und Nutzung von **Kundeninformationen** (vgl. *Ahlert/Hesse*, 2003, S. 41 f.):
  Die in den verschiedenen Absatzkanälen gesammelten Kundeninformationen lassen sich kanalübergreifend zusammenführen. Aufbauend auf diesen Daten über das Kaufverhalten des Kunden lassen sich neue kundengerechte (Absatz-)Konzepte entwickeln.
- Steigerung der **Wirtschaftlichkeit** der Distribution:
  Werden kostenintensive durch kostengünstigere Absatzkanäle ergänzt, lassen sich Kostensenkungspotenziale realisieren, so dass die Wirtschaftlichkeit der Distribution gesteigert werden kann.
- Schaffung eines **Risikoausgleichs**:
  Im Falle einer Ausweitung der Absatzkanäle lassen sich Abhängigkeiten von einzelnen Kundengruppen oder Absatzmittlern vermeiden. Insbesondere aufgrund der Machtkonzentration im Handel kommt diesem Aspekt eine zentrale Bedeutung zu.

Diesen Chancen stehen jedoch folgende **Risiken** gegenüber:

- **Verwirrung der Kunden**:
  Wird dem Kunden das gleiche Produkt über verschiedene Absatzkanäle angeboten, kann es zu einer Verwirrung und Überforderung der Kunden kommen, da diese u. U. nicht mehr in der Lage sind, die Vorteilhaftigkeit der unterschiedlichen Distributionswege eindeutig zu beurteilen. Auch eine uneinheitliche Markierung bzw. Sortimentsstruktur und -zusammensetzung können zu einer Verunsicherung der Kunden führen (vgl. *Ahlert/Hesse*, 2003, S. 45). Schließlich kann es auch zu Irritationen bei Kunden kommen, wenn das ansonsten identische Produkt in verschiedenen Absatzkanälen zu unterschiedlichen Preisen angeboten wird. Nicht zuletzt aus diesem Grunde kommt der Steuerung des Pricings eine zentrale Bedeutung im Multichannel-Management zu (vgl. *Voeth/Sandulescu*, 2006).
- **Konflikte** zwischen den Absatzkanälen:
  Da die verschiedenen Absatzkanäle miteinander in Konkurrenz stehen, können sich bestehende Absatzmittler bzw. der eigene Außendienst durch die Einführung neuer Distributionswege bedroht fühlen, so dass es zu kontraproduktiven Konflikten kommen kann. Dies ist insbesondere dann der Fall, wenn die verschiedenen Absatzkanäle eigenverantwortlich im Sinne eines Profit Centers geführt werden (vgl. *Schneider*, 2002, S. 39).
- **Kontrollverlust** in der Distribution:
  Mit zunehmender Anzahl von Absatzkanälen steigt die Komplexität des Distributionssystems. Insbesondere bei nur beschränkter Kontrolle der Kanäle besteht die Gefahr eines Kontrollverlustes des Anbieters.
- **Suboptimale Erfüllung der Distributionsaufgaben**:
  Da mit unterschiedlichen Absatzkanälen divergierende Anforderungen an den Anbieter verbunden sind, besteht das Risiko, dass der Anbieter mit zunehmender Anzahl von Absatzkanälen nicht mehr in der Lage ist, den jeweiligen Anforderungen in optimaler Weise gerecht zu werden und stattdessen nach allgemeingültigen, suboptimalen Lösungen für alle Kanäle sucht.
- Hohe **Setup-Kosten** (vgl. *Wirtz*, 2002, S. 53):
  Mit dem Aufbau eines neuen Absatzkanals sind u. U. hohe Implementierungskosten verbunden. Aufgrund häufig unsicherer Zusatzerlöse und Kostensenkungspotenziale kann dies ein erhebliches Wirtschaftlichkeitsrisiko bedeuten.

Es wird deutlich, dass mit einem unbedachten Aufbau mehrerer Absatzkanäle erhebliche Risiken verbunden sind (vgl. *Homburg et al.*, 2002, S. 38). Vor diesem Hintergrund bedarf es bei Verfolgung einer Multikanal-Strategie eines **aktiven Multi Channel Managements**, verstanden als „integrierte und koordinierte Entwicklung, Gestaltung und Steuerung von Produkt- und Informationsflüssen über multiple Vertriebskanäle zur Optimierung des Vertriebsmanagements" (*Wirtz*, 2002, S. 48).

2.1.2 Die logistische Dimension

Neben der Entscheidung über das Absatzkanal-System kommt dem **Lieferservice** eine zunehmende Bedeutung für die Schaffung von KKVs zu. Bei intensivem Wettbewerb und einer Nivellierung der technischen Leistungsangebote spielt für den Kunden neben dem Preis der Lieferservice in vielen Bereichen als Entscheidungskriterium eine wichtige Rolle. In diesem Zusammenhang ist insbesondere von Bedeutung, inwieweit es dem anbietenden Unternehmen gelingt, die Logistik flexibel den spezifischen Beschaffungsanforderungen seiner Kunden anzupassen und integrativer Bestandteil der **„Supply-Chain"** des Kunden zu werden. Somit eröffnet die Marketing-Logistik vielfältige Möglichkeiten, beim Kunden Präferenzen zu schaffen und sich von den Konkurrenten zu differenzieren.

Der **Lieferservicegrad** wird bestimmt durch verschiedene Servicekomponenten (vgl. *Kotler*, 2000, S. 588 ff. und *Pfohl*, 2000, S. 35 ff.). Häufig stehen für den Kunden neben der Lieferzeit (die Zeit, die vom Eingang des Kundenauftrags bis zur Auslieferung vergeht) die Liefertreue bzw. -zuverlässigkeit (die Einhaltung der vereinbarten Lieferzeit) sowie die Liefergenauigkeit (die Lieferung der Produkte in der gewünschten Art und Menge) im Vordergrund.

Kennzeichnend für das heutige Verständnis der **Marketing-Logistik** ist das Denken in In- und Outputgrößen eines Logistiksystems (vgl. *Abbildung 146*). So ergibt sich der gewünschte Lieferservice als Output aus dem gesamten Logistiksystem und beinhaltet, dass die richtigen Produkte (nach Art und Menge) im richtigen Zustand zur richtigen Zeit am richtigen Ort zur Verfügung stehen. Der Input besteht aus den verschiedenen logistischen

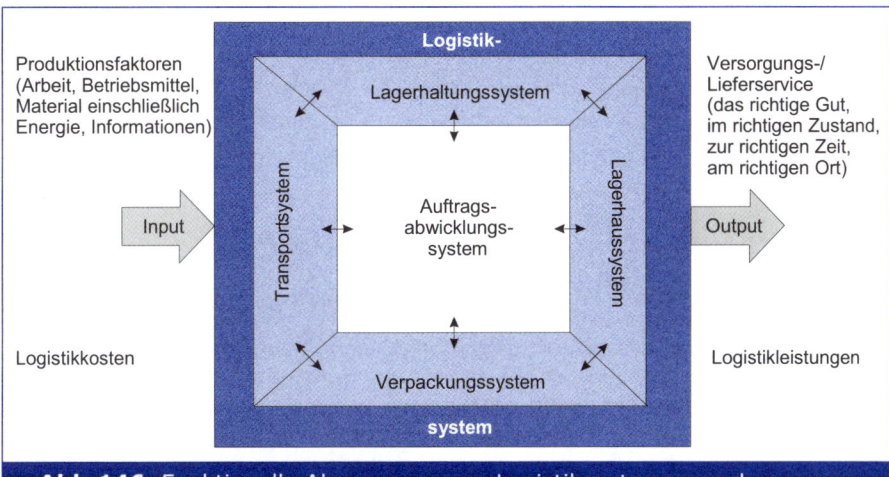

Abb. 146: Funktionelle Abgrenzung von Logistiksystemen nach den Inhalten von Logistikaufgaben

Quelle: *Pfohl*, 2000, S. 20.

Einzelfunktionen, die gleichzeitig Logistikkosten verursachen (vgl. *Pfohl*, 2000, S. 12). *Abbildung 147* zeigt die unterschiedlichen Aufgabenbereiche der sog. funktionellen Logistiksubsysteme im Überblick.

Das **Logistiksystem** umfasst alle Prozesse der Raum- und Zeitüberbrückung mit Hilfe von Aktivitäten wie Transportieren, Umschlagen und Lagern sowie die damit verbundenen Aktivitäten wie Verpacken und Auftragsabwicklung.

Auftragsabwicklung
- Form der Auftragsabwicklung
- Form der Auftragsbearbeitung
- Analyse des Auftrags als Informationsquelle
- Weiterleitung der Auftragsinformation

Lagerhaltung
- Anzahl der zu lagernden Artikel (selektive Lagerhaltung, ABC-Prinzip)
- Bestellmenge und Bestellpunkt zur Wiederauffüllung der Lagerbestände
- Sicherheitsbestand
- Lagerbestandkontrolle
- kurzfristige Bedarfsprognose

Lagerhaus
- Kauf oder Miete von Lagerhaus und -ausrüstung
- Anzahl, Standorte, Kapazitäten und Liefergebiete der Lagerhäuser
- Eigen- und Fremdbetrieb der Lagerhäuser
- technische Einrichtung für Magazinierung und Kommissionierung im Lagerhaus
- Lagerorte im Lagerhaus
- Lagermethode (Gestaltung des Stapelplatzes)
- Gestaltung der Laderampe
- Abfertigung der Transportmittel
- Organisation der Kommissionierung
- produktiver Einsatz des Lagerhauspersonals

Transport
- Art der Transportmittel
- Eigen- oder Fremdbetrieb der Transportmittel
- Kauf oder Miete der Transportmittel
- Kombination der Transportmittel
- Organisation der Transportabwicklung (optimale Transportwege, Einsatzpläne, Beladung der Transportmittel usw.)

Verpackung
- Erfüllung der logistischen Funktionen der Verpackung (Schutz-, Lager-, Transport-, Manipulations- und Informationsfunktion)
- Bildung logistischer Einheiten (Lager-, Lade-, Transporteinheiten usw.) als Voraussetzung für rationelle Transportketten

Abb. 147: Funktionale Subsysteme der Logistik

Quelle: *Pfohl*, 2000, S. 10.

Im Wettbewerb ist die Unternehmung gezwungen, das Verhältnis von In- und Outputgrößen möglichst effizient zu gestalten, d. h. sie kann versuchen, das gleiche Serviceniveau wie die Konkurrenz zu niedrigeren Logistikkosten zu erreichen, oder sie kann bei gleich hohen Logistikkosten ein höheres Serviceniveau anstreben. Im besten Falle kann sie sowohl das Serviceniveau steigern als auch die Logistikkosten senken.

Die in der **Praxis** bestehenden Logistiksysteme sind oft dadurch gekennzeichnet, dass sie die verschiedenen Logistikfunktionen getrennt betrachten und lediglich suboptimale **Insellösungen** innerhalb der Einzelfunktionen realisieren. So entsteht bspw. das Problem, dass eine Transportkostensenkung durch die Wahl eines billigeren Transportsystems per Schiff und/oder Bahn in anderen Bereichen (z. B. Verpackung und Lagerhaltung) zu Kostensteigerungen führen kann. Hingegen kann ein schneller und sicherer Transport per Luftfracht isoliert betrachtet zu teuer erscheinen. Wenn aber dadurch die Verpackungs- und Lagerkosten sinken, dann kann diese Lösung insgesamt zu niedrigeren Logistikkosten führen (vgl. *Pfohl*, 2000, S. 31 f.).

Wie eine effiziente Ersatzteillogistik für Bau- und Landmaschinen aufgebaut sein kann, zeigt das Beispiel der internationalen Gruppe Case Poclain (vgl. *Esser*, 1987, S. 30).

> Bei Bau- und Landmaschinen hängt die Beurteilung der Leistungsfähigkeit einer Maschine aus Kundensicht nicht nur von der technischen Qualität der Maschine selber ab, sondern vor allem von dem dahinter stehenden Servicekonzept während der gesamten Nutzungsdauer der Maschine. Kein Kunde kann sich heute Maschinenausfallzeiten wegen fehlender Ersatzteile erlauben.
>
> Durch ein modernes Informations- und Lagersystem stellt Case Poclain sicher, dass innerhalb von 24 Stunden alle Ersatzteile für Baumaschinen in der gesamten Bundesrepublik verfügbar sind, auch wenn sie aus den USA beschafft werden müssen.
>
> Um diesen Service garantieren zu können, wurde in Heidelberg ein modernes, zentrales Ersatzteillager aufgebaut. Von hier werden 480 deutsche Händler, 80 Exporthändler, 12 Niederlassungen und mehrere Schwestergesellschaften mit Ersatzteilen versorgt. Eilaufträge werden noch am selben Tag versandt. Dahinter stehen die Entscheidung für ein mehrstufiges Distributionssystem (Hersteller-Händler) und die Konzentration auf wenige Zentralläger, in denen die Teile bevorratet werden.
>
> Ein weltweites Kommunikationssystem ermöglicht eine schnelle Reaktionszeit und Auftragsabwicklung. Das Zentrallager in Heidelberg ist über Satellit mit dem Konzern-Großrechner in den USA verbunden. Hier werden mehr als 1,5 Mio. Lagerpositionen von den zwanzig größten Case Poclain-Lägern in den USA, England, Frankreich, Australien und Deutschland verwaltet. Auf diese Weise sind die Ersatzteilbestände weltweit sofort abrufbar und die Bestellung kann sofort platziert werden. Der Transport erfolgt je nach Dringlichkeit per LKW oder Luftfracht. Damit kann die kaum noch überschaubare Anzahl der Ersatzteilpositionen, die durch Variantenvielfalt und kurze Produktlebenszyklen ständig erhöht wird, auf effiziente Weise bewältigt werden. Um der Ausweitung der Bestände entgegenzuwirken, werden nur für die gängigsten Teile entsprechende Lagerbestände auch in den Regionallägern aufgebaut, um ständige Lieferbereitschaft sicherzustellen. Für die vielen nicht gängigen Teile werden nur geringe Lagerbestände in einigen wenigen Zentrallägern gehalten und man versucht, im Notfall durch Eilbestellungen und -transporte die Ersatzteilversorgung der Kunden zu garantieren.

2.2 Kommunikationspolitik

Neben der Festlegung von Produkt und Preis sowie dem Aufbau eines geeigneten Distributionssystems ist es für den Vermarktungsprozess von ausschlaggebender Bedeutung, die vorhandenen **Leistungspotenziale** auch im **Wahrnehmungsraum der Nachfrager**

zu verankern. Das ist die Aufgabe der Kommunikationspolitik. Hierunter werden alle Maßnahmen gefasst, die darauf gerichtet sind, „die aus Sicht des Unternehmens relevanten Bezugsgruppen zielgerichtet [...] zu informieren. Dabei soll vor allem den tatsächlichen und potenziellen Abnehmern ein den Intentionen des Unternehmens förderliches Bild von dessen Angebot oder von ihm als Ganzem vermittelt werden." (*Nieschlag et al.*, 2002, S. 986).

Auch wenn das Thema „Kommunikationspolitik" klassischerweise insbesondere im Zusammenhang mit Konsumgüter- und Dienstleistungsmärkten diskutiert wird und auf Industriegütermärkten allgemein noch keinen vergleichbaren Stellenwert einnimmt, lässt sich eine **steigende Bedeutung** der Kommunikationspolitik **auf Industriegütermärkten** und hier speziell im Produktgeschäft beobachten (vgl. *Bruhn*, 2004, S. 700). Ursächlich hierfür ist u. a. die bereits angeführte zunehmende Tendenz zur Commoditisierung in diesem Geschäftstyp. Diese zwingt die Anbieter im Markt dazu, vermehrt Überzeugungsarbeit für ihre Produkte leisten zu müssen, da die Leistungen der Konkurrenten von Nachfragern zunehmend als austauschbar eingestuft werden. Auch bei der Gestaltung der Kommunikationspolitik sind allerdings die Besonderheiten industrieller Transaktions- und Interaktionsbeziehung zu berücksichtigen. Viele Industriegüterhersteller haben so in der Vergangenheit versucht, kommunikationspolitische Erfahrungen, Instrumente und Gestaltungsformen, die sich auf B-to-C-Märkten bewährt haben, ohne weitergehende Anpassung auf ihre Industriegütermärkte zu übertragen (vgl. *Voeth/Herbst*, 2008a). Häufig waren unbefriedigende Ergebnisse kommunikationspolitischer Aktivitäten die Folge.

Werden die im Kapitel B von Teil I diskutierten Besonderheiten industrieller Vermarktung wie z. B. Nachfragederivativität, Multipersonalität der Kaufentscheidung oder Interaktivität des Vermarktungsprozesses innerhalb der Kommunikationspolitik im Produktgeschäft berücksichtigt, dann ergeben sich Besonderheiten in den Bereichen

- Zielgruppe und
- Auswahl und Gestaltung der Instrumente

der Kommunikationspolitik (vgl. *Voeth/Tobies*, 2009).

2.2.1 Zielgruppe der Kommunikationspolitik

Die Auswahl der relevanten Zielgruppe stellt den Einstieg in die Planung der Kommunikationsaktivitäten dar. Die Tatsache, dass sich Marketing-Entscheider im Produktgeschäft einer abgeleiteten Nachfrage gegenübersehen, ist im Hinblick auf die Wahl der Zielgruppe eine spezielle Herausforderung. Zielgruppen der Kommunikationspolitik von Anbietern können direkte Abnehmer auf der unmittelbar nächsten Absatzstufe oder aber (zusätzlich) Abnehmer auf nachfolgenden Absatzstufen sein. Die Ansprache von Nachfragern auf nachgelagerten Absatzstufen wird in der Literatur unter dem Begriff des **„mehrstufigen Marketings"** diskutiert (vgl. *Backhaus/Voeth*, 2005, S. 516). Ziel einer mehrstufigen Marktbearbeitung ist die Schaffung von Präferenzen auf diesen nachgelagerten Absatzstufen, um damit neben der Push-Strategie, die sich ausschließlich auf die direkt nachfolgende Absatzstufe bezieht, einen Pull-Effekt auf der Ebene der unmittelbaren Kunden zu erzeugen. Dieser soll einen Nachfragesog auslösen, der den Absatz an die direkten Abnehmer der Leistung erhöht und den Anbieter auf der vorgelagerten Wertschöpfungsstufe damit unabhängiger vom Verhalten der direkten Nachfrager macht. Die bekannteste Form der Umsetzung des mehrstufigen Marketings ist im Ingredient Branding zu sehen, bei dem das Endprodukt bspw. mit der Markierung des Vorlieferanten gekennzeichnet wird (vgl. *Langner*, 2003). Darüber hinaus können allerdings auch weitere Kommunikationsinstrumente innerhalb des mehrstufigen Marketings eingesetzt werden. Viele Anbieter im Produktgeschäft versuchen so etwa durch Printanzeigen in entsprechenden Zeitschriften und Magazinen, das Bewusstsein der Nachfrager ihrer Nachfrager bzgl. ihrer Produkte zu verbessern. *Abbildung 148* veranschaulicht, wie das Unternehmen BASF versucht hat, das Image eines Chemieherstellers in den Augen der Endkunden mittels Printanzeigen zu verändern.

Abb. 148: Beispiel für Printwerbung als Maßnahme des mehrstufigen Marketings

Quelle: *BASF*, 2009.

Ebenfalls eine hohe Bedeutung für die Bestimmung der Zielgruppe hat die Tatsache, dass das Buying Center eines Kundenunternehmens durch Multipersonalität gekennzeichnet ist. Demnach sehen sich Anbieter auf Industriegütermärkten auch bei alleiniger Ansprache der direkt nachfolgenden Wertschöpfungsstufe mehreren Personen als Zielgruppe gegenüber. In einem ersten Schritt sollten die bestehenden **Buying Center** daher hinsichtlich Umfang, Struktur und beteiligter Personen analysiert werden. Die im Buying Center befindlichen Personen unterscheiden sich dabei zumeist hinsichtlich ihrer persönlichen Motive und Einstellungen, ihres Vorwissens, ihres Involvements etc. Darüber hinaus ist für die Ansprache auch entscheidend, welche Rollen die Personen im Buying Center einnehmen. In jedem Fall muss es das Ziel sein, die einzelnen Rollen, die in einem Buying Center bestehen, systematisch zu adressieren. Eine simultane Ansprache aller Personen eines Buying Centers ist daher oftmals nur schwer möglich und bedarf in jedem Fall einer besonderen Ausgestaltung der Kommunikationsinstrumente. Je nach Zusammensetzung des Buying Centers ist demnach die Art der Ansprache zu variieren.

2.2.2 Kommunikationspolitische Instrumente

Auch bei der Auswahl und Gestaltung von Kommunikationsinstrumenten sind die Besonderheiten industrieller Transaktionen im Allgemeinen und die des Produktgeschäfts im Speziellen zu berücksichtigen. Eine besondere Bedeutung kommt im industriellen Produktgeschäft

- Werbung,
- Verkaufsförderung,
- Öffentlichkeitsarbeit/Sponsoring,
- Messen/Ausstellungen und
- Direkt Marketing

zu.

2.2.2.1 Werbung

Werbung, verstanden als „bewusster Versuch, Marktpartner mit Hilfe eines spezifischen Mix an Mitteln zu einem bestimmten, unternehmenspolitischen Zielen dienenden Verhalten zu veranlassen." (*Nieschlag et al.*, 2002, S. 989), hat bei der Vermarktung im Produktgeschäft spezielle **Aufgaben** zu erfüllen (vgl. *Haas*, 1992, S. 544 ff.):

- Schaffen eines **positiven Klimas** für das persönliche Verkaufsgespräch,
- **Stimulierung der Nachfrage** auf Folgestufen der Absatzprozesse,
- **Ansprache von Personen**, die zwar den Kauf beeinflussen, aber durch den persönlichen Verkauf nicht erreicht werden können,
- **Erreichen von unbekannten Kaufbeeinflussern** und
- **Initiierung von Anfragen**.

In einer Anzeige, die als „Klassiker der Anzeigenwerbung im Industriegüterbereich" bezeichnet werden kann, werden diese besonderen Zwecke der Industriegüter-Werbung, die i. d. R. nicht direkt als Kaufauslöser fungieren, aber zum Kauf hinführen, sehr plastisch dokumentiert (vgl. *Abbildung 149*, *Backhaus*, 1983, S. 44).

Um **Werbeentscheidungen** fundiert treffen zu können, ist es notwendig,

- operationale, kommunikationsspezifische **Ziele** zu **definieren**, an denen die Werbeerfolge gemessen werden können (Was soll erreicht werden?),
- für die Zielgruppe die **Werbebotschaft** und den **Streuplan** zu erstellen (Womit wird die festgelegte Zielgruppe erreicht?),
- um daraus ein **Werbebudget** abzuleiten (Wie viel Geld ist notwendig, um die angestrebten Ziele bei der festgelegten Zielgruppe zu erreichen?).

Letztlich müssen die Werbeentscheidungen im Rahmen einer **Werbeerfolgskontrolle** überprüft werden, um sicherzustellen, dass die angestrebten Ziele auch erreicht wurden (Was ist tatsächlich unter Berücksichtigung der gesetzten Ziele und der festgelegten Zielgruppe erreicht worden?).

Die Entscheidungstatbestände

Die Werbeziele

Da Werbung generell ein Instrument des Marketing-Mix ist, sind die **Werbeziele** aus den Marketing-Oberzielen (derivative Ziele) abzuleiten. Grundsätzlich können **affektive** (Gefüh-

B. Marketing im Produktgeschäft

Abb. 149: Beispiel für eine Anzeige mit Argumenten für den Einsatz der Industriegüter-Werbung

le betreffende), **kognitive** (Kenntnisse betreffende) und **konative** (Handlungen betreffende) Werbeziele unterschieden werden (vgl. *Hermanns/Püttmann*, 1993, S. 32). Den konativen Werbezielen können letztlich auch ökonomische Werbeziele wie bspw. Umsatzsteigerungen subsumiert werden, da diese auf Kaufhandlungen der Kunden aufbauen. In der Regel wird man jedoch auf die Konkretisierung von Werbezielen als konative oder ökonomische Werbeziele verzichten müssen, da sich Käufe normalerweise nicht isoliert auf Werbemaßnahmen zurückführen lassen. Das ist vor allem dadurch bedingt, dass die Werbung gewöhnlich nicht als einziges Instrument eingesetzt wird, sondern stets in Kombination mit anderen Marketing-Instrumenten (Marketing-Mix), so dass die entstehenden Kaufwirkungen nicht mehr einem Einzelinstrument direkt zurechenbar sind. Aus diesem Grunde greift man häufig auf **außerökonomische** kognitive oder affektive Werbeziele zurück, die aber im Zusammenhang mit den ökonomischen Oberzielen stehen.

Die außerökonomischen, kommunikationsspezifischen kognitiven und affektiven Werbeziele werden in sog. **„Hierarchy-of-Effect"-Konzepten** – in vielen Fällen zusammen mit den konativen Wirkungen – systematisiert. Diese Konzepte gehen davon aus, dass bis zum Kauf eine Stufenleiter von Wirkungen durchlaufen wird. *Abbildung 150* zeigt einen Überblick über diverse „Hierarchy-of-Effect"-Konzepte.

Zusammenfassend lässt sich feststellen, dass unabhängig davon, welche Ziele mit der Werbung verfolgt werden, gilt: Nur dann, wenn diese Ziele operational, d.h. als messbare

Autor	Werbeziele					
	Stufe I	Stufe II	Stufe III	Stufe IV	Stufe V	Stufe VI
Lewis (AIDA-Regel) (1898)	Aufmerksamkeit	Interesse	Wunsch			Handlung
Lavidge/ Steiner (1961)	Bewusstheit	Wissen	Zuneigung	Bevorzugung	Überzeugung	Kauf
Colley (1962)	Bewusstheit	Einsicht	Überzeugung			Handlung
Fischerkoesen (1966)	Bekanntheit	Image	Nutzen (-erwartung)	Präferenz		Handlung
Behrens (1976)	Berührungserfolg	Beeindruckungserfolg	Erinnerungserfolg	Interesseweckungserfolg		Aktionserfolg
Seyffert (1966)	Sinneswirkung	Aufmerksamkeitswirkung	Vorstellungswirkung	Gefühlswirkung	Gedächtniswirkung	Willenswirkung
Kotler (2000)	Wissen		Gefallen	Bevorzugung	Überzeugung	Kauf

Abb. 150: Werbeziele verschiedener „Hierarchy-of-Effect"-Konzepte

Quelle: in Erweiterung von *Backhaus*, 1983, S. 58.

Größen definiert werden, lässt sich im nachhinein im Rahmen der Werbeerfolgskontrolle feststellen, ob die Werbeziele auch tatsächlich erreicht wurden.

Werbeziele sind nicht nur im Hinblick auf Zielinhalte, angestrebtes Ausmaß und zeitlichen Bezug zu operationalisieren, sondern auch auf ihren **Zielgruppenbezug** festzulegen. Wie die Ausführungen zur **Marktsegmentierung** gezeigt haben, können Werbezielgruppen auf verschiedenen Ebenen festgelegt sein:

- Im Rahmen einer **Makro-Segmentierung** werden Zielgruppen definiert, die auf den Charakteristika der beschaffenden Organisationen basieren.
- Darüber hinaus ist es sinnvoll, **mikrosegmentierte Zielgruppen** zu unterscheiden, wobei die Segmentierung an verhaltensrelevanten Kriterien des Buying Centers ansetzt.

Da die verschiedenen Rollenträger im **Buying Center** unterschiedliche Entscheidungskriterien bei ihrer Auswahl berücksichtigen und sie i. d. R. auch unterschiedliches Informationsverhalten zeigen (Ingenieure lesen i. d. R. andere Medien als die kaufmännische Geschäftsleitung), sind eine Zielformulierung und eine entsprechende mikrozielgruppenspezifische Werbeaussage notwendig.

Die Zielgruppe der verschiedenen einkaufsentscheidenden Fachleute verändert sich auch mit den verschiedenen Phasen des Beschaffungsprozesses. Dadurch muss die Informationspolitik variieren, um die Zielgruppe auch phasenspezifisch ansprechen zu können.

Die Werbebotschaft

Ausgehend von den zielgruppenspezifischen Werbezielen ist die Werbebotschaft so zu gestalten, dass je nach Zielformulierung kognitive oder affektive Wirkungen erreicht werden. Konative Wirkungen werden gemäß der „Hierarchy-of-Effect"-Konzepte als Folge von kognitiven und/oder affektiven Wirkungen angesehen.

Das bedeutet im **kognitiven Bereich** vor allem die Verwendung **zielgruppenspezifisch kaufrelevanter Argumente**. *Abbildung 151* zeigt ein Beispiel für die werbliche Umsetzung einer zielgruppenspezifischen Argumentation.

Bei der Gestaltung der Werbebotschaft ist aber nicht nur die kognitive Seite zu beachten, vielmehr spielt auch die **affektive Komponente** für die zielentsprechende Aufnahme und Verarbeitung der Werbebotschaft eine Rolle. So ist z. B. empirisch belegt worden, dass auch im Industriegütermarketing eine **emotional stimulierende Werbebotschaft** vom Adressaten besser aufgenommen, verarbeitet und gespeichert wird als eine rein sachliche Botschaft (vgl. *Kroeber-Riel*, 1977, S. 207 ff.). Allerdings ist dabei stets zu beachten, dass eine derartige Aktivierungswirkung einer Werbemaßnahme nur dann einen Werbeerfolg darstellt, wenn durch sie die Werbebotschaft zielentsprechend zur Zielgruppe „transportiert" und wenn die Art der emotionalen Stimulierung von der Zielgruppe auch als zum sonstigen Umfeld „passend" angesehen wird. Insofern sind Fragen, ob bestimmte Anzeigen von Industriegüterherstellern wegen ihrer starken emotionalen Komponente unwirksam oder gerade besonders wirksam sind, nicht eindeutig zu beantworten (vgl. *Mayer*, 1994, S. 167). Allerdings zeigen Studien jüngeren Datums, dass innerhalb der Industriegüterwerbung zunehmend auch emotionale Werbegestaltungselemente (z. B. Testimonials; vgl. zur Verbreitung auf B-to-B-Märkten *Voeth/Niederauer*, 2008) eingesetzt werden. Für die Frage, ob diese allerdings die gleiche Wirksamkeit wie auf Konsumgütermärkten aufweisen, fehlt bislang noch der abschließende empirische Beleg.

Die Mediaselektion

Das **Informationsverhalten der Zielgruppen** bestimmt in hohem Maße die Wahl der Werbemedien. Obwohl grundsätzlich alle Medien als Alternativen in Betracht kommen, tritt im Industriegütergeschäft die relative Bedeutung von Rundfunk- und Fernsehwerbung gegenüber Instrumenten wie Werbung in Fachzeitschriften u. ä. zurück. Das ist vor allem durch die relativ hohen Streuverluste der Massenmedien bedingt (vgl. die Kurzcharakteristika der wichtigsten Werbemedien in *Abbildung 152*).

Bei der Mediaselektion kommt es darauf an, die **Werbeträger** einzusetzen, deren Empfänger möglichst optimal mit den relevanten Mitgliedern der anzusprechenden Buying Center übereinstimmen. In der Regel existieren für die im Rahmen der Industriegüter-Werbung interessierenden Medien detaillierte Leser- und Empfängeranalysen, die eine zweckdienliche Mediaselektion ermöglichen. Das Ergebnis einer Studie, die das Informationsverhalten deutscher Entscheidungsträger analysiert hat (vgl. *Verband Deutsche Fachpresse*, 2001, S. 11), zeigt zum einen, dass alternative Informationsquellen im Rahmen des Entscheidungsprozesses in ihrer Bedeutung stark differieren (vgl. zu den Ergebnissen auch Teil 2 Kap. A. 1.2.1.2.3). Demnach stellen Fachzeitschriften die am häufigsten genutzte Informationsquelle dar, während die Wirtschaftspresse und Messen von vergleichsweise geringer Bedeutung sind. Zum anderen lässt sich erkennen, dass die Häufigkeit der Nutzung alternativer In-

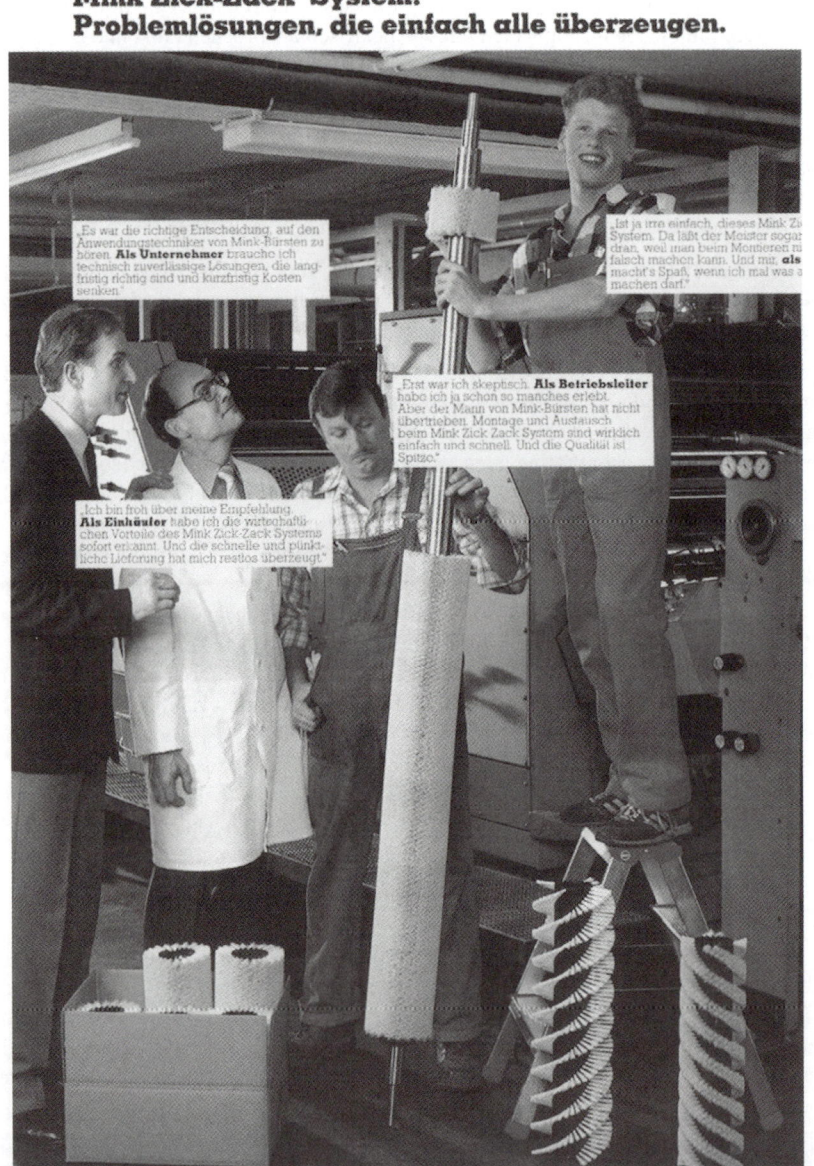

Abb. 151: Anzeige mit zielgruppenspezifischer Argumentation

formationsquellen auch von der Position des Entscheidungsträgers abhängig ist. Während bspw. 59 % der Top-Entscheider die Wirtschaftspresse als Informationsquelle nutzen, gaben lediglich 21 % der befragten Entscheidungsbeteiligten an, die Wirtschaftspresse in den letzten 12 Monaten als Informationsquelle genutzt zu haben.

Auch das Werbebudget bestimmt, welche Werbeträger (z. B. konkrete Fachzeitschriften oder sonstige Medien) bei der Mediaselektion berücksichtigt werden.

B. Marketing im Produktgeschäft

Kommunikationsinstrumente	Kurzcharakterisierung	Beispiele	Einsatzbedingungen
• Tages- und Wirtschaftspresse	Zeitungen oder Zeitschriften, die täglich oder wöchentlich bzw. monatlich erscheinen und allgemeine sowie wirtschaftliche Themen zum Gegenstand haben	FAZ, Handelsblatt, Wirtschaftswoche	– i.d.R. hohe Streuverluste – stärkere Betonung des Firmen-Images
• Fachzeitschriften – Allgemeine Fachzeitschriften – Kennzifferfachzeitschrift	Fachzeitschriften sind solche Zeitschriften, die durch Inhalt und Aufmachung eine bestimmte branchen- oder funktionsbestimmte Zielgruppe ansprechen. Fachzeitschrift, bei der jeder redaktionelle Beitrag bzw. jede Anzeige mit einer Kennziffer versehen ist. Auf einer eingehefteten Beilage werden die jeweiligen Kennziffern von Interessenten angekreuzt und an den Verlag zurückgesandt. Das hierdurch bekundete Leserinteresse wird an Inserenten oder Verfasser des Artikels weitergeleitet.	VDI-Zeitschrift Technische Revue	– relativ geringe Streuverluste – hoher Verfügbarkeitsgrad
• Direktwerbung	Werbemedium, das sich direkt an ausgewählte Empfänger richtet	Prospekte, Kataloge, Industriefilm, Werbung im Internet	– Beim Film können Abläufe dargestellt werden

Abb. 152: Typische Medien für die Industriegüter-Werbung

Zur **Werbeträgerauswahl** lassen sich die o. g. Kriterien entsprechend verwenden. In der Praxis wird dazu eine Reihe von Entscheidungshilfen angeboten, die von einfachen Beschreibungsverfahren wie z.B. den AMF-Mediakarten (vgl. *o. V.*, 1973) bis zu komplexen Simulationsmodellen wie bspw. der linearen, nicht-linearen und dynamischen Programmierung (vgl. *Nieschlag et al.*, 2002, S. 1095) reichen.

Das Werbebudget

Aus Werbeziel und anzusprechender Zielgruppe sollte das Werbebudget zieladäquat abgeleitet werden. Hierzu bedient sich die Praxis allerdings zumeist sehr einfacher **Ermittlungsmethoden** wie etwa der „**Anteil-am-Umsatz-Regel**". Hierbei wird das Werbebudget bestimmt, indem ein bestimmter, feststehender Anteil des Umsatzes der vergangenen Periode für Werbung eingesetzt wird. Allerdings wird der Bestimmung der Anteilshöhe häufig wenig Beachtung geschenkt, wie das nachfolgende Beispiel deutlich macht: *Lilien* und *Little* beschreiben sehr treffend die Diskussion um die Höhe von Werbebudgets anhand der „Anteil-am-Umsatz-Regel" im Industriegütermarketing anhand von Interviews (vgl. *Lilien/Little*, 1976, S. 18). Trotz der 30 Jahre alten Untersuchung können die Ergebnisse auch heute noch als repräsentativ gelten. Auf die Frage: „Wie viel geben Sie für die Werbung Ihrer Pumpen aus?", antwortete der Produkt-Manager: „5 % des Umsatzes." „Warum 5 %?", wurde er gefragt. Antwort: „Weil wir seit eh und je 5% in Werbung stecken und wenn ich 4% oder 6% ausgeben würde, müsste ich das meinen Vorgesetzten erläutern."

Ursächlich dafür, dass sich die Praxis zur Bestimmung des Werbebudgets i. d. R. sehr einfacher Methoden bedient und diese zudem nicht selten relativ unkritisch einsetzt, ist u. a. auch darauf zurückzuführen, dass es der (Industriegüter-)Marketing-Wissenschaft bislang noch nicht gelungen ist, theoretisch ausreichend untermauerte und empirisch umfassend erprobte Methodenvorschläge zur Ermittlung eines zieladäquaten Werbebudgets vorzulegen. In diesem Bereich besteht daher noch erheblicher Forschungsbedarf (auch) im Industriegütermarketing.

Die Werbeerfolgskontrolle

Zur Überprüfung der Wirksamkeit der geplanten bzw. durchgeführten Werbemaßnahmen ist schließlich eine Werbeerfolgskontrolle durchzuführen. Diese kann zum einen als **Pre-Test** vor der Durchführung der Werbemaßnahme oder als **Post-Test** im Anschluss daran durchgeführt werden. Im Rahmen von Pre-Tests sollen evtl. Fehler in der Werbekonzeption im Vorfeld aufgedeckt werden und der Erfolg der Kampagne prognostiziert werden, während durch Post-Tests die tatsächlich aufgetretenen Werbewirkungen gemessen werden (vgl. *Schweiger/Schrattenecker*, 2001, S. 282 f.).

Unabhängig davon, ob im einzelnen Pre-Tests und/oder Post-Tests durchgeführt werden, ist eine Werbeerfolgskontrolle im Rahmen einer langfristigen, zielorientierten Werbestrategie unerlässlich. Denn nur durch die Messung der auftretenden Reaktionen kann Wissen darüber erlangt werden, wie Werbung im unternehmensspezifischen Kontext wirkt. Dies ist wiederum Voraussetzung für erfolgreiche zukünftige Werbekonzeptionen.

Der Ansatz, der im Rahmen der Werbeerfolgskontrolle im Einzelfall gewählt werden sollte, ist in Abhängigkeit der jeweils verfolgten Ziele und Zielgruppen unterschiedlich. Denn eine Überprüfung der ökonomischen Ziele, wie bspw. Umsatzsteigerungen, muss grundsätzlich anders angelegt sein als eine Überprüfung außerökonomischer Ziele wie Markenbekanntheitssteigerungen oder Werbeerinnerung. Außerdem ist im Industriegütermarketing bei der Werbeerfolgskontrolle die Buying Center-Problematik zu berücksichtigen. Das heißt, dass Ziele, die bei einzelnen Funktionsträgern im Buying Center angestrebt werden, auch bei diesen überprüft werden müssen (vgl. *Abeele/Butaye*, 1980, S. 76, und *Gilliland/Johnston*, 1997, S. 22). Diese Besonderheit führt dazu, dass die Werbeerfolgskontrolle im Industriegütermarketing eine sehr viel **komplexere Aufgabe** darstellt als im Konsumgütermarketing.

Aufgrund der geringen Bedeutung, die der Werbung und speziell der Werbewirkung im Industriegütermarketing in der Vergangenheit beigemessen wurde (vgl. *Kleinaltenkamp/Plötner*, 1994, S. 130), existieren bislang nur wenige Ansätze zu praktischen Vorgehensweisen. Auf jeden Fall erscheint es jedoch wegen der spezifischen Besonderheiten des Industriegütermarketings nicht sinnvoll, die Ansätze aus dem Konsumgütermarketing unreflektiert zu übernehmen (vgl. *Imkamp-Schiffers*, 1999, S. 90 f.).

Pre-Tests

Die Eignung von drei verschiedenen **Pre-Test-Methoden** im Industriegüterkontext ist von *Abeele/Butaye* (1980) untersucht worden. Sie gehen davon aus, dass beim Werbeadressaten hohes Involvement vorliegt und dass Informationen rational verarbeitet werden. Bei Gültigkeit dieser Annahme – wovon nicht automatisch auszugehen ist (vgl. *Mayer*, 1994, S. 167) – sind keine Verzerrungen bei offen durchgeführten Pre-Tests zu erwarten.

Für eine Werbekampagne aus dem Industriegüterbereich sind die Portfolio-, die Jury- und die Target-Plan-Methode bei den angesprochenen Personen im Buying Center angewendet worden. Im Rahmen der **Portfolio-Methode** werden den Probanden verschiedene für sie relevante Anzeigen gezeigt. Im Anschluss daran wird der Message-Recall bei ihnen getestet. Im Rahmen der **Jury-Methode** muss der Proband mehrere für ihn relevante Anzeigen auf verschiedenen evaluativen Skalen bewerten. Im Gegensatz zu diesen ersten beiden Methoden wird beim **Target-Plan** nur die zu testende Anzeige gezeigt. Der Vorgang des Zeigens (Exposition) dauert zuerst nur sehr kurz, dann etwas länger und schließlich unbegrenzt lang. Nach jeder Anzeigen-Exposition wird der Proband in einem halb-strukturierten Interview befragt, was ihm aufgefallen ist.

Es kann keine grundsätzliche Empfehlung gegeben werden, welches der drei Pre-Test-Verfahren sich im Industriegüterkontext am besten eignet. Denn die drei Methoden weisen unterschiedliche **Vorteile** in Abhängigkeit von der Art der zu messenden außerökonomischen Werbewirkung auf. In *Abbildung 153* sind diese aufgeführt. Die grau hinterlegten

	Portfolio-Methode	Jury-Methode	Target-Plan-Methode
WIRKUNGEN INNERHALB DES KOMMUNIKATIONSPROZESSES			
Erzielung anfänglicher Aufmerksamkeit	+ Recall der Werbeanzeige	– direkte Bewertung der Wirkung	± Recall nach Kurzzeit-Exposition
Erzielung fortgesetzter Aufmerksamkeit	± Ausmaß des Recalls der Werbeanzeige	± direkte Bewertung des Interesses und der Relevanz	± Interesse an längerer Exposition
Kommunizierung einer prägnanten symbolischen Bedeutung	± Recall des Hauptarguments	± direkte Bewertung des Images aufbauenden Potenzials	± Interpretation des Stimulus nach Kurzzeitexposition
Kommunizierung von Fakten	± Recall der Argumente	± direkte Bewertung der Informationsübermittlung	± Recall der Argumente nach mittlerer Exposition
Unterstützung einer Verhaltensintention	± spontane oder „entlockte" Kommentare	+ direkte Frage nach der Unterstützungsleistung	± unbegrenzte Expositions-Untersuchungen
Merken der Werbebotschaft	+ Recall der Werbebotschaft	– direkte Frage nach der Merkbarkeit der Werbebotschaft	± Recall nach kurzer und mittlerer Exposition
Awareness	+ Recall der Werbebotschaft, des Urhebers und des beworbenen Objekts	– direkte Frage nach Änderungen der Awareness	± direkte Untersuchung der Wareness (und evtl. Änderungen)
Faktenwissen	– Recall einzelner Bestandteile der Werbebotschaft	– eingeschränkte Kontrolle der kommunizierten Informationen	+ direkte Kontolle der Kommunikationsziele
Image	– Recall des Hauptarguments	– eingeschränkte Kontrolle der kommunizierten Symbole	+ direkte Kontolle des Images und der Wahrnehmung
Einstellung-(s)(änderung)	– spontane oder „entlockte" Bewertungen	± direkte Frage nach Einstellung-(s)(änderung)	± Untersuchung der Einstellung-(s)(änderung)
Verhaltensintentionen und evtl. Änderungen	– spontane oder „entlockte" Intentionen	± direkte Frage nach Intentionen und evtl. Änderungen	± Untersuchung der Intentionen und evtl. Änderungen

Abb. 153: Messcharakteristika für drei Pretest-Methoden

Quelle: in Anlehnung an *Abeele/Butaye*, 1980, S. 79.

Zellen zeigen die Wirkungskategorien auf, für deren Erfassung eine der Methoden als überlegen anzusehen ist.

Post-Tests

Im Rahmen von Post-Tests können einerseits **ökonomische** bzw. **konative Werbewirkungen** überprüft werden. In diesem Zusammenhang sind getätigte Kaufakte und damit zusammenhängende Umsatz- oder Marktanteilsveränderungen von Interesse. Hierzu ist vor allem eine gut geführte Datenbank mit aktuellen und historischen Daten zu Werbeausgaben, Verkaufszahlen, Umsätzen usw. erforderlich. Je nachdem, wie differenziert die Werbewirkung betrachtet werden soll, z. B. auf Kundensegmentniveau, müssen die Daten aufgeschlüsselt vorliegen. In der Literatur finden sich zur Beschreibung dieser ökonomischen Zusammenhänge in erster Linie die *Morrill*-Studien. *Morrill* dokumentiert empirische Befunde, nach denen durch Werbung die Umsätze eines Industriegüteranbieters signifikant gesteigert werden konnten (vgl. *Morrill*, 1964, 1965 und 1970). Die Methodik der *Morrill*-Studien ist jedoch nicht unumstritten, so dass die Ergebnisse nicht ohne weiteres verallgemeinert werden können (vgl. *Thiel*, 1982, S. 139). Wichtig für die Durchführung einer Messung von ökonomischen Werbewirkungen ist eine weitgehende Erfüllung der ceteris-paribus-Klausel. Das heißt, dass ein derartiger Ansatz nur Erfolg haben kann, wenn andere Einflussgrößen auf die ökonomische Wirkungsgröße neben der Werbung weitgehend konstant gehalten werden.

Weitaus häufiger als für die ökonomischen Werbewirkungen sind in der Literatur Untersuchungen über **außerökonomische Wirkungen** dokumentiert. In diesen Komplex sind die sog.

- **Readership Studies** (vgl. bspw. *Hanssens/Weitz*, 1980),
- **Content Analyses** (vgl. bspw. *Naccarato/Neuendorf*, 1998) und
- die **Analysen von Formvariablen** (vgl. bspw. *Lohtia et al.*, 1995)

einzuordnen (vgl. für eine Übersicht der Studien *Imkamp-Schiffers*, 1999, S. 39 ff.). Diese Studien stellen Untersuchungen zwischen einem Set von Einflussgrößen (im allgemeinen Inhalts- und/oder Formvariablen) und einer oder mehrerer außerökonomischer Werbewirkungsgrößen (z. B. Recall, Readership oder Anfragengenerierung) dar.

Die verschiedenen Untersuchungen (z. B. *Naccarato/Neuendorf*, 1998) sind verhältnismäßig praxisnah und ermöglichen für den Fall, dass vergleichbare Rahmenbedingungen vorliegen, u. U. relativ konkrete Handlungsempfehlungen für die Anzeigengestaltung im Hinblick auf zu verwendende Farben, Abbildungen, Wortwahl usw. Allerdings zeigen die Studien auch, dass sich zumeist **keine allgemeingültigen Handlungsempfehlungen** ableiten lassen, sondern dass die situationsspezifischen Gegebenheiten zu berücksichtigen sind.

2.2.2.2 Verkaufsförderung

Verkaufsförderung ist ein Sammelbegriff für Aktionen, die den **Absatz kurzfristig stimulieren** sollen (vgl. *Gedenk*, 2002, S. 11). Für den Anbieter lassen sich in Abhängigkeit von den Vertriebswegen zwei **Zielgruppen** für Verkaufsförderungs-Maßnahmen unterscheiden:

- Außendienst-Promotions und
- Händler-Promotions.

Außendienst-Promotions sind auf die Verbesserung der Außendienst-Tätigkeit gerichtet. Typische Maßnahmen sind:

- **Außendienst-Wettbewerbe**, im Rahmen derer (zusätzliche) Geld- und Sachpreise gewonnen werden können. Diese Mittel werden eingesetzt, um die Leistungsmotivation unter den Mitarbeitern zu fördern. Ein Beispiel ist der sog. 100%-Club, in den alle Außendienstmitarbeiter aufgenommen werden, die ihr Absatz-Soll zu 100% und mehr erreicht haben.
- **Bereitstellung von Verkaufshilfen**: Die Entwicklung der Neuen Medien hat das Repertoire der Verkaufshilfen deutlich erweitert. So kann ein Außendienstmitarbeiter die Vorteile eines Baggers unter variierenden Einsatzbedingungen als digitalisiertes Video einem Kunden direkt mit Hilfe eines Laptops visualisieren und so den erforderlichen Leistungsnachweis effektvoll demonstrieren. Neben der Visualisierung des Nutzenpotenzials in Form eines elektronischen Produktkatalogs gehören zu einem Computer-Aided-Selling-System (CAS) weitere Komponenten. Insbesondere im technischen Vertrieb wurden in der Vergangenheit Programme zur Unterstützung der kompletten elektronischen Angebotserstellung entwickelt (vgl. *Link/Hildebrandt*, 1994, S. 94; *Schmitz-Hübsch*, 1992, S. 13). Nach einer Studie von *Link/Hildebrandt* (1994) setzten 1994 bereits 41% der Unternehmen im persönlichen Verkauf CAS-Systeme ein.

Händler-Promotions sind beim indirekten Vertrieb relevant und auf den Handel gerichtet. Sie unterscheiden sich in ihren Maßnahmen nicht grundsätzlich von Außendienst-Promotions.

So sind **Händlerwettbewerbe**, bei denen für den erfolgreichsten Händler eines Verkaufsgebietes ein Preis ausgeschrieben wird ebenso denkbar wie die **Bereitstellung verkaufsfördernder Materialien** für den Point-of-Sale. Ergänzend hinzu kommen vor allem preispolitische Maßnahmen wie **Einführungsrabatte** oder aber die Gewährung von **Werbekostenzuschüssen** (vgl. *Gedenk*, 2002, S. 16).

2.2.2.3 Öffentlichkeitsarbeit, Sponsoring, Events

Öffentlichkeitsarbeit bezeichnet „die planmäßige, systematische und wirtschaftlich sinnvolle Gestaltung der Beziehung zwischen der Betriebswirtschaft und einer nach Gruppen gegliederten Öffentlichkeit (z. B. Kunden, Aktionäre, Lieferanten, Arbeitnehmer, Institutionen, Staat) mit dem Ziel, bei diesen Teil-Öffentlichkeiten Vertrauen und Verständnis zu gewinnen bzw. auszubauen" (*Meffert et al.*, 2008, S. 673.).

Öffentlichkeitsarbeit oder Public Relations (PR) ist immer dann angebracht, wenn es notwendig erscheint, das **Firmenimage** zu **verbessern**, um die geschäftsfeldspezifische Kommunikation nicht mit einem negativen Grundimage zu belasten (vgl. *Pflaum/Piepenstock*, 1997).

Oftmals ist es so, dass ganze Branchen von einem bestimmten (Negativ-)Image betroffen sind, so dass die PR-Arbeit besonders effizient als **Verbundkommunikation** gestaltet werden kann (vgl. z. B. die Verbund-PR der Chemie-Industrie *Abbildung 154*).

Die PR-Arbeit stützt sich wegen ihrer zielgruppenspezifischen Besonderheiten oft auf bestimmte **Instrumente** (vgl. *Nieschlag et al.*, 2002, S. 995):

- Herstellung guter **Kontakte** zu Presse und Rundfunk,
- Abhalten von **Pressekonferenzen**,
- Einsatz attraktiv gestalteter **Geschäftsberichte**,
- Aufstellung von **Sozialbilanzen** und Verwertung der Ergebnisse in Sozialberichten,
- Herausgabe von **Jubiläumsschriften**,

Abb. 154: Beispiel für Verbundwerbung

- Durchführung von **Betriebsbesichtigungen** und von ähnlichen Veranstaltungen für die Öffentlichkeit (z. B. Tag der offenen Tür),
- Bau von **Kultur- und Sportstätten**,
- Errichtung von **Stiftungen**,
- **Förderungen** wissenschaftlicher Vorhaben.

Naturgemäß kommt es bei allen einschlägigen Aktionen darauf an, den Namen des Förderers in angemessener Weise ins Spiel zu bringen, getreu der Maxime: „Tue Gutes und rede darüber!"

Das **Sponsoring** hat sich in den letzten Jahren zu einem bedeutenden Instrument der Unternehmenskommunikation entwickelt, das den Unternehmen neue und erlebnisorientierte Kommunikationswege zum Nachfrager eröffnet und damit einen relevanten Beitrag zur Wettbewerbsprofilierung im Markt leisten kann (vgl. *Bruhn*, 2005, S. 808). Während das Sponsoring dabei anfänglich zumeist eher als Instrument der Konsumgütermarketing-Kommunikationspolitik eingestuft wurde, wird es inzwischen zunehmend auch von Unternehmen aus Industriegütermärkten eingesetzt. Beispielsweise war der Baustoffzulieferer

Xella International in der Saisaon 2007/2008 Haupt- und Trikot-Sponsor des Fußballvereins MSV Duisburg oder das Softwareunternehmen SAP sponsert seit einiger Zeit die Eishockey-Mannschaft Adler Mannheim.

Aus der Sicht des Marketings lässt sich das Sponsoring als (vgl. *Hermanns*, 1993, S. 630; *Rieger*, 1996, S. 64 ff.)

- die Bereitstellung von Finanz-, Sachmitteln und/oder Dienstleistungen durch ein Unternehmen (Sponsor),
- für eine Einzelperson, eine Gruppe, eine Organisation oder Institution im Umfeld des Unternehmens (Gesponserter),
- gegen die Gewährung von Rechten zur kommunikativen Nutzung von Aktivitäten des Gesponsorten,
- auf der Basis einer vertraglichen Vereinbarung

definieren.

Der **Unterschied zur Öffentlichkeitsarbeit** besteht in erster Linie darin, dass im Rahmen der Aktivitäten der Öffentlichkeitsarbeit (z. B. Ausschreibung von wissenschaftlichen Wettbewerben oder die Veranstaltung von Sportfesten für Jugendliche) keine vertraglichen Vereinbarungen über die Gegenleistungen der Geförderten getroffen werden. Dies macht deutlich, dass das Sponsoring auf dem „Prinzip von Leistung und Gegenleistung" (*Bruhn*, 2005, S. 809) basiert, da der Sponsor Mittel in der Erwartung einsetzt, dass er vom Gesponsorten Gegenleistungen erhält. Dabei lassen sich nach den gesellschaftlichen Umweltfeldern folgende **Sponsoring-Arten** unterscheiden (vgl. *Hermanns*, 1993, S. 631; *Hermanns/Püttmann*, 1992, S. 188 ff.):

- Sport-Sponsoring,
- Kunst-Sponsoring,
- Sozio-Sponsoring und
- Öko-Sponsoring.

Das Sponsoring stellt sich als ein Instrument der Marketing-Kommunikation dar, das sowohl die anderen Kommunikationsinstrumente unterstützt und ergänzt, als auch die Basis für den integrativen Einsatz aller Kommunikationsinstrumente darstellen kann. Das Sponsoring-Management erstreckt sich dabei auf die systematische Planung, Durchführung und Kontrolle sämtlicher Sponsoring-Aktivitäten eines Unternehmens. Ausgangspunkt für die Zielformulierung der Sponsoring-Aktivitäten sind die bestehenden Marketing- und Kommunikationsziele eines Unternehmens. Für den Sponsor stehen dabei in erster Linie psychographische **Ziele** im Mittelpunkt (vgl. *Bruhn*, 1994, S. 1139 f.; *Bruhn*, 2003; *Püttmann*, 1993, S. 657):

- Steigerung des **Bekanntheitsgrads**,
- **Demonstration gesellschaftlicher Verantwortung**,
- Verbesserung und Stabilisierung des Images bzw. **Schaffung eines Goodwills**,
- **Kontaktpflege** zu Kooperationspartnern, Absatzmittlern, Kunden, Meinungsführern und Schlüsselpersonen sowie Medienvertretern – aber auch zu den eigenen Mitarbeitern.

> Die Firma Avaya ist weltweit führendes Unternehmen der Unternehmenskommunikation, das mit seinen mehr als 20.000 Mitarbeitern mehr als 1 Million (Business-)Kunden in mehr als 50 Ländern bedient. Das Unternehmen bietet seinen Kunden intelligente Kommunikationslösungen (Systeme, Services, Anwendungen) wie IP Telefonie, Mobility-Lösungen oder PBX-Wartungs-Services mit dem Ziel, die Effizienz und Effektivität der Kommunikationsprozesse innerhalb der Kundenunternehmen sowie mit externen Partnern zu optimieren.

Die Firma Avaya entschloss sich vor einigen Jahren zu einem Engagement als internationaler Sponsor der FIFA Fußball-Weltmeisterschaft. Anders als anderen internationalen Sponsoren ging es Avaya dabei aber nicht um Bekanntheitsgrad in der Bevölkerung. Tatsächlich erreichte das Unternehmen in der empirischen Langzeitstudie zu „Akzeptanz und Einstellungen der Bevölkerung gegenüber dem Sportgroßereignis WM 2006" der Universität Hohenheim, in deren Rahmen u. a. auch jährlich der Bekanntheitsgrad des Sponsoren-Engagements in der Bevölkerung gemessen wurde (vgl. *Voeth et al.*, 2006b), zu keinem Zeitpunkt einen größeren Bekanntheitsgrad als 4 % (vgl. *Abbildung 155*). Allerdings verfolgte das Unternehmen nach eigenen Aussagen mit dem Engagement auch nicht etwa das Ziel, die Bekanntheit in der Bevölkerung zu steigern. Stattdessen ging es dem Unternehmen vor allem um die ca. 19.000 Eintrittskarten, die ihm als internationaler Sponsor zur Verfügung standen. Mit Hilfe der Tickets konnte das Unternehmen Kunden in die Stadien einladen und diesen auf diese Weise die Funktions- und Leistungsfähigkeit der in den Stadien aufgebauten Avaya-Kommunikationstechnik unter Beweis stellen (*App*, 2006).

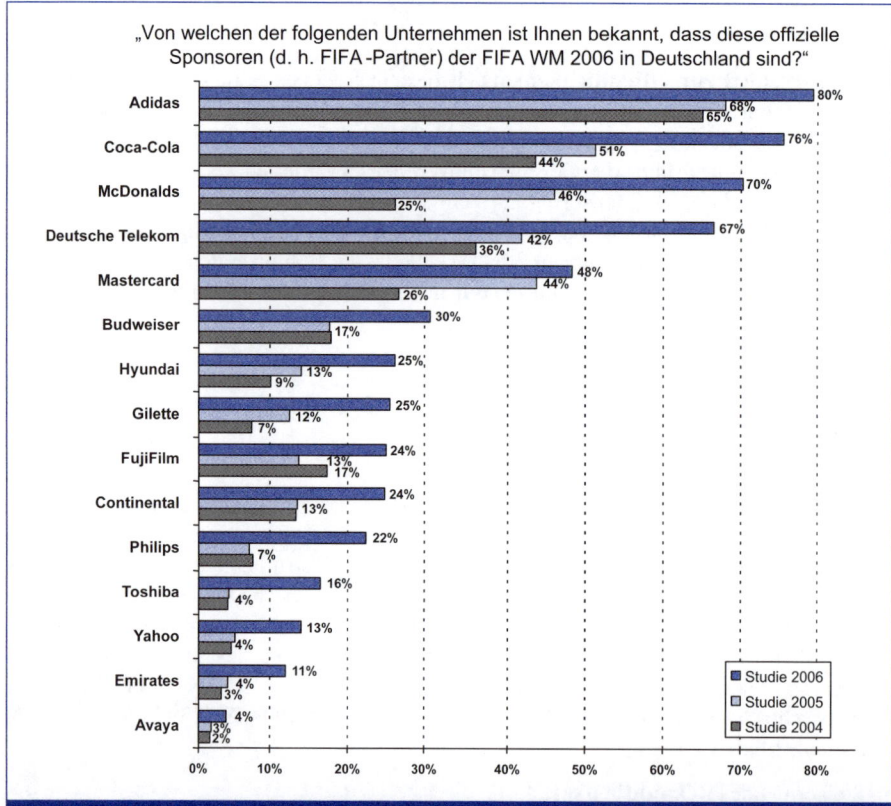

Abb. 155: Bekanntheitsgrad internationaler Sponsoren der FIFA Fußball-Weltmeisterschaft 2006 innerhalb der deutschen Bevölkerung (2004–2006)

Quelle: *Voeth et al.*, 2006b.

Auf der Grundlage dieser psychographischen Ziele wird zunächst geprüft, ob überhaupt ein Sponsoring-Bedarf besteht **(Bedarfsprüfung)** oder ob das Sponsoring geeignet erscheint, die anzustrebenden Kommunikationsziele zu erreichen. In einem nächsten Schritt müssen Entscheidungen darüber getroffen werden, mit welcher Intensität, in welchen Bereichen und welchen Formen ein Unternehmen als Sponsor tätig werden will **(Auswahlprozess)**.

Die Sponsoring-Auswahl mündet in den Abschluss eines **Sponsoring-Vertrags**, so dass das Unternehmen sponsoringspezifische Nutzungsmaßnahmen planen und durchführen kann. Die planerische Vorbereitung kann sich dabei auf die folgenden **vier Maßnahmenkategorien** richten (vgl. *Hermanns/Püttmann*, 1992, S. 197):

- **Markierung** von Ausrüstungsgegenständen (z. B. Trikot-Werbung),
- **Präsenz im Umfeld** von Veranstaltungen (z. B. Signet auf Ankündigungsmaterialien, Dekoration des Veranstaltungsortes, Durchsagen während einer Veranstaltung),
- **Nutzung von Prädikaten** (z. B. „Offizieller Ausrüster der Olympia-Nationalmannschaft"),
- **Benennung des Sponsoring-Objekts** nach dem Sponsor (z. B. Lufthansa German Open/ Golfturnier).

Zur Ausschöpfung der Nutzenpotenziale des Sponsorships bedarf es darüber hinaus einer formalen, inhaltlichen und zeitlichen **Vernetzung mit den anderen eingesetzten Kommunikationsinstrumenten** eines Unternehmens (vgl. *Bruhn*, 1989, S. 53 ff.; *Hermanns/Püttmann*, 1992, S. 197). So bietet sich z. B. der Verweis auf das Sponsorship im Rahmen des Einsatzes anderer Instrumente der Marketing-Kommunikation an. Zudem sind Gesponserte als Testimonials einsetzbar.

Analog zu den anderen Kommunikationsinstrumenten sollte auch beim Sponsoring eine Kontrollinstanz institutionalisiert werden, die die systematische Überprüfung und Beurteilung der Planung und Durchführung aller Sponsoring-Aktivitäten eines Unternehmens umfasst (vgl. *Hermanns/Püttmann*, 1992). Dabei lässt sich zwischen der Prozess-Kontrolle im Sinne des Sponsoring-Audit und der Erfolgs-Kontrolle unterscheiden. Die **Prozess-Kontrolle** dient der ständigen Reflexion der Planung und Durchführung von Sponsoring-Maßnahmen, so dass Fehler rechtzeitig erkannt und entsprechend korrigiert werden können. Im Rahmen der **Erfolgskontrolle** sollte grundsätzlich festgestellt werden, inwieweit die gesetzten Sponsoring-Ziele durch das Sponsorship erreicht wurden, mit welchem Grad die einzelnen Nutzungsmaßnahmen hierzu beitragen und mit welcher Aufwand-Nutzen-Relation dies realisiert wurde (vgl. *Püttmann*, 1993, S. 665). Schließlich spielen auch **Events** heute innerhalb der Kommunikationspolitik im Produktgeschäft eine wichtige Rolle. Unter Events sind besondere Veranstaltungen oder spezielle Ereignisse zu verstehen, die „multisensitiv" vor Ort von ausgewählten Personen erlebt und als Plattform zur Unternehmenskommunikation genutzt werden (vgl. *Bruhn*, 2005, S. 1048). Typische Erscheinungsformen von Events in der Praxis sind dabei Händlerpräsentationen, Road Shows, Kundenbindungsveranstaltungen, Ausstellungen oder Pressekonferenzen. Häufig lassen sich zur Durchführung von Unternehmensevents auch bestehende Sport- oder Kulturevents nutzen, indem Unternehmen Zielgruppenvertreter (Kunden, Händler, Presse etc.) Zugangsmöglichkeiten zu diesen Events verschaffen. Bei vielen Sport- oder Kulturveranstaltungen ist erkannt worden, dass sich diese Veranstaltungen als Unternehmensevents positionieren lassen. Durch den Aufbau spezieller räumlicher und organisatorischer Kapazitäten versuchen die Ausrichter von Sport- oder Kulturveranstaltungen, sich Unternehmensevents als Einnahmequelle zu erschließen. *Abbildung 156* zeigt als Beispiel das Lounges-Angebot im Münchener Fußballstadion „Allianz-Arena".

Empirische Studien belegen dabei sogar, dass solchen **Hospitality-Angeboten** inzwischen eine zentrale Bedeutung im Kommunikationsmix von Industriegüterunternehmen zugesprochen wird (vgl. z. B. *Voeth et al.*, 2006a).

Auch Events bedürfen dabei eines **systematischen Planungsprozesses**. *Bruhn* (2005, S. 1061) schlägt in Analogie zur Sponsoring-Planung vor, zunächst die Event-**Ziele** fest-

Abb. 156: Lounges-Angebote in der Münchener Allianz-Arena

Quelle: *Allianz Arena München Stadion GmbH*, 2009.

zulegen. Hier ist zwischen kognitiv-orientierten (z. B. Vermittlung von Wissen über das ausrichtende Unternehmen oder dessen Produkte), affektiv orientierten (z. B. Pflege oder Modifikation des Unternehmensimage) und konativ-orientierten Zielen (z. B. Neukundengewinnung) zu unterscheiden. Anschließend ist eine **Zielgruppenplanung** vorzunehmen, bei der festgelegt wird, für welche spezielle Zielgruppe der Event ausgerichtet werden soll. Nach der Planung der darauf bauenden Event-**Maßnahmen** ist schließlich eine spezifische Event-**Erfolgskontrolle** durchzuführen. Gerade Letztere ist notwendig, da auch bei Events die Wirkung nicht unmittelbar ersichtlich ist und daher einer genaueren Untersuchung bedarf.

2.2.2.4 Messen und Ausstellungen

Messen und Ausstellungen bieten gegenüber anderen Medien die Möglichkeit, vielfältige Informationswünsche zu befriedigen (vgl. auch *Kirchgeorg*, 2005, S. 35 ff.). Sowohl solche Nachfrager, die zunächst bestrebt sind, sich einen Überblick über die Marktsituation zu verschaffen und eine vereinfachte Strategie der Informationsnachfrage vornehmen, als auch Nachfrager, die die klärende Strategie der Informationsnachfrage verfolgen, werden angesprochen. Für beide Nachfragerklassen bietet die Messe die Möglichkeit, die mit dem Kaufakt verbundenen Kosten der Informationssuche deutlich zu reduzieren. Einen Überblick über Einflussfaktoren der **Transaktionskosten-Senkungspotenziale** der Messe gibt *Abbildung 157*.

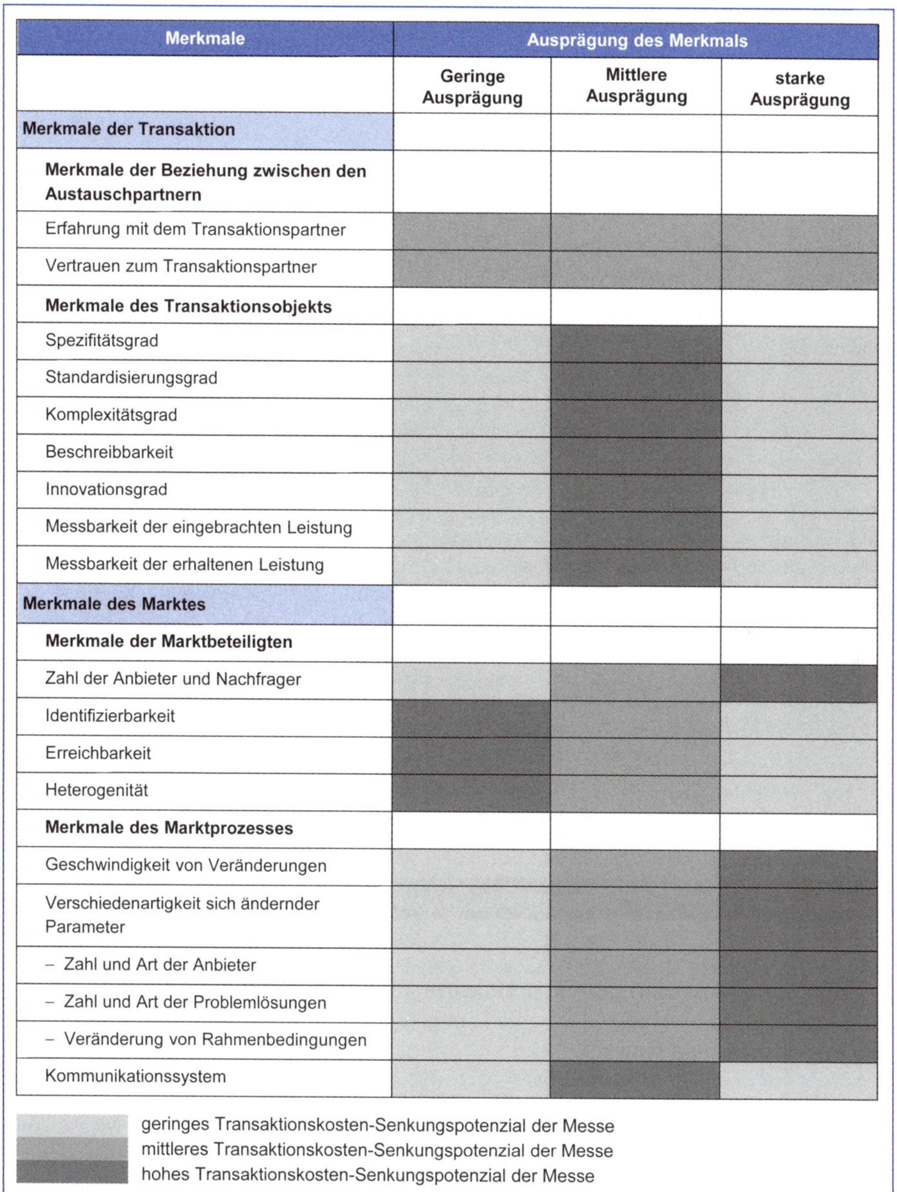

B. Marketing im Produktgeschäft

Merkmale	Ausprägung des Merkmals		
	Geringe Ausprägung	Mittlere Ausprägung	starke Ausprägung
Merkmale der Transaktion			
Merkmale der Beziehung zwischen den Austauschpartnern			
Erfahrung mit dem Transaktionspartner	mittel		
Vertrauen zum Transaktionspartner	mittel		
Merkmale des Transaktionsobjekts			
Spezifitätsgrad			mittel
Standardisierungsgrad	mittel		
Komplexitätsgrad		hoch	
Beschreibbarkeit	mittel		
Innovationsgrad			mittel
Messbarkeit der eingebrachten Leistung	mittel		
Messbarkeit der erhaltenen Leistung	mittel		
Merkmale des Marktes			
Merkmale der Marktbeteiligten			
Zahl der Anbieter und Nachfrager			hoch
Identifizierbarkeit		mittel	
Erreichbarkeit	mittel		
Heterogenität			mittel
Merkmale des Marktprozesses			
Geschwindigkeit von Veränderungen			mittel
Verschiedenartigkeit sich ändernder Parameter			mittel
– Zahl und Art der Anbieter			mittel
– Zahl und Art der Problemlösungen			mittel
– Veränderung von Rahmenbedingungen			mittel
Kommunikationssystem		mittel	

Legende:
- geringes Transaktionskosten-Senkungspotenzial der Messe
- mittleres Transaktionskosten-Senkungspotenzial der Messe
- hohes Transaktionskosten-Senkungspotenzial der Messe

Abb. 157: Überblick über die Einflussgrößen der Transaktionskosten-Senkungspotenziale der Messe

Quelle: *Fließ*, 1994, S. 124.

Die Senkung dieser Transaktionskosten für beide Nachfragergruppen erfolgt dadurch, dass die Messe einerseits über die **Möglichkeit der Objektdarstellung** verfügt und andererseits in hervorragender Weise den Wünschen der Mitglieder des Buying Centers nach einem **„Konkurrenzvergleich vor Ort"** entspricht. Insofern umfassen Messen und Ausstellungen i. d. R. Elemente aller anderen kommunikationspolitischen Mittel wie Werbung und Ver-

Kommunikations-instrumente	Kurzcharakterisierung	Beispiele	Einsatzbedingungen
Messen und Ausstellungen	Zeitlich begrenzte, i. d. R. wiederkehrende Veranstaltungen, bei denen eine Vielzahl von Ausstellern das wesentliche Angebot eines oder mehrerer Wirtschaftszweige zur Schau bzw. zum Kauf anbietet.		• Termingebundenheit • Raumgebundenheit • Möglichkeit zur Objektbesichtigung • persönlicher Kontakt
• **Technische Mehrbranchenmesse**	Technische Mehrbranchenmessen sind durch eine breite Angebotspalette gekennzeichnet.	Hannover-Messe Industrie	• Konkurrenzvergleich vor Ort möglich
• **Fachmesse**	Fachmessen sind durch eine funktionsbestimmte Abgrenzung des Angebots gekennzeichnet.	Interkama, Achema, Systems, EMO, CEBIT	• Bei Fachmessen i. d. R. Streuverluste geringer als bei Technischer Mehrbranchenmesse
• **Virtuelle Messe**	Virtuelle Messen im Internet ergänzen traditionelle Messen und sind nicht raum- und zeitgebunden.	Globis der Deutschen Messe AG, Virtex	• Besucherkreis muss über das Medium erreichbar sein • Informationsgehalt vergleichsweise gering

Abb. 158: Übersicht über verschiedene Messetypen

kaufsförderung oder auch ggf. des persönlichen Verkaufs. Allerdings ist der Informationsumfang je nach Messetyp unterschiedlich ausgeprägt. Einen Überblick über verschiedene Messetypen gibt *Abbildung 158*.

Obwohl Messen und Ausstellungen im Kommunikations-Mix eine zentrale Bedeutung zukommt – entsprechend einer empirischen Studie des Ausstellungs- und Messe-Ausschusses der Deutschen Wirtschaft e.V. (AUMA) stellen Messen und Ausstellungen sogar das wichtigste kommunikationspolitische Instrument für Industriegüterhersteller dar (vgl. *Abbildung 159*) –, werfen sie jedoch auch erhebliche **Probleme** auf:

- Die **Kosten für eine Messebeschickung** sind relativ hoch, wenn es sich nicht um eine virtuelle Messe handelt.
- Messebesucher zeigen sehr unterschiedliches **Besucherverhalten**.
- Es lassen sich z. B. unterschiedliche **Besuchsphasen** unterscheiden:
  - **geplante Besuchsphasen**, in denen vorher ausgewählte Stände besucht oder gezielt virtuelle Messen analysiert werden, und
  - **rezeptive Phasen**, in denen Stände je nach Aufmerksamkeitswirkung besucht werden (Allgemeininformation, die während der Interaktion mit dem Standpersonal spezieller

B. Marketing im Produktgeschäft

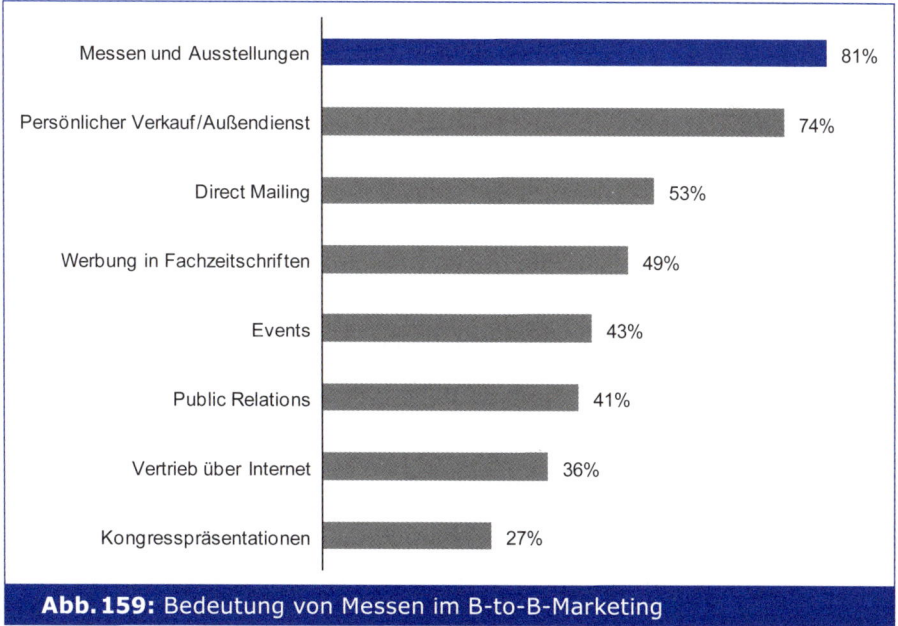

Abb. 159: Bedeutung von Messen im B-to-B-Marketing

Quelle: *AUMA e. V. (Hrsg.)*, 2009.

werden kann) bzw. „Surfen" in einer virtuellen Messe. Die notwendige differenzierte Ansprache – je nach Phase und Interesse – ist jedoch schwierig.
- Es gibt **keine klaren Richtlinien** für die erfolgreiche Gestaltung eines Messestandes oder eines virtuellen Messeauftritts.

Diese Situation erfordert ein sorgfältiges **Messemanagement** (vgl. auch *Clausen*, 2000; *Fließ*, 2006b, S. 647 ff.; *Selinski/Sperling*, 1995, S. 102 ff.), das auf folgende Gesichtspunkte gerichtet sein sollte (vgl. *Voeth et al.*, 2009a):

- Messeplanung,
- Messeselektion,
- Messeorganisation,
- Messedurchführung und
- Messenachbereitung.

Messeplanung

Im Rahmen dieses ersten Schrittes des Messemanagements sind insbesondere
- die Ziele festzulegen, die mit dem Messeauftritt verfolgt werden sollen,
- die Zielgruppen zu spezifizieren, die durch das Messeengagement erreicht werden sollen, und
- die Budgets zu ermitteln, die für die Messeaktivitäten zur Verfügung stehen sollen.

Die Festlegung möglichst konkreter (und messbarer) **Messeziele** am Beginn des Messemanagements ist dabei wesentlich, da nur so eine zielgerichtete Gestaltung der nachfolgenden Ablaufschritte des Messemanagements sichergestellt werden kann. Beispielsweise lassen sich die Fragen, auf welchen Messen ein Unternehmen aktiv werden soll oder wie erfolgreich ein Messeauftritt gewesen ist, nur dann nachvollziehbar beantworten, wenn zuvor die

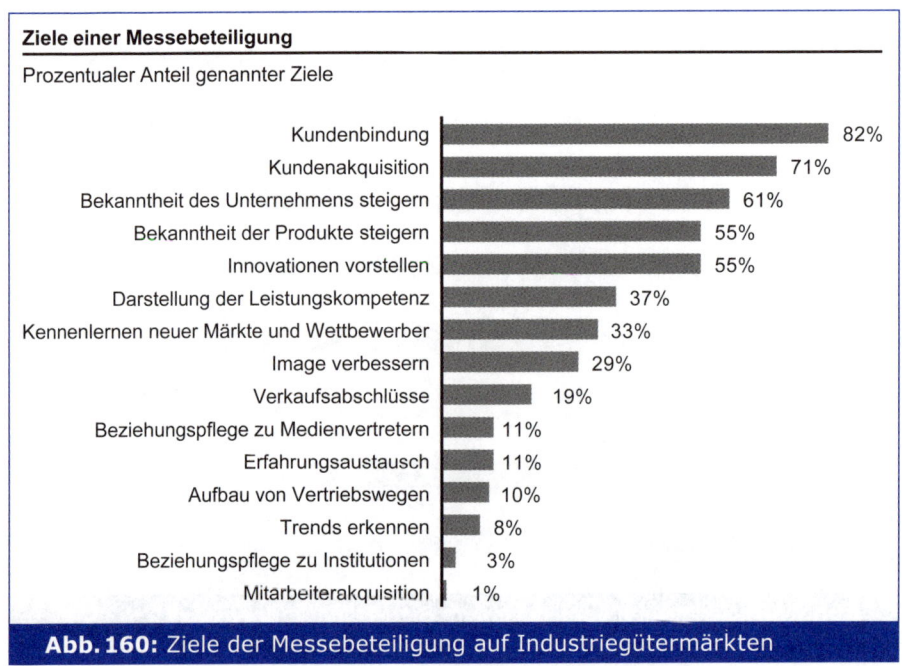

Abb. 160: Ziele der Messebeteiligung auf Industriegütermärkten

Quelle: *Voeth et al.,* 2009b, S. 32.

Messeziele im Detail bestimmt worden sind. Die meisten Unternehmen verfolgen mit ihren Messeaktivitäten dabei nicht allein Akquiseziele. Eine aktuelle empirische Untersuchung bei 136 Industriegüterunternehmen der von diesen verfolgten Messeziele zeigt so etwa, dass das Ziel der Kundenbindung das Ziel der Kundenakquise dominiert (vgl. *Abbildung 160*).

Aufbauend auf den Messezielen sind die **Zielgruppen** zu definieren, die über das Kommunikationsinstrument „Messe" angesprochen werden. Diese sollten im Detail hinsichtlich Branche (z.B. Handwerk, Bauwesen, Automobilindustrie), Nationalität (inländische vs. ausländische Besucher), Funktion im Unternehmen (Einkauf, Fachabteilung etc.), ihrer Stellung im Unternehmen (z.B. Entscheider, Sachbearbeiter) oder ihres Interesses (bspw. allgemeiner Informationswunsch, Lösung konkreter Problemstellungen, Kaufwunsch) analysiert werden.

Schließlich sind auch bereits innerhalb der Messeplanung erste Vorstellungen zum **Budget** zu entwickeln, das für Messeaktivitäten zur Verfügung stehen soll. Dieses sollte dabei an den verfolgten Messezielen ausgerichtet werden und sich auch an dem branchenüblichen Messeengagement der Wettbewerber orientieren.

Messeselektion

Im nächsten Schritt sind die Messen zu ermitteln, die in der relevanten Planungsperiode besucht werden sollen. Gerade dieser Phase des Messemanagements kommt dabei in jüngerer Zeit eine immer größere Bedeutung zu, da sich das gesamte Messewesen zunehmend internationalisiert und daher immer mehr Messeplatz-Alternativen international bestehen. Berücksichtigt man zudem, dass die Messebudgets in den vergangenen Jahren nur moderat angewachsen sind bzw. im Zuge der Finanz- und Wirtschaftskrise im Jahr 2009 gegenüber 2008 sogar gesunken sind (vgl. *AUMA e. V.,* 2009, S. 12), dann kommt es immer mehr darauf

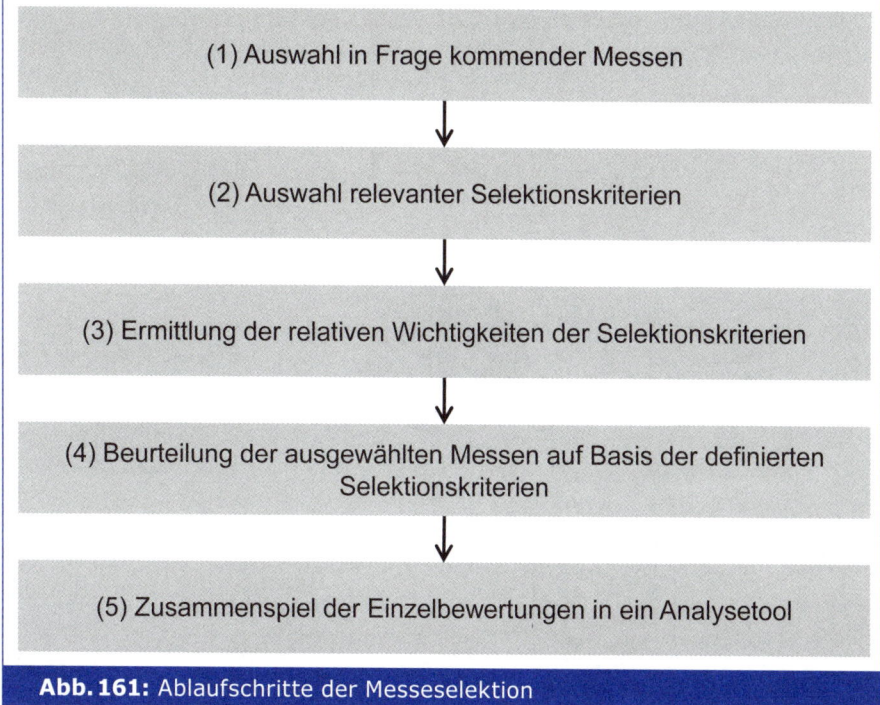

Abb. 161: Ablaufschritte der Messeselektion
Quelle: *Voeth et al.*, 2009a, S. 11.

an, die in Bezug auf die Erreichung der eigenen Messeziele optimalen Messen auszusuchen. *Voeth et al.* (2009a) schlagen für eine systematische Messeselektion die in *Abbildung 161* dargestellten Ablaufschritte für Messeselektionen vor.

Demnach steht die Erfassung aller in Frage kommender Messen am Anfang (1). Angesichts eines sich schnell entwickelnden internationalen Messewesens ist regelmäßig zu überprüfen, ob noch alle relevanten Messen beachtet werden. Anschließend sind relevante Selektionskriterien abzuleiten (2), anhand derer die Auswahl der zu beschickenden Messen vorgenommen werden soll. *Abbildung 162* zeigt Bewertungskriterien bei der (internationalen) Messeplatzauswahl.

- **Aktuelle wirtschaftliche Situation**

Der Erfolg einer Messe hängt weitgehend von den messebegleitenden aktuellen **wirtschaftlichen Rahmenbedingungen** am Messestandort ab (vgl. Strothmann, 1992, S. 99 f.). Messen werden im Umkehrschluss auch stets als gutes **Stimmungsbarometer** für zukünftige gesamtwirtschaftliche Entwicklungen gesehen (vgl. o. V., 1994, S. 24). Ungünstige gesamt- oder branchenwirtschaftliche Tendenzen sorgen für eine Verschlechterung des Messeklimas und führen zu einer Beeinträchtigung der akquisitorischen Bemühungen des Ausstellers während der Messe, aber auch im Rahmen des Nachmessegeschäfts.

- **Aktuelle politische Situation**

Die **aktuelle Politik im Messeland** kann ungeachtet des langfristigen Interesses des Ausstellers an dem ausländischen Markt Einfluss auf seine Messeaktivitäten haben. Dies gilt insbesondere für Aussteller, deren Produkt- und Leistungsprogramm militärisch einsetzbar ist.

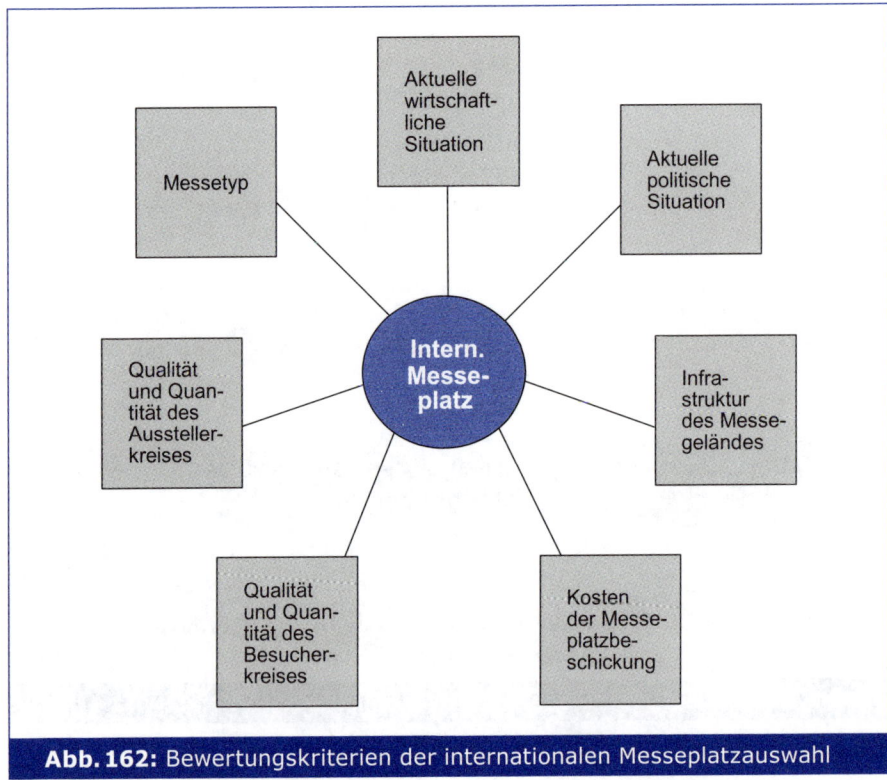

Abb. 162: Bewertungskriterien der internationalen Messeplatzauswahl

Quelle: in Anlehnung an *Klein-Bölting*, 1989, S. 21.

Politische Turbulenzen im Iran führten so z. B. im März 1989 zur Überprüfung der Messebeschickung deutscher Aussteller an der Internationalen Handelsmesse in Teheran im Oktober des gleichen Jahres (vgl. *o. V.*, 1989a; *o. V.*, 1989b).

- **Infrastruktur des Messeplatzes**

In engem Zusammenhang mit dem Erfolg der einzelnen am Messeplatz durchgeführten Messen kommen die Faktoren zum Tragen, die die Qualität der **Infrastruktur des Messeplatzes** bestimmen (vgl. *Strothmann*, 1992, S. 101). Zu betrachten sind hierzu die Orientierungs- und Fortbewegungsmöglichkeiten auf dem Messegelände, die Beschaffenheit der Messehallen, deren Anordnung und Ausstattung, die Größe des Freigeländes, die Versorgungseinrichtungen und Parkmöglichkeiten (vgl. *Tauberger/Wartenberg*, 1992, S. 237 ff.).

- **Kosten der Messeplatzbeschickung**

Bei einer kostenbezogenen Entscheidung für die Teilnahme an einer bestimmten Messe geht es primär um die Ermittlung der durch eine Messe **zusätzlich anfallenden Kosten** (Einzelkosten) (vgl. hierzu auch *Winnen/Beuster*, 1992, S. 372). Als Einzelkosten der Messeplatzauswahl gelten die **Standmiete** am Messeplatz (Geldeinheit pro m^2), die **Ausgestaltung des Messestandes** vor Ort, der **Standbetrieb** (Strom, Wasser, Telefon, Telefax, Bewirtung etc.), **Transport der Exponate** und **Zölle** sowie die **Reisekosten der Standbesetzung** (vgl. *Müller*, 1985, S. 203; *Sartoris*, 1986, S. 46). Liegt ein bestimmtes Messebudget vor, dann lassen sich aus Kostensicht auf dieser Basis Prioritäten für Messeplätze entwickeln. Häufig ist es jedoch nicht zweckmäßig, Messebeschickungsentscheidungen allein auf Basis der relevanten Kosten zu treffen, sondern auch Nutzenerwägungen mit zu berücksichtigen. Vor allem ist dabei auch die Frage der „Messeabstinenz" zu berücksichtigen. Insbesondere interessiert hierbei, ob sich aus einer Nichtbeschickung negative Konsequenzen, z. B. Kundenirritationen, ergeben (vgl. hierzu *Voeth et al.*, 2009c).

- **Qualität und Quantität des Besucherkreises**

Die Analyse der **Besucherstruktur** gibt dem Aussteller die Möglichkeit festzustellen, ob er im Besucherkreis der Messe seine Zielgruppe findet. Erster Anhaltspunkt kann die Quantität der Besucher sein. Ein großer Besucherkreis kann die Wahrscheinlichkeit erhöhen, unter den Besuchern auch Personen der eigenen Zielgruppe zu finden. Jedoch gilt, dass nicht die **Quantität**, sondern vielmehr die **Qualität** der Besucher entscheidend für den Messeerfolg ist (vgl. *Carman*, 1968, S. 38; *Gräbener*, 1981, S. 251; *Groth*, 1992, S. 169). Zur Beurteilung der Qualität des Besucherkreises können sog. Besucherstrukturtests dienen, die von Organisationen (vgl. *Gesellschaft zur freiwilligen Kontrolle von Messen und Ausstellungszahlen*, 1988, S. 3) und teilweise von den Veranstaltern und Durchführungsgesellschaften durchgeführt und den Ausstellern zur Auswertung zur Verfügung gestellt werden.

- **Qualität und Quantität des Ausstellerkreises**

Die Prüfung der **Ausstellerstruktur** der Messe kann den Aussteller darüber informieren, ob und wie viele seiner Wettbewerber auf der Messe vertreten sind (vgl. *Gräbener*, 1981, S. 250; *Schober*, 1988, S. 401). In- und ausländische Besucher werden sich häufig der Messe zuwenden, die über ein möglichst vollständiges Angebot verfügt. Zahl und Art der Aussteller signalisieren dem Besucher die Vollständigkeit des Messeangebots.

- **Messetyp**

Internationale Messen sind i. d. R. als Universal-, Mehr-Branchen- oder Fachmessen konzipiert (zur Typologisierung von Messen vgl. *Selinski/Sperling*, 1995, S. 104). Aufgrund ihrer unterschiedlichen funktionalen Wirkungszusammenhänge hat der Aussteller den Messetyp bei seiner Auswahlentscheidung zu berücksichtigen. Dabei lässt sich generell sagen, dass **Universalmessen** häufiger der Information und Repräsentation dienen (vgl. *Roth*, 1981, S. 64). Einem umfassenden Besucherkreis soll ein übergreifendes, möglichst vollständiges Angebot die gesamte Leistungsvielfalt des Messelandes dokumentieren.

Insbesondere im Industriegüterbereich sind aus der Sicht des Fachbesuchers als Vorteile der **Mehr-Branchen-Messe** das konzentrierte Angebot verschiedener Branchen und die umfassende Informationsmöglichkeit auch über Randgebiete zu sehen. Die Mehr-Branchen-Messe kommt so den Informationserwartungen der Fachbesucher entgegen, wenn Mitglieder des Buying Centers Entscheidungen zu treffen haben, die über ihr eigenes Spezialgebiet hinausgehen (vgl. *Beuermann*, 1976, S. 3 ff.). Bei konkreten Beschaffungsentscheidungen ermöglicht die Mehr-Branchen-Messe die Ansprache des Gesamtkreises der Einkaufsentscheider.

Durch das spezialisierte Programm und die Tiefe des Informationsspektrums sind **Fachmessen** demgegenüber eher geeignet, primär auf diejenigen Entscheidungsträger einzuwirken, die im Beschaffungsprozess schon weiter fortgeschritten sind und durch vertiefte Sachinformation die Fundierung ihrer Kenntnisse für eine konkrete Beschaffungsentscheidung anstreben (vgl. *Beuermann*, 1978, S. 114).

Universal-, Mehr-Branchen- und Fachmessen haben demzufolge unterschiedliche, sich ergänzende Funktionen, die der Aussteller in Abhängigkeit seiner Ziele (insbesondere in Abhängigkeit von seiner Zielgruppe) berücksichtigen sollte (vgl. *Täger/Ziegler*, 1984, S. 114 und S. 131).

Ergänzend zu diesen Messetypen spielen zunehmend virtuelle **Internet-Messen** eine wichtige Rolle (vgl. *Wahl*, 1997). Deren steigende Bedeutung ist vor allem auf die steigende Verbreitung des Internets zurückzuführen, dass sich seit Beginn der 1990er Jahre zu einem weltweiten Kommunikationsmedium entwickelt hat und mittlerweile mehr als 1 Mrd. Nutzer verbindet (vgl. *statista*, 2009).

Mit der Aufhebung der zeitlich und räumlich fixierten Präsentationsmöglichkeiten bietet das Internet-Angebot weltweit zusätzliche Kommunikationsmöglichkeiten. So bieten verschiedene Anbieter im Internet mittelständischen Unternehmen die Möglichkeit, relevante Zielgruppen und Märkte weltweit mit multimedialen Präsentationen zu erreichen. Den Anbietern wird ein umfassender Service von der Präsentation ihrer Unternehmens- und Produktinformation bis zur technischen Umsetzung im Internet geboten. Neben Informationen zu unterschiedlichen Herstellern, Händlern, Produktgruppen und Produkten werden weitere nützliche Informationen wie aktuelle branchenbezogene Nachrichten, Stellenangebote sowie Veranstaltungsankündigungen zur Verfügung gestellt.

Nach der Festlegung der Selektionskriterien sind diese zu gewichten (3) und alle am Beginn des Prozesses aufgenommenen Messen im Hinblick auf die gewählten Selektionskriterien zu bewerten (4). Hieraus ergibt sich eine Gesamtbewertung der Messen (5), die unter Einbeziehung des im Rahmen der Messeplanung festgelegten Messebudgets gestattet, die realisierbaren Messen auszuwählen.

Messeorganisation

Vor dem Hintergrund der angestrebten Messeziele, der Charakteristika der ausgewählten Messeplätze, der Erwartungen der definierten Zielgruppen sowie des für die einzelne Messe zur Verfügung stehenden Budgets ist die Messeorganisation zu gestalten. Vor allem ist ein klares Konzept für jede Messe zu entwickeln, das mit hoher Wahrscheinlichkeit eine Zielerreichung möglich macht. Hierauf aufbauend ist eine entsprechende Konzeptumsetzung (häufig in Zusammenarbeit mit Messebauern, Messegesellschaften und anderen externen Dienstleistern) vorzunehmen. Zu beachten ist dabei allerdings, dass nicht nur dem Messestand Aufmerksamkeit gewidmet wird. Empirische Studien belegen so etwa, dass der Standbau nur einen sehr geringen Teil der **Messezufriedenheit** von Messebesuchern im Industriegüterbereich ausmacht (vgl. *Voeth et al.*, 2009d). Wesentlich wichtiger ist hiernach die direkte Interaktion zwischen Standpersonal und Messebesuchern. Vor diesem Hintergrund ist eine entsprechende Auswahl und Schulung des Standpersonals vorzunehmen.

Messedurchführung

Durch eine entsprechende Messedurchführung ist nicht nur die Umsetzung des Messekonzeptes sicherzustellen. Darüber hinaus ist auch die Effektivität des Messeengagements ggf. schon während der Messe zu überprüfen. Im Kern geht es hierbei darum, bereits in der Durchführungsphase die Basis für ein systematisches **Messe-Controllings** zu legen. *Voeth et al.* (2009a, S. 15 ff.) unterscheiden bei Verfahren, die sich bereits während des Messeauftritts einsetzen lassen, zwischen quantitativen und qualitativen Verfahren. Zu solchen **quantitativen Verfahren** zählen sie

- Standbesucherzählungen,
- Ermittlung der Neukontakte über die Standmitarbeiter,
- Messung der Verweildauer der Besucher am Stand und
- Wegeverlaufsbeobachtung der Besucher auf dem Stand.

Im Bereich der **qualitativen Verfahren** sind

- Standbesucherbefragungen und
- das so genannte „Mystery Purchasing"

anzuführen.

Während im Rahmen von Standbesucherbefragungen Informationen über die Herkunft und Einschätzungen der Standbesucher (z. B. Zufriedenheit mit dem Messestand und dem Standpersonal) über zumeist standardisierte Befragungskonzepte generiert werden, stellt das **Mystery Purchasing** (vgl. hierzu *Herbst et al.*, 2007; *Voeth et al.*, 2008b) eine verdeckte Form der Standbeurteilung dar. Als Kunden „getarnte" Evaluatoren besuchen hierbei den Messestand und beobachten die Ausstattung des Standes (z. B. Verfügbarkeit von Informationsmaterial), die Abläufe am Stand (z. B. Anwesenheit von Standpersonal) sowie das Verhalten des Standpersonals (bspw. Anspracheverhalten, Fachkunde, Freundlichkeit).

Eine über quantitative oder qualitative Verfahren sichergestellte messebegleitende Messung der Messeeffektivität (und ggf. auch -effizienz) ist dabei nicht nur deshalb erforderlich, weil sich bestimmte Informationen allein während der Messe beschaffen lassen. Darüber hinaus bietet der Einsatz messebegleitender Verfahren auch den Vorteil, dass sich bei länger andauernden Messen bereits während der Messe steuernd eingreifen lässt, wenn die Ergebnisse des begleitenden Messe-Controllings bereits am Beginn Schwächen aufdecken.

Messenachbereitung

Angesichts der hohen Kosten, die die Beteiligung an Messen mit sich bringt, sollten Messeaussteller wenn möglich auch eine systematische Messenachbereitung betreiben. Hierzu gehört zum einen die **operative Messenachbereitung**. In diesem Zusammenhang sind auf der Messe geschlossene Kontakte zu Neukunden nachzupflegen, zugesagtes Informationsmaterial nachzusenden oder auf der Messe gesammelte Informationen (etwa über Wettbewerber) auszuwerten. Daneben sollte aber auch eine **strategische Messenachbereitung** vorgenommen werden. Hierzu gehört die Analyse, ob die ursprünglich angetrebten Messeziele erreicht worden sind. Im Kern sind die Messeauftritte auf Soll-Ist-Abweichungen zu untersuchen. Zeigen sich hierbei Abweichungen, so ist zusätzlich zu untersuchen, auf welche Ursachen sich die Abweichungen zurückführen lassen. Nur durch eine solche gezielte Abweichungsanalyse lassen sich Ansatzpunkte identifizieren, wie sich solche Abweichungen bei zukünftigen Messeauftritten vermeiden lassen.

2.2.2.5 Direkt Marketing

Die Wirkung vieler kommunikationspolitischer Maßnahmen hat in den vergangenen Jahren nachgelassen. Ursächlich hierfür ist zum einen das Aufkommen neuer Medien und zum anderen die deutlich ausgeweitete Verfügbarkeit klassischer Medien. Darüber hinaus hat die Zunahme des Wettbewerbsdrucks auf vielen Märkten dazu geführt, dass der Einsatz kommunikationspolitischer Maßnahmen stark ausgedehnt wurde. Durch diese Faktoren bedingt ist in vielen Märkten ein regelrechter **Information-Overload** für Kunden entstanden. Daher hat die einzelne kommunikative Maßnahme eine zunehmend geringere Chance vom Kunden beachtet zu werden. Wirkungseinbußen klassischer kommunikationspolitischer Maßnahmen sind die Folge.

Vor diesem Hintergrund kommt Maßnahmen zur Steigerung der Wirkung kommunikationspolitischer Instrumente große Bedeutung zu. Als besonders erfolgversprechend wird dabei das Direktmarketing eingestuft. Unter **Direktmarketing** versteht *Wirtz* (2006, S. 12) „den Prozess der Anbahnung und Aufrechterhaltung einer direkten, personalisierten Interaktion mit dem Kunden unter der Zielsetzung, die Beziehung zum Kunden dauerhaft so zu gestalten und den Kundenwert zu maximieren." Auch wenn das Direktmarketing damit alle Bereiche des Marketing-Mix berühren kann, bezieht es sich doch insbesondere auf die Gestaltung der Kommunikation gegenüber dem Kunden. Durch den **Einsatz individualisierter Kommunikation** (z. B. adressierte Werbebriefe) soll der Kunde gezielter angesprochen werden. Hiermit wird die Hoffnung verbunden, dass die Personalisierung beim Kunden zu einer größeren Wirkung der kommunikationspolitischen Maßnahme führt.

Auch wenn sich das Direktmarketing in den vergangenen Jahren zunächst auf Konsumgütermärkten etablierte, hat es inzwischen auch **Eingang bei Industriegüterunternehmen** gefunden. *Meffert et al.* (2004, S. 731) haben im Rahmen eines Geschäftstypenvergleichs gezeigt, dass dem Instrument die größte Bedeutung im Produktgeschäft zukommt. Dies lässt sich damit begründen, dass in diesem Geschäftstyp standardisierte und im Wettbewerbsvergleich häufig homogene Leistungen angeboten werden und andererseits die Wettbewerbsintensität dort am größten ist (vgl. *Voeth/Herbst*, 2008b).

Um Direktmarketing-Aktivitäten innerhalb der Kommunikationspolitik systematisch einbinden zu können, sind

- Ziele,
- Prozesse und
- Instrumente

des Direktmarketings festzulegen.

Auf Basis einer empirischen Untersuchung bei 243 Industriegüterunternehmen kommen *Meffert et al.* (2004) zu dem Ergebnis, dass mit dem Direktmarketing unterschiedliche

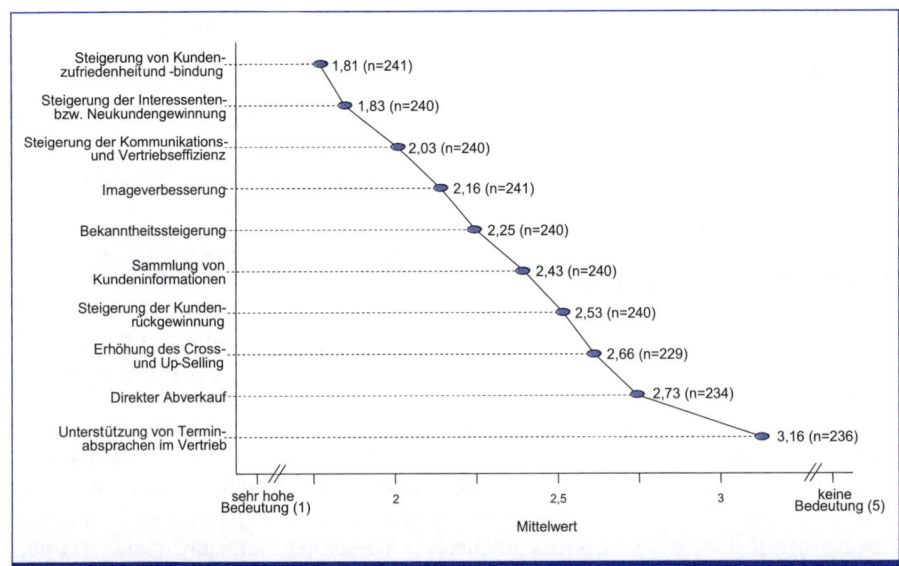

Abb. 163: Bedeutung einzelner Direktmarketing-Ziele im Industriegüterbereich

Quelle: *Meffert et al.,* 2004, S. 741.

Ziele verfolgt werden. So verdeutlichen die in *Abbildung 163* aufgeführten Untersuchungsergebnisse, dass das Direktmarketing gleichermaßen für die Zwecke des Bestandskundenmanagements und der Neukundengewinnung eingesetzt werden. Und auch der Bereich der Kundenrückgewinnung wird von den befragten Unternehmen kaum weniger bedeutsam eingestuft.

Im Hinblick auf den **Prozess** des Direktmarketings (zum Prozess vgl. *Wirtz*, 2005, S. 199 ff.) im Industriegütermarketing haben *Voeth/Brinkmann* (2006) herausgestellt, das dieser die zentrale Besonderheit industrieller Kaufprozesse – das Vorhandensein von Buying Centern auf der Kundenseite – berücksichtigen müsse. So empfehlen sie der Planung des Einsatzes der Direktmarketing-Instrumente die Identifikation, Motivanalyse und Auswahl von Buying Center-Mitgliedern vorzuschalten.

Erst dann ist es möglich, **Direktmarketing-Maßnahmen** zielgenau einzusetzen. In der empirischen Untersuchung von *Meffert et al.* (2004) zeigt sich dabei, dass auf Industriegütermärkten vor allem Instrumente mit Werbe-Charakter zum Einsatz kommen. Wie *Abbildung 164* deutlich macht, machen Werbebriefe, Telefonmarketing und E-Mail/Newsletter zusammen rund 90 % aller Direktmarketing-Aktivitäten auf Industriegütermärkten aus.

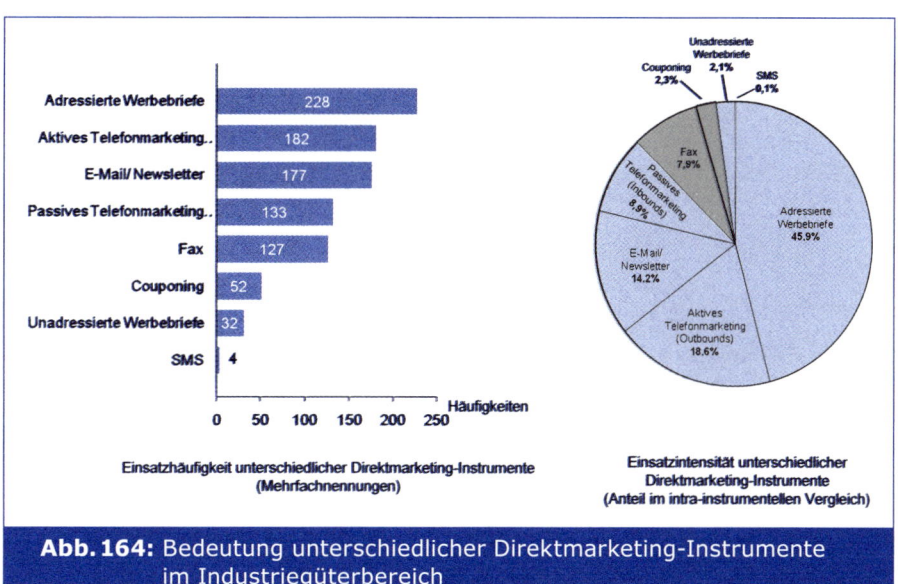

Abb. 164: Bedeutung unterschiedlicher Direktmarketing-Instrumente im Industriegüterbereich

Quelle: *Meffert et al.*, 2004, S. 743.

Kapitel C

Marketing im Anlagengeschäft

I. Charakteristika und Vermarktungsbesonderheiten des Anlagengeschäfts

Im Gegensatz zum Produktgeschäft wandelt sich beim Anlagengeschäft die Anbieterperspektive von der Betrachtung anonymer Märkte zum Einzelkunden. Zielgruppe der Marketing-Maßnahmen sind einzelne bzw. wenige Kunden. Eine Leistung wird immer dann im Geschäftstyp des Anlagengeschäfts vermarktet, wenn es sich bei der Leistung um ein durch die Vermarktungsfähigkeit abgegrenztes, kundenindividuelles Hardware- oder Hardware-/Software-Bündel zur Fertigung weiterer Güter bzw. Leistungen handelt. Die Hard- und Software-Elemente werden zum großen Teil in Einzel- und Kleinserienfertigung erstellt und häufig beim Kunden zu funktionsfähigen Einheiten montiert (vgl. *Arbeitskreis „Marketing in der Investitionsgüterindustrie" der Schmalenbach-Gesellschaft*, 1975, S. 757; *Arlt/Backhaus*, 1977, S. 20; *Engelhardt*, 1977, S. 13). In der internationalen Literatur wird das Vermarktungsprogramm auch als Project Marketing *(Cova et al., 2002)* oder Systems Selling *(Mattsson, 1973)* bezeichnet.

Die im Anlagengeschäft vermarkteten Leistungen zeichnen sich also zum einen dadurch aus, dass bei diesen **kein zeitlicher Kaufverbund** zu anderen Leistungen besteht (vgl. zu einer anderen Sichtweise z. B. *Skaates/Tikkanen*, 2003 oder *Cova et al.*, 2002, S. 43 ff.). Bei einer im Anlagengeschäft vermarkteten Leistung werden – im Gegensatz zu Vermarktungsprozessen im System- oder Zuliefergeschäft – keine weiteren Kaufprozesse auf Seiten des Nachfragers determiniert, limitiert oder – allgemein ausgedrückt – beeinflusst. Zum anderen handelt es sich bei im Anlagengeschäft vermarkteten Produkten auf Seiten des Anbieters um **kundenindividuelle Leistungen** (Projekte). Anders als im Produkt- und Systemgeschäft erfolgt der Vermarktungsprozess *vor* dem Herstellungsprozess, da die Individualität der Leistung eine vor der Vermarktung liegende Fertigung unmöglich macht. Der Kunde formuliert zunächst seine Wünsche, die dann in der Wertkette des Herstellers entsprechende Prozesse in Gang setzen. Dabei sind häufig Abstimmungen mit dem Kunden während der verschiedenen Phasen des Leistungserstellungsprozesses notwendig. *Kleinaltenkamp* bezeichnet dies als Kundenintegration (Customer Integration) (vgl. *Kleinaltenkamp*, 1997 und 1995b; *Kleinaltenkamp et al.*, 1996).

Leistungen, die durch diese Transaktionsmerkmale gekennzeichnet sind, sind häufig großindustrielle Anlagen, z. B. Raffinerien und Walzwerke, aber auch Infrastruktureinrichtungen, bspw. aus den Bereichen Energie, Verkehr, Telekommunikation, Wasserversorgung und Abwasserentsorgung. Allerdings können auch Projekte mit kleinerem Wertvolumen die Charakteristika des Anlagengeschäfts erfüllen, z. B. Handwerksleistungen, Werbeagentur-Leistungen etc.

Prinzipiell ist das Anlagengeschäft wegen seiner Kundenindividualität durch erhebliche Risiken für die beteiligten Parteien gekennzeichnet (vgl. z. B. *Remy*, 1994; *Cova et al.*, 2002, S. 23 ff.).

Die allgemeinen Merkmale des Anlagengeschäfts zeigt zusammenfassend das folgende Beispiel.

Fallstudie Trianel GmbH

Die Trianel GmbH stellt einen 1999 gegründeten Verbund von Stadtwerken dar, dem im Jahr 2009 mehr als 40 Stadtwerke aus Deutschland, Österreich und der Schweiz angehörten. Zielsetzung des Unternehmens ist es, kommunalen Versorgern in den Bereichen Strom und Gas eine unabhängige Marktstellung im liberalisierten europäischen Energiemarkt zu ermöglichen. Hierzu will das Unternehmen auch eigene Kraftwerke bauen und betreiben. Seit Anfang der 2000er Jahre prüfte und plante das Unternehmen den Bau eines neuen Steinkohlekraftwerks am Standort Lünen. Für das neue Kraftwerk, das das dort bereits vorhandene Kraftwerk ergänzen sollte, war eine Nettoleistung von 750 Megawatt geplant. Dies entspricht der Versorgung von bis zu 1,6 Millionen Haushalten.

Um das Projekt bemühten sich bis zur Vergabe verschiedene Anbieterkonsortien, in denen sich jeweils Unternehmen verschiedener Branchen zusammengeschlossen hatten, um ihre jeweils in Teilbereichen vorhandenen Kompetenzen zu bündeln. Beispielsweise arbeitete die Siemens AG in

Abb. 165: Baufortschritt des Steinkohlekraftwerks Lünen (Juni 2009)

Quelle: *Trianel*, 2009.

diesem Projekt u. a. mit dem japanischen Kesselbauer IHI und der österreichischen Austrian Energy & Environment (AE&E) zusammen. IHI, als weltweit führendes Unternehmen beim Bau entsprechend dimensionierter Turmkessel, sowie AE&E als Rauchgasreingungsspezialist, ergänzen das Angebotsspektrum der Siemens AG, die sich vor allem auf die Lieferung von Dampfturbine und Generator sowie die Elektro- und Leittechnik konzentriert, in sinnvoller Art und Weise. Auch wenn das Konsortium bereits in anderen Projekten zusammengearbeitet hat, stellt der Bau des Lüner Kraftwerks eine besondere Herausforderung dar, da in diesem Projekt verschiedene technische und kundenindividuelle Anforderungen zu beachten sind.

Da der Kunde, die Trianel GmbH, kein Spezialist für den Kraftwerksbau, sondern allein für den Kraftwerksbetrieb ist, wurde mit dem von der Siemens AG geführten Konsortium eine schlüsselfertige Errichtung der Anlage vereinbart. Angesichts der großen technischen Komplexität wurde seitens der Projektbeteiligten mit einer Bauzeit von mindestens 4 Jahren gerechnet. *Abbildung 165* zeigt den Entwicklungsstand des Projektes im Juni 2009. Der Trianel GmbH sowie dem Anbieterkonsortium war dabei von Beginn an völlig klar, dass sich das geplante Projektvolumen von 1,4 Mrd. € während der Bauzeit noch verändern kann. So stehen bspw. noch verschiedene Teilgenehmigungen aus, die ggf. nur unter Auflagen erteilt werden. Je nach Ausgestaltung der Auflagen kann eine technische Anpassung des ursprünglich geplanten Konzeptes erforderlich werden.

Aus den konstitutiven Merkmalen des Anlagengeschäfts (Einzelkundenbezug der Transaktion, kein zeitlicher Kaufverbund) ergeben sich einige für das Anlagengeschäft typische **marketingrelevante Charakteristika** (vgl. dazu auch *Backhaus*, 1980, S. 2 ff.; *Bonnaccorsi et al.*, 1996, S. 541 ff.; *Funk/Laßmann*, 1986, S. 16; *Günter/Bonnaccorsi*, 1996, S. 532 ff.; *Reiner*, 2002, S. 18 ff.; *Cova et al.*, 2002, S. 13 ff.; *Skaates/Tikkannen*, 2003, S. 504 ff., *Königshausen/Spannagel*, 2004, S. 1126 ff.).

- **Auftrags-(Einzel-)fertigung**

Da Anlagen vom Anbieter kundenindividuell zugeschnitten werden, erfolgt die Leistungsfestlegung nach Art und Umfang erst im Rahmen des Akquisitionsprozesses. Das bedeutet nicht nur, dass der Vermarktungsprozess zeitlich vor dem Fertigungsprozess liegt, sondern vor allem auch, dass kaum Vergleichbarkeit zwischen verschiedenen Projekten besteht. Daher zeichnen sich Vermarktungsprozesse im Anlagengeschäft durch eine erhöhte Interaktionskomplexität zwischen Anbieter und Nachfrager aus (in der Fallstudie „Trianel GmbH" wurde das technische Konzept in einem langwierigen Prozess zwischen dem Kunden und dem Anbieterkonsortium erarbeitet).

- **Variabilität des Lieferumfangs und Auftragsinhalts**

Besondere Entscheidungsprobleme ergeben sich aus der Tatsache, dass sich der Auftragsumfang während der gesamten Akquisitionsphase und häufig auch noch nach Auftragserteilung zwischen Nachfrager und Anbieter verändert. Dieses Planungsrisiko wird weiter dadurch gesteigert, dass je nach Art der Auftragsvergabe und des Auftragsinhalts mehrere Lösungsmöglichkeiten zur Auftragserfüllung bestehen können (Ungewissheit bezüglich des Auftragsinhalts). So ist es z. B. denkbar, dass im Rahmen einer Ausschreibung verschiedene bekannte Lösungen verwandt werden können.

Während in diesem Fall das Ungewissheitsproblem durch Alternativplanungen für die einzelnen Lösungsvarianten berücksichtigt werden kann, ergeben sich erhebliche Probleme, wenn keine bekannten technischen Lösungen für das Auftragsproblem existieren und erst vom Anbieter entwickelt werden müssen (vgl. z. B. *Backhaus*, 1980). In der oben beschriebenen Fallstudie können bspw. nachträgliche Auflagen dazu zwingen, technische Lösungen zur Erfüllung der Auflagen erst noch erarbeiten zu müssen.

- **Know-how-Gefälle**

Da bei im Anlagengeschäft vermarkteten Leistungen kein zeitlicher Kaufverbund existiert und somit beim Nachfrager auch kein produktspezifisches Know-how durch eine sukzessive Beschaffung schrittweise aufgebaut wird, besteht im Anlagengeschäft häufig ein Know-how-Gefälle zwischen Anbieter und Nachfrager. Kunden versuchen, dieses Gefälle z. T. durch das Einschalten von Consulting Engineers zu verringern, so dass sich das Buying Center vergrößert, wodurch sich auch das Nachfrageverhalten im Ganzen verändert. In der Fallstudie „Trianel GmbH" verfügte der Verbund kommunaler Versorger im Vorfeld der Auftragsvergabe über keine umfassenden Erfahrungen, da es sich bei dem Projekt um das erste ausschließlich in kommunaler Regie betriebene Grundlastkraftwerk handelte.

- **Diskontinuität**

„Project business is characterized by a high degree of discontinuity in economic relations between the supplier and the customer. In fact, a customer from a developing nation who wants to be equipped, for example, with a hydroelectric dam or a refinery will not buy the same type of equipment for many years to come. In this case, unlike the repetitive sales of industrial services and products, we cannot consider supplier/customer relations to be cultivated by frequent transactions." (*Cova et al.*, 2002, S. 20). Aus diesem Grunde ist es notwendig, dass der Fokus der Marketing-Bemühungen auf die Steuerung des Interaktionsprozesses im Rahmen einer Einzeltransaktion gerichtet ist.

- **Kooperative Anbietergemeinschaften**

Die technische Komplexität von industriellen Großanlagen führt häufig dazu, dass ein Anbieter nicht im Stande ist, alle Teilleistungen selbst zu erbringen. Daher werden Großanlagen oftmals nicht durch Einzelanbieter, sondern in Zusammenarbeit mit mehreren Firmen, u. U. in Form von Arbeitsgemeinschaften, Generalunternehmerschaften, Konsortien oder Exportgemeinschaften mit verschiedenen Unterformen, errichtet. Die Verhandlungen über die Organisation der Anbietergemeinschaften können sich über die gesamte Akquisitionsphase erstrecken und werfen besondere Koordinationsprobleme auf: Die jeweiligen Teilanbieter sind nach Angebotsabgabe – evtl. schon früher – nicht mehr völlig frei in ihren Aktionen, da diese im Hinblick auf das Interesse der Mitanbieter zu sehen sind. In der Fallstudie „Trianel GmbH" schlossen sich bspw. die Siemens AG, die japanische IHI und die österreichische AE&E zu einem Konsortium unter der Führung von Siemens zusammen, so dass die beteiligten Unternehmen bereits im Rahmen des Akquisitionsprozesses gezwungen waren, ihr projektspezifisches Engagement eng aufeinander abzustimmen.

Die Notwendigkeit zur Kooperation mit anderen Unternehmen in einer Anbietergemeinschaft ist abhängig vom Leistungsumfang, den der betrachtete Anlagenlieferant erbringen kann bzw. im Rahmen eines konkreten Projekts zu erbringen bereit ist. Im Anlagengeschäft tätige Unternehmen lassen sich vor diesem Hintergrund verschiedenen Typen von Geschäftsmodellen zuordnen, wobei sie durchaus von Projekt zu Projekt das Geschäftsmodell wechseln können (vgl. *Zoller*, 2001, S. 670 ff., S. 681 ff.). Zu unterscheiden ist dabei zwischen Kernkomponentenlieferanten und Anlagebauunternehmen:

– **Kernkomponentenlieferanten** beschränken sich auf die Lieferung, Montage und Inbetriebnahme der von ihnen angebotenen Kernkomponenten (z. B. Turbinen oder Generatoren im Kraftwerksbau) der Anlage. Es werden darüber hinaus nur solche Dienstleistungen erbracht, die direkt die jeweils gelieferte Kernkomponente betreffen. Die Gesamtanlage betreffende koordinative Aufgaben überlassen sie z. B. einem Konsortialpartner oder Generalunternehmer.

– **Anlagenbauunternehmen** übernehmen ferner die Verantwortung für Planung, Fertigung, Montage sowie Inbetriebnahme der Gesamtanlage. Die einzelnen Komponenten der Anlage werden entweder durch das Unternehmen selbst oder aber durch einen bzw. mehrere Kernkomponentenlieferanten gefertigt und geliefert. Zudem erbringen Anlagenbauunternehmen häufig weitere Dienstleistungen, wie z. B. Instandhaltung der Anlage, Schulung des Betriebspersonals und Vermittlung der Finanzierung (vgl. *Grill-Kiefer*, 2000, S. 126).

Immer häufiger bleiben Anlagenlieferanten über den Zeitpunkt der Betriebsbereitschaft hinaus befristet oder unbefristet Betreiber und/oder Miteigentümer der Anlage. Es kommt zur Realisierung sog. **Betreibermodelle**. Im Rahmen eines Betreibermodells überträgt der Auftraggeber die Gesamtverantwortung für ein Anlagenprojekt auf den Lieferanten. Die Vertragslaufzeit erstreckt sich neben der Bauphase auf einen wesentlichen Teil der Betriebsphase der Anlage. Neben Bau und Betrieb der Anlage ist der Anlagenlieferant für die Finanzierung des Projekts verantwortlich. Das Projekt wird als eigenständige Wirtschaftseinheit finanziert und i. d. R. über eine rechtlich selbständige Projektgesellschaft, an der der Anlagenlieferant häufig beteiligt ist, realisiert (vgl. *Hintze*, 1998, S. 38).

Für den Nachfrager ergeben sich bei der Realisierung eines Betreibermodells über die eigentliche Realisation des Projekts hinaus weitere Vorteile: Zu nennen ist hier u. a. der Technologietransfer, der sich z. B. durch die übliche Ausbildung lokaler Arbeitskräfte vor Übergabe der Anlage durch den Betreiber ergibt; öffentliche Auftraggeber profitieren zudem von einer höheren Effizienz und Wirtschaftlichkeit bei der privaten Abwicklung des Projekts (vgl. *Hess*, 1992, S. 12). Dem Anlagenanbieter können sich hingegen durch das Angebot der Durchführung eines Betreibermodells zahlreiche neue Absatzmärkte erschließen.

II. Marketing im Anlagengeschäft: Ein phasenspezifischer Ansatz

1 Der Phasenablauf

Die Besonderheiten des Anlagengeschäfts machen deutlich, dass sich der **Vermarktungsprozess** aufgrund der Komplexität über einen relativ langen Zeitraum erstreckt. Es lässt sich zeigen, dass dabei

- klar unterscheidbare (Teil-)Phasen definierbar sind,
- in denen unterschiedliche Marketing-Probleme virulent werden,

so dass es sich anbietet, die Marketing-Entscheidungen im Anlagengeschäft **phasenspezifisch** zu behandeln. Da die KKV-Position phasenspezifisch variiert, ist es zweckmäßig, den Interaktionsprozess beim Marketing im Anlagengeschäft zunächst einmal in seinen Grundzügen zu beschreiben, um die für die weitere Analyse relevanten Dimensionen zu erfassen.

Abbildung 166 zeigt den Phasenablauf des Anlagengeschäfts (vgl. *Backhaus/Günter*, 1976; *Königshausen/Spannagel*, 2004, S. 1128).

In der **Voranfragenphase**, die anbieterseitig durch allgemeine Akquisitionsbemühungen und somit schon durch Interaktionen zwischen Anbietern und Nachfragern gekennzeichnet

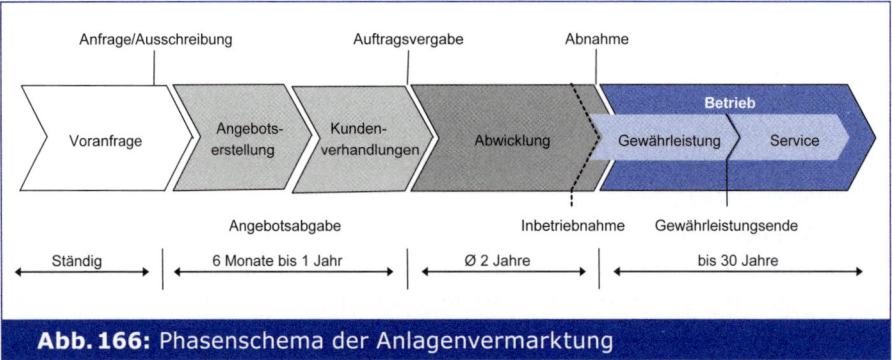

Abb. 166: Phasenschema der Anlagenvermarktung

ist, kann es zur Problemerkennung kommen, die zur Erstellung einer Vorstudie Anlass geben kann. Die **Vorstudie** enthält je nach gewünschtem Leistungsumfang alternativ oder additiv:

- den Nachweis der technischen Durchführbarkeit und der Wirtschaftlichkeit der Investition (Feasibility Study),
- pauschale Leistungsdaten, die benötigten Inputgrößen (Rohstoffe, Energie, etc.) und Kapazitätsberechnungen,
- ein umfassendes Software-Angebot mit hinreichend genauen Design-Spezifikationen.

Nach der Beurteilung der Vorstudie durch die Nachfragerorganisation kann der Prozess entweder abgebrochen, durch die Forderung nach Modifikationen (Schleifen innerhalb des Gesamtphasenablaufs) rückgekoppelt oder das Lieferobjekt durch eine formale Ausschreibung bzw. im Wege einer freihändigen Vergabe angefragt werden. Dazu ist eine Erstellung der Anfrage-(Tender-)Unterlagen notwendig sowie evtl. eine öffentliche Bekanntmachung der Ausschreibung.

Entschließt sich der angefragte Anbieter, auf die Anfrage ein Angebot zu erstellen **(Angebotserstellungsphase)**, so wird es notwendig,

- die Präqualifizierung einzuleiten, mit der ein Anbieter zeigt, dass er den Ausschreibungsbedingungen genügen kann,
- Kontakte mit potenziellen Mitanbietern aufzunehmen,
- die technische Lösung zu konzeptionieren,
- evtl. eine Auftragsfinanzierung sicherzustellen und
- einen Angebotspreis zu formulieren.

Nach Angebotsabgabe beginnt der Kern der Verhandlungen mit dem Kunden auf Basis der abgegebenen Angebote. Diese **(Kundenverhandlungs-)Phase** endet im Wesentlichen mit der Erteilung des Letters of Intent, einem Dokument, das, ohne einen formal-juristischen Rechtsanspruch zu begründen, die Zuschlagszusicherung enthält (vgl. *Lutter*, 1998). Bis zur Auftragsvergabe erfolgt die formale Vertragsausfertigung; es geht also vor allem um die Klärung juristischer Probleme. Das Ergebnis dieser Verhandlungen ist der einen formal-juristischen Anspruch begründende Anlagenvertrag (Auftragseingang/Auftragsvergabe), in dem Aufgaben und Risiken zwischen Anbieter und Kunde verteilt werden (vgl. *Köhl*, 2000, S. 11).

In der **Abwicklungs- und Gewährleistungs-/Servicephase** werden Durchführungsentscheidungen im Beschaffungs-, Fertigungs-, Physical Distribution- und Montagebereich relevant. Nach dem Probelauf, bei dem Kunden die Funktionsfähigkeit der Anlage demonstriert wird, beginnt die Gewährleistung und Abwicklung der überhängenden Finanzierung.

Je nach dem Grad des Konsonanz- bzw. Dissonanzempfindens nach der Realisation des Projekts wird ein abgewickeltes Projekt weitere, später neu ablaufende Phasenstrukturen beeinflussen. Wegen der Bedeutung in Betrieb gesetzter Anlagen als Referenzanlagen bei der Entscheidung über die Vergabe eines Auftrags beeinflusst die Abwicklung von Projekten nicht nur zukünftige Entscheidungen des betreffenden Nachfragers, sondern auch das Verhalten anderer potenzieller Kunden.

2 Phasenspezifische Marketing-Entscheidungen

2.1 Marketing-Entscheidungen in der Voranfragenphase

Marketing-Entscheidungen in der Voranfragenphase stellen das **Bindeglied** zwischen strategischen und projektbezogenen Entscheidungen dar, da einerseits noch kein konkretes Projekt vorliegt, andererseits aber die Bemühungen auf Projektkonkretisierungen ausgerichtet sind (vgl. auch *Königshausen/Spannagel*, 2004, S. 1129 ff.).

Bei der Akquisition in der Voranfragenphase lassen sich grundsätzlich zwei Verhaltensweisen unterscheiden:

- Marktaktivität oder
- Marktpassivität,

die dadurch gekennzeichnet sind, dass im ersteren Fall der oder die Anbieter versuchen, Bedarf beim Kunden zu erzeugen, um ihn somit zur Anfragetätigkeit anzuregen, während im letzteren Fall die Anbieter erst bei Vorliegen von Anfragen aktiv absatzpolitisch tätig werden (vgl. auch *Engelhardt/Günter*, 1981, S. 118 f.; *Kuhlmann*, 2001, S. 237).

2.1.1 Passives Akquisitionsverhalten

Aufgrund der hohen Markttransparenz, die kennzeichnend für das komplexe Anlagengeschäft ist, lassen sich in der Praxis häufig Marktpassivitätsverhaltensweisen in der Voranfragenphase nachweisen (vgl. z. B. *Simon*, 1977, S. 108).

Die **hohe Markttransparenz** resultiert vor allem aus der relativ geringen Zahl von Projekten und potenziellen Lieferanten, die wiederum darauf zurückzuführen ist, dass das Anlagengeschäft häufig umfangreiches Know-how voraussetzt und zumindest im Großanlagengeschäft hohe Kapitalanforderungen an die potenziellen Lieferanten stellt. Diese Bedingungen können jeweils nur relativ wenige Unternehmungen erfüllen, die dann i. d. R. auch angefragt werden.

Wegen des hohen Risikos beim Kauf komplexer Anlagen versuchen die Nachfrager, den Wettbewerb auf der Anbieterseite aufrechtzuerhalten, so dass bei größeren Projekten – nicht zuletzt auch bedingt durch die Vergabeform der öffentlichen Ausschreibung und der bestehenden Interaktionsbeziehungen auf der Anbieterseite (Informationsaustausch) – die potenziellen Lieferanten trotz der großen geographischen Streubreite weltweit von den geplanten Objekten erfahren und deshalb glauben, darauf verzichten zu können, in der Voranfragenphase aktiv absatzpolitisch tätig zu werden.

Dieses Verhalten ist jedoch nur unter **drei Prämissen** sinnvoll und zweckmäßig:

(1) Man betrachtet primär das Großanlagengeschäft. Wir hatten jedoch darauf hingewiesen, dass auch kleinere Projekte im Anlagengeschäft vermarktet werden.
(2) Wenn davon ausgegangen werden kann, dass der Zeitpunkt, zu dem der Anbieter von den geplanten Projekten erfährt, für den absatzpolitischen Erfolg unerheblich ist und/ oder
(3) Maßnahmen zur Bedarfsweckung im Anlagengeschäft nicht wirksam sind.

Diese Prämissen sind jedoch in der Realität kaum haltbar. Bei der phasenspezifischen Analyse des Interaktionsprozesses wurde festgestellt, dass mit zunehmender Prozessdauer die jeweiligen Entscheidungen durch vorhergehende Entscheidungen bedingt sind (**creeping commitment**, vgl. *Robinson et al.*, 1967, S. 19). Für den Anbieter bedeutet das, dass er versuchen muss, möglichst frühzeitig von geplanten Projekten zu erfahren, um so z. B. über eine Beeinflussung bei der Erstellung des Lastenhefts (Zusammenstellung der geforderten Eigenschaften eines Projekts) für eine Ausschreibung die anbieterspezifischen Differenzierungsmerkmale in den Vordergrund zu rücken und somit eine **Bindung** der Nachfrager zu erreichen (vgl. *Lutzner*, 1998, S. 53; *Cova et al.*, 2002, S. 44 ff.).

2.1.2 Aktives Akquisitionsverhalten

Aus der in *Abbildung 166* dargestellten Phasenstruktur des Marketings im komplexen Anlagengeschäft wird deutlich, dass die Interaktion zwischen Anbietern und Nachfragern in der Voranfragenphase primär durch allgemeine Akquisitionsbemühungen seitens der Anbieter gekennzeichnet ist. Er verfolgt das Ziel, bei den potenziellen Kunden die Identifikation von Problemen zu erreichen. Es handelt sich also in erster Linie um Interaktionsprozesse, die auf kommunikationspolitischen Entscheidungen des Anbieters beruhen.

Grundsätzlich kommen hier alle Instrumente des Kommunikations-Mixes in Frage. Allerdings ergibt sich aus den Charakteristika des Anlagengeschäfts, dass das im Konsumgütermarketing dominante Instrument der Medienwerbung sehr stark zugunsten anderer Kommunikationsinstrumente (z. B. Messen und Beiträge in Fachzeitschriften) zurücktritt.

Dem Faktor **Image** kommt bei den Marketing-Überlegungen im Anlagengeschäft eine zentrale Bedeutung zu, da es sich bei der Vermarktung von Anlagen um die Vermarktung von sog. „Quasi-Vertrauensgütern" handelt. Bei diesen Gütern lässt sich zwar die Qualität nach der Übergabe durch den Kunden zweifelsfrei beurteilen, die Wertdimension und der Erstellungszeitraum sind jedoch so groß, dass ein „Ausprobieren" vor Vertragsabschluss nicht möglich ist. Da die Beschaffung von Informationen über das angebotene Leistungsbündel nicht möglich oder aus Sicht des Kunden nicht ausreichend ist, werden die fehlenden Informationen über das Leistungsbündel durch sog. „Surrogatinformationen", d. h. Schlüsselinformationen, über den Anbieter ersetzt. Dazu kann in besonderem Maße auch das Image eines Unternehmens zählen (vgl. *Möhringer*, 1998, S. 28 ff.).

Manche (Groß-)Firmen verfügen in der Praxis des Anlagengeschäfts über eigene „Business Development"-Abteilungen, deren Hauptaufgabe in der (weltweiten) **Stimulierung des Bedarfs** nach Industrieanlagen besteht. Dies kann z. B. dadurch geschehen, dass dem Kunden Bedarfslücken evident gemacht werden:

Die Nachfrage nach Flugzeugen hängt von der Entwicklung des Flugverkehrsmarktes insgesamt ab. Für die Investitionsentscheidungen der Airlines ist dabei vor allem die Entwicklung des Fluggastaufkommens weltweit, aber vor allem auch in den verschiedenen Regionen des Weltmarktes entscheidend. Da allerdings zwischen der Bestellung von Verkehrsflugzeugen und deren Auslieferung im Regelfall mehrere Jahre liegen, ist es das Interesse der Flugzeugindustrie, ihre Kunden – die Airlines – frühzeitig auf deren zukünftigen Bedarf an Neumaschinen aufmerksam zu machen. Aus diesem Grunde unterhalten Firmen wie Airbus oder Boeing eigene Abteilungen, deren Aufgabe vor allem darin besteht, sich mit der zukünftigen Entwicklung des Flugverkehrsmarktes zu beschäftigen und daraus zukünftig benötigte Verkehrsmaschinen abzuleiten. *Abbildung 167* zeigt einen Ausriss des von Airbus regelmäßig herausgegebenen „Global Market Forecast".

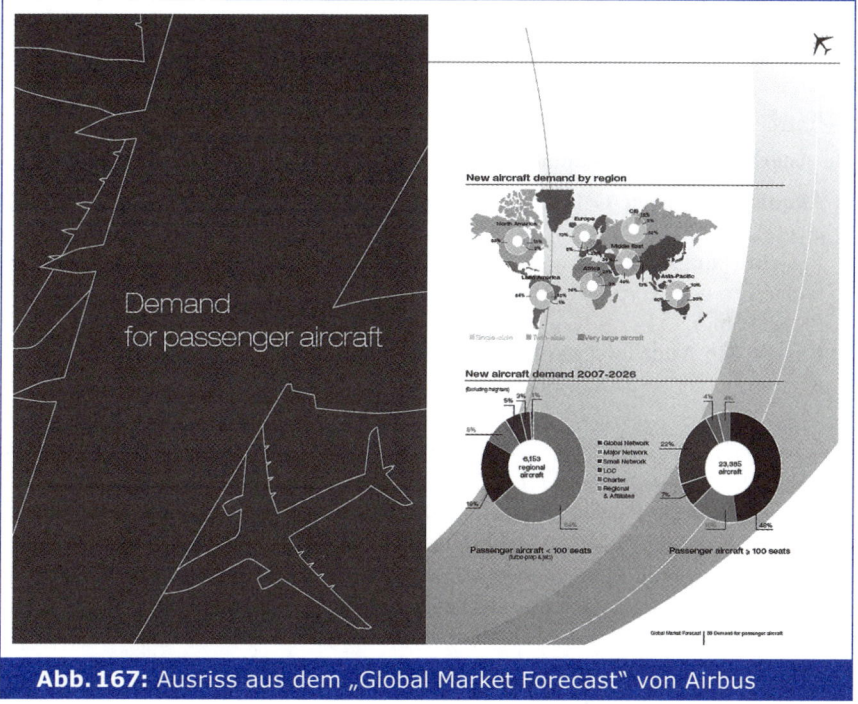

Abb. 167: Ausriss aus dem „Global Market Forecast" von Airbus

Quelle: *Airbus*, 2007.

Darüber hinaus erweist es sich oftmals als zielführend, wenn sich der Anlagenanbieter als Projekt-Promotor in dem Sinne versteht, dass er aufgespürte Projektideen finanzierbar macht. Insbesondere **Betreibermodelle** können dazu beitragen, konkrete Anfragen durch Nachfrager zu generieren, die aufgrund fehlender Kapitalmittel und mangelndem Betriebs-Know-how bei herkömmlichen Geschäftsformen nicht zum Kauf einer Anlage in der Lage gewesen wären.

2.2 Marketing-Entscheidungen in der Angebotserstellungsphase

2.2.1 Anfragenselektion

Mit dem Eingang einer Anfrage beginnt beim Anbieter die **Angebotserstellungsphase**. Dieser Phase kommt im gesamten Akquisitionsprozess eine besondere Stellung zu, da die Entscheidung über die Beteiligung an einer Ausschreibung bzw. die Erstellung eines Angebots auf eine Anfrage bei freihändiger Vergabe erhebliche kostenmäßige Konsequenzen nach sich zieht (vgl. *Backhaus*, 1984).

Mit der Anfragenanalyse und -bewertung wird versucht, diese Auswirkungen frühzeitig zu ermitteln und somit Hinweise zu liefern, ob ein Projekt weiterverfolgt werden soll oder nicht. Der Erfolg der Anfragenbewertung zeigt sich demnach im Verhältnis zwischen Auftragsergebnis und -wahrscheinlichkeit einerseits sowie den Angebotskosten andererseits (vgl. *Heger*, 1998, S. 72).

Die **Angebotskosten** als Sammelbegriff für

- **Akquisitionskosten** (Gehalt und Reisekosten der im Außendienst tätigen Vertriebsingenieure),
- **Projektierungskosten** (Engineeringkosten für die Klärung der Anfrage, für Voruntersuchungen und Vorprojektierungen, Ermittlung des Mengengerüsts, Kalkulation und Preisbildung) und
- **Kosten der Angebotsorganisation** (Sondierung möglicher Anbietergemeinschaften, Klärung der Finanzierung, Schreib- und Zeichenarbeiten, Dokumentation zur Angebotserläuterung)

können bei komplexen Großanlagen je nach Anlagentyp durchaus 5 % des Projektwerts erreichen (vgl. z. B. *Arbeitskreis „Internes Rechnungswesen" der Schmalenbach-Gesellschaft*, 1991, S. 64; *Bröker*, 1993, S. 12; *Heger*, 1998, S. 71; *von Lindeiner-Wildau*, 1986, S. 23). Dabei verlaufen die Kosten der Akquisition und der Angebotserstellung nicht proportional zum Projektwert. Die Bearbeitung vieler Kleinangebote kann für ein Unternehmen, das auf die Bearbeitung von Großaufträgen eingerichtet ist, überdurchschnittlich hohe Kosten verursachen.

Um die Angebotskosten, die im Falle eines Auftragsverlusts ungedeckt bleiben, zu begrenzen, ist eine **selektive Anfragenbearbeitung** dringend geboten. Tatsächlich zeigen auch Umfragen, dass der Anfragenselektion in der Praxis große Bedeutung beigemessen wird (vgl. *o. V.*, 1978, S. 43, sowie das Interview mit SMS Schloemann-Siemag Aktiengesellschaft bei *Schmauß*, 1997, S. 60 f.).

Gerade bei **internationalen Großprojekten**, deren Angebotsphase sich über einige Jahre erstreckt, besteht die Gefahr, dass die Angebotskosten Größenordnungen erreichen, die einen Abbruch der Projektverfolgung nahe legen. Um die Angebotskosten als Kriterium für Anfragenselektionen einsetzen zu können, müssen diese projektbezogen als Erwartungswerte geschätzt und die Istwerte erfasst werden.

Da die Kosten für die Angebotsbearbeitung mit der Komplexität, Individualität und dem Wert einer Anlage steigen, werden Anfragenselektionen bei Großprojekten häufiger durchgeführt als bei kleineren Anlagen.

Durch die Anfragenbearbeitung können auch Kapazitätsprobleme entstehen, wenn die Bearbeitung einzelner Anfragen oder Aufträge einen erheblichen Teil der insgesamt verfügbaren Kapazität der Projektierung, Konstruktion und Fertigung beansprucht. Neue Projekte müssen in vorhandene **Kapazitätsbelegungspläne** eingepasst werden. Verlangte Angebots- oder Liefertermine können generelle Restriktionen darstellen oder zu Engpassproblemen in bestimmten Bearbeitungs- oder Fertigungsbereichen führen. Andererseits wird versucht, durch intensives Bemühen um bestimmte Aufträge unausgelastete Kapazitäten zu füllen und die Beschäftigung der Mitarbeiter zu sichern.

Eine Schwierigkeit liegt oft darin, die möglichen Risiken der Projekte frühzeitig zu erkennen und vor allem zu bewerten (zu einer Übersicht von Risiken im Anlagengeschäft vgl. z.B. *Guserl*, 1996a, S. 527, sowie 1996b, S. 836 f.; *Gutmannsthal-Krizanits*, 1994, S. 232 ff.). Häufig reicht es nicht aus, das Ausmaß des einzelnen Risikos subjektiv zu beurteilen, z.B. als „groß" oder „gering", sondern es müssen die Kosten- und Ergebnisauswirkungen der Risiken quantifiziert werden.

Auf jeden Fall ist es notwendig, den **Anfragenselektionsprozess** zu **systematisieren**, um den Planungs- und Entscheidungsprozess transparent zu machen (vgl. *Heger*, 1988). Aus diesem Grunde werden im Folgenden konkrete Verfahren der Anfragenselektion vorgestellt und anschließend kritisch miteinander verglichen, um deren Vor- und Nachteile herauszukristallisieren.

Die Anfragenbewertungsverfahren werfen primär folgende **Fragen** auf:
- Welche Kriterien können zur Beurteilung von Anfragen herangezogen werden, um Anfragen in bearbeitungswürdige und chancenlose zu untergliedern?
- Wie können diese Kriterien zu einem Entscheidungsmodell verdichtet werden?

Die Suche nach geeigneten Anfragenbewertungskriterien ist für einen Anbieter deshalb so schwierig, weil zu Beginn der Angebotserstellungsphase häufig nur relativ vage Vorstellungen von der zu erbringenden Leistung bestehen (vgl. *Heger*, 1998, S. 73). Allerdings variiert der **Komplexitätsgrad der Entscheidung** mit der Situation:

- Je nachdem, ob es sich um weitgehend spezifizierte oder unspezifizierte Anfragen handelt, ist die Leistungsanforderung in unterschiedlichem Maße bekannt.
- Bei einer spezifizierten Anfrage wird der Informationsgrad des Anbieters durch die Projektvergleichbarkeit bestimmt: Je ähnlicher das angefragte Produkt einem bereits realisierten ist, umso besser ist der Informationsstand.
- Das Selektionsproblem verändert sich, je nachdem, welche Angebotsform erwartet wird. *Abbildung 168* zeigt, dass der Aufwand beim Kontaktangebot sehr gering, beim Festangebot dagegen sehr hoch ist und somit die Angebotsform die Anfragenselektionsentscheidung mitbestimmt (vgl. *Kambartel*, 1973, S. 54).

Angebotsformen / Merkmale	Kontaktangebot	Richtangebot	Festangebot
Verbindlichkeit	uneingeschränkt	uneingeschränkt	uneingeschränkt
Genauigkeit	hohe	sehr hohe	höchste
Informationsgehalt	begrenzt	umfangreich	umfassend
Aufwand	gering	durchschnittlich	sehr hoch

Abb. 168: Charakteristische Merkmale der Angebotsformen

Quelle: *Kambartel*, 1973, S. 54.

Obwohl die Verbindlichkeit der Angebotstypen in allen Fällen uneingeschränkt gilt, so dass auf jeden Angebotstyp eine Bestellung erfolgen kann, unterscheiden sich Genauigkeitsgrad und Informationsgehalt der verschiedenen Angebotsformen und damit auch der Erstellungsaufwand erheblich. Das **Kontaktangebot** enthält lediglich Informationen, die sich auf die angebotene Leistung als Einheit beziehen, während beim **Richtangebot** technische Ausführungsangaben und der Angebotspreis sowie nähere Aussagen über die Hauptbaugruppen einer Anlage enthalten sind. Das **Festangebot** schließlich weist zu einzelnen Baugruppenebenen detaillierte Informationen über technische Lösungen und Angebotspreis aus (vgl. *Grabowski/Kambartel*, 1978, S. 40; *VDI-Gesellschaft Konstruktion&Entwicklung*, 1998, S. 10).

Wie zu zeigen sein wird, hängt die Gestaltung eines Anfragenbewertungs-/-selektionssystems sehr stark von der Art der verfügbaren Informationen ab.

Qualitative Konzepte sind dadurch gekennzeichnet, dass die Beurteilungsgrößen nicht in metrischer Form vorliegen (vgl. *Adam*, 1997, S. 404). **Quantitative Konzepte** verwenden bei der Anfragenselektion dagegen Informationen metrischen Skalenniveaus. Im Gegensatz zu qualitativen Konzepten ermöglichen sie damit eine intersubjektiv vergleichbare, kardinale Bewertung der zur Auswahl anstehenden Anfragen. Eine Mittelstellung zwischen quantitativen und qualitativen Konzepten nehmen **Scoring-Modelle** ein, weil sie zwar vorgeben, quantitative Daten zu verwenden, aufgrund der subjektiven Punktvorgabe jedoch ein Intervallskalenniveau nicht sichergestellt ist (vgl. *Adam*, 1997, S. 83).

Qualitative Konzepte der Anfragenselektion

Bei den qualitativen Verfahren der Anfragenselektion unterscheiden wir Checklistenverfahren und Profilvergleiche. **Checklisten** stellen die für die Bewertung einer Anfrage relevanten Kriterien zusammen und belegen die Ausprägungen häufig mit qualitativen Beschreibungen. Ein Beispiel für eine Checkliste zur Anfragenbeurteilung zeigt *Abbildung 169*.

Es wird deutlich, dass Checklisten nicht zu einer intersubjektiv überprüfbaren Entscheidungsregel führen. Vielmehr soll eine Checkliste eine umfassende qualitative Beurteilung gewährleisten, bei der die für die Unternehmung relevanten Kriterien der Anfragenbewertung lückenlos geprüft werden. Checklisten werden häufig dazu eingesetzt, eine qualitative Begründung für die weitere Vorgehensweise bei der Anfragenbearbeitung zu liefern (vgl. *Backhaus/Dringenberg*, 1984, S. 59). Die Transparenz des Entscheidungsprozesses soll erhöht werden.

Eine Weiterentwicklung der Checklistenverfahren im Rahmen der qualitativen Anfragenselektion stellen Profilvergleiche dar (vgl. *Barrmeyer*, 1982 sowie *Abbildung 170*). **Profilvergleiche** erweitern Checklisten insofern, als sie für die einzelnen Kriterien der Checkliste konkrete Punktausprägungen vergeben, ohne jedoch die einzelnen Punkte über die Kriterien zu verdichten.

Das in *Abbildung 170* dargestellte Beispiel eines Profilvergleichs, bei dem zwischen Mindestanforderungsprofilen und realisierten Profilen unterschieden wird, zeigt, dass eine eindeutige Entscheidung immer dann möglich ist, wenn sich die Profile nicht schneiden.

Für den Fall, dass das Realprofil das Mindestprofil bei bestimmten Kriterien nicht erfüllt, muss entweder das gesamte Projekt abgelehnt oder es müssen Kompensationsmöglichkeiten im Modell berücksichtigt werden (vgl. auch *Heger*, 1988, S. 27).

Solche Kompensationsmöglichkeiten sind jedoch stets subjektiv und aus dem Verfahren heraus nicht erklärbar.

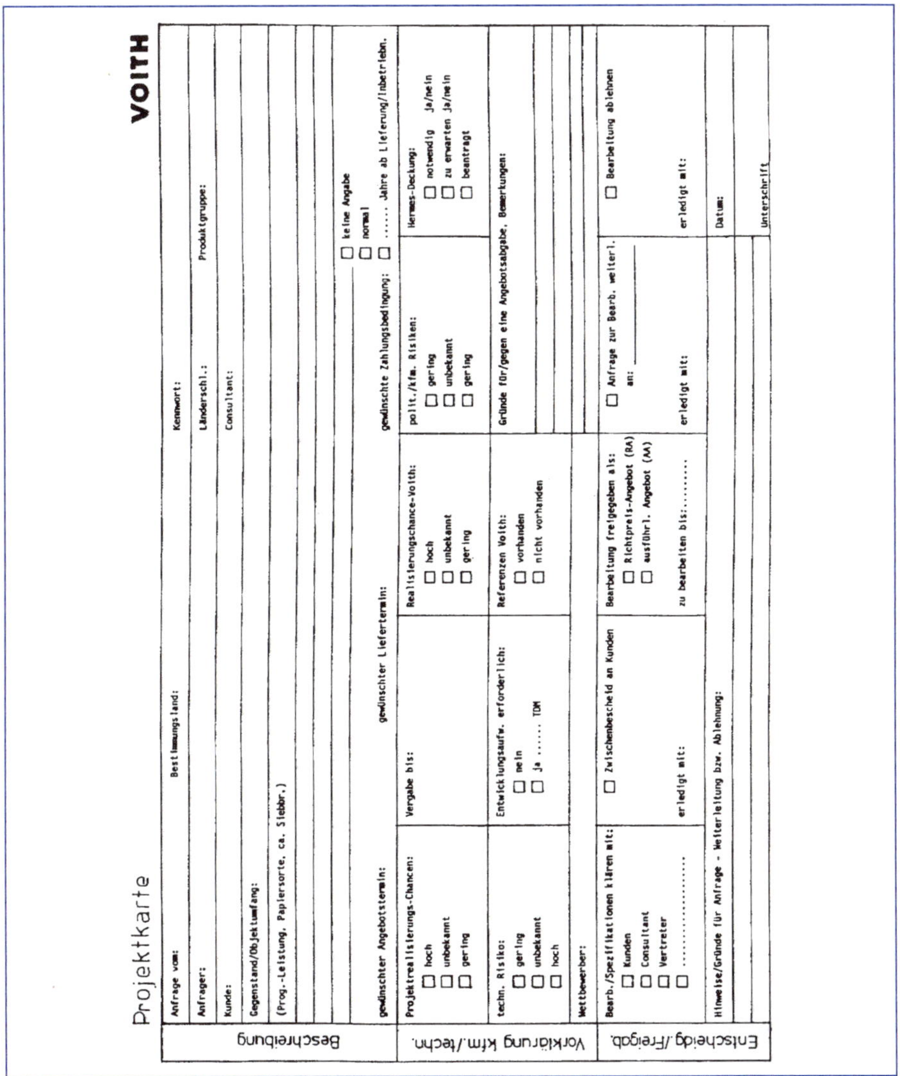

Abb. 169: Beispiel für eine Checkliste zur Anfragenselektion

Quelle: *Heger,* 1988, S. 23.

Der Übergang von qualitativen zu quantitativen Konzepten: Scoring-Modelle

Scoring-Modelle unterscheiden sich von Profilvergleichen dadurch, dass sie für die vergebenen Kriterienausprägungen Aggregationsregeln zur Verfügung stellen, die es ermöglichen, einen Gesamtpunktwert (Total Score) für eine Anfrage zu ermitteln, so dass verschiedene Anfragen untereinander anhand der verschiedenen Gesamt-Scores direkt in eine Rangfolge zu bringen sind. Dazu ist es notwendig, dass die Checklisten alle für die Beurteilung einer Anfrage relevanten Kriterien enthalten. Anderseits besteht mit zunehmender Merkmalszahl die Gefahr, dass die Forderung nach Überschneidungsfreiheit und Unabhängigkeit der

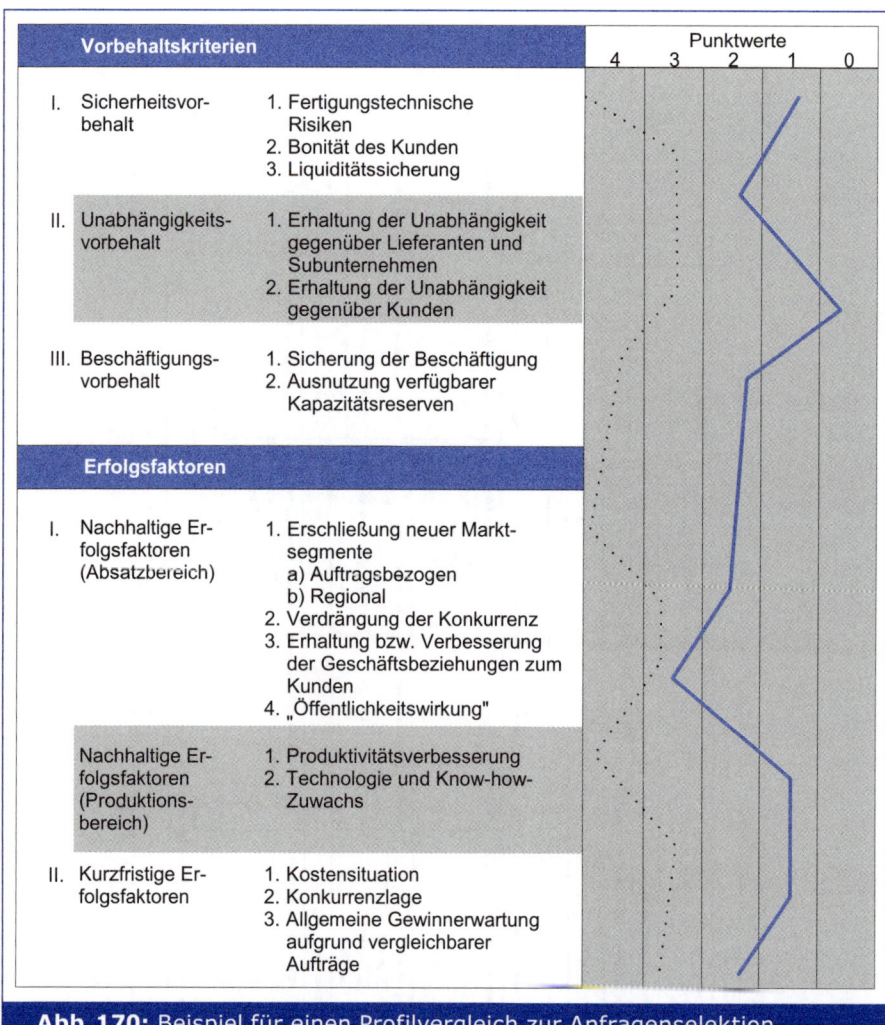

Abb. 170: Beispiel für einen Profilvergleich zur Anfragenselektion

Quelle: *Barrmeyer,* 1982, S. 23.

Kriterien nicht mehr erfüllt wird. Dann wird es ggf. notwendig, die nicht überschneidungsfreien Kriterien zu größeren Kriterienbündeln zusammenzufassen. Ein solches Scoring-Modell hat z. B. *Kambartel* entwickelt (vgl. *Kambartel,* 1973).

Um eine Entscheidung darüber treffen zu können,

- ob eine bestimmte Anfrage überhaupt bzw.
- mit welcher Angebotsform bearbeitet werden soll,

schlägt er ein umfangreiches **Punktbewertungsverfahren** als Entscheidungshilfe vor.

Ein entsprechendes Schema zur Anfragenbewertung enthält *Abbildung 171* (vgl. *Kambartel,* 1973).

C. Marketing im Anlagengeschäft

Kriterium	Bewertung					Wertziffern
	sehr gut	gut	durchschnittlich	schlecht	sehr schlecht	kein Angebot
Dominierende Kriterien						
Zuverlässigkeit des Kunden a) auftragsbezogen	Auftragsrate des Kunden liegt über mittlerer Auftragsrate des Unternehmens. Kunde und Unternehmen stehen in langjährigen erfolgreichen Geschäftsbeziehungen.	Auftragsrate des Kunden liegt über mittlerer Auftragsrate des Unternehmens. Weitere Geschäftsabschlüsse sind wahrscheinlich.	Auftragsrate des Kunden entspricht mittlerer Auftragsrate des Unternehmens. Aussage nicht möglich (Erstanfrager, neuer Kunde).	Auftragsrate des Kunden kaum zu erwarten (Dauerfrager)	Auftragserteilung nicht zu erwarten (Konkurrenzanfrager)	
b) projektbezogen	Folgeanfrage aus früherem Auftrag	Folgeauftrag zu erwarten	Folgeauftrag nicht abschätzbar	Folgeauftrag kaum zu erwarten	Folgeauftrag nicht zu erwarten	
$W_{K1}=(a+b)/4$	a) 30 b) 10	a) 21 b) 7	a) 18 b) 6	a) 12 b) 4	a) 6 b) 2	a) – b) –
Bonität des Kunden	Zahlungsstandard gesichert bzw. Kreditwürdigkeit durch Bürgschaften von Staat, Banken und entsprechenden Gesellschaften	Kreditvolumen überwiegend durch Banken etc. gedeckt, ansonsten Mehrfachsicherheit durch Anlage- und Umlaufvermögen	Kreditvolumen teils durch Banken etc., teils durch Anlage- und Umlaufvermögen voll gedeckt	Kreditvolumen zum Teil gedeckt	Sicherheiten unbekannt	Anfrager ist in Wechselpreisliste aufgeführt
W_{K2}	10	8	6	4	2	0
Datennutzung	Standarderzeugnis	Unterlagen vollständig bzw. im wesentlichen vollständig. Änderung von Gestalt und Dimension der Elemente möglich (Variantenkonstruktion)	Unterlagen zum großen Teil vorhanden. Änderung von Funktionen oder Gestalt einzelner Elemente möglich (Anpassungskonstruktion)	Unterlagen teilweise vorhanden. Änderung von Funktion oder Gestalt mehrerer Elemente möglich (umfangreiche Anpassungskonstruktion)	Unterlagen kaum bzw. nicht vorhanden. Neue Gesamtfunktion notwendig (Neukonstruktion)	Produktion wurde eingestellt
W_{K3}	27600	10	8	2,7	0,01	0
Ergänzende Kriterien						
Technologisches Risiko	nicht vorhanden		aufgrund bisheriger Erfahrungen nicht zu erwarten	begrenzt auf untergeordnete Leistungs- und Funktionswerte	besteht für wesentliche Leistungs- und Funktionswerte bzw. nicht abschätzbar	
W_{K4}	1	–	0,9	0,5	0,01	
Angebotsfrist	besteht nicht	ausreichend	für intensive Bearbeitung unter Umständen unzureichend	nur globale Bearbeitung möglich	Aussage über Einhaltung nicht möglich	–
W_{K5}	1	0,96	0,75	0,2	0,1	
Staatliche Verordnungen	besteht nicht	allgemeine Zollbestimmungen	produktspezifische Ex- und Importauflagen	–	besondere Ausliefergenehmigung erforderlich	totale Liefersperre für betreffendes Erzeugnis
W_{K6}	1	0,98	0,9	–	0,005	0
Schutzrechte	besteht nicht bzw. Patente und Lizenzenen in eigner Hand	–	Lizenzerwerb möglich	Lizenzverhandlungen noch nicht abgeschlossen	Lizenzerwerb noch ungeklärt	Lizenzerwerb nicht möglich
W_{K7}	1	–	0,8	0,4	0,01	0

Abb. 171: Schema zur Anfragenbewertung

Ergänzende Kriterien		Wertziffern				
Kriterium	**Zustand 1**	**mit großer Wahrscheinlichkeit nicht gegeben (sehr gute zwischenstaatliche Beziehungen, stabile Verhältnisse im Empfängerland)**	**gering (normale zwischenstaatliche Beziehungen, stabile innenpolitische Verhältnisse im Empfängerland)**	**gespannte zwischenstaatliche Beziehungen u./o. anhaltende Unruhen im Empfängerland**	**sehr schlechte zwischenstaatliche Beziehungen u./o. anhaltende Unruhen im Empfängerland (Umsturzgefahr)**	**akute Kriegsgefahr bzw. Bürgerkrieg im Empfängerland und Versicherungsschutz nicht möglich**
Politische Risiken	nicht vorhanden (kein Export)					
W_{K8}	1	0,97	0,9	0,65	0,005	0
Mittlere Angebotskapazität	nicht relevant bzw. größer als benötigte Angebotskapazität	–	entspricht benötigter Angebotskapazität	kleiner als benötigte Angebotskapazität	Relation zur benötigten Angebotskapazität nicht abschätzbar	–
W_{K9}	1	–	0,96	0,7	0,01	–
Technische Kapazität a) Vorhandensein der Produktionsmittel	sichergestellt		für alle wesentlichen Erzeugniselemente sichergestellt		keine Aussage möglich	
b) Verfügbarkeit der Produktionsmittel	ab Bestellzeitpunkt gegeben	kurzfristig nicht gegeben	mittelfristig nicht gegeben	langfristig nicht gegeben		
$W_{K10}=(a+b)/4$	a) 1 b) 3	a) – b) 2,6	a) 0,4 b) 1,2	a) – b) 0,1	a) 0,02 b) 0,06	a) – b) –
Fremdbezug a) Einstandspreise	Festpreise	verbindl. Preisangaben	Katalogrichtpreis	unterliegen starken Schwankungen	keine Preisangabe erhältlich	–
b) Beschaffung	Lagervorrat	jederzeit möglich	bekannte Lieferzeit	ständig Schwierigkeiten	ungeklärt	nicht möglich
$W_{K11}=(a+b)/2$	a) 1 b) 1	a) 0,96 b) 0,96	a) 0,8 b) 0,8	a) 0,25 b) 0,25	a) 0,1 b) 0,1	a) 0 b) 0
Kapitalbedarf	Deckung durch Eigenfinanzierung bzw. festverzinsliche Kredite möglich		Deckung durch Kredite mit veränderlichem Zinssatz möglich		Kapitalbindung nicht abschätzbar	Kapitalbindung nicht vertretbar und keine entsprechenden Zahlungsbedingungen durchsetzbar
W_{K12}	1	–	0,7	–	0,01	0
Personalbedarf a) Vorhandensein der Fachkräfte	sichergestellt		aufgrund bisheriger Erfahrungen gegeben		keine Aussage möglich	
b) Verfügbarkeit der Fachkräfte	ab Bestellzeitpunkt gegeben	kurzfristig nicht gegeben	mittelfristig nicht gegeben	langfristig nicht gegeben		
$W_{K13}=(a+b)/4$	a) 1 b) 3	a) – b) 2,6	a) 0,4 b) 1,2	a) – b) 0,1	a) 0,02 b) 0,06	a) – b) –
Preisvorgabe	besteht nicht bzw. liegt über dem Preis ähnlicher Produkte	liegt zum Teil über dem Preis ähnlicher Produkte	entspricht dem Preis ähnlicher Produkte	Einhaltung nicht möglich bzw. Preisvorgabe liegt zum Teil unter dem Preis ähnlicher Produkte	Aussage über Einhaltung nicht möglich	–
W_{K14}	1	0,96	0,8	0,5	0,4	–
Terminvorgabe	besteht nicht	Einhaltung bei normalem Beschäftigungsgrad wahrscheinlich	Einhaltung möglich eventuell kurzzeitige Erhöhung des Beschäftigungsgrades	Einhaltung nicht möglich bzw. nur bei langzeitiger Erhöhung des Beschäftigungsgrades oder Fremdvergabe möglich	Aussage über Einhaltung nicht möglich	–
W_{K15}	1	0,96	0,8	0,5	0,4	–
Investitionszeitraum	kurzfristig bzw. keine explizite Angabe	–	mittelfristig	langfristig	–	–
W_{K16}	–	–	0,5	0,005	–	–

Quelle: *Kambartel*, 1973, S. 68.

Danach werden zunächst zwei Gruppen von Kriterien unterschieden, sog.

- dominierende Kriterien und
- ergänzende Kriterien.

Zu den **dominierenden Kriterien** zählt *Kambartel* die Zuverlässigkeit und Bonität des Kunden und die Möglichkeit, vorhandene Unterlagen für die Projektierung nutzen zu können (Datennutzung). Zu den **ergänzenden Kriterien**, die jeweils für sich genommen die Gesamtbewertung nicht so stark beeinflussen wie die dominierenden Kriterien, zählen z. B. der Einfluss staatlicher Verordnungen (Kriterium 6) und Schutzrechte (Kriterium 7).

Um eine normierte Bewertung vornehmen zu können, werden die einzelnen Ausprägungen von „sehr gut" bis „kein Angebot" beurteilt und mit Punkten belegt. Für das Kriterium 1 „Zuverlässigkeit des Kunden" bedeutet dies z. B. bei einer Beurteilung mit „sehr gut" für den Fall a) und b), dass dieses Kriterium nach der Rechenvorschrift W_{k1} = (a+b)/4 den Wert W_{k1} = (30+10)/4 = 10 erhält (vgl. die W_{k1}-Spalte in *Abbildung 172*). Analog ermitteln sich andere Einzelwertkennziffern.

Um die verschiedenen Einzelwertkennziffern zu einer anfragebezogenen Gesamtwertziffer zu verdichten, sind **Aggregationsregeln** notwendig. *Abbildung 172* zeigt die von *Kambartel* vorgeschlagenen Aggregationsregeln und die Zuordnung der Gesamtwertziffern zu den Handlungsalternativen.

Es wird dabei deutlich, dass die Einzelwertziffern multiplikativ zu Gesamtwertziffern verdichtet werden. Die multiplikative Verknüpfung führt dazu, dass der Bewertungsprozess abgebrochen wird, wenn Anfragen auf einzelnen Dimensionen die Ausprägungen von Null erhalten, denn dadurch wird die Gesamtwertziffer Null.

Inhaltlich bedeutet dies, dass keine Kompensationen zwischen den Kriterien zugelassen werden. Darüber hinaus führt die Multiplikation der Einzelwertziffern zu einer Präferierung von Anfragen, die in der Bewertung der Einzelkriterien eine geringere Varianz zeigen.

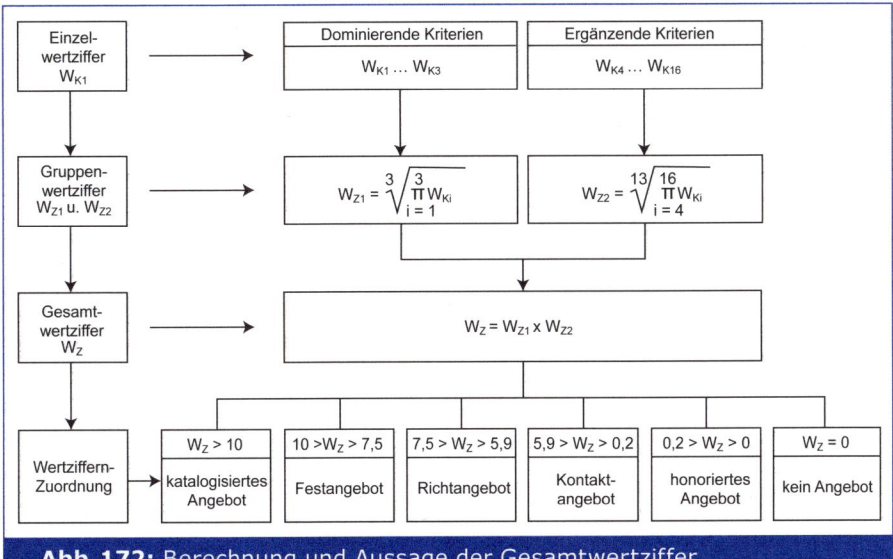

Abb. 172: Berechnung und Aussage der Gesamtwertziffer

Quelle: *Kambartel,* 1973, S. 72.

Auf diese Weise werden die Einzelwertziffern der dominierenden und ergänzenden Kriterien zu jeweiligen Gruppenwertziffern zusammengefasst und dann zu einer Gesamtwertziffer verdichtet. In einem letzten Schritt werden schließlich den Wertziffern bestimmte Angebotsformen zugeordnet. Vor der Entscheidung, kein Angebot abzugeben, ist zu prüfen, ob nicht eine **honorierte Angebotserstellung** erfolgen kann. Dies wird i. d. R. jedoch nur dann möglich sein, wenn sich alle Anbieter grundsätzlich darüber verständigen, Angebotsabgaben auch honorieren zu lassen. Aufgrund der bestehenden Wettbewerbssituation wird ein einzelner Anbieter eine solche Forderung kaum durchsetzen können.

Eine Erweiterung dieser Scoring-Modelle stellen nutzentheoriebasierte **Analytic Hierarchy Process (AHP)-Ansätze** dar. Diese ermöglichen zusätzlich eine nutzenbezogene Bewertung entscheidungsrelevanter Kriterien sowie die Berechnung von Markups für spezifizierte Angebote. Während das Modell von *Kambartel* die Fragen beantwortet, ob und in welcher Form ein Angebot erstellt werden soll, liefern Markups als Ergebnis des nutzenbasierten AHP-Ansatzes eine Antwort auf die Frage, zu welchem Preis angeboten werden soll. **Markups** sind dabei allgemein als prozentuale Aufschläge auf eine Bezugsgröße (bspw. Kosten) zu verstehen, die somit im Rahmen der Preissetzung Berücksichtigung finden können. Je unattraktiver eine Anfrage, desto höher sollte der Markup sein, den der Anbieter verlangt. Daher kann der Markup im Sinne einer Kompensationsgröße interpretiert werden.

Der nutzentheoriebasierte AHP besteht allgemein aus folgenden Ablaufschritten (vgl. *Dozzi et al.*, 1996, S. 119 ff.):

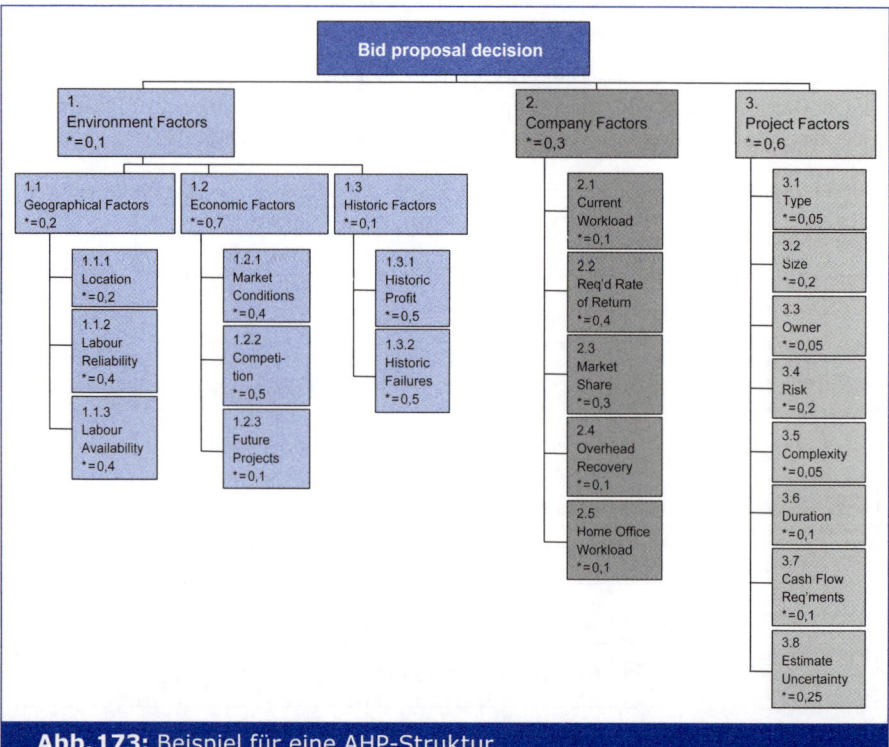

Abb. 173: Beispiel für eine AHP-Struktur

Quelle: *Dozzi et al.*, 1996, S. 120.

1. Die entscheidungsrelevanten **Kriterien** (unterste Hierarchieebene) werden übergeordneten Faktoren zugewiesen, d. h. sie werden inhaltlich **gruppiert**. Die Faktoren können wiederum auf einer übergeordneten Ebene inhaltlich zusammengefasst werden usw., bis eine hierarchische Kriterienklassifikation entsteht. Ein Beispiel einer solchen hierarchischen Systematisierung zeigt *Abbildung 173*.

2. Für jedes einzelne Kriterium wird eine **Nutzenfunktion** abgeleitet. Hierzu ist es notwendig, zunächst den Bereich festzulegen, innerhalb dessen sich die Ausprägungen dieses Kriteriums bewegen dürfen bzw. der für den Anwender realistisch erscheint. Beispielsweise schwanke Kriterium 3.7 („Cash Flow Requirements") in *Abbildung 174* zwischen 1 Mio. € und 2 Mio. € Anschließend ist es erforderlich, die einzelnen Ausprägungen der Kriterien in kardinale Nutzenwerte zu transformieren. Hat der Anwender im relevanten Bereich einen Mindestanspruch an das Kriterium, so wird der Ausprägung, die diesem Mindestanspruch genügt, ein Nutzen von 0 zugeordnet (Nutzenindifferenzpunkt). In unserem Beispiel sei die Mindestanforderung bzgl. des Cash Flow Requirements 1,2 Mio. €. Die am stärksten präferierte Kriteriumsausprägung erhält einen Nutzenwert von 100 (hier z. B. bei 2 Mio. €). Durch lineare Verbindung dieser zwei Werte kann die eigentliche Nutzenfunktion für dieses Kriterium konstruiert werden. Oftmals werden weitere Kriteriumsausprägungen mit Nutzenwerten belegt, um auch komplexeren Nutzenverläufen Rechnung tragen zu können (vgl. *Abbildung 174*). Durch abschnittsweise lineare Interpolation oder exponentielle Anpassung können somit nicht-lineare Nutzenfunktionen geschätzt werden. Dieses ermöglicht dem Anwender bspw. die Modellierung von risikoaversen bzw. risikofreudigen Einstellungen (vgl. *Marzouk/Moselhi*, 2003, S. 111 ff.).

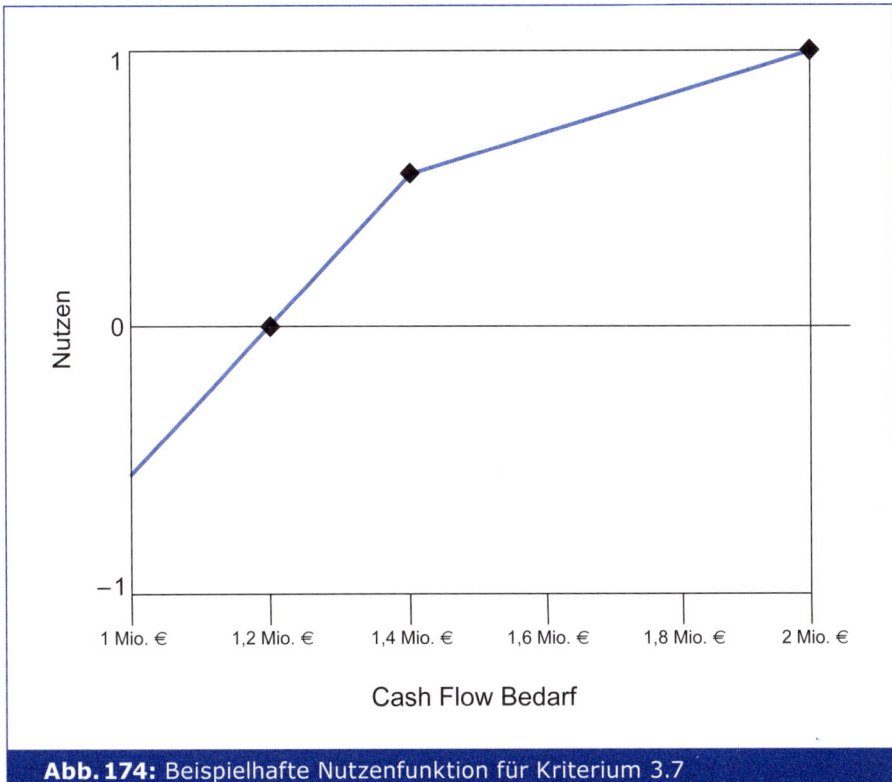

Abb. 174: Beispielhafte Nutzenfunktion für Kriterium 3.7

3. Auf jeder Ebene der Kriterienklassifikation werden für die Kriterien bzw. Faktoren **relative Wichtigkeiten** im Hinblick auf die Anfragenselektionsentscheidung ermittelt. Diese relativen Wichtigkeiten können auf direktem (z. B. durch das Konstantsummenverfahren) oder indirektem Wege (Rangreihung oder paarweiser Vergleich der Faktoren bzw. Kriterien) bestimmt werden (vgl. *-Werte in *Abbildung 173*).

4. Für jede Anfrage (die im Rahmen des nutzentheoriebasierten AHP als Szenario bezeichnet wird) kann mithilfe der relativen Wichtigkeiten der Kriterien und der kriterienbezogenen Nutzenfunktionen ein **Gesamtnutzenwert** berechnet werden, der analog zum Gesamtpunktwert des einfachen Scoring-Modells zu interpretieren ist. Hierzu werden zunächst die Ausprägungen des Szenarios mit Nutzenwerten belegt und anschließend mit den relativen Wichtigkeiten der Kriterien multipliziert und aufsummiert. Für das Szenario in unserem Beispiel ergebe sich ein Gesamtnutzenwert von 80.

5. Für den Anbieter eines bestimmten Leistungsangebotes bildet dieser Gesamtnutzenwert die Basis zur **Berechnung des Markups**, den er für dieses Angebot unter Berücksichtigung seiner Nutzenstrukturen fordern sollte. Zunächst legt der Anwender die Spannweite der für das Unternehmen üblichen Markups fest (vgl. *Abbildung 175*). Dem höchsten Markup wird im Anschluss der niedrigsten Gesamtnutzenwert zugewiesen, der entsteht, wenn sämtliche Kriterien die schlechteste Ausprägung aufweisen. In unserem Beispiel sei der Gesamtnutzenwert dieses sog. „Worst Case"-Szenario –60. Dem höchsten Gesamtnutzenwert (hier z. B. 100) wird hingegen der niedrigste Markup zugewiesen. Oftmals werden weiteren Szenarien (wie bspw. dem Szenario, bei dem nur die Mindestanforderungen bzgl. jedes einzelnen Kriteriums erfüllt sind) bestimmte Markups zugeordnet.

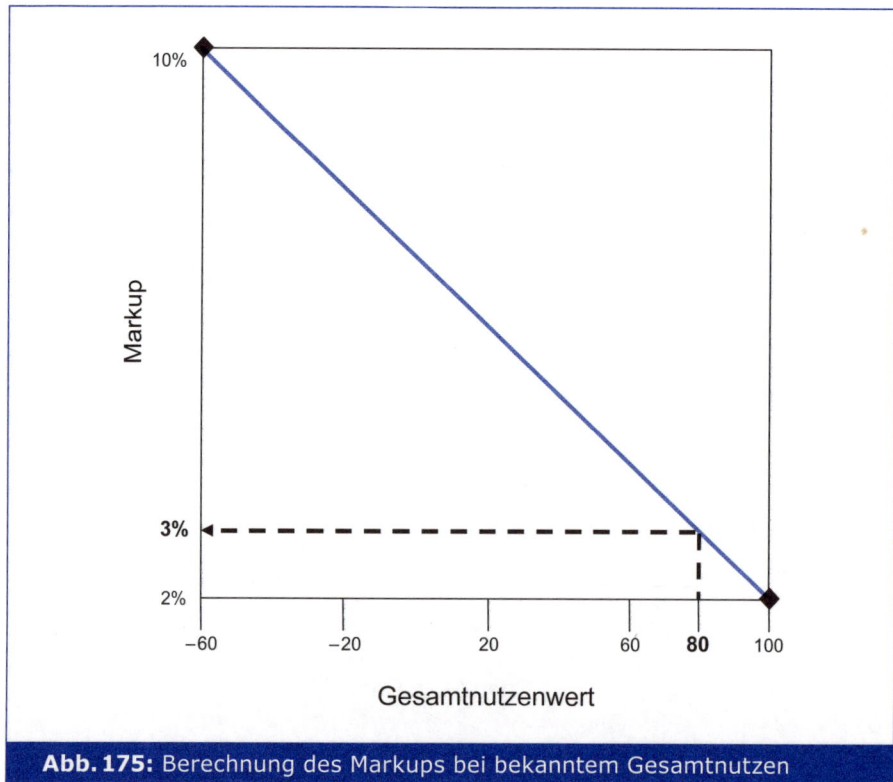

Abb. 175: Berechnung des Markups bei bekanntem Gesamtnutzen

Durch lineare Interpolation dieser Punkte kann somit letztendlich für jeden möglichen Gesamtnutzenwert der zugehörige Markup bestimmt werden. In unserem Beispiel ergibt sich ein Markup von 3 %.

Quantitative Konzepte zur Anfragenselektion

Quantitative Modelle sind insbesondere von *Albers/Krafft*, *Backhaus* sowie *Heger* vorgelegt worden.

Die Aufgaben der Anfragenbewertung gliedern sich in eine strategische und eine operative Dimension. Da *Heger* davon ausgeht, dass bei der Anfragenbewertung **beide** Dimensionen gleichzeitig zu berücksichtigen sind, bezieht er in seinem zweistufigen Ansatz in der ersten Stufe strategische und in der zweiten Stufe operative Aspekte mit in die Anfragenbewertung ein (vgl. *Heger*, 1998, S. 96 ff.; vgl. auch *Lutzner*, 1998, S. 61).

(1) Strategische Aspekte

Zunächst ist zu prüfen, ob die Anfrage zum definierten Geschäftsfeldportfolio passt und zur Erreichung der strategischen Marketing-Ziele beitragen kann. Ist dies nicht der Fall, wird die Anfrage aus **strategischen Gesichtspunkten** nicht bearbeitet.

(2) Operative Aspekte

In einer zweiten Stufe ist aus **operativer Sicht** über die Anfragenbearbeitung zu entscheiden. Nach *Heger* tragen diejenigen Anfragen zur Erreichung der operativen Unternehmensziele bei, die bei gegebenen Angebotskosten hinsichtlich des Zielausmaßes bei

- Auftragswahrscheinlichkeit und
- Deckungsbeitrag

dem sog. Anspruchsniveau, das eine Unternehmung individuell festlegen muss, entsprechen.

Dabei ist zum einen zu berücksichtigen, dass die Höhe des unternehmensindividuellen **Anspruchsniveaus** in Abhängigkeit von *exogenen* Faktoren wie Umweltbedingungen (z. B. Markt- und Konjunkturlage) oder anfragenspezifischen Besonderheiten (z. B. Wertdimension der Anfrage oder Nationalität des Anfragers) variieren kann. Zum anderen hängt das Anspruchsniveau *endogen* von den Angebotskosten ab. Bei unterschiedlichem Umfang der **Angebotskosten** ist es jeweils erneut festzulegen, da verstärkte Akquisitionsbemühungen (und damit einhergehend höhere Angebotskosten) nur bei erhöhten Erfolgsaussichten zu rechtfertigen sind.

Durch das Anspruchsniveau wird das angestrebte Zielausmaß festgelegt, das durch die Angebotserstellung mindestens erreicht werden soll. *Abbildung 176* zeigt eine mögliche Formulierung des Anspruchsniveaus zur operativen Anfragenbewertung.

Anfragen, deren Bearbeitung dem unternehmensindividuellen Anspruchsniveau hinsichtlich Auftragswahrscheinlichkeit und Deckungsbeitrag entsprechen, sind im schraffierten Feld positioniert. Im Beispiel entspricht nur Anfrage A_1 dem Anspruchsniveau der Unternehmung. Die Anfragen A_2, A_3 und A_4 werden dem Anspruchsniveau nicht gerecht.

Um nun zu prüfen, ob eine konkrete Anfrage bearbeitet werden soll, sind die Auftragswahrscheinlichkeit, die Auftragserlöse und die Angebotskosten zu prognostizieren.

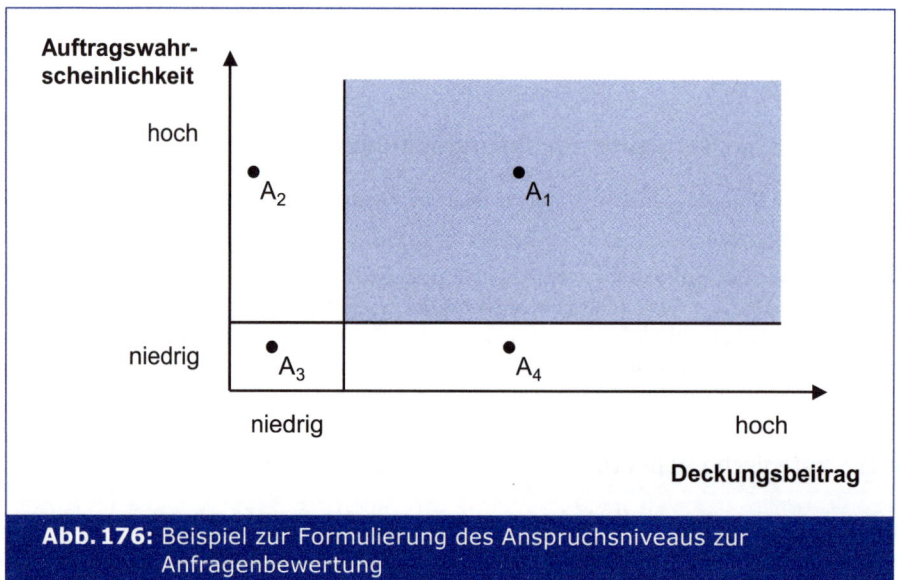

Abb. 176: Beispiel zur Formulierung des Anspruchsniveaus zur Anfragenbewertung

Quelle: *Heger,* 1998, S. 98.

Zur Erfassung der **Auftragswahrscheinlichkeit p(A)** werden zwei Wahrscheinlichkeiten herangezogen, die Auftragswahrscheinlichkeit unter Berücksichtigung sämtlicher erwarteter Konkurrenten und die unter ausschließlicher Berücksichtigung des stärksten Konkurrenten. Dadurch kann eine Bandbreite für die Wahrscheinlichkeit des Auftragserhalts angegeben werden.

Aufgrund des meist geringen Informationsstands in der Anfragenbewertungsphase empfiehlt *Heger,* die Zielgröße **Deckungsbeitrag** indirekt über den **Auftragserlös AE** zu erfassen. Dabei interessiert insbesondere das Risiko, dass ein bei ähnlichen Projekten normalerweise erzielbarer Auftragserlös *nicht* erzielt werden kann. Zur Erfassung des Risikos bietet sich die Risikoanalyse an, mit der eine Wahrscheinlichkeitsverteilung des Auftragserlöses in Abhängigkeit von Wahrscheinlichkeitsverteilungen der den Auftragserlös beeinflussenden Einzelrisiken ermittelt werden kann (vgl. zur Risikoanalyse *Adam,* 1997, S. 265 ff.).

Die **Angebotskosten** werden mit Hilfe der Regressionsanalyse aufgrund von Vergangenheitsdaten geschätzt.

Abbildung 177 zeigt zusammenfassend die Positionierung einer Anfrage (schraffierter Bereich) hinsichtlich der Zielgrößen Auftragswahrscheinlichkeit und Auftragserlös bei *gegebenen* Auftragskosten.

Für den möglichen Auftragserlös wird eine Bandbreite angegeben, die durch den in der Risikoanalyse ermittelten besten (AE_{bester}) sowie schlechtesten ($AE_{schlechtester}$) Auftragserlös und den Erwartungswert ($AE_{erwarteter}$) bestimmt wird. Eine Anfrage ist zu bearbeiten, wenn der schraffierte Bereich in *Abbildung 177* dem Anspruchsniveau der Unternehmung genügt.

Heger lässt allerdings offen, wie zu entscheiden ist, wenn das prognostizierte Ergebnisniveau einer Anfrage nur teilweise dem Anspruchsniveau der Unternehmung entspricht, sich die schraffierten Bereiche (siehe *Abbildung 176* und *Abbildung 177*) also lediglich überlappen.

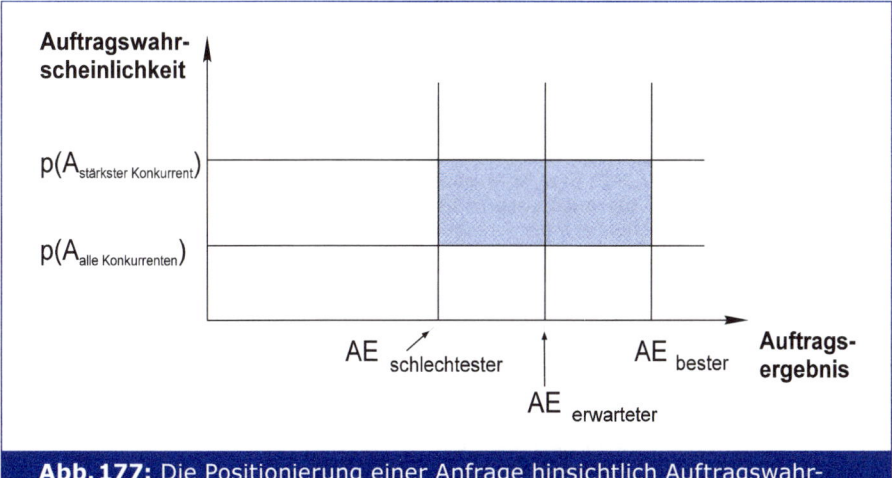

Abb. 177: Die Positionierung einer Anfrage hinsichtlich Auftragswahrscheinlichkeit (p(A)) und Auftragsergebnis (AE)

Quelle: *Heger*, 1998, S. 109.

Darüber hinaus liefert das Modell bei mehreren Anfragen nur dann eine eindeutige Lösung, wenn sich die Anfragepositionen nicht überschneiden. Nur in diesem Fall können die Anfragen hinsichtlich ihrer Bearbeitbarkeit in eine eindeutige Rangfolge gebracht werden.

Der Ansatz von *Backhaus* stützt sich auf eine Kennziffernbewertung. Um die Höhe der voraussichtlichen Angebotskosten explizit bei der Anfragenselektion berücksichtigen zu können, wird vorgeschlagen, die geschätzten Angebotskosten ins Verhältnis zum erwarteten Auftragserfolg zu setzen (vgl. *Backhaus*, 1980). Als Bewertungsgröße fungiert dann eine **Angebotskosten-Erfolgskennziffer (AEK)**, die sich wie folgt bestimmt:

$$AEK = \frac{\text{Erwarteter Auftragserfolg}}{\text{Geschätzte Angebotskosten}}$$

Zur Bestimmung der Angebotskosten werden durch multiple Regression gewonnene Angebotskostenfunktionen vorgeschlagen, für den erwarteten Auftragserfolg hingegen werden nur die grundsätzlichen Beziehungszusammenhänge (basierend auf Plausibilitätsüberlegungen) aufgezeigt (vgl. *Backhaus*, 1980, S. 32 ff.).

Welchen Wert die AEK-Kennziffer annehmen muss, um zu einer positiven bzw. negativen Selektionsentscheidung zu führen, lässt sich – wie bei *Heger* – auch nicht generell beantworten, da dies von den subjektiven Präferenzen der Entscheidungsträger abhängig ist. Für praktische Entscheidungen unterstellt *Backhaus* aber, dass sich bei längerer Anwendung dieser Kennziffer **„Erfahrungs-Grenzwerte"** ergeben werden. *Abbildung 178* zeigt das Verfahren in einem Ablaufdiagramm.

Das von *Albers/Krafft* (2000) entwickelte und von *Albers/Söhnchen* (2005) weiterentwickelte Modell ermöglicht die **anfragenindividuelle Bestimmung des optimalen Angebotsaufwands** und berücksichtigt hierbei den Einfluss des Angebotsaufwands auf die Wahrscheinlichkeit der Gewinnung des Auftrags. Die Anfragenselektion wird hierbei als Budgetierungsproblem gesehen, bei dem sowohl der Angebotsaufwand insgesamt als auch dessen Aufteilung auf die Bereiche Akquisition der Anfrage, Projektierung und Anbieterorganisation zu ermitteln ist.

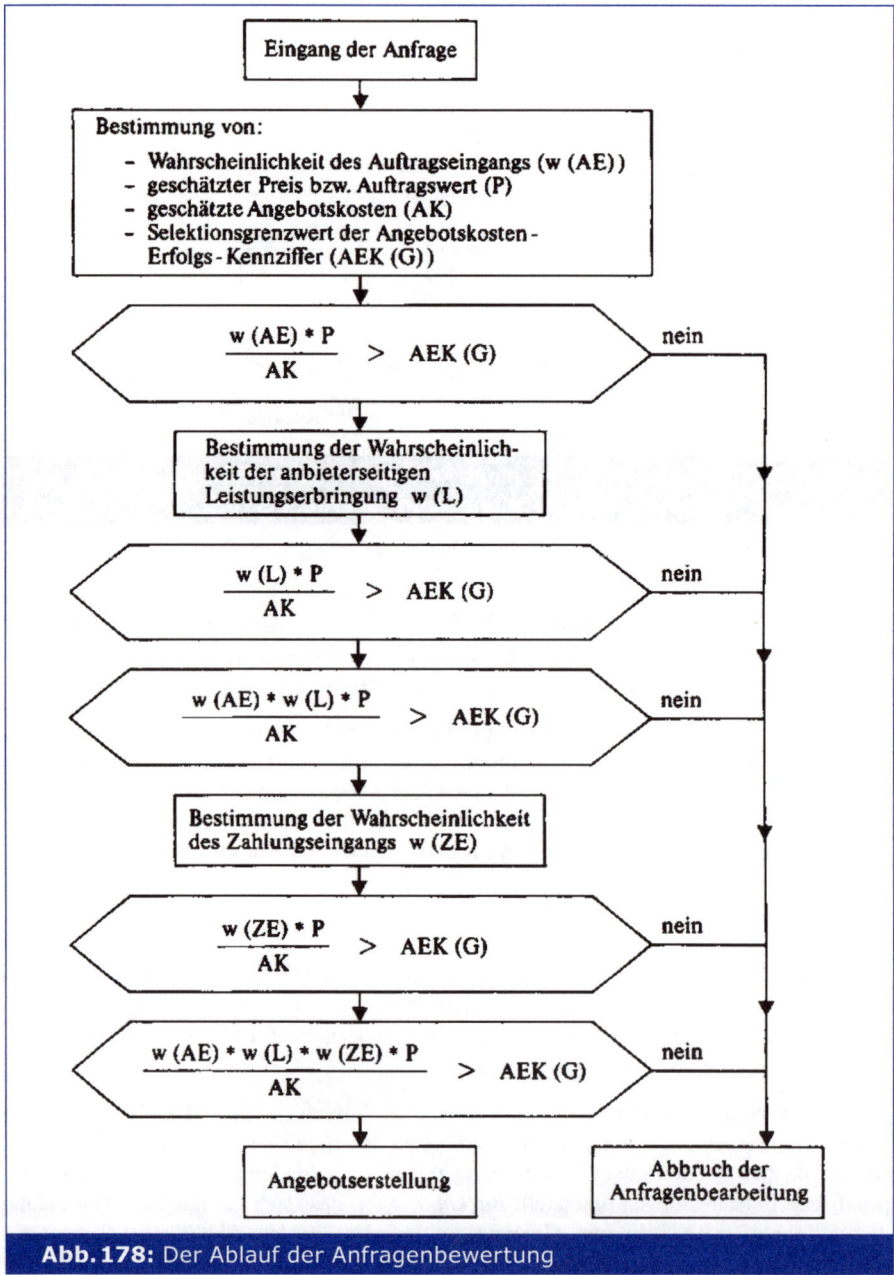

Abb. 178: Der Ablauf der Anfragenbewertung

Quelle: *Heger,* 1988, S. 41.

Die Anfragenselektion wird als **zweistufiger Prozess** verstanden. Auf der ersten Stufe sind Anfragen zu akquirieren, anschließend hat auf der zweiten Stufe die Projektierung sowie die Organisation einer attraktiven Anbieterorganisation zu erfolgen, damit aus einer Anfrage ein konkreter Auftrag wird. Die Angebotsaufwendungen sind daher auf die Bereiche Akquisition, Projektierung und Anbieterorganisation aufzuteilen.

Für jeden der drei genannten Bereiche werden Anfragengewinnungs-Wahrscheinlichkeitsfunktionen angenommen, die den Zusammenhang zwischen der jeweiligen bereichsbezogenen Erfolgswahrscheinlichkeit (P_1, P_2, P_3) und den Determinanten Kundenpräferenz (R), Akquisitionskosten (B_1), Projektierungsaufwendungen (B_2) sowie Anbieterorganisationsaufwendungen (B_3) beschreiben.

Aus den einzelnen Wahrscheinlichkeitsfunktionen

(1) $P_1 = 1 - e^{-(a_1 * B_1 + a_2 * R)}$

(2) $P_2 = 1 - e^{-(a_3 * B_2 + a_4 * R)}$

(3) $P_3 = 1 - e^{-(a_5 * B_3)}$

ergibt sich dann die zu maximierende Gewinnfunktion (mit d = Deckungsbeitragssatz und U = erwarteter Umsatz):

$G = P_1(B_1) * [P_2(B_2) * P_3(B_3) * d * U - B_2 - B_3] - B1 \Rightarrow$ max.!

Um nun die **Optimierung** durchführen zu können, sind die Werte der Koeffizienten a_1, a_2, a_3, a_4 und a_5 zu schätzen. Dies erfolgt kunden- bzw. segmentspezifisch auf Basis der Informationen über vergangene Akquisitionsbemühungen, eingegangene Anfragen, eingesetzte Budgets für Akquisition, Projektierung und Anbieterorganisation, erteilte Aufträge sowie Kenntnisse über Kundensegmente und deren Präferenzen für Leistungen des Unternehmens.

Um die Anwendung des Modells in der **Unternehmenspraxis** zu erleichtern, leiten *Albers/Krafft* aus dem dargestellten Optimierungskalkül zusätzlich eine Heuristik zur Bestimmung des fast-optimalen Angebotsaufwands ab. Die zur Ermittlung des Angebotsaufwands benötigten Parameter können in diesem Ansatz subjektiv geschätzt werden und sind daher leicht ermittelbar (vgl. *Albers/Krafft*, 2000).

Vergleich der vorgestellten Verfahren zur Anfragenselektion

Die Auswahl der vorgestellten Verfahren zeigt, dass durchaus unterschiedliche Vorgehensweisen bei der Anfragenselektion nachweisbar sind, wenn auch im Kern vergleichbare Hilfsmittel verwendet werden. Um die Unterschiede und Gemeinsamkeiten der Ansätze herausstellen und bewerten zu können, werden die Verfahren im Folgenden anhand der Kriterien

- Zielsetzung,
- grundsätzliche Vorgehensweise,
- Umfang und Inhalt der Bewertungskriterien

verglichen. Dabei wird deutlich, dass schon bei der **Zielsetzung** unterschiedliche Akzente gesetzt werden. Checklisten dienen eher einer Bestandsaufnahme aller relevanten Gesichtspunkte, Profilvergleiche ermöglichen darüber hinaus eine graphische Darstellung von Positiva und Negativa verschiedener Anfragen. Beide Verfahren ermöglichen daher die strukturierte Beschreibung einer Anfrage. Scoring-Modelle sind in der Lage, Rangordnungen festzulegen, bzw. generieren Informationen für Kalkulationsaufschläge (Markups), die Anfragen je nach Ausprägung eher unattraktiv oder attraktiv erscheinen lassen. Die Ansätze von *Heger* sowie von *Backhaus* liefern eine konkrete Aussage über die Vorteilhaftigkeit der Angebotserstellung, wobei das Modell von *Heger* die Anfragenselektion in einen strategischen Kontext einbindet, während das Kennziffernverfahren von *Backhaus* insbesondere den Unsicherheitsaspekt in den Vordergrund stellt. Im Gegensatz zu allen übrigen Verfahren unterstützen die Modelle von *Albers/Krafft* und *Albers/Söhnchen* nicht nur die Entscheidung über Annahme oder Ablehnung einer Anfrage, sondern dienen der Ermittlung des optimalen Angebotsaufwands für einzelne Anfragen.

Die **Vorgehensweisen** unterscheiden sich ebenfalls erheblich. Das gilt insbesondere im Hinblick auf die Messniveauanforderungen: Checklisten und Profilvergleiche erlauben die Verarbeitung metrischer sowie nicht-metrischer Input-Daten. Gleiches gilt für Scoring-Modelle, wobei hier eine Transformation nicht-metrischer in metrische Werte erfolgt. Beim Ansatz von *Heger* werden auf der ersten Stufe den strategischen Fit beschreibende, nicht-metrische Daten herangezogen, auf der operativen Ebene hingegen wird auf quantifizierbare Größen (Auftragswahrscheinlichkeit, Deckungsbeitrag) zur Anfragenbewertung zurückgegriffen. Die Ansätze von *Backhaus* und *Albers/Krafft* und *Albers/Söhnchen* greifen auf metrische Daten zurück.

Bezüglich **Umfang und Inhalt der Kriterien** variieren die Verfahren ebenfalls: Bei Checklisten, Profilvergleichen und Scoring-Modellen sind die Bewertungskriterien unternehmensindividuell festzulegen. Der Einsatz des von *Heger* vorgeschlagenen Verfahrens setzt die Identifikation von Kriterien zum Fit zwischen Anfrage und Geschäftsfeldstrategie voraus, während auf der zweiten Ebene die Bewertung mittels der Kriterien „Auftragswahrscheinlichkeit" und „Auftragserlös" erfolgt. *Backhaus* legt die Angebotskosten und den erwarteten Auftragserfolg der Bewertung zugrunde. *Albers/Krafft* schlagen die Evaluation der einzelnen Anfragen anhand des Kriteriums „Höhe des erwarteten Unternehmensgewinns" vor.

Der Überblick über diese ausgewählten, z. T. in der Praxis des industriellen Anlagengeschäfts implementierten Anfragenselektionssysteme hat gezeigt, dass es offenbar als notwendig empfunden wird, das immer ungünstiger werdende Verhältnis von erstellten Angeboten zu erhaltenen Aufträgen besser zu steuern. Die vorgestellten Verfahren haben alle Schwächen und werfen – je nach betrachtetem Verfahren – weitere wichtige **Fragen** auf, z. B.:

- Wie viele Kriterien sind optimal, um die Bearbeiter noch zu einer fundierten Bewertung bewegen zu können?
- Wer soll die Bewertung vornehmen? Wie viele Personen sollen das sein? Wie können die i. d. R. variierenden Ergebnisse verdichtet werden?
- Welche Anhaltspunkte für eine Gewichtung der Kriterien untereinander gibt es?

Diese Fragen sind zum großen Teil bei den vorgestellten Konzepten erst unbefriedigend oder gar nicht beantwortet worden.

2.2.2 Anbieterorganisation

Im internationalen Anlagengeschäft hat der Auftraggeber grundsätzlich mehrere alternative Möglichkeiten zur Vergabe der Leistungen: Er kann einerseits das Leistungspaket aufschnüren und **Einzelaufträge** an verschiedene Lieferanten vergeben; andererseits kann er sich für den Bezug eines **schlüsselfertigen Gesamtsystems** aus der Hand eines Lieferanten entscheiden, der im Fall der Ausschreibung als **Betreibermodell** sogar die Anlage nach Betriebsbereitschaft betreibt und ggf. (Mit-)Eigentümer der Anlage ist (vgl. *Köhl*, 2000, S. 72 f.). Aus der Entscheidung des Auftraggebers für eine konkrete Vergabeform ergeben sich zum einen Implikationen für die Wahl der Form der Anbieterorganisation durch die potenziellen Auftragnehmer, zum anderen verändert sich teilweise auch die Zielgruppe der Marketing-Bemühungen: Nicht mehr der Endkunde allein stellt die Zielgruppe der Marketing-Bemühungen dar, sondern Marketing-Maßnahmen gegenüber potenziellen Mitanbietern treten in den Vordergrund.

2.2.2.1 Organisationsformen der Anbietergemeinschaft

Verlangt der Auftraggeber die **Erbringung der Gesamtleistung durch einen Vertragspartner**, hat der Anlagenlieferant die Möglichkeit, das Projekt komplett eigenständig oder aber als Partner im Rahmen eines kooperativen Anbieterzusammenschlusses anzugehen.

Die Notwendigkeit der Bildung von (vertraglichen) **kooperativen Anbieterzusammenschlüssen** bzgl. der Abwicklung eines Einzelprojekts – *Günter* bezeichnet solche Zusammenschlüsse als Anbieterkoalition (vgl. *Günter*, 1977, S. 156) – kann sich aus verschiedenen **Gründen** ergeben (vgl. *Backhaus/Gnam*, 1999):

- Häufig ist ein Anbieter gar nicht in der Lage, ein Projekt allein abzuwickeln, da er nicht über das notwendige technologische Know-how aus den verschiedensten Bereichen wie Bau-, Mechanik- oder Elektroteilen verfügt.
- Bei extrem großen Projekten schließen sich mehrere Anbieter zusammen, um den jeweiligen Risikoanteil am Projekt zu begrenzen. Dann kann es auch zu Zusammenschlüssen von Anbietern substitutionaler Anlagenteile kommen.
- Die Ausnutzung von Finanzierungs- und Kreditversicherungsmöglichkeiten in verschiedenen Ländern oder die Befriedigung von geforderten nationalen Fertigungsanteilen kann zu (internationalen) Anbietergemeinschaften führen.
- Der Wunsch des Endkunden nach Lieferung bestimmter Anlagenteile durch einen bestimmten Lieferanten kann zu Zwangskoalitionen führen.
- Patentrechtlich geschützte Anlagenbauteile können die Kooperation mit dem Schutzrechtsinhaber erzwingen.
- Begrenzte Kapazitäten machen die Suche nach Angebotspartnern erforderlich.
- Der Zwang zur Formulierung eines wettbewerbsadäquaten Preises kann das Zusammengehen mit Anbietern aus sog. „Billigländern" erfordern.
- Durch Anbietergemeinschaften kann die Zahl der Wettbewerber reduziert werden.

Aufgrund der Notwendigkeit zur Koalitionsbildung sind die einzelnen Anbieter bei der Erstellung ihres Angebotes nicht mehr völlig frei. Die Konditionen des Angebots sind mit den jeweiligen Partnern abzustimmen.

In dieser Tatsache liegt ein erhebliches **Konfliktpotenzial** begründet, so dass die Partnerwahl und die vertragliche Zusammenarbeit der Partner bei der Angebotserstellung zu wichtigen Marketing-Instrumenten werden, da je nach relativer Machtposition in der Anbietergemeinschaft mehr oder weniger eigene marketing-politische Vorstellungen durchsetzbar werden. Der Wahl der Kooperationsform kommt somit erhebliche Bedeutung zu.

Für die gemeinsame Abwicklung eines Anlagenprojekts stehen im Wesentlichen vier Kooperationsmodelle zur Verfügung (vgl. auch *Günter*, 1998, S. 292 ff.):

- Generalunternehmerschaft (Prime Contractor, General Contractor),
- offenes Konsortium/Anbietergemeinschaft,
- stilles Konsortium,
- Arbeitsgemeinschaft.

Die Generalunternehmerschaft

Bei der Generalunternehmerschaft kontrahiert ein Anbieter mit dem Kunden die Gesamtleistung. Der Anbieter, der als Generalunternehmer, Prime oder General Contractor bezeichnet wird, vergibt dann im eigenen Namen Unteraufträge an weitere Lieferanten (Subcontractors), ohne dass zwischen Unterlieferanten und Kunden ein Vertragsverhältnis entsteht (vgl. *Abbildung 179*).

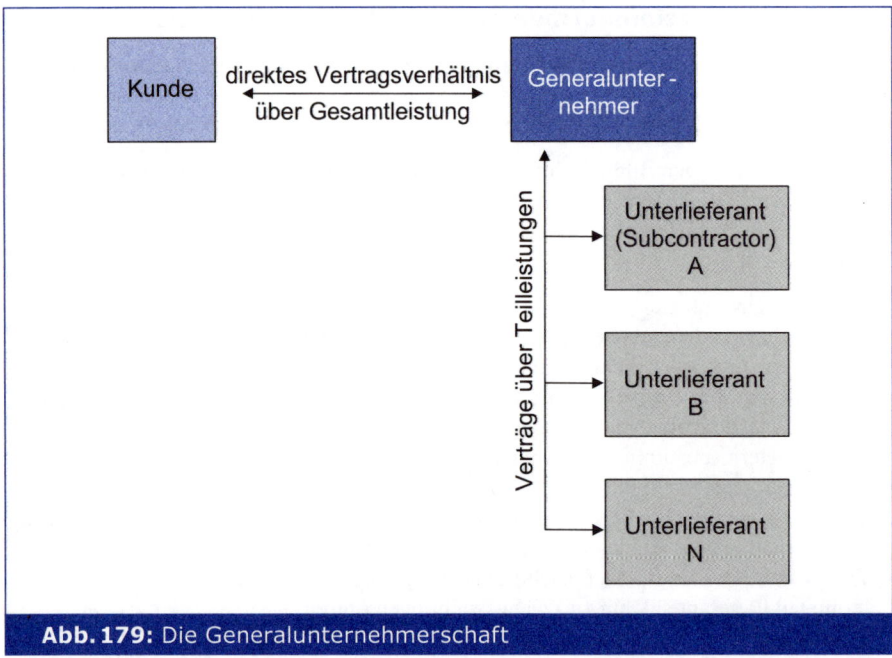

Abb. 179: Die Generalunternehmerschaft

Der Generalunternehmer haftet also gegenüber dem Kunden im sog. „Außenverhältnis" allein für die gesamte Erbringung der vertragsgemäßen Gesamtleistung (inklusive der von den Unterlieferanten zu erbringenden Teilleistungen).

Bedingt durch die Haftungssituation wird der Generalunternehmer i. d. R. versuchen, die besonderen Risiken an seine Unterlieferanten weiterzugeben, obwohl diese von den Regelungen des Kundenvertrags eigentlich nicht betroffen sind. **Konflikte** können entstehen im Hinblick auf (vgl. auch *Günter*, 1998, S. 295 f.):

- **Preis- und Kursrisiken**, wenn der Generalunternehmer einen Festpreis in fremder Währung kontrahiert hat, der Unterlieferant aber z. B. einen Gleitpreis in €-Währung verlangt;
- **Zahlungsbedingungen**, wenn die Zahlungsbedingungen des Kunden von denen des Unterlieferanten abweichen und der Generalunternehmer eine „Zwischenfinanzierung" vornehmen muss;
- **Haftungsbedingungen**, da der Unterlieferant durch Verzug, Nicht- oder Schlechterfüllung die Abnahme der Gesamtleistung durch den Kunden verhindern kann und somit erhebliche Vertragsfolgen aus dem Kundenvertrag relevant werden können;
- **Gewährleistungsfristen** aus dem Kundenvertrag, da die Gewährleistungsfristen i. d. R. für die Gesamtanlage später beginnen als für die früher erfüllten Teilleistungen.

In Abhängigkeit von der jeweils angestrebten Position im Rahmen eines derartigen kooperativen Anbieterzusammenschlusses (Generalunternehmer oder Sublieferant) liegt der Fokus der Marketing-Bemühungen eher bei den (potenziellen) Auftraggebern oder Generalunternehmern.

Das offene Konsortium

Ein offenes Konsortium (vgl. dazu *Abbildung 180*) ist der Zusammenschluss von rechtlich selbständigen Unternehmen (Konsorten) zur gemeinsamen Erfüllung einer Gesamtleistung (eines Auftrags) (vgl. z. B. *Günter*, 1998, S. 296 ff.; *Hautkappe*, 1986, S. 101; *Schaub*, 1991, S. 43 ff.).

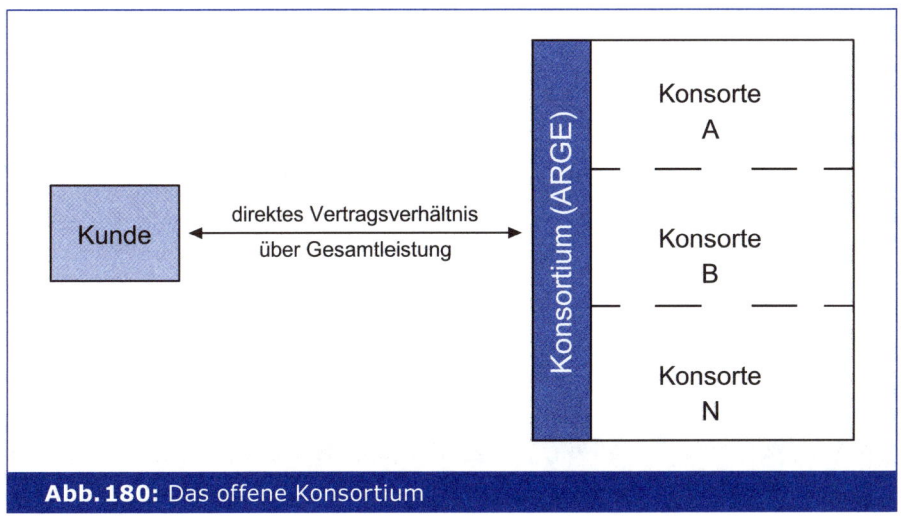

Abb. 180: Das offene Konsortium

Gegenüber dem Kunden (Außenverhältnis) treten die Konsorten gemeinsam auf, z. B. in Form einer Gesellschaft des bürgerlichen Rechts. Der Vertrag über die zu erbringende Gesamtleistung wird zwischen dem Kunden und der Gesamtheit der Konsorten geschlossen. Sofern keine expliziten vertraglichen Sonderregelungen bestehen, haftet jeder Konsorte gesamtschuldnerisch, d. h. eine Forderung des Kunden gegenüber dem Konsortium kann in voller Höhe gegenüber jedem Konsorten (einmal) geltend gemacht werden (der dann im Innenverhältnis unter den Konsorten eine entsprechende Umverteilung erreichen kann).

Ein Konsortium kann sich im Außenverhältnis durch einen **Federführer** (Pilot Contractor) vertreten lassen. Das ist oftmals aus organisatorischen Gründen sinnvoll. Bei größeren Projekten können auch **Subkonsortien** innerhalb eines Gesamtkonsortiums gegründet werden (Finanzierungs-Subkonsortium u. ä.).

Wird die Bildung eines offenen Konsortiums angestrebt, liegt der Fokus der Marketing-Bemühungen sowohl beim Auftraggeber als auch bei den Konsortialpartnern.

Das stille Konsortium

Das stille Konsortium ist im **Außenverhältnis** (Verhältnis zum Kunden) eine Generalunternehmerschaft (vgl. auch *Abbildung 181*).

Eine direkte Vertragsbeziehung zum Kunden hat nur der Generalunternehmer. Die Aufträge über zu erbringende Teilleistungen werden jedoch nicht vom Generalunternehmer an Subcontractors vergeben, vielmehr werden alle Teilleistungen im Rahmen eines (stillen) Konsortiums erbracht. Es ist jedoch keinesfalls ein Definitionsmerkmal des stillen Konsortiums, dass die Existenz eines Konsortiums dem Kunden nicht bekannt ist; dies kann, muss jedoch nicht gegeben sein.

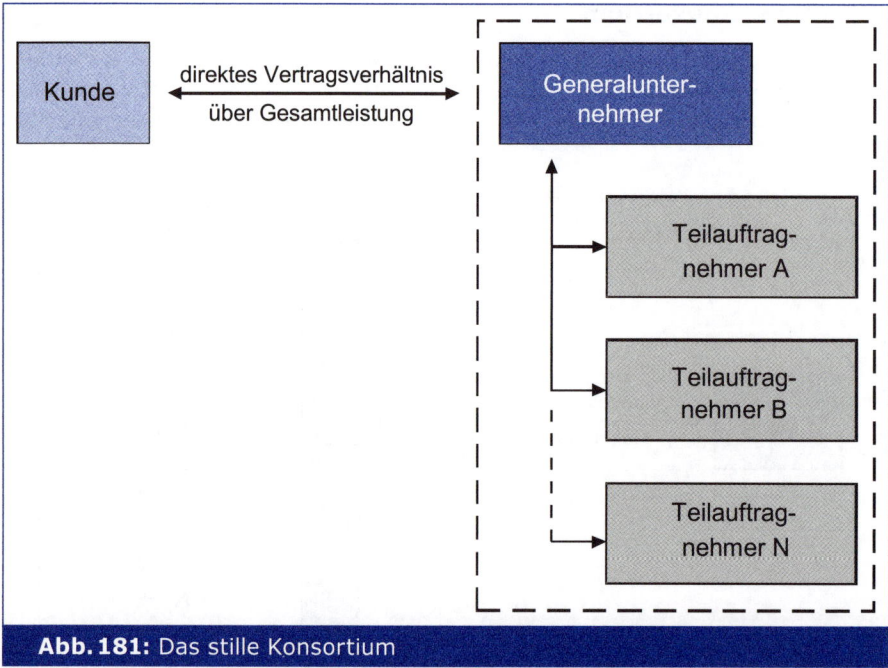

Abb. 181: Das stille Konsortium

Das stille Konsortium ist eine reine **Innengesellschaft**. Das hat zur Folge, dass der im Außenverhältnis gegenüber dem Kunden alleinhaftende formelle Generalunternehmer eine Haftungsweitergabe im Innenverhältnis erreichen kann. Im Innenverhältnis haftet jeder Konsorte für seinen eigenen Liefer- und Leistungsanteil nach den Bedingungen des Kundenvertrags, sofern keine andere vertragliche Regelung vereinbart wurde. Es gelten die entsprechenden Regeln für den Konsortialvertrag, wie sie für das offene Konsortium dargelegt wurden.

Die Bestimmungsgründe für die Wahl einer bestimmten Kooperationsform sind in *Abbildung 182* aufgezeigt.

Die Arbeitsgemeinschaft

Eine weitere Form des kooperativen Anbieterzusammenschlusses stellt **die Arbeitsgemeinschaft** (ArGe) dar. In Abgrenzung zum eng verwandten Konsortium tritt die ArGe als eigentlicher Leistungsträger auf. Sie verfügt im Gegensatz zum Konsortium über ein eigenes durch die Partner z. B. in Form von Maschinen eingebrachtes Gesamthandsvermögen. Die ArGe stellt eine Unternehmung auf Zeit dar, die selbständig und als Einheit handelt (vgl. *Günter*, 1998, S. 302 f.).

Verlangt der Auftraggeber nicht die Erbringung der Gesamtleistung durch einen Vertragspartner, sondern führt eine **separate Ausschreibung einzelner Komponenten** durch, besteht für den Anlagenlieferanten die Möglichkeit, für ausgewählte Leistungspakete Angebote zu erstellen. Allerdings können auch bei einer derartigen Vergabeform einzelne Leistungspakete noch derart komplex sein, dass der Anlagenlieferant wiederum nur als Partner im Rahmen eines kooperativen Anbieterzusammenschlusses auftreten kann. Eine Beteiligung an einem Teilprojekt ist dann nur über eines der o. g. Kooperationsmodelle möglich.

		Generalunternehmerschaft	Konsortien
Vorteile	für Kunden	– nur *ein* Verhandlungspartner – Gesamtrisiko in einer Hand	– Leistungsanteile können direkt verhandelt werden – Haftungsbasis wird vergrößert
	für Anbieter	– Eigenleistung ist beim Generalunternehmer frei bestimmbar – freie Wahl der Subunternehmer – Referenzvorteil	– Risikoanteil sinkt für alle Anbieter – direkter Kundenkontakt nicht nur für den Generalunternehmer, sondern für alle Konsorten (Referenz) – evtl. können Finanzierungshilfen genutzt werden, wenn als Voraussetzung direkte Kundenkontakte gegeben sind
Nachteile	für Kunden	– evtl. geringere Haftungsbasis beim Anbieter – wenn eigenes Know-how groß ist, müssen u. U. Leistungen, die selbst erbracht werden können, abgegeben weren	– mehrere Verhandlungspartner – er muss die Nahtstellenprobleme beurteilen können
	für Anbieter	– wenn die Lieferkonditionen nicht weitergegeben werden können – größeres Risiko beim Generalunternehmer	– höhere Kosten durch Koordinationserfordernisse – direkter Haftungszugriff auf alle Konsorten

Abb. 182: Bestimmungsgründe für die Wahl einer Kooperationsform

2.2.2.2 Die Wahl der Koalitionspartner

Neben der Wahl der Anbieterorganisationsform hat der Anbieter eine Entscheidung darüber zu treffen, mit welchen Partnern er koalieren will.

Voraussetzung der Erarbeitung eines wettbewerbsfähigen Angebots ist die **ganzheitliche Planung des Leistungskonzepts**. Hierzu bedarf es einer proaktiven Planung hinsichtlich des Netzwerks von Unterlieferanten und Kooperationspartnern. Ziel ist der Entwurf eines Wertschöpfungskonzepts, das eine Leistungs- und/oder Kosten- und damit auch Preisführerschaft gegenüber dem anbietenden Wettbewerb ermöglicht (vgl. *Lutzner*, 1998, S. 122 f.).

Um die relative Machtposition in der Anbietergemeinschaft vergrößern zu können, kann der betrachtete Einzelanbieter eine **Politik der Parallelangebote** verfolgen, indem er Mitglied in verschiedenen Anbietergemeinschaften wird und somit für ein Projekt mehrere Koalitionspartner hat. Obwohl dies in manchen Fällen die projektspezifischen Machtverhältnisse zu seinen Gunsten verschieben kann, ist langfristig darauf zu achten, dass durch eine solche Politik gute (eingefahrene) Geschäftsbeziehungen zu Mitlieferanten nicht gestört werden. Die Suche nach neuen Angebotspartnern kann wegen der evtl. auftretenden Schnittstellenprobleme für die Integration der Teilleistungen mehr Kosten verursachen, als Zusatzerlöse aus der Politik der Parallelangebote resultieren.

2.2.3 Preispolitik

2.2.3.1 Bestimmungsfaktoren der Preispolitik

Tucker (1966, S. 19) hat sehr anschaulich beschrieben, dass sich die Preispolitik allgemein im Dreieck zwischen Kosten, Konkurrenz und Nachfrage bewegt. Im industriellen Anlagengeschäft ist diese Aussage jedoch modifizierungsbedürftig, da die Mitanbieter als „Zusatzkräfte" zu berücksichtigen sind (vgl. *Abbildung 183*).

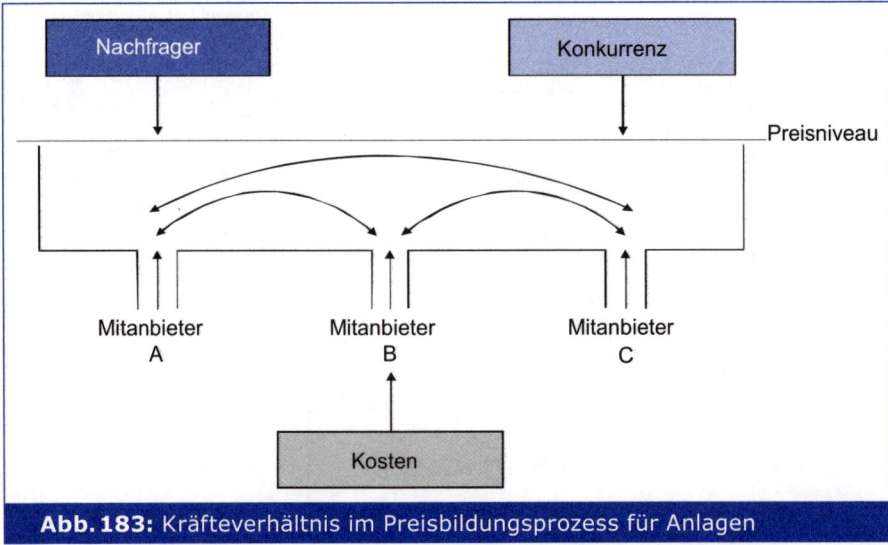

Abb. 183: Kräfteverhältnis im Preisbildungsprozess für Anlagen

Nachfrager und Konkurrenten werden i. d. R. Druck ausüben, um das Preisniveau zu senken. Demgegenüber steht der Kostendruck der Anbieter, der tendenziell auf eine Erhöhung des Preisniveaus gerichtet ist. Der Druck durch Nachfrager und Konkurrenten, der den Gesamtpreis der Anlage betrifft, muss die Mitanbieter jedoch nicht gleichmäßig treffen. Vielmehr wird jeder Anbieter versuchen, den bestehenden Preisdruck auf die Mitanbieter abzuwälzen. Den einzelnen Anbieter trifft also zusätzlich noch der Preisdruck seiner Mitanbieter. Vor diesem Hintergrund ergeben sich mehrere **Probleme bei der Formulierung eines Angebotspreises** (vgl. auch *Esser*, 1993), die zeitlich sukzessive relevant werden:

- Da im Angebotsstadium wegen der Individualität der einzelnen Projekte praktisch kein „Marktpreis" (vgl. *Reiner*, 2002, S. 24) vorliegt, muss sich der Anbieter zunächst an

internen Informationen zur Preisfindung orientieren, aus denen er einen Angebotspreis ableiten muss. Die Angebotskalkulation wird bestimmt durch
- die auftragsspezifisch anfallenden Einzelkosten und
- den Kostendruck aus der notwendigen Deckung der vordisponierten Gemeinkosten (vgl. *Plinke*, 1998, S. 125).
- Die aus der individuellen Angebotskalkulation gewonnene Preisvorstellung ist abzustimmen mit den Teilpreisen der Mitanbieter, um zu einer mitanbieter-bezogenen Gesamtpreisvorstellung zu kommen.
- Die Mitanbieter müssen sich einigen, wie die aus der Langfristigkeit des Anlagengeschäfts resultierenden Preisrisiken abgedeckt werden können.
- Der aus den internen Daten gewonnene Preis ist auf die aktuellen Marktgegebenheiten abzustimmen. Vorhandene Informationen über Kundenpreisvorstellungen und evtl. über Konkurrenzpreise sind zu berücksichtigen.

Zusammengenommen lassen sich die innerhalb der Angebotserstellung auftretenden preispolitischen Aufgaben der Preisfindung und der Preisdurchsetzung zuordnen.

2.2.3.2 Verfahren zur Preisfindung

Im Rahmen der Preisfindung sehen sich Anbieter im Anlagengeschäft zwei zentralen Aufgaben gegenüber: zum einen ist eine Kalkulation der mit einem Projekt (vermutlich) verbundenen Kosten vorzunehmen. Diese Kosten stellen die Preisuntergrenze dar, da das Projekt zumindest die durch das Projekt verursachten Kosten decken sollte. Problematisch an der Ermittlung der Kosten und damit Preisuntergrenze ist allerdings die Tatsache, dass im Anlagengeschäft die Vermarktung vor der Fertigung erfolgt, so dass Kosten zu kalkulieren sind, die erst später tatsächlich anfallen. Vor diesem Hintergrund sind verschiedene Kalkulationsverfahren entwickelt worden, die in dieser spezifischen Situation zur Ermittlung der Preisuntergrenze eines Projektes eingesetzt werden können. Zum anderen sollte sich der Anbieter innerhalb der Angebotserstellung auch über die Preisobergrenze des Projektes Gedanken machen. Hierzu ist zu ermitteln, welchen Preis der Kunde maximal zu zahlen bereit ist bzw. welcher Preis vor dem Hintergrund der zu erwartenden Wettbewerbspreise im Markt realisierbar sein dürfte.

2.2.3.2.1 Kalkulationsverfahren zur Ermittlung der Preisuntergrenze

Für die individuelle Angebotskalkulation, bei der der Anbieter wegen des fehlenden Marktpreises auf interne Daten zurückgreifen muss, ist vor allem aus der Praxis heraus eine Reihe von Kalkulationsansätzen entwickelt worden (vgl. für eine Übersicht *Reckenfelderbäumer*, 2007; *Feller*, 1992; *Funke*, 1995; *VDI Gesellschaft: Konstruktion&Entwicklung*, 1983). Obwohl eine vollständige Neuprojektierung zu den verlässlichsten Prognosen führen würde, verzichten die nachfolgend dargestellten Verfahren aus folgenden **Gründen** auf eine detaillierte Projektierung im Angebotsstadium:

- Bei der Planung und Projektierung von Anlagen, insbesondere Großanlagen, müssen wegen der Komplexität der Objekte große Datenmengen berücksichtigt werden.
- Das Problem wird dadurch erschwert, dass die meisten der benötigten Informationen in vielen Fällen nur schwer beschaffbar sind. Aufgrund der häufig sehr vagen Spezifizierung von gewünschten technischen Problemlösungen im Anfragenstadium ist der Informationsstand über die konkrete technische Ausführung (Mengengerüst) zu diesem Zeitpunkt sehr gering.

- Wegen des in den meisten Branchen sehr ungünstigen Verhältnisses zwischen der Zahl erstellter Angebote und der Zahl der erhaltenen Aufträge, das zwischen 5 % und 79 % schwankt (vgl. *Brankamp*, 1975, S. 25; *Grafers*, 1974, S. 199; *Heger*, 1998, S. 72), wird es häufig aus Wirtschaftlichkeitsgründen als unmöglich angesehen, bereits im Angebotsstadium eine detaillierte Projektierung durchzuführen.

Die Ansätze lassen sich danach unterscheiden, ob sie explizit auf ein Mengengerüst zurückgreifen oder darauf verzichten.

(1) Verfahren ohne differenziertes Mengengerüst

Die „Kilokostenmethode"

Bei der Kilokostenmethode wird die Entwicklung der Herstellkosten vom Gewicht der Anlage oder einem anderen zentralen Kostentreiber abhängig gemacht (vgl. auch *Becker*, 1992, S. 554; *Plinke*, 1998, S. 129; *VDI-Gesellschaft: Konstruktion & Entwicklung*, 1998, S. 124 f.). Zur Kalkulation werden z. B. „Erfahrungskostenwerte je kg Anlage" verwendet. Bei dieser Methode werden neben Gewichtsgrößen Größen wie

- Kubikmeter umbauter Raum,
- Längenmeter Walzstraße etc.

verwandt. Im Prinzip handelt es sich bei diesem Ansatz um nichts anderes als eine **Einfach-Regression** auf Basis von Erfahrungswerten. Empirische Untersuchungen haben gezeigt, dass diese Kalkulationsverfahren nur recht grobe Anhaltspunkte liefern (vgl. *Eversheim et al.*, 1977, S. 13 ff.).

Fallstudie „Offshore 1"

Seit einigen Jahren entdecken immer mehr Unternehmen aus dem Energieversorgungsbereich die Attraktivität von Windparks, die nicht auf dem Festland („Onshore"), sondern die auf See („Offshore") gebaut werden. Diese sind sehr ergiebig, da auf See rund 4.000 Stunden pro Jahr starker Wind herrscht, während auf dem Festland – selbst an windanfälligen Stellen – die Anzahl von Windstunden nur rund halb so groß ist. Nicht zuletzt aus diesem Grunde planen viele Unternehmen Windparks auf Nord- und Ostsee. Für die kommenden Jahre rechnen Marktexperten damit, dass vor den europäischen Küsten Offshore-Parks mit insgesamt 65.000 Megawatt in Betrieb genommen werden. Dies entspricht in etwa der Leistung von 65 Atomkraftwerken.

Trotz der seit langem bekannten größeren Ergiebigkeit von Offshore-Parks haben viele Unternehmen bislang eher auf Onshore-Windparks gesetzt. Ursächlich hierfür sind die enormen Investitionsrisiken, die mit der Errichtung von Offshore-Windparks verbunden sind. Da bspw. in Deutschland – anders als in England, wo solche Parks im Abstand von nur 10 Kilometer vor der Küste errichtet werden dürfen – Offshore-Windparks mindestens 60 Kilometer vor der Küste errichtet werden müssen, sehen sich die Windpark-Bauer großen technischen Schwierigkeiten gegenüber, die in vollem Umfang häufig erst während der Bauphase sichtbar werden. So lässt sich im Vorfeld nicht abschließend beurteilen, wie groß der Aufwand ist, um die 490 Tonnen schweren Stützkreuze im bis zu 40 Meter tiefen Meer zu verankern.

Als einer der ersten kommerziellen Windparks vor deutschen Küsten wird zurzeit etwa 90 Kilometer vor der Küste Borkums von der Bremer BARD Group der Offshore-Windpark „BARD Offshore 1" gebaut. Bei diesem Projekt, für das *Abbildung 184* eine Computersimulation zeigt, besteht eines der Hauptprobleme darin, dass die Projektkosten im Vorfeld nur schwer abschätzbar sind. Daher behilft man sich bei der Kostenkalkulation mit einer Kalkulation nach der Kilokostenmethode, da die erwarteten Kosten in Abhängigkeit von der Megawatt-Größe des Parks abgeschätzt werden. Auf die Frage nach den Investitionskosten für BARD Offshore 1 äußerte sich bspw. der Geschäftsführer von BARD in einem Radiointerview wie folgt: „Es ist eigentlich schwer, für ein Kraftwerk das Investitionsvolumen zu benennen, das da draußen noch gar nicht steht. Wir sehen derzeit im Offshorebereich in Wassertiefen von 30, 40 Metern spezifische Investitionskosten, die liegen bei 3,5 Millionen € je Megawatt. Mit einem dicken Daumen: ein 400-Megawatt-Windkraftwerk zwischen 1,4 und 1,6 Milliarden €."

Abb. 184: Simulation von BARD Offshore 1

Quelle: *BARD Group*, 2009.

Die Einflussgrößenkalkulation

Ausgehend von der Erkenntnis, dass nur eine Einflussgröße, wie bei der Kilokostenmethode, nicht ausreicht, um die Höhe eines Angebotspreises zu erklären, empfehlen *Eversheim et al.* (1977, S. 53 ff.) eine Einflussgrößenkalkulation auf der Basis von **Kostenfunktionen (Mehrfach-Regression)**.

Obwohl der Ansatz von *Eversheim et al.* zu besseren Schätzwerten für die Herstellkosten als die Kilokostenmethode führt, bleiben auch bei diesem Ansatz Probleme offen:

- Die Prognose der Herstellkosten, die ja Einzel- und Gemeinkosten enthalten, impliziert eine Proportionalisierung der Gemeinkosten. Veränderte Gemeinkosten führen somit zu Abweichungen der Ist- von den Prognosewerten.
- Bei *Eversheim et al.* bleibt offen, wie der Teil der Kosten, der nicht zu den Herstellkosten zählt (z. B. Vertriebskosten, Versicherungen, Provisionen etc.), geschätzt werden soll.
- Die Regressionsbeziehungen sind bisher nur für wenige Beispiele nachgewiesen. Erst eine breitere empirische Überprüfung würde Aussagen über die Generalisierbarkeit zulassen.

Die Materialkostenmethode

Die Materialkostenmethode unterstellt einen festen Zusammenhang zwischen Material-, Lohn- und Fertigungsgemeinkosten. Ist diese Kostenrelation aus mehreren abgewickelten Aufträgen bekannt, lassen sich die Herstellkosten auf Basis der geschätzten Materialkosten prognostizieren (vgl. dazu *Plinke*, 1998, S. 133). Analog besteht die Möglichkeit, basierend auf den veranschlagten Lohnkosten eine Prognose über die Höhe der Herstellkosten zu treffen.

Vor dem Hintergrund der Komplexität und Individualität der einzelnen Projekte im Anlagengeschäft ist die Annahme einer von Auftrag zu Auftrag konstanten Kostenstruktur problematisch.

Der Modifikationspreisansatz

Der Modifikationspreisansatz liefert Anhaltspunkte für die Schätzung der anfallenden Gesamtkosten eines Auftrags. Ausgehend von ähnlichen, bereits realisierten Projekten wird unter Berücksichtigung

- der Besonderheiten des zur Diskussion stehenden Projekts (z. B. besondere Klimabedingungen),
- der Inflationsrate und ähnlichen Korrekturfaktoren

eine Globalschätzung der Auftragskosten vorgenommen. Die Ergebnisse einer solchen Schätzung sind jedoch stark subjektiv beeinflusst und oft recht ungenau.

(2) Bewertungsverfahren auf der Basis eines Mengengerüsts

Der Grobprojektierungsansatz

Den Ablauf der Angebotskalkulation beim Grobprojektierungsansatz zeigt *Abbildung 185*. Zugrunde gelegt wird der Angebotskalkulation ein technisches Grobkonzept einer Anlage **(scope of work)**, das häufig für die Präqualifizierung erstellt werden muss. Die Komponenten des Grobkonzepts werden dann mit zu erwartenden Kosten bewertet. Daraus ergibt sich der sog. Basispreis für die Anlage. Je nach Sitz (Zielgebiet) des Kunden ist dieser Preis modifizierungsbedürftig. Hinzu kommen vor allem die Vertriebs-Sondereinzelkosten wie

- Reisekosten,
- Transport und Versicherungen,
- Kosten für Bankgarantien (Anzahlungsgarantien, bid bonds etc.),
- Montageleistungen und
- Provisionen („nützliche Abgaben").

Damit ist der Basispreis im Hinblick auf die kundenindividuellen Sonderleistungen modifiziert. Unter Berücksichtigung der Kosten, die aus den besonderen Liefer- und Zahlungsbedingungen entstehen, ergibt sich dann der individuelle anfragenadaptierte Basispreis, der gleichzeitig die Ausgangspreisforderung darstellt, mit der ein Anbieter in die mitanbieterbezogenen Preisverhandlungen geht.

Die Aussagefähigkeit der Grobprojektierungskalkulation hängt vor allem ab von

- der Qualität der Grobprojektierung und
- der Genauigkeit der Kostenschätzungen.

Gerade die Berücksichtigung von Kostenveränderungen in der Zukunft ist bei diesem Ansatz häufig schwierig, da die Grobprojektierung i. d. R. zu wenig differenziert ist, um Kostenprog-

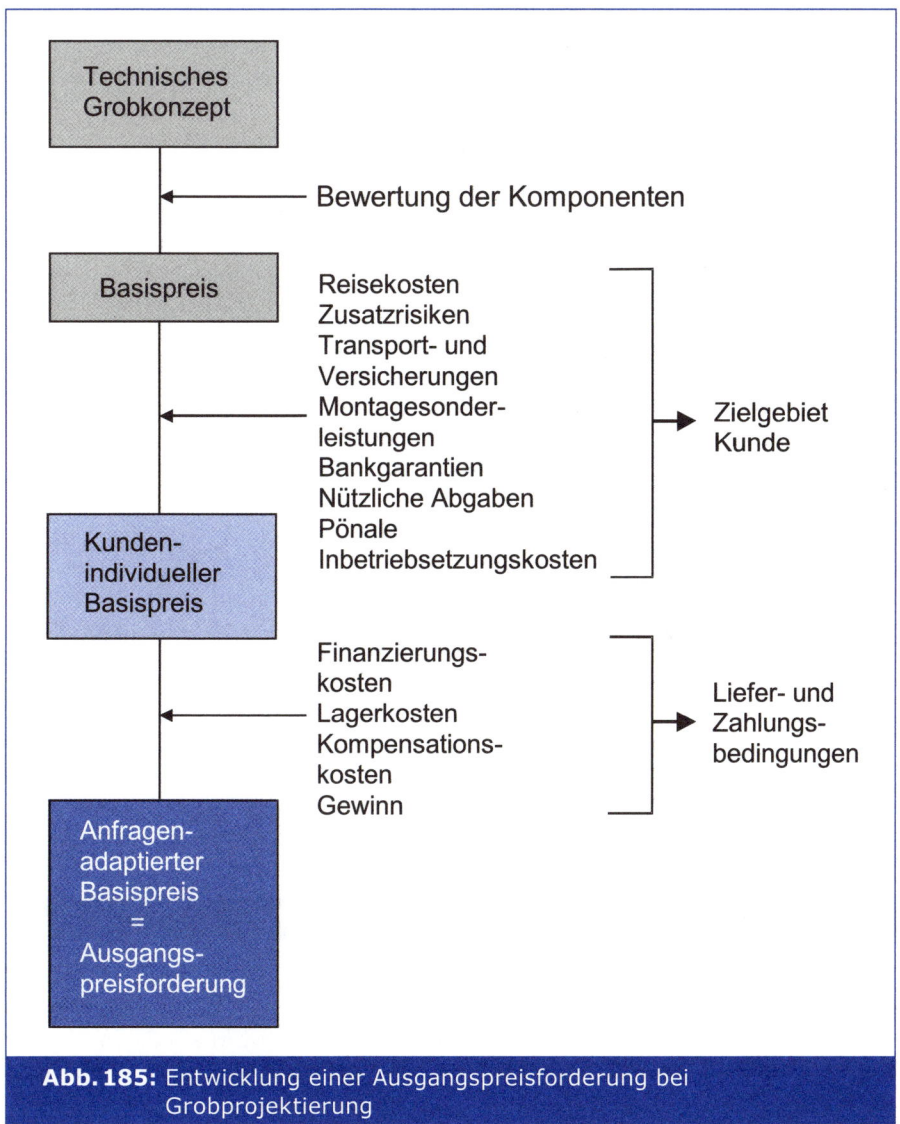

Abb. 185: Entwicklung einer Ausgangspreisforderung bei Grobprojektierung

nosen für einzelne Kostenarten machen zu können. Die Schätzwerte müssen für eine Summe von Kostenarten gewonnen werden, die sich sehr unterschiedlich entwickeln können.

Der Lernansatz

An der Undifferenziertheit des Mengengerüsts beim Grobprojektierungsansatz setzt der Lernansatz an, der ebenfalls auf eine detaillierte komplette Neuprojektierung verzichtet.

Dieser Ansatz basiert im Wesentlichen auf dem Grundgedanken, durch eine systematische hierarchische Aufgliederung einer Anlage eine strukturierte Speicherung bereits abgewickelter Projekte zu ermöglichen, um dann bei Neuprojektierungen auf Subsysteme bereits abgewickelter Projekte zurückgreifen zu können. Mit *Nietsch* (1996, S. 125 ff.) unterscheiden wir analytische Verfahren der Kalkulation von Verfahren der Suchkalkulation.

Greift man auf bestehende technische Lösungskonzepte zurück, „kann die Strukturierung zusammen mit assoziierten Arbeitsplänen direkt zur Kalkulation von Herstellkosten genutzt werden" (*Nietsch*, 1996, S. 125). In diesem Fall sprechen wir von **analytischen Lernansätzen**.

Abbildung 186 zeigt schematisch eine solche Zerlegung einer Anlage in Elemente (bestellreife Erzeugnisse, die in Werkstätten oder Werken in Mehrfach- oder Einzelfertigung erstellt oder fremdbezogen werden), die zu Funktionen zusammengefasst ihrerseits wieder Teile übergeordneter, funktional zusammengehörender technologischer Einheiten sind (vgl. *Backhaus*, 1980, S. 44). Dieselben Elemente können auch gruppiert nach ihren Einbauorten sortiert werden und ergeben damit die einzelnen Baueinheiten einer Anlage (Pulte, Tafeln, Schränke etc.).

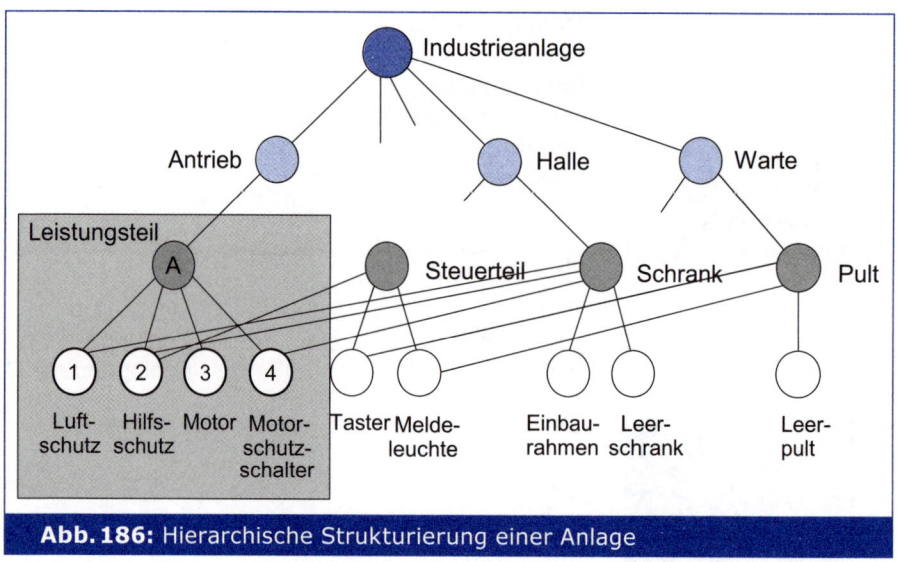

Abb. 186: Hierarchische Strukturierung einer Anlage

Die bearbeiteten Anlagen werden nach diesem Strukturprinzip gegliedert in einer Datenbank abgespeichert. Mit zunehmender Zahl im Zeitablauf gespeicherter Anlagen wird ein Datenpool erzeugt, in dem der Bearbeiter bei neu zu erstellenden Anlagen nach ähnlichen, bereits abgewickelten Anlagen suchen kann. Mit anderen Worten: Der Anbieter kann auf Erfahrungswissen zurückgreifen (vgl. *Nietsch*, 1996, S. 125).

Die **Suchkalkulation** greift nicht auf konkrete technische Lösungen zurück, sondern verwendet nur ausgewählte (globale) Ähnlichkeitsmerkmale zur Bestimmung von vergleichbaren Projekten. Zur Angebotspreisbestimmung wird dann das anhand der Kriterien ermittelte ähnlichste Projekt herangezogen. Seine Ist-Kosten bilden die Kalkulationsbasis für das neue Projekt (vgl. *Abbildung 187*).

Inwieweit dabei der Lernansatz **Kalkulationsverbesserungen** erwarten lässt, hängt davon ab,
- wie schnell sich der technische Fortschritt in einzelnen Bereichen entwickelt und somit der Datenpool veraltet,
- wie sorgfältig der Preisdatenpool gepflegt wird,
- wie groß die Ähnlichkeit zwischen den Projekten ist.

C. Marketing im Anlagengeschäft 363

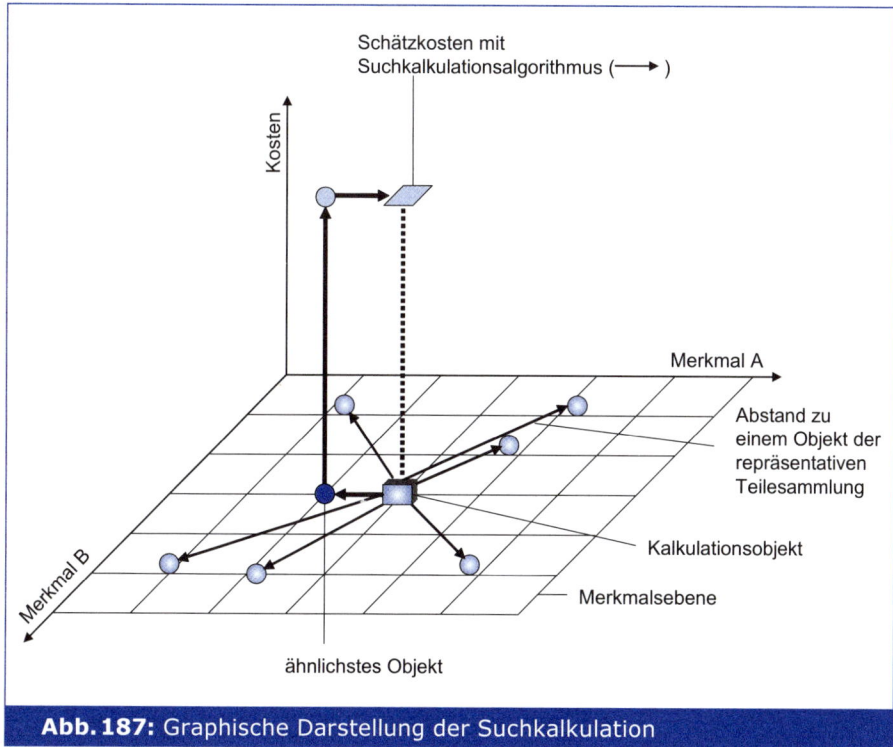

Abb. 187: Graphische Darstellung der Suchkalkulation

Quelle: *Nietsch*, 1996, S. 126.

(3) Grundsatzkritik an den Angebotskalkulationsverfahren

- Erfolgt die Preisfindung ausgehend von den prognostizierten Kosten des Auftrags im Rahmen eines sog. „Cost Plus Pricing", wird der gewinnoptimale Preis meist nicht oder nur zufällig gefunden (vgl. *Zoller*, 2001, S. 420). Die **Zahlungsbereitschaft** des Auftraggebers wird möglicherweise nur teilweise ausgeschöpft. Eine methodisch korrekte Preisbestimmung kann sich allein aus einer Analyse der Preisobergrenze des Kunden ergeben (vgl. *Plinke*, 1998, S. 141).
- Alle vorgestellten Angebotskalkulationsverfahren verwenden im Prinzip **Vollkosten** als Bewertungsgrößen. Die Grenzen des Aussagewerts von Vollkosten-Kalkulationen sind in der Literatur aber hinreichend deutlich gemacht worden (vgl. z. B. *Arbeitskreis „Internes Rechnungswesen" der Schmalenbach-Gesellschaft*, 1991, S. 134 f.; *Riebel*, 1964). Sie liegen vor allem in der Proportionalisierung der Fixkosten bzw. der Zuweisung von Gemeinkosten. Dennoch lassen einige Argumente die Verwendung von Vollkosten für die Angebotskalkulation sinnvoll erscheinen (vgl. *Arbeitskreis „Internes Rechnungswesen" der Schmalenbach-Gesellschaft,* 1991, S. 140 ff.; *Bröker*, 1993, S. 91 f.; *Diehl*, 1977, S. 178 f.):
  - Wegen der Langfristigkeit des industriellen Anlagengeschäfts lassen sich für Fälle der Unterbeschäftigung kaum Anhaltspunkte aus der Teilkostenrechnung gewinnen, da auf lange Sicht fast alle Kosten disponibel werden.
  - Trotz der Unmöglichkeit einer verursachungsgerechten Zurechnung von Gemeinkosten muss ihre Deckung gewährleistet sein. In einer Phase, in der noch keine Marktpreise vorliegen, ist die Vollkostenrechnung ein Weg, um Deckungsbedarf festzulegen.

- Die Vorgabe von Teilkosteninformationen kann evtl. zu Preiszugeständnissen in der späteren Kundenverhandlung führen und damit u. U. negative Auswirkungen auf das Preisniveau haben.
- Die vorgestellten Kalkulationsverfahren sind zu wenig auf die Besonderheiten der **Kalkulation von Software-Leistungen** (z. B. Finanzierung, Schulung, Betrieb, Wartung) abgestellt. Durch den ständig steigenden Software-Anteil und den zurückgehenden Hardware-Anteil ist eine Verlagerung der Ergebnisträger festzustellen: Sind bisher die Hardware-Elemente die Ergebnisträger gewesen, ist in Zukunft darauf zu achten, dass durch den ständig wachsenden Software-Anteil (Tendenz zum „Blaupausen-Export") eine Ergebnisverlagerung stattfinden muss. Anlagenanbieter müssen sich zunehmend mehr als Dienstleister verstehen, deren erbrachte Dienstleistungen auch gesondert honoriert werden müssen. Eine Abdeckung dieser Kosten im Preis für den Hardware-Lieferungsanteil wird schwieriger werden. Das bedeutet aber auch ein Überdenken der Kalkulationsverfahren, die i. d. R. von Vergangenheitswerten ausgehen.

2.2.3.2.2 Verfahren zur Ermittlung der Preisobergrenze

Um sich bei der Preisfindung nicht allein an den Projektkosten zu orientieren, sondern stärker die Zahlungsbereitschaft des Kunden in den Mittelpunkt zu rücken, stehen mit dem Value Pricing und den Submissonsmodellen zwei Ansätze zur Verfügung, die die Zahlungsbereitschaft des Kunden entweder nutzenorientiert (Value Pricing) oder wettbewerbsorientiert (Submissionsmodelle) ermitteln.

2.2.3.2.2.1 Nutzenorientierte Preispolitik: Value Pricing

Bei der nutzenorientierten Preispolitik (Value Pricing) sollte der Anbieter sich bei seiner Angebotspreispolitik am Nutzen orientieren, den sein Leistungsangebot beim Kunden hervorruft. Entscheidend ist dann der Wert des spezifischen Angebots für den einzelnen Kunden (vgl. *Zoller*, 2001, S. 420). Eine konsequente Nachfrageorientierung erfordert eine Preispolitik nach dem **Tragfähigkeitsprinzip**, wie z. B. *Oxenfeldt* (1966 und 1979, dort allerdings für neue Produkte) vorgeschlagen hat (vgl. auch *Shapiro/Jackson*, 1978).

Oxenfeldt schlägt das folgende **dreistufige Vorgehen** zur Preisbestimmung vor:

(1) Ermittlung der relevanten **Konkurrenzangebote**.
(2) Bestimmung des Betrags, um den die eigene angebotene Problemlösung dem Kunden **Nutzenvorteile** bringt (Additional Value, Überlegenheitsprämie), welche sich z. B. in zukünftigen Kosteneinsparungen niederschlagen.
(3) Die konkurrenzspezifische Überlegenheitsprämie wird den erwarteten Konkurrenzpreisen hinzuaddiert, um die **nachfragerbezogene Preisobergrenze** für den anschließenden Verhandlungsprozess zu bestimmen. Diese Überlegenheitsprämie ist Ausdruck für den gelieferten Customer Value: „Value in business markets is the worth in monetary terms of the economic/commercial, technical, service and social benefits a customer firm receives in exchange for the price it pays for a market offering" (*Anderson et al.*, 2009, S. 6).

Aus diesen Überlegungen wird bereits deutlich, dass eine Bewertung anhand der Gesamtpreise sowohl die verschiedenen Funktionsmöglichkeiten als auch die laufenden Betriebskosten mit einschließen muss (Konzept des Life Cycle Costing, vgl. *Finkelstein/Guertin*, 1988, S. 167 ff.; *Fischer*, 1993; *Seewöster*, 2006).

Im Prinzip müsste dem Kunden eine umfassende Wirtschaftlichkeitsrechnung bzgl. der eigenen Anlage und der relevanten Konkurrenzangebote über die gesamte Nutzungszeit unterbreitet werden (vgl. auch *Shapiro/Jackson*, 1978, S. 120; *Zoller*, 2001, S. 424). Nur anhand derer kann der Kunde sinnvoll entscheiden, welche Alternative günstiger ist. Wegen der Langfristigkeit bedarf es einer umfassenden, **dynamischen Investitionsrechnung**, aus der der Anbieter auch sein Preisangebot ermitteln kann, wie die nachfolgende Berechnung zeigt.

Es sei P_A der Preis für eine Anlage des betrachteten Anbieters und $(A_{At}-A_{It})$ die Differenz zwischen laufenden Auszahlungen je Periode t (t = 1 bis n) für Betrieb, Wartung und Reparatur etc., wobei I die 1 bis k Konkurrenten beschreibt. Die Vorteilhaftigkeit eines Anlagenprojekts für den Kunden bestimmt sich dann wie folgt:

(1) $C_0 = (P_{I0} - P_{A0}) + \sum_{t=1}^{n} (A_{It} - A_{At}) \frac{1}{q^t}$, *für jedes I*

Legende:

C_0 = Kapitalwert
P_{A0} = Preis des Anbieters A (in Periode 0)
P_{I0} = Preis der Konkurrenten *I*, für jedes *I* (Konkurrenten), wobei *I* von *1* bis *k*
A_{At} = laufende Auszahlungen für die Anlage des Anbieters pro Periode *t*
A_{It} = laufende Auszahlungen für die Anlagen des Konkurrenten *I* für jedes *I* (Konkurrenten), wobei *I* von *1* bis *k*
$\frac{1}{q^t}$ = Abzinsungsfaktor

Da über die mit der Beschaffung der Anlage verbundenen Einzahlungen im Angebotsstadium kaum etwas gesagt wird, handelt es sich bei (1) um ein reines **Auszahlungsvergleichskalkül** zwischen dem eigenen Angebot und den Konkurrenzangeboten, wobei die Betriebsauszahlungsdifferenzen periodisch mit $1/q^t$ für n Perioden abgezinst werden. Wenn $C_0 = 0$ ist, bei gegebenem P_I und A_A sowie A_I für jedes I, dann beschreibt der Wert für P_A die Preisobergrenze für den Anbieter A. In diesem Fall sind unter Berücksichtigung der Anschaffungspreise der Konkurrent I und der Betriebsauszahlungsdifferenzen die Alternativangebote gerade gleichwertig:

(2) $0 = -P_{A0} + P_{I0} - \sum_{t=1}^{n} (A_{At} - A_{It}) \frac{1}{q^t}$, *für jedes I*

(3) $P_{A0} = +P_{I0} - \sum_{t=1}^{n} (A_{At} - A_{It}) \frac{1}{q^t}$, *für jedes I*

Gleichung (3) besagt nichts anderes, als dass der Preis des Anbieters A umso höher sein kann, je höher die Konkurrenzpreise und je größer die abgezinsten negativen Zahlungsdifferenzen zwischen A_{At} und A_{It} sind.

Der Value Pricing-Ansatz gibt allerdings eher Ansatzpunkte für Grundüberlegungen als für exakt quantifizierbare Differenzgrößen:

- Die Preise der Konkurrenzprodukte sind im Angebotsstadium nicht oder nur näherungsweise bekannt.
- Die Schätzung der laufenden Auszahlungen für die Nutzungsdauer wirft erhebliche Probleme beim eigenen Angebot auf. Für die Konkurrenzangebote sind sie noch erheblich größer.
- Der Nutzenvorteil muss dem Kunden glaubhaft gemacht werden, was häufig Schwierigkeiten bereiten wird, da der Vergleich der miteinander konkurrierenden Angebote auf Schätzgrößen basiert.

2.2.3.2.2.2 Marktorientierte Preispolitik mit Submissionsmodellen

Hat sich ein Anbieter bzw. eine Anbietergemeinschaft eine erste Vorstellung über den mindestens zu fordernden Preis auf der Basis innerbetrieblicher Überlegungen gemacht, so kann es mitunter sinnvoll sein, sich bei der Frage, welcher Preis im Markt realisierbar ist, am Pricing des Wettbewerbs zu orientieren. Das ist vor allem dann notwendig, wenn es sich um eine **Ausschreibung ohne Nachverhandlungen** handelt (closed bid). In diesem Fall ist jede Anbietergemeinschaft gezwungen, eine im Umschlag verschlossene Preisforderung abzugeben. Der Anbieter mit der niedrigsten Preisforderung im Vergleich zur gebotenen Leistung erhält dann den Zuschlag (vgl. *Barrmeyer*, 1982, S. 2 f.).

Bei Abgabe des Angebotspreises steht eine Unternehmung also vor einer **Konfliktsituation**: Ein hoher Preis bringt zwar gute Auftragsergebnisse, birgt aber gleichzeitig die Gefahr in sich, dass der Auftrag insgesamt verloren geht. Entsprechendes gilt für den umgekehrten Fall. Wie soll sich eine Unternehmung in einem solchen Fall verhalten?

In der Praxis wird i. d. R. versucht, vorab Informationen über die Preise der (bekannten) Konkurrenten zu erhalten und sich dann je nach Projektinteresse mit dem eigenen Preis entsprechend anzupassen. Eine zweite Möglichkeit besteht darin, eine technisch andere Lösung als die Konkurrenz anzubieten, um auf diesem Wege Nachverhandlungen zu erzwingen.

Eine in der Praxis wenig gebräuchliche Möglichkeit ist eine systematische Nutzung aller gegebenen Informationen und deren Integration in ein **Submissionsmodell** (Competitive Bidding-Modell). Verschiedene empirische Tests haben gezeigt, dass diese relativ einfachen Modelle zu signifikanten Entscheidungsverbesserungen führen können. Mittlerweile liegen deshalb auch computergestützte Submissionsmodelle vor (vgl. z. B. *Kaas/Lautenschläger*, 1989).

Bei der theoretischen Analyse von Submissions-Strategien lassen sich zwei verschiedene Richtungen feststellen (vgl. *Römhild*, 1997, S. 21 f.): Die Ansätze basieren entweder auf entscheidungs- oder spieltheoretischen Überlegungen. Die im Wesentlichen auf *Friedman* (1956) zurückgehenden **entscheidungstheoretischen Ansätze** gehen im Kern davon aus, dass bei der Submission ein rational handelnder Anbieter gegen eine von ihm nicht beeinflussbare Umwelt auftritt, die allerdings unsicher ist.

Das Grundmodell

Ausgehend von der Überlegung, dass sich die im Prinzip unbekannte Preis-/Zuschlagsbeziehung nicht eindeutig ermitteln lässt, verzichtet man in der Praxis häufig ganz darauf, dieses Verhältnis formal-quantitativ zu analysieren. Dies entspricht jedoch keiner rational begründbaren Vorgehensweise.

Häufig ist es so, dass die relevanten Entscheidungsträger, je intensiver sie das Geschäft kennen, umso mehr in der Lage sind, die interessierenden Größen zumindest annäherungsweise abzuschätzen. Diese Informationen werden von den entscheidungstheoretisch orientierten **Competitive Bidding-Modellen** systematisch genutzt (vgl. *Friedman*, 1956). Weitere Ansätze finden sich z. B. bei *Edelman*, 1965; *Grinyer/Whittaker*, 1973; *Reinmuth/Barnes*, 1975, sowie *Berndt*, 1988 und eine Bibliographie bei *Stark*, 1971. Beispiele entstammen aus *Barrmeyer*, 1982 und *Kuß*, 1977.

Die systematische Informationsnutzung setzt eine Analyse der die Entscheidung beeinflussenden Faktoren voraus. Ausgehend von der Erreichung einer möglichst günstigen Gewinn-

C. Marketing im Anlagengeschäft

Risiko-Kombination (das Produkt aus dem Gewinn bei einem bestimmten Preis und der entsprechenden Wahrscheinlichkeit, den Auftrag bei diesem Preis zu erhalten, soll möglichst groß sein) wird gefragt, von welchen Faktoren Gewinn und Risiko abhängen:

- Der Auftragserfolg ist abhängig vom Preis des betrachteten Anbieters im Verhältnis zum niedrigsten Konkurrenzpreis. Benötigt wird also eine **Schätzung der Erfolgswahrscheinlichkeiten** bei einem bestimmten eigenen Preis und alternativen Konkurrenzpreisen.
  Eine solche Schätzung zeigt bspw. die Übersicht in *Abbildung 188*, bei der Preise zwischen 5,5 und 6,8 Mio. € den relevanten Konkurrenzpreisbereich beschreiben mögen:

(Preisangaben in Mio. €)

Eigene Preise	Konkurrenzpreise										
	5,50	5,63	5,76	5,89	6,02	6,15	6,28	6,41	6,54	6,67	6,80
5,36	1,00	1,00	1,00	1,00	1,00	1,00	1,00	1,00	1,00	1,00	1,00	1
5,55	0,49	0,92	1,00	1,00	1,00	1,00	1,00	1,00	1,00	1,00	0,9555
5,73	0,12	0,36	0,73	1,00	1,00	1,00	1,00	1,00	1,00	1,00	0,8329
5,91	0,00	0,06	0,24	0,55	0,94	1,00	1,00	1,00	1,00	1,00	0,6255
6,10	0,00	0,00	0,00	0,16	0,43	0,81	1,00	1,00	1,00	1,00	0,4167
6,28	0,00	0,00	0,00	0,00	0,11	0,31	0,60	0,96	1,00	1,00	0,2595
6,48	0,00	0,00	0,00	0,00	0,00	0,05	0,20	0,48	0,87	1,00	0,1635
6,65	0,00	0,00	0,00	0,00	0,00	0,00	0,00	0,15	0,37	0,68	0,98	0,0894
6,83	0,00	0,00	0,00	0,00	0,00	0,00	0,00	0,00	0,10	0,27	0,54	0,0347
7,02	0,00	0,00	0,00	0,00	0,00	0,00	0,00	0,00	0,00	0,05	0,18	0,0079
7,20	0,00	0,00	0,00	0,00	0,00	0,00	0,00	0,00	0,00	0,00	0,00	0
	0,07	0,11	0,13	0,21	0,13	0,12	0,05	0,05	0,05	0,05	0,03
Eintrittswahrscheinlichkeiten der Konkurrenzpreise											

Abb. 188: Die relevanten Informationen für ein Competitive Bidding-Modell

Bei einem Preis von bspw. 6,1 Mio. € für eine bestimmte Anlage und Konkurrenzpreisen von 5,5 Mio. € bis 5,76 Mio. € ist die Erfolgswahrscheinlichkeit gleich Null. Hat der Nachfrager jedoch ganz bestimmte Präferenzen für den betrachteten Anbieter, so kann bereits bei einem Konkurrenzpreis von 5,89 Mio. € mit 16 % Erfolgswahrscheinlichkeit ein Auftrag zu erhalten sein. Entsprechendes gilt für einen eigenen Preis von 6,28 Mio. € und die anderen angegebenen Angebotspreise.

- Da die alternativen Konkurrenzpreise aber nicht gleichwahrscheinlich sein werden, muss der Anbieter zusätzlich Angaben darüber machen, mit welcher Wahrscheinlichkeit die einzelnen Konkurrenzpreise von 5,5 bis 6,8 Mio. € auftreten werden. Die entsprechenden Schätzwerte sind in *Abbildung 188* unter der Tabelle für jeden Konkurrenzpreis angegeben. Aus diesen Daten lässt sich durch Ausmultiplizieren die **Zuschlagswahrscheinlichkeit bei einem bestimmten Angebotspreis Z(Pr)** ermitteln:

$$Z(6,10) = 0 \times 0{,}07 + 0 \times 0{,}11 + 0 \times 0{,}13 + 0{,}16 \times 0{,}21 + 0{,}43 \times 0{,}13$$
$$+ 0{,}81 \times 0{,}12 + 1 \times 0{,}05 + 1 \times 0{,}05 + 1 \times 0{,}05 + 1 \times 0{,}05 + 1 \times 0{,}03$$
$$= 0{,}4167$$

Entsprechend gilt:

$$Z(6,28) = 0{,}2595$$

- In der Regel will ein Anbieter jedoch nicht die Zuschlagswahrscheinlichkeit, sondern das erwartete Auftragsergebnis möglichst günstig gestalten. Dazu ist es notwendig, den kalkulierten Deckungsbeitrag des Auftrags mit der Zuschlagswahrscheinlichkeit zu multiplizieren. *Abbildung 189* zeigt dies beispielhaft für alternative eigene Preise bei Einzelkosten in Höhe von 5,5 Mio. €.

Eigener Preis (in Mio.)	Deckungsbeitrag	Zuschlagswahr-scheinlichkeit	Erwarteter Deckungsbeitrag
5,36	–140.000	1,0000	–140.000
5,55	50.000	0,9555	47.775
5,73	230.000	0,8329	191.567
5,91	410.000	0,6255	256.455
6,10	600.000	0,4167	250.020
6,28	780.000	0,2595	202.410
6,46	960.000	0,1635	156.960
6,65	1.150.000	0,0894	102.810
6,83	1.330.000	0,0347	46.151
7,02	1.520.000	0,0079	12.008
7,20	1.700.000	0,0000	0

Abb. 189: Erwartete Deckungsbeiträge

Veranschaulicht man die erwarteten Deckungsbeiträge in einer graphischen Darstellung, dann wird deutlich, dass beim Angebotspreis von 5,91 Mio. € das **erwartete Deckungsbeitragsmaximum** liegt (vgl. *Abbildung 190*).

Kritische Beurteilung des Modells

In diversen empirischen Tests sind immer wieder die Ergebnisse von Competitive Bidding-Modellen und „intuitiver Preispolitik" verglichen worden. Alle Untersuchungen bestätigen übereinstimmend, dass die Vergleiche stets zugunsten der Competitive Bidding-Modelle ausgegangen sind: Entweder hätte man mit Hilfe der Modelle Aufträge bekommen, die man in der betreffenden Situation nicht bekommen hat, oder man hätte Aufträge, die man ohne Modellverwendung bekommen hat, zu besseren Preisen bekommen (vgl. *Edelman*, 1965).

Dennoch sind kritische Bemerkungen angebracht, die nicht an der evtl. mangelnden Schätzgenauigkeit orientiert sind. Gerade für sein Modell hat *Edelman* gezeigt, dass die Ergebnis-

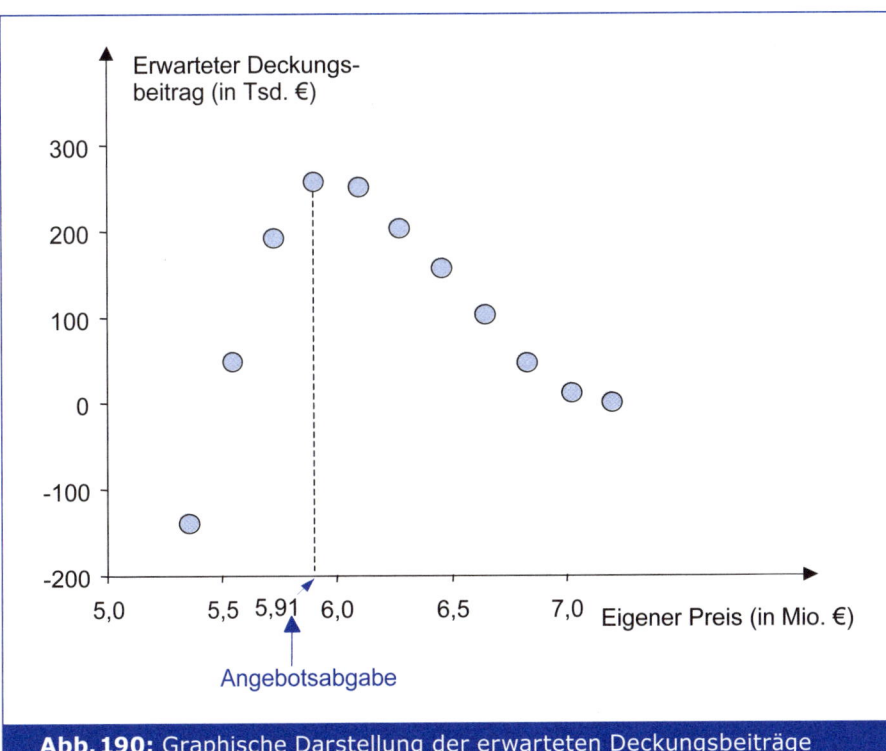

Abb. 190: Graphische Darstellung der erwarteten Deckungsbeiträge

se, also die jeweiligen Preisforderungen, nicht sehr stark mit Schätzfehlern variieren. Die Probleme der Schätzung stellen sich vielmehr bei allen Entscheidungsproblemen.

Folgende Gesichtspunkte sind zu bedenken:

- Das Modell setzt **Risikoneutralität** voraus. Das heißt, ein Ergebnis von 100 mit einer Wahrscheinlichkeit von 0,1 wird einem Ergebnis von 10 mit einer Wahrscheinlichkeit von 1 gleichgesetzt. Gerade im Anlagengeschäft dürfte dieses Risikoverhalten jedoch nicht typisch sein.
- Es werden **keine Projektverbunde** berücksichtigt. Diese können sich z.B. daraus ergeben, dass ein bestimmtes Projekt Referenzanlagencharakter hat und somit weitere Aufträge der gleichen Produktklasse vom Erhalt des Referenzprojekt-Auftrags abhängig sind.
- Ein wichtiger Verbund anderer Art kann sich aus der **Langfristigkeit** des Anlagengeschäfts ergeben: Es werden evtl. Aufträge mit relativ schlechtem Auftragsergebnis hereingenommen, die Kapazitäten für zukünftige, ergebnisgünstigere Projekte blockieren.
- Im Sinne einer praxisgerechten Entscheidungsfindung ist es daher notwendig, nicht ein Projekt isoliert, sondern auch Verbunde zu anderen Projekten zu betrachten. Erste Ansätze liegen hierzu bereits vor (vgl. *Backhaus*, 1980; *Berndt*, 1988; *Bunn/Thomas*, 1978; *Goodman/Baurmeister*, 1976; *Römhild*, 1997).
- Wegen der Langfristigkeit des Anlagengeschäfts ist es darüber hinaus fraglich, ob Kosten- und Erlösgrößen sinnvolle Bewertungsgrößen darstellen. Aufgrund der unterschiedlichen Perioden kann ein Abstellen auf diskontierte **Zahlungsgrößen** evtl. zu besseren Ergebnissen führen (vgl. *Backhaus*, 1980).

- Bei unsicheren Kosten kann es zu systematischen Fehlern kommen (vgl. zum Nachweis *Römhild*, 1997). So entsteht möglicherweise der sog. **„Winner's Curse"-Effekt**, bei dem ein Anbieter wegen Kostenfehleinschätzungen und dadurch bedingtem Niedrigst-Preis-Angebot den Zuschlag erhält und einen Verlust erleidet. Bei **spieltheoretischen Modellen** tritt dieser Fehler nicht auf. Allerdings „haben spieltheoretische Modelle aufgrund der aufwendigen Ableitungsweise noch nicht das Stadium erreicht, in dem Angebotspreise unter Berücksichtigung relevanter Rahmenbedingungen wie Kapazitätsgrenzen oder Alternativaufträgen abgeleitet werden können." (*Römhild*, 1997, S. 21). Sie werden daher im Folgenden auch nicht weiter betrachtet.

2.2.3.3 Preisdurchsetzung

Nachdem Vorstellungen zur Preisunter- und -obergrenze eines Projektes vorliegen, ist anschließend zu klären, welche Möglichkeiten zur Preisdurchsetzung bestehen. Diese ist dabei bei Vorliegen einer Anbieterorganisation zum einen im Verhältnis zu den Preisvorstellungen der Mitanbieter zu überprüfen. Darüber hinaus stellt auch die Frage der Absicherung gegen nachträgliche Kostensteigerungen (Preissicherung) eine Frage der Preisdurchsetzbarkeit dar.

2.2.3.3.1 Mitanbieterbezogene Preispolitik

Hat jeder Mitanbieter seine individuellen Vorstellungen über die Preishöhe entwickelt, geht es darum, in koalitionsinternen Verhandlungen die Teilpreise zu einem Gesamtpreis für die Anlage zu verdichten. Durch die Berücksichtigung von mitanbieterbezogenen Zielvorstellungen können Konflikte im Preisbildungsprozess entstehen. Inwieweit das **Preisdurchsetzungspotenzial** in der Anbietergemeinschaft für den einzelnen Mitanbieter ausgeprägt ist, entscheidet sich anhand einer Reihe von Kriterien. *De Oliveira Gomes* (1987, S. 23 ff.) unterscheidet fünf Gruppen von Faktoren zur Beurteilung des Preisdurchsetzungspotenzials:

(1) **Unternehmensbezogene Faktoren**, die vor allem den Kapazitätsauslastungsgrad dokumentieren.

(2) **Projektbezogene Faktoren**, bei denen die Stärke des Preisdurchsetzungspotenzials umso größer ist, je geringer die Substituierbarkeit der Leistungsanteile eines Mitanbieters ist, je größer die Bedeutung der mit den Partnern gelösten Nahtstellenprobleme ist, je geringer der Referenzanlagencharakter des betrachteten Projekts für den einzelnen Mitanbieter ist, je eher er in der Lage ist, günstige Finanzierungsmöglichkeiten zu vermitteln, und je eher er bereit ist, Kompensationsware zu übernehmen.

(3) **Mitanbieterbezogene Faktoren** spielen eine Rolle, wenn die Partner schon bei vielen Projekten zusammengearbeitet haben und einzelne Partner preisliche Benachteiligungen bei früheren Projekten kompensieren wollen oder Zugeständnisse machen, um den anderen Partner zu unterstützen.

(4) Auch **kundenbezogene Faktoren** führen zur Beeinflussung des Preisdurchsetzungspotenzials. Sie konkretisieren sich in Präferenzen beim Kunden bzw. bei dessen Consultant gegenüber einem bestimmten Mitanbieter sowie in Erfahrungen im Nachfrageland, die der einzelne Mitanbieter hat.

(5) **Konkurrenzbezogene Faktoren** bestimmen das Preisdurchsetzungspotenzial, weil bspw. ein geringes Preisniveau im Vergleich zu Konkurrenten das Preisdurchsetzungspotenzial erhöht.

Um das Preisdurchsetzungspotenzial festzulegen, schlägt *De Oliveira Gomes* (1987) ein **Scoring-Modell** zur Beurteilung des Preisdurchsetzungspotenzials vor. Dieses Scoring-

Modell unterstützt die Bestimmung der eigenen Verhandlungsposition in der Anbietergemeinschaft wie auch die Verhandlungspositionen der Angebotspartner.

Durch den Vergleich der Beurteilungsobjekte hinsichtlich der einzelnen einander entsprechenden Teilurteile gewinnt der Betrachter dann eine Vorstellung über die Machtverteilung in der Anbietergemeinschaft. Die Identifikation der eigenen relativen Machtposition gibt ihm Aufschluss darüber, inwieweit er dem Preisdruck der Partner in innerkonsortialen Verhandlungen über die Verteilung von Preisnachlässen nachgeben muss.

Obwohl diesem Ansatz grundsätzlich die Kritik an den Scoring-Modellen entgegengehalten werden muss, liefert er ein **Systematisierungskonzept**, um systematisch zu einer Beurteilung des Preisdurchsetzungspotenzials zu gelangen.

2.2.3.3.2 Preissicherung

Für Leistungen, die in langfristigen, sich über mehrere Jahre erstreckenden Fertigungsprozessen erbracht werden, stellt sich das Problem, dass bei starken Preisschwankungen auf der Kostenseite ein hohes Maß an Ungewissheit bei der Beurteilung der Wirtschaftlichkeit eines Auftrags besteht, da zukünftige Preisänderungen das Auftragsergebnis entscheidend beeinflussen können.

LCD-Investitionspläne in Taiwan

Steigende Stahlpreise machen nicht nur der deutschen Maschinenbau- und Automobilindustrie zu schaffen. Auch Taiwans LCD-Panel-Hersteller müssen für geplante neue, hochmoderne Fertigungsanlagen der sechsten Generation (6G) mehr berappen, als ursprünglich veranschlagt.

Die bereits im Bau befindliche Fabrik von Chunghwa Picture Tubes (CPT) hat einen Stahlbedarf von rund 80.000 Tonnen. Doch seit Baubeginn hat sich der Stahlpreis für das Unternehmen auf 20.000 New Taiwan Dollar (NT Dollar), umgerechnet knapp 510 € die Tonne nahezu verdoppelt.

Auch AU Optronics (AUO), nach LG Philips und Samsung drittgrößter Panel-Produzent, spricht von steigenden Investitionskosten, ist aber zuversichtlich, wettbewerbsfähig zu bleiben. Hann Star rechnet mit 30 bis 40 Prozent Mehrkosten über dem Plan von Ende 2003, was einer Summe von 300 bis 400 Millionen NT Dollar (7,6 bis 10,2 Millionen €) entspricht.

Taiwans Marktforschungsinstitut ITIS geht bis 2010 von jährlich steigenden Stahlpreisen in Höhe von fünf bis zehn Prozent aus. Ende 2003 waren für Stahlträger (für Stahlbetonbauten) noch 320 US$ die Tonne üblich. Im April soll der Preis laut einem Zeitungsbericht in Taiwan schon auf über 400 US$ die Tonne gestiegen sein.

Die massiven Investitionsvorhaben ziehen derweil auch viele ausländische Unternehmen nach Taiwan, um dort Forschungs- und Entwicklungslabors einzurichten, darunter YAC aus Japan, AKT aus den USA und Unaxis aus der Schweiz. Andere wie Asahi Glass und Fuji Photo Film ziehen voraussichtlich nach.

Taiwans Regierung ist derzeit noch mit rund 60 Prozent an den Kosten für die junge LCD-Panel-Industrie beteiligt, will die Quote aber mit Blick auf mehr Gerechtigkeit im internationalen Wettbewerb und auf mögliche ausländische Investoren bis 2008 auf 20 Prozent senken.

Quelle: *Computerpartner*, 2004.

Werden bspw. die Lohn- und/oder Rohstoffpreissteigerungen vom Anbieter unterschätzt, so können bei gegebenem Mengengerüst erhebliche Verluste entstehen. Ähnliches gilt bei hohen Inflationsraten.

Angesichts der hohen Wertdimension im Großanlagengeschäft können bereits Fehlkalkulationen in der Größenordnung von 5–10 % des Projektvolumens bei wenigen Projekten die

Existenz eines mittelständischen Unternehmens gefährden (vgl. *Feuerbaum/Witte*, 1977, S. 153 ff.).

Um diese Risiken zu berücksichtigen, kann sich ein Anbieter verschiedener Instrumente bedienen (vgl. auch *Plinke*, 1998, S. 154 ff.; *Zoller*, 2001, S. 438):

- Festpreiseinschlüsse,
- Preisvorbehalte,
- offene Abrechnung,
- mathematische Preisgleitklauseln.

Beim **Festpreiseinschluss** versucht der Anbieter, etwaige Preiserhöhungen in der Zukunft durch einen meist global fixierten Kalkulationsaufschlag zu berücksichtigen. Bei einer Unterschätzung der Preissteigerungsrate wird er die Differenz aus seinem Auftragsergebnis decken müssen, bei einer Überschätzung wird er aus dem Festpreiseinschluss Zusatzerfolge erzielen.

Der **Preisvorbehalt** ist i. d. R. für den Anbieter eine sehr vorteilhafte Preissicherungsalternative, da er nachgewiesene Kostensteigerungen, die aus einer Veränderung des Mengen- und/ oder Preisgerüsts entstehen können, dem Kunden weiterbelasten kann. Wegen der hohen Wertdimension eines Einzelauftrags spielt der Preisvorbehalt in der Praxis des Anlagengeschäfts jedoch eine geringe Rolle. Der Nachfrager will i. d. R. nicht auch am Mengenrisiko beteiligt werden.

Gleiches gilt für die **offene Abrechnung**. Hier trägt allein der Auftraggeber das Kostensteigerungsrisiko. Mit laufendem Projektfortschritt müssen sich Auftraggeber und Auftragnehmer auf erbrachte Leistungen und damit aufgelaufene Kosten einigen. Die Vereinbarung eines Kostendachs und damit eines „Worst-Case-Szenarios" aus Sicht des Kunden ist möglich. Die offene Abrechnung wird häufig für Teilleistungen eingesetzt, deren Kosten während der Verhandlungsphase nicht prognostizierbar sind.

Neben Festpreiseinschlüssen kommen **mathematischen Preisgleitklauseln** in der Praxis der Preissicherung die größere Bedeutung zu. Bei der Preisgleitklausel wird die Fixierung des endgültig relevanten Preises von der Preisentwicklung bestimmter Elemente, wie z. B. Löhnen und Materialpreisen, abhängig gemacht.

Die Wirkungsstärke der einzelnen Elemente wird ex ante formelmäßig festgelegt, wie die besonders gebräuchliche **Preisformel der ECE** (United Nations Economic Commission for Europe) deutlich macht:

$$P = \frac{P_0}{100}\left(a + m\frac{M}{M_0} + l\frac{L}{L_0}\right)$$

Legende:

P	=	Endgültiger Preis
P_0	=	Preis am Basisstichtag (z. B. bei Vertragsabschluss)
a	=	Nicht gleitender Preisanteil
m	=	Anteil der Materialkosten am Preis
l	=	Lohnanteil am Preis
M_0	=	Materialkosten am Basisstichtag (z. B. bei Vertragsabschluss)
M	=	Materialkosten zum Abrechnungsstichtag
L_0	=	Lohnkosten am Basisstichtag (z. B. bei Vertragsabschluss)
L	=	Lohnkosten zum Abrechnungsstichtag
a+m+l	=	100

C. Marketing im Anlagengeschäft **373**

Bei der praktischen Anwendung von Preisgleitklauseln sind primär zwei betriebswirtschaftliche **Problembereiche** von grundsätzlicher Bedeutung:

(1) Die Bestimmung und Kontrolle der Gleitklausel-Elemente
(2) Die Durchsetzbarkeit von Preisgleitklauseln.

(1) Bestimmung und Kontrolle der Gleitklausel-Elemente

Bei Vertragsabschlüssen, die eine Preisgleitklausel enthalten sollen, stehen die Vertragsparteien vor dem Problem,

- die Gewichtungsfaktoren a, m und l sowie
- die Basiswerte und Stichtage von P_0, M_0, L_0 und die Stichtage für die Bestimmungen von M und L festzulegen.

Die Elementegewichtung

Bei der Bestimmung der Gewichte dienen als **Leitidee** die Anteile der in der Preisforderung enthaltenen Kostenelemente. Es ist jedoch hinreichend bekannt, dass eine verursachungsgemäße Zurechnung der Kostenbestandteile auf das zu fertigende Gut praktisch kaum möglich ist. Insofern kann es sich bei der Festlegung der Gewichtungsfaktoren nur um relativ grobe Anhaltspunkte handeln, wobei es letztlich auf einen Konsens über die Anteilsfestlegung zwischen den beteiligten Parteien ankommt. Es ist deshalb auch nicht verwunderlich, dass Preisgleitklauseln häufig auf Verbandsebene für eine bestimmte Branche entwickelt werden. Bei Anwendung so erarbeiteter Preisgleitklauseln kann sich der einzelne Anbieter dem Rechtfertigungszwang bei der Gewichtsbestimmung mit Hinweis auf den „branchenüblichen Durchschnitt" entziehen. Darüber hinaus ist er nicht gezwungen, evtl. Nachweisforderungen über die Kostenanteile von Seiten des Kunden nachzugeben. Branchenübliche Preisgleitklauseln haben daher ähnliche Funktionen wie überbetriebliche Kalkulationsrichtlinien.

Die Elementebestimmung

Die meisten in der Praxis verwendeten Preisformeln enthalten Material- und Lohnbestandteile. Die Bestimmung beider Größen wirft jedoch erhebliche Probleme auf:

Die **Materialkostenentwicklung** hängt davon ab, wie sich die einzelnen im Materialkostenblock enthaltenen Materialkostenarten entwickeln. Aus diesem Grunde wird vielfach vorgeschlagen, die Materialkosten nach den für die Kostenentwicklung wichtigsten Kostenarten zu differenzieren und sie explizit in der Preisformel zu berücksichtigen.

Das verbessert

- die Genauigkeit und
- die Kontrolle, wenn für die differenzierten Größen veröffentlichte Preisindizes vorliegen.

Allerdings erhöht sich mit zunehmendem Differenzierungsgrad auch der Einblick des Kunden in die Kalkulation.

Die **Festlegung des Lohnanteils** erfolgt in der Praxis häufig in einer Größe. Gerade im Großanlagengeschäft ergeben sich hierbei jedoch **Schwierigkeiten**:

- Im Anlagengeschäft ist der **Software-Anteil** am Gesamtauftragswert relativ hoch. Teilweise werden diese Leistungen, die primär Lohnbestandteile einschließen, fremdbeschafft. Eine problemadäquate Berücksichtigung der unterschiedlichen Software-

Leistungen – eigenerstellt oder fremdbeschafft – würde eine differenzierte Aufgliederung des Lohnanteils notwendig machen, wobei im Einzelnen nachzuweisen wäre, welche Software-Leistungen durch wen erstellt werden. Dazu wird der Anbieter kaum bereit sein.

- Das zweite Problem ergibt sich aus der hohen **Bedeutung der Lohnnebenkosten** wie Gratifikationen, Weihnachtsgeld und den Aufwendungen aufgrund § 3 des 3. VermBG, die heute in der verarbeitenden Industrie erhebliche Anteile am Grundentgelt ausmachen. Durch eine pauschale Berücksichtigung der Lohnnebenkosten im Lohnelement der Preisgleitklausel wird der Preisentwicklung nicht adäquat Rechnung getragen.
- Einzelgefertigte Güter werden häufig nicht in einem Land gefertigt, sondern die Fertigung erfolgt aufgrund von Kundenforderungen nach **nationalen Fertigungsanteilen** oder aus Ausfuhrversicherungsgründen in verschiedenen Ländern. Da sich die Lohnniveaus in den einzelnen Ländern i. d. R. unterscheiden und auch die Lohnentwicklung von Land zu Land differieren wird, müsste eigentlich der Lohnanteil (ebenso wie die Lohnnebenkosten) nach Ländern aufgegliedert werden. Dies wird jedoch auf erhebliche praktische Probleme stoßen, da häufig bei Vertragsabschluss noch nicht endgültig feststeht, was wo gefertigt wird. Außerdem liegen in bestimmten Ländern keine amtlichen Angaben über die Lohnentwicklungen vor, so dass der Nachweis erschwert ist.

Angesichts dieser Schwierigkeiten bei der Festlegung der Kostenbestandteile kann es nicht verwundern, dass Preisgleitklauseln in der Praxis nur in bestimmten Branchen und für bestimmte Marktsegmente praktische Bedeutung haben. Dennoch hat man versucht, über die branchenspezifischen Besonderheiten hinaus die Probleme, die sich aus der Anwendung von notwendigerweise groben Indikatoren für die Kostenentwicklung ergeben, durch spezifische Ausgestaltung von Preisgleitklauseln zu berücksichtigen. *Abbildung 191* zeigt eine Übersicht über einige relevante Arten von Preisgleitklauseln.

Kriterien	Arten	
Preisbezug	Gesamtpreisklausel	Partialpreisgleitklausel (Restpreisklausel)
Fixanteil	Vollgleitklausel	Teilgleitklausel
Wirkungsbegrenzung	unbegrenzte Gleitklausel	eingegrenzte Gleitklausel

Abb. 191: Arten von Preisgleitklauseln

Beim **Preisbezug** ist zu fragen, ob

- die gesamte Leistung der Gleitung unterliegen soll oder nur ein Teil (z. B. nur Montageleistungen),
- geleistete An- und Zwischenzahlungen aus der Gleitung ausgeklammert werden sollen.

Beim **Fixanteil** stellt sich die Frage, ob

- auch die Gemeinkosten und das Auftragsergebnis oder nur
- die Einzelkosten der Gleitung unterliegen sollen.

Die **Wirkungsbegrenzung** stellt darauf ab, ob

- der Preis unbegrenzt oder nur
- in bestimmten Spannweiten gleiten soll (ceiling, bottoming).

Insgesamt lässt sich konstatieren, dass

- alle Auftragsbestandteile, die erheblichen Preisrisiken unterliegen, in die Gleitung einbezogen werden müssten, da anderenfalls dem Anbieter allein ein untragbares Risiko angelastet wird,
- eine Vollkostenkalkulation zugrunde gelegt werden müsste, da auftragsbezogene Einzelkosten theoretisch exakt kaum ermittelbar sind (vgl. zur Begründung *Backhaus*, 1980, S. 68),
- eine theoretische Begründung für eine Wirkungsbegrenzung kaum möglich ist, da gerade starke Preisänderungen aufgefangen werden sollen. Hier handelt es sich wohl mehr um ein Argument der Durchsetzbarkeit.

(2) Durchsetzbarkeit von Preisgleitklauseln

Die Durchsetzbarkeit von Preisgleitklauseln beim Kunden stößt vor allem auf folgende **Widerstände** (vgl. *Backhaus*, 1979, S. 9):

- Anlagenprojekte stellen beim Kunden i. d. R. genehmigungspflichtige Investitionen dar. Um die **Planungsungewissheit** bei der Investitionsplanung in Grenzen zu halten, wird daher aus innerorganisatorischen Gründen auf Festpreise Wert gelegt. Das zeigt sich besonders bei der Lieferung an staatliche Institutionen.
- Aus **Transparenzgesichtspunkten** dringt der Kunde auf eine weitgehende Aufspaltung der Preisformel. Dazu ist der Anbieter nicht bereit, um seine Kalkulation nicht offen legen zu müssen.
- Widerstände ergeben sich evtl. schon bei den **anbieterkoalitionsinternen Verhandlungen**, da die Preisformeln aufeinander abgestimmt werden müssen, was zu erheblichen Schwierigkeiten führen kann.

2.2.4 Finanzierung

2.2.4.1 Begriff und Bedeutung der Auftragsfinanzierung und des Financial Engineerings

Bei der Formulierung eines Angebotspreises in der Angebotserstellungsphase ist es unumgänglich, eine Vorstellung über den zu finanzierenden Auftragsanteil zu haben, da

- es gerade bei Großprojekten oftmals schwierig ist, ausreichende Finanzmittel zu beschaffen, und
- die Kosten der Finanzierung unmittelbar preiswirksam sind.

In der Regel weiß der Anbieter deshalb auch bereits mit der Anfrage durch den Kunden, welche Zahlungsvorstellungen der Kunde hat. Wegen der hohen Wertdimensionen von Anlagenprojekten stellt die Barzahlung zum Auftragsabschluss, die wegen des zeitlich sukzessiven Anfalls der Auszahlungen eine Vorfinanzierung darstellt, eigentlich den seltenen Ausnahmefall dar, so dass das **Instrument der Auftragsfinanzierung zum entscheidenden Marketing-Instrument** im internationalen Anlagengeschäft geworden ist (vgl. zum Folgenden *Backhaus/Molter*, 1989; *Isselstein/Schaum*, 1998, S. 164ff.).

Unter **Auftragsfinanzierung i. e. S.** versteht man die Beschaffung von Finanzmitteln zur Deckung von Auszahlungsüberhängen, die aufgrund von zeitlichen und/oder betragsmäßigen Diskrepanzen im Anfall auftragsbezogener Ein- und Auszahlungen entstehen. Gegenstand der Auftragsfinanzierung in funktionaler Sicht sind daher sämtliche Maßnahmen, die mit der Finanzierung eines Auftrags erforderlich werden. Dazu zählen die Auswahl und Einschaltung von Banken, mit deren Hilfe eingeräumte Zahlungsziele refinanziert werden, sowie die Beschaffung von Kreditversicherungen, die häufig Voraussetzung für die Kreditvergabe von Banken sind.

Im weiteren Sinne umfasst die Auftragsfinanzierung auch die Betreuung aller generell mit der Abwicklung eines Auftrags zusammenhängenden Finanzaktivitäten. Zu diesen Aktivitäten gehören bspw. die Steuerung des dokumentären und nicht dokumentären Zahlungsverkehrs, die Festlegung von Zahlungswegen, die Bankenauswahl für die Avisierung und Bestätigung von Akkreditiven und die Stellung und Steuerung von Vertragsgarantien jeder Art (vgl. *Hombach et al.*, 1987). Von internationaler Auftragsfinanzierung wird dann gesprochen, wenn sich Anbieter und/oder Kreditgeber verschiedener Nationalitäten zusammenschließen, um die Finanzierung eines Auftrags zu ermöglichen.

Unter **Financial Engineering** versteht man die Planung und Ausarbeitung von maßgeschneiderten Finanzierungskonzepten durch Erschließung und Kombination aller zweckadäquaten Finanzierungsalternativen als Grundvoraussetzung für die Durchführung komplexer Anlagenprojekte (vgl. *Isselstein/Schaum*, 1998, S. 164 ff.; *König*, 1982; *Metschies*, 1995, S. 110). Die Erstellung dieser Finanzierungskonzepte muss dabei unter Berücksichtigung der engen Beziehung zwischen finanzwirtschaftlichen und leistungswirtschaftlichen Entscheidungen erfolgen.

Der **Stellenwert der Auftragsfinanzierung und des Financial Engineering** wird besonders sichtbar in den Fällen, in denen bereits in der Ausschreibung eines Projekts Hinweise enthalten sind, nach denen Anbieter den Vorzug erhalten, die eine mittel- oder langfristige Finanzierung anbieten oder vermitteln können. Schließlich ist in vielen Fällen die Abgabe einer Finanzierungsofferte sogar Voraussetzung für die Berücksichtigung eines Angebots, d. h. ihr Fehlen führt zum Ausschluss des Anbieters aus dem Bieterkreis (vgl. *Metschies*, 1995). Das Verlangen nach Zahlungszielen von 10 und mehr Jahren nach Auftragserfüllung sowie nach zusätzlicher Finanzierung von lokalen Infrastrukturmaßnahmen („lokale Kosten") im Kundenland ist in vielen Branchen üblich. Weiterhin wird gelegentlich sogar die Art der Finanzierung vom Kunden vorgeschrieben und der Zinssatz, den er bereit ist zu zahlen, nach oben begrenzt (vgl. *Hombach et al.*, 1987). Neben der Vermittlung von Fremdkapital wird oft die Beteiligung des Anlagenlieferanten an einer im Rahmen einer Projektfinanzierung (vgl. Teil 3 Kap. C. II. 2.2.4.5.1) zu gründenden Projektgesellschaft und so die Bereitstellung von Risikokapital verlangt (vgl. *Zoller*, 2001, S. 395 ff.).

2.2.4.2 Entstehung auftragsspezifischer Finanzierungsbedürfnisse

Typische Zahlungs- und Finanzierungskonditionen

Auftragsspezifische Finanzierungsbedürfnisse entstehen, wenn aufgrund der für ein Geschäft vereinbarten bzw. zur Diskussion stehenden Zahlungsbedingungen Auszahlungsüberhänge auftreten, die vom Anbieter die Bereitstellung bzw. Aufnahme zusätzlichen Kapitals erfordern.

Höhe und zeitlicher Verlauf des Finanzierungsbedarfs für einen Auftrag ergeben sich i. d. R. aus **drei Gruppen von Auszahlungsüberhängen**:

- Bevor eine Anfrage oder Ausschreibung zum Auftrag wird, hat der Anbieter neben Akquisitionsbemühungen bereits evtl. eine Bietungsgarantie hinterlegt sowie die Planungs- bzw. Projektierungsleistungen erbracht. Da diese sog. **Angebotskosten** nicht gesondert abgegolten werden, jedoch i. d. R. auszahlungswirksam sind, hat sie der Anbieter zu finanzieren.

- Die vom Kunden üblicherweise zu leistenden **An- und Zwischenzahlungen** reichen i. d. R. **nicht aus**, die gleichzeitig durch Detailprojektierung und Fertigung anfallenden Auszahlungen zu decken.
- Nach Lieferung – ggf. Montage – und Inbetriebnahme eines Industriegutes erfolgt zumeist lediglich ein Forderungszugang. Die sich daran anschließende Zielfinanzierung erstreckt sich oftmals über mehrere Jahre.

Die mit dem Kunden zu vereinbarenden Zahlungskonditionen werden dabei von verschiedenen **Faktoren** beeinflusst (vgl. *Hombach et al.*, 1987):

- Marktposition von Lieferant und Besteller;
- Bonität des Kunden (z. B. auch Sicherheiten Dritter) und Länderrisiko;
- Vorschriften staatlicher Exportkreditversicherungen;
- Liquiditätslage des Lieferanten;
- Einsatzmöglichkeiten von Bestellerfinanzierungen.

Einen normierenden Einfluss auf die Zahlungsbedingungen und Finanzierungskonditionen üben neben den genannten Faktoren die Anforderungen der oftmals notwendig werdenden **staatlichen Exportkreditversicherung** (Export Credit Agency, ECA) aus, die ihrerseits von Vereinbarungen auf internationaler Ebene beeinflusst sind. In diesem Zusammenhang ist insbesondere der OECD-Konsensus zu nennen. Hierbei handelt es sich um eine Vereinbarung zwischen einer Reihe von Mitgliedsstaaten der OECD mit dem Ziel, einen institutionellen Rahmen für die staatlich geförderte Exportfinanzierung zur Verfügung zu stellen, um einen Wettbewerb der nationalen Fördersysteme zu verhindern (vgl. *Backhaus et al.*, 2000, S. 828 f.). Gemäß OECD-Konsensus ist – abgesehen von genau definierten Ausnahmefällen – die Gewährung staatlicher Exportkreditversicherungen nur für Exportgeschäfte gestattet, die folgende **Bedingungen** erfüllen:

- Die Höhe der An- und Zwischenzahlungen beträgt mindestens 15 %.
- Die verbleibenden 85 % des Auftragswertes werden in gleich hohen Halbjahresraten gezahlt, deren erste Rate spätestens sechs Monate nach Betriebsbereitschaft der gelieferten Anlage („Starting Point") fällig ist.
- Die maximale Rückzahlungszeit beträgt – je nach Art des Exportgeschäfts und Importland – fünf oder mehr Jahre.

Da die Verfügbarkeit einer staatlichen Exportkreditversicherung im internationalen Anlagengeschäft regelmäßig Voraussetzung für den Erhalt einer Finanzierung ist, haben die o. g. OECD-Regelungen zu einer **Standardisierung** der **Zahlungskonditionen** geführt (vgl. *Voigt/Müller*, 1996, S. 43).

Weitergehende Finanzierungserfordernisse

Angesichts der Zahlungsbilanzprobleme vieler Kundenländer werden nicht selten zusätzliche Finanzierungswünsche an die Industriegüterhersteller herangetragen (vgl. *Gutmannsthal-Krizanits*, 1994, S. 130 f.; *Hombach et al.*, 1987; *Kuttner*, 1995; *Löber/Schröder*, 1987).

Je nach den spezifischen Bedingungen des einzelnen Auftrags ist deshalb die **Finanzierung von An- und Zwischenzahlungen** sowie die Bereitstellung bzw. Vermittlung von **Lokalwährungskrediten** erforderlich. Bei solchen Krediten ist zu beachten, dass

- die Finanzierung von An- und Zwischenzahlungen nicht von Exportgarantien des Bundes (sog. Hermes-Deckungen) gedeckt werden können und ohne Risikobeteiligung des Exporteurs aufgebracht werden muss (sog. Obligokredite aus Sicht der Banken). Wünsche

nach Finanzierung von An- und Zwischenzahlungen können daher nur durch gesonderte Kredite befriedigt werden.
- die im Jahre 2008 zur Deckung von Lokalwährungskrediten geschaffene Kreditgarantiedeckung fallspezifisch und in engem Dialog mit Hermes konkret ausgestaltet werden muss.

Neben diesen Finanzierungswünschen sind zur Absicherung der Ansprüche des Kunden regelmäßig **Vertragsgarantien** zu stellen. Zu diesen zählen vor allem (vgl. *Isselstein/Schaum*, 1998, S. 219 f.; *Keßler*, 1996, S. 83 ff.; *Molter*, 1986):

- Bietungsgarantien (bid bond, tender bond),
- An- und Zwischenzahlungsgarantien (down payment guarantee, repayment guarantee),
- Liefer- und Leistungsgarantien (performance bond) sowie
- Gewährleistungsgarantien (guarantee for warranty obligations).

Da diese Garantien üblicherweise in Form von Bankgarantien erstellt und hinterlegt werden und diese Avalkredite die Kreditspielräume des Exporteurs belasten, wenn sie nicht spezifisch abgesichert werden, wird ihre Einbeziehung in die Finanzierungsplanung erforderlich (vgl. *Isselstein/Schaum*, 1998, S. 219).

2.2.4.3 Deckung auftragsspezifischer Finanzierungserfordernisse

2.2.4.3.1 Multinationale Anbietergemeinschaften und Finanzierungskonsortien

Ist ein einzelner Anbieter nicht in der Lage, alle Leistungen, die der Kunde verlangt, aus seinem Leistungsprogramm zu bestreiten oder erfordert allein die hohe Wertdimension eines einzelnen Auftrags die Streuung von Länder- und Kundenrisiken, schließen sich häufig mehrere Anbieter aus verschiedenen, aber auch derselben Branche zur Akquisition und Auftragsabwicklung zu einer – in ihrer rechtlich-organisatorischen Form fallweise variierenden (vgl. *Günter*, 1998; *Molter*, 1986) – **Anbietergemeinschaft** zusammen. Neben diesen und weiteren Gründen für die Entstehung auftragsbezogener Anbieterzusammenschlüsse (vgl. *Backhaus/Molter*, 1984a und b; *VDI Gesellschaft: Konstruktion&Entwicklung*, 1991a) kann insbesondere die Notwendigkeit einer vom Kunden verlangten langfristigen Auftragsfinanzierung die Gründung multinationaler Anbietergemeinschaften erfordern (vgl. *Fieten*, 1985; *König*, 1982; *Siepert*, 1987). Für die Bildung internationaler Anbieterkooperationen sind unter dem Aspekt der Auftragsfinanzierung vor allem folgende **Gründe** ursächlich (vgl. *Siepert*, 1987):

- Erst der Zusammenschluss von Anbietern verschiedener Nationen schafft die **Voraussetzung** für die Finanzierbarkeit eines Auftrags und die Deckung der Ausfuhr- bzw. Kreditforderung durch Exportkreditversicherungen, da nationale Kreditversicherungs- und Finanzierungsmöglichkeiten für einzelne Kunden und Länder aus Gründen der Risikostreuung nur im Rahmen limitierter Plafonds zur Verfügung stehen.
- Mit der Einbeziehung von Konsortialpartnern oder Unterlieferanten, die eigene Finanzierungsbeiträge leisten, wird der **Zugang zu günstigen Finanzierungs- und Versicherungskonditionen** einzelner Länder erschlossen.
- Auf der Grundlage einer fest gefügten internationalen Anbieterkooperation kann bei differierender Risikobeurteilung und/oder -bereitschaft der nationalen Exportkreditversicherer ein „**matching-Fall**" herbeigeführt werden, so dass auch relativ langfristige Zielfinanzierungen darstellbar werden.

- Durch die Zusammenarbeit von Anbietern verschiedener Länder lassen sich Wettbewerbsvorteile erzielen, da Wechselkursentwicklungen der wichtigsten Handelswährungen und **Exportsubventionen** einzelner Industrienationen ausgenutzt werden können.

Hohe Wertvolumina der Einzelaufträge, Streuung von Länder- und Kundenrisiken sowie die regelmäßig nicht zu 100% erfolgende Absicherung der Kreditlaufzeiten durch die nationalen Exportkreditversicherer führen schließlich auch dazu, dass sich auf der Seite der kreditgebenden Banken Finanzierungskonsortien oftmals schon für den Auftragsanteil eines einzelnen Anbieters einer Anbietergemeinschaft bilden. Nicht selten sehen sich deshalb Kreditinstitutionen bei Großaufträgen lediglich in der Lage, dem Exporteur bzw. Kunden Offerten unter einem Syndizierungsvorbehalt zu unterbreiten.

Auch wenn sich für einen Auftrag eine internationale Anbietergemeinschaft zusammengeschlossen hat, bleibt es die Aufgabe jedes einzelnen Partners, für die Finanzierung seines Auftragsanteils Sorge zu tragen.

2.2.4.3.2 Finanzierungsinstrumente

Zur Schließung einer auftragsspezifischen Finanzierungslücke stehen dem Exporteur grundsätzlich das Darlehen und die Forfaitierung als maßgebliche Formen der langfristigen Exportfinanzierung zur Verfügung (vgl. *Kuttner*, 1995, S. 9 ff.; *Voigt/Müller*, 1996, S. 137 ff.; *von Westphalen*, 1987). Hinsichtlich der Kreditgewährung gilt es weiter zwischen einem Lieferanten- oder einem Bestellerkredit zu unterscheiden.

- **Lieferantenkredit**

Räumt der Lieferant dem Besteller im Liefergeschäft ein Zahlungsziel ein, so bezeichnet man dies üblicherweise als **Liefervertragskredit**. Die Tilgung des Kredits erfolgt gemäß dem vertraglich festgelegten Zahlungsplan, so dass die mit der Übergabe des Exportgutes entstehende Ausfuhrforderung sukzessive mit dem Eingang der vereinbarten Zielraten beglichen wird.

Zwecks Refinanzierung seines Ausfuhrgeschäfts wendet sich der Exporteur schließlich häufig – sofern nicht etwa bei verbundenen Konzernunternehmen die Liquidität durch die Konzernobergesellschaft zur Verfügung gestellt wird – an eine Bank. Für dieses Darlehen findet der Begriff **Lieferantenkredit** Anwendung. Bezüglich der Tilgung des Bankkredits ist dann regelmäßig vorgesehen, dass diese mit den Zahlungen des Bestellers erfolgen soll. Da das Kreditverhältnis jedoch ausschließlich zwischen dem Exporteur und der Bank besteht und mit dem Ausfuhrgeschäft nur über die Abtretung der Ansprüche hieraus verbunden ist, hat der Exporteur die vereinbarten Darlehensraten zu den ursprünglichen Fälligkeiten zu leisten, auch wenn er vom Besteller keine oder nur eine Zahlung in geringerer Höhe als vertraglich vereinbart erhält. Häufig wird das Finanzierungsmodell des Lieferantenkredits ergänzt, indem ein Spezialinstitut zwischen Bank und Exporteur tritt. Einen Überblick gibt *Abbildung 192*.

- **Bestellerkredit**

Der Bestellerkredit wird von dem – ggf. auf Vermittlung des Exporteurs – eingeschalteten Kreditinstitut direkt dem ausländischen Besteller, dessen Bank oder der Regierung des Kundenlandes gewährt und zur Zahlung des Kaufpreises verwendet. Infolge seiner Zweckbindung wird der Bestellerkredit auch als **gebundener Finanzkredit** bezeichnet und die Auszahlung erfolgt zumeist direkt an den Lieferanten. Typischerweise sichert die Bank die mit dem ausländischen Besteller vereinbarte Rückzahlungsforderung mit einer Finanzkreditdeckung einer Exportkreditversicherung ab.

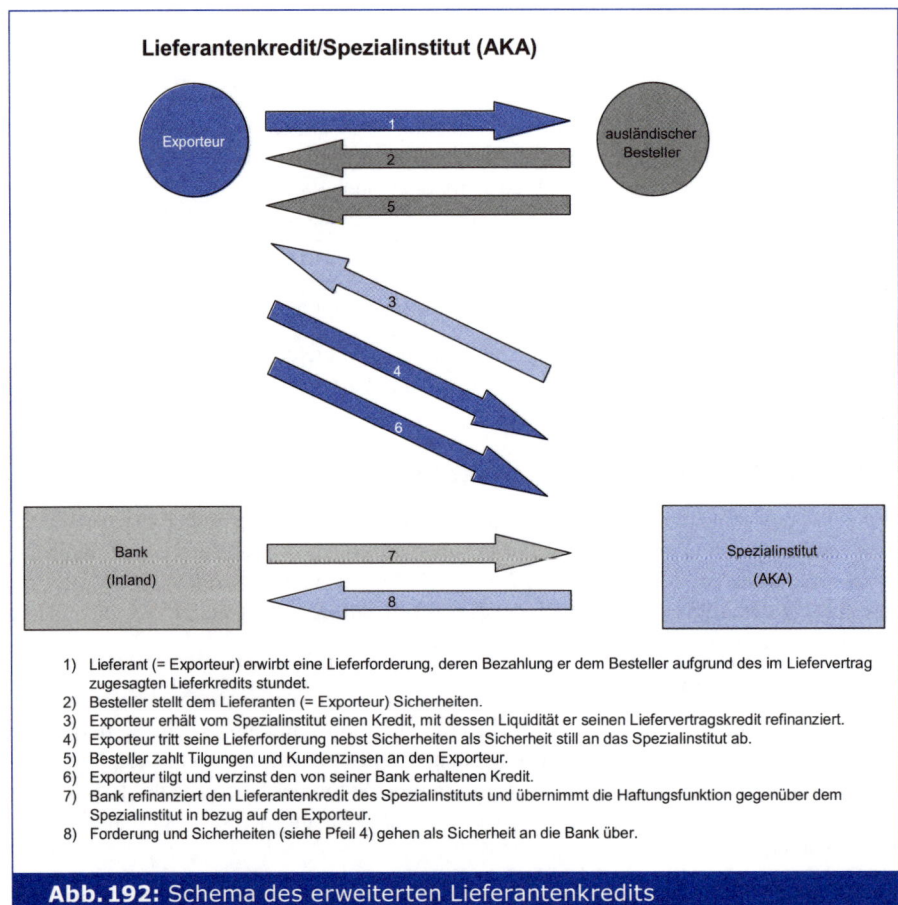

Abb. 192: Schema des erweiterten Lieferantenkredits

Quelle: *Voigt/Müller,* 1996, S. 139.

Erfolgt die Auszahlung des Bestellerkredits nicht erst bei Betriebsbereitschaft quasi als Anschlussfinanzierung der vorlaufenden Produktionsfinanzierung, sondern – wie häufig vereinbart – pro rata Fertigungsfortschritt, erreicht der Exporteur bei dieser Finanzierungsform sehr leistungsnahe Zahlungskonditionen und seine Finanzierungslücke vermindert sich (vgl. *Becker,* 2000, S. 68). Als Bedingung für die Gewährung eines gebundenen Finanzkredits verlangt die Bank vom Exporteur regelmäßig die Stellung einer sog. Exporteurgarantie, die dem Zweck dient, die Ansprüche der Bank aus dem Darlehensvertrag mit dem Besteller insoweit abzusichern, als sie nicht durch den Exportkreditversicherer gedeckt sind (vgl. *Ansorge,* 1987; *Voigt/Müller,* 1996, S. 129 f. und S. 156 f.). Zu den vom Lieferanten zu übernehmenden Verpflichtungen zählt auch die Übernahme eines Zinszuschusses für den Fall, dass der dem Besteller konzedierte Angebotszins niedriger ist als derjenige Zins, den das Kreditinstitut fordert. *Abbildung 193* stellt den Bestellerkredit schematisch dar.

- **Forfaitierung**

Unter Forfaitierung versteht man im Allgemeinen den Ankauf einer Forderung von einem Exporteur aus einem Ausfuhrgeschäft unter Verzicht des Rückgriffs des Forderungsankäufers (Forfaiteur) auf den Forderungsverkäufer (Forfaitist). Der **regresslose Verkauf der**

C. Marketing im Anlagengeschäft

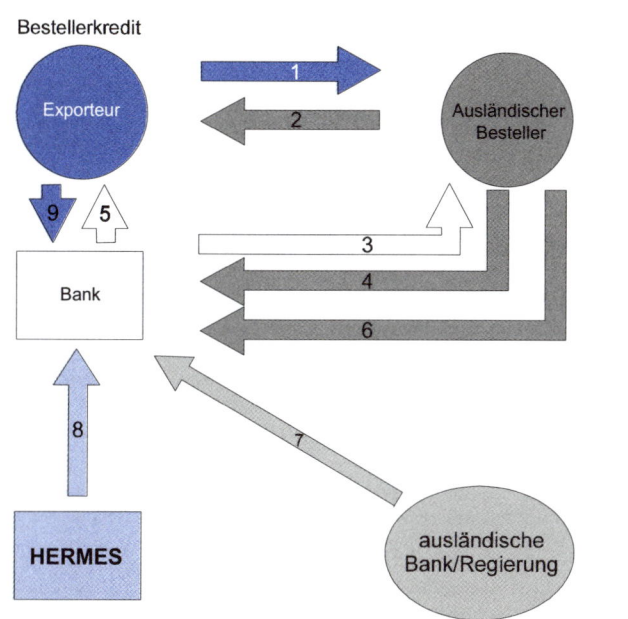

1. Exporteur erwirbt aufgrund Lieferung eine Lieferforderung, deren Bezahlung er dem Besteller im Rahmen eines Liefervertragskredits zunächst stundet.
2. Besteller stellt dem Exporteur Sicherheiten.
3. Bank sagt dem Besteller einen Bestellerkredit zu und
4. Besteller stellt der Bank Sicherheiten.
5. Bank zahlt Kreditvaluta für Rechnung des Bestellers an den Exporteur aus, dessen Lieferforderung 1 damit erlischt.
6. Besteller (=Kreditschuldner) tilgt und verzinst den Bestellerkredit während der Kreditlaufzeit.
7. Garantie der Regierung oder einer Bank des Bestellerlandes zugunsten Bank.
8. HERMES-Finanzkreditdeckung zugunsten der Bank.
9. Exportgarantie für den Fall, dass die HERMES-Versicherung aus Nicht-Erfüllung der Voraussetzungen nicht entschädigt. Bei nicht – HERMES – gedeckten Krediten: in Ausnahmefällen Exporteurgarantie für individuell festzulegenden Anteil.

Abb. 193: Schema des Bestellerkredits

Quelle: *Voigt/Müller*, 1996, S. 151.

Ausfuhrforderung hat zur Folge, dass für den Exporteur die mit der Forderung verbundenen Risiken entfallen, er also nur noch für den rechtlichen Bestand der Forderung haftet. Über den Wegfall des Delkredere-, Zinsänderungs- sowie des bei Fremdwährungsgeschäften bestehenden Wechselkursrisikos hinaus bietet der Forderungsverkauf dem Exporteur weitere **Vorteile**: So entbindet die Forfaitierung den Exporteur von der Eintreibung der Forderung und dem damit verbundenen Aufwand, seine Bilanz wird entlastet, der Liquiditätsspielraum wird erhöht und ggf. die Inanspruchnahme bestehender Kreditlinien zurückgeführt (vgl. auch *Guild/Harris*, 1988, S. 26 f.; *Keßler*, 1996, S. 149 f.). Faktisch ist die Nutzung dieses Finanzierungsinstruments jedoch aufgrund folgender Sachverhalte **eingeschränkt** (vgl. *Hombach et al.*, 1987; *Keßler*, 1996):

- Die **Restlaufzeit** der anzukaufenden Forderungen darf eine bestimmte, in Abhängigkeit von der Bonität des Kunden und der Kundenländer festgelegte Höchstdauer nicht überschreiten. Nur bei bester Bonität überschreitet sie drei Jahre. Forderungen gegenüber Kunden aus zu risikoreich eingestuften Ländern scheiden für eine Forfaitierung von vornherein aus – vielmehr setzt die Forfaitierung i. d. R. eine erstklassige Bonität der Schuldner voraus.

Vorteile		
	Lieferantenkredit	**Bestellerkredit**
Lieferant	• Krediteinräumung und -verwaltung sind relativ unkompliziert. • Größere Dispositionsfreiheit des Lieferanten bezüglich des Einsatzes eigener Liquidität oder des Rückgriffs auf den Kapitalmarkt. • Der Plafond A der AKA als zinsgünstige Refinanzierungsquelle steht nur für Lieferantenkredite zur Verfügung.	• Da bei den Finanzierungsverhandlungen die Bank hinzutritt, lassen sich nicht selten günstigere Konditionen durchsetzen. • Entlastung von Bilanz und Kreditlinien. • Erreichung leistungsnäherer Zahlungsbedingungen und damit verbundene Liquiditätsentlastung. • Bestellerkredite werden von Zahlungsschwierigkeiten i. d. R. später betroffen.
Besteller	• Kreditspielräume bei Banken bleiben für den Besteller unberührt. • Einfache Abwicklung und Dokumentation, da Verhandlungen nur mit dem Exporteur zu führen sind.	• Relativ große Beträge mit langen Rückzahlungszeiträumen sind verfügbar. • Vereinbarung fester Zinssätze zumeist möglich. • Werden Bestellerkredite von Exportkreditversicherern gedeckt, sind die Banken eher bereit, auch An- und Zwischenzahlungen sowie lokale Kosten frei zu finanzieren.
Nachteile		
	Lieferantenkredit	**Bestellerkredit**
Lieferant	• Belastung der Bilanz für relativ lange Zeiträume durch Erhöhung des Verschuldungsgrads. • Belastung bestehender Kreditlinie auch bei vorhandener HERMES-Deckung wegen verbleibender Restrisiken beim Exporteur. • Leistungsfernere Zahlungsbedingungen und Anspannung der Liquiditätslage des Lieferanten.	• Hoher Verwaltungsaufwand bedingt durch Aushandeln der Kreditverträge und damit verbundener rechtlicher Probleme.
Besteller	• Begrenzte Verfügbarkeit sowohl der Höhe als auch der Laufzeit nach wegen Zurückhaltung der Lieferanten. • Geringere Möglichkeiten des Erhalts von Finanzierungen für An- und Zwischenzahlungen.	• Komplexe Abwicklung und Dokumentation. • Belastung der Kreditspielräume des Bestellers.

Abb. 194: Vor- und Nachteile des Lieferanten- und Bestellerkredits aus Anbieter- und Nachfragersicht

- Eine Forfaitierung ist mit relativ **hohen Kosten** verbunden. Diese ergeben sich aus den Refinanzierungskosten, einer Risikoprämie, den Abwicklungskosten und der Zinsspanne des Forfaiteurs sowie einer evtl. Bereitstellungsprovision (vgl. auch *Voigt/Müller*, 1996, S. 194 ff.). Insbesondere sind infolge des Umfangs der Risikoübernahme durch den Forfaiteur höhere Risikoprämien zu erwarten als bei ähnlichen Geschäften mit Banken (vgl. *Guild/Harris*, 1988, S. 27).
- Da relativ große Forderungsbeträge häufig nur durch mehrere Forfaiteure übernommen werden können, müssen **Teilabtretungen** möglich sein.
- Die Forderung muss auf eine **Währung** lauten, die dem Forfaiteur eine fristenkongruente Refinanzierung erlaubt.

Aufgrund der geschilderten Hemmnisse verbleiben dem Exporteur daher nicht selten lediglich der Lieferanten- oder Bestellerkredit als maßgebliche Formen der Refinanzierung seines Ausfuhrgeschäfts.

Vergleich der Finanzierungsinstrumente Lieferanten- und Bestellerkredit

Vor- und Nachteile beider Finanzierungsinstrumente sind aus Lieferanten- und Bestellersicht in *Abbildung 194* zusammengefasst.

2.2.4.3.3 Finanzierungsinstitutionen

Für die Exportfinanzierung sind in Deutschland – wie auch in anderen exportintensiven Ländern – spezifische Institutionen geschaffen worden.

Die in Deutschland bedeutendste Gruppe von Finanzierungsinstitutionen stellen die **Geschäftsbanken** dar, die sowohl Kredite aus eigenen Quellen als auch die Vermittlung von Krediten von Spezialinstituten offerieren. Nicht selten werden von ihnen auch Finanzierungskonsortien bei größeren Exportgeschäften zusammengestellt.

Daneben sind in der Bundesrepublik Deutschland zwei **Spezialinstitute** in der Finanzierung von Ausfuhrgeschäften tätig: die KfW IPEX-Bank und die AKA (Ausfuhrkredit-Gesellschaft mbH) (vgl. *Voigt/Müller*, 1996, S. 55 ff.).

Exporte in	Entwicklungsländer (gemäß Liste des Ausschusses für Entwicklungsländer (DAC) der OECD)
Laufzeit	Rückzahlungszeit mindestens vier Jahre
Verzinsung	währungsspezifische Commercial Interest Reference Rate (CIRR) (ggf. zuzüglich eines Refinanzierungsaufschlags)
Währung	Euro oder US-Dollar
Kredithöhe	bis 25 Mio. €: 85% des Auftragswertes 25 Mio. – 50 Mio. €: 85% von 25 Mio. € = 21,25 Mio. € >50 Mio. €: 85% von 50% des tatsächlichen Auftragswertes; i.d.R. maximal 85 Mio. €
Sicherheiten	Hermesdeckung Exporteurgarantie

Abb. 195: Bestellerkredite der KfW IPEX-Bank

Die **KfW IPEX-Bank** ist ein hundertprozentiges Tochterunternehmen der sich in Bundes- und Landesbesitz befindenden KfW Bankengruppe. Eines ihrer wesentlichen Tätigkeitsfelder ist die Exportfinanzierung, die aus Mitteln des European Recovery Programs (ERP), Marktmitteln sowie Kombinationen hieraus bestritten wird (vgl. die Übersicht in *Abbildung 195*) und schwerpunktmäßig die Vergabe von Bestellerkrediten und von Krediten aus Rahmenverträgen umfasst.

Die **AKA** ist eine Konsortialgründung von an der Exportfinanzierung interessierten deutschen Kreditinstituten. Zur Finanzierung von Ausfuhrgeschäften werden vier Plafonds (A, C, D, E) vorgehalten. Während die Plafonds C, D und E für Bestellerkredite zur Verfügung stehen, dient Plafond A ausschließlich zur Refinanzierung von Lieferantenkrediten. Eine Übersicht über die Plafond-Merkmale liefert *Abbildung 196*.

	Lieferantenkredite		
	Plafond A		
Refinanzierung	durch einbringende Gesellschafterbank und AKA-Konsortium		
Laufzeit	gemäß Auszahlungen während der Produktionszeit und dem vereinbarten Zahlungsziel		
Verzinsung	variabel (regelmäßige Anpassung) oder fest		
Währung	Euro		
Kredithöhe	Auftragswert ./. An- und Zwischenzahlungen ./. Selbstfinanzierungsquote (10-15%)		
Sicherheiten	Abtretung der Forderungen aus dem Liefervertrag und evtl. weiterer Sicherheiten Hermes-Deckung (zwingend bei Laufzeiten über 24 Monaten) und deren Abtretung		
	Bestellerkredite		
	Plafond C	Plafond D	Plafond E
Refinanzierung	durch einbringende Gesellschafterbank und AKA-Konsortium		durch einbringende Bank (nicht zwingend Gesellschafterbank) und AKA-Konsortium
Laufzeit	maximal gemäß des durch die Exportkreditversicherung abgedeckten Zahlungsziels		
Verzinsung	variabel (regelmäßige Anpassung), auf Wunsch fest	variabel (EURIBOR/LIBOR + Marge) sowie (nur Plafond E) alle sonstigen marktorientierten Zinsgestaltungen, auf Wunsch auch fest	
Währung	Euro oder andere gängige Fremdwährungen		
Kredithöhe	Auftragswert ./. An- und Zwischenzahlungen (im Regelfall)		
Sicherheiten	Hermes-Deckung oder eines anderen Exportkreditversicherers wird im allgemeinen vorausgesetzt (nicht nötig, falls Rückzahlung gesichert scheint) Exporteurgarantie		

Abb. 196: Übersicht der Plafond-Merkmale der AKA

2.2.4.4 Risiken der Exportfinanzierung und ihre Deckung

Risiken langfristiger Exportgeschäfte

Risiken bei Exportgeschäften mit langfristigen Zahlungszielen bestehen zum einen in der Möglichkeit, dass der Besteller seine Verpflichtung aus dem Liefervertrag nicht erfüllt, zum anderen darin, dass Veränderungen in der finanzwirtschaftlichen Sphäre den ursprünglichen Kalkulationsdaten des Exporteurs die Grundlage entziehen. Im Einzelnen handelt es sich dabei vor allem um folgende **Risiken**:

- Fabrikationsrisiko,
- Zahlungsausfallrisiko,
- Wechselkursrisiko und
- Zinsänderungsrisiko.

Die genannten Risiken bestehen in verschiedenen **Phasen** eines Ausfuhrgeschäfts und haben daher eine unterschiedliche zeitliche Dimension. Das **Fabrikationsrisiko** beginnt mit Auftragserhalt und Aufnahme der Fertigung. Es besteht während der gesamten Fertigungszeit und endet mit dem Versand der Ware. Inhaltlich besteht es darin, dass der Kunde seiner vertraglichen Abnahmepflicht nicht nachkommt bzw. nachkommen kann. Die Ursache des Risikoeintritts kann politischer oder wirtschaftlicher Natur sein. Politische Risiken konkretisieren sich während der Produktionsphase bspw. in der Verhängung von Einfuhrverboten, Ausbruch eines Kriegs und dergleichen mehr. Wirtschaftliche Risiken bestehen darin, dass der Kunde vor Fertigstellung und Versand der Ware zahlungsunfähig wird. Der für den Exporteur eintretende Schaden manifestiert sich entweder in der fehlenden anderweitigen Verwertungsmöglichkeit des Gutes oder in der Erzielung eines Mindererlöses.

Mit der Übernahme der Ware durch den Kunden verzeichnet der Exporteur i. d. R. lediglich einen Forderungszugang. Damit entsteht für ihn das **Risiko des Zahlungsausfalls**, welches erst mit dem Eingang der letzten Zahlungsrate endet. Die Ursachen für die Nichterfüllung der Zahlungspflicht seitens des Kunden können im politischen Bereich neben den erwähnten Gründen bspw. in der Verhängung von Zahlungsverboten oder -moratorien durch die Regierung des Kundenlandes liegen. Die Schäden für den Kunden bestehen in Zahlungsausfällen oder Zinsverlusten bei verspäteten Zahlungseingängen.

Wechselkurs- und Zinsänderungsrisiko haben ihre Ursachen in Veränderungen auf den Währungs- und Kreditmärkten, die vom Zeitpunkt der Angebotsabgabe bis zum Eingang der letzten Zielrate eintreten können. Ein Wechselkursrisiko besteht bei in Fremdwährung abgeschlossenen Exportgeschäften und wird relevant, wenn der Kurs der Fremdwährung während der Auftragsabwicklung abwertet. Ein Zinsänderungsrisiko für den Exporteur liegt dann vor, wenn dem Kunden ein Festzinssatz zugestanden wird, die Refinanzierung jedoch nur zu variablen Sätzen möglich ist. Die Folgen für den Exporteur bestehen sowohl beim Eintritt des Wechselkurs- als auch des Zinsänderungsrisikos in einem gegenüber den Kalkulationswerten geringeren Auftragsergebnis.

Möglichkeiten der Risikoabdeckung

Möglichkeiten zur Absicherung des Exporteurs gegen die vorgenannten Risiken bestehen vor allem im Einsatz banktechnischer Sicherungsinstrumente oder im Abschluss von Exportkreditversicherungen (vgl. *Hombach et al.*, 1987). Zu den **Sicherungen banktechnischer Natur** zählen das Akkreditiv und Zahlungsgarantien.

Beim **Dokumenten-Akkreditiv** übernimmt eine Bank im Auftrag des Importeurs eine eigene Zahlungsverpflichtung gegenüber dem Exporteur. Sie hat für Rechnung ihres Auftraggebers einen vereinbarten Geldbetrag zu leisten, wenn der Exporteur innerhalb eines festgelegten Zeitraumes die vorgeschriebenen Dokumente einreicht, die dessen Zahlungsanspruch begründen (vgl. *Blomeyer/Kuttner*, 1992, S. 60f.; *Perridon/Steiner*, 2007, S. 430ff.). Fabrikations- und Zahlungsausfallrisiko werden somit insoweit vermieden, wie sie im Bereich des Kunden begründet sind. Politische Risiken werden darüber hinaus ausgeschaltet, wenn eine zweite, im Land des Exporteurs ansässige Bank das Akkreditiv bestätigt und damit in das Zahlungsversprechen der ersten Bank eintritt. Die große Bedeutung des Akkreditivs im grenzüberschreitenden Handel ergibt sich durch dessen weitgehende Standardisierung.

Bei einer **Zahlungsgarantie** gibt eine Bank ein abstraktes, d.h. vom Grundgeschäft losgelöstes Zahlungsversprechen, auf Anforderung des Exporteurs zu zahlen, wenn dieser ihr mitteilt, dass seine Ausfuhrforderung fällig war und er keine Zahlung vom Besteller erhalten hat. Auch in diesem Fall wird die Kundenbonität durch die Bonität der Bank ersetzt. Politische Risiken werden wiederum vermieden, wenn der Garant im Lande des Exporteurs ansässig ist oder aber eine dort ansässige Bank gegenüber der ersten Bank eine Rückgarantie abgibt.

Bedeutendstes Exportkreditversicherungsinstrument in der Bundesrepublik Deutschland sind die **Ausfuhrgewährleistungen** des Bundes, für den als Mandatare die Euler Hermes Kreditversicherungs-AG – federführend – und die PricewaterhouseCoopers AG WPG tätig sind. In der Praxis hat sich für diese staatlichen Deckungsmöglichkeiten der Begriff „**Hermes-Deckungen**" oder „ECA-Deckungen" durchgesetzt, obwohl sie im Namen und für Rechnung der Bundesrepublik Deutschland gewährt werden (vgl. *Stolzenburg*, 1992). Unterschieden wird bei den Deckungen zwischen Garantien und Bürgschaften. Diese Unterscheidung richtet sich allein und ausschließlich nach der Rechtsnatur der ausländischen Kunden. Handelt es sich um private Personen oder privatrechtliche Organisationen, werden Garantien gewährt. Bei öffentlich-rechtlich organisierten Nachfragern werden dagegen Bürgschaften übernommen (vgl. auch *Stolzenburg*, 1992; *Voigt/Müller*, 1996, S. 78). Die bedeutendsten **Deckungsformen** – die jeweils vom Exporteur oder einer finanzierenden Bank in Anspruch genommen werden können – sind:

- Fabrikationsrisikodeckungen (Exporteur),
- Lieferantenkreditdeckungen (Exporteur) und
- Finanzkreditdeckungen (Bank).

Gegenstand der **Fabrikationsrisikodeckung**, die die Risiken von der Aufnahme der Produktion bis zum Versand der Ware umfasst, sind die Selbstkosten des Exporteurs für die vertragsgemäß zu erbringenden Lieferungen und Leistungen. Bei der **Lieferantenkreditdeckung**, die der Absicherung der Risiken nach Versand der Ware dient, erstreckt sich die Versicherung auf die Forderung, die dem Exporteur mit Fertigstellung und Versand der Ware aus dem Ausfuhrgeschäft zugeht.

Finanzkreditdeckungen, die für gebundene Finanzkredite zur Finanzierung von Exportgeschäften verfügbar sind, umfassen die Kreditforderung einschließlich der zu zahlenden Zinsen. Sie decken dieselben Risiken wie Fabrikationsrisiko- und Lieferantenkreditdeckungen.

Neben den bereits erwähnten Voraussetzungen, die bzgl. der Zahlungsbedingungen gemäß dem OECD-Konsensus an das Ausfuhrgeschäft gestellt werden, gilt es zu beachten, dass eine Hermes-Deckung

- die **Begrenzung ausländischer Zulieferungen** verlangt, da in Deckung genommene Waren überwiegend deutscher Herkunft sein müssen;
- mit **Karenzfristen** vom Schadenseintritt bis zur Zahlung der Entschädigung verbunden ist und
- im Normalfall die Übernahme einer Schadensbeteiligung **(Selbstbehalt)** durch den Deckungsnehmer von 5 bis 15 % – je nach Deckungsart – voraussetzt. Im Einzelfall kann der sog. Selbstbehalt jedoch auch höher festgelegt werden.

Hermes berechnet für die Versicherung Bearbeitungsgebühren und Prämien (Entgelte). Die Prämienermittlung wird im Rahmen des OECD-Konsensus verbindlich geregelt. Die Prämie wird dabei maßgeblich von der OECD-Risikoklassifizierung des Käuferlandes beeinflusst. Im Rahmen der OECD-Länderklassifizierung wird jedes Land entsprechend seines auf Basis eines makroökonomischen Modells und Expertenmeinungen ermittelten Länderrisikos einer von acht Risikoklassen zugeordnet, die von 0 (sehr geringes Risiko) bis 7 (stark erhöhtes Risiko) reichen. Als Entgeltsatz wird ein nach Länderklassifizierung, Deckungsquote, Laufzeit und Währung gestaffelter Prozentsatz vom gedeckten Forderungsbetrag bzw. von den Selbstkosten erhoben. Bei Forderungsdeckungen kommen – je nach Status des ausländischen Schuldners – spezielle Käuferzuschläge zur Anwendung (vgl. *Backhaus et al.*, 2000, S. 833 ff.; *Hermes Kreditversicherungs-AG*, 1998).

Als Sonderformen von Deckungen stehen bei Hermes insbesondere noch die **Bauleistungsdeckung** für Auslandsbaugeschäfte und die Deckung einer widerrechtlichen Inanspruchnahme der vom Exporteur zu stellenden Vertragsgarantien – z. B. die Bietungs-, Anzahlungs-, Liefer- und Leistungs- oder Gewährleistungsgarantie (vgl. *Voigt/Müller*, 1996, S. 88 ff.) – zur Verfügung. Wechselkursrisiken werden bei Hermes nur insoweit übernommen, als dass in Fremdwährung kontrahierte Exportgeschäfte gedeckt werden können und – gegen Zusatzentgelt – im Schadensfall der zugrunde gelegte €-Betrag gedeckt ist. Zur Absiche-

Risiken	Absicherungsinstrumente
Fabrikationsrisiko	– HERMES-Deckung – Unwiderrufliches bestätigtes Akkreditiv – Anzahlung
Zahlungsausfallrisiko	– HERMES-Deckung – Unwiderrufliches bestätigtes Akkreditiv – Zahlungsgarantie einer Bank – Forfaitierung
Wechselkursrisiko	– Devisenoptions-, Devisentermingeschäft – Fremdwährungskredite – Forfaitierung – Innerbetriebliche Kompensation von Fremdwährungsforderungen mit -verbindlichkeiten – Kursgleitklausel
Zinsänderungsrisiko	– Zinsswap-Geschäft – Weitergabe an Unterlieferanten

Abb. 197: Risikoabsicherung im langfristigen Exportgeschäft

Quelle: in Anlehnung an *Hombach et al.*, 1987, S. 21.

rung des Wechselkursrisikos (Kurssicherung) bieten sich am Markt allerdings folgende Möglichkeiten an: Devisentermingeschäfte, Devisenoptionen und Fremdwährungskredite (vgl. auch *Heidemann*, 1980, S. 60 ff.; *Perridon/Steiner*, 2007, S. 306 ff.). Möglichkeiten zur Abdeckung des **Zinsänderungsrisikos** bestehen im Abschluss eines Zinsswap-Geschäfts, bei dem die Swap-Partner feste gegen variabel verzinsliche Zahlungsverbindlichkeiten austauschen, oder in der Weitergabe des Risikos an Unterlieferanten (vgl. *Pritchard*, 1984). Einen zusammenfassenden Überblick über vorhandene Sicherungsinstrumente gibt *Abbildung 197*.

2.2.4.5 Weitere Konzepte des Financial Engineerings

Die „klassischen" Möglichkeiten des internationalen Financial Engineerings reichen oftmals nicht aus, den Kapitalbedarf für eine größere Anlageninvestition zu decken. Das führt dazu, dass im internationalen Großanlagengeschäft tätige Unternehmen gezwungen sind, unkonventionelle Wege der Exportfinanzierung zu beschreiten (vgl. auch *Metschies*, 1995, S. 111 f.). Im Folgenden werden daher einige Konzepte vorgestellt, die im internationalen Anlagengeschäft von Bedeutung sind.

2.2.4.5.1 Projektfinanzierung

Strukturen der Projektfinanzierung kamen bereits im 19. Jahrhundert zum Einsatz. So sah das preußische Gesetz vom 3. November 1838 die Gründung von Aktiengesellschaften als Projektträger für den Eisenbahnbau vor. Die Tarife waren derart zu gestalten, dass dem Projektträger ein genau festgelegter Gewinn verblieb, ferner hatte der Staat das Recht, die Gesellschaft dreißig Jahre nach Konzessionserteilung käuflich zu erwerben (vgl. *Siebel*, 2001, S. 2). Die **Anwendungsfelder der Projektfinanzierung** haben sich seitdem erheblich ausgedehnt. Heute werden Projektfinanzierungsstrukturen zur Finanzierung von Anlagenprojekten u. a. in folgenden Bereichen eingesetzt:

- Gewinnung und Aufbereitung von Rohstoffen und Primärenergieträgern,
- Energieerzeugung,
- Telekommunikation (Netzinfrastruktur),
- Verkehrsinfrastruktur,
- industrielle Fertigung,
- Wasserversorgung sowie Abwasserentsorgung,
- Bildungs- und Gesundheitswesen, Strafvollzug,
- Freizeiteinrichtungen,
- Entertainment/Medien.

Die Projektfinanzierung unterscheidet sich von der „traditionellen" Auftragsfinanzierung dadurch, dass der Schuldendienst aus dem Cash Flow des zu finanzierenden Investitionsobjekts bestritten werden soll. Während sich bei der herkömmlichen Auftragsfinanzierung die Bonitätsprüfung auf den Auftraggeber bezieht, stützt sich diese bei der Projektfinanzierung auf die **Wirtschaftlichkeit des Projekts**. Projektfinanzierungen weisen darüber hinaus eine Reihe spezieller Risiken und vertraglicher Besonderheiten auf (vgl. *Backhaus/Köhl*, 2001; *Röver*, 2001; *Siebel*, 2001; *Tytko*, 1999).

Charakteristika und Beteiligte der Projektfinanzierung

Vom Standpunkt potenzieller Gläubiger einer Projektgesellschaft ist das primäre Kriterium für eine Kreditvergabeentscheidung die Fähigkeit des Projekts, einen ausreichenden Cash Flow für die Deckung der Betriebskosten, für eine angemessene Eigenkapitalverzinsung und den Schuldendienst zu erwirtschaften. Dieses Charakteristikum wird als **Cash Flow-Finanzierung** bezeichnet (vgl. *Nevitt/Fabozzi*, 2000, S. 1; *Ziegler*, 1997, S. 223 ff.).

Um als Kriterium für eine Kreditentscheidung dienen zu können, müssen den Prognosen für die Determinanten des Cash Flows entsprechend konservative Annahmen zugrunde liegen. Aus den periodischen Einzahlungsüberschüssen und den auf der Grundlage des Finanzierungs- und Tilgungsplanes ermittelten Schuldendienstzahlungen können dann sog. Deckungsrelationen gebildet werden. Eine der gebräuchlichsten dieser Kennziffern ist die Debt Service Coverage Ratio (DSCR) (vgl. ähnlich *Yescombe*, 2002, S. 272 ff.):

$$DSCR_t = \frac{\text{Cash Flow der Periode t}}{\text{Tilgung + Zins der Periode t}}$$

Anhand des DSCR ist für jede Periode der Kreditlaufzeit zu prüfen, ob der Cash Flow aus dem Betrieb der Anlage zur Bedienung des Schuldendienstes ausreicht.

Wichtiger Bestandteil der Beurteilung der Schuldendienstdeckungsfähigkeit sind **Sensitivitätsanalysen, Szenarioanalysen** und **Simulationen** zur Cash Flow-Entwicklung. Diese berücksichtigen Variationen in den Determinanten des Cash Flows während der Kreditlaufzeit wie Veränderungen in den Betriebskosten und Absatzpreisen für die Projektleistungen. Dabei verlangen Kreditgeber auch bei pessimistischen Prognosen für die Determinanten des Cash Flows noch eine Überdeckung (DSCR>1).

Es gehört zum Prinzip der Projektfinanzierung, das Projekt bzw. dessen Finanzierung aus dem Haftungsbereich der Projektträger auszulagern. Als Voraussetzung dafür erfolgt die Gründung einer rechtlich selbständigen Projektgesellschaft, die eigenständig Kapital aufnimmt (vgl. *Laubscher*, 1987, S. 22; *Schulte-Althoff*, 1992, S. 73; *Tytko*, 1999, S. 8).

Nicht die Projektträger, sondern die **Projektgesellschaft** ist somit **Schuldner** der Projektkredite. Ein Ausweis der Projektkredite erfolgt nicht in den (Einzel-)Bilanzen der Projektträger, sondern lediglich bei der Projektgesellschaft. So werden die unter Zugrundelegung tradierter Bilanzrelationen bestehenden Kapitalaufnahmemöglichkeiten der **Projektträger** und damit deren **finanzielle Flexibilität** nicht oder nur unerheblich beeinträchtigt. Dies wird insbesondere in der angloamerikanischen Literatur als der entscheidende Vorteil der Projektfinanzierung gegenüber „herkömmlichen" Formen der Finanzierung angesehen (vgl. u. a. *Brealey et al.*, 2008, S. 686 ff.; *Finnerty*, 1996, S. 9 ff.; *Nevitt/Fabozzi*, 2000, S. 1). Diese Argumentation gilt allerdings nur dann, wenn die Projektgesellschaft nicht in einen ggf. zu erstellenden Konzernabschluss einzubeziehen ist.

Würde die Absicherung der Forderungen der Kreditgeber allein auf die Cash Flows und die Aktiva des Projekts abstellen, würde dies aus der Sicht der Kreditgeber, insbesondere vor dem Hintergrund häufig schlecht verwertbarer Aktiva, einer Bereitstellung von Risikokapital gleichkommen (vgl. *Hartshorn/Businck*, 1987, S. 224). Da mit der Bereitstellung von Fremdkapital prinzipiell nur ein Anspruch auf Rück- und Zinszahlung verbunden ist, Kreditgeber also in keiner Weise an einer günstigen Erfolgsentwicklung des Projekts partizipieren, werden sie i. d. R. nicht dazu bereit sein, ein solches Risiko einzugehen. Vielmehr ist es notwendig, die projektinhärenten **Risiken aufzudecken, zu evaluieren** und auf die am Projekt Beteiligten **zu verteilen.**

Letzteres geschieht durch vertragliche Anbindung aller Involvierten an die Projektgesellschaft. Die vertraglich fixierten Ansprüche gegenüber den Projektbeteiligten dienen als zusätzliche Sicherheiten für die Projektkredite.

In Abhängigkeit von den Möglichkeiten der Kreditgeber, auf die Projektträger zurückzugreifen, spricht man von **„Limited Recourse Financing"** oder **„Non Recourse Financing"** (vgl. *Fahrholz*, 1998, S. 256 ff.; *Hupe*, 1995, S. 20; *Yescombe*, 2002, S. 13 f.). Als „Non Recourse Financing" bezeichnet man solche, in der Praxis seltenen Projekte, bei denen die Projektträger (zumindest ab einem bestimmten Stadium des Projektbetriebs) abgesehen von ihrem Eigenkapitalbeitrag vollständig aus der Haftung für die Projektkredite entlassen werden.

Um eine Projektfinanzierung zu initiieren, ist es notwendig,

- viele **Projektbeteiligte** zu gewinnen, die bereit sind,
- Teilrisiken zu übernehmen, so dass das Gesamtfinanzierungsrisiko auf möglichst viele Schultern verteilt wird **(Risk sharing)**,

damit eine verbesserte Basis für die **Aufbringung von Krediten** entsteht (vgl. *Gilibert/Steinherr*, 1994, S. 86).

Analyse und Verteilung projektfinanzierungstypischer Risiken

Zentrale Aufgabe der Projektfinanzierung ist es, die Beiträge der verschiedenen Projektbeteiligten so zu strukturieren, dass das Risiko möglichst breit gestreut und damit für alle gemeinsam akzeptabel ist. Gleichzeitig sollen die Einzelbeiträge aber so kombiniert werden, dass sie zusammen genügend Sicherheit für eine positive Kreditentscheidung potenzieller Gläubiger darstellen. Voraussetzung dafür ist ein effizientes **Risikomanagement**, das

- die Projektrisiken aufdeckt und
- Maßnahmen zur Absicherung ergreift.

Nur wenn es gelingt, die genannten Risiken so zu verteilen, dass die Teilrisiken von jedem Betroffenen und das Gesamtrisiko insgesamt als akzeptabel und die Deckungsrelationen unter diesen Bedingungen als ausreichend angesehen werden, ist die Basis für eine positive Kreditvergabeentscheidung gegeben.

Die Abdeckung der Risiken bei einer Projektfinanzierung an einem Beispiel

Abbildung 198 gibt einen Einblick in die möglichen vertraglichen Beziehungen, die zwischen einer Projektgesellschaft und einer Reihe von in das Vorhaben involvierten Dritten bestehen. Es geht dabei um die Errichtung eines mit Öl befeuerten Kraftwerks in einem Entwicklungsland.

Vereinfachend sind die **erforderlichen Verträge** wie folgt gekennzeichnet:

(a) Der **Durchführungs-Vertrag** verpflichtet das Gastland zur
 - Bereitstellung und Konvertierung der Projekterlöse in Devisen,
 - freien Rückführung von Zinsen und Dividenden, Fremd- und Eigenkapital ausländischer Herkunft,
 - Nicht-Einmischung in das Projekt und Nicht-Verstaatlichung der Projekt-Aktiva,
 - Deckung nicht versicherter Fälle von Force-Majeure.

(b) Der **Vertrag der Anteilseigner** (hier ausschließlich bestehend aus Privatunternehmen, u. a. Contractors und Betreibergesellschaften) sieht eine spätere Platzierung eines Teils des Eigenkapitals bei in- und ausländischen Anlegern vor. Die Leistungen der Contractors und Betreiber werden als Eigenkapitalbeitrag in der Projektgesellschaft kapitalisiert.

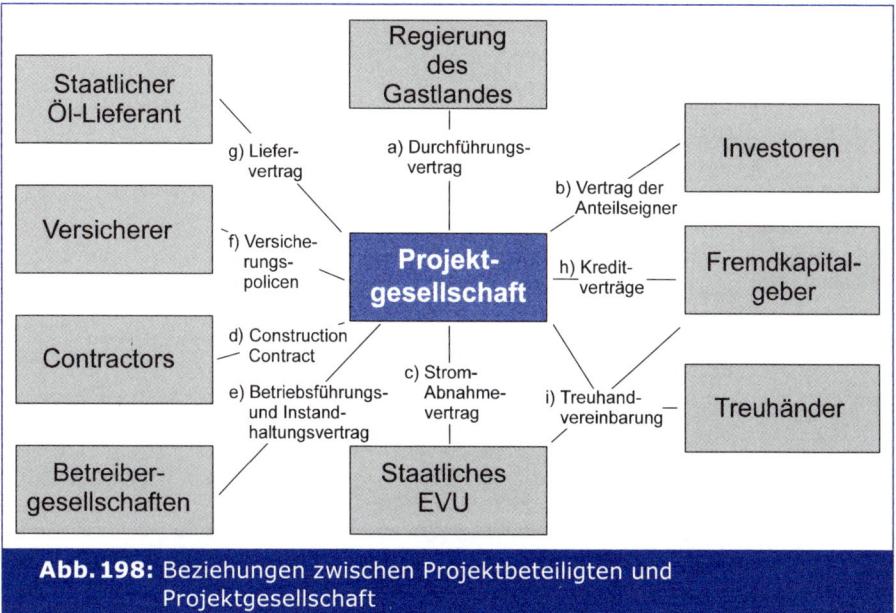

Abb. 198: Beziehungen zwischen Projektbeteiligten und Projektgesellschaft

Quelle: *Backhaus/Uekermann,* 1990, S. 111.

(c) **Der Abnahmevertrag** für den Strom des Kraftwerks sichert die Deckung der Betriebskosten, die Anforderungen des Schuldendienstes und eine angemessene Eigenkapital-Verzinsung über die maximale Kreditlaufzeit. Jegliche Preisveränderungen für das Öl führen zu einer Anpassung des von dem Energieversorgungsunternehmen (EVU) an die Projektgesellschaft zu zahlenden Strompreises. Diese Leistungen des EVU werden durch das Gastland garantiert.

(d) Der **Construction Contract** sieht eine Errichtung des Kraftwerks bis zu einem bestimmten Termin, zu einem Festpreis, mit einem bestimmten Ölverbrauch/kWh und einer Gewährleistungsfrist von einem Jahr vor. Die Contractors haften gegenüber der Projektgesellschaft für die Kosten einer Nicht-Einhaltung dieses Vertrages. Die Kosten einer Nicht-Einhaltung sind durch eine Bankgarantie (maximal in Höhe eines bestimmten Prozentsatzes der gesamten Turn-key Investitionskosten) zu decken.

(e) Der **Betriebsführungs- und Instandhaltungsvertrag** verpflichtet die Betreiber zur Einhaltung eines mit dem Abnahmevertrag kompatiblen Budgets für die Betriebskosten. Ein effizienter/ineffizienter Betrieb führt zu Prämien/Pönalen für die Betreiber.

(f) Das **Versicherungspaket** umfasst u. a. Transport-, Bauunterbrechungs-, Haftpflicht-, Materialschaden- (bspw. durch Feuer) und Betriebsunterbrechungs-Versicherungen.

(g) Der **Öl-Liefervertrag** verpflichtet den Zulieferer zur Bereitstellung einer vereinbarten Mindestmenge zu einem festgelegten Preis über die Laufzeit des Abnahmevertrags. Die Leistung des Zulieferers wird vom Gastland garantiert.
Zur Abdeckung des Wechselkursrisikos für die Verbindlichkeiten in ausländischen Währungen schließt die Projektgesellschaft eine Wechselkursversicherung mit der Zentralbank des Gastlandes ab.

(h) Erst auf Grundlage dieses umfassenden „Sicherheitspaketes" ist eine Finanzierung des Projekts möglich. Es erfolgt eine **Sicherungsabtretung** aller Ansprüche aus den vorgenannten Verträgen an die Kreditgeber (inklusive der Zahlungsverpflichtungen im

Falle der Nicht-Einhaltung der Vereinbarungen und Versicherungsleistungen im Schadensfall).
(i) Die Sicherheiten werden von einem **Treuhänder** für die Kreditgeber gehalten, der auch für die Verteilung der Projekterlöse nach dem in *Abbildung 199* wiedergegebenen Schema zuständig ist.

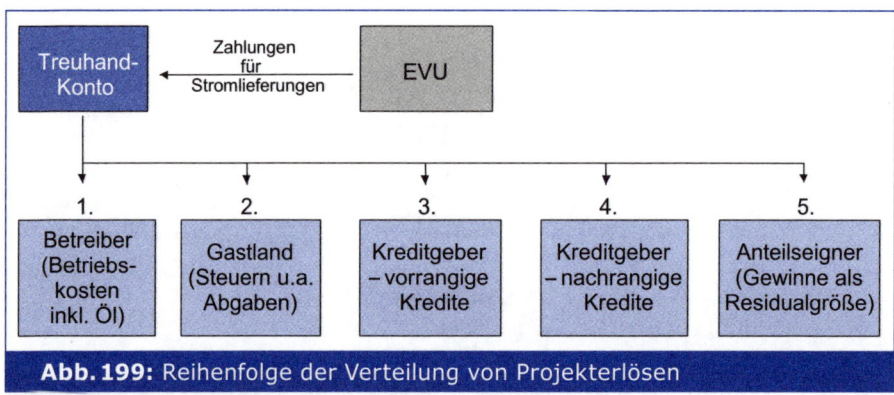

Abb. 199: Reihenfolge der Verteilung von Projekterlösen

Quelle: *Backhaus/Uekermann,* 1990, S. 111.

Im Rahmen der Projektanalyse sind die Konsequenzen der einzelnen Risiken für die Cash Flow-Entwicklung und damit die Fähigkeit der Projektgesellschaft zur Erbringung des Kapitaldienstes sowie die Effektivität der jeweiligen Absicherungsmaßnahmen zu prüfen. Im Idealfall wird das betrachtete Risiko, wie in *Abbildung 200* beispielhaft gezeigt, voll von den Projektbeteiligten übernommen.

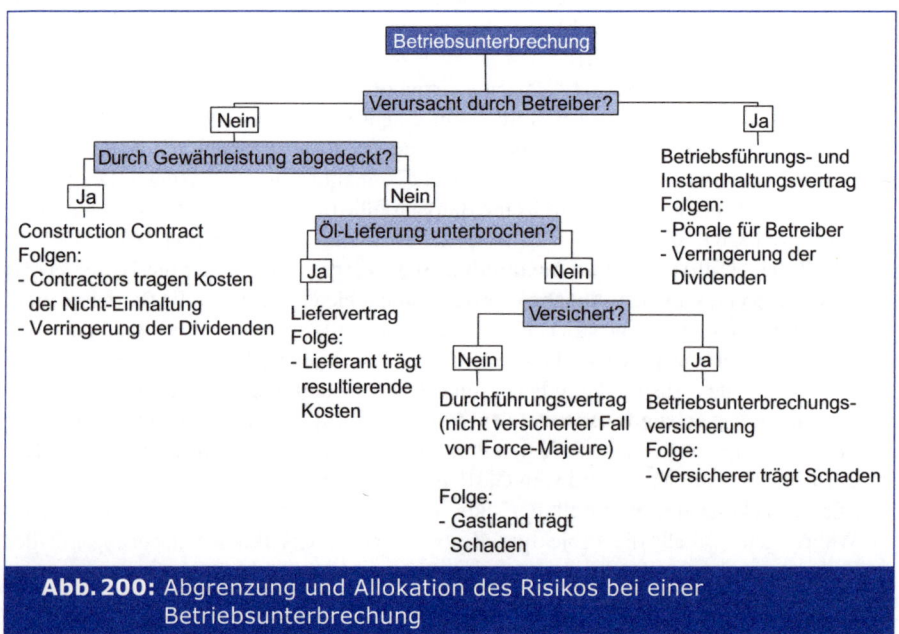

Abb. 200: Abgrenzung und Allokation des Risikos bei einer Betriebsunterbrechung

Quelle: *Backhaus/Uekermann,* 1990, S. 111.

2.2.4.5.2 Misch- und Verbundfinanzierung

Sowohl die Misch- als auch die Verbundfinanzierung sind als Teil der Finanziellen Zusammenarbeit (FZ) Deutschlands eine Kombination von Entwicklungshilfemitteln des Bundesministeriums für wirtschaftliche Zusammenarbeit und Entwicklung (**BMZ**) mit kommerziellen Exportkrediten der **KfW-Entwicklungsbank** (FZ-Entwicklungskredite). Beide Kreditteile der Misch- bzw. Verbundfinanzierung werden in einem einheitlichen Kreditvertrag zugesagt. Die **entwicklungspolitische Idee** besteht in der Streckung knapper Haushaltsmittel durch Marktmittel.

Bei der **Mischfinanzierung** ist Voraussetzung für die Vergabe des KfW-Kreditteils eine Ausfuhrgewährleistung durch die Hermes-Kreditversicherungs-AG. Da das Hermes-Versicherungssystem ein Instrument der Exportförderung ist, wird die Gewährleistung nur für deutsche Lieferungen und Leistungen zur Verfügung gestellt. Daher ist die Mischfinanzierung nur zur Finanzierung überwiegend aus Deutschland stammender Lieferungen und Leistungen einsetzbar. Im Gegensatz dazu erfolgt die Absicherung der KfW-Mittel bei der **Verbundfinanzierung** über eine Bürgschaft aus einem im Bundeshaushalt separat ausgewiesenen Bürgschaftsrahmen. Die Verbundfinanzierung ist damit nicht an deutsche Lieferungen und Leistungen gebunden.

Mit dem Instrument der **Mischfinanzierung** wird insbesondere das Ziel der Förderung der heimischen Exportwirtschaft verfolgt. Durch die Bindung der Finanzierung an deutsche Lieferungen und Leistungen soll das Auftragsvolumen deutscher Exporteure gesteigert und eine Sicherung bzw. Neuschaffung von Arbeitsplätzen erreicht werden. Neben der formalen Bindung durch die Hermes-Deckung finden sich zahlreiche Anhaltspunkte für den Exportförderungsgedanken in den Vergaberichtlinien des *BMZs*. Garanten für das Durchsetzen der gewünschten Subventionierungspolitik sind die ausschließlich nationale Ausschreibung, ein starkes Einbinden der deutschen Wirtschaft in das Auswahlverfahren von Entwicklungsprojekten sowie die Prüfung mischfinanzierter Projekte erst nach Zuschlag an ein deutsches Unternehmen. Die Gestaltungsmöglichkeiten der Mischfinanzierung erlauben es, fortgeschrittenen Entwicklungsländern bessere Konditionen zu gewähren, als ihnen nach ihrer wirtschaftlichen Leistungskraft zustehen. Hier bestehen Chancen, bei hart umkämpften Aufträgen Vorteile für deutsche Exporteure zu erzielen.

Mischfinanzierungssysteme werden von fast allen Industrienationen eingesetzt. Die Gefahr eines Subventionswettlaufs zwischen den Industrieländern, um begehrte Aufträge für die eigenen Exporteure zu sichern, ist deshalb groß. Vor diesem Hintergrund wurde 1992 im **OECD-Konsensus** eine Regelung verankert, die den Einsatz von Instrumenten der staatlich geförderten liefergebundenen Exportfinanzierung nur noch zur Finanzierung kommerziell nicht tragfähiger Projekte oder im Fall eines Schenkungsanteils (grant element) von über 80 % zulässt. Das **grant element** (Commercial Interest Reference Rate, CIRR) ergibt sich als Differenz des Barwerts einer herkömmlichen Kapitalmarkt- und einer Mischfinanzierung.

Die Praxis der letzten Jahre hat bewiesen, dass die Konsensus-Regelung greift. So wurde in den Jahren 1998 bis 2000 jeweils nur ein Projekt unter Hinzuziehung von Mitteln aus dem Bundeshaushalt mischfinanziert. Dabei lag das Volumen der jeweils eingesetzten öffentlichen Mittel zwischen 10,2 und 76,5 Mio. €. Dagegen hat die **liefergebundene Verbundfinanzierung** erheblich an Bedeutung gewonnen. Im Jahr 2001 betrug der Deckungsrahmen für die Indeckungnahme der KfW-Mittel 1,6 Mrd. €.

2.2.4.5.3 Kofinanzierung

Eine weitere Möglichkeit zur Finanzierung von Entwicklungsprojekten stellen Darlehen und Garantien der **Weltbankgruppe** (IBRD, IDA, IFC, MIGA) oder der regionalen **supranationalen Entwicklungsbanken** zusammen mit **Geschäftsbanken** dar. **Vorteile** dieser Finanzierungsinstrumente liegen vor allem in der Erweiterung der Finanzierungsbasis für bestimmte Projekte, in oft günstigen Zinssätzen und längeren Kreditlaufzeiten. Als **nachteilig** für den Exporteur wirken sich u. U. die langen Prüfungs- und Vergabezeiträume für derart zu finanzierende Vorhaben und die Beschränkung auf bestimmte Länder und Investitionsprojekte, die der Verfolgung entwicklungspolitischer Zielsetzungen dienen sollen, aus (vgl. *Pott*, 1984, S. 305 f.). Ein weiteres Hindernis stellt das oftmals vorgeschriebene internationale Ausschreibungsverfahren dar (vgl. *Engel*, 1987).

2.2.4.5.4 Leasing

„Grenzüberschreitendes Leasing liegt vor, wenn ein einheimischer Leasinggeber (Leasinggesellschaft oder Exporteur) einen Leasingvertrag mit dem ausländischen Besteller oder einem ausländischen Leasingnehmer abschließt" (*Voigt/Müller*, 1996, S. 188). Dabei sind verschiedene Leasingkonstruktionen denkbar, die in *Abbildung 201* zusammengefasst sind.

Im Rahmen der Entscheidung für den Einsatz einer Leasingkonstruktion sowie deren konkreten Ausgestaltung ist sowohl aus Sicht des Exporteurs als auch des Bestellers eine **Vielzahl von Aspekten** zu berücksichtigen:

- steuerliche Behandlung von Leasingkonstruktionen gegenüber dem Kauf von Investitionsgütern;
- steuerliche Behandlung von Leasingoperationen mit Leasinggebern im Bestellerland gegenüber Leasingoperationen mit Leasinggebern außerhalb des Bestellerlandes;
- Zinsgefälle zwischen dem Bestellerland, dem Land des Exporteurs sowie anderen Staaten;
- Unterschiede in der Zinsbesteuerung zwischen dem Bestellerland, dem Land des Exporteurs sowie anderen Staaten;
- Existenz und Ausgestaltung bilateraler Doppelbesteuerungsabkommen.

Der Einsatz von Leasingkonstruktionen ist insbesondere wegen der im jeweiligen Einzelfall zu analysierenden steuerlichen und rechtlichen Fragestellungen sehr aufwendig und durchaus auch mit Risiken behaftet. So können z. B. Änderungen in der Steuergesetzgebung während der Laufzeit des Leasinggeschäfts die Vorteilhaftigkeit einer Leasingkonstruktion in Frage stellen. Darüber hinaus ist eine komplexe Dokumentation erforderlich.

2.2.4.5.5 Kompensation

Bis Ende der 1980er Jahre haben **Kompensationsgeschäfte als Finanzierungsinstrumente** erheblich an Bedeutung gewonnen (vgl. z. B. *Halbach/Osterkamp*, 1988, S. 15 f.; *o. V.*, 1984, S. 84). Nach der Wirtschaftsrevolution in den osteuropäischen Staaten ging die Bedeutung von Kompensationsgeschäften wieder zurück. Untersuchungen schätzen aber, dass Mitte der 1990er Jahre immer noch zwischen 15 und 20 % des gesamten Welthandels über Kompensationsgeschäfte im weiteren Sinne abgewickelt wurden (vgl. *Keßler*, 1996, S. 128). Nachdem in den 1980er Jahren vornehmlich angloamerikanische Banken an derartigen Geschäften beteiligt waren, engagieren sich mittlerweile auch deutsche Banken für das Geschäft des Structured Commodity Trade Financing (vgl. z. B. *Bell*, 1995, S. 13 ff.).

Der Einsatz von Kompensationsgeschäften ist auf zwei zentrale **Motive** zurückzuführen (vgl. *Cowdell et al.*, 2000, S. 231):

- Viele Entwicklungsländer verfügen nicht über die benötigten Devisen zur Erfüllung der Zahlungsverpflichtungen aus Importgeschäften.
- Einige Staaten versuchen, durch die Kopplung von Importgeschäften an entgegengerichtete Abnahmeverpflichtungen die eigene Exportwirtschaft zu fördern.

		Exporteur 1	Besteller 2	Leasingfirma Inland[3] 3	Leasingfirma Ausland[3] 4	Bank im Inland[3] 5	Bank im Ausland[3] 6
1	Exporteur		verleast an ↑	verkauft an ↑	verkauft an ↑	verkauft an ↑	(verkauft an) ↑
2	Besteller	least von ↑		least von ↑	least von ↑	(least von) ↑	(least von) ↑
3	Leasingfirma Inland[3]	kauft von ↑	verleast an ↑			wird finanziert von ↑	wird finanziert von ↑
4	Leasingfirma Ausland[2]	kauft von ↑	verleast an ↑			wird finanziert von ↑ (least von) ↑	wird finanziert von ↑
5	Bank im Inland[3]	kauft von ↑ finanziert	(verleast an) ↑	finanziert[1] ↑	finanziert ↑ (verleast an) ↑		finanziert[1] ↑
6	Bank im Ausland[2]	(kauft von) ↑	(verleast an) ↑	finanziert[1] ↑	finanziert[1] ↑	finanziert[1] ↑	

1) Finanzierungen: einzelgeschäftsbezogene Kredite oder Forfaitierungen
2) Ausland = Bestellerland
3) Inland = Land des Exporteurs
Nennungen in Klammern: untypische Beziehungen

▢ Bestandteil eines unechten Exportleasings

Abb. 201: Matrix der Beziehungen bei echten und unechten Exportleasingfinanzierungen

Quelle: *Voigt/Müller,* 1996, S. 190.

Unter **Kompensationsgeschäften** (Gegengeschäften) verstehen wir mit *Schuster* (1979, S. 15) Geschäfte, bei denen „bestimmte Wirtschaftssubjekte bewusst wechselseitig Realgüter (also z. B. Sachgüter und/oder Dienstleistungen) aneinander abgeben, unabhängig davon, ob zusätzliche Zahlungen erfolgen oder nicht". Kompensationsgeschäfte werden hier also auftragsbezogen definiert (anders z. B. bei *Bohumovsky*, 1977, S. 351; vgl. auch *Isselstein/Schaum*, 1998, S. 195).

In der Praxis hat sich eine Vielzahl von **Kompensationsgeschäftstypen** herausgebildet (im internationalen Raum werden diese Geschäfte i. d. R. als Counter-trade-Geschäft bezeichnet, vgl. *Cowdell et al.*, 2000, S. 231). Die einfachste Form des Kompensationsgeschäfts ist der sog. **klassische Barter**, bei dem eine Unternehmung A eine bestimmte Menge eines Realguts an Unternehmung B verkauft und als Gegenleistung eine bestimmte Menge eines anderen Realguts erhält (vgl. *Cowdell et al.*, 2000, S. 232; *Engelhardt/Schuster*, 1980, S. 104).

Je nachdem, ob der Anbieter die Kompensationsware selbst verwendet oder die Güter von einem dritten Beteiligten (z. B. einem Handelshaus) übernommen werden, spricht man von **Eigen- oder Fremdkompensation**.

Da die Regelung eines Geschäfts und Gegengeschäfts in einem Vertrag die Handhabung von Kompensationsgeschäften erheblich erschwert, vollziehen sich Kompensationsgeschäfte in der Praxis häufig als **Parallelgeschäfte** (vgl. z. B. *Keßler*, 1996, S. 129; *Ronacher*, 1978). Bei Parallelgeschäften – auch Kopplungsgeschäfte (*Moser/Topritzhofer*, 1978) oder Counterpurchase (vgl. *Schuster*, 1988, S. 39; *Taprogge*, 1991, S. 23) genannt – werden die Exportlieferung und die entsprechende Gegenabnahmeverpflichtung in zwei getrennten Verträgen geregelt (vgl. *Bopp*, 1992, S. 28). Damit wird der gesamte Tauschakt in zwei halbe Tauschakte zerlegt, die jeweils durch Geld abgegolten werden.

Ausgehend von diesen beiden Grundtypen lässt sich unter Berücksichtigung weiterer Entscheidungskriterien eine Vielzahl von Gegengeschäftsarten unterscheiden (vgl. *Taprogge*, 1991, S. 14ff.), die für einen Anlagenanbieter mit unterschiedlichen Folgen verbunden sind. Insofern sollte der Anbieter seine Einstellung gegenüber Kompensationsgeschäften vom Typ des Kompensationsgeschäfts abhängig machen. Es ist *Schill* (1988, S. 84) zuzustimmen, wenn er behauptet: „Das häufig in der Verkaufspraxis formulierte,'vielleicht kommen wir doch darum herum und können Kompensationsgeschäfte vermeiden', ist das unbrauchbare Konzept von gestern."

Aber von der Erkenntnis zu ihrer praktischen **Umsetzung** liegt oft ein weiter Weg (vgl. *Backhaus*, 1989, S. 477f.). Ausgehend von den Grundformen des Gegengeschäfts haben sich in zunehmendem Maße komplexere Formen des Countertrade etabliert. Hierzu gehören z. B. Buy-Back-Geschäfte und Trade-Offsets. **Buy-Back-Geschäfte** sind Transaktionen, bei denen Anlagenlieferanten mit den Erzeugnissen der Anlage bezahlt werden (vgl. *Cowdell et al.*, 2000, S. 232; *Rowe*, 1997, S. 57ff.). Um **Trade-Offsets** handelt es sich, wenn die vom Exporteur abzunehmenden Kompensationsgüter bei der Herstellung der Anlage Verwendung finden (vgl. *Cowdell et al.*, 2000, S. 233). Typischer Fall ist die Verpflichtung eines Exporteurs, Unteraufträge an Unternehmen aus dem Abnehmerland zu erteilen oder Produktionsstätten zur Endmontage bzw. Veredelung der gelieferten Waren im Abnehmerland zu errichten (vgl. *Francis*, 1987, S. 24ff.). Das Gegengeschäft wird hier durchgeführt, bevor das Exportgeschäft endgültig abgewickelt ist. Die zeitliche Reihenfolge ist also gerade umgekehrt wie bei Buy-Back-Geschäften (vgl. *Bopp*, 1992, S. 113f.).

2.3 Marketing-Entscheidungen in der Kundenverhandlungsphase

Nach Angebotsabgabe erfolgt zu einem bestimmten Termin die Öffnung der Angebote. Mit Ausnahme von **Closed Bid-Submissionen** beginnen dann i. d. R. Verhandlungen mit ausgewählten Anbietern, die auf einer sog. **Short List** erscheinen (vgl. *Cova/Holstius*, 1993, S. 109).

Um Prozess und Ergebnis der Verhandlungen nicht allein dem situativen Kontext zu überlassen, sondern erfolgsorientiert und systematisch zu gestalten, sollten die Aktivitäten in der Kundenverhandlungsphase Gegenstand eines umfassenden Verhandlungsmanagements (vgl. *Voeth/Herbst*, 2009a) sein. Hierbei gehören analog zu den Verhandlungen im Produktgeschäft (vgl. Teil 3 Kap. B. II. 1.1.2.4) die Aufgaben

- Verhandlungsanalyse,
- Verhandlungsorganisation,
- Verhandlungsvorbereitung,
- Verhandlungsführung,
- Verhandlungscontrolling.

Anders als im Produktgeschäft, wo allein über den Preis und die Konditionen der für den anonymen Markt oder zumindest für Marktsegmente hergestellten Leistung verhandelt werden muss, weisen die Verhandlungen im Anlagengeschäft eine sehr viel größere Komplexität auf, da über eine sehr viel größere Zahl an Verhandlungsgegenständen verhandelt werden muss (vgl. *Sandstede*, 2009). Diese Komplexität hat Auswirkungen auf alle Phasen des Verhandlungsmanagements und fokussiert insbesondere drei Fragen, die Verhandlungen im Anlagengeschäft in besonderer Weise kennzeichnen:

- Wegen der Komplexität des Anlagengeschäfts verhandeln auf Kunden- und auf Anbieterseite i. d. R. mehrere Personen. Die Frage lautet: **Wer** sollte verhandeln?
- Verhandlungen im Anlagengeschäft dauern häufig relativ lange. Es stellt sich daher auch die Frage der Prozessgestaltung: **Wie** wird verhandelt?
- Die Verhandlungen sind i. d. R. Mehr-Themen-Verhandlungen. Die Frage heißt deshalb: **Worüber** wird verhandelt?

2.3.1 Das Verhandlungsteam: Wer sollte verhandeln?

Der Besetzung des Verhandlungsteams kommt große Bedeutung für den Verlauf und das Ergebnis von Verhandlungen zu (vgl. *Backhaus et al.*, 2008c). Insbesondere in der Praxis gilt in diesem Zusammenhang der **Einfluss von Persönlichkeitsmerkmalen** von Verhandlungsführern auf das Verhandlungsergebnis als erwiesen. Die Vielzahl an wissenschaftlichen Studien, die den Einfluss persönlicher Unterschiede zwischen Verhandlungsführern untersuchten, konnten oftmals jedoch nur einen geringen Erklärungsbeitrag zum Zustandekommen unterschiedlicher Verhandlungsergebnisse leisten. Dies liegt sicherlich u. a. auch daran, dass sich die meisten Persönlichkeitsmerkmale kaum isoliert betrachten lassen. Stattdessen hängt die Wirkung der Persönlichkeit des Verhandelnden vor allem von der Interaktion und damit dem Zusammenspiel mit dem Verhandlungspartner ab (vgl. *Lewicki et al.*, 2009). Betrachtet man die große Anzahl von Studien zum Einfluss von Persönlichkeitsmerkmalen jedoch im Detail, so lassen sich zumindest **drei Merkmale** identifizieren, denen ein isolierter Einfluss bescheinigt werden kann: Dies sind das **Geschlecht** der Verhandlungsführenden, „**Machiavellismus**" und **kognitive Leistungsfähigkeit**. Für eine optimale Zusammensetzung des

Verhandlungsteams können die Ergebnisse der entsprechenden Studien als soziodemographische, affektive und kognitive Erfolgsfaktoren herangezogen werden.

In dem Bereich **soziodemographischer Erfolgsfaktoren** von Verhandlungsteams kamen Studien häufig zu dem Ergebnis, dass Männer konkurrenzbetonter sind als Frauen. So lassen sich zwar keine eindeutigen Ergebnisse in Bezug auf ein unterschiedliches Maß an Effektivität zwischen weiblichen und männlichen Verhandlungsführern feststellen, allerdings bestehen geschlechterspezifische Unterschiede in der Art und Weise, wie eine Konfliktsituation wahrgenommen und gelöst werden soll. Während Männer hierbei insbesondere darum bemüht sind, ihre eigenen Gewinne zu maximieren, verhalten sich Frauen sozialer und zögern daher häufiger, sich einen Vorteil auf Kosten anderer zu verschaffen (vgl. *Pinkley*, 1990; *Gilkey/Greenhalgh*, 1984).

Als **affektiver Erfolgsfaktor** prüfen bspw. *Huber/Neale* (1986), inwieweit „Machiavellismus" mit dem Verhandlungserfolg in Verbindung steht. Machiavellismus wird dabei mit Charaktereigenschaften wie Zynismus, Egoismus und emotionaler Kälte verbunden. Die Ergebnisse zeigen, dass machiavellistische Verhandlungsführer überdurchschnittlich proaktiv auftreten, schnelle Angebote machen und eine hohe Kontrolle über den Verhandlungsprozess besitzen. Darüber hinaus konnte in einer Vielzahl anderer Studien nachgewiesen werden, dass Machiavellismus mit dem individuellen Gewinn einer Verhandlungspartei signifikant korreliert (vgl. *Neale/Northcraft*, 1991; *Fry*, 1985).

Als **kognitiver Erfolgsfaktor** wird insbesondere die Fähigkeit eines Verhandlungsführers angesehen, sich in die Perspektive bzw. Interessen der anderen Verhandlungsseite zu versetzen (**PTA – Perspective Taking Ability**). Ein Verhandlungsführer mit einem hohen Maß an PTA scheint die Interessen seines „Gegners" zu verstehen und ihm somit entsprechende Angebote unterbreiten zu können (vgl. *Barry/Friedman*, 1998). Darüber hinaus wird die mangelnde Fähigkeit, sich in einen Verhandlungsgegner hinein zu versetzen, mit dem Zustandekommen suboptimaler Ergebnisse assoziiert (vgl. *Bazermann/Carroll*, 1987). Allerdings zeigen Studien, dass sich die Beurteilung der Interessen der Gegenseite im Verlauf von Verhandlungen verbessert (vgl. *Thompson/Hastie*, 1990). Hinzukommend wird in der Literatur davon ausgegangen, dass sich die Beurteilung der Interessen der Gegenseite mit zunehmender Verhandlungserfahrung der Akteure verbessert.

Auch wenn somit in vielen empirischen Studien kein signifikanter Zusammenhang zwischen Persönlichkeitsmerkmalen von Verhandlungsführern und Verhandlungsergebnis nachgewiesen werden konnte (vgl. *Voeth/Rabe*, 2004), können zumindest die angeführten Erfolgsfaktoren bei der Zusammensetzung von Verhandlungsteam beachtet werden.

2.3.2 Der Verhandlungsprozess: Wie wird verhandelt?

Wie verhandelt werden sollte, heißt letztlich, die Frage zu beantworten, wie der Verhandlungs*prozess* möglichst effektiv und effizient gestaltet werden kann. Dies bezieht sich zum einen auf die Art und den Umfang erfolgversprechender Verhandlungsstrategien und -taktiken (**„Verhandlungstaktik"**), zum anderen aber auch auf situativ gestaltbare Rahmenbedingungen von Verhandlungen wie z. B. die Verwendung moderner Informations- und Kommunikationstechnologien (**„Verhandlungstechnik"**).

Verhandlungstaktik

Verhandlungen im Produktgeschäft hatten wir als distributive Verhandlungen gekennzeichnet, bei denen der Gewinn einer Partei notwendigerweise dem Verlust der anderen Partei entspricht. Es handelt sich also um ein Nullsummenspiel (vgl. *Thompson*, 2009, S. 40ff.). Abweichend von diesem Szenario gibt es jedoch bei praktischen Verhandlungen eine Vielzahl von Situationen, in denen die Präferenzen der Parteien nicht exakt symmetrisch entgegengesetzt und somit nicht nur distributive Verhandlungen sinnvoll sind. So ergeben sich bei ungleichen Präferenzen – z. B. hat der Käufer stärkere Präferenzen für eine kurze Lieferzeit, während der Verkäufer Präferenzen für günstigere Finanzkonditionen hat – Situationen, bei denen durch **integrative Verhandlungen** zunächst „der Kuchen größer gemacht werden kann", bevor über die Größe des jeweiligen Tortenstücks für die beteiligten Parteien in distributiven Verhandlungen gesprochen wird (vgl. *Thompson*, 2009, S. 74ff.). Wie der rechte Teil der *Abbildung 202* zeigt, gibt es Aufteilungen zwischen Anbieter und Nachfrager, die (am rechten oberen Rand der Punktwolke liegend) eine größere Verteilungsmasse generieren als z. B. die am unteren linken Rand liegenden Verhandlungsergebnisse. Wir bezeichnen eine Verhandlungslösung dann als effizient oder pareto-optimal, wenn es keine besseren Verhandlungslösungen gibt, bei denen der Nutzen für eine Partei erhöht werden kann, ohne den Nutzen der anderen Partei zu verringern.

Abbildung 202 macht deutlich, dass in dem gewählten Beispiel die Lieferzeit für den Käufer (Buyer, B) tatsächlich wichtiger ist als für den Verkäufer (Seller, S), während es für die Finanzierungsbedingungen gerade umgekehrt ist.

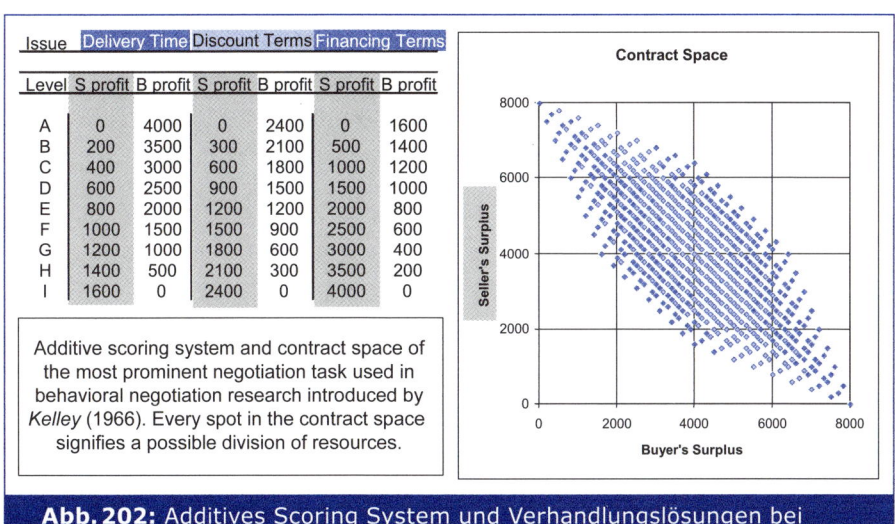

Abb. 202: Additives Scoring System und Verhandlungslösungen bei integrativen Verhandlungen

Sollten sich die Verhandlungsparteien bspw. auf die Kompromisslösungsebene (Level E) für alle drei Verhandlungsgegenstände (Lieferzeit, Rabatte, Finanzierung) beziehen, würde der zu verteilende „Gesamtverhandlungskuchen" genau 8.000 € betragen, wobei der Käuferüberschuss 4.000 € wäre und der Verkäuferüberschuss ebenfalls. Wie aus *Abbildung 202* zu erkennen ist, lässt sich der Verhandlungskuchen dann vergrößern, wenn sich die Parteien für die Lieferzeit z. B. auf den Level A einigen, wobei der Überschuss von 4.000 € voll an den Käufer gehen würde. Im Gegenzug könnte z. B. Level I bei den Finanzierungsbedingungen erreicht werden. In diesem Fall würden Käufer und Verkäufer jeweils 4.000 € Überschuss erzielen – zuzüglich des Überschusses aus einem beliebigen Level für die Rabattverhandlungen. Im Falle der Realisation von Level E für die Rabattverhandlungen stünden insgesamt

4.000 + 4.000 + 1.200 +1.200 = 10.400 Überschusseinheiten zur Verfügung, die dann wiederum distributiv verhandelt werden könnten.

Um ein effektives und effizientes Verhandlungsergebnis zu erreichen, ist zu fragen, welche **Einflussfaktoren** auf das zu erreichende Verhandlungsergebnis einwirken. Dazu liegt Literatur vor, die zwar schwerpunktmäßig im verhaltenswissenschaftlichen Bereich (z. B. Sozialpsychologie) entwickelt worden ist, deren Ergebnisse auf Verhandlungsprozesse im Anlagengeschäft übertragen werden können (für eine umfassende Übersicht vgl. *Backhaus et al.*, 2006b). Die Ergebnisse lassen sich in der in *Abbildung 203* dargestellten Matrix zusammenfassen.

Wir unterteilen die **Erfolgsmaße** dabei in zwei Gruppen, nämlich unmittelbare ökonomische Erfolgsgrößen (Economic Measures) und subjektiv empfundene Erfolgsmessungen (Perceptual Measures). Die **Einflussfaktoren** (Success Factors) haben wir gegliedert nach verhaltenswissenschaftlichen Einflussfaktoren (Behavioral Success Factors) und strukturellen Einflussfaktoren (Structural Access Factors). Fasst man die Ergebnisse stichwortartig zusammen, so lässt sich Folgendes festhalten: Verhaltenswissenschaftliche Einflussfaktoren haben einen positiven Einfluss auf die individuellen Profite. Das gilt insbesondere für die Erstangebotsstrategie, hohe Aspirationsniveaus und knappe Konzessionen. **Multiple Equivalence Simultaneous Offers (MESOs)** und ein konsequentes Prozessmanagement

		Success Measures			
		Economic Measures			Perceptual Measures
	Success Factors	Aggreement	Ind. Profit	Efficiency	Satisfaction
Behavioral Success Factors	High First Offer		+		
	Small and Few Concessions		+		+ / ?
	High Target Point		+	+	
	Adoption of Gain / Loss Frame		+		
	Rationale and Arguments		+	?	
	Threats	?	+ / 0		?
	Competitive Tactics		+ / 0		
	Exchange of Priority Information		+ / ?	+	
	Multiple Issue Offers			+	
	MESOs		+	+	+
	Process Management			+	
	Prior Relationship			+ / ?	
	Pro-social Motivation			+	+
Structural Success Factors	High Own BATNA		+		
	Power (BATNA) Asymmetries			+ / ?	
	Information on Opponent's BATNA		+		0
	Time Pressure: Deadline		0	+ / ?	
	Time Pressure: Opponent's Time-related Costs		+		
	Use of an Agent	?	+		

Abb. 203: Erfolgsfaktoren in Verhandlungen

erhöhen die Effizienz. Der durchschlagendste strukturelle Faktor ist eine gute **BATNA** (**B**est **A**lternative **t**o an **N**egotiated **A**greement). Die subjektiv empfundene Zufriedenheit als Erfolgsfaktor wird vor allem positiv beeinflusst durch wenig Konzessionen, MESOs sowie pro-soziale Motivationen. Allerdings muss bei der Interpretation und Umsetzung dieser Ergebnisse stets darauf geachtet werden, dass diese Ergebnisse überwiegend in Laborexperimenten und Simulationen gewonnen wurden. Ihre empirisch abgesicherte Bewährung im Feld steht noch aus. Dennoch signalisieren die Ergebnisse, dass es unabdingbar notwendig ist, unter (angepasster) Verwendung der vorliegenden Ergebnisse eine entsprechende **Vorbereitung für die Verhandlung** sicherzustellen (vgl. auch *Raiffa*, 1982, S. 126; *Raiffa et al.*, 2007, S. 195 f.). Diese Vorbereitung kann sich sowohl auf die Gestaltung von strukturellen Faktoren als auch auf Verhaltensfaktoren beziehen.

(1) Bei den **strukturellen Faktoren** kommt es vor allem darauf an, eine gute eigene BATNA zu erzeugen und möglichst viele Informationen über die BATNA des Verhandlungspartners zu gewinnen, um die Verhandlungsspanne (ZOPA) abschätzen zu können. Das erfordert in der Verhandlungsvorbereitung eine eingehende Analyse der bestehenden Handlungsalternativen und eine klare Vorgabe über den Verhandlungsspielraum, den der verhandelnde Außendienst-Mitarbeiter besetzt. Dazu liegen (wenige) empirische Ergebnisse in der Literatur vor (vgl. z. B. *Joseph/Krafft*, 2001), die aber zu teilweise widersprüchlichen Ergebnissen kommen, so dass hier Forschungsbedarf besteht (vgl. *Schmidt/Krafft*, 2005, S. 17ff.).

(2) Bei den **verhaltenswissenschaftlichen Einflussfaktoren** spielen die Höhe der Einstiegsforderung, restriktives Konzessionsverhalten, anspruchsvolle Zielpunkte und die Vorgabe eines Ergebnisrahmens eine wichtige Rolle für den Verhandlungserfolg. Um dies sicherzustellen, sind verhaltenswirksame Informations- und Anreizsysteme für die Verhandlungsträger zu entwickeln. Eine wichtige Gruppe von verhaltenssteuernden Informationen stellen **Kosteninformationen** dar.

Obwohl es zum gesicherten betriebswirtschaftlichen Wissen gehört, dass für Auftragsannahme-Entscheidungen nur die relevanten (Teil-)Kosten logisch sinnvoll herangezogen werden sollten (vgl. *Riebel*, 1964, S. 517), ist auf der anderen Seite nicht zu übersehen, dass trotz heftigster Kritik an der Vollkostenrechnung die Praxis immer noch auf diesem Rechenwerk beharrt (vgl. *Becker*, 2006, S. 517).

Soweit die Praxis ihr **Unbehagen an der Deckungsbeitragsrechnung** artikuliert, werden folgende Argumente angeführt:

- Die Bekanntgabe der Deckungsbeiträge verleite die Verkäufer zu Preiszugeständnissen und gefährde die Deckung der Gesamtkosten. Aus diesem Grunde wird die Struktur der Selbstkosten oft bewusst verschleiert. Insbesondere in mehrstufigen Unternehmungen werden von Stufe zu Stufe interne Preisschwellen errichtet, so dass die empfangende Stufe „Einstandspreise zahlt", die in die weitere Kalkulation als **„organisationsbedingte Einzelkosten"** (*Diehl*, 1977, S. 180) eingehen. Auf diese Weise verliert diejenige Stufe, die letztlich am Absatzmarkt tätig ist, jegliche Interpretationsmöglichkeiten über den „wahren" Anteil der Einzelkosten und Gemeinkostenzuschläge.
- Es wird behauptet, die Deckungsbeitragsrechnung fördere das Denken in Mengenexpansionen bzw. die **„Auftragsgewinnung um jeden Preis"** und führe damit zu einer unnötigen Verschärfung des Wettbewerbs und ruinöser Preisgestaltung (vgl. z. B. *Henniger*, 1978).

- Schließlich ergäben sich **Fehlbeurteilungen** hinsichtlich der Erfolgslage des Unternehmens, seiner Geschäftsbereiche und Produkte (vgl. z. B. *Riebel*, 1974, S. 494).

Es lässt sich also eine deutliche **Kluft zwischen Theorie und Praxis** der Preisorientierung an Kosten feststellen. Die bestehende Dichotomie ist vor allem darin begründet, dass die entscheidungsorientierte Unternehmensrechnung ein bestimmtes Modell des Informationsverhaltens zugrunde legt: Die Kosteninformation ist immer dann „richtig", wenn ein rationaler Entscheider aufgrund dieser Information die zieladäquate Entscheidung treffen kann. Das **Modell des rationalen Entscheiders**, wie es auch der formalen Entscheidungstheorie zugrunde liegt, entspricht jedoch häufig nicht dem tatsächlichen Entscheidungsverhalten. Es ist zu vermuten, dass die Verwender der Informationen, die die Theorie der Unternehmensrechnung für Preisentscheidungen bereitstellt, ihre Entscheidungen nicht nur nach der Logik des Rationalprinzips, sondern auch nach der **„Psycho-Logik"** des menschlichen Verhaltens treffen (vgl. *Kirsch*, 1976, S. 60ff.). Dies bedeutet, dass das entscheidungslogisch richtige Informationssystem nicht in jedem Falle benutzeradäquat ist. Die entscheidende Frage ist nicht, ob eine Kosteninformation auf das Entscheidungsverhalten wirkt. Es ist durchaus denkbar, dass die logisch richtige Information zu „schlechteren" Entscheidungen im Sinne der Unternehmensziele führt. Stimmt diese These, so führt dies zu einer Neuinterpretation von Kosteninformationen, und zwar unter verhaltenswissenschaftlichen Gesichtspunkten (behavioral accounting). Die **zentrale Frage** lautet dann: Wie wirken bestimmte Kosteninformationen auf das Entscheidungs- und damit Verhandlungsverhalten?

Der Zusammenhang zwischen Art und Umfang der Kosteninformation und dem jeweiligen Preisverhalten des dezentralen Entscheidungsträgers im Verhandlungsteam ist von *Plinke* analysiert worden (vgl. *Plinke*, 1986b; *Wilken et al.*, 2010). Erste empirische Untersuchungen von *Plinke* haben gezeigt, dass sich offenbar folgende **Informationswirkungszusammenhänge** in der praktischen Preisverhandlung vermuten lassen:

- Je mehr ein Verhandler über die Zusammensetzung der Selbstkosten weiß, desto eher ist er bereit, im Preis nachzugeben.
- Bei Kenntnis der Deckungsbeiträge neigt der Verhandler zu größeren Preiszugeständnissen als bei Vorgabe einer traditionellen Auftragskalkulation auf Vollkostenbasis.

Demnach ist es durch die **Gestaltung der Kalkulationsunterlagen** offenbar möglich, das Verhalten von Akquisiteuren im Preisentscheidungsprozess zu beeinflussen. Dem Preisdruck der Marktseite kann ein entsprechender Kostendruck der Firmenseite entgegengesetzt werden.

Zur Steuerung der Preisverhandlungen bei dezentralen Preisentscheidungsprozessen, wie das für das Anlagengeschäft typisch ist, ist deshalb zu prüfen, wer welche Informationen erhalten soll, um möglichst zieladäquate Verhandlungswirkungen zu erreichen.

Wenn Teilkosteninformationen tendenziell zu geringeren Preisforderungen und Preisergebnissen als Vollkosteninformationen führen, ließe sich daraus die Schlussfolgerung ableiten, dass Teilkosteninformationen zur Steuerung von Unterbeschäftigungssituationen lediglich dem oberen Management zugänglich sein sollten, während der einzelne Außendienstmitarbeiter Vollkosteninformationen zu erhalten hätte. In Ausnahmesituationen, die die Anwendung der Teilkostenrechnung für Preisentscheidungen sinnvoll erscheinen lassen, wird die Preisentscheidung „nach oben" verlagert (Management by Exception).

Plinke (1986a und 1986b) und *Heger* (1984) haben gezeigt, dass der Akquisiteur gerade im Hinblick auf Preisverhandlungen in einer **„Dilemma-Situation"** ist: „Entscheidet sich der Akquisiteur für eine Interaktionsstrategie, die auf einen vollkostendeckenden Preis gerichtet ist, dann sinkt die Auftragswahrscheinlichkeit, richtet sich sein Verhalten an der Auftragserlangung aus, dann ist ein Preis möglich, der unter den Kosten der angebotenen Leistung liegt. Die Unternehmung verfolgt partiell konfliktäre Ziele und bürdet die Lösung bzw. die Handhabung des Konflikts im Einzelfall dem Akquisiteur auf. Dieser empfindet das Dilemma als bedrückende Last, da von seinen Verhaltensweisen und Entscheidungen erhebliche Konsequenzen für die Unternehmung und ihn selbst abhängen" (*Heger*, 1984, S. 239).

Die Lösung des Dilemmas ist nach *Plinke/Heger* (1983) abhängig vom jeweiligen Verhandlungstyp: Der **„Unternehmer"** wird versuchen, den konfliktären Zielen – hoher Preis/hohe Auftragschance – durch eine ausgewogene Bewertung gerecht zu werden. Der **„Indifferente"** kapituliert i. d. R. vor der Verhandlungssituation und verlagert das Problem häufig auf eine höhere Hierarchiestufe. Der **„Preisorientierte"** versucht einseitig, das Gewinninteresse zu befriedigen, während der **„Auftragsorientierte"** primär nach Auftragserlangung strebt.

Um dezentral geführte Preisverhandlungen sinnvoll zu steuern, ist daher die Kenntnis über den jeweiligen Preisverhandler **(Akquisitionstyp)** von ausschlaggebender Bedeutung für die Verhandlungsvorbereitung.

Verhandlungstechnik

Angesichts der Entwicklungen im Bereich der Informations- und Kommunikationstechnologien in den vergangenen Jahren, müssen Verhandlungsakteure nicht länger nur die richtige Auswahl im Hinblick auf erfolgversprechende Verhandlungstaktiken treffen; vielmehr stehen auch unterschiedliche Verhandlungstechniken (wie bspw. Telefon, E-Mail, Videokonferenzsysteme, elektronische Verhandlungsunterstützungssysteme, E-Marktplätze) im Rahmen der Kundenverhandlungsphase zur Verfügung (vgl. *Carnevale/Probst*, 1997). Bei dem Einsatz **elektronischer Techniken** (zum Vergleich unterschiedlicher Support-Systeme vgl. z. B. *Koeszegi et al.*, 2006; *Schoop/Quix*, 2001) an Stelle der traditionellen **face-to-face-Verhandlungen** sollten dabei sowohl Effektivitäts- als auch Effizienzüberlegungen zum Tragen kommen. Wissenschaftliche Studien belegen in diesem Zusammenhang, dass face-to-face-Verhandlungen als „reichstes" Kommunikationsmedium (vgl. hierzu *Daft/Lengel*, 1986) deutliche Vorteile gegenüber elektronischen Kommunikationsmedien haben. Zum einen ermöglichen face-to-face-Verhandlungssituationen, dass auch über komplexe Verhandlungsgegenstände Absprachen herbeigeführt werden können. Zum anderen ermöglichen sie den Aufbau von Vertrauen, was über elektronische Medien nur begrenzt möglich ist. Face-to-face-Verhandlungen sind daher im Fall noch unbekannter Verhandlungsparteien elektronischen Medien überlegen, da sie den erstmaligen Informationsaustausch erleichtern (vgl. *Thompson/Nadler*, 2002; *Valley et al.*, 1998). Hingegen können elektronische Medien insbesondere in bereits etablierten Geschäftsbeziehungen zum Einsatz kommen, in denen die Verhandlungsparteien bereits gegenseitiges Vertrauen aufgebaut haben. Die auf der Hand liegenden Effizienzvorteile, die aus der Nutzung elektronischer Verhandlungswege resultieren, sind auch einer der Gründe dafür, dass in der Praxis elektronisch geführte Verhandlungen via E-Mail bereits in über der Hälfte industrieller Unternehmen zum Einsatz kommen (vgl. *Schoop et al.*, 2006).

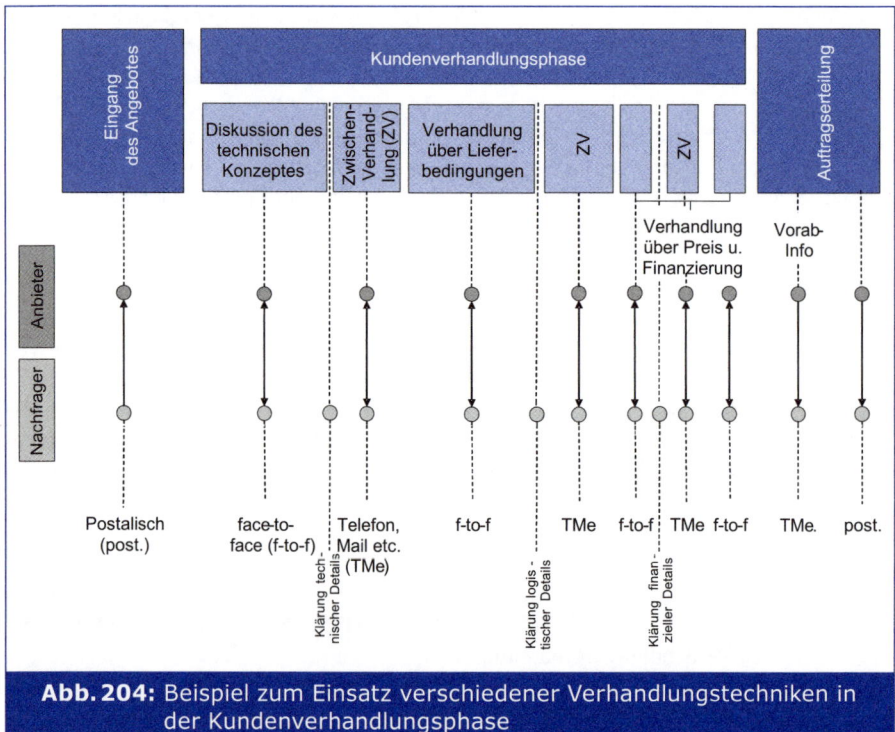

Abb. 204: Beispiel zum Einsatz verschiedener Verhandlungstechniken in der Kundenverhandlungsphase

Da jedoch Geschäftsbeziehungen im industriellen Anlagengeschäft nicht die Regel sind (es besteht kein Kaufverbund) und darüber hinaus kundenindividuelle Leistungen „ausgehandelt" werden müssen, die intensive und häufig auch komplexe Verhandlungen bedingen, ist der Einsatz elektronischer Verhandlungstechniken nur begrenzt möglich. Die wesentlichen Verhandlungsschritte sind zumeist im Rahmen von face-to-face-Verhandlungen zu vollziehen, wohingegen „Zwischenverhandlungen" durchaus auch unter Einsatz elektronischer Verhandlungstechniken stattfinden können. Daher stellt die Kundenverhandlung häufig eine Abfolge von face-to-face- und elektronischer Verhandlungen im Anlagengeschäft dar (vgl. *Abbildung 204*).

2.3.3 Die Verhandlungsobjekte: Worüber wird verhandelt?

Neben der „Ablaufsteuerung" des Verhandlungsprozesses sind auch die Verhandlungsinhalte (Verhandlungsobjekte) zu analysieren. Alle Themen, die Gegenstand des Angebots und der Kundenverhandlungsphase sind, werden dann im sog. **Anlagenvertrag** dokumentiert, in dem alle Rechte und Pflichten der beteiligten Vertragsparteien niedergelegt sind. Kundenverhandlungen sind somit inhaltlich Vertragsverhandlungen (vgl. *Flocke*, 1986, S. 23ff.; *Nicklisch*, 1984). Der Anlagenvertrag ist quasi das „Gesetz", das die Parteien für diesen Transaktionsprozess und die Abwicklung des Auftrages zugrunde legen wollen. Mit dem Anlagenvertrag löst man sich praktisch aus dem gesetzlichen Umfeld und definiert seine eigenen Regeln, die für dieses Projekt zwischen den Parteien gelten sollen. Die Regelungen müssen lediglich daraufhin abgeprüft werden, inwieweit sie gegen zwingendes nationales

Recht verstoßen. Für die Verhandlungen über den Anlagenvertrag sind bestimmte Charakteristika verhandlungsleitend.

Vom vertraglich bindenden Angebot bis zur Erfüllung des Vertrages einschließlich evtl. „after sales" Verpflichtungen (z. B. Betriebsunterstützung, Kundendienst, Garantie-Tests) vergehen i. d. R. viele Jahre. Während dieser Zeit kommt es zu einem andauernden Leistungserbringungs- und Leistungsaustauschprozess. Dieser **Langzeitcharakter** führt dazu, dass die Projektabwicklung und damit die beiderseitigen Vertragserfüllungen politischen, technischen oder wirtschaftlichen Veränderungen unterschiedlicher Gewichtung ausgesetzt ist, die ein entsprechendes „vertragliches" Reagieren erfordern. Hierzu sind nicht nur das vertragliche Umgehen mit Gesetzesänderungen oder technische Anpassungen aufgrund fortschreitender technologischer Entwicklungen zu zählen, sondern auch Veränderungen des Leistungsumfangs aufgrund veränderter Kundenbedürfnisse oder Kostenanpassungen aufgrund von Lohn-, Material- oder Wechselkursentwicklungen.

Diese aus der Langfristigkeit des Geschäfts resultierende Unsicherheit zeigt sich im **Rahmencharakter** des Anlagenvertrages. Da zum Zeitpunkt des Vertragsabschlusses alle Einzelheiten des Leistungsgegenstandes oft noch nicht konkretisiert werden können (vgl. auch *Slaghuis*, 2005, S. 43 ff.), werden zunächst lediglich Leistungseckdaten (Basic Engineering) verwandt. Die Detailplanung wird dann als Gegenstand der vertraglichen Erfüllung gesehen. Der Rahmencharakter des Anlagenvertrages trägt der Tatsache Rechnung, dass es aufgrund der hohen Variabilität der endgültigen Bestimmung eines Leistungsgegenstandes im Anlagengeschäft zu einer Vielzahl von Änderungen in der Projektplanung im Laufe der Ausführung kommt.

Langzeit- und Rahmencharakter des Anlagenvertrages bedeutet aber auch, dass es mit Vertragsabschluss noch nicht zu einem abschließenden Vertragsinhalt kommt. Da Planung und Realität während des Projektablaufs (schon aufgrund von Projektverzögerungen) auseinander fallen können, ist eine **vertragsbegleitende Entscheidungsfindung** zwingend notwendig. Diese umfasst sowohl notwendige Informations-, Anzeige- und Genehmigungspflichten, als auch zu treffende Entscheidungen bei technischen Änderungen, Anpassungen oder Störungsbewältigungen und ihre Auswirkungen auf Termine, Performance- und Kostenveränderungen.

Aufgrund der Komplexität der zu erbringenden Gesamtleistung und der damit verbundenen regelmäßigen Aufteilung von Teilleistungen auf verschiedene Unternehmen besteht bei der Anlagenerstellung die Notwendigkeit, die verschiedenen Einzelleistungen unter Berücksichtigung der Gesamtfunktionsverantwortung und des Gesamtterminplans technisch und terminlich aufeinander abzustimmen. Für die oder innerhalb der einzelnen Leistungsphasen ist die Sach- und Fachkompetenz auf viele einzelne sog. Subunternehmen oder Zulieferanten verstreut. Diese erhebliche **Komplexität des Leistungsgefüges** erfordert nicht nur die logistische Beherrschung des Vollständigkeits-Postulats unter Berücksichtigung eines Gesamt-Fertigstellungstermins sondern dementsprechend auch diverse Kontroll- und Koordinationsmechanismen, die teilweise auch vertraglich zu fixieren sind.

Aufgrund der Aufteilung der Gesamtanlage in Teilleistungen und vor allem der vorstehend aufgezeichneten Charakteristika zeichnet sich der Industrieanlagenvertrag durch einen ausgeprägten **Kooperationscharakter** aus. Neben den Kooperationen auf der Anbieterseite (Konsortialkonstrukte, Sublieferantenverhältnisse) spielt auch eine kooperative Beziehung zwischen Auftraggeber und -nehmer während der gesamten Vertragsdurchführung eine entscheidende Rolle. Der Auftraggeber muss dabei im Rahmen der Projektverwirklichung verschiedene Mitwirkungspflichten wie z. B. das Einholen von Genehmigungen oder die

Bereitstellung von Infrastruktureinrichtungen erfüllen und erbringt darüber hinaus u. U. selbst auch Einzelleistungen für das Gesamtprojekt (sog. Beistellleistungen). Diese Struktur lässt oft kritische Schnittstellen zwischen Auftragnehmer und Auftraggeber entstehen, die bei mangelhafter Abstimmung der einzelnen Arbeitsinhalte und fehlender, rechtzeitiger Kooperation zu Behinderungen und kostenkritischen, weil terminbeeinflussenden Änderungen, des Projektablaufs führen können.

Vor dem Hintergrund dieser Charakterisierung des Anlagenvertrages stellt sich die Frage, was die **unverzichtbaren Verhandlungsgegenstände** sind, über die eine Einigung erzielt werden muss, um eine reibungslose Abwicklung des Vertrages zu gewährleisten (vgl. *Joussen*, 1996). Die relevanten Verhandlungsobjekte lassen sich in vier Gruppen einteilen:

- technische Leistungen (1),
- betriebswirtschaftliche Konditionen (2),
- Abwicklungsprobleme (3) und
- Vertragsstörungen (4).

(1) Verhandlungen über technische Leistungsmodifikationen

Je weniger detailliert die Anlage im Lastenheft bzw. der Ausschreibung konkretisiert wurde, umso intensiver werden technische Verhandlungen notwendig sein, da die Angebote nur schwer miteinander vergleichbar sein werden. Teilweise werden sogar **verschiedene technische Lösungen** von einer Anbietergemeinschaft angeboten, so dass eine Entscheidung über die zu wählende technische Lösungsalternative erforderlich wird.

Das ist jedoch nicht der einzige Grund für technische Verhandlungen. In manchen Fällen sind zwischen Anfrage und Angebot **technische Neuentwicklungen** auf den Markt gekommen, über deren Integrationsmöglichkeiten in die angebotene technische Lösung verhandelt werden muss. Oder ein inzwischen vom Kunden eingeschalteter Consulting Engineer plädiert für eine modifizierte Technik.

Häufig gehen Impulse für technische Verhandlungen auch vom Preis und/oder von der Finanzierungsseite aus. So kommt es z. B. vor, dass der Kunde nach Angebotseröffnung erkennt, dass er seine finanziellen Möglichkeiten überschätzt hat. Er verlangt dann bspw. Preisnachlässe, die ohne eine „**technische Abmagerung**" nicht realisierbar sind.

Bei allen technischen Verhandlungen ist es unbedingt notwendig, die oftmals parallel laufenden Preisverhandlungen zu koordinieren, da sonst die häufig unterschiedlichen Verhandlungsgruppen zu nicht mehr kompatiblen Ergebnissen kommen, denn technische Änderungen haben i. d. R. Kostenwirkungen, die wiederum preispolitisch relevant sind.

Als Ergebnis ist ein spezifiziertes technisches Leistungsverzeichnis mit einer Zuordnung von Verantwortlichkeiten (wer liefert und leistet was?) (als Anhang) in den Anlagenvertrag aufzunehmen.

(2) Verhandlungen über kommerzielle Konditionen

- **Verhandlungen über Auftragsfinanzierung und Zahlungsbedingungen**

Wird in der Angebotserstellungsphase die grundsätzliche Finanzierbarkeit eines Projekts geprüft, nicht zuletzt um einen Anhaltspunkt für die Auftragskalkulation zu erhalten, kommt es in der Kundenverhandlungsphase häufig zu erneuten Verhandlungen über die Zahlungsbedingungen und das Finanzierungsmodell. Potenzielle **Anlässe** dafür sind vielfältiger Natur:

- Wegen der modifizierten technischen Lösung und/oder Preisveränderungen werden geringere oder mehr Finanzmittel benötigt.
- Der Kunde wünscht ein anderes Finanzierungsmodell (z. B. eine längere Finanzierungs-Laufzeit).
- Um Preisnachlässe zu erreichen, ist der Kunde bereit, andere Zahlungsbedingungen zu akzeptieren (z. B. höhere und/oder frühere An- und Zwischenzahlungen).
- Ein bestimmter Teil des Auftragswerts soll im Wege von Kompensationsgeschäften finanziert werden.
- Über die Finanzierung soll der Anlagenanbieter mit ins Absatzrisiko der auf der Anlage erstellten Produkte genommen werden (z. B. durch Gründung von Joint Ventures).

Während die drei ersten Verhandlungsanlässe keine grundsätzlich neuen Finanzierungsinstrumente erfordern, sollten die beiden letzteren nur dann vom Anbieter diskutiert werden, wenn die strategische Rahmenentscheidung dies stützt.

- **Verhandlungen über den effektiven Abschlusspreis**

Obwohl häufig neben technischen Verhandlungen und Finanzierungsverhandlungen evtl. Nahtstellenprobleme zu bereits existenten Anlagen oder Forderungen nach lokalen Fertigungsanteilen wichtiger sind als das Preisargument, versucht der Kunde i. d. R. in **Preisverhandlungen,** den Preis zu drücken. Inwieweit die Anbieter diesem Druck in den Verhandlungen nachgeben, ist vor allem von der relativen Machtposition des Nachfragers abhängig (vgl. auch *Jain/Laric*, 1979).

In jedem Fall sollte der Anbieter zunächst die Möglichkeiten prüfen, die eine Revision des Preises ohne Ergebniseinbußen für die Anbietergemeinschaft möglich machen. Dazu zählen vor allem:

- **„Abmagerung" der Leistung**

Der Anbieter versucht, die Problemlösung über eine technisch einfachere und damit i. d. R. billigere Lösungskonzeption zu erreichen.

- **Senkung der Einstandspreise**

Der Anbieter versucht, den Preisdruck des Absatzmarkts an seinen Beschaffungsmarkt weiterzugeben, indem er seine Lieferanten zu Preiszugeständnissen bewegt. Der Erfolg dieser Bemühungen wird allerdings von seiner Machtposition gegenüber den Lieferanten abhängen (vgl. *Arbeitskreis „Marketing in der Investitionsgüterindustrie" der Schmalenbach-Gesellschaft*, 1978, S. 12f., dessen vorgeschlagene Maßnahmen sich allerdings auf die beiden hier genannten reduzieren lassen: Die Kostensenkung kann entweder am **Mengen-** oder am **Preisgerüst** ansetzen).

Sind diese Maßnahmen wirkungslos, ist zu fragen, wie viel Ergebnisverschlechterung der Anbieter bereit ist hinzunehmen, um den Auftrag zu erhalten. Mit anderen Worten: Es geht um die **verhandlungsorientierte Preisuntergrenze.**

(3) Projektabwicklung

Neben technischen und kommerziellen Fragestellungen sind auch die Konditionen der Projektabwicklung zu verhandeln. Folgt man der Chronologie einer Projektabwicklung, so stellt sich als erstes die Frage: Wann ist ein Vertrag gültig und wann tritt er in Kraft?

- **Gültigkeit und In-Kraft-Treten des Vertrages**

Im Hinblick auf den Beginn (der Durchführung) eines Anlagenvertrags gilt es, die beiden Aspekte „Gültigkeit eines Vertrags" und „In-Kraft-Treten eines Vertrags" zu unterscheiden.

Ein Vertrag wird gültig **(valid)**, wenn eine Einigung zwischen den beteiligten Parteien über alle Regelungsbestände des Vertrages erzielt wurde und der Vertrag rechtsgültig unterschrieben ist. Der Vertrag ist damit für die Parteien bindend, die Vergabe des Auftrages abgeschlossen. Eine Lösung vom Vertrag ist nur noch durch Kündigung oder durch besondere im Vertrag hierfür vorgesehene Mechanismen möglich.

Ob die im Vertrag niedergelegten Vereinbarungen, über ihre Bindungswirkung hinaus, für und gegen die Parteien auch schon wirksam sind, d. h. umgesetzt werden müssen oder durchgesetzt werden können **(„enforceable")**, hängt davon ab, ob das In-Kraft-Treten des Vertrages an weitere – gesetzliche oder von den Parteien vereinbarte – Voraussetzungen geknüpft ist. Dies ist bei vielen Anlagenverträgen mit Auslandsbezug der Fall, insbesondere, wenn der Kunde eine Behörde ist oder in hoheitlichem Auftrag bzw. mit staatlichen Mitteln agiert. Anders als z. B. in Deutschland bedürfen in vielen Ländern Großanlagenverträge zu ihrer Wirksamkeit einer oder mehrerer ausdrücklicher **behördlicher Genehmigung(en)**, z. T. sogar in Form von Dekreten. Erst das Vorliegen solcher Genehmigungen – manchmal sogar mit zusätzlichen Auflagen an die Parteien verbunden – führt dann zum In-Kraft-Treten des Vertrages und löst unmittelbar seine Umsetzung aus. Es ist zu beachten, dass bei Verträgen, die im Kundenland einer behördlichen Genehmigung bedürfen, auch eine Änderung des Vertrags einer solchen bedarf. Beginnt der Auftragsnehmer (Contractor) ohne eine derartige Genehmigung mit der Anlagenerstellung, besitzt er keine Vertragsgrundlage, auf die er sich berufen kann.

- **Variation Orders**

Ein zentrales mit der Langfristigkeit und dem komplexen Leistungsgefüge des Anlagengeschäfts verbundenes Problem des Anlagenvertrages ist das erhebliche Änderungspotenzial bzgl. technischer Ausführung und Volumen der letztlich für das „endgültige" Werk zu erbringenden Lieferungen und Leistungen. Während der oft langjährigen Projektabwicklung kann es aufgrund vieler technischer, wirtschaftlicher oder politischer Einflüsse immer wieder zu **Anpassungsnotwendigkeiten** kommen. Diesen Anpassungsnotwendigkeiten werden die Parteien durch ein im Vertrag festgelegtes System schriftlicher Vertragsergänzungen, sog. Variation Orders (in der amerikanischen Terminologie auch **Change-Order**), gerecht und schaffen sich so die notwendigen rechtlichen Grundlagen für die geänderte Leistung selbst und ihre Auswirkungen auf andere Leistungsparameter. Werden Änderungen nicht frühzeitig in Form von Variation Orders vertraglich verankert, so kann es zu Nachforderungen (**Claims**, vgl. *Köhl*, 2000) kommen, deren Rechtsgrundlage und Rechtmäßigkeit von der betroffenen Vertragspartei nachgewiesen werden muss und die im Zuge von Verhandlungen erst mühsam durchgesetzt werden müssen, was zu Unsicherheit in der Durchsetzbarkeit und im günstigsten Fall „nur" zu weiteren Kosten führt.

Die **Gründe** für notwendige Änderungsmaßnahmen sind vielschichtig und können sowohl auf Auftraggeber- als auch auf Auftragnehmerseite liegen. Häufige Auslöser von Vertragsanpassungen sind Änderungen der anwendbaren technischen Regeln und Normen des Standes der Technik oder von zwingend zu beachtenden Gesetzen im Kundenland. Daneben führen oft Behördenentscheidungen im Kundenland zu Änderungsmaßnahmen. In der Praxis des Anlagengeschäfts kommt es darüber hinaus immer wieder aufgrund eines veränderten Finanzspielraums des Kunden oder aufgrund nachträglich veränderter Leistungserfordernisse (z. B. erhöhter Kapazitätsbedarf einer Anlage) zu Änderungswünschen von Seiten des Kunden hinsichtlich der Spezifikation oder des Volumens des Liefer- und Leistungsumfangs. Weiterhin führen auch Verschiebungen zwischen den Leistungen des Auftragnehmers und den Mitwirkungspflichten des Auftraggebers, zu einem veränderten Leistungsumfang und zwingen zu entsprechend sauber dokumentierten Vertragsanpassungen.

Unabhängig von diesem klassischen Änderungssystem, kann der Anbieter den Kunden natürlich jederzeit auf neue technologische Möglichkeiten hinweisen und es dem Kunden überlassen, ob er dann im Einzelfall einen Vorteil für sich sieht, der eine „Variation Order" rechtfertigt. Weiterhin kann es auch im Interesse des Anbieters liegen, technische Modifizierungen bei der Anlagenerstellung durchführen zu dürfen (z. B. vereinfachte Bautechnik), soweit sie für den Kunden nicht zu zusätzlichen Kosten und nicht zu Auswirkungen auf die Gesamtqualität und Sicherheit der Anlage führen werden.

Unabhängig vom Grund für das Entstehen von Änderungen ist soweit in jedem Fall von zentraler Bedeutung, dass ein klarer **Entscheidungs- und Anpassungsmechanismus** bereits im Anlagenvertrag verankert wird, der eine problemlose Realisation der Änderungen und daraus resultierender Vertragsergänzungen während des Projektablaufs ermöglicht.

- **Gefahrübergang**

Im Laufe der Abwicklung eines Anlagenprojektes können einzelne Ausrüstungsgegenstände oder die noch im Bau befindliche Anlage durch Unfälle, Ereignisse höherer Gewalt oder durch Einwirkung Dritter beschädigt werden bzw. verloren gehen. Dies kann passieren, ohne dass der Anbieter bzw. seine Unterlieferanten oder der Kunde hierfür verantwortlich sind. Man spricht hier von der Gefahr des zufälligen Untergangs und der zufälligen Verschlechterung. Die entstandenen Schäden sind jedoch zu beseitigen bzw. die abhanden gekommenen Teile zu ersetzen. Kommt bspw. auf dem Transport zur Baustelle ein Generator eines Kraftwerks zu Schaden, ist dieser zu reparieren oder bei Unmöglichkeit der Reparatur durch einen neuen Generator zu ersetzen. Das Risiko der Reparatur oder des Ersatzes ist vor der Abnahme der Gesamtanlage oder (wenn so vorgesehen) einzelner Ausrüstungsgegenstände vom Anbieter zu tragen, da er bis zur Übergabe (Abnahme) an den Kunden in vollem Umfang erfüllungspflichtig ist und somit für die tatsächliche Erbringung des von ihm geschuldeten Lieferumfanges auch die Gefahr trägt. Soweit die Parteien hierzu in einem Projekt andere Vorstellungen haben (aus Gesichtspunkten eines optimierten Versicherungskonzeptes oder der Mitwirkungsstruktur auf der Kundenseite), sollte im Vertrag klar geregelt werden, wann der Übergang dieser Risiken, d. h. der Gefahrübergang, von der einen Vertragspartei auf die andere Vertragspartei erfolgt *(vgl. Gutmannsthal-Krizanits, 1994, S. 176)*. Für beide Parteien – Anbieter und Kunde – besteht dann Klarheit, welche Risiken sie in welcher Phase zu tragen haben und wie diese ggf. und von wem versicherungsmäßig abzudecken sind.

- **Abnahme**

Die Abnahme stellt neben der Zahlung der vertraglich vereinbarten Vergütung eine Hauptverpflichtung des Kunden dar. Mit ihr erkennt der Auftraggeber die vertragsgerechte Erbringung aller geschuldeten Lieferungen und Leistungen und somit die Erfüllung des Anlagenvertrags durch den Auftragnehmer an. Es handelt sich bei der Abnahme in internationalen Anlagenverträgen jedoch meist nicht um einen einstufigen Vorgang (wie beim deutschen Werkvertrag), sondern um einen mehrstufigen Prozess. Zwei Stufen können unterschieden werden, die **Preliminary Acceptance** (PA) und die **Final Acceptance** (FA): die Preliminary Acceptance markiert hierbei grundsätzlich den Beginn der vereinbarten Gewährleistungszeit(en), und die Final Acceptance ihr Ende und damit das Ende aller Verpflichtungen des Contractors gemäß Vertrag.

Die **Preliminary Acceptance** ist Auslöser wichtiger Folgen. Sie stellt den **Beginn des Gewährleistungszeitraums** dar und besitzt i. d. R. auch zahlungsauslösenden Charakter; spätestens zu diesem Zeitpunkt geht die Gefahr des zufälligen Untergangs und der zufälligen Verschlechterung, sowie vor allen Dingen die Betriebsführung der Anlage und damit auch die Betriebsgefahr auf den Kunden über; der Anbieter ist entlastet, eine bis dahin übernommene Montage- und Bauwesenversicherung (sog. builders' all risks insurance) weiter vorzuhalten. Das Interesse des Anbieters an einer möglichst zügigen und konfliktfreien Abnahme ist daher groß; meist ist aber auch der Kunde begierig darauf, die Anlage endlich übernehmen und damit produzieren, d. h. mit der Anlage Geld verdienen zu können. Dementsprechend finden die Parteien mit Hilfe des gemeinsamen Abnahmeprotokolls auch immer wieder einen Weg, die Abnahme trotz Vorliegen von Mängeln (soweit nicht für die Funktionsfähigkeit, Betriebssicherheit oder Lebensdauer einer Komponente wesentlich) zu erklären oder evtl. Unklarheiten über Vorliegen bzw. Umfang eines Mangels dadurch einer konstruktiven Lösung zuführen, dass sie z. B. für die betroffene Komponente eine verlängerte Gewährleistungszeit festlegen. So wird sichergestellt, dass unwesentliche Mängel, noch verbleibende geringfügige Restarbeiten oder zum Zeitpunkt der Abnahme nicht klärbarer „Mängelverdacht" nicht zu einer Ablehnung der Abnahme durch den Kunden führen.

Kann allgemein die Preliminary Acceptance – obwohl die vom Auftragnehmer erbrachten Lieferungen und Leistungen in ihrer Gesamtheit abnahmebereit sind – aus von diesem nicht zu vertretenden Gründen nicht erfolgen, ist auch hier eine vertragliche Regelung notwendig, die sicherstellt, dass die Preliminary Acceptance bzw. die Vertragsfolgen der Preliminary Acceptance dennoch zu einem Spätesttermin eintreten. Dies kann von Bedeutung sein, wenn bspw. ein Kraftwerk vom Auftragnehmer fertig gestellt wurde, das erforderliche Stromnetz durch einen anderen Lieferanten des Kunden jedoch noch nicht betriebsbereit gestellt werden konnte. Ohne eine derartige Regelung käme es nicht zu den für den Anbieter wichtigen Abnahmefolgen.

Während die Preliminary Acceptance immer konstitutiven Charakter für bestimmte Rechtsfolgen bzw. das Eintreten bestimmter vertraglicher Ereignisse hat, kommt der **Final Acceptance** meist nur eine eher deklaratorische Wirkung oder Ordnungsfunktion zu: Mit dem sog. FA-Certificate wird bestätigt, dass die Gewährleistungszeit abgelaufen ist und der Contractor alle vertraglichen Verpflichtungen einschließlich seiner Gewährleistungspflichten erfüllt hat. Dementsprechend ist die Final Acceptance dann auch immer mit der Rückgabe einer ggf. noch ausstehenden Gewährleistungsgarantie an den Contractor verbunden, zumindest besteht ab diesem Zeitpunkt der Anspruch des Contractors auf Rückgabe.

- **Know-how-Schutz: Industrial Property Rights und Geheimhaltung**

Die Nutzung von **Patenten** und die Erteilung von **Lizenzen** ist unproblematisch, falls der Auftragnehmer Besitzer des Erfindungsschutzes oder zur freien Verwertung oder Erteilung von Unterlizenzen berechtigter Lizenzinhaber ist. Anbieter und Kunde gehen im Abschluss ihres Anlagenvertrags grundsätzlich davon aus, dass der Auftragnehmer die Anlage so erstellt und den Kunden in die Lage versetzt die Anlage so zu betreiben, dass Patente oder **sonstige Schutzrechte** Dritter nicht verletzt werden. Probleme können jedoch entstehen, falls bei Konstruktion, Erstellung oder Betrieb auf Patente oder andere Schutzrechte Dritter zurückgegriffen werden muss, für die der Anbieter nicht ohne weiteres oder unbeschränkt verfügungsbefugt ist. Der Anbieter sichert dem Kunden im Anlagenvertrag üblicherweise dementsprechend zu, dass Patente oder sonstige Schutzrechte Dritter nicht verletzt werden. Diese Absicherung soll gewährleisten, dass der Kunde die Anlage ungestört in Betrieb nehmen und betreiben kann. Der Auftragnehmer hat folglich die Rechtmäßigkeit der Nutzung fremder Patente oder Schutzrechte durch Erwerb und Bestand entsprechender Lizenzen von vornherein sicherzustellen. Unterlässt der Anbieter dies bewusst oder unbewusst, da ihm ein entsprechender Erfindungsschutz nicht bekannt war, trägt er die Verantwortung für die Verletzung des Schutzrechts und für die Folgen des Unterlassens. Doch mit Feststellung der Verletzung und der fehlenden Berechtigung zur Nutzung und hieraus sich u. U. ergebenden Schadensersatzansprüchen gegenüber dem Schutzrechtsinhaber ist es nicht getan. Der Contractor schuldet dem Kunden eine betriebsfähige Anlage, frei von Rechten Dritter.

- **Haftung**

Bei Anlagenprojekten bestehen Haftungsverpflichtungen aufgrund unterschiedlicher Sachverhalte. Der Begriff „Haftung" ist mehrdeutig. Der Auftragnehmer „haftet" für rechtzeitige (**Verzugsthematik**) und fehlerfreie Lieferung (**Gewährleistungsthematik**, technische Garantien), sowie im engeren Sinne für Schäden, die dem Kunden durch Verletzung von Sorgfalts- und Nebenpflichten oder durch unerlaubte Handlung zugefügt werden. Im internationalen Anlagengeschäft wird zunehmend von einem Haftungssystem im engeren und weiteren Sinne abgegangen und einem einheitlichen Vertragsverletzungssystem, wie es das angloamerikanische Rechtssystem darstellt (breach of contact), Folge geleistet. Danach haftet der Contractor für alle schuldhaft verursachten wesentlichen Vertragsverletzungen, die zu einem vorhersehbaren Schaden führen. Dieser Tendenz und die Tatsache, dass gesetzliche Haftungstatbestände nach wohl allen Rechtsordnungen der Höhe und dem Umfang nach unbegrenzbar sind, ist in den entsprechenden Vertragsbestimmungen und vor allem mit einer entsprechenden allgemeinen Haftungsklausel Rechnung zu tragen. Da das Gesetz keine Entlastung bringt und Haftungstatbestände auch nur teilweise von gängigem Versicherungsschutz abgedeckt werden können, ist es notwendig, durch **vertragliche Haftungsbeschränkungen** eine angemessene Risikobeschränkung zu erreichen.

Vertragliche Haftungsbeschränkungen wirken nur zwischen Anbieter und Kunden. Personenschäden und Schadensfälle, die das Eigentum oder Vermögen **Dritter** betreffen, können nicht im Anlagenvertrag geregelt werden. Dritte sind an diesem Vertragsverhältnis nicht beteiligte Parteien oder Personen. Da mit diesen keine Vereinbarungen getroffen werden, können auch keine wirksamen Haftungsbeschränkungen Dritten gegenüber im Anlagenvertrag getroffen werden; Schadensersatzansprüche Dritter bleiben von einer Haftungsklausel unberührt.

Personenschäden umfassen sowohl Verletzungen als auch Todesfälle. Betroffen sein könnten Angestellte des Kunden oder auch gänzlich unbeteiligte Personen, wie z. B. Passanten. Trümmerstücke als Folge einer Explosion auf der Baustelle, die einen Passanten treffen, sind eine mögliche Ursache für derartige Personenschäden. Da keine Begrenzung der Haftung für solche Schäden möglich ist, wird häufig ein Passus eingefügt, der besagt, dass derartige Schäden nach den entsprechenden Vorschriften des anzuwendenden Rechts behandelt werden (vgl. z. B. *Schwanfelder*, 1989, S. 210). Ebenso wie Personenschäden können Schäden am Eigentum oder Vermögen Dritter nicht begrenzt werden. Auch in diesem Fall wird kein Vertrag mit Dritten abgeschlossen, so dass eine Beschränkung der Haftung solcher Schäden Dritter ebenfalls unwirksam wäre. Treffen die umherfliegenden Trümmerstücke nicht den Passanten selbst, sondern seine Luxuslimousine, liegt ein Fall vor, der eine Haftungsbegrenzung irrelevant macht.

Im Anlagenvertrag dagegen zu vereinbaren, ist ein Haftungskonzept für Schadensfälle, die das Eigentum oder das Vermögen des Kunden berühren, sowie für evtl. **Folgeschäden**. Diese Schäden betreffen den Kunden als eine am Anlagenvertrag beteiligte Partei und können somit wirksam im Anlagenvertrag geregelt werden.

Im internationalen Anlagengeschäft ist es üblich und auch durchsetzbar, die **Haftung** des Auftragnehmers zu **begrenzen**. Eine Begrenzung erfolgt normalerweise sowohl vom Umfang her als auch in Bezug auf die Gesamthöhe der Haftung. Der Umfang der Haftung des Anbieters ist i. d. R. auf direkte (Sach-)Schäden beschränkt *(vgl. z. B. Dünnweber,* 1984, S. 138*)*. Für Schäden wie Produktionsausfall, erhöhte Produktionskosten, Betriebsunterbrechungen, entgangener Gewinn, Verlust von Informationen und Daten sowie Verlust von Zinsen sollten Haftungsausschlüsse vereinbart werden, und zwar unabhängig davon, ob sie nach dem Verständnis oder der Rechtssprechung einer jeweils anwendbaren Rechtsordnung als mittelbare bzw. **Folgeschäden** (indirect or consequential damage or losses) oder als direkte Schäden einzuordnen sind; oft werden z. B. entgangene Gewinne oder Produktionsausfall als die direkte Folge eines gewöhnlichen durch Vertragsverletzung verursachten Schadensereignisses dem unmittelbaren Schaden zugeordnet. Käme es nicht zu einem Ausschluss, müsste der Contractor die möglicherweise im Schadensfall entstehenden finanziellen Belastungen bei der Kalkulation des Angebotspreises vorsorglich mit einbeziehen. Unabhängig davon, ob bspw. ein Fall entgangenen Gewinns eintritt, würde der Kunde dann dieses Risiko mit dem Kaufpreis mitbezahlen. Das kann nicht im Sinne einer insoweit „unvollkommenen" Haftungsklausel sein. Dies gilt umso mehr, als der Kunde im Falle von z. B. Produktionsunterbrechung und Gewinnausfall die Möglichkeit hat, diese Verluste langfristig über seine Preisgestaltung auf seinen Absatzmärkten zu kompensieren.

Da die Haftung für Personenschäden und Schäden Dritter nicht begrenzt werden kann, und der Ausschluss einer Haftung für indirekte Schäden oder Vermögensschäden i. d. R. anerkannt wird, verbleibt als einziger mit dem Auftraggeber zu verhandelnder Haftungstatbestand die **Beschädigung von Eigentum des Kunden**. Vom Anbieter wird eine Begrenzung der Haftung für Sachschäden am Eigentum des Kunden angestrebt werden. Dies ist aus seiner Sicht nötig, um das wirtschaftliche Risiko der Erstellung einer Anlage in Grenzen zu halten. Üblich ist dabei, die Höhe der Gesamthaftung zu beschränken.

Die Haftung des Contractors wird im Anlagenvertrag zudem **zeitlich begrenzt**. Als zeitliches Ende einer Haftung des Contractor bietet sich das Ende der Gewährleistungszeit an; ab diesem Zeitpunkt hat der Contractor ohnehin keine Verpflichtungen mehr aus dem Vertrag und arbeitet auch nicht mehr in Erfüllung irgendwelcher Pflichten (z. B. Nachbesserungsarbeiten) in der Anlage.

- **Gewährleistungen**

Verhandlungen beim Gewährleistungskonzept sollten in einer abschließenden Beschreibung des Umfangs der Gewährleistungsverpflichtungen, die keinen Schadensersatz darstellen, münden. Darüber hinaus sind Beginn und Ende der Gewährleistungsdauer festzulegen. Da die Gewährleistung die **Haftung für verdeckte Mängel** ist, also solcher Mängel, die beim Abnahmetest nicht erkennbar waren, sollten die Verhandelnden darauf drängen, keine Verantwortung für „verdeckte Mängel" **nach** Ablauf der Gewährleistungszeit zuzulassen.

Bei sog. **technischen Garantien** ist zu klären, welche Rechtsfolgen eintreten, wenn die garantierten Werte nicht erreicht werden. Gleiches gilt für sog. **Verfügbarkeitsgarantien**. Wird die garantierte Verfügbarkeit nicht erreicht, so entstehen Gewährleistungsansprüche für jedes Prozent, mit dem die Verfügbarkeit unterschritten wird. In besonders schwerwiegenden Fällen, bei denen die technischen Garantien inklusive der Verfügbarkeitsgarantie nicht erreicht werden, ist auch eine vorzeitige Vertragsbeendigung denkbar. Allerdings sollte dies die Ultima Ratio als Rechtsfolge darstellen. Zu verhandeln sind auch die Rechtsfolgen, die sich an eine **vorzeitige Vertragsbeendigung** knüpfen. Zu regeln sind z. B. der Ausschluss von Schadensersatz oder das Wiederherstellen der „grünen Wiese", die vor Errichtung der Anlage vorhanden war.

- **Anwendbares Recht**

Obwohl der Anlagenvertrag das zwischen den Parteien geltende „Gesetz" darstellt, spielt die Vereinbarung eines anwendbaren Rechts eine wichtige Rolle. Kommt es zu **Streitigkeiten** aus dem Vertrag, so muss der Beurteilende eine Basis haben, auf der er die Gültigkeit des Vertrages bzw. einzelner Vertragsbestimmungen beurteilen und ggf. Lücken im Vertrag schließen kann.

- **Schiedsgerichtsbarkeit**

Für das Anlagengeschäft hat sich herauskristallisiert, dass bei der Wahl der alternativen Streitschlichtung vor dem **ordentlichen Gericht** bzw. dem Schiedsgericht deutliche Vorteile einzuräumen sind. Das Schiedsgericht ist neutral, die Schiedsrichter sind unabhängig und aufgrund der Vertraulichkeit beim Schiedsgericht sowie der fehlenden Publizität lassen sich Schiedsgerichtsverfahren in einer sehr viel freundlicheren Atmosphäre abwickeln. Darüber hinaus ist durch die Gestaltung der Schiedsgerichtsklausel, die Zusammensetzung der Schiedsrichter und die Auswahl und Kompetenz der Anwälte eine maximale Ausnutzung der Parteiendisposition gegeben.

- **Beendigung des Vertrages**

Das Vertragsverhältnis kann sowohl durch den Kunden wie auch durch den Anbieter beendet werden. Wichtige **Gründe für den Kunden** sind, wenn entweder ein ernsthafter Bruch der Vereinbarungen durch den Anbieter, z. B. in Form eines außergewöhnlichen Verzugs oder schwerer Mängel an der Anlage, die Operabilität erheblich einschränken oder wenn in besonders einschlägigen Fällen von höherer Gewalt – ohne dass die Parteien das zu vertreten haben – z. B. ein extraordinärer Verzug entsteht.

Gründe für den Anbieter, den Vertrag vorzeitig zu beenden, sind gegeben, wenn der Zahlungseingang extrem verzögert bzw. nicht mehr erwartet werden kann, oder der Kunde eine überlange Suspension veranlasst hat. Schließlich kann auch der Anbieter bei einer nicht mehr vertretbaren Verzögerung durch Force Majeure einen Kündigungsgrund sehen.

(4) Vertragsstörungen und Konsequenzen

- **Force Majeure**

Bei Force Majeure handelt es sich um Vertragsstörungen, die durch **höhere Gewalt** eingetreten sind und von keinem der betroffenen Parteien verschuldet worden sind. Ein Force Majeure Ereignis – ganz gleich bei welcher Vertragspartei es eintritt – kann sowohl für den Anbieter als auch für den Kunden schwerwiegende Konsequenzen haben. Eine längere Unterbrechung bei der Anlagenerstellung auf der Baustelle, z. B. durch eine Naturkatastrophe, hat für den Auftragnehmer aufgrund der Unterbrechung und des längeren Erstellungszeitraums neben evtl. seinen Gefahrenbereich betreffenden Sachschäden einen erhöhten Baustellenaufwand (Personalerhaltung, Stillstandskosten einschließlich Konservierung etc.) zur Folge. Für den Auftraggeber bedeutet die verspätete Fertigstellung über den effektiven Verzögerungsraum einen Ausfall an Erlösen; dies kann ihm erhebliche Probleme bei der Erfüllung seines Schuldendienstes gegenüber den finanzierenden Banken bringen. Schnelles Erfassen und Reagieren auf die Situation ist daher geboten. Die Force Majeure Klausel beinhaltet daher zunächst die Verpflichtung, dass die von höherer Gewalt betroffene Partei – z. B. der Anbieter – die andere Partei unverzüglich benachrichtigt. Angesichts der hohen Bedeutung eines Force Majeure Ereignisses ist darüber hinaus ein entsprechender Nachweis über Eintritt und Umfang des Ereignisses beizubringen. Ein derartiger Nachweis kann bspw. die Bestätigung einer Industrie- und Handelskammer über einen Streik im jeweiligen Land sein.

Hindert den Anbieter ein Ereignis höherer Gewalt an der vertragsgemäßen Erfüllung seiner Verpflichtung, ist er von den für eine Schlecht- oder Nichterfüllung geltenden Vertragsfolgen **freizustellen**, da es sich um ein Ereignis außerhalb seiner Verantwortung handelt. Die Force Majeure Klausel beinhaltet dementsprechend eine Regelung, aufgrund derer bei höherer Gewalt Schadensersatzzahlungen, Vertragsstrafen oder andere vertragliche Sanktionen nicht fällig werden. Die Liefer- und Leistungsfristen werden um den Zeitraum der durch das Ereignis höherer Gewalt tatsächlich verursachten Verzögerung verlängert (nicht um die

Dauer des Force Majeure-Ereignisses selbst: Ein Blitzschlag mit erheblichen Folgen dauert Bruchteile von Sekunden!). Die Gefahr einer Vertragsverletzung wegen „Nichteinhaltung des Terminplans" mit ggf. zu später Fertigstellung der Anlage wird so vermieden. Ein Force Majeure Ereignis kann in Extremfällen zu außergewöhnlich langen Verzögerungen führen. Bei einer derartigen Verzögerung, wenn sie z. B. über einen Zeitraum von vielen Monaten andauert, kann es zu schwerwiegenden Problemen bei Contractor und Kunden kommen. Es ist möglich, dass es dem Anbieter nicht gelingt, Lieferanten über einen so langen Zeitraum „stand-by" zu halten; oder er ist für mögliche Neuprojekte wegen der „leergebundenen" Kapazität gesperrt. Aus Sicht des Kunden besteht möglicherweise kein Bedarf mehr für die Anlage, da diese wirtschaftlich zu einem so extrem verspäteten Fertigstellungszeitpunkt nicht mehr interessant ist (verschobener Markteintritt mit einem auf der Anlage zu fertigenden Produkt). Contractor und Kunde werden daher im Vertrag vorsehen, dass bei einer außergewöhnlich langen Verzögerung der Fertigstellung der Anlage (i. d. R. länger als 12 Monate), die Möglichkeit der vorzeitigen **Beendigung des Vertrags** besteht.

- **Verzug**

Bei Überschreiten vereinbarter Liefer- und/oder Leistungstermine kommt der Auftragnehmer in Verzug. Die verschiedenen nationalen Rechtsordnungen sehen für diesen Fall unterschiedliche Konzepte und Lösungen vor *(vgl. Pinnells/Eversberg, 2003, S. 115)*, belegen aber den für den Verzug Verantwortlichen im Ergebnis letztlich einheitlich mit einer unbegrenzten Verantwortung für die durch einen Verzug eingetretenen Nachteile und Schäden. Diese Folgewirkungen des Verzugs können erheblich sein (vgl. z. B. *Lang*, 1993), je nachdem, zu welchen Zeitpunkten ein Verzug auf den Projektablauf wirkt oder ob es sich um ein (vom Termin her) politisch bedeutsames Projekt oder für die öffentliche Versorgung kritisches Infrastrukturprojekt handelt. Das **Risikopotenzial** jedenfalls, das ein Gesetz als Vertragsfolge parat hält, ist für einen Anbieter von vornherein nicht kalkulierbar und ist nur durch entsprechende vertragliche Vereinbarungen einem vernünftigen und wirtschaftlich vertretbaren Risikomanagement zugänglich. Die Vertragsparteien vereinbaren daher vorab im Anlagenvertrag ein **Verzugskonzept**, mit dem sie hinsichtlich Art und Folgen des Verzuges zwei Fälle unterscheiden. Zum einem kann es sich um einen „entschuldigten" Verzug **(Excused Delay)** handeln. Gründe hierfür könnten Änderungswünsche oder eine verzögerte Mitwirkung des Bestellers oder aber Ereignisse höherer Gewalt sein. Im zweiten Fall liegen Gründe für den Verzug vor, für die ein Anbieter sich nicht freizeichnen kann, weil sie aus einer Nichterfüllung oder Schlechterfüllung in seinem Verantwortungsbereich resultieren, innerhalb seiner Kontrolle liegen **(Unexcused Delay)**. Ein derartiger „unentschuldigter" Verzug tritt bspw. ein aufgrund einer schlechten Terminplanung, unterschätzter Produktionszeiten, Ausfall von Lieferanten oder aufgrund von Fehlern bei der Fertigung oder bei Ingenieurleistungen.

Für einen „unentschuldigten" Verzug trägt der Contractor die Verantwortung und damit auch alle ihn treffenden Nachteile allein; Kosten, die ihm durch einen derartigen Verzug entstehen, kann er nicht an den Kunden weiterbelasten.

Vielmehr wird er dem Kunden gegenüber i. d. R. eine **Verzugsstrafe (Pönale)** zahlen müssen. Die Vereinbarung einer Verzugsstrafe oder eines **pauschalierten Schadensersatzes** schließt nicht grundsätzlich weitere Ansprüche des Auftraggebers bei Verzug aus. Je nach anwendbarem Recht kann z. B. Anspruch auf Geltendmachung weiteren Schadens bestehen, wenn dieser im Einzelfall den vereinbarten Höchstbetrag übersteigen sollte. Eine solche „gesetzliche" Auffanglösung kann aber nicht der Sinn der von beiden Parteien bewusst getroffenen Vereinbarung sein, Ansprüche wegen Verzuges zu pauschalieren und zu begrenzen bzw.

das Risikopotenzial für beide Seiten abschätzbar zu fixieren. Im Anlagenvertrag muss hierzu explizit festgeschrieben werden, dass mit Zahlung des pauschalierten Schadensersatzes die Ansprüche des Kunden aus Verzug abschließend erfüllt sind und ihm keine sonstigen Rechte gegen den Contractor (mit Ausnahme der Kündigung) aus Verzug eingeräumt sind.

Die Ergebnisse der Kundenverhandlungsphase sind abschließend schriftlich festzuhalten, um eine belastbare Geschäftsgrundlage für die beteiligten Organisationen zu haben. Im internationalen Anlagengeschäft erfolgt dies häufig schon im vorvertraglichen Stadium durch den sog. **Letter of Intent**, in dem der Käufer seine Absicht erklärt, den Auftrag unter bestimmten zentralen Bedingungen an den Lieferanten zu vergeben, und der Lieferant ebenfalls seine Vertragsabschlussabsicht erklärt (vgl. *Widmann*, 1977, S. 491; *Lutter*, 1998, *Jahn*, 2000).

2.4 Marketing-Entscheidungen in der Projektabwicklungs- und Gewährleistungsphase

Die Marketing-Aufgaben eines Anlagenlieferanten enden nicht mit dem Auftragseingang. Vielmehr ist es aus Marketing-Überlegungen sinnvoll und wichtig, die Projektabwicklung derart zu steuern, dass die vertraglich vereinbarten Leistungen so erbracht werden, dass beim Kunden keine Dissonanzen auftreten. Da jedes abgewickelte Projekt für mögliche Folgeaufträge als **Referenzanlage** anzusehen ist („Managers generally see successful deliveries of equipment, services, or projects to customers as references. These deliveries are often compiled to various types of reference lists that are attached to offers to potential customers." (*Salminen/Möller*, 2006, S. 2)), bestimmen gerade das Kundenurteil und die Mitwirkungsbereitschaft des Kunden bei potenziellen Referenzbesuchen neuer Kunden die Erfolgschancen bei Folgeaufträgen (auch) mit anderen Nachfragern.

Im Hinblick auf **potenzielle Folgeaufträge** kommt es also darauf an, die Kundenzufriedenheit auch und gerade in der Abwicklungsphase sicherzustellen. Entsprechende **Maßnahmen** bestehen darin,

- die jeweiligen Liefertermine einzuhalten;
- die vereinbarten Leistungswerte zu erbringen. Selbst dann, wenn die Leistungszusagen pönalisiert sind, kann es in vielen Fällen vorteilhaft sein, nicht die Vertragsstrafe zu zahlen, sondern entsprechend nachzuleisten, um beim Kunden evtl. entstandene Dissonanzen abzubauen;
- eine evtl. vereinbarte Schulung von Kundenpersonal sorgfältig zu planen und durchzuführen, da dies entscheidend zur Funktionsfähigkeit einer Anlage beitragen kann;
- evtl. zeitlich begrenzte Managementverträge für das Betreiben der Anlage abzuschließen, um die Wirtschaftlichkeit der Anlage zu gewährleisten, da häufig für (Folge-)Projekte auch Wirtschaftlichkeitsstudien durchzuführen sind. Außerdem gewinnt der Anlagenanbieter dadurch Betreiber-Know-how;
- sich Änderungswünschen des Kunden nicht völlig zu verschließen, sondern stattdessen auf eine entsprechende Bezahlung zu drängen (Claim-Management).

Insgesamt lässt sich festhalten, dass aufgrund der relativ geringen Zahl von Einzelprojekten jedem Projekt ein besonderer Stellenwert zukommt und damit eine **kulante Gewährleistungspolitik** im Hinblick auf Folgeaufträge wichtig ist. Projektabwicklung und Gewährleistung sind die ersten Akquisitionsbemühungen für neue Projekte.

Die Bedeutung bereits abgewickelter Projekte für die Vergabe zukünftiger Projekte (Referenzanlagen) ergibt sich im Anlagengeschäft vor allem daraus, dass das Nachfragerverhalten im industriellen Anlagengeschäft durch ein als hoch empfundenes Risiko geprägt ist. Um diese Ungewissheit in Bezug auf die technische Funktionsfähigkeit einer Anlage und das finanzielle Engagement zu reduzieren, verlangen die organisationalen Nachfrager häufig **Präqualifikationen**, in denen die Anbieter u. a. nachweisen müssen, dass sie vergleichbare Projekte bereits abgewickelt haben und über entsprechendes Know-how verfügen. Sie werden damit in die Lage versetzt, die Stärken und Schwächen einzelner Anbieter zu „operationalisieren" (vgl. *Ahmad*, 1990).

Insbesondere in Nachfragerländern, in denen häufiger Bedarfsfälle auftreten, ist eine von Zeit zu Zeit aktualisierte Inlandsreferenz von besonderer Bedeutung (vgl. *Günter*, 1979a, S. 150). Das Aktualisierungsproblem ergibt sich vor allem daraus, dass die Entwicklung des technischen Fortschritts veraltete Anlagen als Referenz unbrauchbar macht (vgl. auch *Schmidt*, 1997, S. B11).

Bei der Gestaltung der Projektabwicklungsphase sollte sich ein Anbieter genau überlegen, für welche Referenzart-Verwendung eine Anlage vorgesehen ist. In Anlehnung an *Günter* (1979b, S. 211 ff.) lassen sich abgewickelte Anlagen im Hinblick auf **vier Referenzarten** verwenden:

- Gesamtprojekt-Referenzen,
- Know-how-Referenzen,
- Komponenten-Referenzen und
- Koalitions-Referenzen.

Im Hinblick auf das Risikoverhalten der Nachfrager kommt der **Gesamtprojekt-Referenz** – also der Nachweis komplett abgewickelter komplexer Großanlagen – die höchste risikosenkende Wirkung zu. Ist diese Referenz nicht zu erlangen, muss sich der Anbieter mit

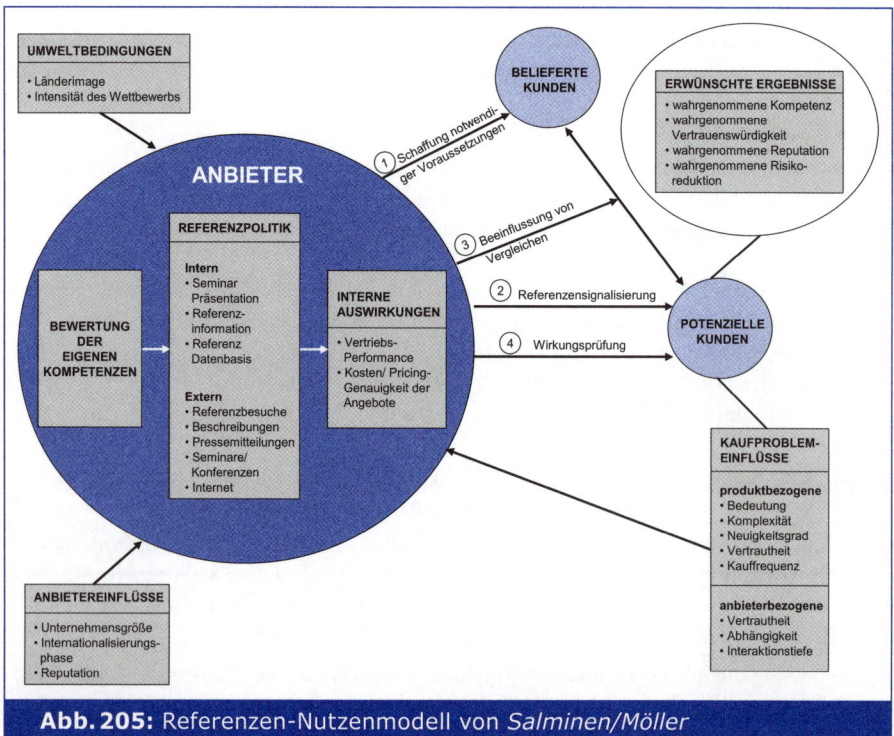

Abb. 205: Referenzen-Nutzenmodell von *Salminen/Möller*

Quelle: *Salminen/Möller,* 2006, S. 33.

einer Referenz begnügen, die entweder auf die von ihm gelieferten Anlagen-Komponenten (**Komponenten-Referenz**) oder – insbesondere bei Consulting-Unternehmen – auf das eingebrachte Know-how (**Know-how-Referenz**) gerichtet ist.

Beide Arten von Teil-Referenzen lassen sich jedoch wieder zu einer Gesamtprojekt-Referenz verbinden, wenn gemeinsam mit bewährten Partnern in einer Anbieterkoalition (**Koalitions-Referenz**) eine Gesamt-Referenz nachgewiesen werden kann.

Die auch im Hinblick auf die jeweiligen Mitanbieter reibungslose Erstellung und Abwicklung eines Anlagenprojekts kann somit Gesamtprojekt-Referenzwirkungen bei Folgeprojekten haben.

Salminen/Möller (2006) haben versucht, die Einflüsse auf die Verwendung von Referenzen in einem **Modell der Referenzen-Nutzung** konzeptionell zusammenzubinden (vgl. *Abbildung 205*).

Das Referenzmodell von *Salminen/Möller* (R-Modell) besteht aus vier Teilen:

(1) In den rechteckigen Modulen sind die nutzungsrelevanten **Kontextfaktoren** dargestellt. Dabei haben sich drei Gruppen von relevanten Faktoren herauskristallisiert (vgl. *Salminen/Möller*, 2006, S. 34 ff.).

- Umweltbedingungen
Diese vom Anbieter nicht steuerbaren Einflussfaktoren ergeben sich aus **Imagegrößen**, die durch das Herkunftsland des betrachteten Anbieters und durch die Intensität des Wettbewerbs gesteuert werden: So wurde deutsche Technik im Anlagenbau lange Zeit als führend in der Welt angesehen, was positiv referenzbeeinflussend wirkt. Dieser Effekt wurde noch intensiviert durch einen scharfen Wettbewerb auf der Ebene der Elektroausrüster.
- Anbietereinflüsse
Anbietereinflüsse ergeben sich aus der **Größe des Anbieters**, seinem **Internationalisierungsgrad** und der damit verbundenen **Reputation**: „Larger firms that are well established in international markets and enjoy a strong reputation in their field are not so dependent on good references as small unknown companies with only a home market base. These three supplier factors can be assumed to have a more complex contingency relationship, however (*Zeithaml et al.*, 1988). For example, even large and relatively internationalized firms do need references if they have a weak reputation in a specific product/systems field. A strong reputation can also compensate for small firm size." (*Salminen/Möller*, 2006, S. 34).
- Kaufproblem-Einflüsse
Die Referenzpolitik eines Anbieters wird auch dadurch beeinflusst, dass (potenzielle) Käufer je nach **produkt-**/leistungsbezogener und **anbieterbezogener** Ausprägung der im Modul „Kaufproblem-Einflüsse" genannten Merkmale mehr oder weniger Referenzinformationen einfordern. Je höher Bedeutung, Komplexität und Neuigkeitsgrad der Anlage und je geringer die Vertrautheit mit der Technologie ist, umso wichtiger werden umfassende Referenzen.

(2) Diese drei Kontingenzfaktoren beeinflussen gemeinsam die **Referenzpolitik des Anbieters**, der vor dem Hintergrund der Ausprägungen der Einflussfaktoren seine eigenen Kompetenzen bewerten muss, um darauf seine Referenzpolitik in zweierlei Richtung auszurichten. **Intern** ist es notwendig, den nötigen Support zur Verfügung zu stellen, so dass die Vertriebs-Performance und das Angebotsverhalten im Hinblick auf die Kosten/Preissituation optimiert werden. **Extern** geht es darum, den Referenzinstrumente-Mix festzulegen.

(3) Die dritte Elementegruppe im R-Modell stellen die **belieferten und potenziellen Kunden** dar. Dem *belieferten Kunden* fallen zwei Rollen zu: „On the one hand, he is the reference customer who provides indirect proof of the supplier's capabilities and may even actively recommend the supplier to the potential customer. On the other hand, the existing customer can also be target of the supplier's reference behaviour." (*Salminen/Möller*, 2006, S. 36).

Eine andere Bedeutung haben die *potenziellen Kunden*. Sie werden einerseits in ihren Referenzanforderungen durch die Ausprägungen der „Kaufproblem-Einflüsse" gesteuert, deren Wirkung aber durch das Verhalten der belieferten Kunden (positives oder negatives Referenzinformations-Verhalten) moderiert wird.

(4) Je nach Wirkung der in (3) beschriebenen Aspekte und den zusätzlichen referenzpolitischen Maßnahmen des Anbieters wird sich ein bestimmtes Ergebnis (**„gewünschtes Ergebnis"**) bei den potenziellen Kunden einstellen.

Um die referenzpolitischen Maßnahmen des Anbieters darzustellen, greifen *Salminen/Möller* auf ein **vier-phasiges Referenzverhaltensmodell** zurück:

① Um einen Kunden als Referenz zu verwenden, muss ein **Vertrauensverhältnis** zum Kunden aufgebaut werden. Dazu sind separate Maßnahmen erforderlich.
② Darauf aufbauend lässt sich ein **Signalling-Konzept** entwickeln, mit dem eine Vertrauen schaffende Referenzpolitik kommuniziert werden kann.
③ „At phase 3 the supplier can try to influence the **comparison standards** (*Anderson/Narus*, 1990) used by the buyer by organizing visits to reference installations and providing documents that can influence the criteria used by the buyer in comparing alternative suppliers." (*Salminen/Möller*, 2006, S. 37).
④ Schließlich sollte er die **Wirkung** seiner referenzpolitischen Maßnahmen überprüfen.

Das Modell liefert einen ersten Ansatz, die Referenzpolitik in einen konzeptionellen Rahmen einzubinden. Dabei bleibt natürlich eine Reihe von **Fragen** offen, die die Verfasser selbst adressieren:

- Die vermuteten Zusammenhänge sind aufgrund einer intensiven Literaturanalyse entstanden. Sie bedürfen einer **empirischen Überprüfung**.
- Dazu ist es notwendig, zumindest partiell die verwendeten **Konstrukte** zu **operationalisieren**.
- Fallstudien sollten ein **tiefergehendes Detailverständnis** der vermuteten Zusammenhänge erzeugen.

Kapitel D

Marketing im Systemgeschäft

I. Charakteristika und Vermarktungsbesonderheiten des Systemgeschäfts

1 Einordnung des Geschäftstyps

Das Systemgeschäft ist zum einen dadurch gekennzeichnet, dass Anbieter Leistungen nicht für einzelne Kunden, sondern für den **anonymen Markt** konzipieren. Zwar kann der Beschaffungsprozess auf der Nachfragerseite ein hohes Maß an Individualität aufweisen, da Art, Ausmaß oder zeitlicher Ablauf systemimmanenter Folgekäufe nachfragerspezifisch stark divergieren können. Anbieter, die ihre Leistungen im Systemgeschäft vermarkten, entwickeln ihre Angebote jedoch im Vorfeld des Vermarktungsprozesses. Da somit weder der Entwicklungsprozess noch der grundsätzliche Marktauftritt nachfragerindividuell ausgestaltet werden, richtet der Anbieter sein Marktverhalten an anonymen Märkten bzw. an Marktsegmenten, nicht aber an Einzelkunden aus.

Während Produkt- und Anlagengeschäft dadurch gekennzeichnet sind, dass Leistungen von Abnehmern gekauft werden, ohne dass dadurch weitere Kaufentscheidungen beeinflusst werden, sind Kaufprozesse im Systemgeschäft zum anderen dadurch gekennzeichnet, dass die nachgefragten Leistungen zeitlich versetzt im Verbund mit anderen Leistungsangeboten erworben werden. Ein weiteres konstitutives Merkmal des Systemgeschäfts ist daher der **zeitliche Kaufverbund**, der von Nachfragern bei der sukzessiven Beschaffung von Leistungen wahrgenommen wird und bereits die erste Beschaffungsentscheidung und Vermarktungsaktivität des Anbieters beeinflusst.

Die allgemeinen Merkmale des Systemgeschäfts lassen sich zusammenfassend an dem folgenden Beispiel verdeutlichen:

Fallstudie „Middleware"

Der Markt für Unternehmens-Informationstechnologie (IT) steht nach Meinung praktisch aller Marktexperten zurzeit vor einem völligen Umbruch (vgl. zum Folgenden *Müller*, 2005), den bspw. SAP-Vorstandssprecher *Kagermann* im Frühjahr 2005 als „Revolution unserer Industrie" bezeichnete und der in seiner Wirkung dem IT-Paradigmenwandel in den 1980er Jahren gleichkommt, als der Übergang von Großrechnern zu PCs vollzogen wurde. Während bislang in der Unternehmens-IT sog. Client-Server-Systeme vorherrschten, bei denen jeweils ein spezieller Rechner (Server) ein Anwendungsprogramm (Client) bediente, werden diese dezentralen Strukturen nach Meinung vieler Marktexperten zukünftig durch sog. IT-Fabriken abgelöst. Ursächlich für diese bereits heute absehbare Entwicklung ist die Tatsache, dass bei klassischen Client-Server-Lösungen ein Großteil der in Unternehmen verfügbaren Rechner-Kapazitäten nur fallweise genutzt werden und daher eine nur geringe Produktivität aufweisen. Vor diesem Hintergrund bieten IT-Fabriken den zentralen Vorteil, dass sie praktisch „Rechnerleistung wie Strom aus der Steckdose" zur Verfügung stellen (on-demand-Technik) und demnach Kapazität nur anhand des tatsächlichen Bedarfs vorhalten müssen. Aus diesem Grunde versprechen sich Unternehmen durch den Aufbau solcher IT-Fabriken erhebliche Einsparungspotenziale im IT-Bereich (vgl. das Beispiel in *Abbildung 206*).

> **Leuchtendes Beispiel**
>
> Der Automobilzulieferer Hella hat als eines der ersten deutschen Unternehmen seine IT auf On-Demand-Technik umgestellt
>
> **Die Aufgabe:** Weltweit 65 Fertigungsstätten, 23.000 Mitarbeiter, ein breites Produktionsspektrum von Kfz-Beleuchtung über Elektronik bis hin zu kompletten Fahrzeugmodulen – die Informationstechnik der Hella KG steuert unzählige Geschäftsprozesse mit verschiedenen SAP-Programmen. Das höchst komplexe System wollte IT-Leiter Stefan Osterhage 2003 unbedingt modernisieren. Um Kosten zu senken und um flexibler auf die Veränderungen reagieren zu können.
>
> **Die Lösung:** Osterhage entschied sich im Jahr 2003 für eine IT-Fabrik von Fujitsu Siemens Computers. Flexframe heißt das Angebot des japanisch-deutschen Herstellers, das aus standardisierten Hardwarebausteinen besteht. Auf diesen Ressourcenpool setzt die Softwareplattform Netweaver von SAP auf. Das Integrationsprogramm verteilt die Anforderungen der SAP-Programme nach Bedarf auf die verschiedenen Rechner im Pool.
>
> **Der Erfolg:** Das System reagiert äußerst flexibel auf die Anforderungen, die an die verschiedenen SAP-Programme gestellt werden. Während des laufenden Betriebs kann z. B. die Zahl der Nutzer für eine Komponente blitzschnell von 110 auf 5500 gesteigert werden. Gleichzeitig sinken die Betriebskosten erheblich – Hella rechnet mit Einsparungen von bis zu 30 Prozent.

Abb. 206: Vorteile einer IT-On-Demand-Technik am Beispiel „Hella"

Quelle: *Müller*, 2005, S. 100.

Der Übergang von Client-Server-Lösungen auf IT-Fabriken führt aber auch zu völlig neuartigen Software-Anforderungen. Benötigt werden nun zusätzlich sog. Middleware-Plattformen, die etwa dazu in der Lage sind, die unterschiedlichen Unternehmensprogramme an die veränderte IT-Landschaft anzupassen, den Informationsaustausch zwischen den verschiedenen Anwendungen zu koordinieren oder Anwendungen flexibel benötigte Rechnerleistungen zuzuweisen. Nach einer zwischenzeitlichen Beruhigung des Marktes findet das Thema Middleware seit 2008 wieder große Aufmerksamkeit in der Computerindustrie, da verschiedene Übernahmen im Markt stattgefunden haben und hierdurch die Aufmerksamkeit erneut auf das Thema gelenkt wurde (vgl. *o.V.*, 2008a). So setzen etwa nach Angaben von Oracle weltweit bereits rund 90.000 Kunden die Middleware-Angebote des Unternehmens ein, darunter 29 der 30 im Dow Jones gelisteten Unternehmen (vgl. *o. V.*, 2009b). Allerdings konnten die anfänglich prognostizierten jährlichen Wachstumsraten von teilweise mehr als 30 Prozent bislang nicht erreicht werden (vgl. *o.V.*, 2008b). Dennoch kommt den Middleware-Plattformen nach Meinung von Marktexperten zentrale Bedeutung für die zukünftige Gestalt des gesamten IT-Sektors zu. Ähnlich der Stellung des Betriebssystems in der zurzeit noch vorherrschenden PC-Welt stellt die Middleware-Software das Herzstück der nun entstehenden Utility-Computing-Welt dar. Haben sich Kunden so einmal für eine bestimmte Middleware-Software entschieden, beeinflusst dies spätere Hardware- und Anwendungsentscheidungen: Die Frage, welche Hardware und welche Anwendungen innerhalb des mit Hilfe der Middleware-Plattform konfigurierten IT-Systems implementiert werden sollen bzw. können, hängt so nach der Einführung der Plattform von der Kompatibilität zur gewählten Middleware-Plattform ab.

Angesichts dieser zentralen Stellung der Middleware-Software ist es nicht verwunderlich, dass mittlerweile praktisch alle führenden IT-Anbieter seit einigen Jahren um die Vormachtstellung im Middleware-Segment kämpfen. Besonders engagiert sind dabei

(1) IBM mit ihrem Middleware-Angebot „Websphere",
(2) SAP mit der Plattform „Netweaver",
(3) Oracle mit der Produktpalette „Fusion Middleware 11g",

(4) Microsoft mit der Middleware-Software „Net" sowie
(5) HP mit seinem Open Source-Angebot „Open Source Middleware Stacks (OSMS)".

Im Kern geht es dabei allen IT-Dienstleistern darum, durch eine starke Stellung bei Middleware-Software die Marktposition in anderen Marktsegmenten zu stärken. IBM bspw. setzt darauf, dass Kunden, die die IBM-eigene Middleware-Software „Websphere" nutzen, anschließend ein zusätzliches Motiv haben, On-Demand-Hardware bei IBM zu erwerben oder sich die gesamte IT-Infrastruktur durch IBM konfigurieren und optimieren zu lassen. Im Gegensatz dazu sieht SAP in der Middleware-Plattform eine Möglichkeit, die eigene Marktposition bei betriebswirtschaftlicher Software zu stärken. Einerseits wirbt der Marktführer bei betriebswirtschaftlicher Standardsoftware damit, dass sich die in den Unternehmen bereits bestehenden SAP-Produkte besonders gut in die SAP-Middleware-Software „Netweaver" integrieren ließen; zum anderen setzt SAP jedoch auch darauf, dass Kunden, die sich für „Netweaver" entschieden haben, auch zukünftig SAP-Anwendungen einsetzen werden. Denn auch wenn die Integration von Software anderer Hersteller generell möglich ist und auch der Informationsaustausch zwischen den Programmen verschiedener Hersteller sichergestellt ist, ist davon auszugehen, dass Kunden hiervon immer dann besonders überzeugt sind, wenn Middleware- und Anwendungssoftware aus einer Hand kommen.

Nicht zuletzt diese Ausstrahlungseffekte, die der Marktposition im Middleware-Segment zugesprochen werden, führen dazu, dass die oben angeführten IT-Unternehmen zurzeit Milliarden in die Erschließung des Middleware-Marktes investieren. Die Ursachen hierfür sieht SAP-Vorstandssprecher *Kagermann* im Systemeffekt dieser Technologie: „Diese Plattformen werden in Zukunft sehr wichtig für die Unternehmen. Wer bei den Plattformen vorne ist, der wird auch in der IT-Welt ganz vorne stehen."

2 Vermarktungsbesonderheiten im Systemgeschäft

Aus den allgemeinen Merkmalen des Systemgeschäfts, die am Beispiel der Middleware-Fallstudie verdeutlicht wurden, lassen sich die Vermarktungsbesonderheiten ableiten. Diese bestehen zunächst einmal in einer nachfragerseitigen Sukzessivbeschaffung auf Basis einer vom Anbieter vorgegebenen Systemarchitektur und einer anbieterseitig möglichen kundenübergreifenden Angebotsgestaltung. Diese Vermarktungsbesonderheiten führen zu der für das Systemgeschäft typischen einseitigen Abhängigkeit des Nachfragers vom Anbieter, die für Nachfragerunsicherheit im Vorfeld des Systemeinstiegs verantwortlich ist. *Abbildung 207* stellt das Zusammenwirken der Determinanten der Vermarktung (Beschaf-

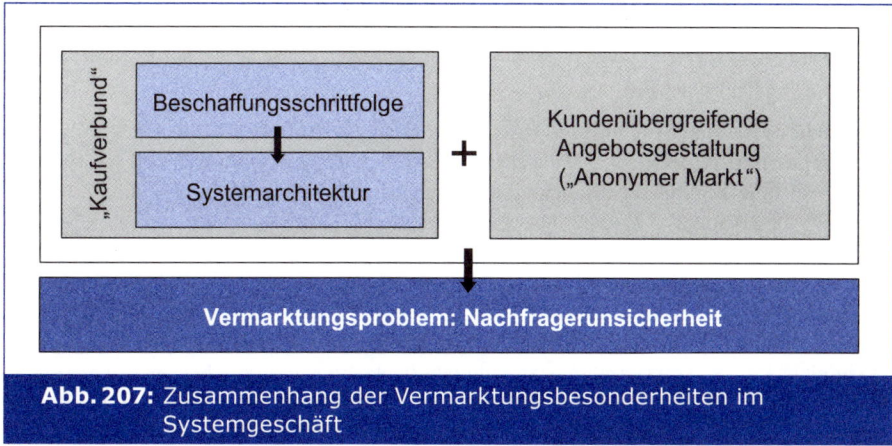

Abb. 207: Zusammenhang der Vermarktungsbesonderheiten im Systemgeschäft

fungsschrittfolge, Systemarchitektur und kundenübergreifende Angebotsgestaltung) und dem daraus resultierenden grundlegenden Vermarktungsproblem in einem strukturierten Zusammenhang dar.

2.1 Determinanten der Vermarktung

2.1.1 Beschaffungsschrittfolge

Eine erste Besonderheit im Systemgeschäft ist darin zu sehen, dass Vermarktungsprozesse durch eine bestimmte **Beschaffungsschrittfolge** gekennzeichnet sind. Nachfragerseitig wird eine (ggf.) beabsichtigte Gesamtinvestition nicht in einem Beschaffungsschritt, sondern in einer Abfolge einzelner aufeinander aufbauender Beschaffungsschritte **sukzessiv** vollzogen. Zu unterscheiden ist hierbei zwischen dem Initialkauf (Einstiegsinvestition) und Folgekäufen (Folgeinvestitionen) (vgl. *Abbildung 208*). Während die **Initialkaufentscheidung** systemgeschäftsbegründend wirkt (Eingehen eines Kaufverbundes), haben **Folgekaufentscheidungen** systemerweiternden Charakter. Für den Nachfrager stellen Initialkauf- und Folgekaufentscheidungen kategorisch andere Auswahlentscheidungen dar, da Investitionsentscheidungen beim Initialkauf eine höhere Tragweite haben als bei Folgekäufen.

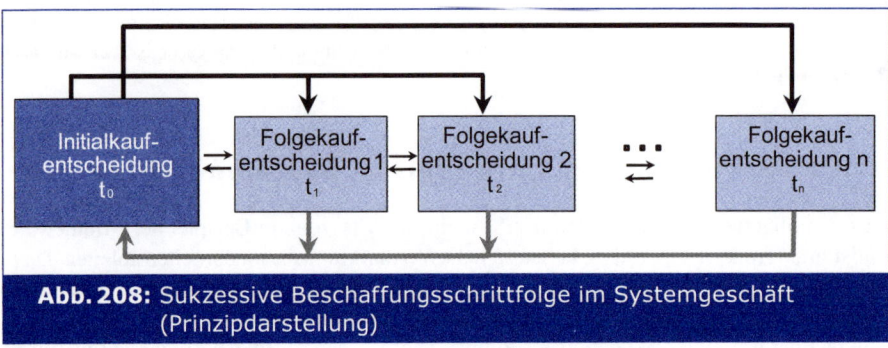

Abb. 208: Sukzessive Beschaffungsschrittfolge im Systemgeschäft (Prinzipdarstellung)

Quelle: *Weiber,* 1997, S. 297.

In der Fallstudie „Middleware" stellt der Erwerb der Software-Plattform von IBM, SAP, Microsoft oder Oracle die Einstiegsinvestition für den Kunden dar. Hingegen bilden spätere Hardware-, Software- oder Dienstleistungsbeschaffungen die Folgeinvestitionen. Angesichts der Tatsache, dass die Festlegung der Middleware-Lösung die anschließenden Beschaffungen von Hard- oder Software bzw. Dienstleistungen vorbestimmt, kommt dieser Entscheidung aus Kundensicht eine besondere Bedeutung zu.

Zu beachten ist hierbei allerdings zum einen, dass der Initialkauf und jeder Folgekauf einen **separaten Nutzen** für den Nachfrager stiftet. Die Zerlegung einer Gesamtinvestition in einzelne Beschaffungsschritte bezieht sich im Systemgeschäft also nicht in erster Linie auf die finanzielle Transaktion (z. B. Ratenkauf), sondern stattdessen vor allem auf die von Nachfragern in Anspruch genommenen Leistungen. Zum anderen wird deutlich, dass ein Systemgeschäft auch dadurch entstehen kann, dass Nachfrager Leistungsbündel in separaten Teilbeschaffungen beziehen. Beispielsweise kauft der Kunde einer Beratung eine angebotene Beratungsleistung dann im Systemgeschäft, wenn er zunächst erst einzelne Module aus einem integrierten Gesamtkonzept beauftragt und die übrigen Teilleistungen erst später beauftragen will. Mit anderen Worten können auch **nachfragerseitig initiierte Systemgeschäfte** auftreten.

2.1.2 Systemarchitektur

2.1.2.1 Begriff

Eine zweite Besonderheit des Systemgeschäfts besteht darin, dass zwischen Einstiegsinvestition und Folgekäufen eine „innere Verbindung" besteht. Mit der ersten Investition in ein System erfolgt eine Festlegung auf eine **Systemarchitektur** bzw. **Systemphilosophie**, die von sog. **Systemträgern** bzw. **Systemführern** entwickelt worden ist (vgl. *Backhaus/Weiber*, 1988; *Helmstädter*, 1991). Da der Kunde seinen zukünftigen Handlungsspielraum bereits mit dieser Einstiegsinvestition einschränkt, kommt dem Zeitpunkt der Erstentscheidung für Nachfrager und Anbieter eine besondere Bedeutung zu. Infolgedessen steht für Anbieter, die ihre Produkte im Systemgeschäft vermarkten, der Entscheidungsprozess bis zum Zeitpunkt der Erstinvestition im Mittelpunkt der Überlegungen.

> Im eingangs angeführten Middleware-Fall, bei dem die Systemarchitektur in der technologischen Konzeption der Plattform-Software zu sehen ist, kommt es für Anbieter und Nachfrager auf die Frage an, welche Middleware-Lösung gewählt wird. Für Kunde und IT-Unternehmen ist dabei klar, dass mit der Entscheidung für eine bestimmte Middleware-Software automatisch auch eine Vorentscheidung in Bezug auf später durchzuführende Hardware-, Software oder Dienstleistungsbeschaffungen getroffen wird. Entsprechend umkämpft wird der Middleware-Markt durch die Firmen IBM, SAP, Microsoft und Oracle.

Systemarchitekturen stellen das konzeptionelle Grundgerüst von Leistungen bzw. Leistungsgruppen dar. Dieses Grundgerüst kann in einer technologischen, organisatorischen und/oder funktionalen Verflechtung zwischen den Systembestandteilen zum Ausdruck kommen. *Kleinaltenkamp* (2001) spricht daher von einem objektiv-technischen **Bedarfsverbund**. Damit ist das beschriebene **Systemgeschäftsverständnis** allerdings von anderen in Literatur und Praxis vertretenen Begriffsfassungen für Systemgeschäft abzugrenzen. Im Hinblick auf die Vielfalt unterschiedlicher Verwendungen des Begriffs „Systemgeschäft" stellt *Dittler* (1995) dabei fest: „der Ausdruck Systemgeschäft ist rasch zur Hand und wird ohne weiteres auf ein breites Spektrum von Geschäftsansätzen bezogen, das von der sog. System-Gastronomie über den System-Verkauf [...] bis zu montagefertigen Komplettmodulen der Automobilzulieferer und dem Angebot integrierter Verkehrssysteme [reicht]."

Abgrenzungen sind dabei zum einen gegenüber dem **technologischen Begriffsverständnis** erforderlich. Auch hier wird unter einem **System** eine aus verschiedenen, allerdings miteinander verknüpften Komponenten bestehende Einheit verstanden, dessen Bestandteile von Kunden (auch) in separaten, aufeinander folgenden Beschaffungsprozessen erworben werden (können). Da sich die Notwendigkeit, ein aus verschiedenen Einzelkomponenten bestehendes „System" vermarkten zu müssen, in vielen technologiegetriebenen Märkten ergibt, wird der Begriff „Systemgeschäft" beim technologischen Begriffsverständnis in erster Linie im Zusammenhang mit der Vermarktung sog. Systemtechnologien verwendet (vgl. z. B. *Backhaus/Weiber*, 1987; *Plötner*, 1992; *Weiber*, 1992 und 1997; *Raff*, 2000). Unter **Systemtechnologien** werden „eine auf der Informationstechnik basierende Kombination von serien- und einzelgefertigten Produkten" (*Weiber/Beinlich*, 1994, S. 120) verstanden, „die über eine bestimmte Systemarchitektur miteinander verbunden sind" (*Weiber*, 1992, S. 33). Zwar wird auch bei diesem Begriffsverständnis konstatiert, dass die Besonderheit der Systemarchitektur darin bestehen könne, dass „der Nachfrager bei sukzessiven Käufen, an solche Komponenten gebunden ist, die in die bestehende Systemlandschaft des Nachfragers eingebettet werden können" (*Weiber/Beinlich*, 1994, S. 120), zugleich wird jedoch durch die Bezugnahme auf Systemtechnologien der Betrachtungsfokus des Systemgeschäfts allein auf technologische Kompatibilität gelegt. Im Vergleich zu dem hier verwandten

Begriff „Systemgeschäft" interpretieren die Vertreter des technologischen Begriffsverständnisses den Begriff sehr viel enger, da sie ihn in erster Linie im Zusammenhang mit Systemtechnologien verwenden. *Beinlich* (1998, S. 3) geht so bspw. davon aus, dass der im Systemgeschäft anzutreffende Transaktionsprozess „in der Vermarktung von Systemtechnologien als charakteristisch gelten darf." Unklar bleibt allerdings zumeist, wo tatsächlich der Unterschied zwischen Systemgeschäften bei Systemtechnologien und Geschäften bei nicht-technologischen Systemen zu sehen ist. Institutionenökonomische Arbeiten zu den Besonderheiten des Vermarktungstyps „Systemgeschäft" aus der ersten Hälfte der 1990er Jahre (vgl. *Backhaus et al.*, 1994a) zeigen so etwa bereits, dass die Vermarktungscharakteristika des Systemgeschäfts unabhängig von technologischer Komplexität der vermarkteten Leistungen bestehen.

Zum anderen ist auf Unterschiede gegenüber dem **bündelorientierten Begriffsverständnis** hinzuweisen – auch als problemlösungsorientiertes Begriffsverständnis bezeichnet (vgl. *Kossmann*, 2008, S. 293), das sich bspw. in den Arbeiten von *Mattsson* (1973), *Hannaford* (1976), *Belz* (1988), *Belz et al.* (1991), *Paliwoda/Bonaccorsi* (1993), *Böcker* (1995), *Engelsleben* (1999), *Eckhoff* (2001) oder *Homburg et al.* (2005) findet. Hiernach wird unter einem System jede Kombination von zwei oder mehr Produkten verstanden, bei dem Kunden durch das integrierte Angebot ein Zusatznutzen entsteht und/oder bei dem das kombinierte Angebot spezielles Know-how auf Seiten des Anbieters erforderlich macht. Zwar handelt es sich bei dieser Art von Systemen auf der Anbieterseite ebenfalls zumeist um standardisierte Komponenten, zugleich wird jedoch durch die kundenspezifische Zusammenstellung der Komponenten eine Individualisierung der Gesamtleistung aus Sicht des Kunden erreicht. Dieses Verständnis rückt den Systembegriff demnach in die Nähe allgemeiner Bundling-Phänomene (vgl. z. B. *Guiltinan*, 1987; *Stremersch/Tellis*, 2002) und Leistungsbündel (vgl. z. B. *Engelhardt et al.*, 1993). Häufig geht es dabei vor allem um die Frage, aus welchen Sach- und Dienstleistungen „Systemangebote" bestehen sollten (vgl. etwa *Stulz*, 1988) und wie diese optimal preispolitisch gestaltet werden können. Oftmals werden die Bestandteile eines so verstandenen Systems dabei auch von verschiedenen Anbietern erbracht. Diese bezeichnen sich dann selber als „Systemlieferanten" (vgl. *Kossmann*, 2008), da ihnen bekannt ist, dass die Kunden ihre Leistungen in Kombination mit Leistungen anderer Anbieter einsetzen. Insgesamt wird beim bündelorientierten Systemgeschäft-Begriff demnach eine andere Perspektive eingenommen: Während bei dem hier zugrunde gelegten Begriffsverständnis – wie auch beim technologischen Begriffsverständnis – dynamische Beschaffungsprozesse fokussiert werden, liegt der Schwerpunkt bei der bündelorientierten Perspektive auf Einzeltransaktionen, die aus verschiedenen Transaktionsbestandteilen gebildet werden.

Unter einer Systemarchitektur ist entsprechend dem hier zugrunde gelegten sukzessivbeschaffungsorientierten Begriffsverständnis zusammenfassend die technologisch, organisatorisch und/oder funktionale Ursache für einen Bedarfsverbund zu verstehen, der zwischen den zu unterschiedlichen Zeitpunkten nachgefragten Teilleistungen in der Wahrnehmung von Nachfragern besteht. So verstandene Systemarchitekturen sind zumeist für **längerfristigere Zwecke** als einzelne auf dem Grundgerüst der Architekturen aufbauende Leistungskomponenten konzeptioniert. *Abbildung* 209 zeigt das Verhältnis der Lebensdauer von Systemarchitektur und Aufbauelementen im Softwarebereich. Betriebssysteme wie WINDOWS oder UNIX, die als Plattform für darauf aufbauende Softwareprogramme dienen, weisen längere Lebensdauern als die Anwendungsprogramme auf.

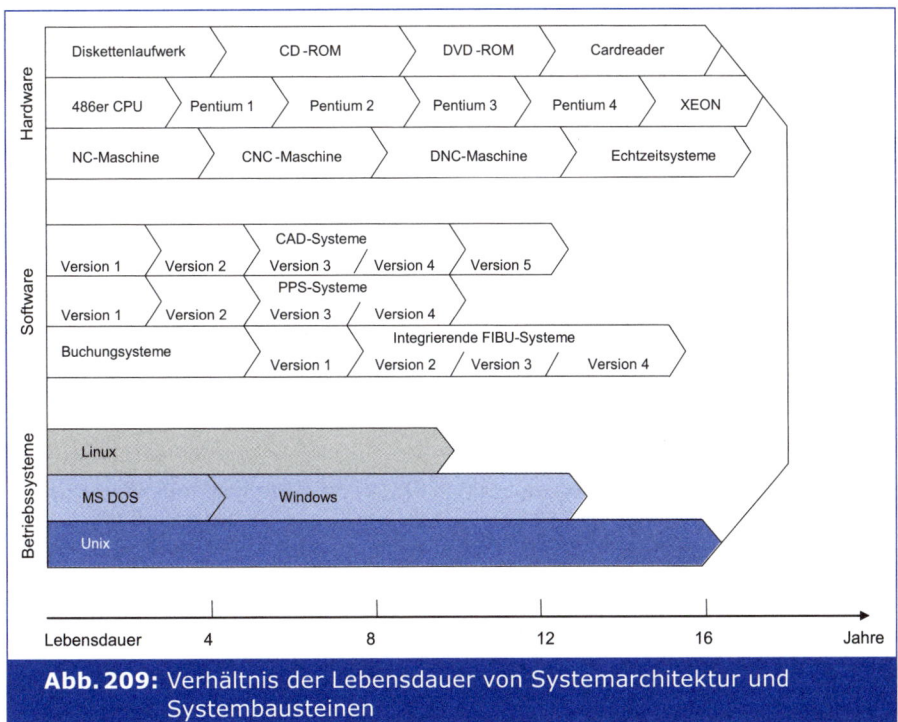

Abb. 209: Verhältnis der Lebensdauer von Systemarchitektur und Systembausteinen

2.1.2.2 Konsequenzen der Systemarchitektur für den Kaufprozess: Systemnutzen und Systembindung

Für den Nachfrager ist das Vorhandensein einer Systemarchitektur und damit einer inneren Verbindung zwischen Initialkauf und Folgekäufen mit zwei – häufig entgegengesetzten – Effekten verbunden: Zum einen kann ein **Nutzenzuwachs** entstehen. Anders als bei zufälligen Wiederholungs- oder Folgekäufen wird durch die verbundene Nutzung einzelner Systemkomponenten bzw. Teilsysteme ein höherer individueller Nutzenbeitrag angestrebt, als dies bei einer separaten Nutzung der Komponenten möglich ist. Formal ausgedrückt gilt also in solchen Situationen (vgl. *Weiber*, 1997, S. 294):

$$U(x_1, x_2, x_3, [...] x_i) > U(x_1) + U(x_2) + [...] + U(x_i)$$

mit:

U = Nutzen des Gesamtsystems bzw. der Systemkomponente,
x_i = Systemkomponente i.

> Im Middleware-Fall resultiert der Nutzenzuwachs, der dadurch entsteht, dass sich Nachfrager bei der Beschaffung von Anwendungssoftware, die nach der Middleware-Einführung vorgenommen wird, an die gewählte Systemarchitektur halten, bspw. durch der einfacheren Integration der hinzukommenden Anwendungen oder aus der Schnittstellen-freien Kommunikationsmöglichkeit mit bereits genutzten Anwendungsprogrammen.

Zum anderen kann die Systemarchitektur allerdings auch als **Beschaffungsrestriktion** wirken. Nach dem Initialkauf kommen für den Nachfrager bei anstehenden Folgekäufen so nur noch diejenigen Investitionsalternativen in Frage, die zu der eingangs gewählten

Systemarchitektur kompatibel sind. Diese Restriktionen in Bezug auf die Auswahlalternativen bei Folgeinvestitionen im Systemgeschäft werden als Systembindung bezeichnet (vgl. *Reinkemeier*, 1998, S. 7). Sie beschreibt eine anbieterseitig erzeugte (oder nachfragerseitig freiwillig eingegangene) Abhängigkeitsposition des Nachfragers und wird daher auch als „**Lock-in-Effekt**" bezeichnet (vgl. *Backhaus et al.*, 1994a, S. 63; *Büschken*, 2005). Ökonomisch drückt sich die Systembindung letztlich in Form von Wechselkosten für den Nachfrager aus. Unter **Wechselkosten** sind dabei die Kosten zu verstehen, die bei Nachfragern nach der Einstiegsinvestition anfallen würden, wenn (z. B. bei anstehenden Folgeinvestitionen) ein Wechsel zu einem Konkurrenzsystem vorgenommen werden soll (vgl. *Kleinaltenkamp/ Kühne*, 2003, S. 18). Die Höhe der Wechselkosten hängt dabei einerseits von Investitionen für Initialkauf und Folgekäufe ab. Zum anderen können Wechselkosten aber auch durch nicht unmittelbar auszahlungswirksame Kosten entstehen, die im Rahmen der Nutzung des bislang eingesetzten Systems angefallen sind und die bei einem Systemwechsel erneut aufgewandt werden müssten, da sie nicht auf das Alternativsystem übertragen werden können.

> Die Bestandteile von Wechselkosten können am Beispiel des Middleware-Falls veranschaulicht werden. Erwirbt ein Unternehmen zunächst bspw. die Middleware-Lösung von SAP und anschließend möglicherweise noch hierzu kompatible betriebswirtschaftliche Anwendungssoftware von SAP, entscheidet sich allerdings später dazu, anstatt der bislang eingesetzten SAP-Anwendungen Software eines Konkurrenten von SAP einsetzen zu wollen (bei der die Kompatibilität zur Middleware-Lösung von SAP nicht vollends sichergestellt ist), dann entstehen Wechselkosten zum einen im Hinblick auf die bereits getätigten Investitionen für das SAP-System. Wenn der Nachfrager wegen der beabsichtigten Nutzung von SAP-fremden Anwendungsprogrammen eine andere Middleware-Lösung benötigt, dann ist für den Fall, dass keine Wiederverkaufsmöglichkeiten bestehen, zu berücksichtigen, dass zumindest ein Teil der vormals getätigten SAP-Investitionen (z. B. in Höhe der noch nicht abgeschriebenen Werte) erneut aufgebracht werden müssen, ohne dass diesen bei Middleware- und Anwendungssoftware ein entsprechender Gegenwert entgegensteht. Zum anderen fällt aber ggf. auch im Unternehmen weiterer Zusatzaufwand an. Lassen sich bspw. Alt-Datenbestände, die in der SAP-Welt erzeugt worden sind, nicht ohne Zusatzaufwand in das neu zu erwerbende Konkurrenzsystem überführen, dann ist beim Systemwechsel auch der für die „Datenkonvertierung" anfallende interne Aufwand als Wechselkosten einzustufen. Beide Wechselkostenarten (auszahlungswirksame und nicht-auszahlungswirksame) binden den Nachfrager an die SAP-Middleware, da er deren Anfall nur dann akzeptieren wird, wenn die alternative Systemwelt einen Nutzenvorteil im Vergleich zum Altsystem aufweist, der einen höheren Umfang als die Wechselkosten einnimmt.

Im Ergebnis macht die **Systembindung** den Nachfrager – je nach Offenheitsgrad des Systems – mehr oder weniger stark von dem einmal gewählten System abhängig. Die Systembindung eines Systems kann dabei in unterschiedlichem Ausmaß bestehen. Der **Umfang** hängt vor allem davon ab, ob die Auswahl einer Systemarchitektur im Zuge der Einstiegsinvestition weitere Folgekäufe (vgl. *Beinlich*, 1998, S. 24 ff.)

- **anstößt** (In diesem Fall entstehen keine system- oder anbieterbezogenen Abhängigkeitsverhältnisse. Folgekäufe werden lediglich durch vorhandene Technologien angeregt, jedoch bei uneingeschränkten Wahlmöglichkeiten angebotener Alternativen. Als Beispiel sei hier die Beschaffung eines DVD-Brenners bei bereits vorhandenem PC-Netz angeführt.),
- **limitiert** (Nach Festlegung der Systemarchitektur ist nur noch eine begrenzte Auswahl möglicher Alternativen zur Ergänzung des Systems zulässig, da nicht mehr alle angebotenen Lösungen von den verschiedenen Anbietern zu dem bereits angeschafften System kompatibel sind.) oder

- **determiniert** (Bei Erweiterung des Systems beschränkt die bereits mit dem Initialkauf gewählte Systemarchitektur die Folgebeschaffung vollständig, so dass nur Angebote des Lieferanten der Einstiegsinvestition zu dem System passen.).

> Bei der Vermarktung von Middleware-Lösungen liegt entweder eine mittlere („limitierte Folgekäufe") oder eine hohe Systembindung („determinierte Folgekäufe") vor. Sofern nach der Entscheidung für eine bestimmte Middleware-Lösung zwar nicht mehr alle im Markt verfügbaren Anwendungsprogramme, sehr wohl aber noch die ausgewählter anderer Anbieter integriert werden können, liegt eine Limitation der Folgekäufe vor. Lassen sich aus Kundensicht hingegen nur noch Anwendungsprogramme des Anbieters einsetzen, von dem die Middleware-Lösung bezogen wurde, so wäre von determinierten Folgekäufen auszugehen.

Die nachfragerseitig wahrgenommene Systembindung kann dabei auf unterschiedliche **Quellen der Systembindung** zurückgeführt werden. Da Bindungen jeweils auf Abhängigkeiten zurückgeführt werden können und Abhängigkeiten durch Einschränkungen der Kompatibilität zwischen Systembestandteilen hervorgerufen werden, ist in Bezug auf die Quellen der Systembindung zwischen

- Produkt-Produkt-Kompatibilität und
- Produkt-Nutzer-Kompatibilität

zu unterscheiden (vgl. *Reinkemeier*, 1998, S. 48).

Von **Produkt-Produkt-Kompatibilität** sprechen wir dann, wenn die Systembindung durch die Produkteigenschaften und deren Kombinationsmöglichkeiten zwischen den Systembestandteilen determiniert wird (vgl. auch *Weiber*, 1997, S. 302). Die Systembindung ist dabei hoch, wenn zu den Produkteigenschaften des Systembestandteils, der im Rahmen einer Initialkaufentscheidung erworben wurde, allein die Eigenschaften von anderen Produkten des gleichen Anbieters kompatibel sind („determinierte Folgeinvestitionen").

Zu beachten ist hierbei, dass die Produkt-Produkt-Kompatibilität auf zwei unterschiedliche Arten wechselseitiger Vereinbarkeit zurückgehen kann: technologische und funktionale Kompatibilität.

Technologische Produkt-Produkt-Kompatibilität – auch als „technikbasierte Systembindung" bezeichnet (*Gruner*, 1992) – liegt dann vor, wenn bei verschiedenen Systembestandteilen komplementäre technologische Lösungen verwandt werden, die zu definierten Schnittstellen zwischen den Systemkomponenten führen, so dass die Systembestandteile ohne besonderen Zusatzaufwand in Kombination eingesetzt werden können. Besteht technologische Produkt-Produkt-Kompatibilität allerdings allein zwischen den Bestandteilen des Systems eines Anbieters, dann können Kunden bei Folgekäufen nicht auf Angebote von Wettbewerbern ausweichen und sehen sich demnach einer hohen Systembindung gegenüber.

> Im eingangs angeführten Middleware-Beispiel können bspw. nicht mehr alle Anwendungsprogramme mit einer bestimmten Middleware-Software fehlerfrei kommunizieren. Daher ist hier von einer technologischen Produkt-Produkt-Kompatibilität auszugehen.

Hingegen liegt eine **funktionale** Produkt-Produkt-Kompatibilität vor, wenn zwischen den Systembestandteilen in der Verwendung zum Ausdruck kommende Schnittstellen bestehen. Auch diese können dazu führen, dass Initialkäufe aus Sicht der Kunden nicht mehr mit beliebigen Folgekauf-Alternativen kombiniert werden können. Funktionale Produkt-Produkt-Kompatibilitäten können ihre Ursache bspw. auch im **Design** von Systembestandteilen haben (**ästhetische Schnittstelle**). Wird bspw. im Rahmen der Einstiegsinvestition ein bestimmtes

System-Design gewählt, dann wird das Design der späteren Folgekäufe hierzu kompatibel sein müssen. Das nachfolgende Beispiel verdeutlicht diese Art konzeptioneller Produkt-Produkt-Kompatibilitäten:

> Die Unternehmensberatung UBN hat im Rahmen der Geschäftserweiterung einen neuen Bürogebäudekomplex erworben. Die für die Geschäftsräume benötigten Möbel sollen von dem Büromöbelhersteller Schärf Büromöbel GmbH geliefert werden. Aufgrund des derzeit knapp bemessenen Budgets wird jedoch lediglich eine Grundausstattung der Büros in Erwägung gezogen. Neben der Bestellung von jeweils sechs sog. Laternentischen werden zudem sechs Rollcontainer aus der Möbelserie „dynamics" (zum Design vgl. *Abbildung 210*) sowie hierzu passende buchefurnierte offene Regale mit schwarzem Sockel geordert.

Abb. 210: Ausstattungsbeispiel aus der Möbelserie „dynamics"

Quelle: *Schärf Büromöbel GmbH,* 2005.

> Zu einem noch nicht genauer spezifizierten Zeitpunkt soll diese Grundausstattung jedoch erheblich erweitert werden. Allerdings ist man sich noch nicht darüber im Klaren, in welchem konkreten Umfang diese Folgeinvestition geleistet werden soll. Zum einen beabsichtigt UBN, jeden der sechs Geschäftsräume mit serienkonformen Schiebetürschränken auszustatten. Um den Kunden eine möglichst harmonische Beratungsatmosphäre zu bieten, soll jedes Büro darüber hinaus mit Konferenztischen – ebenfalls aus der Serie „dynamics" – ausgestattet werden. Des Weiteren wird an eine Bestuhlung gedacht, die sich in die nun zu beschaffende Grundausstattung eingliedern lässt, so dass zukünftig alle Geschäftsräume systemgleich ausgestattet sein werden.
>
> Uneinigkeit besteht innerhalb der Geschäftsleitung von UBN jedoch darin, ob sich das geplante Vorhaben zukünftig tatsächlich realisieren lässt. So erscheint unsicher, ob die Erweiterungselemente zukünftig noch angeboten werden und sich ästhetisch wirklich in das vorhandene System integrieren lassen.

Neben der Produkt-Produkt-Kompatibilität, die auf die Schnittstellen zwischen den Systembestandteilen abzielt, stellen organisationsbezogene Anforderungen, die aus dem Systemkauf hervorgehen, einen zweiten Problemkreis dar. Hierbei handelt es sich um die Schnittstelle des Systems zu seinem Verwender. Wir sprechen daher von **Produkt-Nutzer-Kompatibilitäten**. Diese entstehen dann, wenn die Nutzung angebotener Leistungen im Systemgeschäft spezifisches Know-how oder andere spezielle organisatorische Voraussetzungen erfordert, die anschließend nur in Bezug auf das zum Erwerb anstehende System eingesetzt werden können. In diesem Fall ist eine systembedingte Bindung die Folge, die sich – im weitesten Sinne – aus der Anpassung der Unternehmensorganisation ergibt. Daher kann diese Form der Systembindung auch als **organisationsbezogene Bindung** bezeichnet werden und bezieht sich auf die Kompatibilitätsdimension zwischen dem System und der Unternehmensorganisation bzw. ihren Personen. Wie das nachfolgende Beispiel deutlich macht, kann die organisationsbezogene Bindung dabei durchaus technologischen Ursprungs sein.

> *Bayer MaterialScience* (BMS) ist einer der Teilkonzerne der *Bayer AG*, Leverkusen, der sich auf die Entwicklung und Herstellung hochwertiger Werkstoffe in den Geschäftsfeldern Lacke, Kleb- und Dichtstoffe, Polycarbonate, Polyurethane, thermoplastische Polyurethane sowie anorganische Grundchemikalien spezialisiert hat. Die Business Unit Lacke, Kleb- und Duftstoffe (Coatings, Adhesives, Sealants (kurz CAS)) bietet mit seiner umfangreichen Produktpalette Rohstoffe für Problemlösungen in den Bereichen Lacke und Beschichtungen sowie Klebstoffe und Dichtstoffe an. Die CAS-Produkte werden in den unterschiedlichsten Bereichen verwendet. Die daraus hergestellten Erzeugnisse schützen Autos, Flugzeuge, Eisenbahnen, Schiffe oder sogar Ölplattformen vor Witterungseinflüssen und Korrosion. Eines der wichtigsten Kundensegmente für die von CAS hergestellten Lacke stellt die Autoindustrie dar. Wenn ein Automobilhersteller oder ein Automobilzulieferer allerdings Lacke von CAS bezieht, so hat er seine Lackieranlagen auf die chemische Zusammensetzung des jeweiligen Lacks von BMS einzustellen. Die Lacke verschiedener Hersteller sind so z. B. im Hinblick auf ihre Konsistenz sehr unterschiedlich, so dass Kunden etwa Maschineneinstellungen sehr spezifisch für den jeweiligen Lack vornehmen müssen. Mitunter werden sogar lange Anlaufphasen benötigt, bevor die Lackier-Maschinen vollständig für den gewählten Lack optimiert worden sind und sowohl effektiv als auch effizient arbeiten. Angesichts der hohen Anlaufkosten scheuen sich Automobilhersteller oder Automobilzulieferer den Lackhersteller während der Modelllaufzeit zu wechseln, da bei einem Wechsel des Lack-Lieferanten Umstellungskosten und erneute Anlaufkosten anfallen würden.

Die organisationsbezogene Bindung kann dabei zum einen auf unmittelbar auszahlungsrelevante Größen wie bspw. fremd bezogene Beratungs- und Schulungsaufwendungen zurückgeführt werden. Zum anderen kann die organisatorische Bindung aber auch zu intern erforderlichen und häufig nur mittelbar zahlungswirksamen Aufwendungen der Unternehmens(um)strukturierung oder Einarbeitung in ein System führen. Je spezifischer die Aufwendungen bei dem zu beschaffenden (Teil-)System sind, desto stärker kann die Abhängigkeit bzw. die Systembindung durch den Nachfrager wahrgenommen werden. Dies verdeutlicht auch die nachfolgende Fallstudie.

Der Fall Starpe AG

> Der Büromöbelhersteller Starpe AG hatte sich Anfang der 2000er Jahre zum Ziel gesetzt, das Konzept der „Fabrik der Zukunft" zu verwirklichen. Das Ziel des damit zusammenhängenden Computer Integrated Manufacturing (CIM)-Ansatzes bestand darin, dass alle Vorgänge im Betrieb, vom Auftragseingang bis zur Qualitätskontrolle, miteinander informationstechnisch verknüpft werden sollten (vgl. *Rohde*, 1994, 17 ff.; *Piller*, 2003a, S. 119 f.). Die Notwendigkeit einer umfassenden Integration der Fertigungsaufgaben resultierte zum einen aus den sich ständig verändernden Nachfragebedingungen und zum anderen aus den immer kürzer werdenden Produktlebenszyklen der zu verkaufenden Leistungen. Darüber hinaus zeichneten sich viele Produkte seit den 1980er Jahren durch eine große Variantenvielfalt aus, wodurch eine starre Automatisierung der Fertigungsaufgaben den marktlichen Anforderungen nicht mehr gerecht wurde.
>
> Das CIM-Konzept sah die Integration verschiedener CAx-Systeme vor. Die Starpe AG plante, zunächst die Teilsysteme Computer Aided Design (CAD), Computer Aided Manufacturing (CAM) und Computer Aided Engineering (CAE) unter Einsatz eines Netzwerkes zu verknüpfen. Allerdings bestand die Absicht, zu späteren Zeitpunkten noch weitere damals allerdings noch un-

bestimmte andere Subsysteme in das Netz zu integrieren. Insbesondere die Kaufleute aus der Verwaltung strebten z. B. danach, das seit Anfang der 1990er Jahre durch die Fachwelt geisternde Schlagwort „Büro der Zukunft" (Computer Integrated Office – CIO) nicht als eine isolierte Insellösung zu betrachten, sondern „irgendwie" mit CIM zu verknüpfen. Eine solche Verknüpfung, die auch unter dem Schlagwort „Computer-Integrated-Business" diskutiert wurde (vgl. *Bullinger/ Niemeier*, 1991, S. 27), war allerdings in der Praxis bis zum damaligen Zeitpunkt noch nicht erfolgreich durchgeführt worden. Darüber hinaus war ungewiss, aus welchen Teilsystemen sich in Zukunft sowohl das CIM-Konzept als auch das CIO-Konzept zusammensetzen würden. Die Geschäftsführung der Starpe AG war jedoch einstimmig der Meinung, dass der Realisierung des CIM-Konzeptes nur zugestimmt werden solle, wenn die spätere Integration der Büroautomatisierung mit der computerunterstützten Produktion über das Netzwerk möglich sei.

Auch wenn die Meinungen der Experten im Hinblick auf die Integrationsaufgabe optimistisch stimmen, herrschte bei der Starpe AG hohe Unsicherheit vor. Zum einen war unklar, ob sich die Folgeinvestition mit dem CIM-Konzept verknüpfen ließe; zum anderen waren weder Art noch Umfang der Folgeinvestition bekannt.

Die von Starpe in Erwägung gezogenen Investitionsalternativen stellten die zwei konkurrierenden Konzepte, CIM-2000 eines international ausgerichteten alteingesessenen Anbieters sowie CIMTEGRATA, eine Entwicklung eines jungen Unternehmens aus München dar, das bis dahin wegen der Neuartigkeit des Systems nur wenige Referenzen vorweisen konnte.

Obwohl die Unternehmensleitung überzeugt war, dass CIMTEGRATA das entwicklungstechnisch bessere Konzept war, war für die Implementierung sehr viel mehr Schulungsaufwand für die Anwender in den einzelnen Abteilungen und Erklärungsbedarf bei den EDV-Spezialisten erforderlich. CIMTEGRATA basierte auf einer „exotischen" Programmiersprache und unterschied sich in der Benutzerführung deutlich von den sonst üblichen Windows-basierten Systemen. Weiterhin erforderte die Nutzung des Konzepts – im Gegensatz zu anderen Konzepten – die Umstrukturierung von Unternehmensabläufen und -strukturen.

Durch den organisationsbezogenen Mehraufwand erklärte sich auch die um 1/3 höhere Investitionssumme bei CIMTEGRATA gegenüber dem Konzept CIM-2000. Damit ergab sich für die Starpe AG das Dilemma, die Vorteile aus einem innovativen CIM-Konzept den spezifischen Investitionen insbesondere im organisationalen Bereich, die bei einem Systemwechsel in ein anderes System völlig „versunken" und wertlos geworden wären, gegenüberstellen und quantifizieren zu müssen. Daneben verwies die Unternehmensleitung der Starpe AG auf das hohe Risiko, das mit der Entscheidung für den kleinen Anbieter verknüpft sei, da die Überlebensfähigkeit des jungen Unternehmens im Vergleich zum international anerkannten Systemanbieter CIM-2000 als erheblich kritischer zu beurteilen war.

In der Literatur wird als weitere Quelle der Systembindung die „psychologische Bindung" angeführt (vgl. z. B. *Weiber/Beinlich*, 1994). Diese kommt etwa in der Verlässlichkeit des Anbieters oder der Interaktionsoffenheit zwischen den Transaktionspartnern zum Ausdruck. Allerdings ist zu betonen, dass die der **psychologischen Bindung** subsumierten Kriterien primär keine Bindung des Kunden an die gewählte Systemwelt, sondern (im Sinne einer „Nutzer-Anbieter-Kompatibilität") an den Anbieter zum Ausdruck bringen. Diese anbieterbezogenen Leistungsbeurteilungen können zwar auch im Systemgeschäft transaktionskostensenkend wirken, begründen aber keine speziellen Abhängigkeiten, die durch das System verursacht werden. Vielmehr beschreiben diese Elemente der psychologischen Bindung Ansatzpunkte zur Reduzierung von Abhängigkeitsgefahren. Insofern wirken diese Aspekte in positiver Hinsicht auf Folgekäufe allgemein und stellen generelle Merkmale des Beziehungsmanagements dar. Diese sind aber nicht nur typisch für Systemgeschäfte und sollen deshalb im Folgenden auch nicht weiter betrachtet werden.

2.1.3 Kundenübergreifende Angebotsgestaltung

Eine weitere Vermarktungsdeterminante des Systemgeschäfts resultiert aus dem Geschäftstypenmerkmal „anonymer Markt". Da der Anbieter seine Leistungen nicht an einzelne Kunden, sondern in weitgehend identischer Form an **Kundengruppen** oder den **Gesamtmarkt** vermarktet, müssen die Systemkomponenten und die Systemarchitektur zum einen an den Präferenzen aller mit dem Angebot anzusprechenden Kunden ausgerichtet werden. Diese Aufgabe stellt sich allerdings in identischer Form auch im Produktgeschäft und ist daher nicht spezifisch für den Geschäftstyp Systemgeschäft. Die Besonderheit im Systemgeschäft ist vielmehr darin zu sehen, dass anders als im Produktgeschäft im Vorfeld der Marktbearbeitung nicht alle Angebotsbestandteile festgelegt werden müssen. So führt die von Nachfragern im Systemgeschäft vollzogene schrittweise Beschaffung dazu, dass im Zuge der Markteinführung des Systems bzw. bei der Aufnahme einzelner Vermarktungsprozesse allein die Einstiegsinvestition sowie damit zusammenhängend die Systemarchitektur festgelegt sein muss. Hingegen können Leistungen, die erst im Rahmen von Folgeinvestitionen und damit zu späteren Zeitpunkten von Nachfragern erworben werden, am Vermarktungsbeginn in einzelnen Angebotsbestandteilen (z. B. Preis) noch nicht festgelegt worden sein oder sogar o. ä. unbekannt sein.

> Im oben angeführten Beispiel des Büromöbelherstellers Starpe AG zeichneten sich die beiden in Frage kommenden Investitionsalternativen (CIM-2000 und CIMTEGRATA) in gleicher Weise dadurch aus, dass diese zwar die zukünftige Integration von CIM- oder CIO-Teilkonzepten versprachen. Da diese Teilkonzepte allerdings noch nicht am Markt angeboten wurden bzw. auch nachfragerseitig noch gar nicht gewünscht wurden, mussten sich die Anbieter im Hinblick auf die Fragen des „Was?", „Wie?", „Wann?" oder „Zu welchem Preis?" bei der Systemeinführung noch nicht festlegen. Zum Teil war eine solche Festlegung zum beabsichtigten Kaufzeitpunkt der Starpe AG auch noch gar nicht möglich, da die zukünftig zu integrierenden Konzepte technisch noch gar nicht oder nicht marktfähig vorlagen.

Aus der Möglichkeit bzw. Notwendigkeit, die Angebotsgestaltung nicht für alle Systemkomponenten am Vermarktungsbeginn abschließend festgelegt haben zu müssen, erwächst für Anbieter die Möglichkeit, die Vermarktung im Systemgeschäft **dynamisch** zu gestalten. Beispielsweise kann die produkt- oder preispolitische Ausgestaltung von Folgeinvestitionen von der zu einem späteren Zeitpunkt erreichten Marktstellung, dem dann vorherrschenden Preisniveau oder ähnlichem abhängig gemacht werden.

2.2 Das grundlegende Vermarktungsproblem: Nachfragerunsicherheit

Die sukzessive Beschaffungsschrittfolge sowie die von Nachfragern mit dem Initialkauf einzugehende Systembindung erzeugt in Verbindung mit dem auf der Anbieterseite bestehenden markt- oder segmentbezogenen Angebot auf der Nachfragerseite **Unsicherheit**, die sich aus **zwei Komponenten** zusammensetzt:

- verhaltensbezogene Unsicherheit,
- nutzungsbezogene Unsicherheit.

Die **verhaltensbezogene Unsicherheit** entsteht, weil sich einerseits der Nachfrager mit der Einstiegsinvestition im Hinblick auf den Nutzen der anstehenden Folgetransaktionen vom Verhalten des Anbieters abhängig macht und dieser Abhängigkeit andererseits keine entsprechende Gegenposition beim Anbieter entgegensteht. Da der Anbieter bspw. die für die Entwicklung seines Markt- oder Segmentangebotes vorgenommenen Investitionen nicht beim einzelnen Kunden, sondern allein im Gesamtmarkt amortisieren muss, ist er nicht vom einzelnen Kunden abhängig. Mit anderen Worten besteht für den Anbieter die Möglichkeit, den Teil der Vorlaufinvestitionen, der auf einen einzelnen Kunden entfallen würde, ggf. durch zusätzliche Akquisition anderer Kunden zu kompensieren, wenn es mit dem zunächst betrachteten Kunden zu keinem Geschäftsabschluss kommt.

Hingegen stellt sich die Situation für den Kunden durch die dem Systemgeschäft immanente Bindung wie folgt dar: Durch die Einstiegsinvestition schränkt der Nachfrager seine Beschaffungsalternativen bei späteren Folgeinvestitionen mehr oder weniger stark ein. Sofern es sich um keine vollständig offene Systemarchitektur handelt – in diesem Fall liegt keine Abhängigkeit des Nachfragers vom Anbieter, damit aber auch keine Systembindung und demnach kein Systemgeschäft, sondern ein Produktgeschäft vor –, wird die mit der Einstiegsinvestition verbundene Wahl einer Systemarchitektur dazu führen, dass der Nachfrager bei anschließenden Folgeinvestitionen an die eingangs getroffene Systemwahl gebunden ist. Ohne Systemwechsel kommen für ihn folglich nur noch solche Systembausteine bei Folgeinvestitionen in Frage, die zur gewählten Systemarchitektur kompatibel sind. Da es sich hierbei zumeist um die Angebote einer nur beschränkten Zahl von Unternehmen handelt, im Extremfall allein des Anbieters, bei dem der Kunde die Einstiegsinvestition getätigt hat und von dem die Systemarchitektur stammt, hängt der Nutzen der gesamten Systementscheidung für den Nachfrager vom Verhalten dieses Anbieters ab. Im Extrem wird aus einem Wettbewerbsmarkt nun mehr oder weniger ein **Monopolmarkt** für den Anbieter. Ohne eine Absicherung nachfragerseitiger Abhängigkeit kann ein Anbieter von spezifischen Systemen bzw. Systemkomponenten bei Folgekäufen die Abhängigkeit ausnutzen. Das Ausnutzen der „Lock-in-Situation" des Nachfragers durch den Anbieter beschreibt damit letztlich die bestehenden **Opportunismus**-Möglichkeiten des Anbieters (vgl. dazu auch *Butzer-Strothmann*, 1999, S. 81 f.).

Die **Ausnutzung** von **Abhängigkeit** droht dem Nachfrager dabei etwa konkret in Bezug auf die

- Preise für Systemerweiterungen oder -ersatzbeschaffungen,
- Qualität der Folgeinvestitionen,
- Service-Bereitschaft des Anbieters,
- Weiterentwicklung der Systemarchitektur,
- Zeitpunkt, bis zu welchem Systemergänzungen oder -erweiterungen angeboten werden.

Dass Nachfrager vor dem Systemeinstieg verhaltensbezogene Unsicherheit empfinden, liegt dabei häufig daran, dass die Gefahr besteht, dass die angeführten Formen der Ausnutzung von Abhängigkeit in Kombination auftreten können. Das nachfolgende Beispiel verdeutlicht dies.

> Im Handel sind heute durchgängig Warensicherungssysteme im Einsatz, die den Warendiebstahl unterbinden sollen. Zumeist handelt es sich um Radiofrequenz-basierte Systeme wie etwa elektronische Artikelsicherungssysteme (EAS), bei denen die Ware durch Hartetiketten oder Einmaletiketten ausgezeichnet wird. Die so gekennzeichnete Ware muss beim Bezahlvorgang entsichert werden, damit sie nicht beim Kontakt mit im Ausgangsbereich aufgestellten „Schleusen" entsprechende Tonsignale auslöst. Die Einstiegsinvestition stellt bei solchen Systemen der Aufbau von Detektionseinrichtungen im Ausgangsbereich der Handelshäuser sowie die Ausstattung der Kassenterminals mit Deaktivatoren zur Entsicherung der etikettierten Ware dar. Als Folgeinvestitionen sind regelmäßig systemkompatible Etiketten zur Sicherung der Ware zu beschaffen.

Beim Einstieg in ein solches System besteht für Nachfrager zum einen Unsicherheit in Bezug auf die Preispolitik des Systemanbieters. Vor allem besteht die Gefahr von Preiserhöhungen für die Etiketten. Zudem ist für den Kunden nicht absehbar, ob die zukünftig gelieferten Etiketten eine ausreichende Qualität aufweisen. Auch kann er nicht überblicken, ob sich das installierte System für zukünftig in das Sortiment aufzunehmende Artikel eignet. Schließlich löst auch die Tatsache verhaltensbezogene Unsicherheit aus, dass Investitionen in das System dann hinfällig sind, wenn der Anbieter zu späteren Zeitpunkten nicht mehr lieferfähig oder -willig ist.

Daneben spielt für den Nachfrager aber auch beim Systemgeschäft **nutzungsbezogene Unsicherheit** eine Rolle. Diese kann sich zum einen auf die generelle Leistungsfähigkeit des Systems beziehen. Da Teile des Systems erst zu späteren Zeitpunkten bezogen werden, kann der Nachfrager die gesamte Leistungsfähigkeit des Systems häufig erst sehr viel später beurteilen. Zudem führt die sukzessive Beschaffung der Systembestandteile auch dazu, dass der Fall eintreten kann, dass Nachfragern im Vorfeld des Systemeinstiegs nicht vollständig bekannt ist, in welchem Ausmaß später Folgeinvestitionen auf ihn zukommen. So kann die Art, die Häufigkeit oder auch der Zeitpunkt der Folgeinvestitionen vor dem Systemeinstieg unsicher sein.

In der oben vorgestellten Fallstudie Starpe AG entstand die Nachfragerunsicherheit, die zu einer Verzögerung der Beschaffungsentscheidung für das CIM-System führte, großteils durch die noch offene **Art zukünftiger Folgeinvestitionen**. Zwar waren sich alle Beteiligten einig, dass ein CIM-System angeschafft werden solle. Allerdings wurde die Beschaffungsentscheidung verschoben, da Unsicherheit darüber entstand, ob sich bei den im Markt angebotenen Systemen weitere, möglicherweise erst zukünftig zur Verfügung stehende Informationssysteme des Unternehmens, z. B. aus dem kaufmännischen Bereich, einbinden lassen würden.

Zum anderen kann nutzungsbezogene Unsicherheit entstehen, wenn im Vorfeld des Systemeinstiegs die **Häufigkeit zukünftiger Folgetransaktionen** unbekannt ist. Hierdurch wird allerdings die Beurteilung der Vorteilhaftigkeit eines Gesamtsystems erschwert, wenn verschiedene Systemanbieter unterschiedliche Angebotssysteme offerieren. Beispielsweise wird der Käufer eines PC-Druckers die Vorteilhaftigkeit eines Druckers immer dann kaum abschließend beurteilen können, wenn die Drucker-Hersteller verschiedene Preissysteme etabliert haben. Um etwas zwischen einem Drucker-Angebot, bei dem der Drucker preislich günstig, dafür aber die Farbpatronen höher bepreist werden, und einem Angebot, bei dem die Preiskomponenten genau entgegengesetzt ausgestaltet werden, differenzieren zu können, müsste dem Kunden im Vorfeld die Anzahl der innerhalb der Nutzungsdauer benötigten Druckerpatronen bekannt sein. Da dies i. a. R. nicht der Fall ist, erzeugt die Unbestimmtheit der Häufigkeit der Folgetransaktionen Unsicherheit vor dem Systemeinstieg.

Schließlich kann die nutzungsbezogene Unsicherheit auch aus fehlenden Informationen über den **Zeitpunkt zukünftiger Folgetransaktionen** entstehen. Ist bspw. nicht auszuschließen, dass Folgetransaktionen erst zu einem sehr viel späteren Zeitpunkt erfolgen, kann sich dies negativ auf die wahrgenommene Qualität einer Systemarchitektur auswirken. In diesem Fall kann möglicherweise nicht ausgeschlossen werden, dass das System dann schon nicht mehr den neusten Stand der Technik darstellt.

Ganz unabhängig davon, ob Nachfragerunsicherheit im Systemgeschäft auf verhaltensbezogene und/oder nutzungsbezogene Unsicherheit zurückzuführen ist, ist zu beachten, dass sich die Unsicherheit des Nachfragers im Verlauf des Systemgeschäfts strukturell verändert. So begründet sich die Unsicherheitsposition etwa mit der Festlegung auf eine bestimmte Systemarchitektur, verringert sich jedoch im weiteren Verlauf des Systemgeschäfts, da mit fortschreitender Nutzungsdauer der Systemarchitektur und damit näher rückendem Nutzungsende die Opportunismusmöglichkeiten für den Anbieter geringer werden (verhaltensbezogene Unsicherheit). Einer ähnlichen Entwicklung unterliegt auch die nutzungsbezogene Unsicherheit, da mit andauernder Systemnutzung immer mehr Informationen über Art, Häufigkeit und Zeitpunkt der Folgeinvestitionen vorliegen. Aufgrund der sich verändernden Wettbewerbssituation bei der Systementscheidung sind für die Abhängigkeits- bzw. Unsicherheitssituation des Nachfragers **zwei Marktsituationen** separat zu betrachten: Während der Nachfrager mit der Festlegung auf eine mehr oder minder spezifische Systemphilosophie im **Initialkauf** „nur" zukünftige Entwicklungen seines zur Wahl stehenden Systems antizipieren muss, wird er in der **Folgekaufsituation** auch von bereits getroffenen Entscheidungen gelenkt. Dementsprechend sind Ausgangssituation und Handlungsparameter des Nachfragers in den beiden Situationen von gänzlich anderer Qualität.

Initialkauf: Nutzenvorteil versus Lock-in-Effekt

Grundlegende **Annahme** beim Initialkauf im Systemgeschäft ist die **Festlegung auf eine Systemarchitektur**, ohne von einer bereits getätigten Investition in der Auswahlentscheidung beschränkt zu werden. Dies ist regelmäßig dann der Fall, wenn zuvor noch kein System im Einsatz war bzw. die Nutzungsdauer des bisherigen Systems vollständig abgeschlossen ist. Die Entscheidungssituation ist damit frei von „Altlasten" und wird allein im Hinblick auf die neu zu beschaffende Systemwelt getroffen.

Mit der Entscheidung für ein System werden in Abhängigkeit von der Spezifität des gewählten Systems die **Gefährdungspotenziale** erstmalig und umfangreich begründet. Sofern vom Nachfrager erkennbar, werden bei der Entscheidung zur sukzessiven Ergänzung des Systems bereits die „versprochenen" Nutzenvorteile der noch zu erwerbenden Systemkomponenten bei der Initialkaufentscheidung berücksichtigt. Aufgrund der noch zu tätigenden Investitionen in der Beschaffungsfolge werden auf der kostenbezogenen Risikoseite allerdings nur die Investitionen der Anfangsinvestition berücksichtigt. Die Gefahr zur Ausbeutung nachfragerseitiger Systemvorteile hingegen bezieht sich auf die gesamten Systemvorteile. Gleichwohl kann eine Ausbeutung – z. B. in der Erbringung partiell schlechterer anbieterseitiger Leistungen – nur teilweise erfolgen, da nur die Investitionen für den Initialkauf bereits getätigt worden sind. Eine **Gefährdung** kann demnach immer dort ansetzen, wo vertragliche Vereinbarungen enden bzw. aufgrund noch fehlender Spezifizierung zukünftiger Leistungsmerkmale enden müssen.

Der aus dem Lock-in-Effekt resultierende Nutzenentgang bei einem System wird vom Nachfrager mit dem Nutzenvorteil dieses Systems verglichen. Hierbei sind **zwei Vergleichsrichtungen** von Bedeutung:

(1) Systemimmanenter Vergleich

Zum einen wird der Nachfrager einen **systemimmanenten Vergleich** vornehmen. Die Durchführung der Einstiegsinvestition kommt für ihn nur dann in Frage, wenn der Lock-in-Effekt-basierte Nutzenentgang geringer als der wahrgenommene Nutzenvorteil des Systems ist. Letzterer resultiert dabei wiederum aus einem Vergleich: Ob ein System einen Nutzenvorteil aufweist, stellt das Ergebnis einer Abwägung zwischen dem Systemnutzen und dem aus dem Preis des System resultierenden Nutzenentgang dar. Mit anderen Worten wird der Kunde hier abwägen, ob die Kosten für die Systemnutzung vor dem Hintergrund des in Aussicht stehenden Systemnutzens angemessen scheinen oder ob er den benötigten Betrag nicht lieber an anderer Stelle investiert.

(2) Systemübergreifender Vergleich

Zum anderen wird der Nachfrager häufig zusätzlich einen **systemübergreifenden Vergleich** durchführen (müssen). Verschiedene im Markt zur Lösung eines Problems verfügbare Leistungsangebote weisen möglicherweise einen unterschiedlichen Nutzen, zugleich aber auch einen verschiedenartigen Lock-in-Effekt auf. Daher wird der Nachfrager vor seiner Entscheidung, in ein System einzusteigen, die verschiedenen Leistungsangebote hinsichtlich Systemnutzen sowie Nutzenentgang, der durch Preis und/oder Lock-in-Effekt hervorgerufen werden kann, vergleichen. Werden dabei alternative Problemlösungen von Anbietern im Markt auch in anderen Geschäftstypen als dem Systemgeschäft angeboten, so stellt sich die Frage, ob Angebote, die im Systemgeschäft vermarktet werden, für Nachfrager grundsätzlich inferior sind. *Weiber* (1997, S. 295 ff.) hat in diesem Zusammenhang gezeigt, dass durchaus Situationen auftreten können, in denen Nachfrager über (über den angeführten Netto-Nutzenvorteil hinausgehende) **Motive** verfügen, das Systemgeschäft alternativen Geschäftstyp-Konstellationen vorzuziehen. Die nachfolgende Zusammenstellung verdeutlicht dies:

(a) Ökonomisch begründeter Systemkauf

Die Zerlegung eines Gesamtsystems in zeitlich versetzte Kaufakte kann ökonomisch sinnvoll sein, wenn

- mit dem Erwerb eines Gesamtsystems **erhebliche Investitionen** verbunden sind, die zu hohen Zinsbelastungen führen, oder
- der Nutzen eines angestrebten Gesamtsystems aus **Kapazitätsgründen** noch in Frage gestellt werden muss.

Während die sukzessive Beschaffung von Teilsystemen gegenüber einer ganzheitlichen Systembeschaffung aufgrund von Zinseffekten ökonomisch sinnvoll sein kann, muss auch berücksichtigt werden, ob bei einer sofortigen ganzheitlichen Systembeschaffung das Gesamtsystem überhaupt kapazitätsmäßig ausgelastet werden kann. Es kann so aus Flexibilitätsgründen durchaus sinnvoll sein, die Käufe der Teilsysteme bzw. Systemkomponenten erst dann zu tätigen, wenn die Kapazitätsbedarfe aufgrund des vorhandenen Auftragsbestands notwendig sind. Damit kann eine Systembeschaffung, die an zukünftigen Bedürfnissen vorbeigeht, vermieden werden.

> Europas führender Touristikkonzern TUI stieg im Jahr 2005 komplett auf die Flugzeuge der Firma Boeing um. Da TUI bereits fast ausschließlich mit Flugzeugen der Firma Boeing fliege, wäre die Bestellung von Airbus-Maschinen keine Option gewesen, erläuterte TUI-Vorstand Sebastian Ebel. Hauptsächliches Kostensenkungspotenzial bestehe in den Bereichen Operations, Instandhaltung und Wartung (vgl. *o.V.*, 2005c).

(b) Entscheidungskomplexitätsbegründeter Systemkauf

Je nach technologischer Beschaffenheit von Systemen bzw. der Einflussnahme auf bestehende Unternehmensprozesse durch Systemkäufe kann eine Systembeschaffung eine hoch **komplexe Entscheidungssituation** darstellen. Am Beispiel von **Systemtechnologien** (z. B. innovative Informations- und Kommunikationssysteme) lässt sich zeigen, dass mit der Einführung von Technologien häufig erhebliche Unsicherheitsfaktoren verbunden sein können, die sich auf Implementierungsprobleme und die Alltagstauglichkeit der verschiedenen Systembestandteile beziehen können. Im Verständnis der Entscheidungstheorie entsteht mit der Systembeschaffung eine strukturdefekte Entscheidungssituation. Diesem Planungsproblem kann begegnet werden, indem die Entscheidungssituation in Teilbereiche mit nicht defekten Teil- und Unterproblemen zerlegt wird (vgl. *Adam*, 1997, S. 10 ff.).

> Auch hier reagierte der Flugzeugbauer Boeing. Das Cockpit der Boeing 787 Dreamliner wurde so konzipiert, dass die Piloten der Linie Boeing 777 nur fünf Tage geschult werden müssen, um den neuen Flugzeugtypen zu beherrschen (vgl. *Boeing*, 2005).

(c) **Erwartungsbedingter Systemkauf**

Produkte, die im Systemgeschäft vermarktet werden können, unterliegen z. T. starken **Veränderungen** innerhalb ihrer **Systemlebensdauer**. Dies wird sowohl durch Systemerweiterungen als auch durch Produktverbesserungen und -überarbeitungen einzelner Systembestandteile möglich. Im Beispiel eines Büromöbelsystems kann das bedeuten, dass im Rahmen eines vorgegebenen Büromöbeldesigns weitere, funktionsverbesserte Möbelstücke entwickelt werden, die den Nachfrager dazu veranlassen, bewusst sukzessiv zu kaufen, um möglichst neuartige bzw. zeitgerechte Produkte für seine Architektur zu erwerben.

(d) **Organisationsbedingter Systemkauf**

Nachfrager sind auch deshalb motiviert, Kaufentscheidungen zeitlich zu zerlegen, weil sie durch eine erst allmähliche Umstellung auf das neue System **innerbetrieblich notwendigen Anpassungsmaßnahmen** besser gerecht werden können. Gerade bei Systemen, die Produkt-Nutzer-Kompatibilitäten (organisationsbezogene Bindungen) erzeugen, erfordert die Implementierung in Unternehmen erheblichen Zeitaufwand, so dass ein Sukzessivkauf aus Nachfragersicht häufig als sinnvoll erachtet wird.

(e) **Netzeffektbeeinflusster Systemkauf**

Systeme sukzessiv zu kaufen, kann im bisherigen oder auch zukünftig zu erwartenden **Diffusionsverlauf** eines Systems bzw. einer Systemart begründet sein. Dies ist immer dann gegeben, wenn durch die allgemeine Diffusion oder aber die spezielle Adaption einzelner anderer Systemnachfrager mit dem zum Erwerb anstehenden Teilsystem ein erhöhter Nutzen realisierbar ist; m. a. W., wenn der Nutzen davon abhängt, inwieweit komplementäre Güter am Markt verbreitet sind. Hier kann die Durchführung des Mobilfunkstandards GSM in Europa als Beispiel angeführt werden. Durch die hohe Penetration von GSM-Netzen steigt der Nutzen eines einzelnen Systembetreibers, und es kommt dadurch zu Netzeffekten, so dass bspw. eine Vielfalt von GSM-kompatiblen Endgeräten am Markt angeboten wird oder die Möglichkeit des Roamings in einem fremden Netz besteht (vgl. *Bastian*, 2002, S. 96).

(f) **Erzwungener Systemkauf**

Beim erzwungenen Systemkauf hat der Nachfrager keine Möglichkeit, das System komplett zu erwerben. Dies kann dadurch bedingt sein, dass

- das Gesamtsystem noch nicht verfügbar ist oder aber
- die finanziellen Mittel des Nachfragers für einen ganzheitlichen Systemkauf nicht ausreichen.

Die **mangelnde Verfügbarkeit eines ganzheitlichen Systems** kann angebotsbedingt darauf zurückzuführen sein, dass Teilsysteme oder Systemkomponenten z. B. aufgrund extrem schneller technologischer Entwicklungen erst sukzessiv entwickelt werden (vgl. Teil 3 Kap. D. I. 2.1.1). Beispielhaft hierfür kann der Markt für Informationssysteme angeführt werden, bei dem einzelne Teilsysteme bedingt durch neuartige Hard- und Softwareentwicklungen verbessert und neu entwickelt werden. Aufgrund separater – wenn auch eingeschränkter – Nutzungsmöglichkeiten einzelner Bestandteile durch den Nachfrager sind jedoch die Teilsysteme bereits für den Anbieter vermarktungsfähig.

Daneben wird der Nachfrager die Systembeschaffung sukzessiv realisieren, wenn seine **finanziellen Mittel** nicht ausreichen, das gesamte System komplett zu kaufen. So bleibt ihm die Möglichkeit, bereits einzelne Teilsysteme zu nutzen und im Zeitablauf durch weitere Teilsysteme sein Gesamtsystem allmählich zu komplettieren.

Werden die Ergebnisse des systemimmanenten und des systemübergreifenden Vergleichs zusammengenommen, so findet ein Systemeinstieg nur dann statt, wenn sich das System in beiden Vergleichen als vorteilhaft erweist.

Folgekauf: Wechselkosten als Ausdruck der Abhängigkeit

Nach der Realisierung des Initialkaufs verbleiben dem Nachfrager in der Folgekaufentscheidung aufgrund der Lock-in-Situation nur **eingeschränkte Investitionsalternativen**. Mit der einmal gewählten Systemarchitektur werden die Erweiterungsmöglichkeiten des Systems aufgrund der geforderten Kompatibilitäten in Abhängigkeit von der Systemspezifität limitiert bzw. determiniert.

Das folgende Beispiel verdeutlicht in drastischer Weise, wie die Zahl der Alternativen bei Folgekäufen anbieterbeeinflusst massiv reduziert werden kann (vgl. *Weigand*, 1991, S. 29):

> „Accu-Call eliminates the problem of close calls in tennis. Metallic sensors installed on the base and sidelines of tennis courts detect whether a ball is in or out of bounds. Installation costs about $ 5,000; there is little profit in one-time sales. But the system does not work unless the players use tennis balls containing metal fibers that signal the sensing devices. Because the symbiotic system is patented, the inventor receives a royalty on each tennis ball."

Die Installation von Accu-Call erwirtschaftet für den Ausrichter eines kommerziellen Tennis-Turniers erst bei Benutzung entsprechend geeigneter Tennisbälle die versprochenen Nutzenpotenziale. Weil der Nachfrager von den herstellerspezifischen Tennisbällen abhängig wird, kann der Anbieter vom Nachfrager u. U. für die Tennisbälle einen gegenüber üblichen Bällen erheblichen Mehrpreis verlangen. Trotz vorteilhafter bzw. scheinbar einzigartiger Technologie kann jedoch der **Mehrpreis** nicht beliebig hoch gewählt werden. Vielmehr existiert bei der Lock-in-Situation eine **„Schmerzgrenze"**, bis zu der ein Nachfrager seiner gewählten Systemphilosophie treu bleibt. Als mögliche Alternative zu Accu-Call ist bspw. die herkömmliche Art zur Bestimmung der Frage, ob der Ball im „Aus" ist, mit Linienrichtern denkbar. Diese Methode verspricht zwar aufgrund der höheren Fehlerquote einen geringeren Nutzen, kann jedoch in Bezug auf die aktuellen Kosten und die zukünftige Kostenentwicklung durchaus wirtschaftlicher sein.

Sofern Anbieter die Lock-in-Situation von Kunden nach dem Systemeinstieg ausnutzen und bspw. durch eine entsprechende Preisgestaltung für Systemerweiterungen versuchen, die Abhängigkeit der Nachfrager abzuschöpfen, ist für Nachfrager ein nachträglicher **Systemausstieg** in Erwägung zu ziehen. Sofern also die oben angeführte „Schmerzgrenze" erreicht oder überschritten wird, werden Nachfrager die gesamte bisherige Systementscheidung im Alternativenvergleich mit anderen Systemen oder konkurrierenden Lösungen in Frage stellen. Bei diesem Vergleich fließen jedoch nicht nur Nutzenpotenziale der neu zu wählenden Lösung ein. Stattdessen müssen auch die oben angeführten **Wechselkosten** aus der bisherigen Systemwelt berücksichtigt werden.

Zusammengenommen wird dem gewählten Systemanbieter (In-Supplier) zunächst ein Abschöpfungspotenzial bis zur „Schmerzgrenze" des Nachfragers ermöglicht. Wenn der Anbieter allerdings darüber hinausgeht, werden andere Anbieter (Out-Supplier) mit ihren

Systemen als Alternativlösung aus Nachfragersicht Beachtung finden (vgl. *Backhaus et al.*, 1996). Zu beachten hat der In-Supplier dabei, dass das Abschöpfungspotenzial im Verlauf der Systemnutzung abnimmt, da sich die Systembindung verringert. Daher wird es für den Systemanbieter im Zeitablauf zunehmend gefährlich, die Abhängigkeitsposition des Systemkunden ausbeuten zu wollen.

II. Der Vermarktungsansatz im Systemgeschäft

1 Strukturierung der Vermarktungsaktivitäten

Aus den dargestellten Vermarktungsdeterminanten des Systemgeschäfts (Beschaffungsschrittfolge, Vorhandensein einer Systemarchitektur, kundenübergreifende Angebotsgestaltung) wurde als zentrale Vermarktungsaufgabe das **Management von Nachfragerunsicherheit** abgeleitet. Diese resultiert im Kern aus zwei Quellen: Einerseits macht sich der Kunde mit der Einstiegsinvestition im Hinblick auf die späteren Folgeinvestitionen vom späteren Angebotsverhalten des Anbieters abhängig. Ebenso kann Unsicherheit für ihn entstehen, da er zum Einsticgszeitpunkt nicht absehen kann, in welchem Umfang systemimmanente Folgeinvestitionen erforderlich werden. Andererseits entsteht die Nachfragerunsicherheit auch dadurch, dass sich der Anbieter nicht im gleichen Umfang vom einzelnen Nachfrager abhängig macht, da er das von ihm angebotene Gesamtsystem nicht kundenindividuell, sondern für ein gesamtes Kundensegment oder den Gesamtmarkt entwickelt und anbietet. Daher kann der Nachfrager nicht darauf hoffen, dass der Anbieter spätere für den Nachfrager unvorteilhafte Maßnahmen bei der Vermarktung der Folgeinvestitionen allein deshalb unterlässt, um entsprechende „Gegenmaßnahmen" des Nachfragers zu vermeiden. Diese würden dem Nachfrager nur dann offen stehen, wenn auch der Anbieter vom Verhalten des Nachfragers abhängig wäre.

Die auf Seiten der Nachfrager bestehende Unsicherheit führt zwangsläufig zu einer **Zweiteilung des Vermarktungsprozesses**:

- **Vor** der **Einstiegsinvestition** ist die Nachfragerunsicherheit besonders groß. Die Aufgabe des Anbieters besteht daher darin, Unsicherheitsmanagement zu betreiben, indem er das System so gestaltet und vermarktet, dass der Nachfrager trotz seiner Unsicherheitsposition bereit ist, die Einstiegsinvestition durchzuführen. Mit anderen Worten besteht das Ziel in dieser Vermarktungsphase in der **Beeinflussung der wahrgenommenen Unsicherheit**, um einen nachfragerseitigen **Systemeinstieg** zu erreichen.
- **Nach** der **Einstiegsinvestition** verändert sich die ökonomische Ausgangssituation für die Vermarktung, da der Nachfrager nun eine Systembindung eingegangen ist. Zu diesem Zeitpunkt besteht für den Anbieter die Möglichkeit, diese Systembindung zu seinem Vorteil zu nutzen. Allerdings wird die **Ausnutzung der Systembindung** durch die Gefahr eines vorzeitigen Systemausstiegs durch den Nachfrager begrenzt. Daher ist ein gezieltes **Systemmanagement** durch den Anbieter erforderlich, mit dem das Ziel verfolgt wird, die Systembindung des Nachfragers auszunutzen, ohne dessen Systemausstieg zu riskieren.

Wird darüber hinaus berücksichtigt, dass die Vermarktung von Leistungen im Systemgeschäft eine vorhergehende Prüfung der generellen Vorteilhaftigkeit dieses Geschäftstyps erforderlich macht, dann besteht der Vermarktungsansatz im Systemgeschäft aus den folgenden aufeinander aufbauenden Stufen:

- **Grundsatzentscheidung**: Ist das Angebot von Leistungen im Systemgeschäft vorteilhaft?
- **Management der Einstiegsinvestitionen**: Welche Maßnahmen können ergriffen werden, um Nachfrager zur Durchführung von Einstiegsinvestitionen zu bewegen?
- **Management der Folgeinvestitionen**: Durch welche Aktivitäten kann die Systembindung des Nachfragers zum Anbietervorteil genutzt werden, ohne dass es zu einem Systemausstieg kommt?

2 Die Grundsatzentscheidung

Wenn der Geschäftstyp, in welchem eine Leistung vermarktet wird, nicht – z. B. durch technologische oder marktliche Zwänge – vorgegeben ist, sondern stattdessen das Ergebnis eines unternehmerischen Entscheidungsprozesses darstellt, dann ist im Vorfeld des Geschäftstypenaufbaus zu prüfen, ob der angestrebte Geschäftstyp für den Anbieter insgesamt vorteilhaft ist. Die Vorteilhaftigkeit des Systemgeschäfts hängt dabei vor allem von den **anbieterseitigen Motiven** und **Risiken**, der **nachfragerbezogenen Durchsetzbarkeit** sowie dem **Konkurrenzumfeld** ab. Die Wirkungen dieser Determinanten sind anschließend zu einer Gesamtbeurteilung, etwa im Rahmen eines Businessplans, zusammenzuführen.

2.1 Entscheidungsdeterminanten

2.1.1 Anbieterbezogene Determinanten

2.1.1.1 Anbietermotive

Das Systemgeschäft können Anbieter aus **unterschiedlichen Motiven** anstreben. Neben der Einschränkung des Wettbewerbs bei Folgeinvestitionen können u. a. verringerte Barrieren beim Transaktionseinstieg, F&E-Vorteile oder zusätzliche Preisspielräume anbieterseitige Motive im Systemgeschäft darstellen.

Wettbewerbseinschränkung bei Folgeinvestitionen

Gelingt es dem Anbieter, eine technologische und/oder organisatorische Verbindung zwischen Leistungen herzustellen, die von Nachfragern zu verschiedenen Zeitpunkten erworben werden, so reduziert er hierdurch nach der Erstinvestition den **Wettbewerb bei Folgeinvestitionen**. Da Nachfrager bei Folgeinvestitionsentscheidungen nur noch Anbieter berücksichtigen können, deren Leistungen zur gewählten Systemarchitektur kompatibel sind, wird ein Teil der Konkurrenten aus dem weiteren Wettbewerb ausgeschlossen. Damit steigt aber im Hinblick auf Folgeinvestitionen zugleich auch die **Auftragswahrscheinlichkeit** für den Anbieter, bei dem Kunden die Einstiegsinvestition getätigt haben. Um die höhere Auftragswahrscheinlichkeit bei später beschafften Systembestandteilen abzusichern, muss der Systemanbieter darüber hinaus bemüht sein, die Nutzenvorteile der von ihm angebotenen Folgeinvestitionen gegenüber den im Markt erhältlichen Alternativangeboten deutlich zu machen.

> Mercedes-Benz bietet im LKW-Segment den Actros serienmäßig mit der neuen Blue Tec® SCR-Diesel-Technologie an. Vorteilhaft für die Betreiber dieser Fahrzeuge ist, dass wirtschaftlich die Euro 4- und Euro 5-Norm erfüllt wird und diese zusätzlich vom Staat gefördert werden. Vorteilhaft für Mercedes-Benz ist vermutlich, dass es nur wenige nicht-vertragsgebundene Werkstätten gibt, die in der Lage sind, Fahrzeuge mit dieser Technologie zu warten. Mercedes-Benz bietet daher mit Charter Way Services ein Reparatur- und Wartungsangebot an, das direkt mit der Bestellung des Fahrzeugs erworben werden kann.

Verringerte Barrieren beim Systemeinstieg

Ein weiterer Vorteil des Systemgeschäfts kann aus der Anbieterperspektive darin bestehen, dass der Anbieter die Möglichkeit erhält, die **Höhe der Einstiegsinvestition** durch entsprechende Gestaltung des Preises der Folgeinvestitionen zu reduzieren. Wie die Skizze in *Abbildung 211* verdeutlicht, kann der Anbieter bspw. die Einstiegsinvestition durch eine entsprechende Anhebung des Preises für Folgeinvestitionen „quersubventionieren" (Typ A). Anders als beim klassischen Cost-Plus-Pricing (Typ B), bei dem bei Einstiegs- und Folgeinvestition jeweils mit der gleichen Marge in Bezug auf die anfallenden Herstellungskosten (Funktion C) gearbeitet wird, bietet der Anbieter hier ähnlich dem Prinzip des **Target Pricings** (vgl. *Seidenschwarz*, 2003, S. 438) die Einstiegsinvestition unterhalb seiner Herstellungskosten an und amortisiert diese Kundeninvestition über einen im Vergleich zur herkömmlichen Preissetzung höheren Preis für die Folgeinvestitionen. Wenn aber auf diese Weise die für den Kunden mit dem Initialkauf verbundene Investition sinkt, dann wird hierdurch zugleich die ansonsten bestehende Systemeinstiegsbarriere entsprechend verringert.

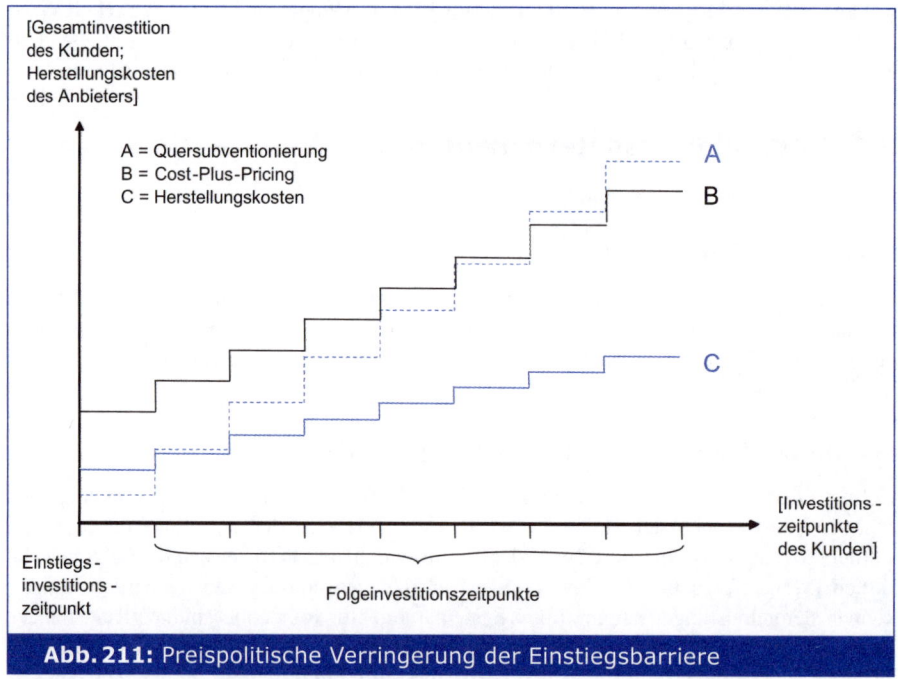

Abb. 211: Preispolitische Verringerung der Einstiegsbarriere

F&E-Vorteile

Ebenso können sich im Systemgeschäft Vorteile dadurch ergeben, dass Anbieter durch die sukzessive Beschaffung auf Seiten der Kunden die Gelegenheit erhalten, Systeme *vor* Abschluss der gesamten Forschungs- und Entwicklungsarbeiten in Märkte einführen zu können. Sofern bestimmte Systemkomponenten, die im Rahmen von Folgeinvestitionen beschafft werden, erst zu einem späteren Zeitpunkt im Markt verfügbar sein müssen, kann das System bereits dann im Markt angeboten werden, wenn die Entwicklung des Initialkauf-Systembestandteils sowie der damit begründeten Systemarchitektur, ggf. auch der bereits von Beginn an erforderlichen Systemkomponenten, abgeschlossen ist.

Gerade in Märkten, in denen hoher Innovationsdruck besteht, kann sich diese Möglichkeit als sehr vorteilhaft erweisen. Hierdurch können Anbieter **kürzere Vorlaufzeiten** und damit Vorteile im Rahmen der Technologieentwicklung realisieren.

Zudem werden Systemanbieter hierdurch in die Lage versetzt, Kundenbedürfnisse in der Entwicklung umfassender aufzugreifen **(Kundenintegration)**. Sofern bestimmte Systembestandteile erst parallel zum Nutzungsprozess der Systemarchitektur sowie der bereits im Markt erhältlichen Systemkomponenten entwickelt werden, kann bei deren Entwicklung auf bereits vorhandenes Kunden-Feedback aufgesetzt werden. Mitunter ist sogar die Initiative zur Entwicklung weiterer Systembestandteile auf den Anstoß bereits vorhandener Systemnutzer zurückzuführen.

Dynamische Preisanpassungen

Schließlich eröffnet die Vermarktung im Systemgeschäft Anbietern die Möglichkeit, **dynamische Preisanpassungen** bei Folgeinvestitionen vorzunehmen. Da Nachfrager Teile des Systems erst zu späteren Zeitpunkten erwerben, besteht für Anbieter keine Notwendigkeit, sich bereits zum Zeitpunkt der Einstiegsinvestition periodenübergreifend verbindlich im Hinblick auf Preishöhe und -struktur für Folgeinvestitionen festzulegen. Auch wenn Nachfrager i. d. R. erwarten werden, dass bereits zum Zeitpunkt der Einstiegsinvestition Informationen über die Preise für die erst später von ihnen beabsichtigten Folgeinvestitionen vorliegen – nur so können sie sich im Vorfeld des Systemeinstiegs einen Eindruck von der Vorteilhaftigkeit des Gesamtsystems verschaffen –, können Anbieter diese Preise im Zeitablauf verändern.

Dynamische Preisanpassungen werden von Systemanbietern dabei entweder aus

- kostenbasierten Gründen oder
- zahlungsbereitschaftsbasierten Gründen

vorgenommen.

Kostenbasierte Gründe liegen zum einen dann vor, wenn im Zeitablauf ansteigende Herstellungskosten für Folgeinvestitionen der Nachfrager im Rahmen dynamischer Preisanpassungen an die Kunden weitergegeben werden. Mit anderen Worten kann der Anbieter im Systemgeschäft versuchen, das aus dem Systemcharakter entstehende **Kostenentwicklungsrisiko** vollständig oder zumindest in Teilen an seine Systemkunden weiterzuleiten.

> Das Geschäft mit Personenaufzügen ist traditionell durch eine Vielzahl staatlicher Regulierungen, Vorschriften und freiwilliger Normen gekennzeichnet. Auf diese Weise soll sichergestellt werden, dass keinerlei Sicherheitsrisiken für Aufzugsnutzer entstehen. Unter anderem müssen Aufzüge regelmäßig gewartet werden, was für Aufzugsbauer ein interessantes Zusatzgeschäft darstellt, da Kunden dazu neigen, den Aufzugsbauer (und nicht etwa ein Drittunternehmen) im Rahmen von Wartungsverträgen mit dieser Aufgabe zu betrauen. Steht der Aufzugsbauer nun vor der Alternative, Kunden mit dem Einbau des Aufzugs einen langjährigen Wartungsvertrag – hier sind Wartungsverträge von bis zu 10 Jahren keine Seltenheit – inklusive anzubieten oder aber mit dem Kunden separate Wartungsverträge – z. B. jeweils über ein oder zwei Jahre – abzuschließen, so ist ein wesentlicher Vorteil der separaten Wartungsverträge aus Sicht des Aufzugsbauers darin zu sehen, dass er sich auf diese Weise gegen Kostensteigerungen sichert (vgl. *Senn*, 1997). Da im personalintensiven Wartungsgeschäft die Entwicklung der Personalkosten mit ausschlaggebend sind, diese aber kaum für einen langfristigen Zeitraum absehbar ist, trägt der Kunde in diesem Fall das Risiko von Personalkostensteigerungen. Der Aufzugsbauer wird so bei Personalkostensteigerungen den Preis für neu abzuschließende Wartungsverträge dem jeweils erreichten Kostenstand anpassen (vgl. *Vögele-Ebering*, 2004).

Zum anderen kann er aber auch das **Kostenentstehungsrisiko** auf den Kunden übertragen, was immer dann von besonderer Bedeutung ist, wenn der Umfang der für Folgeinvestitionen anfallenden Herstellungskosten auch vom Verhalten der Kunden abhängt. Solche Risiken treten insbesondere dann auf, wenn es sich bei den Folgeinvestitionen um **Dienstleistungen** handelt. Diese weisen als prozessorientiertes Merkmal u. a. das Kennzeichen auf, dass eine Integration des Kunden in die Leistungserstellung erforderlich ist (vgl. zu Merkmalen von Dienstleistungen z. B. *Bruhn/Meffert*, 2009, S. 19). Beispielsweise lässt sich eine Schulungsmaßnahme in einem Unternehmen nur durchführen, wenn die Schulungsadressaten zur Teilnahme bereit sind. Zudem wird die Qualität der Dienstleistung „Schulung" auch von der Integration der Schulungsteilnehmer abhängen. Nur wenn diese willens und in der Lage sind, sich aktiv an dem Schulungskonzept zu beteiligen, wird es dem Anbieter gelingen, das gewünschte Schulungsergebnis zu erzielen.

Wird allerdings bei solchen Folgeinvestitionen ein bestimmtes Qualitätsniveau vom Anbieter angestrebt und hängt die **Qualität** der Leistung – wie bei Dienstleistungen typisch – vom Verhalten des Kunden ab, so wird der Anbieter ggf. „Fehlverhalten" des Kunden durch zusätzlichen eigenen Aufwand kompensieren müssen. Daher muss es auch sein Ziel sein, durch ein entsprechendes Geschäfts- und Preismodell das Risiko der Zusatzkosten, die durch das Verhalten des Kunden hervorgerufen werden, auf diesen zu übertragen. Die **zeitliche Entbündelung** der Gesamtleistung und damit ein Systemgeschäft-Angebot kann ein geeigneter Ansatz hierfür sein.

> Ein Anbieter betriebswirtschaftlicher Spezialsoftware wird darum bemüht sein, das Implementierungsrisiko, das bei seiner Software besteht, so weit wie möglich auf den Kunden abzuwälzen, da der Implementierungsaufwand vor allem von kundeninternen Faktoren abhängt. So wird er dem Kunden kein Gesamtpaket bestehend aus Software, Implementierung und Mitarbeiterschulung anbieten, sondern eher darauf drängen, dass der Kunde den nach dem Kauf der Software tatsächlich anfallenden Implementierungs- und Schulungsaufwand separat trägt. In diesem Fall entsteht das Motiv für dieses Systemgeschäft-Angebot u. a. aus anbieterseitigen Unsicherheiten über die Höhe seiner Kosten.

Darüber hinaus darf nicht übersehen werden, dass ein weiterer wesentlicher Grund für dynamische Preisanpassungen darin zu sehen ist, dass der Systemanbieter hierdurch die durch Systembindung ausgelöste **zusätzliche Zahlungsbereitschaft** seiner Kunden **abschöpfen** kann. Wie bereits im Zusammenhang mit der für das Systemgeschäft typischen Nachfragerunsicherheit angeführt, besteht eine zentrale Systemeinstiegsbarriere für den Nachfrager darin, dass er vor der Einstiegsinvestition nicht ausschließen kann, dass der Anbieter die nach der Einstiegsinvestition bestehende nachfragerseitige Abhängigkeit durch eine entsprechende Preisanpassung für Folgeinvestitionen ausnutzen wird. Tatsächlich kann ein starkes Motiv für Anbieter beim Systemgeschäft darin gesehen werden, dass sie die Möglichkeit erlangen, die beim Kunden durch Wechselkosten bestehende zusätzliche Zahlungsbereitschaft für entsprechende Preissteigerungen im Zeitablauf zu nutzen.

2.1.1.2 Anbieterrisiken

Das Systemgeschäft bietet Anbietern allerdings nicht nur Vorteile. Daneben bringt dieser Geschäftstyp auch **spezifische Risiken** mit sich, die *Kühlborn* (2004) empirisch untersucht hat. Im Rahmen einer empirischen Erhebung von 261 Unternehmen, vornehmlich des Maschinen- und Fahrzeugbaus sowie der Elektrotechnik, die Leistungen eigenen Angaben zufolge im Systemgeschäft anbieten, wurden anbieterbezogene Risiken dieses Geschäftstyps ermittelt. *Abbildung 212* verdeutlicht, dass neben nachfragerbezogenen Risiken (vgl. hierzu das Folgekapitel) insbesondere auch anbieterinterne Risiken bei diesem

Abb. 212: Risiken von Anbietern im Systemgeschäft

Quelle: *Kühlborn,* 2004, S. 168.

Geschäftstyp von den Befragten gesehen werden. Zum einen besteht nach Auffassung der befragten Unternehmen die Gefahr, dass Mitarbeiter verunsichert werden. Darüber hinaus können auch Probleme bei internen Qualitätsstandards oder Kompetenzen sowie in anderen Geschäftsfeldern auftreten.

Aus diesem Grunde sieht *Kühlborn* (2004) auch einen wesentlichen **Erfolgsfaktor des Systemgeschäfts** in der **internen Ausrichtung des Unternehmens** auf die Belange des Systemgeschäfts. Nach Auffassung der von *Kühlborn* (2004) befragten Unternehmen stellen dabei das Organisationssystem sowie die Unternehmenskultur wichtige interne Voraussetzungen für Erfolge im Systemgeschäft dar (vgl. *Abbildung 213*).

2.1.2 Nachfragerseitige Durchsetzbarkeit

Begrenzt wird die anbieterseitige Vorteilhaftigkeit des Systemgeschäfts durch die Frage, ob sich das damit verbundene Geschäfts(beziehungs-)modell bei Nachfragern in ausreichendem Maße durchsetzen lässt. Zwar kann das Systemgeschäft auch auf der Nachfragerseite mit Vorteilen verbunden sein und daher – auch im Vergleich mit anderen Geschäftstypen – nutzenstiftend wirken (vgl. Teil 3 Kap. D. I. 2.2). Zugleich geht der Nachfrager allerdings eine **einseitige Bindung** und damit auch eine **Unsicherheitsposition** ein. Vor diesem Hintergrund kann der Systemcharakter des Angebots auf der Nachfragerseite u. a. dazu führen, dass aktuelle oder potenzielle Nachfrager

- sich für die Leistungsangebote von Wettbewerbern entscheiden, deren Leistungen einen geringeren oder keinen Systemcharakter aufweisen (**Kundenabwanderung**),
- ihren eigentlich zu einem früheren Zeitpunkt geplanten Systemeinstieg aufschieben, um die Marktentwicklung und insbesondere die Marketing-Aktivitäten des Anbieters bei Folgetransaktionen abzuwarten (**Kaufverzögerung**),

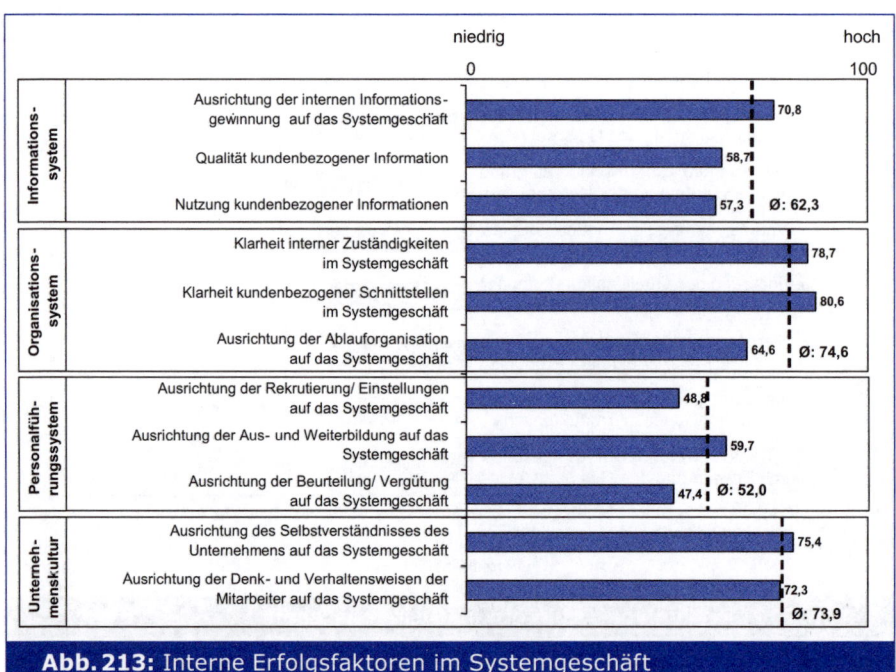

Abb. 213: Interne Erfolgsfaktoren im Systemgeschäft

Quelle: *Kühlborn*, 2004, S. 163.

- ihr Nutzungs- und/oder Beschaffungsverhalten bei Folgeinvestitionen ändern und Folgeinvestitionen z. B. nur in eingeschränktem Umfang tätigen, wenn Anbieter die nachfragerseitige Systembindung ausnutzen wollen (**Kaufzurückhaltung**),
- nach dem Systemeinstieg vorzeitig einen Systemwechsel zu einem Konkurrenzangebot vornehmen, da sich das Gesamtsystem zunehmend als nachteilig erweist (**Kundenausstieg**),
- angesichts der mit dem Systemeinstieg verbundenen Unsicherheit beschließen, erst bei einer späteren, verbesserten Technologiegeneration einzusteigen (Leapfrogging) – in der Hoffnung, dass dann Angebote im Markt ohne Systemcharakter präsent sind (**Kaufverschiebung**).

Daher sind im Rahmen der Grundsatzentscheidung, ob ein bestehendes oder neu in den Markt einzuführendes Leistungsangebot im Systemgeschäft angeboten werden soll, auch die negativen ökonomischen Wirkungen, die mit diesem Geschäftstyp einhergehen können, soweit wie möglich zu quantifizieren.

2.1.3 Konkurrenzumfeld

Schließlich hängt die Vorteilhaftigkeit des Systemgeschäfts auch vom Vorhandensein, der Struktur und dem Verhalten aktueller und potenzieller Wettbewerber ab. Das „Geschäftsmodell" Systemgeschäft ist dabei im Markt in folgenden Situationen schwer durchzusetzen:

- Im relevanten Markt der Gesamtsysteme sind viele Wettbewerber t vorhanden, die relativ vergleichbare Angebote unterbreiten (**Wettbewerbsintensität**). In diesem Fall liegt es nahe, dass Nachfrager die Gesamtleistung auch ohne Systembindung beziehen können – etwa indem einzelne Wettbewerber durch dieses abweichende Geschäftsmodell KKVs aufzubauen versuchen.

- Es sind im Markt viele Wettbewerber präsent, die sich auf Teilkomponenten des Gesamtsystems spezialisiert haben **(Wettbewerbsstruktur)**. Gefährdungen für das Geschäftsmodell Systemgeschäft entstehen dabei immer dann, wenn spezialisierte Unternehmen Teilkomponenten als Alternative zu den Folgeinvestitionsangeboten des Systemanbieters offerieren, die zur Systemarchitektur des Systemanbieters kompatibel sind und daher die eigentlich beabsichtigte Systembindung reduzieren oder auflösen.
- Es greifen aggressive Wettbewerber den Systemcharakter innerhalb ihrer Vermarktungsaktivitäten auf **(Wettbewerbsverhalten)**. Insbesondere wenn sich die Angebote im Markt durch einen unterschiedlich ausgeprägten Systemcharakter auszeichnen, kann die Gefahr drohen, dass Wettbewerber Nachfrager auf die größere Systembindung von Drittsystemen aufmerksam machen, um die Marktchancen dieser Systeme zu reduzieren.

Im Markt für PC-Drucker haben Drucker-Hersteller wie *Hewlett-Packard* und andere den Systemgeschäftscharakter ihrer Angebote in den vergangenen Jahren vergrößert. Bei den aus Drucker (Einstiegsinvestition) und kompatiblen Druckerpatronen (verbrauchsabhängige Folgeinvestitionen) bestehenden Systemen wurden die Drucker-Preise abgesenkt und zugleich die Preise für Druckerpatronen erhöht. Unter Druck gerät dieses Geschäftsmodell jedoch in jüngerer Zeit nicht nur durch das Aufkommen von Anbietern, die sich auf das Angebot kompatibler und zumeist sehr viel günstigerer Druckerpatronen konzentrieren, sondern auch durch deren Versuch, das Systemgeschäftsmodell der Drucker-Hersteller sowie die damit zusammenhängend höheren Preise für Druckerpatronen anzuprangern (vgl. das Homepage-Beispiel in *Abbildung 214*, bei dem der Zubehör-Anbieter *Pelikan* auf kritische Berichterstattung zum Geschäftsmodell der Drucker-Hersteller hinweist).

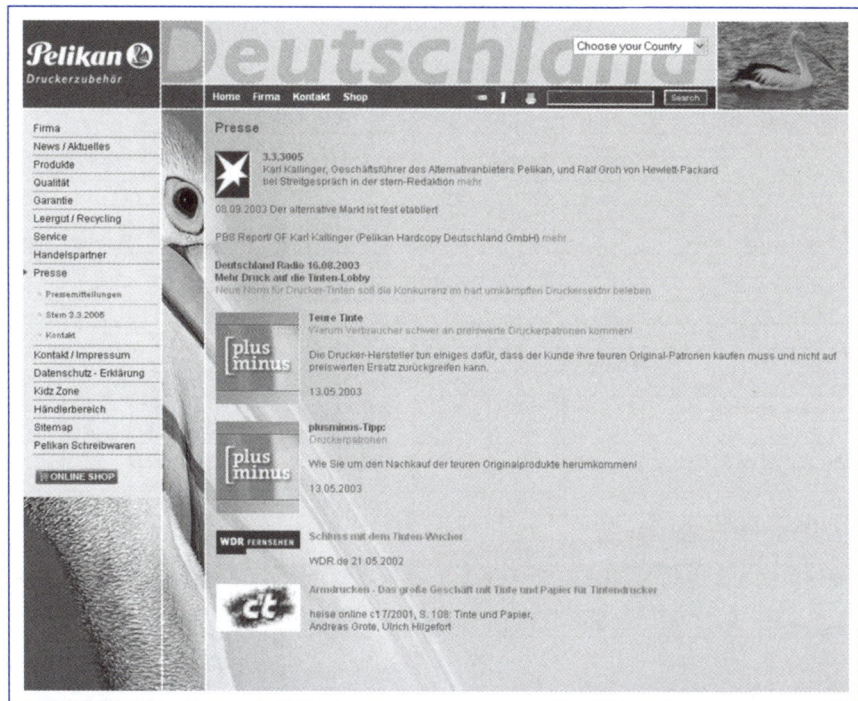

Abb. 214: Beispiel zu kommunikationspolitischen Maßnahmen eines Folgeinvestitionskonkurrenten

Da aus dem Konkurrenzumfeld erhebliche Risiken für das Betreiben von Systemgeschäften entstehen können, kommt den **Konkurrenzreaktionen** erhebliche Bedeutung innerhalb der Grundsatzentscheidung beim Systemgeschäft zu.

2.2 Gesamtbeurteilung

Die Analyse der Entscheidungsdeterminanten hat gezeigt, dass das Systemgeschäft für Anbieter Chancen, aber auch nachfragerseitige und konkurrenzbezogene Risiken mit sich bringt. Aus diesem Grund sollte vor der Einführung des Systemgeschäfts eine ökonomische Gesamtbeurteilung dieses Geschäftstyps stehen. Dies gilt beim Systemgeschäft umso mehr, da dieser Geschäftstyp in vielen Fällen nicht technologisch oder marktbezogen vorgegeben ist, sondern eine strategische Entscheidung von Anbietern darstellt. Ziel der Gesamtbeurteilung ist es dabei, die **Wirtschaftlichkeitsaspekte** des Systemgeschäfts – auch im Vergleich zu anderen alternativ möglichen Geschäftstypen – im Zusammenhang zu überprüfen. Benötigt wird also eine Wirtschaftlichkeitsberechnung bzw. ein **Businessplan** (vgl. *Schwetje/Vaseghi*, 2006; *Nagl*, 2006; *Wittmann et al.*, 2007). Dieser sollte

- in Form einer **Investitionsrechnung** (Ein- und Auszahlungsrechnung) durchgeführt werden,
- sich auf **Einstiegs- und Folgeinvestitionen** gleichermaßen beziehen,
- **dynamische Effekte** (unterschiedliche Zahlungszeitpunkte) berücksichtigen und
- **Wettbewerbsreaktionen** mit abbilden.

Die Bewertung der im Businessplan zusammengetragenen Ein- und Auszahlungen sowie die darauf aufbauende Entscheidung über den Aufbau eines Systemgeschäfts kann anschließend mit Hilfe von **Verfahren der Wirtschaftlichkeitsrechnung** erfolgen. Da Businesspläne bei Systemgeschäften die zu unterschiedlichen Zeitpunkten anfallenden Zahlungen bei Ein-

Zahlungsgröße		Periode							
	0	1	2	3	4	5	6	7	8
Markteinführungskosten	-50000								
Erstinvestition									
Absatzmenge (in Stück)	-	400	500	450	400	350	300	250	100
Preis/Stück	-	90	90	80	80	80	80	70	70
Einzahlungen Erstinvestition	-	36000	45000	36000	32000	28000	24000	17500	7000
Materialkosten	-	30	30	30	30	30	30	30	30
Fertigungskosten	-	20	20	20	20	20	20	20	20
Vertriebskosten	-	10	10	10	10	10	10	10	10
Auszahlungen Erstinvestition	-	24000	30000	27000	24000	21000	18000	15000	6000
Zwischensumme 1	-50000	12000	15000	9000	8000	7000	6000	2500	1000
Folgeinvestitionen									
Absatzmenge (in Stück)	-	800	1800	2700	3500	3400	3000	2600	2000
Preis/Stück	-	9	9	8	8	6	6	5,5	5,5
Einzahlungen Folgeinvestition	-	7200	16200	21600	28000	20400	18000	14300	11000
Herstellkosten	-	3	3	3	3	3	3	3	3
Vertriebskosten	-	2	2	2	2	2	2	2	2
Auszahlungen Folgeinvestition	-	4000	9000	13500	17500	17000	15000	13000	1000
Zwischensumme 2		3200	7200	8100	10500	3400	3000	1300	900
Summe	-50000	15200	22200	17100	18500	10400	9000	3800	2000
Kalkulationszins	0,1								
Kapitalwerte	-50000,00	13818,18	18347,11	12847,48	12635,75	6457,58	5080,27	1950,00	933,01
							SUMME KAPITALWERTE		22069,38

Abb. 215: Beispielhafter Businessplan zur Beurteilung eines Systemgeschäfts

stiegs- und Folgeinvestitionen zu berücksichtigen haben, bieten sich dynamische Verfahren wie Kapitalwertmethode, Endwertmethode oder interne Zinsfussmethode an. *Abbildung 215* enthält ein entsprechendes Einsatzbeispiel für die **Kapitalwertmethode**, bei der die zu verschiedenen Zeitpunkten anfallenden Ein- und Auszahlungen auf den Investitionszeitpunkt („Periode 0") abgezinst werden, so dass die Zahlungen zum einen untereinander vergleichbar werden und damit zum Kapitalwert (Wert des gesamten Investitionsobjektes am Beurteilungstag) verdichtet werden können; zum anderen kann anhand des Kapitalwerts eine Investitionsbeurteilung vorgenommen werden, da ein Kapitalwert oberhalb (unterhalb) von Null auf eine positiv (negativ) zu bewertende Investition schließen lässt, wenn als Kalkulationszinssatz die ansonsten bei Investitionen geforderte Mindestrendite verwandt wird.

> Im Beispiel von *Abbildung 215* wurde von verschiedenen Prämissen ausgegangen, die in einem vollständigen Business Case unbedingt aufgedeckt werden sollten, um diese bei der Beurteilung der Ergebnisse des Business Case mit berücksichtigen zu können. Im Einzelnen wurde unterstellt, dass
> - das System bei Kunden eine Lebensdauer von 4 Jahren (Perioden) aufweist,
> - jeder Kunde in jedem Nutzungsjahr 2 Folgeinvestitionen tätigt,
> - das System bereits nach wenigen Jahren durch Alternativtechnologien bedroht wird, so dass eine rückläufige Anzahl von Erstinvestitionen (Erstinvestition/Absatzmenge (in Stück)) trotz reduzierter Einstiegspreise zu erwarten ist,
> - nach Periode 8 für weitere 3 Perioden Folgeinvestitionen zu Preisen angeboten werden, die genau den zugehörigen Auszahlungen entsprechen, so dass diese Zahlungen und damit auch Perioden im Business Case vernachlässigt werden konnten,
> - bei den Folgeinvestitionen nach 2 Jahren ein Preisverfall – z. B. durch zunehmende Konkurrenz – einsetzt,
> - keine Kostenveränderungen innerhalb der betrachteten 8 Perioden zu erwarten sind.

Für die Entscheidungsfindung ist es aber nicht nur entscheidend, dass die für das zur Entscheidung anstehende Systemgeschäft bestimmte Rendite oberhalb einer in der Unternehmung ansonsten geforderten Mindestrendite liegt. Darüber hinaus ist im Rahmen von **Sensitivitätsanalysen** zu prüfen, wie stabil die identifizierte Vorteilhaftigkeit ist. Würde etwa im Beispiel der *Abbildung 215* der interne Zins (Kalkulationszinssatz, bei dem der Kapitalwert Null wird) nur unbedeutend oberhalb des eingesetzten Kalkulationszinssatzes von 10 % liegen – tatsächlich liegt er bei 24,61 % –, dann würde dies das Risiko des angedachten Vermarktungsmodells unterstreichen. In diesem Fall würde bereits eine leichte Unter- oder Überschreitung der prognostizierten Ein- und Auszahlungen dazu führen, dass sich die errechnete Vorteilhaftigkeit in ihr Gegenteil verkehren würde.

Schließlich sollte die durch das Systemgeschäft erreichbare Verzinsung auch größer als die alternativ möglicher Geschäftstypen (z. B. Produktgeschäft) sein. Aus diesem Grunde sollte als **Kalkulationszinssatz** eigentlich die Rendite alternativer Vermarktungsmodelle Verwendung finden. Nur wenn das Systemgeschäft zur höchsten Verzinsung führt, sollte dieser Geschäftstyp als Vermarktungsansatz gewählt werden.

3 Management der Einstiegsinvestition

3.1 Überblick über Vermarktungsaufgaben

Kommt der Anbieter im Rahmen der Grundsatzentscheidung zu dem Ergebnis, dass er bestehende oder in den Markt einzuführende Leistungen im Systemgeschäft vermarkten will, weil ihm diese Form der Vermarktung – auch im Vergleich zu anderen Geschäftstypen – vorteilhaft erscheint, dann stellt sich für ihn im nächsten Schritt die Frage, wie das

Systemgeschäft ausgestaltet und aufgebaut werden soll. Bei bestimmten markt- und technologiebezogenen Rahmenbedingungen kann dabei die **Gestalt** des **Systemgeschäfts** mehr oder weniger stark **exogen vorgegeben** und damit der Gestaltungsfreiheit des Anbieters entzogen sein. Die Gestaltungsfreiheit eines Anbieters kann bspw. durch die **marktbezogenen Rahmenbedingungen** eingeschränkt sein, wenn vergleichbare Leistungen von Wettbewerbern bereits in einer bestimmten Systemgeschäftsform im Markt angeboten werden und später in den Markt eintretende Anbieter sich daher an dieser etablierten Gestalt des Systemgeschäfts ausrichten müssen.

> So fanden die in den 1990er Jahren in den liberalisierten Telekommunikationsmarkt eintretenden Wettbewerber der Deutschen Telekom „eingespielte" Vermarktungsmodelle vor. Beispielsweise bot der frühere Monopolist seine Leistungen Geschäfts- und Privatkunden traditionell in einer bestimmten Ausgestaltungsform des Systemgeschäfts an. Kunden hatten so Einstiegsinvestitionen zu tätigen, indem sie Anschlusskosten für den Telekommunikationsanschluss sowie Bereitstellungskosten für die Telekommunikationsanlage zu entrichten hatten. Für die Nutzung der Telekommunikationsanlage fielen dann monatliche Grundgebühren sowie nutzungsabhängige Entgelte an. Obwohl die neu in den Markt eintretenden Wettbewerber nicht gezwungen waren, dieses Vermarktungsmodell zu übernehmen, boten die meisten Konkurrenten ihre Leistungen – zumindest anfänglich – in praktisch identischer Form an. Zum einen gingen die Wettbewerber davon aus, dass sich die Kunden an dieser Form der Vermarktung gewöhnt hatten. Zum anderen wurde das Modell übernommen, um die den Kunden anfänglich eingeräumten Preisvorteile im Vergleich zum ehemaligen Monopolisten deutlich herausstellen zu können.

Auf der anderen Seite kann eine Verringerung der Gestaltungsmöglichkeiten auch auf **technologische Rahmenbedingungen** zurückgeführt werden. Gerade bei technologischen Systemen, bei denen die Systemarchitektur technologisch sehr komplex ist, können Anbieter zu einer bestimmten Ausgestaltung des Systemgeschäfts gezwungen sein, wenn die eingesetzte Technologie keine andere Vermarktungsgestaltung (zu vertretbaren ökonomischen Bedingungen) erlaubt.

> Dies gilt natürlich auch für die Motive der Nachfrager. Die Fluggesellschaft Dba, seit 2006 Bestandteil von Air Berlin, orderte am Anfang der 2000er Jahre 40 Boeings, konnte jedoch nur fünf davon bezahlen. Der Listenpreis einer Maschine des Typs 737–700 und 737–800 beläuft sich auf ungefähr 54 Millionen US$. Dennoch erklärte der damalige Eigner Hans-Rudolf Wöhrl „Unser Verbleib bei Boeing spart viel Geld", denn die Piloten und Techniker der Fluglinie hätten bereits Erfahrungen mit den Flugzeugen des Herstellers Boeing und eben nicht mit Airbus gesammelt. „Dieses Know-how ginge bei einer Flottenumstellung bedauerlicherweise verloren." (vgl. *Spiegel Online*, 2005b)

Sofern allerdings **Gestaltungsoptionen** beim Management der Einstiegsinvestition bestehen, so können diese aus der grundlegenden Zielsetzung dieser Vermarktungsaufgabe abgeleitet werden. Das **Ziel** beim Management der Einstiegsinvestition besteht darin, das in den Markt einzuführende System im Hinblick auf den Systemnutzen und den mit dem System für den Nachfrager verbundenen Nutzenentgang so zu konzeptionieren und dem Markt zu kommunizieren, dass die von Nachfragern bei diesem System empfundene Unsicherheit gerade noch akzeptiert werden kann.

Aus dieser übergeordneten Zielsetzung lassen sich als zentrale Vermarktungsaufgaben beim Management der Einstiegsinvestition die

- Gestaltung und
- Kommunikation

von Systemangeboten ableiten. Während es bei der **System-Gestaltung** darum geht, einerseits die Systemkonzeption (Systemnutzen) und andererseits das System-Pricing (Systemnutzen-Entgang) zu bestimmen, steht im Mittelpunkt der **System-Kommunikation** der Versuch, die Wahrnehmung der entwickelten Konzeption bei Nachfragern so zu beeinflussen, dass Nachfrager zur Systemadoption bereit sind.

3.2 System-Gestaltung

3.2.1 Konzeption des Systems

Bei der Festlegung der Konzeption eines Systems handelt es sich vor allem um eine **produktpolitische Aufgabe** innerhalb des Managements der Einstiegsinvestition. Anders als in anderen Geschäftstypen bezieht sich diese Aufgabe im Systemgeschäft allerdings auf verschiedene Teilleistungen und Komponenten. So sind die Systembestandteile (Einstiegsprodukt, Folgeprodukte) und damit zusammenhängend auch die Systemarchitektur produktpolitisch zu gestalten. Von besonderer Bedeutung ist dabei die **Definition der Systemarchitektur**, da diese zum einen eine produktpolitische Prädisposition der einzelnen Systembestandteile darstellt. Je nachdem, wie die Systemarchitektur gestaltet wird, müssen die Einstiegsleistung und die Folgeprodukte entsprechend angepasst in den Markt eingeführt werden. Zum anderen kommt der Systemarchitektur großes Gewicht zu, da ihre Gestaltung ganz wesentlich für die Entstehung und das Ausmaß der Nachfragerunsicherheit verantwortlich ist und daher den gesamten Vermarktungsprozess direkt steuert.

> Seit geraumer Zeit wird in Deutschland über den abhörsicheren Digitalfunk „TETRA" (Terrestrial Trunked Radio) diskutiert. Dieses System ermöglicht allen Einsatzkräften von Polizei, Feuerwehr und Rettungsdiensten ihre Funkgeräte zusammenzuschalten, damit schneller und einfacher kommunizieren und darüber hinaus Daten wie Fotos oder Lagepläne weiterleiten zu können. Diese neue Technik macht jedoch, als Konsequenz der Entscheidung für den digitalen Funk, den Erwerb spezieller Fahrzeugfunkgeräte, Handsprechfunkgeräte und fest installierter Funkgeräten in den Wachen und Leitstellen erforderlich (vgl. *Projektgruppe Bos-Digitalfunk Aachen*, 2005). Da jedoch somit die Einführung erhebliche zusätzliche öffentliche Investitionen nach sich zog, deren Notwendigkeit und Dringlichkeit von den Bundesländern in Deutschland unterschiedlich eingeschätzt wurden, konnten sich die Bundesländer auf kein einheitliches Vorgehen einigen. Als Folge ist die Implementierung unterschiedlicher technischer Lösungen in den Bundesländern geplant bzw. realisiert.

Angesichts der zentralen Bedeutung, die der Systemarchitektur für den Erfolg des gesamten Systemgeschäfts zukommt, sollte die Gestaltung der Systemarchitektur unter **Einbeziehung von potenziellen Nachfragern** erfolgen. *Erichsson* (1994) weist hierbei auf die besondere Bedeutung von **User Groups** im Systemgeschäft hin. Hierunter sind Foren von Anwendern zu verstehen, die aus aktuellen und potenziellen Nachfrager-Unternehmen stammen, über Beschaffung, Beurteilung und Implementierung innovativer Technologiekonzepte diskutieren und ggf. initiierenden Anbietern Anstöße für Produktentwicklungen oder -variationen geben (vgl. *Erichsson*, 1994, S. 57; *Strothmann/Kliche*, 1989a, S. 119). Da Systemarchitekturen nicht für einzelne Nachfrager, sondern für Marktsegmente und Märkte entwickelt werden, stellen User Groups eine Möglichkeit dar, um Nachfragerinformationen in die Gestaltung von Systemarchitekturen einfließen zu lassen.

Bei der Gestaltung des Systems bzw. der Systemarchitektur sind Entscheidungen in Bezug auf die

- Determiniertheit,
- Geschlossenheit,
- Ausgewogenheit und
- Latenz

zu treffen. Wie *Abbildung 216* deutlich macht, handelt es sich bei diesen Dimensionen um Kontinua. Mit anderen Worten müssen die Unternehmen nicht zwangsläufig die Extremausprägungen der Dimensionen wählen. Sie können auch **Zwischenformen** anstatt der extremalen Ausprägungen implementieren.

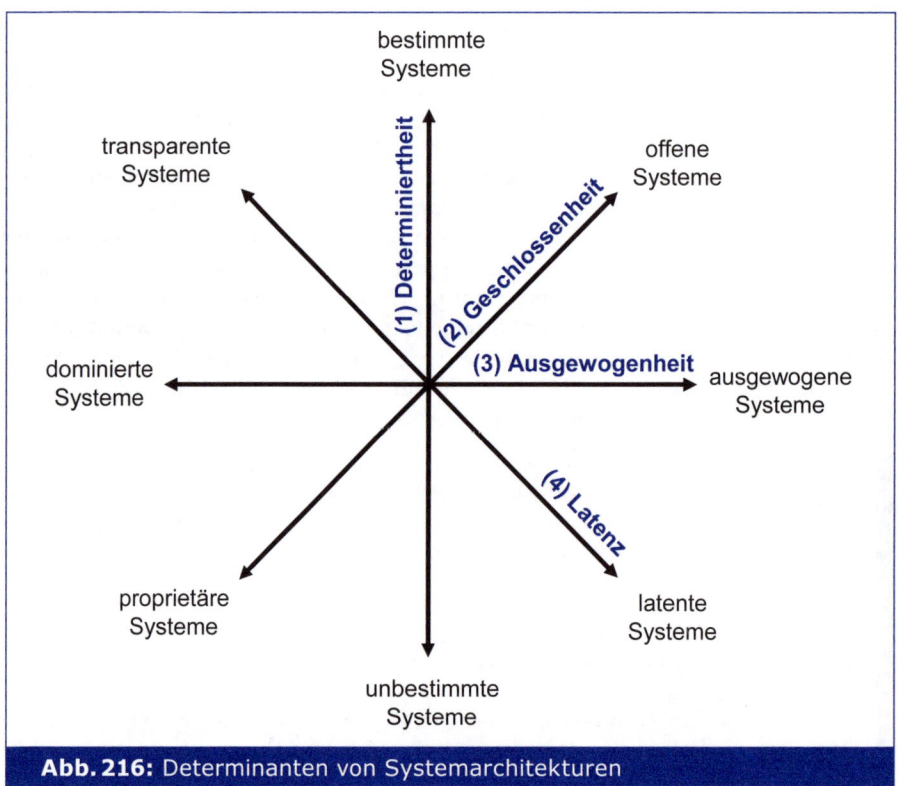

Abb. 216: Determinanten von Systemarchitekturen

Determinanten der Systemgestaltung

(1) Determiniertheit des Systems

Systeme lassen sich zunächst durch ihre Determiniertheit beschreiben und systematisieren. Unter Determiniertheit ist dabei das Ausmaß von Bekanntheit und Prädisposition der Folgeinvestitionen zu verstehen. Von **unbestimmten Systemen** soll demnach dann gesprochen werden, wenn zwar von Folgeinvestitionen beim Systemeinstieg durch den Nachfrager ausgegangen wird, zugleich aber noch völlig offen ist, wie diese konkret aussehen werden bzw. durch den Anbieter zu gestalten sind. Hingegen stehen die Folgeinvestitionen bei **bestimmten Systemen** bereits zum Zeitpunkt der Einstiegsinvestition weitgehend fest. Häufig entscheiden sich Nachfrager bei bestimmten Systemen allein aus finanziellen oder anderen ökonomischen Gründen (vgl. ökonomisch begründeter Systemkauf) dazu, keine Gesamtinvestition zu tätigen und stattdessen einen Systemkauf vorzunehmen.

Der Grad der Determiniertheit eines Systems wird dabei durch einen sachlichen und einen zeitlichen Aspekt gebildet. Determiniertheit (bzw. Unbestimmtheit) in **sachlicher Hinsicht** liegt dann vor, wenn zum Zeitpunkt des Systemeinstiegs unklar ist, welche weiteren

Folgeinvestitionen innerhalb der mit der Einstiegsinvestition festgelegten Systemarchitektur vorgenommen werden sollen.

> Nachfrager, die sich heute für ein Betriebssystem wie Linux oder Windows entscheiden und mit dieser Systemeinstiegsentscheidung bestimmte Software-Pakete (z. B. Office-Produkte) erwerben, schließen damit nicht aus, dass sie zukünftig weitere Software erwerben, die aufbauend auf dem gewählten Betriebssystem genutzt werden soll. Sollte bspw. zukünftig Spracherkennungssoftware in verbesserter Qualität verfügbar sein, könnte der Nachfrager diese erwerben und einsetzen wollen. Ebenso vorstellbar ist allerdings auch, dass zukünftig etwa Internet-Telefonie eingesetzt werden soll. Der Nachfrager wird sich also beim Kauf eines Betriebssystems des Systemgeschäftscharakters bewusst sein – er geht so davon aus, dass zukünftige Folgeinvestitionen anfallen werden –, zugleich ist ihm aber unbekannt, welche speziellen Folgeinvestitionen er konkret durchführen wird.

Hingegen soll von Determiniertheit (bzw. Unbestimmtheit) in **zeitlicher Hinsicht** gesprochen werden, wenn der Zeitpunkt unbekannt ist, zu welchem Folgeinvestitionen durchgeführt werden. Während Determiniertheit (bzw. Unbestimmtheit) in sachlicher Hinsicht zumeist mit der in zeitlicher Hinsicht parallel auftritt – steht die Folgeinvestition der Sache nach nicht fest, so ist zumeist auch unbekannt, wann diese vorgenommen wird – kann zeitliche Systemunbestimmtheit auch separat bestehen.

> Ein Unternehmen, das seine Verwaltungsgebäude einheitlich neu möblieren möchte, sich aus finanziellen Gründen jedoch zunächst nur in der Lage sieht, einen ersten Bürokomplex neu auszustatten, ist hinsichtlich der Art der für die Zukunft geplanten weiteren Büromöbelkäufe festgelegt. Allerdings besteht Unbestimmtheit in zeitlicher Hinsicht, wenn das Unternehmen noch keinen Zeitpunkt festgelegt hat, wann die übrigen Verwaltungsgebäude im gleichen Möbeldesign ausgestattet werden sollen. Sollte sich etwa die wirtschaftliche Lage in naher Zukunft positiv darstellen, würde das Unternehmen die übrigen Verwaltungsgebäude frühzeitiger ebenfalls mit neuen Möbeln ausstatten. Hingegen würde die Beschaffung bei schlechter wirtschaftlicher Entwicklung erst sehr viel später erfolgen.

Für die Vermarktung eines Systems ist dessen Determiniertheit entscheidend, da hiervon vor allem die **nutzungsbezogene Unsicherheit** von Nachfragern abhängt. Während die nutzungsbezogene Unsicherheit bei determinierten Systemen – zumindest was deren Entstehung nach Art und Zeitpunkt angeht – geringer ist, stellt sie bei unbestimmten Systemen ggf. einen entscheidenden Hemmnisfaktor für den Systemeinstieg dar. Für Nachfrager entsteht bei unbestimmten Systemen zusätzliche Unsicherheit im Vorfeld des Systemeinstiegs, wenn Art und/oder Zeitpunkt von Folgeinvestitionen unbekannt sind.

(2) Geschlossenheit des Systems

Als ein wesentliches Motiv für Anbieter, Leistungen im Systemgeschäft zu vermarkten, wurde die Einschränkung des Wettbewerbs bei Folgeinvestitionen eingestuft. Der Umfang der „Monopolisierung" hängt allerdings vom Geschlossenheitsgrad des Systems ab. Gelingt es dem Anbieter, ein **proprietäres System** im Markt zu etablieren, so ist die Monopolisierung sehr stark, da Nachfrager im Rahmen von Folgeinvestitionen nur noch Leistungen des betreffenden Anbieters in das System integrieren können.

> Ein typisches proprietäres System stellte in der Vergangenheit das weitverbreitete SAP R/3-System dar. Es verwendete eine eigene, außerhalb des Systems nicht benutzbare Programmiersprache (ABAP IV). Dadurch entstand eine hohe Abhängigkeit des Anwender-Unternehmens vom Hersteller, da auch die übrigen IuK-Kapazitäten größtenteils auf SAP fixiert werden mussten.

Hingegen soll von einem **offenen System** dann gesprochen werden, wenn Nachfrager bei Folgeinvestitionen zwischen den Angeboten verschiedener Unternehmen wählen können. Offene Systeme weisen demnach insgesamt eine nur geringe Systembindung für Nachfrager auf, da diese trotz vorhergehender Entscheidung für eine bestimmte Systemarchitektur bei Folgeinvestitionen nicht ausschließlich auf die Leistungen des Erstinvestitionsanbieters angewiesen sind. Bei diesen Systemen werden Folgekäufe allein technisch angestoßen (vgl. *Beinlich*, 1998, S. 24 ff.).

Der Geschlossenheitsgrad von Systemen stellt dabei typischerweise einen **Interessenkonflikt** zwischen Anbieter und Nachfrager dar. Während für Anbieter proprietäre Systeme attraktiv sind – hier ist der Vorteil der Einschränkung des Wettbewerbs bei Folgeinvestitionen maximal –, ziehen Nachfrager i. d. R. offene Systeme aufgrund der dort in nur geringerem Maße vorhandenen Systembindung (und damit auch geringeren verhaltensbezogenen Unsicherheit) vor. Angesichts dieses Interessenkonflikts hängt der vom Anbieter im Markt durchsetzbare Geschlossenheitsgrad wesentlich von seiner Marktstellung und dem Nettonutzen des angebotenen Systems ab. Je dominanter Anbieter in Märkten sind bzw. je größer der Nettonutzenvorteil der angebotenen Systeme im Vergleich zu Konkurrenzangeboten ist, desto eher wird es dem Anbieter möglich sein, proprietäre Systeme im Markt durchzusetzen. Auch wenn es Anbietern gelingt, solche Systeme in Märkten einzuführen, kann der Geschlossenheitsgrad im Zeitablauf unter Druck geraten. Da Nachfrager ein Interesse an Angebotsalternativen haben, entstehen Marktchancen für Anbieter, die versuchen zur Systemarchitektur kompatible Produkte zu entwickeln und in Konkurrenz zum Angebot des Systemeigentümers Kunden anzubieten. Ein typisches Beispiel stellt der Markt für PC-Drucker dar, in dem neben den Anbietern von Original-Tintenpatronen (z. B. Hewlett-Packard) inzwischen eine Vielzahl von Konkurrenten aktiv ist, die deutlich preisgünstigere Patronen den Kunden der Drucker-Hersteller anbieten.

Darüber hinaus darf nicht übersehen werden, dass Systemanbieter auch über Motive verfügen, die von ihnen angebotenen Systeme offen zu gestalten. Im Einzelnen ist hierbei vor allem an folgende **Vorteile** offener Systeme zu denken:

- **Know-how-Vorteil**: Indem sich Anbieter auf Teile des Gesamtsystems konzentrieren, etwa die Systemarchitektur sowie ausgewählte Systemkomponenten und andere Systembausteine gezielt von Dritten in das Gesamtsystem integrieren, kann das Know-how spezialisierter Drittunternehmen erschlossen werden, so dass das Gesamtsystem für Kunden qualitativ hochwertiger wird.
- **Verbreitungsvorteil**: Werden Teile des Systems von anderen Unternehmen beigesteuert, so kann sich dies vorteilhaft auf die Verbreitung der Systemarchitektur auswirken. Da die Anbieter, die Folgeinvestitionen zum Gesamtsystem beisteuern, ihre Leistungen nur an Kundenunternehmen vermarkten können, die die Einstiegsinvestition vom Systemanbieter bezogen haben, verfügen diese Unternehmen über ein Motiv, die Verbreitung des Systems zu beschleunigen.

> Ein Unternehmen, das durch gezielten Einsatz von Lizenzpolitik eine starke Ausweitung der eigenen Systemlösung erreicht hat, stellt die SAP Deutschland AG, Walldorf, dar (vgl. zum Folgenden *Voeth*, 2003, S. 249 f.). SAP entwickelt und vertreibt vor allem kaufmännische Standardsoftware. Der große Erfolg des Unternehmens ist u. a. darauf zurückzuführen, dass diese Software vor allem für mittelständische Unternehmen geeignet ist, für die sich die aufwendige Entwicklung von Spezialsoftware nicht lohnt.
>
> Da das Unternehmen jedoch vor allem Standardsoftware anbietet (Einstiegsinvestition), besteht für Kunden die Notwendigkeit, diese auf die Spezifika des eigenen Unternehmens anzupassen. Da hierzu umfassende Kenntnisse über die Software erforderlich sind, müssen Kunden zumeist

zusätzliche Beratungsleistungen in Anspruch nehmen (Folgeinvestition). SAP hätte nun auf die Idee kommen können, die kundenbezogenen Anpassungen als Teil der eigenen Wertschöpfung zu interpretieren. Die Folge wäre allerdings gewesen, dass sich SAP-Software nur relativ langsam verbreitet hätte, da das Unternehmen kaum in der Lage gewesen wäre, dem bei schnellem Wachstum entstehenden Beratungsbedarf durch eigene Mitarbeiter nachzukommen. Daher hat das Unternehmen ein breit angelegtes Lizenzierungs- und Zertifizierungssystem aufgebaut (vgl. die Skizze in *Abbildung 217*). Dieses beruht auf den Grundsätzen, dass

– Beratungsleistungen für SAP-Software nur von zertifizierten SAP-Beratern erfolgen darf,
– diese SAP-Berater nicht unbedingt Mitarbeiter von SAP sein müssen,
– die Ausbildung zum SAP-Berater zwar nicht von SAP, jedoch nur von durch SAP geprüfte und lizenzierte Weiterbildungsinstitutionen erfolgen darf,
– die Vergabe von SAP-Zertifikaten nur durch SAP erfolgen darf.

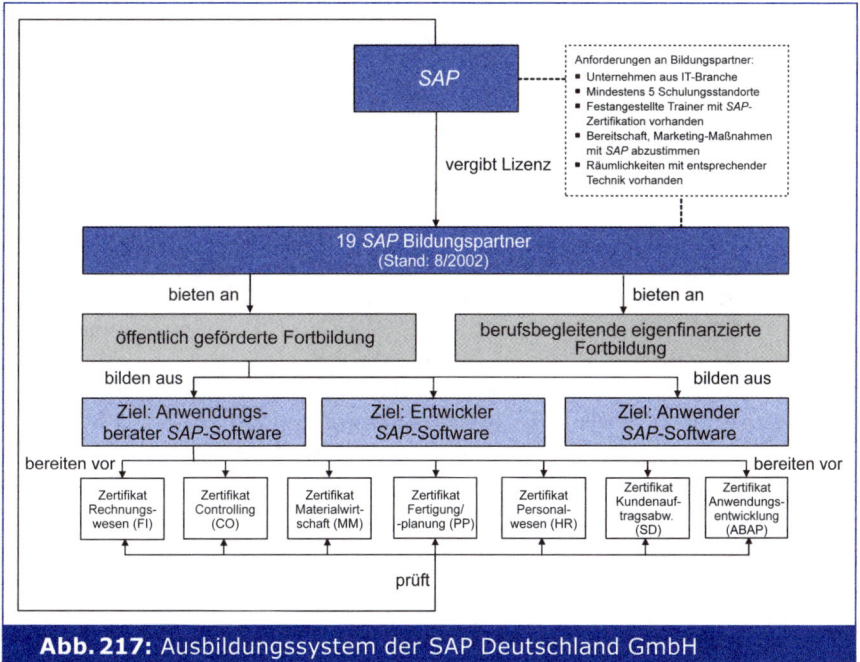

Abb. 217: Ausbildungssystem der SAP Deutschland GmbH

- **Verbundvorteil**: Darüber hinaus kann die Öffnung des Systems für Angebote bei Folgeinvestitionen von Dritten auch zur Verfügbarkeit eines breiteren Leistungsspektrums führen. Indem spezialisierte Wettbewerber systemkompatible Angebote entwickeln und Kunden offerieren, steigt die Gesamtsystemattraktivität und stärkt die Wettbewerbsfähigkeit des vom Anbieter entwickelten Systems. So lässt sich bspw. der enorme Erfolg der PC-Betriebssysteme von *Microsoft* u. a. dadurch erklären, dass praktisch von Beginn anderen Software-Unternehmen die Möglichkeit eingeräumt wurde, zu den *Microsoft*-Betriebssystemen kompatible Anwendungssoftware anzubieten. Der Vorteil dieser Offerte lag dabei auf beiden Seiten: Während die Software-Unternehmen durch die zunehmende Verbreitung der Microsoft-Betriebssysteme eine immer größere Kundengruppe mit ihren Produkten erreichten, förderte das zusätzliche Angebot kompatibler Software-Produkte die Attraktivität der Microsoft-Systeme.
- **Entwicklungsvorteil**: Schließlich kann das Gesamtsystem, vor allem aber die Systemarchitektur auch zusätzliche Entwicklungsdynamik durch Drittanbieter erlangen. Indem

Unternehmen kompatible Systembausteine entwickeln, können entweder Schwachstellen sowie darauf aufbauende Verbesserungsvorschläge für bestehende Systemarchitekturen oder aber Ansatzpunkte für weiterentwickelte Systemarchitekturen generiert werden.

Vor diesem Hintergrund haben Systemanbieter abzuwägen, ob die Vorteile einer „Monopolisierung" bei einem proprietären System die angeführten Vorteile eines offenen Systems überwiegen.

(3) Ausgewogenheitsgrad des Systems

Darüber hinaus lassen sich Systeme auch über ihre Ausgewogenheit charakterisieren. Ausgewogenheit bezieht sich dabei auf das **Investitionsverhältnis** und/oder das **Nutzungsverhältnis** verschiedener Systembestandteile. Zum einen kann dabei die Beziehung zwischen der Einstiegsinvestition und den Folgeinvestitionen gemeint sein. Zum anderen lässt sich die Ausgewogenheit eines Systems auch durch das Verhältnis zwischen den Folgeinvestitionen beschreiben.

Von einem **dominierten System** ist dann zu sprechen, wenn ein Systembestandteil, Einstiegsinvestition oder (einzelne) Folgeinvestitionen, die für das ganze System erforderliche Gesamtinvestition wesentlich prägen. Die Dominanz kann sich dabei auf das Investitionsverhältnis beziehen – hier nimmt dann etwa die Einstiegsinvestition einen Großteil der Gesamtinvestitionssumme ein – und/oder auf das Nutzungsverhältnis. Von Dominanz bei der Nutzung ist etwa dann auszugehen, wenn sich die Einstiegsinvestition auf die Hauptkomponente (z. B. Drucker) bezieht und die Folgeinvestitionen allein Zubehör oder Verbrauchsmaterialien (z. B. Farbpatronen) umfassen. Im Gegensatz dazu liegt ein **ausgewogenes System** vor, wenn der Einstiegsinvestition auf der einen und der einzelnen Folgeinvestition bzw. der Gesamtheit der erwarteten und wahrgenommenen Folgeinvestitionen auf der anderen Seite ein annähernd gleiches Gewicht innerhalb der Gesamtinvestition bzw. in Bezug auf die Systemnutzung zukommt. Der Extremfall eines **vollständig ausgewogenen Systems** liegt dabei dann vor, wenn Einstiegs- und alle Folgeinvestitionen vollkommen identisch sind.

> In dem im Abschnitt Teil 3 Kap. D. I. 2.1.2.2 beschriebenen Beispiel stattet eine Unternehmensberatung einen Gebäudekomplex sukzessiv mit neuen Büromöbeln aus. Im ersten Jahr wird die erste, im zweiten Jahr die zweite und im dritten Jahr die oberste Etage mit neuen Möbeln versehen. Um ein einheitliches Aussehen der Möblierung in allen Büros zu erreichen, sollen dabei stets Möbel der gleichen Design-Linie (und damit eines bestimmten Herstellers) gekauft werden. Offensichtlich wird die Gesamtbeschaffung damit in eine Einstiegs- und zwei Folgeinvestitionen zerlegt. Einstiegs- und Folgeinvestitionen sind dabei vollkommen identisch, da es sich jeweils um gleiche Möbel für eine Etage handelt.

Von einem **teilweise ausgewogenen System** ist demnach dann zu sprechen, wenn das System etwa in Bezug auf das Verhältnis zwischen Einstiegsinvestition und Folgeinvestition dominiert, aber in Bezug auf das Verhältnis der Folgetransaktionen untereinander als ausgewogen zu klassifizieren ist.

Die Frage, ob ein System insgesamt eher dominiert oder ausgewogen ist, ist für die Vermarktungsbemühungen des Anbieters von Bedeutung, da hiervon das Ausmaß der Nachfragerunsicherheit abhängt. In Bezug auf das **Investitionsverhältnis** besteht bspw. auf der einen Seite ein Zusammenhang zwischen der Höhe der **Einstiegsinvestition** und der **verhaltensbezogenen Nachfragerunsicherheit**. Je dominierter ein System durch die Einstiegsinvestition ist, desto größer ist die vor der Einstiegsinvestition nachfragerseitig wahrgenommene (verhaltensbezogene) Unsicherheit. Dies ist darauf zurückzuführen, dass in einem solchen System mit der Einstiegsinvestition eine größere Systembindung verbunden ist. Sofern der

Nachfrager nach Durchführung der Einstiegsinvestition auf ein konkurrierendes System überwechseln will, wird er hieran bei einem solchen System durch die Einstiegsinvestition in größerem Umfang gehindert als dies bei einem weniger stark durch die Einstiegsinvestition dominierten System der Fall ist. Auf der anderen Seite wird durch hohe **Folgeinvestitionen nutzungsbezogene Unsicherheit** ausgelöst. Treten hohe Folgeinvestitionen bei einem System auf, so lässt sich die ökonomische Vorteilhaftigkeit des Gesamtsystems im Vorfeld immer dann nur schwer abschätzen, wenn Informationen über Art, Häufigkeit und Zeitpunkt der Folgeinvestitionen vor der Einstiegsinvestition nicht vollständig vorliegen. In einem solchen Fall mag die aus der Systembindung entstehende Unsicherheit – angesichts einer geringeren Einstiegsinvestition – unbedeutend sein; zugleich kann jedoch die aus den Folgeinvestitionen entstehende nutzungsbezogene Unsicherheit dazu führen, dass Nachfrager den Systemeinstieg herausschieben oder vermeiden.

Zusammengenommen zeigt sich, dass das Verhältnis aus Einstiegsinvestition und Folgeinvestitionen in Bezug auf Investition und Nutzung grundlegenden Einfluss auf die Nachfragerunsicherheit im Systemgeschäft hat. Wie *Abbildung 218* verdeutlicht, ist der nachfragerseitige Beurteilungsprozess vor allem durch verhaltensbezogene (nutzungsbezogene) Nachfragerunsicherheit geprägt, wenn die Einstiegsinvestition (Folgeinvestitionen) einen dominierenden Anteil einnimmt (einnehmen). Wird zudem unterstellt, dass die verhaltens- bzw. nutzungsbezogene Unsicherheit bei Anstieg von Erst- oder Folgeinvestition überproportional anwächst, dann sind ausgewogene Systeme durch eine strukturell geringere Nachfragerunsicherheit als dominierte Systeme gekennzeichnet.

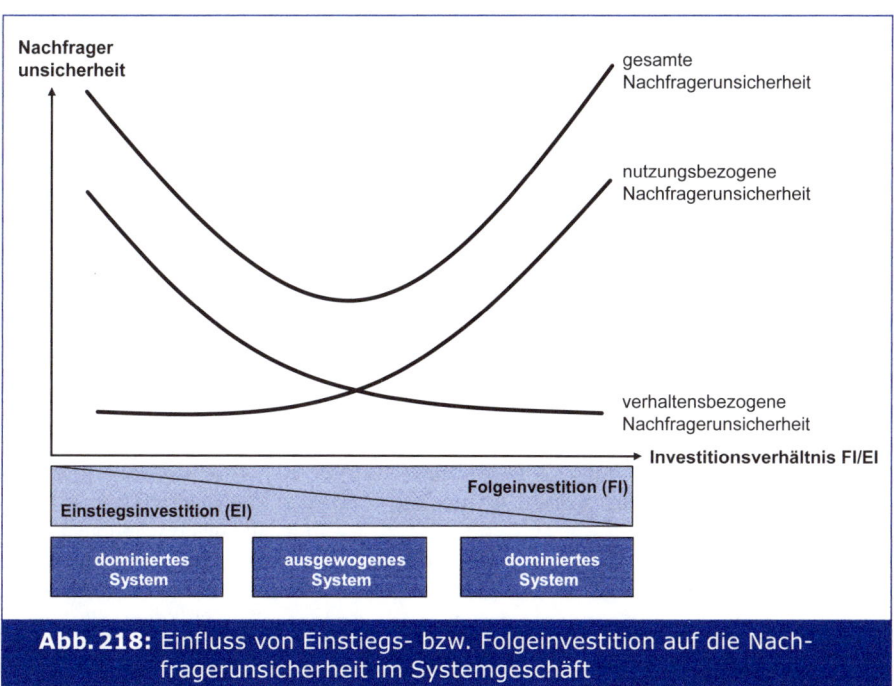

Abb. 218: Einfluss von Einstiegs- bzw. Folgeinvestition auf die Nachfragerunsicherheit im Systemgeschäft

Die Ausgewogenheit von Systemen ist dabei allerdings nicht immer technologisch vorgegeben. Stattdessen stellt sie vielmehr häufig das **Ergebnis unternehmerischer Entscheidungen** dar. Beispielsweise können Systemanbieter das Verhältnis von Einstiegs- und

Folgeinvestitionen durch eine entsprechende Ausgestaltung der Marketing-Instrumente gezielt modellieren. Neben preispolitischen Maßnahmen kommt dabei auch die Produktpolitik in Frage. Beispielsweise können Systemanbieter das Verhältnis von Erstinvestition und Folgeinvestitionen durch

- Entbündelung oder
- Bündelung

von Systembestandteilen beeinflussen.

Durch **Entbündelung** lässt sich das (wahrgenommene) Gewicht von Einstiegs- oder Folgeinvestition absenken. Soll bspw. die Bedeutung der Einstiegsinvestition in den Augen von Kunden reduziert werden, so bietet es sich an, die Einstiegsinvestition „schlanker" zu gestalten, indem alle separierbaren Bestandteile der Einstiegsinvestition als Folgeinvestitionen ausgewiesen werden.

> Ein Software-Anbieter, dem bekannt ist, dass Kunden i. a. R. eine Einführung in das von ihm angebotene System benötigen, kann die Mitarbeiterschulung entweder als Bestandteil des Systemkaufs ausweisen oder von diesem trennen und separat als optionale Folgeinvestition anbieten. Wenn der Anbieter dabei das Ziel verfolgt, die Bedeutung der Einstiegsinvestition in den Augen seiner Kunden zu reduzieren, wird er eher versuchen, die Software ohne die obligatorische Mitarbeitereinführung auszuweisen.
>
> Mitunter gehen Anbieter beim Versuch, die Einstiegsinvestition schlanker zu gestalten, sogar soweit, dass sie zur Systemnutzung erforderliche Materialien oder Zubehör nur teilweise oder gar nicht mitliefern. Bei PC-Druckern wurden bspw. früher oftmals Druckeranschlusskabel im Basispaket nicht mitgeliefert oder Farbpatronen bei neu erworbenen Druckern nur z. T. aufgefüllt.

Ebenso lässt sich die wahrgenommene Bedeutung der Folgeinvestitionen produktpolitisch beeinflussen. Indem etwa Folgeinvestitionen in mehrere einzelne Folgeinvestitionen zerlegt werden, lässt sich die Investitionssumme für die einzelne Folgeinvestition reduzieren, was deren Bedeutung für Nachfrager ggf. geringer erscheinen lässt.

> Dieser Effekt lässt sich wiederum am Beispiel von PC-Druckern beschreiben. Der Preis der Farbpatronen hängt ganz wesentlich von deren Füllmenge ab. Wird die Füllmenge reduziert, so müssen Kunden zwar häufig Patronenwechsel vornehmen; andererseits kann der Systemanbieter jedoch den Preis pro Patrone absenken und dadurch den Effekt eines geringeren Gewichts der Folgeinvestitionen erzielen.

Ebenso lässt sich das Verhältnis aus Einstiegsinvestition und Folgeinvestitionen auch durch Bundling-Maßnahmen steuern. Unter **Bündelung** versteht dabei *Guiltinan* (1987, S. 74) „the practice of marketing two or more products and/or services in a single ‚package' for a special price". Übertragen auf die für das Systemgeschäft typische Beschaffungsschrittfolge kann dies zum einen bedeuten, dass der Systemanbieter das Gewicht der Einstiegsinvestition vergrößern kann, indem er diese mit einem Teil der zu erwartenden Folgeinvestitionen zu einem Paket zusammenfasst. Hierdurch verändert er die Ausgewogenheit des Gesamtsystems zugunsten der Einstiegsinvestition. Vorteilhaft ist eine solche Maßnahme immer dann, wenn die Systembindung Nachfragern ansonsten zu groß ist. Denn durch das Zusammenfassen der Einstiegsinvestition mit Teilen der Folgeinvestitionen reduziert sich der Systemgeschäftscharakter des Gesamtsystems, so dass sich die im Vorfeld bestehende (verhaltensbezogene) Nachfragerunsicherheit verringert.

> Die *Tetra Pak* GmbH & Co. KG, Hochheim, stellt komplette Systeme zur Behandlung, Veredelung, Verpackung und Distribution flüssiger Nahrungsmittel her (vgl. zum Folgenden *Niestroy*, 2000). Die Grundidee für Tetraeder-Verpackung besteht dabei darin, dass beschichtetes Papier von der

Rolle zu einem Schlauch geformt, gefüllt und unterhalb des Flüssigkeitsspiegels versiegelt wird. Dies geschieht in einem kontinuierlichen Prozess, da die Verpackungen in einer Maschine geformt, gefüllt und versiegelt werden. Diese Prozess- und Verpackungsausrüstung ermöglicht Kunden die optimale Nutzung der Rohstoffe sowie die schonende Behandlung und Veredelung der Produkte. Hierdurch soll die Produktqualität bewahrt, der Abfall minimiert und die Distributionskosten verringert werden. Zu einer Prozessausrüstung gehören dabei Separatoren, Homogenisatoren, Wärmetauscher, Verdampfer, Anlagen zur aseptischen Behandlung sowie Leistungs- und Automatisierungssysteme. Schließlich stehen als Verpackungssysteme verschiedene Alternativen zur Verfügung. Da der Betrieb einer Prozessanlage spezifische Verpackungsmaterialien erfordert, bietet das Unternehmen seinen Kunden nicht nur die Anlagen, sondern auch die zugehörigen Verpackungsmaterialien an.

Die *Tetra Pak* GmbH, die weltweit Prozessanlagen ausliefert und in Deutschland Marktführer mit einem Marktanteil von bis zu 85 % (H-Milch) ist, konnte lange Zeit ihr Geschäftsmodell in den bearbeiteten Märkten allein über den Nutzenvorteil des Systems durchsetzen. Da das Tetra Pak-System als erstes seiner Art den Kunden eine vollständige aseptische Sicherheit versprach, konnten lange Zeit nur Tetra Paks ohne Kühlung transportiert und in normalen Regalen im Handel platziert werden. Aufgrund dieser Vorteile verfügte Tetra Pak lange Zeit über eine unangefochtene Marktstellung bei flüssigen Nahrungsmitteln wie H-Milch oder Fruchtsäften. Um Nachfragern dabei größere Sicherheit im Hinblick auf die Folgeinvestitionen zu geben, setzt das Unternehmen sog. Verpackungsmaschinenverträge ein. Hierbei können die Kunden Verträge mit dem Unternehmen abschließen, die sich nicht nur auf die Lieferung einer Verpackungsmaschine beziehen, sondern zugleich auch die Lieferung von Verpackungsmaterialien zu feststehenden Konditionen beinhalten. Durch die Bündelung der Einstiegsinvestition sowie der Konditionen der in einem bestimmten Zeitraum zu tätigenden Folgeinvestitionen nimmt das Gewicht der (eigenständigen) Folgeinvestitionen ab. Die Kunden erhalten Planungssicherheit in Bezug auf einen Teil der Folgeinvestitionen.

Zum anderen kann der Systemanbieter das Gewicht der (einzelnen) Folgeinvestition steigern, indem er verschiedene **Folgeinvestitionen** zu Paketen **bündelt**. Durch Vergrößerung der Packung – etwa bei einem Drucker-Hersteller – oder durch Zusammenfassung von sachlich verschiedenen Folgeinvestitionen – wenn bspw. ein Software-Anbieter die Folgeinvestition „Implementierung" und „Mitarbeiterschulung" als Paket anbietet – können Systeme, die einstiegsinvestitionslastig wahrgenommen werden, ausgewogener positioniert werden.

(4) Latenzgrad des Systems

Der Latenzgrad eines Systems beschreibt das Ausmaß des im Vorfeld des Systemeinstiegs wahrgenommenen Systemcharakters. Ein **transparentes System** liegt demnach dann vor, wenn sich der Nachfrager beim Systemeinstieg der Tatsache bewusst ist, dass er sich mit dieser Investition auf eine Systemarchitektur festlegt und daher bei Folgeinvestitionen gebunden ist. Im Gegensatz dazu ist ein **latentes System** dadurch gekennzeichnet, dass dem Nachfrager im Vorfeld des Systemeinstiegs der Systemgeschäftscharakter der anstehenden Einstiegsinvestition nicht offensichtlich ist. Erst nach dem Systemeinstieg, etwa im Zusammenhang mit bevorstehenden Folgeinvestitionen, tritt der Systemcharakter für den Nachfrager zutage und veranlasst diesen dazu, die (unwissentlich) festgelegte Systemarchitektur bei Folgeinvestitionen zu berücksichtigen (vgl. *Kleinaltenkamp/Kühne*, 2003, S. 16).

Latente Systeme finden sich häufig in Bereichen, in denen Produkte (Einstiegsinvestitionen) später spezifische Verbrauchsmaterialien, spezielle Wartung oder gezielte Schulung erforderlich machen. Hier liegt das Hauptaugenmerk der Kunden anfänglich nicht selten vor allem auf dem Hauptprodukt. Erst zu späteren Zeitpunkten, etwa wenn Wartung oder Schulung notwendig wird, wird Kunden der Systemcharakter der erworbenen Leistung sichtbar. Anbieter, die Preis- und/

oder Leistungsnachteile bei den Einstiegsinvestitionsprodukten aufweisen, jedoch zugleich bei Hinzuziehung der im Rahmen von Folgeinvestitionen anfallenden Zusatzkosten im Vorteil liegen, versuchen dies dadurch zu korrigieren, indem sie z. B. im Rahmen von Lifecycle Costs- oder Total Costs of Ownership-Berechnungen Kunden den Systemcharakter der Einstiegsinvestition deutlich machen.

Latente Systeme weisen die Besonderheit auf, dass sie partiell außerhalb des Systemsgeschäfts angesiedelt sind. *Mühlfeld* (2004) hat so gezeigt, dass bei der Geschäftstypenzuordnung zwischen der Anbieter- und Nachfragerperspektive unterschieden werden muss (vgl. auch *Mühlfeld*, 2007). Auch wenn häufig die Zuordnung von Transaktionen zu Geschäftstypen marktseitenübergreifend identisch ist, lassen sich auch Situationen identifizieren, in denen die Zuordnung marktseitenspezifisch ist (vgl. hierzu auch *Backhaus/ Mühlfeld*, 2004 und 2005). Ein Beispiel hierfür stellen latente Systeme dar. Bei diesen wird die Einstiegsinvestition vom Anbieter im Systemgeschäft vermarktet, wohingegen der hohe Latenzgrad dazu führt, dass Nachfrager den Systemcharakter nicht wahrnehmen und stattdessen glauben, in einem anderen Geschäftstyp, z. B. dem Produktgeschäft, zu kaufen. Allerdings nähert sich die Zuordnung später an, wenn Nachfrager bei ersten Folgeinvestitionen den Systemcharakter erkennen. Da somit anbieterseitig latente Systeme durchgängig im Systemgeschäft vermarktet werden und die Transaktion auch nachfragerseitig nach der Einstiegsinvestition Systemgeschäftscharakter erhält, sind latente Systeme insgesamt dem Systemgeschäft zuzurechnen.

Ähnlich wie der Offenheitsgrad eines Systems stellt auch der Latenzgrad **kein objektives Beschreibungsmerkmal** dar. Stattdessen hängt auch der Latenzgrad vom nachfragerseitigen Know-how oder dessen Erfahrungsstand ab. So ist davon auszugehen, dass bei vielen Systemen der Latenzgrad beim nachfragerseitigen Übergang von Erst- zu Ersatzinvestitionen abnimmt. Verfügen Nachfrager bereits über Erfahrungen, so ist ihnen der Systemcharakter des zu ersetzenden Systems bekannt. Aus dem vormals möglicherweise latenten System ist demnach ein transparentes System geworden.

Alternative Systemkonzeptionen

Die oben angeführten Determinanten von Systemkonzeptionen sind nicht unabhängig voneinander, sondern beeinflussen einander. Obschon hierbei auch interdependente Beziehungen zwischen den Determinanten bestehen können, ist die Determinantenbeziehung vor allem durch sachliche Kopplungen zwischen den Entscheidungen geprägt. Von **sachlichen Kopplungen** wird immer dann gesprochen, wenn zwei Entscheidungsvariablen x_1 und x_2 informatorisch miteinander verbunden sind, indem Informationen über das Niveau einer Variablen erforderlich sind, um über das Niveau einer anderen Variablen entscheiden zu können (vgl. *Backhaus et al.,* 2009, S. 10f.).

So stellt die Festlegung oder die Feststellung der **Determiniertheit** des Systems den Einstieg innerhalb der System-Konzeptionierung dar (vgl. *Abbildung 219*). Häufig ist die Determiniertheit für Unternehmen hierbei ein Datum, da diese technologisch vorgegeben ist. Ist die der Systemarchitektur zugrunde liegende Technologie etwa noch nicht vollständig ausgereift, so können bestimmte Systemkomponenten, die erst durch die abschließende Weiterentwicklung des technologischen Basiskonzeptes möglich werden, zum Zeitpunkt der Markteinführung des Systems noch nicht verfügbar sein. Jedoch lässt sich die Determiniertheit auch in solchen Fällen – zumindest partiell – beeinflussen. Ein unbestimmtes System lässt sich zu einem bestimmten System entwickeln, indem die Systemarchitektur so verändert wird, dass sie nur noch die Integration bereits vorliegender Teilkomponenten ermöglicht. Kritisch hieran ist allerdings, dass damit einhergehend das Gesamtsystem für

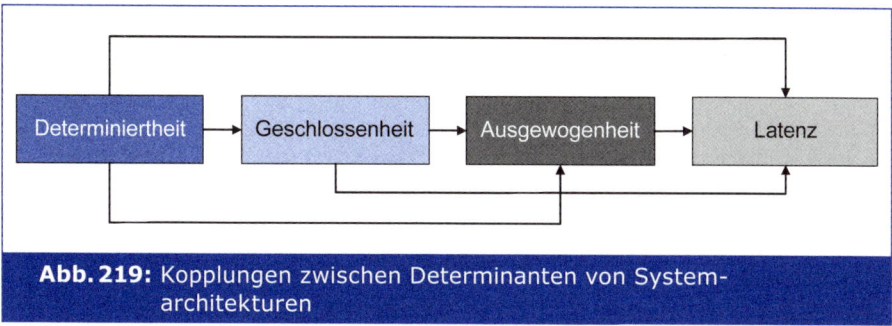

Abb. 219: Kopplungen zwischen Determinanten von Systemarchitekturen

potenzielle Nachfrager eine geringere Zukunftsfähigkeit aufweist, da nun mit dem Gesamtsystem nicht mehr der Anspruch verfolgt wird, auch weitergehende, heute noch nicht vorliegende Systembestandteile einzubinden.

Im Anschluss an die Festlegung bzw. -stellung der Determiniertheit eines Systems ist eine Entscheidung über die **Geschlossenheit** des Systems zu treffen. Hierbei gilt, dass eine geringe Determiniertheit häufig zu einer größeren Systemoffenheit zwingt. Bei unbestimmten Systemen bestehen so größere Schwierigkeiten, diese proprietär auszugestalten als bei bestimmten Systemen. Ursächlich hierfür sind vor allem zwei Gründe: zum einen liegen bei einem unbestimmten System nicht alle Systembestandteile zum Zeitpunkt der Systemeinführung vor. Werden bestimmte Systemkomponenten dabei von Beginn an nicht angeboten, weil deren technologische Entwicklung noch nicht abgeschlossen ist, so besteht die Möglichkeit, dass auch Wettbewerber – im Rahmen der anbieterseitig entwickelten Systemarchitektur – an vergleichbaren technologischen Lösungen arbeiten. Sofern Kunden allerdings bei einem unbestimmten System diese Entwicklung zum Zeitpunkt des Systemeinstiegs voraussehen und von Wettbewerbsangeboten bei Systembestandteilen ausgehen, die erst später im Markt vorhanden sein werden, so wird das unbestimmte System schon allein deshalb als offen und nicht-proprietär wahrgenommen. Zum anderen bestehen Schwierigkeiten, unbestimmte Systeme proprietär zu vermarkten, da dies zu einem weiteren Anstieg der Nachfragerunsicherheit im Vorfeld des Systemeinstiegs führen würde. Unsicherheit entsteht für Nachfrager so bereits durch die geringe Determiniertheit des Systems. Durch eine zusätzliche proprietäre Gestaltung würde die Unsicherheit nochmals anwachsen. Dies könnte bei Nachfragern zu einem Zurückstellen des Systemeinstiegs führen.

Nach der Bestimmung der Geschlossenheit des Systems kann dessen **Ausgewogenheit** festgelegt werden. Dabei gilt es zu beachten, dass das Gewicht der Folgeinvestitionen tendenziell mit zunehmendem Geschlossenheitsgrad zunehmen sollte. Während bei proprietären Systemen Anbieter die Möglichkeit haben, Kunden durch eine geringe Einstiegsinvestition zum Systemeinstieg zu bewegen, da diese „Investition in den Kunden" mit Hilfe späterer Folgeinvestitionen amortisiert werden kann, ist dies bei offenen Systemen nur begrenzt möglich. Hier muss der Anbieter vielmehr damit rechnen, dass Kunden die Folgeinvestitionen bei Wettbewerbern tätigen. Daher muss sich die Einstiegsinvestition isoliert „rechnen", so dass dieser insgesamt ein größeres Gewicht im Verhältnis zu den Folgeinvestitionen als bei proprietären Systemen zukommen muss.

Darüber hinaus wird die Ausgewogenheit eines Systems auch durch dessen Determiniertheit beeinflusst (vgl. *Abbildung 219*). Bei bestimmten Systemen können die Folgeinvestitionen im Kalkül des Anbieters eine größere Bedeutung als bei unbestimmten Systemen aufweisen, da bei letzteren zum Zeitpunkt der Systemgestaltung unklar ist, welche Folgeinvestitionen wann und wie im Markt angeboten werden. Unbestimmte Systeme sind daher tendenziell stärker einstiegsinvestitionslastig.

Schließlich hängt von der Ausgewogenheit eines Systems auch dessen **Latenzgrad** ab. Anbieter verfügen dabei immer dann über ein Motiv, Systemen einen hohen Latenzgrad zuzuweisen, wenn der Systemcharakter verschleiert werden soll. Dies ist immer dann notwendig, wenn eine hohe Nachfrageunsicherheit besteht. Wie *Abbildung 218* verdeutlicht hat, ist von einer hohen (gesamten) Nachfrageunsicherheit bei dominierten Systemen auszugehen, da hier die Summe aus verhaltens- und nutzungsbezogener Unsicherheit maximal ist. Demnach führt die Entscheidung, ein System ausgewogen zu gestalten, zu einem geringen Latzengrad und vice versa.

Auch wird der Latenzgrad direkt durch die Geschlossenheit und die Determiniertheit des Systems beeinflusst. Bei einem offenen System besteht i.d.R. kein Bedarf, den Systemcharakter zu verschleiern, so dass das System durch einen geringen Latenzgrad gekennzeichnet sein kann. Hingegen verstärkt die Absicht, ein System proprietär ausgestalten zu wollen, die Notwendigkeit dieses zugleich mit einem hohen Latenzgrad zu versehen. Denn gerade die System-Geschlossenheit lässt Nachfrageunsicherheit vor dem Systemeinstieg entstehen, die durch entsprechende Maßnahmen der Verschleierung zumindest teilweise reduziert werden kann. Darüber hinaus ist der Latenzgrad auch von der Determiniertheit eines Systems abhängig. Unbestimmte Systeme sind stets für ein gewisses Ausmaß an Latenz verantwortlich, da ein Teil der zukünftig (möglicherweise) zu beschaffenden Systemkomponenten noch nicht vorliegt, so dass der Systemcharakter an dieser Stelle nicht abschließend beurteilbar ist.

Werden die sachlichen Kopplungen zwischen den Gestaltungsdeterminanten von Systemen in der Summe betrachtet, dann lassen sich **typische Systemkonzeptionen** identifizieren. Diese sind durch spezifische Ausprägungskombinationen der Determinanten und demnach bestimmte Systemprofile gekennzeichnet. In *Abbildung 220* sind diese Systemprofile sowie die sich daraus ergebenden Systemkonzeptionen nochmals systematisch zusammengestellt worden. Im Kern lassen sich die Systemkonzeptionen wie folgt beschreiben:

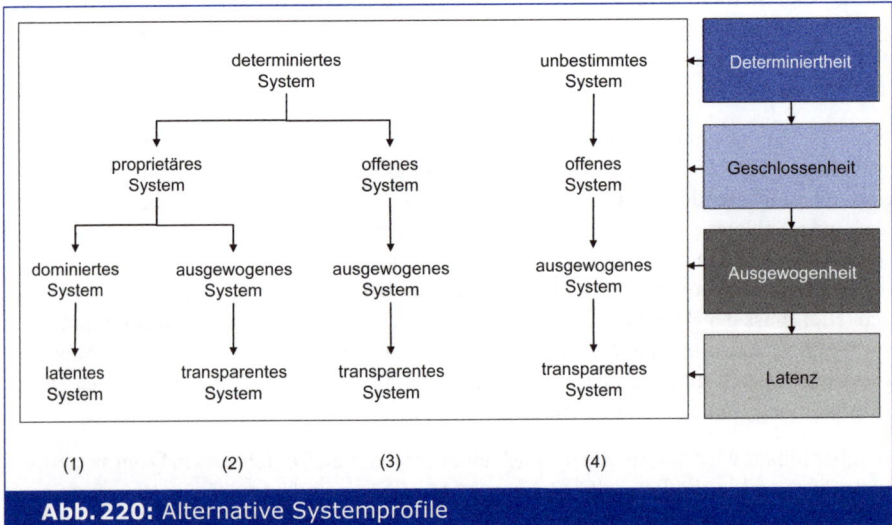

Abb. 220: Alternative Systemprofile

(1) Verborgene Systemkonzeption: Bei dieser Art von Systemkonzeption besteht das Ziel darin, Nachfrager zum Einstieg in ein geschlossenes Gesamtsystem zu veranlassen, ohne dass diesen der Systemcharakter dabei im Vorfeld bewusst gemacht wird. Der Systemeinstieg wird Nachfragern hierbei häufig durch eine Quersubventionierung der Einstiegsinvestition durch spätere Folgeinvestitionen vereinfacht.

> Beispiele für verborgene Systemkonzeptionen finden sich etwa im Automobilmarkt. Hier stellt der Kauf eines Automobils heute nur noch die Einstiegsinvestition dar. Zu beachten haben Kunden streng genommen, dass sie mit dem Kauf eines Autos bei anschließenden Folgeinvestitionen an den Automobilhersteller oder dessen Vertragshändler gebunden sind. So bemühen sich praktisch alle Automobilhersteller ihre Kunden im Hinblick auf After-Sales-Dienstleistungen, z.B. Wartungs- und Reparaturarbeiten, an sich zu binden. Dies gelingt den Herstellern dadurch, dass sie Garantieleistungen an den Einbau von Originalersatzteilen knüpfen oder zur Wartung erforderliche Diagnosesysteme allein autorisierten Vertragshändlerwerkstätten in entsprechender Form zur Verfügung stellen. Auch die inzwischen von der EU an der Gruppenfreistellungsverordnung vorgenommenen Veränderungen führen dabei nicht zwangsläufig dazu, dass der proprietäre Charakter des Systems „Auto" verringert wird.

(2) Geschlossene Systemkonzeption: Auch bei dieser Form steigen Nachfrager in ein proprietäres System ein. Allerdings wird der Systemcharakter anbieterseitig aufgedeckt, so dass auch Quersubventionierungen zwischen den Investitionsbestandteilen nicht unbedingt erforderlich sind.

> Die *cab Produkttechnik GmbH & Co KG* stellt u.a. Kennzeichnungssysteme für Industrie und Handel her. Zu den Transferdruckern, Etikettierern sowie Beschriftungslasern liefert das Unternehmen seinen Kunden spezielles Zubehör (z.B. Spezialsoftware zum optimierten Einsatz der Kennzeichnungssysteme) und spezielle Etiketten- und Folienmaterialien (vgl. Abbildung 221). Auch wenn das Unternehmen auf den Systemcharakter seiner Angebotsmodule mehr oder weniger deutlich hinweist (transparentes System) ist das angebotene System proprietär, da der Kunde nur bei der erworbenen Etikettier-Maschine nur die Etikettier-Software und das Etikettier-Material von *cab* verwenden kann.

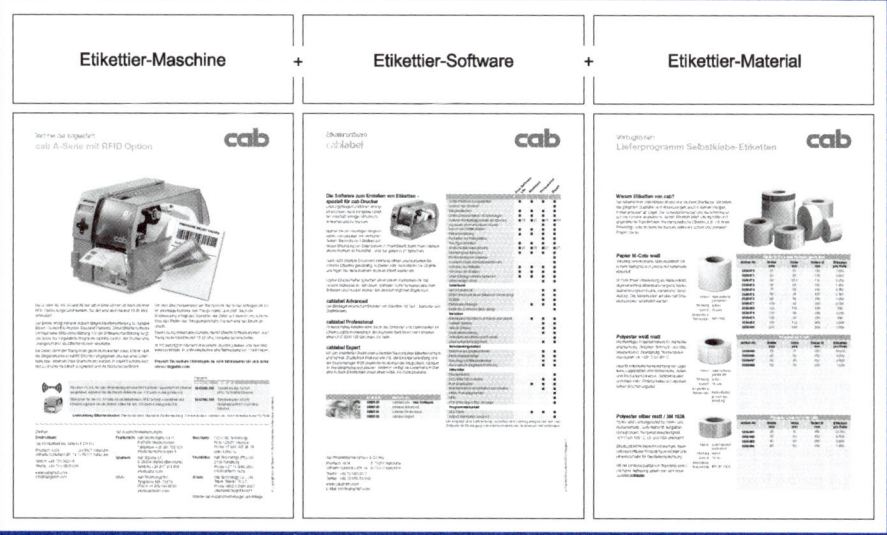

Abb. 221: Beispiel für geschlossene Systemkonzeption

(3) Zentrierte Systemkonzeption: Wesentliches Merkmal zentrierter Systemkonzeptionen ist die große Bedeutung der Systemarchitektur. Da das System in zentrierten Systemkonzeptionen offen gestaltet wird, steht der Systemanbieter bei Folgeinvestitionen im Wettbewerb mit anderen Unternehmen. Er kann also nicht darauf bauen, die Amortisation seiner eigenen Investitionen durch spätere Folgeinvestitionen zu erreichen. Stattdessen muss sich die dem Kunden angebotene Einstiegsinvestition wirtschaftlich selber tragen, was vor allem dann gewährleistet ist, wenn die Systemarchitektur, in die der Kunde mit dem Systemeinstieg investiert, KKVs gegenüber anderen im Markt angebotenen Architekturen aufweist. Im Mittelpunkt der Vermarktungsbemühungen des Anbieters steht daher bei zentrierten Systemkonzeptionen die Systemarchitektur.

> Ein typisches Beispiel für zentrierte Systemkonzeptionen stellt das für den kaufmännischen Bereich entwickelte SAP Business One-System der Firma *SAP* dar. Dieses speziell für den Mittelstand entwickelte System beinhaltet u. a. Anwendungen für die Bereiche Administration, Finanzbuchhaltung, Vertrieb, Einkauf, Bankenabwicklung, Lagerverwaltung, Endmontage, Controlling und Berichtswesen. Da die Folgeinvestitionen für Implementierung und Schulung von einem der zahlreichen SAP Business Partner übernommen werden, muss das alleinige Angebot der Einstiegssoftware und der dieser zugrunde liegenden Systemarchitektur für *SAP* ökonomisch ausreichend attraktiv sein.

(4) Zukunftsgerichtete Systemkonzeption: Schließlich ist allein die zukunftsgerichtete Systemkonzeption dadurch gekennzeichnet, dass das zugrunde liegende System unbestimmt ist. Der gesamte Vermarktungsprozess muss daher darauf gerichtet sein, den Kunden die Zukunftsfähigkeit des angebotenen Systems zu vermitteln.

> Die in der Eingangsfallstudie „Middleware" aufgeführten Systemangebote stellen Beispiele für zukunftsgerichtete Systemkonzeptionen dar. Middelware-Software-Konzeptionen wie „Webshere" von *IBM* oder „Netweaver" von *SAP* bilden so Software-Plattformen, die das Herzstück der in Entstehung befindlichen Utility-Computing-Welt sind. Die IT-Dienstleister kämpfen dabei bereits heute mit Milliarden-Investitionen um eine gute Marktstellung im Middleware-Segment, da erwartet wird, dass sich zukünftig alle neuen IT-Systeme an der bestehenden Middleware-Plattform ausrichten werden. Dabei stellen die Systeme allerdings offene Lösungen dar, da kaum ein Kunde dazu bereit ist, sich bereits heute auf eine der Lösungen festzulegen, wenn mit dieser Entscheidung eine Bindung in Bezug auf zukünftige, heute noch nicht bekannte IT-Lösungen verbunden ist.

Je nachdem, welche Systemkonzeption vom Anbieter gewählt wird, hat dies Einfluss auf die übrigen Entscheidungstatbestände beim Management der Einstiegsinvestition.

3.2.2 System-Pricing

Beim Management der Einstiegsinvestition ist nicht nur der System-Nutzen zu spezifizieren (System-Gestaltung), sondern auch die **Gegenleistung des Kunden** und damit letztlich dessen „Nutzen-Entgang" festzulegen. Dies ist Gegenstand des System-Pricings, bei dem es um die **Bestimmung von Preisen**, **Preiskomponenten** und **Konditionen** für alle bereits feststehenden Systembestandteile geht. Bei Entscheidungen im Rahmen des System-Pricings ist dabei zu beachten, dass die Preise und z. T. auch die Konditionen – wie auch bereits die Systemkonzeption – im Systemgeschäft nicht kundenindividuell, sondern marktsegment- bzw. gesamtmarkt-bezogen festzulegen sind. Vor diesem Hintergrund weist das Pricing im Systemgeschäft eine große inhaltliche Nähe zum Pricing im Produktgeschäft auf. Im Hinblick auf die allgemeinen Ausführungen zum Pricing (Ermittlung von Zahlungsbereitschaften, Preis-Absatz-Funktionen, Preisoptimierung etc.) wird daher auf die entsprechenden Ausführungen im Produktgeschäft (vgl. Teil 3 Kap. B.) verwiesen. Darüber hinaus bestehen allerdings auch einige Besonderheiten beim Pricing im Systemgeschäft, die im Folgenden separat dargestellt werden.

3.2.2.1 Preisfestlegung

Bei der Preisfestsetzung im Systemgeschäft ist zu beachten, dass im Vorfeld der Markteinführung des Systems Preise für die Einstiegsinvestition und die bereits feststehenden Folgeinvestitionen zu bestimmen sind. Da die Nachfrager bei der Systembeurteilung das Gesamtsystem im Auge haben und daher die Preise für die Einstiegs- und die Folgeinvestitionen im Zusammenhang betrachten, müssen auch Anbieter die Preise für Einstiegs- und Folgeinvestition bei der Preisfestlegung **simultan** planen. Dies gilt umso mehr, wenn dem Gesamtsystem eine verborgene oder eine geschlossene Systemkonzeption zugrunde liegt. Denn bei diesen Systemprofilen nutzt der Anbieter ggf. die Quersubventionierungsmöglichkeit zwischen Einstiegs- und Folgeinvestitionen, indem er sich den proprietären Charakter der zugrunde liegenden Systemkonzeption zunutze macht.

Sind Preise für verschiedene Teilleistungen simultan zu planen, weil Nachfrager die Teilleistungen im Zusammenhang beurteilen und/oder Anbieter leistungsübergreifende Zielsetzungen verfolgen, dann liegt ein **Bundling**-Phänomen vor. Dieses wird in der Betriebswirtschaftslehre unter verschiedenen Blickwinkeln diskutiert. *Voeth* (2003) unterscheidet Bundling-Phänomene danach, ob

- sich das Bundling auf gleiche Leistungen oder verschiedene Leistungen bezieht **(Leistungsdimension)**,
- die gebündelten Leistungen zum gleichen Zeitpunkt oder zu verschiedenen Zeitpunkten erworben werden **(Zeitdimension)**,
- die Bündelung von einzelnen Nachfragern oder nachfragerübergreifend vorgenommen wird **(Nachfragerdimension)**.

Die Kombinationen der dichotomen Ausprägungen dieser drei Merkmale bilden hierbei einen Würfel, in den sich die unterschiedlichen Erscheinungsformen des Bundlings einordnen lassen (vgl. *Abbildung 222*).

Während Erscheinungsformen des Bundlings, wie sie unter (1) und (2) in *Abbildung 222* angeführt werden, im Bereich der **Nachfragerbündelung** bzw. des **Bündelgeschäfts** im **Gruppengütermarketing** (vgl. *Voeth*, 2003, S. 127 ff.) diskutiert werden, stellen **Mengenrabatte** (vgl. z. B. *Diller*, 2008, S. 245 ff.) oder klassische **Preisbündelungen** (vgl. *Wübker*, 1998) typische Fälle für die Bereiche (3) oder (4) in *Abbildung 222* dar. Schließlich werden die in den Feldern (5) und (6) einsortierten Phänomene im Bereich der Kooperationsliteratur (z. B. im Zusammenhang mit **Einkaufskooperationen** oder **Einkaufsgemeinschaften**) behandelt.

Da das zentrale Wesensmerkmal des Systemgeschäfts darin zu sehen ist, dass (einzelne) Nachfrager Leistungen zu verschiedenen Zeitpunkten nachfragen, ist das Systemgeschäft den Feldern (7) und (8) in *Abbildung 222* zuzuordnen. Den Fall (7), bei dem der Nachfrager identische Leistungen zu verschiedenen Zeitpunkten erwirbt, haben wir dabei oben als Spezialfall ausgewogener Systeme eingestuft und als vollständig ausgewogenes System bezeichnet (vgl. Teil 3 Kap. D. II. 3.2.1). Das Pricing bei solchen Systemen ist dabei strukturgleich mit der im Preismanagement diskutierten Frage linearer oder nicht-linearer Preise. Davon zu unterscheiden ist das Pricing für Systeme, bei denen die Systembestandteile sachliche Unterschiede zueinander aufweisen (Fall (8)). Das Pricing für solche Systeme wird in der Literatur im Bereich des Pricings für Koppelprodukte (vgl. *Pechtl*, 2003) oder allgemein unter dem Schlagwort „Mehrprodukt-Pricing" (vgl. *Simon et al.*, 2003) erörtert.

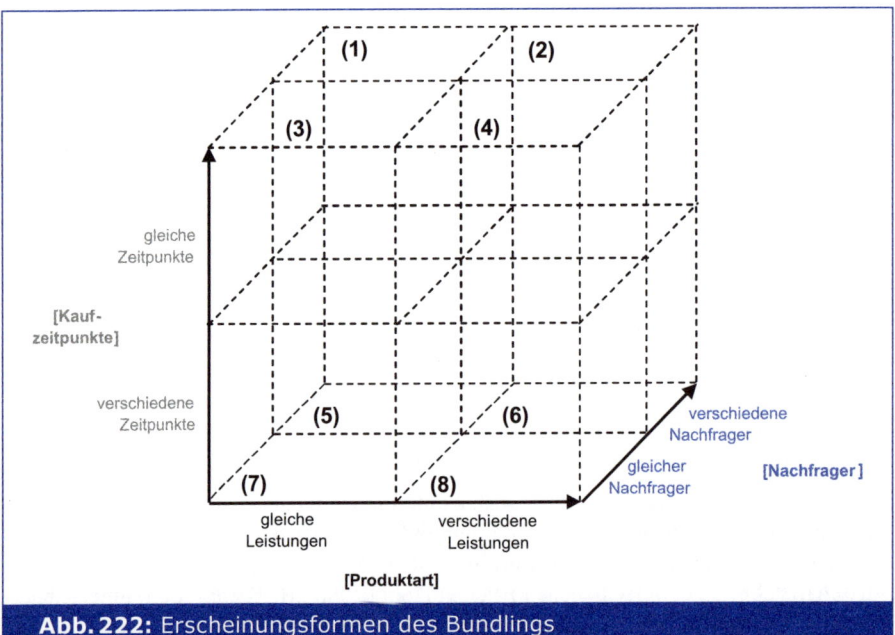

Abb. 222: Erscheinungsformen des Bundlings

Quelle: *Voeth,* 2003, S. 128.

Pricing bei Leistungsunterschieden zwischen den Systembestandteilen

Bei Systemen, deren Systembestandteile nicht identisch sind, müssen die Preise für die verschiedenen (bereits feststehenden) Komponenten vom Anbieter innerhalb der Preisfestsetzung simultan festgelegt werden. Da zwischen den Komponenten eine innere Verbindung über die Systemarchitektur besteht, wird dies in der Literatur als **„tie-in Sales"-Pricing** bezeichnet (vgl. *Gaeth/Levin,* 1990). Die zentrale Herausforderung für den Systemanbieter besteht bei einem solchen **Mehrprodukt-Pricing** darin, dass von unterschiedlichen Zahlungsbereitschaften für die inhaltlich divergierenden Systembestandteile auszugehen ist. Nachfrager werden so etwa für ein Betriebssystem eine andere Zahlungsbereitschaft als für mit Hilfe des Betriebssystems nutzbare Anwendungssoftware aufweisen. Gelten bspw. die in *Abbildung 223* aufgeführten Zahlungsbereitschaften für Betriebssystem und später beschafftem Anwendungsprogramm bei zwei exemplarisch herausgegriffenen Kunden, dann wird zunächst die strukturelle Ähnlichkeit des Mehrprodukt-Pricings zur **Preisbündelung** (vgl. hierzu z. B. *Priemer,* 2003 und die Ausführungen zum Produktgeschäft im Teil 3 Kap. B.) deutlich. Allerdings bestehen Unterschiede, wie die folgenden Ausführungen nahe legen.

Kunde	Systembestandteil	
	Betriebssystem	Anwendungsprogramm
1	100	300
2	150	250

Abb. 223: Beispiel zu Zahlungsbereitschaften von Systembestandteilen

So würde der Kunde bei der klassischen Preisbündelung die Leistungen zu einem bestimmten Zeitpunkt zusammen erwerben. Der Anbieter könnte sein Angebot sehr unterschiedlich gestalten: Er hätte die Möglichkeit, die Komponenten allein separat (**„pure components"**), allein als Paket (**„pure bundling"**) oder als gemischtes Bündel – hier würden neben dem Paket alle Einzelleistungen auch separat (**„mixed bundling"**) oder nur bestimmte Einzelleistungen separat (**„mixed components"**) angeboten – zu offerieren (vgl. *Priemer*, 2000, S. 49 ff.). Die Entscheidung über die „richtige" Angebotsform würde der Anbieter davon abhängig machen, inwieweit es ihm gelingt, die Konsumentenrente der Kunden (Differenz zwischen maximaler Zahlungsbereitschaft und tatsächlichem Preis) bestmöglich abzuschöpfen. In dem in *Abbildung 223* angeführten Beispiel würde etwa die Angebotsform „pure components" – wenn aus Vereinfachungsgründen von Umsatzmaximierung ausgegangen wird – dazu führen, dass das Betriebssystem zu einem Preis von 100 und das Anwendungsprogramm zu einem Preis von 250 angeboten werden sollte (würde hingegen die maximale Zahlungsbereitschaft des jeweils anderen Kunden als Preis angesetzt, so würde – selbst wenn unterstellt würde, dass das Anwendungsprogramm ohne Kauf des Betriebssystems einsetzbar wäre – jedes Produkt nur von einem Kunden erworben, so dass das Ziel der Umsatzmaximierung verfehlt würde). Hierdurch könnte allerdings mit einem Umsatz von 700 kein maximaler Umsatz erzielt werden, da bei beiden Kunden Konsumentenrente in Höhe von 50 nicht abgeschöpft würde. Vorteilhaft wäre hingegen das Angebot „pure bundling" (oder auch bei entsprechender Gestaltung „mixed bundling" oder „mixed components"), da bei einem Paketpreis von 400 bei beiden Kunden die maximale Zahlungsbereitschaft unter der Prämisse abgegriffen werden könnte, dass die Zahlungsbereitschaft für das Paket bei beiden Kunden der Summe der Zahlungsbereitschaften für die Paketbestandteile entspricht.

Hingegen ist das ausschließliche Angebot eines klassischen Paketpreises beim Pricing von Systembestandteilen ausgeschlossen, da die Systemkomponenten vom Nachfrager nicht zum gleichen Zeitpunkt erworben werden. Zwar kann ein Paketpreis als preispolitische Alternative angeboten werden, zugleich ist jedoch ein separater Ausweis der Einzelpreise erforderlich. Dieser kann dem Angebot von Paketpreisen allerdings durchaus überlegen sein, wie etwa verhaltenswissenschaftliche Überlegungen zu **„Preisbaukästen"** nahe legen.

> So wird in der Literatur bspw. die Auffassung vertreten, dass entbündelte Preise zum einen eine höhere Preisaufmerksamkeit und ein besseres Preisimage im Wege einer selektiven Preiswahrnehmung erzeugen (vgl. hierzu und zum Folgenden *Diller*, 1993, S. 272). Zum anderen wird die Hypothese vertreten, dass die Zerlegung von Gesamtpreisen in Preisbaukästen eine höhere Zahlungsbereitschaft erzeuge, da sich die Aufmerksamkeit dann stärker auf die geringeren Teilpreise und weniger auf den hohen Gesamtpreis richtet (vgl. *Bänsch*, 2001, S. 1292.). Schließlich sollen Preisbaukästen auch zu vergleichsweise höherem Leistungs- und Qualitätsbewusstsein der Kunden führen.

Bei der Frage, wie die Bepreisung der Einzelkomponenten zu erfolgen hat, ist zunächst einmal eine Entscheidung darüber zu treffen, ob die Preise allein an den Zahlungsbereitschaften ausgerichtet werden sollen, oder ob das Pricing genutzt werden soll, um die Attraktivität der Einstiegs- oder Folgeinvesitionen separat zu steuern. So eröffnet das Pricing für Systembestandteile, zwischen denen Leistungsunterschiede bestehen, die Möglichkeit, eine gezielte Quersubventionierung zwischen den Systembestandteilen vorzunehmen. Beispielsweise kann der Preis für die Einstiegsinvestition gezielt unterhalb der Zahlungsbereitschaft der Nachfrager angesetzt werden, um den Systemeinstieg für diese attraktiver zu machen. Werden parallel hierzu die Preise für Folgeinvestitionen weniger attraktiv – z. B. ungefähr in Höhe der nachfragerseitigen Zahlungsbereitschaft – angesetzt, dann können hierdurch ggf. sogar negative Margen bei den Einstiegsinvestitionen in Kauf genommen werden („captive pricing") (vgl. *Büschken*, 2007, S. 446). Inwieweit eine solche Form der Produktlinien-Preisfestlegung („complementary pricing"), bei der Nachfragern unterschiedliche Konsumentenrenten bei Einstiegs- und Folgeinvestitionen überlassen werden, vorgenommen werden soll, hängt von **Annahmen** über das **Entscheidungsverhalten der Nachfrager** ab:

- Wenn eine Konsumentenrente (der Höhe „X") bei der Einstiegsinvestition (EI) genauso beurteilt wird wie eine gleich hohe Konsumentenrente (der Höhe „X") bei den Folgeinvestitionen (FI) **(X-Konsumentenrente$_{EI}$ = X-Konsumentenrente$_{FI}$)**, dann könnte im Zahlenbeispiel von *Abbildung 223* für die Einstiegsinvestition ein Preis von 150 und für die Folgeinvestition von 250 gesetzt werden. Denn in diesem Fall würde der Nachfrager 1 bereit sein, trotz fehlender Zahlungsbereitschaft für die Einstiegsinvestition den Systemeinstieg zu wagen, da ihm der „Verlust" bei der Einstiegsinvestition durch eine Konsumentenrente bei der Folgeinvestition kompensiert würde.

- Wenn eine Konsumentenrente bei der Einstiegsinvestition stärker gewichtet wird als bei Folgeinvestitionen **(X-Konsumentenrente$_{EI}$ > X-Konsumentenrente$_{FI}$)**, dann ist der Preis für die Einstiegsinvestition unterhalb von 100 anzusetzen – in dem Fall würden beide Nachfrager über eine Konsumentenrente bei der Einstiegsinvestition verfügen –, wohingegen der Preis für die Folgeinvestition zumindest 250 betragen könnte. Gegebenenfalls könnte er auch oberhalb von 250 angesetzt werden, wenn Kunde 2 bereit wäre, für die Folgeinvestition mehr als die ursprünglich angesetzten 250 zu zahlen, z. B. um die bei der Einstiegsinvestition für ihn in Aussicht gestellte, mögliche Konsumentenrente realisieren zu können. Diese zuletzt aufgeworfene Frage hängt vor allem davon ab, ob es sich bei den in *Abbildung 223* wiedergegebenen Zahlungsbereitschaften um unabhängige oder abhängige Werte handelt. Von **abhängigen Zahlungsbereitschaften** sprechen wir dann, wenn die Zahlungsbereitschaft für eine Teilleistung (z. B. Einstiegsinvestition) von der einer anderen Teilleistung (z. B. Folgeinvestition) abhängt. Hingegen wird der umgekehrte Fall als **unabhängige Zahlungsbereitschaft** bezeichnet. Liegt also im diskutierten Zahlenbeispiel bei Kunde 2 eine abhängige Zahlungsbereitschaft vor, so ist dieser Kunde ggf. bereit, mehr als die ursprünglich angesetzten 250 zu zahlen, da sich ihm beim Betriebssystem eine vergleichsweise hohe Konsumentenrente bietet.

Verschiedene ökonomische Gründe sprechen nun dafür, dass die Annahme „X-Konsumentenrente$_{Einstiegsinvestition}$ > X-Konsumentenrente$_{Folgeinvestition}$" in den meisten Fällen plausibler ist. Insbesondere können dabei dynamische Effekte als Begründung herangezogen werden. Zum einen fallen die Konsumentenrenten der Einstiegsinvestition sofort, die der Folgevestitionen allerdings erst zu späteren Zeitpunkten an. Daher ist deren **Barwert** – bezogen auf den Zeitpunkt der Einstiegsinvestition – automatisch geringer als der Wert der Konsumentenrente der Einstiegsinvestition. Zum anderen besteht Unsicherheit über den Anfall der Folgeinvestition-Konsumentenrenten. Entweder weil der Kunde bestimmte Systembestandteile – anders als ursprünglich geplant – letztlich am Ende doch nicht nachfragt oder weil der Anbieter bspw. nach der Nachfrager-Einstiegsinvestition die Angebotsparameter der Folgeinvestitionen verändert, bleibt für den Nachfrager vor der Einstiegsinvestition die Höhe, wie auch der zeitliche Anfall der Folgeinvestition-Konsumentenrenten unsicher.

Erste empirische Untersuchungen bestätigen, dass der Einstiegsinvestition eine sehr viel größere Bedeutung als Folgeinvesititionen innerhalb der Beurteilung von Preissystemen im Systemgeschäft zukommt. *Tobies* (2009), die sich mit der **Preisakzeptanz** von Preismodellen im Systemgeschäft beschäftigt, hat bei der Untersuchung der Akzeptanz verschiedener Preiskomponenten im Systemgeschäft festgestellt, dass den Preiskomponenten, die sich auf die Einstiegsinvestitionen beziehen, ein überproportionales Gewicht beigemessen wird.

Bei der Analyse, die in den Märkten „Warensicherungssysteme", „Feuerlöschsysteme" und „Großformatdrucksysteme" bei insgesamt 150 Kunden durchgeführt wurde, wurden den Kunden im Rahmen einer conjointanalystischen Untersuchungsaufgabe (vgl. zur Conjoint-Analyse *Backhaus et al.*, 2008b, S. 451 ff.) alternative Preismodelle zur Beurteilung vorgelegt. Obwohl die Bedeutung von Einstiegs- und Folgeinvestitionen dabei nahezu identisch war, ordneten die Probanden den sich auf die Einstiegsinvestition beziehenden Preiskomponenten eine relative Bedeutung von rund 58 % zu (vgl. *Abbildung 224*), was signifikant oberhalb der relativen Bedeutung der Folgeinvestition-Komponenten lag.

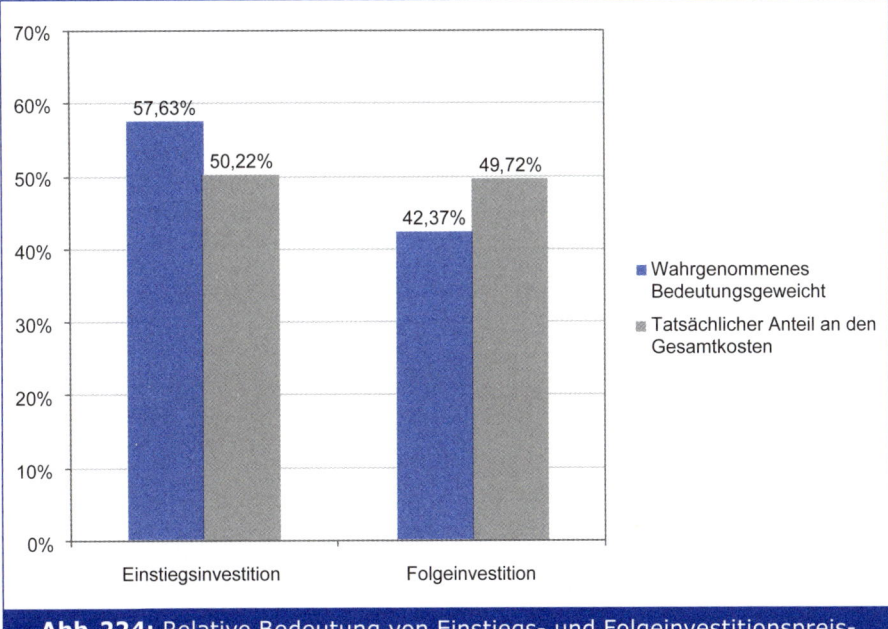

Abb. 224: Relative Bedeutung von Einstiegs- und Folgeinvestitionspreisbestandteilen in unterschiedlichen Industriegütermärkten

Quelle: *Tobies*, 2009, S. 168.

Wenn aber für Nachfrager die mit der Einstiegsinvestition realisierte Konsumentenrente bedeutsamer ist, dann bietet sich Systemanbietern preispolitisch die Möglichkeit, **Quersubventionierung** innerhalb der simultanen Preisfestsetzung für Einstiegsinvestition und Folgeinvestition zu betreiben. Indem etwa die Einstiegsinvestition im Beispiel von *Abbildung 223* für 50 und die Folgeinvestitionen für 350 angeboten werden, entspricht der Anbieter einerseits (bei Annahme abhängiger Zahlungsbereitschaften) dem Nachfragerwunsch nach hohen Einstiegsinvestition-Konsumentenrenten. Andererseits kommt dies dem eigenen Wunsch des Anbieters entgegen, durch die Einstiegsinvestition Systembindung beim Nachfrager aufzubauen, um diese ggf. im Rahmen des Managements der Folgeinvestitionen (z. B. durch entsprechende Maßnahmen des dynamischen Pricings) zum eigenen Vorteil nutzen zu können.

Die Extremform der Quersubventionierung von Einstiegsinvestition durch Folgeinvestitionen liegt beim sog. **„Follow the Free"-Pricing** (vgl. *Fritz/Wagner*, 2001, S. 650) vor. Bei dieser aus dem Software-Bereich bekannten Form des Pricings wird in einem ersten Schritt das Einstiegsprodukt kostenlos an Kunden abgegeben, z. B. auch um eine möglichst schnelle Verbreitung der Systemarchitektur in der Zielgruppe zu erreichen. In einem zweiten Schritt sollen dann durch den Verkauf von Komplementärleistungen oder von neuen bzw. leistungsfähigeren Produktversionen („Upgrades") an den Kundenstamm Erlöse generiert werden (vgl. hierzu auch *Zerdick et al.*, 2001, S. 191 ff.).

> Ein besonders gelungenes Beispiel für den Einsatz des Follow the Free-Pricings ist Ende der 1990er Jahre der Firma McAfee, einem Anbieter von Anti-Viren-Software, gelungen. Das Unternehmen bot seine Software kostenlos im Internet an, so dass sich viele Kunden die Software installierten. Lizenzgebühren fielen allerdings anschließend für neue Programmversionen und Zusatzmodule an. Viele Kunden fragten diese kostenpflichtigen Anwendungen trotzdem nach, da sie kein Interesse an einem Software-Wechsel hatten. McAfee gelang es auf diese Weise zwischenzeitlich rund ein Drittel des Marktes für Virenschutz-Software auf sich zu vereinen (vgl. *Zerdick et al.*, 2001, S. 193).

Nicht übersehen werden darf beim Einsatz von Quersubventionierungen zwischen Einstiegs- und Folgeinvestitionen allerdings, dass diese in Abhängigkeit von der vorliegenden Systemkonzeption mit erheblichen Risiken verbunden sein können. Mit Ausnahme der Verborgenen Systemkonzeption können **Akzeptanzprobleme** (vgl. zur Preisakzeptanz im Systemgeschäft *Tobies*, 2009) bei allen Systemkonzeptionen auftreten:

- **Geschlossene Systemkonzeption:** Gelangen Nachfrager in einem proprietären System zu dem Eindruck, dass die Einstiegsinvestition durch spätere Folgeinvestitionen quersubventioniert wurde, so kann dies zu Unzufriedenheit, Illoyalität oder auch Kundenabwanderung führen. *Simon et al.* (2003, S. 345) berichten bspw. von einem Maschinenhersteller, der den Maschinenverkauf und das anschließende Werkzeug- oder Ersatzteilgeschäft zu einem Systemgeschäft ausgebaut hat. Um Kunden zu gewinnen, verzichtete das Unternehmen auf kostendeckende Maschinenpreise, verlangte aber für Werkzeuge und Ersatzteile weit überzogene Preise. Allerdings war den Kunden diese Form des Pricings kaum noch zu kommunizieren: Ganz unabhängig davon, dass die Kundenbeschwerden in der Folge zunahmen, führte die Unzufriedenheit der Kunden dazu, dass immer mehr Kunden nach „Systemausstiegsmöglichkeiten" Ausschau hielten.
- **Zentrierte Systemkonzeption:** Auch bei diesem System sind Quersubventionierungen mit großen Risiken verbunden, da die Offenheit des Systems es unmöglich erscheinen lässt, Einstiegsinvestitionen durch spätere Folgeinvestitionen abzusichern. Angesichts des Wettbewerbs bei den Folgeinvestitionen gehen Unternehmen ansonsten das Risiko ein, dass Kunden bei Folgeinvestitionen auf Produkte des Wettbewerbs ausweichen und daher die Amortisation der Investitionen in die Initialkäufe nicht oder nicht ausreichend gelingt.
- **Zukunftsgerichtete Systemkonzeption:** Auch bei dieser Systemkonzeption fallen Quersubventionierungen schwer, da sich die Folgeinvestitionen noch in der Entwicklung befinden und daher bei der Festlegung des Pricings für die Einstiegsinvestition noch nicht absehbar ist, welches Pricing bei den später in den Markt einzuführenden Folgeinvestitionen machbar ist.

Auf der anderen Seite ist zu berücksichtigen, dass eine Quersubventionierung der Einstiegsinvestition von Nachfragern durchaus auch gewünscht sein kann, wenn diese mit konkreten ökonomischen **Vorteilen** verbunden ist. Zum einen kann die Quersubventionierung zu **Finanzierungskostenvorteilen führen**. Ein Teil der Gesamtkosten des Systems ist erst zu einem späteren Zeitpunkt mit Auszahlungen verbunden, da die Einstiegsinvestition zugunsten der Folgeinvestitionen preislich günstiger ist. Zum anderen kann die Quersubventionierung aber auch eine **Fixkostenvariabilisierung** bedeuten. Wenn die Einstiegsinvestition (z. B. Maschine) als Fixkosten einzustufen ist, die Folgeinvestitionen (z. B. Verbrauchsmaterialien) aber variable Kosten darstellen, dann führt die beschriebene Quersubventionierung zugleich zu einer Substitution von Fixkosten durch variable Kosten. Hierdurch wird das Auslastungsrisiko des Kunden zumindest partiell auf das Anbieterunternehmen übertragen, was in Märkten mit einem hohen Fixkostenrisiko für Nachfrager von großer Bedeutung sein kann (vgl. *Funke*, 1995; *Backhaus/Funke*, 1995).

> Als Beispiel kann nochmals die *Tetra Pak* GmbH & Co. KG angeführt werden. Das vom Unternehmen angebotene Systemgeschäft – Abfüllmaschine und Verpackungsmaterial – wurde vom Unternehmen preislich so konstituiert, dass die Abfüllanlage relativ preiswert angeboten wurde, dafür aber die Preise der Verbrauchsmaterialien entsprechend höher waren. Diese Preisstruktur wurde u. a. auch deshalb eingeführt, um „auch kleineren Molkereien und Fruchtsaftabfüllern den Einstieg in diesen Produktzweig" (*Niestroy*, 2000, S. 718) zu ermöglichen. Wäre hingegen die Abfüllmaschine preislich höher positioniert worden, so wäre möglicherweise das Investitionsrisiko für kleinere Kundenunternehmen zu groß gewesen.

Pricing für Systembestandteile ohne Leistungsunterschiede

Eine spezielle Pricing-Situation besteht schließlich in **vollständig ausgewogenen Systemen**, bei denen das Gesamtsystem aus **inhaltlich identischen Systembestandteilen** (z. B. Möbel) besteht. Hier stehen dem Systemanbieter

- lineares Pricing und
- nicht-lineares Pricing

als grundsätzliche Preisfestsetzungsmöglichkeiten zur Verfügung.

Beim **linearen Pricing** legt der Anbieter einen Preis für die Systemkomponenten fest, die Nachfrager anschließend mehrfach in zeitlich auseinander fallenden Kaufprozessen erwerben und die dabei zu den übrigen identischen Systemkomponenten eine technische und/oder organisatorische Verbundenheit aufweisen. Bei der Preisfestsetzung hat sich der Systemanbieter nicht nur an den üblichen relevanten Preisinformationen (Kosten, Konkurrenzpreis, Zahlungsbereitschaft) zu orientieren, sondern – insbesondere dann, wenn keine dynamischen Preisanpassungen im Rahmen des Managements der Folgeinvestitionen geplant sind – zugleich zu berücksichtigen, dass sich die relevanten Preisparameter im Zeitablauf verändern können:

- **Kosten**: Die (variablen) Kosten für die Fertigung der Systemkomponente können im Zeitablauf zunehmen, wenn z. B. Lohnkosten- oder Rohstoffkostensteigerungen zu erwarten sind. Ebenso können diese Kosten aber auch sinken, wenn etwa Erfahrungskurveneffekte (vgl. hierzu *Kloock et al.*, 1987) realisiert werden können.
- **Konkurrenzpreise**: Bereits zum Zeitpunkt der Preissetzung für die Systemkomponente lassen sich Annahmen über die Entwicklung der Konkurrenzpreise treffen. Aus der augenblicklichen Marktstellung des Wettbewerbs sowie dessen strategischem Verhalten in der Vergangenheit können Prognosen abgeleitet werden, ob Konkurrenten ihre Preise konstant halten, erhöhen oder absenken.
- **Zahlungsbereitschaft**: Auch Zahlungsbereitschaften können im Zeitablauf Veränderungen unterliegen. Bestehen bspw. konzeptionelle Produkt-Produkt-Kompatibilitäten zwischen den Systemkomponenten, etwa bei Möbeln über ein bestimmtes Design, dann kann die Zahlungsbereitschaft im Zeitablauf abnehmen, wenn z. B. das Design nicht mehr über alle inzwischen im Markt angebotenen Funktionalitäten verfügt. Auch in einem solchen Fall („Zahlungsbereitschaften 2" in *Abbildung 225*) erwarten die Kunden allerdings die Festsetzung eines einheitlichen Preises. Dieser muss dabei unterhalb der anfänglichen Zahlungsbereitschaft liegen, da die Nachfrager ansonsten keinen Systemein-

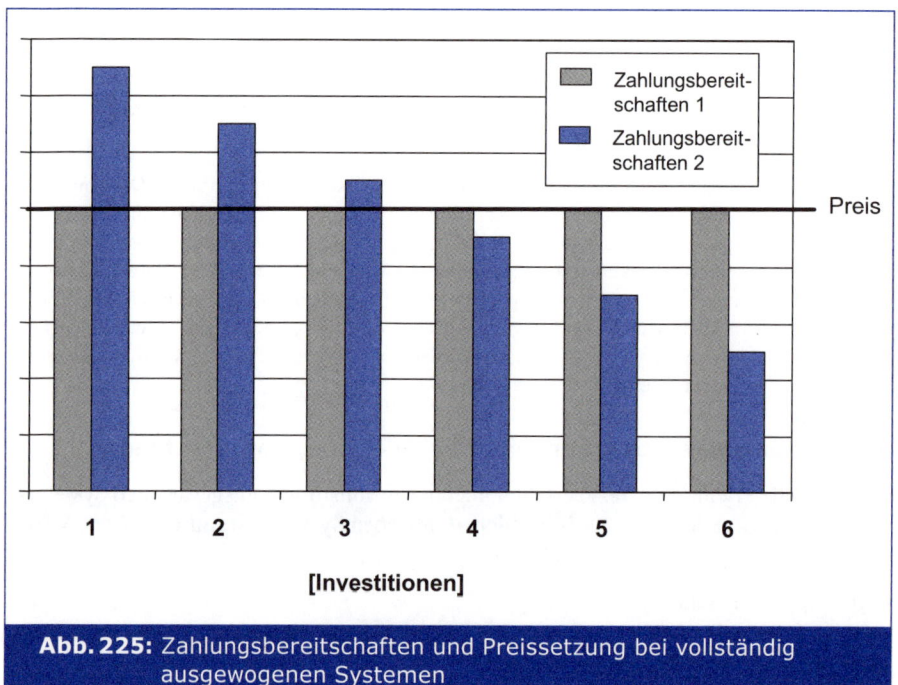

Abb. 225: Zahlungsbereitschaften und Preissetzung bei vollständig ausgewogenen Systemen

stieg vornehmen. Fraglich ist dann allerdings, ob bei sinkenden Zahlungsbereitschaften später Preisreduktionen vorgenommen werden müssen. Dies muss nicht unbedingt der Fall sein, da die Systembindung der Nachfrager dazu führt, dass sie auch weiterhin Systemkomponenten erwerben, obwohl ihre Zahlungsbereitschaft bereits unterhalb des Komponentenpreises liegt.

Beim **nicht-linearen Pricing** wird ein Preissystem entwickelt, bei dem der Erlös des Anbieters nicht linear bzw. proportional von der Anzahl der nachfragerseitig erworbenen Systemkomponenten abhängt (vgl. *Tacke*, 1989; *Wilson*, 1993; *Büschken*, 1997b und 2003b). Stattdessen wird das Pricing so gestaltet, dass der Durchschnittspreis pro Einheit mit zunehmender Anzahl erworbener Systemkomponenten sinkt. Da Kunden, die eine unterschiedliche Anzahl an Systemkomponenten erwerben, damit verschiedene (Durchschnitts-) Preise für die Systemkomponente zu entrichten haben, stellt das nicht-lineare Pricing ein Instrument zur quantitativen Preisdifferenzierung dar.

Nicht-lineare Preise treten in der Praxis in verschiedenartigen Erscheinungsformen auf. Unterscheiden lassen sich diese zunächst danach, ob alle für den Erlös des Anbieters relevanten Entscheidungen des Nachfragers zu einem Zeitpunkt **(zeitpunktbezogene nicht-lineare Preise)** oder zu verschiedenen Zeitpunkten getroffen werden **(sequentielle nicht-lineare Preise)**. Da im Systemgeschäft die Entscheidungen über Einstiegs- und Folgeinvestitionen zu unterschiedlichen Zeitpunkten getroffen werden, ist für das Systemgeschäft dabei allein das sequentielle nicht-lineare Pricing relevant. Hier differenziert *Büschken* (2003b) die in *Abbildung 226* dargestellten Ausprägungsformen.

Auf einer ersten Entscheidungsebene haben Anbieter festzulegen, ob sie einen einteiligen oder einen mehrteiligen Tarif fordern wollen. Während bei einem mehrteiligen Tarif neben einer Grundgebühr ein von Anzahl und Umfang der Folgeinvestitionen abhängiger

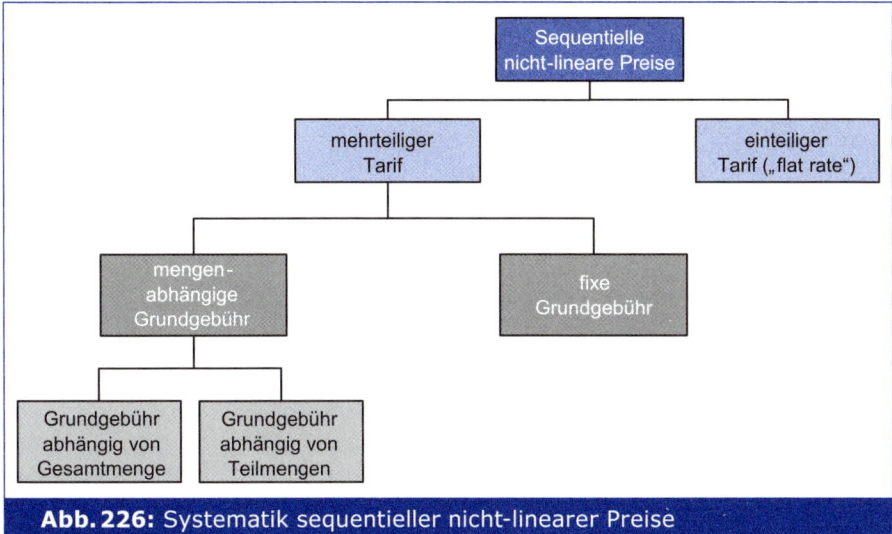

Abb. 226: Systematik sequentieller nicht-linearer Preise

Quelle: in Anlehnung an *Büschken*, 1997b, S. 15.

„Verbrauchspreis" gefordert wird, sind Systemkosten bei einem einteiligen Tarif in Form einer **„Flatrate"** nicht von Anzahl und Umfang der Folgeinvestitionen abhängig. Durch ein „Flatrate"-Angebot gelingt es dem Anbieter, einen Teil der im Vorfeld des Systemeinstiegs bestehenden verhaltensbezogenen Nachfragerunsicherheit zu reduzieren. Da keine Unsicherheit mehr in Bezug auf ansonsten möglicherweise später drohende Preissteigerungen für Folgeinvestitionen durch den Anbieter besteht, verringert sich die verhaltensbezogene Unsicherheit an dieser Stelle. Dieser Vorteil von Flatrate-Angeboten wird in der Literatur auch als **„Versicherungseffekt"** bezeichnet (vgl. *Lambrecht*, 2005; *Stingel*, 2008). Daneben lassen sich Vorteile von Flatrate-Angeboten für Nachfrager auch aus dem Bequemlichkeits- und Taxametereffekt ableiten. Der **„Bequemlichkeitseffekt"** drückt dabei aus, dass Nachfrager bei Flatrates im Gegensatz zu nutzungsabhängigen Tarifen Suchkosten einsparen können, da sie sich nicht bei jeder Folgeinvestition erneut nach günstigen Angeboten im Markt umschauen müssen. Hingegen drückt der **„Taxametereffekt"** aus, dass Nachfrager nach Abschluss einer Flatrate psychologisch einen höheren Nutzen aus der Verwendung der Leistung ziehen. Dies lässt sich darauf zurückführen, dass der frühzeitige Nutzenentgang bei späteren Verwendungen nicht mehr stark wahrgenommen wird, so dass der Leistungsverwendung nutzenstiftender wahrgenommen wird.

Auf der anderen Seite kann sich aber die nutzungsbezogene Unsicherheit durch Flatrate-Angebote vergrößern, wenn für den Kunden im Vorfeld des Systemeinstiegs unbekannt ist, in welchem Umfang Folgeinvestitionen zukünftig notwendig werden. In diesem Fall hängt die Vorteilhaftigkeit des Flatrate-Angebots etwa im Vergleich zu einer linearen Preissetzung von der Anzahl der später tatsächlich getätigten Folgeinvestitionen ab. Werden die gesamten Systemkosten (Beschaffungskosten für Einstiegsinvestition und alle Folgeinvestitionen) betrachtet, so ist in *Abbildung 227* das Flatrate-Angebot (III) für den Nachfrager erst dann gegenüber dem linearen Preis (I) vorteilhaft, wenn der Proband mehr als b Folgeinvestitionen tätigt. Wenn allerdings die tatsächliche Anzahl letztlich benötigter Folgeinvestitionen im Vorfeld unklar ist, so trägt der Nachfrager bei der Flatrate das Risiko, ob er mehr oder weniger als b-Folgeinvestitionen benötigt. Dass dieses Risiko einen realen Hintergrund aufweist, zeigen empirische Untersuchungen. *Stingel* (2008) hat etwa kürzlich für den

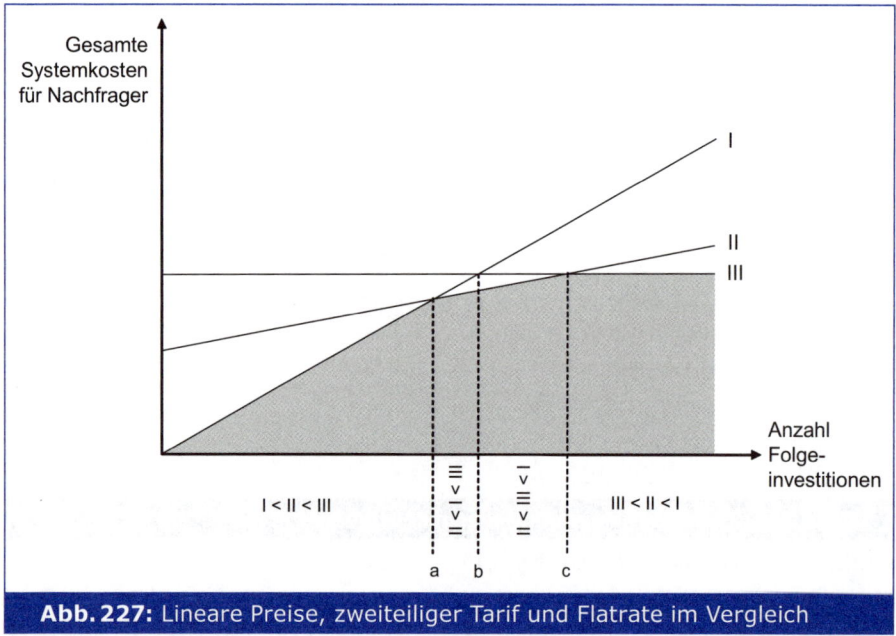

Abb. 227: Lineare Preise, zweiteiliger Tarif und Flatrate im Vergleich

Mobilfunkmarkt gezeigt, dass dort bei Geschäftskunden erhebliche Tarifbiases bestehen. Viele Kunden wählen so eine Flatrate aus, obwohl diese angesichts ihrer tatsächlichen Kommunikationsvolumina nicht die optimale Tarifform darstellen.

Ganz abgesehen von der Vorteilhaftigkeit von Flatrate-Angeboten für Anbieter und Nachfrager ist bei diesem Angebot zu beachten, dass Flatrates den Charakter des gesamten Geschäftsmodells verändern. Da Nachfrager bei dieser Form des Pricings nicht mehr eine aus Einstiegsinvestition und Folgeinvestitionen bestehende Beschaffungsschrittfolge vollziehen, führt das Angebot von Flatrates streng genommen zu einer **Veränderung des Geschäftstyps** (vom System- zum Produktgeschäft), zumindest aber zu einer Abschwächung des Systemgeschäftscharakters. Zudem hat der Anbieter bei diesem Pricing-Modell ebenfalls **Risiken** zu tragen: Tätigt der Nachfrager **mehr Folgeinvestitionen** als geplant, so ist dies für den Anbieter nachteilig, da den zusätzlichen Kosten keine zusätzlichen Erlöse gegenüberstehen.

Aus diesem Grunde bietet sich in den meisten Fällen als nicht-linearer Preis eher ein **zweiteiliger Tarif** mit Grundpreis und Nutzungs- oder Verbrauchspreisen an, der sich aus Nachfragersicht im Vergleich zu linearen Preisen oder Flatrates tendenziell bei einer mittleren Anzahl erwarteter Folgeinvestitionen anbietet (vgl. *Abbildung 227*). Bei zweiteiligen Tarifen entrichtet der Kunde mit dem Systemeinstieg einen bestimmten Grundpreis und hat dafür einen im Vergleich zum linearen Tarif geringeren Preis für Folgeinvestitionen zu entrichten. Zu unterscheiden ist dabei noch zwischen mengenabhängigen und nicht mengenabhängigen (fixen) Grundpreisen:

- Bei **mengenabhängigen Grundpreisen**, die entweder von der Gesamtnachfragemenge oder von Teilnachfragemengen (ex post oder ex ante) abhängig gemacht werden können, werden Nachfragern verschiedene Grundpreise (und zugehörige Folgeinvestitionspreise) angeboten, die mit der letztlich nachgefragten Anzahl von Folgeinvestitionen variiert. Kann die günstigere Grundgebühr ex post gewählt werden, so kommt der mengenabhängigen Reduktion des Grundpreises die Funktion eines Mengenrabatts oder Bonus zu. Ist der mengenabhängige Grundpreis hingegen bereits im Vorfeld vom Nachfrager festzulegen, so führen mengenabhängige Grundpreise zu einer Vergrößerung der Nachfragerunsicherheit im Vorfeld des Systemeinstiegs, da der Nachfrager für die „richtige" Wahl des mengenabhängigen Grundpreises wiederum wissen müsste, in welchem Umfang anschließend Folgeinvestitionen von ihm durchgeführt werden.

Viele Beispiele für mengenabhängige Grundpreise, die ex ante vom Nachfrager festgelegt werden müssen, liefert der Telekommunikationsmarkt. *Abbildung 228* zeigt beispielhaft ein Preissystem für mobilen Datenverkehr der Vodafone D2 GmbH. Danach hat der Kunde auf

Abb. 228: Beispiel für nicht-lineare Preise mit mengenabhängigem Grundpreis

Quelle: *Vodafone D2 GmbH*, 2009.

der einen Seite zu wählen, ob bei ihm der Datenverkehr anhand von übertragenem Datenvolumen (Tarifmodell „WebConnect Volume") oder anhand der Nutzungszeit (Tarifmodell „Time") abgerechnet werden soll. Auf der anderen Seite hat der Kunde innerhalb des gewählten Abrechnungsmodells den mengenabhängigen Grundpreis festzulegen (L, XL usw.), der mit unterschiedlichen Inklusiv-Leistungen, aber auch mit unterschiedlichen Grund- und Nutzungspreisen ausgestattet ist.

Auch die Deutsche Bahn AG bietet ihren Kunden nicht-lineare Preise mit mengenabhängigen Grundpreisen an. Neben dem linearen Tarif können Kunden verschiedene BahnCards erwerben, die unterschiedlich teuer sind und mit unterschiedlichen Preisersparnissen auf den normalen Beförderungspreis verbunden sind. So kostet bspw. die BahnCard 25 in der 1. Klasse 114 € und verschafft dem Inhaber für ein Jahr einen Rabatt von 25 % bei jedem gefahrenen Bahnkilometer. Alternativ können die Geschäftskunden die BahnCard 50 oder die Mobility BahnCard 100 zum 1. Klasse-Preis von 450 € bzw. 6.150 € erwerben, die dann zu Reduktionen von 50 % oder sogar 100 % führen. Mit der Mobility BahnCard 100 bietet die Deutsch Bahn AG bspw. einen einteiligen Tarif (Flatrate) an. Diese ermöglicht ihrem Inhaber bis auf wenige Ausnahmen (z.B. DB Autozüge oder ICE Sprinter) beliebig viele Fahrten in allen Zügen der Deutschen Bahn (vgl. *Deutsche Bahn AG*, 2009).

- Bei **mengenunabhängigen Grundpreisen** ist die Grundgebühr hingegen fix und kann vom Kunden nicht beeinflusst werden. Dementsprechend stellt sich das Auswahlproblem in Bezug auf das optimale Preissystem bei mengenunabhängigen Grundpreisen weniger stark als bei mengenabhängigen Grundpreisen.

Aus Anbietersicht bieten nicht-lineare Preise im Vergleich zu linearen Preisen einige zentrale Vorteile (vgl. *Büschken*, 1997b, S. 19 ff.): Zum einen können durch den Einsatz nicht-linearer Tarife **Erlössteigerungen** realisiert werden. Wird davon ausgegangen, dass entsprechend dem ersten Gossen'schen Gesetz der Grenznutzen jeder weiteren Folgeinvestition zwar positiv bleibt, aber sinkt, und die Zahlungsbereitschaft eines Kunden direkt an seinen Nutzen gekoppelt ist, dann sind lineare Preise nicht in der Lage, Konsumentenrenten vollständig abzuschöpfen. Dies kann nur gelingen, wenn auch innerhalb des Preissystems mit sinkenden Durchschnittspreisen gearbeitet wird, wie dies bei nicht-linearen Preisen der Fall ist. Zudem können durch sinkende Durchschnittskosten auch Mengeneffekte ausgelöst werden, wenn die sinkenden Durchschnittskosten zu einer größeren Zahl an abgesetzten Folgeinvestitionen führen. In diesem Fall können dann zum anderen auch **Kostensenkungen** aus nicht-linearen Preisen resultieren, indem über Erfahrungskurveneffekte ein Absenken der auszahlungswirksamen Stückkosten erreicht wird. Schließlich führt *Büschken* (1997b, S. 23) als weiteren Vorteil die **Risikoreduktion** für den Anbieter an. Da dem Anbieter durch den Grundpreis ein ggf. mengenunabhängiger Erlös entsteht **(fixer Erlös)**, hängt seine ökonomische Erfolgssituation weniger stark von der mit den Folgeinvestitionen realisierten Absatzmenge ab.

3.2.2.2 Konditionen

Neben der Festsetzung von Preisen für alle bereits feststehenden Systembestandteile gehört auch die Festlegung der Konditionen zum System-Pricing. Unter Konditionen werden „zwischen Lieferant und Kunde vereinbarte, an besondere Umstände gekoppelte kundenspezifische Modifikationen der sonst üblichen (Standard-)Bemessung von Lieferanten-Leistungen und/oder von Kunden-Gegenleistungen im Rahmen von Markttransaktionen" (*Steffenhagen*, 2003, S. 577) verstanden. Zu den **Modifikationen der Lieferanten-Leistung** gehören dabei etwa die Einräumung spezieller Rechte für den Kunden (z.B. Rückgaberechte, Garantien), die Gewährung spezieller Sach- und/oder Geldzuwendungen (z.B. Produktproben, Werbekostenzuschüsse) oder die Übernahme spezieller Kommissionier- oder Logistikleistungen.

Hingegen stellen gerade die Inanspruchnahme von Abschlägen auf den Listenpreis (Rabatt), die Nutzung besonders langfristiger Zahlungsziele oder Besonderheiten bei anderen Zahlungsbedingungen die wesentlichen Elemente **der Modifikationen der Standard-Gegenleistung** dar. Im Rahmen des System-Pricings geht es dabei um die Modifikationen der kundenseitigen Gegenleistung, und hier vor allem um Rabatte und Zahlungsbedingungen.

Rabatte

Wie im Rahmen der Ausführungen zum Produktgeschäft festgestellt, stellt „Rabatt" einen Oberbegriff für sämtliche Formen von Preisnachlässen dar (vgl. *Krämer et al.*, 2003, S. 554), die Kunden individuell auf einen bestehenden Listenpreis gewährt werden. Strukturell führen Rabatte zu einer Individualisierung des Angebotes und dienen für Anbieter dazu, die vermuteten Unterschiede in den Zahlungsbereitschaften der Kunden umfassender abgreifen zu können (vgl. Teil 3 Kap. B. II. 1.1.2.3). Zumeist werden Rabatte jedoch auch von Nachfragern akzeptiert, wenn deren Anfall und deren Höhe nicht vom individuellen Verhandlungsgeschick des einzelnen Kunden, sondern von der Erfüllung objektiver Tatbestände (z. B. abgenommene Menge, Kaufzeitpunkt etc.) abhängig gemacht wird (vgl. *Hunt et al.*, 1995, S. 27 ff.).

Grundsätzlich kommen im Systemgeschäft alle Formen von Rabatten in Frage. Aufgrund der konstitutiven Besonderheiten des Systemgeschäfts (zeitliches Auseinanderfallen von Einstiegsinvestition und Folgeinvestitionen) spielen in diesem Geschäftstyp allerdings zusätzlich bzw. in besonderem Maße Rabatte eine Rolle, die der **zeitlichen Steuerung** dienen. Mit Hilfe von Rabatten kann so Einfluss auf die Beschaffungsschrittfolge und damit auf den Zeitpunkt der Einstiegsinvestition und der Folgeinvestitionen genommen werden.

- **Steuerung des Zeitpunkts der Einstiegsinvestition**: Anbieter können durch eine zeitraumbezogene Rabattierung versuchen, den von Nachfragern beabsichtigten Kaufzeitpunkt für die Einstiegsinvestition zeitlich vorzuverlagern. Wird unterstellt, dass die nachfragerseitig im Vorfeld des Systemeinstiegs bestehende Unsicherheit zu einem Aufschieben der Einstiegsentscheidung führen kann, so bieten Rabatte eine Möglichkeit, Nachfragern ein Motiv zu geben, den Einstiegszeitpunkt nicht weiter hinauszuzögern. Hierdurch können Anbieter verhindern, dass Nachfrager z. B. **Leapfrogging** betreiben und statt in die aktuelle, in eine erst später verfügbare Technologie investieren. Schließlich ist eine Vorverlagerung des Einstiegszeitpunkts für den Anbieter auch mit positiven finanziellen Effekten verbunden, da es zu einer früheren Erlösrealisierung kommt.
- **Steuerung des Zeitpunkts der Folgeinvestitionen**: Darüber hinaus stellen Rabatte auch ein probates Mittel dar, um den Zeitpunkt zu beeinflussen, an dem Folgeinvestitionen getätigt werden. Hierbei können Anbieter nicht nur die oben angeführten finanziellen Vorteile im Auge haben, sondern ggf. auch eine Kapazitätssteuerung im Sinne des **Yield Management**-Ansatzes (vgl. *Daudel/Vialle*, 1992; *Skiera et al.*, 2001) anstreben. Beim Yield Management betreiben Unternehmen, die entweder „verderbliche" Produkte anbieten oder sich Nachfrageschwankungen gegenüber sehen und daher Kapazitätssteuerung vornehmen müssen, zeitliche Preisdifferenzierung, indem sie Kunden, die ihre Nachfrage zu einem vorgegebenen Zeitpunkt oder in einem bestimmten Zeitraum tätigen, Rabatte einräumen. Im Systemgeschäft können Anbieter diesen Grundgedanken aufgreifen und Nachfragern dann Rabatte für Folgeinvestitionen in Aussicht stellen, wenn diese zu bestimmten Zeitpunkten getätigt werden. Das nachfolgende Beispiel verdeutlicht dabei, dass die an bestimmte Zeiträume geknüpfte Rabatt-Gewährung bei Folgeinvestitionen bereits bei der Einstiegsinvestition gewährt werden kann und damit eine Mittelposition zwischen Einzelpreissetzung und Produkt- bzw. Preisbündelung einnimmt.

Tillmann/Simon (2004, S. 1002 f.) berichten von einem amerikanischen Softwarehaus, für dessen Software-Produkte Kunden anschließend Schulungen benötigen, die sie entweder über den Software-Anbieter oder Drittfirmen erhalten können. Da viele Unternehmen allerdings nicht unmittelbar mit dem Software-Kauf die Schulungsmaßnahmen in Auftrag geben, sondern zeitlich getrennt vom Software-Kauf eine Entscheidung über die Schulungsmaßnahmen treffen, sieht sich das Unternehmen schwierigen Kapazitätsplanungen für die Dienstleistung „Schulung/Training" gegenüber. Daher bietet das Unternehmen den Kunden Rabatte für die Schulung an (vgl. *Abbildung 229*). Den umfangreichsten Rabatt erhalten Kunden, die die Schulung direkt mit dem Kauf der Software erwerben (Option 2). Allerdings bietet das Unternehmen auch solchen Kunden Rabatte für die Schulung, die sich innerhalb der ersten 60 Tage nach Kauf der Software für die zugehörige Software des Anbieters entscheiden (Option 1).

Leistungskomponenten	Software (in US$)	Training (in US$)	Total (in US$)	Option 1			Option 2		
				Discount (in US$)	Discount in %	Preis	Discount (in US$)	Discount in %	Preis
Software A und Training 1	795	995	1.790	-150	8	1.640	-250	14	1.540
Software B und Training 2	995	395	1.390	-100	7	1.290	-175	13	1.215
Software C und Training 3	2.495	395	2.890	-250	9	2.640	-350	12	2.540
Software D und Seminar	4.995	1.495	6.490	-1.495	23	4.995	-1.495	23	4.995

Abb. 229: Beispiel zu Rabatten zur Steuerung des Kaufzeitpunkts von Folgeinvestitionen

Quelle: *Tillmann/Simon,* 2004, S. 1003.

Zahlungsbedingungen

Auch durch entsprechende Gestaltung der Zahlungsbedingungen (z. B. Zahlungsziel, Vertragsform etc.) können Anbieter auf die besonderen Herausforderungen des Systemgeschäfts eingehen. Beispielsweise kann durch eine entsprechende Vertragsgestaltung versucht werden, die mit der Einstiegsinvestition verbundene Nachfragerunsicherheit zu reduzieren. Anbieter von Unternehmenssoftware, deren Geschäft darin besteht, Software und ggf. Implementierungsleistungen anzubieten, räumen ihren Kunden mitunter **Geld-zurück-Garantien** für den Fall ein, dass die mit dem Implementierungsprojekt verbundenen Ziele nicht erreicht werden. *Abbildung 230* zeigt ein entsprechendes Beispiel.

3.3 System-Kommunikation

Als ein wesentlicher Grund für Nachfrager, den Systemeinstieg zurückzustellen oder sogar vollständig zu vermeiden, wurde die häufig bestehende Nachfragerunsicherheit im Vorfeld des Systemeinstiegs herausgearbeitet. Diese kann entweder nutzungsbezogene („Kann ich das System wie beabsichtigt nutzen?") oder verhaltensbezogene Ursachen („Wie verhält sich der Systemanbieter nach meinem Systemeinstieg?") aufweisen. Während die nutzungsbezogene Nachfragerunsicherheit entweder durch eine generelle Unsicherheit in Bezug auf die Leistungsfähigkeit des Systems oder die später erforderlichen Folgeinvestitionen entsteht, bezieht sich die verhaltensbezogene Unsicherheit auf das zukünftige Anbieterverhalten. Nachfrager können so nicht ausschließen, dass System-Anbieter nach ihrem Systemeinstieg die entstandene Systembindung durch entsprechende Marketing-Maßnahmen auszunutzen versuchen. Um diese (nutzungsbezogene und verhaltensbezogene) Nachfragerunsicherheiten zu reduzieren, müssen Anbieter **Signale bezüglich der Leistungsfähigkeit des Systems** und ihres **zukünftigen Verhaltens** aussenden. Letzteres ist erforderlich, um glaubhaft zu machen, dass System-Anbieter die entstehende nachfragerseitige Systembindung nicht zu ihren Gunsten ausnutzen.

Abb. 230: „Geld-zurück"-Garantie bei Software-Projekten

Quelle: *novomind GmbH*, 2004.

Die bewusste Steuerung der an den Markt gerichteten Signale ist Gegenstand der Kommunikationspolitik. Hierbei steht der Versuch im Mittelpunkt, die **Wahrnehmung der entwickelten Konzeption** bei Nachfragern so zu beeinflussen, dass Nachfrager zur Systemadoption bereit sind. Hierzu sind dem Markt gezielt **Signale** über das angebotene System sowie das zukünftige Verhalten des System-Anbieters zu übermitteln.

3.3.1 Signalling zum angebotenen System: Kommunikationspolitik

Sollen Signale über die Leistungsfähigkeit des angebotenen Systems ausgesandt werden, so betrifft dies vor allem **kommunikationspolitische Entscheidungen** im Hinblick auf

- das Kommunikationsobjekt,
- die Kommunikationsträger sowie
- die Kommunikationsinhalte.

Zunächst stellt sich im Hinblick auf das **Kommunikationsobjekt** die Frage, ob Initialkaufobjekt und Folgeinvestitionen kommunikationspolitisch separiert oder integriert werden sollen. Von **Kommunikationsseparierung** ist dann zu sprechen, wenn getrennte kommunikationspolitische Maßnahmen bzw. Inhalte für die beiden Investitionskategorien (Einstiegsinvestition, Folgeinvestitionen) platziert werden. Hingegen ist Kennzeichen der **Kommunikationsintegration**, dass kommunikationspolitische Maßnahmen für Einstiegsinvestition und Folgeinvestitionen zusammen ergriffen werden oder aber die Einzelmaßnahmen zumindest in enger Abstimmung zueinander erfolgen.

Für eine Kommunikationsintegration sprechen hierbei **Spill over-Effekte** zwischen Einstiegsinvestition und Folgeinvestitionen. Spill over-Effekte bezeichnen dabei Wirkungsausstrahlungen von einem Planungsbereich auf einen anderen in produktübergreifender, zeitraumübergreifender oder segmentübergreifender Hinsicht (vgl. *Diller*, 2003, S. 34). Bei den hier besonders relevanten produktübergreifenden Ausstrahlungseffekten ist davon auszugehen, dass kommunikationspolitische Maßnahmen, die auf die Einstiegsinvestition gerichtet sind, dann auch positive Wirkungseffekte für Folgeinvestitionen aufweisen, wenn Kommunikationsmaßnahmen ergriffen werden, die sich auf Einstiegs- und Folgeinvestitionsobjekt beziehen. Hingegen ist eine Kommunikationsseparierung immer dann von Vorteil, wenn der Systemcharakter des Gesamtangebots nicht betont werden soll. Gerade bei der verborgenen, aber auch der zukunftsgerichteten Systemkonzeptionen kann dies sinnvoll und notwendig sein.

Die Entscheidung für eine **Kommunikationsseparierung** oder **-integration** von Initialkaufobjekt und Folgeinvestitionen sollte dabei bereits im strategischen **Markenmanagment** prädisponiert werden. Im Teil 2 Kap. B. II. 2.3 wurden unterschiedliche Markenstrategien für Industriegütermärkte identifiziert. Differenziert wurde u. a. zwischen Einzelmarken und Familienmarken. Je nachdem, welche Entscheidung innerhalb des strategischen Markenmanagements an dieser Stelle getroffen wird, desto einfacher oder schwieriger wird die Aufgabe der Kommunikationsseparierung oder -integration. Eine Kommunikationsseparierung setzt so streng genommen **Einzelmarken** bei den verschiedenen Systembestandteilen voraus. Schon bei Familienmarken fällt eine strikte Separierung in der kommunikationspolitischen Umsetzung schwer – nicht zuletzt deshalb, weil hierdurch die eigentlichen Ziele von Familienmarken (Spill over-Effekte) unterbunden werden. Im Gegensatz dazu bietet sich eine Kommunikationsintegration vor allem dann an, wenn Einstiegsinvestition und Folgeinvestitionen als **Familienmarken** geführt werden. Auf diese Weise können Ausstrahlungseffekte zwischen den Markenfamilien-Mitgliedern gezielt initiiert und genutzt werden.

Im Anschluss an die Festlegung des Kommunikationsobjekts sind die **Kommunikationsträger** festzulegen. Da im Systemgeschäft keine kundenindividuellen Leistungen, sondern segment- oder marktbezogen-standardisierte Leistungen vermarktet werden, kann sich die System-Kommunikation bei der Wahl geeigneter Kommunikationsträger neben der persönlichen Kommunikation standardisierter kommunikationspolitischer Instrumente (z. B. Werbung) bedienen. Allerdings zeigen empirische Untersuchungen, dass zumindest bei technologisch sehr komplexen Systemgeschäften eher Kommunikationsträger bzw. -instrumente von Bedeutung sind, die die Erfahrungen anderer System-Teilnehmer wiedergeben (Referenzen) oder eigene Anwendungsmöglichkeiten bieten.

> *Bergmann/Rohde* (1992) haben bspw. im Rahmen einer empirischen Untersuchung die Akzeptanz verschiedener kommunikationspolitischer Instrumente bei CIM aus Anwender- und Anbieterperspektive untersucht. Wie *Abbildung 231* verdeutlicht, weichen die Einschätzungen von Nachfragern und Anbietern z. T. erheblich voneinander ab. Darüber hinaus zeigt sich auch, dass Referenzen und anbieterseitigen Demonstrationszentren („CIM-Center") die größte Bedeutung aus Nachfragersicht zugesprochen wurde.

Unabhängig vom gewählten Kommunikationsträger stellt sich schließlich bei der Gestaltung des **Kommunikationsinhalts** die Frage nach Art und Umfang der **Kommunikation der Systemarchitektur**. Während der Vorteil einer offenen Kommunikation der mit dem Systemeinstieg verbundenen Systembindung darin zu sehen ist, dass dies bei potenziellen Kunden möglicherweise als vertrauensbildende Maßnahme aufgefasst wird, geht hiermit zugleich der Nachteil bzw. das Risiko einher, dass Kunden auf den Systemcharakter verstärkt aufmerksam gemacht werden und daher von der Einstiegsinvestition Abstand nehmen bzw. diese zurückstellen.

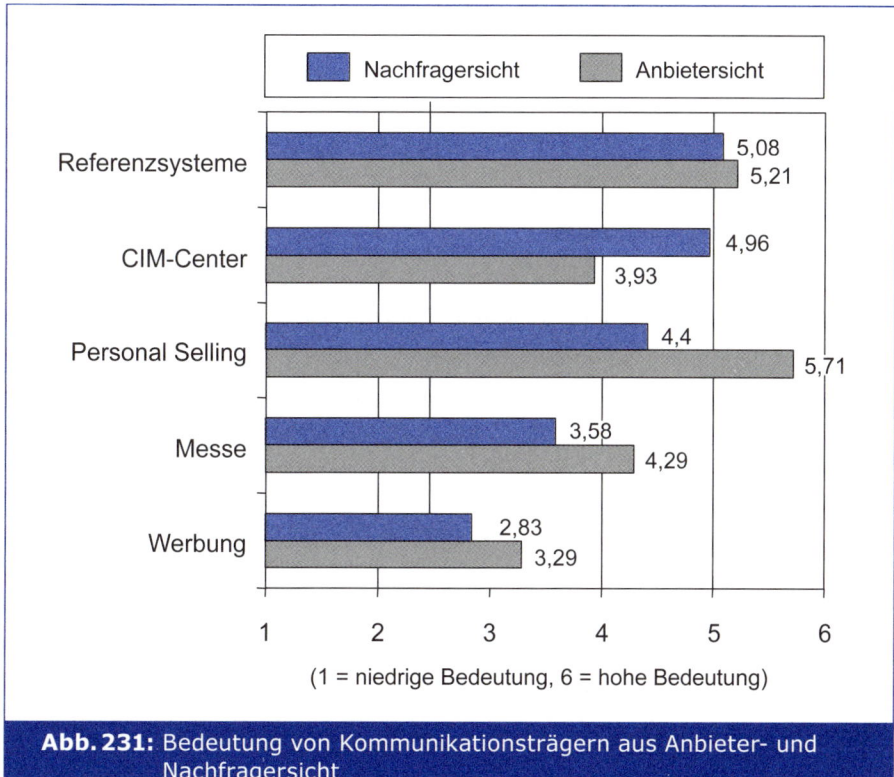

Abb. 231: Bedeutung von Kommunikationsträgern aus Anbieter- und Nachfragersicht

Quelle: *Bergmann/Rhode*, 1992.

Ob und ggf. wie die Systemarchitektur im Rahmen der System-Kommunikation aufgegriffen wird, hängt von der innerhalb der System-Gestaltung gewählten Systemkonzeption ab:

- Bei der **verborgenen Systemkonzeption** verbietet sich die Thematisierung der Systemarchitektur aus nahe liegenden Gründen. Da der Anbieter das Ziel verfolgt, Nachfrager zum Einstieg in ein geschlossenes Gesamtsystem zu veranlassen, ohne dass der Systemcharakter dabei im Vorfeld bewusst gemacht wird, würden Hinweise auf die Systemarchitektur innerhalb der System-Kommunikation dieses Ziel konterkarieren. Daher sollte im Mittelpunkt der Kommunikation bei verborgenen Systemen der Nutzen der Einstiegsinvestition, nicht aber die Notwendigkeit zu Folgeinvestitionen stehen.
- Auch bei der **geschlossenen Systemkonzeption** muss der Nachfrager dazu bewegt werden, in ein proprietäres Gesamtsystem mit der Einstiegsinvestition einzusteigen. Da anders als bei der verborgenen Systemkonzeption der Systemcharakter anbieterseitig jedoch aufgedeckt wird (werden muss), ist ein Negieren der Systemarchitektur in der Kommunikationspolitik nicht zweckmäßig. Stattdessen besteht in der Kommunikationspolitik die Herausforderung darin, den Nutzen des Gesamtsystems und damit letztlich der geschlossenen Systemarchitektur zu vermitteln.
- Merkmal der **zentrierten Systemkonzeption** ist einerseits die Offenheit des Systems und andererseits die große Bedeutung der Systemarchitektur, für die sich der Kunde mit der Einstiegsinvestition entscheidet. Da der Anbieter seinen KKV hier über die

Systemarchitektur aufbaut, muss deren Besonderheit und Leistungsfähigkeit auch in der Kommunikationspolitik in den Mittelpunkt gestellt werden.

- Die **zukunftsgerichtete Systemkonzeption** ist schließlich dadurch gekennzeichnet, dass das zugrunde liegende System zugleich ausgewogen und unbestimmt ist. Die hier auf Seiten des Nachfragers auftretende Unsicherheit, ob und welche Folgeinvestitionen zu welchen Zeitpunkten vorgenommen werden müssen, lässt dabei ein zu starkes Betonen der Besonderheiten der Systemarchitektur wenig sinnvoll erscheinen. Stattdessen muss der System-Anbieter hier einerseits den bereits am Beginn möglichen Nutzen durch bereits vorhandene Systembestandteile betonen. Andererseits sollte die eigene unternehmensbezogene Zukunftsfähigkeit vom Anbieter betont werden, da der potenzielle Systemeinsteiger die Zukunftsfähigkeit des Systems vor allem von der dem Anbieter zugesprochenen Zukunftsfähigkeit abhängig macht.

Zusammengenommen zeigt sich, dass der Systemcharakter nicht bei allen Formen des Systemgeschäfts kommunikativ herauszustellen ist. Bei bestimmten Systemkonzeptionen (verborgene und zukunftsgerichtete Konzeption) ist eher Zurückhaltung geboten, wenn es darum geht, die Systemarchitektur und damit auch die vom System ausgehende Systembindung proaktiv innerhalb der Kommunikationspolitik aufzugreifen.

Darüber hinaus muss die Gestaltung der Kommunikationsinhalte auch darauf gerichtet sein, die im Vorfeld der Einstiegsinvestition bestehende Nachfragerunsicherheit zu reduzieren. Hierbei kommt dem Aufbau von **Vertrauen** eine besondere Bedeutung für die Kommunikationspolitik im Systemgeschäft zu (vgl. *Plötner*, 1992). Unter Vertrauen ist dabei die Erwartung des Nachfragers zu verstehen, dass sich der Anbieter hinsichtlich eines bestimmten, bewusst gemachten Ereignisses (hier: Ausnutzung der Systembindung) später nicht zum Schaden des Kunden verhalten wird (vgl. *Plötner*, 1992, S. 78). Dieser kommunikationspolitische Inhalt kann dabei durch eine entsprechende Kommunikationsbotschaft oder eine darauf gerichtete Kommunikationsgestaltung angestrebt werden.

3.3.2 Signalling zukünftigen Anbieterverhaltens: Garantien

Neben der Steuerung von Signalen **bezüglich der Leistungsfähigkeit des Systems** sollten auch Signale bzgl. des zukünftigen Anbieterverhaltens ausgesandt werden. Hierdurch soll potenziellen Nachfragern glaubhaft gemacht werden, dass der System-Anbieter auf die Ausnutzung der nachfragerseitigen Systembindung verzichtet. Zu den Signalen, die diese Zielsetzung unterstützen, gehören neben der **Marke** (vgl. Teil 2 Kap. B. II. 2.3) vor allem Garantien. „**Garantien**" sind grundsätzlich in §§ 433 ff. BGB geregelt. In § 438 BGB sind dabei die Verjährungsfristen definiert, die ein Anbieter seinen Kunden gewähren muss. Bei beweglichen Gütern beträgt diese grundsätzlich zwei Jahre, bei Grundstücken grundsätzlich fünf Jahre. Die rechtlich vorgesehene Gewährleistung kann im betriebswirtschaftlichen Sinne jedoch nicht als anbieterspezifischer Einsatz des Marketing-Instruments „Garantie" verstanden werden. Es erfolgt keine unternehmens- bzw. anbieterspezifische Ausgestaltung des Garantievertrags. Diese Garantieform ist vielmehr aufgrund ihrer rechtlichen Verpflichtung für den Anbieter obligatorisch und liefert keinen Beitrag zu der im Systemgeschäft erforderlichen Reduktion verhaltensbezogener Nachfragerunsicherheit.

Viele Anbieter haben diese ursprüngliche Form der **Gewährleistungspflicht** allerdings zur Grundlage einer eigenen (darüber hinausgehenden) Garantiepolitik gemacht und damit Garantien bewusst zum Marketing-Instrument weiterentwickelt. Die Analyse der in der Praxis verbreiteten unternehmensspezifischen Garantieversprechen verdeutlicht, dass innerhalb dieser Gruppe der „extended warranties" zwei Arten möglicher Ausgestaltungsformen zu beobachten sind. Zum einen ist dies die ausschließlich **zeitliche Ausdehnung des Garantiehorizonts** über die Mindestgarantiefrist hinaus. Dies kann bis zum Extremum der lebenslangen Garantie gehen. Zum anderen ist dies die **inhaltliche Ausweitung von Garantieversprechen**. Einige dieser Garantien haben in der Vergangenheit in ihren jeweiligen Märkten hohe Aufmerksamkeit bei Nachfragern und Konkurrenzunternehmen erzeugt und können als erfolgreiche Beispiele für den Einsatz des Marketing-Instruments „Garantie" betrachtet werden.

> Bereits 1990 dehnte die taiwanesische Firma Copam die Garantie für ihre PCs von den gesetzlich vorgeschriebenen sechs Monaten auf 36 Monate aus, um so dem Negativimage, das Clones aus Fernost anhaftete, wirkungsvoll zu begegnen (vgl. *o. V.*, 1992, S. 17). Damit wurde ein Garantiehorizont erreicht, dessen Ende mit dem durchschnittlichen Lebenszyklus eines solchen Produkts übereinstimmt. Solche Lifetime-Garantien hat es dabei auch schon in der Vergangenheit gegeben. Beispielsweise hat die US-amerikanische Firma A.T. Cross, die Schreibgeräte herstellte, bereits vor Jahrzehnten ihren Kunden zugesagt, selbst nach mehr als 50 Jahren noch defekte Schreibgeräte kostenfrei („Geld-zurück-Garantie") zurückzunehmen (vgl. *Deysson*, 1990, S. 47).
>
> Ein Beispiel für eine extreme Form der inhaltlichen Ausdehnung von Garantien hat in der Vergangenheit der amerikanische Automobilhersteller General Motors (GM) geliefert. GM bot seinen Oldsmobile-Kunden an, dass diese sich ihre Kaufentscheidung ex post noch einmal überlegen könnten. Der Kunde hatte 30 Tage oder 1.500 Meilen Zeit, sich zu entscheiden, ob er das gekaufte Automobil zukünftig weiter besitzen wollte (oder nicht). Kam der Kunde zu dem Entschluss, dass sich seine vor dem Kauf gebildete Meinung nicht mit den praktischen Erfahrungen deckte, konnte er den benutzen Wagen zurückgeben und erhielt problemlos den vollen Kaufpreis zurück. Die Befürchtungen, dass diese großzügige GM-Garantie missbraucht werden könnte, wurde in praxi widerlegt. Von den innerhalb von drei Monaten abgesetzten 65.000 Wagen wurden lediglich 306 von Kunden „umgetauscht" (vgl. *Deysson*, 1990, S. 47).

Die bisher beschriebenen Formen der Garantie können als **Funktionsgarantien** bezeichnet werden. Der Anbieter garantiert für eine bereits gekaufte Leistung die „Funktionalität" bestimmter Merkmale für einen ex ante genau definierten Zeitraum. Diese Garantien beziehen sich ausschließlich auf Verpflichtungen, die der Anbieter bereit ist, für **aktuell bereits gekaufte Produkte** einzugehen. Bezogen auf die oben differenzierten Arten von Nachfragerunsicherheit dienen Funktionsgarantien dazu, nutzungsbezogene Nachfragerunsicherheiten im Vorfeld des Systemeinstiegs zu reduzieren. Indem der Anbieter etwa Kompatibilität zwischen Systembestandteilen garantiert, steigert er das Vertrauen in die Nutzungsmöglichkeiten des Gesamtsystems auch bei solchen Nachfragern, die zunächst nur einzelne Bestandteile des Systems erwerben.

Hiervon zu unterscheiden sind **Erfüllungsgarantien**, die sich auf **zukünftig noch zu tätigende Käufe** eines Nachfragers (z. B. Folgeinvestitionen) beziehen. Diese Garantien werden zwar ebenfalls mit dem bereits getätigten Erstkauf eines Produkts ausgesprochen, beziehen sich aber explizit auf zukünftige Käufe desselben Nachfragers. Der Anbieter garantiert also nicht die Funktionalität seiner verkauften Leistungen, sondern bindet sich vielmehr, heutige, mit dem Erstkauf ausgesprochene Leistungsverpflichtungen zukünftig auch zu erfüllen. Diese Arten von Garantien haben also den Charakter von Erfüllungsverpflichtungen, die sich nicht ausschließlich auf die Funktionalität des gekauften Produkts beziehen.

Ein charakteristisches **Beispiel** für Anbieter **aus dem Konsumgüterbereich**, die Erfüllungsgarantien als Marketing-Instrument einsetzen, sind Porzellanhersteller. Porzellan wird i. d. R. sukzessiv gekauft (z. B. als Sammelobjekt). Der Nachfrager ist durch das beim Erstkauf gewählte Design bei zukünftigen Erweiterungskäufen an die beim Erstkauf getroffene

Designwahl gebunden. Auch am folgenden Beispiel eines Silberbesteck-Herstellers lässt sich der Einsatz von Erfüllungsgarantien verdeutlichen:

> Die Silbermanufaktur Robbe Berking, deren Ursprünge bis in das Jahr 1874 zurückreichen, bietet für alle ihre silbernen oder versilberten Besteck-Muster eine Nachkaufgarantie bis zum Jahr 2040. Damit unterstreicht das Unternehmen seine auf sehr lange Zeiträume angelegten Designlinien. Der Kunde erhält hierdurch die Sicherheit, dass er über einen sehr langen Zeitraum Nachkäufe vornehmen kann. Aus diesem Grunde spielt die Unsicherheit, dass der Anbieter ggf. Kollektionen auslaufen lässt und Nachkäufe daher unmöglich werden, praktisch keine Rolle mehr.

Da der Nachfrager im gewählten Beispiel zum Zeitpunkt des Erstkaufs allerdings lediglich eine Zusicherung darüber erhält, dass er in einem bestimmten Zeitraum Silberbesteck des gewählten Designs nachkaufen kann, nicht aber, zu welchen Konditionen diese Nachkäufe möglich sein werden, liegt die Garantieform der **Erfüllungsgarantie ohne Konditionenfixierung** vor. Der Nachfrager hat zwar die Sicherheit, dass er zukünftig seine Nachkaufwünsche realisieren kann, es besteht aber u. a. Unsicherheit darüber, zu welchen Konditionen dies möglich sein wird. Daher reduzieren Erfüllungsgarantien ohne Konditionenfixierung nachfragerseitig bestehende verhaltensbezogene Unsicherheiten nur z. T. Zwar kann der Nachfrager sicher gehen, dass der Anbieter bestimmte Systembestandteile weiterhin anbietet; unsicher bleibt allerdings, zu welchen Konditionen dies geschieht.

Werden mit der Zusicherung, dass ein Kauf zukünftig noch möglich sein wird, die Konditionen im Zeitpunkt des Erstkaufs fixiert, dann liegt die Form der **Erfüllungsgarantie mit Konditionenfixierung** vor. Diese Garantieform stellt die umfassendste Form zur Reduktion verhaltensbezogener Nachfragerunsicherheit dar. Bei dieser Garantieform verpflichtet sich der Anbieter nicht nur zu einem bestimmten Angebot, sondern auch zu den damit verbundenen Konditionen.

4 Management der Folgeinvestitionen

4.1 Systematisierung der Vermarktungsaufgaben

Mit der vom Kunden getätigten Einstiegsinvestition verändert sich das Vermarktungsproblem für den System-Anbieter grundlegend. Während es beim Management der Einstiegsinvestition darum geht, die Unsicherheit auf Seiten potenzieller Nachfrager soweit zu reduzieren, dass diese bereit sind, die mit dem Systemeinstieg verbundene Systembindung einzugehen, eröffnet sich dem System-Anbieter nach der Einstiegsinvestition die **Möglichkeit**, die durch die Einstiegsinvestition vom Nachfrager eingegangene **Systembindung auszunutzen**. Da Systembindung letztlich in nachfragerseitigen Wechselkosten zum Tragen kommt (vgl. Teil 3 Kap. D. I. 2.1.2.2), besteht für den Anbieter beim Management der Folgeinvestitionen die Option, den Versuch zu unternehmen, die Wechselkosten der Nachfrager abzuschöpfen bzw. für seine Zwecke zu nutzen.

Bei der Frage, ob und inwieweit der System-Anbieter von dieser Möglichkeit durch entsprechende Maßnahmen (z. B. Preiserhöhungen für Folgeinvestitionen) Gebrauch machen sollte, sind allerdings einige **Limitationen** zu beachten:

(1) **Veränderungen der Höhe der Wechselkosten**: Zum einen sollten Anbieter nicht außer Acht lassen, dass sich die Wechselkosten im für Folgeinvestitionen relevanten Zeitraum, nämlich während der Systemnutzungszeit, verändern können (vgl. *Abbildung 232*):

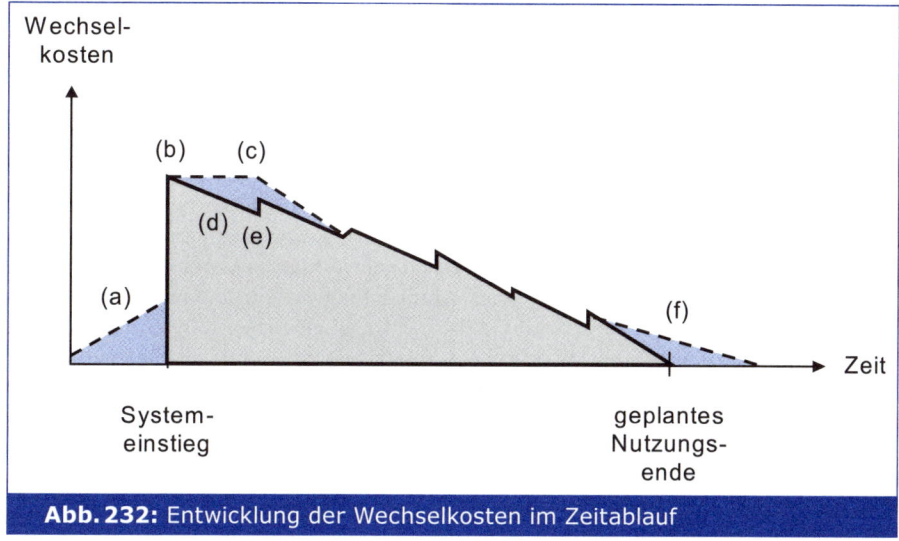

Abb. 232: Entwicklung der Wechselkosten im Zeitablauf

Zum einen vollzieht sich der Aufbau der Wechselkosten nicht unbedingt zu einem bestimmten Zeitpunkt, sondern mitunter eher über einen längeren Zeitraum. Dies liegt vor allem daran, dass die **„Quellen" der Wechselkosten** zu verschiedenen Zeitpunkten zum Tragen kommen. Einerseits können Wechselkosten bereits vor dem Systemeinstieg anfallen, wenn sich Nachfrager über ein System informieren und sich mit den Besonderheiten des Systems im Vorfeld auseinandersetzen (vgl. (a) in *Abbildung 232*). Andererseits können Wechselkosten durch die Einstiegsinvestition verursacht werden. Stellt der Nachfrager nach dem Systemeinstieg fest, dass das System nicht die Erwartungen erfüllt, so ist er durch den Teil der Einstiegsinvestition an die zuvor getroffene Entscheidung gebunden, die beim Systemausstieg noch nicht durch eine bereits erfolgte Systemnutzung amortisiert wurde und die zudem bei einem Systemverkauf vom Markt nicht entgeltet würde (vgl. (b) in *Abbildung 232*). Schließlich können weitere Wechselkosten im Kundenunternehmen nach dem Systemeinstieg entstehen, wenn etwa organisatorische Anpassungen vorgenommen werden, die anschließend nicht ohne weiteres rückgängig gemacht werden können. Diese zusätzlich anfallenden Wechselkosten können für einen gewissen Zeitraum dafür sorgen, dass insgesamt kein Abbau von Wechselkosten eintritt, wenn sie in ähnlichem Umfang auftreten, wie zugleich durch Systemnutzung an Wechselkosten abgebaut wird (vgl. (c) in *Abbildung 232*). Schließlich generiert jede Folgeinvestition temporär weitere Wechselkosten, da die hierfür notwendige zusätzliche Investition zusätzlich bindet, solange diese nicht durch Systemnutzung amortisiert wurde (vgl. (e) in *Abbildung 232*).

Zum anderen führt die Systemnutzung dazu, dass Wechselkosten abgebaut werden (vgl. (d) in *Abbildung 232*). Werden etwa die durch die Einstiegsinvestition anfallenden Wechselkosten auf den Nutzungszeitraum eines Systems (im Sinne einer „Abschreibung") verteilt, dann führt das Fortschreiten der Nutzungszeit automatisch zu einer Verringerung der noch wirkenden Wechselkosten. Dabei kann ein Teil der Wechselkosten sogar über die eigentliche System-Nutzungszeit hinaus wirken, wenn bspw. mit Hilfe des Systems erzeugte Leistungen bei Kunden des System-nachfragenden Unternehmens noch im Einsatz sind und daher ein Systemwechsel auch nach der Nutzungszeit nicht in Frage kommt (vgl. (f) in *Abbildung 232*).

Das Zusammenspiel der verschiedenen Wechselkosten verursachenden und reduzierenden Faktoren führt allerdings zu einer tendenziellen **Abnahme der Wechselkosten mit fortschreitender Systemnutzung**. Dies bedeutet aber zugleich, dass sich System-Anbieter im Zeitablauf geringer werdenden Möglichkeiten zur Ausnutzung der Systembindung bei System-Nutzern gegenüber sehen. Die Veränderung von Wechselkosten im Zeitablauf schränkt also den Spielraum zur Ausbeutung von Systembindung mehr und mehr ein.

(2) **Nutzungsintensität des Systems**: Darüber hinaus haben Anbieter bei der Frage, wie sie mit der Systembindung der Nachfrager umgehen, die Tatsache zu beachten, dass auch mit den nach dem Systemeinstieg anstehenden Folgeinvestitionen Umsätze und Gewinne erwirtschaftet werden können. Bei einer auf Abschöpfung der Systembindung gerichteten Politik läuft der System-Anbieter Gefahr, dass Nachfrager möglicherweise zwar nicht vollständig aus dem System aussteigen – ein Nicht-Ausstieg ist für Nachfrager ökonomisch von Vorteil, solange der Anbieter nicht mehr als die tatsächlich vorhandenen Wechselkosten abzuschöpfen versucht –, allerdings das System nur noch mit eingeschränkter Intensität nutzen und demnach den Umfang der eigentlich geplanten Folgeinvestitionen bewusst reduzieren. Beispielsweise können Nachfrager auf Systemerweiterungen und demnach auf Investitionen in weitere Systembestandteile verzichten. Eine weitere Limitation für den Versuch, nach dem Systemeinstieg auf der Nachfragerseite vorhandene Wechselkosten abzuschöpfen, stellt also das noch ausstehende Geschäft mit den Folgeinvestitionen dar.

(3) **Markteintritt von Wettbewerbern**: Versuche, die Systembindung der Systemnutzer durch entsprechende Marketing-Maßnahmen auszunutzen, sind auch deshalb nicht ungefährlich, weil hierdurch ggf. Wettbewerbern die Möglichkeit verschafft wird, in den Markt für Folgeinvestitionen einzutreten. Gerade das Beispiel des Drucker-Marktes zeigt etwa, dass erst die im Zeitablauf ansteigenden Preise für Drucker-Patronen Wettbewerber motiviert haben, Drucker-Patronen für die im Markt gängigen Drucker zu entwickeln und den etablierten Drucker-Herstellern durch entsprechend preisgünstige Angebote einen zunehmend scharfen Wettbewerb zu liefern. Aus diesem Grunde steht der Ausnutzung der Wechselkosten der Systemnutzer die ebenfalls vorhandene Absicht der System-Anbieter entgegen, das häufig ebenfalls lukrative Folgegeschäft abzusichern.

(4) **Überführung in Folgesysteme**: Schließlich dürfen System-Anbieter beim Management von Folgeinvestitionen auch die systemübergreifende Perspektive nicht außer Acht lassen. So wird die Bereitschaft des Kunden, nach Ablauf der Nutzung des aktuellen Systems wiederum in ein System des Anbieters zu investieren, dann stark nachlassen, wenn Anbieter beim aktuellen System die Abhängigkeit des Nachfragers durch entsprechende Marketing-Maßnahmen gezielt ausnutzen. Da auch in Systemgeschäftsmärkten die Grundüberlegung des **Relationship-Marketings** (vgl. *Bruhn*, 2009) gilt, wonach die bei einer Neukunden-Gewinnung anfallenden Akquisitionskosten i.d.R. höher sind als die für eine erfolgreiche Kundenbindung erforderlichen Kosten, ist das Verhalten des System-Anbieters auch vor dem Hintergrund einer ggf. beabsichtigten systemübergreifenden **Kundenbindung** zu sehen.

Zusammengenommen ergibt sich also folgendes Bild: Beim Management von Folgeinvestitionen besteht für System-Anbieter die Möglichkeit zur Abschöpfung von nachfragerseitigen Wechselkosten. Allerdings hat der Anbieter hierbei verschiedene ökonomische Limitationen zu beachten. Diese können innerhalb des eigentlichen Systemzyklusses (dynamische Entwicklung der Wechselkosten, Nutzungsintensität des Systems, Absicherung des Folgegeschäfts), aber auch systemübergreifend (Überführung in Folgesysteme) bestehen. Vor diesem Hintergrund unterscheiden wir zwischen

- Intra-System-Maßnahmen (systemimmanent) und
- Inter-System-Maßnahmen (systemübergreifend).

4.2 Intra-System-Maßnahmen

Maßnahmen, die innerhalb eines Systemzyklus ergriffen werden, dienen einerseits dazu, die Lock-in-Situation der Systemteilnehmer auszunutzen. Zu diesen Maßnahmen sind preispolitische Maßnahmen zu rechnen, bei denen durch ein entsprechendes Pricing versucht wird, Art und Umfang der Folgeinvestitionen zu steuern (dynamisches Pricing). Hierzu gehören aber auch produktpolitische Maßnahmen, mit denen das Ziel verfolgt wird, für gebundene Kunden zusätzliche Leistungsangebote zu entwickeln, um damit indirekt ebenfalls die Systembindung auszunutzen. Andererseits können Intra-System-Maßnahmen darauf gerichtet sein, die Folgeinvestitionen gegen Wettbewerber abzusichern (Absicherung des Folgegeschäfts).

4.2.1 Dynamisches Pricing

Mit Hilfe der Preispolitik können Anbieter Einfluss auf die Folgeinvestitionen der System-Nutzer nehmen. Auch wenn Anbieter im Vorfeld des Systemeinstiegs Preise für Folgeinvestitionen benannt haben, die später auf Seiten des Kunden anfallen würden, wenn er Folgeinvestitionen tätigt, können sie nach Durchführung der Einstiegsinvestition durch den Kunden die Preise für Folgeinvestitionen noch ändern, wenn **keine Garantien mit Konditionenfixierung** gegeben worden sind. Bei einem solchen dynamischen Pricing (Veränderung der ursprünglich festgelegten Preise für Folgeinvestitionen) können zwei grundsätzliche preispolitische Strategien unterschieden werden:

- Penetration-Pricing,
- Skimming-Pricing.

Beim **Penetration-Pricing** verzichtet der Anbieter bewusst auf die Möglichkeit, Wechselkosten der Nachfrager ausnutzen zu wollen. Stattdessen steht für den Anbieter hier vielmehr der Versuch im Mittelpunkt, durch eine entsprechend reduzierte Preissetzung Nachfrager zu einer intensiven Nutzung des Systems und damit zu umfassenderen Folgeinvestitionstätigkeit zu bewegen. Eine solche Strategie erscheint dabei immer dann von Vorteil, wenn Nachfrager durch eine reduzierte Preissetzung zu zusätzlichen Folgeinvestitionen veranlasst werden können. Ist eine Ausweitung der Folgeinvestitionen hingegen nicht möglich – z. B. weil der Umfang technisch oder organisatorisch vorgegeben ist –, so kommt eine Penetration-Pricing nicht in Frage.

In einem solchen Fall können System-Anbieter **Skimming-Pricing** betreiben. Bei dieser Form des dynamischen Pricings versucht der Anbieter, die maximale Zahlungsbereitschaft für Folgeinvestitionen bei System-Nutzern abzugreifen. Da auf Seiten der System-Nutzer Systembindung und Wechselkosten vorhanden sind, wird beim Skimming-Pricing der Preis für die Folgeinvestitionen genau soweit erhöht, dass der System-Nutzer gerade noch vom Systemausstieg abgehalten wird. In welchem Umfang dabei der Preis für die Folgeinvestitionen angehoben werden kann, hängt zum einen vom Ausmaß der Systembindung bzw. der Höhe der Wechselkosten ab, die z. B. durch die Differenz zwischen noch nicht abgeschriebenen Werten und bestehenden Wiederverkaufserlös entstehen können. Zum anderen hängt der Umfang von Preissteigerungen aber auch von der noch verbleibenden System-Nutzungszeit ab. Tendenziell gilt dabei der Zusammenhang, dass die Preise für die Folgeinvestitionen umso stärker angehoben werden können, je länger die Systemlaufzeit noch ist. So ist zu erwarten, dass mit kürzer werdender verbleibender System-Nutzungszeit die verbleibenden Wechselkosten geringer werden (vgl. *Abbildung 232*), so dass das Ausmaß möglicher Preissteigerungen im Zeitablauf abnimmt. Das nachfolgende Beispiel verdeutlicht die Zusammenhänge zwischen möglichen Preiserhöhungen, Wechselkosten und System-Nutzungszeit.

Im betrachteten Fall bietet ein Unternehmen seinen Kunden ein Etikettiersystem an, bei dem die Etikettiermaschine zu einem Preis von 1.000 angeboten wird und mit einer Grundausstattung an Etiketten geliefert wird, die den Etiketten-Bedarf des Kunden für eine erste Periode gerade abdeckt. Der Kunde kann die Etikettiermaschine dabei i. d. R. 10 Jahre nutzen, wobei davon auszugehen ist, dass die Maschine nach Ablauf der 10 Jahre keinen nennenswerten Wiederverkaufserlös im Markt generiert. Angesichts einer nahezu konstanten Auslastung der Maschine während der Nutzungszeit wird die Maschine im Kundenunternehmen zudem über den Nutzungszeitraum linear abgeschrieben. Zugleich muss der Kunde davon ausgehen, dass die Maschine direkt nach dem Systemeinstieg am Markt – trotz ihrer Unbenutztheit – allein einen Wiederverkaufserlös von 800 erzielen würde, der sich anschließend über die geplante Nutzungszeit ebenfalls annähernd linear entwickelt, um am Ende der Nutzungszeit praktisch bei Null angekommen zu sein.

Schließlich benötigt der Kunde für den Betrieb der Maschine nach Verbrauch der eingangs mitgelieferten Etiketten weitere Etiketten, die der Kunde nur beim Anbieter der Etikettiermaschinen beziehen kann (proprietäres System). Pro Periode wird dabei eine Einheit Spezialetiketten benötigt. Zum Systemeinstieg bot der Maschinenhersteller die Etiketten-Einheit (allerdings ohne garantierte Konditionenfixierung) für 100 an.

Stellt sich der System-Anbieter in dieser Situation die Frage, ob er im Hinblick auf einen beispielhaften Systemkunden den Preis pro Etiketteneinheit erhöhen kann, so hat der Anbieter folgende Überlegungen zu berücksichtigen: Der Anbieter kann den Preis in jeder der 10 Perioden einmalig anheben. Der Kunde steht also vor einer Preiserhöhung vor der Entscheidung, den höheren Preis zu akzeptieren und im System zu bleiben oder das System zu wechseln. Geht er dabei davon aus, dass er mit seinem Einstiegspreis von 1.000 und einen Preis pro Etiketteneinheit von 100 genau die maximale Zahlungsbereitschaft des Kunden getroffen hatte, so wird eine Preiserhöhung für Etiketteneinheiten beim Kunden erst dann zu einem Systemausstieg führen, wenn unter Berücksichtigung aller verbleibenden Perioden die durch die Preiserhöhung anfallenden Zusatzkosten für die Spezialetiketten einen höheren Barwert erzeugen als zu diesem Zeitpunkt an Wechselkosten vorhanden sind. Kurz: Der Kunde wird die Preiserhöhung nicht akzeptieren und die Geschäftsbeziehung beenden, wenn gilt: Barwert (Preiserhöhungen) > Wechselkosten.

Die Wechselkosten entstehen dabei im vorliegenden Fall durch die Differenz zwischen Restbuchwert und Wiederverkaufserlös. Wie *Abbildung 233* deutlich macht, verringern sich die Wechselkosten im Zeitablauf, da sich Restbuchwerte und Wiederverkaufserlöse – von einem anderen Startwert kommend – jeweils Null annähern.

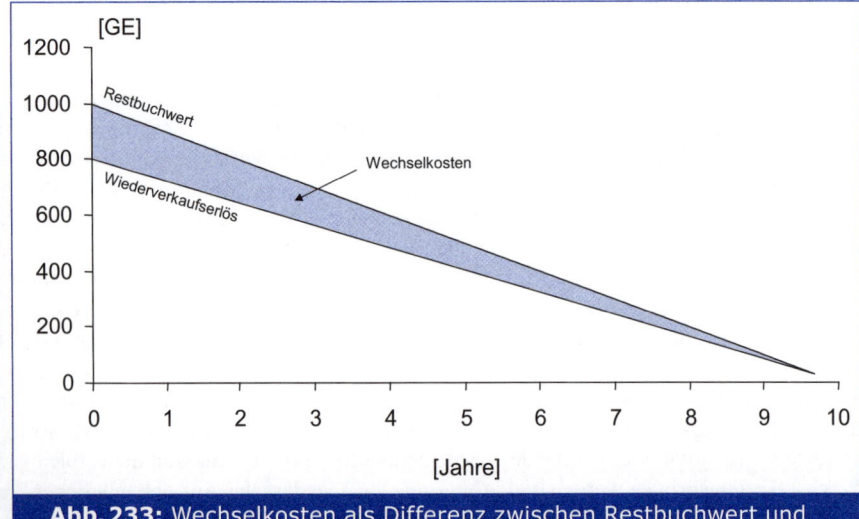

Abb. 233: Wechselkosten als Differenz zwischen Restbuchwert und Wiederverkaufserlös

Plant der Anbieter nun Preiserhöhungen für Etiketteneinheiten, dann hängt das Ausmaß der für ihn sinnvollen Preiserhöhung vom Zeitpunkt der Preiserhöhung ab. Soll die Preiserhöhung direkt nach der durch mitgelieferte Etiketten abgedeckten ersten Periode vorgenommen werden, dann ist von folgendem Kalkül auf Nachfragerseite auszugehen: Am Ende der 1. Periode steht einem Restbuchwert von 900 (90 % vom Maschinenpreis) ein Wiederverkaufserlös von 720 (90 % vom Wiederverkaufserlös der gekauften, aber noch nicht eingesetzten Maschine in Höhe von 800) gegenüber. Die Differenz in Höhe von 180 stellen dabei Wechselkosten dar. Statisch können diese – bei neun verbleibenden Perioden – für eine Preiserhöhung in Höhe von 20 auf 120 pro Etiketteneinheit genutzt werden. Entsprachen nämlich zuvor die Preise genau den Zahlungsbereitschaften des Nachfragers, dann würde sich der Nachfrager bei dieser Preiserhöhung bei einem Systemausstieg genau so stellen wie bei einem Verbleib im System und dem Kauf von 9 Etiketteneinheiten zum Preis von jeweils 120.

Allerdings würde bei einer solchen Vorgehensweise vernachlässigt, dass die Wiederverkaufserlöse sofort, die Zahlungen für die beim Systemverbleib zusätzlich benötigten Etiketteneinheiten allerdings erst sukzessiv zu späteren Zeitpunkten anfallen würden. Daher ist die Summe der Barwerte der Preiserhöhungen der Zahlungen für zukünftig noch anstehende Käufe von Etiketteneinheiten mit den entsprechenden Wechselkosten zu vergleichen. Es muss gelten:

$$WK_\tau \stackrel{!}{=} \sum_{\tau=1}^{T-1} \frac{p_t^*}{(1+i)^{T-1-t}}$$

WK: Wechselkosten
p*: Preiserhöhungspotenzial
t: Zeitpunkt nach Periode t
T: Planungshorizont

Für das Preiserhöhungspotenzial ergibt sich dann:

$$p_t^* = WK_\tau = \left[\sum_{\tau=1}^{T-1} \frac{1}{(1+i)^{T-1-t}}\right]^{-1}$$

$$\sum_{\tau=1}^{T-1} \frac{1}{(1+i)^{T-1-t}} : \text{kumulierter Abzinsungsfaktor}$$

Wie *Abbildung 234* verdeutlicht, führt die Berücksichtigung dynamischer Aspekte (i = 0,2) zu sich im Zeitablauf stark verändernden Preissteigerungsmöglichkeiten. Während die Preissteigerungsmöglichkeit vor der letzten Periode mit 20 exakt der Differenz zwischen Restbuchwert i.H.v. 100 und Wiederverkauferlös i.H.v. 80 entspricht, liegt sie nach der ersten Periode mit 37,34 um rund 87 % darüber.

Periode	Restbuchwert	Verkaufserlös	Wechselkosten	Abzinsungsfaktor	Kumulierter Abzinsungsfaktor	Preiserhöhungspotenzial
1	900	720	180	0,23	4,82	37,34
2	800	640	160	0,28	4,59	34,86
3	700	560	140	0,33	4,31	32,48
4	600	480	120	0,40	3,98	30,15
5	500	400	100	0,48	3,58	27,93
6	400	320	80	0,58	3,10	25,81
7	300	240	60	0,69	2,52	23,81
8	200	160	40	0,83	1,83	21,86
9	100	80	20	1,00	1,00	20,00

Abb. 234: Beispiel für zeitpunktbezogene Preissteigerungsmöglichkeiten beim Skimming-Pricing

> Zusammengenommen verdeutlicht das Beispiel nochmals, dass die beim dynamischen Pricing möglichen Preiserhöhungen beim Skimming-Pricing von der Höhe der zum Zeitpunkt der geplanten Preiserhöhung bestehenden Wechselkosten sowie der noch verbleibenden System-Nutzungszeit abhängen.

Darüber hinaus sind beim Skimming-Pricing allerdings auch die übrigen oben angeführten **Limitationen** zu beachten, die System-Anbieter bei der „Abschöpfung" nachfragerseitiger Wechselkosten zu beachten haben (Nutzungsintensität des Systems, Markteintritt von Wettbewerbern, Überführung in Folgesysteme). Zusammengenommen sind einem dynamischen Pricing beim Management der Folgeinvestitionen damit enge Grenzen gesetzt: Während das Penetration-Pricing letztlich allein sinnvoll ist, wenn Art und Umfang der Folgeinvestitionen technisch bzw. organisatorisch nicht determiniert sind, unterliegt auch das Skimming-Pricing engen Grenzen, die aus Kaufzurückhaltung, Kundenausstieg oder Kundenabwanderung resultieren.

4.2.2 Angebot zusätzlicher Systembestandteile

Eine andere Möglichkeit, die Lock-in-Situation der Systemteilnehmer zu nutzen, besteht darin, zusätzliche Systembestandteile zu entwickeln und den System-Nutzern anzubieten. Hierdurch nutzt der Anbieter die Tatsache aus, dass er sich bei Folgeinvestitionen einem nur eingeschränkten Wettbewerb gegenüber sieht. Indem der Anbieter nun weitere Leistungen in die bereits bestehende Systemarchitektur einfügt und damit eine **Systemausweitung** vornimmt, dehnt er den Vorteil des eingeschränkten Wettbewerbs auf weitere Leistungen aus. Auch hierdurch schöpft er die Lock-in-Situation des Kunden indirekt ab. Im Mobilfunk-Markt ist es bspw. üblich, dass die Mobilfunk-Betreiber permanent neue Dienste-Angebote für die bei ihnen bereits unter Vertrag stehenden Kunden entwickeln. Mit diesen zusätzlichen Angeboten soll die Netznutzung intensiviert werden und zusätzlich der Vorteil der Gebundenheit der vorhandenen Vertragskunden auf weitere Leistungen ausgeweitet werden.

4.2.3 Absicherung des Folgegeschäfts im Systemzyklus

Ganz unabhängig davon, ob System-Anbieter beim Management der Folgeinvestitionen durch Skimming-Pricing oder durch Systemausweitung den Versuch unternehmen, die Lock-in-Situation der Systemteilnehmer für sich zu nutzen, sehen sie sich bei Vorliegen einer verborgenen oder geschlossenen Systemkonzeption der grundsätzlichen **Gefahr** gegenüber, dass Wettbewerber sich bemühen, in die bestehende Systembeziehung einzubrechen.

Die Wettbewerber können hierbei das Ziel verfolgen, dem System-Anbieter das ggf. lukrative Geschäft mit Folgeinvestitionen streitig zu machen. In diesem **„Wettbewerb im bestehenden System"**-Fall entwickeln die Wettbewerber Systembestandteile, die zur Systemarchitektur des Anbieters kompatibel sind, und bieten diese als Alternativen zu den Leistungen des System-Anbieters an. In einer solchen Situation kann das gesamte Geschäftsmodell des Anbieters gefährdet sein. Hat sich der System-Anbieter bspw. im Rahmen der Preisfestlegung beim Management der Einstiegsinvestition zu einer **Quersubventionierung** der Einstiegsinvestition durch die Folgeinvestitionen entschieden, dann ist die gesamte ökonomische Vorteilhaftigkeit des Systemgeschäfts durch das Aufkommen von Wettbewerbern beim Folgegeschäft in Frage gestellt.

Vor diesem Hintergrund können System-Anbieter **rechtliche Schritte** prüfen, um sich gegen den Markteintritt von Wettbewerbern im Folgegeschäft zur Wehr zu setzen. Hierbei kann zum einen das Ziel verfolgt werden, wettbewerbswidrige Praktiken in den Markt eintretender Konkurrenten aufzudecken. Wie das in *Abbildung 235* dargestellte Beispiel zum

HP verklagt Anbieter von Nachfüllpatronen

Den Drucker, das haben PC-Nutzer längst durchschaut, bekommt man eigentlich geschenkt: Die Nachfülltinte erst zieht uns finanziell die Schuhe aus. Um diese Profitquelle zu schützen, zieht Hewlett-Packard nun vor Gericht.

Geldmaschine: PC-Drucker verwandeln Tinte in Profite

Ein PC-Drucker kann heute ungemein viel: Still und leise zaubern feinste Düsen in Null-komma-Nix Schriften, Grafiken und sogar Fotos aufs Papier. Und zumindest für seine Hersteller kann er sogar Geld drucken – sozusagen. Denn die Preise für Nachfülltinten übersteigen mitunter den Kaufpreis der Maschine, sorgen für einen steten, erklecklichen Geldstrom in die Kassen der Canons, HPs, Epsons, Lexmarks und anderen.

Man ahnt ja kaum, wie kostbar die feuchte Farbe ist: Die Hersteller berechnen sie mit ähnlichen Preisen wie sonst nur Parfüm. Ein Liter Farbe für einen HP Deskjet oder Officejet (z.B. 450, 5550, 6110) beispielsweise kostet im Sonderangebot knapp 1764 Euro und ist damit rund 10 Prozent günstiger als ein Liter Chanel No. 5 – aber es ist ja auch eine vergleichsweise günstige Tinte.

Kein Wunder, dass es vor allem die Tinte ist, die etwa Hewlett-Packard über das Verkaufssegment "Imaging and Printing" im letzten Jahr rund 30 Prozent der Konzernumsätze in die Kassen spülte – aber rund drei Viertel der Profite.

So was will man sich nicht vom Brot nehmen lassen, wie HP nun vor einem amerikanischen Gericht beweist: Der IT-Riese verklagte in Wisconsin zwei Anbieter von Nachfülltinten. Aus verständlichen Gründen, wie Gary Peterson vom Marktforschungsunternehmen GAP gegenüber CNet meinte: "Nachfülltinte ist für alle Hersteller ein großes Problem. Schätzungsweise 10 bis 15 Prozent aller verkauften Patronen sind 'Nachfüller'."

Ein Problem sieht der Verbraucher in der Regel eher in den Preisen der Originalpatronen und ist sich in dieser Hinsicht ungewöhnlich einig mit einer Instanz, die sich sonst kaum je so großer Popularität erfreut: mit der EU-Kommission. Seit letztem Jahr untersuchen die Wettbewerbs-, aber offenbar auch Verbraucherhüter den Markt mit Verdacht auf "Tinten-Wucher". Noch bevor sie zu einem abschließenden Urteil gekommen ist, kündigte die Kommission schon die Absicht an, die Hersteller ab 2006 dazu zu verpflichten, nur noch Drucker anzubieten, in denen auch Nachfüllpacks zum Einsatz kommen können.

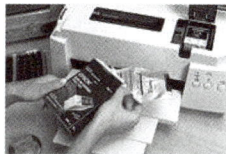

Teures Verbrauchsprodukt: Tintenstrahler brauchen neben der Schwarz- mehrere Farbpatronen

HP versichert denn auch, dass es bei dem US-Prozess nicht um eine grundsätzliche Schlacht gegen Nachfüller gehe: Das eine Unternehmen habe gegen die Wettbewerbsregeln verstoßen, indem es nachgefüllte Patronen fälschlich als "neu" verkauft habe. Signifikanter dürfte jedoch die zweite Klage sein: HP behauptet, dass die von der Firma InkCycle vertriebene Nachfülltinte drei Patente von HP verletze. Auch so ließe sich das Mitbewerberfeld dann ausdünnen, denn es wird nicht ausgeschlossen, dass die beanstandete Tinte auch von anderen Nachfüllern benutzt wird.

Abb. 235: Pressebericht zum rechtlichen Vorgehen eines Druckerherstellers gegen Anbieter von Nachfüllpatronen

Quelle: *Spiegel-Online*, 2005a.

anderen deutlich macht, kommen rechtliche Schritte aber auch dann in Frage, wenn **Patentverstöße** vorliegen. Gerade in diesem Fall können Angebote von Wettbewerbern gerichtlich untersagt werden. Da häufig bereits die Gefahr drohender Rechtsstreitigkeiten potenzielle Konkurrenten davon abhält, in den Markt mit entsprechenden Folgegeschäftsangeboten einzutreten, werden rechtliche Schritte nicht selten zur reinen **Abschreckung** – gerade von Großunternehmen – eingesetzt.

Eine andere Möglichkeit, sich mit aktuellen und potenziellen Wettbewerbern im Folgegeschäft auseinander zu setzen, ist in der Betonung von **Leistungsvorteilen** zu sehen. System-

Abb. 236: Werbeanzeige zur Betonung von Leistungsvorteilen gegenüber Wettbewerbern bei Folgeinvestitionen

Quelle: *Hewlett-Packard*, 2005.

Anbieter können so versuchen, die qualitative Überlegenheit der eigenen Folgeinvestitionsangebote im Vergleich zum Wettbewerb herauszustellen. *Abbildung 236* zeigt als Beispiel eine Werbeanzeige des Druckerherstellers *Hewlett-Packard*, der in einer breit angelegten Kampagne in Publikums- und Wirtschaftszeitungen (z. B. Financial Times Deutschland) im Herbst 2005 versucht hat, die (objektive) Überlegenheit der eigenen Drucker-Patronen gegenüber Wettbewerbsangeboten herauszustellen.

Die Glaubwürdigkeit solcher auf die Betonung von Leistungsvorteilen ausgerichteter Vermarktungsmaßnahmen hängt allerdings wesentlich von dem tatsächlichen Vorhandensein der propagierten Leistungsunterschiede ab. Es ist fraglich, ob mit der angeführten Kampagne von *Hewlett-Packard* das Ziel erreicht wird, die Druckerpatronen dieses Unternehmen als überlegen gegenüber dem Wettbewerb zu positionieren. Parallel zur Werbekampagne von *Hewlett-Packard* von Fachzeitschriften publizierte technische Vergleichstests kamen so etwa zu dem Ergebnis, dass – hier für den HP Photosmart 7550 – Druckerpatronen von *Hewlett-Packard* insgesamt keine Leistungsvorteile gegenüber den sehr viel günstigeren Nachfüllpatronen des Wettbewerbs aufweisen (vgl. *Abbildung 237*). Auch wenn *Hewlett-Packard* in selber in Auftrag gegebenen Studien regelmäßig zu anderen Ergebnissen gelangt (vgl. *Innovationstechnik* (Hrsg.), 2007), bleibt fraglich, ob sich eine (möglicherweise tatsächlich vorhandene) Überlegenheit glaubwürdig im Markt kommunizieren lässt.

HP Photosmart 7550

Tintenanbieter	HP	Der Druckershop	Peach	Pelikan Hardcopy
Internetadresse	www.hp.com/de	www.der-drucker-shop.de	www.peach.info	www.pelikan-hardcopy.de
Ersetzt folgende Originaltinte	Nr. 56, 57, 58	Nr. 56, 57, 58	Nr. 56, 57, 58	Nr. 56, 57
Preis (kompletter Tintensatz)	81,00 Euro	62,70 Euro	40,00 Euro	70,00 Euro
Praxis				
Farbabweichung vom Original (max. 10 P.)	10 Punkte	10 Punkte	9 Punkte	10 Punkte
Tintenkosten je DIN-A4-Foto	1,18 Euro	0,80 Euro	0,59 Euro	1,02 Euro
Punkte Druckkosten (max. 15 P.)	0 Punkte	3 Punkte	6 Punkte	0 Punkte
Durchschnittlicher Farbverlust nach 100 Stunden Beleuchtung mit 20 000 Lux	7 Delta Lab	7 Delta Lab	5,5 Delta Lab	7 Delta Lab
Punkte Farbverlust (max. 15 P.)	8 Punkte	8 Punkte	9,5 Punkte	8 Punkte
Handhabung (max. 5 P.)	5 Punkte	5 Punkte	5 Punkte	5 Punkte
Summe Praxis (max. 45 Punkte)	23 Punkte	26 Punkte	29,5 Punkte	23 Punkte
Druckqualität				
Testpapier	HP Premium PP	HP Premium PP	HP Premium PP	HP Premium PP
Auflösung (max. 8 P.)	6 Punkte	6 Punkte	7 Punkte	7 Punkte
Farbsättigung (max. 10 P.)	9,5 Punkte	9,5 Punkte	9,5 Punkte	9,5 Punkte
Hauttöne (max. 12 P.)	11 Punkte	10 Punkte	9 Punkte	11 Punkte
Fotoeindruck (max. 18 P.)	17 Punkte	16 Punkte	15 Punkte	17 Punkte
Neutralität Grautreppe (max. 7 P.)	5 Punkte	3,5 Punkte	3 Punkte	4,5 Punkte
Summe Druckqualität (max. 55 Punkte)	48,5 Punkte	45 Punkte	43,5 Punkte	49 Punkte
Gesamt (max. 100 Punkte)	71,5 Punkte	71 Punkte	73 Punkte (TESTSIEGER)	72 Punkte

Abb. 237: Ergebnisse eines Druckerpatronen-Vergleichstest

Quelle: *o. V.*, 2005a, S. 53.

4.3 Inter-System-Maßnahmen

Andere Maßnahmen innerhalb des Managements der Folgeinvestitionen basieren auf einer systemübergreifenden Perspektive. Für den Fall, dass Anbieter, z. B. bei nachfolgenden Technologien-Generationen, erneut System-Angebote im Markt unterbreiten wollen, kann es für System-Anbieter sinnvoll sein, Teilnehmern des bislang angebotenen Systems eine **Systemüberführung** zu ermöglichen. Von besonderer Bedeutung ist die Überführung der Nutzer eines bisherigen Systems auf ein neu in den Markt einzuführendes System dabei bei Kritische Masse-Systemen (vgl. *Liehr*, 2005), die durch das Vorhandensein von Gruppennutzen – hiernach ist ein Teil des Nutzens einer Leistung von Anzahl und/oder

Verhalten anderer Nutzer abhängig (vgl. zum Begriff *Voeth*, 2003, S. 62) – auf Seiten der System-Teilnehmer gekennzeichnet sind. Da bei solchen, vor allem im Bereich von Informations- und Kommunikationstechnologien typischen Systemen der Nutzen des System-Teilnehmers von der Anzahl und/oder dem Verhalten anderer System-Teilnehmer abhängt, kommt es hier darauf an, das bei der System-Einführung bestehende Startproblem im Diffusionsprozess zu lösen. Neben anderen Maßnahmen wie z. B. einem gezielten Erwartungsmanagement (vgl. *Sichtmann*, 2005) stellt die Übernahme der bereits „installierten Basis" bereits vorhandener Systeme häufig die effektivste und effizienteste Möglichkeit zur Lösung des Startproblems dar.

Die Überführung in Folgesysteme kann dabei zum einen **bei Beendigung der Nutzungszeit** des bisherigen Systems erfolgen. Da allerdings die Wechselkosten in diesem Fall zumeist bereits auf Null zurückgegangen sind, verfügt der System-Anbieter damit über keinen In-Supplier-Vorteil mehr. Stattdessen kann sich der Nachfrager nach Ablauf der Nutzungszeit des Alt-Systems frei am Markt zwischen den verfügbaren Systemen entscheiden.

Um den In-Supplier-Vorteil für die Systemüberführung nutzen zu können, muss der System-Anbieter daher Maßnahmen **vor Beendigung der Nutzungszeit** ergreifen. Solange Nachfrager noch an das bisherige System gebunden sind, kann der Anbieter versuchen, diesen Vorteil für einen frühzeitigen Systemübergang zu nutzen. Allerdings werden die System-Teilnehmer nur dann bereit sein, vor Ablauf der eigentlich für das Alt-System geplanten Nutzungszeit auf ein neues System überzugehen, wenn der Anbieter ihnen hierfür einen Vorteil in Aussicht stellt. Beispielsweise kann der Vorteil darin bestehen, dass

- das neue System **leistungsfähiger** ist und der Nachfrager daher früher das leistungsstärkere System einsetzen kann,
- das **alte System** – wenn es sich z. B. um Maschinen oder technische Anlagen handelt – vom System-Anbieter **zurückgenommen** wird,
- für das Alt-System ein **Wiederverkaufserlös** geboten wird, der über dem im Markt ansonsten üblichen Niveau liegt,
- **befristete Preisnachlässe für die Einstiegsinvestition** des neuen Systems gewährt werden,
- **Vergünstigungen für Folgeinvestitionen** beim Neu-System angeboten werden und/oder
- **direkte Prämien** für den Systemübergang gewährt werden.

> Einige dieser Vorteilsdimensionen finden sich im Telekommunikationsmarkt im Mobilfunk-Sektor. Die dort gängige Praxis zeitlich befristeter Verträge (z. B. 2-Jahres-Verträge) führt dazu, dass Nachfrager nach Ablauf der Vertragslaufzeit angesichts der seit einigen Jahren bestehenden Rufnummern-Portabilität ungebunden sind und nach Vertragsende den Carrier frei wählen können. Um den Kunden über die Nutzungszeit des Alt-Systems hinaus in Anschluss-Systeme überführen zu können, setzen die Carrier bspw. Preisnachlässe auf die Einstiegsinvestition des Folgesystems (z. B. Preis des Neu-Handys), Vergünstigungen für Folgeinvestitionen beim Neu-System (z. B. kostenlose SMS oder Gesprächsminuten) oder direkte Prämien (z. B. Gesprächsguthaben) ein.

Die Frage, ob es System-Anbietern gelingt, System-Teilnehmer in Folgesysteme zu überführen, hängt allerdings ganz wesentlich von der **System-Zufriedenheit** und damit letztlich vom Verhalten des System-Anbieters innerhalb der zurückliegenden System-Nutzungszeit ab. Nur wenn der Anbieter bei den Intra-System-Maßnahmen darauf verzichtet hat, die Wechselkosten des Nachfragers abzuschöpfen, wird er auf die Bereitschaft des Nachfragers setzen können, sich von ihm in ein Folgesystem überführen zu lassen. Mit anderen Worten entscheidet die nachfragerseitig wahrgenommene Qualität der Geschäftsbeziehung über die Einsatzmöglichkeiten von Inter-System-Maßnahmen.

Kapitel E

Marketing im Zuliefergeschäft

I. Charakteristika des Zuliefergeschäfts

Zulieferer beliefern Herstellerunternehmen mit industriellen Vorprodukten und/oder (zugehörigen) Dienstleistungen. Die Herstellerunternehmen werden dabei als OEMs (Original Equipment Manufacturer = Erstausrüster) bezeichnet und sind organisationale Nachfrager, die Produkte als Teile oder Module bei Zulieferern beschaffen, um sie in ihre (End-)Produkte einzubauen (vgl. *Eckles*, 1990, S. 10; *Gross et al.*, 1993, S. 12; *Mahin*, 1991, S. 34). So produzierte bspw. Intel Mikroprozessoren, die das Herzstück z. B. eines IBM-Computers ausmachten (vgl. *Schlender/Carroll*, 1986, S. 4). IBM fungierte hier als OEM, da IBM die Mikroprozessoren einkaufte und diese dann in ihre Geräte einbaute, um sie als komplette IBM-Rechner weiterzuvermarkten.

Neben einem OEM-Absatzmarkt besteht ferner i. d. R. ein Ersatzteilmarkt für auszutauschende Teile. Der Ersatzteilmarkt wird teils über die OEMs, teils aber auch über die Lieferanten direkt bedient. Bei der Bedienung des Ersatzteilmarkts geht es dabei um die Vermarktung von Zulieferprodukten auf dem nachgelagerten Endverbrauchermarkt, wobei hier die Belieferung mit Originalteilen bei Reparaturen bzw. Modernisierungen bestehender Endprodukte im Vordergrund steht (vgl. *Engelhardt/Günter*, 1981, S. 186). Obwohl der Ersatzteil- und der OEM-Markt teilweise voneinander abhängen, sind bei der Bearbeitung des Ersatzteilmarkts grundsätzlich andere Marktbedingungen zu beachten (vgl. *Fieten*, 1991, S. 117), da es sich bei Ersatzteilmärkten i. d. R. um anonyme Märkte handelt. Da die auf Ersatzteilmärkten angebotenen Leistungen somit im Produkt- und evtl. auch im Systemgeschäft vermarktet werden, liegt der Schwerpunkt der nachfolgenden Ausführungen auf dem Erstausrüstungsgeschäft.

Grundsätzlich werden im Zuliefergeschäft Leistungen vermarktet, die sich auf der Anbieterseite durch eine einzelkundenspezifische Gestaltung auszeichnen und in identischer Ausführung von demselben Kunden immer wieder gekauft werden. Das Zuliefergeschäft kann damit als eine Kombination aus **einzelkundenbezogenen Transaktionen** und gleichzeitiger Existenz eines **zeitlichen Kaufverbunds** beschrieben werden. Aufgrund des individualisierten Leistungsangebots treten im Zuliefergeschäft einzelne Anbieter- und Nachfragerorganisationen in eine längerfristige Geschäftsbeziehung. Wegen der mitunter relativ geringen Zahl von Nachfragern ist jeder einzelne Kunde von entscheidender Bedeutung für den wirtschaftlichen Erfolg des Zulieferers. Anbieter und Nachfrager betrachten aufgrund des Kaufverbunds die jeweilige Einzeltransaktion in ihrer Vorteilhaftigkeit immer auch unter einer längerfristigen Geschäftsbeziehungsperspektive. Die Kombination von Einzelkundenfokus und Kaufverbund macht damit die marketingrelevanten Besonderheiten dieses Geschäftstyps aus. Dies verdeutlicht auch das nachfolgende Beispiel (in Anlehnung an *Gawantka*, 2006, S. 1 ff.).

Fallstudie Kirchhellner AG

Die Kirchhellner AG wurde kurz nach dem Ende des 1. Weltkriegs im Jahr 1919 gegründet. Der ersten Eintragung in das Handelsregister der Stadt Stuttgart ist zu entnehmen, dass der Gegenstand des Unternehmens die Herstellung von Zahnrädern, Bremsapparaturen und Beleuchtungsanlagen für nicht-motorisierte und motorisierte Personen- und Frachtbeförderungsmittel gewesen ist. Die Kirchhellner AG erwarb sich im Laufe der Zeit durch ihre Präzisionsarbeit einen exzellenten Ruf als Zulieferer für Automobil- und Flugzeughersteller. 1928 wurde die erste Transaktion mit den Kraftwagenwerken (KWW) vollzogen, die von der Kirchhellner AG für ihren Sportwagen „Super Sport Kompressor" Teile des den Motor aufladenden Kompressors sowie das Getriebe bezogen. Hauptabnehmer der Kirchhellner AG waren aber noch in den 1930er Jahren Flugzeughersteller aus dem europäischen Raum.

Nach dem Zweiten Weltkrieg gewährten die Alliierten der Kirchhellner AG 1948 die Genehmigung zur Produktion von Getrieben, Beleuchtungsanlagen und sonstigem elektrischen Zubehör für Automobile. Die KWW traten daraufhin erneut mit der Kirchhellner AG in Kontakt und beschlossen, für den ersten nach dem Zweiten Weltkrieg komplett neu konstruierten KWW-PKW die Beleuchtungsanlagen und das Getriebe von diesem Zulieferer zu beziehen. Dies war der Beginn einer bis heute bestehenden intensiven Geschäftsbeziehung. Dabei wurden die Verträge zwischen dem Zulieferer und KWW im Regelfall jeweils über die Dauer des Lebenszyklusses eines PKW-Modells geschlossen. Da es der Kirchhellner AG seit 1949 stetig gelang, von KWW als Zulieferer für mindestens eine der aktuellen Baureihen ausgewählt zu werden, bestand die Geschäftsbeziehung zwar aus zahlreichen (sich z. T. überschneidenden) Episoden, war aber aus Sicht des Unternehmensvorstandes als kontinuierliche Beziehung zu betrachten.

Im Zeitablauf hatte sich die Kirchhellner AG nicht zuletzt wegen der großen Zufriedenheit auf Seiten der KWW zu einem der wichtigsten Zulieferer dieses OEMs entwickelt. Neben den klassischen Produkten wie Getrieben und Beleuchtungsanlagen wurden die Kernkompetenzen um die ein immer stärkeres Gewicht einnehmenden Bereiche Sicherheit (Airbags, Überrollsensoren usw.) und Elektronische Fahrhilfen (ESP, ABS etc.) erweitert.

Mehr als 60 % der Wertschöpfung der von KWW hergestellten Fahrzeuge wurden inzwischen von den Zulieferern erbracht, bei manchen sog. Nischenmodellen wie Cabrios oder Geländewagen lag dieser Anteil sogar noch wesentlich höher. Bei sämtlichen Teilen und Komponenten, die von der Kirchhellner AG für KWW entwickelt wurden, handelte es sich um individuelle Anfertigungen, die nur für die PKWs dieses Herstellers geeignet waren und somit eine hohe Spezifität aufwiesen. Die Kirchhellner AG leistete dabei in hohem Maß Entwicklungsarbeit für KWW, da zahlreiche Neuerungen, die bspw. sicherheitsrelevante Aspekte betrafen und damit im Regelfall neben der Qualität und der Zuverlässigkeit eine der zentralen Vermarktungsdimension darstellten, inzwischen von ihr zugeliefert wurden. Zwar präsentierte KWW diese Ausstattungsmerkmale gegenüber den Endabnehmern als ihr Verdienst, faktisch war man in diesem Bereich allerdings vollständig von dem Zulieferer abhängig.

All dies interessierte Christoph Sacken, den für die Mittelklassefahrzeuge der KWW zuständigen Key Account-Manager bei der Kirchhellner AG, momentan wenig. Er war auf dem Weg zurück in die Firmenzentrale, nachdem er mit den KWW-Projektverantwortlichen über die neue Version des Mittelklassemodells und die hierfür durch den entsprechenden Zulieferer ggf. zu produzierenden Teile, Komponenten und Module gesprochen hatte. Sacken war nach einigen Minuten, in denen allgemeine Punkte besprochen worden waren, verstärkt auf den Eindruck eingegangen, den er im Rahmen der jüngsten Zusammenarbeit mit KWW gewonnen hatte und den er insbesondere im Hinblick auf die weitere Zusammenarbeit der Unternehmen diskutieren wollte. So hatte er mehrmals darauf hingewiesen, dass sich aus Sicht der Kirchhellner AG die Geschäftsbeziehung mit der KWW in verschiedener Hinsicht in der jüngeren Vergangenheit nicht so entwickelt hatte, wie man dies ansonsten gewöhnt war. Sacken präzisierte u. a., dass die Bereitschaft der KWW-Mitarbeiter zum Austausch mit den entsprechenden Mitarbeitern bei der Kirchhellner AG deutlich abgenommen hatte und dass auch die Einhaltung bzw. Anpassung von Vereinbarungen angesichts sich ändernder Rahmenbedingungen der KWW offensichtlich zunehmend schwerer falle. Schließlich sei die Kirchhellner AG auch mit der Verteilung der Risiken nicht immer einverstanden. Die KWW-Verantwortlichen hörten sich Sackens Darstellung zwar höflich an, stellten jedoch im Anschluss daran unmissverständlich ihren Standpunkt dar, wonach

> der steigende Wettbewerbsdruck auch der Kirchhellner AG Konsequenzen abverlange. Die Zeiten seien eben nicht mehr so wie früher. Das habe sich aber bislang noch kaum auf die Geschäftsbeziehung ausgewirkt und müsse daher zukünftig in einem umso deutlicheren Ausmaß erfolgen.

1 Einzelkundenfokus

In der Fallstudie „Kirchhellner AG" werden die Leistungsangebote der Kirchhellner AG im Rahmen von Individualtransaktionen vermarktet. Die Leistungen zeichnen sich auf der Anbieterseite durch eine grundsätzlich einzelkundenspezifische Gestaltung der betreffenden Leistung aus. Damit liegt – wie im Anlagengeschäft (vgl. Teil 3 Kap. C.) – der Absatzprozess schwerpunktmäßig vor dem Fertigungsprozess, da auch im Zuliefergeschäft die Individualität der Leistung eine vor der Vermarktung liegende Fertigung unmöglich macht: Es werden lediglich vertragliche Ansprüche auf eine vorab (weitgehend) definierte Leistungserstellung nach Vertragsabschluss vermarktet. So kann die KWW zwar erwarten, dass die Zulieferer im Vorfeld des Vertragsabschlusses technische Konzepte für spezielle Zulieferteile entwickeln; die Fertigung der Teile erfolgt auf Zulieferer-Seite allerdings erst dann, wenn ein Auftrag von der KWW vorliegt.

Als weiteres konstitutives Merkmal des Zuliefergeschäfts, welches auch im Anlagengeschäft ein marketingrelevantes Charakteristikum darstellt, ist die **erhöhte Interaktionskomplexität** zu nennen: Um ein Leistungsangebot an den Vorstellungen der Nachfrager ausrichten zu können, bedarf es der Integration und Mitwirkung der Nachfrager im Prozess der Leistungsdefinition (vgl. *Diller*, 1995, S. 444; *Trommen*, 2002, S. 8 ff.). So sind die Zulieferer in der Fallstudie „Kirchhellner AG" darauf angewiesen, dass die KWW technische Vorgaben für die zu entwickelnden Zulieferteile macht, da nur so sichergestellt ist, dass die Zulieferteile in den Produkten der KWW verbaut werden können. Auf der anderen Seite kann auch der Anbieter die Interaktionskomplexität steuern, z. B. indem er sich umfassender in die Fertigungsprozesse des Nachfragers integriert.

> Ein Beispiel zur im Zeitablauf ansteigenden Integration eines Zulieferers in die Wertschöpfungsprozesse seiner Nachfrager führen *Leker/Herzog* (2004, S. 1187) aus dem Bereich der Autolacke an. Hier entwickeln die Lack-Lieferanten zumeist modellspezifische Lacke, an deren speziellen technischen Daten (z. B. Konsistenz) die OEMs ihre Lackieranlagen ausrichten. In diesem Bereich hat sich das Geschäftsmodell der Zulieferer in den vergangenen Jahren deutlich verändert: „So hat BASF Coatings erkannt, dass Automobilhersteller nicht einfach nur Autolacke benötigen, sondern vollständig lackierte Autos. Dabei sind sie bereit, den Lackierprozess dem Zulieferer zu überlassen und für das fertig lackierte Endprodukt zu zahlen. Die BASF Coatings ist heute nicht mehr nur Lackhersteller und -lieferant, der seine Produkte in ‚Preis je Tonne' vertreibt. Vielmehr betreibt sie komplette Lackierstraßen (z. B. Mercedes A-Klasse) auf einer ‚Preis je Auto'. [...] Insgesamt konnte BASF somit die Qualität der lackierten Autos verbessern und höhere Margen realisieren, indem sie ihr Know-how zur Verringerung des Lackverbrauchs nutzte" (*Leker/Herzog*, 2004, S. 1187).

Die **Leistungsindividualisierung** kann sich dabei zum einen auf spezielle vom Nachfrager (OEM) vorgegebene Produktmerkmale beziehen (vgl. *Jacob*, 1995, S. 49). Die Vorgaben können von der exakten Angabe von Konstruktionsdaten über die Definition der Kernfunktion der Leistung bis hin zu Sonderwünschen reichen, zu deren Erfüllung der Anbieter Gestaltungsvorschläge unterbreiten muss, die häufig umfangreiche nachfragerindividuelle F&E-Aktivitäten voraussetzen (vgl. *Mayer*, 1993, S. 39). Zum anderen entsteht eine Leistungsindividualisierung auch durch das Angebot sog. „produktbegleitender" Dienstleistungen (vgl. *Kleinaltenkamp*, 1996, S. 147; zum Begriff: *Voeth et al.*, 2004). Eine solche Form der Leistungsindividualisierung kann z. B. in Form nachfragerspezifischer Just-In-Time-Vereinbarungen vorliegen oder auch darin bestehen, dass der Zulieferer bzw. der Anbieter der jeweils anderen Partei Daten über innerbetriebliche Veränderungen (z. B. über die Kostensituation) zukommen lässt. Dies verdeutlicht, dass die Leistungsindividualisierung nicht nur für die Anbieterseite (Zulieferseite) gilt. Auch für den Nachfrager (OEM) handelt es sich im Zuliefergeschäft um eine individualisierte Leistung, die er nicht beliebig von anderen Anbietern beziehen kann. Beispielsweise hat die KWW in der Fallstudie „Kirchhellner AG" nahezu ihre gesamte F&E auf die Zulieferer verlagert, so dass das Unternehmen etwa im Bereich der Beleuchtungsanlagen vollständig von den F&E-Leistungen der Kirchhellner AG abhängig ist.

Die hohe Spezialisierung des Leistungsangebots sowohl auf der Anbieter- als auch auf der Nachfragerseite macht deutlich, dass die Multilateralität der Beziehungsstrukturen zwischen Anbieter und Nachfrager sehr eingeschränkt ist (vgl. *Freiling*, 1992, S. 4). Die marketingpolitischen Maßnahmen und der Vermarktungsprozess für individualisierte Leistungen beziehen sich eben nicht auf einen anonymen Markt, auf dem die Marktteilnehmer häufig wechseln und relativ unbekannt sind, sondern auf einen personalisierten Markt (vgl. *Götz*, 1995, S. 44; *Schade/Schott*, 1993, S. 497). Ein personalisierter Markt ist durch wenige und im Extremfall sogar nur durch einen einzigen Anbieter und einen einzigen Nachfrager gekennzeichnet, so dass den Marktteilnehmern lediglich sehr beschränkte Ausweichmöglichkeiten zur Verfügung stehen. In einem solchen Fall steigt notwendigerweise die **gegenseitige Abhängigkeit**: Der Verlust des Marktpartners kann für jeden Beteiligten je nach Grad der Substituierbarkeit zu bedeutenden ökonomischen Konsequenzen führen. In der Fallstudie ist so nicht allein die Kirchhellner AG von der KWW abhängig; auch KWW ist kurzfristig nicht in der Lage, die Kirchhellner AG durch andere Zulieferer zu substituieren.

In einer Zuliefergeschäftsbeziehung kann die Individualität und Spezifität des Leistungsangebots über die **Integralqualität** gemessen werden. Unter Integralqualität wird hier die Fähigkeit von Produkten verstanden, „gut zueinander zu passen" (*Günter*, 1979a, S. 232; vgl. auch *Chmielewicz*, 1968, S. 79; *Pfeiffer*, 1965, S. 43). Im Extremfall kann ein Leistungsangebot so individuell gestaltet sein, dass es allein mit einem ganz bestimmten anderen Leistungsangebot kompatibel ist und nur zu einem einzigen funktionsfähigen Endprodukt verbunden werden kann. Das Ausmaß der Bedeutung der Integralqualität ist dann davon abhängig, wie die Naht- bzw. Schnittstellen der verschiedenen Leistungsangebote ausgestaltet sind, die zu einem funktionsfähigen Endprodukt zusammengefasst werden. Mit *Günter* unterscheiden wir dabei **variante und invariante Schnittstellen** (vgl. *Günter*, 1979a, S. 234). Eine Schnittstelle wird als umso invarianter bezeichnet, je weniger Leistungsarten schnittstellenkompatibel sind. Als Beispiel für ein Zulieferprodukt mit hoher Schnittstelleninvarianz können etwa die Cockpitfenster des Verkehrsflugzeuges Boeing 737 angeführt werden. Diese Fenster werden durch die in Huntsville (USA/Alabama) ansässige Firma PPG Industries gefertigt. Durch technische Besonderheiten, durch die das Cockpitfenster einer Boeing 737 gekennzeichnet ist, lassen sich diese Fenster in keinen anderen Flugzeugtypen einbauen.

Die Integralqualität bezieht sich dabei vor allem auf die Qualitätsdimensionen „Produkt", „Zeit" und „Verfügbarkeit":

- **Integrale Produktqualität im engeren Sinne**

    Die Integralqualität von Produkten i. e. S. bezieht sich auf die Abstimmung von inhaltlichen Produkteigenschaften. Es gibt Leistungsangebote, die speziell für den Einbau in bestimmte Endprodukte entwickelt werden und nur zu diesen Einbaueinheiten passen

(z. B. Beleuchtungsanlagen der Kirchhellner AG, die speziell für PKW der KWW entwickelt werden). Daneben gibt es Leistungsangebote, deren Schnittstellen so genormt sind (z. B. Kabel, Schalter, Normmotoren), dass die Leistungsangebote verschiedener Anbieter unmittelbar austauschbar sind. Der Individualitätsgrad konvergiert mit zunehmender Standardisierung gegen null. Bei einer sehr hohen Austauschbarkeit befinden wir uns im Produkt- oder Systemgeschäft – in Abhängigkeit davon, ob ein zeitlicher Kaufverbund vorliegt (vgl. Teil 3 Kap. B. und D.).

- **Integrale Zeitqualität**

In Abhängigkeit vom relativen Wert eines Teilprodukts am Endprodukt kann es notwendig sein, die Lebensdauer eines Teilprodukts auf die Lebensdauer des Endprodukts abzustellen. Dabei gilt grundsätzlich: Je höher der relative Wertanteil eines Teilprodukts am Endprodukt ist, umso notwendiger ist eine zeitintegrale Qualitätspolitik, da Schlüsselteilprodukte den Ersatzzeitpunkt des Endprodukts wesentlich beeinflussen. Bei Ausfall eines Schlüsselteilprodukts ist es häufig ökonomisch vorteilhaft, das gesamte Endprodukt zu ersetzen. Wenn z. B. das LCD-Display eines Testgerätes ausfällt, ist es i. d. R. sinnvoll, das gesamte Gerät zu ersetzen, da der Wert des Displays einen wesentlichen Anteil der Gesamtkosten des Testgeräts ausmacht.

Hier wird auch die Beziehung des Zuliefergeschäfts zum Ersatzteilmarktgeschäft deutlich: Fallen Lebensdauer von Teil- und Endprodukt deutlich auseinander, dann entstehen für die kurzlebigeren Teilprodukte Ersatzteilmärkte. Auf den Ersatzteilmärkten können völlig andere Wettbewerbsverhältnisse gelten als auf dem Markt für Teilprodukte, da die Käufer von Ersatzteilen i. d. R. andere sind: Ersatzteilkäufer sind die Kunden des Endproduktherstellers. Der Komplexitätsgrad der Marktverhältnisse steigt weiter, wenn sowohl Teilprodukt- als auch Endproduktanbieter Aktivitäten auf dem Ersatzteilmarkt entfalten oder neue Wettbewerber am Markt auftreten, die sich auf die Belieferung von Ersatzteilmärkten spezialisiert haben (sog. Pirate-Part-Anbieter).

- **Integrale Verfügbarkeitsqualität**

Je mehr OEMs ihre eigene Fertigungstiefe verringern und damit ihren Teileproduktbedarf strukturell erhöhen, desto notwendiger wird es für Zulieferunternehmen, neben der Produktqualität i. e. S. auch die rechtzeitige Verfügbarkeit der Teilprodukte während der gesamten Geschäftsbeziehung sicherzustellen. Damit steigt die Bedeutung der Logistik für den Nachfrager von Teilen, der bestrebt ist, seine Logistikanforderungen an den Zulieferer weiterzugeben. Konkret bedeutet dies, dass sich Zulieferer z. B. verstärkt mit Just-In-Time-Logistikkonzepten zur produktionssynchronen Anlieferung vertraut machen müssen, die erhebliche innerbetriebliche Organisationsveränderungen nach sich ziehen können. Das gilt ganz besonders für Zulieferer, die ihre Produkte nach dem Verrichtungsprinzip fertigen, woraus sich traditionellerweise hohe Transport- und Liegezeiten ergeben (z. T. zwischen 80 % und 95 % der gesamten Durchlaufzeit, vgl. *Adam*, 2001, S. 18). Gerade solche Anbieter stehen vor dem Problem – z. T. auf die Stunde oder Minute genau –, die Verfügbarkeit der Teile beim Nachfrager sicherzustellen.

Die vorliegenden Ausführungen haben deutlich gemacht, dass der eingeschränkte Verwendungskreis der individualisierten Leistungsangebote im Zuliefergeschäft der Grund dafür ist, dass den Zulieferern nur wenige Nachfrager und vice versa gegenüberstehen. Der Prozess der Leistungsindividualisierung – gemessen über das Ausmaß der Integralqualität – führt damit zu einem gegenseitigen Bindungseffekt, der sich aus der beiderseitigen technischen und organisatorischen Abhängigkeitsposition zwischen Anbieter und Nachfrager ergibt.

2 Zeitlicher Kaufverbund

Ein zweites Beschreibungsmerkmal des Zuliefergeschäfts ist der (langfristige) Kaufverbund zwischen den Einzeltransaktionen. Die Langfristigkeit zeichnet sich dadurch aus, dass die Geschäftsbeziehung im Idealfall mit der gesamten Projekt- oder Modelllaufzeit des Endprodukts deckungsgleich ist, für das ein Nachfrager bei einem Anbieter im Zuliefergeschäft eine individuelle Teilleistung erwirbt. In der Fallstudie „Kirchhellner AG" entscheidet die KWW jeweils über Zulieferungen für die gesamte Modelllaufzeit der PKW. Gelingt es einem Zulieferer von der KWW als Lieferant ausgewählt zu werden, so sichert ihm dies das Zuliefergeschäft für die gesamte Modelllaufzeit (vgl. *Niederdrenk*, 2001, S. 53 f.).

Im Zuliefergeschäft ist der zeitliche Kaufverbund allerdings anders ausgestaltet als im Systemgeschäft (vgl. Teil 3 Kap. D.): Während es im Systemgeschäft um Erweiterungs- und Ergänzungskäufe auf Basis einer bestimmten Systemarchitektur geht, die nachgekauften Leistungen folglich nicht identisch mit den zuvor gekauften Leistungen sein müssen, ist dies für das Zuliefergeschäft gerade typisch: Der Anbieter konstruiert für einzelne Nachfrager individualisierte Lösungen, die dann für die Dauer des Produktlebenszyklusses des Endprodukts **kundenspezifisch normiert** (typisiert) sind. Als Beispiel lässt sich die Lieferung des dynamischen Kurvenscheinwerfers für den Audi A6 anführen, der von Audi für den Modellzyklus des A6 von der Firma Hella bezogen wird. Der Scheinwerfer wurde dabei speziell für den Einbau in den A6 entwickelt und dann in identischer Form immer wieder von dem gleichen Lieferanten bezogen.

Das Beispiel macht deutlich, dass die Leistungsangebote, die typischerweise im Zuliefergeschäft vermarktet werden, häufig schnittstelleninvariante Zulieferprodukte darstellen. Die Produkte sind für einen oder wenige OEMs konstruiert und werden für den entsprechenden OEM in Serienfertigung für die Dauer eines Endprodukt-Lebenszyklusses geliefert. Es erfolgt somit eine ein- oder beidseitige Anpassung von Leistungspotenzialen und/oder -prozessen. Vor diesem Hintergrund sind „Hit and Run"-Situationen, bei denen ein Anbieter einen Kunden nur einmalig, und dies möglichst gewinnmaximierend, bearbeiten will, aus der Betrachtung ausgeschlossen (vgl. *Diller*, 1994a, S. 8). Im Zuliefergeschäft werden Transaktionen folglich nicht einzeltransaktionsbezogen, sondern vielmehr episodenhaft bzw. geschäftsbeziehungsbezogen beurteilt (vgl. *Joshi/Arnold*, 1998). Dies hängt auch damit zusammen, dass ein OEM zum Zeitpunkt des Vertragsabschlusses den genauen Bedarf an benötigten Einheiten der Zulieferprodukte nicht kennt, da dieser von dem Volumen der in Zukunft absetzbaren bzw. produzierten Einheiten des Endprodukts abhängt. Selbst wenn der OEM die absetzbare Menge genau prognostizieren könnte, sind für ihn mit dem Kauf über mehrere Perioden Vorteile verbunden. Diese ergeben sich zum einen aus der damit verbundenen reduzierten Kapitalbindung sowie aus der Möglichkeit, bei technischem Fortschritt im Zulieferunternehmen von entsprechenden Verbesserungen zu profitieren. In der Regel erfährt diese **lebenszyklusorientierte Geschäftsbeziehung** auch eine vertragliche Absicherung, um ein mögliches opportunistisches Verhalten der Marktpartner für die Dauer der Geschäftsbeziehung zu begrenzen.

Auf der anderen Seite verdeutlicht gerade die Fallstudie „Kirchhellner AG", dass aus lebenszyklusorientierten Geschäftsbeziehungen auch Probleme erwachsen können. Da beide Marktpartner über die gesamte Dauer der Geschäftsbeziehung aneinander gebunden sind, kann eine individuell als „ungerecht" eingestufte Verteilung der innerhalb der Geschäftsbeziehung erzielten Überschüsse zu Unzufriedenheit führen und die Geschäftsbeziehung belasten. Mitunter kann die Unzufriedenheit jedoch auch auf beiden Marktseiten bestehen. So hat in der Fallstudie einerseits die Kirchhellner AG den Eindruck erlangt, dass die KWW die Risiken des Geschäfts zunehmend auf sie abwälzt. Andererseits glaubt die KWW, dass die Kirchhellner AG noch nicht ausreichend den Druck mittrage, dem das Unternehmen am eigenen Markt ausgesetzt sei.

II. Phasenspezifisches Management von Geschäftsbeziehungen im Zuliefergeschäft

Die aufgezeigten Besonderheiten machen deutlich, dass im Mittelpunkt des Marketings im Zuliefergeschäft das Management von Geschäftsbeziehungen steht. Das Geschäftsbeziehungsmanagement stellt explizit auf die Pflege und Absicherung anhaltender Austauschbeziehungen zwischen einem anbietenden Unternehmen und einem Kunden ab und macht das Wiederkaufverhalten des Kunden zum Fokus der Marketing-Maßnahmen (vgl. *Plinke*, 1997a, S. 5). Die Kunden-Lieferanten-Beziehung stellt dabei kein statisches Gebilde dar, sondern entwickelt und verändert sich **phasenspezifisch** (vgl. auch *Kaas*, 1995b, S. 36 ff.). Dabei ist gerade in den frühen Phasen einer Geschäftsbeziehung die Beziehungsqualität in hohem Maße durch eine ausgeprägte Interaktionsintensität gekennzeichnet (vgl. *Leuthesser*, 1997, S. 252):

- In der Auswahlphase **(Vorvertragsphase)** konkurrieren die (potenziellen) Zulieferer mit unterschiedlichen Entwicklungsvorschlägen miteinander: Es herrscht horizontaler Wettbewerb um den Aufbau einer **Geschäftsbeziehung**.
- Hat sich der OEM für einen oder mehrere Zulieferer entschieden, verändert sich die Wettbewerbsbeziehung. Mögliche Konkurrenten sind für die Lebensdauer des Endprodukts weitgehend ausgeschieden. Im Zentrum steht die effektive und effiziente Handhabung der jeweiligen Geschäftsbeziehung mit zwei Ausprägungen: **Absicherung bzw. Ausbau** und ggf. **Beendigung** der Geschäftsbeziehung.

Geschäftsbeziehungen sind allgemein als „von ökonomischen Zielen geleitete Interaktionsprozesse mit personalen Kontakten, langfristigen Geschäftsperspektiven und damit verbunden einer investiven Komponente" (*Diller*, 1994b, S. 1; *Diller*, 1997a, S. 572 f.; *Jacob*, 2002, S. 3 f.; *Saab*, 2007, S. 7 f.) zu verstehen. Darüber hinaus wird der Begriff der Geschäftsbeziehung auch über die Häufigkeit und innere Verbindung einzelner Markttransaktionen abgegrenzt. Nach *Plinke* (1997a, S. 23) lässt sich eine „Geschäftsbeziehung als eine Folge von Markttransaktionen ansehen, zwischen denen eine innere Verbindung existiert." Zu beachten ist hierbei allerdings, dass auch bereits erstmalige Markttransaktionen für die Entstehung von Geschäftsbeziehungen ausreichend sind, da schon die Absicht, weitere Markttransaktionen nachfolgen zu lassen, ausreicht – *Plinke* (1997a) nennt diese Art von Geschäftsbeziehungen **„geplante Geschäftsbeziehungen"** –, um die Beteiligten zu einem Verhalten zu bewegen, das dem innerhalb von **„De-facto-Geschäftsbeziehungen"** gleicht (vgl. hierzu auch *Gawantka*, 2006, S. 24 ff.).

Das Management von Geschäftsbeziehungen lässt sich demnach als Gesamtheit der Grundsätze, Leitbilder und Einzelmaßnahmen zur langfristigen Anbahnung, Steuerung und Kontrolle von Geschäftsbeziehungen definieren (vgl. *Diller/Kusterer*, 1988b, S. 4). Die Herausbildung des Geschäftsbeziehungsmanagements im Zuliefergeschäft basiert sowohl auf der Notwendigkeit der engen und langfristigen Zusammenarbeit von Nachfrager und Zulieferer **für die Dauer der Projektlaufzeit** des Endprodukts, die unabdingbare Voraussetzung für die Leistungserstellung ist, als auch auf der für *beide* Parteien bestehenden **Individualität der Leistung**. Damit wird deutlich: Marketing im Zuliefergeschäft ist weniger einzeltransaktionsorientiert, als vielmehr **kundenspezifisch** auf die Dauer eines Modell- und damit zumeist auch Fertigungszyklusses ausgerichtet, wobei sich die Marketing-Probleme *vor* dem Eintritt in die Geschäftsbeziehung kategorial von denen *in* der Geschäftsbeziehung unterscheiden:

- **Vor** dem Eintritt in die Geschäftsbeziehung gilt es für einen potenziellen Zulieferer, den Zeitpunkt, zu dem sich beim OEM ein strategisches Einstiegsfenster öffnet, rechtzeitig zu erkennen. Dieser Zeitpunkt ergibt sich dann, wenn produkt- oder fertigungstechnische Änderungen bei den zugekauften Komponenten zu Anpassungen führen und der OEM damit in der Wahl seiner Bezugsquelle wieder grundsätzlich frei ist.
- **Während** der Geschäftsbeziehung sind Anbieter und Nachfrager wegen der Individualität der Leistung und der dadurch bedingten marktpartnerspezifischen Investitionen gegenseitig aufeinander angewiesen. Durch die Etablierung einer Geschäftsbeziehung mit einem Marktpartner und der auf die besonderen Bedürfnisse des Partners ausgerichteten Investitionen werden mitunter Produktivitätssteigerungen, niedrigere Gesamtkosten oder höhere Erlöse erzielt (vgl. *Kaas*, 1995b, S. 36).

Vertrauensvolle Zusammenarbeit zum Nutzen beider Parteien steht in jeder Phase im Vordergrund. Marketing im Zuliefergeschäft erfordert deshalb ein effektives und effizientes *phasenspezifisches Beziehungsmanagement*.

1 Einstieg in die Geschäftsbeziehung

1.1 Analyse der strategischen Ausgangssituation

Notwendige Bedingung für die Neudefinition einer Geschäftsbeziehung im Zuliefergeschäft ist i. d. R. eine gravierende konstruktive Änderung beim Nachfrager, zumeist in Form eines Modellwechsels, einer signifikanten Produktvariation oder einer Neuprodukt-Einführung. Produktspezifische Änderungen beim Nachfrager können zu Änderungen bei zugekauften Teilen führen, so dass der OEM aktiv nach Zulieferern für das neue Zulieferprodukt sucht. Der OEM beschränkt sich in seiner Suche dabei nicht notwendigerweise auf Zulieferer, zu denen bereits Geschäftsbeziehungen bestehen, sondern bezieht regelmäßig auch **Out-Supplier** mit in seinen Suchprozess ein. Damit öffnet sich für Out-Supplier ein **strategisches Einstiegsfenster**, wohingegen **In-Supplier** bestrebt sein müssen, ihre bestehende Position zu verteidigen. Der Begriff „strategisches Einstiegsfenster" macht deutlich, dass es i. d. R. nur eine begrenzte Anzahl solcher Zeitpunkte gibt und dass es daher für potenzielle Zulieferer von essentieller Bedeutung ist, diese frühzeitig zu erkennen (vgl. zum Begriff des „strategischen Einstiegsfensters" *Abell*, 1978).

Leistungen, die im Zuliefergeschäft vermarktet werden, erfordern bei der Leistungsdefinition häufig die **Integration des OEMs** (vgl. *Kleinaltenkamp*, 1996, S. 16). Die Leistungsindividualität hat aber auch zur Folge, dass Leistungsangebote im Zuliefergeschäft kaum Sucheigenschaften besitzen (vgl. *Nelson*, 1970, S. 118 ff.), da der OEM erst nach Erbringung der Leistung überprüfen kann, ob bestimmte vorab zugesicherte Leistungsmerkmale tatsächlich erbracht worden sind (vgl. *Kleinaltenkamp*, 1992, S. 811). Daraus ergibt sich die Konsequenz, dass ein OEM für den Zweck der Lieferantenbeurteilung häufig auf Erfahrungs- und/oder Vertrauenseigenschaften zurückgreifen muss (vgl. zum Begriff der Erfahrungseigenschaft *Nelson*, 1970, S. 312 ff. sowie zum Begriff der Vertrauenseigenschaft *Darby/Karni*, 1973, S. 68 ff.). Vor diesem Hintergrund ist die Wahrscheinlichkeit größer, dass ein In-Supplier, zu dem ein OEM bereits eine zufrieden stellende Geschäftsbeziehung pflegt, erneut einen Auftrag erhält. Gerade im Fall längerer Geschäftsbeziehungen zwischen Zulieferer und OEM sind die Erfahrungseigenschaften des jeweiligen Marktpartners besonders ausgeprägt, so dass es für einen OEM z. B. möglich ist, von diesen Erfahrungen auf die Fähigkeit des Zulieferers zu schließen, ein konkretes neuartiges Problem zu lösen (vgl. *Freiling*, 1995, S. 139). In-Supplier verfolgen deshalb i. d. R. das Ziel, die bestehende Geschäftsbeziehung zu pflegen und auszubauen, um Lerneffizienzen zu erzeugen und Vertrauenspotenziale beim OEM zu bilden. Ob und inwieweit die bisherigen In-Supplier auch in weitere gemeinsame Projekte einbezogen werden, hängt von der Qualität ihrer in der Vergangenheit erbrachten Leistungen, ihren Kundenbindungsmaßnahmen und der jeweiligen Konkurrenz ab. Eine besondere Bedeutung kommt dabei dem Vertrauen (zur Reduktion von Unsicherheiten) zwischen Anbietern und Lieferanten sowie – im Falle von Zuliefernetzwerken – zwischen Lieferanten zu (vgl. *Bartelt*, 2002, S. 158 ff.).

Mit Out-Suppliern hingegen hat ein OEM noch keine Erfahrungen gesammelt. Ein Out-Supplier hat somit grundsätzlich größere Schwierigkeiten, seine Leistungsfähigkeit zu verdeutlichen (vgl. *Luthardt*, 2003). Daraus ergibt sich für einen Out-Supplier zunächst die Notwendigkeit, geeignete Maßnahmen zu ergreifen, damit ihn der OEM überhaupt in dessen Awareness-Set der als relevant angesehenen Problemlöser aufnimmt. Erst dann tritt er mit den In-Suppliern in einen **Wettbewerb um die Teilnahme an der Geschäftsbeziehung**. Deshalb ist es vor allem für Out-Supplier wichtig, im Vorfeld der Geschäftsbeziehung ein akquisitorisches Potenzial (vgl. *Gutenberg*, 1984, S. 243) oder einen Goodwill aufzubauen (vgl. *Albach*, 1980, S. 3 f.), um überhaupt in das Awareness-Set und damit in den Auswahlprozess zu gelangen (vgl. *Kleinaltenkamp*, 1993b, S. 25).

Die Chance eines Out-Suppliers, in eine In-Supplier-Situation zu gelangen, ist dabei auch von der vom OEM verfolgten Sourcing-Strategie abhängig. Gerade angesichts des in der Vergangenheit in vielen Branchen stark dominierenden Trends zu verstärktem Outsourcing (*Abbildung 238* zeigt für die Autobilindustrie, wie sich die Wertschöpfungstiefe der OEMs seit Anfang der 1980er Jahre schrittweise auf nur noch 22 % im Jahr 2007 reduziert hat), der großteils noch immer ungebrochen ist, haben inzwischen viele Unternehmen die vormals häufig noch nicht ausreichend vorgenommene Professionalisierung des Einkaufs als Kosteneinsparungspotenzial entdeckt. Daher versuchen Unternehmen, ihre Beschaffung zu verbessern, indem sie systematische Sourcing-Strategien entwickeln. Diese lassen sich

- nach Anzahl der Lieferanten (bspw. Single, Multiple Sourcing),
- dem Umfang der gelieferten Leistung (bspw. Modular, Component Sourcing) und
- der geographischen Reichweite (bspw. Local, Global Sourcing)

systematisieren.

Single vs. Multiple Sourcing

Während der OEM beim **Multiple Sourcing** das Gesamtbeschaffungsvolumen auf mehrere Zulieferer verteilt, bezieht er dieses beim **Single Sourcing** von nur einem Zulieferer. Die Chance eines Out-Suppliers, in eine In-Supplier-Position zu gelangen, ist folglich grundsätzlich höher, wenn der OEM die Strategie des Multiple Sourcings verfolgt. Eine spezielle Form des Multiple Sourcings stellt das sog. „Dual Sourcing" dar. Die Beschaffungsmenge wird in diesem Fall auf zwei Lieferanten verteilt. Oftmals wird diese Strategie gewählt, wenn das Versorgungsrisiko aus Sicht des OEMs sehr hoch ist und man sich nicht in Abhängigkeit eines Zulieferers begeben möchte (vgl. *Kuhl*, 1999, S. 183). Gerade bei zunehmenden **beiderseitigen spezifischen Investitionen** in die Geschäftsbeziehung ist dabei eine Tendenz zum Single Sourcing festzustellen. So lassen die Fälle gemeinsamer Produktentwicklung

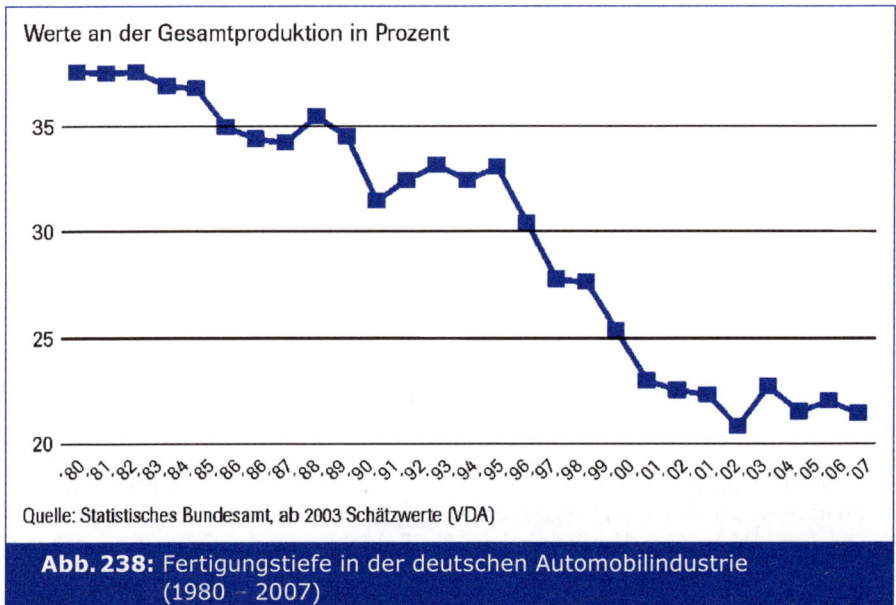

Abb. 238: Fertigungstiefe in der deutschen Automobilindustrie (1980 - 2007)

Quelle: *VDA*, 2008.

zwischen Abnehmer und Zulieferer, z. B. im Rahmen des Simultaneous Engineerings, nahezu ausschließlich Single Sourcing-Entscheidungen zu (vgl. *Günter/Kuhl*, 2000, S. 403 f.; *Stark*, 1994, S. 46). Dennoch liegt der Bestimmung der optimalen Lieferantenzahl – und der daraus häufig abgeleiteten Forderung nach einem Single Sourcing – nicht selten eine oberflächliche, methodisch unzureichende Berechnung zugrunde (vgl. *Homburg*, 1995, S. 815). Für das Single Sourcing können mehrere Formen unterschieden werden:

- Modellbezogenes versus modellübergreifendes Single Sourcing

    Ein bestimmtes Zulieferprodukt kann in verschiedene Leistungen/Modelle des OEMs integriert werden. Der OEM muss entscheiden, ob die Zulieferleistung für *alle* Produkte von einem Zulieferer (modellübergreifendes Single Sourcing) bezogen wird oder ob lediglich die Zulieferleistung für ein *bestimmtes* Modell von einem Zulieferer geliefert wird (modellbezogenes Single Sourcing).

    > Die Dr. Otto Suwelack Nachf. GmbH & Co., Billerbeck, stellt bspw. u. a. Instant Food Ingredients her, die von Lebensmittelherstellern in deren Produktionsprozessen eingesetzt werden. Bei den Instant Food Ingredients handelt es sich z. B. um Apfelessigpulver, Trübungsmittel oder Croutons, die bei der Dr. Otto Suwelack Nachf. GmbH & Co. speziell für die Anwendungen der Kunden entwickelt und produziert werden. Die Kunden des Unternehmens haben nun eine Entscheidung darüber zu treffen, ob sie speziell bei diesem Zulieferer in Auftrag gegebene Instant Food Ingredients – etwa ein spezielles Apfelessigpulver – nur für einzelne Lebensmittel nutzen und für andere Lebensmittel ähnliche Rezepturen bei anderen Zulieferern in Auftrag geben wollen oder aber ob das von der Dr. Otto Suwelack Nachf. GmbH & Co. entwickelte Apfelessigpulver auch im Produktionsprozess anderer Lebensmittel eingesetzt werden soll.

    Der Wunsch nach „modellübergreifendem Sourcings" hat natürlich auch Einfluss auf die Entwicklungsstrategien von Unternehmen, da sich Zulieferteile nur dann modellübergreifend beschaffen lassen, wenn der Einbau identischer Zulieferteile zuvor bei F&E eingeplant worden ist. Zunehmend wird von den OEMs das sog. **Plattformkonzept** eingesetzt. Bei einem Plattformkonzept wird versucht, modell- und markenübergreifend möglichst viele Standard- bzw. Normteile einzusetzen (vgl. *Sawhney*, 1998, S. 54; *o. V.*, 1997c, S. 1). Hauptziel aus Sicht der OEMs liegt in der Reduzierung der Komplexitäts- und Variantenprobleme. In der Automobilindustrie, die das Plattformkonzept umfassend nutzt, wird bspw. eine innere Fahrzeugstruktur (Bodengruppe, Vorderwagen, Lenkung, Achsen, Motor und Getriebe) entwickelt, auf welcher sich eine Vielzahl unterschiedlicher Modelle aufbauen lässt. Beispielsweise verwendete der Automobilhersteller Volkswagen bei der Produktion das gleiche Chassis für bestimmte Modelle unterschiedlicher Marken (Seat, Skoda, VW). Dabei konnten die 17 unterschiedlichen Fahrzeugplattformen für die Fahrzeuge der Marken Audi, VW, Seat, Skoda zeitweise auf vier Plattformen reduziert werden. Für Zulieferunternehmen ergeben sich durch diese Tendenz verschiedene Auswirkungen. Für Out-Supplier wird es noch schwieriger, neue Geschäftsbeziehungen aufzubauen, weil die Bindung zwischen In-Supplier und OEM meistens noch intensiver ausgestaltet ist. Strategische Einstiegsfenster in eine neue Geschäftsbeziehung ergeben sich nicht mehr beim Wechsel eines Modells, sondern beim Wechsel mehrerer Modelle. Zugleich werden vom OEM noch härtere Anforderungen im Rahmen des Konzeptwettbewerbs gestellt.

- Werksbezogenes versus werksübergreifendes Single Sourcing

Ein bestimmtes Zulieferteil wird häufig in verschiedenen Werken des OEMs benötigt. Hier muss entschieden werden, ob z. B. die Graphikkarten für *alle* Werke von einem Zulieferer (z. B. von den größten Anbietern *nVIDIA* oder *ATI*) exklusiv (werksübergreifendes Single Sourcing) geliefert werden oder ob die Graphikkarten nur für *ein* Werk von einem bestimmten Zulieferanten bezogen werden (werksbezogenes Single Sourcing).

Einer Zentralisierung von Beschaffungsentscheidungen und damit zusammenhängend der Übergang von einem werksbezogenen zu einem werksübergreifenden Sourcing stehen allerdings nicht selten organisatorische Schwierigkeiten entgegen. *Müller* (2004, S. 56) berichtet etwa davon, dass bei der Firma ABB in der Vergangenheit Rohstoffe wie z. B. Kupfer von jeder der 120 Transformatorenfabriken separat beschafft wurden, da keiner der Werksleiter die Verantwortung für die Beschaffung abgeben wollte.

Sowohl beim **modell-** als auch beim **werksübergreifenden** Single Sourcing entsteht ein wechselseitiges Abhängigkeitsverhältnis. Je höher dabei die jeweils getätigte beziehungsspezifische Investition ist, desto höher ist i. d. R. die wechselseitige Abhängigkeit und desto stärker ist der Anreiz zur Fortsetzung der Kooperation. Zentrale Vorteile sind in der vereinfachten Koordination durch die Reduktion der Zahl der Zulieferer auf nur einen Zulieferer und in den hieraus resultierenden positiven Skaleneffekten zu sehen.

Beim **modell-** oder **werksbezogenen** Single Sourcing ist der OEM dagegen unabhängiger, da er glaubhaft mit einem Lieferantenwechsel drohen kann, was für den Zulieferer gleichzeitig einen Anreiz zu höherer Leistung darstellt. Die Vorteile dieser Nachfragebündelung gegenüber dem Multiple Sourcing liegen auch hier in vereinfachter Koordination und in positiven Skaleneffekten, wenn auch auf einem geringeren Niveau als beim modell- oder werksübergreifenden Single Sourcing. Ein Vorteil gegenüber dem modell- und werksübergreifenden Single Sourcing stellt die Risikostreuung für den OEM dar, da Wettbewerb unter den Lieferanten aufrechterhalten wird und so eine geringere Abhängigkeit von einem einzigen Zulieferer besteht.

Modular vs. Component Sourcing

Neben der Frage der Anzahl der ausgewählten Zulieferer lässt sich die Sourcing Strategie des OEM auch dadurch charakterisieren, ob der Nachfrager einzelne Komponenten oder vollständige Module bzw. Systeme beschafft. Beim **Component Sourcing** werden einzelne Komponenten bezogen, die zwar nachfragerspezifisch entwickelt und hergestellt worden sind, die jedoch vom OEM in dessen Fertigung mit anderen Zulieferleistungen kombiniert und verbaut werden müssen (vgl. *Adolphs*, 1997, S. 24). In der Automobilindustrie sind etwa Getriebegestänge, Kabelbäume, Zahnkränze, Kupplungen oder Steuerungen als typische Komponenten einzustufen.

Hingegen werden beim **Modular Sourcing** von einem Zulieferer anstelle von Einzelkomponenten komplexe Bündel von Subsystemen bezogen. Beispiele für Module sind ganze Schiffsaufbauten in der Werftindustrie oder Nasszellen in der Bauindustrie. Der Zulieferant beim Modular Sourcing, der auch als **„Systemlieferant"** oder „first-tier supplier" bezeichnet wird, bezieht dabei von ehemaligen Direktlieferanten, den sog. „Sublieferanten" oder „second-tier supplier", diejenigen Materialien und Teile, die er zur Erstellung des Moduls benötigt (vgl. *Bartelt*, 2002, S. 20 ff.). Als Systemlieferanten kommen dabei nur solche Zulieferer in Frage, welche Träger einer integrierten Belieferung werden und die in der Lage sind, Wertschöpfungsprozesse des OEMs zu organisieren. In einer Untersuchung von 95 Zulieferunternehmen konnte herausgefunden werden, dass sich Systemlieferanten (first-tier supplier) von Direkt- bzw. Sublieferanten (x-tier supplier) durch folgende Fähigkeiten unterscheiden (vgl. *Gaitanides,* 1997, S. 754):

- Markt- und preispolitische Erfolge durch effiziente Ressourcenallokation,
- Spezialisierung und Kompetenz des Vertriebs- und F&E-Bereichs, Modernität des Produktionsapparats sowie langfristige Orientierung und Konzentration auf den OEM und
- Kooperationsintensität und Innovationsfähigkeit.

> Ein typisches Beispiel für den Wandlungsprozess eines Teileherstellers zu einem Systemlieferanten stellt das Unternehmen Arburg GmbH & Co KG dar. Der Hersteller von Kunststoffspritzgießmaschinen zählt weltweit zu den Branchenführern. Durch die Entwicklung und Aufnahme von Robot-Systemen in das Produktspektrum wurde es möglich, das spezifische Wissen über die Technik der Kunststoffspritzgießtechnik mit der elektronischen Steuerung dieses Bereiches zu verbinden. Dadurch konnte sich das Unternehmen zu einem Systemlieferanten von komplexen Fertigungszellen entwickeln und bietet nun seinen Kunden Maschine und Robot-System aus einer Hand.

Je nachdem, ob sich ein Zulieferer in einer first-tier supplier- oder in einer x-tier supplier-Position im Markt befindet, ergeben sich hieraus unterschiedliche Geschäftsbeziehungsstrukturen gegenüber dem Kunden. Beispielsweise hängt die Art der Kundenintegration wesentlich von der Position des Anbieters im Wertschöpfungsprozess ab. *Gawantka* (2006) hat so etwa bei einer Untersuchung der Automobilzuliefererindustrie in Deutschland festgestellt, dass first-tier-Zulieferer wesentlich häufiger zu Entwicklungskooperationen mit OEMs als x-tier Zulieferer gezwungen sind. Im Gegensatz dazu erwarten Kunden von x-tier Zulieferern eine größere Bereitschaft zu Kooperationen innerhalb der Fertigungsprozesse, da sie sich hiervon Informationen über die Kostenstrukturen ihrer Zulieferer und damit verbunden auch die Weitergabe von Kosteneinsparungen erhoffen.

Durch die Arbeitsteilung zwischen Hersteller und Zulieferer sowie der Existenz von Systemlieferanten bilden sich in vielen Branchen „hierarchisch strukturierte Zulieferpyramiden" (vgl. *Bartelt*, 2002, S. 23 f.). Je nach Hierarchiestufe lassen sich mehr oder weniger „direkte"

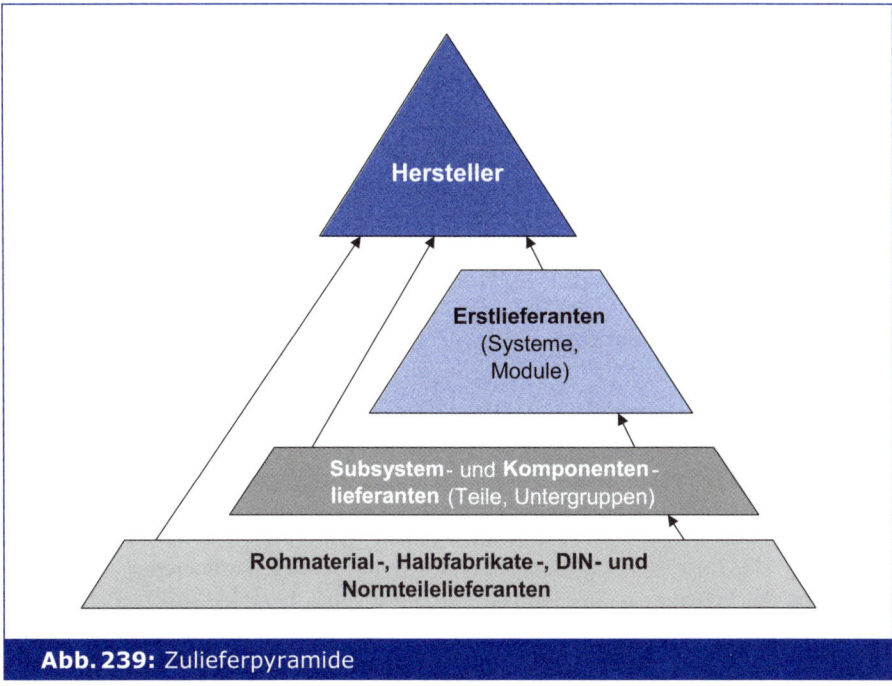

Abb. 239: Zulieferpyramide

Quelle: in Anlehnung an *Bartelt*, 2002, S. 24.

Beziehungen eines Zulieferers zum Hersteller identifizieren. *Abbildung 239* stellt die hierarchisch gegliederte Liefer- und Beziehungsstruktur von Zulieferern zum Hersteller dar.

Local vs. Global Sourcing

Im Zusammenhang mit den Sourcing-Strategien in den Zuliefermärkten spielt auch der Aspekt des Global Sourcings eine immer wichtigere Rolle. Während vormals häufig – insbesondere aus Transportkosten- und Logistikgründen – **Local Sourcing** betrieben wurde (vgl. *Müller*, 2004, S. 55), hat in den vergangenen Jahren in vielen Branchen eine starke Tendenz zu einer Internationalisierung der Beschaffung eingesetzt. Unter **Global Sourcing** wird der Trend beschrieben, dass OEMs ihre Komponenten von Zulieferern aus der ganzen Welt beschaffen. Somit geht es um ein systematisches Beschaffungsmarketing auf den Weltmärkten (vgl. *Piontek*, 1997, S. 20). Hauptziele eines verstärkten weltweiten Einkaufs sind die Ausnutzung von Preisvorteilen, der Zugang zu neuen Technologien bzw. Innovationen sowie die Erleichterung des Zugangs zu lokalen Märkten. Weitere Vorteile können in der besseren Absicherung von Währungsrisiken sowie der Unterstützung des Vertriebs bei Gegengeschäften begründet sein. Als Risiken gelten insbesondere die erschwerte Kommunikation, fehlendes informelles Wissen sowie das größere logistische Risiko. Zunehmend erwarten OEMs, dass die Zulieferunternehmen in der Lage sind, mehrere bzw. alle internationalen Standorte zu bedienen. Dies kann dazu führen, dass Zulieferunternehmen gezwungen sind, den Globalisierungsprozess der OEMs mitzubegleiten. Viele OEMs stehen hierbei jedoch noch eher am Anfang dieser Entwicklung. Die Tendenz zu einem verstärkten weltweiten Einkauf beschränkt sich nicht allein auf die OEMs, sondern betrifft auch die Zulieferunternehmen. Insbesondere kleinere mittelständische Zulieferunternehmen weisen jedoch häufig nicht die notwendige Größe auf, die ein Global Sourcing ermöglichen würde.

1.2 Maßnahmen zum Einstieg in die Geschäftsbeziehung

Geschäftsbeziehungen als einzeltransaktionsübergreifende Institutionen setzen spezifische Ressourceninvestitionen zumeist beider Transaktionspartner voraus. Damit wird deutlich, dass Zulieferverhältnisse immer dann nicht zum Typ des Zuliefergeschäfts gezählt werden, wenn es sich um standardisierte Massenprodukte handelt, bei denen die Leistungsanbieter prinzipiell austauschbar sind. Für normierte Einbauteile wie Sicherungen oder Schütze stehen weltweit häufig viele Anbieter zur Verfügung, die vergleichbare Leistungen anbieten. Da weder der OEM noch die Zulieferer spezifisch ineinander investieren, handeln sie praktisch wie auf „Spotmärkten": Wenn das Preis-Leistungs-Verhältnis nicht den Ansprüchen gerecht wird, kann ein Anbieterwechsel ohne zusätzliche Kosten realisiert werden. Damit findet die Transaktion wie im **Produktgeschäft** mit den dort diskutierten Verhaltensweisen statt (vgl. Teil 3 Kap. B.).

Je spezifischer die Ressourcen einzelner Marktpartner jedoch aufeinander abgestimmt sind, umso bedeutsamer wird die Geschäftsbeziehung als Ganzes für die Marktpartner. Damit ändert der Nachfrager sein Beschaffungsverhalten im Zuliefergeschäft im Vergleich zum Produktgeschäft. Neben die direkt beobachtbaren Leistungsmerkmale – die Suchqualitäten – tritt die Forderung nach Erfüllung weiterer Kriterien, die geeignet sind, aufgrund von Informationsdefiziten und Opportunismusbefürchtungen **nach Auftragsvergabe auftretende Unsicherheiten** zu reduzieren (vgl. *Backhaus et al.*, 1994a, S. 22 ff.). „Bei alledem darf der Anbieter den Schutz seiner eigenen spezifischen Ressourcen nicht aus den Augen verlieren. [...] Oft wird er aber seinerseits Abnahmegarantien, Mindestpreise und ähnliche vertragliche Absicherungen verlangen müssen, oder er wird den Partner zur Beteiligung an den spezifischen Investitionen, zum Eingehen eigener spezifischer Investitionen oder zu sonstigen ‚Credible commitments' bewegen müssen" (*Kaas*, 1995b, S. 37).

In der Praxis zeigt sich, dass sich im Rahmen des nachfragerseitigen Auswahlprozesses eines Zulieferers im Zuliefergeschäft zwei verschiedene Stufen herausgebildet haben, in welchen Unsicherheit bzw. Informationsdefizite für alle Beteiligten in unterschiedlichem Maße bestehen:

- Vorauswahl,
- Konzeptauswahl.

In der Phase der **Vorauswahl** werden die Anbieter selektiert, die voraussichtlich in der Lage sind, den Leistungsanforderungen des OEMs gerecht zu werden. Nur diese Zulieferer werden in der sich anschließenden Phase der **Konzeptauswahl** vom OEM aufgefordert, ein Angebotskonzept zu erarbeiten, auf dessen Basis dann die endgültige Auswahl erfolgt.

1.2.1 Vorauswahl

1.2.1.1 Anforderungen bei der Vorauswahl

Im Mittelpunkt der Vorauswahlphase stehen für den OEM das Auffinden und die Selektion vorhandener oder potenzieller Zulieferer für die beabsichtigte Kooperation. Dazu werden i. d. R. die „klassischen Verfahren" der Lieferantenbewertung herangezogen. Seitens der potenziellen Zulieferer gilt es, das der Lieferantenauswahl zugrunde liegende Anforderungsprofil zu antizipieren, um ihr Verhalten in dieser Phase entsprechend darauf ausrichten zu können. Im Leitbild der geplanten Geschäftsbeziehung werden bspw. bereits Anforderungen transparent, denen potenzielle Zulieferer gerecht werden müssen. So ist etwa die Just-In-Time-Zulieferung an entsprechende Voraussetzungen – z. B. hohe Lieferzuverlässigkeit –

gebunden (vgl. zur Bedeutung von JIT-Geschäftsbeziehungen ausführlich *Freiling*, 1995, S. 213 ff.). Für die Bewertung des Zulieferunternehmens kann eine Vielzahl unterschiedlicher Kriterien herangezogen werden. Hierbei spielt nicht nur deren aktuelle, sondern auch zukünftige Bedeutung aus Sicht des OEMs eine entscheidende Rolle (vgl. *Abbildung 240*).

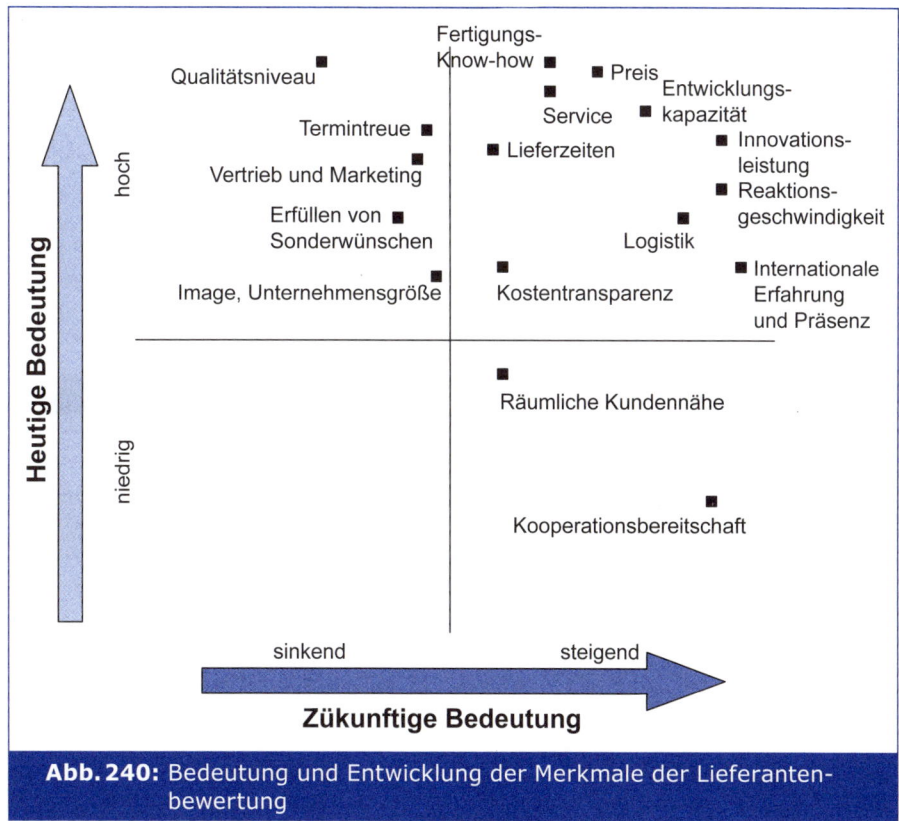

Abb. 240: Bedeutung und Entwicklung der Merkmale der Lieferantenbewertung

Die Vielzahl der Kriterien lässt sich dabei in produktbezogene **Leistungsmerkmale** (vgl. den inneren Kreis in *Abbildung 241*) und in vorhandene und/oder voraussichtliche **Leistungspotenziale** (vgl. den äußeren Kreis in *Abbildung 241*) eines Zulieferers systematisieren (vgl. *Pampel*, 1993, S. 181 ff.; *Stark*, 1994, S. 49).

Die potenzialorientierten Aspekte sind besonders bedeutsam, da primär eine potenzialorientierte, strategische Wertschöpfungspartnerschaft seitens der OEMs angestrebt wird. Das Ziel potenzieller Zulieferer muss es daher sein, glaubhaft aufzuzeigen, dass sie sowohl den geforderten produktbezogenen, als auch den potenzialorientierten Leistungsanforderungen gerecht werden. *Abbildung 241* gibt einen zusammenfassenden Überblick über die bei der Angebotserstellung von den Zulieferern zu berücksichtigenden und nachzuweisenden Faktoren.

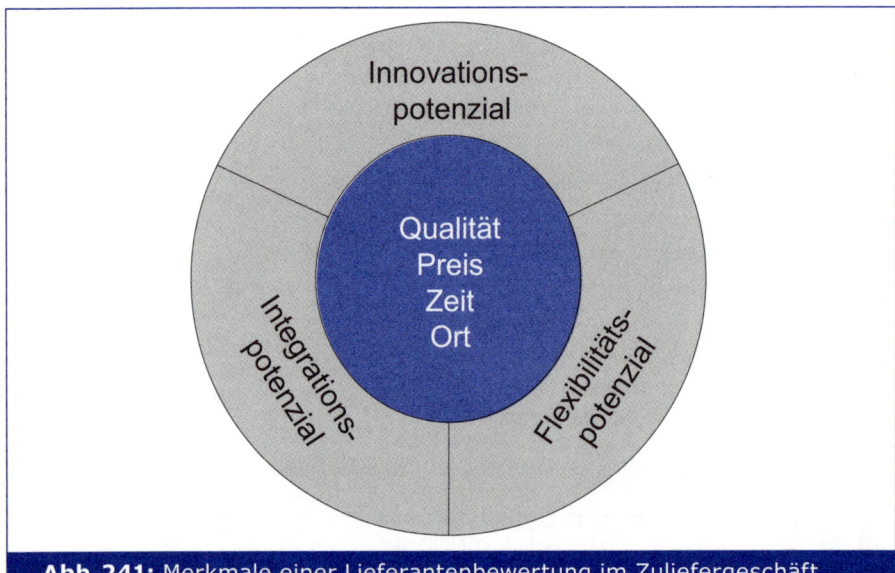

Abb. 241: Merkmale einer Lieferantenbewertung im Zuliefergeschäft

Quelle: in Anlehnung an *Stark*, 1994, S. 49.

1.2.1.1.1 Die Beurteilung von produktbezogenen Leistungsmerkmalen

Die produktbezogenen Leistungsmerkmale Qualität, Preis, Zeit und Ort, die im inneren Kreis der *Abbildung 241* aufgelistet sind, stellen Grundanforderungen dar (vgl. *Fieten*, 1991, S. 72), die für die OEMs klar überprüfbare Sucheigenschaften darstellen.

- **Qualitätssicherung**

Qualitätssicherung und Qualitätsnachweis stellen eine unabdingbare Voraussetzung für den Absatzerfolg der Zulieferanten dar (vgl. *Oess*, 1994, S. 224 f.). Der OEM ist zwar grundsätzlich für die Qualität seiner Produkte selbst verantwortlich und ergreift auch entsprechende Qualitätssicherungsmaßnahmen. Er muss sich dabei aber auf die Qualität der Zulieferprodukte verlassen können. Dies ist insbesondere bei geplanten Just-In-Time-Lieferbeziehungen wichtig, da selbst eine im Rahmen der Eingangsprüfung der Zulieferteile durch den OEM erfolgte Identifizierung fehlerhafter Teile mangels fehlender Sicherheits- und Pufferlager nicht in der Lage ist, eine rechtzeitige Ersatzversorgung der Produktion zu gewährleisten (vgl. *Blumenröther*, 1993, S. 30). Wird ein Produktfehler erst beim Endkunden erkannt, kann dies u. U. Rückrufaktionen erforderlich machen, die mit erheblichen Kosten für den OEM verbunden sind. Die Rückrufaktion von 1,3 Mio. Fahrzeugen der Marke Mercedes-Benz im April 2005 kostete nicht nur mehrere hundert Mio. € sondern hatte auch eine Beschädigung des Image als Qualitätsanbieter zur Folge (vgl. *o. V.*, 2005b, S. 13).

Eine hohe Qualität kundenindividueller Komponenten ist im Wesentlichen aus **zwei Gründen** entscheidend für den Markterfolg:

– Komponenten erfüllen i. d. R. **Teilfunktionen**, die für die Gesamtfunktion des Endprodukts wesentlich sind (Integralqualität). Dadurch haben die Komponenten einen

entscheidenden Einfluss auf die Qualität des Endprodukts. Die Anforderungen bzgl. der Qualität der Komponenten lassen sich in diesem Fall aus den Anforderungen an die Funktionsfähigkeit des Endprodukts ableiten.
– Der in vielen Branchen zu beobachtende Trend zur **Verringerung der Fertigungstiefe** führt immer stärker dazu, dass auch wesentliche kundenindividuelle Komponenten der Endprodukte in Fremdfertigung erstellt werden. Mit der verkürzten Fertigungstiefe der OEMs wird es jedoch zwangsläufig notwendig, die Qualität der fremdbeschafften Teile sicherzustellen, da die Qualität der Endprodukte zunehmend von der Qualität fremdgefertigter Bauteile abhängt. Um in dieser Situation weiterhin den hohen und z. T. steigenden Qualitätsanforderungen an die Endprodukte gerecht werden zu können, formulieren OEMs die gegenüber den Zulieferern geforderten Qualitätsmaßstäbe und -garantien zunehmend strenger.

Qualitätssicherungsmaßnahmen können **produkt-**, aber auch **prozessbezogen** erfolgen. Während im ersten Fall die funktionale Qualität der Komponente geprüft wird, wird im letzteren Fall die Sicherung eines Fertigungsprozesses auf konstantem Qualitätsniveau angestrebt. Da z. B. automatisierte Montageprozesse von einer gleich bleibenden Qualität der Komponenten ausgehen, müssen Komponenten für Enderzeugnisse, die in dieser Weise montiert werden, engere Toleranzen bzgl. der Maßhaltigkeit der Komponenten erfüllen als Produkte gleicher Qualität, die manuell montiert werden. Werden die vorgegebenen Grenzen überschritten, kann dies wegen der geringen Toleranzenflexibilität der Montageautomaten sowohl zu Qualitätsmängeln am Endprodukt als auch zu Produktionsstillständen führen. Stillstandzeiten sind jedoch bei kapitalintensiven automatisierten Prozessen mit hohen Ausfallkosten verbunden.

Die Intensivierung des Qualitätswettbewerbs auf vielen Endproduktmärkten sowie der ständig steigende Anteil an automatisierten Produktionsprozessen begründen die steigende Bedeutung qualitativ hochwertiger Komponenten und lassen die Maßnahmen zur Qualitätssicherung zu einem zentralen Marketing-Instrument der Zulieferer werden (vgl. *Klinkers*, 2001, S. 155 ff.).

Diese Aussage wird unterstützt durch eine Untersuchung in Industriezweigen (Maschinenbau, elektrotechnische Industrie und Automobilindustrie), in denen das Zulieferwesen traditionell eine besondere Rolle spielt (vgl. *Fieten et al.*, 1997, S. 175 ff.). Nach dieser Untersuchung ist Qualitätsmanagement zu einem *strategischen Wettbewerbsfaktor* geworden. Vor allem Zulieferer in der Automobil- und Elektronikindustrie haben extrem hohe Qualitätsanforderungen zu erfüllen und werden einem intensiven Benchmarking durch ihre Kunden ausgesetzt. Qualitätsmanagement beschränkt sich danach schon lange nicht mehr lediglich auf eine sorgfältige Qualitätskontrolle am Ende eines Produktionsprozesses oder eine sorgfältige Wareneingangskontrolle beim Übergang eines Zulieferprodukts vom Zulieferer zum OEM. OEMs fordern von ihren Zulieferern zunehmend die Übernahme der Qualitätsverantwortung für die uneingeschränkte Verwendbarkeit der Teile in der Endproduktherstellung. Damit kann in diesem Markt nur derjenige wettbewerbsfähig bleiben, der Qualitätssicherung auch als Marketing-Instrument begreift und einsetzt.

- **Preiswürdigkeit**

Der Preis ist ein weiterer wesentlicher Faktor, den ein OEM in die Lieferantenbewertung miteinbezieht. Zugekaufte Produkte machen heute bis zu 70 % der gesamten Herstellkosten aus. Somit stellen bereits geringe Preisunterschiede in der Beschaffung einen enormen Gewinnhebel dar (vgl. *Müller*, 2004). OEMs können ihre Preisentscheidungsanalysen als

Preisstrukturanalysen (Angemessenheitsbetrachtung für die spätere Preisverhandlung), Preisbeobachtungen (Beobachtung der Preisveränderung im Zeitablauf) und Preisvergleiche durchführen (vgl. *Harting*, 1994, S. 141 ff.).

- **Preisstrukturanalysen** werden i. d. R. nur bei hochwertigen Zulieferteilen angewendet, auf deren Preishöhe voraussichtlich Einfluss ausgeübt werden kann. Mit Hilfe einer Kalkulationsmatrix wird untersucht, ob sich die geforderte Preissteigerungsrate tatsächlich an den gestiegenen Kosten orientiert und diese nicht ggf. auch Elemente der Ertragsverbesserung beinhaltet (vgl. *Harting*, 1994, S. 141 f.). Die Preisstrukturanalyse durch den Abnehmer erfordert somit eine möglichst genaue Abschätzung der Kostenstruktur des Zulieferers. Diese Abschätzung erfolgt teils durch die technische Analyse des Produkts, teils durch das Sammeln möglichst umfassender Daten über alle Faktoren, die den Preis des Lieferanten positiv oder negativ beeinflussen (z. B. Standort, Verkehrsverbindung, Transportmittel oder Lagertechnik). Zum Teil wird auch die Offenlegung von Kalkulationen gefordert („Open Book"). Dies stellt jedoch eine Einschränkung der Souveränität des Zulieferers dar und ist letztlich in dieser Form nur durch Einsatz massiver Abnehmermacht durchzusetzen (vgl. *Pampel*, 1993, S. 155).
- **Preisbeobachtungen** finden bei Zulieferteilen statt, die sich durch eine hohe Preisvariabilität auszeichnen. Die Beobachtung der Preise dient dabei der Prognose zukünftiger Preisentwicklungen (vgl. *Harting*, 1994, S. 142).
- **Preisvergleiche** werden schließlich für Zulieferteile durchgeführt, für die unterschiedliche Lieferanten als Bezugsquelle in Frage kommen (vgl. *Harting*, 1994, S. 141). Der Vergleich alternativer Preise ist jedoch umso weniger möglich, je spezifischer das Leistungspaket ist und umso enger kooperiert wird.

- **Termintreue**

Angesichts der zunehmenden Reduzierung der Fertigungstiefe und der gestiegenen Verbreitung von Just-In-Time-Konzepten stellen die OEMs auch sehr hohe Anforderungen an die Lieferzuverlässigkeit und Termintreue ihrer Zulieferer. Termintreue stellt damit ein wichtiges Kriterium für die Lieferantenauswahl dar (vgl. *Fieten et al.*, 1997, S. 160) und muss als wesentliches Element der Unternehmensqualität in der Vorauswahlphase von Zulieferern in ihren Angebotskonzepten belegt werden.

OEMs greifen bspw. auf sog. Terminwertzahlen zurück, um die Termintreue eines Lieferanten zu beurteilen. **Terminwertzahlen** drücken den Anteil der termingerechten Lieferungen an der Gesamtzahl der vereinbarten Lieferungen aus:

$$\text{Terminwertzahl } WT = \frac{\text{Anzahl der termingerechten Lieferungen}}{\text{Gesamtzahl der Lieferungen}}$$

Je weiter sich die Kennzahl dem Wert 1 annähert, desto positiver ist der Lieferant im Hinblick auf das Kriterium Termintreue zu beurteilen (vgl. *Hartmann*, 1992, S. 87 ff.).

- **Standortwahl**

Auch das Kriterium Standort kann bei der Lieferantenselektion von Bedeutung sein. Dies gilt insbesondere dann, wenn eine häufige Belieferung mit kleinen Liefermengen zu wirtschaftlichen Konditionen realisiert werden soll (vgl. *Rieken*, 1995, S. 105 f.). Die **räumliche Entfernung** zwischen Zulieferer und Abnehmer beeinflusst wesentlich die Transportzeit unter Berücksichtigung des Transportmittels sowie der verkehrstechnischen Qualität der Verbindung. Vor diesem Hintergrund ist es bspw. in der chemischen Industrie üblich, dass sich Zulieferer auf dem Gelände des Kunden ansiedeln und die Fertigung nach dem Just-In-Time-Prinzip mit Zulieferprodukten versorgen. Durch die Ansiedlung von Zulieferern sowie weiterer Unternehmen, die die vorhandenen technischen Ressourcen nutzen wollen, in räumlicher Nähe der Unternehmen der chemischen Industrie haben sich an den Standorten der größeren OEMs der chemischen Industrie sog. „Chemieparks" gebildet. In der Automobilindustrie kommunizieren erfolgreiche Zulieferer wie Magna International Inc., dass es ihre Standortstrategie sei, „dort zu sein, wo der Kunde uns braucht" (vgl. die Unternehmenshomepage von *Magna* (www.magnasteyr.com; Stand: August 2009)).

Da die räumliche Nähe von Nachfragern und Anbietern im Zuliefergeschäft aber nicht der Regelfall ist, muss der Zulieferer intelligente Logistiklösungen sowohl für den physischen Materialfluss als auch für den diesen steuernden Informationsfluss entwickeln und in seinem Angebotskonzept überzeugend aufzeigen (vgl. *Fieten et al.*, 1997, S. 160 ff.). Vor diesem Hintergrund kann nicht nur die räumliche Nähe eines Zulieferers zum OEM bei der Lieferantenbewertung von Bedeutung sein, sondern auch die **logistische Qualität des Zulieferstandorts**, die durch die Verkehrs- und Informationsinfrastruktur bestimmt wird (vgl. *Pampel*, 1993, S. 126).

1.2.1.1.2 Die Beurteilung von Leistungspotenzialen

Neben die produktbezogene Leistungsmerkmalsbeurteilung tritt die auf die Zusammenarbeit gerichtete Potenzialbeurteilung, denn das Ziel der Geschäftsbeziehung im Zuliefergeschäft ist die Verbesserung der Wettbewerbsfähigkeit in Bezug auf die komplette Wertkette. Die Zulieferer müssen somit strategische Potenziale auf- und nachweisen, die der zielorientierten Ausgestaltung der Zulieferer-OEM-Beziehung dienlich sind. Die Bedeutung der Leistungspotenziale steigt umso mehr, je ausgefallener das Beschaffungsobjekt und die Anforderungen an die Kooperation sind (vgl. *Pampel*, 1993, S. 182).

- **Innovationspotenzial**

  Unter Innovationspotenzial wird die Fähigkeit des Zulieferers verstanden, neue wirtschaftliche Konzepte zu realisieren. Es beinhaltet insbesondere eine hohe Technologiekompetenz, um sowohl **neue Produkte** als auch **neue Verfahren** in Produktion, Organisation und Management zu verwirklichen. Gerade in stark umkämpften Märkten stehen die ständige Verbesserung des Kundennutzens durch Innovationen oder Varianten und die Entwicklung von Neuprodukt-Konzepten im Mittelpunkt der Marketing-Anstrengungen.

  Durch eine möglichst frühzeitige Einbindung des Zulieferanten in den Prozess der Produktentwicklung und die Möglichkeit eines arbeitsteiligen Vorgehens nach dem Konzept des **Simultaneous Engineerings** können bereits im Vorfeld der Produktion wettbewerbsrelevante Know-how- und Versorgungsengpässe vermieden sowie Kostensenkungspotenziale und Leistungssteigerungen innerhalb der Wertkette erreicht werden. Der Zulieferer wird damit zu einem „Entwicklungspartner" (vgl. *Fieten*, 1989, S. 43) und folglich Teil eines integrierten Wertschöpfungsprozesses (vgl. *Reiß*, 1992, S. 119 ff.). Das bedeutet für den OEM den Aufbau innovationsfreundlicher Strukturen und Prozesse, die Kooperation mit Problemlösungspartnern sowie eine informationstechnische Vernetzung aller Beteiligten (vgl. *Stark*, 1994, S. 49). Durch dieses „Collaborative Engineering" wird vermieden, dass es im Rahmen der integrierten Forschungs- und Entwicklungsarbeit der OEMs und der Zulieferer zu Medienbrüchen, Inkompatibilitäten oder Übermittlungsfehlern kommt. Dabei arbeiten die beteiligten Teams mithilfe einer einheitlichen Entwicklungsplattform betriebsintern und -übergreifend zusammen. Auftretende Probleme können überwiegend ohne Ortswechsel beseitigt werden. Die Öffnung zur weltweiten Zusammenarbeit bietet insbesondere kleineren und mittleren Unternehmen die Möglichkeit, neue Märkte zu vertretbaren Kosten zu erschließen.

In der Vorauswahlphase wird der potenzielle Zulieferant glaubhaft belegen müssen, dass er über die entsprechende Bereitschaft und das Potenzial verfügt, neueste Technologien des Simultaneous bzw. Collaborative Engineering effektiv und effizient einzusetzen.

- **Integrationspotenzial**

Das Integrationspotenzial eines Zulieferers kann der Verbesserung der Zeit- und Kostenstrukturen bei der Fertigung und Montage des OEMs dienlich sein (vgl. *Stark*, 1991, S. 301). Der Grad der Komplexität des zu beschaffenden Teils hat einen entscheidenden Einfluss auf den Fertigungs- und Montageaufwand des OEMs. Je komplexer (statt vieler Teile werden komplexe Teile-Kombinationen, also Module und Aggregate bezogen) die zu beschaffenden Leistungsumfänge sind, desto geringer sind die Koordinationskosten und der Montageaufwand des OEMs. Das Integrationspotenzial eines Zulieferers beeinflusst damit die Tendenz zum Modular Sourcing bzw. zur Herausbildung von Systemlieferanten.

Das Integrationspotenzial – *Jacob* (2007, S. 470) spricht hier von **Kundenintegrationskompetenz** – kann sich dabei auf unterschiedliche Determinanten beziehen. Zu unterscheiden ist zwischen Kompetenzen der
- Prozesssteuerung (z. B. Effizienz, Flexibilität),
- Faktorkombination (z. B. Faktorsynergien) und
- Kundenkommunikation (z. B. Problemvermeidung, Problemlösung).

Nach *Jacob* (2006) kommt es dabei bei jeder dieser Determinanten für Zulieferer darauf an (vgl. *Abbildung 242*), in den Augen potenzieller Kunden die notwendigen Ressourcen aufzuweisen („Ressourcen"), die Fähigkeit zu haben, diese einsetzen zu können („Qualifikation") und den Einsatz auch bereits unter Beweis gestellt zu haben („Erfahrung").

Angesichts der zentralen Bedeutung, die dem Integrationspotenzial innerhalb der Vorauswahl zukommt, kann es für Zulieferer eine erfolgreiche Strategie sein, das eigene Integrationspotenzial in den Mittelpunkt der eigenen Vermarktungsaktivitäten zu rücken und dem Kunden in diesem Zusammenhang umfassende Kooperationsmodelle anzubieten. In Branchen wie der Automobilindustrie haben sich solche Kooperationen bereits herausgebildet, bei denen die komplette Endmontage des Moduls oder sogar Produktes des OEMs durch Mitarbeiter des Systemlieferanten durchgeführt wird.

Ein sehr erfolgreiches Beispiel für diese Zulieferer-Strategie, das hohe Integrationspotenzial in den Mittelpunkt zu rücken, stellt in der Automobilindustrie seit einigen Jahren die Magna International Inc. dar. Dieser österreichisch-kanadische Zulieferer hat sich darauf spezialisiert gesamte Automobile für Kunden zu produzieren. So werden zurzeit (Stand: August 2009) vom Unternehmen u. a. der BMW X3, das Saab Cabrio 9–3, der Chrysler Voyager, der Jeep Grand Cherokee (letztere für den europäischen Markt) sowie die Mercedes-Benz G-Klasse komplett produziert.

- **Flexibilitätspotenzial**

Flexibilität ist die Fähigkeit des Unternehmens, sich effizient und effektiv an veränderte Umweltbedingungen anzupassen. Ansatzpunkte zur Gestaltung der Flexibilität liegen

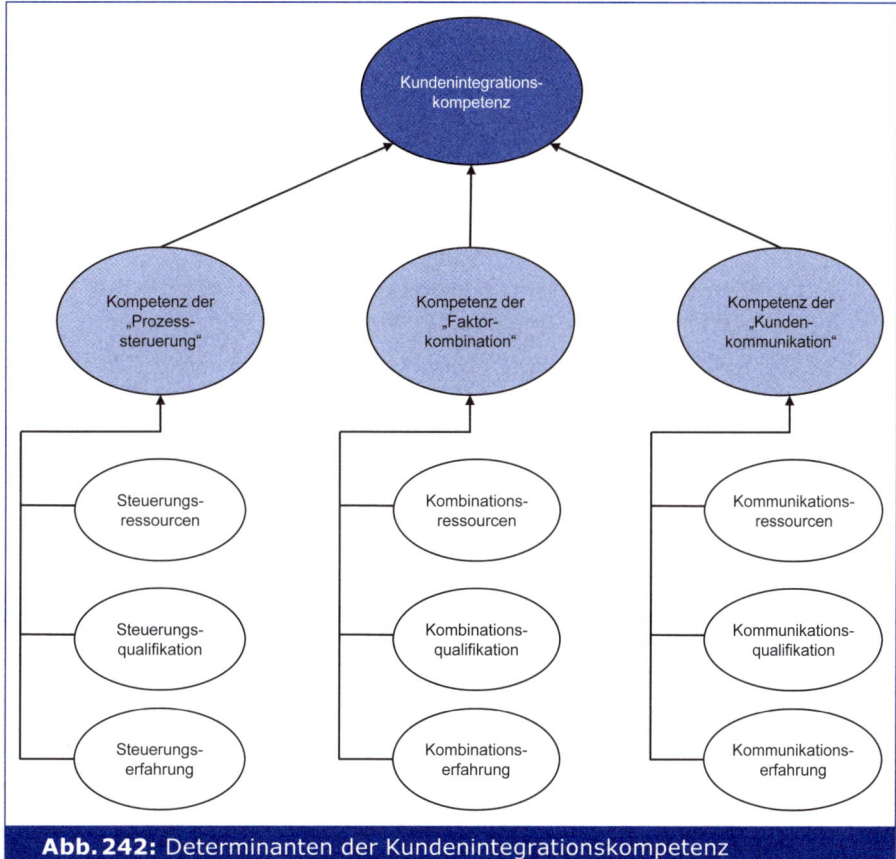

Abb. 242: Determinanten der Kundenintegrationskompetenz

Quelle: *Jacob*, 2007, S. 470.

erstens in der **Aktionsflexibilität**, die die Menge der Handlungsspielräume in den Funktionsbereichen einer Unternehmung beschreibt, zweitens in der **Prozessflexibilität** (Handlungsschnelligkeit im Bereich der Planung und der Entscheidungsumsetzung) und drittens in der **Strukturflexibilität**, die die Handlungsbereitschaft der Organisation, des Personals und der Führungssysteme beinhaltet (vgl. *Meffert*, 1994a, S. 454 ff.).

Als Flexibilitätspotenzial eines Zulieferers ist seine Fähigkeit zu bezeichnen, möglichst rasch auf Änderungen der Leistungsanforderungen des OEMs einzugehen. Das Zulieferprodukt ist qualitätsgesichert in der geforderten Menge zum festgelegten Zeitpunkt zu liefern. Die Flexibilität der Zulieferer wird damit wesentlich durch die Kriterien Qualität, Quantität und Zeit determiniert (vgl. *Stark*, 1991, S. 302).

Zur Sicherstellung der erforderlichen Mengen- und Zeitflexibilität sind der Auf- und Ausbau flexibler Fertigungs- und Logistikeinrichtungen sowie die Entwicklung integrierter Qualitätssicherungssysteme notwendig. Diese Flexibilitätsanforderungen sind in verstärktem Maße auf Kostensenkungsbemühungen der OEMs, wie z. B. den Abbau der Qualitätssicherungsmaßnahmen beim OEM, zurückzuführen.

Die Flexibilitätskriterien Qualität, Quantität und Zeit werden dabei wesentlich durch die Ausgestaltung der Kommunikation zwischen OEM und Zulieferer bestimmt. Datenübertragungs- und Informationssysteme haben hierbei einen erheblichen Einfluss auf die wirtschaftliche Effektivität der Wertschöpfungsverbindung zwischen OEM und Zulieferer.

Zusammenfassend wird hier deutlich, dass sich Innovations-, Integrations- und Flexibilitätspotenziale gegenseitig bedingen. So wäre z. B. der Aufbau flexibler Strukturen ohne Integration wirkungslos, weil eine erforderliche Vernetzung von verschiedenen Einzelvorgängen fehlen würde. Die Operationalisierung dieser Potenziale erfolgt über die Art und Weise der Ausgestaltung und Kommunikation der grundsätzlichen Leistungsfähigkeit.

1.2.1.1.3 Abbildung der Beurteilungskriterien in Lieferantenbewertungsmodellen

Mit Hilfe von Lieferantenbewertungsmodellen gelangt der OEM am Ende der Vorauswahlphase zu einer Auswahl derjenigen Lieferanten, die den aufgestellten Zielsetzungen bzw. Beurteilungskriterien am ehesten entsprechen. Bei der Bewertung werden von Unternehmen zu Unternehmen und von Branche zu Branche unterschiedliche Kriterien herangezogen, da sich Unternehmensziel, historische Entwicklung, Struktur, Beschaffungsmenge und -strategie der einzelnen Unternehmen nicht gleichen (vgl. *Fröhlich-Glantsching*, 1997, S. 32 ff.; *Harting*, 1994, S. 10 f.). Diese Tatsache hat ein Zulieferer bei der Erstellung seines Angebots zu berücksichtigen. Grundsätzlich bilden die o. g. Kriterien jedoch Schwerpunkte der Bewertung.

Für den OEM liegt die Grundproblematik jeder Bewertung in der Kriterienauswahl und -gewichtung sowie in der Aggregation der Ausprägungen zu einem Gesamturteil. Zur Unterstützung der Urteilsfindung existiert in der Praxis daher eine Vielzahl von Lieferantenbewertungsverfahren (vgl. zu einer Verfahrensübersicht *Koppelmann*, 2004, S. 231). Wir unterscheiden im Folgenden

- Verfahren ohne Gesamtbewertung,
- Verfahren mit Gesamtbewertung und
- Portfolio-Techniken.

Verfahren ohne Gesamtbewertung

Bei den Verfahren ohne Gesamtbewertung erfolgt keine aggregierte quantitative Gesamtbeurteilung möglicher Lieferanten. Stattdessen werden die potenziellen Lieferanten mit Hilfe einer (großen) Zahl heterogener und multidimensionaler Auswahlkriterien beschrieben. Zu den Verfahren ohne Gesamtbewertung zählen bspw. Checklistenverfahren oder die Profilanalyse.

Beispiele für **Checklistenverfahren** – gegliedert nach „messbaren" und „nicht messbaren" Faktoren – finden sich bei *Harting* (1994, S. 70 ff.). Zur Beurteilung eines Lieferanten hinsichtlich der messbaren Faktoren wird i. d. R. ein Fragenkatalog verwandt, der jeweils mit „Ja" oder „Nein" zu beantworten ist. Damit wird eine Nominalskala zugrunde gelegt. Mit Hilfe des Fragenkatalogs wird das Bewertungsproblem in einzelne Teilschritte zerlegt, wodurch sich Stärken und Schwächen eines Zulieferers identifizieren lassen. Hierbei ist zu beachten, dass häufig zwischen Kriterien unterschieden wird, deren Erfüllung im Einzelfall unerlässlich (K.O.-Kriterien) oder erlässlich (kompensatorische Kriterien) ist. Es werden nur die Lieferanten ausgewählt, die alle unerlässlichen Voraussetzungen und darüber hinaus die größte Anzahl der erlässlichen Bestimmungsfaktoren erfüllen (vgl. *Harting*, 1994, S. 155).

Die **Profilanalyse** ist ein weiteres Lieferantenbewertungsverfahren ohne Gesamtwertermittlung (vgl. z. B. *Reichmann*, 2001, S. 347 ff.). Dabei handelt es sich um eine Auflistung aller für eine Lieferantenauswahl wesentlichen Merkmale, wobei es unerheblich ist, ob diese Merkmale quantifizierbar sind oder nicht. Jede betrachtete Entscheidungsalternative wird hinsichtlich der Merkmale auf einer Bewertungsskala eingestuft, die meist fünf oder sieben Bewertungsstufen aufweist. Verbindet man die Merkmalsausprägungen der einzelnen potenziellen Zulieferer durch Linien, erhält man für jeden Zulieferer ein spezifisches Profil. Eine Entscheidung ist problemlos möglich, wenn sich die Profile nicht schneiden. Kommt es jedoch zu Kurvenüberschneidungen, dann lässt die Profilanalyse keine eindeutige Entscheidung zu. In diesem Fall ist eine Bewertung und Gewichtung der Merkmale notwendig.

Verfahren mit Gesamtbewertung

Bei Verfahren mit Gesamtbewertung erfolgt eine Wertsynthese der zugrunde gelegten Beurteilungskriterien zu einem Gesamtwert. Auf Basis der ermittelten Gesamtwerte können die potenziellen Lieferanten in eine **eindeutige Rangordnung** gebracht werden, bzw. es können die Nutzwertdifferenzen der einzelnen Lieferanten zueinander und zum maximal erreichbaren Gesamtwert ermittelt werden.

Zu den Verfahren mit Gesamtwertermittlung zählen z. B. Nutzwertanalysen (vgl. *Küpper*, 2005, S. 96 f.), Prozentbewertungsverfahren (vgl. *Harting*, 1994, S. 153) sowie Kennzahlenverfahren (vgl. *Preißler*, 2000, S. 131 ff.). *Abbildung 243* enthält ein Beispiel, in dem zwei Lieferanten mit Hilfe der **Ermittlung von Kennzahlen** verglichen werden.

Die Leistungsfähigkeit jedes einzelnen Zulieferers wird in einer Gesamtkennzahl, die aus der Verdichtung der beiden Vergleichsfaktoren Qualität und Termintreue besteht, zum Ausdruck gebracht. Die Gesamtwertzahl wird ermittelt, indem die gewonnenen Wertzahlen (Terminwertzahl und Qualitätswertzahl) miteinander multipliziert werden. Anschließend werden die untersuchten Lieferanten mit Hilfe von Vergleichswerten kategorisiert. So ist im vorliegenden Beispiel Lieferant B mit einer Gesamtwertzahl von 0,74 der Kategorie 4 und Lieferant A mit einer Gesamtwertzahl von 0,82 der Kategorie 3 zuzuordnen.

Die Portfolio-Technik

Bei der Portfolio-Methode werden zur Lieferantenauswahl unternehmensinterne und -externe Einflussgrößen auf grundlegende Erfolgsdimensionen (i. d. R. zwei) reduziert. Die potenziellen Lieferanten werden im Hinblick auf diese Erfolgsdimensionen beurteilt und anschließend in der Portfolio-Matrix positioniert. Analog zur generellen Anwendung der Portfolio-Methode im Marketing werden für die einzelnen Portfolio-Felder Normstrategien entwickelt, die eine auf die jeweilige Situation abgestellte Stoßrichtung vorgeben sollen. Die Siemens AG verwendet solche Portfolio-Techniken z. B. in der „Kombinationsmatrix Einkauf (KME)", wobei mit Hilfe der Portfolio-Technik Materialgebiete und Lieferanten identifiziert werden (vgl. *Beßlich/Lumbe*, 1994b).

Die aufgezeigten Methoden werden in vielen Fällen miteinander kombiniert eingesetzt. Da die Bedingungskonstellationen bei den OEMs sehr unterschiedlich sind, kann keine allgemeingültige Aussage über das „beste" Auswahlverfahren getroffen werden. Daher kommen bei den OEMs unterschiedliche Lieferantenselektionsverfahren zur Anwendung.

> So stellt Ford bspw. auf einen branchen- und länderübergreifenden Kennzahlenvergleich (Benchmarking) seiner A-Lieferanten ab. Hierzu ist von den Lieferanten ein Fragebogen auszufüllen, der relevante Kennzahlen in den Bereichen Produktion, Fertigung, Entwicklung, Logistik, Qualität und Einkauf erfasst. Diese werden in Relation zu branchenübergreifenden „Bestwerten" gesetzt, so dass einerseits die Lieferanten einen Eindruck über ihre Leistungsfähigkeit gewinnen, andererseits

aber auch Ford einen Überblick über die Leistungsfähigkeit und Rationalisierungsreserven der Lieferanten erhält (vgl. *Wildemann*, 1994, S. 28).

General Motors hingegen geht den Weg zunächst über die Selbstanalyse der Zulieferunternehmen. Anschließend werden diese Unternehmen vor Ort hinsichtlich der betrieblichen Leistung und Leistungsbereitschaft, den Planungspraktiken und deren Dokumentation, Kostenbewusstsein, -überwachung und -reduzierung, Terminplanung und -erfüllung sowie Fähigkeiten in Produktionstechnik und F&E beurteilt. Die Zulieferer werden sofort von den ermittelten Ergebnissen unterrichtet, womit es möglich wird, gemeinsam die Stärken und Schwächen zu analysieren (vgl. *Burt*, 1990, S. 75).

Im **ersten Schritt** wird für die Qualität und die Terminerfüllung jeweils eine Wertzahl ermittelt:

$$\text{Qualitätswertzahl } W_Q = \frac{\text{Anzahl der Lieferungen mit guter Qualität}}{\text{Gesamtzahl der Lieferungen}}$$

$$\text{Terminwertzahl } W_T = \frac{\text{Anzahl der Lieferungen innerhalb der Lieferfrist}}{\text{Gesamtzahl der Lieferungen}}$$

Im **zweiten Schritt** wird eine verdichtete Wertzahl zur Bewertung der Lieferantenqualität errechnet. Sie ergibt sich aus dem Produkt von Qualitäts- und Terminwertzahl:

Gesamtwertzahl W = Qualitätswertzahl W_Q * Terminwertzahl W_T

Beispiele für die Errechnung von Wertzahlen:

Beispiel 1:	Beispiel 2:
Von Lieferant A wurden 100 Lieferungen geprüft. Davon waren: 100 mit guter Qualität 82 termingerecht geliefert	Von Lieferant B wurden 100 Lieferungen geprüft. Davon waren: 76 mit guter Qualität 98 termingerecht geliefert
Auswertung:	Auswertung:
Qualitätswertzahl W_Q: $\frac{100}{100} = 1$	Qualitätswertzahl W_Q: $\frac{76}{100} = 0{,}76$
Terminwertzahl W_T: $\frac{82}{100} = 0{,}82$	Terminwertzahl W_T: $\frac{98}{100} = 0{,}98$
Gesamtwertzahl W: 1 * 0,82 = 0,82	Gesamtwertzahl W: 0,76 * 0,98 = 0,74

Anhand der Gesamtwertzahlen werden die folgenden Lieferantenkategorien gebildet:

Lieferantenkategorie	Gesamtwertzahl W	Erläuterung	Freigabe?
1	$W \geq 0{,}95$	Lieferanten mit hervorragender Eignung	für alle Teile, auch QA- und QB-Teile
2	$0{,}85 \leq W < 0{,}95$	Lieferanten mit guter und zufriedenstellender Leistung	für alle Teile, außer QA- und QB-Teile
3	$0{,}75 \leq W < 0{,}85$	Lieferanten mit bedingt annehmbarer, zu verbessernder Leistung; Qualitätshilfe erforderlich	bedingt für alle Teile, außer QA- und QB-Teile
4	$W < 0{,}75$	Lieferanten, deren Leistung nicht mehr berücksichtigt werden kann	nicht freigegeben

Abb. 243: Lieferantenbewertungsverfahren mit Gesamtbewertung

Quelle: in Anlehnung an *Hartmann*, 1992, S. 87 ff.

Vor diesem Hintergrund muss ein potenzieller Lieferant vor Erstellung seines Angebots bestrebt sein, Informationen darüber zu gewinnen, welche Verfahren oder Verfahrenskombinationen im jeweiligen Fall eingesetzt werden, um sich entsprechend auf die individuelle Vorgehensweise seiner OEMs einzustellen. Sind mögliche Lieferanten anhand formaler Kriterien ausgewählt, so werden diese vom OEM zur Teilnahme am Konzeptwettbewerb aufgefordert.

1.2.1.2 Marketing in der Vorauswahlphase

1.2.1.2.1 Dokumentation von Leistungsmerkmalen

In der Vorauswahlphase sind grundsätzlich zwei Strategiekonzepte zu unterscheiden, die von den Zulieferern verfolgt werden können,

- die Anpassungsstrategie oder
- die Emanzipationsstrategie.

Im Wesentlichen geht es bei beiden Strategieoptionen darum, durch langfristig angelegtes Verhalten die eigenen Marktchancen bei späteren Geschäftsbeziehungen zu verbessern. Insofern beeinflusst die vom Zulieferer in der Vergangenheit verfolgte Strategie (Anpassungs- oder Emanzipationsstrategie) die Position dieses Anbieters in der Vorauswahlphase.

Im Rahmen von **Anpassungskonzepten** richtet der potenzielle Zulieferer seine Aktivitäten streng an den geäußerten Anforderungen der Nachfrager aus. Versucht wird hierdurch, glaubhaft zu belegen, dass die Fähigkeiten vorhanden sind, die Kundenwünsche möglichst genau umzusetzen. Die der Strategie zugrunde liegende Problemlösungsmentalität ist damit weitgehend *reaktiver* Art (vgl. *Freiling*, 1995, S. 179 ff.).

Bei **Emanzipationskonzepten** beabsichtigt ein potenzieller Zulieferer hingegen, auf die Definition des Kundenproblems durch Einbringung eigener Ideen *aktiv* Einfluss zu nehmen. Das Ziel von Emanzipationskonzepten liegt letztlich darin, durch den Aufbau von Gegengewichten Nachteilspositionen infolge einseitiger Abhängigkeiten auszugleichen und gegenseitige Abhängigkeiten zu schaffen.

1.2.1.2.1.1 Anpassungskonzepte

Die Anpassungsstrategie steht immer dann im Vordergrund, wenn der Nachfrager eindeutig eine Dominanzposition gegenüber dem Zulieferer innehat (vgl. *Engelhardt/Günter*, 1981, S. 193), demnach eine Machtverteilung zugunsten des OEMs besteht. Diese Position versetzt den OEM in die Lage, seine Wünsche gegenüber den Zulieferern durchzusetzen. Ziel der Anpassungsstrategie ist es damit, die klar festgelegten Anforderungen und Spezifikationen der Nachfragerseite möglichst optimal zu erfüllen und dies auch glaubhaft belegen zu können.

Bei einem reinen Anpassungskonzept versteht sich der Zulieferer im Prinzip als eine **externe Spezialabteilung**, als Problemlösungspartner der Abteilungen und Mitarbeiter seiner Kunden (vgl. *Fieten*, 1989, S. 20). Ein Vergleich verschiedener Anforderungskataloge in der Literatur zeigt, dass bei der reinen Anpassungsstrategie vor allem folgende Instrumente eine zentrale Marketing-Bedeutung haben:

- Qualitätssicherung,
- Logistikintegration,
- reaktive F&E-Kooperation,
- Preispolitik.

Qualitätssicherung

Bezüglich der Maßnahmen zur **Sicherung der Qualität** ist zwischen passiven und aktiven Maßnahmen zu unterscheiden.

Als **passive Maßnahmen** sind die Handlungen zu sehen, die sich ausschließlich auf die Identifizierung von Qualitätsmängeln konzentrieren. Es handelt sich hierbei um Prüfvorgänge, die im Produktionsprozess Abweichungen von vorab festgelegten Qualitätsnormen feststellen und somit die Auslieferung fehlerhafter Ware verhindern sollen. Als Methoden der Qualitätskontrolle unterscheidet man dabei die Vollkontrolle sowie die Stichprobenkontrolle.

Die hohen Qualitätsanforderungen, die heute seitens der Abnehmer zunehmend gestellt werden, zwingen die Zulieferer immer häufiger zum Einsatz der **Vollkontrolle**, die die Prüfung jedes einzelnen Produkts vor Auslieferung vorsieht. Die hohen Anforderungen an die Qualitätsüberwachung legen es nahe, Prüfvorgänge in verschiedenen Produktionsstufen zu integrieren.

Die Vollkontrolle ist jedoch dann nicht möglich, wenn die Qualitätsprüfung des Erzeugnisses mit dessen Zerstörung verbunden ist. In diesem Fall ist das **Stichprobenverfahren** die einzige Möglichkeit, hohe Ausschussanteile rechtzeitig festzustellen und die Auslieferung der betroffenen Serie ab einer bestimmten – vorher festgelegten – Fehlerquote in der Stichprobe zurückzustellen.

Neben einer reinen Überprüfung der Qualität der Produktion ist es Aufgabe eines **aktiven Qualitätsmanagements**, Maßnahmen durchzusetzen, die auf die Beseitigung der Fehlerquelle abzielen, um so eine Verringerung der Ausschussquoten zu erreichen und das Qualitätsniveau der Produktion zu erhöhen (vgl. *Abbildung 244*).

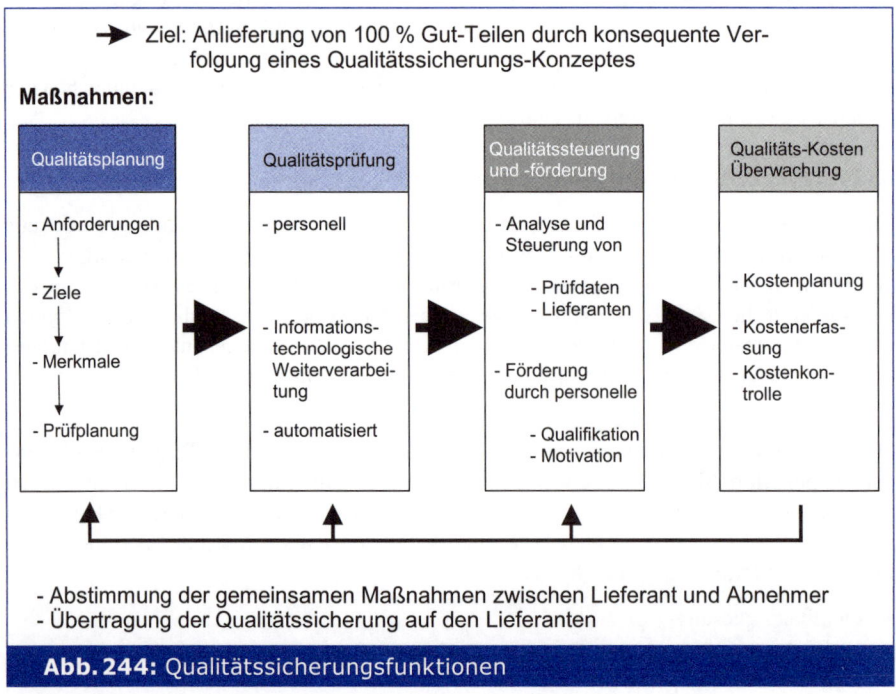

Abb. 244: Qualitätssicherungsfunktionen

Quelle: *Wildemann*, 1995, S. 115.

Die Beseitigung möglicher Fehler beginnt bei der Entwicklung der Produkte. Die entscheidenden Weichen für die Prozess- und damit auch die Produktgüte werden bereits in der Anfangsphase der **Produktentwicklung** gestellt. Die Korrektur eines Fehlers in der Prototypphase kostet lediglich einen Bruchteil der Aufwendungen, die für die Korrektur nach Aufnahme der Serienfertigung anfallen. Die Wahl der Materialien sowie die Bauweise haben deshalb im Hinblick auf die Fertigung zu erfolgen (vgl. *Pfeifer*, 2001, S. 48 ff.).

Ist das Produkt bzgl. seiner Merkmalsausprägungen, die für die Qualitätsbewertung als Sollkennzahlen zu verstehen sind, festgelegt, können Maßnahmen des aktiven Qualitätsmanagements im Bereich der **Beschaffung** darauf ausgerichtet sein, die Qualität der eingehenden Rohstoffe und Vorprodukte zu überprüfen. So kann rechtzeitig verhindert werden, dass sich ein Qualitätsfehler durch die gesamte Produktion zieht und erst nach Fertigstellung bei der Endabnahme festgestellt wird.

Im Bereich der **Fertigung** gilt es, Prozesstechnologien einzusetzen, die eine Fertigung mit geringstmöglichen Abweichungen garantieren. Die seitens des Lieferanten eingesetzten Fertigungstechnologien bieten ihm die Möglichkeit, unter dem Qualitätsaspekt KKVs gegenüber Wettbewerbern zu realisieren. Dies gilt insbesondere dann, wenn aufgrund eines langfristigen Liefervertrags neue Produktionsanlagen installiert werden müssen.

Die Auswahl des Lieferanten seitens des Herstellers wird im Rahmen der Bewertung des Qualitätsniveaus der Zulieferungen u. a. davon abhängen, ob der Zulieferer Prozesstechnologien einsetzt, die ein hohes Qualitätsniveau erwarten lassen.

Neben den hohen Qualitätssicherungsmaßnahmen des Lieferanten, die dem Abnehmer aufwendige Wareneingangskontrollen ersparen, muss das Qualitätsmanagement zwischen Lieferant und Abnehmer ganz oder in bestimmten Teilen aufeinander abgestimmt werden.

Oberstes Ziel ist es, die **Qualitätssicherung über die gesamte Wertkette** sicherzustellen (vgl. *Abbildung 245*). Auch wenn inzwischen bei OEMs und Zulieferunternehmen ein Bekenntnis für ein gemeinsames Qualitätsmanagement über die gesamte Wertschöpfungskette geäußert wird, stehen oftmals verschiedene Probleme und Hemmnisse im Wege. Hierzu zählen die Aufspaltung der Lieferbeziehungen zwischen Endfertigern, Systemlieferanten und Vorlieferanten, die Bürokratisierung der Qualitätsmanagement-Prozesse sowie Konkurrenz- und Abhängigkeitsfaktoren (vgl. *Deiß*, 1997, S. 868).

So kann es vorkommen, dass ein Vorprodukt erst in der Endmontage seine Funktionsfähigkeit verliert. Als Beispiel sei die Montage von Personal Computern angeführt. Erst bei der Endmontage können die als Vorprodukte gelieferten Bauelementegruppen durch unsachgemäße Behandlung ihre Funktionstüchtigkeit verlieren. In diesem Fall muss im Rahmen der Endkontrolle der Schaden genau diagnostiziert werden, um eine gezielte Nachbesserung durchführen zu können.

Um solche Kontrollen effizient durchführen zu können, sollten die Vorprodukte bereits im Hinblick auf ihre spätere Kontrolle beim Endproduzenten konstruiert werden und auf die dort eingesetzten Kontrollverfahren abgestimmt sein.

Darüber hinaus könnte der Lieferant so weit gehen, die Kontrolle der von ihm produzierten Bauteile auch im Rahmen der Endmontage zu übernehmen, indem er entsprechende Prüfverfahren zur Verfügung stellt und überwacht.

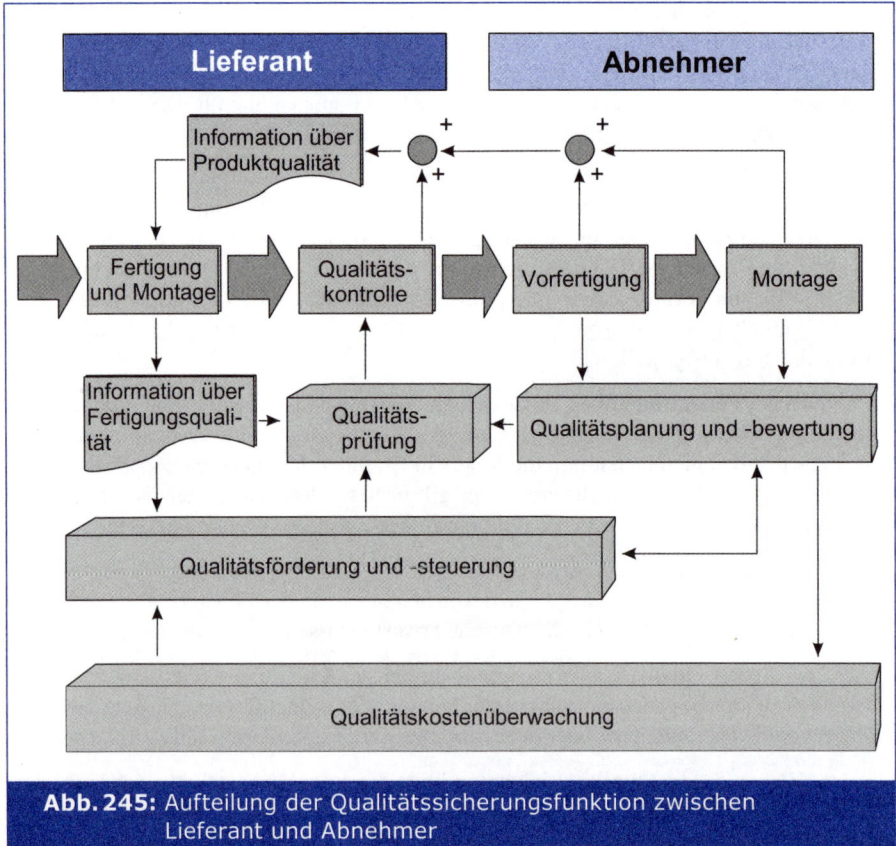

Abb. 245: Aufteilung der Qualitätssicherungsfunktion zwischen Lieferant und Abnehmer

Quelle: *Wildemann*, 1995, S. 122.

Logistikintegration

Je stärker Abnehmer die Eigenfertigung von Teilen reduzieren und die Zulieferanteile erhöhen, umso wichtiger wird die Sicherung des Lieferservices für die effiziente und reibungslose Leistungserstellung.

Der gebotene **Lieferservice** beinhaltet, dass das richtige Gut (nach Art und Menge) zur richtigen Zeit im richtigen Zustand am richtigen Ort bereitgestellt wird (vgl. *Pfohl*, 2004, S. 12). Dabei erwarten die Abnehmer häufig, dass die Produkte **Just-In-Time (JIT)**, d. h. produktionssynchron, angeliefert werden. Auf diese Weise werden unnötige Kosten der Lagerhaltung vermieden. *Abbildung 246* zeigt jedoch, dass sich nicht alle bezogenen Komponenten für eine produktionssynchrone Beschaffung eignen.

In Abhängigkeit von der **Wertigkeit der Produkte** (A-, B-, C-Güter), der **Vorhersagegenauigkeit des zu erwartenden Bedarfs** und des **Verbrauchs** kristallisieren sich die blau unterlegten Komponenten als besonders JIT-geeignet heraus.

Je nachdem, ob die Bereitstellung mit oder ohne Vorratshaltung erfolgt, lassen sich die in *Abbildung 247* gezeigten Maßnahmenkombinationen als alternative Konzepte für die Logistikintegration unterscheiden (vgl. auch *Stark*, 1988, S. 19).

Vorhersagegenauig-keit des Bedarfs	Verbrauch	Wertigkeit des Produkts		
		A (hoch)	B (mittel)	C (niedrig)
hoch	stetig	■	■	■
mittel	halb-stetig	■	■	
niedrig	stochastisch			

■ besonders geeignet für JIT-Logistikkonzepte

Abb. 246: Bestimmungsraster zur Beurteilung JIT-geeigneter Komponenten

Quelle: in Anlehnung an *Wildemann*, 1995, S. 30.

Lieferant \ Abnehmer	mit Vorratshaltung	ohne Vorratshaltung
mit Vorratshaltung	A	B
ohne Vorratshaltung	C	D

Abb. 247: Logistik-Integrationsalternativen

– Fall A: Konzept der doppelten Lagerhaltung

Doppelte Lagerhaltung können sich Lieferant und Abnehmer nur bei C-Gütern leisten oder bei mangelnder Vorhersehbarkeit künftiger Bedarfsentwicklungen. Nur in diesem Fall sollte von beiden Seiten eine Strategie „einfacher Lagerhaltung" – ggf. mit Kostenbeteiligung des Partners – angestrebt werden (vgl. *Pampel*, 1993, S. 132; *Stark*, 1988, S. 19).

– Fall B: Konzept der anbieterbezogenen Sicherheitsreserve

Dieser Fall kommt insbesondere dann zum Tragen, wenn der Verbrauch für den Zulieferanten schwer prognostizierbar ist und der Abnehmer aus einer Machtdominanz heraus eine eigene Lagerhaltung ablehnt, so dass der Zulieferant zu dieser besonderen Serviceleistung gezwungen wird.

– Fall C: Konzept der bestandsgesteuerten Lieferung

Beim Konzept der bestandsgesteuerten Lieferung bedient der Zulieferer den OEM analog der Bestandsentwicklungen in dessen Bezugsteilelager. Je mehr diese Bestandsentwicklungen durch eine entsprechende informations- und kommunikationstechnische Vernetzung zwischen Abnehmer und Lieferant prognostizierbar werden, desto mehr kann der Lieferant seine Produktion darauf ausrichten und seinerseits die Lagerhaltung reduzieren (vgl. *Stark*, 1988, S. 19).

– **Fall D: Konzept der zweiseitigen JIT-Lieferung**

Ein Verzicht auf Lagerhaltung durch eine produktionssynchrone Bereitstellung der benötigten Zulieferteile wird mit Hilfe der JIT-Konzeption angestrebt. Die JIT-Logistik stellt nicht nur eine Neuorientierung der Logistik-Philosophie dar, sondern verlangt darüber hinaus eine Änderung der abzustimmenden Fertigungsphilosophie beim Abnehmer und beim Zulieferer. Sowohl auf der Seite der Abnehmer als auch auf der Seite der Zulieferer erfordert die JIT-Arbeitsweise die Entwicklung neuer Konzepte mit einer weitgehenden Integration und Synchronisation des Material- und Informationsflusses (vgl. *Fieten et al.*, 1997, S. 161). Es bedarf daher einer engen partnerschaftlichen Zusammenarbeit zwischen Abnehmern und ausgewählten Zulieferern, wodurch neue Kooperationsformen entstehen können.

Einen spezifischen Teilbereich elektronischen Beschaffungsmanagements, des sog. E-Procurement, stellt dabei das **Supply-Chain-Management** (SCM) dar. Dabei handelt es sich im allgemeinen um die Integration von Lieferanten in die unternehmenseigene beschaffungsbezogene Wertschöpfungskette zum Zwecke der Reduktion der Produktkosten im E-Procurement (vgl. *Arndt*, 2005). Durch die integrierte und IT-gestützte Planung und Steuerung von Material- und Informationsflüssen entlang der Wertschöpfungskette kann eine Flexibilisierung der Produktion sowie eine Beschleunigung des Entwicklungsprozesses erreicht werden. Ein effektives Management muss alle Prozesse der Wertschöpfungskette vom Einkauf über die Produktion bis hin zur Distribution und zum Kundenservice verbinden.

Reaktive F&E-Kooperation

Unternehmen, die auf ihren Absatzmärkten Produktinnovationsstrategien verfolgen (müssen), sind bei abnehmender Fertigungstiefe gezwungen sicherzustellen, dass auch im Netz ihrer Zulieferanten entsprechende Innovationen realisiert werden. Dies macht eine enge **Kooperation im F&E-Bereich** auf vertikaler Basis und eine klare Ausrichtung der F&E-Aktivitäten der Zulieferanten an den absatzpolitischen Maßnahmen der Kunden erforderlich. Wie eine solche Entwicklungskooperation aussehen kann, die sich dann in einer Leistungskooperation fortsetzt, zeigt *Abbildung 248*.

Es wird deutlich, dass entsprechende Zulieferanten schon in relativ frühen Innovationsphasen des Kunden in den Entwicklungsprozess einbezogen werden. Nach Auskunft von Praktikern entwickelt sich das Höchstmaß an Kooperationsintensität dann in der sog. Musterphase. Die Intensität der F&E-Interaktion wird z. B. daran deutlich, dass sich die Techniker von Zulieferfirmen häufig am Standort des Nachfragers aufhalten. Solche sog. „resident engineers" (Ingenieure des Zulieferers) arbeiten beim OEM im Team mit den dortigen Kollegen (vgl. *Dyer*, 1996, S. 42 ff.).

> In der Luftfahrtindustrie ist regelmäßig eine mehrstufige Kundenintegration zwischen Hersteller sowie den Endkunden, System- und Komponentenlieferanten vorzufinden. So entwickelten Boeing-Ingenieure das Langstreckenflugzeug vom Typ 777 in Kooperation sowohl mit den größten Endkunden als auch den Hauptzulieferern. Erwartungen und Anforderungen der Luftfahrtgesellschaften beeinflussen somit nicht nur die Prozesse des Herstellers, sondern auch die der first- und second-tier Lieferanten. Die Zusammenarbeit zwischen Hersteller und Zulieferer erstreckt sich dabei von der Bereitstellung und Abstimmung von Zeichnungen und Produktionsvorschriften bis hin zur Bereitstellung von entsprechenden Rohmaterialien. (vgl. *Trommen*, 2002, S. 27 f.).

F&E-Kooperationen bei Komponenten sind trotz der deutlichen Vorteile, die vor allem im Bereich der Zeit- und Kostenersparnisse liegen, nicht unproblematisch. Die größte **Gefahr** besteht darin, dass ein Unternehmen die durch die Kooperation in Erfahrung gebrachten Informationen über zukünftige und augenblickliche Technologien, Strategien und Produkte

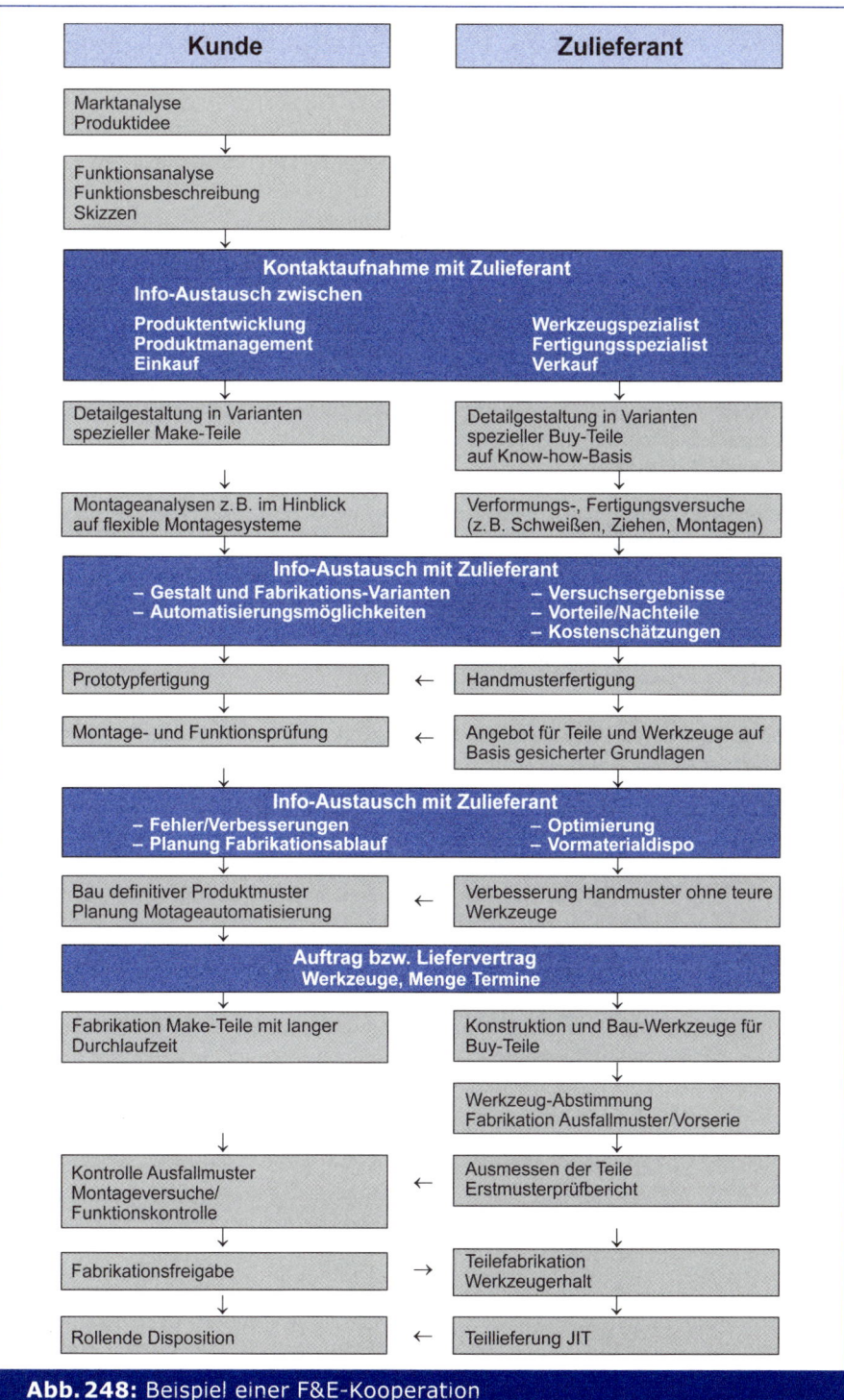

Abb. 248: Beispiel einer F&E-Kooperation

Quelle: *Stark,* 1988, S. 18.

an Konkurrenten des Partnerunternehmens weitergibt (vgl. *Parkinson*, 1985). In der Praxis wird diese Gefahr allerdings offenbar nicht sehr hoch eingeschätzt. Würden z. B. Zulieferer des Flugzeugherstellers Boeing vertrauliche Informationen an den Konkurrenten Airbus weitergeben, würde dies unmittelbar zum Abbruch der Geschäftsbeziehungen führen. Aber selbst in dem Falle, dass ein Elektrozulieferer, der zum Konzern eines konkurrierenden Luftfahrtunternehmens gehört, mit Boeing zusammen ein Elektroniksystem entwickelt, ist aus Selbsterhaltungsgründen der Abfluss spezifischen Kunden-Know-hows zu unterbinden. Es ist davon auszugehen, dass im umgekehrten Fall mögliche Indiskretionen innerhalb einer Branche recht bald entdeckt werden und umgehend zu einer Abkopplung vom allgemeinen Informationsfluss führen würde.

Preispolitik

Bei der Gestaltung der Preispolitik für Zulieferteile ist der Anbieter einem intensiver werdenden internationalen (Preis-)Wettbewerb ausgesetzt, der durch die Strategien des Multiple Sourcings von OEMs verstärkt wird. In dieser Situation kann der Zulieferer drei **konzeptionelle Richtungen** verfolgen.

(1) Er kann versuchen, seine Kostenstruktur dem herrschenden Preisniveau anzupassen (**passive Preispolitik**);
(2) das Preisniveau selbst zu beeinflussen (**aktive Preispolitik**) oder
(3) er kann eine **Kombination** aus passiver und aktiver Preispolitik wählen.

Passive Preispolitik bzw. Kostenstrukturmaßnahmen

Passive Preispolitik – die Anpassung der Kostenstruktur an das bestehende Preisniveau – setzt eine Kostenanalyse aller Aktivitäten in der Kette des Leistungserstellungsprozesses (**Wertkette**) voraus. Sie ist eine kostenbezogene **Ressourcenanalyse**, die auf konkurrenzbezogenen Kostenunterschieden basiert und auf die Analyse der **kostentreibenden Faktoren** gerichtet ist.

Abbildung 249 zeigt die Kostenstrukturen zweier Konkurrenten im Vergleich. Es wird deutlich, dass die geschätzten Stückkosten von A 24 % niedriger als die der eigenen Unternehmung sind und dass die wesentlichen Unterschiede in den blau unterlegten Bereichen liegen.

Aus dieser Analyse erhält der Zulieferer – sofern er Anhaltspunkte über die Kostenstruktur der Konkurrenten hat – konkrete Hinweise, an welchen Stellen er Aktionen ergreifen muss, um seine Kostenstruktur optimal auf die Wettbewerbssituation auszurichten. Durch den direkten Konkurrenzvergleich wird damit auch die unmittelbare Auswirkung auf die relative Veränderung der Wettbewerbssituation deutlich.

Das Kostensenkungsprogramm kann verschiedene Maßnahmen umfassen, die allein oder ergänzend eingesetzt werden können:

(1) Fertigungsrationalisierung

Bedingt durch den Einsatz veränderter Fertigungstechnologien und abgestimmter Logistikkonzepte kann der Zulieferer versuchen, die gegebene Kostenstruktur zu verbessern. Dieser Maßnahmenkatalog hat offenbar zu deutlichen Erfolgen bei einigen deutschen Zulieferern geführt: „Viele [...] trimmen die heimatliche Fertigung auf einen neuen Höchststand an Automatisierung und Flexibilisierung. Beispiel Bosch-Kleinmotoren: Die Produktion der unentbehrlichen Kraftzwerge für Scheibenwischer, Fensterheber oder Sitzverstellung ist

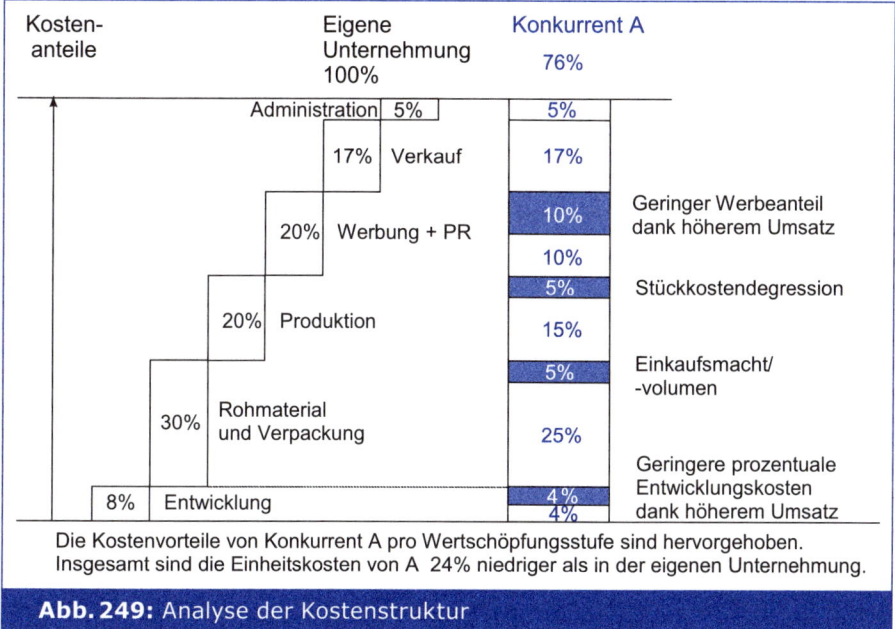

Abb. 249: Analyse der Kostenstruktur

derart effizient geworden, dass kein Billigangebot aus Fernost mithalten kann" (*Linden/ Rüßmann*, 1988, S. 96).

(2) Standortverlagerung

Im Rahmen des Global Sourcings haben ausländische Anbieter häufig Kostenvorteile aufgrund des niedrigeren Preis- bzw. Lohnniveaus im Ausland (z. B. Korea). Um diese Vorteile auch für heimische Anbieter zu nutzen, hat eine Reihe deutscher Zulieferer Produktionsstätten im Ausland gegründet, um die Kostensituation bei inländischen Angeboten zu verbessern (vgl. *Günter/Kuhl*, 2000, S. 437).

(3) Verringerung der Fertigungstiefe

Auch Zulieferer können, wie die Abnehmer von Komponenten, ihre Fertigungstiefe verringern (vgl. *Dichtl*, 1989, S. 87 ff.), um die Wettbewerbsfähigkeit auf ihren Märkten zu erhöhen. So wird der in *Abbildung 238* beschriebene Trend, wonach der Wertschöpfungsanteil der Zulieferer in der Automobilindustrie in den kommenden Jahren nochmals ansteigen wird, auch dazu führen, dass sich die Automobilzuliefererindustrie hierarchischer aufstellen wird. Dies wird schon allein deshalb notwendig sein, da die sog. „tier 1"-Zulieferer gezwungen sein werden, sich auf die veränderten Kernkompetenzen zu konzentrieren und bislang noch selbst gefertigte Zulieferleistungen, die allerdings nicht zu diesen Kernkompetenzen gehören, von „tier 2"-Zulieferern zu beziehen. Da für diese allerdings der gleiche Effekt gilt – sie beziehen folglich mehr und mehr Leistungen von „tier 3"-Zulieferern – wird es zu einer Hierarchisierung bzw. einer steileren Zuliefererpyramide in der Branche kommen.

(4) Horizontale Kooperation

Um eine Gegenmachtposition zu ihren Abnehmern aufzubauen, Mengeneffekte zu erzielen und die jeweiligen Stärken und Schwächen im Hinblick auf die Kostensituation optimal zu kombinieren, können Zulieferer auch versuchen, Märkte in Kooperation mit Wettbewerbern zu bearbeiten. Diese **Zuliefernetzwerke** können unterschiedlich ausgestaltet sein und mehrere Zielsetzungen verfolgen (vgl. *Bartelt*, 2002, S. 20 ff.; zu den Wettbewerbsvorteilen von Zuliefernetzwerken ausführlich *Jap*, 2001, S. 29 ff., zu den Risiken von Zuliefernetzwerken *Bernecker/Präuer*, 2006, S. 27 ff.).

So sind bspw. horizontale Kooperationen zwischen Zulieferern im **F&E-Bereich** eine Möglichkeit, Entwicklungszeiten und -kosten zu optimieren, Entwicklungsrisiken zu senken und gleichzeitig die unternehmerische Selbständigkeit zu wahren. Dabei kann die Kooperation im F&E-Bereich vom kooperativen Erfahrungsaustausch über die Vergabe von Lizenzen bis hin zur Durchführung gemeinsamer F&E-Projekte reichen (vgl. *Fieten et al.*, 1997, S. 276 f.).

Der Zusammenschluss von mehreren Zulieferern zu einer **Einkaufskooperation** stellt eine weitere Möglichkeit dar, Kostenvorteile durch günstigere Preise und Konditionen sowie durch Aufteilung der Logistikaufwendungen zu erzielen (vgl. *Günter/Kuhl*, 2000, S. 380 f.). Aufgrund der zunehmenden Verbreitung von IuK-Technologien ist im Zulieferbereich ein starker Trend zur Bildung von Einkaufsplattformen festzustellen. Im Rahmen dieser beschaffungsorientierten elektronischen Marktlösungen sind unternehmensspezifische wie auch kooperative Einkäuferplattformen nebeneinander zu beobachten.

Bei den kooperativen Einkäuferplattformen schließen sich auf der Beschaffungsseite mehrere Wettbewerber zusammen, um den Marktplatz zu initiieren, und gemeinschaftlich zu betreiben. Dabei übernimmt i. d. R. einer der Wettbewerber die Federführung. Ein bekanntes Beispiel für eine kooperative Einkäuferplattform stellt Elemica aus dem Bereich der Chemieindustrie dar. In der *Abbildung 250* sind die wichtigsten Eigenschaften kurz charakterisiert:

www.elemica.com

Elemica wurde von 22 der global führenden Chemieunternehmen gegründet, um erstklassige Supply-Chain-Anwendungen und -Dienstleistungen bereitzustellen, die erhebliche Kostensenkungen ermöglichen.

Durch das Angebot optimaler Konnektivität zwischen allen Handelspartnern im Netzwerk wird ein Mechanismus zum Sortieren, Weiterleiten und Übertragen von Daten zur Verfügung gestellt. Auf diese Weise wird sichergestellt, dass den Benutzern auf beiden Seiten die benötigten Informationen in einem für ihr spezifisches System geeigneten Format vorliegen.
Das Angebot von Elemica umfasst derzeit eine direkt mit den ERP-Systemen der Mitgliedsunternehmen verbundene Auftragsabwicklung sowie die Optimierung transaktionsbezogener Prozesse zur Reduzierung von Eingaberedundanzen, Fehlern sowie Zyklus- und Arbeitszeiten.
Elemica bietet Käufern von Chemikalien ein integriertes Netzwerk für die Zusammenarbeit mit vorhandenen Lieferanten und die Realisierung von Einsparpotenzial. Möglich ist dies durch:
– Eine einzige Verbindung zu den wichtigsten Chemielieferanten
– Ein standardisiertes Netzwerk
– Eine sichere, effiziente und kostengünstige Transaktionsmöglichkeit für Abrufaufträge im Rahmen laufender Verträge über Chemikalienlieferungen
– Optimierung von Vertragsverhandlungen und Genehmigungen
– ERP-Integration zur globalen Reduzierung von Beständen zwischen den Handelspartnern
– Austausch von Informationen zur Nachfrage- und Produktionsplanung mit den Lieferanten
– Transportoptimierung durch die Integration von Spediteuren

Abb. 250: Kooperative Einkaufsplattform *www.elemica.com*

Quelle: *Elemica*, 2005.

Solche Kooperationen zeigen, dass Kostenstrukturmaßnahmen, die zunächst als passiv orientierte preispolitische Maßnahmen ausgelegt sind, in manchen Fällen die Basis für eine aktive Preispolitik liefern. Dies gilt immer dann, wenn Umstrukturierungen die Kosten so drastisch senken, dass Spielraum für eine aktive Preispolitik eröffnet wird.

Aktive Preispolitik

Bei der aktiven Preispolitik versucht der Anbieter, ausgehend von bestimmten Absatzmengenzielen seine Preispolitik so zu gestalten, dass das herrschende Preisniveau unterschritten wird. Diese preispolitische Vorgehensweise kann mit der bereits für Commodity-Märkte vorgestellten Methode der **Zielpreisfindung** oder **Target-Pricing** umgesetzt werden (vgl. *Simon/Dolan*, 1997, S. 78 f.).

Zur Ermittlung der Preise wird häufig die Anwendung des **„Target-Costing"**-Prinzips (vgl. *Fieten*, 1994b, S. 23 f.; *Seidenschwarz*, 2003; *Seidenschwarz/Niemand*, 1994, S. 263 f.; *Specht et al.*, 2002, S. 176 ff.) vorgenommen. Dieses Prinzip beinhaltet zunächst eine Analyse der Zahlungsbereitschaft der Kunden der OEMs. Zur „Übersetzung" der Kundenanforderungen in technische Spezifikationen für die einzelnen Produktkomponenten wird hierbei oftmals auch das Verfahren des Quality Function Deployments eingesetzt (vgl. *Flik et al.*, 1998, S. 297 ff.).

Aufbauend auf diesen Ergebnissen legt der Hersteller seine Wettbewerbsposition und das Absatzpotenzial zugrunde, um festzustellen, bei welchem Preis welche Stückzahlen abgesetzt werden können. Als nächstes legt der OEM den Preis für sein Fahrzeug fest. Aus dieser Entscheidung resultiert dann auch der Preis der Zulieferprodukte. Der festgelegte Zielpreis für die Zulieferprodukte muss vom Zulieferer schließlich dauerhaft gewährleistet werden (vgl. *Sei*, 1992, S. 459) und wird entsprechend vertraglich festgehalten. Der Zulieferer ermittelt daraufhin die Kostensituation seines Zulieferprodukts, um sich dann mit dem OEM auf ein Kostenverbesserungsprogramm zu einigen, das auf die gesamte erwartete Lebensdauer des Zulieferprodukts angelegt ist und das ein gesetztes Kostenziel erreicht (vgl. *Asanuma*, 1989, S. 19). Auch die Aufteilung des während des Serienlaufs durch Produktivitätssteigerungen erzielbaren Gewinns wird bereits vor Vertragsschließung unter den beteiligten Parteien geregelt. Mit Hilfe des Target-Costings legt der OEM somit die Preisobergrenze für das zu entwickelnde Zulieferprodukt fest.

Schließlich kann der Zulieferer dem Nachfrager Supply Chain Pricing anbieten. Beim **Supply Chain Pricing** (vgl. *Voeth/Herbst*, 2006b; vgl. auch Teil 3 Kap. B. II. 1.2.1.2.2.1) verzichtet der Anbieter zunächst auf Gewinnerzielung und übermittelt stattdessen dem Nachfrager die bei ihm entstehenden Kosten. Durch die Kenntnis der „wahren" Kosten für das Zulieferteil kann der Nachfrager eine optimierte Preissetzung gegenüber seinen Kunden durchführen. Anschließend müssen sich Anbieter und Nachfrager über eine angemessene Verteilung der bei diesem Vorgehen „gemeinsam" erzielten Gewinne einigen. Die gerechte Verteilung der Kooperationsergebnisse kann nicht nur durch einen entsprechenden, angemessenen Lieferpreis, sondern auch durch Kompensationsmöglichkeiten und Supportleistungen wie z. B. Kredite, Qualitätsschulungen, Personalbereitstellungen, Werkzeugbereitstellungen oder Unterstützung bei der Anlagenfinanzierung durch den Abnehmer geregelt werden (vgl. *Blumenröther*, 1993, S. 46).

Problematisch am Supply Chain Pricing ist allerdings aus Nachfragersicht, dass er nicht sicher sein kann, dass die ihm vom Anbieter im Rahmen des Open Book-Verfahrens übermittelten Kosteninformationen verlässlich sind. So könnte etwa der Anbieter versuchen, zusätzliche Gewinne durch überhöht angesetzte Kosten zu erzielen. Hingegen ist Supply Chain Pricing für den Anbieter risikoreich, da der Nachfrager seine Machtposition dazu nutzen könnte, um seinen Gewinnanteil zulasten des Anbieters zu vergrößern.

Tatsächlich finden sich in Praxis allerdings sehr wohl erfolgreiche Beispiele für das Supply Chain Pricing-Konzept im Zuliefergeschäft. Beispielsweise konnte Harley Davidson dieses Konzept Ende der 1990er Jahre erfolgreich nutzen, um die eigene Marktsituation, aber auch die Erfolgssituation seiner Zulieferer zu verbessern (vgl. *Kobe*, 2002).

1.2.1.2.1.2 Emanzipationskonzepte

Im Gegensatz zum reinen Anpassungskonzept versuchen Zulieferer im Rahmen von Emanzipationskonzepten, ihre Marktchancen für zukünftige Geschäftsbeziehungen und damit letztlich innerhalb der Vorauswahlphase dadurch zu verbessern, dass sie eigenständig Marktangebote entwickeln, anstatt jeweils nur passiv auf Nachfragerwünsche zu reagieren. Solche aktiven Marketing-Bemühungen können in zweierlei Richtung verfolgt werden:

(1) Zulieferer können versuchen, durch die Entwicklung neuer Produktideen unabhängig zu werden und einen Innovationsprozess beim Abnehmer zu initiieren **(Innovationskonzepte)**.
(2) Zulieferer können versuchen, auf den Absatzmärkten ihrer Nachfrager Präferenzen für die eigenen Komponenten zu erzeugen, um so ihre Direktabnehmer zu einem veränderten Verhalten zu veranlassen **(Mehrstufiges Marketing)** und ihre Chancen innerhalb der Vorauswahlphase zukünftiger Geschäftsbeziehungen zu vergrößern.

Innovationskonzept

Ziel eines Innovationskonzepts ist es, durch Neuentwicklung von Produkten dem Abnehmer (OEM) einen komparativen Konkurrenzvorteil auf dessen Absatzmarkt zu sichern. Damit stellt der Innovationsansatz eine Möglichkeit dar, der Machtstellung des OEMs aktiv gegenüberzutreten und so zu einem Machtausgleich zu gelangen. Kern dieser Politik ist die konsequente Weiterentwicklung oder Neugestaltung bestehender Leistungsangebote.

Bei der Vermarktung von Zulieferteilen ergeben sich jedoch besondere Schwierigkeiten aus der Tatsache, dass durch den Einbau neu entwickelter Komponenten/Module eine Veränderung des Gesamtaggregats notwendig werden kann, so dass gegenüber der Verwendung neuer Komponenten/Module in einem solchen Fall erhebliche Vorbehalte bestehen können.

In Anbetracht der hohen Aufwendungen für konstruktive Änderungen beim Endprodukt werden innovative Zulieferteile vornehmlich dann zum Einsatz kommen, wenn auch für das Endprodukt, in welches sie eingehen sollen, gravierende konstruktive Änderungen geplant sind. Dieser Zeitpunkt wird als strategisches Einstiegsfenster für den Zulieferer bezeichnet (vgl. *Gygax*, 1988, S. 23). Die Ermittlung dieses Zeitpunktes stellt eine zentrale Erfolgsvoraussetzung für den Zulieferer dar.

Da eine Entscheidung für die Serienentwicklung eines neuen Produktes erst getroffen wird, wenn die Funktionstüchtigkeit und ausreichende Verfügbarkeit aller in das neue Produkt eingehenden Komponenten/Module sichergestellt ist, muss für innovative Komponenten/Module die Funktionstüchtigkeit und Verfügbarkeit bewiesen werden. Das bedeutet, dass die Entwicklung zur Serienreife des Zulieferproduktes abgeschlossen sein muss, bevor die Serienentwicklung des Endprodukts beim OEM beginnen kann. In Abhängigkeit vom Komplexitätsgrad des Zulieferteils und dem Endprodukt führt dieses sequentielle Vorgehen zu einem entsprechend langen Gesamtzeitraum von der Ideengewinnung für die Komponente bis zur Markteinführung des Endprodukts. Erst danach kann die Komponente in Großserie gefertigt werden.

Die Innovationsstrategie bei Komponenten/Modulen ist durch das **„Management langer Vorlaufzeiten"** gekennzeichnet. Die Vorfinanzierung der F&E-Aufwendungen über einen langen Zeitraum schränkt dieses Konzept deshalb häufig auf finanzkräftige Zulieferanten ein.

Hat ein Abnehmer jedoch bereits positive Erfahrungen mit der Innovationsfähigkeit eines Zulieferers gesammelt, begünstigt dies die weitere Zusammenarbeit in neuen Entwicklungsprojekten. Aus diesem Grunde versuchen Zulieferer bspw., auf ihre Innovationskompetenz kommunikationspolitisch aufmerksam zu machen. *Abbildung 251* zeigt eine entsprechende Werbeanzeige des Automobilzulieferers Bosch, mit der das Unternehmen Entscheidungsträger in (aktuellen und potenziellen) Kundenunternehmen auf Innovationen von Bosch aufmerksam macht.

Abb. 251: Kleinanzeigen für Bosch-Zulieferprodukte in Tageszeitungen

Quelle: *Chur/Riesner,* 2004, S. 1159.

Der Zulieferer kann das in „vergangenen Geschäftsbeziehungen" aufgebaute Vertrauenspotenzial in seine Innovationskraft dazu nutzen, nicht erst nach abgeschlossener Produktentwicklung, sondern bereits im Vorfeld der Produktentwicklung des Abnehmers involviert zu werden. Diese Absicht kann zusätzlich durch sog. Toolkits unterstützt werden. Bei **Toolkits** handelt es sich um „Werkzeugkästen", in denen der Zulieferer seine lösungsbezogene Kompetenz bündelt und in für Kunden nutzbaren Innovationswerkzeugen zusammenfasst (vgl. hierzu auch Teil 3 Kap. B. II. 1.1.1.2.2). Ziel ist es dabei, dass Kunden selber zu Innovatoren werden, indem sie durch Nutzung solcher (herstellerseitig zur Verfügung gestellter) Toolkits selber zum Konfigurator von Neuprodukten werden, die dann anschließend vom Hersteller für die Kunden gefertigt werden (vgl. *Franke,* 2003, S. 365). Durch Toolkits kann es dem Zulieferer dabei nicht nur gelingen, sich sehr frühzeitig in die Innovationsprozesse des Kunden von Kunden zu integrieren und bedürfnisbezogene Informationen vom Kunden zu erhalten. Darüber hinaus stellen Toolkits auch eine (effiziente) Möglichkeit dar, die Vorauswahlphase mit der sich anschließenden Konzeptauswahl bzw. der eigentlichen Auswahlphase zu verknüpfen. Das Beispiel der International Flavors & Fraggrances Inc. (vgl. hierzu auch *Thomke/von Hippel*, 2002) zeigt bspw., wie Effizienzgewinne für den Kunden durch Nutzung von Toolkits möglich werden, wenn es anschließend zu einer unmittelbaren Beauftragung des entsprechenden Zulieferers kommt.

> Die International Flavors and Fragrances Inc. ist im Markt für industrielle Dufterzeugung tätig. Das Unternehmen entwickelt und produziert für industrielle Kunden, z. B. aus dem Bereich der Lebensmittelindustrie, Duftstoffe, die diese in ihren Produkten zur Aromatisierung nutzen. Durch das Angebot von Toolkits ist es der International Flavors and Fragrances Inc. gelungen, Kunden in den Innovationsprozess einzubinden und den Kunden zugleich ein Motiv zur anschließenden Beauftragung zu geben: Wie *Abbildung 252* an einem Beispiel deutlich macht, kann der Kunde durch Nutzung des Toolkits selber nach der gewünschten Duft-Lösung suchen. Hat er diese identifiziert, so übersendet der Kunde diese an die International Flavors and Fragrances Inc., die einen Vorschlag für die produktionstechnische Umsetzung entwickelt und dem Kunden eine Probe zugänglich macht. Nach einer Korrekturschleife kann der Kunde den gewünschten Duft umgehend in Auftrag geben.

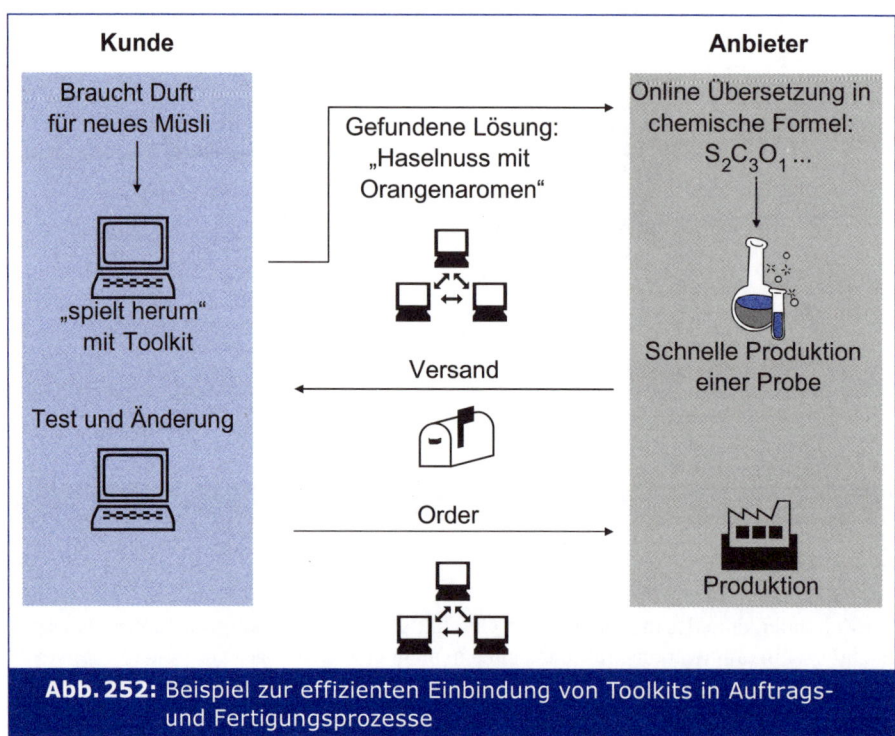

Abb. 252: Beispiel zur effizienten Einbindung von Toolkits in Auftrags- und Fertigungsprozesse

Mehrstufiges Marketing

Als mehrstufiges Marketing wird die Gesamtheit aller absatzpolitischen Maßnahmen verstanden, die auch auf eine (mehrere) gegenüber den unmittelbaren Abnehmern nachfolgende Marktstufe(n) gerichtet sind. Dem mehrstufigen Marketing liegen dabei ähnliche Basisüberlegungen wie beim **Supply Chain Management** zugrunde: Im Gegensatz zur Push-Strategie, die sich ausschließlich an die unmittelbar nächste Absatzstufe richtet, wird beim mehrstufigen Marketing versucht, Nachfrage für die Komponenten/Module auch auf nachgelagerten Produktionsstufen zu erzeugen. Durch den hierdurch entstehenden Nachfragesog soll der Absatz des Produkts an den unmittelbaren Abnehmer gefördert werden (**Pull-Effekt**). Die verschiedenen Vorgehensweisen beim Push- und Pull-System zeigt *Abbildung 253*.

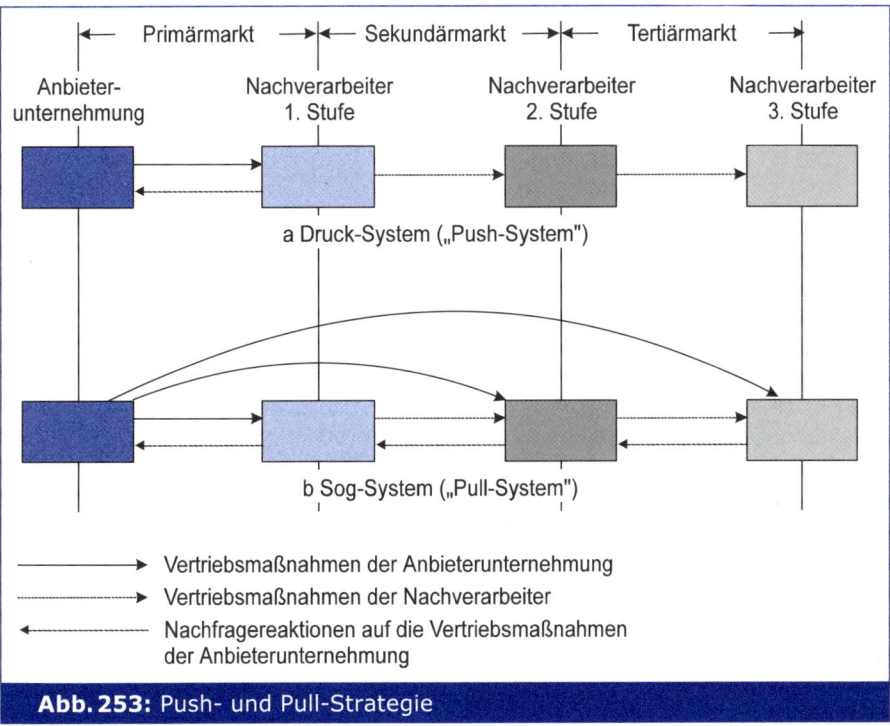

Abb. 253: Push- und Pull-Strategie

Da das mehrstufige Marketing immer eine **Ergänzung** zur einstufigen Marktbearbeitung darstellt, die sich direkt an den Nachfrager auf dem Primärmarkt wendet, ist der Zielkompatibilität beider Vorgehensweisen besondere Aufmerksamkeit zu widmen. Dabei kann das mehrstufige Marketing

- im Prinzip an jeder Stufe ansetzen, die nicht direkt dem Anbieter nachgelagert ist, oder
- ausschließlich beim Endnachfrager ansetzen.

Das mehrstufige Marketing dient primär dem **Ziel**, die Unabhängigkeit des Zulieferers in der Produktions- und Distributionskette sicherzustellen. Dies ist vor allem auf Märkten, die durch eine starke Nachfragemacht gekennzeichnet sind, wie z. B. im Markt der Automobilzulieferer, eine unumgängliche Voraussetzung, um mittel- und langfristig am Markt mit eigenständigen Marketing-Strategien erfolgreich sein zu können. Allerdings kommt diesem Instrument auch auf solchen Märkten eine entscheidende Bedeutung zu, auf denen eine sehr starke Konkurrenz auf der den Zulieferern unmittelbar nachfolgenden Marktstufe besteht. Beispielsweise gewinnen in der chemischen Industrie aufgrund einer erhöhten Komplexität und zunehmenden Konkurrenz bei den „Primär"-Herstellern vertikale Marketing-Strategien – mit einem Schwerpunkt auf der Markierung – für Zulieferer zunehmend an Bedeutung (vgl. *Baumgarth*, 1998a, S. 1).

Durch die Schaffung von Präferenzen auf nachgelagerten Produktionsstufen bzw. beim Endabnehmer soll eine Situation geschaffen werden, die die Substituierbarkeit der eigenen Produkte vermindert, wodurch die eigene Position in der Vorauswahlphase mit dem Direktabnehmer gestärkt wird. Gleichzeitig ist es auf diese Art möglich, sich einen komparativen Konkurrenzvorteil gegenüber Mitanbietern zu erarbeiten, der sich auch positiv auf das direkte Zulieferer-Abnehmer-Verhältnis auswirkt.

Bei bestimmten Produkten, die einem Verschleiß unterliegen, können darüber hinaus **Synergien** mit dem **Ersatzteilgeschäft** genutzt werden. Gelingt es dem Anbieter, aufgrund eines bestehenden Nachfragesogs als Erstausrüster berücksichtigt zu werden, so steigert dieses gleichzeitig beträchtlich die Chancen für das Ersatzteilgeschäft. Bei Neuprodukteinführungen kann das mehrstufige Marketing dazu genutzt werden, zunächst Marktwiderstände auf nachgelagerten Marktstufen zu überwinden, um daran anschließend den OEM leichter von der Vorteilhaftigkeit der Produktneuentwicklung überzeugen zu können.

Ein weiteres wichtiges Ziel, das mit dem Einsatz des mehrstufigen Marketings verknüpft werden kann, ist die **verbesserte Informationsgewinnung** für den Zulieferer. Dies gilt insbesondere dann, wenn sich die Marketing-Maßnahmen direkt an den Endabnehmer des jeweiligen Produkts wenden. Durch die unmittelbare Kenntnis der Bedürfnisse nachgelagerter Marktstufen können sich Ansatzpunkte für Neuentwicklungen bzw. Verbesserungen der angebotenen Komponenten ergeben (vgl. Innovationskonzepte).

Mehrstufige Marketing-Strategien können allerdings nicht für alle Produkte verfolgt werden. Es müssen in Bezug auf das Produkt vielmehr zumindest die beiden folgenden **Bedingungen** erfüllt sein:

- Die Komponente muss eine **wesentliche Bedeutung** für die Qualität bzw. das Qualitätsimage des Gesamtproduktes haben, oder es muss zumindest möglich sein, der Komponente eine wesentliche Bedeutung durch das mehrstufige Marketing zu vermitteln.
- Die Komponente muss für den Abnehmer auf der nachgelagerten Marktstufe **identifizierbar** sein.

Sind diese Voraussetzungen nicht gegeben – wird das Zulieferteil für den Nachfrager auf nachfolgenden Marktstufen also nicht evident –, ist es dem Komponentenanbieter nicht möglich, potenzielle Abnehmer des Gesamtprodukts von der Vorteilhaftigkeit der eigenen Komponente im Vergleich zu Konkurrenzangeboten zu überzeugen.

Neben diesen produktbezogenen Voraussetzungen sollte auch die **Anbieter-Nachfrager-Beziehung** bestimmte Anforderungen erfüllen, damit das Instrumentarium sinnvoll eingesetzt werden kann. Die **Machtstrukturen** und **Interessen** der beteiligten Unternehmen im Absatzkanal müssen die Durchsetzung einer mehrstufigen Marketing-Strategie generell zulassen (vgl. *Rudolph*, 1989, S. 189). Fühlt sich ein Unternehmen auf einer nachgelagerten Marktstufe durch die Aktivitäten seines Zulieferers in seiner Beschaffungsfreiheit eingeengt bzw. in seiner Marketing-Konzeption behindert und besitzt dieses Unternehmen darüber hinaus die Macht, seine Interessen durchzusetzen, kann die mehrstufige Marketing-Strategie nicht eingesetzt werden, da hierdurch die Marktchancen in der Vorauswahlphase späterer Geschäftsbeziehungen eingeschränkt würden. In diesem Fall sind andere Ausprägungen der Emanzipationsstrategie zu verfolgen.

Bei der Festlegung einer mehrstufigen Marketing-Strategie ist darauf zu achten, dass dem OEM möglichst viele Synergien mit dessen direktabnehmerbezogenen Bemühungen aufgezeigt werden, um so die Effizienz und Effektivität des gesamten wertschöpfungsstufenübergreifenden Marketing-Mixes zu steigern. Im Einzelnen sind bei der Entwicklung einer mehrstufigen Marketing-Konzeption **Fragen** hinsichtlich der Zielgruppen, der Kooperationsmöglichkeiten und der einzusetzenden Instrumente zu beantworten:

(1) Welche **Zielgruppen** sollen im Rahmen der mehrstufigen Marketing-Strategie angesprochen werden?

Bei der Zielgruppenentscheidung müssen die anzusprechenden Einsatzgebiete der Komponenten, die anzusprechenden Marktstufen (Zielstufen) und das Ausmaß der Durchdringung der ausgewählten Marktstufen festgelegt werden. Die Zielgruppenauswahl sollte zweistufig vorgenommen werden, da zum einen festzulegen ist, welche Zielstufen bearbeitet werden sollen. Gleichzeitig ist aber auch eine Entscheidung darüber zu treffen, ob die ausgewählten Zielstufen undifferenziert bearbeitet werden sollen oder ob eine weitere Marktsegmentierung vorzunehmen ist.

Bei der Bestimmung der Zielgruppen ist zu berücksichtigen, dass auf den verschiedenen Marktstufen oft unterschiedliche Anforderungen an die betrachteten Komponenten gestellt werden. Die Zielgruppe sollte so gewählt werden, dass das zielgruppenspezifische Anforderungsprofil möglichst gut mit dem Leistungsprofil der angebotenen Komponente übereinstimmt. Dies soll an einem Beispiel aus dem Bereich der Automobilzulieferindustrie verdeutlicht werden. In diesem Beispiel geht es um einen von der Firma ABB entwickelten Druckwellenlader, der eine Alternative zum herkömmlichen Turbolader für Dieselmotoren darstellt. *Abbildung 254* zeigt das Attraktivitätsniveau dieser Produktneuentwicklung aus Sicht der Automobilindustrie (Erstausrüster) sowie aus Sicht des Endabnehmers.

Es wird deutlich, dass der Endverbraucher (+12) das Produkt weitaus positiver einschätzt als die Erstausrüster (+2). Diese Tatsache muss bei der Marketing-Entscheidung dahingehend berücksichtigt werden, dass zunächst die Endverbraucher als Zielgruppe beachtet werden müssen, da hier mit geringeren Marktwiderständen zu rechnen ist, umso einen entsprechenden Nachfragesog in der Automobilindustrie zu erzeugen.

(2) Soll die mehrstufige Marketing-Strategie allein oder in **Kooperation** realisiert werden?

Als mögliche Kooperationspartner bieten sich für den Zulieferer vor allem Unternehmen auf nachgelagerten Marktstufen, also Kundenunternehmen an, da er mit Zulieferern der gleichen Fertigungsstufe i. d. R. in einem direkten Konkurrenzverhältnis steht. Ob die Strategie allein oder mit einem Kooperationspartner verfolgt werden soll, ist vor allem davon abhängig, ob es sich um ein bereits am Markt eingeführtes oder um ein neues Produkt handelt. Soll mit Hilfe des mehrstufigen Marketings ein neues Produkt über nachgelagerte Marktstufen in den Markt „gepullt" werden, wird dies im Wesentlichen nur durch autonomes Verhalten möglich sein. Für bereits am Markt eingeführte Produkte ist die Kooperation u. U. vorteilhaft, um die erreichte Marktposition abzusichern.

(3) Welchen **Instrumenten** kommt im Rahmen des mehrstufigen Marketings eine besondere Bedeutung zu?

Eine hohe Bedeutung kommt in diesem Zusammenhang der Markenpolitik zu. Ausschlaggebend für das steigende Interesse an Marken im B2B-Bereich sind mehrere Entwicklungen (vgl. *Caspar et al.*, 2002, S. 7 f.):

- zunehmende Leistungshomogenisierung,
- zunehmender Preisdruck,
- zunehmende Komplexität von Leistungen und
- Schwierigkeiten bei der Etablierung langfristiger Geschäftsbeziehungen.

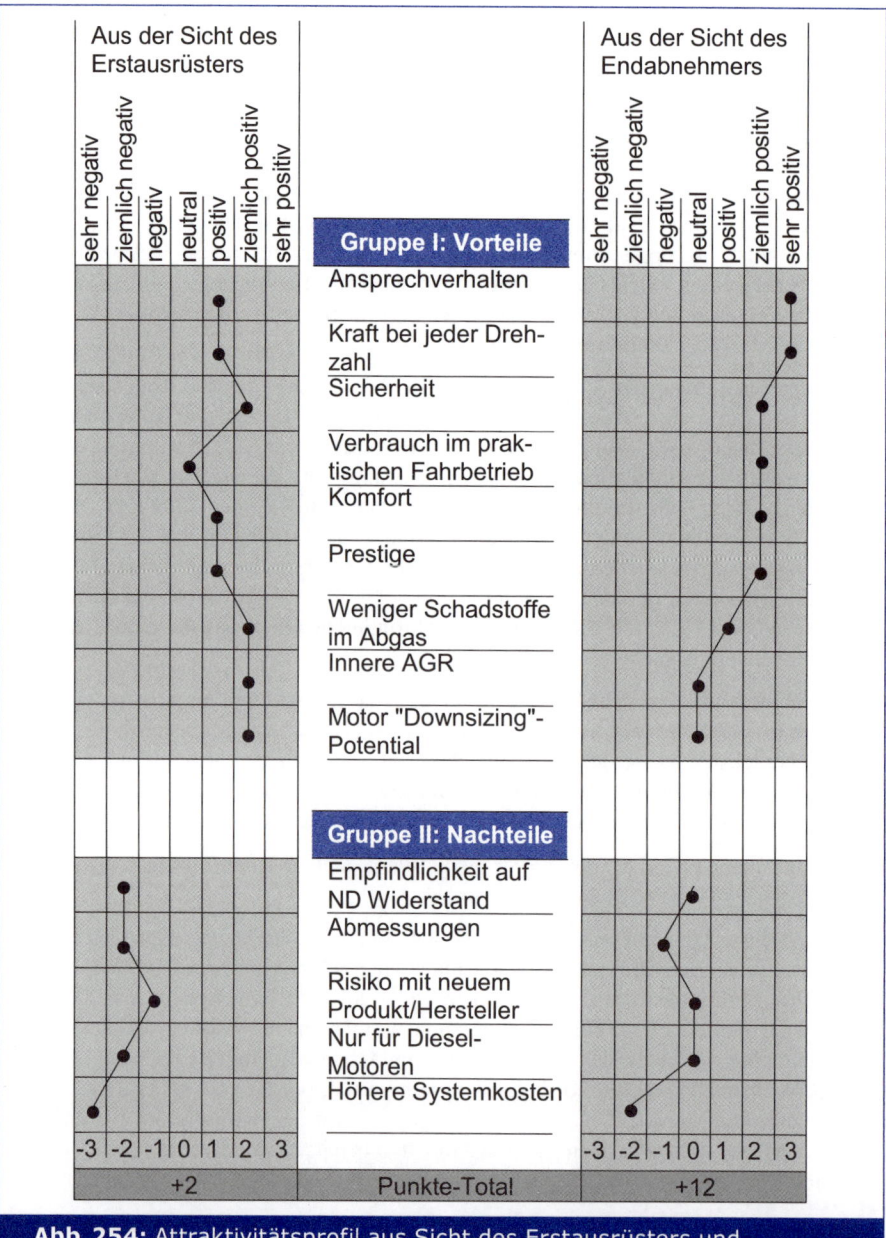

Abb. 254: Attraktivitätsprofil aus Sicht des Erstausrüsters und des Autokäufers

Quelle: *Gygax*, 1988, S. 24.

Die Identifizierbarkeit einer Komponente im Folgeprodukt ist eine Grundvoraussetzung des mehrstufigen Marketings. Zentraler Bestandteil der Instrumentenstrategie muss daher die Markenpolitik sein, die im Zuliefergeschäft unter dem Stichwort **Ingredient Branding** diskutiert wird (vgl. *Freter/Baumgarth*, 2005, S. 462; *Pförtsch/Schmid*, 2005, S. 121 ff.; *Freter*, 2004, S. 215; vgl. auch Teil 3 Kap. B. 1.2.2.1). Ein Beispiel für erfolgreiches Ingredient Branding liefert „Sympatex Technologies" (vgl. *Pförtsch/Müller*, 2006, S. 88 ff.):

> Die Firma *Sympatex Technologies GmbH* führt unter dem Motto „Die Marke, die Marken stark macht" u. a. nationale Point-of-Sale-Aktionen durch, umso auf die mit *Sympatex*-Stoffen versehene Funktionsbekleidung aufmerksam zu machen. In Kombination mit einem strengen Qualitätssicherungssystem ist es *Sympatex* gelungen, seit Anfang der 1980er Jahre eine Marke mit einem gestützten Bekanntheitsgrad von fast 68 % aufzubauen. Kunden fragen die mit dem *Sympatex*-Logo markierte Funktionsbekleidung aktiv nach, und sind gegenüber No-name Produkten bereit, hierfür ein Preispremium zu zahlen.

Ingredient Branding erfordert Entscheidungen darüber, welche **Leistungsbreite** einer Marke subsumiert wird. Wir unterscheiden:

- Dachmarken (Firmenmarken) wie
  - ATS (Bremsen),
  - Bosch (Automobilzulieferer),
  - Dolby (Unterhaltungselektronik),
  - Pirelli, Good Year, Michelin (Reifen),
  - Sachs (Schaltungen),
  - Shimano (Fahrradzulieferer),
  - Tetra Pak (Verpackungssysteme)
- Familienmarken (Produktgruppenmarken) wie
  - Sinumerik (Steuerungen) von Siemens,
  - Sympatex (Fasern) und
- Einzelmarken (Produktmarken) wie
  - Comprex (Druckwellenlader),
  - Inbus (Schrauben).

Bei Entscheidungen über die **Leistungstiefe** wird die Reichweite einer Marke innerhalb mehrstufiger Marktsysteme festgelegt (vgl. *Bruhn*, 1994, S. 26). Dabei können **begleitende Marken** und **Verarbeitungsmarken** unterschieden werden. Begleitende Marken kennzeichnen Zulieferprodukte und begleiten sie durch ihre Verarbeitungsphasen bis hin zum Endabnehmer, indem sie an den Erzeugnissen der nachgelagerten Stufen angebracht und verwendet werden (vgl. *Kunkel*, 1977, S. 206).

Demgegenüber werden Verarbeitungsmarken hingegen nicht über die gesamte Absatzkette bis hin zum Endabnehmer erhalten und profiliert (vgl. *Kemper*, 2000, S. 307). Verarbeitungsmarken können zusätzlich hinsichtlich ihrer vertikalen Reichweite in einstufige (zum direkten Abnehmer) und zweistufige (über mindestens zwei nachgelagerte Marktstufen) Verarbeitungsmarken unterschieden werden (vgl. *Baumgarth*, 1998b, S. 42).

Ingredient Branding ermöglicht die Realisierung einer Reihe von Vorteilen, denen aber auch **Nachteile** gegenüberstehen (vgl. *Simon/Sebastian*, 1995, S. 47 ff.; *Sinclair/Seward*, 1988, S. 27 sowie *Abbildung 255*):

Nicht immer sind OEMs daran interessiert, dass Zulieferunternehmen die Strategie des Ingredient Brandings forcieren. Der Computerhersteller Compaq versuchte etwa massiv, die Ingredient Branding-Strategie von Intel zu bekämpfen und warb mit Slogans wie „When it says Compaq on the outside, you don't need to worry about what's on the inside." Die ablehnende Haltung liegt vor allem darin begründet, dass durch Ingredient Branding eine Abhängigkeitsposition gegenüber dem Zulieferer entstehen kann. Im Kern

Vorteile	Nachteile
• Austritt aus der Anonymität • Kundenloyalität und Nachfragesog • Mittel gegen Substituierbarkeit • Chance zur Wettbewerbsdifferenzierung • Preis-/Volumenpremium • Eintrittsbarriere für Konkurrenten • Schaffung eines Markenwertes (Brand Equity)	• hoher Kosten- und Zeitaufwand für die Kreierung eines Markenwertes (Bekanntheit, Vertrautheit, Image, Ansehen) • Risiko, höhere Verpflichtung zur Qualitätssicherung beim Endprodukt • Gefahr der Kannibalisierung durch eine schwache Endproduktmarke • klar identifiziertes Angriffsziel für die Gegner • Erosion des eigenen Markenwertes bei Qualitätsschwächen des Endprodukts wegen hoher Bekanntheit des OEMs

Abb. 255: Vor- und Nachteile des Ingredient Brandings aus Sicht des Zulieferers

muss also ein OEM die Vorteilsmöglichkeiten einer besseren Vermarktung gegenüber der Zunahme der Abhängigkeit abwägen. Vorteilhaft kann das Zulassen von Ingredient Branding für den OEM dabei vor allem dann sein, wenn es ihm hierdurch gelingt, die eigene Kompetenzposition gegenüber Kunden zu verbessern.

Im Flugverkehr ist es üblich, dass die Airlines ihre Flugzeuge nicht nur mit ihrer Markierung versehen, sondern zugleich auch die Markierung des Flugzeugherstellers zulassen (vgl. Beispiele in *Abbildung 256*). Hierdurch soll Unsicherheit auf Seiten der Fluggäste reduziert werden. An der Markierung des Flugzeugherstellers erkennen die Kunden, dass sie mit keiner Airline-spezifischen Maschine befördert werden. Stattdessen wird angezeigt, dass es sich um ein erprobtes Produkt von einem renommierten Flugzeughersteller handelt, so dass dem Kunden ein maximales Sicherheitsgefühl gegeben wird.

Aus Sicht eines Zulieferunternehmens lassen sich drei Strategien unterscheiden, mit denen die Marktbarrieren auf Seiten der OEMs reduziert werden können (vgl. *Schmäh/Erdmeier*, 1997, S. 126):

- Paralyse der OEMs durch vertikale Integration: Nutzung der Marktkenntnis, um andere Zulieferunternehmen auf die mit den neuen Produkten verbundenen Normen einzustellen. In diesem Fall bleibt dem OEM keine Ausweichmöglichkeit, wenn er neue Entwicklungen für seine Endprodukte einsetzen will.
- Disziplinierung der OEMs durch Kooperation: Hierbei können z. B. über den Austausch von Patentschutzrechten Anreize für den OEM geschaffen werden. Von diesen geht ein Disziplinierungseffekt aus.
- Marktentwicklungsstrategien: Durch die konsequente Innovationsstrategie des Zulieferunternehmens können neue Märkte auch für das Endprodukt entwickelt werden. Für den OEM wird es mit Hilfe des Zulieferers möglich, neue Anwendungen zu schaffen.

Neben der Markenpolitik spielen insbesondere andere Mixelemente der **Kommunikationspolitik** im mehrstufigen Marketing eine bedeutende Rolle (vgl. *Engelhardt/Günter*, 1981,

Abb. 256: Beispiele für Markierung von Flugzeugen durch Airlines und Flugzeughersteller

S. 218; *Koelbel/Schulze*, 1970, S. 564 ff.; *Simon/Sebastian*, 1995, S. 43). Dabei kann im Bereich der mehrstufigen Kommunikationspolitik auf die Instrumente Werbung, persönliche Akquisition und Messepolitik zurückgegriffen werden (vgl. *Rudolph*, 1989, S. 46 ff.). Die **Werbung** besitzt einen besonderen Stellenwert im mehrstufigen Marketing. Sie wird in diesem Zusammenhang auch als „Sprungwerbung" bezeichnet (vgl. *Engelhardt/Günter*, 1981, S. 220), d. h. es werden gezielt Präferenzen für die Komponente auf den nachgelagerten Marktstufen geschaffen. Beispielsweise hat der Automobilzulieferer Bosch in den vergangenen Jahren mit Hilfe von Anzeigen in Publikumsmedien versucht, Präferenzen für Bosch-Zuliefererprodukte bei Endkunden aufzubauen (vgl. *Abbildung 257*).

Auf der anderen Seite kooperieren die OEMs zunehmend mit den Zulieferern. Die OEMs nutzen dabei den Bekanntheitsgrad einer Komponente, um damit für ihr eigenes Produkt zu werben (vgl. das Beispiel *Intel Inside in Abbildung 258*). Kooperative Werbung zwischen OEM und Zulieferer kann hierbei von der Zahlung von Werbekostenzuschüssen (im Beispiel *Intel Inside* sog. „*Intel Inside Dollars*"), über die Vorgabe von Kriterien für die Werbegestaltung bis hin zum Erhalt von Lizenzgebühren für die Nutzung der Marke unterschiedliche Ausprägungen haben (vgl. *Kemper*, 1997, S. 273).

Die besten Autos mit Bosch? **Ja** Wir gratulieren Audi, BMW, Mercedes-Benz, Porsche und Volkswagen zu ersten Plätzen. Die Leser von „auto motor und sport" haben die besten Autos des Jahres gewählt. Wir freuen uns besonders, dass alle Sieger Technik von **Bosch** an Bord haben. Bosch: sicher, sauber, sparsam. Bosch hat die Lösung BOSCH	25% mehr Sicherheit im Straßenverkehr?* **Ja** ESP hält Autos sicherer in der Spur. *Eine Studie des Gesamtverbandes der Deutschen Versicherungswirtschaft e.V. zeigt, dass in 25% aller Unfälle mit schweren Personenschäden der Pkw ins Schleudern kam. Laut der Studie könnte dieser Anteil deutlich verringert werden, wenn alle Autos ESP hätten. Fragen Sie deshalb beim Autokauf nach ESP, dem elektronischen Stabilitätsprogramm. Bosch: sicher, sauber, sparsam. Bosch hat die Lösung BOSCH

Abb. 257: Kleinanzeigen für Bosch-Zulieferprodukte in Tageszeitungen

Quelle: *Chur/Riesner*, 2004, S. 1158.

Eine besondere Rolle kommt auch der **persönlichen Akquisition** auf mehrstufigen Märkten im Rahmen der Einführungsphase einer Komponente zu. Durch den persönlichen Verkauf können Marktwiderstände auf den Folgestufen überwunden werden und der OEM wird in einem solchen Fall eher von den Vorteilen der Komponente zu überzeugen sein.

Innerhalb der **mehrstufigen Messepolitik** werden Verwender der Komponente, Weiterverarbeiter und Endkunden gleichzeitig angesprochen (vgl. *Rudolph*, 1989, S. 67). Messen, wie etwa die Computermesse Cebit, die sich an Endkunden und IuK-Unternehmen gleicherweise richten, bieten daher eine gute Gelegenheit, die Komponente allen relevanten Folgestufen zu präsentieren.

1.2.1.2.2 Aufbau von Vertrauen in die Potenzialeigenschaften

Notwendige Voraussetzung für das Zustandekommen von Geschäftsbeziehungen ist bestehendes Vertrauen des OEMs in das Vorhandensein der Potenzialeigenschaften beim Zulieferer (vgl. *Meyer/Bartelt*, 1999, S. 49 ff.). **Vertrauen** wird im Zusammenhang mit Geschäftsbeziehungen als fester Glauben eines Nachfragers gesehen, die ex ante erwartete Kosten-Nutzen-Relation einer oder mehrerer Transaktionen ex post tatsächlich vorzufinden (vgl. *Bartelt*, 2002, S. 45 ff.). Hierbei lässt sich zwischen zwei verschiedenen Komponenten unterscheiden: Die auf das aktuelle Leistungsversprechen gerichtete Glaubwürdigkeit („credibility") und die stärker bei Unsicherheit der Rahmenbedingungen bedeutsame Komponente des Wohlwollens („benevolence") des Geschäftspartners (vgl. *Doney/Cannon*, 1997, S. 36). Je umfangreicher und verantwortungsvoller die auszulagernden Aufgaben ausgestaltet

Abb. 258: Beispiel für kooperative Werbung

sind, desto intensiver ist ein OEM davon abhängig, dass ein ausgewählter Zulieferer in seinem Sinne handelt. Vertrauen reduziert folglich die subjektive Wahrnehmung von Unsicherheit und kann dazu führen, dass die empfundene Notwendigkeit für Mechanismen zur Überwachung des Zulieferers abnimmt (vgl. *Backhaus et al.*, 2008a). Insofern ist es aus Sicht eines OEMs von entscheidender Bedeutung, dass er sich darauf verlassen kann, dass die Zulieferer, mit denen eine Geschäftsbeziehung begründet werden soll, über ausreichendes Innovations-, Integrations- und Flexibilitätspotenzial verfügen.

Somit obliegt es den Zulieferern, dem OEM die notwendigen Signale zur Reduktion der Unsicherheit zu kommunizieren. Um das Vertrauen des OEMs zu gewinnen, kann ein Zulieferer verschiedene Maßnahmen ergreifen. Dabei kann differenziert werden zwischen **Maßnahmen zum Aufbau von Vertrauen** in

- die Innovationsfähigkeit,
- die Integrationsfähigkeit und
- die Flexibilität

des Zulieferers.

Die Gewinnung von Vertrauen des OEMs in die **Innovationsfähigkeit** des Zulieferers ist immer dann notwendig, wenn dem Zulieferer Entwicklungstätigkeiten übertragen werden sollen. Die Qualität einer Entwicklungsleistung für neu zu konzipierende Systeme kann vor Abschluss eines Liefer- und Leistungsvertrags mit dem Zulieferer vom OEM nicht beurteilt werden. Der OEM kann nur begrenzt beurteilen, ob der Zulieferer zur Erbringung dieser Leistung fähig ist. Auch nach Beendigung der Phase der Entwicklung und Konstruktion fehlt dem OEM insbesondere bei stark auf spezifische Bedürfnisse abgestimmten Entwicklungsleistungen eine direkte Vergleichsmöglichkeit mit Leistungen anderer Anbieter. Zulieferleistungen dieser Art sind der Kategorie sog. „credence qualities", also Vertrauenseigenschaften (vgl. *Darby/Karni*, 1973, S. 69) zuzuordnen, da der OEM weder vor noch nach Vertragsabschluss die Qualitätseigenschaften der Leistung des Zulieferers beurteilen kann.

Um dem OEM die eigene Innovationsfähigkeit zu kommunizieren, kann der Zulieferer einen Teil des Risikos der zukünftigen Transaktionen übernehmen. Konkret würde er eine erfolgsabhängige Belohnung akzeptieren, die nur bei Erfüllung aller festgelegten Voraussetzungen und somit erst bei Serienanlauf einsetzt. Zeigt der Zulieferer die Bereitschaft, für Fehler, die ihm zuzurechnen sind, die Verantwortung zu übernehmen, z. B. in Form von Pönalen oder Verlustbeteiligungen, so gibt er dem OEM ein deutliches Signal.

Die Notwendigkeit der Kommunikation der **Integrationsfähigkeit** des Lieferanten lässt sich am Beispiel der Auslagerung von Logistikverantwortung an den Lieferanten verdeutlichen. Bei einer bedarfsgerechten (JIT-)Anlieferung durch den Zulieferer muss sich der OEM neben der Einhaltung der Liefertermine auch auf die einwandfreie Qualität der gelieferten Produkte verlassen können. Er kann bei qualitativen Mängeln der nur noch bedarfsgerecht gelieferten Zulieferprodukte nicht mehr auf bestehende eigene Zwischenlager zurückgreifen. Bei qualitativen Mängeln wäre daher der störungsfreie Produktionsfluss beim OEM gefährdet (vgl. *Abend*, 1992, S. 108). Diese Integrationsleistung eines Zulieferers zeichnet sich durch sog. „experience qualities" (Erfahrungseigenschaften) aus (vgl. *Nelson*, 1974, S. 730 ff.). Die Leistungen des Zulieferers sind vor Abschluss eines Vertrags noch nicht existent und können somit erst frühestens bei Anlauf der Lieferbeziehung beurteilt werden.

Die Aufgabe des Zulieferers besteht nun darin, sowohl die qualitative und die quantitative Lieferzuverlässigkeit zu kommunizieren als auch die Bereitschaft zur Übernahme von Verantwortung für die Zulieferungen zu zeigen. Ein geeignetes Mittel, den OEM von der **quantitativen** Integrationsfähigkeit zu überzeugen, ist die Zusage, Investitionen in Datenverarbeitungs- und Vernetzungssysteme sowie ggf. auch in flexible Fertigungsanlagen und/oder Lagersysteme (vgl. *Abend*, 1992, S. 106) vorzunehmen, die auf die spezifischen Bedürfnisse des OEMs ausgerichtet sind. Somit kann angeboten werden, standortspezifische Investitionen in der Nähe der Produktionsstätten des OEMs vorzunehmen, z. B. durch die Errichtung kundenspezifischer Auslieferungslager, wodurch eine bedarfsgerechte Belieferung ermöglicht wird. Um den **qualitativen** Anforderungen zu genügen, muss der Zulieferer bereit sein, Maßnahmen zur effektiven und präventiven Qualitätssicherung durchzuführen (vgl. *Deiß/Döhl*, 1992, S. 7). Ermöglicht der Zulieferer dem OEM durch die Übernahme der Verantwortung für die uneingeschränkte Verwendbarkeit der zugelieferten Teile im Prozess der Endproduktherstellung einen Verzicht auf eine Qualitätsprüfung im

Wareneingang (vgl. *Harting*, 1994, S. 6 f.), so kommuniziert er dem OEM seine qualitative Integrationsfähigkeit.

Auch die Bereitschaft des Zulieferers, Teile des Montageprozesses der Endprodukte des OEMs zu übernehmen und komplexe und montageintensive Baugruppen herzustellen, die nur noch mit wenigen Handgriffen zusammengefügt werden müssen (vgl. *Eicke/Femerling*, 1991), verdeutlicht dem OEM die Integrationsfähigkeit des Lieferanten.

Im Hinblick auf die **Flexibilitätserfordernisse** besteht der Anspruch an den Zulieferer, auch kurzfristig Änderungen der Leistungsanforderungen vornehmen zu können. Dabei ist Voraussetzung, dass auch die Befriedigung von Nachfragespitzen durch quantitative Anpassung der Produktionsmengen beim Zulieferer möglich wird. Auch diese Flexibilitätserfordernisse stellen sog. „experience qualities" eines Lieferanten dar.

Durch die Bereitschaft des Zulieferers, die Fertigungskapazitäten an die Bedürfnisse des Kunden anzupassen, kann er gewährleisten, dass die 100%ige Lieferung der vom OEM gewünschten Menge möglich ist. Dazu muss sich der Zulieferer bei seinen Kapazitätsplanungen trotz denkbarer Nachfrageschwankungen evtl. am maximalen Bedarf des OEMs orientieren (vgl. *Joskow*, 1988, S. 107).

Die Maßnahmen zur Generierung des Vertrauens des OEMs lassen sich insgesamt den sog. **„Selbstbindungsmaßnahmen"** subsumieren (vgl. *Kaas*, 1991, S. 14 ff.). Zu diesen Selbstbindungsmaßnahmen zählen z. B. die Erbringung von Garantien oder Pfändern, die Akzeptanz von Konventionalstrafen oder die Bereitschaft, kundenspezifische Investitionen zu leisten (vgl. *Rössl*, 1996, S. 311 ff.). Selbstbindungen stellen glaubhafte Zusicherungen dar, die einen Anreiz zu beziehungskonformen Verhaltensweisen bieten (vgl. *Williamson*, 1990, S. 190 ff.). Zulieferer, die zu diesen Maßnahmen bereit sind, kommunizieren dem OEM ihre Bereitschaft, für die anstehende Beziehung „Opfer" zu erbringen, und damit ihre Eignung und ihr Interesse am Zustandekommen einer Geschäftsbeziehung.

1.2.2 Konzeptwettbewerb

Die Entscheidung, wer Entwicklungslieferant für ein konkretes Zulieferteil wird, fällt i. d. R. im **Konzeptwettbewerb**. Im Rahmen des Konzeptwettbewerbs sollen die in der Vorauswahl selektierten Lieferanten kreative Vorschläge für die Gestaltung des jeweiligen Zulieferteils abgeben. Der Bewertungskatalog, der für alle für das Projekt in Frage kommenden Zulieferer gilt, wird dabei i. d. R. vor Beginn des Konzeptwettbewerbs transparent gemacht, so dass alle vorausgewählten Lieferanten über die gleiche Ausgangsbasis verfügen. Dabei wird detailliert beschrieben, welche Auswahlkriterien für den OEM relevant sind und wie diese Kriterien konzeptspezifisch gewichtet werden.

> Bei *Mercedes-Benz* dienen sog. Orientierungsgespräche zunächst der Information aller möglichen Zulieferer. Mit ausgewählten Lieferanten einzelner Systemgruppen finden darüber hinaus Einzelgespräche statt. Ziel ist ein Brainstorming über die anstehende Baureihe. Mit den Zulieferern werden hierbei gemeinsam Ideen generiert. Somit werden Trendaussagen bzgl. Kundennutzen, Funktion, Integration, Kosten, Gewicht, Qualität, Prozess, Ökologie, Zusammenarbeit, Organisation und Termine erarbeitet. In den einzelnen Systemgruppen werden die Ergebnisse vorgestellt und es erfolgt eine Nutzenbewertung. Die Ergebnisse, die von den einzelnen Anbietern einer Systemgruppe erzielt wurden, werden anschließend bekannt gegeben (vgl. *Mercedes-Benz AG*, 1995, S. 7). Im Anschluss an diese Gespräche findet der Konzeptwettbewerb statt. Ziele sind hier u. a. die integrierte Betrachtung aller Wettbewerbselemente und die Fokussierung der Zusammenarbeit mit den Zulieferern. Die Gestaltung des Konzeptwettbewerbs bei *Mercedes-Benz* macht *Abbildung 259* deutlich.

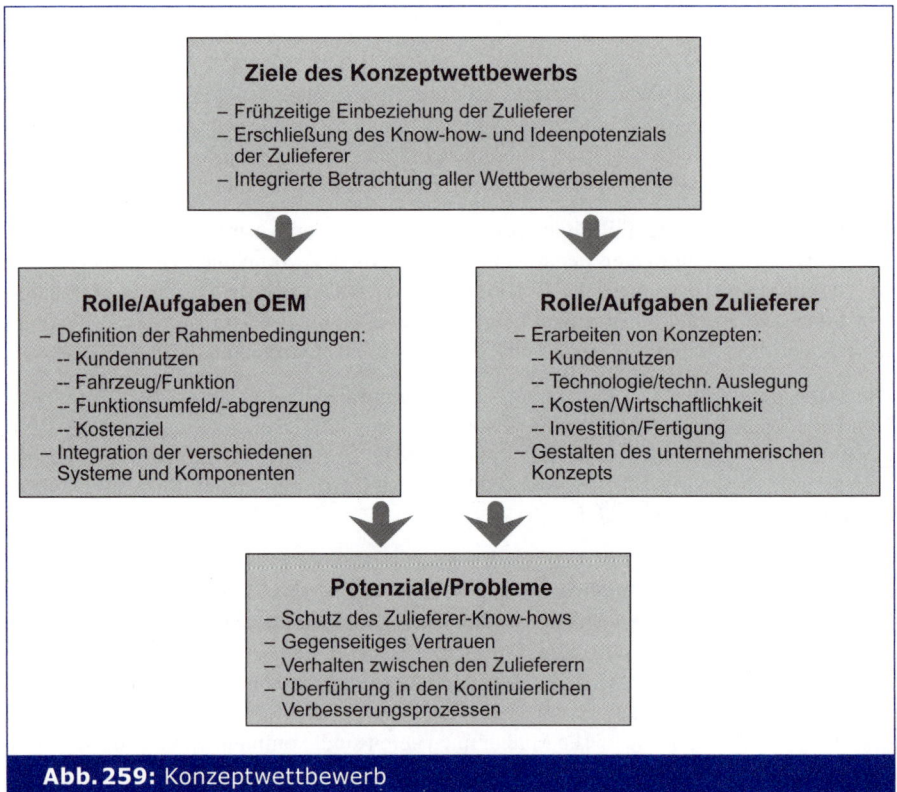

Abb. 259: Konzeptwettbewerb

Quelle: *Mercedes-Benz AG,* 1995, S. 7.

Auf Basis der Rahmendaten für die geplante Baureihe erarbeitet der Zulieferer Konzepte für die Integration der Zulieferleistung, wobei sowohl technische als auch finanzielle Gesichtspunkte Berücksichtigung finden müssen.

Die **Grundidee** des Konzeptwettbewerbs liegt für den OEM darin, durch eine Intensivierung des Verhältnisses zwischen dem OEM und den Zulieferern, Zusatzinformationen über die Leistungsfähigkeit und den Leistungswillen des potenziellen Lieferanten zu gewinnen. Die Zusammenarbeit in dieser frühen Phase dient somit der Vertrauenssteigerung.

Auch der Zulieferer profitiert vom Konzeptwettbewerb. Er erhält zusätzliche Informationen über die Bindungsbereitschaft des OEMs. So bekommt er ein Gefühl dafür, ob die Tendenz besteht, die Leistungsschwerpunkte eher auf den Zulieferer abzuwälzen, oder ob auch eigene Commitments angeboten werden, um z. B. durch eigene spezifische Investitionen Bindungsbereitschaftssignale zu geben (zum Mehrwert spezifischer Investitionen vgl. auch *Kleinaltenkamp/Ehret,* 2006).

Schließlich stellt die konkrete Auswahl eines oder mehrerer Zulieferer für das zur Disposition stehende Zulieferteil das Ergebnis des Konzeptwettbewerbs dar. Da sich der OEM i. d. R. nicht von einzelnen Zulieferern abhängig machen will, ist es dabei durchaus üblich, dass der OEM „**Order Splitting**" vornimmt. Dies bedeutet, dass er mehreren Zulieferern Lieferanteile zuweist. Zwar entstehen dem Nachfrager hierdurch Kostennachteile – bei Konzentration der gesamten Ordermenge auf einen Zulieferer wären größere Skaleneffekte möglich –; allerdings nimmt der OEM diesen Nachteil in Kauf, wenn er diesen geringer als die ansonsten auftretenden Abhängigkeitskosten einschätzt.

2 Absicherung und Ausbau der Geschäftsbeziehung

2.1 Absicherung der Geschäftsbeziehung

2.1.1 Absicherungsbedarf in Geschäftsbeziehungen

Ist die Entscheidung getroffen, mit welchen Lieferanten eine Geschäftsbeziehung eingegangen werden soll, sind die für die Geschäftsbeziehung zu tätigenden spezifischen Investitionen, die jeweiligen Anforderungen und Tätigkeitsgebiete sowie die Aufteilung der Erträge der Beziehung festzulegen. Dies ist notwendig, um die Geschäftsbeziehung für die geplante Dauer der Zusammenarbeit vor der Gefahr eines einseitigen, vorzeitigen Ausstiegs einer Partei abzusichern (vgl. *Wielenberg*, 1999). Die beiden folgenden Beispiele verdeutlichen die gegenseitigen Abhängigkeitsbeziehungen.

> Die Abhängigkeit zwischen Zulieferer und Automobilhersteller wurde während der Vertragsverhandlungen zwischen Ford und der Firma Kiekert Ende der 1990er Jahre deutlich. Die Firma Kiekert war Weltmarktführer für Schließsysteme und galt als „Hoflieferant" der Firmen Opel, Peugeot, Ford, VW, Mercedes und Audi. Im Juni 1998 vermeldete das Zulieferunternehmen Softwareprobleme, so dass die Firma Ford einige Tage nicht mehr beliefert werden konnte. Als Folge musste Ford die Produktion von zwei Modellen in zwei Werken für einige Tage unterbrechen. Das Unternehmen bezifferte den dadurch entstandenen Umsatzausfall auf über 100 Mio. €. Vor dem Hintergrund gerade laufender Verhandlungen über zukünftige Verträge entstanden in der Branche Zweifel über die angeführten Softwareprobleme, zumal andere Autofirmen weiter beliefert werden konnten. (vgl. *o. V.*, 1998a, S. 51).
>
> Auch bei Porsche kam es 1998 zu einem mehrtägigen Produktionsstopp, als die Zulieferfirma Kolbenschmidt Porsche nicht mit den Kurbelgehäusen für die Motoren versorgen konnte. Durch den vorübergehenden Ausfall der Produktion entstand ein Umsatzausfall von 20 Mio. €. Der Ausfall entstand durch eine in der Produktion eingesetzte neue Technologie, mit welcher eine höhere Lebensdauer und ein niedrigerer Spritverbrauch erreicht werden sollte. Diese Technologie war gemeinsam von Porsche und Kolbenschmidt entwickelt worden. Mit den Fertigungsanlagen des Zulieferers konnten die gewünschten Stückzahlen in der erforderlichen Qualität jedoch nicht hergestellt werden. Man einigte sich darauf, den entstandenen Schaden zu teilen (vgl. *o. V.*, 1998b, S. 84).

Aus Sicht des Zulieferers hat das behutsame Management der Geschäftsbeziehung eine hohe Bedeutung. So haben u. a. Interaktionsbereitschaft, Flexibilität, Verlässlichkeit, loyales Verhalten aber eben auch ein gewisses Wohlwollen einen empirisch nachgewiesenen hohen Einfluss auf das Verhalten des Abnehmers (vgl. *Selnes/Grønhaug*, 2000, S. 266; *Gawantka*, 2006, S. 193 ff.).

Absicherungsmaßnahmen bestehen i. d. R. im Abschluss von Verträgen, die die zu leistenden Inputs und die Ansprüche der Parteien an den erzielten Ergebnissen regeln. Regelungsintensität und Vertragsinhalt hängen jedoch vom Grad der internen Stabilität einer Beziehung ab. Von **interner Stabilität** sprechen wir dann, wenn die gegenseitigen faktischen Abhängigkeiten der Partner so groß sind, dass eine Beendigung der Geschäftsbeziehung für beide gleich schmerzlich ist. Dies ist z. B. der Fall, wenn der OEM dem Zulieferanten vertrauliche Unterlagen überlassen hat und der Zulieferant daraufhin erhebliche Investitionsmittel in die Entwicklung spezifischer Werkzeuge gesteckt hat. Besteht eine intern stabile Beziehung, so ist der **externe (vertragliche) Absicherungsbedarf** geringer als bei einer intern instabilen Beziehung.

Zunächst ist also die Frage zu klären, wie der interne Stabilitätsgrad der Beziehung einzuschätzen ist. Der Grad der internen Stabilität hängt eng zusammen mit der Verteilung der für die Beziehung zu leistenden spezifischen Inputs auf die beteiligten Parteien. Da bei dem vorangegangenen Auswahlprozess für ein vordefiniertes Leistungsspektrum i. d. R. nur ein Zulieferer bestimmt wird, mit dem die Zusammenarbeit über die gesamte Dauer der Geschäftsbeziehung geregelt werden muss, kommt nach Vertragsabschluss eine Verhandlungsposition in Form eines bilateralen Monopols zustande (vgl. *Kaas*, 1995b, S. 38).

Die Wettbewerbsbedingungen können sich somit gegenüber der Vorvertragsphase grundlegend ändern. Ob nach Vertragsabschluss der Wettbewerb zwischen den Zulieferern weiterhin wirksam bleibt oder nicht, hängt von der Spezifität der zu erbringenden und vertraglich festgelegten Leistungen ab (vgl. *Williamson*, 1990, S. 70). Bei Unterzeichnung des Vertrags verpflichtet sich der Zulieferer bspw. zur Erbringung speziell auf die Bedürfnisse des OEMs ausgerichteter Leistungen, z. B. auf die Durchführung spezifischer F&E-Anstrengungen oder die Verlagerung von Produktionsstandorten in die unmittelbare Nähe des Kunden. Die Individualisierung der Leistung für den Kunden zählt somit zu den partnerspezifischen Investitionen. Auch der OEM kann sich vertraglich verpflichten, spezifisch in den Partner zu investieren, z. B. durch die spezielle Ausrichtung seiner Eingangslogistik auf die Anlieferung durch den Zulieferer.

Die vertragliche Einigung über die enge Zusammenarbeit ist somit als das konstituierende Element der Geschäftsbeziehung anzusehen. Beginnen die Parteien aufgrund der vertraglichen Vereinbarung spezifisch zu investieren, kommt es nach *Williamson* zu einer „restriktiven Bindung an den anderen Partner (**‚Lock-in-Effekt'**)" (*Williamson*, 1990, S. 61).

Die Stabilitätssituation einer Geschäftsbeziehung lässt sich folglich durch das Ausmaß der für diese Beziehung zu erbringenden **spezifischen Investitionen** insbesondere in Sach- und Humanvermögen beschreiben (vgl. *Picot/Dietl*, 1990, S. 179; *Sydow*, 1992, S. 132; *Schumann et al.*, 1999, S. 476f.; *Williamson*, 1990, S. 108ff.).

- **Sachkapitalspezifität**

  Werden Investitionen in anlagenspezifische Güter, z. B. in ausschließlich für die Erstellung der Zulieferleistung geeignete Maschinen oder Werkzeuge, getätigt, so wird in Sachkapital investiert. Weiterhin kann bspw. eine datentechnische Vernetzung zwischen Zulieferer und OEM zu diesen Investitionen zählen, sofern dabei eine neue, auf die speziellen Bedürfnisse abgestimmte Netzstruktur definiert wird und spezifische Investitionen in Hard- und Software durchgeführt werden. Gelingt es, durch diese Investitionen eine verbesserte Abstimmung z. B. im Konstruktions- oder im Auftragsabwicklungsbereich zu gewährleisten, so ist diese Lösung als geschäftsbeziehungsspezifisch anzusehen.

- **Humankapitalspezifität**

  Investitionen in Humankapital treten dann auf, wenn Mitarbeiter speziell für die Belange der Geschäftsbeziehung eingesetzt werden. Sie erwerben dabei spezifische Kenntnisse, die sich auf die Besonderheiten der Geschäftsbeziehung beziehen. Dabei kann es sich um ein auf die Belange des OEMs abgestelltes Entwicklungs-Know-how oder um gemeinsam erworbene Fähigkeiten für die Durchführung bestimmter Aufgaben handeln. Die Spezialisierung bezieht sich zumeist auf die Zusammenarbeit mit dem Partner.

Da diese Investitionen nur innerhalb der bestehenden Geschäftsbeziehung Nutzen stiften, sind die Parteien grundsätzlich an der Aufrechterhaltung der Beziehung interessiert und ein bewusst herbeigeführter Abbruch ist demnach als unwahrscheinlich anzusehen. Problematisch ist allerdings, dass die spezifischen Investitionen der beteiligten Partner nicht immer symmetrisch, sondern vielmehr zumeist **asymmetrisch** auf die Parteien verteilt sind (vgl. *Söllner,* 1993, S. 488). Im Extremfall kann sogar nur ein Partner geschäftsbeziehungsspezifisch investieren. Bei der Partei, die spezifischer investiert, entsteht Unsicherheit hinsichtlich des Verhaltens der anderen Partei: Die Partei, die nur wenig spezifisch oder vollkommen unspezifisch investiert hat, kann versuchen, die Partei, die hochspezifisch investiert hat und bei der eine entsprechend hohe Abhängigkeit besteht, auszunutzen und sich damit **opportunistisch** verhalten.

Somit bestimmt neben der absoluten Höhe der spezifischen Investitionen das Ausmaß der Ausgewogenheit der geschäftsbeziehungsspezifischen Investitionen den externen Absicherungsbedarf einer Geschäftsbeziehung.

Eine Geschäftsbeziehung ist intern instabil und bedarf externer Absicherungsmaßnahmen, wenn eine **Ungleichverteilung der spezifischen Investitionen** auf die Partner vorliegt, da dann das einseitige Ausnutzen von Abhängigkeitspositionen möglich ist. Folgendes Beispiel soll dies verdeutlichen (vgl. im Folgenden *Backhaus et al.,* 1996, S. 286 ff.):

> Es sei angenommen, dass ausschließlich der Zulieferer spezifisch in eine Geschäftsbeziehung investiert. Der OEM wird für die Zusicherung, nur bei diesem Zulieferer einzukaufen, einen entsprechenden ökonomischen Vorteil verlangen. Dieser könnte in einer bestimmten und vertraglich festgelegten Partizipation am Profit des Lieferanten bestehen. Die faktische (tatsächlich realisierte) und die vertraglich vereinbarte Aufteilung der gemeinsamen Gewinne können allerdings auseinander fallen, wenn sich der Abnehmer *erfolgreich* opportunistisch verhält. Das ist z. B. der Fall, wenn der OEM eine höhere Beteiligung am Gemeinschaftsgewinn fordert, nachdem eine vertragliche und aufgrund der Spezifität der Aktiva auch eine ökonomische Bindung eingegangen wurde.
>
> Dieses Verhalten des OEMs tritt für den Zulieferer überraschend ein, da es nicht den vertraglichen Vereinbarungen zur Gewinnverteilung entspricht. Wichtig ist hierbei, dass jede tatsächlich realisierte Aufteilung des Gemeinschaftsgewinns zwischen den (beiden) Partnern einer Geschäftsbeziehung nach erfolgter spezifischer Investition die Parteien unter ökonomischen Gesichtspunkten besser stellt als bei einem Abbruch der Beziehung. Der Lieferant, dessen (spezifischer) Gewinnanteil vom OEM (z. T.) abgeschöpft wird, wird die bestehende Beziehung so lange nicht verlassen, wie nur der spezifische Teil seiner Rendite angegriffen wird. Erst wenn darüber hinaus auch der unspezifische Teil der Rendite angegriffen wird, wird ein Austritt aus der Beziehung ökonomisch sinnvoll.

In vielen klassischen Zulieferindustrien ist diese Situation sehr häufig anzutreffen. Zulieferer begeben sich durch kundenspezifische Investitionen zunehmend in Abhängigkeit. Dass auch die Ausnutzung dieser Situation des Lieferanten praktisch relevant ist, zeigt eine Untersuchung von *Voeth/Gawantka* (2005b) bei 86 Automobilzulieferern in Deutschland (vgl. für eine frühere ähnliche Untersuchung *Meinig,* 1995). Danach sind die meisten Automobilzulieferer mit der „Verteilungsgerechtigkeit" in ihren Geschäftsbeziehungen eher unzufrieden (vgl. *Abbildung 260*). Interessanterweise hängt die Zufriedenheit insbesondere davon ab, ob die Zulieferer als „first-tier supplier" direkt mit dem OEM zusammenarbeiten oder aber als „x-tier Zulieferer" andere Zulieferer beliefern. Dass „first-tier supplier" unzufriedener sind, kann darauf zurückgeführt werden, dass diese spezifischer zu investieren haben als die vor allem für die Komponenten-Lieferung zuständigen „x-tier Zulieferer".

Es zeigt sich somit, dass ein internes Stabilitätspotenzial immer dann gefährdet ist, wenn die spezifischen Investitionen nicht gleich verteilt sind. In diesem Fall liegt keine interne

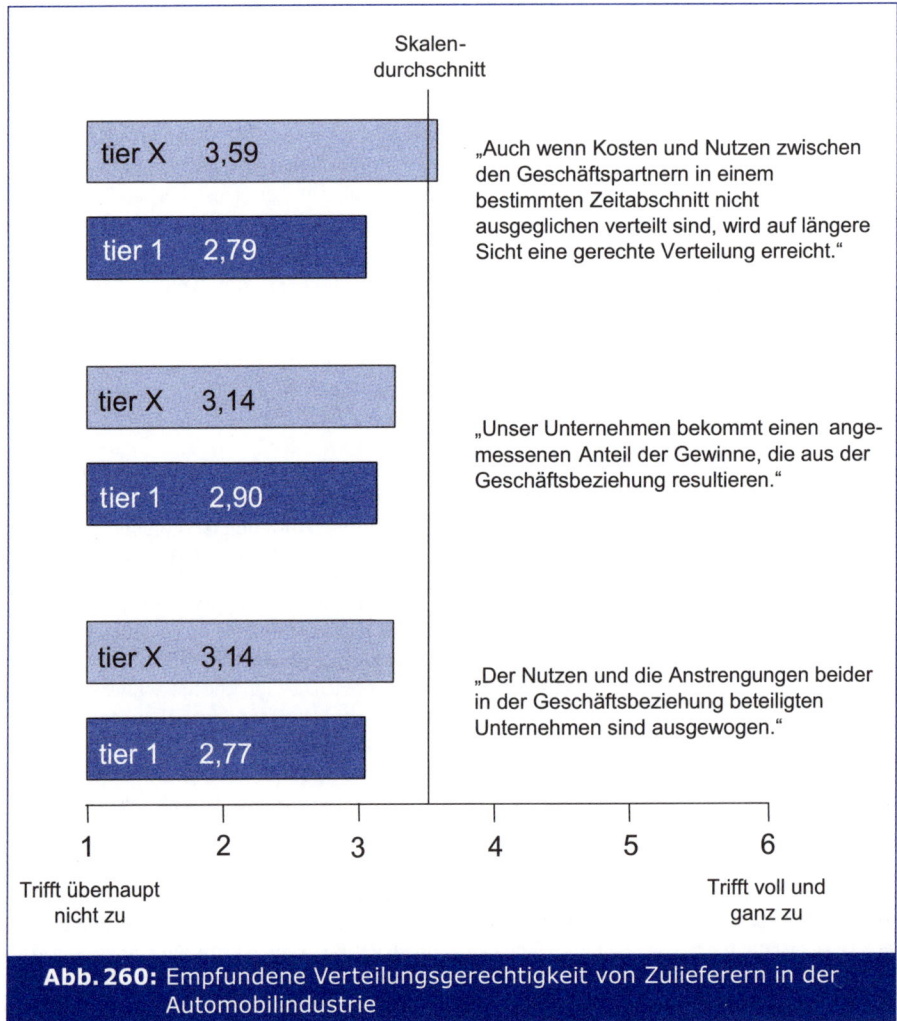

Abb. 260: Empfundene Verteilungsgerechtigkeit von Zulieferern in der Automobilindustrie

Quelle: *Voeth/Gawantka*, 2005b, S. 27.

Absicherung vor, so dass externe Absicherungsmaßnahmen getroffen werden müssen, die dazu beitragen, die jeweiligen Ansprüche zu regeln und das einseitige Ausnutzen von Abhängigkeitspositionen zu verhindern.

2.1.2 Externe Absicherungsformen

Eine externe Absicherung kann zum einen durch den **Ausgleich der einseitig getätigten spezifischen Investitionen** durch den anderen Partner in der Form erfolgen, dass dieser ebenfalls spezifisch investiert. Wenn dies nicht möglich oder gewollt ist, müssen die beteiligten Parteien eine **vertragliche Regelung** bzgl. der als gerecht empfundenen Aufteilung der allein durch die Geschäftsbeziehung möglichen Gewinne treffen, um eine stabile und für beide Seiten zufrieden stellende Geschäftsbeziehung zu gestalten.

Der Transaktionspartner, der bislang nicht oder nur in geringem Maße spezifisch investiert hat, kann somit versuchen, dem anderen Partner Anreize zu geben, damit dieser weiterhin seinen Input zur Erzeugung der Geschäftsbeziehungsgewinne leistet und nicht unzufrieden mit der bestehenden Beziehung wird. Dieser Transaktionspartner sollte demnach die eigene **spezifische Investition** vergrößern. Beispielsweise könnten durch spezifische Investitionen in Humankapital, organisatorische Maßnahmen oder durch eine direkte Übernahme von Investitionskosten des Partners beidseitig spezifische Investitionen in die Geschäftsbeziehung geleistet werden. Bei symmetrischen transaktionsspezifischen Investitionen kommt es zu einer gegenseitigen Bindewirkung (vgl. *Freiling*, 1995, S. 127). Aufgrund der spezifischen Investitionen des jeweiligen Partners entsteht somit eine stärkere aktive Integration in den gemeinsamen Leistungserstellungsprozess.

Die andere Möglichkeit besteht in der detaillierten **vertraglichen Absicherung** der Beziehung. In solchen Verträgen muss versucht werden, einseitig erfolgte Investitionen zu kompensieren und die entstehenden Pflichten und Ansprüche der Parteien zu fixieren.

Die Kompensation kann bspw. durch **vertragliche Regelungen** erfolgen, die eine „leihweise" Überlassung von Unterlagen, Gegenständen und sonstigen Hilfsmitteln festlegen. Dies bedeutet, dass der OEM dem Zulieferer unentgeltlich Aktiva zur Verfügung stellt, die auf seine spezifischen Verhältnisse zugeschnitten sind und die für den Zulieferer, würde ihm die Bereitstellung dieser Faktoren überlassen, hochspezifisch wären. Durch diese Maßnahmen wird die Spezifität der Aktiva gesenkt. Regelungen zur Verteilung der Eigentums- und Schutzrechte von Erfindungen sowie eine gegenseitige Geheimhaltungserklärung sind ebenfalls schriftlich niederzulegen. Der OEM investiert hierbei immer dann spezifisch, wenn er sich durch seine in den Verträgen festgelegte Verpflichtung zur Abnahme der Zulieferumfänge bei dem Kooperationspartner mit Beginn der Serienproduktion bereit erklärt. Dies kann sowohl in der Fixierung der Liefermengen für die gesamte Dauer der Beziehung als auch der Teilepreise geschehen. Werden dem Zulieferer dabei sämtliche Kosten der Entwicklungsleistung über die Teilepreise abgegolten, wird die Intensität der spezifischen Investition auf Seiten des Zulieferers ebenfalls reduziert. Sind Teilepreise als Festpreise zu verstehen, wird ein zentrales Risikoelement für den Zulieferer beseitigt. Sollte es trotzdem zu einer vorzeitigen Beendigung der Beziehung durch den OEM kommen, kann vertraglich fixiert werden, dass über eine Erstattung der dem Zulieferer nachweislich entstandenen Entwicklungskosten zu verhandeln ist.

In den abzuschließenden Verträgen geht es auch um die Regelung grundsätzlicher Anforderungen und Pflichten. Die von den Partnern zu erfüllenden Aufgaben müssen festgelegt werden, um Missverständnisse zu vermeiden und um einen reibungslosen Ablauf des Austauschprozesses zu gewährleisten (vgl. *Blumenröther*, 1993, S. 45).

Ein Beispiel für den Regelungs- und Absicherungsbedarf in Geschäftsbeziehungen ist der vom *Verband der Automobilindustrie* (*VDA*) erarbeitete Leitfaden zur Regelung der Zusammenarbeit zwischen Zulieferern und Herstellern in der Automobilindustrie (*VDA*, 2001). *Abbildung 261* gibt einen Überblick über die Präambel und den Inhalt des Leitfadens.

Die Laufzeiten der abzuschließenden Verträge zwischen OEMs und Zulieferern können sich an den Produktlebenszyklen der Produkte des OEMs orientieren. Bei einem **langfristigen Liefervertrag** vereinbaren Anbieter und Nachfrager die Belieferung und Abnahme einer ex ante festgelegten oder aber noch freibleibenden Menge für einen bestimmten Zeitraum.

> Grundlage der Geschäftsbeziehungen zwischen Automobilherstellern und -zulieferern ist die partnerschaftliche, vertrauensvolle Zusammenarbeit, bei der Leistung, Gegenleistung, Chancen und Risiken in einem ausgewogenen Verhältnis stehen.
>
> Leitfaden für die Zusammenarbeit zwischen den Automobilherstellern und ihren Zulieferern
>
> **Formen der Zusammenarbeit**
>
> Die Automobilhersteller informieren über Zielwerte für die Preisstellung der Kaufteile bereits in der Konzeptphase und ermöglichen dadurch die Mitwirkung der Zulieferer bei deren Erarbeitung.
> Durchführen gemeinsamer Einkaufspreisanalysen bei Respektierung der unternehmerischen Eigenständigkeit.
> Anwendung objektiver Maßstäbe für Kalkulationsvergleiche (make or buy) unter Berücksichtigung unternehmenspolitischer Zielsetzungen.
> Einigung über angemessene Preisanpassungen bei nachträglichen Änderungen der Spezifikationen oder der Anforderungen an übrige Leistungen (z. B. Logistik), soweit sie kostenrelevant sind.
> Partnerschaftliche Zusammenarbeit bei Durchführung von Kostensenkungsmaßnahmen.
> Berücksichtigung der Kosten bei projektbezogenen Investitionen.
> Beide Partner unterstützen sich gegenseitig bei der Verwirklichung von Einsparungsmöglichkeiten. Einsparungserfolge werden in partnerschaftlicher Form unter angemessener Berücksichtigung der Urheberschaft aufgeteilt.
> Aufrechnung von Kosten- und Preisänderungen erst nach endgültiger Vereinbarung zwischen Automobilherstellern und Zulieferern.
>
> **Rechtliche Gestaltungsregeln**
>
> Abschluss von Langfristverträgen mit Sprechklauseln bei außergewöhnlichen Kostenänderungen, wenn bei Abschluss des Vertrags gewünscht.
> Geheimhaltung von Projekten und ohne Zustimmung keine Weitergabe von Konstruktionsunterlagen einschl. CAD-Daten, Produkt- und Prozess-Know-how, Process-Failure Mode and Effect Analysis (FMEA) beider Partner (gegenseitiges Eigentum). Ausnahmen bedürfen der ausdrücklichen Vereinbarung, die den berechtigten Interessen beider Partner Rechnung zu tragen hat.
> Respektierung der Interessen der Automobilzulieferer hinsichtlich Warenzeichen.
>
> **Technische Gestaltungsregeln**
>
> Beiderseitige Information, insb. der Automobilzulieferer durch die Automobilhersteller, über Planungs- und Entwicklungsabläufe in der Konzeptphase und Serienentwicklung.
> Festlegung der Entwicklungsleistung zwischen Automobilhersteller und -zulieferer mit Beschreibung der Schnittstelle (Definition der Verantwortungsumfänge) und Vereinbarung über Zahlung dieser Entwicklungsleistung oder über Lieferung.
> Festlegung der einvernehmlichen Qualitätsstrategie (Q-Ziel, Q-Instrumente).
> Verstärkte und frühzeitige Einbeziehung der Zulieferer in das Fehlerursachenanalyse/ -beseitigungssystem und in Gewährleistungsfälle.

Abb. 261: Grundsätze zur Partnerschaft zwischen den Automobilherstellern und ihren Zulieferern

Quelle: *VDA*, 2001, S. 9 f.

Häufig sind solche langfristigen Lieferverträge als **Rahmenlieferverträge** konzipiert, die nicht alle Leistungen und Gegenleistungen spezifizieren (vgl. *Nagel*, 1992, S. 818). Zum Vertragsabschlusszeitpunkt werden meist nur erste Grundpositionen festgeschrieben, z. B.

- ob Festpreise oder freibleibende Preise gelten,
- für welchen Zeitraum der Vertrag Gültigkeit hat.

Die Einzelspezifikationen werden erst zu späteren Zeitpunkten festgelegt. Bei den **Detailspezifikationen** handelt es sich z. B. um die Festlegungen von (vgl. *Engelhardt/Günter*, 1981, S. 91)

- Abrufmengen,
- Bestimmungsort,
- Farben,
- Abmessungen.

Gerade bei langfristigen Lieferverträgen haben sich in der Praxis typische Vertragsformen herausgebildet (vgl. z. B. *Merz*, 1992; *Schmid*, 1996). Bei einem **Sukzessivlieferungsvertrag** wird die Erbringung von Leistungen in zeitlich aufeinander folgenden Raten durch einen einheitlichen Kauf- oder Werklieferungsvertrag begründet. Wird die zu liefernde Menge durch den Vertrag bereits von vornherein festgelegt, spricht man von einem **Ratenlieferungsvertrag**. Richtet sich die zu liefernde Menge jedoch nach dem bei Vertragsabschluss in seiner konkreten Höhe noch ungewissen Bedarf des Abnehmers, so handelt es sich um einen **Bezugsvertrag**, der ein Dauerschuldverhältnis begründet, da hier eine ständige Leistungsbereitschaft des Zulieferers begründet wird.

Typisches Beispiel für Bezugsverträge sind die Belieferungsverträge von Energieversorgungsunternehmen. Ein Dauerschuldverhältnis ist durch eine geschuldete Leistung gekennzeichnet, die in einem dauernden Verhalten oder in wiederkehrenden, über einen längeren Zeitraum bestehenden Einzelleistungen besteht. Es begründet eine engere Bindung der Vertragspartner als die sonstigen Schuldverhältnisse, verpflichtet zu einer verstärkten gegenseitigen Rücksichtnahme und Loyalität und unterliegt in noch stärkerem Maße dem Grundsatz von Treu und Glauben. Ein kein Dauerschuldverhältnis begründender Vertrag stellt ein Wiederkehrschuldverhältnis dar, bei dem ohne Vorliegen eines einheitlichen Vertrags das Verhältnis zwischen Zulieferant und Abnehmer durch aufeinander folgende Einzelverträge geregelt wird.

Durch die Wahl des Vertragstyps werden zwar prinzipiell bestimmte Ansprüche und Verpflichtungen geregelt, doch gilt es im konkreten Fall, diese im Vertrag zu beeinflussen bzw. zusätzliche Aspekte, die einer Abstimmung bedürfen, zu berücksichtigen.

Kritische Punkte in einer Vertragsverhandlung können Regelungen zu F&E, zu den Kündigungsklauseln, zur Qualität und zum Preis sein:

- **Forschung und Entwicklung**

Bei einer Kooperation im F&E-Bereich geht es um die Festlegung von Schutzrechten des Abnehmers und Einschränkungen der Verwertbarkeit seitens des Zulieferers. Auch wenn ein asymmetrisches Machtverhältnis häufig auch ohne vertragliche Regelungen zu „angepassten Verhaltensweisen" führen kann, besteht i. d. R. ein vertraglicher Regelungsbedarf (vgl. auch *Hamer*, 1989, S. 18). Die für den reibungslosen Ablauf der Austauschbeziehung notwendige Entwicklungskooperation von Hersteller und Lieferanten kann darüber hinaus zu einem höheren Abstimmungsbedarf führen. Dabei ist jedoch nicht unbedingt ein schneller Rückzug aus der Entwicklungskooperation, sondern eine effizientere Abstimmung der Entwicklungspotenziale auf beiden Seiten zu empfehlen (vgl. *Ossadnik et al.*, 2001, S. 884 f.).

Insbesondere bei strategischen Leistungen, durch die Wettbewerbsvorteile erzielt werden können, hat die Förderung der Entwicklungskooperation eine hohe Bedeutung, um Einlagerungsbarrieren (z. B. erschwerte Rückverlagerung outgesourcter Leistungen zum Hersteller) zu verhindern, und die Gefahr von Qualitätsschwankungen zu verringern (vgl. *Ossadnik et al.*, 2001, S. 879 und S. 885).

- **Kündigungsklauseln**

Bei Kündigungsklauseln handelt es sich um Klauseln, die den Abnehmer berechtigen, den Liefervertrag einseitig zu kündigen, wenn er Angebote von anderen Zulieferern erhält, die bei gleicher Qualität einen günstigeren Preis enthalten. Unter diesen Umständen ist der bisherige Vertragspartner nicht bereit, auf die aktuellen Konditionen einzugehen.

Eine derartige Klausel kann u. U. von Abnehmern ausgenutzt werden, um sich nahezu beliebig von aktuellen Zulieferern zu trennen. Eine sog. „inferior technology escape clause" erlaubt es dem OEM, den Vertrag vorzeitig zu beenden, falls ein anderer Zulieferer ein technisch höherwertiges Produkt anbietet (vgl. *Müller*, 1992, S. 23).

- **Qualität**

Da das Zulieferunternehmen ein Leistungsversprechen verkauft, kann das zu fertigende Produkt nicht im Vorhinein vom Kunden geprüft werden. Bestehen keine im Vorfeld der Vertragsverhandlungen festgelegten konkreten Zusagen des Zulieferers, die die Verantwortung für die uneingeschränkte Verwendbarkeit seiner Lieferungen gewährleisten, so werden Erstmusterprüfungen notwendig. Erstmuster, d. h. die ersten Erzeugnisse, die unter serienmäßigen Fertigungsbedingungen entstanden sind, werden einer Maß-, Werkstoff- und Funktionsprüfung beim Abnehmer unterzogen (vgl. *Richter*, 1992, S. 15). Nur nach erfolgreicher Prüfung kann die Zusammenarbeit beginnen.

Um die Qualitätsstandards während der gesamten Phase der Serienproduktion auf hohem Niveau zu halten, sind Maßnahmen festzulegen, die die Qualitätssicherung gewährleisten. Da die Qualität des Endprodukts von der Qualität der integrierten Zulieferteile abhängt, formulieren die OEMs den Anspruch, dass die Zulieferprodukte den gleichen qualitativen Anforderungen wie die Endprodukte zu genügen haben. Diese Forderung bedingt, dass bei den Zulieferern vertragliche Maßnahmen zur effektiven und präventiven Qualitätssicherung nötig werden (vgl. *Deiß/Döhl*, 1992, S. 7). Aufgrund dieser Forderung ist eine Vereinbarung zwischen den Parteien über das anzuwendende Qualitätsprüfungsverfahren zu treffen (vgl. *Richter*, 1992, S. 14).

Das Ziel einer effektiven Qualitätssicherung kann auch durch gemeinsame Qualitätsschulungen der Mitarbeiter von Zulieferer und OEM erreicht werden.

Ein zusätzliches Instrument zur Absicherung der Qualität der Zulieferprodukte sind Vereinbarungen, die bei Lieferung qualitativ minderwertiger Leistungen eine Haftung des Zulieferers vorsehen, z. B. indem Konventionalstrafen festgelegt werden (vgl. *Fandel/Francois*, 1989, S. 539; *Franke*, 1988, S. 443 f.).

- **Preis**

Ein weiterer sehr wichtiger Aspekt ist die Preisfestlegung bei längerfristigen Verträgen. In bestimmten Branchen, in denen eine enge Verbindung zwischen Abnehmer und Zulieferer besteht, kommt es häufig zur Offenlegung der Zulieferkalkulation. Das Problem der Preisfestlegung in längerfristigen Lieferverträgen kann in **zwei Teilaspekte** aufgegliedert werden.

Der erste Aspekt ist die **Veränderung des Wertgerüstes** beim Zulieferer aufgrund von Preisveränderungen auf seiner Beschaffungsseite. Diese können je nach relativer Macht- und Verhandlungsposition durch entsprechende Preisgleitklauseln an den Abnehmer (vgl. Teil 3 Kap. C.) weitergegeben werden.

Der zweite weitaus schwierigere Teilaspekt der Preisfestlegung bei langfristigen Verträgen ist die Forderung des Abnehmers, an der Ausschöpfung von **Rationalisierungspotenzialen** des Zulieferers beteiligt zu werden (vgl. *Nagel*, 1992, S. 818 ff.). Diese Forderung wird insbesondere bei dem im Zuliefergeschäft anzutreffenden Single Sourcing des Abnehmers vorzufinden sein, da in diesem Fall eine Kontrolle der vereinbarten Lieferkonditionen aufgrund von Marktpreisen über den Wettbewerb nicht mehr oder nur eingeschränkt gegeben ist. Die Nachfrager streben bei langfristigen, engen Kooperationen die gemeinsame Erschließung von Kostensenkungspotenzialen bei dem Zulieferer an. Voraussetzung ist hier jedoch, dass die gewonnenen Erkenntnisse bei späteren Preisverhandlungen nicht als Druckmittel gegenüber dem Zulieferer genutzt werden oder, wie bereits geschildert, dazu genutzt werden, die Gewinne des Zulieferers (teilweise) abzuschöpfen. Oft wird schon im Vorfeld – im Rahmen der Vertragsgestaltung – festgelegt, dass erzielte Kostensenkungen z. T. an die Kunden weiterzugeben sind.

In diesem Fall können regelmäßige **Wertanalysen** durch Mitarbeiter des Abnehmers beim Zulieferanten vereinbart werden, die das Ziel haben, Kostensenkungspotenziale auszuschöpfen und als Preissenkung an den Abnehmer weiterzuleiten (vgl. *Wildemann*, 1995, S. 129). Eine derartige Beschränkung der Dispositionsfreiheit des Zulieferers durch „automatische" Preisreduktion beinhaltet auch die Gefahr des vollkommenen Know-how-Abflusses. Unter Umständen kann dies durch die Wahl von unabhängigen Dritten vermieden werden, die die Wertanalyse durchführen und über die Realisierung von Kostensenkungspotenzialen dem Abnehmer berichten.

Eine Möglichkeit, die Preisgestaltung für die gesamte Vertragslaufzeit schon zu Beginn der Beziehung zu definieren und auch vertraglich festzulegen, besteht im Rahmen der zuvor angesprochenen Konzeptwettbewerbe. Im Rahmen des bei Konzeptwettbewerben häufig angewendeten „Target-Costing" kann der OEM konkret festlegen, was ein Zulieferprodukt kosten darf. Der Zulieferer hat somit schon vor Vertragsabschluss die Möglichkeit zu beurteilen, ob er zur Erreichung des vom OEM geforderten Kostenniveaus in der Lage ist.

2.2 Ausbau der Geschäftsbeziehung

2.2.1 Definition des Koordinationsdesigns

Nach Vertragsabschluss ist ein Koordinationsdesign für die Gestaltung der Geschäftsbeziehung zu definieren, das in Verbindung mit den vertraglichen Regelungen die langfristige Aufrechterhaltung der Geschäftsbeziehung gewährleisten kann. Ein **Koordinationsdesign** soll die Einhaltung der definierten Leistungsversprechen sicherstellen und die Infrastruktur zur Durchführung des gemeinsamen Projekts schaffen.

Für die Zusammenarbeit in den Wertschöpfungsbereichen Entwicklung, Produktion, Logistik, Qualität und teilweise auch Entsorgung ist es zweckmäßig, gemeinsame Teams zu bilden, die aus Repräsentanten der betroffenen Funktionen beider Partner zusammengesetzt sind. Diese Teams haben die Aufgabe, Verbesserungsvorschläge für die Weiterentwicklung der Geschäftsbeziehung zu entwickeln. Ein Beispiel hierzu findet sich in der Automobilindustrie: In Verbesserungsprojekten, wie bspw. den POZ (Prozessoptimierung Zulieferteile)-Projekten von BMW werden gesamte Prozessketten der Lieferanten – einschließlich der Schnittstellen zu BMW – analysiert und anschließend optimiert (vgl. o. V., 1993, S. 32).

Als **Planungsinstrumente** für die kooperative Vernetzung von Wertschöpfungsprozessen zwischen Abnehmer und Zulieferer eignen sich sog. Wertschöpfungstiefen- und Prozesskettendiagramme (vgl. zu ersterem *Abbildung 262*), die auf Funktionsdiagramme und Kompetenzmatrizen zurückgehen (vgl. *Kaufmann,* 1995, S. 284 f.).

Diese Diagramme ermöglichen die Planung der Zusammenarbeit in den relevanten Wertschöpfungsstufen. In der Kopfzeile befinden sich die Teilphasen der jeweiligen Prozesse, in

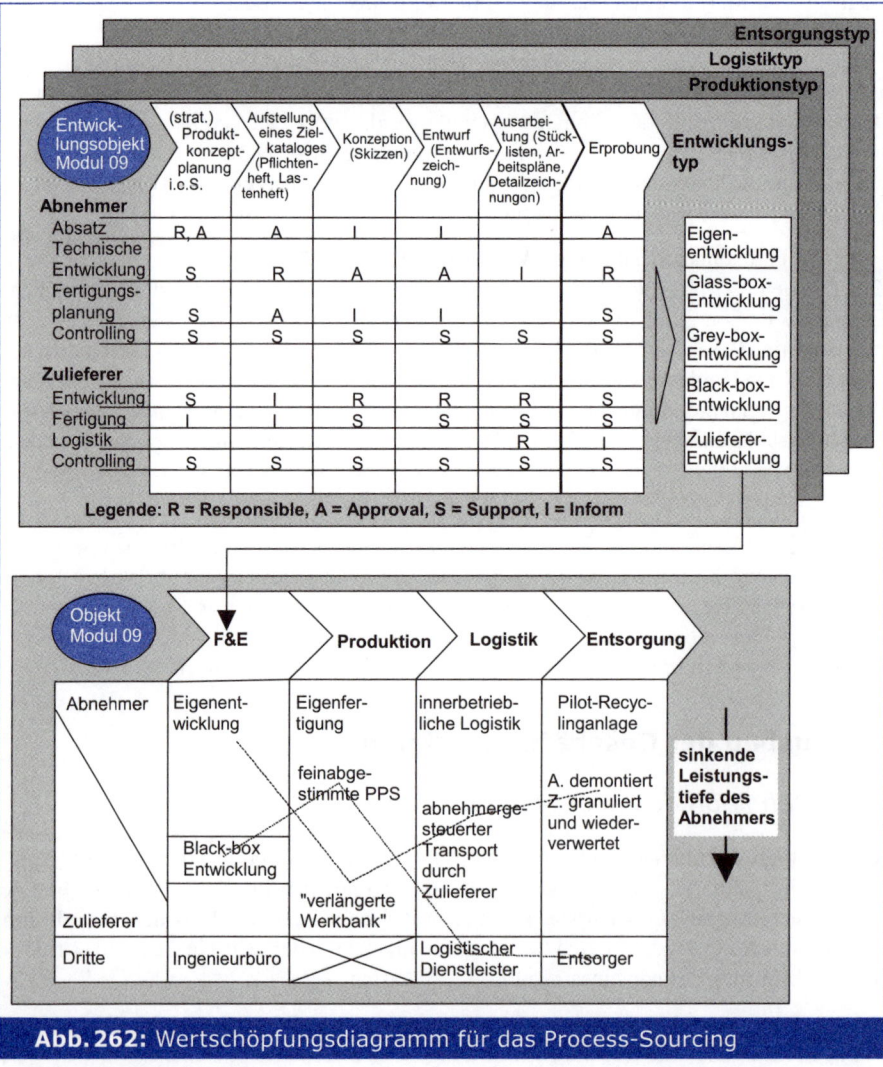

Abb. 262: Wertschöpfungsdiagramm für das Process-Sourcing

Quelle: *Kaufmann,* 1995, S. 285.

der ersten Spalte die Aufgabenträger. Die Matrix enthält Angaben zu den unterschiedlichsten Arten der Mitwirkung einzelner Träger in den einzelnen Phasen durch Angabe der Kompetenzarten. Aus der Aggregation der Leistungsdiagramme für die Wertschöpfungsarten ergibt sich das gesamte Wertschöpfungs- bzw. Process-Sourcing-Profil des OEMs (vgl. *Kaufmann*, 1995, S. 284).

Um den **Prozess der kontinuierlichen Verbesserung** einzuleiten, schlägt *Goslar* (1996, S. 295) den in *Abbildung 263* dargestellten Weg vor.

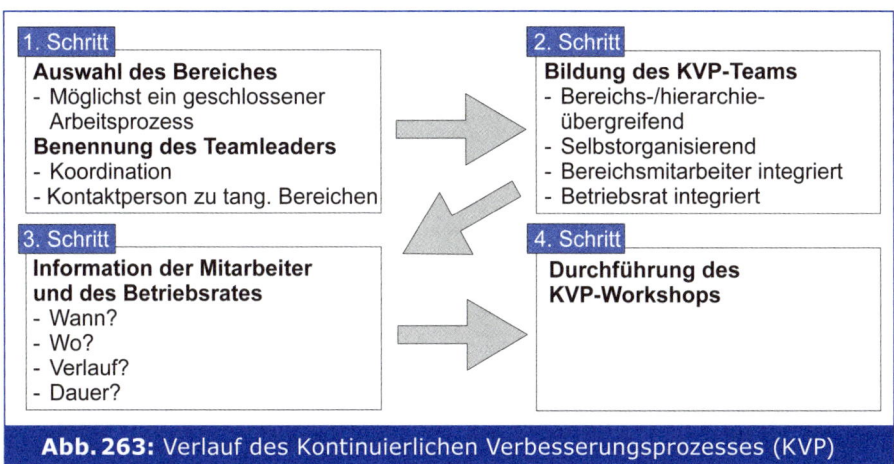

Abb. 263: Verlauf des Kontinuierlichen Verbesserungsprozesses (KVP)

Quelle: *Goslar*, 1996, S. 295.

Die Zusammenarbeit ist sinnvollerweise zunächst in Form von **Pilotprojekten** zu starten. In dieser Pilotphase kann geprüft werden, ob die gesetzten Ziele erreicht werden können und die Partner harmonieren. Letzteres ist von Bedeutung, da gute persönliche Beziehungen die Voraussetzung bilden, dass sich Zulieferer und Abnehmer sachlich und sehr direkt auf die Probleme konzentrieren können, was die Effizienz der Geschäftsbeziehung erhöht.

Die Projektdurchführung sollte von der Führungsebene begleitet werden. Vor allem die Mitarbeiter der bereichsübergreifenden Projektteams müssen so motiviert werden, dass sie prozessorientiert zusammenarbeiten können. Es sind für die jeweiligen Prozesse Verantwortliche zu benennen, die sowohl aus Anbieter- als auch aus Kundenunternehmen stammen können. Um den Prozess der kontinuierlichen Verbesserung einzuleiten, bedarf es einer einfachen und schnellen organisatorischen Lösung (vgl. *Kleimann*, 1994, S. 72). Die Arbeitsteams sollten zunächst den Ist-Zustand analysieren und dokumentieren, um dann in regelmäßig stattfindenden Sitzungen die künftigen Soll-Vorgaben festzulegen. Die jeweiligen Entscheidungen sind dem Management zur Genehmigung vorzulegen.

Durch die enge Zusammenarbeit lernen sich die Mitarbeiter der Partner sehr gut kennen. Das bestehende Verhältnis zwischen den beteiligten Unternehmen wird somit kontinuierlich verbessert. Eine Kommunikation auf Managementebene unterstützt diese Tendenz.

Entsprechend dem Bezugszeitpunkt der Zusammenarbeit ist zwischen

- Prozessverbesserungskooperationen und
- F&E-Kooperationen

zu unterscheiden.

Die Programme, die in der laufenden Serie ansetzen, beziehen sich schwerpunktmäßig auf die (Kosten-)Optimierung von Prozessen beim Zulieferer und werden dementsprechend als **Prozessverbesserungskooperationen** bezeichnet. Hierbei werden als mögliche Erfolgspotenziale die Einsparung an Arbeitsaufwand je produzierter Einheit, die Steigerung der Produktivität der Maschinen, die Verkürzung der Prozessdauer und die Einsparung an Material und Energie angeführt (vgl. *Heydebreck*, 1996, S. 115).

F&E-Kooperationen dagegen werden für kommende Modellreihen geplant. Im Gegensatz zu Prozessverbesserungskooperationen begründen sie neue Geschäftsbeziehungen oder Folgebeziehungen. Eine frühzeitige Einbeziehung der Lieferanten in F&E mit dem Ziel, auch die sich anschließende Serienfertigung gemeinsam zu gestalten, ist Gegenstand dieser Programme (vgl. *Remmel*, 1993, S. 40). Als Hauptzielsetzung wird von den meisten OEMs die Verkürzung der Entwicklungszeiten gesehen. Diese F&E-Kooperationen zeichnen sich dadurch aus, dass schon in einer sehr frühen Projektphase die Bedingungen der Zusammenarbeit von den an der Produkt- und Prozessentwicklung Beteiligten so gestaltet werden, dass alle Elemente des Produktlebenszyklusses der neuen Baureihe an den Kundenanforderungen ausgerichtet werden können (vgl. *Carter/Baker*, 1992, S. 2).

Entwicklungspartnerschaften stellen eine sehr weitgehende Form der Kooperation dar. Im Extremfall kommt es zu einer Vergabe von F&E-Etats durch den OEM an das Zulieferunternehmen.

Der Einstieg in F&E-Kooperationen erfordert von beiden Parteien spezifische Investitionen in die Geschäftsbeziehung. Der dabei realisierte Beziehungsgewinn, der z. B. in der Senkung der Kosten für die Qualitätssicherung oder in der Reduzierung der Anlaufkosten sowie der Verkürzung der Entwicklungszeiten liegen kann, ist gegenüber den Prozessverbesserungskooperationen i. d. R. deutlich höher (vgl. *Spies*, 1994, S. 203).

2.2.2 Spezifische Investitionen

Um eine Geschäftsbeziehung auszubauen, sind Maßnahmen erforderlich, die die Parteien an die Beziehung binden. Insbesondere spielen hier geschäftsbeziehungsspezifische Investitionen eine Rolle. Ein besonderes Beispiel zum Ausbau von Geschäftsbeziehungen stellen in diesem Zusammenhang Maßnahmen dar, die die Zulieferer dazu veranlassen, spezifische Investitionen in Sachkapital zu tätigen. Dabei ist zu unterscheiden zwischen

- Insourcingmaßnahmen und
- Maßnahmen zur informationstechnischen Vernetzung.

Insourcingmaßnahmen

Mit Hilfe des Insourcing-Konzepts wird versucht, durch Optimierung des vertikalen Integrationsgrads der Abnehmer die Vorteile der Eigenfertigung mit den Vorteilen des Fremdbezugs zu kombinieren. **Insourcing** kennzeichnet generell den Vorgang, dass Mitarbeiter des Zulieferers direkt am Verbauort des Abnehmers Baugruppen montieren und teilweise auch fertigen. Teilweise werden diese Maßnahmen auch unter dem Begriff der vertikalen Kooperationen behandelt.

> Ein klassisches Beispiel ist die LKW-Produktion von Volkswagen in Brasilien. Seit November 1996 arbeiten im Werk Resende, Brasilien, acht Lieferanten unter der Führung von Volkswagen an der Produktion von Lastwagen und Omnibussen. Bei den Zulieferunternehmen handelt es sich um Systemzulieferer, mit denen Wertschöpfungspartnerschaften bestehen. Während Volkswagen

lediglich für Gesamtkoordination, Qualitätskontrolle, Marketing und Verkauf verantwortlich ist, fallen den Systemlieferanten die Aufgaben der Materialflussplanung, die Produktionsabwicklung und Prozessverantwortung zu. Jeder Systempartner muss seine Module bzw. Baugruppe nach dem JIT-Prinzip am Montageband abliefern. *Abbildung 264* stellt die an diesem Projekt in den 1990er Jahren beteiligten Zulieferunternehmen dar (vgl. *Bartelt*, 2002, S. 9).

Zulieferunternehmen/-konsortien	Modul/System
Iochpe-Maxion	Chassis
Rockwell	Achsen/Aufhängungen
Iochpe-Maxion, Bridgestone, Borlen	Räder/Reifen
Motoren-Werke Mannheim, Cummins	Motor/Kupplung/Schaltung/Lenkung/Bremsen
Tamet	Fahrerkabine
VDO Kienzle	Kabinenausstattung
Eisenmann	Lackiererei

Abb. 264: Modullieferanten des VW-Werks in Resende

Quelle: in Anlehnung an *Barteld,* 2002, S. 9.

Die einzelnen Firmen sind nicht mehr räumlich, sondern nur noch durch gelbe Streifen auf dem Boden der Produktionshalle voneinander getrennt (vgl. *Wüthrich et al.*, 1997). Durch die enge Kooperation mit System- und Modullieferanten konnte Volkswagen z. B. die Produktionskosten um 20 % reduzieren und gleichzeitig die Produktionszeit um 12 % verkürzen. Die Investitionen in das Werk betrugen insgesamt 300 Mio. US$, von denen 50 % von den Direktlieferanten übernommen worden sind (vgl. *Meyer/Bartelt*, 1999, S. 8).

Es sind verschiedene Insourcing-Varianten möglich (vgl. *Wildemann*, 1994, S. 28 ff.), die sich zum einen hinsichtlich der Kontrolle und Beeinflussbarkeit der Wertkette durch den Abnehmer und zum anderen hinsichtlich der Höhe der durch die Zulieferer zu tätigenden spezifischen Investitionen unterscheiden (vgl. *Abbildung 265*). Die auf die speziellen Bedürfnisse des OEMs abgestimmte Ausrichtung der Beziehung steigt von Typ A bis Typ D an.

- **Typ A – Montage an Abnehmer-Produktionsstätten:** Bei dieser Insourcing-Form übernimmt ein Zulieferer die Aufgabe der Koordination der Unterlieferanten und montiert die Teile der Unterlieferanten zu abnehmerspezifischen Modulen. Diese Module werden beim OEM vor Ort vom Zulieferer eingebaut, womit der Zulieferer auch die produktionssynchrone Anlieferung sicherzustellen hat. Er richtet somit sowohl seine Produktion als auch seine Logistik abnehmerspezifisch aus, wozu i. d. R. auch Investitionen in ein unternehmensübergreifendes Informations- und Kommunikationssystem getätigt werden müssen.
- **Typ B – Verlagerung von Fertigungs- und/oder Montageumfängen der Zulieferer in Abnehmer-Produktionsstätten:** Bei dieser Variante verlagern Lieferanten Teile ihrer Montagestätten auf freie Flächen im Abnehmerunternehmen, womit der Integrationsgrad im Vergleich zu Typ A weiter ansteigt. Die Montage der Module und der Einbau in das Endprodukt erfolgen gemeinsam mit Mitarbeitern des Abnehmers. Die Bezahlung der abgestellten Mitarbeiter wird weiterhin vom Abnehmer vorgenommen, die entsprechende Lohnsumme wird aber beim Bezugspreis in Rechnung gestellt.
- **Typ C – Industriepark:** Bei der Gründung eines Industrieparks verlagern mehrere Kernlieferanten abnehmerspezifische Fertigungen auf ein Gebiet in unmittelbarer räumlicher Nähe der Fertigung des Abnehmers.
- **Typ D – Joint Venture:** Die Gründung eines gemeinsamen Montage- und Teilefertigungsunternehmens stellt schließlich eine stark institutionalisierte Form der Zusammen-

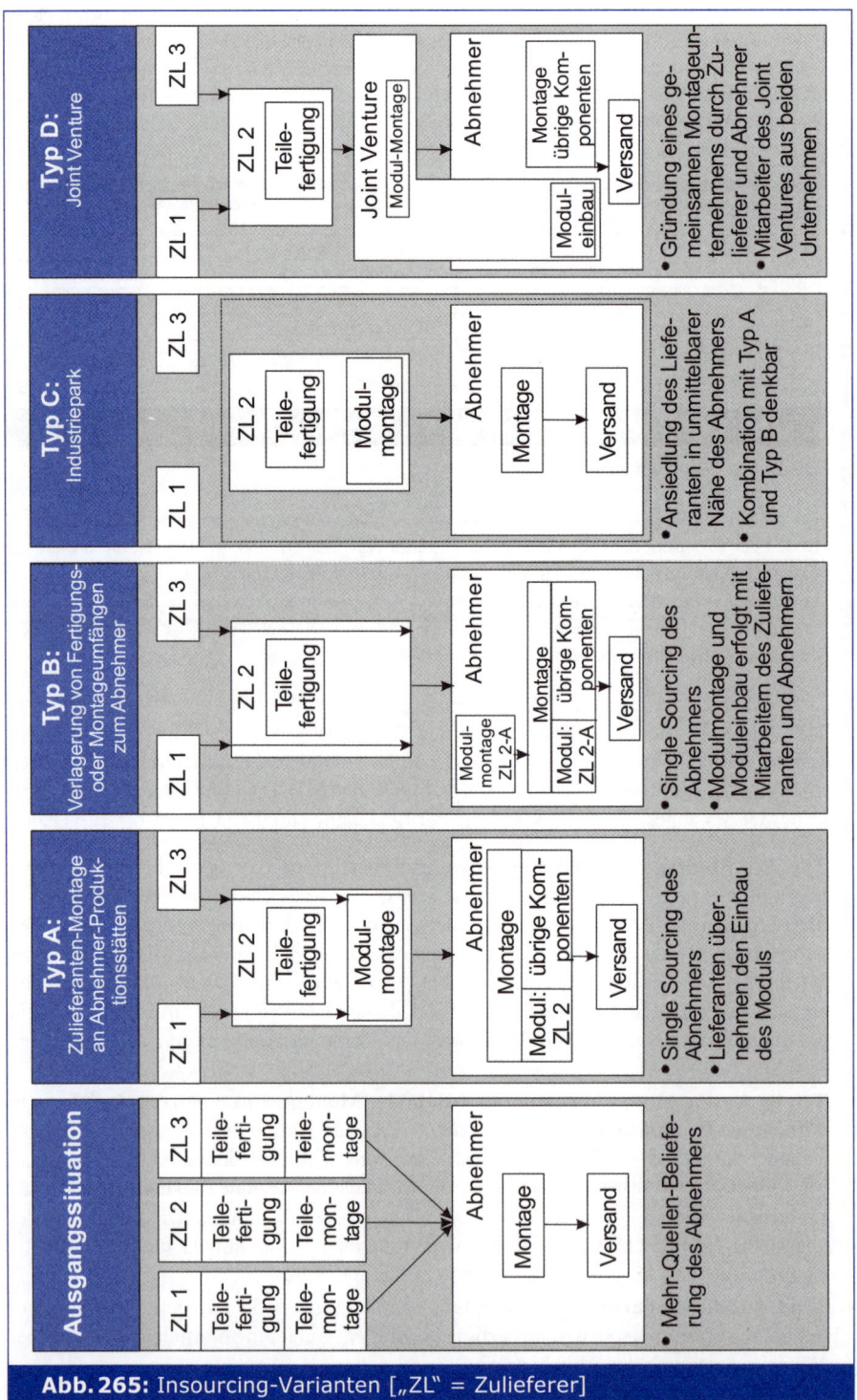

Abb. 265: Insourcing-Varianten [„ZL" = Zulieferer]

Quelle: in Anlehnung an *Wildemann*, 1994, S. 28.

arbeit dar. Die Kosten für Grundstück, Anlagen und Betriebsmittel werden anteilsmäßig übernommen, und die Mitarbeiter des Unternehmens stammen sowohl vom Lieferanten als auch vom Abnehmer.

Eine andere Systematisierung unterscheidet nach der Anzahl der räumlich zu integrierenden Unternehmen sowie der grundsätzlichen Zielsetzung der Lieferantenintegration (vgl. *Freiling/Sieger*, 1999, S. 28). Sind lediglich zwei Unternehmen betroffen (dyadische Orientierung), fällt der Abstimmungsbedarf wesentlich niedriger als bei mehreren Unternehmen aus (Netzwerkorientierung). Die grundsätzliche Zielsetzung kann entweder die Zusammenlegung von Ressourcen umfassen, ohne dass die Koordination zwischen Zulieferer und Abnehmer im Wesen verändert wird (Ressourcen-Pooling) oder stärker auf das Eingehen von Lernpartnerschaften ausgerichtet sein. Echte Lernpartnerschaften zeichnen sich dadurch aus, dass eine Wissensakkumulation und ein Wissenstransfer zwischen den Beteiligten stattfinden. Diese lassen sich im Moment eher in der Softwarebranche als in der Automobilindustrie beobachten.

Die durch die beschriebenen Insourcing-Maßnahmen induzierten Investitionen sind auf die speziellen Bedürfnisse eines OEMs ausgerichtet und somit vom Zulieferer kaum bzw. nicht anderweitig nutzbar. Der Zulieferer erbringt Investitionen, die ausschließlich auf die Belange der Geschäftsbeziehung ausgerichtet sind. Diese Investitionen kann er notwendigerweise nur durch die Belieferung des OEMs amortisieren (vgl. *Adolphs*, 1997, S. 96). Damit gelingt es den OEMs, eine intensive Bindung der Zulieferer zu erreichen, so dass ein Abbruch der Beziehung durch den Zulieferer unwahrscheinlich wird.

Maßnahmen zur informationstechnischen Vernetzung

Eine immer stärker abnehmende Wertschöpfungstiefe bedingt die Zunahme von Vernetzungen zwischen Abnehmer- und Zulieferunternehmen (vgl. *Meyer*, 1996, S. 90). Abnehmer und Zulieferer treten dabei in enge Austauschbeziehungen, die zu organisatorischen Kopplungen wie z. B. Simultaneous bzw. Collaborative Engineering oder JIT führen. Diese Entwicklung setzt den Einsatz effizienter inter-organisationaler Informationssysteme voraus (vgl. *Klein*, 1996, S. 175).

Einen bedeutenden Bereich stellen die **elektronischen Kataloge** dar. Der vereinfachte, standardisierte Import von Katalogdaten sowie deren Klassifizierung für KMU ist jedoch mit großen Problemen behaftet. Zunächst wurde die elektronische Unterstützung des Leistungsaustauschprozesses mit Hilfe der Anwendung von Electronic Data Interchange-Lösungen (EDI) abgewickelt. EDI ermöglicht einen nach standardisierten Formaten strukturierten Austausch von Daten, Dokumenten, Texten, Sprache und Bildern (vgl. *Monse/Reimers*, 1997, S. 72). Charakteristisches Merkmal von EDI ist die soft- und hardwareneutrale Weiterverarbeitbarkeit der elektronisch übermittelten Daten und Informationen in unternehmensinternen Anwendungssystemen ohne erneute Dateneingabe (vgl. *Neuburger*, 1997, S. 51). Der Austausch findet bilateral (von Unternehmen zu Unternehmen) über proprietäre zentralisierte Systeme statt. Da mit der Initiierung und dem Ausbau von EDI für die zwischenbetriebliche Organisation hohe Kosten für technische und organisatorische Anpassungen verbunden sind (vgl. *Klein*, 1996, S. 174), bietet sich die Ergänzung bzw. Ersetzung dieses Bereiches mit Hilfe internetbasierter Datenaustauschformate an. Aufgrund der öffentlichen, multilateralen und standardisierten Struktur des Internet (vgl. *Sibbel/Hartmann*, 2002, S. 497) können die Modelle des bestehenden EDI schrittweise auf internetbasierte Technologien übertragen werden.

Für die einheitliche Informationsverarbeitung auf Basis der Internettechnologie kann neben der Hypertext Markup Language (HTML) auf den Internet-Standard Extensible Markup Language (XML) als Metasprache zurückgegriffen werden (vgl. *Schinzer/Thome*, 1999, S. 209 ff.; *Sibbel/Hartmann*, 2002, S. 502). Eine Verbindung der Strukturen von XML und EDI ermöglicht, dass EDI-einsetzende Unternehmen auch mit nicht EDI-fähigen Partnern Geschäfte abwickeln können. Mit Hilfe von XML-EDI können bspw. ganze Warenwirt-

---

Fallbeispiel BMEcat

„Der Lieferant stellt einen Katalog in elektronischer Form zusammen, der dem BMEcat-Standard entspricht. Dieser Katalog wird als Katalogdokument bezeichnet. Dieses Katalogdokument ermöglicht auch die Einbindung von multimedialen Produktdaten wie Bildern, Grafiken, technischen Dokumente etc. Typischerweise übermittelt ein Lieferant das Katalogdokument an eine einkaufende Organisation, welche den Inhalt des Katalogdokumentes weiterverarbeitet und in ein bestehendes Shop-System (bspw. SAP, Intershop, Commerce One, etc) integriert. Dieser Vorgang wird als Produktdatenaustausch bezeichnet. Das BMEcat-Format ermöglicht dem Lieferanten die Übertragung und Aktualisierung der kompletten Produkt- und Preisdaten. Das standardisierte Katalogdokument kann auch zur Erstellung oder Aktualisierung von Online-Shops für die Vertriebsunterstützung genutzt werden. Unternehmen, die Dokumente auf der Basis des BMEcat erstellen können, erfüllen damit wesentliche Voraussetzungen für weitere Bereiche des E-Commerce, wie bspw. die automatisierte Verarbeitung von Bestellungen oder den elektronischen Austausch von Rechnungsdaten. Durch die Verwendung des neuen Internet-Standards XML, der Extensible Markup Language, ist BMEcat auch offen für den internationalen Markt."

Praktischer Einsatz von BMEcat – Das Beispiel ALCATEL

„Alcatel gehörte zu den Gründungsmitgliedern der BMEcat Initiative. Im September 1999 führte Alcatel das E-Procurement System „Buy Direct" für den Einkauf von allgemeinen Gütern ein. Ziel des Projektes „Buy Direct" war, den operativen Bestellprozess zu den internen Konsumenten zu verlagern und den Einkauf, den Wareneingang sowie die Finanzbuchhaltung durch den Einsatz von Direktbestellsystemen und Electronic Billing zu entlasten. Im Februar 2000 bekam Alcatel die ersten Kataloge im BMEcat-Format. In den Anfängen konnte über „Buy Direct" lediglich Büromaterial bestellt werden. Seit 2001 wird ein weiterer Teil des Bedarfes an C-Artikeln des allgemeinen Einkaufs über „Buy Direct" beschafft. Die Kataloge der Warengruppen Büromaterial, EDV Verbrauchsmaterial, Verpackungsmaterial sowie Werkzeuge werden im BMEcat Format abgebildet. [...] Die Erfahrungen, die Alcatel bei der Einführung des BMEcat machte, waren sehr positiv. Die Lieferanten erklärten sich zu 100% dazu bereit, ihre elektronischen Kataloge im BMEcat Format zu liefern. Ein Grund dafür ist, dass der BMEcat auf XML basiert und somit ein offener, internationaler, plattformunabhängiger und lizenzfreier Standard ist. Anhand der Spezifikation und der Beispiele auf der BMEcat Webseite ist es dem Lieferanten möglich seinen Katalog im BMEcat-Standard darzustellen. [...] Der BMEcat ist für Alcatel eine große Unterstützung bei der Beschaffung von C-Artikeln des allgemeinen Einkaufs. Mit Hilfe dieses Standards ist der Austausch bzw. die Implementierung elektronischer Kataloge erheblich erleichtert worden."

Abb. 266: BMEcat als standardisiertes Katalogdatenaustauschformat

Quelle: *BMEcat*, 2003.

schaftssysteme über das Internet vernetzt werden. Um kleinere Lieferanten zu binden, werden darüber hinaus sog. Web-EDI-Lösungen eingesetzt (vgl. *Behrenbeck et al.*, 2000, S. 40).

Ein Beispiel für den Einsatz eines XML-basierten Standards zur elektronischen Datenübertragung ist die Initiative des Bundesverbandes Materialwirtschaft, Einkauf und Logistik e. V. (BME) mit dem Namen „BMEcat". In *Abbildung 266* wird beispielhaft aufgezeigt, wie sich mit Hilfe des Einsatzes von „BMEcat" die Kosten für Unternehmen deutlich senken lassen.

Auch wenn internetbasierte Technologien schlanker, effizienter und kostengünstiger als bestehende EDI-Standards und -Techniken sind, handelt es sich dennoch weiterhin um „bilaterale" Lösungen zwischen zwei Unternehmen mit dem dazugehörigen Anpassungsbedarf sowie hohen spezifischen Kosten. Vor diesem Hintergrund ist die Aufbauphase von Elektronischen Marktlösungen i. d. R. durch ein hohes Maß an Unsicherheit gekennzeichnet: Zum einen hängt der für ein Zulieferunternehmen durch die Teilnahme erreichbare Nutzen von der Teilnahme anderer potenzieller Abnehmer (OEMs) ab, zum anderen besteht Unsicherheit hinsichtlich des Verbreitungsgrades der verschiedenen Standards (vgl. *Heiner*, 1995, S. 56).

Ist die geschaffene Lösung nur zu geringen Teilen für weitere Anbindungen wieder verwendbar, dann stellen die bspw. mit dem Aufbau von EDI verbundenen Kosten – in Verbindung mit den aufgezeigten Unsicherheiten – spezifische Investitionen dar. Die Alternative, sich an offeneren elektronischen Marktlösungen zu beteiligen, bietet für viele global agierende Unternehmen mit einer Vielzahl bestehender EDI-Verbindungen zu Lieferanten und Kunden nur geringe Anreize, da bspw. hohe Sicherheitsrisiken und Anpassungsprobleme zu erwarten sind

Insgesamt kann eine informationstechnische Vernetzung die existierende Geschäftsbeziehung bzw. Partnerbindung festigen. Allerdings sind damit wechselseitiges Vertrauen und eine gute Reputation der Geschäftspartner, die aus den Erfahrungen der Zusammenarbeit resultieren, die zentrale Voraussetzung für den Einsatz integrierter elektronischer Marktlösungen (vgl. *Klein*, 1996, S. 174).

3 Beendigung der Geschäftsbeziehung

3.1 Strategische Ausstiegsfenster

Mit der Beendigung der Geschäftsbeziehung wird letztlich ein **Desinvestitionsproblem** angesprochen, da dieser Vorgang zumindest teilweise mit einer Entwertung der jeweils in die Strukturen der Geschäftsbeziehung getätigten spezifischen Investitionen verbunden ist (vgl. *Pampel*, 1993, S. 198 ff.). Vor diesem Hintergrund ist sowohl aus der Sicht des Abnehmers als auch aus der des Zulieferers anzustreben, den Zeitpunkt der Beendigung der Geschäftsbeziehung so zu wählen, dass diese Beendigung möglichst wenige wirtschaftliche Nachteile nach sich zieht. Es ist jedoch anzunehmen, dass die Entscheidung über die Beendigung einer Geschäftsbeziehung aufgrund der Machtverteilung zugunsten der OEMs häufig auch auf deren Initiative zurückgeht. Dabei geht die Differenz der unterschiedlichen Abbaukosten in vielen Fällen zu Lasten des Zulieferers – bis hin zur Gefährdung seiner Existenz (vgl. *Pampel*, 1993, S. 198). In der Regel erfolgt der Abbruch der Geschäftsbeziehung nicht abrupt. Vielmehr kann von einem Krisenverlauf gesprochen werden. Oftmals erfolgen Warnungen des OEMs bzw. eine Reduzierung der Liefermenge, bevor die Geschäftsbeziehung abgebrochen wird. Für den Zulieferer gilt es folglich, Signale, die auf die Beendigung einer Geschäftsbeziehung hinweisen, frühzeitig zu erkennen, um rechtzeitig Maßnahmen ergreifen zu können, die geeignet sind, das Scheitern der Geschäftsbeziehung abzuwenden (vgl. *Butzer-Strothmann*, 1998, S. 71).

Grundsätzlich steht eine Geschäftsbeziehung immer dann zur Disposition, wenn das Ende des Lebenszyklusses des OEM-Produkts erreicht wird, also für das Zulieferprodukt insgesamt kein Bedarf mehr besteht. Dieser Zeitpunkt kennzeichnet sowohl das **strategische Ausstiegsfenster** für einen OEM als auch zugleich das strategische Einstiegsfenster für potenzielle neue Zulieferer.

Des Weiteren können Zulieferer-Abnehmer-Beziehungen scheitern, wenn Konflikte oder Krisen auftreten, die sich nicht einvernehmlich lösen lassen, oder wenn im Rahmen einer Evaluation (vgl. *Sydow/Windeler*, 1997, S. 6 f.) deutlich wird, dass die gesetzten Erwartungen nicht erfüllt werden. Wichtig ist dabei, dass nicht allein der OEM seine Zulieferer, sondern auch der Zulieferer die von ihm belieferten OEMs kontinuierlich evaluieren sollte.

Für die Evaluation durch den OEM gilt dabei, dass der Zulieferer nicht auf die Weiterführung der Geschäftsbeziehung hoffen kann, wenn z. B. die Erstmusterprüfung des neu entworfenen Zulieferprodukts Fehler offenbart und diese nur schwer oder gar nicht zu beheben sind. Oder macht ein OEM z. B. im Rahmen einer kontinuierlich durchgeführten Lieferantenbewertung die Erfahrung, dass einzelne Lieferanten nicht den gestellten Anforderungen genügen, wird er die Beendigung der Geschäftsbeziehung anstreben. Dabei fällt die Beendigung umso schwerer, je umfangreicher sich bereits beziehungsspezifische Strukturen und Prozesse in den Partnerunternehmen herausgebildet haben (vgl. *Pampel*, 1993, S. 201 f.).

Auf der anderen Seite sollte auch der Zulieferer die Geschäftsbeziehungsqualität mit seinen OEMs durchgängig beobachten. Da der Zulieferer häufig nicht nur am Anfang der Geschäftsbeziehung spezifisch zu investieren hat, sondern auch noch während des Verlaufs oder zum Zwecke der Fortführung bzw. Verlängerung der Geschäftsbeziehung, hat der Zulieferer vor erneuter Investition in die laufende Geschäftsbeziehung zu prüfen, ob die bestehenden Erfahrungen mit dem OEM ein solches erweitertes Engagement rechtfertigen. *Gawantka* (2006) vertritt daher die Auffassung, dass Zulieferer nicht nur die Kundenzufriedenheit laufend ermitteln und positiv beeinflussen sollten. Darüber hinaus ist seiner Auffassung nach auch die spiegelbildliche Ermittlung der **Anbieterzufriedenheit** erforderlich. Hierunter versteht er in Analogie zur Kundenzufriedenheit „die Zufriedenheit des Anbieters einer Leistung mit dem Verhalten eines industriellen Nachfragers in einer ökonomischen Austauschbeziehung", die „sowohl durch ökonomisch direkt als auch durch nur indirekt wirkende Faktoren beeinflusst" (*Gawantka*, 2006, S. 14) wird.

Im Rahmen einer empirischen Untersuchung bei 86 Automobilzuliefern (vgl. hierzu auch *Voeth/Gawantka*, 2005b) konnte *Gawantka* (2006, S. 218) mit Hilfe einer Strukturgleichungsanalyse (zumindest für die Automobilzuliefererindustrie) zeigen, dass die Anbieterzufriedenheit vor allem durch folgende Determinanten beeinflusst wird:

- **Interaktionsbereitschaft**: Hierunter ist die Bereitschaft zu verstehen, sich mit den Anforderungen im Hinblick auf die eigene Integrationsleistung auseinanderzusetzen und die notwendigen eigenen Ressourcen tatsächlich auch in die Geschäftsbeziehung einzubringen.

- **Verteilungsgerechtigkeit**: Unter Verteilungsgerechtigkeit kann die Ausgewogenheit des Kosten/Nutzen-Verhältnisses zwischen den Geschäftsbeziehungspartnern verstanden werden (vgl. *Li/Dant*, 1997).
- **Flexibilität**: Diese Determinante drückt die Bereitschaft/Fähigkeit des OEMs aus, bei Veränderungen der Rahmenbedingungen Modifikationen und Anpassungen der zwischen den Vertragspartnern zuvor festgelegten Bestimmungen vorzunehmen.
- **Abhängigkeit**: Hierunter ist einerseits die Bedeutung des einzelnen Nachfragers für Zulieferer (z. B. gemessen durch den Umsatzanteil) und andererseits die Möglichkeit, das mit dem einzelnen Zulieferer getätigte Umsatzvolumen durch andere Kunden auszugleichen, zu verstehen.

Aufbauend auf die (allerdings nur durch eine Befragung in der Automobilzuliefererindustrie) erzielten kausalanalytischen Ergebnisse zur Bedeutung dieser Determinanten schlägt *Gawantka* (2006) ein einfaches Scoring-Modell vor, mit dessen Hilfe Zulieferer regelmäßig die Geschäftsbeziehungszufriedenheit aus ihrer Sicht ermitteln sollten (vgl. *Abbildung 267*). Auch wenn die Gewichte und Determinanten dabei möglicherweise branchen- und/oder unternehmensspezifisch anzupassen sind, stellt das Modell eine einfache Möglichkeit dar, die ansonsten häufig nur unterschwellig bestehenden Einschätzungen über laufende Geschäftsbeziehungen innerhalb des Zulieferer-Unternehmens und ggf. gegenüber dem Kunden transparent zu machen.

Einflussfaktor:	Sehr gering 1	Zufriedenheit 2	3	4	5	Sehr groß 6	Gewichtung (Faktor)	Teilergebnis
Interaktionsbereitschaft							0,17	(von 1,02)
Verteilungsgerechtigkeit							0,20	(von 1,20)
Flexibilität							0,11	(von 0,66)
Abhängigkeit							0,27	(von 1,62)
Sonstige Aspekte							0,25	(von 1,50)
Gesamtzufriedenheit							1,00	(von 6,00)

Abb. 267: Scoring-Modell zur Ermittlung von Anbieterzufriedenheit

Quelle: *Gawantka*, 2006, S. 198.

Generell sind die Mitglieder einer Koalition in Form einer Geschäftsbeziehung nur so lange an der Aufrechterhaltung dieser Beziehung interessiert, wie der **Anreiz** (Nutzen), den sie aus dieser Verbindung ziehen können, größer bzw. gleich dem (zusätzlichen und daher entscheidungsrelevanten) **Beitrag** ist, den sie erbringen müssen (vgl. *Strothmann*, 1993b, S. 111). Werden die Potenziale einer Geschäftsbeziehung, die sich in den erzielten Beziehungsgewinnen manifestieren, nicht oder nur unzureichend realisiert oder sind die mit der Realisierung dieser Potenziale verbundenen Aufwendungen zu hoch, dann wird die Beziehung abgebrochen.

Um das Ausmaß der in einer Geschäftsbeziehung realisierten Potenziale messen zu können, muss eine eindeutige **Zurückführung der erzielten Beziehungsgewinne** auf die jeweilige Geschäftsbeziehung möglich sein. Erfolge können gemessen werden, wenn zu Beginn des Programms eine „Nulllinie" festgelegt wurde, die als Vergleichsmaßstab für die später ermittelten Kennzahlen dient. Die Implementierung eines projektspezifischen Controlling-Systems erleichtert diese Erfolgsmessung. Erfolge drücken sich z. B. in Kostensenkungen bei Material-, Personal- und Kapitalkosten oder bei der Verbesserung der Produktivität aus. Eine langfristig angelegte Erfolgszuweisung ist wegen der sich ständig ändernden Rahmenbedingungen allerdings nur schwer möglich. Mittelfristig sind jedoch kostenreduzierende Veränderungen bei einer Vielzahl von Einflussgrößen wie Anzahl der eingesetzten Lieferanten, Prüfaufwand im Wareneingang, Verwaltungsaufwand in Einkauf und Logistik, Wiederbeschaffungszeiten, Bestände, Durchlaufzeiten, Entwicklungszeiten, Qualitätssicherungsmaßnahmen usw. feststellbar (vgl. *Beßlich/Lumbe*, 1994a, S. 28).

3.2 Potenziale für zukünftige Geschäftsbeziehungen

Halten sich die Partner nicht an die vereinbarten Regeln einer Geschäftsbeziehung, so existiert zwischen diesen Partnern nur wenig Potenzial für das Fortbestehen einer Geschäftsbeziehung. Die **ökonomischen Folgen opportunistischen Verhaltens** des OEMs für einen Lieferanten bleiben nicht ohne Folgen für sein Verhalten nach Abschluss der Lieferbeziehung. Sollte der OEM die Beziehungsgewinne des Lieferanten bis hin zum maximal möglichen Betrag ausgebeutet haben, wird auf Seiten des Lieferanten keine Zufriedenheit mit der Geschäftsbeziehung (vgl. zur „Anbieterzufriedenheit" *Gawantka*, 2006) und damit auch keine Bereitschaft bestehen, mit diesem Kunden unter ähnlichen Bedingungen wieder eine neue Geschäftsbeziehung einzugehen. In der sich an die Beendigung dieser Lieferphase anschließenden Such- und Verhandlungsphase vor dem nächsten Vertragsabschluss – sofern zu unterstellen ist, dass die alternativen Partner ihre Vorstellungen von der optimalen Koordinationsform für die Beschaffung der fraglichen Komponenten nicht ändern – werden die Auswirkungen des Verhaltens in vorangegangenen Geschäftsbeziehungen miteinbezogen. Zu erwarten ist, dass die Lieferanten versuchen werden, weniger spezifisch zu investieren, um das Gefährdungspotenzial zu verringern und/oder entstehende Beziehungsgewinne detailliert abzusichern. Sollte dies vom OEM nicht akzeptiert werden, wird zwischen den Parteien evtl. keine weitere Beziehung zustande kommen (vgl. *Adolphs*, 1997).

Der Zulieferer wird versuchen, zukünftige Beziehungen nur noch zu den OEMs aufzubauen, die in der Branche über einen guten Ruf verfügen. Dieses Verhalten hat zur Konsequenz, dass ein **Wettbewerb um „gute Partner"** einsetzen wird. Die Anzahl der Beziehungsangebote für „gute" Partner wird zunehmen, wobei anzunehmen ist, dass zunächst kurzfristig die Anzahl dieser „guten" Kunden als konstant anzusehen ist. Aus dieser Konstellation resultiert, dass die Preise sinken werden, was sich wiederum darin ausdrückt, dass der „gute" Kunde einen höheren Anteil an dem gemeinsam erwirtschafteten Beziehungsgewinn fordern kann. Die Gegenleistung des Kunden für die höhere Beteiligung an dem Beziehungsgewinn liegt in der Versicherung, auf opportunistisches Verhalten zu verzichten. Der Zulieferer muss sich somit entscheiden, ob er für die höhere Sicherheit in einer Geschäftsbeziehung bereit ist, auf einen Teil des ihm zustehenden Beziehungsgewinns zu verzichten.

Aus der Perspektive des OEMs befinden sich die Zulieferer, die sich in der abzuschließenden Beziehung profiliert haben, im Evoked Set für das nächste Projekt. Eine aufgebaute **positive Reputation** begünstigt die weitere Zusammenarbeit.

Indikatoren für die erworbene Reputation zeigen sich z. B. in der Erlangung von Auszeichnungen. So erhielt die Mecklenburger Metallguss GmbH als Hersteller von Schiffspropellern im März 2006 durch die zweitgrößte Werft der Welt, die Samsung Heavy Industries, die „Golden Q-Mark" (*MMG*, 2006) für „sehr gute Qualität der gelieferten Propeller sowie den guten Kundenservice". Auch in anderen Branchen wie bspw. der Telekommunikationsindustrie spielen Auszeichnungen eine wichtige Rolle. So prämierte die T-Com im April 2006 zum dritten Mal die besten Endgeräte-Lieferanten, die sich durch besonders gute Leistungen und innovative Produkte qualifiziert hatten mit der Auszeichnung „Lieferant des Jahres" (vgl. *o. V.*, 2006).

Neigen andererseits alle OEMs zu opportunistischem Verhalten, kann von einer „schlechten" Branche gesprochen werden. In diesem Fall ist die Auswahl eines „sicheren" Kunden für den Lieferanten irrelevant. Tritt in einer Branche die einseitige Ausnutzung des Lieferanten regelmäßig auf, so ist auf Seiten des Lieferanten die Entscheidung über einen möglichen Ausstieg aus dieser Branche zu treffen. Dieses Verhalten kann für die OEMs nachhaltige Folgen haben. Verlassen alle Zulieferer, die bisher dazu bereit waren, spezifisch zu investieren, die Branche und engagieren sich in anderen Bereichen, so sind die OEMs gezwungen, entweder die bisher fremdbezogenen spezifischen Zulieferspektren selbst zu erstellen (vgl. *Adolphs*, 1997, S. 218), oder sie soweit zu standardisieren, dass sie vollkommen unspezifisch werden und somit, ohne eine Bindung zu einem bestimmten Lieferanten zu begründen, über den Markt bezogen werden können. Bei einer weitgehenden Standardisierung der Zulieferumfänge bestünde für die OEMs aufgrund der Gleichartigkeit kein Differenzierungspotenzial mehr, das ihnen die Erzielung Komparativer Konkurrenzvorteile auf ihren Absatzmärkten erlauben würde. Bei der Integration der Zulieferleistung können zusätzliche Kosten entstehen, die sich in geringerer Profitabilität ausdrücken würden. Die OEMs müssen sich somit entscheiden, ob sie von der Möglichkeit der Ausnutzung einseitiger Abhängigkeiten der Lieferanten Gebrauch machen wollen, um kurzfristig den Profit zu steigern, mit der Konsequenz, dass zukünftig möglicherweise keine engen und langfristigen Beziehungen zustande kommen und sich die Kosten des opportunistischen Verhaltens in einem Verlust der Wettbewerbsfähigkeit niederschlagen (vgl. *Adolphs*, 1997, S. 218).

Die Tendenz, die Branche zu verlassen, ist in vielen Zuliefererbranchen bereits deutlich beobachtbar. Durch das Verhalten der OEMs und durch den enormen Wettbewerbsdruck ist die Überlebensfähigkeit der vormals oft innovativen heimischen Lieferanten gefährdet (vgl. *Kohlhage*, 1994). So wurde bereits in den vergangenen Jahren ein Ausleseprozess in Gang gesetzt, der zum Ausscheiden etlicher Zulieferer geführt hat („shake out"). Dies wird letztlich aber mit der Konsequenz verbunden sein, dass zukünftig wenige OEMs um wenige verbleibende Zulieferer konkurrieren werden, so dass sich die Machtverhältnisse verschieben könnten.

Gerade im Zusammenhang mit der Reduzierung der Anzahl der Zulieferunternehmen wird zukünftig die Netzwerkkompetenz der OEMs als zentraler Erfolgsfaktor gesehen, um negative Folgen der Abhängigkeit zu vermeiden. Netzwerkkompetenz ist eine Voraussetzung, um bestehende Austauschbarrieren mit externen Partnern zu überwinden. Fünf zentrale Aspekte determinieren das Ausmaß der Netzwerkkompetenz (vgl. *Ritter*, 1998, S. 60):

- Positive Grundhaltung gegenüber externen Partnern (interne Willensbarrieren)
- Wahrnehmung der Unternehmen als attraktive Partner
- Erkennen und Nutzung technologischer Potenziale bestehender Geschäftsbeziehungen
- Identifikation neuer Partner
- Schaffung einer positiven Beziehungsatmosphäre (Vertrauen und Commitment)

Die verbleibenden Lieferanten werden bestrebt sein, Geschäftsbeziehungen mit den Kunden aufzubauen, die in der Branche über eine gute Reputation verfügen und mit denen die Zulieferer „zufrieden" sind (speziell zur „Anbieterzufriedenheit" *Gawantka*, 2006). Andererseits gehen die OEMs in bestimmten Bereichen verstärkt zur Eigenfertigung über und beliefern sich ggf. gegenseitig mit Komponenten (**„Abwärtsintegration"**).

Kapitel F

Geschäftstypenwechsel

Bis jetzt sind wir davon ausgegangen, dass der Geschäftstyp, in dem das Unternehmen agiert, quasi vorgegeben ist. Mit anderen Worten: Die Entscheidung über den Geschäftstyp wurde als **exogene Größe** angenommen. In vielen Fällen ist das nahe liegend, weil technologische Gründe Anlass dafür geben, dass z. B. ein Kraftwerk regelmäßig im Typus des Anlagengeschäfts vermarktet wird. Kraftwerke werden eben nur von wenigen Kunden weltweit nachgefragt und ihr Design ist auf die jeweiligen Kundenbedürfnisse und klimatischen Bedingungen abgestellt. Andere Gründe liegen in sog. **Pfadabhängigkeiten**. Aufgrund einer bestimmten Unternehmenshistorie ist man z. B. traditionellerweise in einem bestimmten Geschäftstyp tätig. So führt der Sohn in der Tradition des Vaters stehend die Fabrik und den Vertrieb für Standardschrauben unverändert weiter fort, praktisch „weil es immer so gemacht wurde". Irgendwann hatte man sich für einen Geschäftstyp entschieden. Diese Entscheidung war i. d. R., als sie erstmalig getroffen wurde, systematisch begründet. Zu diesem Zeitpunkt wurde die Wahl des Geschäftstyps also als eine endogene Größe verstanden, weil sie eine explizite Entscheidung darstellte.

Die Wahl des Geschäftstyps, bei der der Geschäftstyp selbst zur **endogenen Variablen** wird, ist aber nicht nur bei erstmaliger Entscheidung über die Geschäftstypenwahl relevant, sondern aufgrund von Veränderungen im entscheidungsrelevanten Umfeld stellt sich auch die Frage, ob nicht im laufenden Geschäft der Geschäftstyp möglicherweise verändert und damit ein anderes Marketing-Verhaltensprogramm adaptiert werden soll. Welches können die Gründe sein, die einen Geschäftstypenwechsel nahe legen? Diese Frage ist insbesondere von *Mühlfeld* analysiert worden (vgl. *Mühlfeld*, 2004, S. 111 f.).

I. Gründe für einen Geschäftstypenwechsel

Generell sollte ein Geschäftstypenwechsel in Betracht gezogen werden, wenn sich **transaktionsrelevante Veränderungen** am Markt ergeben haben. Dazu zählen (vgl. *Mühlfeld*, 2004, S. 169 ff. und *Backhaus/Mühlfeld*, 2005):

(1) Veränderungen im Umfeld

Ein Geschäftstypenwechsel kann z. B. dann relevant werden, wenn sich die gesetzlichen Rahmenbedingungen und/oder die technologische Basis für ein Leistungsangebot soweit geändert haben, dass neue Formen von Transaktionsprozessen gesetzlich erlaubt oder technisch realisierbar sind, bzw. bestimmte Typen von Transaktionsprozessen gefährdet werden.

> In Deutschland hat das in den 1980er Jahren dazu geführt, dass die damals noch selbständige Kraftwerksunion (KWU, heute Geschäftsbereich der Siemens AG) begonnen hat, einen Teil ihrer Kernkraftwerkslinien zu standardisieren, um die Kernkraftwerke als Typen genehmigen zu lassen und damit eine projektübergreifende Betriebsgenehmigung zu erhalten. Man bewegte sich damit vom Anlagengeschäft tendenziell in das Produktgeschäft (vgl. *KWU*, 1986).

> Bei Registrierkassen hat die zunehmende Digitalisierung insofern den Transaktionstyp geändert, als nun Systeme angeboten werden, bei denen Bestellungen von Kellnern in ein Handgerät eingegeben werden, welches die Bestellung unmittelbar an die Küche weiterleitet. Systemimmanente Erweiterungsmöglichkeiten machen aus dem ursprünglichen Produktgeschäft ein Geschäft vom Transaktionstyp „Systemgeschäft".

(2) Innerbetriebliche Impulse

Veränderungen des Produktionsprozesses, die z. B. eine Individualisierungsstrategie durch Modularisierung und das Hinausschieben des „Freezing Point" (Punkt, ab dem die Varianten gebildet werden, vgl. *Adam et al.*, 2004, S. 260 f.) ermöglichen, können dazu führen, dass ein kundenindividuelles Leistungsangebot vermarktbar wird, so dass Leistungen, die bis jetzt im Produktgeschäft vermarktet wurden, auch an Einzelkundenbedürfnisse angepasst werden können. Auch die Entwicklung zu fixkostenintensiven Strukturen im Unternehmen (vgl. *Backhaus/Funke*, 1996) kann dazu führen, dass aus Marketing-Überlegungen Fixerlöse über die Zeit angestrebt werden, um das aus der Fixkostenintensität resultierende Volumensrisiko zu verringern. Das erfordert zunehmende Kundenbindung und damit eine Veränderung des Geschäftstyps von einem transaktionsorientierten Geschäftstyp zu einem Verbundgeschäft (vgl. *Backhaus et al.*, 2008a).

(3) Käuferimpulse

Geschäftstypenwechsel können auch durch Käufer ausgelöst werden. Dies ist z. B. gegeben, wenn sich die Geschäftstypen zwischen Käufer und Verkäufer als disgruent erweisen (vgl. zu disgruenten Geschäftstypen, *Mühlfeld*, 2004, S. 60 ff.). Das ist z. B. der Fall, wenn der Verkäufer sein Leistungsangebot im (latenten) Systemgeschäft anbietet, der Kunde wegen der Latenz des Systemgeschäfts, das Systemgeschäft als solches nicht erkennt und stattdessen glaubt, im Produktgeschäft zu kaufen. Im Zeitablauf wird der Kunde lernen, dass er nicht im Produktgeschäft, sondern im Systemgeschäft kauft. Er wird den Anbieter möglicherweise zwingen, den Geschäftstyp in ein Produktgeschäft zu verändern, weil er anderenfalls nicht mehr kaufen wird.

Aber auch bei kongruenten Typen (Anbieter und Nachfrager (ver-)kaufen im gleichen Geschäftstyp) kann es zu kundeninduzierten Veränderungen des Geschäftstyps kommen. Wenn bspw. der Lock-In-Effekt im Systemgeschäft zu groß wird, kann es zu einer generellen Kaufzurückhaltung kommen, so dass der Anbieter gezwungen ist, den Lock-In-Effekt abzuschwächen: Er bewegt sich damit tendenziell ins Produktgeschäft (vgl. *Büschken*, 2005 und *Backhaus et al.*, 1994b sowie *Reinkemeier*, 1998).

(4) Wettbewerbsveränderungen

Hersteller von standardisierten industriellen Komponenten sind i. d. R. einem erheblichen preispolitischen (internationalen) Wettbewerb ausgesetzt. Eine marktstrategische Option könnte darin bestehen, durch Anreicherung des Leistungsangebots mit Dienstleistungen, das Leistungsangebot stärker vom Wettbewerb zu differenzieren. Auf diese Weise kann es gelingen, dem Preiswettbewerb zu entgehen. Konzentriert sich der Anbieter dabei auf die Bearbeitung einzelner Kunden oder kleinerer Marktsegmente und schneidet sein Leistungsangebot auf diese zu, bewegt er sich tendenziell vom Produktgeschäft ins Anlagen- oder Zuliefergeschäft. Andererseits kann ein Anbieter, der durch Typisierung unternehmensbezogener Variantenreduktionen einen breiten Markt öffnet, einen Wettbewerber zur Aufgabe seiner proprietären Systeme zwingen und so ein Systemgeschäft in ein Produktgeschäft transformieren.

(5) Lieferantenimpulse

Impulse zum Geschäftstypenwechsel können auch durch den Lieferanten induziert sein. Wenn z. B. ein Schlüssellieferant eine neue technologische Lösung entwickelt hat, mit der der Grad der Kundenindividualität der Abnehmerprodukte erhöht werden kann, dann wird ein OEM in die Lage versetzt, ein Produktgeschäft zu einem Zuliefergeschäft zu entwickeln (vgl. *Backhaus/Mühlfeld,* 2005).

Ob die Veränderungsimpulse ausreichen, einen Geschäftstypenwechsel herbeizuführen, ist eine Frage, die unter ökonomischen Gesichtspunkten zu betrachten ist. Die **ökonomischen Auswirkungen** werden dabei wesentlich dadurch mitbestimmt, in welche Richtung der Geschäftstypenwechsel erfolgen soll, denn die Einzahlungs-/Auszahlungsstrukturen ändern sich je nach dem, ob ein horizontaler, vertikaler oder diagonaler Geschäftstypenwechsel angestrebt wird.

- Wir sprechen von **horizontalem Geschäftstypenwechsel**, wenn in *Abbildung 268* dargestellt ein Geschäftstypenwechsel vom System- ins Zuliefergeschäft bzw. vom Produktgeschäft ins Anlagengeschäft erfolgt und umgekehrt.
- Ein **vertikaler Geschäftstypenwechsel** liegt dann vor, wenn man sich vom Zuliefer- ins Anlagengeschäft oder vom System- ins Produktgeschäft und umgekehrt bewegt.
- Wir bezeichnen Geschäftstypenwechsel als **diagonal**, wenn der Geschäftstypenwechsel vom Anlagen- ins Systemgeschäft bzw. vom Produkt- ins Zuliefergeschäft und umgekehrt erfolgt.

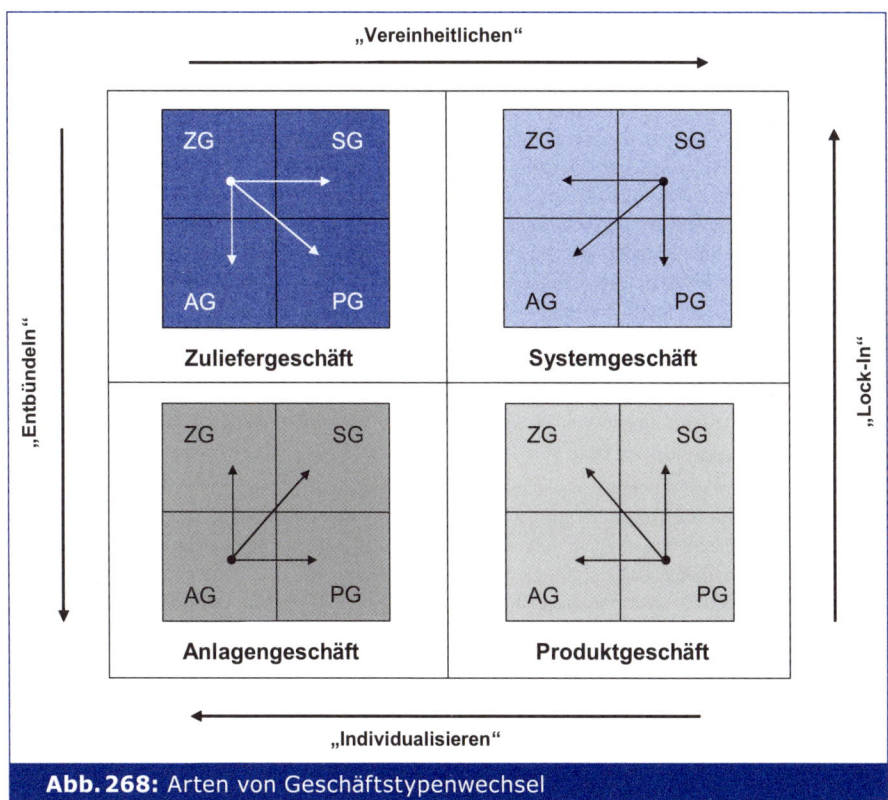

Abb. 268: Arten von Geschäftstypenwechsel

II. Ausgewählte praktische Beispiele für richtungsspezifische Geschäftstypenwechsel

Theoretisch sind ausgehend von jedem der vier Geschäftstypen zu den jeweils drei anderen Geschäftstypen – also 4 x 3 = 12 – Wechsel möglich. In der Praxis sind aber nicht alle denkbaren Geschäftstypenwechsel gleichermaßen relevant. Ausgehend von allen Wechselausgangspunkten werden im Folgenden praktische Beispiele angeführt.

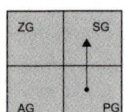

Vom Produkt- zum Systemgeschäft

Die Firma Bossard AG beliefert OEMs aus dem Maschinen- und Apparatebau mit Verbindungselementen (Schrauben, Unterlegscheiben, Werkzeuge etc.). Die Verbindungselemente, deren Verkauf ab Katalog erfolgt, werden im Produktgeschäft vermarktet, da es sich um standardisierte und somit auswechselbare Leistungen (sog. Commodities) handelt. Neben der Austauschbarkeit des Leistungsangebotes sieht sich die Bossard AG dem Problem gegenüber, dass viele Nachfrager häufig überfordert sind, aus dem vielfältigen (38.000 Einzelpositionen) und z. T. technisch komplexen Katalogangebot die für ihre Konstruktionen bestmöglichen Verbindungselemente auszuwählen. Daher bietet die Bossard AG ihren Kunden seit einiger Zeit als technologiegestützte Zusatzleistung das Softwarepaket „Fastothek" an. Fastothek bereitet die Bossard-Kataloginformationen für CAD-Konstruktionssysteme auf und ermöglicht es somit, ausgewählte Verbindungselemente aus dem „Computer-Katalog" unmittelbar in CAD-gestützte Konstruktionszeichnungen zu übernehmen. Die CAD-Fastothek wird den Kunden als eigenständiges Leistungsangebot in Rechnung gestellt (Preis: 16.000 CHF). Neben dem Grundpreis für eine Arbeitsplatzlizenz werden Erstinstallation sowie Datenträger und Dokumentation zusätzlich berechnet. Die Investitionsentscheidung des Kunden wird durch Bossard-Einführungsseminare und Testinstallationen vorbereitet.

Ein Nachfrager wird dieses Angebot nur dann akzeptieren, wenn es mit einem Nutzenzuwachs gegenüber dem herkömmlichen Leistungsangebot verbunden ist, der die mit den spezifischen Investitionen einhergehende nachfragerseitige Einbuße an zukünftiger Entscheidungsfreiheit kompensiert (vgl. *Hentschel*, 1991, S. 26). Im Fallbeispiel erhöht das technologiegestützte Zusatzangebot „Fastothek" den Nutzungsgrad des CAD-Konstruktionssystems beim Kunden und eröffnet vielfältige Rationalisierungspotenziale am Arbeitsplatz des Konstrukteurs sowie (bei vorhandenem PPS-System) im Einkauf. Durch die Möglichkeit, ausgewählte Verbindungselemente aus dem „Computer-Katalog" unmittelbar in CAD-gestützte Konstruktionszeichnungen zu übernehmen, entfallen z. B. Zeichentätigkeiten im Normenbüro sowie Übertragungsfehler vom Katalog zur Konstruktionszeichnung, wodurch sich die Konstruktionsdauer erheblich verkürzen kann. Darüber hinaus können im Einkauf z. B. Produktdaten in die Disposition direkt umgesetzt und auf die Anforderungen der Fertigung abgestimmt werden, wodurch der Bestellaufwand erheblich reduziert werden kann.

Durch den Kauf der technologiegestützten Ergänzungsleistung „Fastothek" tätigt der Kunde eine erste Investition in ein System und legt sich auf eine Systemphilosophie fest (Initialkauf). Der Kunde kann die versprochenen Nutzenpotenziale nur durch eine regelmäßige Anwendung von „Fastothek" realisieren. Dies impliziert neben der Nutzung des „Computer-Katalogs" auch den Bezug der benötigten Verbindungselemente der Bossard AG (Folgetransaktionen). Während der Nutzungsdauer des Systems „Fastothek" erschwert die Bossard AG konkurrierenden Anbietern das Aufbrechen der bestehenden Kundenbeziehung.

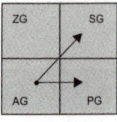

Vom Anlagengeschäft zum Produkt- und Systemgeschäft

Ausgehend vom Anlagengeschäft lässt sich Geschäftstypenwechsel auch in Richtung Produkt- und Systemgeschäft nachweisen. Ein Beispiel liefert der

Gewerbebau, der sich von kundenindividuell auftragsgefertigten Lösungen zu stärker standardisierten Fertigbaulösungen entwickelt hat: Die Firma KLEUSBERG in Wissen hat sich mittlerweile ganz auf Modulbau-Lösungen für Immobilien spezialisiert (*Kleusberg*, 2009).

> „Modulgebäude von KLEUSBERG erfüllen die gehobenen Ansprüche an ein repräsentatives und hochwertiges Gebäude. Mit dem flexiblen Bauraster bleiben Sie frei in der Grundriss-Gestaltung. Die weitreichende, wetterunabhängige Vorfertigung im Werk, meist zeitgleich mit den ersten Baumaßnahmen vor Ort, ermöglicht um bis zu 70 % kürzere Bauzeiten als bei konventioneller Bauweise und perfekte Qualität bis ins Detail. Was immer Sie an Raum benötigen, KLEUSBERG erstellt für Sie Modulgebäude mit bis zu sechs Geschossen und beliebig großer Grundfläche. Auf Wunsch auch entsprechend dem besonders energiesparenden Passivhausstandard – grundsätzlich individuell nach Ihren Wünschen oder den Vorgaben Ihres Architekten. Alle Bauleistungen bleiben bis zur schlüsselfertigen Übergabe in einer Hand."

Dieses Zitat aus dem Internet-Auftritt von KLEUSBERG belegt: Anstelle individuell, vom Reissbrett konstruierter Lösungen im Sinne eines Anlagengeschäfts, hat sich KLEUSBERG für ein Leistungsangebot entschieden, das aufgrund der Modularstruktur stärker in Richtung Produktgeschäft, aber auch Systemgeschäft positioniert ist:

> „Interessant ist die Möglichkeit, Gebäude kostengünstig in Länge und Breite zu vergrößern, auf bis zu sechs Vollgeschosse aufzustocken – und das bei laufendem Betrieb." *Abbildung 269* zeigt ein entsprechendes Beispiel. Durch die An- und Ausbaumöglichkeiten kann das Bauprojekt z. B. aus Finanzierungsgründen in mehrere Teilaufträge zerlegt werden, wobei der Kunde über die Einzeltransaktion hinweg an den Systemanbieter gebunden ist, so dass ein Systemgeschäft vorliegt.

Abb. 269: Gewerbegebäude im Systemgeschäft

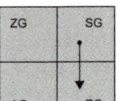

Vom Systemgeschäft zum Produktgeschäft

Der Geschäftstypenwechsel vom Systemgeschäft zum Produktgeschäft erfordert die Aufgabe proprietärer Systemstrukturen, bei denen ein Kunde bei Folgekäufen an einen Anbieter gebunden ist, zu Gunsten offener auf den Markt gerichteter Strukturen ohne transaktionsübergreifende Bindungswirkung. Ein Beispiel liefert die Firma Echelon für den Bereich „Automatisierungssysteme" (*Echelon*, 2007).

> „Intelligente Netzwerke aus Geräten des täglichen Gebrauchs sind ein Schlüsselfaktor für alle Unternehmen, die ihren Kunden einen günstigeren und besseren Service bieten wollen. Diese Netzwerke eröffnen neue, servicebasierte Umsatzchancen und neue Geschäftsmöglichkeiten.
>
> Es gibt viele Möglichkeiten zur Entwicklung von Automationssystemen, z. B. mittels Pneumatik oder gar als Eigenentwicklung mit proprietären Hardware- und Software-Lösungen, und eben auch in Form von offenen, standardbasierten und vollständig kompatiblen Steuerungsnetzwerken. Der Automationsmarkt verlangt heutzutage eindeutig nach der zuletzt genannten Möglichkeit.
>
> Diese offenen Gerätenetzwerke haben einige Gemeinsamkeiten. Sie verwenden z. B. offene Protokolle, flache Peer-to-Peer-Netzwerke, generell voll kompatible Geräte und ein Netzwerkbetriebssystem für die einfache Verwaltung, Installation und Fernwartung des Netzes. Automationsnetzwerke haben sich in ähnlicher Form entwickelt wie PC-Netzwerke. *Abbildung 270* zeigt den Übergang von einem zentralisierten, vollkommen hierarchischen Master/Slave-System (z. B. Mainframe und Terminals), über ein gelockertes Multimaster/Multislave-System (z. B. Mainframes und Minis) und hin zur aktuellen flachen Architektur eines PC-basierten Netzwerks.

Abb. 270: Typische Architekturen für Gerätenetzwerke

> Zusammengefasst kann gesagt werden, dass flache, offene Netzwerke hinsichtlich Integration und Betrieb kostengünstiger sind, deutlich niedrigere Lebenszykluskosten aufweisen, anpassungsfähiger und einfacher zu erweitern sind, insgesamt flexibler sind und sich besser an die Bedürfnisse der Endbenutzer anpassen lassen."

Der Geschäftstypenwechsel kann aber auch rechtlich erzwungen sein und dann strategisch genutzt werden:

> Als IBM das Computer-Modell 360 auf den Markt brachte, war es als ein geschlossenes System konzipiert, das aufgrund seines breiten Anwendungsspektrums zunächst sehr erfolgreich war. Allerdings ergaben sich mit wachsenden Marktanteilen auch erhebliche Probleme: Spezialanbieter brachten Substitute für Komponenten bzw. Teilsysteme auf den Markt, die für sich wiederum komparative Konkurrenzvorteile besaßen: Teilweise waren sie billiger, teilweise verkörperten sie einen fortgeschritteneren Technologiestand. Oder sie waren einfach schneller am Markt (vgl. *Piore/Sabel*, 1984, S. 225 ff.). Darüber hinaus wurde IBM durch rechtliche Maßnahmen gezwungen, das System für Komponentenlieferanten zu öffnen. Dennoch gilt das Modell IBM 360 als eines der erfolgreichsten Computersysteme überhaupt.

Eine diametral entgegengesetzte Strategie entwickelte IBM für den Einstieg in den Markt für Personal Computer (PC). „Der Einstieg von IBM in diesen Markt spiegelte die Lehren, die das Unternehmen aus der Erfahrung mit dem Modell 360 gezogen hatte, wider. Anstatt ein in sich geschlossenes System anzubieten – und dieses so zu konstruieren, dass es möglichst schwierig ist, Teile anderer Hersteller damit zu kombinieren –, konstruierte und vermarktete IBM seinen PC so, dass er für die Hard- und Software vieler anderer (d. V.) Produzenten kompatibel wurde. IBM wurde also nicht zum Hersteller eines einzelnen integrierten Systems, sondern das organisierende Zentrum einer Gemeinschaft von Computergesellschaften, das dem Kunden gemeinsam mit Bauteilen zur Zusammenstellung eines auf seine Bedürfnisse zugeschnittenen Systems beliefert. Somit war IBM nicht mehr darauf bedacht, das Endprodukt zu definieren und festzulegen. Stattdessen hatte IBM damit Erfolg, dass es eher die Infrastruktur der PC-Industrie darstellt als die Industrie selbst." (*Piore/Sabel*, 1984, S. 227; vgl. auch *o. V.*, 1983, S. 88 f.)

In diesem Fall war der Anbieter zum Ergebnis gekommen, dass eine Systemöffnung und damit ein Wechsel ins Produktgeschäft strategisch vorteilhaft ist.

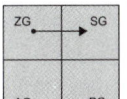

Vom Zuliefergeschäft zum Systemgeschäft

Der Wechsel vom Zuliefergeschäft ins Systemgeschäft erfordert eine kundenindividualisierte Leistungsgestaltung zur Entwicklung eines Systems für anonymen Markt bei gleichzeitiger Beibehaltung des Kunden-Lock-Ins. Beispiele liefern Leistungsangebote, die sowohl auf Erstausrüster (OEM)-Märkten und Ersatzteilmärkten angeboten werden. So ist der in *Abbildung 271* abgebildete Scheinwerfer für den OEM-Kunden Ford entwickelt und geliefert worden (Zuliefergeschäft), wird jedoch auch auf dem Ersatzteilmarkt für alle Käufer standardisiert angeboten. Der Automobilkäufer tritt über den Ersatzteilmarkt in ein Systemgeschäft mit den Leuchtenlieferanten ein. Die ausgewählten Beispiele belegen: Geschäftstypenwechsel sind nicht nur theoretische Konstrukte, sondern haben auch eine hohe praktische Bedeutung, so dass sich die Frage nach der effektiven und effizienten Realisation solcher Geschäftstypenwechsel stellt.

Abb. 271: Frontscheinwerfer rechts für Ford Fiesta

III. Marketing-Konzepte zur Realisierung von Geschäftstypenwechseln

Die praktischen Beispiele für richtungsspezifische Geschäftstypenwechsel haben gezeigt, dass die „reinen" Geschäftstypenwechsel, also horizontale und vertikale, bestimmte Marketing-Verhaltensprogramme erfordern, während die diagonalen Wechsel als Kombination der jeweiligen Maßnahmen „reiner" Geschäftstypenwechsel interpretiert werden können. Dabei können wir den „reinen" Wechseltypen jeweils spezifische Handlungsprogramme zuweisen (vgl. *Abbildung 268*).

- **Horizontale Geschäftstypenwechsel:**
  ... „von links nach rechts" erfordern die Ansprache eines breiteren Marktes. Das Leistungsangebot muss deshalb „ent-individualisiert" werden. Wir bezeichnen dieses Handlungsprogramm als **„Vereinheitlichen";**
  ... „von rechts nach links" erfordert dagegen größeren Einzelkundenbezug. Das korrespondierende Handlungsprogramm bezeichnen wir als **„Individualisieren".**

- **Vertikale Geschäftstypenwechsel:**
  ... „von oben nach unten" machen den Abbau von Bindungseffekten notwendig. Das entsprechende Verhaltensprogramm bezeichnen wir als **„Release-Strategien".**
  ... „von unten nach oben" erfordern den Aufbau von Kundenbindungsprogrammen. Das Handlungsprogramm ist gekennzeichnet durch Maßnahmen zum Aufbau bzw. zur Intensivierung des **„Lock-In".**

1 Horizontale Geschäftstypenwechsel

Horizontale Geschäftstypenwechsel sind dadurch gekennzeichnet, dass entweder aus der Belieferung eines anonymen Marktes, also einer marktgerichteten Strategie, eine kundenindividuelle Strategie entwickelt wird, bzw. aus einer Individualisierungsposition heraus eine gewisse Normierung des Leistungsangebotes erfolgt, um weitgehend anonyme Märkte beliefern zu können. In letzterem Fall sprechen wir von einer Vereinheitlichungsstrategie. Die **Vereinheitlichungsstrategie** setzt definitionsgemäß eine vorhandene Individualisierung der Leistungen voraus. Wird dagegen erstmalig ein weitgehend undifferenziertes Leistungsangebot realisiert, sprechen wir von **Typisierung** des Leistungsangebots. Typisierung und ihre dynamische Variante der Vereinheitlichung beziehen sich jedoch stets auf ein einzelnes Unternehmen. Dadurch unterscheidet sich diese Strategie von der Standardisierung, die sich auf die *unternehmensübergreifende* Normierung von Schnittstellen für einen Markt bezieht. In unserem Fall liegt eine Vereinheitlichung vor, da der Anbieter keine Grundsatzentscheidung quasi „auf der grünen Wiese" dahin gehend treffen muss, „ob er eventuell gegebenen Kundenwünschen nach individuellen Problemlösungen entsprechen oder ein standardisiertes Gut anbieten will" (*Engelhardt*, 1977, S. 17), sondern die Entscheidung wird auch von seiner Unternehmenshistorie beeinflusst: Es findet eben ein **Wechsel** von einer Individualisierungs- zu einer Vereinheitlichungs- bzw. von einer Typisierungs- zu einer Individualisierungsstrategie statt.

Diese strategische Unternehmenshistorie ist insofern von Bedeutung, als eine in der Vergangenheit realisierte Individualisierungs- bzw. Typisierungsstrategie die Unternehmensstrukturen und -prozesse auf die jeweils verfolgte Strategie ausrichtet und nun z. T. erheblich verändert werden muss. *Abbildung 272* zeigt in Anlehnung an *Mayer* (1993) die Fundamentalunterschiede zwischen einer Individualisierungs- und einer Typisierungsstrategie.

Merkmal	Individualisierung	Typisierung
Ausrichtung der Leistungsgestaltung	Extrem an den Anforderungen des einzelnen Nachfragers	Konjektural an den Durchschnittsansprüchen einer größeren Zahl von Nachfragern
Zahl der Nachfrager je Leistung	Einer	Viele
Kontakt zum Nachfrager	Eng: Nachfrager in Prozess der Leistungserstellung einbezogen	Nicht oder kaum vorhanden
Erstellung der Leistung	Nach der Bestellung	Vor der Bestellung
Quelle der Informationen über Nachfrageranforderungen	Direkt vom Nachfrager	Über Marktforschung
Gleichartigkeit der Leistungen einer Produktlinie	Nicht gegeben (maßgeschneiderte Leistungen)	Vollständig gegeben
Kosten	Hoch	Niedrig
Substitutionsgefahr	Gering	Hoch
Wettbewerbseffekt	Teilweise Abkopplung über Leistungsattraktivität und Know-how-Vorsprung	Gefahr eines Preiswettbewerbs, Abschottung des Marktführers über Kostenvorsprung
Etablierung einer Markteintrittsbarriere	Über Leistungsattraktivität und Know-how-Vorsprung	Marktführer: Kostenvorsprung
Preisspielraum	Eher hoch	Eher niedrig

Abb. 272: Charakteristische Merkmale einer Individualisierung und einer Typisierung

Quelle: in Anlehnung an *Mayer,* 1993, S. 50.

Abbildung 272 macht deutlich, dass die Ausgangssituationen für einen Geschäftstypenwechsel sehr unterschiedlich sind. Ein Unternehmen, das in der Vergangenheit eine Individualisierungsstrategie verfolgt hat, strebt nun stärker eine Vereinheitlichungsstrategie an. Dabei ist aber zu bedenken, dass das gesamte betroffene Geschäftsgebiet so strukturiert ist, dass z. B. die Vertriebsstrukturen auf die Berücksichtigung von Anforderungen einzelner Nachfrager ausgerichtet sind. Damit ist der Nachfrager in den Prozess der Leistungserstellung integriert, weil er individualisierte Informationen für die Leistungserstellung vor Bestellung direkt an den Anbieter liefern muss, damit dieser eine maßgeschneiderte Leistung erstellen kann. Leistung und Gegenleistung werden dabei nicht nach dem im Marketing dominierenden Stimulus-Organism-Response (SOR)-Modell abgewickelt, sondern sie erfolgen z. T. intensiver Interaktion durch Aushandeln der Preis-/Leistungsbestandteile. Je individualisierter das Leistungsangebot ist, umso komplexer ist i. d. R. die Kostenstruktur. Allerdings ist die Gefahr der Substitution bei der Individualisierungsstrategie sehr viel geringer als bei der Vereinheitlichungsstrategie, so dass positive Wettbewerbseffekte inklusive des Aufbaus von Marktbarrieren möglich sind, im Rahmen derer i. d. R. auch der Preisspielraum vergrößert werden kann.

Ein auf eine **Individualisierungsstrategie** ausgerichtetes Unternehmen verfügt über eine bestimmte Unternehmenskultur, die hohe Anforderungen an einen erfolgreich abzuwickelnden Geschäftstypenwechsel hin zur Typisierung stellt.

> Ein Beispiel für einen solchen Geschäftstypenwechsel von der Individualisierung zur Typisierung zeigt ein großes europäisches Elektronikunternehmen im Bereich Unterbrecherfreie Stromversorgung (USV). Das Unternehmen hatte lange Zeit eine Individualisierungsstrategie betrieben, indem man sich darauf beschränkt hat, nur große Einzelkunden zu beliefern. Bedarf für Unterbrecherfreie Stromversorgungssysteme, die einen Spannungsabfall oder gar Stromausfall überbrücken können, ergibt sich z. B. in Kernkraftwerken und auf den Intensivstationen großer Krankenhäuser. Für diese einzelnen Kunden werden dann individualisierte Lösungen zusammengestellt, bei denen z. B. die Dauer der zu überbrückenden Stromausfallzeit individuell variiert und damit unterschiedliche Konfigurationen des Leistungsangebotes notwendig werden. Durch die starke Verbreitung von lokalen PCs hat sich jedoch auch ein Bedarf für kleinere USVen ergeben, die kurze Spannungsabfälle bei Computern überbrücken können, ohne dass nicht gespeichertes Datenmaterial verloren geht. Im Gegensatz zu dem erstgenannten Markt handelt es sich hierbei jedoch um einen Massenmarkt. Die Bearbeitung dieses Massenmarktes erforderte völlig andere Strukturen. Entscheidende Spieler waren der Groß- und Einzelhandel, die weder über technisches Funktionsverständnis verfügten, noch daran interessiert waren, sich mit den technischen Details vertraut zu machen. Im Fachjargon wurden sie „Box Mover" genannt. Das im Markt der individualisierten USVen sehr erfolgreiche Unternehmen hat den Wechsel zu typisierten USVen und deren Vermarktung zu keinem Zeitpunkt erfolgreich gestalten können und diesen Geschäftstyp daher aufgeben müssen.

Entsprechendes gilt für den umgekehrten Fall, wenn ein Unternehmen, das in dem betrachteten Geschäftsbereich eine **Typisierungsstrategie** verfolgt, seine Strukturen und Prozesse also an den Durchschnittsansprüchen einer Vielzahl von Nachfragern ausrichten. Häufig ist es so, dass nur ein mittelbarer Kontakt zum Endnachfrager besteht. Die Leistung wird oftmals auf Vorrat erzeugt, also vor der Bestellung, wobei das Leistungsangebot auf Informationen aus der Marktforschung basiert, so dass die Vermarktungsprozesse auf dem Stimulus Organism Response (SOR)-Verhaltensparadigma basieren. Im Vergleich zu individualisierten Produkten sind die Kostenstrukturen häufig einfacher, die Substitutionsgefahr wegen der geringen Ausdifferenzierung dagegen relativ hoch, so dass für den Fall, dass es nicht gelingt, durch das Erreichen der Marktführerposition einen Kostenvorsprung zu erreichen, die Gefahr eines z. T. ruinösen Preiswettbewerbs besteht.

Ein Unternehmen, das eine Typisierungsstrategie verfolgt, ist i. d. R. in hohem Maße auf Effizienzorientierung ausgerichtet. Cost Cutting, Sparsamkeit beim Einsatz von Ressourcen sowie Massen- und Serienfertigung prägen die Unternehmenskultur. Ob und inwieweit die Realisierung einer Individualisierungsstrategie gelingen wird, wird nicht zuletzt davon abhängen, wie die Individualisierungsstrategie im Unternehmen implementiert wird.

> Einige Werkzeugmaschinenhersteller, deren Maschinen weitgehend austauschbar geworden sind, versuchen z. B., über produktbegleitende Dienstleistungen ein Differenzierungspotenzial aufzubauen. Wie *Kapitza* (2004) gezeigt hat, ist der Aufbau einer Dienstleistungsdifferenzierungsmentalität in einem Unternehmen, das auf die Vermarktung einer weitgehend typisierten Hardware ausgerichtet ist, jedoch mit großen Schwierigkeiten verbunden. Mitarbeiter, die das individualisierte Geschäft mit den produktbegleitenden Dienstleistungen betreiben sollen, müssen deshalb häufig neu eingestellt werden, weil die vorhandenen Mitarbeiter unternehmenskulturell zu sehr in dem alten Paradigma verhaftet sind.

Häufig ist es jedoch so, dass der Geschäftstypenwechsel nicht völlig abrupt erfolgt, sondern es werden **Zwischenschritte** realisiert, z. B. dadurch, dass typisierte Leistungen langsam mit individualisierten Elementen angereichert werden: Die beiden strategischen Stoßrichtungen (Individualisierung, Typisierung) bilden eben die Pole eines Kontinuums, das eine Reihe von Variationsmöglichkeiten als Zwischenlösungen zulässt.

1.1 Individualisierung

Bei der Individualisierung richtet sich der Fokus vom anonymen Markt auf den Einzelkunden. Als **Individualisierungsstrategie** bezeichnen wir alle Anstrengungen, die darauf gerichtet sind, eine vom Kunden spezifizierte Leistungsanforderung effektiv und effizient zu erfüllen. Diese Leistungserfüllung kann in Bezug zum Wettbewerb nicht-differenzierend oder differenzierend erfolgen (vgl. *Frese et al.*, 1999, S. 884). Im Sinne von *Jacob/Kleinaltenkamp* (2004, S. 604 f.) betrachten wir sog. Auftragsleistungen und Problemlösungen. **Auftragsleistungen** sind dadurch gekennzeichnet, dass sie zwar auf Spezifikation des Nachfragers erfolgen, sich aber nicht von Wettbewerbslösungen differenzieren müssen, während **Problemlösungen** zwar ebenfalls ein hohes Ausmaß an Spezifität in Bezug auf den einzelnen Kunden haben, aber zusätzlich gegenüber den Angeboten der Wettbewerber differenziert sind. Wir schließen dabei sowohl Wechsel ins Zuliefer- als auch ins Anlagengeschäft mit ein (vgl. auch die entsprechenden Beispiele bei *Jacob/Kleinaltenkamp*, 2004, S. 604 f.).

In vielen Branchen hängt die Aufnahme von Individualisierungsstrategien eng mit der Veränderung von Wettbewerbsbedingungen zusammen. So sind viele Unternehmen erst dann bereit, auf kundenseitig geforderte Individualisierungen einzugehen, wenn sich dies angesichts anwachsenden Wettbewerbsdrucks nicht mehr vermeiden lässt. Hintergrund ist dabei, dass Individualisierungsstrategien mit der Aufgabe von Skaleneffekten und damit zusammenhängend nicht selten mit **Effizienzeinbußen** verbunden sind. Wird der Wettbewerb allerdings schärfer, dann sind die Unternehmen gezwungen, auf den Nachfragerwunsch nach kundenindividuellen Leistungen einzugehen.

> Dieser Effekt lässt sich sehr gut an der Entwicklung des deutschen Maschinenbaus in den 1990er Jahren belegen. Der dort seit den 1980er Jahren stark anwachsende Wettbewerbsdruck führte zu einer fortschreitenden Veränderung des Fertigungsprogramms (vgl. *Widmaier*, 2000): Der Anteil von Standarderzeugnissen und Varianten im Fertigungsprogramm ging zurück, der von kundenspezifizierten Leistungen vergrößerte sich (*vgl. Abbildung 273*).

Eine so verstandene Leistungsindividualisierung erfordert gegenüber der Leistungstypisierung andere instrumentelle Ansätze. Einer der Hauptgründe liegt darin, dass die zeitliche Reihenfolge der Aktivitäten der Leistungsindividualisierung im Vergleich zum Kaufentscheidungszeitpunkt bei der Leistungsindividualisierung anders strukturiert ist als im Falle der Leistungstypisierung (vgl. *Abbildung 274*). „Während der Nachfrager bei standardisierten Leistungen eine Kaufentscheidung bzw. Lieferantenauswahl erst trifft, nachdem die Leistung bereits vorliegt, erfolgt dies bei der Leistungsindividualisierung sehr viel früher. Der Entscheidung vorgelagert ist lediglich die Disposition des Leistungspotenzials durch den Anbieter, der eigentliche Leistungserstellungsprozess und das Zustandekommen des Leistungsergebnisses sind der Entscheidung nachgelagert" (*Jacob/Kleinaltenkamp*, 2004, S. 608). Daraus ergibt sich auch die zentrale Besonderheit der Strategie einer Leistungsindividualisierung gegenüber der Leistungstypisierung: Der Kunde muss sich bei letzterer in den Leistungserstellungsprozess einbringen. Ohne eine „Kundenintegration" (vgl. *Fließ et al.*, 1996) ist eine Leistungsindividualisierung unmöglich. Je effektiver die Kundenintegration, umso besser gelingt die Strategie der Leistungsindividualisierung für den Anbieter.

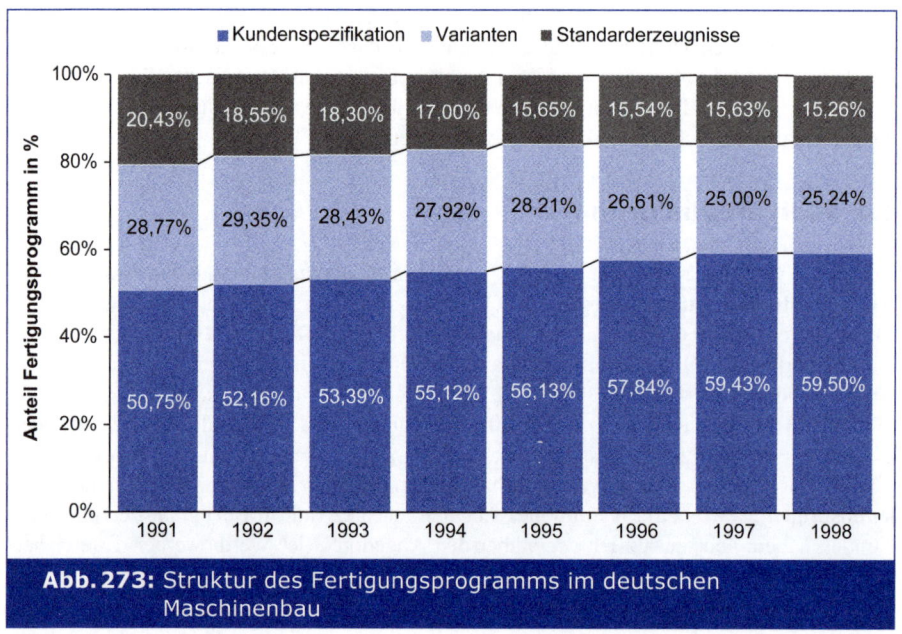

Abb. 273: Struktur des Fertigungsprogramms im deutschen Maschinenbau

Quelle: *Jacob*, 2007, S. 462.

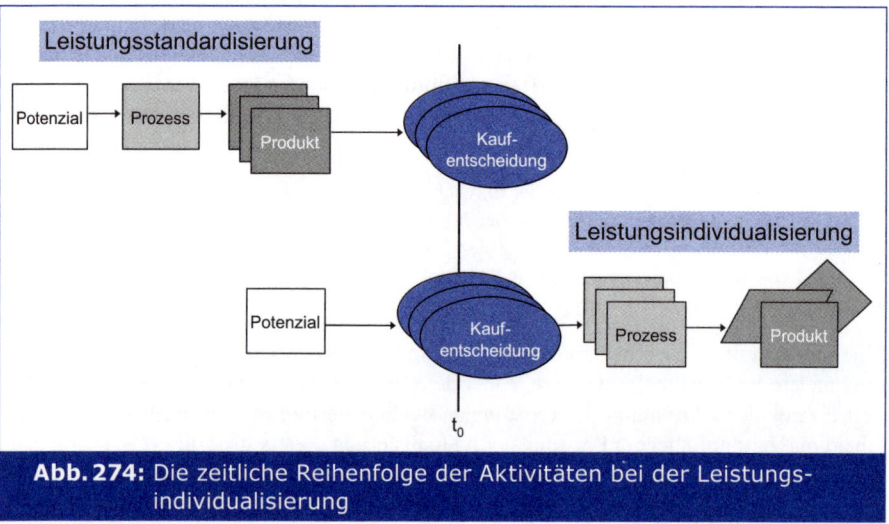

Abb. 274: Die zeitliche Reihenfolge der Aktivitäten bei der Leistungsindividualisierung

Quelle: *Jacob/Kleinaltenkamp*, 2004, S. 608.

Aber auch für den Nachfrager stellen sich neue Probleme: Da die konkrete Anbieterleistung noch nicht erbracht ist, der Nachfrager aber schon eine Anbieterauswahl treffen muss, kauft der Nachfrager im eigentlichen Sinne ein **Leistungsversprechen** des Anbieters (vgl. *Jacob*, 1995, S. 146). Inwieweit der Anbieter sein Leistungsversprechen einlöst bzw. einlösen kann, ist jedoch unsicher. Der Kunde trifft seine Kaufentscheidung deshalb auf der Basis unsicherer Erwartungen.

Für den Anbieter erfordert das besondere Maßnahmen, um die Kaufunsicherheit so weit zu reduzieren, dass der Nachfrager bereit ist, das verbleibende Unsicherheitsniveau zu akzeptieren. Im Spannungsverhältnis von Kundenintegration und Verhaltensunsicherheit bewegt sich deshalb das Marketing-Verhaltensprogramm bei der Leistungsindividualisierung.

1.1.1 Maßnahmen der Leistungsindividualisierung

1.1.1.1 Das Management der Kundenintegration

Die Strategie der Leistungsindividualisierung hat zum Ziel, maßgeschneiderte Leistungsangebote für einen oder wenige Kunden zu erzeugen. Die Kundenintegration kann dabei auf verschiedene Art und Weise organisiert werden. *Abbildung 275* gibt einen Überblick über die verschiedenen Formen der Kundenintegration, die zu unterschiedlichen Graden der Kundenintegration und zu unterschiedlichen Interaktionsorten (Interaktionspunkten) führen.

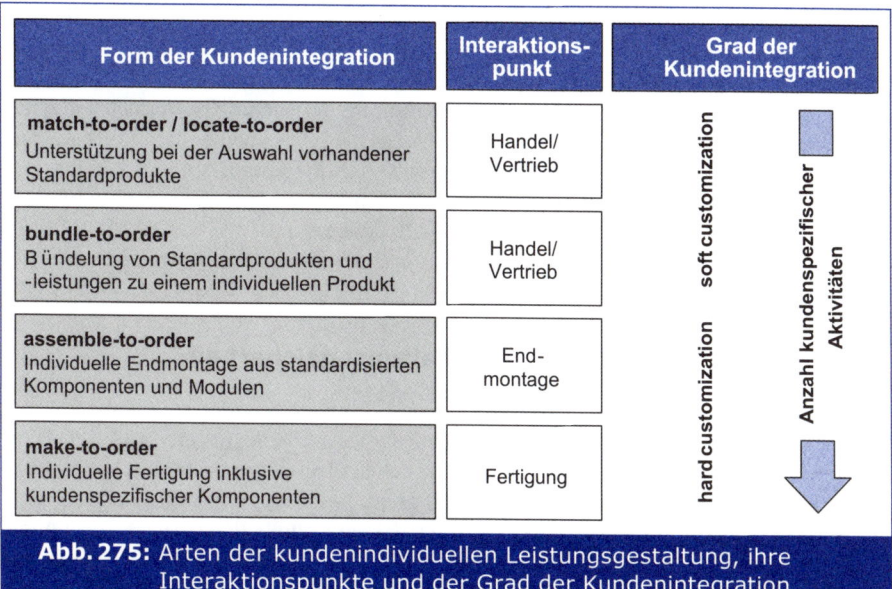

Abb. 275: Arten der kundenindividuellen Leistungsgestaltung, ihre Interaktionspunkte und der Grad der Kundenintegration

Quelle: *Jacob/Kleinaltenkamp*, 2004, S. 607 und in Anlehnung an *Piller*, 2003b, S. 85.

Je nach angestrebtem Grad der Kundenintegration variieren Art und Umfang der Informationen, die der Kunde in den Leistungserstellungsprozess des Anbieters einbringen muss. In Anlehnung an *Jacob/Kleinaltenkamp* (2004, S. 609 f.) sind im Rahmen der Informationsbeschaffung beim Kunden drei **Teilaufgaben** zu unterscheiden:

(1) Zunächst geht es um die Festlegung der **Kommunikationsinhalte**. Fokus dabei ist die Generierung von Informationen, die wir als Spezifikationen des Kundenbedarfs bezeichnen. Hierbei ist danach zu unterscheiden, ob der Nachfrager bereits eigene Spezifikationen für das gewünschte technische Lösungsangebot erarbeitet und z. B. in einem Lastenheft niedergelegt hat oder ob die Spezifikation durch den Anbieter und/oder einen Dritten (gemeinsam) im Interaktionsprozess erarbeitet werden muss. Das frühzeitige

Einbinden von Nachfragern in die Gestaltung der Leistungsspezifikation kann dem Anbieter einen entsprechenden Wettbewerbsvorteil verschaffen, weil die Definition der Problemkonzeption frühzeitig mit einer Lösungskonzeption des betrachteten Anbieters gekoppelt werden kann (vgl. auch *Stiegenroth*, 2000, S. 114 ff.).

(2) Je nach Art und Umfang der notwendigen Kommunikationsinhalte zwischen Nachfrager und Anbieter bestimmt sich auch der **Kommunikationsträger**. Im Kern geht es dabei um den effektiven und effizienten Einsatz von Kundenkontaktmitarbeitern des Anbieters. Je nach Grad der technischen Komplexität der festzulegenden Spezifikationen und je nach Grad bereits definierter Spezifikationen werden unterschiedliche Zusammensetzungen des Selling Centers notwendig. Die Zusammensetzung des Selling Centers wird umso technik- bzw. ingenieurgetriebener sein, je weniger konkret die Spezifikationen festgelegt sind und je technisch anspruchsvoller die Problemkonzeption ist. Je umfassender die technischen Spezifikationen bereits festgelegt sind, umso geringer wird die Interaktionshäufigkeit sein und umso mehr werden die entsprechenden Verhandlungsprozesse durch betriebswirtschaftlich bzw. kaufmännisch gebildete Mitglieder des Selling Centers gekennzeichnet sein.

(3) Die Kommunikationsinhalte bestimmen auch in erheblichem Maße die eingeschlagenen **Kommunikationswege**. Grundsätzlich werden face-to-face-Verhandlungen auf unterschiedlichen Ebenen, z. B. in Form eines unternehmensübergreifenden Projektteams, die Interaktionsprozesse bestimmen. Dabei kommt in neuerer Zeit vermehrt den modernen Technologien des elektronischen Datenaustausches und der damit verbundenen IT-Anforderungen eine besondere Rolle zu (vgl. *Hildebrandt*, 1997, S. 225 ff.). Hier entwickelt sich eine neue, allerdings vor allem in ergänzender Weise einzusetzende Form von Kommunikationswegen, die die Interaktionsprozesse zwischen Anbietern und Nachfragern im Rahmen einer Leistungsindividualisierungsstrategie erheblich beeinflussen werden.

1.1.1.2 Management der Kaufverhaltensunsicherheit

Da der Nachfrager ein Leistungsversprechen kauft, ist es notwendig, damit einhergehende Verhaltensunsicherheit zu reduzieren. Kernelement dieser Überlegungen ist die Schaffung von Vertrauen (vgl. *Plötner*, 1995). Gleichgültig, welcher Definition man folgt, Vertrauen ist immer **begründetes Vertrauen** (vgl. *Backhaus et al.*, 1994b, S. 54; *Beinlich*, 1998, S. 195). Der Anbieter muss sich darüber im Klaren sein, dass er Gründe liefern muss, warum ihm der Nachfrager vertrauen sollte. Mit anderen Worten: Zusicherungen allein genügen nicht, sie müssen glaubhaft sein.

Um dem Nachfrager Zusicherungen *glaubhaft* vermitteln zu können, sind unterschiedliche Ansatzpunkte vertrauensbildender Maßnahmen seitens der Anbieter möglich.

Es existieren zwei grundsätzlich unterschiedliche Dimensionen zur Gestaltung glaubhafter Zusicherungen, denen verschiedene unsicherheitsreduzierende Ansatzpunkte zugeordnet werden können. Als Unterscheidungsmerkmal dieser Dimensionen dient die „Qualität" potenzieller Leistungsmängel. So können Leistungsmängel grundsätzlich danach unterschieden werden, ob sie aufgrund der mangelnden **Leistungsfähigkeit** oder aufgrund des mangelnden **Leistungswillens** der Leistungsbereitschaft zustande kommen. Beide Formen können zwar beim Nachfrager zum gleichen Ergebnis führen: Dennoch ist diese Differenzierung insofern von Bedeutung, als die anbieterseitigen Zusicherungen in ihrer Glaubhaftigkeit unterschiedlich überzeugend dargestellt werden können und sich damit in ihrer Generierung sowie ihrer Nachhaltigkeit deutlich unterscheiden.

Referenzen

Für die Demonstration der Leistungsfähigkeit lassen sich insbesondere Referenzen einsetzen. Als Referenz bezeichnen wir „an indirect proof, based on some practical or concrete evidence, like product, service or systems delivery of a supplier's capability or delivery" (*Salminen/Möller*, 2006, S. 5).

Die **Erstellung** einer Referenz stellt eine spezifische Investition für den Anbieter dar, die dem Nachfrager Sicherheit vermittelt, weil er die Leistungsfähigkeit bereits bei anderen Kunden beobachten kann und ein Urteil des Nachfragers über die Leistungsfähigkeit und den Leistungswillen des Anbieters erhält.

Zur Gewinnung eines Referenznachfragers geht der Anbieter eine Verpflichtung ein, die sich in der Zusage der Funktionsfähigkeit des Systems sowie zumeist in günstigeren finanziellen Konditionen in Bezug auf den Beschaffungspreis für den Nachfrager äußert, da dieser sich schließlich seinerseits bereit erklären muss, anderen Nachfragern Gelegenheit zur Besichtigung des Systems zu geben (**Referenzen als Marktinvestition**).

Die durch den Preisnachlass bewirkte Marktinvestition sowie die evtl. anfallenden Nachbesserungsaufwendungen erzeugen beim Anbieter einen Bindungseffekt gegenüber dem Nachfrager. Kann der Anbieter diese Abhängigkeitsposition gegenüber dem Nachfrager glaubhaft verdeutlichen, so nimmt der Nachfrager die glaubhafte Zusicherung im Hinblick auf das ganzheitliche Leistungsversprechen und damit auch den anbieterseitigen Leistungswillen wahr.

Allerdings wird dies zunächst nur unmittelbar gegenüber dem Referenzkunden wirksam. Für alle anderen Nachfrager beschränkt sich die Referenz insbesondere auf den Nachweis der grundsätzlichen Leistungsfähigkeit eines Systems und dessen Anbieter. Auch durch den Verkauf von individualisierten Leistungen, die nicht ausdrücklich als Referenzen vermarktet werden, kann eine partielle Referenzwirkung entstehen, da weitere potenzielle Nachfrager jedes funktionsfähige System und die damit verbundenen Leistungen als Beweis der Leistungsfähigkeit ansehen. So impliziert auch jeder weitere reguläre Kaufabschluss die Erhöhung des Pfands im Sinne einer glaubhaften Zusicherung, das bei genügend hoher Nachfragerakzeptanz bis hin zu einem unkritischen Nachfragerverhalten führen kann („Lemminge-Effekt").

Das **Problem des Einsatzes** von Referenzen zur Vertrauensbildung besteht jedoch beim horizontalen Geschäftstypenwechsel darin, dass der aus dem auf anonyme Märkte gerichteten Geschäftstyp kommende Anbieter i. d. R. noch nicht über Referenzen verfügen wird. Er muss diese Referenzen erst aufbauen. Im Sinne von *Salminen/Möller* (2006, S. 51) geht es beim Geschäftstypenwechsel daher weniger um eine „reference-driven strategy", sondern eher um „strategy-driven reference behavior". „In the first-mentioned mode the growth opportunities of a firm are conditioned by its current reference base. It can only try to target new customers in such „product/market contexts" where the current reference base contains credible references. In the strategy-driven mode the management tries proactively to develop reference customers in those technology application fields and/or market areas which the corporate targets to move into."

Vertragsmanagement

Vertrauen kann auch durch eine entsprechende Vertragsgestaltung erzeugt werden. Leistungsfähigkeit und Leistungswillen können durch **vertragliche Absicherungen** in Form von entsprechenden Haftungskonzepten signalisiert werden. Kernelemente eines vertrauensbildenden Vertragskonzepts liefern vor allem die Regelungen für Schadensersatz und Vertragsstrafen bei Nichteinhaltung vertraglich zugesicherter Lösungskomponenten (vgl. dazu im Einzelnen Teil 3 Kap. C. II. 2.3.3). Beim **Schadensersatz** geht es im Kern darum, evtl. entstehende Schadensfälle durch Nichteinhalten von Zusagen beim Kunden haftungsmäßig auszugleichen. Der Umfang des Haftungskonzeptes schafft eine Basis für vertrauensbildende Maßnahmen, da der Nachfrager im Falle von Fehlleistungen entsprechende Schadensersatz- oder Vertragsstrafenansprüche erwirbt – vorausgesetzt, er glaubt an die Bonität des Partners. Schadensersatzansprüche und Vertragsstrafen können nebeneinander existieren, da der Schadensersatz den Anfall eines Schadens voraussetzt, während die Vertragsstrafenregelung **(Pönale)** Bestrafungscharakter besitzt und somit nicht an die Existenz eines Schadens für den Nachfrager geknüpft ist. Sie hat alleinigen Drohcharakter. Pönale wie Schadensersatz können auf verschiedene Leistungsbezugsbasen gerichtet sein. Prominente Bezugsbasen sind die versprochene Leistung (Performance-Zusagen), aber auch die Einhaltung von Zeitzusagen (Verzugspönale) (vgl. dazu im Einzelnen *Westphalen*, 1987, sowie *Molter*, 1986).

Generell ist festzuhalten, dass der Wechsel von Geschäftstypen, die auf anonyme Märkte gerichtet sind, zu individualisierten Lösungsangeboten ein **Grundsatzproblem** beinhaltet. Dies liegt darin begründet, dass individualisierte Leistungen im Kern eine Vermarktung von Leistungsversprechen darstellen, die beim Nachfrager zusätzliche Unsicherheiten bedingen. Um diese abzubauen, muss der Anbieter entweder auf Referenzen verweisen können, über die er zu Beginn des Geschäftstypenwechsels aber ex definitione nicht verfügt, oder er muss vertragliche Zusagen machen, die ihn möglicherweise teuer zu stehen kommen. Er wird deshalb gegenüber bereits etablierten Anbietern in individualisierten Geschäftstypen einen Wettbewerbsnachteil haben. Hinzu kommt, dass Vertrauenspolitik asymmetrisch wirkt: Der Aufbau verläuft relativ langsam, der Abbau dagegen sehr schnell.

Darüber hinaus lässt sich feststellen, dass der Aufbau vertrauensbildender Maßnahmen beim Wechsel vom Systemgeschäft in das Einzelkundengeschäft oftmals leichter fallen wird als beim Wechsel aus dem Produktgeschäft. Der Grund liegt darin, dass Anbieter, die ihre Leistungen im Systemgeschäft vermarkten, wegen der Lock-In-Situation des Nachfragers schon mit Vertrauensproblemen in ihrem angestammten Geschäftstyp konfrontiert worden sind – allerdings transaktionsübergreifend. Das Vertrauensproblem im Systemgeschäft besteht zwar aufgrund der Verbundenheit der Teilperioden (vgl. dazu Teil 3 Kap. D.), während die Vertrauensproblematik von Anbietern, die ihre Leistungen im Produktgeschäft vermarkten, sehr viel stärker reduziert ist.

1.1.2 Stufen des Individualisierungsprozesses

Vor diesem Hintergrund erscheint es sinnvoll, den Geschäftstypenwechsel in Form einer Leistungsindividualisierung stufenweise zu realisieren (vgl. *Mayer*, 1993). Wir unterscheiden im Folgenden **fünf Stufen der Leistungsindividualisierung**:

(1) Modularisierung;
(2) Plattformkonzepte;
(3) Produkte mit Built-in-Flexibility;
(4) Individualisierung durch produktbegleitende Dienstleistungen;
(5) Individuell konstruierte und erstellte Leistungen.

Die drei ersten Stufen stellen produktbezogene Leistungsdifferenzierungen dar, während die beiden letzten Stufen auch Zusatz(Dienst-)Leistungen umfassen.

(1) Modularisierung

Als Modularisierungen bezeichnen wir die Zerlegung eines Leistungsangebotes in einzelne Komponenten (Module), die in einem **Baukastensystem** auf unterschiedliche Art und Weise individuell zusammengesetzt werden können (vgl. *Mayer*, 1993, S. 152 f.). Sinn der Modularisierung ist es, die angebotene Leistung nicht immer wieder neu von Grund auf zu konstruieren und zu erstellen, sondern zumindest partiell aus Bausteinen zusammenzusetzen, die auftragsunabhängig gestaltet und produziert werden. Dabei muss das individualisierte Leistungsangebot nicht vollständig aus vorproduzierten Modulen zusammengestellt sein. Es können auch teilweise individuelle Komponenten hinzugefügt werden, die vom Abnehmer designed und vom Hersteller aufgrund individueller Kundenbedürfnisse erstellt wurden. Durch auf der Basis von Marktinformationen entwickelte Vorkombinationen von Modulen können dann in der Endkombination individualisierte Produkte entstehen. *Mayer* (1993, S. 158) hat dies graphisch, wie in *Abbildung 276* dargestellt, abgebildet.

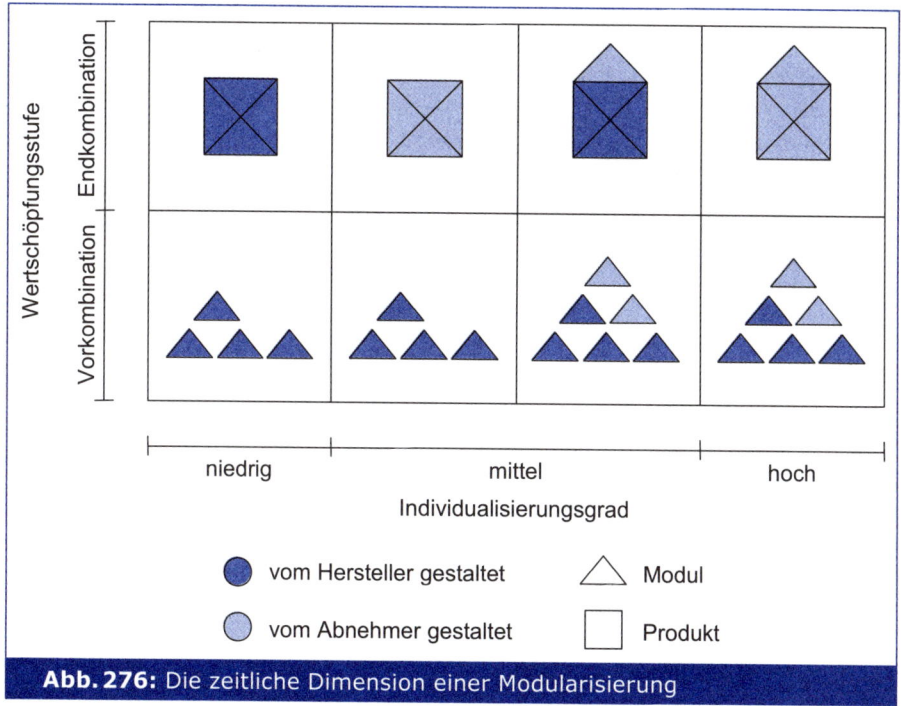

Abb. 276: Die zeitliche Dimension einer Modularisierung

Abbildung 276 zeigt, dass individuelle Leistungsangebote (Produkte) aus unterschiedlichen Modulen, die vom Hersteller oder Abnehmer spezifiziert wurden, entstehen können. Dabei ist es denkbar, dass das Leistungsangebot nur aus vom Hersteller gestalteten Modulen besteht. In der Regel wird dann von einem niedrigen Individualisierungsgrad auszugehen sein, wohingegen mit zunehmender Integration des Kunden auch in den Vorkombinationsprozess stärker individualisierte Leistungen entstehen können.

Bei der praktischen Realisation einer Modularisierungsstrategie im Rahmen eines Individualisierungsprozesses kann es zu erheblichen **kombinatorischen Problemen** kommen, nämlich dann, wenn Konfigurationsvorschriften beachtet werden müssen, bei deren Missachtung es zu Funktionsstörungen des Leistungsangebotes kommen kann. Hier kann evtl. der Einsatz eines Expertensystems wesentliche Hilfestellung liefern.

> „Die WILHELM FETTE GMBH, Schwarzenbek, widmet sich u. a. der Herstellung von Maschinen, mit denen die Pharmazeutische Industrie Tabletten produziert (vgl. zu diesem Beispiel *Emrich*, 1990). Derartige **Tablettiermaschinen** sind sehr komplexe Anlagen, die aus Tausenden von Teilen bestehen. Ausgehend von einer Basisversion bietet FETTE acht weitere Varianten an, die zusätzlich um bereits vorkonstruierte, kundenspezifische Baugruppen ergänzt werden können. Zur Verringerung der Herstellungskosten wird auf ein Baukastensystem zurückgegriffen. Zudem wird auch versucht, Sonderwünsche zu erfüllen. Allerdings sind manche dieser geforderten ‚Extras', aber auch bestimmte Modulkombinationen nicht realisierbar. Die montagegerechte Konfiguration der Maschinen ist daher ein sehr aufwendiges Unterfangen, das umfangreiches Fachwissen aus verschiedenen Abteilungen erfordert.
>
> Um diesen Aufwand reduzieren zu können, wurde ein Expertensystem erworben, mit dem es das zur Generierung der Maschinen notwendige technische und logistische Wissen zu erfassen sowie zu strukturieren und dem Fertigungs- sowie dem Verkaufsbereich in geeigneter Form zur Verfügung zu stellen galt. Auf der Basis der von einem Kunden gewünschten Ausführungswünsche konfiguriert dieses aus der Vielzahl der Komponenten, die oftmals sehr komplexen Abhängigkeitskonstellationen und Restriktionen unterliegen, die Maschine und stellt einen entsprechenden Fertigungsauftrag zusammen. Zu diesem Zweck ist es in ein CIM-System integriert.
>
> Der Kunde bestellt auf der Grundlage einer Katalogbeschreibung sowie nach Beratung durch den Außendienst einen bestimmten Maschinentyp und äußert evtl. einige Sonderwünsche. Bevor das Expertensystem zur Verfügung stand, war der Verkäufer gehalten, eine viele Seiten umfassende Checkliste durchzuarbeiten, um per Ankreuzen die gewünschte Ausführung der Maschine zu spezifizieren. Anschließend machte ein Konstrukteur das gleiche noch einmal, wobei er die Spezifikation auf Vollständigkeit, Plausibilität und Realisierbarkeit untersuchte. Die bereits vorkonstruierten Baugruppen wurden in einer Auftragsstückliste erfasst, die Sonderkomponenten konstruiert. Es wurde festgestellt, dass für einen Kundenauftrag durchschnittlich 70 % bis 90 % vorkonstruierte Teile verwendet werden konnten. Erst nach mehreren Wochen ging der Auftrag in die Fertigung. Mit der Implementierung des Expertensystems konnte die Durchlaufzeit wesentlich verringert werden. Dieses prüft die Spezifikation auf Redundanz usw. und übermittelt Sonderwünsche sofort in die Konstruktionsabteilung und die vollständige Maschinendefinition in das Auftragssteuerungssystem des Fertigungsbereichs." (*Mayer*, 1993, S. 165 f.)

Zusammenfassend lässt sich feststellen, dass es sich bei der Modularisierung um eine Überbrückungsstrategie handelt (vgl. *Baldwin/Clark*, 1998 und *Göpfert*, 1998), die sowohl für den Weg von der Typisierung in die Individualisierung als auch umgekehrt ihre Bedeutung hat.

(2) Plattform-Strategie

Ein weiteres Konzept, das auch zusammen mit dem Modularisierungskonzept im Sinne des Baukastenprinzips eingesetzt werden kann, ist das **Plattform-Konzept**. Beim Plattform-Konzept wird über mehrere Produktfamilien hinweg auf Gleichteile zurückgegriffen. Beispielsweise werden bei Lastkraftwagen Differenzierungen in Aufbauten durchgeführt, die auf einem für alle Lastwagentypen einheitlichen Fahrgestell basieren. *Abbildung 277* zeigt den Unterschied zwischen Baukastenprinzip und Plattform-Konzept im Vergleich (in Anlehnung an *Meffert*, 1994b, S. 99).

Plattformkonzepte erfordern teilweise ein Redesign des Produktes, damit die Plattformleistungen in allen Produktfamilien eingebaut werden können. Bei ausgewählten Typen führt dies zu einer Überdimensionierung der Plattformkomponente. Es wird jedoch in Kauf genommen, um die Teile in möglichst vielen Produkten verwenden zu können. Die Kosten-

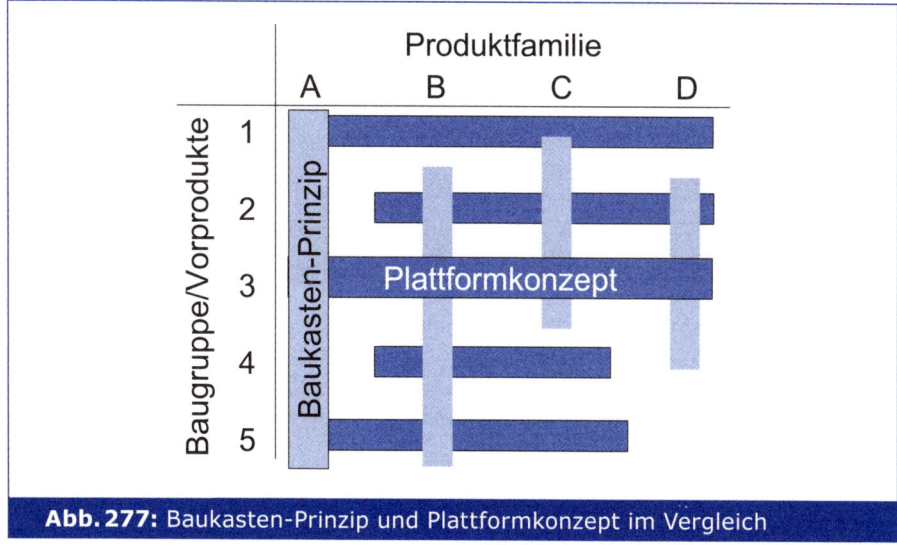

Abb. 277: Baukasten-Prinzip und Plattformkonzept im Vergleich

Quelle: *Adam et al.,* 2004, S. 259.

ersparnisse auch bei Überdimensionierung sind aufgrund der Gleichteileproduktion sehr viel größer als bei einer produktadaptierten Teilelösung. „Durch eine einheitliche Plattform steigt nämlich die Produktionsmenge eines Teils, so dass auf die Fließfertigung oder das Kanban-Prinzip zurückgegriffen werden kann. Weitere positive Konsequenzen sind im Bereich der Bestellpolitik und der Lagerhaltung zu erwarten." (*Adam et al.,* 2004, S. 260).

(3) Produkte mit Built-in-Flexibility

Die Strategie der Built-in-Flexibility beschreibt eine Vorgehensweise, bei der weitgehend standardisierte Leistungen angeboten werden, die aber aufgrund der eingebauten Funktions- und Speichermöglichkeiten von dem Kunden individuell genutzt werden können. Ein einfaches Beispiel für ein Produkt mit Built-in-Flexibility ist ein Elektromotor, der – je nach Land – auf verschiedene Spannungszustände im Stromnetz umgestellt werden kann. Bei Leistungsangeboten mit Built-in-Flexibility erwirbt der Nachfrager also ein Leistungsangebot, das im Grunde überdimensioniert ist, durch die **Überdimensionierung** aber eine Vielzahl individueller Nutzungsmöglichkeiten eröffnet. Diese Strategie ist immer dann vorteilhaft, wenn die Kostenersparnis aus der Massenproduktion des überdimensionierten Produktes so groß ist, dass gegenüber starr individualisierten Produkten kein Kostennachteil für den Nachfrager entsteht. Mit *Mayer* (1993, S. 253 ff.) unterscheiden wir drei Ausprägungen der Built-in-Flexibility:

- Funktions- und speicherfixe Leistungsangebote;
- Funktionsfixe, speichervariable Leistungsangebote sowie
- Funktions- und speichervariable Leistungsangebote.

Funktions- und speicherfixe Leistungsangebote sind dadurch gekennzeichnet, dass der Nachfrager keine Möglichkeit hat, irgendwelche Leistungsparameter zu verändern oder Nutzungsgewohnheiten abzuspeichern (vgl. *Mayer*, 1993, S. 253). Er hat lediglich eine Auswahlentscheidung unter verschiedenen fest vorgegebenen Funktionen zu treffen – siehe unser Beispiel des Elektromotors. Bei **funktionsfixen speichervariablen** Leistungsangeboten kann der Nachfrager die enthaltenen Funktionen zu Funktionsprogrammen kombinieren und individuell abspeichern.

Sitzverstellung elektrisch mit Memory für Fahrersitz

Mit der Memory-Funktion für die elektrische Fahrersitzverstellung können drei unterschiedliche Sitzpositionen mitsamt den entsprechenden Einstellungen der Kopfstütze und der Außenspiegel elektronisch gespeichert und mit einem Tastendruck abgerufen werden. Bei einigen Modellen ist auch die Einstellung der Lenksäule fixierbar.

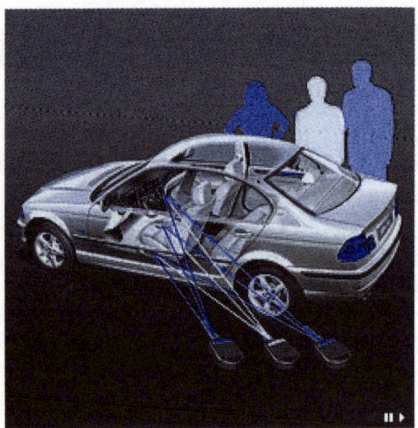
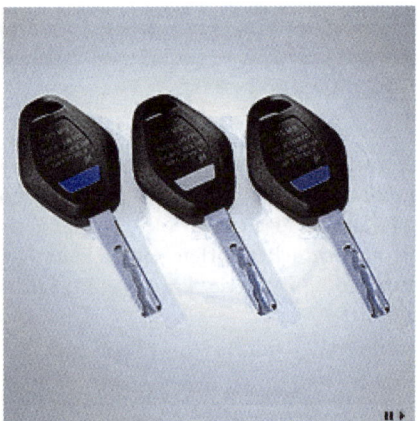

Car Memory/Key Memory

Mit der Car Memory lassen sich viele Einstellungen programmieren, z. B. die automatische Aktivierung des Abblendlichts beim Start oder die Scheinwerferfunktion nach dem Abschließen des Fahrzeugs (Follow-me-Home-Schaltung). Durch das Betätigen der Lichthupe bleibt das Fahrlicht dann bis zu 40 Sekunden lang eingeschaltet. Mit der Key Memory werden Einstellungen auf den Fahrerschlüssel codiert und beim Öffnen der Zentralverriegelung per Funkfernbedienung abgerufen. So findet der Fahrer z. B. seinen Sitz in der gewohnten Position vor (nur in Verbindung mit der Funktion Sitz-Memory). Oder die Klimaautomatik stellt die zuletzt gewählte Innenraumtemperatur und Luftverteilung ein. Die Key Memory ist für zwei Schlüssel programmiert und lässt sich auf bis zu vier Fahrer erweitern. Jeder Fahrer wird dabei anhand seines eigenen Schlüssels erkannt.

Quelle: *BMW*, 2009.

Bei **funktions- und speichervariablen** Leistungsangeboten kann der Benutzer das Nutzenspektrum weitgehend uneingeschränkt festlegen. Man spricht auch von intelligenten Systemen.

Ein Beispiel liefert der Wohnungsbau (vgl. *Scherer/Grinewitschus*, 2002, S. 153 ff.). Bei der Gestaltung intelligenter Haussysteme ist es z. B. möglich, sowohl die zu steuernden Wohnfunktionen flexibel zu konfigurieren, als auch die Abfolge dieser Funktionen individuell festzulegen. Während der

Planungsphase werden zuerst diejenigen Wohnfunktionen identifiziert, die elektronisch gesteuert werden sollen wie bspw. Sicherheitsfunktionen, Licht, Rolladen, Energie oder Heizung. Während der Nutzungsphase besteht dann die Möglichkeit, Profile mit fest definierten Ablaufschritten zu speichern. Mit einem angelegten Profil „Haus verlassen" z. B. kann ein automatisierter Prozess angestoßen werden, der das Licht abschaltet, die Raumtemperatur herabsetzt und die Alarmanlage aktiviert.

Insgesamt lässt sich feststellen, dass bei der Strategie der Built-in-Flexibility die Individualisierung durch den Käufer selbst erfolgt. Das System selbst ist für eine große Zahl von Nachfragern (anonymer Markt) konzipiert und wird durch den Nachfrager individualisiert.

(4) Individualisierung durch produktbegleitende Dienstleistungen

Bei einer Individualisierung durch produktbegleitende Dienstleistungen (vgl. Teil 3 Kap. B. II. 1.2.2.2) wird im Prinzip das typisierte Produkt im engeren Sinne nicht verändert. Das Leistungsangebot wird dadurch individualisiert, dass zusätzliche Dienstleistungen, die in einem produktbegleitenden Verhältnis stehen, kundenindividuell ergänzt werden. Produktbegleitende Dienstleistungen schaffen in vielen Fällen ein größeres Differenzierungspotenzial als das Produkt selbst, da sie häufig auf dem Faktor Personal basieren und daher schwerer zu imitieren sind.

Bei den produktbegleitenden Dienstleistungen können die Anbieter i. d. R. auf eine umfangreiche Liste von Dienstleistungen zurückgreifen (vgl. z. B. *Forschner*, 1989). Trotz der Fülle möglicher produktbegleitender Dienstleistungen ist bei der Beurteilung des Differenzierungspotenzials die relative Bedeutung produktbegleitender Dienstleistungen im Vergleich zu anderen Leistungsmerkmalen zu beachten. *Abbildung 278* zeigt die relative Bedeutung produktbegleitender Dienstleistungen beim Kauf von Standardwerkzeugmaschinen.

Abbildung 278 macht deutlich, dass Qualität und Preis mit einem Gewicht von jeweils ca. 30 % vor der Technik mit knapp 20 % die größte Bedeutung beim Kauf haben. Mit gut 10 % Bedeutung beim Kauf haben die produktbegleitenden Dienstleistungen noch nicht die

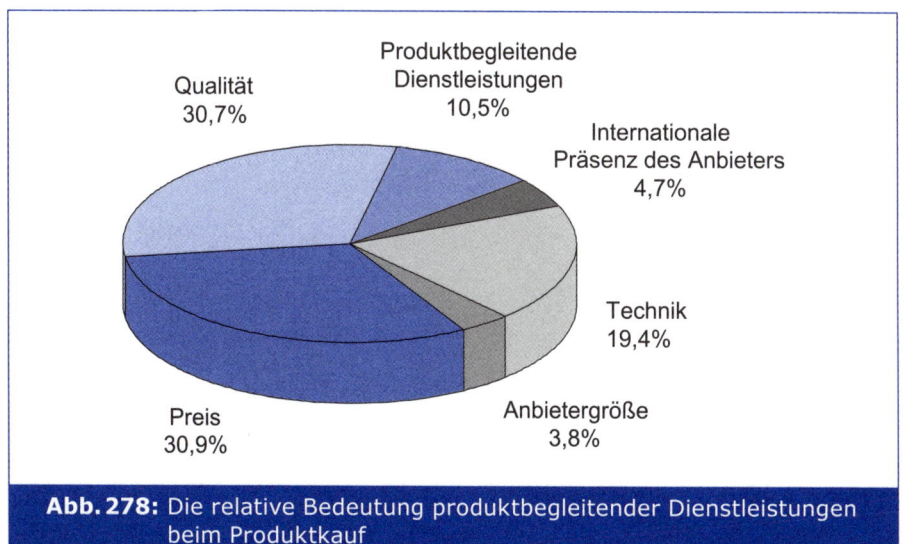

Abb. 278: Die relative Bedeutung produktbegleitender Dienstleistungen beim Produktkauf

Quelle: *VDMA*, 1999, S. 14.

Bedeutung der „klassischen" Leistungsmerkmale Qualität, Preis und Technik (vgl. *VDMA, 1999, S. 14*). Dennoch wird ihnen eine wettbewerbsstrategische Bedeutung mit hohem Chancenpotenzial zugesprochen (vgl. *Nippa, 2005, S. 1 ff.*).

Allerdings müssen die Anbieter einige Vorurteile, die im Markt bestehen, ausräumen und ihre Marktorganisation darauf ausrichten. Ein zentrales **Vermarktungsproblem** besteht darin, dass zwar prinzipiell großer Bedarf an produktbegleitenden Dienstleistungen in den verschiedenen Märkten vorhanden ist, wobei jedoch häufig **keine entsprechenden Preisbereitschaften** bestehen und produktbegleitende Dienstleistungen bisher überwiegend als Ergänzung des Produktangebotes erbracht wurden, ohne dass sie besonders bepreist wurden. Sie wurden damit scheinbar „kostenlos" zur Verfügung gestellt, so dass oftmals keine explizite Zahlungsbereitschaft für solche Dienstleistungen besteht.

Neben dem Problem der Bestimmung von Zahlungsbereitschaften für angebotene Dienstleistungen oder Dienstleistungsbündel erfordert das Angebot produktbegleitender Dienstleistungen ein „umfassendes Verständnis für die damit verbundenen Anforderungen, Rahmenbedingungen und Erfolgsfaktoren." (*Nippa, 2005, S. 3*). Das gilt insbesondere für die Einrichtung adäquater **organisatorischer Strukturen** sowie eines entsprechenden Personalmanagements. Bei den organisatorischen Strukturen geht es darum, den Besonderheiten der Dienstleistungsvermarktung Rechnung zu tragen. Das heißt, die Vermarktung der Dienstleistungen ist weitgehend zu verselbständigen und mit entsprechendem dienstleistungsorientierten Personal auszustatten. *Abbildung 279* zeigt ein Portfolio von Anforderungen für Dienstleistungspersonal.

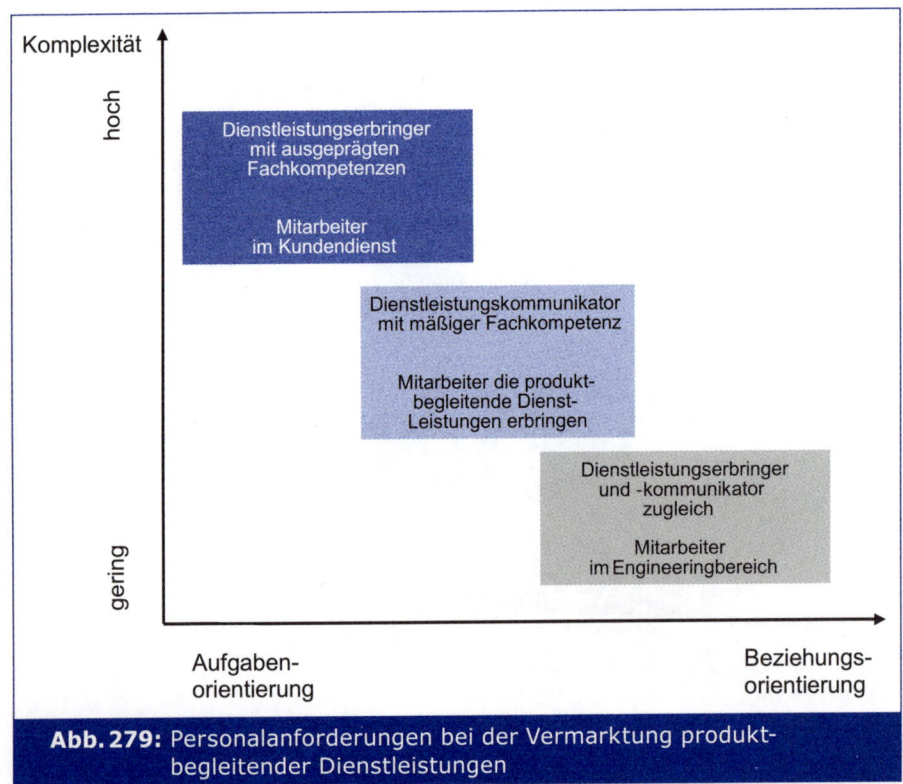

Abb. 279: Personalanforderungen bei der Vermarktung produktbegleitender Dienstleistungen

Quelle: *Jung Erceg,* 2005, S. 160.

(5) Individuell konstruierte und erstellte Leistungen

Die Alternative, Produkte individuell nach den Wünschen einzelner Kunden zu konstruieren und zu bauen, kommt bei einem Geschäftstypenwechsel von einer Typisierungsstrategie zu einer Individualisierung wahrscheinlich erst als letzte Lösung in Betracht. Bei dieser Alternative ist eine komplette **Umstrukturierung** der **Vertriebsorganisation** wie auch der **Fertigungsprozesse** erforderlich. Die Vermarktung von Standardprodukten erfordert i. d. R. ein anderes Vertriebskonzept und ein anderes Fertigungsprinzip, um ein Höchstmaß an Effektivität und Effizienz zu erzielen. So wird im Vertriebsbereich eher ein Team tätig sein, das anhand einer Liefer- und Preisliste verkauft, ohne dass der einzelne Vertriebsmitarbeiter i. d. R. in der Lage sein wird, die gesamte technische Lösungskonzeption zu überschauen. Vergleichbares gilt für die Fertigung, die bei Standardprodukten eher auf eine massenorientierte Fließfertigung ausgerichtet ist, die für eine Individualfertigung „umgebaut" werden muss. Eine fertigungstechnische Lösung, die die Vorteile der Fließfertigung mit den Prinzipien der einzelkundenorientierten Werkstattfertigung verbindet, basiert auf der Einführung neuer Informations- und Kommunikationstechnologien und wird als Computer Integrated Manufacturing (CIM) bezeichnet. Die Grundidee wird plastisch deutlich an einem Beispiel:

> „Hier haben Kundenwünsche ‚Grüne Welle'", lautet die Headline eines doppelseitigen Inserats, mit der die SIEMENS AG für ihr Angebot an Logistik- und Automatisierungssystemen wirbt. Die Anzeige widmet sich exemplarisch der Automobilindustrie. Zur Erklärung findet sich u. a. folgender Text: ‚Sie laufen nacheinander vom gleichen Band – und jedes einzelne ist praktisch eine Einzelanfertigung: in puncto Farbe, Motor und vielen anderen Ausstattungsmerkmalen. [...] Unsere Computer legen schon Wochen vorher fest, als wievieltes Auto der neue Wagen von Familie X an welchem Tag durch die Produktion geschleust wird."
>
> Quelle: *Mayer*, 1993, S. 214.

Während eine Zeit lang **Computer Integrated Manufacturing** als das „Allheilmittel" propagiert wurde, hat nun die Euphorie einer nüchterneren Betrachtungsweise Platz gemacht. CIM wird als ein Konzept betrachtet, das die Individualisierung in der Fertigung nicht vollständig lösen kann. Jedoch bewirkt CIM eine deutliche Unterstützung der Individualisierungsbemühungen.

Voraussetzung für die Realisation von CIM ist eine einheitliche Datenbasis für das komplette Unternehmen. Dazu ist es erforderlich, alle relevanten ökonomischen und technischen Daten in einer Datenbank zusammenzuführen. „Wesentlich für das Konzept ist die Verknüpfung von Verfahren der kaufmännischen Datenverwaltung (Buchhaltung, Kostenrechnung, Auftragsabwicklung usw.) und der Produktionsplanung und -steuerung einerseits mit den technisch orientierten Verfahren des CAD/CAM/CAQ (CAx: Computer-Aided-Konzepte, wobei D für Design, M für Manufacturing, E für Engineering (Entwurf), P für Planning, Q für Quality-Control steht) andererseits." (*Adam et al.*, 2004, S. 262). Das CIM-Modell stellt für alle diese in den einzelnen CAx-Bausteinen stattfindenden Prozesse die gemeinsame Datenbasis sicher. CIM lässt sich daher auch als Datenintegrationskonzept kennzeichnen, dessen Vorteile vor allem in der beschleunigten Informationsverarbeitung, in kürzeren Informationsübertragungszeiten und qualitativ verbesserten Informationsinhalten liegen. Die verbesserten Informationsinhalte dokumentieren sich vor allem darin, dass CIM-Konzepte eine redundanzarme konsistente Datenbasis für alle Unternehmensbereiche liefern (vgl. *Becker*, 1993).

Ergänzt werden können CIM-Konzepte durch **flexible Fertigungssysteme**. Flexible Fertigungssysteme sind dadurch gekennzeichnet, dass flexible Fertigungszellen im Sinne von

Bearbeitungszentren mit bedienerunabhängigen Funktionen mit automatisierten Transporteinrichtungen (Roboter, Laufbänder oder fahrerlose Transportsysteme) verbunden sind und über eine einheitliche Datenversorgung und -steuerung verfügen (vgl. *Adam et al.*, 2004, S. 266 ff.). Je besser die einzelnen Teilsysteme aufeinander abgestimmt sind, umso kostengünstiger lassen sich individuell konstruierte Produkte erstellen. Die ökonomische Betrachtung von flexiblen Fertigungskonzepten zur Unterstützung einer Individualisierungsstrategie spielt deshalb eine große Rolle, weil nicht nur die Kostenhöhe (Niveau) betroffen ist, sondern vor allem auch die Kostenstruktur. Investitionen in flexible Fertigungskonzepte erzeugen hohe Fixkosten und machen somit das Unternehmen zwar technisch flexibel, aber ökonomisch unflexibel. Letztlich kommt es auf einen Vergleich an, ob die zusätzlich erzielten Erlöse aus der Individualisierung die zusätzlichen Kosten für die Realisation einer Individualisierungsstrategie übersteigen. Nur wenn dies der Fall ist, lohnt sich eine Individualisierungsstrategie auf Basis individuell konstruierter und erstellter Produkte.

1.2 Vereinheitlichung

Genau die gegenteilige Form des Geschäftstypenwechsels im Rahmen der horizontalen Geschäftstypenwechsel stellt die **Produktvereinheitlichungsstrategie** dar. Ziel ist es, bisher individualisierte Produkte stärker zu vereinheitlichen. Ein Beispiel liefert die KWU mit der sog. Konvoi-Technik.

> In den 1980er Jahren drohte die Kernkraftwerkstechnologie deshalb in große Schwierigkeiten zu geraten, weil die Genehmigungsprozesse für die verschiedenen individuell erstellten Kraftwerkskonzepte einer langen Genehmigungsfrist von bis zu zehn Jahren und mehr bedurften. Um wegen der individualisierten Leistungsangebote den Genehmigungsprozess nicht jedes Mal für jeden Auftrag neu aufzurollen und damit in lange Vorlaufzeiten zu geraten, hat sich die KWU damals entschlossen, die Komponenten der Kernkraftwerke zu vereinheitlichen und als Typ genehmigen zu lassen, die die längsten Vorlaufzeiten hatten. Nachfrager, die die langen Genehmigungszeiten und damit die langen Vorlaufzeiten nicht in Kauf nehmen wollten, mussten sich dann auf das vereinheitlichte Produktangebot im Hinblick auf die genehmigungskritischen Komponenten beschränken und durften ihre individuellen Wünsche an dieser Stelle nicht einbringen (vgl. *KWU*, 1986).

Das Beispiel zeigt, dass spiegelbildlich zu der Entwicklung im Rahmen der Individualisierungsstrategie bei der Vereinheitlichungsstrategie auch verschiedene **Grade der Vereinheitlichung** realisiert werden können. Nicht immer bedeutet der Geschäftstypenwechsel zur Vereinheitlichungsstrategie die Bereitstellung homogener Massenprodukte. Vielmehr gilt lediglich, dass sich der Hersteller nur um die Befriedigung sog. „Durchschnittsansprüche" bemüht (vgl. *Mayer*, 1993, S. 43).

Bei der Vereinheitlichungsstrategie geht es nicht – wie bei der Individualisierungsstrategie – um die Spezifizierung und Definition individueller Kundenwünsche. Vielmehr wird der größte gemeinsame Nenner unterschiedlicher Kundenbedürfnisse eruiert und entsprechend bedient. Kurz gesagt geht es nicht um die Suche nach den Unterschieden in der Anspruchsstruktur der Nachfrager, sondern um die Gemeinsamkeiten, mit dem Ziel, die angebotene Variantenzahl zu reduzieren. Ausgehend von einer als zu groß empfundenen Variantenzahl geht es um ihre Optimierung (vgl. *Voeth*, 2002a).

Die Gründe für eine Vereinheitlichungsstrategie liegen im Kern in den entstehenden Komplexitätskosten (vgl. zu diesem Begriff *Adam et al.*, 2004, S. 193), die bei einer Individualisierungsstrategie schnell außer Kontrolle geraten können. Das Beispiel der Konvoi-Technik macht deutlich, dass die Komplexität des Genehmigungsprozesses und die damit verbundenen Kosten als kaum noch tragfähig angesehen wurden, so dass eine Komplexitätsreduktion notwendig war.

1.2.1 Auswirkungen der Produktvereinheitlichung auf die Komplexitätskosten

Die fünf Stufen zur Leistungsindividualisierung sind analog anwendbar für die Vereinheitlichungsstrategie. In gleicher Form, wie sich das Leistungsangebot mit Hilfe der fünf Stufen individualisieren lässt, kann dieses in umgekehrter Form auch stufenweise vereinheitlicht werden (vgl. *Abbildung 280*).

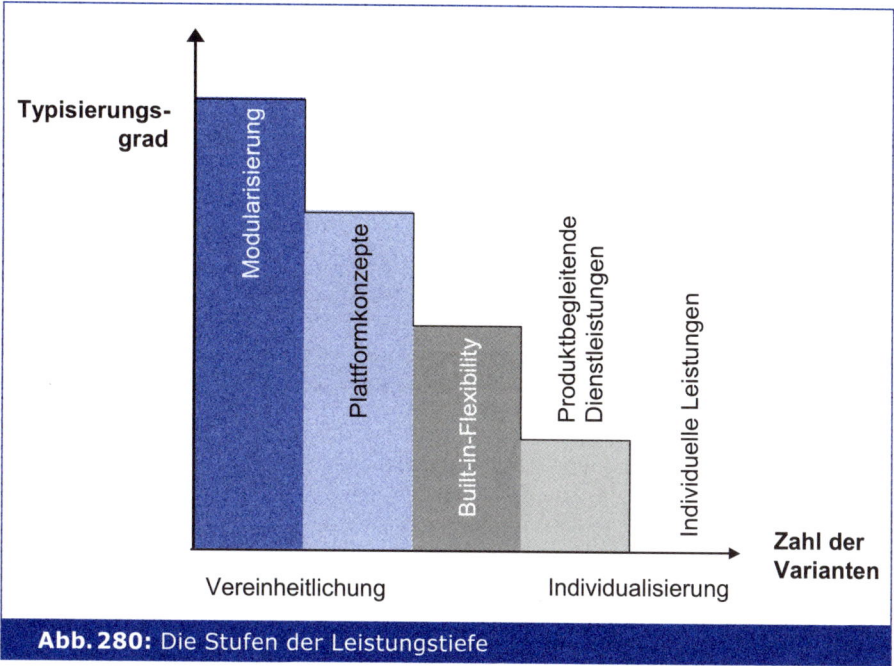

Abb. 280: Die Stufen der Leistungstiefe

Das **Hauptmotiv** für **Produktvereinfachungen** ist in der Reduktion bzw. in der Vermeidung von **Komplexitätskosten** zu finden. Dem Begriff Komplexitätskosten werden diejenigen Kosten subsumiert, die durch einen Anstieg des Komplexitätsgrades verursacht werden. Sie sind ökonomisch problematisch, da sie sich durch einige unangenehme Eigenschaften auszeichnen.

Erstens treten Komplexitätskosten zeitverzögert auf. Bei operativen Entscheidungen werden langfristige Effekte häufig missachtet, so dass es zu einer schleichenden Erhöhung des Komplexitätsgrades kommt, der zu „Quantensprüngen" bei den Informations- und Managementkapazitäten führt. Zweitens folgen Komplexitätskosten dem Phänomen der Kostenremanenz. Das heißt eine durch die Ausweitung der Produktpalette resultierende Komplexitätskostensteigerung ist nur bedingt reversibel. Vielmehr müssten dazu alle angrenzenden Kapazitätsmaßnahmen ebenfalls revidiert werden. Es sollte deshalb versucht werden, Komplexitätskosten ex ante zu vermeiden. Drittens sind Komplexitätskosten i. d. R.

indirekte sprungfixe Gemeinkosten, so dass keine verursachungsgerechte Verrechnung möglich ist. Die Kostenrechnung ist damit nicht fähig, Komplexitätskosten sachgerecht zu verwalten. Viertens führen Komplexitätskosten regelmäßig zu einer Erhöhung der Stückkosten. Dem Anstieg der variantenproportionalen Komplexitätskosten und dem Anstieg der überproportionalen Kosten für die Ausweitung von Engpässen und die Bewältigung des gestiegenen Koordinationsbedarfs steht eine sinkende Auslastung aufgrund komplexitätsgetriebener Stillstandzeiten und Rüstzeiten gegenüber. Man spricht auch vom „umgekehrten Erfahrungskurveneffekt" (*Adam/Johannwille*, 1998, S. 12 ff.).

Im Kontext der Produktvereinheitlichung ist es das Ziel, die Variantenkomplexität (Zahl der Varianten) zu senken. Durch die **Rückführung der Variantenzahl** lassen sich jedoch nicht nur produktionsnahe Komplexitätskosten wie die Teilekomplexität und die Komplexität des Fertigungssystems reduzieren. Vielmehr lassen sich in fast allen Wertschöpfungsstufen und Unternehmensfunktionen variantenindizierte Komplexitätskosten senken (vgl. Abbildung 281; *Herrmann/Peine*, 2007, S. 654 ff.).

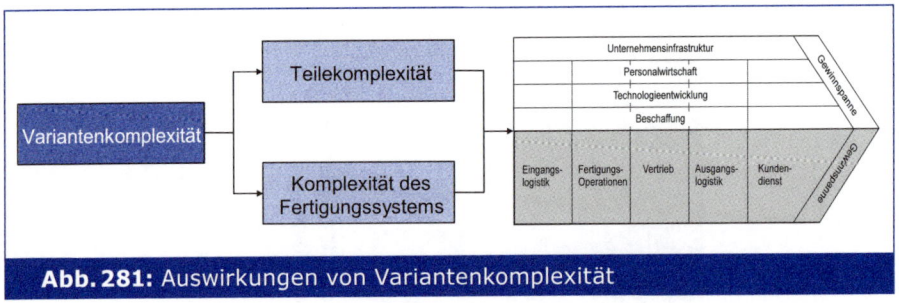

Abb. 281: Auswirkungen von Variantenkomplexität

Für die unternehmensinterne Infrastruktur bedeutet die Reduktion der Variantenkomplexität einen geringeren Organisations- und Koordinationsbedarf, da Schnittstellen eliminiert und potenzielle Zielkonflikte zwischen verschiedenen Produktlinien dadurch leichter harmonisiert werden können.

Mit einer Vereinheitlichung der Produkte verringert sich zudem die Anzahl der zu beschaffenden Teile. Da nun größere Mengen gleicher Teile beschafft werden müssen, sinken die Beschaffungskosten, da die Skaleneffekte steigen und sich Mengenrabatte leichter realisieren lassen. Eine weitere Quelle für geringere Beschaffungskosten, lässt sich mit der Verkleinerung des Lieferantenkreises erschliessen. Im Extremfall werden die Teile nun von nur einem einzigen Lieferanten bereitgestellt (single sourcing). Obschon die Fokussierung auf wenige (oder einen) Lieferanten auch Nachteile nach sich ziehen kann (Abhängigkeit, erhöhtes Ausfallrisiko), eröffnet sich auch mit der Senkung der Lieferantenkomplexität die Möglichkeit, komplexitätsbedingte Beschaffungskosten zu senken.

In der Eingangslogistik führt die Konzentration auf wenige Teile zu einem beschleunigten Handling und zu einer übersichtlicheren Lagerstruktur. Dadurch lassen sich auf der einen Seite Engpässe in der Produktion vermeiden, gleichzeitig aber auch die Sicherheitsbestände und damit das gebundene Kapital senken.

Mit der Vermeidung von Engpässen verkürzen sich wiederum die Stillstandzeiten in der Fertigung. Dazu können durch die geringere Variantenzahl Rüstkosten vermieden werden. Beide Effekte haben zur Konsequenz, dass sich die Materialflüsse in der Produktion verstetigen lassen und somit die Durchlaufzeiten senken. Die Ausdünnung des Produktsortimentes führt zudem zu Erfahrungskurveneffekten, da größere Volumina pro Produkt gefertigt werden. Neben der Kostenwirkung sind also auch Auswirkungen auf die Dimensionen Zeit und Qualität zu beobachten.

1.2.2 Variantenmanagement

Produktvereinheitlichungen senken die durch Variantenkomplexität verursachten Komplexitätskosten. Im Gegensatz dazu sind mit der Einführung neuer Produktvarianten i.d.R. jedoch steigende Erlöse verbunden, da neue Absatzmärkte erschlossen werden können. Die Erlöse entwickeln sich jedoch lediglich unterproportional. Zum einen nimmt die Zahl der potenziellen Abnehmer mit jeder eingeführte Variante ab. Zum anderen können neue Produktvarianten zu **Kannibalisierungseffekten** innerhalb der eigenen Produktpalette führen. Die absatzmarktbezogenen Gesamtauswirkungen von Änderungen der Variantentiefe auf Umsatz und Marktanteile sind nur schwer prognostizierbar, können jedoch im Rahmen sog. Marktlabors geschätzt werden (vgl. *Voeth*, 2002a, S. 297 ff.).

Strategisches Variantenmanagement befasst sich mit der langfristigen Handhabung des Problems der optimalen Variantenzahl. Dabei hängt der optimale Komplexitätsgrad von der Erlös- bzw. Kostenstruktur der jeweiligen Branche ab (vgl. *Abbildung 282*). In Branchen mit stark abnehmenden variantenindizierten Grenzerträgen ist die Vereinheitlichung des Produktsortiments vorteilhaft (Erlös- und Kostenkurven 1). Dies gilt vornehmlich für hoch standardisierte Leistungen, die in differenzierter Form nicht nutzenstiftend wirken, da sie zu Inkompatibilitäten führen. In Branchen mit schwach abnehmenden variantenindizierten Grenzerträgen wiederum ist Produktindividualisierung vorteilhaft (Erlös- und Kostenkurven 2). Als Beispiel seien ERP-Systeme angeführt, die nur in individuell auf die Unternehmung abgestimmter Form vertrieben werden können. Bei der Entscheidung zur Variantenkomplexität sollte jedoch beachtet werden, dass eine Überschreitung des optimalen Komplexitätsgrades mit einem erheblichen Risikopotenzial behaftet ist: Ohne Berücksichtigung der Gesamtwirkung werden dann zusätzliche Varianten eingeführt, die jedoch zu einem negativen Ergebnisbeitrag führen, da die zusätzlichen Kosten höher sind als die zusätzlichen Erträge. Man befindet sich in der Komplexitätsfalle.

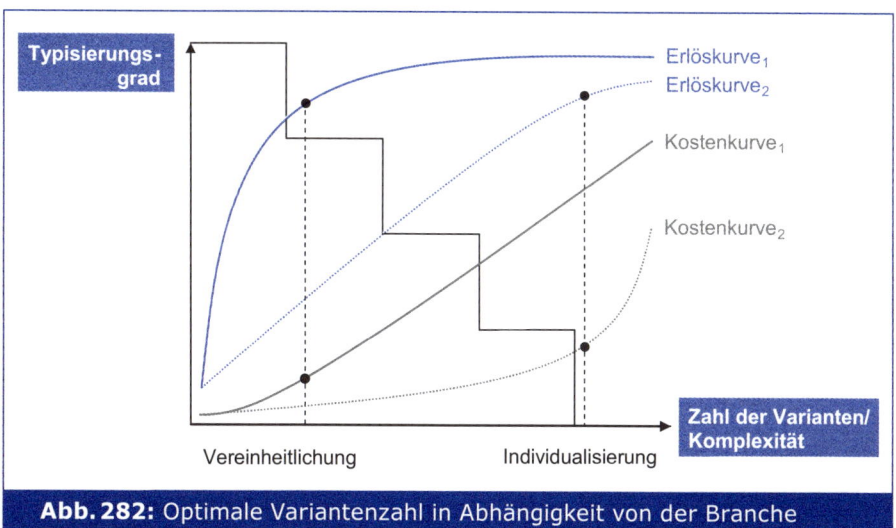

Abb. 282: Optimale Variantenzahl in Abhängigkeit von der Branche

2 Vertikale Geschäftstypenwechsel

Vertikale Geschäftstypenwechsel sind dadurch gekennzeichnet, dass die einzeltransaktionsübergreifende Perspektive des Relationship Marketing aufgegeben wird zugunsten einer stärkeren Betrachtung der Einzeltransaktion oder umgekehrt ein Relationship Marketing-Verhaltensprogramm entwickelt wird, bei dem der Fokus der Marketing-Bemühungen nicht auf die Einzeltransaktion gerichtet ist, sondern auf eine ganze Geschäftsbeziehung. Das Marketing-Verhaltensprogramm des ersten Falles bezeichnen wir als **„Release-Strategie"**, die Veränderung eines einzeltransaktionsgerichteten Marketings zur Betrachtung einer Geschäftsbeziehung bezeichnen wir als **„Lock-In-Strategie"**. Im ersten Fall werden Maßnahmen ergriffen, um Kundenbindungsmaßnahmen abzubauen. Dazu zählen insbesondere Standardisierungsstrategien, bei denen ein technologischer Verbund aufgelöst wird. Im letzten Fall entwickelt sich aus einem einzeltransaktionsgerichteten Marketing ein Relationship Marketing-Verhaltensprogramm. Es geht um die **Bindung des Kunden** über die Einzeltransaktion hinaus.

Anders als beim horizontalen Geschäftstypenwechsel erfordert der vertikale Geschäftstypenwechsel nicht zwangsläufig eine Anpassung der Fertigungsorganisation. Es werden vielmehr durch Marketing-Maßnahmen Kundenbindungseffekte auf- bzw. abgebaut.

> Ein Beispiel für einen Geschäftstypenwechsel von der Einzeltransaktionsorientierung zur Geschäftsbeziehung zeigt der weltweite Aufzugbau. Aufgrund der Tatsache, dass rechtlich erhebliche Sicherheitsvorschriften im Aufzugsgeschäft relevant sind, ist es dazu gekommen, dass sich das Geschäft mit den eigentlichen Aufzügen technisch nivelliert hat. Aufzüge von Otis sind mit Aufzügen von ThyssenKrupp technisch kaum noch differenzierbar. Deshalb hat sich im Geschäft mit den eigentlichen Aufzügen im Markt ein erheblicher Preiswettbewerb, der z. T. ruinösen Charakter trägt, etabliert. Während früher der Aufzug selbst der eigentliche Ergebnisträger war, bei dem das transaktionsorientierte Marketing im Vordergrund stand, hat sich nun das Ergebnispotenzial auf das Geschäft mit den Ersatzteilen und Wartungsdiensten verlagert. Die Strategie der gesamten Branche hat sich von einem Produkt- bzw. Anlagengeschäft zu einem Systemgeschäft verändert, bei dem der Kunde in Fragen der Wartung und des Ersatzteildienstes an den Hersteller des Aufzugs gebunden ist. So entwickelte sich das Geschäft von einem unverbundenen einzeltransaktionsbezogenen Geschäft zu einem transaktionsübergreifenden Verbundgeschäft (vgl. *Rese*, 1993).

Entsprechendes gilt für den umgekehrten Fall, wenn ein Unternehmen, das bisher eine Relationship-Strategie vertreten hat, seinen Geschäftstyp dadurch ändert, dass es auf Kundenbindungsmaßnahmen verzichtet und somit den „Lock-In" der Nachfrager abbaut.

> Ein Beispiel liefert die Strategie von Apple, in seinen Computern nun auch den Standardprozessor von Intel einzusetzen. Damit verringert sich die technische Kundenbindung bei Apple-Computern an das Apple-System. IBM-Rechner und Apple-Rechner werden kompatibel (vgl. *Abbildung 283*).

Abb. 283: Werbeanzeige von Apple

Wie beim horizontalen Geschäftstypenwechsel ist es beim vertikalen Geschäftstypenwechsel eben so, dass der Geschäftstypenwechsel i.d.R. nicht völlig abrupt erfolgt, sondern dass Zwischenschritte realisiert werden, bei denen die Kundenbindung langsam ab- oder aufgebaut wird. Einzeltransaktionsmarketing und Relationship Marketing bilden wiederum das Ende eines Kontinuums, das eine Reihe von Variationsmöglichkeiten in der Intensität der Kundenbindung als Zwischenlösung zulässt.

2.1 Release-Strategie

2.1.1 Bedeutung von Standards

Kundenbindung durch **Lock-In-Maßnahmen** führt dazu, dass Nachfrager über die Einzeltransaktion hinaus an einen Anbieter gebunden sind. Der Nachfrager nimmt zunächst den Bindungseffekt in Kauf, weil er durch die Bindung Nutzenvorteile erzielt. Allerdings entsteht auch in zunehmendem Maße Unsicherheit für den Nachfrager, weil er in seinen Folgeentscheidungen an den jeweiligen Anbieter mehr oder weniger gebunden ist. In der Praxis wird es häufig so sein, dass zunächst mit stärker werdendem Bindungseffekt der Nutzen steigen wird, ab einer bestimmten Höhe des Bindungseffektes werden die Nachfrager den Bindungseffekt als zu eng empfinden, so dass der empfundene Nutzen wieder fällt. *Abbildung 284* zeigt den Zusammenhang graphisch in Form eines umgekehrten U-Verlaufs.

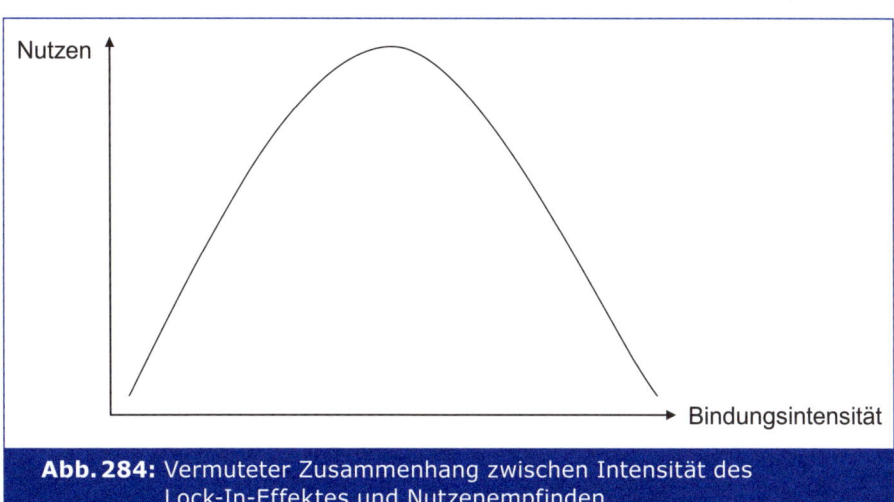

Abb. 284: Vermuteter Zusammenhang zwischen Intensität des Lock-In-Effektes und Nutzenempfinden

Ist ein Anbieter in der Situation, die durch den rechten Ast der Kurve gekennzeichnet ist, kann es notwendig werden, die Lock-In-Effekte wieder abzuschwächen, um so die transaktionsübergreifende Kaufbindung zu reduzieren. Er muss die Kaufakte sozusagen „**entbündeln**".

Für den Nachfrager lassen sich Kundenbindungseffekte und die daraus resultierende Unsicherheit dann reduzieren, wenn der Anbieter eine standardisierte Leistungsarchitektur mit standardisierten Schnittstellen anbietet bzw. sein Leistungsangebot auf einen erfolgreichen Standard aufsetzt. Das Beispiel in *Abbildung 285* verdeutlicht den Stellenwert von Standards für den Bereich der Automatisierung in eindringlicher Weise.

> **Investitionssicherheit**
>
> **Ende der Kostenspirale in der Automatisierung**
>
> Dem Siemens-Bereich Automatisierungstechnik (AUT) in Nürnberg ist es gelungen, ein Automatisierungssystem zu entwickeln, das auf der Basis einer einheitlichen Software-Plattform sowohl in der Fertigungs- und Prozessautomatisierung in allen Branchen als auch für jede Automatisierungsaufgabe eingesetzt werden kann.
>
> Totally Integrated Automation bringt eine Reihe wichtiger Vorteile: Das System schafft totale Offenheit für bereits vorhandene Automatisierungskomponenten und Systeme, soweit diese standardisierte Schnittstellen haben, auch für die Produkte anderer Hersteller. Es nutzt weltweite Standards verbunden mit firmeneigenen Standards (z. B. Profibus). Modularität im Aufbau ermöglicht außerdem, nur soviel Automatisierungstechnik einzusetzen, wie wirklich benötigt wird. Für den Anwender hat das vor allem drei positive ökonomische Auswirkungen, nämlich Kostenvorteile, größere Flexibilität und schließlich Investitionsschutz und Unabhängigkeit.

Abb. 285: Beispiel zur Bedeutung von Standards in der Automatisierung

Quelle: *o. V.*, 1997b, S. 60.

Aufgrund der Standardisierung ist der Kundenbindungseffekt ökonomisch nunmehr nicht in gleichem Maße relevant, weil der Nachfrager jederzeit seine Architektur wechseln kann, ohne dass die Funktionalität der Systemelemente eingeschränkt ist. Auch bietet sich ihm die Möglichkeit, ohne ökonomisch relevanten Anpassungsaufwand die Folgeinvestition von einem anderen Anbieter als dem der Erstinvestition zu beschaffen.

Welche Bedeutung Standards für das Management von Unsicherheit haben, beschreiben schon *Piore/Sabel* (1989, S. 50 f.) in anschaulicher Weise wie folgt:

> „Detaillierte Untersuchungen weisen nach, dass – um einige bemerkenswerte Beispiele zu nennen – [...] die Computerindustrien in ihren frühen Entwicklungsphasen über einen derartigen Überfluss an miteinander wetteifernden technologischen Lösungen verfügten, dass dadurch der Fortschritt buchstäblich blockiert wurde. Jede Variante war unter irgendeinem Aspekt besser als die anderen, ihre Vorteile drückten die besonderen Umstände aus und dienten den Interessenten ihres Betreibers im Kampf gegen die Konkurrenten. Aus Angst, der Konkurrenz in die Hände zu arbeiten, war kein Unternehmer bereit, von seinem Vorschlag abzulassen. Außerdem war jeder bemüht, die von ihm favorisierten Lösungen weiter zu verfolgen: Denn er fürchtete sich vor Fehlschlägen und davor, dass seine Anfangsfehler anderen Hinweise geben könnten, wie ein besseres Modell herzustellen sei.
>
> In der Regel führte erst die Anwendung ökonomischer Macht aus dieser Sackgasse heraus. Irgendeine Firma oder Unternehmensgruppe, die den entstehenden Markt schon hinreichend kontrollierte, um sich eines Minimums an Nachfrage für ihr Produkt sicher zu sein, und über genügend Kapital verfügte, um die Kosten von Missgriffen auffangen zu können, machte einen Vorstoß und drängte sich dem Markt auf [...] Die Entwicklung von Alternativen, die Aussicht auf Erfolg haben würden, war dann zu teuer, und die Aussicht, dass die Investitionskosten sich auszahlen würden, verringerten sich, da die Kunden sich an das bestehende Angebot gewöhnt hatten"
>
> Quelle: *Piore/Sabel*, 1989, S. 50 f.

2.1.2 Arten von Standards

Bei **Standards** handelt es sich im Allgemeinen um Institutionen, in denen Spezifikationen von Merkmalen bzw. Charakteristika von Systemen, Produkten oder Produktteilen wie z. B. Art, Form, Größe, Leistung usw. **unternehmensübergreifend** festgelegt werden. Dabei sind zwei Ausprägungen zu unterscheiden.

2.1.2.1 Normen

Kommen Standards auf Basis **rechtlich fixierter Vereinbarungen** zustande, wobei die Vereinbarungen häufig durch öffentliche Institutionen geregelt werden, spricht man von Normen. Normen besitzen i. d. R. keinen verbindlichen Charakter für die am Wirtschaftsleben beteiligten Objekte, sondern weisen vielmehr den Charakter einer auf freiwilliger Anwendung ausgerichteten Empfehlung der Normungsinstitutionen auf (vgl. *Kleinaltenkamp*, 1991, S. 7).

> Die Economic Commission for Europe definiert eine **Norm** als „eine technische Beschreibung oder ein anderes Dokument, das für jedermann zugänglich ist und unter Mitarbeit und im Einvernehmen oder mit allgemeiner Zustimmung aller interessierten Kreise erstellt wurde. Sie beruht auf abgestimmten Ergebnissen aus Wissenschaft, Technik und Praxis und strebt auf dieser Basis einen größtmöglichen Nutzen für die Allgemeinheit an. Sie ist von einer auf regionaler, nationaler oder internationaler Ebene anerkannten Organisation gebilligt worden" (*DIN 820, Teil 3, Anhang A*, in: *Deutsches Institut für Normung e.V.*, 1998). Daraus wird deutlich, dass Normen im Ergebnis weitgehend identisch mit einem etablierten Markt-Standard sind, weil die Normungsinstitutionen ihre Entscheidung i. d. R. auf Basis eines allgemeinen Konsenses treffen.

Die Schaffung von Normen ist allerdings häufig dadurch behindert, dass die Normung eine **langwierige Gremienarbeit** erfordert (vgl. dazu auch *Burgtorf*, 2006).

> Die Langwierigkeit eines solchen Normierungsprozesses wird z. B. daran deutlich, dass der Arbeitskreis IEEE 802.6 für die Durchsetzung der technischen Spezifikation von Netzwerk-Protokollen im „Metropolitan Area Network" (MAN)-Bereich einen Zeitraum von fast zehn Jahren benötigte (*vgl. Abbildung 286*). Erst im Oktober 1990 hat sich das Netzwerkprotokoll „Distributed Queue Dual Bus" (DQDB), welches vormals unter der Bezeichnung „Queued Packed Änd. Synchronous Exchange" (QPSX) geführt wurde, im MAN-Bereich als internationaler Standard etabliert. In diesem Zeitraum sind 15 verschiedene Vorschläge entwickelt worden.

2.1.2.2 De-facto-Standards

Eine Weiterentwicklung der unternehmensspezifischen Typen stellen Standards dar, die als technische Festlegung verstanden werden und von einer Vielzahl von Nachfragern und Anbietern akzeptiert werden (vgl. *Jacob/Kleinaltenkamp*, 1995, S. 714). Es wird sich also nur der Typ eines Unternehmens zum Standard entwickeln, der eine bedeutende Stellung am Markt einnimmt bzw. schon einen hohen Verbreitungsgrad erreicht hat. Darüber hinaus wird deutlich, dass Standards **nicht nur von Anbietern** gesetzt werden können, sondern die Initiative auch von **anderen Beteiligten** ausgehen kann. So hat sich bspw. 1986 ein International User Groups Council (IUGC) gegründet, das die Erfahrungen und Wünsche der IBM-User gegenüber dem IBM-Senior-Management vertritt, um so den Hersteller in seinem Verhalten zu bewegen, sich einheitlichen Standards anzupassen bzw. sie zu unterstützen (vgl. *Kleinaltenkamp*, 1993a, S. 143). Solche Standards, die nicht aufgrund rechtlicher Vereinbarungen zustande kommen, sondern als Folge einer zunehmenden Marktpenetration, werden auch als **De-facto-Standards** bezeichnet (vgl. *Heß*, 1991, S. 208).

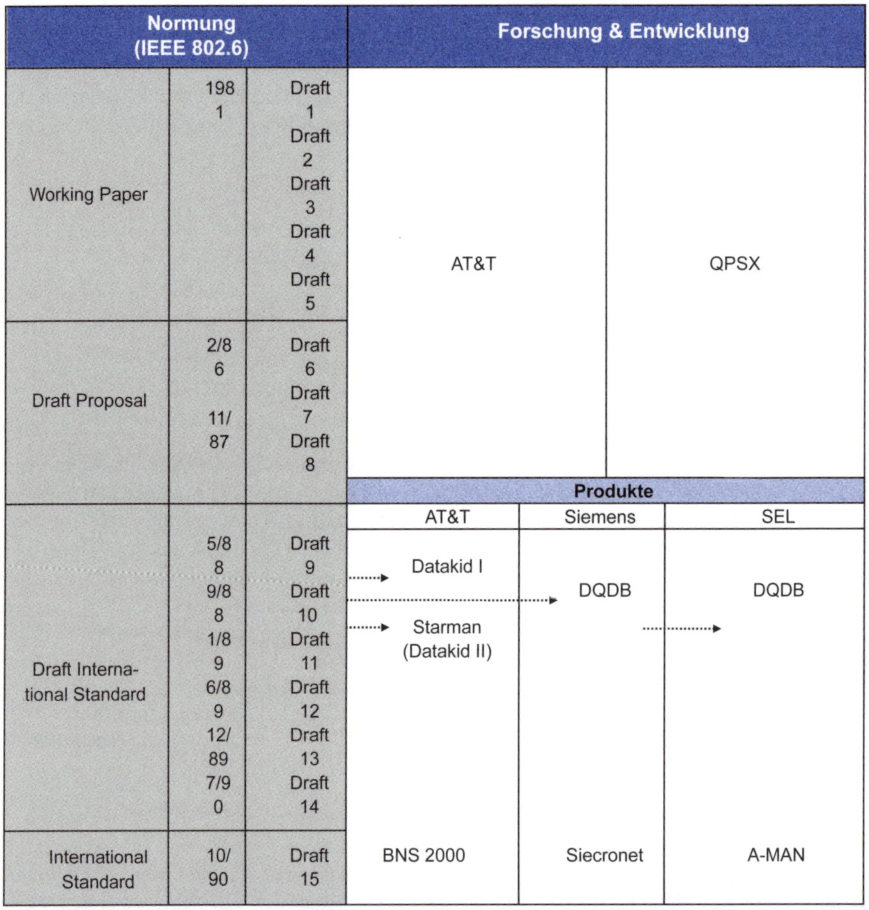

Normung (IEEE 802.6)			Forschung & Entwicklung	
Working Paper	1981	Draft 1	AT&T	QPSX
		Draft 2		
		Draft 3		
		Draft 4		
		Draft 5		
Draft Proposal	2/86	Draft 6		
	11/87	Draft 7		
		Draft 8		

			Produkte		
			AT&T	Siemens	SEL
Draft International Standard	5/88	Draft 9	Datakid I	DQDB	DQDB
	9/88	Draft 10			
	1/89	Draft 11	Starman (Datakid II)		
	6/89	Draft 12			
	12/89	Draft 13			
	7/90	Draft 14			
International Standard	10/90	Draft 15	BNS 2000	Siecronet	A-MAN

Abb. 286: Entwicklungsbegleitende Normung bei Metropolitan Area Networks (MAN)

De-facto-Standards entstehen dadurch, dass Leistungskonfigurationen so stark verbreitet sind, dass es sinnvoll ist, sich an diesen stark verbreiteten Konfigurationen auch bei Folgeentscheidungen zu orientieren. Typische Beispiele für De-facto-Standards sind die Netzarchitektur „Systems Network Architecture" (SNA) von IBM, die durch die hohe Installationszahl von über 10.000 zu einem De-facto-Standard geworden ist (vgl. *o. V.*, 1986, S. 40), das Betriebssystem DOS im PC-Markt (vgl. *o. V.*, 1987, S. 7) oder die Benutzeroberfläche MS-Windows (vgl. *o. V.*, 1991b, S. 60).

Diese Standards basieren alle auf der Akzeptanz von Problemlösungen durch eine signifikante Anzahl von Abnehmern. De-facto-Standards können also nur erzielt werden, wenn es gelingt, für eine Lösung einen so hohen Penetrationsgrad zu erreichen, dass diese Lösung zum **dominanten Design** wird (vgl. zum Begriff des dominanten Designs *Abernathy/ Utterback*, 1978, S. 40 ff.).

2.1.3 Standard-Follower oder Standard-Setter?

Angesichts der Tatsache, dass De-facto-Standards und Normen (De-jure-Standard) eine Senkung der Kundenbindung bewirken, können Standards dazu eingesetzt werden, die gegebene Kundenbindung im System- und Zuliefergeschäft zu reduzieren und somit die zeitlich sukzessiv anfallenden verbundenen Transaktionen zu entkoppeln.

Diese Strategie ist relativ leicht einzusetzen, wenn bereits ein dominanter Standard in einem bestimmten Markt etabliert ist. In diesem Falle muss der Anbieter seine Technologie lediglich an den **herrschenden Standard** anpassen.

> Ein Beispiel liefert die Umstellung der Apple-PCs auf den Intel-Chip. Damit folgt auch Apple dem marktdominanten Intel-Standard. Intel hat sich also von seiner proprietären Systemgeschäftsorientierung gelöst und bietet nun ebenfalls IBM-kompatible Standards an.

Schwieriger gestaltet sich das Problem, wenn am Markt noch kein Standard etabliert ist und der Anbieter, der eine Entbündelungsstrategie verfolgt, einen Standard setzen muss. Dabei sind zwei Fragen zu beantworten:

(1) Bietet der Markt überhaupt **ausreichendes Standardisierungspotenzial?**
(2) Wie lässt sich ein **Standard etablieren**?

Diese Frage hat besondere Bedeutung bei sog. Netzeffektgütern, bei denen Kompatibilitäten eine außergewöhnliche Rolle spielen.

Netzeffektgüter sind solche Güter, bei denen der Nutzen mit der zunehmenden Anzahl der Anwender steigt. So stiftet bspw. ein Telefon einem Anwender nur dann Nutzen, wenn auch weitere Anwender das System „Telefon" nutzen. Damit hängt der Nutzen, den das Telefon stiftet, weniger von der eigenen Verfügbarkeit, als vielmehr von der Nutzung des Systems durch andere Anwender ab. Bei den Netzeffekten (vgl. hierzu auch *Liebowitz/Margolis*, 1994, S.135 ff.; *Liebowitz/Margolis*, 1995, S.2 ff.; *Marra*, 1999, S.13 ff.; *Hardenacke*, 2005) wird unterschieden zwischen

- direkten Netzeffekten und
- indirekten Netzeffekten.

Direkte Netzeffekte werden durch das Gesetz von *Metcalfe* beschrieben, welches besagt, dass der Wert der Netzleistung mit der Zahl ihrer Nutzer steigt. Sie entstehen somit durch die Realisierung von Kompatibilität zwischen Elementen oder Akteuren. Weitere Beispiele neben dem oben genannten Telefonbeispiel für direkte Netzeffekte sind E-Mail-Systeme oder Internetstandards.

Indirekte Netzeffekte beschreiben den positiven Zusammenhang zwischen einer Technologie und dem dazugehörigen Angebot an Komplementärgütern. So hängt z. B. der Nutzen einer Rechner-Hardware vor allem von dem Angebot der dazu kompatiblen Software ab.

2.1.3.1 Das Standardisierungspotenzial

Zur Beantwortung der ersten Frage wird im Folgenden das von *Borowicz* und *Scherm* entwickelte Konstrukt des „Standardisierungspotenzials" (vgl. *Borowicz/Scherm*, 2001, S.396 ff.) verwendet: Je höher dieses ist, desto wahrscheinlicher ist die Etablierung umfassender oder gar dominanter Standards und desto sinnvoller werden systematische Standardisierungsstrategien.

Borowicz hat in seinen an *Borowicz* und *Scherm* angelehnten weiterführenden Untersuchungen folgende **Bestimmungsfaktoren des Standardisierungspotenzials** identifiziert:

- Intensität von Netzeffekten (1),
- Struktur der Netzeffekte (2),
- Heterogenitätsgrad der Nachfragerpräferenzen (vgl. *Borowicz*, 2001, S. 66 ff.) (3).

(1) Die **Intensität der Netzeffekte** hängt vom Verhältnis des Netznutzens im Vergleich zur Summe aus Netznutzen und originärem Produktnutzen (auch Basisnutzen genannt, vgl. *Buxmann*, 2001) eines Produkts ab (vgl. *Abbildung 287*).

Abb. 287: Standardisierungspotenzial in Abhängigkeit vom Nutzen eines Produkts

Quelle: *Borowicz/Scherm*, 2001, S. 396.

Erzeugt ein Leistungsangebot ausschließlich einen originären Produktnutzen, sprechen wir von **Singulärgütern** (z. B. ein Dieselmotor).

Netznutzen dagegen resultiert aus der Verbreitung eines Produkts: Der Nutzen eines Gutes steigt mit der zunehmenden Anzahl der Anwender. Das heißt: Je mehr Anwender ein bestimmtes Produkt nutzen, umso größer ist der Nutzen, den das Produkt stiftet (z. B. ein Telefon).

Wie aus *Abbildung 287* hervorgeht, kann bei der Frage, ob ein Netzeffektgut vorliegt oder nicht, keine dichotome Bewertung vorgenommen werden. Vielmehr lassen sich die einzelnen Produkte je nach Nutzenzusammensetzung einem Ort innerhalb eines Kontinuums zwischen den beiden Extrempolen „Singulärprodukt" und „reines Netzeffektprodukt" einordnen. Die Produkte auf dem linken Pol des Kontinuums (Singulärprodukte) weisen ausschließlich Basisnutzen, die auf dem rechten Pol des Kontinuums (reine Netzeffektprodukte) ausschließlich Netznutzen auf.

(2) Wenn Netzeffekte von Bedeutung sind, ist nach *Borowicz* darauf aufbauend die **Struktur des Netznutzens** als zweiter Bestimmungsfaktor des Standardisierungspotenzials zu untersuchen. In der Literatur wird i. d. R. davon ausgegangen, dass der Netznutzen mit der Zunahme an Anwendern linear zunimmt. Somit wird unterstellt, dass mit allen tatsächlichen und potenziellen Anwendern die gleiche Interaktionsintensität und -häufigkeit besteht (vgl. dazu *Wendt/von Westarp*, 2000). Diese Annahme ist in der Realität jedoch nicht aufrechtzuerhalten: Ein End-User von Mobilfunkgeräten wird seine Entscheidung, sich ein Handy mit einer integrierten MMS-Funktion (Multimedia Messaging Service) anzuschaffen, nicht

von der Gesamtzahl *aller* weltweiten End-User, die diese MMS-Funktion nutzen, abhängig machen. Vielmehr wird er seine Entscheidung, sich ein Handy zuzulegen, von der Anzahl seiner Kollegen oder Freunde, mit denen er über die MMS-Funktion in Kontakt treten will, abhängig machen. Es bilden sich Anwender-Cluster mit unterschiedlichen Interaktionsdichten, die dazu führen, dass der Netznutzen nicht pauschal mit jedem weiteren Nutzer linear steigt. Vielmehr ist von Bedeutung, zu welchem Cluster der neu hinzugekommene Anwender gehört. Dies zeigt, dass entgegen der vielfach gemachten Annahme der Netznutzen nicht unendlich wachsen kann und dass ab einem gewissen Verbreitungsgrad einer Technologie jeder neu hinzukommende Anwender nur noch einen minimalen, gar keinen oder gar einen negativen Nutzen stiftet. Dies kann darauf hindeuten, dass es genügend „Spielraum" für mehrere – auch inkompatible – Technologien gibt: Es können sich also mehrere anwenderclusterspezifische Technologien gleichzeitig herausbilden, wobei eine Beurteilung der Höhe und Struktur des Netznutzens nicht pauschal für eine Branche erfolgen darf, sondern an der Technologie selbst erfolgen muss, worauf empirische Erkenntnisse hinweisen: Das jeweilige Unternehmen muss somit die Struktur und den Anteil des erreichbaren Netznutzens am Gesamtnutzen jeweils im Einzelfall überprüfen (vgl. *Borowicz,* 2001, S. 68 ff.).

(3) Den nach *Borowicz* dritten Bestimmungsfaktor des Standardisierungspotenzials stellt der **Heterogenitätsgrad der Käuferpräferenzen** dar. Dies liegt daran, dass die Standardisierung von Schnittstellen letztendlich zu zwei Effekten führt: Zum einen wird das Angebot an Komplementen vergrößert, da den Herstellern von Komplementärgütern die Unsicherheit genommen wird, auf einen Typen zu setzen, der sich nicht als dominantes Design durchsetzt. Zum anderen führt eine Standardisierung der Schnittstellen jedoch auch zu einer Reduktion der auf dem Markt erhältlichen Systeme. Die Erhöhung der Komponentenvielfalt erfolgt somit zu Lasten einer Reduktion der Systemvielfalt. Verlangen somit alle Anwender die gleichen Funktionalitäten, d. h. sind die Käuferpräferenzen homogen, kann sich c. p. letztendlich nur ein System etablieren. Somit steht ein hoher Heterogenitätsgrad der Käuferpräferenzen einer breiten Standardisierung entgegen (vgl. *Borowicz,* 2001, S. 70 f.).

Die drei von *Borowicz* ausgemachten Bestimmungsfaktoren des Standardisierungspotenzials sind unabhängig von den untersuchten Arten des Zustandekommens von „Standards" relevant. Es ist festzuhalten: Das Standardisierungspotenzial und somit auch die Bedeutung von Standardisierungsstrategien sind umso größer, je höher

- der Anteil des Netznutzens am Gesamtnutzen,
- die Interaktionsdichte zwischen möglichst vielen Nutzern und
- der Homogenitätsgrad der Nachfragerpräferenzen

ist.

2.1.3.2 Die Etablierung eines Standards

Erfahrungen zeigen, dass sich in der Vergangenheit nicht immer der beste Standard durchgesetzt hat. Wir sind theoretisch in der Lage zu erklären, warum dies so ist (vgl. *Farrell/Saloner,* 1988, S. 236; *Liebowitz,* 1995, S. 207 ff.): Inferiore Technologien, die auf Netzeffektmärkten über eine **installierte Basis** verfügen, besitzen nämlich wegen des Verbreitungsgrads einen erheblichen Wettbewerbsvorteil gegenüber Konkurrenten, den diese nur sehr schwer aufholen können (vgl. *Hellwig,* 2008, S. 23). Dieses Phänomen des Verharrungsvermögens eines inferioren Standards auf Netzeffektmärkten wird auch als **„excess inertia"** bezeichnet. (vgl. dazu *David,* 1985; *Liebowitz/Margolis,* 1990, S. 3 ff.; *Wey,* 1999, S. 49 ff.; *Hardenacke,* 2005)

Farrell und *Saloner* führen das Trägheitsphänomen auf **Informationsasymmetrien** der Marktteilnehmer zurück: Zwar ist allen Marktteilnehmern auf Netzeffektmärkten bewusst, dass sie ihren Nutzen bei einem gleichzeitigen Wechsel von einer alten Technologie auf eine neue Technologie eines anderen Anbieters und somit von einem inferioren zu einem superioren Standard erhöhen würden, doch zögern sie, diesen Schritt zu gehen, weil sie unsicher sind bzgl. der Handlungen der anderen Marktteilnehmer. Das Problem für jeden einzelnen Marktteilnehmer, der grundsätzlich dazu bereit ist, auf diese neue Technologie umzusteigen, liegt folglich in der Furcht davor, dass die anderen Marktteilnehmer dieses nicht tun. In diesem Falle steht dem erhöhten Basisnutzen aufgrund des Wechsels zu einer besseren Technologie ein entgangener Netznutzen entgegen, der den Wechsel verhindert (vgl. dazu *Farrell/Saloner*, 1985, S. 72 ff.). Dieses Koordinationsproblem der „excess inertia" wird auch als **„Pinguin-Effekt"** bezeichnet, wobei der Namensgebung folgende Analogie zugrunde liegt:

> „Penguins gather on the edges of ice floes, each trying to jostle the others in first, because although all are hungry for fish, each fears there may be a predator lurking nearby" (*Farrell/Saloner*, 1987, S. 13 ff.).
>
> Sobald jedoch einige Pinguine den Sprung in das kalte Wasser gewagt haben, werden auch die anderen Pinguine ins Wasser springen, weil sich deren subjektiv wahrgenommene Gefahr, von Raubfischen gefressen zu werden, verringert hat.

Letztendlich berücksichtigt der Erklärungsansatz von *Farrell* und *Saloner* zwar die Zusammensetzung des Nutzens als Bestimmungsfaktor des Standardisierungspotenzials, indem sie ausdrücklich von Netzeffektmärkten ausgehen. Sie vernachlässigen jedoch in ihrem Modell vor allem die von *Borowicz* als wichtigen Faktor herausgearbeitete Struktur des Netznutzens als weiteren wesentlichen Erklärungsansatz für die Herausbildung eines Standards: Für den Anwender ist ja bei dem potenziellen Wechsel von einem zum anderen Standard wichtig, dass der „Richtige" den neuen Standard nutzt.

Zur Gewinnung von Aussagen über das **Standardisierungsverhalten von Akteuren** liegt eine Reihe von Untersuchungen vor. Sie reichen von empirischen **Fallstudien** (vgl. *Heß*, 1993) bis zu modellgestützten **Simulationen** (vgl. *Buxmann*, 2001). *Buxmann* (2002) kommt auf Basis seiner Simulationsanalysen z. B. zu folgenden Ergebnissen:

1. Je höher die Standardisierungskosten sind, desto unwahrscheinlicher ist die Einführung eines Standards. Dieses gilt sowohl bei zentraler als auch bei dezentraler Standardisierung.
2. Je höher die Transaktionskosten sind, die durch die Einführung eines Standards eingespart werden können, desto wahrscheinlicher ist die Einführung eines Standards.
3. Je größer das Netzwerk und damit auch der Anteil des Netznutzens ist, desto wahrscheinlicher ist die Einführung eines Standards.
4. Wenn man unterschiedliche Standards zulässt, setzt sich meistens *ein* Standard oder *gar kein* Standard durch. Die Koexistenz mehrerer Standards ist – entgegen der Ausführungen von *Borowicz* – eher selten.
5. Im dezentralen Modell ist aufgrund der Verteilungsproblematik die Einführung eines Standards unwahrscheinlicher als bei einer zentralen Standardisierung. Dieses Ergebnis wird auch als Standardisierungslücke bezeichnet.

Gerade auf Netzeffektmärkten ist die **Einführung eines Standards** – wie das Modell von *Buxmann* gezeigt hat – gesamtwirtschaftlich aufgrund des hohen Transaktionskosten-Einsparungspotenzials wünschenswert und wahrscheinlich. Da aber die Koexistenz mehrerer Standards unwahrscheinlich ist, besitzen im Konkurrenzvergleich inferiore Technologien, die einmal als Standards in Netzeffektmärkten etabliert worden sind, ein hohes Beharrungsvermögen (excess inertia).

Angesichts der Schwierigkeiten bei der nachfragerseitigen Übernahme von Standards stellt sich die Frage, wie **Anbieter zu Standard-Settern** werden können. Dazu ist der Einsatz aller Marketing-Instrumente denkbar.

(1) Preispolitik

In seinem Simulationsmodell untersucht *Buxmann* die Bedingungen, unter denen „**Penetration Pricing**", also der Versuch, durch niedrige Preise Märkte zu erschließen, für einen Anbieter erfolgversprechend für die Etablierung eines Standards ist (vgl. dazu *Simon/Dolan*, 1997). Der Markt, den er dabei untersucht, ist der Markt für Standardsoftware (vgl. hierzu auch *Diehl*, 2000, S. 9 ff.). Er wählt somit ein Produkt, welches sich weder ganz links (Singulärprodukt) noch ganz rechts (reines Netzeffektprodukt) auf dem von *Borowicz* beschriebenen Standardisierungspotenzial-Kontinuum (vgl. *Abbildung 287*) befindet und welches somit sowohl einen Basisnutzen aus den angebotenen Funktionalitäten der Standardsoftware als auch einen Netznutzen aus der Nutzung der Software durch andere Anwender stiftet.

Buxmann (2002) kommt dabei zu folgendem Ergebnis:

1. Für einen neuen Anbieter auf einem Netzeffektmarkt ist es trotz einer verbesserten Technologie sehr schwierig, einen bestehenden Standard mit einer dazugehörigen installierten Basis abzulösen.
2. Je größer diese installierte Basis auf dem Netzeffektmarkt ist, desto sinnvoller bzw. notwendiger kann es für den neuen Anbieter sein, mit einer Niedrigpreis-Strategie zu operieren.
3. Je höher die Bedeutung von Netzeffekten auf einem Netzeffektmarkt ist, desto sinnvoller bzw. notwendiger kann es für den neuen Anbieter sein, mit einer Niedrigpreis-Strategie zu operieren.
4. Wenn der bestehende Standard weit verbreitet ist und starke Netzeffekte in einem Netzeffektmarkt bestehen, kann u. U. eine „Draufzahl-Strategie" durch negative Preise die einzige Option für einen neuen Anbieter sein, einen bestehenden Standard abzulösen.

(2) Produktpolitik

Im Rahmen der Produktpolitik kann der Anbieter z. B. versuchen, die **Funktionalitäten** weiter zu **verbessern**. Er erhöht damit den Basisnutzen eines Produktes. Je größer jedoch der Netznutzen eines Leistungsangebotes ist, umso größer muss der zusätzlich generierte Basisnutzen sein, um den hohen Netznutzen einer eingeführten Technologie kompensieren zu können. Wenn man bedenkt, dass eine solch dramatische Erhöhung des Basisnutzens i. d. R. nicht kurzfristig zu erreichen sein wird und der schon im Markt befindliche Anbieter die Zeit dazu nutzen kann, seine installierte Basis weiter auszubauen, ist die Strategie der Erhöhung des Basisnutzens vor allem auf Märkten mit einem hohem Netzeffektfaktor somit nur schwer zu realisieren.

(3) Kommunikationspolitik

Im Rahmen der Kommunikationspolitik hat vor allem der Anbieter einen Vorteil, dem aufgrund von Indikatoren aus der Vergangenheit die Fähigkeit zuerkannt wird, Lösungen zu entwickeln, die mit relativ kurzer Zeitverzögerung Nachahmer am Markt finden. Im Idealfall orientieren dann diese Nachahmer ihre Lösung am Lösungskonzept des sog. **barometrischen Führers** und machen die gesamte Lösung damit zu einem De-facto-Standard.

Die Führungsposition des Anbieters ist dabei i. d. R. umso stärker, je höher die Reputation ist, früher bereits Standards gesetzt zu haben (vgl. *Heß*, 1993, S. 35).

> So war bspw. die Firma IBM im Bereich der PCs lange Zeit als barometrischer Standardführer anzusehen. Aus den Erfahrungen mit den IBM-Systemen 360/370 konnten Nachfrager schließen, dass neuartige Systeme von IBM, die eine offene Systemkonzeption aufwiesen, nach relativ kurzer Zeit von Nachahmern kopiert wurden. Bei der Konzeption des PCs hatte sich der Computer-Anbieter dazu entschlossen, mit Ausnahme des ROM-Bios auf vorhandene Bausteine anderer Firmen zurückzugreifen und das System offen zu gestalten (Das Betriebssystem wurde von Microsoft übernommen; der Mikroprozessor 8088 stammte von Intel.). Da sich diese Systemkonzeption als IBM PC/XT gegenüber der Konkurrenz sehr schnell durchsetzen konnte und für IBM zum Erfolg wurde, fanden sich auch schnell Nachahmer des Konzepts (Clones). Ihnen wurde die Aufgabe dadurch erleichtert, dass es verschiedenen Spezialfirmen gelang, zu dem patentrechtlich geschützten IBM-ROM funktionsgleiche ROMs zu liefern (vgl. *Heismann*, 1986, S. 215 f.). Da sich immer häufiger andere Hersteller von PCs beim Nachbau an dieses Konzept anlehnten und zu seiner weltweiten Verbreitung beitrugen, wurde die IBM-PC-Konzeption zum De-facto-Standard (vgl. *o. V.*, 1988, S. 16). IBM hat diese Tatsache auch kommunikationspolitisch genutzt (vgl. *Abbildung 288*).

Abb. 288: IBM-Werbeanzeige

Empirische Untersuchungen, inwieweit eine barometrische Standardführerschaft auch bei einer schon bestehenden installierten Basis zugunsten eines anderen Systems erfolgreich aufgebaut werden kann, stehen noch aus. Allerdings zeugen jüngste Untersuchungen z. B. im Spielkonsolenmarkt von der Schwierigkeit für ein etabliertes Unternehmen, eine barometrische Standardführerschaft zu übernehmen:

> Am 15.11.2001 ging die weltweit führende Software-Firma Microsoft mit der Spielkonsole X-Box in den amerikanischen Markt, um der Firma Sony die weltweite Top-Position bei Spielkonsolen streitig zu machen. Die technischen Daten machten Eindruck und waren den bislang im Markt befindlichen Spielkonsolen von Sony und Nintendo weit überlegen. Trotzdem scheint sich die X-Box zum Ladenhüter zu entwickeln: Weltweit wurden bis Januar 2003 schwache Absatzzahlen gemeldet, so dass es sich auch für die externen Spieleentwickler kaum lohnt, Exklusivspiele für Microsoft zu entwickeln.

(4) Distributionspolitik

Im Rahmen der Distributionspolitik kann ein Unternehmen vor allem über Kooperationen versuchen, einen Standard zu etablieren. Hier bietet sich in erster Linie die Durchführung einer mengenorientierten Lizenzpolitik oder eine Verbundpolitik an:

Mengenorientierte Lizenzpolitik

Um potenzielle Konkurrenten von der Entwicklung eigener Systemarchitekturen abzuhalten, kann es sinnvoll sein, eine aktive Lizenzpolitik zu betreiben, die beim Lizenznehmer F&E-Kosten und Risiken senkt. Damit sichert der Lizenzgeber die beschleunigte Penetration einer bestimmten Systemlösung, die somit aufgrund des faktischen Verbreitungsgrads zu einem De-facto-Standard werden kann.

Ein gutes Beispiel für die Bedeutung der raschen Penetration zur Setzung eines Standards im Markt ist der Videorecordermarkt:

> Das Videosystem 2000 von Philips/Grundig konnte sich trotz anerkannt höherer Qualität im Vergleich zum Konkurrenzsystem VHS der japanischen Matsushita-Gruppe (Panasonic, Technics, JVC) nicht durchsetzen. Die japanische Unternehmensgruppe hatte sich im Gegensatz zu ihren europäischen Konkurrenten schon frühzeitig einer gezielten Lizenzpolitik bedient. Durch die Vergabe von Lizenzen konnte sehr schnell ein hoher Penetrationsgrad des VHS-Systems erreicht werden, wodurch es möglich war, einen weltweiten Industriestandard zu setzen (vgl. *Farrell/Saloner*, 1988, S. 236; *Heß*, 1993, S. 71 ff.; *Liebowitz*, 1995, S. 207 ff.; *Ohmae*, 2006, S. 57 ff.). Erleichtert wurde die Generierung des VHS-Standards durch die Videokassettenverleihbranche. Da das VHS-System einen sehr viel größeren Marktanteil besaß als das Video-2000-System, führten viele Videotheken aus Rentabilitätsgründen nur noch VHS-Kassetten, so dass die Nutzung eines Video-2000-Recorders für potenzielle Kunden nur noch eingeschränkt möglich war. Dies führte dazu, dass Philips/Grundig ihr System aufgaben und nun ebenfalls VHS-Recorder in Lizenz produzieren und anbieten. Später folgte auch Sony mit dem System Betamax der Philips/Grundig-Strategie.

Verbundpolitik

Aufgrund der Tatsache, dass die Entwicklung von Systemarchitekturen erhebliche Mittel für F&E-Investitionen erfordert, und aus der Erkenntnis, dass nicht zuletzt der Verbreitungsgrad der Systeme über den Markterfolg entscheidet (vgl. *Maier*, 1989, S. 149), wird immer häufiger versucht, durch ein gemeinsames Vorgehen mehrerer Anbieter Marktdurchbrüche zu erzielen.

> Dies zeigte sich im Bereich der Vernetzung sehr deutlich. So konkurrierten im Bereich der Wide-Area-Netze (WAN) zwei verschiedene technische Alternativen, die in unterschiedliche Zukunftsszenarien münden. Um den Systemanbietern der einen Technologie – angeboten von Siemens und Alcatel – zu einem wirtschaftlichen Erfolg zu verhelfen, wurde eine Zusammenarbeit im Bereich der Entwicklung und des Vertriebs vereinbart. Da es sich bei dieser Systemtechnologie um ein Vorprodukt handelte, das von Telekommunikationsbetreibern als Dienst an Endkunden vermarktet wurde, entschieden sich die beiden Anbieter zu einer zusätzlichen Unterstützung des Vertriebs an den Endkunden, um eine möglichst schnelle Marktpenetration zu erreichen und damit einen Standard zu setzen. Die Verbundpolitik erstreckte sich daher sowohl auf den vertikalen als auch auf den horizontalen Bereich (vgl. hierzu auch *Backhaus/Späth*, 1994, S. 86 f.).

Maier (1989, S. 149) zeigt anhand des CAD-Markts auf, wie weit eine **vertikale Integration** gehen kann: „Zu erwarten ist, dass die Anzahl der CAD-Anbieter durch Fusionen weiter abnehmen wird (so fusionierten in den letzten Jahren AGS mit Computervision, Computervision mit Prime und neuerdings auch Calma mit Prime). Falls die Entwicklung andauert, werden sich in ein paar Jahren noch etwa fünf bis sechs Hersteller ca. 80 % des Markts teilen. Derzeit werden 80 % des Markts von etwa zwölf Anbietern dominiert."

Horizontale Kooperationen sind verstärkt im Multimediamarkt zu finden. So haben sich im Rahmen des Standardisierungsprozesses der dritten Generation von Mobilfunksystemen zwei Unternehmensblöcke gebildet, die jeweils konkurrierende Technologien für einen 3-G-Standard unterstützten:

> „Der eine Vorschlag, TD-CDMA, der sich eng an das TDMA-Zugriffsverfahren von GSM anlehnt, wurde von einer Koalition aus Alcatel, Bosch, Italtel, Motorola, Nortel, Siemens und Sony befürwortet. Bei der anderen Technologie handelte es sich um W-CDMA, das eine breitbandige Weiterentwicklung von CDMA darstellt und von Ericsson und Nokia vorangetrieben wurde. Nachdem es auf einer Plenarsitzung Mitte Dezember 1997 in Madrid keiner der beiden Technologien gelang, das notwendige Quotum von 71 % der Stimmen auf sich zu vereinigen, kam es Ende 1998 in Paris zu einer außerplanmäßigen Sitzung der Special Mobile Group. Dort einigte man sich auf einen Kompromissvorschlag. W-CDMAS sollte für das Gros der normalen Mobiltelephonie die maßgebliche Technologie sein, während TD-CDMA hauptsächlich Aufgaben der häuslichen Schnurlostelephonie, d. h. im Bereich geringer Mobilität, übernehmen sollte." (*Hoffmann*, 2002, S. 31).

Die bisherigen Überlegungen haben deutlich gemacht: Die Marketing-Anforderungen, einen neuen Standard zu setzen und damit bestehende Standards auf Netzeffektmärkten abzulösen (Standard-Setter), sind extrem herausfordernd, weil eine hohe Intensität der Netzeffekte in den meisten Märkten zu einer exzessiven Trägheit führt. Die für den Anbieter von Systemtechnologien i. d. R. wesentlich weniger riskante Option, Anpassungskosten und somit auch das Maß an Systembindung zu reduzieren, ist somit das Aufsetzen auf einen bestehenden Standard (Standard-Follower) – sofern ein solcher vorhanden ist.

2.2 Lock-In-Strategie

Es geht insbesondere auf die Untersuchung von *Reichheld* und *Sasser* (1990) zurück, dass **Kundenbindung** für einen Anbieter **aus Effizienzgesichtspunkten interessant** ist. In vielen Fällen ist davon auszugehen, dass die zum Aufbau einer langfristigen Bindung von Kunden an ein Unternehmen notwendigen Investitionen geringer sind als die Investitionen, die erforderlich sind, um neue Kunden zu gewinnen (vgl. *Diller*, 1996, S. 82). Andere Autoren wie *McKenna* (1991) haben darüber hinaus gezeigt, dass Marketing-Programme, die auf den Aufbau einer transaktionsübergreifenden Kundenbindung ausgerichtet sind, Effektivitätsvorteile – wie z. B. verbessertes Wissen über Kundenbedürfnisse – bringen und so für die Entstehung von KKVs verantwortlich sein können (vgl. *Belz*, 1993, S. 24; *Diller*, 1996, S. 82). Neuere Ergebnisse von *Reinartz/Krafft* (2001) zeigen allerdings, dass viele Kundenbeziehungen nicht profitabel sind. Es ist deshalb in jedem Einzelfall zu prüfen, ob und unter welchen Bedingungen der Aufbau einer Geschäftsbeziehung ökonomisch sinnvoll ist (vgl. auch *Bliemel/Eggert*, 1998, S. 37 ff.; *Diller*, 1996, S. 81 ff.). Für den Fall, dass die Antwort positiv ausfällt, ist zu prüfen, welche Maßnahmen ergriffen werden können, um Kunden längerfristig an sich zu binden. Der Kunde wird damit zum Investitionsobjekt, bei dem nicht nur die einzelne Transaktion betrachtet wird, sondern die Initialtransaktion und alle Folgegeschäfte in ihrer Gesamtheit die Amortisation der Vorleistungen erbringen sollen (positiver Kundenwert vgl. *Diller/Kusterer*, 1988a, S. 211; *Plinke*, 1989, S. 309; *Backhaus et al.*, 2008a, S. 217 f., sowie *Günter/Helm*, 2006). Wir sprechen auch von **Customer Relationship Management (CRM)** (vgl. *Götz et al.*, 2006).

Für den Wechsel aus den transaktionsorientierten Marketing-Programmen in geschäftsbeziehungsorientierte Programme bieten die beiden Ausgangspositionen Produktgeschäft und

Anlagengeschäft sehr unterschiedliche Voraussetzungen. Kundenbindung setzt wiederholte Transaktionen voraus, was im Produktgeschäft gegeben ist, im Anlagengeschäft dagegen eher den Ausnahmefall darstellt. Zur Erzielung von Kundenbindung können im **Produktgeschäft** einerseits Maßnahmen ergriffen werden, die über die Erzielung von Kundenzufriedenheit zu einer psychologischen Bindung führen (vgl. *Schütze*, 1994; *Bliemel/Eggert*, 1998; *Sieben*, 2001). Diesen Bindungseffekt betrachten wir im Folgenden nicht weiter (vgl. Teil 3 Kap. D. I. 2.1.2.2). Andererseits kann ein Anbieter gezielt (System-)Bindungseffekte erzeugen, indem er einen Nachfrager dazu veranlasst, spezifisch zu investieren.

Im **Anlagengeschäft** dagegen scheint der Einsatz von Kundenbindungsmaßnahmen von untergeordneter Bedeutung zu sein, da die Wiederkauffrequenz im Anlagengeschäft grundsätzlich relativ gering ist. Wie *Backhaus et al.* (2003) zeigen, liegt ein Wiederkauf dennoch auch in manchen Fällen vielfach noch innerhalb des ökonomischen Horizonts. Deshalb ist es auch im Anlagengeschäft in Ausnahmefällen möglich, Kundenbindungsmaßnahmen zu realisieren. Hauptansatzpunkte sind dabei allerdings der Ersatz von Komponenten oder Subsystemen in Anlagen. Dennoch bleibt grundsätzlich festzuhalten, dass Kundenbindungsmaßnahmen beim Wechsel vom Produktgeschäft in beziehungsorientierte Geschäftstypen leichter zu realisieren sind als bei dem projektorientierten, auf die Einzeltransaktion gerichteten Anlagengeschäft.

2.2.1 Arten von Kundenbindungen

Marketing in Geschäftsbeziehungen ist nur dann erfolgreich, wenn es auf der Nachfragerseite Gründe gibt, die Kaufwiederholungen bei demselben Anbieter sinnvoll erscheinen lassen oder tatsächlich zu Kaufwiederholungen zwingen.

„Ein Kunde wird dann wiederholt bei einem Anbieter kaufen, wenn der Nutzen aus dem Wiederholungskauf größer ist als bei einer ungekoppelten Folge von Einzelkäufen (*Backhaus et al.* 2008a, S. 219). Die *Wechselkosten* als Determinante der Kundenbindung gewinnen damit an Bedeutung (zu Wechselkosten vgl. *Jackson*, 1985b, S. 124 ff.; *Schütze*, 1994, S. 113; *Buttle et al.*, 2002; *Adler*, 2003). Wechselkosten beziehen sich nicht ausschließlich auf monetäre Größen, sondern umfassen auch qualitative Elemente (vgl. *Jackson*, 1985a, S. 53 ff.; *Plinke*, 1997a, S. 28). Damit sind Wechselkosten in ihrer Höhe von der subjektiven Einschätzung des Nachfragers abhängig, die bei Folgetransaktionen vom Nachfrager in seinen *Nettonutzenvergleich* einbezogen werden (vgl. zum Begriff des Nettonutzens *Linke*, 2006, und *Plinke*, 2000a, S. 78 ff.). Ein Kunde wird trotz eines wahrgenommenen höheren Nettonutzens eines konkurrierenden Angebotes den Anbieter, zu dem er bereits eine Lieferbeziehung pflegt, nicht wechseln, wenn die Wechselkosten größer als die Differenz der Nettonutzen sind (vgl. *Heide/Weiss*, 1995, S. 33; *Preß*, 1997, S. 85).“ (*Backhaus et al.*, 2008a, S. 219). Dabei können Wechselkosten auf verschiedene Ursachen zurückgeführt werden (vgl. *Abbildung 289*).

Typologisierung von Bindungsursachen

- Vertragliche und institutionelle Ursachen
- Psychologische und soziale Ursachen
- Ökonomische und technisch-funktionale Ursachen

Abb. 289: Ursachen der Kundenbindung

Quelle: *Linke*, 2006, S. 12.

Vertragliche und **institutionelle Ursachen** von Bindungseffekten ergeben sich daraus, dass bei vertraglichen Vereinbarungen – bedingt durch Vertragsstrafen – der Wechsel für den Kunden wenig sinnvoll sein kann. Aber auch institutionelle Ursachen wie Kapitalbeteiligungen oder Mandate in Aufsichtsgremien können Bindungseffekte erzeugen.

Psychologische und **soziale Ursachen** für Bindungseffekte entstehen daraus, dass die Mitglieder des Buying Centers emotionale oder soziale Bindungen etwa durch zwischenzeitlich entstandene Kundenzufriedenheit oder ein besonderes intensives Verhältnis zwischen einzelnen Mitgliedern des Buying- und Selling Centers aufbauen. Da diese jedoch personen- und nicht geschäftsgebunden sind, werden diese im Folgenden nicht weiter betrachtet (vgl. Teil 3 Kap. D. I. 2.1.2.2).

Ökonomische und **technisch-funktionale Ursachen** für Bindungseffekte ergeben sich schließlich, wenn ein Anbieter – z. B. durch den Aufbau von Jahresumsatzrückvergütungen – ökonomische Anreize für das Verbleiben in der Geschäftsbeziehung aufbaut oder Kundenbindungen durch technisch-funktional gegebene Kompatibilitäten zwischen technisch verschiedenen Leistungen realisiert (vgl. *Linke*, 2006, S. 13).

Bliemel/Eggert (1998) unterscheiden dabei zwei Arten von Bindungen: Gebundenheit und Verbundenheit – eine Unterscheidung, die schon *Johnson* (1982) pointiert formuliert hat: „People stay in relations for two major reasons: because they want to and because they have to." (*Johnson*, 1982, S. 52 f.).

- Der Kunde bleibt also in der Beziehung, weil er das „will", bzw.
- der Kunde bleibt in der Beziehung, weil er das „muss".

Diese beiden Achsen spannen ein Positionsportfolio auf, das in *Abbildung 290* wiedergegeben ist.

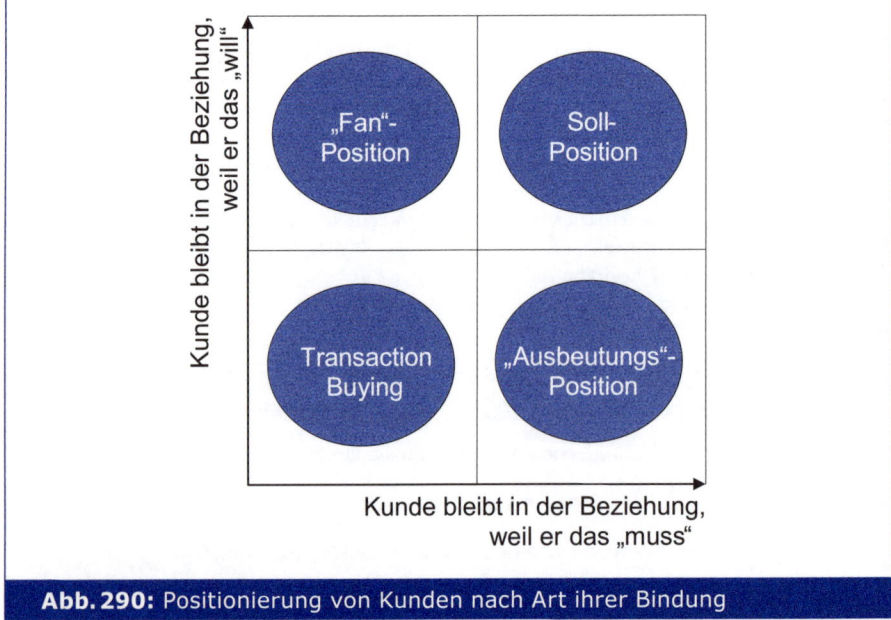

Abb. 290: Positionierung von Kunden nach Art ihrer Bindung

Quelle: *Plinke*, 1997a, S. 50.

Abbildung 290 zeigt drei unterschiedliche Bindungspositionen. Der vierte Fall beschreibt eine Nicht-Bindungsposition: das Transaction Buying. Diese Position ist dadurch gekennzeichnet, dass der Kunde weder eine Beziehung eingehen will noch eine Beziehung eingehen muss. Kunden befinden sich dagegen in einer **Fan-Position**, wenn sie freiwillig in der Beziehung bleiben wollen, ohne dass sie gezwungen werden, dies zu tun. Der entgegengesetzte Fall – die **Ausbeutungsposition** – ist dann gegeben, wenn der Kunde nicht in der Beziehung verbleiben will, aber aufgrund von hohen Wechselkosten muss. Die **Soll-Position** ist gegeben, wenn der Kunde sowohl in der Beziehung bleiben will, als auch muss.

Sowohl der in der Fan-Position gebundene Kunde wie auch der in der Soll-Position gebundene Kunde fühlen sich nicht ausgebeutet. Er votiert für das Angebot des betrachteten Anbieters, weil es für ihn einen ausgeprägten KKV besitzt, fühlt sich in der Soll-Position aber auch zwangsweise locked in.

Besondere Beachtung bedarf der gebundene Kunde, der sich in der Ausbeutungsposition befindet, also eigentlich wechseln will, aber nicht kann, weil ihn bestimmte Maßnahmen der anbieterseitigen Kundenbindung daran hindern, die gewünschte Alternative zu realisieren. Als Ausbeutungsposition empfinden es Nachfrager z. B., wenn der engen Bindung kein entsprechender Produktivitätsfortschritt gegenübersteht.

2.2.2 Instrumente der Kundenbindung

Für den Aufbau von Kundenbindungen ist der Einsatz einer **Vielzahl von Instrumenten** möglich. Dazu werden z. B. Typologien von Bindungsstrategien angeboten, wie z. B. die Einteilung in Wert-, Prozessoptimierungs-, Reputations- und Flexibilitätsstrategien (vgl. z. B. *Cannon/Homburg*, 2001; *Gierl/Gehrke*, 2004). Mit *Homburg/Jensen* (2004, S. 502 ff.) erscheint eine Klassifikation von Kundenbindungsmaßnahmen nach Anreizmechanismen und Betrachtungsebene besonders sinnvoll.

Im Hinblick auf den **Anreizmechanismus** unterscheiden wir drei Gruppen von Bindungsinstrumenten:

- barrierebauende Bindungsinstrumente,
- bestärkende Bindungsinstrumente,
- balancierte Bindungsinstrumente (vgl. *Homburg/Jensen*, 2004, S. 504).

Homburg und *Jensen* unterscheiden die drei Instrumente wie folgt (vgl. *Abbildung 291*):

- „Als **barrierebauende Instrumente** verstehen wir Kundenbindungsaktivitäten, deren Zusatznutzen bei Steigerung der Loyalität geringer ist als der Nutzenschaden bei Verringerung der Loyalität (vgl. *Abbildung 291*). Ein Beispiel ist der ‚Lock-in'-Effekt eines geschlossenen technischen Systemstandards: Der Kauf zusätzlicher Systemkomponenten bringt keinen besonderen Zusatznutzen, aber die Migration auf ein anderes, inkompatibles System ruft erhebliche Kosten hervor.
- Als **bestärkende Instrumente** sehen wir Kundenbindungsaktivitäten an, deren Zusatznutzen bei Steigerung der Loyalität höher ist als der Nutzenschaden bei Verringerung der Loyalität. Hierzu zählen solche Zusatzleistungen des Anbieters, die der Kunde auch nach Beendigung der Geschäftsbeziehung weiternutzen kann. Beispielsweise finanzieren manche Chemieunternehmen ihren Kunden Teile von Anlagen (Dosiersysteme etc.), über die der Kunde auch Produkte von Wettbewerbern verarbeiten kann. Viele Industriegüterunternehmen übertragen Know-how auf den Kunden, z. B. durch Beratungsleistungen bei der Optimierung der Kundenproduktion, das auch beim Wechsel im Kundenunternehmen verbleibt.

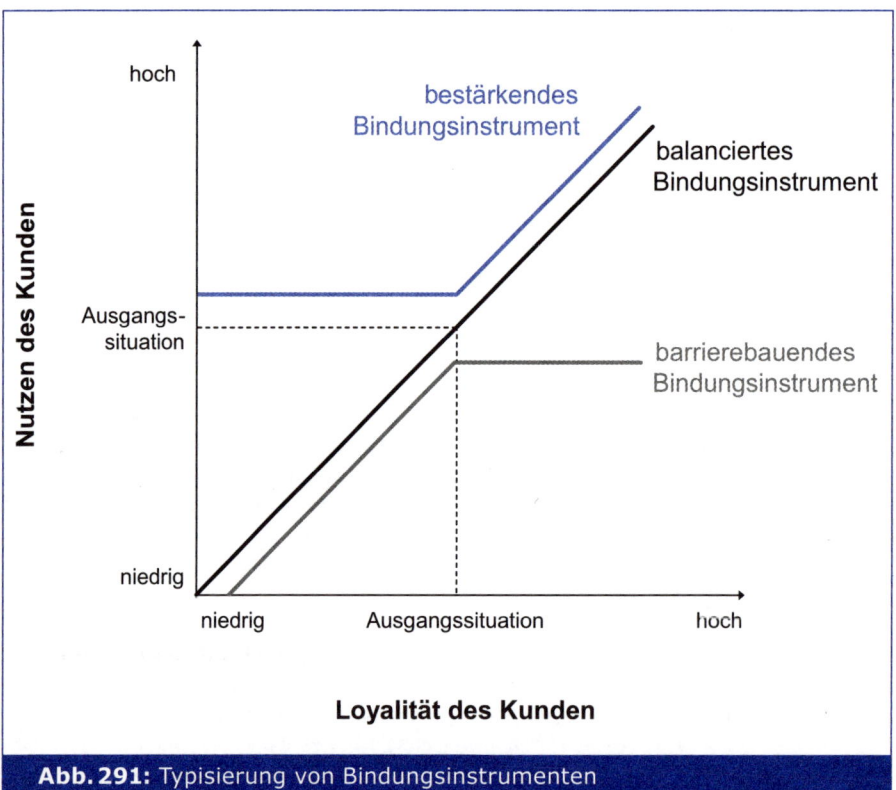

Abb. 291: Typisierung von Bindungsinstrumenten

Quelle: *Homburg/Jensen*, 2004, S. 504 f.

- Als **balancierte Instrumente** definieren wir solche Kundenbindungsaktivitäten, bei denen der Zusatznutzen einer Loyalitätssteigerung in etwa dem Schaden bei Verringerung der Loyalität entspricht. Hierzu zählt bspw., wenn der Anbieter die gegenseitigen Logistik- und Produktionsprozesse aufeinander abstimmt. Dem Kunden erwachsen daraus Effizienzvorteile, die ihm aber beim Wechsel des Anbieters verloren gingen." (*Homburg/Jensen*, 2004, S. 504 f.).

Diese Kundenbindungsmaßnahmen können in einer zweiten Dimension auf unterschiedliche **Ziele** gerichtet sein: Sie können auf die Bindung der **Organisation** gerichtet sein oder auch auf die persönliche Bindung auf der **Individualebene**. Je nach Bezugsebene können die Bindungseffekte **technisch bzw. ökonomisch** oder **emotional und kognitiv** orientiert sein. *Abbildung 292* zeigt eine entsprechende Liste mit Beispielen in die jeweiligen Zellen der Matrix.

Als Beispiel für **barrierebauende Bindungsinstrumente**, die technisch basiert auf die Organisationsebene gerichtet sind, gelten z. B. Leistungen, die technisch inkompatibel mit Wettbewerbsprodukten gestaltet werden, so dass durch die Idiosynkrasie des Leistungsangebotes die Nachfrager lernen müssen, mit diesem Produkt umzugehen. *Büschken* (2005) bezeichnet dies als **Brand Learning**: Der Nachfrager muss lernen, mit dem Produkt umzugehen. Und diese eingeübten Kenntnisse binden ihn an das entsprechende Leistungsangebot. Die durch die Idiosynkrasie gewonnenen Lerneffekte wirken wie barrierebauende Bindungsinstrumente.

F. Geschäftstypenwechsel

Betrachtungsebene	Anreizmechanismus	Barrierebauende Bindungsinstrumente	Balancierte Bindungsinstrumente	Bestärkende Bindungsinstrumente
Organisationsebene	technisch	• Technische Inkompatibilität mit Wettbewerbsprodukten	• Abstimmung der Produktions- und Logistikprozesse	• Technische Serviceleistungen • Trainings
Organisationsebene	ökonomisch	• Langfristige Lieferverträge • Drohung mit Nichtbelieferung bei anderen Produkten	• Jahresumsatz-Rückvergütung • Performance Contracting	• Finanzierung von Equipment, das auch anderweitig verwertbar ist
Individualebene	emotional	• Aufbau eines sozialen Verpflichtungsgefühls	• Aufbau gegenseitiger Persönlicher Beziehungen	• Kundenzeitschriften • VIP-Einladungen
Individualebene	kognitiv	• Aufzeigen von individuellen Nachteilen bei Anbieterwechsel	• Aufbau von Reputation	• Präsente • Einladung zu Themenreisen

Abb. 292: Zweidimensionale Klassifizierung von Kundenbindungsmaßnahmen mit Beispielen in Anlehnung an *Homburg/Jensen* (2004)

Balancierte Bindungsinstrumente technischer Art ergeben sich z. B. dadurch, dass Anbieter und Nachfrager ihre Produktions- und Logistikprozesse aufeinander abstimmen. Das erfordert Lernprozesse auf beiden Seiten und führt dazu, dass die beiden Partner sich gegenseitig aneinander gekoppelt fühlen. Es entsteht ein gegenseitiger und damit balancierter Lock-In.

Bestärkende technische Bindungseffekte ergeben sich dadurch, dass Anbieter Trainingsleistungen oder technische Service-Leistungen anbieten, die dazu führen, dass die nachfragende Organisation mit technisch einwandfrei funktionierenden Leistungsangeboten versehen werden, die den Bindungswillen erhöhen.

Die Bindungsinstrumente müssen aber nicht ausschließlich technisch ausgerichtet sein, sie können auch ökonomisch begründet sein. Organisationsbezogene, barrierebauende Bindungsinstrumente ergeben sich z. B. beim Abschluss von langfristigen Lieferverträgen oder durch Drohung mit Nichtbelieferung bei anderen, z. B. verbundenen Produkten. Diese Maßnahmen führen dazu, dass barrierebauende Bindungen auf der Nachfragerseite entstehen.

Balancierte ökonomische Bindungseffekte, von denen beide Parteien profitieren, ergeben sich z. B. dann, wenn durch eine Rückvergütung auf Basis des Jahresumsatzes Nachfrager gegen Ende des Jahres angeregt werden, auch vergleichsweise teurere Produkte zu kaufen, um z. B. über eine Jahresumsatz-Schwelle zu gelangen. Balancierte ökonomische Bindungseffekte ergeben sich auch beim sog. Performance Contracting (vgl. Teil 3 Kap. B. II. 1.2.2.2), bei dem sich Nachfrager und Anbieter ökonomisch aneinander koppeln.

Bestärkende Bindungseffekte ergeben sich z. B. dadurch, dass ein Anbieter ein Equipment für den Nachfrager finanziert, das dieser auch anderweitig später für fremde Produkte nutzen kann.

Maßnahmen der Kundenbindung können auch auf die Bindung von einzelnen **Individuen** im Buying Center der abnehmenden Organisationen gerichtet sein. Wir unterscheiden dabei emotionale von kognitiv ausgerichteten Bindungsmaßnahmen. Emotionale Maßnahmen liegen z. B. im Aufbau eines sozialen Verpflichtungsgefühls, im Aufbau gegenseitiger persönlicher Beziehungen und als bestärkende Bindungsinstrumente in der Zusendung von Kundenzeitschriften und in der Einladung zu VIP-Veranstaltungen, durch die sich der Nachfrager besonders geehrt fühlt.

Neben diesen emotional ausgerichteten Kundenbindungsmaßnahmen lassen sich auch Instrumente einsetzen, die auf die **verstandesmäßige (kognitive) Bindung** ausgerichtet sind. Individuell barrierebauende Bindungsinstrumente ergeben sich z.B. dadurch, dass dem einzelnen Kundenvertreter aufgezeigt wird, welche individuellen Nachteile er evtl. bei einem Anbieterwechsel realisieren würde. Zum Beispiel könnte sich bei einem Anbieterwechsel die ursprüngliche Entscheidung im Unternehmen als Fehlentscheidung darstellen, was der Nachfrager als persönliche Niederlage empfinden kann. Bestärkende Kundenbindungsinstrumente sind dadurch gekennzeichnet, dass der nachfragenden Person ökonomische Vorteile – z.B. in Form von Präsenten oder Einladungen zu wertvollen Reisen – gewährt werden. Balancierte Bindungsinstrumente ergeben sich z.B. dann, wenn der Anbieter versucht, durch Investitionen in die Reputation sein Reputationskapital zu erhöhen, von dem der einzelne Nachfrager persönlich profitieren kann, weil er bei Infragestellen seiner Kaufentscheidung im eigenen Unternehmen auf die entsprechende Reputation des Anbieters verweisen kann.

Insgesamt lässt sich feststellen, dass dem Marketing-Manager ein ganzes **Arsenal von Kundenbindungsmaßnahmen** im Rahmen eines CRM zur Verfügung steht. Das enthebt ihn jedoch nicht von der Beantwortung der Frage, unter welchen Bedingungen sich eine Kundenbindungsstrategie lohnt. Während *Büschken* (2005) eine enge Verbindung zwischen „higher Profits through Customer Lock-In" sieht, sind andere Autoren (vgl. z.B. *Reinartz/ Krafft*, 2001) eher kritisch. Im Prinzip geht es um eine **Investitionsentscheidung**: Lohnt sich die Investition in die Kundenbindungsmaßnahmen oder nicht? Dazu sind die erwarteten Einzahlungsüberschüsse aus der Kundeninvestition zu diskontieren. Ergibt sich ein positiver Kundenwert, dann sollten Unternehmen, die zunächst einmal transaktionsorientierte Geschäftstypen realisieren, darüber nachdenken, ob ein Geschäftstypenwechsel von transaktionsorientierten zu geschäftsbeziehungsorientierten Geschäftstypen nicht sinnvoll ist.

Literaturverzeichnis

Aaker, D. A. (1988), Kriterien zur Identifikation dauerhafter Wettbewerbsvorteile, in: *Simon, H.* (Hrsg.), Wettbewerbsvorteile und Wettbewerbsfähigkeit, Stuttgart 1988, S. 37–46.
Aaker, D. A. (2007), Strategic Market Management, 8. Aufl., New York 2007.
Aaker, J. L. (1997), Dimensions of Brand Personality, in: Journal of Marketing Research, 34. Jg., Nr. 8, 1997, S. 347–356.
ABB (2005), http://www.abb.com, Abruf am 16.10.2005.
Abeele, P. V./Butaye, I. (1980), Pretesting the Effectiveness of Industrial Advertising, in: Industrial Marketing Management, 9. Jg., 1980, S. 75–83.
Abell, D. F. (1978), Strategic Windows, in: Journal of Marketing, 42. Jg., Nr. 3, 1978, S. 21–26.
Abend, J. M. (1992), Strukturwandel in der Automobilindustrie und strategische Optionen mittelständischer Zulieferer: eine explorative Studie, München 1992.
Abernathy, W. J./Utterback, J. M. (1978), Patterns of Industrial Innovation, in: Technology Review, 80. Jg., Nr. 7, June/July, 1978, S. 40–47.
Abratt, R. (1986), Industrial Buying in High-Tech Markets, in: Industrial Marketing Management, 15. Jg., 1986, S. 293–298.
Achrol, R. S./Etzel, M. J. (2003), The structure of reseller goals and performance in marketing channels, in: Journal of the Academy of Marketing Science, 31. Jg., Nr. 2, 2003, S. 146–163.
Adam, D. (1997), Planung und Entscheidung: Modelle – Ziele – Methoden. Mit Fallstudien und Lösungen, 4. Aufl., Wiesbaden 1997.
Adam, D. (2001), Produktionsmanagement, 9. Aufl., Wiesbaden 2001.
Adam, D./Backhaus, K./Thonemann, U./Voeth, M. (2004), Allgemeine Betriebswirtschaftslehre – Koordination betrieblicher Entscheidungen, 3. Aufl., Berlin et al. 2004.
Adam, D./Johannwille, U. (1998), Die Komplexitätsfalle, in: *Adam, D.* (Hrsg.), Komplexitätsmanagement, Wiesbaden 1998, S. 5–28.
Adams, W. J./Yellen, J. L. (1976), Commodity Bundling and the Burden of Monopoly, in: Quarterly Journal of Economics, Nr. 90, 1976, S. 475–488.
Adler, J. (2003), Anbieter- und Vertragstypenwechsel: Eine nachfrageorientierte Analyse auf der Basis der Neuen Institutionenökonomik, Wiesbaden 2003.
Adler, J. (2005), Ermittlung der Zahlungsbereitschaft für value added Commodities, in: *Enke, M./Reimann, M.* (Hrsg.), Commodity Marketing, Wiesbaden 2005, S. 121–149.
Adler, J./Klein, A. (2004), Internationales Industriegütermarketing, in: *Backhaus, K./Voeth, M.* (Hrsg.), Handbuch Industriegütermarketing, Wiesbaden 2004.
Adler, N. J. and Graham, J. L. (1989), Cross-Cultural Interaction: The International Comparison Fallacy?, in: Journal of International Business Studies, 20. Jg., Nr. 3, 1989, S. 515–537.
Adolphs, B. (1997), Stabile und effiziente Geschäftsbeziehungen: Eine Betrachtung von vertikalen Koordinationsstrukturen in der deutschen Automobilindustrie, Köln et al. 1997.
Ahlert, D. (1996), Distributionspolitik: Das Management des Absatzkanals, 3. Aufl., Stuttgart 1996.

Ahlert, D./Hesse, J. (2003), Das Multikanalphänomen – viele Wege führen zum Kunden, in: *Ahlert, D./Hesse, J., et al.* (Hrsg.), Multikanalstrategien: Konzepte – Methoden und Erfahrungen, Wiesbaden 2003, S. 23–58.

Ahlert, D./Hesse, J./Jullens, J./Smend, P. (2003), Multikanalstrategien: Konzepte, Methoden und Erfahrungen, Wiesbaden 2003.

Ahmad, I. (1990), Decision-Support System for Modeling Bid/No-Bid Decision Problem, in: Journal of Construction Engineering and Management, 116. Jg., Nr. 4, 1990, S. 595–608.

Airbus (2007), Global Market Forecast 2007–2026, Blagnac-Cedex 2007.

Albach, H. (1980), Vertrauen in der ökonomischen Theorie, in: Zeitschrift für die gesamte Staatswissenschaft, 136. Jg., Nr. 1, 1980, S. 2–11.

Albach, H. (1992), Strategische Allianzen, strategische Gruppen und strategische Familien, in: Zeitschrift für Betriebswirtschaft, 62. Jg., Nr. 6, 1992, S. 663–670.

Albaum, G./Richardson, F. L. W. (1967), Human Interaction: Key to Sales Success, in: Arizona Review, 16. Jg., Nr. 4, 1967, S. 1–3.

Albers, S. (1989), Entscheidungshilfen für den persönlichen Verkauf, Berlin 1989.

Albers, S. (1995), Optimales Verhältnis zwischen Festgehalt und erfolgsabhängiger Entlohnung bei Verkaufsaußendienstmitarbeitern, in: Zeitschrift für betriebswirtschaftliche Forschung, 47. Jg., Nr. 2, 1995, S. 124–142.

Albers, S./Eggert, K. (1988), Kundennähe, Strategie oder Schlagwort? in: Marketing – Zeitschrift für Forschung und Praxis, 10. Jg., Nr. 1, 1988, S. 5–16.

Albers, S./Krafft, M. (2000), Regeln zur Bestimmung des fast-optimalen Angebotsaufwandes, in: Zeitschrift für Betriebswirtschaft, 70. Jg., Nr. 10, 2000, S. 1083–1107.

Albers, S./Söhnchen, F. (2005), Akquisitionsmanagement im industriellen Projektgeschäft, in: Zeitschrift für Betriebswirtschaft, Nr. 2 (Sonderheft), 2005, S. 59–80.

Alchian, A. A. (1984), Specifity, Specialization and Coalitions, in: Journal of Institutional and Theoretical Economics, 140. Jg., Nr. 1, 1984, S. 34–49.

Allen, T. (1967), Communications in the Research and Development Laboratory, in: Technology Review, 70. Jg., Nr. 1, Oct./Nov., 1967, S. 31–37.

Allianz Arena München Stadion GmbH (2009), http://www.allianz-arena.de/de/events-hospitality/spezial-events/, Abruf am 20.07.2009.

American Marketing Association (2004), What are the definitions of marketing and marketing research?, http://www.marketingpower.com/content4620.php, Abruf am 15.08.2006.

Anderson, E./Chu, W./Weitz, B. (1987), Industrial Purchasing: An Empirical Exploration of the Buyclass Framework, in: Journal of Marketing, 51. Jg., July, 1987, S. 71–86.

Anderson, J. C./Jain, D./Chintagunta, P. A. (1993), Customer Value Assessment in Business Markets: A State-of-Practice Study, in: Journal of Business-to-Business Marketing, 1. Jg., Nr. 1, 1993, S. 3–29.

Anderson, J. C./Narus, J. A. (1990), A Model of Distributor Firm and Manufacturing Firm Working Relationships, in: Journal of Marketing, Jg. 54, Nr. 1, S. 42–58.

Anderson, J. C./Narus, J. A./Narayandas, D. (2009), Business Market Management: Understanding, Creating and Delivering Value, 3. Aufl., Upper Saddle River, New Jersey 2009.

Anderson, P. F./Chambers, T. M. (1985), A Reward/Measurement Model of Organizational Buying Behavior, in: Journal of Marketing, 49. Jg., 1985, S. 7–23.

Ansorge, D. (1987), Die Risiken des Exporteurs bei langfristig finanzierten Anlagengeschäften, in: *Backhaus, K./Siepert, H.-M.* (Hrsg.), Auftragsfinanzierung im industriellen Anlagengeschäft, Stuttgart 1987, S. 22–38.

App, U. (2006), „Scheinbar nicht logisch". Avaya und T-Systems nutzen ihr FIFA-Sponsoring zur B-to-B-Kommunikation, in: werben&verkaufen, Nr. 21, 2006, S. 30.

Arbeitskreis „Internes-Rechnungswesen" der Schmalenbach-Gesellschaft (1991), Beiträge zur Betriebswirtschaft des Anlagenbaus, in: Zeitschrift für betriebswirtschaftliche Forschung, 43. Jg., Nr. 28, 1991.

Arbeitskreis „Marketing in der Investitionsgüterindustrie" der Schmalenbach-Gesellschaft (1975), Systems Selling, in: Zeitschrift für betriebswirtschaftliche Forschung, 27. Jg., Nr. 12, 1975, S. 753–769.

Arbeitskreis „Marketing in der Investitionsgüterindustrie" der Schmalenbach-Gesellschaft (1978), Einige Besonderheiten der Preisbildung im Seriengeschäft und Anlagengeschäft, in: Zeitschrift für betriebswirtschaftliche Forschung, 30. Jg., Nr. 1, 1978, S. 248.

Argouslidis, P. C. (2004), An Empirical Investigation into the Alternative Strategies to Implement the Elemination of Financial Services, in: Journal of World Business, 39. Jg., Nr. 4, S. 393–413.

Arlt, V./Backhaus, K. (1977), LISTECO – Libya Steel Corporation – Fallstudien zum Investitionsgüter-Marketing, München 1977.

Arndt, H. (2005), Supply Chain Management. Optimierung logistischer Prozesse, Wiesbaden 2005.

Arnold, U. (1982), Strategische Beschaffungspolitik, Frankfurt a. M. et al. 1982.

Arnold, U. (1996), Gemeinschaftsbeschaffung in Einkaufskooperationen: Ergebnisse des Verbundprojektes, in: Beschaffung aktuell, Nr. 4, 1996, S. 50–51.

Arnold, U. (1997), Beschaffungsmanagement, 2. Aufl., Stuttgart 1997.

Arnold, U. (2002), Global Sourcing: Strategiedimensionen und Strukturanalyse, in: *Hahn, D./Kaufmann, L.* (Hrsg.), Handbuch Industrielles Beschaffungsmanagement, 2. Aufl., Wiesbaden 2002, S. 201–220.

Arnold, U. (2004), Beschaffungskooperationen und Netzwerke, in: *Backhaus, K./Voeth, M.* (Hrsg.), Handbuch Industriegütermarketing, Wiesbaden 2004, S. 287–322.

Asanuma, B. (1989), Manufacturer-Supplier Relationships in Japan and the Concept of Relation-Specific Skill, in: Journal of Japanese and International Economics, 3. Jg., Nr. 1, 1989, S. 1–30.

Axelsson, B./Easton, G. (1992), Industrial networks: a new view of reality, London 1992.

Axelsson, R., Cray, D., Mallory, G. R. and Wilson, D. C. (1991), Decision Style in British and Swedish Organizations: A Comparative Examination of Strategic Decision Making, in: British Journal of Management, 2. Jg., Nr. 2, 1991, S. 67–79.

AUMA e. V. (Hrsg.) (2009), AUMA_MesseTrend 2009, Berlin 2009.

Azumi, K./McMillan, C. J. (1975), Culture and Organization Structure: A Comparison of Japanese and British Organizations, in: International Studies of Management & Organization, 5. Jg., Nr. 1, 1975, S. 35–47.

Baaken, T./Simon, D. (1987), Abnehmerqualifizierung als Instrument des Technologie-Marketing, Berlin 1987.

Babbar, S./Rai, A. (1993), Competitive Intelligence for International Business, in: Long Range Planning, 26. Jg., Nr. 3, 1993, S. 103–113.

Bachararch, S. B./Lawler, E. J. (1980), Power and Politics in Organizations, San Francisco 1980.

Backhaus, K. (1974), Direktvertrieb in der Investitionsgüterindustrie, Wiesbaden 1974.

Backhaus, K. (1977), Bestimmungsfaktoren der Lieferantenauswahl als Basis einer Marktsegmentierung im internationalen Anlagengeschäft, in: *Engelhardt, W. H./Laßmann, G.* (Hrsg.), Anlagen-Marketing, Opladen 1977, S. 57–72.

Backhaus, K. (1979), Preisgleitklauseln als risikopolitisches Instrument bei langfristigen Fertigungs- und Absatzprozessen, in: Zeitschrift für betriebswirtschaftliche Forschung – Kontaktstudium, 31. Jg., Nr. 1, 1979, S. 3–11.

Backhaus, K. (1980), Auftragsplanung im industriellen Anlagengeschäft, Stuttgart 1980.

Backhaus, K. (1982), Investitionsgüter-Marketing, München 1982.
Backhaus, K. (1983), Der entscheidungs- und verhaltensorientierte Ansatz in der Investitionsgüter-Werbung, in: *Rost, D./Strothmann, K. H.* (Hrsg.), Handbuch der Werbung für Investitionsgüter, Wiesbaden 1983, S. 41–64.
Backhaus, K. (1984), Die Bedeutung der Besonderheiten industrieller Einkaufsentscheidungen für das Investitionsgütermarketing, in: *o.V.* (Hrsg.), Protokoll des 22. Würzburger Werbefachgespräches, Würzburg 1984, S. 7–18.
Backhaus, K. (1985), Portfolio-Modelle in der strategischen Unternehmens- und Marketingplanung, in: *o.V.* (Hrsg.), Protokoll des 23. Würzburger Werbefachgespräches, Würzburg 1985, S. 7–18.
Backhaus, K. (1986), Industrial Marketing – State of the Art in Germany, in: *Backhaus, K./ Wilson, D. T.* (Hrsg.), Industrial Marketing – A German-American Perspective, Berlin 1986, S. 3–14.
Backhaus, K. (1988), Grundbegriffe des Industrieanlagen- und Systemgeschäfts, 2. Aufl., Münster et al. 1988.
Backhaus, K. (1989), Strategien auf sich verändernden Weltmärkten – Chancen und Risiken, in: Die Betriebswirtschaft, 49. Jg., Nr. 4, 1989, S. 465–481.
Backhaus, K. (1990), Investitionsgütermarketing, 2. Aufl., München 1990.
Backhaus, K. (1992a), Investitionsgütermarketing – Theorieloses Konzept mit Allgemeinheitsanspruch? in: Zeitschrift für betriebswirtschaftliche Forschung, 44. Jg., Nr. 9, 1992, S. 1–21.
Backhaus, K. (1992b), Investitionsgütermarketing, 3. Aufl., Münster et al. 1992.
Backhaus, K. (1993), Geschäftstypenspezifisches Investitionsgütermarketing, in: *Droege, W./Backhaus, K./Weiber, R.* (Hrsg.), Strategien für Investitionsgütermärkte, Antworten auf neue Herausforderungen, Landsberg/Lech 1993, S. 100–109.
Backhaus, K. (1999), Happy Engineering, in: Manager Magazin, Nr. 8, 1999, S. 130–133.
Backhaus, K. (2006), Vom Kundenvorteil über die Value Proposition zum KKV, in: Thexis, Nr. 3, 2006, S. 7–10.
Backhaus, K./Adolphs, B./Büschken, J. (1996), The Paradox of Unsatisfying but Stable Vertical Relationships – A Look at German Car Suppliers, in: *Sheth, J. N./Söllner, A.* (Hrsg.), Developement, Management and Governance of Relationships, 1996 International Conference on Relationship Marketing, 29.-31. März 1996 an der Humbold-Universität Berlin, Berlin 1996, S. 281–297.
Backhaus, K./Aufderheide, D./Späth, G.-M. (1994a), Marketing für Systemtechnologien, Stuttgart 1994.
Backhaus, K./Bonus, T./Sabel, T. (2004), Industriegütermarketing im Spiegel der internationalen Lehrbuchliteratur, in: *Backhaus, K./Voeth, M.* (Hrsg.), Handbuch Industriegütermarketing, Wiesbaden 2004, S. 23–46.
Backhaus, K./Büschken, J. (1997a), Organisationales Kaufverhalten, in: *Tietz, B./Köhler, R./Zentes, J.* (Hrsg.), Handwörterbuch des Marketing, Stuttgart 1997, S. 1954–1966.
Backhaus, K./Büschken, J. (1997b), What do we know about Business-to-Business Interactions? – A Synopsis of Empirical Research on Buyer-Seller Interactions, in: Relationships and Networks in International Markets, 1997, S. 13–36.
Backhaus, K./Büschken, J./Voeth, M. (2003), Internationales Marketing, 5. Aufl., Stuttgart 2003.
Backhaus, K./Dringenberg, H. (1984), Anfragenselektion, in: *Backhaus, K.* (Hrsg.), Planung im industriellen Anlagengeschäft, Düsseldorf 1984, S. 53–42.
Backhaus, K./Erichson, B./Plinke, W./Weiber, R. (2006a), Multivariate Analysemethoden: eine anwendungsorientierte Einführung, 11. Aufl., Berlin et al. 2006.

Backhaus, K./Erichson, B./Plinke, W./Weiber, R. (2008b), Multivariate Analysemethoden: eine anwendungsorientierte Einführung, 12. Aufl., Berlin et al. 2008.

Backhaus, K./Funke, S. (1995), Auswirkungen steigender Fixkosten auf die Marktverhaltensweisen mittelständischer Investitionsgüterhersteller – Kostenstrukturanalyse, Münster 1995.

Backhaus, K./Funke, S. (1996), Auf dem Weg zur fixkostenintensiven Unternehmung? in: Zeitschrift für betriebswirtschaftliche Forschung, 48. Jg., Nr. 2, 1996, S. 95–129.

Backhaus, K./Frohs, M./Weddeling, M. (2007b), Produktbegleitende Dienstleistungen zwischen Anspruch und Wirklichkeit, Arbeitspapier Nr. 2 in der Reihe „ServPay – Zahlungsbereitschaften für Geschäftsmodelle produktbegleitender Dienstleistungen", Münster 2007.

Backhaus, K./Geiger, I./Wilken, R. (2006b), Success Factors in Business-to-Business Marketing Negotiations: Empirical Evidence and a Comprehensive Framework, unveröffentlichtes Manuskript, Münster 2006.

Backhaus, K./Gnam, P. (1999), Vertragsmanagement im internationalen Anlagengeschäft, Hektographiertes Manuskript, Berlin 1999.

Backhaus, K./Günter, B. (1976), A Phase-Differential Interaction Approach to Industrial Marketing Decisions, in: Industrial Marketing Management, 5. Jg., 1976, S. 255–270.

Backhaus, K./Herbst, U./Voeth, M./Wilken, R. (2009), Allgemeine Betriebswirtschaftslehre – Koordination betrieblicher Entscheidungen, 4. Aufl., Berlin et al. 2009 (im Druck).

Backhaus, K./Hilker, J. (1994), Die Triade als Absatzmarkt des deutschen Maschinenbaus, in: Die Betriebswirtschaft, 54. Jg., Nr. 2, 1994, S. 175–192.

Backhaus, K./Koch, M./Baumeister, C./Mühlfeld, K. (2008a), Kundenbindung im Industriegütermarketing, in: *Bruhn, M./Homburg, C.* (Hrsg.), Handbuch Kundenbindungsmanagement – Strategien und Instrumente für ein erfolgreiches CRM, 6. Aufl., Wiesbaden 2008, S. 215–248.

Backhaus, K./Köhl, T. (2001), Projektfinanzierung, in: *Gerke, W./Steiner, M.* (Hrsg.), Handbuch des Bank- und Finanzwesens, Stuttgart 2001, S. 1715–1735.

Backhaus, K./Köhl, T./Werthschulte, H. (2000), Weniger Wettbewerbsverzerrungen durch Vereinheitlichung der staatlichen Exportkreditversicherungssysteme? in: Zeitschrift für Betriebswirtschaft, 70. Jg., Nr. 7/8, 2000, S. 828–841.

Backhaus, K./Mell, S./Sabel, T. (2007a), Business-to-Business Marketing Textbooks: A Comparative Review, in: Journal of Business-to-Business Marketing, 14. Jg., Nr. 4, 2007, S. 11–65.

Backhaus, K./Molter, W. (1984a), Auswirkungen verwirkter Pönale – Finanzielle Konsequenzen alternativer interner Haftungsregelungen bei konsortial errichteten Industrieanlagen, in: Zeitschrift für betriebswirtschaftliche Forschung, 36. Jg., Nr. 3, 1984, S. 183–199.

Backhaus, K./Molter, W. (1984b), Risikomanagement im internationalen Großanlagenbau, in: Harvard Manager, 6. Jg., Nr. 2, 1984, S. 36–43.

Backhaus, K./Molter, W. (1989), Auftragsfinanzierung, internationale, in: *Macharzina, K./Welge, M. K.* (Hrsg.), Handwörterbuch Export und internationale Unternehmung, Stuttgart 1989, S. 49–67.

Backhaus, K./Mühlfeld, K. (2004), Geschäftstypen im Industriegütermarketing, in: *Backhaus, K./Voeth, M.* (Hrsg.), Handbuch Industriegütermarketing, Wiesbaden 2004, S. 231–263.

Backhaus, K./Mühlfeld, K. (2005), Strategy dynamics in industrial marketing: a business types perspective, in: Management Decision, 43. Jg., Nr. 1, 2005, S. 38–55.

Backhaus, K./Plinke, W. (1986), Rechtseinflüsse auf betriebliche Entscheidungen, Stuttgart 1986.

Backhaus, K./Reinkemeier, C./Voeth, M. (1994b), Nachfragestrukturen und -bedürfnisse im Markt für Geographische Informationssysteme, Projektbericht Nr. 94–6 aus dem Betriebswirtschaftlichen Institut für Anlagen und Systemtechnologien, Münster 1994.

Backhaus, K./Sabel, T. (2004), Markenrelevanz auf Industriegütermärkten, in: *Backhaus, K./Voeth, M.* (Hrsg.), Handbuch Industriegütermarketing, Wiesbaden 2004, S. 779–797.

Backhaus, K./Schneider, H. (2009), Strategisches Marketing, 2. Aufl., Stuttgart 2009.

Backhaus, K./Späth, G.-M. (1994), Preispolitische Beziehungsstrukturen bei Kritische-Masse-Systemen, in: *Backhaus, K./Diller, H.* (Hrsg.), Dokumentation des 1. Workshops der Arbeitsgruppe „Beziehungsmanagement" der wissenschaftlichen Kommission für Marketing im Verband der Hochschullehrer für Betriebswirtschaftslehre vom 27.–28.09.1993 in Frankfurt a. M., Münster 1994.

Backhaus, K./Uekermann, H. (1990), Projektfinanzierung – Eine Methode zur Finanzierung von Großprojekten, in: Wirtschaftswissenschaftliches Studium, 19. Jg., Nr. 3, 1990, S. 106–112.

Backhaus, K./Van Doorn, J./Wilken, R. (2008c), The Impact of Team Characteristics on the Course and Outcome of Intergroup Price Negotiations, in: Journal of Business-to-Business Marketing, 15. Jg., Nr. 4, S 365–396.

Backhaus, K./Van Doorn, J./Wilken, R./Voeth, M./Herbst, U. (2005a), Preisverhandlungen im B2B-Marketing, in: *Diller, H.* (Hrsg.), Pricing-Forschung in Deutschland, 8. Aufl., Nürnberg 2005, S. 1–15.

Backhaus, K./Voeth, M. (1995a), Internationales Investitionsgütermarketing, in: *Hermanns, A./Wissmeier, K. K.* (Hrsg.), Internationales Marketing-Management, München 1995, S. 387–409.

Backhaus, K./Voeth, M. (1995b), Strategische Allianzen – Herausforderungen neuer Kooperationsformen, in: *Wagner, H./Jäger, W.* (Hrsg.), Stabilität und Effizienz hybrider Organisationsformen, Münster 1995, S. 63–83.

Backhaus, K./Voeth, M. (2004), Besonderheiten des Industriegütermarketings, in: *Backhaus, K./Voeth, M.* (Hrsg.), Handbuch Industriegütermarketing, Wiesbaden 2004, S. 3–21.

Backhaus, K./Voeth, M. (2005), Industriegütermarketing – Bewährte Erkenntnisse und innovative Perspektiven, in: *Haas, A./Ivens, B. S.* (Hrsg.), Innovatives Marketing: Entscheidungsfelder – Management – Instrumente, Wiesbaden 2005, S. 501–522.

Backhaus, K./Voeth, M./Sichtmann, C./Wilken, R. (2005b), Conjoint-Analyse versus Direkte Preisabfrage zur Erhebung von Zahlungsbereitschaften – Eine modifizierte Replikationsstudie, in: Die Betriebswirtschaft, 65. Jg., Nr. 5, 2005, S. 439–457.

Backhaus, K./Voeth, M./Sichtmann, C./Wilken, R. (2005c), An empirical comparison of methods to measure willingness to pay by examing the hypothetical bias, in: International Journal of Market Research, 47. Jg., Nr. 5, 2005, S. 543–562.

Backhaus, K./Weiber, R. (1986), Marktsegmentierungsprobleme in sich verändernden Märkten, in: *VDI-Gesellschaft* (Hrsg.), VDI-Bericht Nr. 616, Wege zur Branchenspitze, Probleme Konzepte Methoden Lösungen, Düsseldorf 1986, S. 139–155.

Backhaus, K./Weiber, R. (1987), Systemtechnologien – Herausforderungen des Investitionsgütermarketings, in: Harvard Manager, 9. Jg., Nr. 4, 1987, S. 70–80.

Backhaus, K./Weiber, R. (1988), Technologieintegration und Marketing, Arbeitspapier Nr. 10 des Betriebswirtschaftlichen Instituts für Anlagen und Systemtechnologien, Münster 1988.

Backhaus, K./Weiber, R. (1989), Entwicklung einer Marketingkonzeption mit SPSS/PC+, Berlin et al. 1989.

Balderjahn, I. (2003), Erfassung der Preisbereitschaft, in: *Diller, H./Herrmann, A.* (Hrsg.), Handbuch Preispolitik, Wiesbaden 2003, S. 387–404.

Balderjahn, I./Mennicken, C./Berger, M./Minx, E. P. W. (1996), Neuprodukt-Marketing: Ein phasenintegrierendes und methodengestütztes Konzept, in: *Ahsen, A. von/Czenskowsky, T.* (Hrsg.), Marketing und Marktforschung: Entwicklungen, Erweiterungen und Schnittstellen im nationalen und internationalen Kontext, Hamburg 1996, S. 299–317.
Balderjahn, I./Schnurrenberger, B. (2005), Virtuelle Integration im Innovationsprozess, in: *Amelingmeyer, J./Harland, P. E.* (Hrsg.), Technologiemanagement & Marketing, Wiesbaden 2005, S. 415–432.
Baldwin, C./Clark, K. (1998), Modularisierung: Ein Konzept wird universell, in: Harvard Business Manager, 20. Jg., 1998, S. 39–48.
Bänsch, A. (2001), Preisargumentation, in: *Diller, H.* (Hrsg.), Vahlens großes Marketing Lexikon, 2. Aufl., München 2001, S. 1291–1293.
Banting, P./Ford, D./Gross, A./Holmes, G. (1985), Similarities in Industrial Procurement Across Four Countries, in: Industrial Marketing Management, 14. Jg, Nr. 2, 1985, S. 133–144.
BARD Group (2009), http://www.bard-offshore.de, Abruf am 10.08.2009.
Barrmeyer, M.-C. (1982), Die Angebotsplanung bei Submission, Münster 1982.
Bartelt, A. (2002), Vertrauen in Zuliefernetzwerken: eine theoretische und empirische Analyse am Beispiel der Automobilindustrie, Wiesbaden 2002.
Barry, B./Friedman, R. A. (1998), Bargainers Characteristics in Distributive and Integrative Negotiation, in: Journal of Personality and Social Psychology, 74. Jg., Nr. 2, 1998, S. 345–359.
BASF (2009), http://www.corporate.basf.com, Abruf am 06.08.2009.
Bastian, N. P. (2002), Lieferantenfinanzierung im Telekommunikationsmarkt: Analyse aus Sicht eines informationsökonomisch fundierten Marketing, Diss., Wiesbaden 2002.
Basu, A. K./Lal, R./Srinivasan, V./Staelin, R. (1985), Salesforce Compensation Plans: An Agency Theoretic Perspective, in: Marketing Science, 4. Jg., Nr. 4, Fall, 1985, S. 267–292.
Batelle-Institut (1967), Probleme und Methoden des Marketing in der Produktions- und Investitionsgüterindustrie, Frankfurt a. M. 1967.
Bauer, H. H. (1986), Das Erfahrungskurvenkonzept. Möglichkeiten und Problematik der Ableitung strategischer Handlungsalternativen, in: Wirtschaftswissenschaftliches Studium, 15. Jg., Nr. 1, 1986, S. 1–10.
Bauer, H. H. (1989), Marktabgrenzung: Konzeption und Problematik von Ansätzen und Methoden zur Abgrenzung und Strukturierung von Märkten unter besonderer Berücksichtigung marketingtheoretischer Verfahren, Berlin 1989.
Bauer, H. H. (1991), Unternehmensstrategie und Strategische Gruppen, in: *Kistner, K. P./ Schmidt, R.* (Hrsg.), Unternehmensdynamik: Horst Albach zum 60. Geburtstag, Wiesbaden 1991, S. 389–416.
Baumeister, C. (2000), Nachfragebündelung als Instrument der Preisdifferenzierung, Köln 2000.
Baumgarth, C. (1998a), Vertikale Marketingstrategien im Investitionsgüterbereich: dargestellt am Beispiel von Einsatzstoffen, Frankfurt a. M. et al. 1998.
Baumgarth, C. (1998b), Ingredient Branding – Begriff, State of the Art & Empirische Ergebnisse, Arbeitspapier des Lehrstuhls für Marketing der Universität-GH-Siegen, Siegen 1998.
Baumgarth, C. (2001a), Markenpolitik: Markenwirkungen – Markenführung – Markenforschung, Wiesbaden 2001.
Baumgarth, C. (2001b), Markenpolitik im Business-to-Business-Bereich, in: *Weidner, L. E.* (Hrsg.), Kommunikationspraxis, Loseblattausgabe inkl. 33. Nachlieferung März 2001, Teil D/III/3, Landsberg/Lech 2001, S. 1–23.

Baumgarth, C. (2004), Markenführung von B-to-B-Marken, in: *Backhaus, K./Voeth, M.* (Hrsg.), Handbuch Industriegütermarketing, Wiesbaden 2004, S. 799–823.
Bazermann, M. H./Caroll, J. S. (1987), Negotiator Cognition, in: *Staw, B./Cummings, L. L.* (Hrsg.), Research in Organizational Behavior, Greenwich 1987, S. 246–288.
Becker, G. M./DeGroot, M. H./Marschak, J. (1964), Measuring Utility by a Single-Response Sequential Method, in: Behavioral Science, 9. Jg., 1964, S. 226–232.
Becker, J. (1992), Konstruktionsbegleitende Kalkulation als CIM-Baustein, in: *Männel, W.* (Hrsg.), Handbuch Kostenrechnung, Wiesbaden 1992, S. 552–562.
Becker, J. (1993), CIM aus Sicht der Informationswirtschaft, in: *Frisch, W./Taudes, A.* (Hrsg.), Informationswirtschaft: Aktuelle Entwicklung und Perspektiven, Heidelberg 1993, S. 345–384.
Becker, J. (1998), Die Architektur von Handelsinformationssystemen, in: *Ahlert, D.* (Hrsg.), Informationssysteme für das Handelsmanagement, Berlin et al. 1998, S. 65–108.
Becker, J. (2006), Marketing-Konzeption: Grundlagen des ziel-strategischen und operativen Marketing-Managements, 8. Aufl., München 2006.
Becker, P. S. (2000), Absatzfinanzierung im Anlagengeschäft – eine Analyse aus netzwerktheoretischer Perspektive, Berlin 2000.
Behrenbeck, K./Menges, S./Roth, S./Warschun, M. (2000), B2B-Geschäftsmodelle im Konsumgütersektor, in: Absatzwirtschaft, 43. Jg., Nr. 11, 2000, S. 38–47.
Beinlich, G. (1998), Geschäftsbeziehungen in der Vermarktung von Systemtechnologien, Aachen 1998.
Bekmeier-Feuerhahn, S./Weinberg, P. (2004), Unternehmen vor öffentlichen Auseinandersetzungen: Öffentlichkeitsarbeit als Erfolgsfaktor in der B2B-Kommunikation, in: Marketing – Zeitschrift für Forschung und Praxis, 26. Jg., Nr. 4, 2004, S. 331–344.
Bell, J. (1995), WestLB Extends Horizons in Structured Finance, in: World News, 7. Jg., Sept. 136–137, 1995, S. 13–14.
Bell, M. J. (1979), Marketing, 3. Aufl., Boston/Mass. 1979.
Bellizzi, J. A. (1979), Product Type and the Relative Influence of Buyers Commercial Construction, 8. Aufl., 1979.
Bellizzi, J. A./McVey, P. (1983), How Valid is the Buygrid Model, in: Industrial Marketing Management, 12. Jg., 1983, S. 57–62.
Belz, C. (1988), Profilierung durch Leistungssysteme im Wettbewerb, in: Der Markt, 27. Jg., Nr. 2, 1988, S. 60–68.
Belz, C. (1993), Management von Geschäftsbeziehungen, in: Thexis, Nr. 3, 1993, S. 23–27.
Belz, C. (1995), Dynamische Marktsegmentierung, Thexis-Fachbericht für Marketing, Nr. 2, St. Gallen 1995.
Belz, C. (1999), Verkaufskompetenz: Chancen in umkämpften Märkten, Konzepte und Innovationen, Kunden- und Leistungskriterien, Organisation und Führung, 2. Aufl., Wien 1999.
Belz, C./Birchner, B./Büsser, M./Hillen, H./Schlegel, H. J./Willée, C. (1991), Erfolgreiche Leistungssysteme, Stuttgart 1991.
Bennett, R. C./Cooper, R. G. (1981), The Misuse of Marketing: An American Tragedy, in: Business Horizons, 24. Jg., Nr. 6, Nov./Dez., 1981, S. 51–61.
Berchtold, R. (1990), Strategische Unternehmensplanung: Instrumente zur Umweltanalyse im Rahmen Strategischer Unternehmensplanung, Augsburg 1990.
Berekoven, L./Eckert, W./Ellenrieder, P. (2006), Marktforschung: Methodische Grundlagen und praktische Anwendung, 11. Aufl., Wiesbaden 2006.
Berens, W./Rieper, B./Witte, T. (Hrsg.) (1996), Betriebswirtschaftliches Controlling: Planung, Entscheidung, Organisation, Wiesbaden 1996.

Bergmann, H./Rohde, H. (1992), Nutzung und Einsatz von Kompetenzzentren im Marketing für rechnerintegrierte Fertigungssysteme, Abschlussbericht, Ruhr-Universität Bochum 1992.
Berndt, R. (1988), Marketing für öffentliche Aufträge, München 1988.
Bernecker, T./Präuer, A. (2006), Risiken und Risikomanagement in Zuliefernetzwerken, in: Die Unternehmung, 60. Jg., Nr. 1, 2006, S. 25–42.
Beßlich, J./Lumbe, H. J. (1994a), Erster Schritt: Bestandsaufnahme der Material- und Lieferantenstruktur, in: Beschaffung aktuell, Nr. 10, 1994, S. 22–25.
Beßlich, J./Lumbe, H. J. (1994b), Wertschöpfungspartnerschaft statt einseitiger Preisdiskussion, in: Beschaffung aktuell, Nr. 9, 1994, S. 26–30.
Beuermann, M. (1976), Die Marketingbasis der Hannover-Messe, in: Messe-Nachrichten Hannover, Jan., 1976, S. 3–5.
Beuermann, M. (1978), Messen haben gute Chance, in: Marketin Journal, 11. Jg., Nr. 3, 1978, S. 112–115.
Bingham, F. G. (1998), Business Marketing Management, 2. Aufl., Homewood/Ill. 1998.
Birkigt, K. (1971), Relaunch, Revival – oder was sonst? in: Marketing Journal, 4. Jg., Nr. 4, 1971, S. 286–287.
Blenkhorn, D. L./Banting, P. M. (1991), How reverse marketing changes buyer-seller roles, in: Industrial Marketing Management, 20. Jg., 1991, S. 185–192.
Bliemel, F./Eggert, A. (1998), Kundenbindung – die neue Sollstrategie? in: Marketing – Zeitschrift für betriebswirtschaftliche Forschung, Nr. 1, 1998, S. 37–46.
Blocker, C. P./Flint, D. J. (2007), Customer segments as moving targets: integrating customer value dynamism into segment instability logic, in: Industrial Marketing Management, 36. Jg., Nr. 6, 2007, S. 810–822.
Blois, K. J. (1977), Problems in Applying Organizational Theory to Industrial Marketing, in: Industrial Marketing Management, 6. Jg., 1977, S. 273–280.
Blomeyer, K./Kuttner, K. (1992), Exportfinanzierung: Nachschlagewerk für die Praxis, 3. Aufl., Wiesbaden 1992.
Blumenröther, C. (1993), Gestalten der externen Abnehmer-Zulieferer-Beziehungen in der Automobilindustrie, Arbeitsbericht Nr. 45, Seminar für Allgemeine Betriebswirtschaftslehre, Industriebetriebslehre und Produktionswirtschaft, Köln 1993.
BMEcat (2003), http://www.bmecat.org, Abruf am 09.05.2003.
BMW (2009), Techniklexikon, http://www.bmw.de/de/de/insights/technology/technology_guide/articles/car_key_memory.html? source=index&article=car_key_memory, Abruf am 14.07.2009.
Böcker, F. (1981), Computergestrickte Sparprogramme, in: Absatzwirtschaft, 24. Jg., Nr. 4, 1981, S. 98–103.
Böcker, J. (1995), Marketing für Leistungssysteme, Wiesbaden 1995.
Boeing (2005), http://www.boeing.de, Abruf am 18.10.2005.
Böhler, H. (2004), Marktforschung, in: *Diller, H./Köhler, R.* (Hrsg.), Edition Marketing, 3. Aufl., Stuttgart 2004.
Bohumovsky, H. (1977), Besondere Zahlungsformen im Ostwestgeschäft, in: *Lange-Prollius, H.* (Hrsg.), Praxis des Ostwesthandels, Düsseldorf et al. 1977, S. 348–371.
Boissevain, J. (1978), Friends of Friends, Networks, Manipulators and Coalitions, Oxford 1978.
Bongartz, U. (1998), Unternehmensspezifische Ressourcen und strategische Gruppen im US-Luftverkehrsmarkt, in: Zeitschrift für Betriebswirtschaft, 68. Jg., Nr. 4, 1998, S. 381–407.
Bonnaccorsi, A./Pammoli, F./Tani, S. (1996), The Changing Boundaries of System Companies, in: International Business Review, 5. Jg., Nr. 6, 1996, S. 539–560.

Bonoma, T. V. (1982), Major Sales: Who Really Does the Buying? in: Harvard Business Review, 60. Jg., May/June, 1982, S. 111–119.

Bonoma, T. V./Shapiro, B. P. (1992), How to Segment Industrial Markets, in: Strategic Marketing Management, 1992, S. 156–167.

Bopp, T. (1992), Vertragsstrukturen internationaler Kompensationsgeschäfte, Stuttgart 1992.

Borders, A. L./Johnston, W. J./Rigdon, E. E. (2001), Beyond the Dyad: Electronic Commerce and Network Perspectives in Industrial Marketing Management, in: Industrial Marketing Management, 30. Jg., 2001, S. 199–205.

Bornheim, E./Stockmann, R. (1995), Die neuen Vergabevorschriften – Sind auch private Auftraggeber zur europaweiten Vergabe von Bauaufträgen verpflichtet? in: Der Betriebs-Berater, Nr. 12, 1995, S. 577–581.

Bornstedt, M. (2007), Kaufentscheidungsbasierte Nutzensegmentierung: Entwicklung und empirische Überprüfung von Segmentierungsansätzen auf Basis von individualisierten Limit Conjoint-Analysen, Diss., Göttingen 2007.

Borowicz, F. (2001), Strategien im Wettbewerb um Kompatibilitätsstandards, Frankfurt et al. 2001.

Borowicz, F./Scherm, E. (2001), Standardisierungsstrategien: Eine erweiterte Betrachtung des Wettbewerbs auf Netzeffektmärkten, in: Zeitschrift für betriebswirtschaftliche Forschung, 53. Jg., Nr. 6, 2001, S. 391–416.

Botschen, G./Botschen, M. (2006), Kundenintegrierte Neuproduktentwicklung von Dienstleistungen, in: *Hinterhuber, H. H./Matzler, K.* (Hrsg.), Kundenorientierte Unternehmensführung, 5. Aufl., Wiesbaden 2004, S. 455–472.

Bradley, F. M. (1977), Buying Behaviour in Ireland's Public Sector, in: Industrial Marketing Management, 6. Jg., Nr. 4, 1977, S. 251–258.

Brand, G. T. (1972), The industrial buying decision: implications for the sales approach in industrial marketing, Institute of Marketing Industrial Marketing Research, New York 1972.

Brankamp, K. (1975), Leitfaden zur Leistungssteigerung in der Konstruktion, Düsseldorf 1975.

Brass, D. J./Burkhardt, M. E. (1993), Potential Power Use: An Investigation of Structure and Behavior, in: Academy of Management Journal, 36. Jg., Nr. 3, 1993, S. 441–470.

Brauckschulze, U. (1983), Die Produktelimination – Ein Vorschlag zur Gestaltung des Produktidentifikations- und Entscheidungsprozesses, Münster 1983.

Brealey, R./Myers, S./Allen, F. (2008), Principles of Corporate Finance, 9. Aufl., New York 2008.

Brett, J. M./Okumura, T. (1998), Inter- and Intracultural Negotiation: U.S. and Japanese Negotiators, in: Academy of Management Journal, 41. Jg., Nr. 5, 1998, S. 495-510.

Breuer, W. (1994), Dynamisches Segment-Management auf Hochtechnologiemärkten, Wiesbaden 1994.

Brezski, E. (1993), Konkurrenzforschung im Marketing, Wiesbaden 1993.

Brierty, E. G./Eckles, R. W./Reeder, R. R. (1998), Business Marketing, 3. Aufl., Upper Saddle River/N.J. 1998.

Brinkmann, J. (2006), Buying Center-Analyse auf der Basis von Vertriebsinformationen, Diss., Wiesbaden 2006.

Brinkmann, J./Voeth, M. (2007), An analysis of buying center decisions through the salesforce, in: Industrial Marketing Management, 36. Jg., 2007, S. 998–1009.

Bristor, J. M. (1987), Buying Networks: A Model of positional Influence in Organizational Buying, Ann Arbor/Mi. 1987.

Bristor, J. M. (1988), Coalitions in Organizational Buying, in: Advances in Consumer Research, 15. Jg., 1988, S. 563–568.
Bristor, J. M. (1993), Influence Strategies in Organizational Buying: The Importance of Connections to the Right People in the Right Place, in: Journal of Business-to-Business Marketing, 1. Jg., Nr. 1, 1993, S. 63–48.
Bristor, J. M./Ryan, M. J. (1987), The Buying Center is Dead, Long live the Buying Center, in: Advances in Consumer Research, 14. Jg., 1987, S. 255–258.
Brockhoff, K. (1999), Produktpolitik, 4. Aufl., Stuttgart 1999.
Brockhoff, K. (2001), Positionierung (Mapping), in: *Diller, H.* (Hrsg.), Vahlens großes Marketinglexikon, 2. Aufl., München 2001, S. 1275–1276.
Brockhoff, K. (2005), Konflikte bei der Einbeziehung von Kunden in die Produktentwicklung, in: Zeitschrift für Betriebswirtschaft, 75. Jg., Nr. 9, 2005, S. 859–877.
Bröker, E. W. (1993), Erfolgsrechnung im industriellen Anlagengeschäft – ein dynamischer Ansatz auf Zahlungsgrößen, Wiesbaden 1993.
Brossard, H. L. (1998), Information Sources Used by an Organization During a Complex Decision Process – An Exploratory Study, in: Industrial Marketing Management, 27. Jg., 1998, S. 41–50.
Bruhn, M. (1989), Sponsoring als Instrument der Unternehmenskommunikation – Erscheinungsformen, Planungskonzepte und Integrationsaspekte, in: *Meffert, H./Backhaus, K./Wagner, H.* (Hrsg.), Arbeitspapier Nr. 55 der Wissenschaftlichen Gesellschaft für Marketing und Unternehmensführung e.V., Münster 1989, S. 3–14.
Bruhn, M. (1994), Markenbegriffe, Markentheorie, Markeninformationen, Markenstrategien, in: *Bruhn, M.* (Hrsg.), Handbuch Markenartikel: Anforderungen an die Markenpolitik aus Sicht von Wissenschaft und Praxis, Stuttgart 1994.
Bruhn, M. (1999a), Internes Marketing: Integration der Kunden- und Mitarbeiterorientierung, 2. Aufl., Wiesbaden 1999.
Bruhn, M. (1999b), Kundenorientierung, München 1999.
Bruhn, M. (2001a), Marketing: Grundlagen für Studium und Praxis, 5. Aufl., Wiesbaden 2001.
Bruhn, M. (2001b), Markenartikel, in: *Diller, H.* (Hrsg.), Vahlens großes Marketinglexikon, 2. Aufl., München 2001, S. 937–939.
Bruhn, M. (2003), Sponsoring, 4. Aufl., Wiesbaden 2003.
Bruhn, M. (2004), Kommunikationspolitik für Industriegüter, in: *Backhaus, K./Voeth, M.* (Hrsg.), Handbuch Industriegütermarketing, Wiesbaden 2004, S. 697–721.
Bruhn, M. (2005), Unternehmens- und Marketing- Kommunikation. Handbuch für ein integriertes Kommunikationsmanagement, München 2005.
Bruhn, M. (2009), Relationship Marketing: das Management von Kundenbeziehungen, 2. Aufl., München 2009.
Bruhn, M./Meffert, H. (2009), Dienstleistungsmarketing: Grundlage – Konzepte – Methoden, 6. Aufl., Wiesbaden 2009.
Buckner, H. (1967), How British Industry Buys, Hutchinson, London 1967.
Bullinger, H.-J./Niemeier, J. (1991), Informationsmanagement und Computer Integrated Business – Eine Einführung, in: *Bullinger, H.-J.* (Hrsg.), Handbuch des Informationsmanagements im Unternehmen: Technik, Organisation, Recht, Perspektiven, München 1991, S. 23–46.
Bunn, D./Thomas, H. (1978), A Decisions Analysis Approach to Repetitive Competitive Bidding, in: European Journal of Marketing, 12. Jg., 1978, S. 517–527.
Bunn, M. D. (1993a), Information Search in Industrial Purchase Decisions, in: Journal of Business-to-Business Marketing, 1. Jg., Nr. 2, 1993, S. 67–102.

Bunn, M. D. (1993b), Taxonomy of Buying Decision Approaches, in: Journal of Marketing, 57. Jg., 1993, S. 38–56.

Burgtorf, R. (2006), Standardisierungspfade – kritische Analyse anhand eines ausgewählten Beispiels, Diplomarbeit an der Technischen Universität, Berlin 2006.

Burmann, C. (2005), Aufbau immaterieller Unternehmensfähigkeiten als wichtige Treiber des Unternehmenswerts, in: *Hungenberg, H./Meffert, J.* (Hrsg.), Handbuch Strategisches Management, 2. Aufl., Wiesbaden 2005, S. 975–998.

Burmann, C./Meffert, H. (2005), Gestaltung von Markenarchitekturen, in: *Meffert, H./ Burmann, C./Koers, M.* (Hrsg.), Markenmanagement, 2. Aufl., Wiesbaden 2005.

Burns, A. C./Hopper, J. A. (1986), An Analysis of the Presence, Stability, and Antecedents of Husband and Wife Purchase Decision Making Influence Agreements and Disagreement, in: Advances in Consumer Research, 13. Jg., 1986, S. 174–180.

Burt, D. (1990), Hersteller helfen ihren Lieferanten auf die Sprünge, in: Harvard Manager, 12. Jg., Nr. 1, 1990, S. 72–79.

Busch, P./Wilson, D. T. (1976), An Experimental Analysis of a Salesman's Expert and Referent Bases of Social Power in the Buyer-Seller Dyad, in: Journal of Marketing Research, 13. Jg., 1976, S. 3–11.

Büschken, J. (1994), Multipersonale Kaufentscheidungen: empirische Analyse zur Operationalisierung von Einflußbeziehungen im Buying Center, Wiesbaden 1994.

Büschken, J. (1997a), Welche Rollen spielen Investgüter-Marken? in: Absatzwirtschaft, Sonderausgabe Okt., 1997, S. 192–193.

Büschken, J. (1997b), Sequentielle nicht-lineare Tarife, Wiesbaden 1997.

Büschken, J. (2003a), Wann neue Produkte ankündigen? in: Zeitschrift für betriebswirtschaftliche Forschung, Nr. 1, 2003, S. 3–22.

Büschken, J. (2003b), Nicht-lineare Tarife, in: *Diller, H./Herrmann, A.* (Hrsg.), Handbuch Preispolitik, Wiesbaden 2003, S. 521–533.

Büschken, J. (2005), Higher Profits through Customer Lock-In: A Roadmap, Ohio 2005.

Büschken, J. (2007), Pricing im Systemgeschäft, in: Büschken, J./Voeth, M./Weiber, R. (Hrsg.), Innovationen für das Industriegütermarketing, Stuttgart 2007, S. 443-457.

Büschken, J./Voeth, M./Weiber, R. (2007), Aktuelle und zukünftige Forschungslinien für das Industriegütermarketing, in: *Büschken, J./Voeth, M./Weiber, R.* (Hrsg.), Innovationen für das Industriegütermarketing, Stuttgart, 2007, S. 3–20.

Buse, C./Freiling, J./Weißenfels, S. (2001), Turning Product Business into Service Business: Performance Contracting as a Challenge of SME Customer/Supplier Networks, Oslo 2001.

Busse von Colbe, W./Hammann, P./Laßmann, G. (1992), Betriebswirtschaftstheorie, Bd. 2, Absatztheorie, 4. Aufl., Berlin et al. 1992.

Butler, P./Hall, T. W./Hanna, A. M./Mendonca, L./Auguste, B./Manyika, J./Sahay, A. (1997), A revolution in interaction, 1997.

Buttle, F. A./Ahmad, R./Aldlaigan, A. (2002), The theory and practice of customer bonding, in: Journal of Business-to-Business Marketing, 9. Jg., Nr. 2, 2002, S. 3–27.

Butzer-Strothmann, K. (1998), Den Abbruch von Geschäftsbeziehungen verhindern, in: Absatzwirtschaft, 41. Jg., Nr. 2, 1998, S. 70–74.

Butzer-Strothmann, K. (1999), Krisen in Geschäftsbeziehungen, Wiesbaden 1999.

Buxmann, P. (2001), Standardisierung und Netzeffekte, in: Das Wirtschaftsstudium (WISU), Nr. 4, 2001, S. 544–558.

Buxmann, P. (2002), Strategien von Standardsoftware-Anbietern: Eine Analyse auf der Basis von Netzeffekten, in: Zeitschrift für betriebswirtschaftliche Forschung, 54. Jg., Nr. 8, 2002, S. 442–456.

Buzzell, R. D./Gale, B. T. (1989), Das PIMS-Programm – Strategien und Unternehmenserfolg, Wiesbaden 1989.
Calamius, G. (1994), Netzwerkansätze im Investitionsgütermarketing – Eine Weiterentwicklung multi-organisationaler Interaktionsansätze? in: *Kleinaltenkamp, M./Schubert, K.* (Hrsg.), Netzwerkansätze im Business-to-Business Marketing – Beschaffung, Absatz und Implementierung neuer Technologien, Wiesbaden 1994, S. 93–124.
Camp, R. C. (1994), Benchmarking, München et al. 1994.
Campbell, N. C. G. (1985a), An Interaction Approach to Organizational Buying Behavior, in: Journal of Business Research, 13. Jg., Nr. 1, 1985, S. 35–48.
Campbell, N. C. G. (1985b), Buyer/Seller Relationships in Japan and Germany: An Interaction Approach, in: European Journal of Marketing, 19. Jg., Nr. 3, 1985, S. 57–66.
Cannon, J. P./Homburg, C. (2001), Buyer-Supplier Relationships and Customer Firm Costs, in: Journal of Marketing, 65. Jg., Nr. 1, 2001, S. 29–43.
Carman, J. U. (1968), Evaluation of Trade Show Exhibitions, in: California Management Review, 11. Jg., Nr. 2, 1968, S. 35–44.
Carnevale, P. J./Probst, T. M. (1997), Conflict on the internet, in: *Kiesler, S.* (Hrsg.), Culture of the internet, New Jersey 1997, S. 233–255.
Carter, D. E./Baker, B. S. (1992), CE: concurrent engineering: the product development environment for the 1990s, Reading/Mass. 1992.
Caspar, M./Hecker, A./Sabel, T. (2002), Markenrelevanz in der Unternehmensführung – Messung, Erklärung und empirische Befunde für B2B-Märkte, in: *Backhaus, K./Meffert, H., et al.* (Hrsg.), MCM/McKinsey-Reihe zur Markenpolitik, Arbeitspapier Nr. 4, Münster 2002.
Cattin, P./Jolibert, A./Lohnes, C. (1982), A Cross-Cultural Study of „Made in" Concepts, in: Journal of International Business Studies, 13. Jg., Nr. 3, 1982, S. 131–141.
Chakrabarti, A. K. (1974), The Role of Champions in Product Innovation, in: California Management Review, 17. Jg., Nr. 2, 1974, S. 58–62.
Chmielewicz, K. (1968), Grundlagen der industriellen Produktgestaltung, Berlin 1968.
Choffray, J.-M./Lilien, G. L. (1976), Models of the Multiperson Choice Process with Application to the Adaption of Industrial Products, M.I.T. Sloan School of Management, Working Paper Nr. 861–76, June, 1976.
Choffray, J.-M./Lilien, G. L. (1978), Assessing Response to Industrial Marketing Strategy, in: Journal of Marketing, 42. Jg., Nr. 2, 1978, S. 20–31.
Choffray, J.-M./Lilien, G. L. (1980), Industrial Market Segmentation by the Structure of Purchasing Process, in: Industrial Marketing Management, 9. Jg., 1980, S. 331–342.
Chur, W./Riesner, J. (2004), Marketing in der Automobilzuliefererindustrie, in: *Backhaus, K./Voeth, M.* (Hrsg.), Handbuch Industriegütermarketing, Wiesbaden 2004, S. 1143–1170.
Clark, K. B./Montgomery, D. B. (1999), Managerial Identification of Competitors, in: Journal of Marketing, 63. Jg., July, 1999, S. 67–83.
Clausen, E. (2000), Mehr Erfolg auf Messen: effektiv planen und durchführen; Ergebnisse messen; mit Checklisten und Formularen auf Diskette; mit Last-Minute-Guide kurz vor der Messe, 2. Aufl., Landsberg/Lech 2000.
Coenenberg, A. G./Fischer, T. M./Günther, T. (2007), Kostenrechnung und Kostenanalyse, 6. Aufl., Stuttgart 2007.
Computerpartner (2004), Steigende Stahlpreise torpedieren Taiwans LCD-Investitionspläne, http://www.computerpartner.de/news/207939/index.html, Abruf am 01.08.2006.
Corey, E. R. (1991), Industrial Marketing, Cases and Concepts, 4. Aufl., Englewood Cliffs/ N.J. 1991.

Corfman, K. P./Lehmann, D. R. (1987), Models of Cooperative Group Decision-Making and relative Influence: An Experimental Investigation of Family Purchase Decision, in: Journal of Consumer Research, 14. Jg., Nr. 6, 1987, S. 1–13.
Coughlan, A. T./Sen, S. K. (1989), Salesforce Compensation: Theory and Managerial Implications, in: Marketing Science, 8. Jg., Nr. 4 (Fall), 1989, S. 324–342.
Cova, B./Ghauri, P. N./Salle, R. (2002), Project marketing: beyond competitive bidding, New York 2002.
Cova, B./Holstius, K. (1993), How to create competitive advantage in project business, in: Journal of Marketing Management, 9. Jg., Nr. 2, 1993, S. 105–121.
Cowdell, P./Hyde, D./Watson, A. (2000), Finance of International Trade, 7. Aufl., Basildon/ Essex 2000.
Cox, D. F. (1967), Risk Handling in Consumer Behavior – an Intensive Study of two Cases, in: *Cox, D. F.* (Hrsg.), Risk Taking and Information Handling in Consumer Behavior, Boston/Mass. 1967, S. 37–81.
Crane, E. (1965), Marketing Communications: A Behavioral Approach to Men, Messages and Media, New York City/N.J. 1965.
Crittenden, V./Scott, C./Moriarty, R. (1987), The Role of Prior Product Experience in Organizational Buying Behaviour, in: *Anderson, P. F./Wallendorf, M.* (Hrsg.), Advances in Consumer Research, 14. Aufl., 1987.
Cunningham, M. T./Culligan, K. L. (1988), Competition and Competitive Groupings: An Exploratory Study in Information Technology Markets, in: Journal of Marketing Management, 4. Jg., 1988, S. 148–174.
Dadzie, K./Johnston, W./Dadzie, E./Yoo, B. (1999), Influence in the Organizational Buying Center and Logistics Automation Technology Adoption, in: Journal of Business & Industrial Marketing, 14. Jg., Nr. 5–6, 1999, S. 433–444.
Daft, R. L./Lengel, R. H. (1986), Organizational Requirements – Media Richness and Structural Design, in: Management Science, 32. Jg., Nr. 5, 1986, S. 554–571.
Dahlke, B. (2001), Einzelkundenorientierung im Business-to-Business-Bereich: Konzeptionalisierung und Operationalisierung, Wiesbaden 2001.
Darby, M. R./Karni, E. (1973), Free Competition and the optimal Amount of Fraud, in: The Journal of Law and Economics, 16. Jg., 1973, S. 67–88.
Daudel, S./Vialle, G. (1992), Yield-Management – Erträge optimieren durch nachfrageorientierte Angebotssteuerung, Frankfurt et al. 1992.
David, P. A. (1985), Clio and the Economics of QWERTY, 1985.
Dawes, P. L./Dowling, G. R./Patterson, P. G. (1992), Factors Affecting the Structure of Buying Centers for the Purchase of Professional Advisory Services, in: International Journal of Research in Marketing, 9. Jg., 1992, S. 269–279.
Dawes, P. L./Dowling, G. R./Patterson, P. G. (1993), Determinants of Pre-Purchase Information Service, in: Journal of Business-to-Business Marketing, 1. Jg., Nr. 4, 1993, S. 31–62.
Dawes, P. L./Lee, D. Y./Dowling, G. R. (1998), Information Control and Influence in Emergent Buying Centers, in: Journal of Marketing, 62. Jg., 1998, S. 55–68.
Day, G. S. (1994), The Capabilities of Market- Driven Organizations, in: Journal of Marketing, 58. Jg., Nr. 4, 1994, S. 37–52.
Day, G. S. (1999), Misconceptions about Market Orientation, in: Journal of Market-Focused Management, 4. Jg., June, 1999, S. 5–16.
Day, G. S./Wensley, A. A. (1988), A Framework for Diagnosing Competitive Superiority, in: Journal of Marketing, 52. Jg., Nr. 2, 1988, S. 1–20.
De Zoeten, R./Hasenböhler, R./Ammann, P. (1999), Industrial Marketing: Praxis des Business-to-Business-Geschäfts, Stuttgart 1999.

Deiß, M. (1997), Partnerschaften kooperieren, in: QZ – Qualität und Zuverlässigkeit, 42. Jg., Nr. 8, 1997, S. 868–871.

Deiß, M./Döhl, V. (1992), Von der Lieferbeziehung zum Produktionsnetzwerk – Internationale Tendenzen in der Reorganisation der zwischenbetrieblichen Arbeitsteilung, in: *Deiß, M./Döhl, V.* (Hrsg.), Vernetzte Produktion. Automobilzulieferer zwischen Kontrolle und Autonomie, Frankfurt a. M. et al. 1992.

Dellaert, B. G./Prodigalidad, M./Louviere, J. J. (1998), Family Members' Projections of Each Other's Preference and Influence: A Two-Stage Conjoint Approach, in: Marketing Letters, 9. Jg., Nr. 2, 1998, S. 135–145.

Dempsey, W. A. (1978), Vendor Selection and the Buying Process, in: Industrial Marketing Management, 7. Jg., 1978, S. 257–267.

Deutsche Bahn AG (2009), http://www.bahn.de, Abruf am 11.08.2009.

Deutsches Institut für Normung e.V. (1998), DIN: 820–3: Normungsarbeit – Be-griffe, Berlin 1998.

Deysson, C. (1990), Subtile Gehirnwäsche, in: Wirtschaftswoche, 44. Jg., Nr. 5, 1990, S. 110–112.

Dibb, S./Simkin, L. (1996), The Market Segmentation Workbook: Target Marketing for Marketing Managers, New York et al. 1996.

Dichtl, E. (1989), Produktauslegung und Fertigungstiefe als Determinanten der Wertschöpfung, in: *Specht, G./Silberer, G./Engelhardt, W. H.* (Hrsg.), Marketing-Schnittstellen, Stuttgart 1989, S. 87–102.

Dichtl, E. (1994), Strategische Optionen im Marketing – Durch Kompetenz und Kundennähe zu Konkurrenzvorteilen, 3. Aufl., München 1994.

Diederich, H. (1974), Öffentliche Aufträge, in: *Grochla, E./Wittmann, W.* (Hrsg.), Handwörterbuch der Betriebswirtschaft, Stuttgart 1974, S. 298–310.

Diehl, H. (1977), Probleme der Preisfindung im industriellen Anlagengeschäft, in: Zeitschrift für betriebswirtschaftliche Forschung, 29. Jg., Nr. 7, 1977, S. 173–184.

Diehl, H. (2000), Marketing für betriebswirtschaftliche Standardanwendungssoftware: Bewältigung von Unsicherheit und Spezifität im Systemgeschäft, Diss., Wiesbaden 2000.

Diller, H. (1993), Preisbaukästen als preispolitische Option, in: Wirtschaftswissenschaftliches Studium, 22. Jg., Nr. 6, 1993, S. 270–275.

Diller, H. (1994a), Bestandsaufnahme und Entwicklungsperspektiven des Beziehungsmanagement, in: *Meffert, H./Wagner, H./Backhaus, K.* (Hrsg.), Dokumentation des Workshops „Beziehungsmarketing – neue Wege zur Kundenbindung", Münster 1994, S. 6–30.

Diller, H. (1994b), Ergebnisse der Metaplan-Diskussion „Beziehungsmanagement", in: *Backhaus, K./Diller, H.* (Hrsg.), Beziehungsmanagement, Dokumentation des 1. Workshops vom 27.-29.09.1993 in Frankfurt a. M., Münster/Nürnberg 1994b, S. 1–7.

Diller, H. (1995), Beziehungsmarketing, in: Wirtschaftswissenschaftliches Studium, 24. Jg., Nr. 9, 1995, S. 442–447.

Diller, H. (1996), Kundenbindung als Marketingziel, in: Marketing-Zeitschrift für Forschung und Praxis, 18. Jg., Nr. 2, 1996, S. 81–94.

Diller, H. (1997a), Beziehungsmanagement, in: Die Betriebswirtschaft, 57. Jg., Nr. 4, 1997, S. 572–575.

Diller, H. (1997b), Preis-Management im Zeichen des Beziehungs-Marketing, Arbeitspapier Nr. 52 des Lehrstuhls für Marketing, Universität Erlangen-Nürnberg, Nürnberg 1997.

Diller, H. (2008), Preispolitik, 4. Aufl., Stuttgart 2008.

Diller, H. (2001), Ausstrahlungseffekte, in: *Diller, H.* (Hrsg.), Vahlens großes Marketing Lexikon, 2. Aufl., München 2001, S. 941.

Diller, H. (2003), Beziehungsmarketing und CRM erfolgreich realisieren, Nürnberg 2003.

Diller, H./Haas, A./Ivens, B. (2005), Verkauf und Kundenmanagement, Stuttgart 2005.

Diller, H./Kusterer, M. (1988a), Beziehungsmanagement – Theoretische Grundlagen und explorative Befunde, in: Marketing – Zeitschrift für Forschung und Praxis, 10. Jg., Nr. 3, 1988, S. 211–220.

Diller, H./Kusterer, M. (1988b), Beziehungsmanagement – Theoretische Grundlagen und explorative Befunde, Arbeitspapier Nr. 22 des Instituts für Marketing, Universität der Bundeswehr Hamburg, Hamburg 1988.

Dion, P./Easterling, D./Hiller, S. J. (1995), What is really necessary in successful buyer/seller relationship? in: Industrial Marketing Management, 24. Jg., 1995, S. 1–10.

Dittler, T. (1995), Das Systemgeschäft – worauf es ankommt, in: Harvard Business Manager, Nr. 4, 1995, S. 29–34.

Dobbs, I. (2002a), Demand, Cost Elasticities and Pricing Benchmarks in the Hypothetical Monopoly Test: The Consequences of a Simple SSNIP, Newcastle 2002.

Dobbs, I. (2002b), The Assessment of Market Power and Market Boundaries Using the Hypothetical Monopoly Test, Newcastle 2002.

Dockenfuß, R. (2003), Praxisanwendungen von Toolkits und Konfiguratoren zur Erschließung taziten Userwissens, in: *Herstatt, C./Verworn, B.* (Hrsg.), Management der frühen Innovationsphasen, Wiesbaden 2003, S. 215–232.

Domsch, M./Gerpott, H./Gerpott, T. J. (1989), Technologische Gatekeeper in der industriellen F&E, Stuttgart 1989.

Doney, P. M./Cannon, J. P. (1997), An Examination of the Nature of Trust in Buyer-Seller Relationships, in: Journal of Marketing, 61. Jg., April, 1997, S. 35–51.

Douglas, A. (1962), Industrial Peacemaking, New York 1962.

Doyle, P./Woodside, A. G./Michell, P. (1979), Organizational Buying in New Task and Rebuy Situations, in: Industrial Marketing Management, 8. Jg., 1979, S. 7–11.

Dozzi, S. P./AbouRizk, S. M./Schroeder, S. L. (1996), Utility-Theory Model for Bid Markup Decisions, in: Journal of Construction Engineering and Management, 122. Jg., Nr. 2, 1996, S. 119–124.

Droege, W./Backhaus, K./Weiber, R. (1993), Strategien für Investitionsgütermärkte, Antworten auf neue Herausforderungen, Landsberg/Lech 1993.

Dünnweber, I. (1984), Vertrag zur Erstellung einer schlüsselfertigen Industrieanlage im internationalen Wirtschaftsverkehr, Berlin/New York 1984.

Dwyer, F. R./Tanner, J. F. (2009), Business Marketing: Connecting Strategy, Relationships, and Learning, 4. Aufl., Boston/Mass. 2009.

Dyer, J. H. (1996), How Chrysler created an American Keiretsu, in: Harvard Business Review, 74. Jg., July/Aug., 1996, S. 42–56.

Easton, G. (1988), Competition and marketing strategy, in: European Journal of Marketing, 22. Jg., 1988, S. 31–49.

Easton, G. (1992), Industrial Networks: a review, in: *Axelsson, B./Easton, G.* (Hrsg.), Industrial Networks – A New View of Reality, London 1992, S. 89–104.

Easton, G./Håkansson, H. (1996), Markets as Networks: Editorial introduction, in: International Journal of Research in Marketing, 13. Jg., 1996, S. 407–413.

Echelon (2007), Offene Systeme – Ein Überblick, Unternehmenshomepage, http://www.echelon.de/solutions/opensystems/default.htm, Abruf am 12.08.2007.

Eckhoff, A. (2001), Einführung innovativer Systemgeschäfte, Wiesbaden 2001.

Eckles, R. W. (1990), Business Marketing Management, Marketing of Business Products and Services, Englewood Cliffs/N.J. 1990.

Edelman, F. (1965), Art and science of competitive bidding, in: Harvard Business Review, 43. Jg., Juli/Aug., 1965, S. 53–66.

Eggers, F./Sattler, H. (2009), Hybrid individualized two-level choice-based conjoint (HIT-CBC): A new method for measuring preference structures with many attribute levels, in: International Journal of Research in Marketing, 26. Jg., Nr. 2, S. 108–118.
Eicke, H. von/Femerling, C. (1991), Modular-Sourcing: Ein Konzept zur Neugestaltung der Beschaffungslogistik, München 1991.
Elemica (2005), http://www.elemica.com, Abruf am 25.10.2005.
Emrich, C. (1990), Maschinen aus dem Modulbaukasten, in: IBM-Nachrichten, Nr. 40, 1990, S. 28–31.
Engel, H.-G. (1987), Die Finanzierung von Anlagenexporten aus der Sicht des Bestellers, in: *Backhaus, K./Siepert, H.-M.* (Hrsg.), Auftragsfinanzierung im industriellen Anlagengeschäft, Stuttgart 1987, S. 178–193.
Engelhardt, W. H. (1977), Grundlagen des Anlagen-Marketing, in: Zeitschrift für betriebswirtschaftliche Forschung, 29. Jg., Nr. 7: Anlagen-Marketing, 1977, S. 9–37.
Engelhardt, W. H. (1997), Investitionsgütermarketing, in: *Tietz, B./Köhler, R./Zentes, J.* (Hrsg.), Handwörterbuch des Marketing, 1997, S. 1056–1067.
Engelhardt, W. H./Günter, B. (1981), Investitionsgütermarketing, Stuttgart 1981.
Engelhardt, W. H./Kleinaltenkamp, M. (1995), Analyse der Erfolgspotentiale, in: *Kleinaltenkamp, M./Plinke, W.* (Hrsg.), Technischer Vertrieb: Grundlagen, Berlin et al. 1995, S. 195–286.
Engelhardt, W. H./Kleinaltenkamp, M./Reckenfelderbäumer, M. (1993), Leistungsbündel als Absatzobjekte: Ein Ansatz zur Überwindung der Dichotomie von Sach- und Dienstleistungen, in: Zeitschrift für betriebswirtschaftliche Forschung, 45. Jg., Nr. 5, 1993, S. 395–426.
Engelhardt, W. H./Reckenfelderbäumer, M. (1999), Industrielles Servicemanagement, in: *Kleinaltenkamp, M./Plinke, W.* (Hrsg.), Markt- und Produktionsmanagement, S. 181–280, Berlin 1999.
Engelhardt, W. H./Schuster, F. (1980), Kompensationsgeschäfte – Erscheinungsformen und Marketing-Probleme, in: Zeitschrift für betriebswirtschaftliche Forschung, 32. Jg., Nr. 2, 1980, S. 103–120.
Engelsleben, T. (1999), Marketing für Systemanbieter: Ansätze zu einem Relationship Marketing-Konzept für das logistische Kontraktgeschäft, Wiesbaden 1999.
Enke, M./Reimann, M./Geigenmüller, A. (2005), Commodity Marketing, in: *Enke, M./Reimann, M.* (Hrsg.), Commodity Marketing, Wiesbaden 2005, S. 13–33.
Erdmann, B. (1993), Bericht über die Betriebsvergleichsergebnisse des Großhandels im Jahre 1992, in: Müller-Hagedorn, L. (Hrsg.), Mitteilungen des Instituts für Handelsforschung an der Universität zu Köln, 45. Aufl., Köln 1993, S. 161–172.
Erevelles, S./Stevenson, T. H./Srinivasan, S./Fukawa, N. (2008), An analysis of B2B ingredient co-branding relationships, in: Industrial Marketing Management, 37. Jg., Nr. 8, 2008, S. 940–952.
Erichsson, S. K. (1994), User Groups im Systemgeschäft: Ansatzpunkte für das Systemmarketing, Wiesbaden 1994.
Ernst, H. (2005), Neuproduktentwicklungsmanagement, in: *Albers, S./Gassmann, O.* (Hrsg.), Handbuch Technologie- und Innovationsmanagement, Wiesbaden 2005, S. 247–264.
Esch, F.-R. (2005), Moderne Markenführung, 4. Aufl., Wiesbaden 2005.
Esser, E. (1993), Angebotspreisbestimmung für das kundenindividuelle Projektgeschäft, Heidelberg 1993.
Esser, K. R. (1987), Ersatzteilschiene via Satellit: Datenaustausch verkürzt die Auftragsentwicklung, in: VDI Nachrichten, Nr. 40, 1987, S. 30.
Evans, F. B. (1963), Selling as a Dyadic Relationship – A New Approach, in: The American Behavioral Scientist, 65. Jg., 1963, S. 76–79.

Eversheim, W./Minolla, W./Fischer, W. (1977), Angebotskalkulation mit Kostenfunktionen, Berlin et al. 1977.

Fahrholz, B. (1998), Neue Formen der Unternehmensfinanzierung – Unternehmensübernahmen, Big ticket-Leasing, Asset Backed- und Projektfinanzierungen, München.

Fandel, G./Francois, P. (1989), Just-in-Time-Produktion und -Beschaffung, Funktionsweise, Einsatzvoraussetzungen und Grenzen, in: Zeitschrift für Betriebswirtschaft, 59. Jg., Nr. 5, 1989, S. 531–545.

Farrell, J./Saloner, G. (1985), Standardization, compatibility, and innovation, in: RAND Journal of Economics, 16. Jg., 1985, S. 70–83.

Farrell, J./Saloner, G. (1987), Competition, compatibility, and standards: The economics of horses, penguins and lemmings, in: Product standardization and competitive strategy, 1987, S. 1–21.

Farrell, J./Saloner, G. (1988), Coordination through committees and markets, in: RAND Journal of Economics, 19. Jg., Nr. 2, 1988, S. 235–252.

Fassnacht, M./Möller, S. (2004), Neuere Entwicklungen im organisationalen Beschaffungsverhalten, in: *Backhaus, K./Voeth, M.* (Hrsg.), Handbuch Industriegütermarketing, Wiesbaden 2004, S. 375–398.

Feller, A. H. (1992), Kalkulation in der Angebotsphase mit dem selbständig abgeleiteten Erfahrungswissen der Arbeitsplanung, Karlsruhe 1992.

Fennell, G./Allenby, G. M. (2003), Specifying Your Market's Boundaries, in: Marketing Research, 15. Jg., Nr. 2, 2003, S. 32–37.

Fennell, G./Allenby, G. M. (2004), An Integrated Approach, Market Definition, Market Segmentation and Brand Positioning, in: Marketing Research, 16. Jg., 2004, S. 28–34.

Feuerbaum, E./Witte, K. (1977), Steuerung der Auftragsabwicklung im Großanlagenbau durch Bildschirm-Dialogverkehr, in: IBM-Nachrichten, 27. Jg., 1977, S. 153–160.

Fieten, R. (1985), Financial Engineering. Komponente des industriellen Großanlagengeschäfts, in: *Macharzina, K.* (Hrsg.), Finanz- und bankwirtschaftliche Probleme bei internationaler Unternehmenstätigkeit, Stuttgart 1985, S. 163–194.

Fieten, R. (1989), Position stärken durch Innovation, Kooperation und Diversifizierung, in: Handelsblatt v. 28.02.1989, 1989, S. 20.

Fieten, R. (1991), Erfolgsstrategien für Zulieferer – Von der Abhängigkeit zur Partnerschaft, Automobil- und Informationsindustrie, Wiesbaden 1991.

Fieten, R. (1994a), Integrierte Materialwirtschaft: Stand und Entwicklungstendenzen, 3. Aufl., Frankfurt/Main 1994.

Fieten, R. (1994b), Wertschöpfungspartner Zulieferer/Abnehmer, in: Beschaffungs-Markt, 1994, S. 23–24.

Fieten, R./Friedrich, W./Lagemann, B. (1997), Globalisierung der Märkte – Herausforderungen und Optionen für kleine und mittlere Unternehmen, insbesondere für Zulieferer, Stuttgart 1997.

Finkelstein, W./Guertin, R. I. A. (1988), Integrated Logistics Support – The Design Engineering Link, Berlin et al. 1988.

Finnerty, J. D. (1996), Project Financing: Asset-based Financial Engineering, New York 1996.

Fischer, M./Hieronimus, F./Kranz, M. (2002), Markenrelevanz in der Unternehmensführung – Messung, Erklärung und empirische Befunde für B2C-Märkte, in: *Backhaus, K./Meffert, H., et al.* (Hrsg.), MCM/McKinsey-Reihe zur Markenpolitik, Arbeitspapier Nr. 1, Münster 2002.

Fischer, T. M. (1993), Kostenmanagement strategischer Erfolgsfaktoren – Instrumente zur operativen Steuerung der strategischen Schlüsselfaktoren Qualität, Flexibilität und Schnelligkeit, München 1993.

Fitz Roy, P. T./Mandry, G. D. (1975), The New Role for the Salesman-Manager, in: Industrial Marketing Management, 4. Jg., 1975, S. 37–43.
Fitzgerald, R. L. (1989), Investitionsgütermarketing auf Basis industrieller Beschaffungsentscheidungen, Wiesbaden 1989.
Fließ, S. (1994), Messeselektion: Entscheidung für Investitionsgüteranbieter, Wiesbaden 1994.
Fließ, S. (2000), Industrielles Kaufverhalten, in: *Kleinaltenkamp, M./Plinke, W.* (Hrsg.), Technischer Vertrieb: Grundlagen des Business-to-Business Marketing, 2. Aufl., Berlin et al. 2000, S. 251–370.
Fließ, S. (2006a), Vertriebsmanagement, in: *Kleinaltenkamp, M./Plinke, W./Jacob, F./Söllner, A.* (Hrsg.), Markt- und Produktmanagement: die Instrumente des technischen Vertriebs, Berlin et al. 2006, S. 369–494.
Fließ, S. (2006b), Messeplanung und -kontrolle, in: *Kleinaltenkamp, M./Plinke, W./Jacob, W./Söllner, A.* (Hrsg.), Markt- und Produktmanagement: die Instrumente des technischen Vertriebs, Berlin et al. 2006, S. 629–706.
Fließ, S./Kleinaltenkamp, M./Jacob, F. (1996), Customer Integration – Von der Kundenorientierung zur Kundenintegration, Wiesbaden 1996.
Flik, M./Heering, C./Kampf, H./Staengel, D. (1998), Neugestaltung des Entwicklungsprozesses bei einem Automobilzulieferer: Prozeßorientierte Reorganisation, Quality Function Deployment und Target Costing, in: Zeitschrift für betriebswirtschaftliche Forschung, 50. Jg., Nr. 3, 1998, S. 289–305.
Flint, D. J./Woodruff, R. B./Gardial, S. F. (1997), Customer Value Change in Industrial Marketing Relationships: A Call for New Strategies and Research, in: Industrial Marketing Management, Nr. 2, 1997, S. 163–176.
Flocke, H.-J. (1986), Risiken beim Internationalen Anlagenvertrag: Hinweise zu ihrer Bewertung sowie Möglichkeiten der Risikobeschränkung durch Vertragsgestaltung, Heidelberg 1986.
Fombrun, C. (1983), Attributions of Power Across a Social Network, in: Human Relations, 36. Jg., Nr. 6, 1983, S. 493–508.
Ford, D./Ryan, C. (1981), Taking Technology to Market, in: Harvard Business Review, 59. Jg., March/April, 1981, S. 117–126.
Ford, I. D. (1984), Buyer/seller relationships in international industrial markets, in: Industrial Marketing Management, 13. Jg., 1984, S. 101–113.
Ford, I. D./Håkansson, H./Johanson, J. (1986), How do companies interact? Department of Business Administration, University of Uppsala, Uppsala 1986.
Forschner, G. (1989), Investitionsgüter-Marketing mit funktionellen Dienstleistungen: Die Gestaltung immaterieller Produktbestandteile im Leistungsangebot industrieller Unternehmen, Berlin 1989.
Forzi, T./Lang, P./Kara, S. Z. (2002), Elektronische Marktplätze in Deutschland und Europa: Übersicht und Handlungsleitfaden, in: Forschungsinstitut für Rationalisierung (FIR) an der RWTH Aachen (Hrsg.), Aachen 2002.
Francis, D. (1987), The countertrade handbook, Cambridge/Mass. 1987.
Frank, R./Massy, W. F./Wind, Y. (1972), Market Segmentation, Englewood Cliffs/N.J. 1972.
Franke, H. (1988), Qualitätssicherung von Zulieferungen, in: *Masing, W.* (Hrsg.), Handbuch der Qualitätssicherung, 2. Aufl., München, Wien 1988, S. 439–453.
Franke, N. (2003), Toolkits for User Innovation: Die Einbindung des Kunden in den Innovationsprozess, in: *Hoffmann, W. H./Grün, O.* (Hrsg.), Die Gestaltung der Organisationsdynamik. Konfiguration und Evolution, Festschrift für Oskar Grün zum 65. Geburtstag, Stuttgart 2003, S. 357–381.

Franke, N./Piller, F. T. (2003), Key research issues in user interaction with user toolkits in a mass customisation system, in: International Journal of Technology Management, 26. Jg., 2003, S. 578–599.

Franke, N./Hippel, E. von (2003), Satisfying heterogeneous user needs via innovation toolkits – the case of Apache security software, in: Research Policy, 32. Jg., 2003, S. 1199–1216.

Freiling, J. (1992), Zulieferer am Scheideweg: Das Strategische Zuliefer-Marketing vor dem Hintergrund des Verdrängungswettbewerbs, Arbeitsbericht Nr. 51 des Instituts für Unternehmensführung und Unternehmensforschung an der Ruhr-Universität Bochum, Bochum 1992.

Freiling, J. (1995), Die Abhängigkeit der Zulieferer – Ein strategisches Problem, Wiesbaden 1995.

Freiling, J. (1998), Rüstzeug für den Ressourcen-Check-up, in: Absatzwirtschaft, 41. Jg., Nr. 4, 1998, S. 70–76.

Freiling, J. (2001), Resource-Based View und Ökonomische Theorie, Wiesbaden 2001.

Freiling, J. (2002), Der Wandel vom industriellen Produkt- zum Dienstleistungsgeschäft – dargestellt am Beispiel der Umsetzung von Betreibermodellen im mitteleuropäischen Maschinenbau, in: *Mühlbacher, H./Thelen, E.* (Hrsg.), Neue Entwicklungen im Dienstleistungsmarketing, Wiesbaden 2002, S. 203–222.

Freiling, J. (2004), Performance Contracting, in: *Backhaus, K./Voeth, M.* (Hrsg.), Handbuch Industriegütermarketing, Wiesbaden 2004, S. 677–695.

Freiling, J./Sieger, C. (1999), Insourcing als räumliche Lieferantenintegration, Arbeitsbericht Nr. 75 des Instituts für Unternehmensführung und Unternehmensforschung, Universität Bochum, 1999.

French, S./Raven, B. (1978), The Bases of Social Power, in: Studies in social power, Institute for Social Research, 1978, S. 150–167.

Frenzen, H./Krafft, M. (2004), Vertriebssteuerung, in: *Backhaus, K./Voeth, M.* (Hrsg.), Handbuch Industriegütermarketing, Wiesbaden 2004, S. 863–890.

Frese, E./Lehnen, M./Valcàrel, S. (1999), Leistungsindividualisierung im Maschinenbau, in: Zeitschrift für betriebswirtschaftliche Forschung, 51. Jg., Nr. 9, 1999, S. 883–403.

Freter, H. (2001a), Marktsegmentierung, in: *Diller, H.* (Hrsg.), Vahlens großes Marketinglexikon, 2. Aufl., München 2001, S. 1069–1073.

Freter, H. (2001b), Marktsegmentierungsmerkmale, in: *Diller, H.* (Hrsg.), Vahlens Großes Marketinglexikon, 2. Aufl., München 2001, S. 1074–1076.

Freter, H. (2004), Ingredient Branding, in: *Bruhn, M.* (Hrsg.), Handbuch Markenführung, Wiesbaden 2004, S. 211–234.

Freter, H./Baumgarth, C. (2005), Ingredient Branding – Begriff und theoretische Begründung, in: *Esch, F.-R.* (Hrsg.), Moderne Markenführung, 4. Aufl., Wiesbaden 2005.

Friedman, L. (1956), A Competitive-Bidding Strategy, in: Operations Research, 4. Jg., 1956, S. 104–122.

Friege, C. (1995), Preispolitik für Leistungsverbunde im Business-to-Business-Marketing, Wiesbaden 1995.

Fritsch, D. (1996), 3D-Datenerfassung für Geo-Informations-Systeme, in: Geo-Informations-Systeme, 9. Jg., Nr. 4, 1996, S. 1–3.

Fritz, W. (1992), Marktorientierte Unternehmensführung und Unternehmenserfolg: Grundlagen und Ergebnisse einer empirischen Untersuchung, Stuttgart 1992.

Fritz, W. (2004), Internet-Marketing und Electronic Commerce, 3. Aufl., Wiesbaden 2004.

Fritz, W./Wagner, U. (2001), Preismanagement im Electronic Commerce, in: Wirtschaftswissenschaftliches Studium, 30. Jg., S. 17–21.

Fröhlich-Glantsching, E. (1997), Der Entscheidungsprozeß wird transparent, in: Beschaffung aktuell, Nr. 6, 1997, S. 32–34.

Füller, J./Mühlbacher, H./Bartl, M. (2009), Beziehungsmanagement durch virtuelle Kundeneinbindung in den Innovationsprozess, in: *Hinterhuber, H., H./Matzler, K.* (Hrsg.), Kundenorientierte Unternehmensführung, 6. Aufl., Wiesbaden 2009, S. 197–222.

Funk, J./Laßmann, G. (1986), Langfristiges Anlagengeschäft – Risiko-Management und Controlling, Düsseldorf 1986.

Funke, S. (1995), Angebotskalkulation bei Einzelfertigung, in: Controlling, 7. Jg., Nr. 2, 1995, S. 82–89.

Gaeth, G. J./Levin, I. P. (1990), Consumer Evaluation of Multi-Product Bundles: An Information Integration Analysis, in: Marketing Letters, 2. Jg., Nr. 1, 1990, S. 47–57.

Gaitanides, M. (1997), Integrierte Belieferung – Eine ressourcenorientierte Erklärung der Entstehung von Systemlieferanten in der Automobilzulieferindustrie, in: Zeitschrift für Betriebswirtschaft, 67. Jg., Nr. 7, 1997, S. 737–757.

Gaitanides, M./Westphal, J. (1991), Strategische Gruppen und Unternehmenserfolg – Ergebnisse einer empirischen Studie, in: Zeitschrift für Planung, Nr. 3, 1991, S. 247–266.

Garrido-Samaniego, M. J./Gutiérrez-Cillán, J. (2004), Determinants of Influence and Participation in the Buying Center. An Analysis of Spanish Industrial Companies, in: Journal of Business & Industrial Marketing, 19. Jg., Nr. 5, 2004, S. 320–336.

Gausemeier, J. (2004), Leitfaden für das Modellieren von Geschäftsprozessen mit OMEGA, Paderborn 2004.

Gausemeier, J./Ebbesmeyer, P./Kallmeyer, F. (2001), Produktinnovation: Strategische Planung und Entwicklung der Produkte von morgen, München/Wien 2001.

Gawantka, A. (2006), Anbieterzufriedenheit in industriellen Geschäftbeziehungen – das Beispiel Automobilindustrie, Diss., Wiesbaden 2006.

Gedenk, K. (2002), Verkaufsförderung, München 2002.

Gemünden, H. G. (1980), Effiziente Interaktionsstrategien im Investitionsgütermarketing, in: Marketing – Zeitschrift für Forschung und Praxis, 2. Jg., Nr. 1, 1980, S. 21–32.

Gemünden, H. G. (1981), Innovationsmarketing, Interaktionsbeziehungen zwischen Hersteller und Verwender innovativer Investitionsgüter, Tübingen 1981.

Gemünden, H. G. (1985a), Wahrgenommenes Risiko und Informationsnachfrage, in: Marketing – Zeitschrift für Forschung und Praxis, 7. Jg., Nr. 1, 1985, S. 27–38.

Gemünden, H. G. (1985b), Der Interaktionsansatz im Investitionsgütermarketing, Technischer Vertrieb (TV) Lehrbrief der Projektgruppe Technischer Vertrieb an der FU Berlin, Nr. IK 021, Berlin 1985.

Gemünden, H. G. (1998), Promotoren – Schlüsselpersonen für Entwicklung und Marketing innovativer Industriegüter, in: *Hauschildt, J./Gemünden, H. G.* (Hrsg.), Promotoren: Champions der Innovation, Wiesbaden 1998, S. 43–64.

Gemünden, H. G./Walter, A. (1994), Der Einfluß von Beziehungspromotoren auf den Erfolg von Technologie-Transfer-Projekten, Karlsruhe 1994.

Gemünden, H. G./Walter, A. (1995), Der Beziehungspromotor: Schlüsselperson für interorganisationale Innovationsprozesse, in: Zeitschrift für Betriebswirtschaft, 65. Jg., Nr. 9, 1995, S. 971–986.

Gemünden, H. G./Walter, A. (1996), Förderung des Technologietransfers durch Beziehungspromotoren, in: Zeitschrift Führung und Organisation, 65. Jg., 1996, S. 237–245.

Geschka, H. (2005), Innovationsbedarfserfassung, in: *Amelingmeyer, J./Harland, P. E.* (Hrsg.), Technologiemanagement & Marketing, Wiesbaden 2005, S. 381–401.

Gesellschaft zur freiwilligen Kontrolle von Messe und Ausstellungszahlen (1988), Bericht 1987, Berlin 1988.

Ghingold, M./Wilson, D. (1988), Buying Center Structure: An Extended Framework for Research, in: *Spelman, R.* (Hrsg.), A Strategic Approach to Business Markets, Chicago 1988, S. 180–193.

Ghymn, K. (1983), The Relative Importance of Import Decision Variables, in: Journal of the Academy of Marketing Science, 11. Jg., Nr. 3, 1983, S. 304–312.

Ghymn, K./Jacobs, L. W. (1993), Import Purchasing Decision Behaviour: An Empirical Study of Japanese Import Managers, in: International Marketing Review, 10. Jg., Nr. 4, 1993, S. 4–14.

Gierl, H./Gehrke, G. (2004), Kundenbindung in industriellen Zuliefer-Abnehmer-Beziehungen, in: Schmalenbachs Zeitschrift für betriebswirtschaftliche Forschung, 56. Jg., Nr. 3, 2004, S. 203–236.

Gildemeister (2009), http://www.gildemeister.de, Abruf am 20.07.2009.

Gilkey, R./Greenhalgh, L. (1984), Developing effective negotiation approaches among professional women in organizations. Paper presented at the Conference on Women and Organizations, Simmons College, Boston 1984.

Gilibert, P. L./Steinherr, A. (1994), Private Finance for Public Infrastructures, 1994.

Gilliland, D. I./Johnston, W. J. (1997), Towards a Model of Business-to-Business Marketing Communications Effects, in: Industrial Marketing Management, 26. Jg., 1997, S. 15–29.

Gilmore, G. W. (1919), Animism, Boston 1919.

Glismann, H. H./Horn, E. J. (1984), Tarifäre und nicht-tarifäre Handelshemmnisse, in: *Dichtl, E./Issing, O.* (Hrsg.), Exporte als Herausforderung für die deutsche Wirtschaft, Köln 1984, S. 73–103.

Gloger, A. (1999), Mit eigenem Nachrichtendienst die Konkurrenz beobachten, in: Frankfurter Allgemeine Zeitung v. 02.08.1999, 1999, S. 24.

Godefroid, P./Pförtsch, W. (2009), Business-to-Business-Marketing, 4. Aufl., Ludwigshafen 2009.

Goehrmann, K. E. (1984), Verkaufsmanagement, Stuttgart 1984.

Goodman, D./Baurmeister, H. (1976), A Computational Algorithm for 2 Multi-Contract Bidding under Constraints, in: MS, 22. Jg., 1976, S. 788–798.

Göpfert, J. (1998), Modulare Produktentwicklung, Wiesbaden 1998.

Goshal, S./Westney, E. (2005), Organization theory and the multinational corporation, 2. Aufl., New York 2005.

Goslar, H.-J. (1996), Kaizen-Erfahrung in der Praxis, in: *Mehdorn, H./Allaire, P. A.* (Hrsg.), Besser – schneller – schlanker: TQM-Konzepte in der Unternehmenspraxis, 2. Aufl., Neuwied et al. 1996, S. 285–319.

Götz, O./Hoyer, D./Krafft, M./Reinartz, W. J. (2006), Der Einsatz von Customer Relationship Management zur Steuerung von Kundenzufriedenheit, in: *Homburg, C.* (Hrsg.), Kundenzufriedenheit: Konzepte – Methoden – Erfahrungen, Wiesbaden 2006, S. 409–430.

Götz, P. (1995), Key-Account-Management im Zuliefergeschäft: eine theoretische und empirische Untersuchung, Berlin 1995.

Gräbener, W. (1981), Die Messepolitik als Marketinginstrument – dargestellt am Beispiel von Investitionsgüterproduzenten, Göttingen 1981.

Grabowski, H./Kambartel, K.-H. (1978), Rationelle Angebotsbearbeitung in Unternehmen mit Auftragsfertigung, Essen 1978.

Graevenitz, H./Würgler, A. (1983), Langfristige Strukturveränderungen – geschäftspolitische Rahmendaten, in: *Töpfer, A./Afheld, H.* (Hrsg.), Praxis der strategischen Unternehmensplanung, Frankfurt a. M. 1983, S. 107–124.

Grafers, H. W. (1974), Anfragen- und Angebotsanalyse als Kontrollinstrument der betrieblichen Absatzpolitik, in: Betriebswirtschaftliche Forschung und Praxis, 26. Jg., 1974, S. 197–211.
Graham, J. L. (1984), A Comparison of Japanese and American Business Negotiations, in: International Journal of Research in Marketing, 1. Jg., Nr. 1, 1984, S. 51–68.
Graham, J. L. (1985), The Influence of Culture on the Process of Business Negotiations: An Exploratory Study, in: Journal of International Business Studies, 16. Jg., Nr. 1, 1985, S. 81–96.
Graham J. L./Mintu, A./Rodgers, R. (1994), Explorations of Negotiation Behaviors in Ten Foreign Cultures Using a Model Developed in the United States, in: Management Science, 40. Jg., Nr. 1, 1994, S. 72–95.
Green, P. E./Tull, D. S./Albaum, G. (1988), Research For Marketing Decisions, 5. Aufl., Englewood Cliffs/N.J. 1988.
Griffith, D. A./Myers, M. B./Harvey, M. G. (2006), An Investigation of National Culture's Influence on Relationship and Knowledge Resources in Interorganizational Relationships Between Japan and the United States, in: Journal of International Marketing, 14. Jg., Nr. 3, 2006, S. 1–32.
Griffith, R. L./Pol, L. G. (1994), Segmenting Industrial Markets, in: Industrial Marketing Management, 23. Jg., 1994, S. 39–46.
Grill-Kiefer, G. (2000), Dienstleistungen im industriellen Anlagengeschäft, Wiesbaden 2000.
Grimm, U. (1983), Analyse strategischer Faktoren. Ein Beitrag zur Theorie der strategischen Unternehmensplanung, Wiesbaden 1983.
Grinyer, P./Whittaker, J. (1973), Managerial Judgement in a Competitive Bidding Model, in: Operational Research Quarterly, 24. Jg., 1973, S. 181–191.
Gröne, A. (1977), Marktsegmentierung bei Investitionsgütern, Wiesbaden 1977.
Grønhaug, K. (1977), Exploring a Complex Organizational Buying Decision, in: Industrial Marketing Management, 6. Jg., 1977, S. 436–438.
Grönroos, C. (1980), Industrial Marketing Under Employee Participation, in: European Journal of Marketing, 14. Jg., Nr. 8, 1980, S. 451–457.
Gross, A. C./Banting, P. M./Meredith, L. N./Ford, D. I. (1993), Business Marketing, Boston/Mass. et al. 1993.
Große-Oetringhaus, W. F. (1990), Das Geheimnis des strategischen Verkaufens, in: Harvard Business Manager, 12. Jg., Nr. 3, 1990, S. 93–101.
Große-Oetringhaus, W. F. (1996), Strategische Identität – Orientierung im Wandel, Berlin 1996.
Groth, C. (1992), Determinanten der Veranstaltungspolitik von Messegesellschaften, in: *Strothmann, K. H./Busche, M.* (Hrsg.), Handbuch Messemarketing, Wiesbaden 1992, S. 157–178.
Gruner, K. (1992), Der Bindungseffekt im Systemgeschäft – Das Beispiel CIM, unveröffentlichtes Manuskript, Betriebswirtschaftliches Institut für Anlagen und Systemtechnologien, Münster 1992.
Gruner, K. E. (1997), Kundeneinbindung in den Produktinnovationsprozeß: Bestandsaufnahme, Determinanten und Erfolgsauswirkungen, Wiesbaden 1997.
Guild, I./Harris, R. (1988), Forfaitierung: Die Alternative in der Außenhandelsfinanzierung, Wiesbaden 1988.
Guillet de Monthoux, P. B. L. (1975), Organizational marketing and industrial marketing conservatism – Some reasons why industrial marketing managers resist marketing theory, in: Industrial Marketing Management, 4. Jg., 1975, S. 25–36.

Guiltinan, J. P. (1987), The Price Bundling of Services: A Normative Framework, in: Journal of Marketing, 51. Jg., 1987, S. 259–279.

Gündling, C. (1997), Maximale Kundenorientierung: Instrumente – individuelle Problemlösungen-Erfolgsstories, in: Reihe der WirtschaftsWoche, Stuttgart, 1997.

Günter, B. (1977), Anbieterkoalitionen bei der Vermarktung von Anlagegütern – Organisationsformen und Entscheidungsprobleme, in: Zeitschrift für betriebswirtschaftliche Forschung, 29. Jg., Nr. 7: Anlagen-Marketing, 1977, S. 155–172.

Günter, B. (1979a), Die Referenzanlage als Marketing-Instrument, in: Zeitschrift für betriebswirtschaftliche Forschung – Kontaktstudium, 31. Jg., 1979, S. 145–151.

Günter, B. (1979b), Das Marketing von Großanlagen – Strategieprobleme des System Selling, Bochum 1979.

Günter, B. (1990), Markt- und Kundensegmentierung in dynamischer Betrachtungswiese, in: *Kliche, M.* (Hrsg.), Investitionsgütermarketing: Positionsbestimmung und Perspektiven – Karl-Heinz Strothmann zum 60. Geburtstag, Wiesbaden 1990, S. 113–130.

Günter, B. (1993), Organisationelles Beschaffungsverhalten, in: *Berndt, R./Hermanns, A.* (Hrsg.), Handbuch Marketing-Kommunikation – Strategien, Instrumente, Perspektiven: Werbung, sales promotions, public relations, corporate identity, sponsoring, product placement, Messen, persönlicher Verkauf, Wiesbaden 1993, S. 193–208.

Günter, B. (1998), Projektkooperationen, in: *Kleinaltenkamp, M./Plinke, W.* (Hrsg.), Auftrags- und Projektmanagement, Berlin et al. 1998, S. 267–318.

Günter, B./Bonaccorsi, A. (1996), Project Marketing and Systems Selling: In Search of Frameworks and Insights, in: International Business Review, 5. Jg., Nr. 6, 1996, S. 531–538.

Günter, B./Helm, S. (2006), Kundenwert: Grundlagen – innovative Konzepte – praktische Grundlagen, 3. Aufl., Wiesbaden 2006.

Günter, B./Kuhl, M. (2000), Industrielles Beschaffungsmanagement, in: *Kleinaltenkamp, M./Plinke, W.* (Hrsg.), Technischer Vertrieb: Grundlagen des Business-to-Business-Marketing, 2. Aufl., Berlin et al. 2000, S. 371–450.

Guserl, R. (1996a), Risiko-Management im industriellen Anlagengeschäft, in: Zeitschrift für Betriebswirtschaft, 66. Jg., Nr. 5, 1996, S. 519–535.

Guserl, R. (1996b), Controllingsystem im industriellen Anlagengeschäft, in: Die Betriebswirtschaft, 56. Jg., Nr. 6, 1996, S. 827–844.

Gutenberg, E. (1984), Grundlagen der Betriebswirtschaftslehre, Bd. 2, Der Absatz, 17. Aufl., Berlin et al. 1984.

Gutmannsthal-Krizanits, H. (1994), Risikomanagement von Anlagenprojekten: Analyse, Gestaltung und Controlling aus Contractor-Sicht, Wiesbaden 1994.

Gygax, J. E. (1988), Zulieferer-Marketing in der Automobilindustrie, in: Thexis, 5. Jg., Nr. 2, 1988, S. 22–25.

Haas, R. W. (1992), Business marketing management: an organizational approach; Text and Cases, 5. Aufl., Boston/Mass. 1992.

Haas, R. W. (1995), Business Marketing: A Managerial Approach, 6. Aufl., Boston/Mass. 1995.

Hadjikhani, A./Håkansson, H. (1996), Political actions in business networks: a Swedish case, in: International Journal of Research in Marketing, 13. Jg., 1996, S. 431–447.

Hahn, D./Kaufmann, L. (2002), Handbuch Industrielles Beschaffungsmanagement, 2. Aufl., Wiesbaden 2002.

Håkansson, H. (1982), International Marketing and Purchasing of Industrial Goods: An Introduction Approach, Chichester et al. 1982.

Håkansson, H. (1989), Corporate technological behaviour: co-operation and networks, London 1989.

Håkansson, H./Snehota, I. (1995), Developing Relationships in Business Networks, London 1995.
Håkansson, H./Snehota, I. (1997), No Business is an Island, in: Understanding business markets: interaction, relationships and networks, 1997, S. 136–150.
Håkansson, H./Wootz, B. (1975), Supplier Selection in an International Environment – An Experimental Study, in: Journal of Marketing Research, 12. Jg., Nr. 1, 1975, S. 46-51.
Håkansson, H./Wootz, B. (1979), A Framework of Industrial Buying and Selling, in: Industrial Marketing Management, 8. Jg., 1979, S. 28–39.
Halbach, A. J./Osterkamp, R. (1988), Die Rolle des Tauschhandels für die Entwicklungsländer, Köln 1988.
Halfmann, C./Holzmann, H. (2003), Adaptive Modelle für die Kraftfahrzeugdynamik, Berlin/Heidelberg 2003.
Hamel, G./Prahalad, C. K. (2000), Competing for the future, 7. Aufl., Boston/Mass. 2000.
Hamer, E. (1989), Wie Autozulieferer diskriminiert warden, in: Frankfurter Allgemeine Zeitung v. 26.09.1989, 1989, S. 18.
Hammann, P./Lohrberg, W. (1986), Beschaffungsmarketing, Stuttgart 1986.
Hanan, M./Karp, P. (1991), Customer Satisfaction: How to Maximize, Measure, and Market Your Company's „Ultimate Product", New York/N.Y. 1991.
Hannaford, W. J. (1976), System Selling: Problems and Benefits for Buyer and Seller, in: Industrial Marketing Management, 5. Jg., 1976, S. 139–145.
Hannig, U. (1993), Die Entwicklung wettbewerbsorientierter Marketingstrategien auf Basis des Konzepts der strategischen Gruppen: dargestellt am Beispiel der Hersteller von Hochleistungs-PCs und PC-Standardsoftware, Frankfurt a. M. 1993.
Hanssens, D. M./Weitz, B. A. (1980), The Effectiveness of Industrial Print Advertisements Across Product Categories, in: Journal of Marketing Research, 17. Jg., Aug., 1980, S. 294–306.
Hardenacke, J. (2005), Die Etablierung neuer Technologien auf Netzeffektmärkten. Eine objektorientierte Simulation mit Hilfe genetischer Algorithmen, Hamburg 2005.
Harting, D. (1994), Lieferanten-Wertanalyse, Schriften zum Marketing, Reihe Absatzwirtschaft, Bd. 11, Stuttgart 1994.
Hartmann, H. (1992), Anforderungsfaktoren – ein Überblick, in: *Hartmann, H./Pahl, H. J./Spohrer, H.* (Hrsg.), Lieferantenbewertung – aber wie? Praxisreihe Einkauf Materialwirtschaft, Bd. 2, Gernsbach 1992.
Hartmann, H. (2005), Wie kalkuliert Ihr Lieferant? Ratgeber für erfolgreiche Preisverhandlungen im Einkauf, Praxisreihe Einkauf Materialwirtschaft, Bd. 12, Gernsbach 2005.
Hartmann, K. D. (1982), Der Verkaufsvorgang als Interaktionsprozeß, in: *Fischer, G. H.* (Hrsg.), Verkaufsprozesse mit Interaktion, Gernsbach 1982, S. 249–278.
Hartshorn, T./Busink, N. (1987), Projektfinanzierung, in: *Backhaus, K./Siepert, H.-M.* (Hrsg.), Auftragsfinanzierung im industriellen Anlagengeschäft, Stuttgart 1987, S. 224–246.
Hatten, K. J./Hatten, M. L. (1987), Strategic Groups, Asymmetrical Mobility Barriers and Contestability, in: Long Range Planning, 20. Jg., Nr. 4, 1987, S. 329.
Hauschildt, J. (1997), Innovationsmanagement, München 2009.
Hauschildt, J. (1998), Promotoren – Antriebskräfte der Innovation, Klagenfurt 1998.
Hauschildt, J./Chakrabarti, A. K. (1988), Arbeitsteilung im Innovationsmanagement, in: Zeitschrift Führung und Organisation, 57. Jg., 1988, S. 378–388.
Hauschildt, J./Kirchmann, E. (1997), Zur Existenz und Effizienz von Prozeßpromotoren, in: Zeitschrift Führung und Organisation, 66. Jg., 1997, S. 68–73.

Hauschildt, J./Schewe, G. (1997), Gatekeeper und Promotoren: Schlüsselpersonenkonzepte in Innovationsprozessen in statischer und dynamischer Perspektive, in: Die Betriebswirtschaft, 57. Jg., Nr. 4, 1997, S. 506–616.

Hauschildt, J./Schewe, G. (1999), Gatekeeper und Prozeßpromotoren, in: *Hauschildt, J./ Gemünden, H. G.* (Hrsg.), Promotoren, 2. Aufl., Wiesbaden 1999, S. 159–176.

Hautkappe, B. (1986), Unternehmereinsatzformen im Industrieanlagenbau, Heidelberg 1986.

Havelock, R. G. (1982), The change agent's guide to innovation in education, Englewood Cliffs/N.J. 1982.

Hayes, H. M./Jenster, P. V./Aaby, N.-E. (2004), Business Marketing: A Global Perspective, 2. Aufl., Chicago 2004.

Hedley, B. (1997), A Fundamental Approach to Strategy Development, in: *Hahn, D./Taylor, B.* (Hrsg.), Strategische Unternehmensführung: Stand und Entwicklungstendenzen, 7. Aufl., Heidelberg 1997, S. 327–341.

Heger, G. (1984), Das Rollenverhalten des Akquisiteurs im industriellen Anlagengeschäft, in: Marketing – Zeitschrift für Forschung und Praxis, 6. Jg., Nr. 4, 1984, S. 235–244.

Heger, G. (1988), Anfragenbewertung im industriellen Anlagengeschäft, Berlin 1988.

Heger, G. (1998), Anfragenbewertung, in: *Kleinaltenkamp, M./Plinke, W.* (Hrsg.), Auftrags- und Projektmanagement, Berlin et al. 1998, S. 69–115.

Heide, J. B. (1994), Interorganizational Governance in Marketing Channels, in: Journal of Marketing, 58. Jg., 1994, S. 71–85.

Heide, J. B./Stump, R. L. (1995), Performance implications of buyer-supplier relationships in industrial markets, in: Journal of business research, 32. Jg., Nr. 1, 1995, S. 57–66.

Heide, J. B./Weiss, A. M. (1995), Vendor Consideration and Switching Behavior for Buyers in High-Technology Markets, in: Journal of Marketing, Nr. 59, 1995, S. 30–43.

Heidemann, H. (1980), Währungsrisiken im Außenhandel und ihre Abwehr: Entwicklung eines computergestützten Informationssystems zur Identifizierung und Eliminierung der Währungsrisiken im Außenhandel, Frankfurt a. M. 1980.

Heinen, E. (1992a), Einführung in die Betriebswirtschaftslehre, Wiesbaden 1992.

Heinen, E. (1992b), Führung als Gegenstand der Betriebswirtschaftslehre, in: *Heinen, E.* (Hrsg.), Betriebswirtschaftliche Führungslehre. Grundlagen – Strategien – Modelle, 2. Aufl., Wiesbaden 1992, S. 17–49.

Heinen, E. (1997), Unternehmenskultur als Gegenstand der Betriebswirtschaftslehre, in: *Heinen, E./Fank, M.* (Hrsg.), Unternehmenskultur: Perspektiven für Wissenschaft und Praxis, München et al. 1997.

Heiner, V. (1995), EDI im Kommen, in: Beschaffung aktuell, Nr. 3, 1995, S. 56.

Heinisch, R./Günter, B. (1987), Erkennen Sie die Entscheider! in: Absatzwirtschaft, 30. Jg., Nr. 10, 1987, S. 100–109.

Heismann, G. (1986), Das Jahr der Angepaßten, in: Manager Magazin, 16. Jg., Nr. 10, 1986, S. 211–220.

Helmstädter, E. (1991), Mikroökonomische Theorie, München 1991.

Hellwig, A. (2008), Lernen in Standardisierungsprozessen, Wiesbaden 2008.

Henderson, B. D. (1984), Die Erfahrungskurve in der Unternehmensstrategie, Frankfurt a. M. 1984.

Henneberg, S. C./Mouzas, S./Naudé, P. (2009), Going Beyond Customers – A Business Segmentation Approach Using Network Pictures to Identify Network Segments, in: Journal of Business Market Management, 3. Jg., Nr. 2, 2009, S. 91–113.

Henniger, K. (1978), Die verflixte Deckungsbeitragsrechnung, in: Frankfurter Allgemeine Zeitung v. 01.02.1978, 1978, S. 11.

Hentschel, B. (1991): Beziehungsmarketing, in: Das Wirtschaftsstudium (WISU), 20. Jg., Nr. 1, S. 25–28.
Herbst, U. (2007), Präferenzmessung in industriellen Verhandlungen, Diss., Wiesbaden 2007.
Herbst, U./Barisch, S./Voeth, M. (2007), Mystery Shopping as a Tool for Advanced Interaction Quality in Business Relationships – an Exploratory Study, in: Proceedings of the IMP Group Conference 2007, Manchester, England, August 2007.
Herbst, U./Barisch, S./Voeth, M. (2008), International Buying Center Analysis – The Status Quo of Research, in: Journal of Business Market Management, 2. Jg., , Nr. 3, 2008, S. 123–140.
Herbst, U./Voeth, M. (2009), Markenpersönlichkeitsmessung von B-to-B-Marken, in: *Baumgarth, C.* (Hrsg.), Handbuch B-to-B-Marken. (im Druck)
Hermanns, A. (1993), Charakterisierung und Arten des Sponsoring, in: *Berndt, R./Hermanns, A.* (Hrsg.), Handbuch der Marketing-Kommunikation, Wiesbaden 1993, S. 627–648.
Hermanns, A./Püttmann, M. (1992), Grundlagen, Wirkung und Management des Sponsoring, in: Die Betriebswirtschaft, 52. Jg., Nr. 2, 1992, S. 185–199.
Hermanns, A./Püttmann, M. (1993), Integrierte Marketing-Kommunikation, in: *Berndt, R./ Hermanns, A.* (Hrsg.), Handbuch Marketing-Kommunikation, Wiesbaden 1993, S. 19–42.
Hermes Kreditversicherungs AG (1998), AGA-Report Nr. 71, Hamburg 1998.
Herrmann, A./Homburg, C. (2000), Marktforschung: Methoden, Anwendungen, Praxisbeispiele, Wiesbaden 2000.
Herrmann, A./Peine, K. (2007), Variantenmanagement, in: *Albers, S./Herrmann, A.* (Hrsg.), Handbuch Produktmanagement, Wiesbaden 2007, S. 647–677.
Herstatt, C./Hippel, E. von (1992), From Experience: Developing New Product Concepts Via the Lead User Method, in: The Journal of Product Innovation Management, 9. Jg., 1992, S. 213–221.
Herstatt, C./Lüthje, C. (2005), Quellen für Neuproduktideen, in: *Albers, S./Gassmann, O.* (Hrsg.), Handbuch Technologie- und Innovationsmanagement, Wiesbaden 2005, S. 265–284.
Heß, G. (1991), Marktsignale und Wettbewerbsstrategie, Stuttgart 1991.
Heß, G. (1993), Kampf um den Standard, Stuttgart 1993.
Hess, G. (1992), Private Finanzierung öffentlicher Bauvorhaben, in: Schriftenreihe des Bayrischen Bauindustrieverbandes, 1992, S. 12.
Hewlett Packard (2005), http://www.hp.com, Abruf am 24.11.2005.
Heydebreck, P. (1996), Technologische Verflechtung: ein Instrument zum Erreichen von Produkt- und Prozeßinnovationserfolg, Frankfurt a. M. 1996.
Hieronimus, F. (2003), Persönlichkeitsorientiertes Markenmanagement: eine empirische Untersuchung zur Messung, Wahrnehmung und Wirkung der Markenpersönlichkeit, Frankfurt a. M. et al. 2003.
Hildebrandt, V. (1997), Individualisierung als strategische Option der Marktbearbeitung, Wiesbaden 1997.
Hildebrand, D. (2009), The Role of Economic Analysis in the EC Competition-Rules, 3. Aufl., The Hague 2009.
Hildenbrand, W. (1983), Informationsmarketing in der Kommunikation zwischen Hersteller und Handelsvertreter, Frankfurt a. M. 1983.
Hinderer, H./Kirchhof, A./Fleckstein, T. (2002), Trendanalyse: Elektronische Marktplätze, in: *Bullinger, H.-J./Ott, S.* (Hrsg.), Fraunhofer-Institut für Arbeitswirtschaft und Organisation IAO und TNS emnid, Stuttgart 2002.

Hintze, M. (1998), Betreibermodelle bei bautechnischen und maschinellen Anlagenprojekten – Beurteilung und Umsetzung aus Auftraggeber- und Projektträgersicht, Gießen 1998.

Hippe, A. (1996), Betrachtungsebenen und Erkenntnisziele in strategischen Unternehmensnetzwerken, in: *Bellmann, K./Hippe, A.* (Hrsg.), Management von Unternehmensnetzwerken, Wiesbaden 1996, S. 21–55.

Hippel, E. von (1982), Get new Products from Customers, in: Harvard Business Review, 60. Jg., March/April, 1982, S. 117–122.

Hippel, E. von (1986), Lead Users: A Source of Novel Product Concepts, in: Management Science, 32. Jg., Nr. 7, 1986, S. 791–805.

Hippel, E. von (1988), The Sources of Innovation, New York/N.Y. 1988.

Hippel, E. von (2001), Perspective: User Toolkits for Innovation, in: Journal of Product Innovation Management, 18. Jg., Nr. 4, 2001, S. 247–257.

Hippel, E. von/Katz, R. (2002), Shifting Innovations to Users Via Toolkits, in: Management Science, 48. Jg., Nr. 7, 2002, S. 821–834.

Hoffmann, C. (2002), Schaffung von weltweiter Kompatibilität – eine kritische Analyse der Entwicklung der dritten Generation von Mobilfunksystemen, Münster 2002.

Hoffmann, J. (1986), Die Konkurrenz-Erkenntnisse für die strategische Führung und Planung, in: *Töpfer, A./Afheld, H.* (Hrsg.), Praxis der strategischen Unternehmensplanung, 2. Aufl., Frankfurt a. M. 1986, S. 183–205.

Höfner, K. (1966), Der Markttest für Konsumgüter in Deutschland, Stuttgart 1966.

Hombach, H./Kockelkorn, G./Molter, W. (1987), Einführung in die Auftragsfinanzierung, in: *Backhaus, K./Siepert, H.-M.* (Hrsg.), Auftragsfinanzierung im industriellen Anlagengeschäft, Stuttgart 1987, S. 3–21.

Homburg, C. (1992), Wettbewerbsanalyse mit dem Konzept der strategischen Gruppen, in: Marktforschung & Management, 36. Jg., Nr. 2, 1992, S. 83–87.

Homburg, C. (1995), Single Sourcing, Double Sourcing, Multiple Sourcing? Ein ökonomischer Erklärungsansatz, in: Zeitschrift für Betriebswirtschaft, 65. Jg., Nr. 8, S. 813–834.

Homburg, C./Daum, D. (1997), Marktorientiertes Kostenmanagement – Kosteneffizienz und Kundennähe verbinden, Frankfurt a. M. 1997.

Homburg, C./Jensen, O. (2004), Kundenbindung im Industriegütergeschäft, in: *Backhaus, K./Voeth, M.* (Hrsg.), Handbuch Industriegütermarketing, Wiesbaden 2004, S. 481–520.

Homburg, C./Krohmer, H. (2009), Marketingmanagement, 3. Aufl., Wiesbaden 2009.

Homburg, C./Krohmer, H./Cannon, J. P./Kiedaisch, I. (2002), Customer Satisfaction in Transnational Buyer-Supplier Relationships, in: Journal of International Marketing, 10. Jg., Nr. 4, 2002, S. 1–29.

Homburg, C./Kühlborn, S./Stock, R. (2005), Erfolgsauswirkungen von Systemanbieterstrategien: Eine transaktionskostentheoretische Betrachtung, in: Die Unternehmung, 59. Jg., Nr. 5, 2005, S. 385–405.

Homburg, C./Küster, S. (2001), Towards an Improved Understanding of Industrial Buying Behavior: Determinants of the Number of Suppliers, in: Journal of Business-to-Business Marketing, 8. Jg., Nr. 2, 2001, S. 5–33.

Homburg, C./Schäfer, H./Schneider, J. (2006), Sales Excellence: Vertriebsmanagement mit System, 4. Aufl., Wiesbaden 2006.

Homburg, C./Schäfer, H./Scholl, M. (2002), Wie viele Absatzkanäle kann sich ein Unternehmen leisten? in: Absatzwirtschaft, 45. Jg., Nr. 3, 2002, S. 38–41.

Homburg, C./Stock-Homburg, R. (2008), Theoretische Perspektiven zur Kundenzufriedenheit, in: *Homburg, C.* (Hrsg.), Kundenzufriedenheit: Konzepte – Methoden – Erfahrungen, 7. Aufl., Wiesbaden 2008, S. 17–52.

Homburg, C./Sütterlin, S. (1992), Strategische Gruppen: Ein Survey, in: Zeitschrift für Betriebswirtschaft, 62. Jg., Nr. 6, 1992, S. 635–662.

Homburg, C./Werner, H. (1998), Situative Determinanten relationalen Beschaffungsverhaltens, in: Zeitschrift für betriebswirtschaftliche Forschung, 50. Jg., Nr. 11, 1998, S. 979–1009.

Hopkins, N./Henderson, G./Iacobucci, D. (1995), Actor Equivalence in Networks: The Business Ties that Bind, in: Journal of Business-to-Business Marketing, 2. Jg., Nr. 1, 1995, S. 3–31.

Horst, B. (1988), Ein mehrdimensionaler Ansatz zur Segmentierung von Investitionsgütermärkten, Köln 1988.

Houston, F. S. (1986), The Marketing Concept: What It Is and What It Is Not, in: Journal of Marketing, 50. Jg., April, 1986, S. 81–87.

Hovell, P. J. (1986), The Marketing Concept and Corporate Strategy: A Will-o-the Wisp Relationship? in: Management Decision, 17. Jg., Nr. 5, 1986, S. 157–167.

Hunt, K./Keaveney, S. M./Lee, M. (1995), Attributions, Involvement, and Consumer Responses to Rebates, in: Journal of Business and Psychology, 9. Jg., Nr. 3, 1995, S. 273–297.

Hunt, M. S. (1972), Competition in the Major Home Appliance Industry, unpubl. Diss., Cambridge/Mass. 1972.

Hupe, M. (1995), Steuerung und Kontrolle internationaler Projektfinanzierungen, Frankfurt a. M. 1995.

Huth, W.-D. (1988), Der interorganisationale Beschaffungsentscheidungsprozeß – Ein operationales Modell, Mainz 1988.

Hutt, M. D./Johnston, W./Ronchetto jr., J. R. (1985), Selling Centers and Buying Centers: Formulating Strategic Exchange Patterns, in: Journal of Personal Selling and Sales Management, 5. Jg., Nr. 1, 1985, S. 33–40.

Hutt, M. D./Speh, T. W. (2004), Business marketing management: a strategic view of industrial and organizational markets, 8. Aufl., London et al. 2004.

Hüttel, K. (1998), Produktpolitik, Ludwigshafen 1998.

Iacobucci, D. (1996), The quality improvement customers didn't want, in: Harvard Business Review, 74. Jg., Jan./Feb., 1996, S. 20–39.

Iacobucci, D./Hopkins, N. (1992), Modeling Dyadic Interactions and Networks in Marketing, in: Journal of Marketing Research, 29. Jg., Nr. 1, 1992, S. 5–17.

ifo (2003), Innovationsaktivitäten in der Industrie 01/02: Leichter Rückgang auf hohem Niveau, in: ifo Schnelldienst, Nr. 2, 2003, S. 24–29.

Imkamp-Schiffers, B. (1999), Die Messung von Kommunikationswirkungen im Industriegütermarketing – Eine Bestandsaufnahme, Arbeitspapier Nr. 26 des Betriebswirtschaftlichen Instituts für Anlagen und Systemtechnologien, Münster 1999.

Ind, N. (1997), The Corporate Brand, New York 1997.

Innovationstechnik (Hrsg.) (2007), Zuverlässigkeits- und Ergiebigkeitsstudie – Original HP Tintendruckpatronen im Vergleich zu wiederbefüllten Patronen, Bremen 2007.

Isselstein, T./Schaum, F. (1998), Auftragsfinanzierung und Financial Engineering, in: Kleinaltenkamp, M./Plinke, W. (Hrsg.), Auftrags- und Projektmanagement, Berlin et al. 1998, S. 161–226.

Jackson, B. B. (1985a), Winning and keeping industrial Customers, Lexington 1985.

Jackson, B. B. (1985b), Build Customer Relationships that last, in: Harvard Business Review, 63. Jg., Nr. 6, 1985, S. 120–128.

Jackson, B. B. (1988), Winning and keeping industrial customers: the dynamics of customer Relationships, Lexington/Mass. 1988.

Jackson, J. H./Sciglimpaglia, D. (1974), Towards a Role Model of the Organizational Role Process, in: Journal of Purchasing, 10. Jg., May, 1974, S. 68–75.

Jackson jr., D. W./Keith, J. E./Burdick, R. K. (1984), Purchasing Agents-Perceptions of Industrial Buying Center Influence – A Situational Approach, in: Journal of Marketing, 48. Jg., Fall, 1984, S. 75–83.

Jacob, F. (1995), Produktindividualisierung: ein Ansatz zur innovativen Leistungsgestaltung im Business-to-Business-Bereich, Wiesbaden 1995.

Jacob, F. (2002), Geschäftsbeziehungen und die Institutionen des marktlichen Austausches, Wiesbaden 2002.

Jacob, F. (2006), Preparing Industrial Suppliers for Customer Integration, in: Industrial Marketing Management, 35. Jg., Nr. 1, 2006, S. 45–56.

Jacob, F. (2007), Zukünftige Entwicklungslinien der Kundenintegrationsforschung im Zuliefergeschäft, in: *Büschken, J./Voeth, M./Weiber, R.* (Hrsg.), Innovationen für das Industriegütermarketing, Stuttgart 2007, S. 459–477.

Jacob, F./Kleinaltenkamp, M. (1995), Gestaltung des Leistungsprogramms, in: *Kleinaltenkamp, M./Plinke, W.* (Hrsg.), Technischer Vertrieb – Grundlagen, Berlin et al. 1995, S. 703–744.

Jacob, F./Kleinaltenkamp, M. (2004), Leistungsindividualisierung und -standardisierung, in: *Backhaus, K./Voeth, M.* (Hrsg.), Handbuch Industriegütermarketing, Wiesbaden 2004, S. 602–623.

Jahn, H. (2000), Der Letter of Intent, Frankfurt a. M. 2000.

Jain, S. C. (1985), An Integrated Approach of Competitive Analysis, in: *Spekman, R. E./Wilson, D. T.* (Hrsg.), A Strategic Approach to Business Marketing, Chicago 1985, S. 9–16.

Jain, S. C./Laric, M. V. (1979), A Framework for Strategic Industrial Pricing, in: Industrial Marketing Management, 8. Jg., 1979, S. 201–206.

Janetzko, C. (1977), Sales promotions by Agents – Wie man Verkaufsreisen organisiert, Wiesbaden 1977.

Jap, S. D. (2001), Perspectives on Joint Competitive Advantages in Buyer-Supplier Relationships, in: International Journal of Research in Marketing, 18. Jg., 2001, S. 19–35.

Jary, M./Schneider, D./Wileman, A. (1999), Marken-Power: warum Aldi, Ikea, H&M und Co. so erfolgreich sind, Wiesbaden 1999.

Joas, A. (1990), Konkurrenzforschung als Erfolgspotential im strategischen Marketing, Augsburg 1990.

Johnson, M. P. (1982), Social and cognitive Features of the Dissolution of Commitment to Relationships, in: *Duck, S.* (Hrsg.), Personal Relationships, London 1982, S. 51–73.

Johnson, M. R./Orme, B. K. (2007), A New Approach to Adaptive CBC, Sawtooth Software Research Paper Series, Sequim 2007.

Johnston, W. J. (1987), Industrial Buying Behaviour: Japan versus the U.S., in: Advances in Consumer Research, 14. Jg., 1987, S. 326–331.

Johnston, W. J./Bonoma, T. V. (1977), Reconceptualizing Industrial Buying Behavior: Towards Improved Research Approaches, in: Educators Proceeding of the AMA, 1977, S. 247–251.

Johnston, W. J./Bonoma, T. V. (1981a), The Buying Center: Structure and Interaction Patterns, in: Journal of Marketing, 45. Jg., Summer, 1981, S. 143–156.

Johnston, W. J./Bonoma, T. V. (1981b), Purchase Process for Capital Equipment and Services, in: Industrial Marketing Management, 10. Jg., 1981, S. 253–264.

Johnston, W. J./Kim, K. (1994), Performance, attribution, and expectance linkages in personal selling, in: Journal of Marketing, 58. Jg., Nr. 4, 1994, S. 68–81.

Johnston, W. J./Lewin, J. E. (1996), Organizational buying behavior: Towards an integrative framework, in: Journal of Business Research, 35. Jg., Nr. 1, 1996, S. 1–16.

Johnston, W. J./McQuiston, D. H. (1984), The Buying Center Concept, Fact or Fiction, in: AMA Proceedings 1984, 1984, S. 141–144.

Joseph, K./Krafft, M. (2001), Delegating Pricing Authority to the Sales Force: Why less be more, Arbeitspapier der Universität Kansas, 2001.

Joshi, A. W./Arnold, S. J. (1998), How Relational Norms Affect Compliance in Industrial Buying, in: Journal of Business Research, 41. Jg., Nr. 2, 1998, S. 105–114.

Joshi, A. W./Campbell, A. J. (2003), Effect of environmental dynamism on relational governance in manufacturer–supplier relationships: A contingency framework and an empirical test, in: Journal of the Academy of Marketing Science, 31. Jg., Nr. 2, 2003, S. 176–188.

Joskow, P. J. (1988), Asset Specifity and the Structure of Vertical Relationships: Empirical Evidence, in: Journal of Law, Economics, and Organization, 4. Jg., Nr. 1, 1988, S. 95–117.

Joussen, P. (1996), Der Industrieanlagen-Vertrag, 2. Aufl., Heidelberg 1996.

Jung Erceg, P. (2005), Personalqualifizierungsstrategien für produktbegleitende Dienstleistungen – ein Überblick, in: *Lay, G./Nippa, M.* (Hrsg.), Management produktbegleitender Dienstleistungen: Konzepte und Praxisbeispiele für Technik, Organisation und Personal in serviceorientierten Industriebetrieben, Heidelberg 2005, S. 155–174.

Kaas, K. P. (1991), Kontraktgütermarketing als Kooperation zwischen Prinzipalen und Agenten, Arbeitspapier Nr. 12 der Johann Wolfgang von Goethe-Universität Frankfurt a. M., Frankfurt a. M. 1991.

Kaas, K. P. (1992a), Kontraktgütermarketing als Kooperation zwischen Prinzipalen und Agenten, in: Zeitschrift für betriebswirtschaftliche Forschung, 44. Jg., Nr. 10, 1992, S. 884–901.

Kaas, K. P. (1992b), Marketing und Neue Institutionenlehre, Arbeitspapier Nr. 1 aus dem Forschungsprojekt Marketing und ökonomische Theorie der Johann Wolfgang von Goethe-Universität Frankfurt a. M., Frankfurt a. M. 1992.

Kaas, K. P. (1995a), Marketing zwischen Markt und Hierarchie, in: Zeitschrift für betriebswirtschaftliche Forschung, 47. Jg., Nr. 35: Kontrakte, Geschäftsbeziehungen, Netzwerke – Marketing und Neue Institutionenökonomik, 1995, S. 19–42.

Kaas, K. P. (1995b), Kontrakte, Geschäftsbeziehungen, Netzwerke: Marketing und Neue Institutionenökonomie, Düsseldorf 1995.

Kaas, K. P./Lautenschläger, U. (1989), ESAS – Ein entscheidungsunterstützendes System zur Auftragskalkulation bei Submission, in: Information Management, 4. Jg., Nr. 3, 1989, S. 58–65.

Kaas, K. P./Ruprecht, H. (2006), Are the Vickrey auction and the BDM- mechanism really incentive compatible? Empirical results and optimal bidding strategies in the case of uncertain willingness-to-pay., in: Schmalenbach Business Review, 58. Jg., 2006, S. 37–55.

Kaldor, A. G. (1971), Imbricative Marketing, in: Journal of Marketing, 35. Jg., April, 1971, S. 19–25.

Kaluza, B. (1982), Das Promotoren-Modell, in: Wirtschaftswissenschaftliches Studium, 11. Jg., Nr. 11, 1982, S. 408–412.

Kambartel, K.-H. (1973), Systematische Angebotsplanung in Unternehmen der Auftragsfertigung: Möglichkeiten zur Rationalisierung der Angebotserstellung auf der Grundlage definierter Angebotsformen, Diss., Aachen 1973.

Kamins, M. A./Johnston, W. J./Graham, J. L. (1998), A Multi-Method Examination of Buyer-Seller Interactions among Japanese and American Businesspeople, in: Journal of International Marketing, 6. Jg., Nr. 1, 1998, S. 8–32.

Kapitza, R. (1987), Interaktionsprozesse im Investitionsgüter-Marketing, Eine empirische Untersuchung am Beispiel von Werkzeugmaschinen, Würzburg 1987.

Kapitza, R. (2004), Erfolgreiches Marketing im Werkzeugmaschinenbau, in: *Backhaus, K./ Voeth, M.* (Hrsg.), Handbuch Industriegütermarketing, Wiesbaden 2004, S. 1103–1122.

Katrichis, J. M./Ryan, M. J. (1998), An Interactive Power Activation Approach to Departmental Influence in Organizational Purchasing Decisions, in: Industrial Marketing Management, 27. Jg., 1998, S. 469–482.

Katz, R./Tushman, M. J. (1981), An Investigation into the Managerial Roles and Career Paths of Gatekeepers and Project Supervisors in a Major R&D Facility, in: R&D Management, 11. Jg., 1981, S. 103–110.

Kauffmann, R. G. (1996), Organizational buying choice processes: future research directions, in: The Journal of Business and Industrial Marketing, 11. Jg., Nr. 3/4, 1996, S. 94–107.

Kaufmann, L. (1995), Strategisches Sourcing, in: Zeitschrift für betriebswirtschaftliche Forschung, 47. Jg., Nr. 3, 1995, S. 275–296.

Kawlath, A. (1969), Theoretische Grundlagen der Qualitätspolitik, Wiesbaden 1969.

Keller, U. (1975), Die Bedeutung des Handels für den Investitionsgüterabsatz, Göttingen 1975.

Kelly, J. P. (1974), Functions Performed in Industrial Purchase Decisions with Implications for Marketing Strategy, in: Journal of Business Research, 2. Jg., Nr. 4, 1974, S. 421–433.

Kelman, H. C. (1961), Processes of Opinion Change, 1961.

Kemper, A. C. (1997), Ingredient Branding, in: Die Betriebswirtschaft, 57. Jg., Nr. 2, 1997, S. 271–274.

Kemper, A. C. (2000), Strategische Markenpolitik im Investitionsgüterbereich, Diss., Köln et al. 2000.

Kern, E. (1987), Der Interaktionsansatz im Investitionsgütermarketing, Arbeitspapier Nr. 9 des Betriebswirtschaftlichen Instituts für Anlagen und Systemtechnologien, Münster 1987.

Kern, E. (1990), Der Interaktionsansatz im Investitionsgütermarketing, Berlin 1990.

Kern, W. (1996), Handwörterbuch der Produktionswirtschaft, 2. Aufl., Stuttgart 1996.

Kernan, J. B./Sommers, M. S. (1966), The Behavioral Matrix: A closer Look at the Industrial Buyer, in: Business Horizons, 9. Jg., Summer, 1966, S. 59–72.

Kersten, W. (2001), Geschäftsmodelle und Perspektiven des industriellen Einkaufs im Electronic Business, in: Zeitschrift für Betriebswirtschaft, 71. Jg., Nr. 3: E-Business-Management mit E-Technologien, 2001, S. 21–37.

Keßler, H. J. (1996), Internationale Handelsfinanzierung: Strategien für Auslandsfinanzierungen und Handel, Wiesbaden 1996.

Kiel, G. (1984), Technology and Marketing: The Magic Mix? in: Business Horizons, 27. Jg., Nr. 3, Mai/Juni, 1984, S. 7–14.

Kieser, A./Walgenbach, P. (2007), Organisation, 5. Aufl., Stuttgart 2007.

Kim, C./Lee, H. (1997), Development of Family Triadic Measure for Children's Purchase Influence, in: Journal of Marketing Research, 34. Jg., 1997, S. 307–321.

King, A. (1992), Die erste globale Revolution: Ein Bericht des Rates des Club of Rome, Frankfurt a. M. 1992.

Kirchgeorg, M. (2005), Characteristics and forms of trade shows, in: *Kirchgeorg, M./ Dornscheidt, W., et al.* (Hrsg.), Trade Show Management: Planning, Implementing and Controlling of Tradeshows, Conventions and Events, Wiesbaden 2005, S. 33–55.

Kirsch, W. (1976), Entscheidungsverhalten und Handhabung von Problemen, München 1976.

Kirsch, W./Kutschker, M. (1978), Das Marketing von Investitionsgütern – Theoretische und empirische Perspektiven eines Interaktionsansatzes, Wiesbaden 1978.

Kirsch, W./Kutschker, M./Lutschewitz, H. (1980), Ansätze und Entwicklungstendenzen im Investitionsgütermarketing, 2. Aufl., Stuttgart 1980.

Kleikamp, C. (2002), Performance Contracting auf Industriegütermärkten: Eine Analyse der Eintrittsentscheidung und des Vermarktungsprozesses, Lohmar 2002.

Kleimann, P. (1994), Unternehmensphilosophie am Standort Deutschland, in: *Mehdorn, H./Töpfer, A.* (Hrsg.), Besser – schneller – schlanker: TQM-Konzepte in der Unternehmenspraxis, Berlin 1994, S. 65–79.

Klein-Bölting, U. (1989), Die Auswahl internationaler Messe- und Ausstellungsplätze – Eine Marketingentscheidung, Münster 1989.

Klein, A. (2004), Der Einflussfaktor Bündelungskosten bei Nachfragerbündelungen: Konzeptualisierung und Messung, Wiesbaden 2004.

Klein, A. (2005), Nachfragerbündelungen als Vermarktungsansatz im Commodity Geschäft, in: *Enke, M./Reimann, M.* (Hrsg.), Commodity Marketing, Wiesbaden 2005, S. 217–239.

Klein, B./Crawford, R. G./Alchian, A. (1978), Vertical Integration, Appropriable Rents, and the Competitive Contracting Process, in: The Journal of Law and Economics, 21. Jg., 1978, S. 297–326.

Klein, B./Leffler, K. B. (1981), The Role of Market Forces in Assuring Contractual Performance, in: Journal of Political Economy, Jg. 89, 1981, S. 615–641.

Klein, J. S./Hiscocks, P. G. (2000), Competence-based Competition: A Practical Toolkit, in: *Hamel, G./Heene, A.* (Hrsg.), Competence based competition, Chichester et al. 2000.

Klein, S. (1996), Informationstechnologie und Unternehmensnetzwerke, in: *Bellmann, K./ Hippe, A.* (Hrsg.), Management von Unternehmensnetzwerken – Interorganisationale Konzepte und praktische Umsetzung, Wiesbaden 1996, S. 157–190.

Kleinaltenkamp, M. (1988), Marketing-Strategien des Produktionsverbindungshandels, in: Thexis, 5. Jg., Nr. 5, 1988, S. 38–43.

Kleinaltenkamp, M. (1991), Der Einfluß der Normung und Standardisierung auf die Diffusion technischer Innovationen, Arbeitspapier des SFB 187 „Neue Informationstechnologien und flexible Arbeitssysteme: Entwicklung und Bewertung von CIM-Systemen auf der Basis teilautonomer flexibler Fertigungsstrukturen" an der Ruhr-Universität Bochum, 2. Aufl., Bochum 1991.

Kleinaltenkamp, M. (1992), Investitionsgüter-Marketing aus informationsökonomischer Sicht, in: Zeitschrift für betriebswirtschaftliche Forschung, 44. Jg., Nr. 9, 1992, S. 809–829.

Kleinaltenkamp, M. (1993a), Standardisierung und Marktprozeß, Wiesbaden 1993.

Kleinaltenkamp, M. (1993b), Institutionenökonomische Begründung der Geschäftsbeziehung, in: *Backhaus, K./Diller, H.* (Hrsg.), Dokumentation des 1. Workshops „Beziehungsmanagement" vom 27.-28.9.1993 in Frankfurt a. M., Frankfurt a. M. 1993, S. 8–39.

Kleinaltenkamp, M. (1994a), Hemmnisse des Einsatzes Neuer Technologien – Eine Analyse organisationalen Beschaffungs- und Implementierungsverhaltens, in: *Kleinaltenkamp, M./Schubert, K.* (Hrsg.), Netzwerkansätze im Business-to-Business Marketing – Beschaffung, Absatz und Implementierung Neuer Technologien, Wiesbaden 1994, S. 155–182.

Kleinaltenkamp, M. (1994b), Typologien von Business-to-Business-Transaktionen – Kritische Würdigung und Weiterentwicklung, in: Marketing – Zeitschrift für Forschung und Praxis, 16. Jg., Nr. 2, 1994, S. 77–88.

Kleinaltenkamp, M. (1995a), Marktsegmentierung, in: *Kleinaltenkamp, M./Plinke, W.* (Hrsg.), Technischer Vertrieb: Grundlagen, Berlin et al. 1995, S. 663–702.

Kleinaltenkamp, M. (1995b), Customer Integration: Kundenorientierung und mehr, in: Absatzwirtschaft, 38. Jg., Nr. 8, 1995, S. 77–83.

Kleinaltenkamp, M. (1996), Customer Integration: von der Kundenorientierung zur Kundenintegration, Wiesbaden 1996.
Kleinaltenkamp, M. (1997), Kundenintegration, in: Wirtschaftswissenschaftliches Studium, 26. Jg., Nr. 7, 1997, S. 350–354.
Kleinaltenkamp, M. (2001), Business-to-Business-Marketing, in: *Gabler* (Hrsg.), Gabler Wirtschafts-Lexikon CD-Rom, 15. Aufl., Wiesbaden 2001.
Kleinaltenkamp, M. (2006), Auswahl von Vertriebswegen, in: *Kleinaltenkamp, M./Plinke, W./Jacob, F./Söllner, A.* (Hrsg.), Markt- und Produktmanagement: die Instrumente des technischen Vertriebs, Berlin et al. 2006, S. 321–367.
Kleinaltenkamp, M./Ehret, M. (2006), The value added by specific investments: a framework for managing relationships in the context of value networks, in: Journal of Business and Industrial Marketing, 21. Jg., Nr. 2, Special Issue „Relationship Theory and Business Markets", 2006, S. 65-71.
Kleinaltenkamp, M./Fließ, S./Jacob, F. (1996), Customer Integration: Von der Kundenorientierung zur Kundenintegration, Wiesbaden 1996.
Kleinaltenkamp, M./Kühne, B. (2003), Asymmetrische Bindungen in Geschäftsbeziehungen des Business-to-Business-Bereichs, in: *Rese, M./Söllner, A./Utzig, B. P.* (Hrsg.), Relationship Marketing, Berlin et al. 2003, S. 11–44.
Kleinaltenkamp, M./Plinke, W. (1997), Geschäftsbeziehungsmanagement, Berlin et al. 1997.
Kleinaltenkamp, M./Plinke, W. (2002), Strategisches Business-to-Business-Marketing, 2. Aufl., Berlin 2002.
Kleinaltenkamp, M./Plötner, O. (1994), Business-to-Business Kommunikation – Die Sicht der Wissenschaft, in: Werbeforschung&Praxis, 39. Jg., Nr. 5, 1994, S. 130–137.
Kleinaltenkamp, M./Plötner, O./Zedler, C. (2004), Industrielles Servicemanagement, in: *Backhaus, K./Voeth, M.* (Hrsg.), Handbuch Industriegütermarketing, Wiesbaden 2004, S. 627–648.
Kleinaltenkamp, M./Schmäh, M. (1995), Be- und Verarbeitungsleistungen des Technischen Handels – Ergebnisse einer empirischen Untersuchung, in: *Kleinaltenkamp, M.* (Hrsg.), Arbeitspapier Nr. 5 der Berliner Reihe Business-to-Business-Marketing, Berlin 1995.
Kleinaltenkamp, M./Weigt, M. (1997), Interrelations between interorganizational and intraorganizational networks, in: Interaction, Relationships and Networks in Business Markets – Competitive Papers, Proceedings of the 13th International Conference on Industrial Marketing and Purchase in Lyon (France), 4.-6. September 1997, 1997, S. 333–355.
Kleusberg (2009), Modulgebäude – Wirtschaftlich. Individuell. Schnell, Unternehmenshomepage, http://www.kleusberg.de/bausysteme/modulgebaeude/, Abruf am 14.07.2009.
Klinkers, M. (2001), Quality Level Agreement: Reduzierung von Qualitätsunsicherheit in Kundenintegrationsprozessen, Diss., Wiesbaden 2001.
Kloock, J./Sabel, H./Schuhmann, W. (1987), Die Erfahrungskurve in der Unternehmenspolitik, in: Zeitschrift für Betriebswirtschaft, Ergänzungsheft 2, 1987, S. 3–51.
Klöter, R. (1995), Widerstände gegen innovative Beschaffungsentscheidungen, in: *Kleinaltenkamp, M.* (Hrsg.), Arbeitspapier Nr. 7 der Berliner Reihe Business-to-Business-Marketing, Berlin 1995.
Klöter, R. (1997), Opponenten im organisationalen Beschaffungsprozeß, Diss., Wiesbaden 1997.
Klöter, R./Stuckstette, M. (1994), Vom Buying Center zum Buying Network? in: *Kleinaltenkamp, M./Schubert, K.* (Hrsg.), Netzwerkansätze im Business-to-Business Marketing – Beschaffung, Absatz und Implementierung Neuer Technologien, Wiesbaden 1994, S. 125–154.

Klümper, P. (1969), Die Organisation von Entscheidungsprozessen zum Kauf von Industrieanlagen, Mannheim 1969.
Knoke, D./Kuklinski, J. H. (1999), Network analysis, Beverly Hills/Ca. et al. 1999.
Kobe, G. (2002), Cost Choppers, in: Automotive Industries, 182. Jg., 2002, S. 30–33.
Koch, F.-K. (1987), Verhandlungen bei der Vermarktung von Investitionsgütern, Diss., Mainz 1987.
Koebel, M-N./Ladwein, R. (1999), L'échelle de personnalité de la marque de Jennifer L. Aaker: Adaptation au contexte français, in: Décisions Marketing, Nr. 16, 1999, S. 81–88.
Koelbel, H./Schulze, J. (1970), Der Absatz in der chemischen Industrie, Berlin 1970.
Koeszegi, S. T./Srnka, K. T./Pesendorfer, E.-M. (2006), Electronic Negotiations – A comparison of Different Support Systems, in: Die Betriebswirtschaft, 66. Jg., Nr. 4, 2006, S. 441–463.
Köhl, T. (2000), Claim-Management im internationalen Anlagengeschäft, Diss., Wiesbaden 2000.
Köhler, R./Horst, B./Huxold, S. (1990), Aufbau und praktische Nutzung von Früherkennungssystemen für die Produktinnovationsplanung, Arbeitspapier des Instituts für Markt- und Distributionsforschung der Universität zu Köln, Köln 1990.
Kohlhage, E. H. (1994), Die deutsche Automobilindustrie denkt zu kurz, in: Frankfurter Allgemeine Zeitung v. 31.03.1994, 1994, S. 18.
Kohli, A. K./Jaworski, B. J. (1990), Market Orientation: The construct, research proposition and managerial implications, in: Journal of Marketing, 54. Jg., April, 1990, S. 1–20.
Kohli, A. K./Zaltman, C. (1988), Measuring Multiple Buying Influences, in: Industrial Marketing Management, 17. Jg., 1988, S. 197–204.
König, N. (1982), Ausgeprägte Multinationalität im Anlagenbau, in: Die Bank, Nr. 4, 1982, S. 165–171.
Königshausen, H./Spannagel, F. (2004), Marketing im internationalen Anlagenbau, in: *Backhaus, K./Voeth, M.* (Hrsg.), Handbuch Industriegütermarketing, Wiesbaden 2004, S. 1123–1142.
Koppelmann, U. (2001), Produktmarketing, Entscheidungsgrundlagen für Produktmanager, 6. Aufl., Berlin et al. 2001.
Koppelmann, U. (2004), Beschaffungsmarketing, 4. Aufl., Berlin 2004.
Kossmann, J. (2008), Die Implementierung der Preispolitik in Business-to-Business-Unternehmen: eine prozessorientierte Konzeption, Nürnberg 2008.
Kotler, P. (2000), Marketing Management: analysis, planning, implementation and control, 10. Aufl., Englewood Cliffs/N.J. 2000.
Kotler, P./Armstrong, G./Saunders, J./Wong, V. (2003), Grundlagen des Marketings, 3. Aufl., München 2003.
Kotler, P./Keller, K. L. (2008), Marketing Management, 13. Aufl., Upper Saddle River, New Jersey 2008.
Krafft, M. (1995), Außendienstentlohnung im Licht der Neuen Institutionenlehre, Wiesbaden 1995.
Krämer, A./Bongaerts, R./Weber, A. (2003), Rabattsysteme und Bonusprogramme, in: *Diller, H./Herrmann, A.* (Hrsg.), Handbuch Preispolitik: Strategien – Planung – Organisation – Umsetzung, Wiesbaden 2003.
Krampf, P. (2000), Strategisches Beschaffungsmanagement in industriellen Großunternehmen, Lohmar 2000.
Krapfel jr., R. E. (1982), An Extended Interpersonal Influence Model of Organizational Buyer Behavior, in: Journal of Business Research, 10. Jg., Nr. 2, 1982, S. 147–157.
Krapfel jr., R. E. (1985), An Advocacy Behavior Model of Organizational Buyers' Vendor Choice, in: Journal of Marketing, 49. Jg., 1985, S. 51–59.

Kratz, J. (1975), Der Interaktionsprozeß beim Kauf von einzeln gefertigten Investitionsgütern, Diss., Bochum 1975.

Kraus, A. (1975), Interaktionsprozesse bei der Vermarktung von Investitionsgütern – eine Analyse am Beispiel von Verdichtungsgeräten, Diss., Mainz 1975.

Kreikebaum, H. (1997), Strategische Unternehmensplanung, Stuttgart et al. 1997.

Kreilkamp, E. (1987), Strategisches Management und Marketing, Berlin et al. 1987.

Kreuz, W. (1997), Kosten-Benchmarking: Konzept und Praxisbeispiel, in: *Franz, K.-P./ Kajüter, P.* (Hrsg.), Kostenmanagement: Wettbewerbsvorteile durch systematische Kostensteuerung, Stuttgart 1997, S. 277–291.

Kroeber-Riel, W. (1977), Werbung mit Emotionen – auch für Investitionsgüter, in: Rationalisierung, 28. Jg., Nr. 10, 1977, S. 207–210.

Kroeber-Riel, W./Weinberg, P./Gröppel-Klein, A. (2009), Konsumentenverhalten, 9. Aufl., München 2009.

Kuhl, M. (1999), Wettbewerbsvorteile durch kundenorientiertes Supply Management, Wiesbaden 1999.

Kühlborn, S. (2004), Systemanbieterstrategien im Industriegütermarketing – eine Erfolgsfaktorenanalyse, Mannheim 2004.

Kuhlmann, E. (2001), Industrielles Vertriebsmanagement, München 2001.

Kunkel, R. (1977), Vertikales Marketing im Herstellerbereich: Bestimmungsfaktoren und Gestaltungselemente stufenübergreifender Marketing-Konzeption, München 1977.

Küpper, H.-U. (2005), Controlling: Konzeption, Aufgaben und Instrumente, 4. Aufl., Stuttgart 2005.

Kuß, A. (1977), Competitive Bidding-Modelle, in: Zeitschrift für betriebswirtschaftliche Forschung – Kontaktstudium, 29. Jg., 1977, S. 63–70.

Kutschker, M. (1972), Verhandlungen als Elemente eines verhaltenswissenschaftlichen Bezugsrahmens des Investitionsgütermarketing, Diss., Mannheim 1972.

Kutschker, M./Roth, K. (1975), Das Informationsverhalten vor industriellen Beschaffungsentscheidungen, Veröffentlichung aus dem Sonderforschungsbereich 24 der Universität Mannheim, Mannheim 1975.

Kuttner, K. (1995), Mittel- und langfristige Exportfinanzierung: besondere Erscheinungsformen in der Außenhandelsfinanzierung, Wiesbaden 1995.

La Forge, M. C./Stone, L. H. (1989), An Analysis of the Industrial Buying Process by Means of Buying Center Communications, in: The Journal of Business and Industrial Marketing, 4. Jg., Nr. 1, 1989, S. 29–36.

Laker, M. (1996), Millionengrab Preislisten, in: Absatzwirtschaft, 39. Jg., Nr. 3, 1996, S. 48–55.

Lambrecht, A. (2005), Tarifwahl bei Internetzugang: Existenz, Ursachen und Konsequenzen von Tarifwahl-Biases, Wiesbaden 2005.

Lang, A. (1993), Baubetriebliche Probleme bei Bauverzögerungen und Leistungsänderungen in: Motzel, E. (Hrsg.), Projektmanagement in der Baupraxis bei industriellen und öffentlichen Bauprojekten, Berlin 1993.

Lange, B. (1984), Die Erfahrungskurve: Eine kritische Beurteilung, in: Zeitschrift für betriebswirtschaftliche Forschung, 36. Jg., Nr. 3, 1984, S. 229–245.

Lange, V. (1994), Technologische Konkurrenzanalyse zur Früherkennung von Wettbewerbsinnovationen bei deutschen Großunternehmen, Wiesbaden 1994.

Langner, H. (2004), Marktforschung und Informationsbeschaffung auf Industriegütermärkten, in: *Backhaus, K./Voeth, M.* (Hrsg.), Handbuch Industriegütermarketing, Wiesbaden 2004.

Langner, T. (2003), Integriertes Branding: Baupläne zur Gestaltung erfolgreicher Marken, Wiesbaden 2003.

La Placa, P.J./Katrichis, J.M. (2009), Relative presence of business-to-business research in the marketing literature, in: Journal of Business to Business Marketing, 16. Jg., Nr. 1, 2009, S. 1 – 22.

Laubscher, H. (1987), Internationale Projektfinanzierung, in: Technologie und Management, 36. Jg., Nr. 3, 1987, S. 22–29.

Lee, C. K. C./Marshall, R. (1998), Measuring Influence in the Family Decision Making Process Using an Observational Method, in: Qualitative Market Research: An International Journal, 1. Jg., Nr. 2, 1998, S. 88–98.

Lehmann, D. R./O'Shaughnessy, J. (1974), Difference in Attribute Importance for Different Industrial Products, in: Journal of Marketing, 38. Jg., Nr. 2, 1973, S. 36–42.

Leker, J./Herzog, P. (2004), Marketing in der chemischen Industrie, in: *Backhaus, K./Voeth, M.* (Hrsg.), Handbuch Industriegütermarketing, Wiesbaden 2004, S. 1171–1193.

Leuthesser, L. (1997), Supplier Relational Behavior: An Empirical Assessment, in: Industrial Marketing Management, 26. Jg., 1997, S. 245–254.

Levitt, T. (1960), Marketing Myopia, in: Harvard Business Review, 38. Jg., July/Aug., 1960, S. 45–56.

Levitt, T. (1965), Industrial Purchasing Behavior: A Study of Communications Effects, Boston/Mass. 1965.

Lewicki, R. J./Hiam, A./Olander, K. W. (1998), Verhandeln mit Strategie: Das große Handbuch der Verhandlungstechniken, St. Gallen 1998.

Lewicki, R. J./Saunders, D. M./Barry, B. (2006), Negotiation, 5. Aufl., Bosten 2006.

Lewicki, R. J./Saunders, D. M./Minton, J. W. (2009), Negotiation, 6. Aufl., Boston 2009.

Li, Z. G./Dant, R. P. (1997), An Exploratory Study of Exclusive Dealing in Channel Relationships, in: Journal of Marketing Science, 25. Jg., Nr. 3, 1997, S. 201–213.

Lichtenthal, D. J./Shani, D. (2000), Fostering Client-Agency Relationships in Business Markets, in: Journal of Marketing Research, 36. Jg., Nr. 3, 2000, S. 213–228.

Liebowitz, S. J. (1995), Path dependence, lock-in, and history, 1995.

Liebowitz, S. J./Margolis, S. E. (1990), The fable of the keys, in: Journal of Law and Economics, Jg. XXXIII., 1990, S. 1–25.

Liebowitz, S. J./Margolis, S. E. (1994), Network Externality: An Un-common Tragedy, 1994.

Liebowitz, S. J./Margolis, S. E. (1995), Are Network Externalities A New Source of Market Failure? 1995.

Liehr, M. (2005), Die Adoption von Kritische-Masse-Systemen, Wiesbaden 2005.

Lilien, G. L./Kotler, P. (1983), Marketing Decision Making, A Model Building Approach, New York/N.Y. 1983.

Lilien, G. L./Little, J. D. C. (1976), The ADVISOR Project: A Study of Industrial Marketing Budgets, in: Sloan Management Review, 17. Jg., Nr. 3, 1976, S. 17–32.

Lilien, G. L./Wong, M. A. (1984), An Exploratory Investigation of the Structure of the Buying Center in the Metalworking Industry, in: Journal of Marketing Research, 21. Jg., Feb., 1984, S. 1–12.

Lilly, B./Walters, R. (1997), Toward a Model of New Product Preannouncement Timing, in: Journal of Product Innovation Management, 14. Jg., Nr. 1, 1997, S. 4–20.

Lim, S. G.-S./Murninghan, J. K. (1994), Phases, Deadlines and the Bargaining Process, in: Organizational Behaviour and Human Decision Processes, 58. Jg., 1994, S. 153–171.

Lindeiner-Wildau, K. von (1986), Risiko und Risikomanagement im Anlagenbau, in: Zeitschrift für betriebswirtschaftliche Forschung, 38. Jg., Nr. 20 (Sonderheft), 1986, S. 21–37.

Linden, F. A./Rüßmann, K. H. (1988), KFZ-Zulieferer: Die Faust im Nacken, in: Manager Magazin, 18. Jg., Nr. 8, 1988, S. 89–109.

Lingenfelder, M./Schneider, W. (1991), Die Kundenzufriedenheit. Bedeutung, Meßkonzepte und empirische Befunde, in: Marketing – Zeitschrift für Forschung und Praxis, 13. Jg., Nr. 2, 1991, S. 109–119.

Link, J./Gerth, N. (2002), Entwicklungsstufen des Interactive Electronic Selling, in: Weiber, R. (Hrsg.), Handbuch Electronic Business, Wiesbaden 2002, S. 733–748.

Link, J./Hildebrandt, V. (1994), Verbreitung und Einsatz des Database Marketing und CAS, München 1994.

Linke, R. (2006), Kundenbindung durch spezifische Investitionen, Wiesbaden 2006.

Löber, G./Schröder, H. (1987), Euro-Finanzierungen, in: *Backhaus, K./Siepert, H.-M.* (Hrsg.), Auftragsfinanzierung im industriellen Anlagengeschäft, Stuttgart 1987, S. 211–223.

Lohtia, R./Johnston, W. J./Aab, L. (1995), Business-to-Business Advertising, in: Industrial Marketing Management, 24. Jg., 1995, S. 369–378.

Lombard, G. F. (1955), Behavior in a Selling Group. A Case Study of Interpersonal Relations in a Department Store. Division of Research, Graduate School of Business Administration Harvard, Boston/Mass. 1955.

Luthardt, S. (2003), In-Supplier versus Out-Supplier – Determinanten des Wechselverhaltens industrieller Nachfrager, Wiesbaden 2003.

Lutter, M. (1998), Der Letter of Intent: zur rechtlichen Bedeutung von Absichtserklärungen, 3. Aufl., Köln 1998.

Lutzner, P. (1998), Strategisches Projektcontrolling im industriellen Anlagengeschäft: ein Ansatz zur Gestaltung der Schnittstelle zwischen operativer und strategischer Führung, Nürnberg 1998.

MacColl, M. D. (1995), A Model of Japanese Corporate Decision Making, in: The International Journal of Organizational Analysis, 3. Jg., Nr. 4, 1995, S. 375–393.

MacKenna, R. (1986), Dynamisches Marketing: Positionierungsstrategien für technologieorientierte Unternehmen, Landsberg/Lech 1986.

Mäder, R. (2005), Messung und Steuerung der Markenpersönlichkeit, Wiesbaden 2005.

Maffai, R. B. (1960), Planning Advertising Expenditures by Dynamic Programming Methods, 1960.

Mahin, P. W. (1991), Business-To-Business Marketing: Strategic Resource Management and Cases, Boston/Mass. 1991.

Maier, M. (1989), CAD-Marktübersicht 1989 – CAD-Einsatz nimmt rapide zu, in: FB/IE – Zeitschrift für Unternehmensentwicklung und Industrial Engineering, Nr. 3, 1989, S. 148–159.

Mann, L./Radford, M./Burnett, P./Ford, S./Bond, M./Leung, K./Nakamura, H./Vaughan, G./Yang, K.-S. (1998), Cross-cultural Differences in Self-reported Decision-making Style and Confidence, in: International Journal of Psychology, 33. Jg., Nr. 5, 1998, S. 325–335.

Männel, W. (1974), Mengenrabatte in der entscheidungsorientierten Erlösrechnung, Opladen 1974.

Markham, S. K. (1998), A Longitudinal Examination of How Champions Influence Others to Support Their Projects, in: Journal of Product Innovation Management, 15. Jg., 1998, S. 490–504.

Marra, A. (1999), Standardisierung und Individualisierung im Marktprozeß, Diss., Wiesbaden 1999.

Marrian, J. (1968), Marketing Characteristics of Industrial Goods and Buyers, in: Wilson, A. (Hrsg.), The Marketing of Industrial Products, London 1968, S. 10–23.

Marsh, R. M. (1992a), The Difference Between Participation and Power in Japanese Factories, in: Industrial and Labor Relations Review, 45. Jg., Nr. 2, 1992, S. 250–257.

Marsh, R. M. (1992b), A Research Note: Centralization of Decision-Making in Japanese Factories, in: Organization Studies, 13. Jg., Nr. 2, 1992, S. 261–274.
Marshall, A. (1961), Principles of Economics, 1. Jg., 9. Aufl., Nachdruck v. 1890, London 1961.
Marwell, G./Ratcliff, K./Schmitt, D. (1969), Minimizing Differences in a Maximizing Difference Game, in: Journal of Personality and Social Psychology, 12. Jg., 1969, S. 158–163.
Marwell, G./Schmitt, D. R. (1972), Cooperation in a Three-Person Prisoner's Dilemma, in: Journal of Social Psychology, 21. Jg., 1972, S. 376–383.
Marzouk, M./Moselhi, O. (2003), A decision support tool for construction bidding, in: Construction Innovation, 3. Jg., Nr. 2, 2003, S. 111–124.
Mascarenhas, B./Aaker, D. (1989), Mobility barriers and strategic groups, in: Strategic Management Journal, 10. Jg., Nr. 5, 1989, S. 475–485.
Mathews, H. L./Wilson, D. T./Backhaus, K. (1977), Selling to the Computer-Assisted Buyer, in: Industrial Marketing Management, 6. Jg., 1977, S. 307–315.
Mathews, H. L./Wilson, D. T./Monokry, J. F. j. (1972), Bargaining Behavior in a Buyer-Seller-Dyad, in: Journal of Marketing Research, 9. Jg., 1972, S. 103–105.
Matthyssens, P./Faes, W. (1985), OEM Buying Process for New Components: Purchasing and Marketing Implications, in: Industrial Marketing Management, 14. Jg., 1985, S. 145–157.
Mattson, M. R. (1988), How to determine the Composition and Influence of a Buying Center, in: Industrial Marketing Management, 17. Jg., 1988, S. 205–214.
Mattsson, L.-G. (1973), Systems selling as a strategy on industrial markets, in: Industrial Marketing Management, 3. Jg., Nr. 3, 1973, S. 107–120.
Mattsson, L.-G. (2004), Industrial Marketing – The Network Perspective, in: *Backhaus, K./ Voeth, M.* (Hrsg.), Handbuch Industriegütermarketing, Wiesbaden 2004, S. 175–201.
Mayer, H. (1994), Workshop 1: Rationalität vs. Emotionalität in der Business-to-Business-Kommunikation, in: Werbeforschung & Praxis, 39. Jg., Nr. 4, 1994, S. 167.
Mayer, R. (1993), Strategien erfolgreicher Produktgestaltung, Individualisierung und Standardisierung, Wiesbaden 1993.
Mayer, R. U. (1984), Produkt-Positionierung, Köln 1984.
McDowell Mudambi, S./Doyle, P./Wong, V. (1997), An Exploration of Branding in Industrial Markets, 1997.
McKenna, R. (1991), Relationship marketing: successful strategies for the age of the customer, Reading, 1991.
McNeil, T. (1974), The Many Futures of Contract, 1974.
McQuiston, D. H. (1989), Novelty, Complexity, and Importance as Causal Determinants of Industrial Buyer Behavior, in: Journal of Marketing, 53. Jg., Nr. 2, 1989, S. 66–79.
McQuiston, D. H. (1991), Novelty, Complexity, and Importance as Causal Determinants of Industrial Buying Behavior, in: Journal of Marketing, 53. Jg., April, 1991, S. 66–79.
McQuiston, D. H./Dickson, P. R. (1991), The Effect of perceived Personal Consequences on Participation and Influence in Organizational Buying, in: Journal of Business Research, 23. Jg., Nr. 2, 1991, S. 159–177.
McTavish, R./Maitland, A. (1980), Industrial Marketing, London 1980.
McWilliams, R. D./Naumann, E./Scott, S. (1992), Determining Buying Center Size, in: Industrial Marketing Management, 21. Jg., 1992, S. 43–49.
Meadows, D. L. (2000), Die Grenzen des Wachstums: Bericht des Club of Rome zur Lage der Menschheit, Club of Rome, 17. Aufl., Stuttgart 2000.
Meffert, H. (1988), Strategische Unternehmensführung und Marketing, Wiesbaden 1988.
Meffert, H. (1992), Marketingforschung und Käuferverhalten, 2. Aufl., Wiesbaden 1992.

Meffert, H. (1994a), Marketing-Management: Analyse-Strategie-Implementierung, Wiesbaden 1994.

Meffert, H. (1994b), Erfolgreiches Marketing in der Rezession: Strategien und Maßnahmen in engeren Märkten, Wien 1994.

Meffert, H. (2002), Von der Absatzlehre zur Marketingwissenschaft – Was hat die Marktorientierung gebracht?, Dokumentation der Abschliedsvorlesung von Prof. Dr. Dr. h. c. mult. Heribert Meffert, Arbeitspapier Nr. 159, Universität Münster.

Meffert, H./Bongartz, M. (2000), Marktorientierte Unternehmensführung an der Jahrtausendwende aus Sicht der Wirtschaft und Unternehmenspraxis – eine empirische Untersuchung, in: *Backhaus, K.* (Hrsg.), Deutschsprachige Marketingforschung: Bestandsaufnahme und Perspektiven, Stuttgart 2000, S. 381–406.

Meffert, H./Burmann, C./Kirchgeorg (2008), Marketing: Grundlagen marktorientierter Unternehmensführung; Konzepte – Instrumente – Praxisbeispiele, 10. Aufl., Wiesbaden 2008.

Meffert, H./Dahlhoff, H. D. (1980), Kollektive Kaufentscheidungen und Kaufwahrscheinlichkeiten – Analysen und methodische Ergebnisse zu Basisproblemen der Käuferverhaltensforschung, in: *Gruner & Jahr AG & Co.* (Hrsg.), Hamburg 1980.

Meffert, J./Schneider, H./Krummenerl, M. (2004), Direktmarketing im Industriegüterbereich, in: *Backhaus, K./Voeth, M.* (Hrsg.), Handbuch Industriegütermarketing, Wiesbaden 2004, S. 723–748.

Meinig, W. (1995), SSI 1995 – Die Zufriedenheit von Zulieferunternehmen der deutschen Automobilindustrie – eine empirische Analyse, Bamberg 1995.

Melzer-Ridinger, R. (2007), Supply Chain Management: Prozess- und unternehmensübergreifendes Management von Qualität, Kosten und Liefertreue, München 2007.

Merbold, C. (1991), Marken-Wirkungen bei Investitionsgütern – psychologische Effizienz bei Kaufentscheidungen, in: Marktforschung & Management, 35. Jg., Nr. 3, 1991, S. 109–112.

Merbold, C. (1995), Die Investitionsgüter-Marke, in: Markenartikel, 57. Jg., Nr. 9, 1995, S. 414–417.

Mercedes-Benz AG (1995), Die Instrumente, in: Tandem-Journal, Nr. 1, 1. Quartal, 1995, S. 7.

Mertens, P./Bissantz, N./Hagedorn, J. (1997), Data Mining im Controlling – Überblick und erste Praxiserfahrungen, in: Zeitschrift für Betriebswirtschaft, 67. Jg., Nr. 2, 1997, S. 179–201.

Merz, A. (1992), Qualitätssicherungsvereinbarungen: Zulieferverträge, Vertragstypologie, Risikoverteilung, AGB-Kontrolle, Köln 1992.

Metschies, U. (1995), Rausholen was geht, in: Wirtschaftswoche, 49. Jg., Nr. 51, 1995, S. 110–112.

Meyer, M. (1996), Effektivität und Effizienz von industriellen Netzwerken, in: Marktforschung & Management, 40. Jg., Nr. 3, 1996, S. 90–95.

Meyer, M./Bartelt, A. (1999), Ökonomische Analyse von Vertrauen in Zuliefernetzwerken der Automobilindustrie, Arbeitspapier des Lehrstuhls für BWL und Marketing der Bayerischen Julius-Maximilians-Universität Würzburg, Würzburg 1999.

Meyer, M./Kern, E./Diehl, H. (1998), Geschäftstypologien im Investitionsgütermarketing – Ein Integrationsversuch, in: *Büschken, J./Meyer, A./Weiber, R.* (Hrsg.), Entwicklungen des Investitionsgütermarketing, Wiesbaden 1998, S. 117–178.

Milgrom, P./Roberts, J. (1992), Economics, Organization and Management, Englewood Cliffs/N.J. 1992.

Miracle, G. E. (1965), Product Characteristics and Marketing Strategy, in: Journal of Marketing, 29. Jg., Nr. 1, 1965, S. 18–24.

Mises, L. von (1940), Nationalökonomie: Theorie des Handelns und Wirtschaftens, Genf 1940.
Mitchell V.-W./Wilson D.F. (1998), Balancing Theory and Practice – A Global Perspective, in: Industrial Marketing Management, 27. Jg., Nr. 5, S. 429–445.
MMG (2006), http://www.mmg-propeller.de, Abruf am 14.05.2006.
Möhringer, S. (1998), Kompetenzkommunikation im Anlagengeschäft, Aachen 1998.
Möhrle, M. (1995), Prämarketing: Zur Markteinführung neuer Produkte, Wiesbaden 1995.
Möller, K./Wilson, D. T. (1995), Interaction and Network Approach to Business Marketing: A Review and Evaluation, in: Business Marketing: An Interaction and Network Perspective, 1995, S. 587–613.
Möller, K. E. (1981), Industrial Buying Behavior of Production Materials: A Conceptual Model and Analysis, Publications of the Helsinki School of Economics, Series B-54, Helsinki 1981.
Molter, W. (1986), Verzugsrisiken im Industrieanlagengeschäft – Risikoverteilung in Anbieterkonsortien, Berlin 1986.
Monse, K./Reimers, K. (1997), Interorganisationale Informationssysteme des elektronischen Geschäftsverkehrs (EDI) – Konstellationen und institutionelle Strukturen, in: *Sydow, J.* (Hrsg.), Management interorganisationaler Beziehungen: Vertrauen, Kontrolle und Informationstechnik, Opladen 1997, S. 71–92.
Moon, J./Tikoo, S. (2002), Buying decision approaches of organizational buyers and users, in: Journal of Business Research, 55. Jg., Nr. 4, 2002, S. 293–299.
Moorthy, K. S. (1985), Using Game Theory to Model Competition, in: Journal of Marketing Research, 22. Jg., Nr. 12, 1985, S. 26–282.
Moosmüller, A. (1997), Kulturen in Interaktion. Deutsche und US-amerikanische Firmenentsandte in Japan, Münster 1997.
Moriarty, R. T. (1980), Conceptual models of organizational buying behavior, Harvard Business School Working Papers, Boston/Mass. 1980.
Moriarty, R. T./Spekman, R. E. (1984), An Empirical Investigation of the Information Sources Used During the Industrial Buying Process, in: Journal of Marketing Research, 21. Jg., 1984, S. 137–147.
Morrill, J. E. (1964), Charting the Pay-off of Industrial Ads, in: Industrial Marketing, 49. Jg., 1964, S. 67–70.
Morrill, J. E. (1965), The Ultimate Judgement, Sales pay-off in Advertising, in: Industrial Marketing, 50. Jg., 1965, S. 87–91.
Morrill, J. E. (1970), Industrial Advertising Pays Off, in: Harvard Business Review, 48. Jg., March/April, 1970.
Morris, M. H./Berthon, P./Pitt, L. F. (1999), Assessing the Structure of Industrial Buying Centers with Multivariate Tools, in: Industrial Marketing Management, 28. Jg., 1999, S. 263–276.
Morris, M. H./Freedman, S. M. (1984), Coalitions in Organizational Buying, in: Industrial Marketing Management, 13. Jg., 1984, S. 123–132.
Moser, R./Topritzhofer, E. (1978), Gegengeschäfte – ein Systematisierungsversuch, in: Journal für Betriebswirtschaft, 28. Jg., Nr. 4, 1978, S. 190–195.
Mudambi, S. (2002), Branding importance in business-to-business markets – Three buyer clusters, in: Industrial Marketing Management, 31. Jg., 2002, S. 525–533.
Mühlfeld, K. S. (2004), Strategic Shifts between business types: A transaction cost theory – based approach supported by dyad simulation, Wiesbaden 2004.
Mühlfeld, K. (2007), Geschäftstypendynamik, in: *Büschken, J./Voeth, M./Weiber, R.* (Hrsg.), Innovationen für das Industriegütermarketing, Stuttgart 2007, S. 315–336.

Müller, E. (2004), Milliardengrab Einkauf, in: Manager Magazin, 34. Jg., Nr. 8, 2004, S. 54–59.

Müller, E. (2005), IT-Industrie: Der Softwarekrieg, in: Manager Magazin, Nr. 5, 2005, S. 92.

Müller, M. E. (1992), Wie steht's mit Partnerschaft und Marktmacht, in: Beschaffung Aktuell, Nr. 3, 1992, S. 23–28.

Müller, N. (1995), Marketingstrategien in High-Tech-Märkten: Typologisierung, Ausgestaltungsformen und Einflußfaktoren auf der Grundlage strategischer Gruppen, Frankfurt a. M. 1995.

Müller, U. (1985), Messen und Ausstellungen als expansive Dienstleistungen, Ifo-Sonderheft Nr. 141, Berlin 1985.

Murray, J. A./Blenkhorn, D. L. (1985), Organisational Buying Processes in North America and Japan, in: International Marketing Review, 2. Jg., Nr. 4, 1985, S. 55–63.

Naccarato, J. L./Neuendorf, K. A. (1998), Content Analysis as a Predictive Methodology: Recall, Readership, and Evaluations of Business-to-Business Print Advertising, 1998.

Nagashima, A. (1977), A Comparative "Made In" Product Image Survey Among Japanese Businessmen, in: Journal of Marketing, 41. Jg., Nr. 3, 1977, S. 95–100.

Nagel, B. (1992), Zulieferbeziehungen der Automobilindustrie und Wettbewerbsrecht der EG, in: Wirtschaft und Wettbewerb, Nr. 10, 1992, S. 818–829.

Nagel, K./Rasner, C. (1998), Herausforderung Kunde: neue Dimensionen der kunden- und marktorientierten Unternehmensführung, 3. Aufl., Landsberg/Lech 1998.

Nagl, A. (2006), Der Businessplan: Geschäftspläne professionell erstellen, 3. Aufl., Wiesbaden 2005.

Narayandas, D. (2005), Building Loyalty in Business Markets, in: Harvard Business Review, 83. Jg., Nr. 9, 2005, S. 131–139.

Naumann, E./Lincoln, D./McWillians, R. (1984), The Purchase of Components: Functional Areas of Influence, in: Industrial Marketing Management, 13. Jg., 1984, S. 186–199.

Neale, M. A./Northcraft, G. B. (1991), Behavioral Negotiation, in: *Bazerman, M. H./Lewicki, R. J./Sheppard, B. H.* (Hrsg.), Research on Negotiation in Organizations, 3. Aufl., London 1991, S. 203–230.

Nelson, P. (1970), Information and Consumer Behaviour, in: Journal of Political Economy, 78. Jg., 1970, S. 116–320.

Nelson, P. (1974), Advertising as Information, in: Journal of Political Economy, 82. Jg., 1974, S. 729–753.

Neuburger, R. (1997), Auswirkungen von EDI auf die zwischenbetriebliche Arbeitsteilung und Koordination – Eine transaktionskostentheoretische Analyse, in: Sydow, J. (Hrsg.), Management interorganisationaler Beziehungen: Vertrauen, Kontrolle und Informationstechnik, Opladen 1997, S. 49–70.

Nevitt, P. K./Fabozzi, F. J. (2000), Project Financing, 7. Auflage, London.

Nicklisch, F. (1984), Risiken bei Bau- und Anlagenverträgen aus rechtlicher Sicht – Besondere Vertragsstrukturen mit speziellen Risiken, in: *Nicklisch, F.* (Hrsg.), Bau- und Anlagenverträge – Risiken, Haftung, Streitbeilegung, Heidelberg 1984, S. 41–58.

Niedbal, M. (2005), Vorankündigung von Produktinnovationen, Wiesbaden 2005.

Niederauer, C. M. (2009), Messung von Zahlungsbereitschaften bei industriellen Dienstleistungen, Diss., Wiesbaden 2009.

Niederdrenk, R. (1996), Key Account-Manager sind in ihrer Arbeit oft auf sich alleine gestellt, in: Blick durch die Wirtschaft, 1996, S. 9.

Niederdrenk, R. (2001), Strategien für Zulieferunternehmen: Optionen für den Mittelstand, Wiesbaden 2001.

Nieschlag, R./Dichtl, E./Hörschgen, H. (2002), Marketing, 19. Aufl., Berlin 2002.

Niestroy, W. (2000), Kundenbindung im vertikalen Marketing: Das Beispiel der Tetra Pak GmbH, in: *Bruhn, M./Homburg, C.* (Hrsg.), Handbuch Kundenbindungsmanagement, 3. Aufl., Wiesbaden 2000, S. 711–733.

Nietsch, T. (1996), Erfahrungswissen in der computergestützten Angebotsbearbeitung, Wiesbaden 1996.

Nippa, M. (2005), Geschäftserfolg produktbegleitender Dienstleistungen durch ganzheitliche Gestaltung und Implementierung, in: *Lay, G./Nippa, M.* (Hrsg.), Management produktbegleitender Dienstleistungen: Konzepte und Praxisbeispiele für Technik, Organisation und Personal in serviceorientierten Industriebetrieben, Heidelberg 2005, S. 1–18.

Norris, D. G./McNeilly, K. M. (1995), The impact of environmental uncertainty and asset specificity on the degree of buyer-supplier commitment, in: Journal of Business-to-Business Marketing, 2. Jg., Nr. 2, 1995, S. 59–85.

novomind AG (2004), http://www.novomind.de, Abruf am 16.10.2004.

Nowak, M./Buhmann, M. (2001), E-Procurement-Strategien, in: Information Management & Consulting, 16. Jg., Nr. 4, 2001, S. 7–13.

Nua Internet Surveys (2002), eTForecasts: Global Net population on the rise, http://www.nua.com/surveys/?f=VS&art id=905358638&rel=true, Abruf am 05.01.2003.

o.V. (1973), Mediainformationen Fachzeitschriften, o.O. 1973.

o.V. (1978), Großanlagenbau, Vertriebsstrategie und ihre Kosten, in: Absatzwirtschaft, 21. Jg., Nr. 3, 1978, S. 36–44.

o.V. (1983), IBM's Personal Computer Swans and Industry, 1983.

o.V. (1984), Die Flucht nach vorn ergreifen, in: Wirtschaftswoche, 38. Jg., Nr. 15, 1984, S. 84–88.

o.V. (1987), PC-Software-Welt bleibt weiter offen, in: Computerwoche, Nr. 15, 1987, S. 7.

o.V. (1988), Der Anwender will Kommunikation in offenen Systemen, in: Handelsblatt v. 04.10.1988, 1988, S. 22.

o.V. (1989a), Iranische Wirtschaftsbeziehung bedroht, in: Frankfurter Allgemeine Zeitung v. 15.03.1989, 1989, S. 17.

o.V. (1989b), Keinen Zuschuß für Iran-Messe, in: Frankfurter Allgemeine Zeitung v. 16.03.1989, 1989, S. 17.

o.V. (1991a), Partner zwischen Produzent und Markt, in: Die Berliner Wirtschaft v. 15.02.1991, 1991, S. 19–21.

o.V. (1991b), Farbig, kabellos und leistungsfähiger, in: PC Magazin, Nr. 51/52, 1991, S. 59–66.

o.V. (1992), Compaq heizt der Konkurrenz ein: 36 Monate Garantie als Lockmittel für PC-Kunden, in: PC-Woche, Nr. 51/52, 1992, S. 17.

o.V. (1993), Der Teiletausch verdoppelt sich, in: Automobil-Produktion, Nr. 9, 1993, S. 28–34.

o.V. (1994), Messen sind ein gutes Stimmungsbarometer, in: Die Wirtschaft, 43. Jg., Nr. 14, 1994, S. 24.

o.V. (1995), 13 mittelständische Unternehmen: Verbundprojekt „Einkaufskooperation" war erfolgreich, in: Beschaffung aktuell, Nr. 11, 1995, S. 4.

o.V. (1996), Auf den Spuren der Zukunft, in: Manager Magazin, 26. Jg., 1996, S. 280–296.

o.V. (1997a), Automatisiertes Bestellwesen, in: Computerwoche, Nr. 14, 1997, S. 18.

o.V. (1997b), Ende der Kostenspirale in der Automatisierung, in: Beschaffung aktuell, Nr. 2, 1997, S. 60–61.

o.V. (1997c), Intelligente Zulieferstrategien werden zur Überlebensfrage, in: Handelsblatt v. 22.08.1997, 1997, S. 1.

o.V. (1998a), Blitz und Donner, in: Manager Magazin, 28. Jg., Nr. 10, 1998, S. 51–57.

o.V. (1998b), Verkehrte Welt, in: Der Spiegel, Nr. 26, 1998, S. 84–85.

o.V. (2005a), Günstig drucken, in: Color Foto, Nr. 10, 2005, S. 50–53.

o.V. (2005b), Mercedes-Benz ruft 1,3 Millionen Autos zurück, in: Frankfurter Allgemeine Zeitung, 2005, S. 13.

o.V. (2005c), Airbus aussortiert, http://www.manager-magazin.de, Abruf am 06.01.2005.

o.V. (2006), T-Com zeichnet Zulieferer aus, http://www.connect.de/home connect/news/ t com zeichnet zulieferer aus.76247.htm, Abruf am 08.06.2006.

o.V.(2008a), Hintergrund: Thema Middleware rückt zurück ins Rampenlicht, http://www.handelsblatt.com/technologie/it-internet/thema-middleware-rueckt-zurueck-ins-rampenlicht;1378230, Abruf am 24.07.2009.

o.V.(2008b), Hewlett-Packard: Übernahme wirbelt IT-Service-Markt durcheinander, http://www.handelsblatt.com/unternehmen/it-medien/uebernahme-wirbelt-it-service-markt-durcheinander;1429855, Abruf am 24.07.2009.

o.V. (2009a), Britain's lonely high-flier, in: The Economist v. 10. Januar 2009, S. 58-60.

o.V.(2009b), Infrastruktur für Applikationen: Oracle stellt Fusion Middleware 11 g vor, http://www.channelpartner.de/unternehmenundmaerkte/2020116/, Abruf am 24,07.2009.

Oess, A. (1994), Total Quality Management: die ganzheitliche Qualitätsstrategie, 3. Aufl., Nachdruck v. 1993, 1994.

Ogilvie, R. G. (1987), Strategische Marketingplanung im Investitionsgüterbereich, Landsberg/Lech 1987.

Ohmae, K. (2006), Macht der Triade, Sonderausgabe, Heidelberg 2006.

Oliveira Gomes, O. D. (1987), Angebotspreisfindung bei der konsortialen Vermarktung von Industrieanlagen, Diplomarbeit am Institut für Anlagen und Systemtechnologien, Münster 1987.

Ossadnik, W./Dorenkamp, A./Ellinghorst, A. (2001), Transaktionskosten bei Zulieferbeziehungen in der Automobilindustrie, in: Zeitschrift für Betriebswirtschaft, 71. Jg., Nr. 8, 2001, S. 869–891.

Osterloh, M./Frost, J. (2006), Prozessmanagement als Kernkompetenz, 5. Aufl., Wiesbaden 2006.

Oxenfeldt, A. R. (1966), Executive Action of Costs for Price Decision, in: Industrial Marketing Management, 6. Jg., 1966, S. 83–40.

Oxenfeldt, A. R. (1979), The Differential Method of Pricing, in: European Journal of Marketing, 13. Jg., 1979, S. 199–212.

Paliwoda, S. J./Bonaccorsi, A. J. (1993), Systems selling in the aircraft industry, in: Industrial Marketing Management, 22. Jg., Nr. 2, 1993, S. 155–160.

Pampel, J. (1993), Kooperation mit Zulieferern, Wiesbaden 1993.

Parasuraman, A. (1981), Hang On to the Marketing Concept! in: Business Horizons, 23. Jg., Sept./Oct., 1981, S. 38–40.

Parkinson, S. T. (1985), Factors Influencing Buyer-Seller Relationships in the Market for High Technology Products, in: Journal of Business Research, 13. Jg., Nr. 1, 1985, S. 49–60.

Parkinson, S. T./Baker, M. J. (1986), Organizational Buying Behavior: Purchasing and Marketing Management Implications, Houndsmills 1986.

Pascale, R.T. (1978), Communication and Decision Making Across Cultures: Japanese and American Comparisons, in: Administrative Science Quarterly, 23. Jg., Nr. 1, 1978, S. 91–110.

Patchen, M. (1974), The Locus and Basis of Influence on Organizational Decisions, 1974.

Patton, W. E. I. (1997), Individual and Joint Decision-Making in Industrial Vendor Selection, in: Journal of Business Research, 38. Jg., Nr. 2, 1997, S. 115–122.

Pechtl, H. (2003), Logik von Preissystemen, in: *Diller, H./Herrmann, A.* (Hrsg.), Handbuch Preispolitik, Wiesbaden 2003, S. 69–91.

Pennington, A. L. (1968), Customer-Salesman Bargaining Behavior in Retail Transactions, in: Journal of Marketing Research, 5. Jg., 1968, S. 255–262.

Pepels, W. (1999), Geschäftsarten im Business-to-Business-Marketing, in: *Pepels, W.* (Hrsg.), Business-to-Business-Marketing, Neuwied 1999, S. 159–175.

Perridon, L./Steiner, M. (2007), Finanzwirtschaft der Unternehmung, 14. Aufl., München 2007.

Peters, M. P./Venkatesan, M. (1973), Exploration of Variables Inherent in Adopting an Industrial Product, in: Journal of Marketing Research, 10. Jg., 1973, S. 312–315.

Pettigrew, A. M. (1975), The Industrial Purchasing Decision as a Political Process, in: European Journal of Marketing, 9. Jg., 1975, S. 4–19.

Pfeifer, T. (2001), Qualitätsmanagement: Strategien, Methoden, Techniken, 3. Aufl., München/Wien 2001.

Pfeiffer, W. (1965), Absatzpolitik bei Investitionsgütern der Einzelfertigung, Stuttgart 1965.

Pfeiffer, W./Bischof, P. (1974), Investitionsgüterabsatz, in: *Tietz, B.* (Hrsg.), Handwörterbuch der Absatzwirtschaft, Stuttgart 1974, S. 918–938.

Pflaum, D./Piepenstock, K. (1997), Öffentlichkeitsarbeit in der Unternehmung, Landsberg/Lech 1997.

Pfohl, H.-C. (2000), Logistiksysteme: betriebswirtschaftliche Grundlagen, 6. Aufl., Berlin et al. 2000.

Pfohl, H.-C. (2004), Logistiksysteme: betriebswirtschaftliche Grundlagen, 7. Aufl., Berlin et al. 2004.

Pförtsch, W./Müller, I. (2006), Die Marke in der Marke – Bedeutung und Macht des Ingredient Branding, Stuttgart et al. 2006.

Pförtsch, W./Schmid, M. (2005), B2B-Markenmanagement, München 2005.

Picot, A./Buttermann, A./Heger, D. K. (2001), Elektronischer Handel – Wandel unter Marktorganisations- und Wettbewerbsgesichtspunkten, in: *Donges, J. B./Eekhoff, J.* (Hrsg.), E-Commerce und Wirtschaftspolitik, Stuttgart 2001, S. 9–27.

Picot, A./Dietl, H. (1990), Transaktionskostentheorie, in: Wirtschaftswissenschaftliches Studium, 19. Jg., Nr. 4, 1990, S. 178–184.

Picot, A./Reichwald, R./Nippa, M. (1988), Zur Bedeutung der Entwicklungsaufgabe für die Entwicklungszeit – Ansätze für die Entwicklungszeitgestaltung, in: Zeitschrift für betriebswirtschaftliche Forschung, 40. Jg., Nr. 23 (Sonderheft), 1988, S. 112–137.

Piller, F. T. (2003a), Mass Customization, 3. Aufl., Wiesbaden 2003.

Piller, F. T. (2003b), Individualisierung ist nicht genug, in: *Piller, F./Stotko, C. M.* (Hrsg.), Mass Customization und Kundenintegration – Neue Wege zum innovativen Produkt, Düsseldorf, S. 29–42.

Pilling, B. K./Crosby, L. A./Jackson, D. W. (1994), Relational Bonds in Industrial Exchange: An Experimental Test of the Transaction Cost Economic Framework, in: Journal of Business Research, 30. Jg., Nr. 3, 1994, S. 237–251.

Pinkley, R. (1990), Dimensions of conflict frame: Disputant interpretations of conflict, in: Journal of Applied Psychology, 75. Jg., 1990, S. 117–126.

Pinnells, J./Eversberg, A. (2003), Internationale Kaufverträge optimal gestalten: Leitfaden mit zahlreichen Musterklauseln, 2. Aufl., Wiesbaden 2003.

Piontek, J. (1997), Global sourcing, München 1997.

Piore, M. J./Sabel, C. F. (1984), The Second Industrial Divide: Possibilities for Prosperity, New York 1984.

Piore, M. J./Sabel, C. F. (1989), Das Ende der Massenproduktion: Studie über die Requalifizierung der Arbeit und die Rückkehr der Ökonomie in der Gesellschaft, Frankfurt a. M. 1989.

Platzek, T. (1998), Selektion von Informationen über Kundenzufriedenheit, Diss., Wiesbaden 1998.

Plinke, W. (1986a), Information Processing Behavior in Industrial Selling, in: *Backhaus, K./Wilson, D.* (Hrsg.), Industrial Marketing. A German-American Perspective, Berlin et al. 1986, S. 71–87.

Plinke, W. (1986b), Erlösplanung im industriellen Anlagengeschäft, Wiesbaden 1986.

Plinke, W. (1989), Die Geschäftsbeziehung als Investition, in: *Specht, G./Silberer, G./Engelhardt, W. H.* (Hrsg.), Marketing-Schnittstellen, Stuttgart 1989, S. 305–326.

Plinke, W. (1991), Investitionsgütermarketing, in: Marketing – Zeitschrift für Forschung und Praxis, 13. Jg., Nr. 3, 1991, S. 172–177.

Plinke, W. (1992a), Fallgruben der Kundenorientierung überspringen, in: Absatzwirtschaft, 35. Jg., Nr. 3, 1992, S. 97–101.

Plinke, W. (1992b), Ausprägungen der Marktorientierung im Investitionsgüter-Marketing, in: Zeitschrift für betriebswirtschaftliche Forschung, 44. Jg., Nr. 9, 1992, S. 830–846.

Plinke, W. (1995), Kundenanalyse, in: *Tietz, B./Köhler, R./Zentes, J.* (Hrsg.), Geschäftsbeziehungsmanagement, Stuttgart 1995, S. 1328–1340.

Plinke, W. (1997a), Grundlagen des Geschäftsbeziehungsmanagements, in: *Plinke, W./Kleinaltenkamp, M.* (Hrsg.), Geschäftsbeziehungsmanagement im Technischen Vertrieb, Berlin et al. 1997, S. 1–62.

Plinke, W. (1997b), Bedeutende Kunden, in: *Kleinaltenkamp, M./Plinke, W.* (Hrsg.), Geschäftsbeziehungsmanagement im Technischen Vertrieb, Berlin et al. 1997, S. 113–158.

Plinke, W. (1998), Erlösgestaltung im Projektgeschäft, in: *Kleinaltenkamp, M./Plinke, W.* (Hrsg.), Auftrags- und Projektmanagement, Berlin et al. 1998, S. 117–159.

Plinke, W. (1999), Grundzüge des industriellen Marketing, unveröffentlichtes Manuskript, Berlin 1999.

Plinke, W. (2000a), Grundlagen des Marktprozesses, in: *Kleinaltenkamp, M./Plinke, W.* (Hrsg.), Technischer Vertrieb: Grundlagen des Business-to-Business Marketing, 2. Aufl., Berlin et al. 2000, S. 3–100.

Plinke, W. (2000b), Grundkonzeption des industriellen Marketing-Managements, in: *Kleinaltenkamp, M./Plinke, W.* (Hrsg.), Technischer Vertrieb: Grundlagen des Business-to-Business Marketing, 2. Aufl., Berlin et al. 2000, S. 101–170.

Plinke, W./Fließ, S. (1986), Das industrielle Kaufverhalten I+II, Technischer Vertrieb (TV) Lehrbrief, Projektgruppe Technischer Vertrieb an der FU Berlin, Berlin 1986.

Plinke, W./Söllner, A. (2006), Preisgestaltung im Produktgeschäft, in: *Kleinaltenkamp, M.* (Hrsg.), Markt- und Produktmanagement, 2. Aufl., Wiesbaden et al. 2006, S. 709–770.

Plötner, O. (1992), Bedeutung des Kundenvertrauens im Systemmarketing, in: Marktforschung & Management, 36. Jg., Nr. 1, 1992, S. 75–79.

Plötner, O. (1995), Das Vertrauen des Kunden – Relevanz, Aufbau und Steuerung auf industriellen Märkten, Wiesbaden 1995.

Pohl, A. (1996), Leapfrogging bei der Adoption technologischer Innovationen: Ein Erklärungsansatz auf Basis der Theorie des wahrgenommenen Risikos, Trier 1996.

Porter, M. E. (1980), Competitive Strategy. Techniques for Analyzing Industries and Competitors, New York 1980.

Porter, M. E. (2008), Wettbewerbsstrategie: Methoden zur Analyse von Branchen und Konkurrenten (Competitive Strategy), 11. Aufl., Frankfurt a. M. et al. 2008.

Porter, M. E. (2000), Wettbewerbsvorteile: Spitzenleistungen erreichen und behaupten (Competitive Advantage), 6. Aufl., Frankfurt et al. 2000.

Pott, P. (1984), Kofinanzierung der Weltbank mit Geschäftsbanken, in: Die Bank, Nr. 45, 1984, S. 304–311.

Preißler, P. R. (2000), Controlling: Lehrbuch und Intensivkurs, 12. Aufl., München et al. 2000.
Preß, B. (1997), Kaufverhalten in Geschäftsbeziehungen, in: *Kleinaltenkamp, M./Plinke, W.* (Hrsg.), Geschäftsbeziehungsmanagement, Berlin/Heidelberg 1997, S. 63–111.
Preukschat, U. D. (1993), Vorankündigung von Neuprodukten, Wiesbaden 1993.
Priemer, V. (2000), Bundling im Marketing: Potentiale – Strategien – Käuferverhalten, Frankfurt a. M. 2000.
Priemer, V. (2003), Preisbündelungen, in: *Diller, H./Herrmann, A.* (Hrsg.), Handbuch Preispolitik, Wiesbaden 2003, S. 503–519.
Priemer, W. (1970), Produktvariation als Instrument des Marketing, 1970.
Prigge, J.-K. (2008), Gestaltung und Auswirkungen von Produkteliminationen im Business-to-Business-Umfeld: Eine empirische Betrachtung aus Anbieter- und Kundensicht, Wiesbaden 2008.
Pritchard, D. (1984), Swap financing techniques, 1984.
Projektgruppe Bos Digitalfunk Aachen (2005), http://pilotprojekt.digitalfunk-aachen.de, Abruf am 13.10.2005, 2005.
Pruitt, D. G. (1981), Negotiation Behavior, New York et al. 1981.
Pruitt, D. G./Drews, J. L. (1969), The Effect of Time Pressure, Time Elapsed, and the Opponent's Concession Rate on Behavior in Negotiation, in: Journal of Experimental Social Psychology, 5. Jg., Nr. 1, 1969, S. 43–60.
Puri, S. J./Korgaonkar, P. (1991), Couple the Buying and Selling Teams, in: Industrial Marketing Management, 20. Jg., 1991, S. 311–318.
Puschmann, T./Alt, R./Österle, H. (2001), Best Practices im E-Procurement, in: Information Management&Consulting, 16. Jg., Nr. 4, 2001, S. 20–30.
Putnam, L. L./Jones, T. S. (1982), Reciprocity in Negotiations: An Analyses of Bargaining Interaction, in: Communication Monographs, 49. Jg., 1982, S. 171–191.
Püttmann, M. (1993), Das Management von Sponsoring, in: *Berndt, R./Hermanns, A.* (Hrsg.), Handbuch der Marketing-Kommunikation, Wiesbaden 1993, S. 649–669.
Putzmeister AG (2006), http://www.putzmeister.de, Abruf am 03.07.2006.
Raff, T. (2000), Systemgeschäft und Integralqualitäten: Informationsökonomische Fundierung und empirische Prüfung am Beispiel der Fertigungsautomatisierung, Diss., Wiesbaden 2000.
Ram, S. (1987), A model of innovation resistance, in: Advances in Consumer Research, 14. Jg., 1987, S. 208–212.
Rasche, C./Wolfrum, B. (1994), Ressourcenorientierte Unternehmensführung, in: Die Betriebswirtschaftslehre, 54. Jg., Nr. 4, 1994, S. 501–517.
Rau, H. (1996), Benchmarking: Die Fehler in der Praxis, in: Harvard Business Manager, 18. Jg., Nr. 4, 1996, S. 21–25.
Rayport, J. F./Sviokla, J. J. (1996), Die virtuelle Wertschöpfungskette – kein fauler Zauber, in: Harvard Business Manager, 18. Jg., Nr. 2, 1996, S. 104 -113.
Reckenfelderbäumer, M. (2004), Prozessmanagement bei industriellen Dienstleistungen, in: *Backhaus, K./Voeth, M.* (Hrsg.), Handbuch Industriegütermarketing. Strategien – Instrumente – Anwendungen, Wiesbaden 2004, S. 649–676.
Reckenfelderbäumer, M. (2007), Kostenbasierte Preisfindung im Anlagengeschäft, in: *Büschken, J./Voeth, M./Weiber, R.* (Hrsg.), Innovationen für das Industriegütermarketing, Stuttgart 2007, S. 425–441.
Reeder, R. R./Brierty, E. G./Reeder, B. H. (1991), Industrial Marketing. Analysis, Planning, and Control, 2. Aufl., Englewood Cliffs/N.J. 1991.
Reeves, R. (1963), Werbung ohne Mythos – Reality in Advertising? München 1963.

Rehder, R. R. (1965), Communication and Opinion Formation in a Medical Community. The Signature of the Detail Man, in: Alpe Adria Microbiology Journal, 8. Jg., Nr. 4, 1965, S. 282–291.

Reichheld, F. F./Sasser, W. E. (1990), Zero Defections: Quality comes to Services, in: Harvard Business Review, 68. Jg., Nr. 5, 1990, S. 105–111.

Reichmann, T. (2001), Controlling mit Kennzahlen und Managementberichten: Grundlagen einer systemgestützten Controlling-Konzeption, 6. Aufl., München 2001.

Reinartz, W./Krafft, M. (2001), Überprüfung des Zusammenhangs von Kundenbindungsdauer und Kundenertragswert, in: Zeitschrift für Betriebswirtschaft, Nr. 11, 2001, S. 1263–1281.

Reinecke, S./Tomczak, T. (1994), Kostenmanagement in der Marktforschung, in: *Tomczak, T./Reinecke, S.* (Hrsg.), Marktforschung, St. Gallen 1994, S. 42–52.

Reinelt, G. R. (2002), Multimediale Beschaffungsmarktforschung, in: *Hahn, D./Kaufmann, L.* (Hrsg.), Handbuch Industrielles Beschaffungsmanagement, 2. Aufl., Wiesbaden 2002, S. 453–474.

Reiner, N. (2002), Preismanagement im Anlagengeschäft – ein entscheidungsorientierter Ansatz zur Angebotspreisbestimmung, Wiesbaden 2002.

Reinkemeier, C. (1998), Systembindungseffekte bei der Beschaffung von Informationstechnologien. Der Markt für PPS-Systeme, Wiesbaden 1998.

Reinmuth, J./Barnes, J. (1975), A Strategic Competitive Bidding Approach to Pricing Decisions for Petroleum Industry Doiling Contractors, in: Journal of Marketing Research, 12. Jg., 1975, S. 363–365.

Reiß, M. (1992), Unternehmensübergreifende Integration, in: Zeitschrift für betriebswirtschaftliche Forschung, 44. Jg., Nr. 30 (Sonderheft), 1992, S. 119–147.

Remmel, M. (1993), Veränderungen behutsam vollziehen, in: Automobil-Produktion, Nr. 4, 1993, S. 40.

Remy, W. (1994), Risiko-Management als Instrument im internationalen Anlagen-Marketing, in: Die Betriebswirtschaft, 54. Jg., Nr. 1, 1994, S. 25–40.

Rese, M. (1993), Technische Normen und Wettbewerbsstrategie: wettbewerbsstrukturelle Implikationen einer Harmonisierung (sicherheits-)technischer Vorschriften, dargestellt am Beispiel der Aufzugindustrie, Berlin et al. 1993.

Rese, M. (1999), Anbietergruppen in Märkten: Eine ökonomische Analyse, Berlin 1999.

Ricardo, D. (2006), Über die Grundsätze der Politischen Ökonomie und der Besteuerung; vollständige deutsche Fassung der englischen Standardausgabe aus dem Jahr 1819, in: *Krurz, H. D./Gehrke, C.* (Hrsg.), 2. Aufl., Marburg 2006.

Richter, H.-P. (2001), Investitionsgütermarketing: Business-to-Business-Marketing von Industriegüterunternehmen, München 2001.

Richter, W. (1992), Die kombinierte Auslagerungs- und Verbundstrategie im industriellen Zulieferwesen, Köln 1992.

Riebel, P. (1964), Die Preiskalkulation auf der Grundlage von „Selbstkosten" oder von relativen Einzelkosten und Deckungsbeiträgen, in: Zeitschrift für betriebswirtschaftliche Forschung, 16. Jg., 1964, S. 549–612.

Riebel, P. (1965), Typen der Markt- und Kundenproduktion in produktions- und absatzwirtschaftlicher Sicht, in: Zeitschrift für betriebswirtschaftliche Forschung, 17. Jg., 1965, S. 663–685.

Riebel, P. (1974), Systemimmanente und anwendungsbedingte Gefahren von Differenzkosten und Deckungsbeitragsrechnung, in: Betriebswirtschaftliche Forschung und Praxis, 26. Jg., 1974, S. 493–529.

Rieger, J. (1996), Sponsoring im Investitionsgüterbereich, Wiesbaden 1996.

Rieken, L. (1995), Die situative Gestaltung des Materialflusses zwischen Zulieferer und Abnehmer: dargestellt am Beispiel der deutschen Automobilindustrie, Köln 1995.

Ries, A./Trout, J. (2001), Positioning: the battle for your mind, 20. Aufl., New York/N.Y. 2001.

Righetti, C. (1997), Das Ehrenberg-Modell zur Prognose des Wiederkäuferverhaltens: eine empirische Überprüfung bei Produkten des täglichen Bedarfs, Giessen 1997.

Riordan, E. A./Oliver, R. L./Donnely, J. H. (1977), The Unsold Prospect: Dyadic and Attitudinal Determinants, in: Journal of Marketing, 59. Jg., Nr. 1, 1977, S. 83–47.

Ritter, T. (1998), Innovationserfolg durch Netzwerk-Kompetenz, Wiesbaden 1998.

Robert Bosch GmbH (2005), Einkaufs- und Logistikleitlinien der Bosch-Gruppe, http://purchasing.bosch.com/de/start/Allgemeines/GemeinsameLeitlinien/fl index.htm, Abruf am 07.12.2005, 2005.

Robinson, P. J./Faris, C. W./Wind, Y. (1967), Industrial Buying and Creative Marketing, Boston/Mass. 1967.

Robinson, P. J./Stidsen, B. (1967), Personal Selling in a Modern Perspective, Boston/Mass. 1967.

Rohde, H. H. (1994), System-Marketing für CIM, Frankfurt a. M. 1994.

Rolfes, L. (2007): Die Rolle des Verwenders im Buying-Center: das Beispiel der Beschaffung und Vermarktung biotechnologischer Verbrauchsprodukte, Wiesbaden 2007.

Römhild, W. (1997), Preisstrategien bei Ausschreibungen, Berlin 1997.

Ronacher, E. (1978), Gegengeschäfte, unveröffentlichte Diplomarbeit an der Wirtschaftsuniversität Wien, Wien 1978.

Ronchetto, J. R./Hutt, M. D./Reingen, P. H. (1989), Embedded Influence Patterns on Organizational Buying Systems, in: Journal of Marketing, 53. Jg., Oct., 1989, S. 51–62.

Rosenberg, L. J. (1981), Marketing, 2. Aufl., Englewood Cliffs/N.J. 1981.

Rosenstiel, L. von (2007), Grundlagen der Organisationspsychologie, 6. Aufl., Stuttgart 2007.

Rössl, D. (1996), Selbstverpflichtung als alternative Koordinationsform von komplexen Austauschbeziehungen, in: Zeitschrift für betriebswirtschaftliche Forschung, 48. Jg., Nr. 4, 1996, S. 311–334.

Roth, G. D. (1981), Messen und Ausstellungen verkaufswirksam planen und durchführen, Landsberg/Lech 1981.

Röttgen, W.-A. (1980), Produktvariation als Marketing-Strategie zur Erhaltung des Angebotserfolges, Köln 1980.

Röver, J.-H. (2001), Projektfinanzierung, in: *Siebel, U. R.* (Hrsg.), Handbuch Projekte und Projektfinanzierung, München 2001, S. 153–250.

Rowe, M. (1997), Countertrade, 2. Aufl., London 1997.

Rowe, M./Alexander, I. (1968), Selling Industrial Products, London 1968.

Rudolph, M. (1989), Mehrstufiges Marketing für Einsatzstoffe: Anwendungsvoraussetzungen und Strategietypen, Frankfurt a. M. et al. 1989.

Saab, S. (2007), Commitment in Geschäftsbeziehungen, Diss., Wiesbaden 2007.

Sabisch, H. (1994), Ständige Verbesserung von Marketingprozessen durch Benchmarking, in: *Belz, C./Schögel, M./Kramo, M.* (Hrsg.), Fachbuch für Marketing, Thexis: Lean Management und Lean Marketing, St. Gallen 1994.

Sabisch, H./Tintelnot, C. (1997), Integriertes Benchmarking für Produkte und Produktentwicklungsprozesse, Berlin 1997.

Sachs, W. S./Benson, G. (1978), Is It Time to Discard the Marketing Concept? in: Business Horizons, 21. Jg., Aug., 1978, S. 68–74.

Saghafi, M. M./Puig, R. (1997), Evaluation of Foreign Products by US International Industrial Buyers, in: Journal of Business & Industrial Marketing, 12. Jg., Nr. 5, 1997, S. 323–338.

Salminen, R. T./Möller, K. (2006), Role of References in Business Marketing – Towards a Normative Theory of Referencing, in: Journal of Business-to-Business-Marketing, 13. Jg., Nr. 1, 2006.

Sandig, C. (1966), Betriebswirtschaftspolitik, 2. Aufl., Stuttgart 1966.

Sandstede, C. (2009), Verhandlungen unter Unsicherheit auf Industriegütermärkten, unveröffentlichte Diss., Stuttgart 2009.

Sandulescu, S. (2007), Hemnisse bei Nachfragerbündelungen auf Business-to-Consumer-Märkten, Diss., Hamburg 2007.

Sartoris, F. (1986), Exportmotor, in: Industriemagazin extra, 1986, S. 45–46.

Sattler, H./Nitschke, T. (2003), Ein empirischer Vergleich von Instrumenten zur Erhebung von Zahlungsbereitschaften, in: Zeitschrift für betriebswirtschaftliche Forschung, 55. Jg., Nr. 6, 2003, S. 364–381.

Sattler, H./PriceWaterhouseCoopers (2001), Praxis von Markenbewertung und Markenmanagement in Deutschen Unternehmen, in: *PriceWaterHouseCoopers* (Hrsg.), Industriestudie, 2. Aufl., Frankfurt 2001, S. 1–19.

Sawhney, M. S. (1998), Commentary on Leveraged High-Variety Strategies: From Portfolio Thinking to Platform Thinking, in: Journal of the Academy of Marketing Science, 26. Jg., Nr. 1, 1998, S. 54–61.

Schade, C./Schott, E. (1993), Instrumente des Kontraktgütermarketing, in: Die Betriebswirtschaft, 53. Jg., Nr. 4, 1993, S. 491–511.

Schärf Büromöbel GmbH (2005), http://www.schaerf-office.com, Abruf am 15.02.2006.

Schaub, B. (1991), Der Konsortialvertrag: unter besonderer Berücksichtigung des Industrieanlagenbaus, Heidelberg 1991.

Schaumann, U. W. (1987), Schwache Produkte im Sortiment – was tun? Zürich 1987.

Schein, E. H. (1995), Unternehmenskultur – Ein Handbuch für Führungskräfte, Frankfurt a. M. et al. 1995.

Schenk, M. (1984), Soziale Netzwerke und Kommunikation, NLTübingen 1984.

Schenk, M. (1995), Soziale Netzwerke und Massenmedien: Untersuchungen zum Einfluß der persönlichen Kommunikation, Tübingen 1995.

Scherer, K./Grinewitschus, V. (2002), Das intelligente Haus: neue Nutzeffekte durch integrierende Vernetzung im Bereich Wohnen und Arbeiten, in: NetWorlds, VDE Kongress 2002, Band 1, S. 153–159.

Scheuch, F. (1975), Investitionsgüter-Marketing, Opladen 1975.

Schill, J. (1988), Finanzielle Beziehungen, Vertrags- und Kooperationsformen beim Industriegüter-Export aus der Bundesrepublik Deutschland, Kiel 1988.

Schinzer, H./Thome, R. (1999), Extensible Markup Language, in: Das Wirtschaftsstudium (WISU), 28. Jg., Nr. 2, 1999, S. 208–215.

Schirm, K./Sattler, H. (1999), Der Einfluss von Marken auf die Glaubwürdigkeit von Produkt-Vorankündigungen. Ein internationaler empirischer Vergleich, in: Zeitschrift für Betriebswirtschaft, Nr. 2, 1999, S. 63–87.

Schlender, B. R./Carroll, P. B. (1986), IBM and Intel to Announce Technology-Swapping Pact, 1986.

Schmäh, M. (1999), Anarbeitungsleistung als Marketinginstrumente im Technischen Handel, Wiesbaden 1999.

Schmäh, M./Erdmeier, P. (1997), Sechs Jahre „Intel inside", in: Absatzwirtschaft, 40. Jg., Nr. 11, 1997, S. 122–129.

Schmalensee, R. (1984), Gaussian Demand and Commodity Bundling, in: Journal of Business, 57. Jg., Nr. 1, 1984, S. 211–230.

Schmauß, A. (1997), Konzepte zur Anfragenselektion – ein kritischer Vergleich, Diplomarbeit am Betriebswirtschaftlichen Institut für Anlagen und Systemtechnologien, Münster 1997.

Schmelzer, H. J./Buttermilch, K.-H. (1988), Reduzierung der Entwicklungszeiten in der Produktentwicklung als ganzheitliches Problem, in: Zeitschrift für betriebswirtschaftliche Forschung, 40. Jg., Nr. 23 (Sonderheft), 1988, S. 43–73.

Schmid, K.-H. (1996), Verträge, die den Rahmen bilden, in: Beschaffung aktuell, Nr. 4, 1996, S. 23–25.

Schmidt, D./Krafft, M. (2005), Delegation von Preiskompetenz an Verkaufsaußendienstmitarbeiter, in: *Diller, H.* (Hrsg.), Pricing- Forschung in Deutschland, Nürnberg 2005, S. 17–28.

Schmidt, I./Eßler, S. (1992), Die Rolle des Markenartikels im marktwirtschaftlichen System, in: *Dichtl, E./Eggers, W.* (Hrsg.), Marke und Markenartikel als Instrumente des Wettbewerbs, München 1992, S. 47–69.

Schmidt, W. (1997), Referenzanlagen in Deutschland fehlen, in: Handelsblatt v. 09.04.1997, 1997, S. B11.

Schmitz-Hübsch, E. (1992), Computer Aided Selling, Landsberg/Lech 1992.

Schneider, D. (2002), Multi-Kanal-Management: Der Kunde im Netzwerk der Handelsunternehmung, in: *Ahlert, D./Becker, J., et al.* (Hrsg.), Customer Relationship Management im Handel: Strategien – Konzepte – Erfahrungen, Berlin et al. 2002, S. 31–44.

Schneider, D. J. G./Müller, R. U. (1989), Datenbankgestützte Marktselektion – Eine methodische Basis für Internationalisierungsstrategien, Stuttgart 1989.

Schneider, U. (2003), Preisänderung und Repositionierung, in: *Diller, H./Herrmann, A.* (Hrsg.), Handbuch Preispolitik, Wiesbaden 2003, S. 93–114.

Schober, P. M. (1988), Messen&Ausstellungen: Teilnehmen oder wegbleiben? Eine kleine Entscheidungs-Hilfe, in: Marketing Journal, 21. Jg., Nr. 4, 1988, S. 400–402.

Schoch, R. (1969), Der Verkaufsvorgang als sozialer Interaktionsprozeß: Eine theoretische und empirische Untersuchung des Verhaltens von Käufern und Verkäufern in der Verkaufssituation, dargestellt am Beispiel des Verkaufs eines Investitionsgutes (Registrierkassen), Winterthur 1969.

Schögel, M. (2001), Multichannel Marketing – Erfolgreich in mehreren Vertriebswegen, Zürich 2001.

Schon, D. A. (1963), Champions for Radical New Inventions, in: Harvard Business Review, 41. Jg., 1963, S. 77–86.

Schoop, M./Köhne, F./Ostertag, K. (2008), Communication Quality in Business Negotiations, in: Group Decision and Negotiation (online), http://springerlink.metapress.com/content/133366u388568529, veröffentlicht am 12.08.2008.

Schoop, M./Köhne, F./Staskiewicz, D. (2006), An Empirical Study on the Use of Communication Media in Electronic Negotiations, Proceedings of the Group Decision and Negotiation Conference, Karlsruhe 2006.

Schoop, M./Quix, C. (2001), Dot.Com: A Framework for Effective Negotiation Support in Electronic Marketplaces, in: Computer Networks, Nr. 37, 2001, S. 153–170.

Schranner, M. (2007a), Der Verhandlungsführer: Strategien und Taktiken, die zum Erfolg führen, 3. Aufl., München 2007.

Schranner, M. (2007b), Verhandeln im Grenzbereich: Strategien und Taktiken für schwierige Fälle, 7. Aufl., München 2007.

Schulte-Althoff, M. (1992), Projektfinanzierung: ein kooperatives Finanzierungsverfahren aus Sicht der Anreiz-Beitrags-Theorie und der Neuen Institutionenökonomik, Münster et al. 1992.

Schulze, P. (2005), Marketing hat ein Image-Problem, in: Absatzwirtschaft, 48. Jg., Nr. 4, 2005, S. 70f.

Schumann, J./Meyer, U./Ströbele, W. (1999), Grundzüge der mikroökonomischen Theorie, 7. Aufl., Berlin et al. 1999.

Schuster, F. (1979), Gegen- und Kompensationsgeschäfte als Marketing-Instrument im Investitionsgüterbereich, Berlin 1979.

Schuster, F. (1988), Countertrade professionell, Barter-, Offset- und Switchgeschäfte im globalen Markt, Wiesbaden 1988.

Schütze, R. (1994), Kundenzufriedenheit: After-Sales-Marketing auf industriellen Märkten, Wiesbaden 1994.

Schwanfelder, W. (1989), Internationale Anlagengeschäfte, Wiesbaden 1989.

Schweiger, G./Schrattenecker, G. (2001), Werbung: eine Einführung, 5. Aufl., Stuttgart 2001.

Schwetje, G./Vaseghi, S. (2006), Der Businessplan, 2. Aufl., Berlin et al. 2006.

Seewöster, T. (2006), Controlling von Life Cycle Cost- Verträgen produzierender Dienstleister, Münster 2006.

Sei, S. (1992), Kontrolle von Qualität und Kosten in japanischen Abnehmer-Zulieferer-Beziehungen – Ein Vergleich zu westlichen Ländern, in: *Deiß, M./Döhl, V.* (Hrsg.), Vernetzte Produktion: Automobilzulieferer zwischen Kontrolle und Autonomie, Institut für Sozialwissenschaftliche Forschung, München 1992, S. 441–471.

Seidenschwarz, W. (2003), Target Costing, in: *Diller, H./Herrmann, A.* (Hrsg.), Handbuch Preispolitik, Wiesbaden 2003, S. 437–453.

Seidenschwarz, W./Niemand, S. (1994), Zuliefererintegration im marktorientierten Zielkostenmanagement, in: Controlling, 6. Jg., Nr. 5, 1994, S. 262–271.

Seifert, H./Steiner, M. (1995), F+E: Schneller, schneller, schneller, in: Harvard Business Manager, 17. Jg., Nr. 2, 1995, S. 16–22.

Sekuler, R./Blake, R. (1985), Perception, New York/N.Y. 1985.

Selinski, H./Sperling, U. A. (1995), Marketinginstrument Messe: Arbeitsbuch für Studium und Praxis, Köln 1995.

Selnes, F./Grønhaug, K. (2000), Effects of Supplier Reliability and Benevolence in Business Marketing, in: Journal of Business Research, 49. Jg., Nr. 3, 2000, S. 259–271.

Senn, E. (1997), Schindler – Wandel vom Maschinenbauer zum Dienstleistungsunternehmen, in: *Belz, C.* (Hrsg.), Industrie als Dienstleister, St. Gallen 1997, S. 282–283.

Shapiro, B. P. (1988), What the Hell is 'Market Oriented'? in: Harvard Business Review, 66. Jg., Nov./Dec., 1988, S. 119–125.

Shapiro, B. P./Jackson, B. B. (1978), Industrial pricing to meet customer needs, in: Harvard Business Review, 56. Jg., Nov./Dec., 1978, S. 119–127.

Sheth, J. N. (1975), Buyer-Seller Interaction: A Conceptual Framework, in: Advances in Consumer Research, 3. Jg., 1975, S. 382–386.

Sheth, J. N. (1996), Development, Management and Governance of Relationship, Humboldt-Universität, Berlin 1996.

Sheth, J. N./Sharma, A. (1973), A Model of Industrial Buyer Behavior, in: Journal of Marketing, 37. Jg., Oct., 1973, S. 50–56.

Sheth, J. N./Sharma, A. (1997), Supplier Relationships: Emerging Issues and Challenges, in: Industrial Marketing Management, 26. Jg., 1997, S. 91–100.

Sibbel, R./Hartmann, F. (2002), Potenziale elektronischer Marktplätze für das Beschaffungsmanagement, in: Wirtschaftswissenschaftliches Studium, 31. Jg., Nr. 9, 2002, S. 497–503.
Sichtmann, C. (2005), Erwartungsmanagement bei innovativen Kommunikationsdiensten: Eine institutionenökonomische Analyse, Wiesbaden 2005.
Siebel, U. R. (2001), Einleitung, in: *Siebel, U. R.* (Hrsg.), Handbuch Projekte und Projektfinanzierung, München 2001, S. 1–22.
Sieben, F. (2001), Customer Relationship Management als Schlüssel zur Kundenzufriedenheit, in: *Homburg, C.* (Hrsg.), Kundenzufriedenheit. Konzepte – Methoden – Erfahrungen, 4. Aufl., Wiesbaden 2001, S. 295–314.
Siegwart, H. (1974), Produktentwicklung in der industriellen Unternehmung, Bern 1974.
Siepert, H.-M. (1987), Multinationale Anbietergemeinschaften in der Exportfinanzierung, in: *Backhaus, K./Siepert, H.-M.* (Hrsg.), Auftragsfinanzierung im industriellen Anlagengeschäft, Stuttgart 1987, S. 145–162.
Simon, H. (1988), Schaffung und Verteidigung von Wettbewerbsvorteilen, in: *Simon, H.* (Hrsg.), Wettbewerbsvorteile und Wettbewerbsfähigkeit, Stuttgart 1988, S. 1–17.
Simon, H. (1989a), Markteintrittsbarrieren, in: *Macharzina, K./Welge, M. K.* (Hrsg.), Handwörterbuch Export und internationale Unternehmung, Stuttgart 1989, S. 1441–1453.
Simon, H. (1989b), Die Zeit als strategischer Erfolgsfaktor, in: Zeitschrift für Betriebswirtschaft, 59. Jg., Nr. 1, 1989, S. 70–93.
Simon, H. (1992a), Preismanagement: Strategie, Analyse, Entscheidung, Umsetzung, 2. Aufl., Wiesbaden 1992.
Simon, H. (1992b), Preisbündelung, in: Zeitschrift für Betriebswirtschaft, 62. Jg., Nr. 11, 1992, S. 1213–1236.
Simon, H./Dolan, R. (1997), Profit Power Pricing, Frankfurt a. M. et al. 1997.
Simon, H/Fassnacht, M. (2009), Preismanagement: Strategie, Analyse, Entscheidung, Umsetzung, 3. Aufl., Wiesbaden 2009.
Simon, H./Sebastian, K.-H. (1995), Reift ein junger Markentypus? in: Absatzwirtschaft, 38. Jg., Nr. 6, 1995, S. 42–48.
Simon, H./Tacke, G. (1992), Mit nichtlinearer Preisbildung zu höherem Gewinn, in: Harvard Business Manager, 14. Jg., Nr. 4, 1992, S. 48–62.
Simon, H./Tacke, G./Buchwald, G. (2003), Kundenbindung durch Preispolitik, in: *Bruhn, M./Homburg, C.* (Hrsg.), Handbuch Kundenbindungsmanagement, 4. Aufl., Wiesbaden 2003, S. 337–253.
Simon, W. (1977), Probleme der Absatzplanung im langfristigen Anlagengeschäft, dargestellt am Beispiel der Energietechnik, in: Zeitschrift für betriebswirtschaftliche Forschung, 29. Jg., Nr. 7, 1977, S. 103–116.
Sinclair, S. A./Seward, K. E. (1988), Effectiveness of Branding a Commodity Product, in: Industrial Marketing Management, 17. Jg., 1988, S. 23–33.
Skaates, M. A./Tikkanen, H. (2003), International project marketing: an introduction to the INPM approach, in: International Journal of Project Management, 21. Jg., Nr. 7, 2003, S. 503–510.
Skiera, B. (1997), Deckungsbeitragsmaximale Verkaufsgebietseinteilung: Mehr herausholen, in: Absatzwirtschaft, 40. Jg., Nr. 9, 1997, S. 62–73.
Skiera, B./Revenstorff, I. (1999), Auktionen als Instrument zur Erhebung von Zahlungsbereitschaften, in: Zeitschrift für betriebswirtschaftliche Forschung, 51. Jg., Nr. 3, 1999, S. 224–242.
Skiera, B./Wiswede, G./Diller, H. (2001), Yield Management, in: *Diller, H.* (Hrsg.), Vahlens großes Marketinglexikon, 2. Aufl., München 2001, S. 1921–1923.

Slaghuis, B. (2005), Vertragsmanagement für Investitionsprojekte: Quantitative Projektplanung zur Unterstützung des Contract Managements unter Berücksichtigung von Informationsasymmetrie, Frankfurt a. M. et al. 2005.
Smit, E. G./van den Berge, E./Franzen, G. (2002), Brands Are Just Like People! – The Development of SWOCC's Brand Personality Scale, in: *Hansen, F./Christensen, L. B.* (Hrsg.), Branding and Advertising, Kopenhagen 2002, S. 22–43.
Söllner, A. (1993), Commitment in Geschäftsbeziehungen – Das Beispiel Lean Production, Wiesbaden 1993.
Specht, G./Beckmann, C./Amelingmeyer, J. (2002), F&E-Management: Kompetenz im Innovationsmanagement, 2. Aufl., Stuttgart 2002.
Specht, G./Fritz, W. (2005), Distributionsmanagement, 4. Aufl., Stuttgart 2005.
Spekman, R. E. (1978), An Alternative Framework for Examining the Industrial Buying Process, in: Organizational Buying Behavior, 1978, S. 84–90.
Spekman, R. E. (1979), Influence and Information: An Exploratory Investigation of Boundary Role Person's Basis of Power, in: Academy of Management Journal, 22. Jg., Nr. 1, 1979, S. 104–117.
Spekman, R. E./Strauss, D. (1986), An Exploratory Investigation of Strategic Vulnerability and Its Impact on Buyer-Seller Relationships, in: *Backhaus, K./Wilson, D. T.* (Hrsg.), Industrial Marketing. A German-American Perspective, Berlin et al. 1986, S. 115–133.
Spiegel-Online (2005a), HP verklagt Anbieter von Nachfüllpatronen, http://www.spiegel.de, Abruf am 09.03.2005.
Spiegel-Online (2005b), Klamme Airline, http://www.spiegel.de, Abruf am 14.11.2005.
Spiegel-Verlag (1982), Der Entscheidungsprozeß bei Investitionsgütern, Beschaffung, Entscheidungskompetenzen, Informationsverhalten, Hamburg 1982.
Spies, S. (1994), Management von Automobilentwicklungen, Bamberg 1994.
Stadie, E. (1998), Medial gestützte Limit Conjoint-Analyse als Innovationstest für technologische Basisinnovationen – Eine explorative Analyse, Münster 1998.
Staehle, W. H. (1999), Management: eine verhaltenswissenschaftliche Perspektive, 8. Aufl., München 1999.
Stark, H. (1988), Zuliefer-Marketing in Know-How- und Logistik-Verbund von Zulieferer und Abnehmer, in: Thexis, 5. Jg., Nr. 2, 1988, S. 16–20.
Stark, H. (1991), Beziehungsmanagement im industriellen Einkauf – Ansatzpunkte zur Gestaltung von Zuliefer-Abnehmer-Partnerschaften, in: *von Hauff, M.* (Hrsg.), Moderne Industriegesellschaft, Berlin 1991, S. 295–311.
Stark, H. (1994), Single Sourcing und Lieferantenselektion, in: Thexis, 11. Jg., Nr. 1, 1994, S. 46–50.
Stark, R. (1971), Competitive Bidding: A Comprehensive Bibliography, in: Operations Research, 19. Jg., 1971, S. 484–490.
Statistisches Bundesamt (2005), Statistisches Jahrbuch 2005, 2005.
Statistisches Bundesamt (2009), Produzierendes Gewerbe: Beschäftigung und Umsatz der Betriebe des Verarbeitenden Gewerbes sowie des Bergbaus und der Gewinnung von Steinen und Erden, Fachserie 4 Reihe 4.4.1, Wiesbaden 2009.
Stauss, B. (2000), Internes Marketing als personalorientierte Qualitätspolitik, in: *Bruhn, M.* (Hrsg.), Dienstleistungsqualität: Konzepte – Methoden – Erfahrungen, 3. Aufl., Wiesbaden 2000, S. 203–222.
Steffenhagen, H. (2003), Konditionensysteme, in: *Diller, H./Herrmann, A.* (Hrsg.), Handbuch Preispolitik, Wiesbaden 2003, S. 575–596.
Stiegenroth, H. (2000), Bedarfsspezifizierung bei individuellen Investitionsgütern: Interaktionsprozess zwischen Anbietern und Nachfragern, Diss., Wiesbaden 2000.

Stigler, G. J. (1998), Competition, in: The new Palgrave dictionary of economics, Jg. 1 (A to D), 1998, S. 531–536.
Stingel, S. (2008), Tarifwahlverhalten im Business-to-Business-Bereich, Wiesbaden 2008.
Stolzenburg, G. (1992), Die staatliche Exportkreditversicherung, Köln 1992.
Stremersch, S./Tellis, G. J. (2002), Strategic Bundling of Products and Prices: A New Systhesis for Marketing, in: Journal of Marketing, 66. Jg., Nr. 1, 2002, S. 55–72.
Strothmann, K. H. (1979), Investitionsgütermarketing, München 1979.
Strothmann, K. H. (1992), Segmentorientierte Messepolitik, in: *Strothmann, K. H./Busche, M.* (Hrsg.), Handbuch Messemarketing, Wiesbaden 1992, S. 99–114.
Strothmann, K. H. (1993a), Investitionsgüter-Marktforschung heute, in: Planung&Analyse, Nr. 4, 1993, S. 42–47.
Strothmann, K. H. (1993b), Ursachen der Verletzbarkeit von Geschäftsbeziehungen, in: *Backhaus, K./Diller, H.* (Hrsg.), Arbeitsgruppe „Beziehungsmanagement" der wissenschaftlichen Kommission für Marketing im Verband der Hochschullehrer für Betriebswirtschaftslehre, Dokumentation des 1. Workshops vom 27.-28.09.1993, Frankfurt a. M. 1993, S. 107–122.
Strothmann, K. H./Kliche, M. (1989a), Innovationsmarketing – Markterschließung für Systeme der Bürokommunikation und Fertigungsautomation, Wiesbaden 1989.
Strothmann, K. H./Kliche, M. (1989b), Marktsegmentierung für High-Tech-Anbieter, in: Marktforschung & Management, 33. Jg., Nr. 3, 1989, S. 82–88.
Stulz, B. (1988), Marktforschung im Systemgeschäft, in: Marktforschung & Management, 4. Jg., 1988, S. 111–115.
Stump, R. L./Heide, J. B. (1996), Controlling Supplier Opportunism in Industrial Relationships, in: Journal of Marketing Research, 33. Jg., Nov., 1996, S. 431–441.
Sundhoff, E./Pietsch, G. (1964), Die Lieferantenstruktur industrieller Großunternehmungen, Göttingen 1964.
Supplyon (2009), http://www.supplyon.com, Abruf am 20.07.2009.
Sweeney, T. W./Mathews, H. L./Wilson, D. T. (1973), An Analysis of Industrial Buyers Risk Reducing Behavior: Some Personality Correlates, in: AMA Proceedings, 1973, S. 217–221.
Sydow, J. (1992), Strategische Netzwerke, Wiesbaden 1992.
Sydow, J./Windeler, A. (1997), Über Netzwerke, virtuelle Integration und Interorganisationsbeziehungen, in: *Sydow, J./Windeler, A.* (Hrsg.), Management interorganisationaler Beziehungen: Vertrauen, Kontrolle und Informationstechnik, Opladen 1997, S. 1–21.
Tacke, G. (1989), Nichtlineare Preisbildung: höhere Gewinne durch Differenzierung, Wiesbaden 1989.
Tafel, J. (1967), Die Entscheidungsprozesse beim Kauf von Investitionsgütern, Möglichkeiten und Grenzen ihrer Beeinflussung durch Absatzstrategien der Hersteller, Diss., Erlangen-Nürnberg 1967.
Täger, U. C./Ziegler, R. (1984), Die Bedeutung von Messen und Ausstellungen in der Bundesrepublik Deutschland für den Inlands- und Auslandsabsatz in ausgewählten Branchen. Studien zu Handels- und Dienstleistungsfragen Nr. 25 des Ifo-Instituts für Wirtschaftsforschung e.V., München 1984.
Taprogge, C. (1991), Countertrade-Management, Frankfurt a. M. et al. 1991.
Tauberger, A./Wartenberg, W. (1992), Serviceleistungen von Messegesellschaften, in: *Strothmann, K. H./Busche, M.* (Hrsg.), Handbuch Messemarketing, Wiesbaden 1992, S. 235–248.
Taylor, J. L./Woodside, A. G. (1982), Effects on Buying Behavior of References to Expert and Referent Power, in: Journal of Social Psychology, 117. Jg., 1982, S. 25–31.

Teece, D. J./Pizanno, G./Shuen, A. (1997), Dynamic Capabilities and Strategic Management, in: Strategic Management Journal, 18. Jg., 1997, S. 509–533.
Theile, G. (2004), Internationale Interaktionsprozesse im Industriegütermarketing, Hamburg 2004.
Thibout, J. W./Kelley, H. N. (1959), The Social Psychology of Groups, New York et al. 1959.
Thiel, M. (1982), Kommunikationsplanung für neue Investitionsgüter, Bonn 1982.
Thomke, S./Hippel, E. von (2002), Customer as innovators: a new way to create value, in: Harvard Business Review, 80. Jg., Nr. 4, 2002, S. 74–81.
Thompson, K./Mitchell, H./Knox, S. (1998), Organisational Buying Behaviour in Changing Times, in: European Management Journal, 16. Jg., Nr. 6, 1998, S. 698–704.
Thompson, L. (2009), The Mind and Heart of the Negotiator, 4. Aufl., Upper Saddle River, New Jersey 2009.
Thompson, L./Hastie, R. (1990), Social perceptions in negotiation, in: Organizational Behavior and Human Decision Processes, 47. Jg., Nr. 1, 1990, S. 98–123.
Thompson, L./Nadler, J. (2002), Negotiating via information technology: Theory and application, in: Journal of Social Issues, 58. Jg., Nr. 1, 2002, S. 109–124.
Thorelli, H. B. (1986), Networks: Between Markets and Hierarchies, in: Strategic Management Journal, 7. Jg., Nr. 1, 1986, S. 37–51.
Thorelli, H. B./Glowacka, A. E. (1995), Willingness of American Industrial Buyers to Source Internationally, in: Journal of Business Research, 32. Jg., Nr. 1, 1995, S. 21–30.
Tichy, N. M./Tushman, M. J./Fombrun, C. (1979), Social Network Analysis for Organizations, in: Academy of Management Review, 4. Jg., Nr. 4, 1979, S. 507–519.
Tillmann, D./Simon, H. (2004), Preisbündelungen bei Investitionsgütern, in: *Backhaus, K./ Voeth, M.* (Hrsg.), Handbuch Industriegütermarketing, Wiesbaden 2004, S. 999–1014.
Tobies, I. (2009), Akzeptanz von Preismodellen im Systemgeschäft, Diss., Wiesbaden 2009.
Töpfer, A./Mann, A. (1997), Benchmarking: Lernen von den Besten, in: *Töpfer, A.* (Hrsg.), Benchmarking: Der Weg zur Best Practice, Berlin 1997, S. 31–75.
Torvatn, T./Janson, J.-F./Pedersen, A.-C. (1995), Industrial Structures and the Paradox of Change – A paper presented on the 5th Nordic Workshop on Interorganisational Research in 1995, 1995.
Trechsler, F. (1978), Produkt/Markt-Strategie: Kernstücke jeder Unternehmensstrategie, in: Management-Zeitschrift, 47. Jg., Nr. 9, 1978, S. 383–387.
Trianel (2009), http://www.trianel.com, Abruf am 06.08.2009.
Trommen, A. (2002), Mehrstufige Kundenintegration in Wertschöpfungssystemen: Ableitung einer Marketingstrategie für Lieferanten, Diss., Berlin 2002.
Tucker, S. H. (1966), Pricing for Higher Profit: Criteria, Methods, Applications, New York et al. 1966.
Tucker, W. T. (1964), The Social Context of Economic Behavior, New York/N.Y. 1964.
Turnbull, P. W. (1985), The Image and Reputation of British Suppliers in Western Europe, in: European Journal of Marketing, 19. Jg., Nr. 6, 1985, S. 39–52.
Turnbull, P. W./Cunningham, M. T. (1981), International Marketing and Purchasing, Macmillan, London 1981.
Turnbull, P. W./Ford, D./Cunningham, M. T. (1996), Interaction, Relationships and Networks in Business Markets: An Evolving Perspective, in: Journal of Business and International Marketing, 11. Jg., Nr. 3/4, 1996.
Turnbull, P. W./Valla, J.-P. (1989), Strategies for international industrial marketing: the management of customer relationships in European industrial markets, London 1989.
Tytko, D. (1999), Grundlagen der Projektfinanzierung, Stuttgart 1999.

Uhlmann, L. (1977), Der Innovationsprozeß in westeuropäischen Industrieländern – der Ablauf industrieller Innovationsprozesse, Berlin et al. 1977.

Urban, G. L./Hippel, E. von (1988), Lead User Analysis for the Development of New Industrial Products, in: Management Science, 34. Jg., Nr. 5, 1988, S. 569–582.

Valley, K. L./Moag, J./Bazerman, M. H. (1998), A Matter of trust: Effects of communication on the efficiency and distribution of outcomes, in: Journal of Economic Behavior and Organization, 34. Jg., 1998, S. 211–238.

Van Doorn, J. (2004), Zufriedenheitsdynamik: Eine Panelanalyse bei industriellen Dienstleistungen, Diss., Wiesbaden 2004.

VDA (2001), Gemeinsam zum Erfolg: Grundsätze zur Partnerschaft zwischen den Automobilherstellern und ihren Zulieferern, in: Verband der Automobilindustrie e.V. (Hrsg.), 2001.

VDA (2008), Auto Jahresbericht 2008, Frankfurt a. M. 2008.

VDI Gesellschaft Konstruktion & Entwicklung (1983), Angebotserstellung in der Investitionsgüterindustrie, Düsseldorf 1983.

VDI Gesellschaft Konstruktion & Entwicklung (1991a), Projektkooperation beim internationalen Vertrieb von Maschinen und Anlagen: Entscheidungshilfen, Organisationsformen, Vertragskonzepte, Düsseldorf 1991.

VDI Gesellschaft Konstruktion Entwicklung (1991b), Auftragsabwicklung im Maschinen- und Anlagenbau, Stuttgart 1991.

VDI Gesellschaft Konstruktion Entwicklung (1998), Angebotsbearbeitung – Schnittstelle zwischen Kunden und Lieferanten, Berlin et al. 1998.

VDMA (1996), Kommunikationsdefizite bei Investitionsentscheidungen, Reihe: Entscheidungshilfen Marktkommunikation, Nr. 2, Frankfurt a. M. 1996.

VDMA (1999), Die Zahlungsbereitschaft des Kunden für produktbegleitende Dienstleistungen – Ergebnisse einer Kundenbefragung, in: Entscheidungshilfen Marktkommunikation, Nr. 5, 1999.

Venable, B. T./Rose, G. M./Bush, V. D./Gilbert, F. G. (2005), The Role of Brand Personality in Charitable Giving: An Assessment and Validation, in: Journal of the Academy of the Marketing Science, 33. Jg., Nr. 3, 2005, S. 295–312.

Verband Deutsche Fachpresse (2001), Emnid – Leistungsanalyse Fachmedien 2001, Berlin et al. 2001.

Verband Deutsche Fachpresse (2006), Wirkungs-Analyse Fachmedien 2006, Berlin et al. 2006.

Vodafone D2 GmbH (2009), http://www.vodafone.de, Abruf am 07.08.2009.

Voeth, M. (2000), Nutzenmessung in der Kaufverhaltensforschung: die Hierarchische Individualisierte Limit-Conjoint-Analyse, Wiesbaden 2000.

Voeth, M. (2002a), Variantenmanagement mit Hilfe eines Marktlabors, in: Wirtschaftswissenschaftliches Studium, 31. Jg., Teil I: Problemstellung, Nr. 5, S. 297–299; Teil II: Lösung, Nr. 6, S. 357–360.

Voeth, M. (2002b), Nachfragebündelung, in: Zeitschrift für betriebswirtschaftliche Forschung, 54. Jg., Nr. 3, 2002, S. 113–127.

Voeth, M. (2003), Gruppengütermarketing, München 2003.

Voeth, M. (2004), Analyse multipersonaler Kaufentscheidungen mit mehrstufigen Limit-Conjoint-Analysen, in: Zeitschrift für Betriebswirtschaft, 74. Jg., Nr. 8, 2004, S. 719–741.

Voeth, M. (2007a), Empirische Forschung im Rahmen von Geschäftstypenansätzen, in: *Büschken, J./Voeth, M./Weiber, R.* (Hrsg.), Innovationen für das Industriegütermarketing, Stuttgart 2007, S. 337–357.

Voeth, M. (2007b), Servicepolitik, in: *Köhler, R./Küpper, H.-U./Pfingsten, A.* (Hrsg.), Handwörterbuch der Betriebswirtschaft, Stuttgart 2007, Sp. 1605–1614.

Voeth, M./Barisch, S. (2008), Analysis of the Hierachical Structure of Negotiation Teams, in: Proceedings of the 3rd International Conference on Business Marketing Management, St. Gallen (Switzerland) 2008.

Voeth, M./Barisch, S./Loos, J. (2009b), Messe-Controlling. Ergebnisse einer empirischen Studie, in: Hohenheimer Arbeits- und Projektberichte zum Marketing, Arbeitspapier Nr. 10, Stuttgart 2009.

Voeth, M./Barisch, S./Müller, M. (2009d), Messezufriedenheit im B2B-Bereich: Eine konzeptionelle und empirische Analyse, Hohenheimer Arbeits- und Projektberichte zum Marketing, Arbeitspapier Nr. 13, Stuttgart 2009.

Voeth, M./Bornstedt, M. (2006), HILCA oder ACA? – ein empirischer Vergleich von computergestützten Verfahren der multiattributiven Nutzenmessung, unveröffentlichtes Manuskript, Stuttgart 2006.

Voeth, M./Brinkmann, J. (2004), Abbildung multipersonaler Kaufentscheidungen, in: *Backhaus, K./Voeth, M.* (Hrsg.), Handbuch Industriegütermarketing, Wiesbaden 2004.

Voeth, M./Brinkmann, J. (2006), Der Planungsprozess des Direktmarketings auf Industriegütermärkten, in: *Wirtz, B./Burmann, C.* (Hrsg.), Ganzheitliches Direktmarketing, Wiesbaden 2006, S. 281–296.

Voeth, M./Gawantka, A. (2004), Produkt- und Programmpolitik im Export: Die Perspektive der Industriegüterhersteller, in: *Zentes, J./Moschett, D./Schramm-Klein, H.* (Hrsg.), Handbuch Außenhandel: Marketingstrategien und Managementkonzepte, Wiesbaden 2004, S. 391–406.

Voeth, M./Gawantka, A. (2005a), Produktbegleitende Dienstleistungen auf Industriegütermärkten: ein empiriegestützte Untersuchung, in: *Amelingmeyer, J./Harland, P. E.* (Hrsg.), Technologiemanagement & Marketing, Wiesbaden 2005, S. 469–486.

Voeth, M./Gawantka, A. (2005b), Zufriedenheit von Zulieferern in der Automobilindustrie – eine empirische Bestandsaufnahme, in: Hohenheimer Arbeits- und Projektberichte zum Marketing, Projektbericht Nr. 12, Stuttgart 2005.

Voeth, M./Rabe, C./Gawantka, A. (2004), Produktbegleitende Dienstleistungen, in: Die Betriebswirtschaft, 64. Jg., Nr. 6, S. 773–776.

Voeth, M./Hahn, C. (1998), Limit-Conjoint-Analyse, in: Marketing Zeitschrift für Forschung und Praxis, 20. Jg., Nr. 2, 1998, S. 119–132.

Voeth, M./Herbst, U. (2006a), Phase Specific Communication Patterns in Electronic Price Negotiations, in: Finanza marketing e produzione, Band 3–2005, 2006, S. 25–32.

Voeth, M./Herbst, U. (2006b), Supply-chain Pricing – A New Perspective On Pricing in Industrial Markets, in: Industrial Marketing Management, 35. Jg., 2006, S. 83–40.

Voeth, M./Herbst, U. (2008a), Eine Werkzeugmaschine ist kein Schokoriegel, in: VDI Nachrichten, 06.06.2008.

Voeth, M./Herbst, U. (2008b), Interaktives Marketing und Industriegütermarketing, in: *Belz, C./Schögel, M.* (Hrsg.), Interaktives Marketing: Neue Wege im Dialog zum Kunden, Wiesbaden 2008, S. 353–366.

Voeth, M./Herbst, U. (2009a), Verhandlungsmanagement: Planung, Steuerung und Analyse, Stuttgart 2009.

Voeth, M./Herbst, U. (2009b), Preisverhandlungen, in: *Homburg, C./Totzek, D.* (Hrsg.), Pricing auf B-to-B-Märkten, Wiesbaden 2009. (im Druck)

Voeth, M./Herbst, U./Barisch, S. (2008b), Verdeckte Ermittlungen am Messestand, in: Absatzwirtschaft, Nr. 1, 2008, S. 30–33.

Voeth, M./Herbst, U./Barisch, S./Loos, J. (2009a), Messe-Controlling: Messeerfolg sichern und ausbauen, in: *Prof. Voeth & Partner* (Hrsg.), Management Informationen, Nr. 2, Stuttgart 2009.

Voeth, M./Niederauer, C. M. (2008), Der Einsatz von Testimonials in der Business-to-Business-Kommunikation, in: Transfer – Werbeforschung & Praxis, 2. Jg., Nr. 2, 2008, S. 8–17.

Voeth, M./Niederauer, C./Schwartz, M. (2006a), Akzeptanzanalyse für Hospitality-Angebote von Fußball-Bundesligavereinen bei Industriegüterunternehmen, in: Hohenheimer Arbeits- und Projektberichte zum Marketing, Projektbericht Nr. 14, 2006.

Voeth, M./Niederauer, C M./Tobies, I. (2006b), Sportsponsoring bei der „FIFA WM 2006" – Empirische Ergebnisse und Implikationen, in: Hohenheimer Arbeits- und Projektberichte zum Marketing, Projektbericht Nr. 15, 2006.

Voeth, M./Rabe, C. (2004), Preisverhandlungen auf Industriegütermärkten, in: *Backhaus, K./Voeth, M.* (Hrsg.), Handbuch für Industriegütermarketing: Strategie – Instrumente – Anwendungen, Wiesbaden 2004, S. 1015–1038.

Voeth, M./Rentner, B./Niederauer, C. M. (2007), Angebot und Relevanz von produktbegleitenden Dienstleistungen in der Bauindustrie: Ergebnisse einer empirischen Studie, in: Baumarkt + Bauwirtschaft, 107. Jg., Nr. 4, 2008, S. 42–44.

Voeth, M./Rentner, B./Niederauer, C. M. (2008a), Nachfragerakzeptanz bei produktbegleitenden Dienstleistungen, in: Controlling, 20. Jg., Nr. 8/9, 2008, S. 459–466.

Voeth, M./Sandulescu, S. (2006), Preiskoordination im internationalen Multichannel-Marketing: Berücksichtigung von Rückkoppelungen bei länderübergreifender Geschäftstätigkeit, in: *Wirtz, B.* (Hrsg.), Handbuch Multi Channel Marketing, Wiesbaden 2006.

Voeth, M./Tagieva, V./Treiber, S. (2009c), Messeabstinenz: Auswirkungen für Unternehmen – Ergebnisse einer empirischen Studie, in: Hohenheimer Arbeits- und Projektberichte zum Marketing, Arbeitspapier Nr. 12, Stuttgart 2009.

Voeth, M./Tobies, I. (2009), Kommunikation für Industriegüter, in: *Bruhn, M./Esch, F.-R./Langner, T.* (Hrsg.), Handbuch Kommunikation, Wiesbaden 2009, S. 1101–1116.

Voeth, M./Weißbacher, R. (2006a), The Influence of Time Pressure and Agreement Constraint on the Negotiation Process – Results of an Empirical Experiment, in: Finanza marketing e produzione, Band 3–2005, 2006, S. 116–123.

Voeth, M./Weißbacher, R. (2006b), Nachfragerbündelungen als Marketinginstrument: Eine modellgestützte Analyse, in: Zeitschrift für betriebswirtschaftliche Forschung, 58 Jg., Nr. 11, S. 864–888.

Vögele-Ebering, T. (2004), Industrielle Dienstleistungen: Mittelstand muss Potenziale des Wachstumsmarktes ausschöpfen. Eine pfiffige Service-Strategie zahlt sich auf Heller und Pfennig aus, in: Industrieanzeiger, Nr. 9, 2004, S. 18.

Voigt, H./Müller, D. (1996), Handbuch der Exportfinanzierung, 4. Aufl., Frankfurt a. M. 1996.

Volkswagen (2009), http://www.volkswagen-nutzfahrzeuge.de, Abruf am 20.07.2009.

Vyas, N./Woodside, A. G. (1984), An Inductive Model of Industrial Supplier Choice Processes, in: Journal of Marketing, 48. Jg., Nr. 1, 1984, S. 30–45.

Wacker, P.-A. (1980), Die Erfahrungskurve in der Unternehmensplanung: Analyse und empirische Überprüfung, München 1980.

Wagner, G. R. (1978), Die zeitliche Disaggregation von Beschaffungsentscheidungsprozessen aus der Sicht des Investitionsgütermarketings, in: Zeitschrift für betriebswirtschaftliche Forschung, 30. Jg., 1978, S. 266–289.

Wagner, R. (2001), Multiple Wettbewerbsreaktionen im Produktmanagement, Wiesbaden 2001.

Wahl, J. (1997), Möglichkeiten und Grenzen des Einsatzes von Multimedia im Marketing, Wien 1997.
Walter, A. (1998), Der Beziehungspromotor, Wiesbaden 1998.
Walter, A./Mörmann, P. (1999), Verkaufen ist nicht alles! in: Absatzwirtschaft, 42. Jg., Nr. 1, 1999, S. 74–78.
Walton, R. E./McKersie, R. B. (1965), A Behavioral Theory of Labor Negotiations: An Analysis of a Social Interaction System, New York 1965.
Watson, G. H. (1993), Benchmarking – Vom Besten lernen, Landsberg/Lech 1993.
Webster, F. E. jr. (1992), The Changing Role of Marketing in the Corporation, in: Journal of Marketing, 56. Jg., Oct., 1992, S. 1–17.
Webster, F. E. jr. (1995), Industrial Marketing Strategy, 3. Aufl., New York 1995.
Webster, F. E. jr./Wind, Y. (1972a), Organizational Buying Behavior, in: 1972.
Webster, F. E. jr./Wind, Y. (1972b), A General Model of Organizational Buying Behavior, in: Journal of Marketing, 36. Jg., April, 1972, S. 12–14.
Wecht, C. H. (2006), Frühe aktive Kundenintegration in den Innovationsprozess, Wiesbaden 2006.
Weiber, R. (1992), Diffusion von Telekommunikation: Problem der Kritischen Masse, Wiesbaden 1992.
Weiber, R. (1994), Leapfrogging-Behavior: Herausforderungen für das Marketing-Management neuer Technologien, in: Zahn, E. (Hrsg.), Technologiemanagement und Technologien für das Management, Stuttgart 1994, S. 333–368.
Weiber, R. (1997), Das Management von Geschäftsbeziehungen im Systemgeschäft, in: *Kleinaltenkamp, M./Plinke, W.* (Hrsg.), Geschäftsbeziehungsmanagement, Berlin et al. 1997, S. 277–349.
Weiber, R./Adler, J. (1995a), Informationsökonomisch begründete Typologisierung von Kaufprozessen, in: Zeitschrift für betriebswirtschaftliche Forschung, 47. Jg., Nr. 1, 1995, S. 43–65.
Weiber, R./Adler, J. (1995b), Positionierung von Kaufprozessen im informationsökonomischen Dreieck, in: Zeitschrift für betriebswirtschaftliche Forschung, 47. Jg., Nr. 2, 1995, S. 99–123.
Weiber, R./Beinlich, G. (1994), Die Bedeutung der Geschäftsbeziehung im Systemgeschäft, in: Marktforschung&Management, 38. Jg., Nr. 3, 1994, S. 120–127.
Weiber, R./Jacob, F. (2000), Kundenbezogene Informationsgewinnung, in: *Kleinaltenkamp, M.* (Hrsg.), Technischer Vertrieb: Grundlagen des Business-to-Business Marketing, 2. Aufl., Berlin 2000, S. 523–612.
Weiber, R./Kollmann, T./Pohl, A. (2006), Das Management technologischer Innovationen, in: *Kleinaltenkamp, M.* (Hrsg.), Markt- und Produktmanagement, 2. Aufl., Wiesbaden 2006, S. 83–207.
Weiber, R./Pohl, A. (1996a), Das Phänomen der Nachfrage-Verschiebung – Informationssucher, Kostenreagierer und Leapfrogger, in: Zeitschrift für Betriebswirtschaft, 66. Jg., Nr. 6, 1996, S. 675–696.
Weiber, R./Pohl, A. (1996b), Leapfrogging-Behavior – ein adoptionstheoretischer Erklärungsansatz, in: Zeitschrift für Betriebswirtschaft, 66. Jg., Nr. 10, 1996, S. 1203–1222.
Weigand, R. E. (1991), Buy In-Follow On Strategies for Profit, in: Sloan Management Review, 32. Jg., Nr. 3, 1991, S. 29–38.
Weinhardt, C./Krause, R./Herchenhein, S. (2002), Informationstechnologische Perspektiven für die Beschaffung, in: *Hahn, D./Kaufmann, L.* (Hrsg.), Handbuch Industrielles Beschaffungsmanagement, 2. Aufl., Wiesbaden 2002, S. 913–927.
Weis, C. (2009), Verkaufsmanagement, 7. Aufl., Ludwigshafen 2009.

Weis, H. C. (1983), Marketingkommunikation in der Investitionsgüterindustrie, Frankfurt a. M. 1983.
Weißbacher, R. (2006), Nachfragerbündelungen als Marketinginstrument, Diss., Wiesbaden 2006.
Wemhoff, C. (1998), Das Management eliminationsverdächtiger Produkte, Frankfurt a. M. 1998.
Wendt, O./von Westarp, F. (2000), Determinants of diffusion in network effect markets, Anchorage 2000.
Wertenbroch, K./Skiera, B. (2002), Measuring Consumer's Willingness to Pay at the Point of Purchase, in: Journal of Marketing Research, 39. Jg., Nr. 2, 2002, S. 228–241.
Westphalen, F. Graf von (1987), Rechtsprobleme der Exportfinanzierung, Heidelberg 1987.
Wey, C. (1999), Marktorganisation durch Standardisierung, Berlin 1999.
White, P. D. (1979), Attitudes of US Purchasing Managers Toward Industrial Products Manufactured in Selected Western European Nations, in: Journal of International Business Studies, 10. Jg., Nr. 1, 1979, S. 81–90.
White, P. D./Cundiff, E. W. (1978), Assessing the Quality of Industrial Products, in: Journal of Marketing, 42.Jg., Nr. 1, 1978, S. 80–86.
Widmaier, U. (2000), Das NIFA-Panel und der deutsche Maschinen- und Anlagenbau, in: *ders.* (Hrsg.), Der deutsche Maschinenbau in den neunziger Jahren, Frankfurt a. M. 2000, S. 23–42.
Widmann, A. J. (1977), Handbuch des Investitionsgüter- und Industrieanlagen-Export, München 1977.
Wielenberg, S. (1999), Investitionen in Outsourcing-Beziehungen, Wiesbaden 1999.
Wildemann, H. (1994), Prozeßkosten senken ist gemeint und nicht Preisdrückerei, in: Beschaffung aktuell, Nr. 4, 1994, S. 26–33.
Wildemann, H. (1995), Produktionssynchrone Beschaffung: Einführungsleitfaden, München 1995.
Wilhelm, H. (1992), Produktdifferenzierung, in: *Tietz, B.* (Hrsg.), Handwörterbuch der Absatzwirtschaft, Stuttgart 1992, S. 1706–1716.
Wilken, R./Cornelissen, M./Backhaus, K./Schmitz, C. (2010), Steering sales reps through cost information: An investigation into the black box of cognitive references and negotiation behavior, in: International Journal of Research in Marketing, 2010, forthcoming.
Williamson, O. E. (1985), The Economic Institutions of Capitalism, Firms, Markets, Relational Contracting, New York/N.Y. 1985.
Williamson, O. E. (1990), Die Ökonomischen Institutionen des Kapitalismus, Tübingen 1990.
Willrodt, K. (2005), Strategische Anbieterkompetenzen – Ergebnisse einer empirischen Untersuchung zum industriellen Beschaffungsmanagement, Darmstadt 2005.
Wilson, D. T. (1971), Industrial Buyers' Decision-Making Styles, in: Journal of Marketing Research, 8. Jg., 1971, S. 433–436.
Wilson, D. T./Mummalaneni, V. (1986), Bonding and commitment in buyer-seller relationships: a preliminary conceptualisation, in: Journal of Industrial Marketing and Purchasing, 1. Jg., Nr. 3, 1986, S. 44–58.
Wilson, E. J./Woodside, A. G. (1995), The Relative Importance of Choice Criteria in Organizational Buying: Implications for Adaptive Selling, in: Journal of Business-to-Business Marketing, 2. Jg., Nr. 1, 1995, S. 33–57.
Wilson, R. (1993), Nonlinear Pricing, New York 1993.
Wind, Y. (1978), The Boundaries of Buying Decision Centers, in: Journal of Purchasing and Materials Management, 14. Jg., Summer, 1978, S. 23–29.

Wind, Y./Cardozo, R. N. (1974), Industrial Market Segmentation, in: Industrial Marketing Management, 3. Jg., 1974, S. 153–166.

Wind, Y./Robertson, T. S. (1982), The Linking Pin Role in Organizational Buying Centers, in: Journal of Business Research, 10. Jg., Nr. 2, 1982, S. 169–184.

Winkelmann, P. (2008), Vertriebskonzeption und Vertriebssteuerung, 4. Aufl., München 2008.

Winnen, R./Beuster, A. (1992), Kontrolle des Messeerfolges, in: *Strothmann, K. H./Busche, M.* (Hrsg.), Handbuch Messemarketing, Wiesbaden 1992, S. 365–378.

Wirtz, B. (2002), So binden Sie Ihre Kunden auf den richtigen Kanälen, in: Absatzwirtschaft, 45. Jg., Nr. 4, 2002, S. 48–53.

Wirtz, B. (2005), Integriertes Direktmarketing: Grundlagen – Instrumente – Prozesse, Wiesbaden 2005.

Wirtz, B. (2006), Definition, Aufgaben und Ziele des Direktmarketings, in: *Wirtz, B./Burmann, C.* (Hrsg.), Ganzheitliches Direktmarketing, Wiesbaden 2006, S. 3–22.

Wirtz, B. (2007), Electronic Business, 3. Aufl., Wiesbaden 2007.

Witcher, B. J. (1990), Total Marketing: Total Quality and The Marketing Concept, 1990.

Witte, E. (1973), Organisation für Innovationsentscheidungen – Das Promotorenmodell, Göttingen 1973.

Witte, E. (1976), Kraft und Gegenkraft im Entscheidungsprozeß, in: Zeitschrift für Betriebswirtschaft, 46. Jg., Nr. 4/5, 1976, S. 319–326.

Witte, E. (1998), Das Promotoren-Modell, in: *Hauschildt, J./Gemünden, H. G.* (Hrsg.), Promotoren: Champions der Innovation, Wiesbaden 1998, S. 9–41.

Wittmann, R. G./Reuter, M. P./Magerl, R. (2007), Unternehmensstrategie und Businessplan, 2. Aufl., Heidelberg 2007.

Woodside, A. G. (1996), Theory of rejecting superior, new technologies, in: Journal of Business and Industrial Marketing, 11. Jg., Nr. 3/4, 1996, S. 25–43.

Woodside, A. G./Davenport, J. W. (1974), The Effect of Salesman Similarity and Expertise on Consumer Purchasing Behavior, in: Journal of Marketing Research, Nr. 11, 1974, S. 198–202.

Wübker, G. (1998), Preisbündelung. Formen, Theorie, Messung und Umsetzung, Wiesbaden 1998.

Wüthrich, H. A./Phillip, A./Frentz, M. H. (1997), Vorsprung durch Virtualisierung: Lernen von virtuellen Pionierunternehmen, Wiesbaden 1997.

Yescombe, E.R. (2002), Principles of Project Finance, San Diego.

Zeithaml, V. A./Varadarajan, P./Zeithaml, C. P. (1988), The Contingency Approach: Its Foundations and Relevance to Theory Building and Research in Marketing, in: European Journal of Marketing, 22. Jg., Nr. 7, 1988, S. 37–64.

Zerdick, A./Picot, A./Schrape, K. et al. (2001), Die Internet-Ökonomie – Strategien für die digitale Wirtschaft, 3. Aufl., Berlin et al. 2001.

Ziegler, M. (1997), Finanzierungsmodelle im Anlagenbau, Frankfurt a. M. 1997.

Zimmermann, A. (1987), High-Tech-Marketing, eine neue Dimension, in: Thexis, 4. Jg., Nr. 1, 1987, S. 17–18.

Zoller, M. A. (2001), Marktbearbeitung im internationalen Anlagengeschäft aufgezeigt am Beispiel von Infrastrukturanlagen für Ver- und Entsorgung, Schesslitz 2001.

Zuber, H. (1977), Die Öffentliche Hand als Nachfrager im industriellen Anlagengeschäft, in: Zeitschrift für betriebswirtschaftliche Forschung, 29. Jg., Sonderheft Nr. 7: Anlagen-Marketing, 1977, S. 139–154.

Zupancic, D./Belz, C. (2004), Internationales Key Account Management, in: *Backhaus, K./Voeth, M.* (Hrsg.), Handbuch Industriegütermarketing, Wiesbaden 2004, S. 577–596.

Sachverzeichnis

A

Absatz
- kanal 279ff.
- potenzial 289, 527

Absicherung(s)
- bedarf 203f., 543ff.
- form, externe 546ff.
- maßnahme 543ff.
- vertragliche 498, 506, 547ff., 579ff.

Abwicklungsphase 42ff., 330f., 415ff.
Ad hoc-Studie 157
Advocacy Behavior 72
AKA 384
Akkreditiv 385f.
Akquisition, persönliche 537
Akquisitionsverhalten
- aktives 332ff.
- passives 331f.

Analyseverfahren, multivariate 164f.
Anbieter
- gemeinschaft 10, 328f, 351f., 370f.
- organisation 351ff.
- Shake Out 563
- vorteil 22
- zusammenschluss 351

Anfragen
- selektion 334 ff.
- selektion, qualitative Konzepte 336ff.
- selektion, quantitative Konzepte 345ff.

Angebots
- aufwand, optimaler 347
- erstellungsphase 42ff., 334ff.
- formen 335f.
- kalkulation, individuelle 357ff.
- kalkulationsverfahren, Kritik 363f.
- kosten 334f.
- kosten-Erfolgskennziffer 347
- preis 356f.

Anlagen
- geschäft 206, 325ff.
- industrielle 325

Anpassungs
- fähigkeit 143

- konzept 517ff.
- strategie 517

Arbeitsgemeinschaft 354
Aspirationspreis 250
Auftrags
- (Einzel-)fertigung 327
- finanzierung 375ff.
  - im engeren Sinne 375
  - im weiteren Sinne 376

Auktion 231f.
Ausfuhrgewährleistung 386
Ausschreibung 83, 329f.
Ausstellung 312ff.
Ausstiegsfenster, strategisches 559ff.
Austausch
- gut 198
- netzwerk 72

Auswahl, bewusste 161
Auszahlungsvergleichskalkül 365

B

bargaining zone 251, 253
Barter 396
Basis, installierte 492, 599ff.
BATNA 250, 401
Bauleistungsdeckung 387
Beeinflusser 52
Befragung 161f.
Benchmarking 136ff.
Benutzer 52
Beobachtung 161f.
Beschaffungs
- prozess 42ff.
- richtlinien 84f.
- schrittfolge 422
- strategie 86
- verhalten, organisationales 37ff.

Bestellerkredit 379f.
Besuchsplanung 284f.
Betreibermodell 329
Bewertung, Lieferanten 406ff.
Beziehungs
- promotoren 58

– struktur
  – multiplexe 70
  – uniplexe 70
Bezugsvertrag 549
Bietungsgarantie 376ff.
Bindungsinstrumente 607ff.
Blue Printing 151
Brand Learning 608
Built-in-Flexibility 583ff.
Business-to-Business-Marketing 5
Buy-Back-Geschäft 396
Buying-Center 37, 44ff.
Buying-Network 37, 44, 69ff.

C

Checkliste 124, 336
Claim-Management 408, 415
Closed Bid 366
Clusteranalyse 134f.
Commodity
  – Geschäft 194
  – Märkte 212, 255ff.
Competitive Bidding Modell 366ff.
Computer Integrated Manufacturing 587f.
Conjoint-Analyse 65ff.
Countertrade 396
Customer Integration-Geschäft 194f.

D

Data Mining 165
Daten
  – aufbereitung 163ff.
  – austauschformat 557f.
  – auswertung 164f.
  – erhebung 160ff.
Dauerschuldverhältnis 549
De-facto-Standard 595f.
Decider 53
Decision Making Unit (DMU) 44
Delegationsmodell 110f.
Dienstleistung 442
  – produktbegleitende 276ff.
Dienstleistungsmarketing 6
Diffusion 436
Direkt
  – vertrieb 280ff.
  – werbung 60f.
Diskontinuität 328
Distributionspolitik 211f., 279ff.

Dokumenten-Akkreditiv 386
Dynamic-Capability-Ansatz 154f.

E

E-Procurement 39, 86f., 289, 522
EDI (Electronic Data Interchange) 39, 557ff.
Effektivitätsvorteil 13f.
Effizienzvorteil 14f.
Einflussgrößenkalkulation 359
Einkäufer 51f.
Einkaufskooperation 40, 86, 266, 463, 526f.
Einstiegsfenster, strategisches 500ff.
Einzel
  – kundenfokus 495ff.
  – marke 478
  – preise 269ff., 465
  – transaktion 190, 206
Emanzipations
  – konzept 517, 528ff.
  – strategie 517
Entbündelung 262, 442, 456
Entscheider 53
Entscheidungs
  – phase 43
  – verhalten 45, 62ff.
Episodenkonzept 112 ff.
Erfahrungs
  – eigenschaften 192
  – kurve 258ff.
Erfüllungsgarantie 481f.
Ersatz
  – investition 75f.
  – teilmarkt 493
Erstinvestition 75f.
Erweiterungsinvestition 75f.
Evoked Set 97, 562
Excess inertia 599
Export
  – finanzierung
    – Instrumente 379ff.
    – Institutionen 383ff.
    – Risiken 385
  – geschäft 377, 385
  – kreditversicherung 377f.
  – leasing 395
  – subvention 379

F

F&E-Kooperation 522ff., 554
Fabrikationsrisiko 385
– deckung 386
Fach
– messe 314, 319
– opponent 53ff.
– promotor 53ff.
Faktorenanalyse 135, 167ff.
FBI-Konzept 248f.
Feinauswahl 222
Fertigungs
– rationalisierung 524f.
– tiefe 501f., 509, 525
Fest
– angebot 335f.
– preiseinschluss 372
Final Acceptance 410
Financial Engineering 376, 388ff.
Finanzierung(s) 375ff.
– institution 383f.
– instrument 379ff.
– konsortium 378f.
– kostenvorteil 468
Finanzkreditdeckung 386
Firmenmarke 176f., 535
Fixkostenvariabilisierung 468f.
Flatrate 471
Flexibilität(s) 561
– potenzial 512f.
Folgekauf 205, 420, 423
– entscheidung 422
Force Majeure 413f.
Forfaitierung 380f.
Full Time Marketer (FTM) 28
Funktionsgarantie 481

G

Garantie 480ff.
– versprechen 481
– vertrag 480
Gatekeeper 53, 57
– konzept 57f.
Gatekeeping 72
Gefahrübergang 409
Gefangenendilemma 147
Generalunternehmerschaft 328, 351f.
Geschäfts
– beziehung(s)10, 499ff., 543ff.

– ansatz 111ff.
– typen 182ff., 204ff.
– ansatz 199ff.
– wechsel 565ff.
Geschlossenheit 451ff.
Gewährleistung(s) 412
– phase 42ff., 330f., 415ff.
Grant Element 393
Gremium 37, 595
Grob
– auswahl 221f.
– projektierungsansatz 360f.
Gruppen
– entscheidung(s) 59, 63ff.
– modell 97
– strategische 130ff.
– verhalten 69ff.
Güterbündelung 268

H

Handelsvertreter 290
Hermes-Deckung 377ff., 386ff.
HILCA 237f.
Höchstpreisauktion 231

I

Ideen
– bewertung 220ff.
– findung 220ff.
Impuls
– innerbetrieblicher 566
– Käufer 566
In-Supplier 63, 76, 437f., 500ff.
Individualentscheidung 66
Individualisierungsstrategie 574
Individualtransaktion 191f.
Influencer 52f.
Informations
– bedarf 76ff., 158f.
– bereitstellungsprozess 158ff.
– distribution 163ff.
– gewinnungsprozess 158ff.
– ökonomik 192
– politik 211f.
– selektierer 53
– träger 159f.
– umfang 158
– verarbeitungstypen 62
– verhalten 59ff.

– verhaltenstypen 62
Ingredient Branding 177f., 275, 534ff.
Initialkaufentscheidung 422
Initiator 53
Initiierungsphase 43
Innenorientierung 27f.
Innovations
– erfolg 215f.
– fähigkeit 540
– grad 74, 76ff., 212, 215, 255
– konzept 528ff.
– potenzial 511f.
Insourcing 554ff.
Institutionenökonomik 186, 198f.
Integralqualität 496f.
Integration(s)
– fähigkeit 540
– potenzial 512
– vertikale 536, 603f.
– zeitpunkt 219
Interaktion(s) 37
– ansatz 104ff.
  – dyadisch-organisationaler 108ff., 115ff.
  – dyadisch-personaler 106, 115ff.
  – multiorganisationaler 111ff., 115ff.
  – multipersonaler 107f., 115ff.
– bereitschaft 560
– komplexität 327, 495
– kontext, organisationaler 108ff.
– paradigma 10, 115
– prozess 69
Internet 162, 221, 286
– -Messen 320
Investition(s)
– ausschuss 45
– gütermarketing 5
– rechnung, dynamische 365
– spezifische 200ff., 554ff.

J
Just-In-Time (JIT) 520ff.

K
Kapitalwertmethode 222, 447
Katalog, elektronischer 557
Kauf
– anlass 75f.
– klassenansatz 76ff.

– typen 74ff.
– typologien 75ff., 81f.
– verbund 205ff., 498f.
– verhalten(s) 37ff.
  – forschung 10
  – unsicherheit 578ff.
– verschiebung 444
– verzögerung 443
– zurückhaltung 444
Kennzahlenverfahren 515
Kernkomponentenlieferant 328
Key Account Marketing 190
KfW IPEX-Bank 383f.
Kilokostenmethode 358f.
Know-how
– Gefälle 328
– Schutz 410
– Vorteil 452
Koalition 73f., 107, 355ff.
Kofinanzierung 394
Kombinationsgeschäfte 195f.
Kommunikations
– instrument 298ff.
– integration 477f.
– politik 211, 295ff., 477ff., 536f., 601f.
– separierung 477
Komparativer Konkurrenzvorteil (KKV) 13ff.
– Merkmale 22ff.
– Position 22
Kompatibilität
– Produkt-Produkt- 427f.
– Produkt-Nutzer- 428ff.
Kompensation(s) 387, 394ff.
– geschäfte 394ff.
Komplexgeschäft 195f.
Komplexitätskosten 589ff.
Kondition 406ff.,474ff.
Konkurrenz
– analyse
  – klassische 131, 137
  – relative 125ff.
– aufklärung 163
– maßnahmen 146ff.
– orientierung 30
– reaktion 146ff.
– -Reaktionsprofil 145ff.
– relevante 125ff.
– verhalten 130, 135ff.

– ziele 138ff.
Konsortium
– offenes 353
– stilles 333f.
Konsumgütermarketing 3
Kontaktangebot 335f.
Kontraktgüter 198
Konzept
– auswahl 506
– wettbewerb 541ff.
Kooperation(s)
– form 40, 351, 354
– geschäfte 195f.
– horizontale 525f.
Koordinations
– design 551ff.
– kosten 512
Kopplung, sachliche 458
Korrespondenzhypothese 109
Kosten
– -Benchmarking 256ff.
– entwicklung, dynamische 258ff.
– -Follower 264ff.
– führer 262ff.
– kette 256f.
– Nutzen-Analyse 232
– vergleiche 256ff.
Kosten-/Ertragsvergleich 246
Kreuzpreiselastizität 127
Kunden
– abwanderung 443
– integration(s) 218, 325, 441, 577f.
  – kompetenz 512f.
– nutzen 16
– orientierung 15ff., 30
– problem 29
– verhandlungsphase 44, 397ff.
– vorteil 12ff.
– wert 322, 604
– zufriedenheit 16
Kündigungsklausel 550

L

Lead User 81, 218ff.
Leapfrogging, technological 80f., 226, 444, 475
Leasing 269ff., 394
Leistung(s)
– individualisierung 495f., 575ff.

– Maßnahmen 577ff.
– kundenindividuelle 325
– merkmale, produktbezogenes 508ff.
– modifikation 406
– potenzial 507, 511ff.
Lern
– ansatz 361ff.
– kurve 258
Letter of Intent 415
Liefer
– termin 335, 415, 540
– vertrag 547ff.
Lieferanten
– bewertung(s) 506ff.
  – modell 514ff.
– kredit 379
  – deckung 386
Life Cycle Costs 13, 364
Limit Conjoint-Analyse 234ff.
– mehrstufige 66ff.
Lizenzpolitik, mengenorientierte 452f., 603
Lock-in
– -Effekt 426, 434
– Strategie 604ff.
Logistik
– integration 520ff.
– system 293ff.
Lokalwährungskredit 377f.
Lotterie 231f.

M

Macht 63
– beziehungen 106
– opponent 54ff.
– promotor 54ff.
– quellen 54f., 58f.
Managementstil 102
Marke(n) 171
– artikel 3
– aufbau 173ff.
– begleitende 177f., 535
– bewertung 173ff.
– Dach- 176ff., 535
– Einzel- 478, 535
– erosion 177
– Familien- 177f., 478, 535
– führung 176ff.
  – strukturelle 176ff.

- Buying Center-bezogene 179f.
- zeitliche 180f.
- -Kapitalwert 175
- kern 171, 179f.
  - rollenfokussierter 179
  - multipler 180
  - durchschnittsfokussierter 180
- Mehrwert 171ff.
- relevanz 174f.
- strategie 172ff.
- Verarbeitungs- 177f., 535
- wert 150, 175f.

Market Based View 149

Marketing
- -Definitionen 11f., 27ff.
- -Forschung 5
- Key Account- 191
- -Konzept, integratives 12
- Logistik 293
- mehrstufiges 275, 528, 530ff.
- Relationship- 190, 196f., 484
- -Response-Modell 96ff.
- Transaction- 190

Markierung 171, 311, 531ff.

Markt
- abgrenzung 126ff.
- anonymer 209
- austrittsbarrieren 146
- barrieren 128f, 264
- einführung 226f.
- eintrittsbarrieren 131
- erprobung 225
- führer 260
- lebenszyklus 212f.
- orientierung 12
- platz
  - elektronischer 289
  - virtueller 289
- prozess 12f.
- relevanter 125ff.
- segmentierung(s) 118ff.
  - dynamische 124
  - einstufige 120
  - kriterien 118f.
  - mehrdimensionale 123f.
  - mehrstufige 120ff.
  - Netzwerkansatz 124
  - statische 118ff.
- test 225

Marktforschungsprozess 158ff.
Markup 342ff.
Materialkostenmethode 360
Mediaselektion 301ff.
Medien, neue 221, 280, 286ff.
Mehrbranchenmesse, technische 314, 319
Mengengeschäft 195f.
MESO 400
Messe 312ff.
- durchführung 320f.
- -Controlling 320
- management 315ff.
- nachbereitung 321
- organisation 320
- planung 315f.
- platzauswahl 318
- selektion 316ff.
- typ 314, 319f.
- virtuelle 314f., 320

Mischfinanzierung 393
Mobilitätsbarrieren 131ff.
Modifikationspreisansatz 360
Modularisierung 581f.
Multi
- kanal-Management 291ff.
- kanal-Strategie 291ff.
- organisationalität 9f.
- personalität 10

N

Nachfrage(r)
- abgeleitete 9
- bündelung 41, 266ff., 463
- -Organisation 83ff.
- organisationale 9
- unsicherheit 421, 431ff.
  - Management 438
  - nutzungsbezogen 433f.
  - verhaltensbezogen 431ff.

Netto-Nutzen 12ff.
- -Vorteil 13f.
- -Differenz 23

Netz
- effekte 436, 597ff.
  - direkte 597
  - indirekte 597
- werk
  - ansatz 111ff., 124
  - rollen 70ff.

Sachverzeichnis

- Zuliefer- 501, 526
Neukauf 76ff.
Neuprodukt
- konzeption 215ff.
- planung 216
Normen 595

O

OECD-Konsensus 377, 386f., 393
OEM (Original Equipment Manufacturer) 493ff.
Öffentlichkeitsarbeit 307f.
Opponenten 54
- macht 64
- modell 53ff.
Opportunismus 201
- -Möglichkeiten 432f.
Opportunitätskosten 200
Order Splitting 63, 542f.
Organisation(en) 9, 82 ff.
Organisationskultur 86
Outsourcing 39f., 501
Out-Supplier 63, 76, 500ff.

P

Part Time Marketer (PTM) 28
Patentverstöße 489
Performance Contracting 277ff.
Personel Selling 10, 106, 286, 479
Personen 47ff.
Phasen
- ansatz 42ff., 216f.
- konzept 42ff.
Pinguin-Effekt 600
Plattform
- konzept 503, 582f.
- -Strategie 582f.
Plafond 378, 384
Portfolio
- -Methode 305
- -Technik 515
Potenzial
- beurteilung 511ff.
- eigenschaft 538ff.
- information 157f.
- konzept 112f.
- unterschiede 150f.
Präferenz(en) 165ff.
- anpassung 65

- bildung 94ff.
- einwilligung 65
- messung 66ff.
Präqualifikation 415f.
Preannouncing 80
Preis(e)
- -Absatz-Funktion 238ff.
- beobachtung 510
- bündelung 266, 268ff., 463ff.
  - gemischte 268
  - reine 268
- festlegung 215, 262ff., 463ff.
- gleitklausel, mathematische 372ff.
- -Leistungs-Verhältnis 232ff.
- lineare 472
- nicht-lineare 272, 470ff.
- politik 211f., 229ff., 255ff., 356ff., 485ff., 524ff.
  - aktive 527f.
  - marktorientierte 366ff.
  - mitanbieterbezogene 370f.
  - nutzenorientierte 364f.
  - passive 524ff.
- sicherung 371ff.
- strukturanalyse 510
- systeme 230, 240ff.
- vergleiche 510
- verhandlungen 108f., 246ff.
- vorbehalt 372
- würdigkeit 509f.
Preliminary Acceptance 409f.
Primärforschung 159
Pricing
- lineares 469f.
- Penetration- 485
- Skimming- 263, 485
- Supply Chain- 265f., 527f.
- Target- 263f.
Produkt
- differenzierung 227f.
- einführung 215f., 532
- elimination 228f.
- entwicklung(s) 215, 222ff.
  - kosten 223
  - marktorientierte 216
- geschäft 206, 209ff.
- -Nutzer-Kompatibilität 428f.
- politik 211, 215ff., 456ff., 601
- positionierung 165ff.

- Produkt-Kompatibilität 427f.
- technologie 79ff.
- test 225
- variation 227
- vereinheitlichung 227, 589ff.

Produktionsverbindungshandel 290f.

Profil
- analyse 514f.
- vergleich 326ff.

Programmunterschiede 149, 154

Projekt
- abwicklung(s) 407ff.
  - phase 44, 415ff.
- finanzierung 388ff.

Promotoren 54
- macht 64
- modell 53ff.

Promotions
- Außendienst- 306f.
- Händler- 307

Prototypen 81, 222ff.

Prozess
- flexibilität 513
- kette 552f.
- kostenrechnung 153
- modell 89, 94ff.
- promotoren 54
- planung 153
- unterschiede 151ff.
- verbesserungskooperation 554
- wertanalyse 151f.

Public Relations (PR) 307f.
Punktbewertungsverfahren 338ff.
Push-Strategie 17, 296, 530f.

Q

Qualifikationsanforderung 88
Qualität(s) 16, 550
- management 509, 518ff.
- sicherung 508f., 518ff.
  - produktbezogene 509
  - prozessbezogene 509
- unsicherheit 171

Quasirente 200ff.
Quersubventionierung 463ff.
Quoten
- planung 284
- verfahren 161

R

Rabatte 243ff., 475f.
- auftragsbezogene 245
- Funktions- 245
- Mengen- 245, 463
- Zeit- 245

Rahmen
- liefervertrag 549
- vertrag 262, 264

Rapid Prototyping 224f.
Ratenlieferungsvertrag 549
Rationalisierungspotenzial 259, 551
Rechtsnorm 87
Referenz 416ff., 579
- anlage 63, 415
- art 416f.
- Gesamtprojekt- 416f.
- Know-how- 417
- Koalitions- 417
- Komponenten- 417

Regressionsanalyse 98, 346
Reisende 282
Relaunch 227
Relationship Marketing 190, 196f., 484
Reliabilität 162
Release-Strategie 572, 592, 593ff.
Reputation 81, 417, 562ff.
Reservationspreis 250
Resource-based View 149
Ressourcen
- analyse 524
- ausstattung 150
- potenzial, materielles/personelles 88

Reziprozität 253
Richtangebot 335f.
Risikoreduktionsstrategie 63
Rollen 45, 47ff.
- konflikte 99
- konzepte 50ff.
- verhalten 51, 106

Routenplanung 283
Routinetransaktion 76, 191f.
Rückkopplung 29, 128f.

S

Sachkapitalspezifität 544
Schalenansatz 122f.
Schiedsgerichtsbarkeit 413
Schlüsselpersonenkonzepte 57f.

Schnittstelle
- ästhetische 427
- invariante 496
- variante 496
Scoring-Modell 150, 222, 337ff.
Sekundärforschung 159
Selbstbindungsmaßnahme 541
Selling Center 37f., 104
Side Deal 254
Simultaneous Engineering 224, 511f.
Skalierung, multidimensionale 167
(SOR-)Modell 103
Sourcing
- Component 504f.
- Global 86, 505
- Local 505
- Modular 504f.
- Multiple 501ff.
- Single 501ff.
Specialty-Märkte 212f., 215ff.
Spezifität
- Humankapital- 544
- Sachkapital- 544
Spieltheorie 146f.
Spiegelorganisation 163
Spill over-Effekt 477f.
Sponsoring 308ff.
Spotgeschäft 194
Standard 593ff.
- De-facto- 595f.
- führerschaft, barometrische 602
Standardisierungspotenzial 597ff.
Standort 510f.
- verlagerung 525
- wahl 510f.
Stoßrichtung, strategische 216ff., 575
Struktur
- flexibilität 513
- modell 41, 89ff.
Submissionsmodell 366ff.
Sucheigenschaften 192f.
Suchfeldanalyse 216
Supplier
- In- 63, 76, 500ff.
- first-tier 504
- Out- 63, 76, 480ff.
- second-tier 504
System
- architektur 423ff.

- ausstieg 437
- bindung(seffekt) 426ff.
- erweiterung 436, 484
- geschäft 207, 419ff.
- gestaltung 450ff.
- kauf 435f.
- komponente 425
- lebensdauer 436
- lieferant 504
- nutzen 425ff.
- offenes 452ff.
- philosophie 192, 423
- -Pricing 462ff.
- proprietäres 451ff.
- technologie 423
- spezifität 437

T
Target
- Costing 527
- Pricing 262, 263f.
Tarif, zweiteiliger 472ff.
Task Force Panel 164
Technologie
- entwicklung 87, 145
- orientierung, reine 16f.
Teilerhebung 160
Termin
- treue 510
- wertzahl 510
Testinstallation 568
Toolkit 221, 529f.
Totalmodell 41, 89ff.
Trade-Offset 396
Tragfähigkeitsprinzip 364
Transaction Center 104
Transformation, fundamentale 200f.
Typisierungsstrategie 572ff.
Typologien 185ff.
- angebotsorientierte 188ff.
- marktseiten-integrierende 193ff.
- nachfrageorientierte 191ff.

U
Umwelt 38, 86ff., 144f.
- analyse 144f.
- restriktionen 95
Ungewissheitsreduktion 63
Unique Selling Proposition (USP) 21

Unsicherheit
- Ex-ante- 199
- Ex-post- 199
Unternehmenskultur 86
User Groups 449

V

Validität 162
Variantenmanagement 591
Value Proposition 21f.
Verbesserung, kontinuierliche 553
Verbund
- finanzierung 393
- geschäft 201, 566
- politik 603f.
Vereinheitlichungsstrategie 572, 588ff.
Verfügbarkeitsqualität, integrale 497
Vergeltungsmaßnahmen 147f.
Verhandlungen
- distributive 398f.
- integrative 399
Verhandlungs
- analyse 247f.
- controlling 255
- führung 253ff.
- management 248
- objekt 404ff.
- organisation 384
- phasen 253ff., 397ff.
- prozess 105, 398ff.
- strategie(n), ergebnisbezogene 250ff.
- taktik 252f., 398ff.
- technik 403f.
- team 110, 248, 397f.
- vorbereitung 249ff.
- ziele 249f.
Verhalten(s)
- beeinflussung 65
- weisen, rollenkonforme 53
Verkauf(s)
- bezirksaufteilung 283
- budgetierung 283
- filiale 280
- förderung 306f.
- gesellschaft 280
- niederlassung 280
Vernetzung, informationstechnische 557ff.
Verteidigungsfähigkeit 25ff.
Verteilungsgerechtigkeit 545f., 561

Vertrag(s)
- Bezugs- 549
- garantie 378
- handelssystem 291
- Liefer- 75, 547ff.
- management 579f.
- Rahmenliefer- 549
- Ratenlieferungs- 549
- störung 413f.
- Sukzessivlieferungs- 549
Vertrauen(s) 112, 266, 480
- eigenschaften 192
Vertrieb
- direkter 280ff.
- indirekter 290f.
Verzug 411, 414f.
Vickrey-Auktion 231
Vollerhebung 160
Voranfragenphase 44, 329f., 331ff.
Vorauswahl 95, 506ff.
- phase 517ff.
Vorvertragsphase 499, 544
Vorüberlegungsphase 43

W

Wahrnehmung 23ff.
Webster/Wind-Rollenkonzept 51ff.
Wechsel
- kosten 426, 437f., 482ff.
- kursrisiko 385
Werbe
- botschaft 301
- budget 303f.
- erfolgskontrolle 304ff.
- ziele 298ff.
Werbung 298ff., 537ff.
Wertkette 28, 141ff.
Wertschöpfungspartner 39, 265
Wettbewerbs
- prozess 13
- veränderung 566
- vorteil 22
Wiederkauf
- modifizierter 76
- identischer 76
Wirtschaftlichkeitsanalyse 222

Y

Yield Management 475

Z

Zahlungs
- ausfallrisiko 385ff.
- bedingungen 352, 406f., 476
- bereitschaft 15, 212, 215, 229ff.
- garantie 386

Zeit
- dimension 463
- qualität, integrale 97

Ziel
- gruppenentscheidung 533
- preisfindung 527

Zinsänderungsrisiko 385
Zone of Possible Agreement (ZOPA) 250
Zufallsprinzip 161
Zuliefer
- geschäft 207, 493ff.
- netzwerk 526
- pyramide 504f.

Zusammenarbeitsmodell 111